C. von Voit

Handbuch der Physiologie des Gesammt-Stoffwechsels und der Fortpflanzung

C. von Voit

Handbuch der Physiologie des Gesammt-Stoffwechsels und der Fortpflanzung

ISBN/EAN: 9783742813459

Hergestellt in Europa, USA, Kanada, Australien, Japan

Cover: Foto ©Klaus-Uwe Gerhardt /pixelio.de

Manufactured and distributed by brebook publishing software
(www.brebook.com)

C. von Voit

Handbuch der Physiologie des Gesammt-Stoffwechsels und der Fortpflanzung

HANDBUCH

DER

PHYSIOLOGIE

BEARBEITET VON

Prof. H. AUBERT in Rostock, Prof. C. ECKHARD in Giessen, Prof. TH. W. ENGELMANN in Utrecht, Prof. SIGM. EXNER in Wien, Prof. A. FICK in Würzburg, weil. Prof. O. FUNKE in Freiburg, Dr. P. GRÜTZNER in Breslau, Prof. R. HEIDENHAIN in Breslau, Prof. V. HENSEN in Kiel, Prof. E. HERING in Prag, Prof. L. HERMANN in Zürich, Prof. H. HUPPERT in Prag, Prof. W. KÜHNE in Heidelberg, Prof. B. LUCHSINGER in Bern, Prof. R. MALY in Graz, Prof. SIGM. MAYER in Prag, Prof. O. NASSE in Halle, Prof. A. ROLLETT in Graz, Prof. J. ROSENTHAL in Erlangen, Prof. M. v. VINTSCHGAU in Innsbruck, Prof. C. v. VOIT in München, Prof. W. v. WITTICH in Königsberg, Prof. N. ZUNTZ in Bonn.

HERAUSGEGEBEN

VON

DR. L. HERMANN,

PROFESSOR DER PHYSIOLOGIE AN DER UNIVERSITÄT ZÜRICH.

SECHSTER BAND.

I. THEIL.

LEIPZIG,

VERLAG VON F. C. W. VOGEL.

1881.

HANDBUCH DER PHYSIOLOGIE

DES

GESAMMT-STOFFWECHSELS

UND DER

FORTPFLANZUNG.

ERSTER THEIL.

PHYSIOLOGIE DES ALLGEMEINEN STOFFWECHSELS

UND DER

ERNÄHRUNG

VON

C. VON VOIT IN MÜNCHEN.

LEIPZIG,

VERLAG VON F. C. W. VOGEL.

1881.

INHALTSVERZEICHNISS

zu Band VI. Theil 1.

PHYSIOLOGIE DES GESAMMT-STOFFWECHSELS UND DER FORTPFLANZUNG.

I.

Physiologie des allgemeinen Stoffwechsels und der Ernährung

von

PROF. C. VON VOIT.

PHYSIOLOGIE

DES

ALLGEMEINEN STOFFWECHSELS

UND DER

ERNÄHRUNG

VON

PROF. DR. CARL V. VOIT IN MÜNCHEN.

EINLEITUNG.

In den lebenden thierischen Organismen, gleichgültig ob sie zu den einfachsten organisirten Gebilden gehören, oder ob sie aus tausenden von Zellen und Abkömmlingen derselben aufgebaut sind, finden fortwährend durch Ursachen, welche später eingehend besprochen werden sollen, mannigfaltige Veränderungen der sie zusammensetzenden oder in sie aufgenommenen chemischen Verbindungen statt.

Dabei handelt es sich im Grossen und Ganzen um einen allmählichen Zerfall oder eine Spaltung höchst complicirt gebauter Moleküle in fester gefügte einfachere, wodurch zugleich Spannkräfte in lebendige Kräfte übergehen, welche die Lebenserscheinungen bedingen.

Die Gewebe des Thierkörpers bestehen aus einer Anzahl von Elementen — Sauerstoff, Wasserstoff, Kohlenstoff, Stickstoff, Schwefel, Phosphor, Chlor, Silicium, Fluor, Kalium, Natrium, Calcium, Magnesium und Eisen —, welche zu gewissen organischen und unorganischen Verbindungen vereinigt sind. Beide Klassen von Stoffen sind absolut nothwendig zum Bau einer Zelle oder eines Gewebes. Die organischen, zu denen vor Allem die Eiweisskörper und ihre nächsten Derivate, ferner die Fette und Kohlehydrate gehören, halten nur locker zusammen, ihre Atome gruppiren sich durch geringfügige Einwirkungen innerhalb des Moleküls anders oder lagern sich zu neuen Molekülen zusammen, wodurch sie geeignet sind der Organisation diejenigen Eigenschaften zu verleihen, welche hauptsächlich das Leben ermöglichen. Die anorganischen Stoffe (das Wasser und einige Aschebestandtheile, vorzüglich die phosphorsauren Alkalien, die Chloralkalien und die phosphorsauren Erden) zersetzen sich im Allgemeinen nicht so leicht wie die ersteren und durchsetzen den Organismus grösstentheils ohne Aenderung ihrer Atomgruppirung, sie sind aber sowohl in den Geweben als auch in den Säften in einer gewissen Verbindung mit den organischen Stoffen, da sie in denselben

1 *

in ziemlich constanten Mengen sich finden und erst bei dem Zerfall
der organischen Stoffe frei und überflüssig werden. Jedoch kommen
auch Veränderungen der anorganischen Verbindungen im Körper vor,
wie z. B. die Zersetzung des Chlornatriums in den Drüsenzellen des
Magens oder der Uebergang des neutralen phosphorsauren Alkalis des
Blutes in das saure Salz des Harns.

Die Endproducte des genannten allmählichen Zerfalls der organischen Verbindungen des Thierkörpers sind im Allgemeinen reicher
an Sauerstoff als die Anfangsglieder, es findet daher dabei schliesslich und vorwiegend das statt, was man oxydative Spaltung nennt.
Es entstehen als einfachste Endprodukte: Kohlensäure, Wasser, Schwefelsäure, Phosphorsäure, in denen die Elemente mit so viel Sauerstoff verbunden sind, als sie überhaupt aufnehmen können, ferner
Ammoniak in geringer Menge. Jedoch sind manche Endprodukte
nicht bis in diese einfachsten Verbindungen verwandelt, sondern noch
etwas complicirter gebaut wie z. B. die ammoniakartigen Verbindungen, in denen der Wasserstoff des Ammoniaks durch andere Atomgruppen vertreten ist.

Die Spaltung geht also in der Regel nicht bis zu den Elementen
fort. Als Element tritt nur Wasserstoff bei der Gährung gewisser
Nahrungsstoffe im Darmkanal auf; im Uebrigen finden wir schliesslich einfache Verbindungen, in denen alle die Elemente enthalten
sind, welche vorher als zur Zusammensetzung des Thierleibes nöthig
aufgezählt wurden.

Zwischen den Ausscheidungsprodukten und den verwickelten
Verbindungen, an denen der erste Zerfall stattfindet, existiren viele
Zwischenstufen. Bei diesen merkwürdigen chemischen Processen,
deren Darlegung nicht zur Lehre des die Resultate der Thätigkeit
sämmtlicher Organe zusammenfassenden allgemeinen Stoffwechsels gehört, handelt es sich nicht immer um Oxydationen und um einen
Uebergang complicirter Verbindungen in einfachere, es finden dabei
auch in den einzelnen Organen Reduktionen statt und es fügen sich
sogar einfachere Atomcomplexe zu einem complicirten Molekül durch
Synthese unter Aufspeicherung von Spannkraft zusammen, aber das
schliessliche Gesammtresultat ist, wie gesagt, eine Spaltung spann-
kraftführender Stoffe unter Aufnahme von Sauerstoff und Freiwerden
von lebendiger Kraft.

Die organischen Endprodukte der Umsetzung haben keine Bedeutung mehr für die Zellen und Gewebe, ja sie hemmen die Thätigkeit derselben und müssen daher entfernt werden, wenn nicht das
Leben gefährdende Störungen eintreten sollen. Ausserdem werden

aber auch manche für den Körper an und für sich noch brauchbare
Stoffe und höher zusammengesetzte chemische Verbindungen, ja selbst
organisirte Gebilde in geringer Menge ausgeschieden.

Der durch alle diese Vorgänge auftretende Verlust an nothwendigen Stoffen muss, wenn der Bestand des Organismus und das Leben
auf die Dauer erhalten bleiben soll, durch Zufuhr von neuen Stoffen
entweder ersetzt oder indem die letzteren anstatt der im Körper befindlichen zerfallen, verhütet werden. Diejenigen Stoffe, welche eine
solche Wirkung besitzen und welche im Allgemeinen den in den
Organen abgelagerten gleich sind, nennt man Nahrungsstoffe; das
Gemische von Nahrungsstoffen, das den Körper auf seinem stofflichen Zustand erhält oder ihn in einen gewünschten stofflichen Zustand bringt, ist eine Nahrung.

Auf solche Weise findet sich in dem Thierleib ein beständiger
Verlust und eine beständige Aufnahme chemischer Verbindungen,
also ein Wechsel der Stoffe. Man hat diesen Vorgang mit dem
Namen „Stoffwechsel" belegt, womit man allerdings, wie noch gezeigt werden soll, im Laufe der Zeit verschiedene Begriffe verband.

ERSTER ABSCHNITT.

DER ALLGEMEINE STOFFWECHSEL.

ERSTES CAPITEL.

Ziele der Untersuchung des Gesammtstoffverbrauches und Geschichtliches über diese Bestrebungen.[1]

Jede thierische Zelle, sowie jeder Abkömmling einer solchen, zeigt einen Stoffverbrauch. Die Produkte desselben sind jedoch nicht überall die nämlichen, denn jedes Organ eines complicirten Thierleibes liefert seine besondern Umsetzungsprodukte, die Leber z. B. andere als der Muskel. Da aber alle Organe durch die gleiche Ernährungsflüssigkeit gespeist werden, so kann der Grund des ungleichen Erfolges nur in der histologischen und chemischen Verschiedenheit der Organe d. h. in den durch die Organisation gesetzten verschiedenen Bedingungen gesucht werden.

Man war deshalb bestrebt, die Vorgänge in den isolirten Organen wie z. B. in der Speicheldrüse, der Leber, der Niere u. s. w. unter mancherlei Einflüssen zu untersuchen, und es gelang auch schon, Manches über die in ihnen stattfindenden Processe zu erfahren. Es wird aber nur schwer möglich sein, Quantitatives über den Verbrauch eines bestimmten Organes unter den dem lebenden Organismus entsprechenden Bedingungen, wo viele andere Organe auf die Thätigkeit des einen von Einfluss sind, zu ermitteln d. h. den Antheil, den jedes Organ am Gesammtstoffwechsel hat, zu erfahren. Es wäre zu dem Zwecke, z. B. bei der Leber, eine genaue Untersuchung des in einer gewissen Zeit zu- und abströmenden Blutes, der unterdess er-

---

[1] Voit, Ztschr. f. Biologie. I. S. 69—89. 1865.

zeugten Lymphe und Galle, sowie der Lebersubstanz auf alle möglichen Bestandtheile nothwendig.

Wohl aber sind wir im Stande, das, was in dieser Beziehung sämmtliche Organe eines Körpers, die ja immer nur in innigem Wechselverkehr mit einander thätig sind, zusammen unter den verschiedensten Umständen leisten, zu messen.

Sowie wir in die Ausdehnung und den Betrieb eines grossen Fabrikgeschäftes einen vollkommen genügenden Einblick bekommen, wenn wir aus den Büchern die in einem Jahre angekauften Rohmaterialien, die verkauften Waaren und die noch vorhandenen Vorräthe an beiden ihrer Menge und ihrem Werth nach erfahren, und dazu nicht zu wissen brauchen, was unterdess mit jedem Stückchen geschehen ist oder in welchen Maschinen es verarbeitet worden ist, so vermögen wir auch aus der stofflichen Thätigkeit des Gesammtorganismus eine grosse Anzahl der wichtigsten Lebenserscheinungen zu entnehmen, ohne den Beitrag der einzelnen Organe oder die Zwischenprodukte des Zerfalls zu kennen. Sowie es thöricht wäre, zum Zwecke der Ernährung des Gesammtorganismus zuerst die für jedes Organ nöthigen Nahrungsstoffe zu eruiren und sie dann für jedes derselben gesondert zuzuführen, so wäre es auch verkehrt, den tiefen Einblick, den uns die Bestimmung des Gesammtverbrauchs eines Thierkörpers giebt, zu verschmähen und ihn erst durch die Zusammensetzung der Thätigkeit der einzelnen Organe construiren zu wollen. Ja selbst wenn es möglich wäre, den Umsatz jedes Organs für sich zu ermitteln, so könnte man mit demselben Rechte dies Beginnen für nutzlos halten, bevor nicht der Antheil jeder Zelle des Organs am Ganzen erkannt wäre.

Wir finden durch die Untersuchung des Gesammtumsatzes, wie die mannigfachen Einflüsse, denen der Körper ausgesetzt ist, auf den Stoffzerfall in ihm einwirken, ob ein Stoff ein Nahrungsstoff ist, ob ein Gemische von Stoffen eine Nahrung für einen gegebenen Organismus darstellt, ferner unter welchen Bedingungen eine Ablagerung oder ein Verlust von Stoffen stattfindet. Zur Lösung der vielen Fragen der Art kann man sich nur an den Gesammtorganismus, in welchem sämmtliche Theile in steter Wechselbeziehung zusammen arbeiten, wenden. Da ausserdem alle Wirkungen in einem Organismus oder alle Lebenserscheinungen nur durch die bei der chemischen Umsetzung frei werdenden Kräfte ermöglicht werden, so erhalten wir durch das Studium der Zersetzungen in einem Thierkörper zugleich ein Maass für das Leben.

Es ist darnach die Aufgabe gestellt, den Verbrauch in einem

Thierkörper aus den Zersetzungsprodukten zu ermitteln: zunächst durch die Feststellung der Elemente der Ausscheidungen im Vergleich mit denen der Einnahmen; es ist aber auch, wie noch gezeigt werden wird, bis zu einem gewissen Grade möglich, daraus auf den Umsatz der chemischen Verbindungen, in welchen jene Elemente stecken, zu schliessen.

Die unbrauchbaren Produkte des Zerfalls verlassen den Körper des höheren Thieres durch besondere Organe, vorzüglich durch die Niere, die Lunge, die Haut und den Darm. Im Allgemeinen gehen die gas- und dampfförmigen Stoffe durch Haut und Lunge, die in der Harnflüssigkeit löslichen durch die Niere, die darin unlöslichen durch den Darm weg.

Geschichtliches zur Untersuchung des Stoffverbrauches.

Es hat lange gewährt, bis die uns jetzt selbstverständlich erscheinende Erkenntniss der Bedeutung der Exkrete gewonnen war, da früher namentlich die Chemie noch nicht so weit entwickelt war, um den Zusammenhang der Erscheinungen zu erfassen. Denn wenn man auch schon seit den ältesten Zeiten auf die Beschaffenheit von Harn und Koth achtete, und auch ahnte, dass darin, sowie auch in der ausgeathmeten Luft, für den Körper Schädliches enthalten ist, so blieb man doch bei der Unbekanntschaft mit den im Körper und den Exkreten befindlichen Substanzen über die Bedeutung aller dieser Vorgänge ganz im Unklaren; noch weniger konnte man daran denken, die Mengen der näheren Bestandtheile der Einnahmen und Ausgaben zu ermitteln.

In einem ersten Zeitraume beschäftigte man sich damit, mittelst der Wage die Grösse der Zufuhr durch Speisen und Getränke beim Menschen zu bestimmen und zu sehen, wie sich die Ausgaben des Körpers auf den Harn, den Koth und die insensible Perspiration durch Haut und Lungen vertheilen. Diese bis in die neuere Zeit fortgesetzten Beobachtungen wurden vorzüglich durch die Wägungen des SANCTORIUS veranlasst. Es war zwar schon längst aufgefallen, dass das Gewicht eines ausgewachsenen Menschen trotz der ungeheuren Menge der in einem Jahre eingeführten Nahrung nicht zunimmt, dass also eine entsprechende Quantität von Stoff in anderer Form vom Körper abgegeben wird. Es war auch die beständige Gewichtsabnahme des Körpers, ohne Entleerung von Harn und Koth, durch unsichtbare Verluste, durch die insensible Perspiration, bekannt. SANCTORIUS[1] war jedoch der erste, der mit grösster Ausdauer die Ursachen und die Maasse dieser Ausdünstung festzustellen suchte. Alle die vielen späteren Beobachter[2] in dieser Richtung sind im Wesentlichen nicht weiter

---

1 SANCTORIUS, De medicina statica asphorismi. Venet. 1614. (Ohne nähere Zahlenangaben.)
2 DIONYSIUS DODART. Mém. de l'acad. de Paris avant 1699. I. p. 276. (Ohne nähere Zahlenangaben.) — JAC. KEILL, Tentamina physico-medica. London 1718. (Genaues Tagebuch.) — DE GORTER, De perspirat. insensibili Sanctoriana. Leiden 1725. — G. RYE, Essays on epidemic diseases. Dublin 1734. — FRANZ HOME, Medical facts. — — JON. LININGS, Philos. Transact. London 1743. p. 491, 1745. p. 318. — BOISSIER DE

gekommen als er: sie bestimmten das Quantum von Speise und Trank, sowie das Verhältniss des Harns zur Perspiration unter verschiedenen Lebensverhältnissen, und fanden die grössten Schwankungen in der sensiblen Perspiration je nach dem Wärme- und Feuchtigkeitsgrad der umgebenden Luft, beim Schlafen und Wachen, bei Ruhe und Arbeit, bei Hunger und Nahrungsaufnahme.

So lehrreich auch in gewisser Beziehung diese ersten quantitativen Versuche über die Ausscheidungen des Körpers waren, so war es doch nicht möglich auf dem betretenen Wege zu einer weiteren Einsicht des Zusammenhangs der Erscheinungen zu gelangen; dazu gehörte die Kenntniss der in den Einnahmen und Ausgaben des Organismus enthaltenen näheren Bestandtheile. Es war daher jeder Fortschritt auf diesem Gebiete enge verknüpft mit der Entwicklung der Chemie.

Für die letztere war bekanntlich zunächst die Erkenntniss der verschiedenen Gasarten von entscheidender Bedeutung geworden. So kam es, dass auch die gasförmigen Ausscheidungen des Thierkörpers zuerst näher bekannt und untersucht wurden. Man fand allmählich, dass die Thiere in der Athemluft Kohlensäure ausscheiden (BLACK 1757), dass die eingeathmete Luft aus Stickstoff und Sauerstoff besteht (SCHEELE und PRIESTLEY 1772) und der letztere Stoff, der allein die Verbrennung und Athmung unterhält, in das Blut eintritt (PRIESTLEY 1776). Den wahren Zusammenhang der Erscheinungen der Verbrennung und Athmung erkannte aber erst LAVOISIER [1]. Er erschloss aus seinen Versuchen, dass der Sauerstoff der Verbrenner sei, indem derselbe sich mit dem verbrennenden Stoff verbindet. Dadurch that er den grössten jemals gemachten Schritt zur Einsicht in die Bedeutung der Zersetzungen im Körper und begründete er das Verständniss von den Oxydationsprocessen und dem Verbrauch im thierischen Organismus: der aus der Luft aufgenommene Sauerstoff vereinigt sich darnach in der Lunge mit dem Kohlenstoff und Wasserstoff einer im Blute befindlichen, aus den Processen im Thierkörper hervorgehenden kohlenstoff- und wasserstoffreichen Flüssigkeit und wird in der Kohlensäure und einem Theile des Wassers wieder ausgeschieden.

LAVOISIER begnügte sich aber bei dieser qualitativen Erkenntniss nicht; er machte am Menschen, zum Theil in Gemeinschaft mit SEGUIN, quantitative Bestimmungen über die Sauerstoffaufnahme und über den Einfluss der Nahrung, der Arbeit und der Kälte auf dieselbe. Er gelangte dabei zu Resultaten, welche durch neuere Versuche nur bestätigt werden konnten. Diese Experimente und die später noch zu erwähnenden Schlüsse LAVOISIER's [2] sind unstreitig die Grundlage für unsere heutigen Kenntnisse über die Zersetzungen im Thierkörper.

SAUVAGES, Physiologia. — BRYAN ROBINSON. On food and discharges of human body. London 1778. — DALTON, The Edinburgh new philos. Journ. Nov. 1832. — RAWITZ, Ueber d. einfachen Nahrungsmittel. Berlin 1842. — RIGG, Medical Times. 1842. p. 278. — VALENTIN. Repert. f. Anat. u. Physiol. 1843. Bd. S. S. 389. — VOLZ, Ber. d. Karlsruher Naturforscherversammlung. 1858. S. 205.

1 LAVOISIER. Sur la respiration des animaux et sur les changements qui arrivent à l'air en passant par leur poumon. 1777.

2 LAVOISIER, Oeuvres. II. p. 676; lu à la société de médecine en 1785; Mém. de l'acad. des sciences 1789. p. 185, Oeuvres II. p. 688; Mém. de l'acad. des sciences 1790. p. 77, Oeuvres II. p. 701.

Die nachfolgenden zahlreichen Untersuchungen über die Respiration der Thiere haben nur zum kleineren Theile mit der uns hier beschäftigenden Frage: des Zusammenhangs der Ausscheidungsprodukte mit den im Körper stattfindenden Stoffzersetzungen, zu thun; die meisten befassen sich mit der Erforschung der Vorgänge des Austausches der Gase in der Lunge, dem Blute und den Geweben, oder sie suchen, ohne Stellung einer bestimmten Frage und ohne gehörige Berücksichtigung anderer Momente, einfach die Grösse des Sauerstoffverbrauchs und der Kohlensäureabgabe bei verschiedenen Organismen, wie sie sich gerade darboten, zu bestimmen. Die in unser Gebiet gehörigen Resultate, namentlich der neueren Arbeiten, werden später Verwerthung finden.

Die in der Nahrung in den Körper eingeführten und ihn durch Harn und Koth verlassenden Stoffe konnten erst nach weiteren Fortschritten in der Chemie in Berücksichtigung gezogen werden. Dies geschah zunächst durch die Ausbildung der Elementaranalyse der organischen Verbindungen, welche ebenfalls von Lavoisier ausging. Er hat dadurch die stofflichen Elementarbestandtheile der Pflanzen- und Thiersubstanzen festgestellt und den Weg in die Chemie der organisirten Welt gebahnt.

Während man vorher nur das Gewicht von Speise und Trank, sowie das der insensiblen Perspiration, des Harns und des Koths feststellte, ging man jetzt daran, die Elementarzusammensetzung derselben zu erforschen, indem man ihren Gehalt an Kohlenstoff, Wasserstoff, Stickstoff, Sauerstoff und Asche bestimmte. Die Untersuchung der gasförmigen Ausscheidungen durch Haut und Lunge war dabei in den meisten Fällen nicht möglich, wesshalb man sich damit begnügte, die Elemente der Nahrung, des Harns und des Koths festzustellen und dann aus der Differenz die der Perspiration zu berechnen, indem man die nur selten zutreffende Voraussetzung machte, dass stets genau alle Bestandtheile der Einfuhr sich im Verlauf eines Tages in den Exkreten wieder vorfinden. Es wird sich später ergeben, dass diese Versuche der damaligen Zeit noch an vielen anderen Fehlern leiden. Es gehören hierher die sogenannten Stoffwechselgleichungen von Boussingault [1] am Pferd, der Kuh, dem Schwein und der Taube; von Sacc [2] am Huhn; von Valentin [3] am Pferd; von Barral [4], John Dalton [5] und Liebig [6] am Menschen. Der Gewinn dieser mühseligen Untersuchungen war aber für die Erkenntniss der Stoffwechselvorgänge im Körper nicht so bedeutend, als man vielleicht erwartet hatte. Man hatte für einzelne Fälle Zahlen gewonnen, aus denen jedoch keine allgemein giltigen Regeln zu entnehmen waren. Es war nur eine Vergleichung möglich, wieviel in dem betreffenden Falle von den Elementen der Nahrung in den einzelnen Exkreten wieder zum Vorschein kommt; man er-

1 Boussingault, Ann. d. chim. et phys. LXI. p. 128. 1839; (3) XI. p. 433. 1844.
2 Sacc, Ann. d. scienc. natur. Sept. 1847.
3 Valentin, Wagner's Handwörterb. d. Physiol. I. S. 367. 1842.
4 Barral, Ann. d. chim. et phys. (3) XXV. p. 129. 1849; statique chimique des animaux. 1850.
5 Dalton, The Edinburgh new philos. Journ. Nov. 1832, Jan. 1833; Manchester memoirs, New series. II. p. 27.
6 Liebig, Die organ. Chemie in ihrer Anwendung auf Physiol. u. Pathol. 1842. S. 14.

hielt aber keine Aufschlüsse über die grossen Differenzen in den Zersetzungsprocessen bei ein und demselben Organismus unter verschiedenen Umständen und über die Stoffe, welche der Zerstörung anheimfallen.

Ein solcher Einblick war erst denkbar, als man die in der Nahrung, in den Organen und den Exkreten befindlichen Stoffe, in welchen die vorher gefundenen Elemente stecken, kennen lernte. Es war allmählich gelungen, aus dem Harn und anderen Ex- und Sekreten des Thierkörpers allerlei Verbindungen zu isoliren, wie z. B. Milchsäure, Harnsäure, Harnstoff, Hippursäure, Kreatin, Kreatinin, die Gallensäuren u. s. w. Man fand ferner in den Organen der Pflanzen und Thiere verschiedene Kohlehydrate und Fette [1], sowie allerlei Eiweissstoffe vor. Diese Hauptbestandtheile des Leibes und der Nahrung hatten durch chemische Agentien im Laboratorium eine Reihe der merkwürdigsten Umwandlungen erfahren, wodurch die Beziehungen der mancherlei Stoffe zu einander klar hervortraten; die dabei erhaltenen Stoffe waren zum Theil die gleichen wie die im Organismus vorkommenden Ausscheidungsprodukte. Es gelang weiter, die nähere Zusammensetzung und auch die Constitution vieler dieser Substanzen zu ermitteln, ja sie aus den Komponenten durch Synthese aufzubauen.

Diese die organische Chemie begründenden Entdeckungen, an denen LIEBIG so reichen Antheil hatte, lieferten ihm, fussend auf den von LAVOISIER durch seine Versuche am Menschen gefundenen Thatsachen, das Material für seine befruchtenden Ideen über die Processe im thierischen Organismus. Für LAVOISIER gab es nur eine in den Lungen stattfindende Oxydation des Kohlenstoffs und Wasserstoffs einer im Blute befindlichen, an diesen beiden Elementen reichen Flüssigkeit. LIEBIG [2] wurde durch die Kenntniss der Bestandtheile der Organe und Exkrete zu dem Schlusse gedrängt, dass aus den verschiedenen, die Organe constituirenden complicirten Substanzen die einfacheren Ausscheidungsprodukte allmählich hervorgehen, wesshalb er die Umsetzung Schritt für Schritt auf Grund chemischer Untersuchungen bis zu den Exkretionsstoffen zu verfolgen suchte. Er hob weiterhin die ungleiche Bedeutung der zum Aufbau der Gebilde im Thierkörper nöthigen Stoffe, namentlich der stickstoffhaltigen und der stickstofffreien, hervor; er sprach auch die Meinung aus, dass sämmtlicher Stickstoff der zersetzten stickstoffhaltigen Substanzen im Harn entfernt werde und daher die Grösse der Zersetzung der letzteren aus dem Stickstoffgehalte des Harns gemessen werden könne.

Dadurch war der Forschung auf unserem Gebiete eine neue Richtung gegeben, welche sie bis jetzt behielt. Es war damit ganz bestimmt der Zweck hingestellt, den die Untersuchungen über den thierischen Haushalt haben: es sollen aus der Qualität und Quantität der Exkretionsstoffe Rückschlüsse auf die im Körper umgesetzten Stoffe gezogen werden, und es war ferner den Physiologen als Aufgabe gegeben worden, die Abänderungen der Zersetzungen unter den mannigfaltigsten Umständen, namentlich bei verschiedener Art und Menge der Nahrungszufuhr, zu studiren und so die Gesetze derselben zu finden.

---

1 CHEVREUL. Recherches sur les corps gras d'orgine animale. Paris 1823.
2 LIEBIG, Die organ. Chemie in ihrer Anwendung auf Physiol. u. Pathol. 1842; Chemische Briefe: Die Chemie in ihrer Anwendung auf Agrikultur und Physiologie. 1846.

Da man damals die stickstoffhaltigen Substanzen für die Lebensvorgänge fast allein für maassgebend hielt, und unter den Exkreten die im Harn befindlichen stickstoffhaltigen Substanzen am leichtesten bestimmbar schienen, so befassten sich anfangs die Meisten nur mit dem letzteren Exkrete und mit der Verfolgung der Zersetzung der stickstoffhaltigen Verbindungen, namentlich Frerichs, Lehmann, Bischoff und ich. Andere suchten nur aus der Kohlensäureausscheidung in der Respiration und aus der Sauerstoffaufnahme die Intensität des Umsatzes zu entnehmen, unter diesen vorzüglich Regnault und Reiset sowie neuerdings Pflüger an Thieren, Scharling und Vierordt am Menschen. Nur Wenige waren bestrebt, sämmtliche Produkte der Zerstörung zu gleicher Zeit abzufangen, um von dem Gesammtverbrauch im Organismus eine Vorstellung zu bekommen; dies geschah in einigen Fällen von Bidder und Schmidt, später in grosser Ausdehnung für verschiedene Organismen von Pettenkofer und mir, für das Rind und das Schaf von Henneberg. Der Verlauf und Gewinn aller dieser Bestrebungen wird aus den nachfolgenden Mittheilungen erhellen.

Wenn es gelingen soll, aus den Umsetzungs- und Ausscheidungsprodukten den Gesammtstoffwechsel eines Thierkörpers zu messen, so müssen selbstverständlich alle Ausscheidungen, soweit sie für die Beurtheilung jener Vorgänge von Belang sind, zur Bestimmung der in ihnen enthaltenen Stoffe oder Elemente gesammelt werden.

Man ist aber auch im Stande nur einen Theil des Verbrauchs, nämlich den Wechsel einzelner Elemente, z. B. des Stickstoffs, des Kohlenstoffs oder des Calciums zu verfolgen. Dann muss ebenfalls die ganze Quantität des betreffenden Elements aus den Exkreten erhalten werden. So giebt die Ermittlung des im Harn ausgeschiedenen Calciums keine Einsicht in den Umsatz dieses Elements, weil ausserdem im Koth noch viel von demselben sich befindet; eine Analyse des Harnstoffs im Harn lässt nicht ohne Weiteres einen Schluss auf die Grösse der Zerstörung stickstoffhaltiger Substanzen im Körper zu, deren Produkte sich noch in anderen Stoffen des Harns, im Koth und möglicherweise auch in der Respirationsluft finden; ebenso ist die Bestimmung des durch Haut und Lungen entfernten Kohlenstoffs kein Maass für den Verbrauch des Kohlenstoffs, welcher in sehr schwankenden Mengen auch im Harn und Koth ausgeschieden wird, noch weniger aber ein Maass des Stoffwechsels überhaupt, da im Körper nicht nur eine einzige kohlenstoffhaltige organische Verbindung zur Zersetzung gelangt, sondern meist mehrere von ganz ungleicher Bedeutung und von verschiedenem Kohlenstoffgehalt in sehr wechselnder Proportion in den Zerfall gezogen werden.

ZWEITES CAPITEL.

Wege des Stoffverlustes und Methoden zur Ermittlung des Stoffverbrauches.

Es giebt bekanntlich eine Anzahl von Wegen, auf welchen der Körper Stoffe verliert. Nicht alle diese Stoffe sind Endprodukte oxydativer Spaltungen, wenn letztere auch einen grossen Bruchtheil derselben darstellen. Es werden nämlich auch manche für den Körper an und für sich noch brauchbare Stoffe unter den in ihm gegebenen Bedingungen unverändert abgegeben wie z. B. Wasser durch Verdunstung, sowie aus dem Blute in den Harn und Koth übertretende Aschebestandtheile; oder es verlassen gewisse mit dem Eiweiss in den Zellen und Säften näher verbundene Stoffe, z. B. Wasser, Aschebestandtheile u. s. w., wenn sie durch die Zerstörung desselben frei und überschüssig geworden sind, den Körper. Auch höher zusammengesetzte chemische Verbindungen werden in allerlei Sekreten ausgeschieden, in der Milch, dem Samen, dem Nasenschleim, dem Speichel, dem Schweiss, dem Talg, in den Residuen der Darmsäfte. Selbst organisirte Gebilde gehen in geringer Menge zu Verlust durch Abstossung von Epidermisschuppen und Epithelzellen, von Haaren und Nägeln. Endlich werden in die Säfte gerathene überflüssige oder unbrauchbare Materien als solche oder verändert, grösstentheils im Harn und Koth, wieder entfernt.

Es ist einleuchtend, dass man den Gesammtstoffwechsel fast nur an grossen Organismen bestimmen kann; an kleinen und niederen Thieren vermag man nur Theile desselben zu messen.

Für gewöhnlich hat man zur Feststellung des Stoffverbrauchs nur die Exkrete der Niere und des Darmes, sowie die gas- und dampfförmigen Ausscheidungen der Haut und der Lunge, welche den weitaus grössten Theil des Verlustes ausmachen, zu berücksichtigen.

In dem Harn befinden sich neben unbrauchbaren Endprodukten des Zerfalls, welche hauptsächlich den umgesetzten Stickstoff entführen, und neben den dabei frei und überschüssig gewordenen Aschebestandtheilen und Wasser noch solche Stoffe, welche, obwohl für den Körper nothwendig, in der Niere die Säfte verlassen, wie z. B. ein Theil des Wassers und der Salze, oder zufällig in den Organismus gelangt für ihn nicht verwerthbar sind.

Durch Haut und Lunge gehen in Gasform Stoffe weg, zum

grössten Theil Produkte der Oxydation, aber auch einfach verdunstendes Wasser und andere Gase in geringer Menge (Wasserstoff, Grubengas), welche zum Theil im Darmkanale bei der Verdauung entstanden sind.

Im Koth werden nicht nur unverdaut gebliebene Theile der Nahrung entfernt, sondern auch Stoffwechselprodukte, nämlich die Residuen der Darmsäfte, Epithelzellen und Schleim des Darmkanals, sowie in der Harnflüssigkeit nicht lösliche Stoffe, welche vielleicht direkt aus dem Blute durch die Epithelzellen ausgeschieden werden (Eisen, phosphorsaurer Kalk).

Unter Umständen kann jedoch ausserdem die Absonderung der Schweissdrüsen in erheblicher Menge Stoffe (Wasser, Kochsalz, Harnstoff) entführen. Auch ist der Verlust durch die Abstossung der Horngebilde, der Epidermisschuppen, der Haare und Nägel, zeitweise nicht unbeträchtlich und muss dann berücksichtigt werden. Die Absonderung der Talgdrüsen braucht zu unserem Zwecke wohl kaum beachtet zu werden, zudem sie sich mit dem Sekrete der Schweissdrüsen und mit der Hautabschuppung vermengt. Ebenso kommt die Abscheidung von Speichel, Nasenschleim, Thränen, Ohrenschmalz, Samen und Menstrualblut bei Stoffwechseluntersuchungen gewöhnlich nicht in Betracht. Nur in besonderen Fällen ist es nöthig, den Stoffverlust durch die Milch, durch Eier, oder durch die Ausstossung von Jungen zu bestimmen. Ueber die Grösse einiger dieser Verluste wird später noch berichtet werden.

Wir betrachten nun die Methoden der Ermittlung der einzelnen Elemente und der Stoffe der Einnahmen und Ausgaben zum Zwecke der Feststellung des Stoffverbrauchs im Thierkörper.[1] Für den Fleischfresser und den Menschen sind dieselben grösstentheils von mir ausgebildet worden, für den Pflanzenfresser von Henneberg und Stohmann; eine vortreffliche Zusammenstellung der für den Pflanzenfresser geeigneten Versuchsmethoden hat E. Wolff geliefert. Bei den früheren Versuchen der Art analysirte man den in einer Versuchs-

---

1 Allgemeines über die Methoden, mit Ausschluss derjenigen der Bestimmung der Athemprodukte, bei: Bidder u. Schmidt, Die Verdauungssäfte u. d. Stoffwechsel S. 292. 1852; Voit, Physiol.-chem. Unters. Augsburg 1857; Bischoff u. Voit, Die Gesetze der Ernährung des Fleischfressers. S. 36—38 u. S. 267—303. Leipzig 1860; Voit, Unters. über den Einfluss des Kochsalzes, des Kaffees und der Muskelbewegungen auf den Stoffwechsel. S. 3—7 u. S. 229—253. München 1860; Voit, Ztschr. f. Biologie. I. S. 89—168 u. S. 283—314. 1865; J. Ranke, Arch. f. Anat. u. Physiol. 1862. S. 311; Pettenkofer u. Voit, Ztschr. f. Biologie. II. S. 465—478. 1866; Henneberg u. Stohmann, Beiträge zur Begründung einer rationellen Fütterung der Wiederkäuer. Heft I. S. 19—29, S. 70—82, S. 140—188. 1860; Heft II. S. 1—17, S. 21—51. 1864; Henneberg, Neue Beiträge. Heft I. S. 3—78 (Einleitung). 1870; Wolff, Die Ernährung der landwirthschaftl. Nutzthiere. S. 1—41. 1876.

reihe von kurzer Zeitdauer anfallenden, meist auf den Stallboden entleerten Harn und Koth, und eine Probe der nach Belieben verzehrten und meist sehr zusammengesetzten Nahrung. Ich habe eingesehen, dass man zur Erzielung genauer Resultate den auf die Versuchsreihe treffenden Harn und Koth vollständig sammeln und eine möglichst einfache, ihrer Zusammensetzung nach leicht bestimmbare Nahrung wählen müsse; ausserdem sind alle die Bedingungen, welche von Einfluss auf die Zersetzung sind, gleichmässig zu erhalten. Es ist unbegreiflich, dass diese selbstverständlichen Forderungen noch nicht bei allen Stoffwechselversuchen erfüllt werden.

Es ist nötbig, einige allgemeine Bemerkungen, welche für alle Versuche in dieser Richtung gelten, vorauszuschicken.

Früher glaubte man aus der procentigen Zusammensetzung eines irgendwie gelassenen Harns oder einer Portion aufgefangener Athemluft Schlüsse auf die Zersetzungen im Körper ziehen zu können; es braucht jetzt nicht mehr näher erörtert zu werden, wesshalb solche Untersuchungen für unsern Zweck nicht den mindesten Werth besitzen. Man sah nach unzähligen unbrauchbaren Analysen ein, dass man die absolute Menge der Bestandtheile der während eines bestimmten Zeitraums gelieferten Exkrete kennen müsse. Als solchen nahm man meistentheils, ohne sich von Anfang an der Bedeutung dieser Wahl klar bewusst zu sein, die Zeit von 24 Stunden an, wahrscheinlich nur deshalb, weil dieselbe die im gewöhnlichen Leben gebräuchliche Einheit darstellt [1].

Es geht nur in besonderen Fällen an, aus einer beliebigen kürzeren Beobachtungszeit auf 24 Stunden zu rechnen, denn die Menge der ausgeschiedenen Stoffe ist durchaus nicht in jedem Augenblicke oder in jeder Stunde gleich, sondern sie ist vielmehr durch allerlei Einflüsse den bedeutendsten Schwankungen ausgesetzt. Man erfährt z. B. aus einer zweistündigen Tagesbeobachtung der Kohlensäureausscheidung eines hungernden Thieres durch Multiplikation mit dem Faktor 12 nicht die Grösse derselben für 24 Stunden, da in gleicher Nachtzeit wegen der Ruhe des Körpers ansehnlich weniger Kohlensäure geliefert wird. Den grössten Einfluss übt aber die Qualität und Quantität der Nahrung aus; aus einer dreistündigen Beobachtung gleich nach einer reichlichen Nahrungsaufnahme würde man daher für 24 Stunden viel zu hohe Werthe berechnen.

Man darf ferner nicht ohne Weiteres die in einem bestimmten Zeitraum, z. B. in 24 Stunden, beliebig entleerten Exkrete untersuchen, sondern es muss der Körper in einer bestimmten Weise zu solchen Versuchen vorbereitet sein. Es ist klar, dass man nur diejenige Zeit als Einheit wählen darf, in der der Körper sich am Anfang und Ende in dem gleichen stofflichen Zustande befindet oder in der die ihn treffenden Einflüsse in ihrer stofflichen Wirkung abgelaufen sind.

Will man nicht den Verbrauch während eines ganzen Tages messen, sondern nur überhaupt die Wirkung irgend eines Agens auf den Umsatz

---

1 Zuerst besonders von C. G. LEHMANN für den Harn betont im Journ. f. prakt. Chem. XXV. S. 1—21 u. XXVII. S. 257.

gewisser Elemente erkennen, so genügt in manchen Fällen eine Beobachtungszeit von einer oder mehreren Stunden. Bei einige Tage hungernden Fleischfressern oder bei Pflanzenfressern, deren Darm mit einem vegetabilischen Nahrungsmittel angefüllt ist, schwankt die Zersetzung in kleineren Zeiträumen unter sonst gleichen Umständen nur wenig, so dass hier direkt sich folgende Vergleichsversuche von kürzerer Dauer möglich sind, sobald die Exkrete vollständig gewonnen werden können. Man hat auch hier und da beim Fleischfresser, welcher täglich zu der nämlichen Zeit ein bestimmtes zureichendes Futter für den ganzen Tag verzehrte, oder beim Menschen, der möglichst gleichmässig lebte, zu der gleichen Stunde nach der Nahrungsaufnahme die Untersuchung begonnen; man verglich also dabei die Werthe eines bestimmten Abschnittes sich folgender Tage mit einander, indem man voraussetzte, dass dann in gleichen Zeiten die Menge der Zersetzungsprodukte die gleiche ist. Der in einigen Stunden erzeugte Harn lässt sich seiner geringen Quantität wegen meist nicht genau genug erhalten, auch wenn man ihn mit dem Katheter abnimmt; dagegen vermag man die Aufnahme von Sauerstoff und die Abgabe von Kohlensäure durch die Respiration unter den angegebenen Verhältnissen mit genügender Genauigkeit zu bestimmen, besonders wenn man den die Wirkung eines Einflusses prüfenden Versuch zwischen zwei Normalversuche einschliesst.

Bei den meisten Fragen jedoch, namentlich da, wo es sich um die Wirkung von Nahrungsstoffen auf den stofflichen Zustand des Körpers handelt, ist als kleinste Periode die Zeit von 24 Stunden zu betrachten. Es muss dabei in der Versuchszeit das in den Darm Eingebrachte so weit als es überhaupt möglich ist, in die Säfte übergegangen sein und in den Geweben seine Verwendung gefunden haben, oder es muss wenigstens, wenn die Verdauung des am Versuchstag Zugeführten am Ende desselben noch nicht abgeschlossen sein sollte, wie es namentlich bei den fast den ganzen Tag an dem massigen Futter kauenden Pflanzenfressern der Fall ist, täglich doch so viel resorbirt und verwerthet werden als verzehrt worden ist, d. h. es muss, wenn bei Beginn eines Versuchs die Verdauung eines Theils des Futters noch nicht abgeschlossen ist, am Ende sich wieder ebensoviel Unverdautes im Darm befinden. In beiden Fällen ist also der Darm zu Beginn und am Ende des Versuchstages in dem gleichen Zustande; im ersten ist der Körper am Anfang und am Schlusse nüchtern, im zweiten ist beide Male die Verdauung bis zum gleichen Punkte vorgeschritten.

Beim Fleischfresser ist nun in der That, im Gegensatz zum Pflanzenfresser, in 24 Stunden, wenn die animalische Nahrung für den ganzen Tag bei Beginn desselben auf ein Mal aufgenommen wird, die Verdauung und Resorption, wenigstens zum weitaus grössten Theil, vollendet, der Koth gebildet und der Hungerzustand eingetreten. Es geht dies allerdings nicht mit Sicherheit daraus hervor, dass das Thier nach Verlauf von 24 Stunden mit wahrem Heisshunger das neue Futter verzehrt, wohl aber daraus, dass es Monate lang, Tag für Tag, das gleiche Quantum geniesst. Würde täglich eine gewisse Menge davon nicht verdaut werden, so müsste sich der Inhalt im Darm in Masse anhäufen; ich habe aber einem Hunde während 21 Tagen täglich 1500 Grm. Fleisch gegeben, während 8 Tagen 2000 Grm. Fleisch, während 58 Tagen 500 Grm. Fleisch mit 200 Grm. Fett, während 26 Tagen 500 Grm. Fleisch mit 250 Grm. Stärkemehl, während 48 Tagen 1000 Grm. Fleisch mit 304 Grm. Milch, während 99 Tagen 658 Grm. Brod mit 304 Grm. Milch. Es wurde der Abschluss der Verdauung in dieser Zeit auch durch direkte Bestimmungen erwiesen. Bei einer Katze, welche 250 Grm. Fleisch gefressen hatte, fand ich [1] nach 24 Stunden den Darm bis auf den untersten Theil des Dickdarms ganz leer; auch aus den Entleerungen, welche häufig schon vor Ablauf von 24 Stunden den auf eine Nahrung treffenden normalen Koth nach Aussen befördern, geht hervor, dass beim Fleischfresser die Verdauung der verschiedensten Nahrungsmittel in der Zeit von 24 Stunden vollendet ist; nach Fütterung mit Knochen erscheint häufig schon nach 10—12, ja schon nach 5½ Stunden der erste Knochenkoth. Nach ZAWILSKI [2] waren bei einem Hunde (von 14 Kilo Gewicht), welcher zur Bestimmung des Fettgehalts im Chylus 151 Grm. Fett verzehrt hatte, im Magen und Darm nach 22 Stunden noch 16 Grm. Fett enthalten, nach 30 Stunden aber nur mehr 2 Grm.; möglicherweise wurde durch die Operation und die Narkose die Resorption im Darm etwas verzögert.

Würde man eine kürzere Zeit als 24 Stunden wählen, dann wäre selbst bei Aufnahme eines entsprechend geringeren Nahrungsquantums die Wirkung desselben noch nicht abgeschlossen; bei längeren Perioden müsste man mehr Nahrung geben, welche aber dann nicht auf ein Mal verzehrt werden könnte.

Schon aus diesem Grunde sind beim Fleischfresser die Untersuchungen über den Einfluss von Nahrungsstoffen auf den Verbrauch im Körper viel einfacher wie beim Pflanzenfresser: man vermag bei ihm den Effekt eines Futters ohne Mitwirkung der vorausgehenden Periode Tag für Tag zu verfolgen. Beim Menschen ist dies schon schwieriger, da er gewöhnt ist, in drei oder mehr Mahlzeiten seine Nahrung aufzunehmen, und daher am Ende des Versuchstags die letzte Mahlzeit möglicherweise noch nicht ganz verdaut und resorbirt ist; man darf daher bei ihm die letzte Mahlzeit nicht später als 12—14 Stunden vor Schluss des Versuchstags reichen. Beim Pflanzenfresser, welcher meist noch kurz vor Beendigung eines Versuchstages an seinem Futter kaut und bei dem sich vielleicht das vor vier Tagen Verzehrte noch an der Zersetzung betheiligt, muss man längere Zeit ein Futter geben, um seine Wirkung zu erkennen, und sind die vorübergehenden Wirkungen desselben nicht rein zu erhalten.

Es wird dabei vorausgesetzt, dass in der angenommenen Zeit das angenagte Molekül bis in die Endprodukte zerfallen ist und letztere auch ausgeschieden sind, oder dass bei den chemischen Processen im Körper in beachtenswerther Quantität nur Fett erzeugt und zeitweise aufgespeichert wird. In der That, betrachtet man einen grösseren thierischen Organismus im Ganzen, so findet man darin von organischen Substanzen vorwiegend eiweissartige Stoffe und nächste Abkömmlinge derselben (leimgebende Stoffe, Hornsubstanzen) und Fett(Lecithin); alle andern Stoffe sind Zwischenprodukte, welche gegen erstere nur in verhältnissmässig geringer Menge

---

1 VOIT, Ztschr. f. Biologie. II. S. 41 u. 43. 1866.
2 ZAWILSKI, Arbeiten d. physiol. Anstalt zu Leipzig 1876. 11. Jahrg.

vorkommen (Glykogen, Zucker, Milchsäure etc.) oder schon Ausscheidungsprodukte, die sich normal nicht in berücksichtigenswerther Menge ansammeln (Harnstoff, Kohlensäure etc.). Man muss dabei noch bedenken, dass meistentheils bei Beginn und am Ende eines Versuchstags die Zwischen- und Endprodukte in gleicher Menge sich finden. In den Muskeln sind z. B. keine erheblichen Unterschiede in dem Kreatingehalte unter verschiedenen Umständen nachgewiesen worden [1]; auch fand sich im Muskel eines seit 4 Monaten hungernden Murmelthieres das Kreatin in normaler Menge vor. [2] Der Harnstoff- und Kohlensäuregehalt in den Säften ist normal keinen grossen Schwankungen unterworfen; ebenso das Glykogen in der Leber und den Muskeln, wenn wie gewöhnlich beim Fleischfresser am Ende des Versuchstags wieder der Hungerzustand eingetreten ist. Selbst wenn die intermediären Processe bei Abschluss des Versuchs noch nicht abgelaufen sind, also noch Zwischenprodukte im Körper angehäuft sind wie beim Pflanzenfresser, so ist doch bei gleicher Nahrungszufuhr nach einiger Zeit am Ende jedes Versuchstags die gleiche Menge derselben vorhanden, d. h. von den Tags vorher aufgespeicherten Zwischenprodukten so viel in die Endprodukte verwandelt und ausgeschieden, als am letzten Tage liegen bleiben.

Will man demnach die Wirkung irgend eines Agens auf den Stoffverbrauch während 24 Stunden prüfen, so muss man einen bestimmten, genau gekannten Zustand des Organismus vor sich haben; man nimmt zu dem Zwecke entweder den Hungerzustand zu einer Zeit, wo täglich die gleiche Quantität von Stoff zerstört wird, oder den Zustand der völligen Erhaltung des Körpers durch eine Nahrung, den sogenannten Gleichgewichtszustand der Einnahmen und Ausgaben, bei dem ebenfalls die Zersetzungen unverändert bleiben.

Es gilt nun die während der Zeit von 24 Stunden (oder einer anderen Zeiteinheit) unter bestimmten Umständen in den Einnahmen aufgenommenen Elemente und Bestandtheile und die in den Exkreten, welche auf diese Zeit und diese Einnahmen treffen, ausgeschiedenen Elemente und Bestandtheile zu ermitteln, um daraus den Stoffverbrauch im Körper festzustellen.

I. Bestimmung der Zusammensetzung der Einnahmen.

Da zu den Einflüssen, welche auf den Stoffverbrauch im Körper einwirken, vor Allem die in ihn von Aussen eingeführten Stoffe gehören, und es nicht möglich ist, über die Zersetzungen im Thierleibe und ihre Ursachen ohne Berücksichtigung derselben ins Klare zu

---

1 Voit, Ztschr. f. Biologie. IV. S. 82. 1868.
2 Derselbe, Ebenda. XIV. S. 118. 1878.

kommen, so ist es nothwendig, einige Bemerkungen über die Art der Darreichung der Einnahmen bei Stoffwechselversuchen und über die Ermittlung ihrer Zusammensetzung zu machen.

Es werden in alle thierische Organismen, in die höheren vom Darmschlauch aus, in die niederen von der äusseren Oberfläche aus Stoffe in das Innere des Leibes aufgenommen, welche ihn vor Verlusten bewahren; ausserdem tritt durch bestimmte Organe oder durch die ganze Körperoberfläche der Sauerstoff der umgebenden Luft oder des Wassers ein, über dessen Bestimmung später noch Einiges gesagt werden soll.

Zunächst muss die Zusammensetzung der Zufuhr, ihr Gehalt an Elementen und an chemischen Verbindungen, möglichst genau bekannt sein; auch soll die Zufuhr in der gleichen Zusammensetzung für längere Zeit leicht herstellbar sein.

Zu dem Zwecke wäre es unstreitig am besten, könnte man nur reine chemische Verbindungen (die reinen Nahrungsstoffe) z. B. reines Eiweiss, Fett, Zucker, Stärkemehl, Aschebestandtheile, oder Gemische derselben geben. Da aber die Menschen und auch die Thiere nur selten solche geschmacklose Gemenge auf die Dauer aufzunehmen oder zu ertragen vermögen, so bleibt für die meisten Fälle nichts anderes übrig als schon durch die Natur zusammengesetzte Mischungen (die Nahrungsmittel) zu wählen. Jedoch wäre es wohl möglich und ganz verdienstvoll, die Grundversuche, nachdem vorher der Weg mit Hilfe der letzteren Mischungen gefunden worden ist, mit den reinen Stoffen zu wiederholen, obwohl sich dabei sicherlich im Wesentlichen keine anderen Resultate ergeben werden.

Man wählt also die reinen Nahrungsstoffe oder solche Nahrungsmittel aus, welche möglichst einfach zusammengesetzt und gleichmässig zu erhalten sind, was für den Fleischfresser viel leichter ist wie für den Pflanzenfresser.

Für den Fleischfresser hat man als reine Nahrungsstoffe Blutfaserstoff (MAGENDIE) oder mit heissem Wasser erschöpftes Fleischpulver (FÖRSTER und KEMMERICH) oder die mit heissem Wasser ausgezogenen coagulirten Eiweissstoffe des Blutes (PANUM) gegeben; ausserdem Stärkemehl, Zucker, Fett, Leim u. s. w.

Für länger währende Versuchsreihen wählt man als eiweisshaltiges Nahrungsmittel am besten mit der Scheere sorgfältig von Knochen, Sehnen, Bändern und Fett befreites frisches Muskelfleisch von nicht gemästeten Rindern oder Pferden, da es die Thiere meist am liebsten und auf die Dauer verzehren und seine Beschaffung in

2*

grösseren Quantitäten leicht möglich ist. Solches Muskelfleisch ist allerdings ein complicirt zusammengesetztes Ding. Im Wesentlichen kann man es aber als aus eiweissartigen Stoffen, Aschebestandtheilen und Wasser bestehend betrachten. Das darin zu etwa 1.6 % enthaltene leimgebende Gewebe wirkt in Gegenwart von überschüssigem Eiweiss nahezu wie letzteres; die Extraktivstoffe, welche 1,9 %, des Fleisches ausmachen und ohngefähr 7 % des Gesammtstickstoffs desselben einschliessen, lassen die aus dem Stickstoffgehalt des Fleisches berechnete Eiweisszufuhr etwas zu hoch erscheinen, aber auch entsprechend den Eiweisszerfall, da der Stickstoff der Extraktivstoffe unverändert in den Harn übergeht.

Ich [1] habe das Fleisch von ungemästeten Rindern sorgsam ausgeschnitten, so dass es nur noch 0,9 % Fett an Aether abgab, und nach einer Anzahl Analysen einen Mittelwerth von 75.9 %, Wasser und 3.4 % Stickstoff angenommen. Man hat dagegen eingewendet, dass die Annahme einer solchen Mittelzahl nicht genau sei und namentlich die Menge des Stickstoffs im Fleisch sehr ungleich sei. Es ist dies ganz richtig, wenn man Fleisch von Rindern, die unter den verschiedensten Verhältnissen sich befanden, analysirt oder gar Fleisch von verschiedenen Thieren vergleicht. Für den von mir angegebenen Fall, für das Fleisch vom ungemästeten Rind, habe ich die Fehlergrenzen genau angegeben. Nach meinen Bestimmungen ist der Wassergehalt dieses Fleisches allerdings ziemlich schwankend, jedoch in geringerem Grad der Stickstoffgehalt (um 0.3 %). Die jedesmalige Ausführung einer oder mehrerer Stickstoffbestimmungen in einer neuen Portion Fleisch hätte die Untersuchung wesentlich erschwert und doch zu keinen andern Ergebnissen geführt. Aus gewissen Gründen habe ich [2] nicht die von mir erhaltene mittlere Zahl (3.59 %), sondern die niedrigste (3.4 %) den Berechnungen zu Grunde gelegt.

Die meisten Beobachter geben den gleichen Werth an. Nach Grouven [3] findet sich im magern Ochsenfleisch im Mittel 3.41 % Stickstoff; nach Stohmann [4] bei der Ziege 3.33 %, beim Lamm 3.32 %, beim Pferd 3.35 %. S. L. Schenk [5] hat gemeint, man müsse auf eine einigermaassen genaue Zahl für den Stickstoffgehalt des Fleisches Verzicht leisten, da er im Fleisch des Rindes in 6 Analysen Schwankungen von 3.30—3.84 %, Stickstoff erhielt; in einem Falle aber, wo er von ein und demselben Stück Fleisch zwei Analysen ausführte, bekam er 3.49 und 3.84 % Stickstoff, was nur zeigt, dass seine Methode Fehler einschliesst. Auch nach Nowak [6] soll der Stickstoffgehalt des Fleisches sehr variiren bei ver-

---

1 Voit, Physiol.-chem. Unters. S. 16 u. 17. 1857; Ztschr. f. Biologie. I. S. 96 u. 97. 1865.   2 Voit, Ztschr. f. Biologie. I. S. 98. 1865.
3 Grouven, Physiol.-chem. Fütterungsversuche. S. 86. 1864.
4 Stohmann, Ztschr. f. Biologie. VI. S. 239. 1870.
5 Schenk, Sitzgsber. d. Wiener Acad. 2. Abth. LXI. Jan.-Heft. 1870; Anat.-physiol. Unters. S. 38. Wien 1872.
6 Nowak, Sitzgsber. d. Wiener Acad. 2. Abth. LXIII. Jan.-Heft. S. 26. 1871 u. 2. Abth. LXIV. 1871.

schiedenen Thierindividuen und in verschiedenen Muskelpartien desselben Thiers. Dies ist jedoch bei dem gereinigten Fleisch ungemästeter Rinder nicht in so hohem Grade der Fall. So hat Petersen [1] bei Doppelanalysen des gleichen Fleisches vom gemästeten Rind nur Schwankungen von 0.02 % im Stickstoff bekommen und bei verschiedenen Individuen von 3.23 bis 3.35 % (Mittel 3.29 %). In derselben Weise lauten auch die Mittheilungen von H. Huppert [2], nach denen beim gemästeten Thiere Differenzen von 2.97—3.52 % (Mittel 3.32 %) Stickstoff vorkommen. Unter Huppert's 39 Analysen finden sich nur fünf unter 3.20 % und nur vier über 3.42 % ; die dann noch bleibende Differenz von 0.22 % erscheint noch geringer, wenn man bedenkt, dass der mittlere Fehler der Analyse der nämlichen Fleischprobe 0.06 % beträgt. Ich weiss aus Erfahrung, dass sich die Schwankungen nahezu ausgleichen, wenn man für längere Reihen von un-gemästeten Rindern aus grossen Muskelstücken das Material ausschneidet.

Für die meisten Versuche, wo es sich nicht um eine absolut genaue Kenntniss des Stickstoffverbrauchs, sondern nur um eine der Wahrheit nahe kommende handelt, ist die Annahme einer Mittelzahl für das Fleisch (3.4 %) unter den von mir angegebenen Umständen gewiss berechtigt. Ich gestehe aber zu, dass es zur Beantwortung der Frage, ob aller ausgeschiedene Stickstoff im Harn und Koth er-scheint, besser und sicherer ist, den ganzen Fleischvorrath für den Versuch von einem Thier auszuschneiden, durch die Fleischhack-maschine zu treiben und Proben davon zur Analyse auszustechen; dies ist auch bei dem von Max Gruber [3] in meinem Laboratorium angestellten entscheidenden Versuche geschehen. Ueber die neuer-dings vielfach discutirte Frage, ob der Stickstoffgehalt mittelst Natron-kalk nach Will-Varrentrapp genau genug bestimmt werden könne, oder ob man dazu die Methode mit Kupferoxyd nach Dumas nehmen müsse, werde ich mich später noch äussern.

Dem Fleischfresser werden ausser dem Muskelfleisch und den genannten reinen Nahrungsstoffen nur selten noch andere Nahrungs-mittel gegeben. Für das Brod, das manchmal gefüttert wurde, habe ich ebenfalls in den meisten Fällen Mittelzahlen angenommen. Es wurde dabei von dem gleichen Bäcker eine bestimmte Sorte Roggen-brod genommen, welches den Tag vorher gebacken und von der Rinde befreit war. Unter diesen Umständen waren die Schwankungen im Wasser- und Stickstoffgehalte so gering, dass ich glaubte, mich mit einer Mittelzahl begnügen zu dürfen, zudem durch eine tägliche Analyse kaum ein genauerer Werth zu erhalten ist, da an ein und demselben Laibchen Brod, je nachdem man die Probe mehr von

1 Petersen, Ztschr. f. Biologie. VII. S. 166. 1871.
2 Huppert, Ztschr. f. Biologie. VII. S. 354. 1871.
3 M. Gruber, Ztschr. f. Biologie. XVI. S. 367. 1880.

Aussen oder mehr von der Mitte nimmt, ähnliche Differenzen sich zeigen. Für ganz genaue Bestimmungen habe ich aus einem grösseren Vorrathe von Mehl von bekannter Zusammensetzung für die einzelnen Versuchstage gleiche Mengen abgewogen und verbacken lassen. In der Mehrzahl der Fälle verzehrt der fleischfressende Hund das für 24 Stunden ausreichende Futter bei Beginn des Versuchstages in wenigen Minuten; nur selten z. B. bei Darreichung von Brod währt es längere Zeit, jedoch nie über 6 Stunden. Hier und da macht es jedoch grosse Schwierigkeiten den Thieren, die eines ihnen unangenehmen Zusatzes oder irgend einer Marotte wegen die Aufnahme des Futters verweigern, dasselbe beizubringen. Man muss dann den Nahrungsstoffen alle möglichen Formen geben und allerlei Kunstgriffe zur Ueberredung und Täuschung des Thieres gebrauchen; bei Anwendung von Fleisch empfiehlt es sich, dasselbe zu sieden und durch die wohlschmeckende Brühe die widerlichen Zugaben zu verdecken (Salkowski). Manchmal bleibt nichts anderes übrig als die Aufnahme durch Einschieben in den Rachen zu erzwingen.

Die schon zubereiteten Speisen des Menschen lassen sich nur in einzelnen Fällen mit genügender Genauigkeit untersuchen, da sie meist aus mehreren Substanzen hergestellt sind und dadurch eine zu complicirte und auch ungleichmässige Zusammensetzung haben. Es ist z. B. nicht möglich zu ermitteln, was in einem Stück Braten oder einem Gemüse geboten wird. Man muss daher für ihn die Speisen aus den reinen Nahrungsstoffen oder aus möglichst einfachen, ihrer Zusammensetzung nach leicht bestimmbaren ungekochten Nahrungsmitteln (aus ausgeschnittenem Fleisch, Milch, Eiereiweiss, Weizenmehl, Schmalz, Butter, Stärkemehl, Zucker u. s. w.) herstellen. Für längere Versuchsreihen verschafft man sich einen Vorrath des Nahrungsmittels, entnimmt nach der Mischung die Proben zur Analyse und wiegt gleich die Portionen für jeden Tag ab; so geschieht dies mit dem Mehl, das man zur Bereitung irgend eines Gebäckes verwenden will. Es ist dies ein sehr mühsames und zeitraubendes Geschäft und doch ist die Nahrung für den Menschen, der eine grössere Mannigfaltigkeit in der Kost liebt, nicht so gleichmässig herzustellen wie die weniger complicirte für den Hund. Die meisten der früheren am Menschen angestellten Versuche über den Stoffverbrauch sind nicht brauchbar, weil bei ihnen diese unerlässlichen Cautelen bei Bereitung der Nahrung nicht angewendet wurden. Die Speisen werden gewöhnlich auf 3 — 5 Mahlzeiten vertheilt; die letzte, die Abendmahlzeit, wird aus schon angegebenen Gründen 14 Stunden vor Abschluss des Versuchstages gehalten.

Es wird schwerlich gelingen für den Pflanzenfresser, wenigstens für den grösseren, das Futter aus Nahrungsstoffen oder einfachen Nahrungsmitteln nach Belieben zu mischen, da er meist eine Ausfüllmasse für den Darm bedarf, Heu oder Stroh, von der er ebenfalls einen Antheil verwerthet. Die gewöhnliche Nahrung der Wiederkäuer oder Einhufer ist meist etwas so complicirtes, und ihre Zusammensetzung ist zum Theil noch so wenig bekannt, dass es kaum möglich ist, an ihnen die Fundamentalversuche über die allgemeine Bedeutung der einzelnen Nahrungsstoffe zu machen. Man wird daher nur die Fragen, die sich speciell auf die Ernährungsverhältnisse dieser Thiere beziehen, an ihnen zu lösen suchen. Bei der grossen Masse des Futters ist eine einigermaassen brauchbare Bestimmung der Zusammensetzung desselben sehr schwierig; die Schwierigkeiten wachsen noch, wenn die Thiere aus der Futtermischung die ihnen zusagenden Theile aussuchen und nicht alles auffressen.

Man muss die Proben für die Analyse aus dem für den ganzen Versuch vorliegenden Vorrathe des gleichmässig gemischten Nahrungsmittels mit besonderer Sorgfalt entnehmen, um eine richtige Mittelprobe zu bekommen. Dies gelingt wohl bei den sogenannten concentrirten Futtermitteln (Körnern, Oelkuchen, Schrot etc.), nicht so leicht aber beim Rauhfutter (Heu und Stroh) und dem Grünfutter, oder bei den Knollen und Wurzeln. Wie man die Proben nimmt, sie zur Analyse vorbereitet und deren Bestandtheile ermittelt, das ist in den darüber handelnden Schriften nachzusehen. [1]

Die Bestimmung der einzelnen Nahrungsstoffe in den Vegetabilien ist mit besonderen Schwierigkeiten verknüpft. In den thierischen Substanzen, deren Eiweisskörper in ihrer Zusammensetzung nur wenig verschieden sind und die ausser dem Eiweiss nur wenig Stickstoff enthalten, kann man mit annähernder Genauigkeit aus dem Stickstoffgehalt den Gehalt an Eiweiss entnehmen. Dagegen variiren die Eiweissarten aus dem Pflanzenreiche sehr in ihrer Zusammensetzung und namentlich in ihrem Stickstoffgehalt (im Maximum um 25 %), wie vorzüglich Rittmausen [2] gezeigt hat. Gewöhnlich benutzt man zur Berechnung des Eiweisses aus dem gefundenen Stickstoff den Faktor 6.25, so dass man im ersteren einen durchschnittlichen Stickstoffgehalt von 16 % annimmt, aber bei den meisten Getreidearten, den Hülsenfrüchten und Oelsamen beträgt der Stickstoffgehalt 16.66 % (also der Faktor 6). Ausserdem ist der Stickstoff der Pflanzentheile nicht aller auf Eiweiss zu beziehen, denn man trifft in gewissen vegetabilischen Substanzen noch andere stickstoffhaltige Stoffe [3]: Salpetersäure, Ammoniak und Amide (Glutamin, Betain, Asparagin) in nicht

---

1 Henneberg u. Stohmann, Beiträge zur Begründung einer rationellen Fütterung der Wiederkäuer. Heft 1. S. 140. 1860 u. Heft 2. S. 25. 1864. — Kühn, Journ. f. Landwirthschaft. 1865. S. 297. — E. Wolff, Anleitung zur chemischen Untersuchung landwirthschaftlich wichtiger Stoffe. 3. Aufl. S. 120 u. 171. 1875.
2 Ritthausen, Die Eiweisskörper d. Getreidearten, Hülsenfrüchte u. Oelsamen. Bonn 1872.
3 II. u. E. Schulze, Landw. Versuchsstationen. IX. 1867. — Sutter u. Alwins, Oeconom. Fortschritte. I. S. 107. — Zöller, Journ. f. Landw. 1866. S. 469. — Grouven u. Füling, Landw. Versuchsstationen. IX. S. 9 u. 150. 1867. — E. Schulze u. A. Urich, Ebenda. XVIII. S. 296, XX. S. 193. — E. Schulze u. J. Barbieri. Landw. Jahrbücher. VI. S. 157. 1877: Landw. Versuchsstationen. XXI. S. 63.

unerheblicher Menge, namentlich in den Rüben, im Mais und in den Kartoffeln; in den Rüben treffen nach E. Schulze und A. Urich nur 20 % des darin enthaltenen Stickstoffes auf Eiweiss, in den Kartoffeln nach Schulze nur 56.2 %. E. Schulze suchte diese stickstoffhaltigen Stoffe durch Dialyse von den Eiweisskörpern zu trennen.

Die aus den Pflanzen hergestellte Rohfaser ist nicht rein, sie enthält noch Asche und Stickstoff, weshalb man die Asche und das aus dem Stickstoff berechnete Eiweiss abzieht.[1] Aber auch die darnach noch bleibende Rohfaser ist in ihrer Zusammensetzung wechselnd; die Versuche die darin enthaltene reine Cellulose zu bestimmen[2] haben bis jetzt zu keinem günstigen Resultate geführt.[3]

Im Aetherextrakt aus Vegetabilien finden sich ausser Neutralfetten noch Wachs, Chlorophyll, Farbstoffe, deren Abtrennung noch nicht gelungen ist.[4]

Den ganzen Rest nach Bestimmung des Eiweisses, des Fettes, der Rohfaser und der Asche fasst man unter dem Namen stickstofffreie Extraktstoffe zusammen; unter ihnen sind allerlei zucker- stärkemehl- gummi- und pektinartige Substanzen, gelöstes Lignin und noch manche unbekannte Stoffe enthalten.

II. Bestimmung der in den Exkreten ausgeschiedenen Elemente.

1. Messung der Ausscheidung des Stickstoffs und des Verbrauches der stickstoffhaltigen Stoffe.

A) Im Harn.

Die nächste und wichtigste Aufgabe ist die, den Harn bis auf den letzten Tropfen genau zu gewinnen. Man hat früher wohl auf eine möglichst genaue Bestimmung der Bestandtheile des Harns geachtet, jedoch auf die vollständige Aufsammlung desselben, als auf etwas Untergeordnetes, keinen besondern Werth gelegt, und doch ist gerade hierin die peinlichste Sorgfalt erforderlich.

Beim erwachsenen Menschen ist dies leicht möglich; beim Thiere macht es jedoch grosse Schwierigkeiten.

Bei den Versuchen von Boussingault[5] am Pferd, der Kuh und dem Schwein, von Valentin[6] am Pferd, von Sacc[7] an Hühnern, und selbst

---

1 G. Kühn, Grouven, Physiol.-chemische Fütterungsversuche. S. 63. 1864.
2 F. Schulze, Beitrag zur Kenntniss des Lignins. Rostock 1856; Chem. Centralbl. 1857. S. 321. — G. Kühn, Journ. f. Landw. 1866. S. 297.
3 Landw. Versuchsstationen. S. 40. u. 232, XVI. S. 419. 1870. — Stohmann, Ztschr. f. Biologie. VI. S. 209. 1870.
4 J. König, Landw. Versuchsstationen. XIII. S. 241. — E. Schulze u. Maercker, Journ. f. Landw. 1871. S. 58. — Grouven, Physiol.-chem. Fütterungsversuche. S. 434. 1864.
5 Boussingault, Ann. d. chim. et phys. LXI. p. 128. 1839.
6 Valentin, Wagner's Handwörterb. d. Physiol. I. S. 367. 1842.
7 Sacc, Ann. d. sc. nat. Sept. 1847.

bei vielen der späteren, namentlich an Hunden, hat man die Thiere ohne
Weiteres den Harn auf den Boden des Käfigs oder Stalles entleeren lassen
und denselben dann gesammelt. Es versteht sich von selbst, dass dabei
eine genaue Bestimmung unmöglich ist, da unbekannte Mengen von Harn
verloren gehen. Derselbe läuft nicht vollständig vom Boden ab, verspritzt
beim Entleeren an den Wandungen des Käfigs und benetzt auch zum
Theil beim Hineintreten oder Hineinlegen die Pfoten und Haare des
Thieres. Der Verlust kann procentig ein sehr bedeutender werden, namentlich wenn die Harnmenge, wie z. B. beim Hunger, eine geringe ist
oder die Hunde sich gewöhnen, hundertmal im Tag in kleinen Portionen
den Harn zu lassen. Ich [1] habe durch Ausgiessen einer verdünnten Kochsalzlösung auf den Boden des Hundekäfigs den Verlust bestimmt und im
leeren Käfig 13.9 % der Flüssigkeit mit 6.9 % des Kochsalzes, bei Anwesenheit des Thieres jedoch 15—35.9 % der Flüssigkeit mit 9.9—31.6 %
des Kochsalzes eingebüsst. Bei einem Versuch an einer Taube überzeugte
ich mich, dass ohne eine besondere Vorrichtung das Thier in den Exkrementen herumtritt und sie auch gelegentlich zwischen die Gitterstäbe
des Käfigs hindurchspritzt.

Keine Einrichtung des Stalles beseitigt diesen Fehler vollständig;
das einzig sichere Mittel, jeden Verlust zu vermeiden, ist den Harn
direkt aufzufangen. Es ist dies für die Erhaltung richtiger Resultate
von wesentlicher Bedeutung.

Hunde lassen sich in kurzer Zeit so abrichten, dass sie den
Harn niemals in den Käfig, sondern nur ausserhalb desselben in ein
untergehaltenes Glas entleeren. Man führt sie zu dem Zweck je
nach Bedarf ein- bis dreimal des Tags ins Freie. Dies geht jedoch
nur bei grösseren Hunden, etwa bis zu einem Gewicht von 8 Kilo
und bei männlichen Thieren. Ich habe bei meinen Versuchen an
Hunden ausschliesslich dieses Verfahren als das natürlichste angewendet. C. Ph. FALCK [2] hat zuerst gelehrt bei Hündinnen durch
Spaltung des vordern Theils der Vulva die Mündung der Harnröhre
blos zu legen, so dass man täglich am Ende des Versuchstages den
Harn vollständig mit dem Katheter entleeren kann. Auch männliche
Hunde lassen sich mit sehr feinen elastischen Röhrchen katheterisiren [3];
jedoch fragt es sich, ob dieser Eingriff längere Zeit hindurch, z. B.
bei länger währenden Reihen von Ernährungsversuchen ertragen wird.
Bei Kühen habe ich [4] während 6 Tagen und später M. FLEISCHER [5]

1 VOIT, Ztschr. f. Biologie. IV. S. 319. 1868.
2 FALCK, Arch. f. pathol. Anat. IX. S. 56. 1856, LIII. S. 282. 1871; später F. FEDE,
Contribuzione alla fisiologia della digestione e della nutrizione. Napoli 1868.
3 PANUM, Nordiskt med. Arkiv. VI. No. 12. 1874, führt den Katheter ein und
saugt den Harn durch eine am äussern Ende desselben angepasste Spritze ab.
— FALCK, Arch. f. pathol. Anat. 1875. S. 58. — FRAENKEL, Ebenda. LXVII. S. 273.
1876, katheterisirt weibliche Hunde ohne Operation und spült zuletzt die Blase
mit Wasser aus.   4 VOIT, Ztschr. f. Biologie. V. S. 118. 1869.
5 FLEISCHER, Arch. f. pathol. Anat. LI. S. 30. 1870.

in Hohenheim während 8 Tagen den Harn direkt in Kübeln aufgefangen; es ist dies Geschäft aber äusserst mühselig, da man Tag und
Nacht das Thier beobachten und stets bereit sein muss. Ich habe
Tauben bei Monate lang währenden Versuchsreihen auf eine geriefelte
Stange gesetzt und dieselben oberhalb mittelst zweier an den Wurzeln
der Flügel befestigter Schnüre angebunden; die Exkremente wurden
auf einer darunter liegenden grossen Glasplatte gesammelt. J. Forster[1] und Knieriem[2] schlossen Tauben und Hühner in kleine enge
Holzställchen ein, aus denen nur Kopf und Hintertheil des Thieres
hervorragen, so dass eine vollständige Sammlung der Dejektionen
leicht möglich ist. Gänse habe ich in weitmaschige Netze, welche
die Cloake frei liessen, eingehängt und die Exkrete gegen ein schief
gestelltes Weissblech spritzen lassen, von wo sie in eine Porzellan-
schale abliefen.

Man hat allerlei Einrichtungen ersonnen, um den Harn mit möglichst
geringem Verluste zu erhalten, wenn es nicht durchführbar war, denselben
direkt abzufangen.

Henneberg & Stohmann[3] liessen die Ochsen den Harn auf den geneigten
Boden des Stalles entleeren, von wo er in eine Cisterne einfloss; der Boden
wurde täglich 2 mal mit destillirtem Wasser abgespült; durch Abwaschen
mit Wasser bestimmten sie den am Boden haftenden Harn und Koth und
ferner durch Ausgussversuche den Verlust durch Wasserverdunstung. Für
Ziegen führte Stohmann[4] einen Zwangsstall ein, in dem sich die Thiere
wohl niederlegen, aber nicht wesentlich rückwärts und seitwärts bewegen
konnten; der Harn floss durch die Löcher einer am Boden befindlichen
Blechtafel ab, die täglich mit Wasser abgespritzt wurde. Aehnliche
Zwangsställe wendeten früher schon Hellriegel, Hofmeister, Märcker u. A.
bei Hammeln an. Am Leib der Thiere zu befestigende Beutel, durch
welche der Harn fast ohne Verlust gesammelt werden kann, haben Grouven
beim Ochsen, Hellriegel bei Hammeln, Kühn bei Kühen, J. Lehmann &
Soxhlet bei Kälbern, Wolff bei Pferden gebraucht[5].

Bei kleineren Thieren (kleinen Hunden, Katzen, Kaninchen) lässt sich
für manche Versuche der Harn annähernd erhalten, wenn man für den
raschen Ablauf desselben Sorge trägt; so hat man cylindrische Blech-
gefässe mit einem aus einem Drahtgitter bestehenden Boden, durch dessen

---

1 Forster, Ztschr. f. Biologie. XII. S. 451. 1876.
2 Knieriem, Ebenda. XIII. S. 39. 1877.
3 Henneberg u. Stohmann, Beiträge zur Begründung einer rationellen Fütterung der Wiederkäuer. Heft 1. S. 19 u. 70. 1860, Heft 2. S. 21. 1864. — Henneberg,
Neue Beiträge. S. 291. 1872.
4 Stohmann, Ztschr. f. Biologie. VI. S. 205. 1870. — Hellriegel, Landw. Versuchsstationen. VII. S. 245. 1865. — Maercker bei Henneberg, Neue Beiträge. 1872.
S. 72.
5 Grouven, Physiol.-chem. Fütterungsversuche. 2. Ber. S. 55. 1864. — Hellriegel, Landw. Versuchsstationen. VII. S. 246. — Lehmann, Ebenda. I. S. 77. 1859.
— Soxhlet, Erster Bericht über Arbeiten d. k. k. landw. Versuchsstation zu Wien
1878. S. 2. — Wolff, Landw. Jahrbücher. VIII. S. 22. 1879.

Maschen der Harn in einen weiten Trichter abfliesst, genommen [1], oder
auch umgestürzte Schwefelsäureballons mit abgesprengtem Boden [2].

Es handelt sich aber meistentheils nicht allein darum, den entleerten Harn vollständig zu sammeln, sondern auch den während
einer bestimmten Zeit (von 24 Stunden) im Organismus gebildeten
Harn genau zu erhalten. Der an einem Versuchstage beliebig ge-
lassene Harn kann noch mehr oder weniger von dem am vorausgehenden Tage erzeugten einschliessen oder auch nicht allen auf den
Versuchstag treffenden enthalten, wenn nämlich am Schluss desselben
die Blase noch nicht ganz entleert ist. Es kann ja vorkommen, dass
ein Thier während eines ganzen Tages gar keinen Harn lässt, obwohl derselbe aus der Niere in die Blase in ganz normaler Menge
abgeschieden worden ist. Es soll also am Anfange und am Ende
jedes Tages die Harnblase vollkommen leer sein, damit der an demselben gewonnene Harn ausschliesslich und genau den an ihm erzeugten repräsentirt. Auch wenn es nicht darauf ankommt, den
Stoffverbrauch an einzelnen Tagen zu kennen, sondern nur den in
einem längeren Zeitabschnitte, so darf doch am Beginn und Schluss
kein Harn in der Blase sich befinden, wenn nicht die Periode so
lang und die Gesammtharnmenge so gross ist, dass jener Fehler
nicht in Betracht kommt.

Die vollkommene Entleerung der Blase vor Beginn und beim Schluss
jedes Versuchstages ist beim Menschen wiederum leicht zu erreichen,
schwieriger bei Thieren. Bei abgerichteten grösseren Hunden gelingt es
wohl, allen auf einen Tag treffenden Harn zu erhalten; die Thiere sind
nur in dieser Beziehung ziemlich verschieden. Manche lassen, wenn man
sie am Ende des Versuchstages, der von 8 Uhr früh bis zur selben Stunde
des nächsten Tages währen soll, ins Freie bringt, auf ein Mal sämmtlichen Harn von 24 Stunden bis auf den letzten Tropfen. Andere muss
man öfters zum Harnlassen herumführen, namentlich wenn viel Wasser
in der Nahrung aufgenommen worden ist, z. B. Mittags, Abends und früh
vor Beginn des neuen Tags. Wieder andere entleeren die Harnblase
nicht vollständig, wesshalb man sie am Schluss des Versuchstags nöthigt,
mehrmals Harn zu lassen, bis zuletzt nur mehr wenige Tropfen herausgepresst werden. Durch Katheterisiren erreicht man den gleichen Zweck,
wenn die Thiere dasselbe längere Zeit hindurch ertragen. Auf solche
Weise verschwinden die früher beobachteten beträchtlichen Schwankungen
der Ausscheidung unter sonst gleichen Verhältnissen und erhält man in
langen Reihen Tag für Tag ganz übereinstimmende Werthe; nur bei
Beachtung dieser Cautelen sind die Versuche einzelner Tage zu verwerthen.

---

1 VOIT, Ztschr. f. Biologie. II. S. 51. u. S. 326. 1866.
2 LEUBE, Centralbl. f. d. med. Wiss. 1872. No. 30. — ED. HEISS, Ztschr. f. Biologie. XII. S. 156. 1876.

Kleinere Hunde, Katzen oder Kaninchen [1] kann man nicht in der Art abrichten, auch nicht Pferde und Rinder. Bei ihnen ist die Harnausscheidung daher eine unregelmässige und man ist nur selten im Stande, die Resultate einzelner Tage zu benützen oder die allmähliche Aenderung des Körpers unter dem Einflusse eines Nahrungsstoffes zu verfolgen. Man vermag bei ihnen in der Regel nur aus Versuchen, welche längere Zeit, eine oder mehrere Wochen dauern, so dass das Zurückbleiben von Harn vor und nach einer Versuchsreihe nicht wesentlich in Betracht kommt, Schlüsse zu ziehen. Diese Schwankungen der täglichen Ausscheidungen erscheinen bei kleinen Thieren allerdings absolut nicht sehr gross, sie geben aber höchst bedeutende procentige Differenzen, denn wenn bei ihnen die tägliche Stickstoffausfuhr im Harn zwischen 1.1 und 1.3 Grm. hin- und hergeht, so beträgt dies schon 18 %. Man würde eine Versuchsreihe an einem grossen Hunde, in welcher ganz unregelmässig Differenzen von 110—130 Grm. Harnstoff vorkommen, für unbrauchbar zur Feststellung der Wirkung eines Agens auf den Eiweissumsatz erklären. Um sich nicht durch kleine Zahlen täuschen zu lassen, ist es immer besser, für jenen Zweck grosse Thiere zu wählen.

Ist auf die angegebene Weise der Harn des betreffenden Versuchstags vollständig gewonnen, dann hat man seinen Gehalt an Stickstoff zu bestimmen. Es kann sich allerdings bei gewissen Untersuchungen fragen, wieviel von irgend einem der Harnbestandtheile, von Harnstoff, Harnsäure, Kreatin u. s. w. ausgeschieden werde, aber bei Feststellung des Verbrauchs an Stickstoff oder stickstoffhaltigen Stoffen im Körper giebt selbstverständlich nur die Ermittlung der ganzen Stickstoffmenge im Harn Aufschluss.

Dies geschieht auf verschiedene Weise. Ich [2] habe zuerst 5—10 Ccm. Harn auf den in einer kleinen tubulirten Retorte befindlichen Natronkalk gegossen, erhitzt und das übergehende Ammoniak in verdünnter Schwefelsäure von bekanntem Gehalt aufgefangen. Diese etwas umständlich zu handhabende Methode ist durch Schneider und Seegen [3] sehr vereinfacht worden; dieselbe giebt bei richtiger Handhabung und einigen Vorsichtsmaassregeln [4], namentlich wenn man schliesslich unter Erwärmen der Birne grössere Mengen von Luft mittelst Saugflaschen durchzieht, in kurzer Zeit brauchbare Resultate. Ungleich sicherer ist das von mir [5] zuerst benützte Verfahren, 5—10 Ccm. des Harns auf eine in einem flachen Porzellanschälchen befindliche Schicht feinen Quarz- oder Glaspulvers auszugiessen (unter Zusatz von etwas Oxalsäure), auf dem Wasserbade zu trocknen und dann mit Natronkalk auf die gewöhnliche Weise im Rohr zu verbrennen. Da nach dem Eintrocknen das Quarzpulver mit dem Harn fest zusammenbackt und nur mit Mühe ohne Verlust los zu lösen ist, so ist es am besten,

---

1 Salkowski spritzt den Kaninchen Wasser in den Magen ein, um die Harnmenge zu vermehren (Ztschr. f. physiol. Chemie. I. S. 12. 1878).
2 Voit, Physiol.-chem. Unters. S. 7. Augsburg 1857.
3 Seegen, Sitzgsber. d. Wiener Acad. XLIX. S. 6. 1864.
4 W. Schröder, Ztschr. f. physiol. Chemie. III. S. 70. 1879.
5 Voit, Ztschr. f. Biologie. I. S. 115. 1865.

die von HOFMEISTER angegebenen kleinen Schälchen aus dünnem Glas anzuwenden, die mit dem trockenen Harn und Quarz zu einem feinen Pulver zerstossen werden. Statt des Quarzpulvers kann man auch Schwerspath oder Gyps nehmen [1]. Ich wende jetzt nur mehr das letztere Verfahren als das genaueste an. Die Bestimmung des Harnstickstoffs mit Kupferoxyd nach DUMAS giebt, wie M. GRUBER dargethan hat, die gleichen Resultate wie die mit Natronkalk.

Da der Harnstoff in dem Harn des Menschen und vieler Thiere den hauptsächlichsten stickstoffhaltigen Bestandtheil ausmacht, so hat man vielfach bei Stoffwechseluntersuchungen nur die Grösse der Harnstoffausscheidung zu ermitteln gesucht und zwar namentlich nach der bekannten LIEBIG-schen Titrirmethode [2]. Die letztere giebt aber den Harnstoff nicht genau an, so wenig wie die übrigen Methoden der Harnstoffbestimmung [3], da auch noch andere Harnbestandtheile durch die Quecksilberlösung gefällt werden. Ich habe durch Vergleichung des direkt bestimmten und des aus dem (nach LIEBIG bestimmten) Harnstoff berechneten Stickstoffs dargethan, dass sich aus letzterem für den concentrirten Hundeharn der Stickstoff bei richtiger Ausführung mit genügender Genauigkeit entnehmen lässt [4]. Auch im nicht zu verdünnten Menschenharn geben die beiden Analysen gut übereinstimmende Resultate [5], in verdünntem Menschenharn dagegen können gewaltige Differenzen auftreten, wesshalb ich seit langer Zeit im menschlichen Harn den Stickstoff nur mehr direkt bestimme [6]. Unumgänglich nothwendig ist selbstverständlich die direkte Stickstoffbestimmung in den Harnen, in welchen sich ausser Harnstoff in erheblicher

---

1 WASHBURNE, Bull. d. l. soc. chim. d. Paris. XXV. p. 495. 1876. — BIDDER u. SCHMIDT (Die Verdauungssäfte u. der Stoffwechsel. S. 293. 1852) haben den Harn auf Quarzpulver eingetrocknet und den noch feuchten Rückstand mit Kupferoxyd vermischt und verbrannt. — Siehe auch M. GRUBER, Ztschr. f. Biologie. XVI. S. 367 und HORNBERGER u. PREHN, Landw. Versuchsstationen. XXIV. S. 22. 1879.

2 LIEBIG, Ueber eine neue Methode zur Bestimmung von Kochsalz und Harnstoff im Harn. Heidelberg 1853. — HENNEBERG, STOHMANN u. RAUTENBERG, Ann. d. Chem. u. Pharm. CXXIV. S. 151. — RAUTENBERG, Ebenda CXXXIII. S. 55. 1865. — NOWAK, Sitzgsber. d. Wiener Acad. 3. Abth. LXVII. Jan.-Heft. 1872. — PFLÜGER, Arch. f. d. ges. Physiol. XXI.

3 RAGSKY, Ann. d. Chem. u. Pharm. LVI. S. 29. — HEINTZ, Ann. d. Physik. LXVIII. S. 393. — BUNSEN, Ann. d. Chem. u. Pharm. LXV. S. 375. — Modificationen von BUNSEN: SCHULTZEN u. NENCKI, Ztschr. f. Biologie. VIII. S. 139. 1872 und BUNGE. Ztschr. f. analyt. Chem. XIII. S. 128. 1873. — HÜFNER, Journ. f. pract. Chem. N. F. III. S. 1. 1871; Ztschr. f. physiol. Chem. I. S. 350. 1878; Ztschr. f. analyt. Chem. XVII. S. 517. 1878. — SCHLEICH, Journ. f. pract. Chem. N. F. X. S. 260. 1874. — WAGNER, Ztschr. f. analyt. Chem. IV. 1874. — PLEHN, Ber. d. d. chem. Ges. VIII. S. 582. 1875; Arch. f. Anat. u. Physiol. 1875. S. 304.

4 VOIT, Physiol.-chem. Unters. 1857. S. 12; Ztschr. f. Biologie. I. S. 118 u. 120. 1865, sowie viele vergl. Bestimmungen in einzelnen Abhandlungen, namentlich bei MAX GRUBER, Ztschr. f. Biologie. XVI. S. 367. 1880.

5 VOIT, Ztschr. f. Biologie. I. S. 130. 1865, II. S. 469. 1866, sowie viele vergl. Bestimmungen in einzelnen Abhandlungen.

6 Man berechnet in diesem Falle nach LIEBIG's Methode meist zu viel Stickstoff; siehe hierüber auch: S. SCHENK, Sitzgsber. d. Wiener Acad. 2. Abth. LIX. Febr.-Heft. 1869. — KRATSCHMER, Ebenda. 3. Abth. LXVI. Oct.-Heft. 1872 (in dem verdünnten diabetischen Harn). — G. SMIRNOFF, Studier i den patologiske kväfveomsättingen. Academisk Afhandl. Helsingfors 1876. — SCHLEICH fand nach SEEGEN's Methode am meisten Stickstoff, nach der von HÜFNER 10% weniger, nach der von LIEBIG mittlere Mengen.

Menge noch andere stickstoffhaltige Stoffe finden, wie z. B. im Harn der meisten Pflanzenfresser. Die nur zu häufig ohne jegliche Kritik und Sachkenntniss gemachte Anwendung der Liebig'schen Harnstoffbestimmung im menschlichen Harn bei Stoffwechseluntersuchungen hat viel Unheil gestiftet; die meisten dieser Untersuchungen besitzen nicht den mindesten Werth.

B) Im Koth.

Beim Koth handelt es sich zunächst wieder wie beim Harn um eine genaue Aufsammlung, welche beim Menschen leicht ist, ebenso beim Hund, der bald zu gewöhnen ist, denselben ausserhalb des Käfigs in eine Schale zu entleeren. Ist der Koth von fester Beschaffenheit, wie z. B. der des Schafes, des Kaninchens, der Ziege u. s. w., dann ist er auch im Käfig, ohne wesentliche Verunreinigung mit Harn, genau genug aufzusammeln; ist er dagegen weicher und breiartig wie der des Rindes oder des Schweins, so müssen besondere Vorsichtsmaassregeln und Vorrichtungen zum Sammeln desselben angewendet werden; für grössere Pflanzenfresser hat man auch besondere Kothbeutel construirt.[1]

Schwieriger ist es, den auf einen bestimmten Zeitraum und auf eine bestimmte Nahrung treffenden Koth zu erhalten. Es wäre ganz fehlerhaft, wollte man den im Laufe eines Tages entleerten Koth als auf die an diesem Tage verzehrte Nahrung treffend ansehen, wie man es früher allgemein gethan hat. Dies ist nicht einmal für den Menschen gültig, der gewöhnt ist, regelmässig in der Frühe vor Beginn eines neuen Versuchstages Koth zu entleeren; aus den Versuchen Rubner's[2] geht hervor, dass für gewöhnlich, selbst bei Pflanzenkost, zwei bis drei Tage verstreichen, bis der von einer Nahrung herrührende Koth zum Vorschein kommt. Das fleischfressende Thier liefert bei Fleischkost nur etwa alle fünf Tage eine kleine Menge Koth; der Pflanzenfresser dagegen hat zwar an einem Tage häufige Darmentleerungen (bis zu 12 und mehr), aber die Residuen der Nahrung bleiben meist vier bis fünf Tage in beträchtlichen Massen in dem grossen Blind- und Dickdarm zurück.

Während beim Fleischfresser im Laufe von 24 Stunden die Verdauung der Nahrung und die Ausscheidung der Zersetzungsprodukte beendet ist, währt dies beim Pflanzenfresser, namentlich beim Wiederkäuer, weit länger. Die Zeit, innerhalb der bei ihm die ersten und letzten Reste

---

1 Siehe hierüber: Henneberg u. Stohmann, Beiträge etc. Heft 1. S. 19. 1860. — Stohmann, Ztschr. f. Biologie. VI. S. 205. 1870. — Heiden, Deutsche Monatsschr. f. Landwirthschaft. 1874. S. 6. Kothbeutel wurden angewendet bei Hammeln von Hellriegel u. Lucanus, später von Henneberg, Nene Beiträge. Heft. 1. S. 74. 1870 und bei Schweinen von Weiske u. Wildt, Ztschr. f. Biologie. X. S. 7. 1874.

2 Rubner, Ztschr. f. Biologie. XVII. S. 115. 1879.

eines bestimmten Futters durch den Darm ausgeschieden werden, ist oft
sehr bedeutenden Schwankungen unterworfen. Nach Henneberg & Stohmann [1] erscheinen bei einer Veränderung im Futter des Ochsen die ersten
unverdauten Reste (von Weizenstroh) im Koth erst 34—47 Stunden nach
Beginn der neuen Fütterung, und beträgt die durchschnittliche Verdauungszeit etwa 5 Tage. Als Stohmann [2] Ziegen nach Fütterung mit Wiesenheu und Leinmehl ausschliesslich Wiesenheu reichte, fanden sich erst
7 Tage nach der Futteränderung keine Spuren von Leinsamen mehr in
den Fäces. Bei Hammeln dauert es nach Weiske [3] 7—8 Tage, bis die
letzten Reste eines Futters durch den Darm ausgeschieden sind; bei Kaninchen finden sich sogar noch 25 Tage nach beendeter Heufütterung
rohfaserhaltige Kothballen. Bei Vögeln scheint dagegen nach den Beobachtungen Weiske's die Aufenthaltsdauer des Futters im Darm sehr
kurz zu sein; wenigstens giebt Weiske an, dass bei Gänsen schon nach
3 Stunden 25 Minuten von den verzehrten Gerstenkörnern die ersten im
Koth zum Vorschein kommen, dass nach weiteren 3 Stunden der Koth
nur Gerstenkörner enthält und 3½ Stunden nach Weglassen der Gerste
keine mehr im Koth sich findet. Das Saugkalb [4] entleert meist täglich
nur ein Mal Fäces und zwar kurze Zeit nach der Frühmahlzeit, es verhält sich also ähnlich dem Fleischfresser.

Die grossen Kothmassen bei den Pflanzenfressern, welche viel mehr
Bestandtheile enthalten als der Harn, sind bei Stoffwechselversuchen sehr
misslich. Das Pferd Valentin's [5], von einem Gewicht von 425 Kilo, nahm
täglich 10 Kilo Heu und 2 Kilo Hafer (mit 10.6 Kilo Trockensubstanz)
auf und entleerte dabei im Mittel nur 5 Kilo Harn (mit 0.39 Kilo Trockensubstanz), aber 17 Kilo Koth (mit 6.27 Kilo Trockensubstanz). Die von
mir [6] beobachtete Milchkuh lieferte täglich im Mittel 30.2 Kilo Koth (mit
4.6 Kilo Trockensubstanz); ein Ochse von 545 Kilo Gewicht enthält bei
Strohfütterung 9.1 Kilo Inhalt im Magen und Darm [7], ein Hammel von
45.5 Kilo Gewicht bei Aufnahme von Wiesenheu 7.25 Kilo [8].

Da die Menge des Kothes beim Fleischfresser nur eine geringe
ist (beim Hund von 35 Kilo im Durchschnitt 10 Grm. trockener Koth
im Tag) und der Stickstoffgehalt desselben (0.65 Grm.) gegenüber
dem des Harns in der Regel verschwindend klein ist, so macht bei
ihm der Fehler durch die unregelmässige Entleerung des Koths meist
nur wenig aus. Grösser ist er schon beim Menschen bei gemischter

1 Henneberg u. Stohmann, Neue Beiträge. Heft 2. S. 132. 1863.
2 Stohmann, Biologische Studien. Heft 1. S. 41. 1873.
3 Weiske, Journ. f. Landw. XXVI. S. 175. 1878. — Siehe über die Zeit der Verdauung bei Pflanzenfressern noch: Grouven, Erster Bericht über die Arbeiten in
Salzmünd. S. 230. 1862; J. Lehmann, Amts- u. Anzeigeblatt f. d. sächs. landw. Vereine. 1859. S. 40, 1865. S. 20.
4 Soxhlet, Erster Bericht über Arbeiten d. k. k. landw. chem. Versuchsstation
in Wien. 1878. S. 4.
5 Valentin, Wagner's Handwörterb. d. Physiol. I. S. 390. 1842.
6 Voit, Ztschr. f. Biologie. V. S. 120. 1869.
7 Grouven, Physiol.-chem. Fütterungsversuche. S. 137. 1864.
8 Wolff, Die landw. Versuchsstation Hohenheim. S. 72. 1870; Landw. Jahrb.
1872. Heft 4.

Kost; sehr beträchtlich kann er aber beim Pflanzenfresser werden, bei dem manchmal [1] in dem massigen Koth mehr Stickstoff ausgeschieden wird als im Harn.

Man muss daher nach einem Mittel suchen, durch das man den auf eine bestimmte Nahrung anfallenden Koth abzugrenzen vermag. Bidder und Schmidt [2] haben zuerst bemerkt, dass beim Hund der schwarze pechartige Koth nach Fleischfütterung sich leicht von den voluminösen, dem Brod ähnlichen Exkrementen nach Aufnahme von Schwarzbrod unterscheiden lässt. Ich [3] habe genauer die Beschaffenheit des Koths des Hundes bei Fütterung mit verschiedenen Nahrungsmitteln untersucht und dieselbe zur scharfen Abtrennung der Kothsorten benutzt. Giebt man dem Thier mindestens 18 Stunden vor Beginn einer Versuchsreihe, in welcher als Nahrung Fleisch oder Fleisch unter Zusatz von Fett, Zucker, Stärkemehl, Leim u. s. w. dient, weiche Knochen (etwa 60 Grm.) und ebenso nach Abschluss der Reihe, so ist der Fleischkoth zwischen dem leicht erkenntlichen weissen, krümeligen Knochenkoth eingeschlossen und kann genau abgegrenzt werden. Allerdings ist man dadurch nicht im Stande etwas über die Menge des an jedem Tage erzeugten Koths auszusagen; da aber dieselbe bei gleicher Nahrung Tag für Tag nahezu die gleiche sein wird, so ist es möglich, die tägliche Kothausscheidung zu berechnen.

Adamkiewicz [4] liess den Hund zur genauen Abgrenzung des Koths am Anfang und am Ende jeder Reihe einen kleinen Badeschwamm verschlucken, der dann in den Fäces an der gewünschten Stelle prompt wieder erscheinen soll. Salkowski und J. Munk [5] trennten die Kothsorten mit vier kleinen Korkstückchen ab, die sie am Abend des letzten Tages einer Versuchsreihe dem Thier gaben; es wäre sehr werthvoll, wenn dies möglich wäre, da man dadurch den Koth einzelner Tage zu bestimmen vermöchte.

Beim Menschen ist eine sichere Abtrennung des Koths mit grösseren Schwierigkeiten verbunden. J. Ranke [6] nahm zu dem Zwecke

---

1 z. B. Henneberg u. Stohmann, Beiträge. Heft 1. S. 39. 1860: Ein Ochse schied im Tag durchschnittlich in den Darmexkrementen 44.5 Grm. Stickstoff aus, im Harn nur 28.5 Grm.

2 Bidder u. Schmidt, Die Verdauungssäfte und der Stoffwechsel. S. 217. 1852.

3 Voit, Physiol.-chem. Unters. 1857. S. 14. — Bischoff u. Voit, Die Gesetze d. Ernährung des Fleischfressers. S. 289. 1860.

4 Adamkiewicz, Die Natur und der Nährwerth des Peptons. S. 82. 1877.

5 Salkowski u. Munk, Arch. f. pathol. Anat. LXXVI. S. 125; Ztschr. f. physiol. Chemie. II. S. 37. 1877; Arch. f. pathol. Anat. LXXX. S. 45. 1880. Wenn Tschirwinsky (Ztschr. f. Biologie. XV. S. 117. 1879) damit nicht zurecht gekommen ist, so trägt vielleicht die zu grosse Anzahl der von ihm gegebenen Korkstückchen die Schuld.

6 Ranke, Arch. f. Anat. u. Physiol. 1862. S. 315.

am Tage vor dem Versuch Preisselbeeren, deren Hülsen an ihrer rothen Farbe den betreffenden Koth erkennen lassen; dieselben verschieben sich jedoch leicht auf weitere Strecken. Die Sonderung des Koths nach vegetabilischer celluloschaltiger Nahrung erreichte WEISKE [1], indem er vorher und nachher rein animalische, cellulosefreie Nahrung darreichte. Nach den Erfahrungen von RUBNER [2] benützt man beim Menschen am besten Milch zur Trennung des Koths, welche, wenn nicht Diarrhöen eintreten, einen ganz charakteristischen weissen, ziemlich festen Koth liefert. Den Tag vor dem Versuch lässt man 2 Liter Milch trinken, die letzte Portion 16 Stunden vor Beginn des Versuchs; am letzten Versuchstage wird 15 Stunden vor Schluss desselben die letzte Mahlzeit eingenommen, und dann 6 Stunden nach Beendigung der Reihe mit der Aufnahme von 2 Liter Milch begonnen.

Bei dem Pflanzenfresser, der den ganzen Tag hindurch an seinem Futter zehrt, ist eine derartige Trennung nicht möglich, weil bei ihm die Kothsorten nicht so verschieden sind und die neu aufgenommenen Massen die alten nicht vor sich herschieben, sondern eine Vermengung beider stattfindet, ja das in den Blinddarm neu eintretende an dem mit älterem Inhalt erfüllten mächtigen wurmförmigen Anhang vorüber gehen kann. Es bleibt daher beim Pflanzenfresser (Wiederkäuer, Einhufer) nur übrig, die Fütterung mit einem bestimmten Nahrungsmittel so lange (mindestens 5 bis 10 Tage) fortzusetzen, bis sicher ausschliesslich auf sie treffender Koth erscheint und dann erst die eigentliche Versuchsperiode zu beginnen. Man setzt dabei, was mit Recht geschehen kann, voraus, dass sich bei Beginn und am Schluss der Periode gleiche Mengen Koth im Darm befinden. Je länger die Versuchsreihe währt, desto geringer ist der dadurch begangene Fehler.

Dadurch dass man früher diese Cautelen nicht beachtete, und den auf eine bestimmte Nahrung treffenden Koth nicht kannte, also Koth mit in Betracht zog, der gar nicht zum Versuch gehörte, oder dazu gehörigen, noch im Darm befindlichen nicht berücksichtigte, machte man, namentlich bei Pflanzenfressern, die grössten Fehler.

In dem Koth befindet sich nicht nur das, was von der eingeführten Nahrung nicht in die Säfte aufgenommen worden ist, sondern es sind darin auch die Residuen der Verdauungssäfte, Schleim und Epithelien des Darms und vielleicht noch aus der Darmoberfläche direkt ausgeschiedene Stoffwechselprodukte (Eisen, phosphorsaurer Kalk) enthalten. Es ist schwierig, die Reste der Nahrung von den Stoffen der letzten Kategorie zu trennen, und doch wäre es vielfach

---

1 WEISKE, Ztschr. f. Biologie. VI. S. 458. 1870.
2 RUBNER, Ztschr. f. Biologie. XV. S. 119. 1879.

von Bedeutung; es wäre speciell für die Kenntniss des Stickstoffverbrauchs im Körper wichtig zu wissen, wieviel von dem im Koth
enthaltenen Stickstoff als Produkt der Zersetzungen im Körper aufzufassen ist und wieviel davon nur unverdauter Antheil der Nahrung ist.

Ich habe durch meine Untersuchungen des Kothes des Fleischfressers Anhaltspunkte für die Beurtheilung dieser Frage gegeben.
Die wichtigste Thatsache [1] ist die, dass auch bei völligem Hunger
noch ein schwarzer, pechartiger Koth ausgeschieden wird. Bei einem
30 Kilo schweren Hunde betrug die Menge desselben, durch Knochen
abgegrenzt, im Tag etwa 1.88 Grm. trocken mit 0.15 Grm. Stickstoff; die 13 Tage lang hungernde, 3 Kilo schwere Katze lieferte
im Tag 0.15 Grm. trockenen Koths mit 0.01 Grm. Stickstoff. Das
im fötalen Darm angesammelte Mekonium, welches offenbar die
gleiche Quelle hat wie der Hungerkoth, hat auch im Allgemeinen
die gleiche Zusammensetzung, wie der letztere. Bei Fütterung mit
reinem Muskelfleisch wird ebenfalls ein pechartiger schwarzer Koth,
der sogenannte Fleischkoth, entleert, wiederum von derselben Beschaffenheit wie der Hungerkoth; seine Menge ist durchaus nicht
proportional der Menge des verzehrten Fleisches [2], wie es doch sein
müsste, wenn er wesentlich unverdaute Theile der Nahrung enthielte,
denn der trockene Fleischkoth schwankt bei einem Hunde von 35 Kilo
Gewicht und einer Zufuhr von 500—2500 Grm. reinem Fleisch zwischen 8.5—20.9 Grm. mit 0.55—1.36 Grm. Stickstoff; im Mittel beträgt der trockene Koth nur etwa 3 % der Trockensubstanz des verzehrten Fleisches (mit 1.3 % des Stickstoffs des letzteren). Im reinen
Fleischkoth finden sich ferner so gut wie keine Nahrungsreste vor,
wenn nicht eine abnorm grosse Menge von Fleisch verzehrt worden
ist und Diarrhöen eintreten, keine Muskelfasern, kein Eiweiss, keiner
der charakteristischen Stoffe des Fleisches. Man kann daraus wohl
schliessen, dass der reine Fleischkoth, wenigstens zum weitaus grössten Theil aus den Residuen der Verdauungssäfte besteht und die
Menge desselben bei reichlicherer Fleischaufnahme wächst, weil dabei
mehr Verdauungssäfte abgesondert werden. Giebt man zum Fleisch
Fett hinzu, so findet sich, wachsend mit der Fettgabe, jedoch nicht
verhältnissmässig, Fett im Koth; Zuckerzusatz vermehrt die Beschaffenheit und Menge des Koths nicht, wenn nicht Diarrhöen erfolgen; auch Stärkemehl kann in ziemlicher Quantität dazu gegeben

---

1 Voit, Ztschr. f. Biologie. II. S. 308. 1866.
2 Bischoff u. Voit, Die Gesetze d. Ernährung des Fleischfressers. S. 292. 1860.

werden, bis eine Vermehrung der Kothmenge eintritt und unverändertes Stärkemehl ausgeschieden wird. In diesen Fällen überwiegen also noch die Reste der Verdauungssäfte. Bei Fütterung mit Brod oder mit Kartoffeln tritt dagegen ein massiger Koth auf, zum grössten Theil aus wenig verändertem Brod oder Kartoffeln bestehend, gegen welche daher die Stoffwechselprodukte verhältnissmässig zurücktreten und nur schwer zu bestimmen sind. Bei Hunger und bei Fütterung mit Fleisch oder mit Fleisch unter Zusatz reiner Nahrungsstoffe sind jedoch die beim Fleischfresser im Darm ausgeschiedenen Stoffwechselprodukte und deren Stickstoffgehalt annähernd zu bemessen.

Schwieriger ist es beim Menschen hierüber etwas auszusagen; es ist dies nur dann möglich, wenn man reine Nahrungsmittel reicht und den Koth genau abgrenzt, wie es bei den Versuchen von M. Rubner geschehen ist. Bei Zufuhr von Eiern oder von Fleisch wog der im Tag austretende trockene Koth 13—17 Grm. mit 0.6—1.2 Grm. Stickstoff. Es ist wahrscheinlich, dass auch dieser Koth beim Menschen wie beim Hunde grösstentheils aus Ausscheidungen aus dem Körper in das Darmrohr besteht, denn als Rubner einem Manne eine nahezu stickstofffreie, aus Stärkemehl, Zucker und Schmalz bestehende Kost (mit 1.36 Grm. Stickstoff) gab, wurden noch 1.39 Grm. Stickstoff im Koth aufgefunden. Milch, dann die Vegetabilien, namentlich die Gemüse und das Schwarzbrod, vermehren durch unverdaut bleibendes die Kothquantität, so dass die Produkte des Stoffwechsels relativ nur in geringer Menge zugegen sind.

Das Unverdaute tritt aber beim Pflanzenfresser, welcher cellulosereiche Futtermittel verzehrt, so gewaltig hervor, dass die Reste der Darmsäfte dagegen fast verschwinden. Es ist wahrscheinlich, dass bei den grossen Pflanzenfressern (Rind und Pferd) diese letzteren Residuen ansehnlich mehr betragen als beim Hund oder Menschen, jedoch besitzt man noch keine genauere Angabe über deren Menge. Man kann bei Pflanzenfressern nur schwer die betreffende Ausscheidung beim Hunger oder bei Zufuhr stickstofffreier Stoffe bestimmen, da auch nach längerem Hunger noch ein beträchtlicher Inhalt im Magen und Blinddarm sich findet und es lange Zeit währt bis durch stickstofffreie Substanzen der Darminhalt ganz verdrängt ist. Wenn ein Hund von 35 Kilo Gewicht bei Erhaltungsfutter 10 Grm. trockenen Koth mit 0.65 Grm. Stickstoff als Stoffwechselprodukt ausscheidet, so träfen dem Gewicht nach auf einen Ochsen von 500 Kilo

---

1 Rubner, Ztschr. f. Biologie. XV. S. 195. 1879. — Parkes (Proceed. of the Royal Soc. 1867. No. 89 u. 94) fand bei stickstofffreier Kost 0.4—0.6 Grm. Stickstoff im Koth.

Gewicht 143 Grm. mit 9.3 Grm. Stickstoff, das sind etwa 1.5 % des trockenen Futters oder 3—4 % des trockenen Koths.

Grouven[1] hatte bei Ochsen die Beobachtung gemacht, dass bei sehr dürftigem Futter (Strohfütterung) nicht selten der Koth mehr Stickstoff enthält als das Futter. Henneberg & Stohmann[2] glaubten eine Vorstellung von den bei Ochsen im Koth ausgeschiedenen Stoffwechselprodukten zu gewinnen, indem sie den äusserst möglichen Gehalt desselben an Gallenbestandtheilen zu ermitteln suchten; zu dem Zweck betrachteten sie das Aether- und Alkoholextrakt des Kothes als Maximum der stickstofffreien Gallenstoffe und erschlossen sie aus dem Stickstoff des wässrigen Auszugs die Menge des vorhandenen Taurins. Andere meinten, den Stickstoff der im Koth befindlichen Stoffwechselprodukte zu erhalten, wenn sie im Aether- und Alkoholextrakt dieses Element bestimmten und sodann aus dem im Wasserextrakt vorhandenen organisch gebundenen Schwefel den dem Taurin entsprechenden Stickstoff berechneten[3]. Jedoch bekommt man dadurch keinen irgendwie sicheren Aufschluss über die Quantität der Produkte des Stoffwechsels im Koth und über deren Stickstoffgehalt, denn man berücksichtigt dabei nur die Gallenbestandtheile, durch welche doch nicht allein jene Produkte ausgeführt werden; die übrigen Verdauungssäfte, welche zum Theil sogar mehr feste Bestandtheile liefern als die Galle, hinterlassen sicherlich ebenfalls ihre Residuen, deren Menge aber unbekannt bleibt. Ja selbst die Zersetzungsprodukte der Gallensäuren lassen sich dadurch nicht genau erfahren, da sie möglicherweise in Aether und Alkohol nicht mehr löslich sind, dagegen andere im Darm aus den Nahrungsstoffen hervorgegangene stickstoffhaltige Zersetzungsprodukte in Aether- und Alkohol löslich sein können.

C) In der Perspiration.[4]

Eine der für die Feststellung des Stoffverbrauchs im Thierkörper wichtigsten Fragen ist die, ob der Stickstoff der zersetzten stickstoffhaltigen Substanzen nur im Harn und Koth, oder auch zum Theil durch Haut und Lungen oder vielleicht noch auf anderen Wegen entfernt wird, d. h. ob man aus dem Stickstoffgehalte des auf die angegebene Weise gesammelten Harns und Koths die Stickstoffabgabe vom Körper messen kann. Zur Bestimmung des Stickstoffverlustes vom Körper muss man selbstverständlich den abgegebenen Stickstoff vollkommen oder wenigstens so weit erhalten, dass der nicht bestimmte Rest vernachlässigt werden darf; sollte also ausser Harn und Koth noch anderweit Stickstoff in erheblicher Menge den Körper

1 Grouven, Physiol.-chem. Fütterungsversuche. S. 307. ff. 1864.
2 Henneberg u. Stohmann, Beiträge. Heft 2. S. 366. 1864.
3 Hierher gehören: G. Kühn, Aronstein u. H. Schulze, Journ. f. Landw. 1867. S. 6; Maercker u. Schulze, Ebenda. 1871. S. 49; Wildt, Landw. Jahrbücher. 1877. Jahrg. 6. S. 150; J. König, Landw. Versuchsstationen. XIII. S. 241; Wolff, Ernährung der landw. Nutzthiere. S. 46. 1876; E. Heiden u. Fr. Voigt, Oesterr. landw. Wochenblatt. 1876. S. 580.
4 Voit, Ztschr. f. Biologie. II. S. 6 u. 189. 1866, IV. S. 297. 1868.

verlassen, so ist es nothwendig zur Erreichung des genannten Zweckes auch diesen Stickstoff aufzufangen.

Es ist in den letzten Decennien hierüber viel untersucht und gestritten worden; die Sache ist aber jetzt dahin entschieden, dass der weitaus grösste Theil des Stickstoffs, soweit es zur Beantwortung der hierauf bezüglichen Fragen der Ernährung zu wissen nöthig ist, im Harn und Koth sich vorfindet.

1) Wird Stickgas in der Perspiration ausgeschieden?

Die ersten Untersuchungen in dieser Richtung beschäftigten sich damit zu ermitteln, ob der Stickstoff der atmosphärischen Luft bei dem Athemprocesse betheiligt ist. Bei der grossen Menge dieses Gases in der atmosphärischen Luft schien dies in hohem Grade wahrscheinlich: es hätte ja unter Eintritt dieses Stickstoffs stickstoffhaltige Körpersubstanz wie in der Pflanze aufgebaut werden können. Man hatte aber bald erkannt, dass der Stickstoff der Luft bei der Athmung keineswegs eine solche Rolle spielt wie etwa der Sauerstoff oder die Kohlensäure; es blieb aber zweifelhaft, ob derselbe nicht vielleicht doch in geringerem Grade daran Antheil nimmt oder ob nicht Stickgas aus stickstoffhaltigen Bestandtheilen des Thieres abgespalten wird.

Lavoisier[1] gab zuerst bestimmtest an, dass durch das Athmen des Menschen keine merkliche Aenderung des Stickstoffgehaltes der Luft eintrete; leider kennen wir die von ihm befolgte Methode nicht genau, wir wissen nur, dass alle seine Resultate über den Sauerstoffverbrauch unter verschiedenen Einflüssen sich durch die neueren Untersuchungen bewahrheitet haben.

Es hätte keinen Vortheil die Versuche aller der Autoren aufzuzählen, welche sich dem Ausspruch Lavoisier's anschlossen, sowie derer welche eine Aufnahme von Stickgas in den Körper oder eine Abgabe desselben annahmen. Wir können wohl nach den jetzigen Erfahrungen mit Sicherheit sagen, dass die Methode aller dieser Versuche nicht genau genug war, um unsere Frage zu entscheiden. Von den früheren ist nur die berühmte Arbeit von Regnault und Reiset[2] über die Respiration der Thiere zu berücksichtigen. Dieselben benützten bekanntlich ein Prinzip und einen Apparat, der bei sorgfältiger Behandlung besser als irgend ein anderer eine Alteration im

1 Lavoisier et Seguin, Mém. d. l'acad. d. sc. 1789. p. 185. — Oeuvres de Lavoisier. II. p. 688. — Drei Briefe Lavoisier's an Black vom 19. Nov. 1790 in Report of the British Association. p. 189. Edinburgh 1871.
2 Regnault u. Reiset, Ann. d. chim. et phys. (3) XXVII. p. 32. 1849; Ann. d. Chem. u. Pharm. LXXIII. S. 92. 129. 257. 1850.

Stickstoffgehalte der Luft erkennen lässt, da die ursprüngliche Stickstoffmenge im Athemraum bleibt, die ausgeathmete Kohlensäure weggenommen und für den verbrauchten Sauerstoff neuer zugelassen
wird; so kann jede Aenderung des Stickstoffs durch das Thier, welches längere Zeit unter der Glocke zubringt, bemerkbar werden.
Regnault und Reiset hatten unter normalen Verhältnissen in keinem
einzigen Falle eine beträchtliche Aenderung des Stickstoffs gefunden
und mit Entschiedenheit den gegentheiligen Angaben widersprochen;
sie hatten bald eine geringe Abnahme, bald eine geringe Zunahme
des anfänglichen Stickstoffgehaltes, also durchaus kein gesetzmäs-
siges Verhalten wahrgenommen, und sie vermieden es weiter gehende
Schlüsse daraus zu ziehen.

Obwohl nach Regnault und Reiset der Antheil des Stickgases
bei der Respiration sich als ein geringfügiger, sehr schwankender
und zufälliger ergab, so schlossen doch später die Meisten, nachdem
man auf andere Weise eine Stickstoffabgabe durch Haut und Lunge
gefunden zu haben glaubte, dass jene Versuche eine Abgabe von
Stickstoff aus den im Körper zersetzten stickstoffhaltigen Stoffen bewiesen.

Wir wissen jetzt, dass solche Versuche zu den schwierigsten gehören,
da alle Fehler auf den Stickstoff fallen. Es ist zunächst nur bei besonderen Vorsichtsmaassregeln möglich bei einem so grossen Apparate mit
den vielen Verbindungsstellen und bei der Luftbewegung durch Saugvor-
richtungen die Diffusion und das Eindringen des Stickstoffs der atmosphärischen Luft vollständig abzuschliessen; die Versuche von Hüfner [1], bei
denen es sich um ungleich einfachere Apparate handelt, haben diese Schwierigkeit besonders deutlich illustrirt. Es gelingt ferner nicht, über 100 Liter
ganz reinen Sauerstoffgases herzustellen und zu einem längeren Versuche
aufzubewahren; aller Stickstoff desselben, der in einer kleinen Probe
kaum erkennbar ist, sammelt sich aber nach und nach in dem Athemraum an; Scheremetjewski [2] giebt an, dass Sauerstoffgas, das in einer
mit einem vorzüglich gearbeiteten und überall unter Wasser stehenden
Messinghahn verschlossenen Flasche sich befand, nach einigen Wochen viel
Stickstoff enthielt, weshalb es nöthig ist an jedem Versuchstage eine Probe
des Gasvorraths zu analysiren. Ich behaupte nicht, dass die von Regnault

---

1 Hüfner, Journ. f. pract. Chem. (2) XVIII. S. 292. Derselbe hatte bei Einwirkung von Pankreasferment auf Fibrin in anscheinend hermetisch verschlossenen
Räumen das Vorkommen von Stickgas constatirt (Journ. f. pract. Chemie. X. S. 1.
1874, XI. S. 43. 1875) und es schien, als ob dasselbe aus den stickstoffhaltigen
organischen Substanzen sich entwickelt hätte. Bei erneuter Untersuchung fand
er anfangs stets wieder das Stickgas; zuletzt stellte sich aber heraus, dass dieses
Gas nur ein Eindringling von aussen ist, herzugelassen durch die Unsicherheit und
Unzuverlässigkeit der benützten, wenngleich sehr dicken Kautschukverbindungen.
Seitdem Ludwig gewisse Kautschukverbindungen an der Quecksilberpumpe ver-
meidet, wird ein excessiver Gehalt an Stickstoff im Blut nie mehr beobachtet.
2 Scheremetjewski, Ber. d. sächs. Ges. d. Wiss. 1868. S. 154.

und Reiset gefundene Zunahme und Abnahme des Stickstoffgehaltes ganz auf solchen unvermeidlichen Fehlern beruht, aber kleine Differenzen in der Menge des Stickstoffs ergeben sich mit Nothwendigkeit aus der Anordnung des Versuchs, und es wird nach der ganzen Anlage desselben häufiger ein Eindringen als ein Heraustreten dieses Gases stattfinden müssen.

Dass namentlich bei derartigen für grössere Thiere gebauten Apparaten solche Ereignisse eintreten und in letzteren oder in der Methode irgendwo eine beträchtliche und nicht constante Fehlerquelle sich findet, beweisen schlagend die späteren Versuche von J. Reiset[1] über die Respiration von landwirthschaftlichen Hausthieren, bei welchen im Versuche Nr. III ein Schaf, das bedeutenden Meteorismus bekam, in 14 Stunden 42 Grm. (33 Liter) Stickgas ausgeschieden haben soll, ansehnlich mehr als in dieser Zeit im Harn und Koth sowie im Futter enthalten ist[2].

Bei Gelegenheit von neueren Respirationsversuchen an kleinen Thieren, welche mit allen Hilfsmitteln aufs Sorgfältigste angestellt wurden, hat man die Frage nach einer Aenderung des Stickstoffs unentschieden lassen müssen, da man nicht im Stande war, mit Sicherheit eine Aufnahme oder Abgabe desselben nachzuweisen. So beobachtete Sanders-Ezn[3] bei Kaninchen in 36 Beobachtungen 24, die auf eine vollkommene Gleichgültigkeit dieses Gases schliessen lassen, und acht, welche auf eine Absorption desselben hindeuten; Scheremetjewski[4] fand in 17 Fällen 12 negative und 5 positive Werthe für den Stickstoff, die er nicht aus Fehlern der Versuchsanordnung ableiten konnte. Im Laboratorium Pflüger's hatte H. Schulz[5] bei Fröschen mittelst eines kleinen modificirten Regnault-schen Apparates eine scheinbare Stickstoffexhalation bemerkt; G. Cola-santi[6], der bei Meerschweinchen innerhalb 3—6 Stunden keine Aenderung in dem Stickstoffgehalt des Athemraumes nachweisen konnte, spricht sich dahin aus, dass höchst wahrscheinlich die Vermehrung des Stickstoffs auf einem Beobachtungsfehler beruhe. Auch nach Speck[7] verhält sich der Stickstoff bei der Respiration des Menschen ganz indifferent. Es wäre sehr wichtig, nochmals Versuche in dieser Richtung anzustellen, bei denen auf alle Fehlerquellen Rücksicht genommen ist und die Genauigkeit der Anzeigen des Apparates durch Verbrennen von Stearinkerzen im Respirationsraume geprüft ist, ob nicht dabei ebenfalls bald ein Zuwachs, bald ein Verlust von Stickstoff in demselben erhalten wird. Regnault[8] wehrt sich sehr mit Unrecht gegen ein solches Verfahren, das er ein barbarisches nennt, weil beim Brennen der Kerze nicht nur Kohlensäure und Wasser, sondern auch andere unvollständig verbrannte Gase auftreten; dies hindert aber doch nicht die verlangte Controle, da ja die Thiere ebenfalls neben Kohlensäure und Wasser solche Gase entwickeln.

---

1 Reiset, Ann. d. chim. et phys. (3) LXIX. p. 129. 1863; Compt. rend. LVI. p. 740. 1863. Dabei fand er bei Hammeln für den Tag 4.00—12.94 Grm., bei Kälbern 6.7 Grm. Stickstoff.

2 Siehe hierüber: Pettenkofer, Ztschr. f. Biologie. I. S. 38. 1865.

3 Sanders-Ezn, Ber. d. sächs. Ges. d. Wiss. 1867. S. 77.

4 Scheremetjewski. Ebenda. 1868. S. 158.

5 Schulz, Arch. f. d. ges. Physiol. XIV. S. 81. 1877.

6 Colasanti, Ebenda. XIV. S. 95. 1877.

7 Speck, Arch. f. exper. Pathol. u. Pharmakol. XII. S. 1. 1879.

8 Regnault bei Seegen, Sitzgsber. d. Wiener Acad. 1871. 2. Abth. S. 29.

Die Respirationsversuche von Seegen & Nowak [1] füllen diese Lücke
nicht aus; die Fehler ihrer Methode liegen so deutlich vor, dass man ihre
Resultate ohne Weiteres für unrichtig erklären kann [2]. Sie haben grosse
Mengen von Sauerstoff für die bis zu 110 Stunden währende Athmung
nöthig; derselbe wird in einem mit Wasser gefüllten, mit einer Oelschicht
abgesperrten Gasometer, Tage lang aufbewahrt. Abgesehen davon, dass
es sehr schwierig ist, so bedeutende Massen von Sauerstoffgas frei von
Stickstoff herzustellen, lässt es sich zeigen, dass eine Oelschicht die Diffusion der Gase von dem Wasser nach der Luft im Gasometer durchaus
nicht hindert, und dass Stickgas in die letztere übertritt; enthält der
Sauerstoff nur 0.44 % Stickstoff, so genügt dies, die beobachtete Stick-
stoffvermehrung zu decken. Der Sauerstoff darf zu solchen Versuchen
nicht, wie es Seegen & Nowak gethan haben, aus chlorsaurem Kali mit
Braunstein bereitet werden; er kann dann Stickstoff aus salpetersauren
Salzen oder aus stickstoffhaltigen organischen Substanzen einschliessen.
Das aus chlorsaurem Kali und Braunstein hergestellte Sauerstoffgas enthält Chlor und ein Jodkalium zerlegendes Gas, woher wahrscheinlich die
von Seegen & Nowak an den Thieren beobachteten Krankheitserschei-
nungen kommen. Die Thiere lassen während des mehrtägigen Versuchs
Harn und Koth in den Käfig und beschmutzen sich; aus dem in ammo-
niakalische Gährung übergegangenen Harn entwickelt sich Ammoniak, aus
welchem beim Leiten über glühendes Kupferoxyd Stickstoff entbunden
wird. Während Regnault und Reiset zur Erzielung einer gleichmässigen
Temperatur im ganzen Athemraum den Kasten unter Wasser versenken,
maassen Seegen & Nowak die Temperatur des in der Luft befindlichen
bis zu 310 Liter fassenden Versuchsraumes mit einem einzigen Thermometer; es ist aber ganz unmöglich, dass dieselbe an allen Theilen des
Raumes, sowie in den 17.33 Liter Luft einschliessenden Nebenapparaten,
in denen die Luft sogar über glühendes Kupferoxyd geleitet wird, die
gleiche ist; eine Differenz von wenigen Graden vermag schon den ganzen
Stickstoffüberschuss zu erklären. Die Versuche von Seegen & Nowak
stehen in Widerspruch mit denen von Regnault und Reiset, welche bald
eine geringe Zunahme, bald eine Abnahme des Stickstoffs in regellosen
Schwankungen gefunden haben, während erstere stets eine beträchtliche
Vermehrung desselben erhielten.

Ich bin jedoch überzeugt, dass auch die genauesten Versuche
manchmal eine Abgabe, manchmal eine Aufnahme von Stickstoff in
geringen Mengen ergeben werden und ergeben müssen. Der abgegebene Stickstoff rührt aber wie der aufgenommene von der atmosphärischen Luft her; das Stickgas derselben tritt durch Diffusion
in den Körper ein, aus dem es, ohne eine chemische Veränderung
erfahren zu haben, wieder entlassen wird.[3] Das Thier bringt nicht
unbeträchtliche Mengen von Stickgas in den Athemraum mit. In

---

1 Seegen u. Nowak, Ebenda. 3. Abth. LXXI. Aprilheft 1875; Arch. f. d. ges.
Physiol. XIX. S. 347. 1879.
2 Pettenkofer u. Voit, Ztschr. f. Biologie. XVI. 1880.
3 Voit, Ztschr. f. Biologie. II. S. 195. 1866.

allen Säften ist Stickgas absorbirt. Im Darmkanal befindet sich, von der verschluckten Luft herrührend, Stickgas; der gekaute Bissen ist ganz mit Luftbläschen durchsetzt, und es sammelt sich aus ihnen im Magen ein Gasgemenge an, ursprünglich von der Zusammensetzung der atmosphärischen Luft, aus dem aber der Sauerstoff und der Stickstoff nach und nach verschwinden. Auch in der festen und flüssigen Nahrung wird Stickgas eingeführt. In beträchtlicher Menge findet sich dieses Gas in der Lunge und den Athemwegen des Thieres, in dem äusseren Gehörgang, an der Oberfläche des Körpers zwischen den Haaren und Federn, bei Vögeln in den lufthaltigen Knochen u. s. w. Aller dieser Stickstoff vermehrt unter Umständen den Stickstoff des Athemraumes, oder es geht in anderen Fällen, wenn z. B. in dem Harn absorbirtes Stickgas bei der Entleerung desselben abgegeben worden ist, Stickgas aus dem Athemraum in den Körper über. Darum fanden auch die beiden französischen Forscher bei dem ganzen Vorgange nicht die mindeste Gesetzmässigkeit auf.

Andere Gase sind im Stande den im Körper in der angegebenen Weise befindlichen Stickstoff auszutreiben. Dies ist der Fall, wenn sich im Thiere mehr Kohlensäure ansammelt, wie es bei den meisten Respirationsversuchen, wo die Kohlensäure im Athemraum in grösserer Menge als normal vorhanden ist, stattfindet. Darum haben schon ALLEN und PEPYS beobachtet, dass Meerschweinchen, welche eine Luft aus 1 Theil Sauerstoff und 4 Theilen Wasserstoff athmeten, eine Stickstoffmenge ausschieden, die das Volumen des Thieres sechsmal übertraf; in gleicher Weise sahen REGNAULT und REISET bei einem Kaninchen, das in eine Luft gesetzt wurde, in welcher der Stickstoff durch Wasserstoff ersetzt war, in 24 Stunden eine Stickstoffausscheidung von 1.25 Grm., während Kaninchen für gewöhnlich nur 0.125—0.269 Grm. Stickgas in dieser Zeit lieferten; ein Hund gab unter den angegebenen Umständen 0.45 Grm. Stickstoff ab, gegenüber einer normalen Ausscheidung von 0.105 Grm. Es fand sich ferner bei REISET's Pflanzenfressern die höchste Stickstoffansammlung im Athemraum, wenn im Darmkanal während der Verdauung Grubengas, Wasserstoff und Kohlensäure sich entwickelten; die Menge des Stickstoffs stieg und fiel mit der Menge des Grubengases. P. BERT erhielt unter den Blutgasen, wenn er nach vorausgehendem höheren Druck einen niederen gab, 70—90 Vol. %, Stickstoff.

Hier ist nicht zu verkennen, dass das Wasserstoffgas oder das Grubengas oder die Kohlensäure oder der niedere Druck den im Körper befindlichen, aus der atmosphärischen Luft stammenden Stickstoff verjagt, und wenn dabei so grosse Mengen frei werden können, dann muss wohl die gewöhnliche Abscheidung oder Aufnahme einer viel kleineren Menge von Stickstoff auf dem gleichen Vorgange beruhen.

Auch wenn durch die besten Hilfsmittel eine Abgabe von Stickgas vom Thier sicher gestellt wäre, so wäre damit doch noch nicht bewiesen, dass dasselbe aus den stickstoffhaltigen Substanzen des Organismus abgetrennt worden ist. Es müsste dann immer noch geprüft werden, und zwar vor Allem durch die Untersuchung der Stickstoffabgabe auf anderen Wegen, wie weit derselbe, ob ganz oder nur theilweise, von einem Wechsel des Stickstoffs der atmosphärischen Luft herrührt, welcher Wechsel unter gewissen Umständen stattfinden muss. Somit sind also die Respirationsversuche nur im Stande die Grösse der Abscheidung gasförmigen Stickstoffs, aber nicht ihren Ursprung darzuthun. Wir kennen übrigens bis jetzt keine einzige Thatsache, die eine Bildung von Stickgas aus den stickstoffhaltigen Bestandtheilen höherer Thiere bei den in ihnen vorkommenden Oxydationsprocessen wahrscheinlich macht; selbst im Darmkanal tritt nach den Untersuchungen der Darmgase von Planer[1] und Ruge[2] kein Stickgas auf, und Hüfner[3] hat, wie gesagt, nachgewiesen, dass das von Kunkel[4] und ihm früher bei künstlicher Pankreasverdauung mit Ausschluss von niederen Pilzen erhaltene Stickgas aus der Luft eingedrungen ist. Dagegen wird angegeben, dass pflanzliche Organismen während ihres Lebens freies Stickgas als Produkt des Stoffwechsels ausathmen[5].

2) Stickstoffdeficit im Harn und Koth.

Schon vor dem Erscheinen der Regnault-Reiset'schen Arbeit hatte man die Frage nach den Ausscheidungswegen der stickstoffhaltigen Zersetzungsprodukte auf eine andere Weise zu beantworten gesucht; man bestimmte nämlich in kurzen Versuchsreihen, wieviel von der bekannten Stickstoffmenge der Nahrung im Harn und Koth wieder aufzufinden ist, um daraus den Stickstoffantheil, der den Körper möglicherweise durch Haut und Lungen verlässt, zu berechnen. Es gehören hierher die schon vorher erwähnten Versuche von Boussingault[6] am Pferd, der Kuh, dem Schwein und der Taube,

---

1 Planer, Sitzgsber. d. Wiener Acad. XLII. S. 307. 1861.
2 Ruge, Ebenda. XLIV. S. 739.
3 Hüfner, Journ. f. pract. Chem. X. S. 1. 1874, XI. S. 43. 1875, XVIII. S. 292.
4 Kunkel, Würzburger Verh. N. F. VIII. S. 134.
5 Draper, Ann. d. chim. et phys. (3) XI. p. 226. — H. T. Brown, Ber. d. dtsch. chem. Ges. 1872. S. 484.
6 Boussingault, Ann. d. chim. et phys. LXI. p. 113 u. 128. 1839, (3) XI. p. 433. 1844, (3) XIV. p. 443 u. 451. 1845.

von Sacc[1] an Hühnern, von Valentin[2] am Pferd, von Rigg[3] und Barral[4] am Menschen.

Dieselben stimmen sämmtlich darin überein, dass ein grosser Theil des von den Thieren im Futter verzehrten Stickstoffs nicht im Harn und Koth zu finden ist, welchen sie einfach durch die Perspiration weggeben liessen. Dieser Antheil betrug bei Boussingault's Versuchen 13—55%, bei denen von Sacc 59%, von Valentin 17%, von Rigg 49% und von Barral 40—52%.

Man nannte dies das Stickstoffdeficit und hielt durch dasselbe den Abgang von Stickstoff im Athem für erwiesen und zwar in Uebereinstimmung mit den Resultaten von Regnault und Reiset, ohne zu bedenken, dass letztere auch eine Aufnahme von Stickstoff und bei einer Abgabe nicht entfernt so hohe Werthe aufgefunden hatten.

Lehmann[5] kam für den Menschen zu einem mit dem Barral-schen nicht sehr übereinstimmenden Ergebnisse, indem er nach Verzehrung von 32 Stück gekochten Hühnereiern mit 30.16 Grm. Stickstoff im Laufe von 24 Stunden 25.6 Grm., also 85%, allein im Harnstoff des Harns ausschied.

Die ersten sorgfältigeren Versuchsreihen haben Bidder und Schmidt[6] an Fleischfressern angestellt und zwar vier an Katzen und drei an Hunden; sie erhielten dabei in zwei Fällen an Katzen bei reichlicher und längerer Fütterung mit reinem Muskelfleisch nur ein Stickstoffdeficit von 2—3% im Harn und Koth. Sie waren dadurch überzeugt, dass der weitaus grösste Theil des Stickstoffs der im Körper zersetzten Stoffe im Harn und Koth entfernt werde, und betrachteten daher jeden Abgang von Stickstoff als Ansatz stickstoffhaltiger Substanz am Körper und jedes Plus als Verlust desselben; sie fühlten sich ausserdem damit ganz in Uebereinstimmung mit den direkten Bestimmungen von Regnault und Reiset.

Ein Jahr nach dem Erscheinen des Bidder-Schmidt'schen Werkes hatte Bischoff[7] die von Liebig erfundene einfache Methode der Bestimmung des Harnstoffs zu umfassenden Versuchen an zwei Hunden benutzt. Dabei ergab sich constant, wie bei den früheren Ver-

---

1 Sacc, Neue Denkschriften d. allg. schweiz. Ges. f. d. ges. Naturwiss. VII. S. 7. 1845.
2 Valentin, Wagner's Handwörterb. d. Physiol. I. S. 396. 1842.
3 Rigg, Medical Times. 1842. p. 278.
4 Barral, Ann. d. chim. et phys. (3) XXV. p. 129. 1849. — Chossat hatte früher angegeben, dass beim Menschen der Stickstoff der genossenen Nahrung im Harn (bis auf 9%) erscheint (Magendie's Journ. V. p. 65).
5 Lehmann, Journ. f. pract. Chem. XXVII. S. 257. 1842.
6 Bidder u. Schmidt, Die Verdauungssäfte und der Stoffwechsel. S. 333 u. 339. 1852.
7 Bischoff, Der Harnstoff als Maass des Stoffwechsels. 1853.

suchen von Boussingault, dass ein ansehnlicher Theil des Stickstoffs des Futters (im Mittel 30%) im Harn und Koth fehlt. Auch
F. Hoppe-Seyler [1] hatte bei siebentägiger Fütterung eines Hundes
ein Deficit von 15% erhalten. Damit war es selbstverständlich unmöglich, den Stickstoffverbrauch im Körper aus der Stickstoffausscheidung im Harn und Koth zu entnehmen.

Ich [2] habe nun bei zwei Hunden, welche ich mit grossen Mengen sorgfältig gereinigten Fleisches fütterte und bei denen ich den
Harn direkt auffing und den Koth abgrenzte, in 5 Versuchsreihen
ganz das gleiche Resultat erhalten wie vorher Bidder und Schmidt:
die höchst bedeutende Menge des im Fleisch eingeführten Stickstoffs
konnte bis auf 0.1—2% im Harn und Koth wieder aufgefunden werden. Ich hatte mir klar gemacht, dass man früher bei Versuchen
der Art in manchen Stücken unrichtig, in anderen nicht genau genug
verfahren war. Man muss alle die Cautelen einhalten, die ich vorher schon bei Betrachtung der Methoden angegeben habe: man muss
namentlich eine Nahrung geben, welche leicht in gleichmässiger und
bekannter Zusammensetzung herzustellen ist, der auf diese Nahrung
treffende Harn muss vollständig direkt aufgefangen und der Koth
abgegrenzt werden.

Es kann selbstverständlich nur unter gewissen Voraussetzungen
ebensoviel Stickstoff im Harn und Koth enthalten sein als in den
Einnahmen eingeführt worden ist, nämlich nur dann, wenn der Organismus mit der Stickstoffmenge der letzteren eben zureicht, und
davon nichts ansetzt oder nichts von sich abgiebt. Dies lässt sich
beim Fleischfresser leicht durch grosse Gaben reinen Fleischs erreichen; Zusatz stickstofffreier Stoffe zu mittleren Fleischmengen bewirkt häufig einen langwährenden Ansatz von Stickstoff am Körper,
also ein scheinbares Deficit.

Bei Berücksichtigung aller dieser Cautelen findet man unter den
genannten Voraussetzungen beim Hund in Versuchsreihen von langer
Dauer Tag für Tag ebensoviel Stickstoff im Harn und Koth als im
verzehrten reinen Muskelfleisch enthalten ist. Dieser Zustand wird
das Stickstoffgleichgewicht genannt.

Beweise dafür finden sich unter den zahlreichen Versuchen von
Bischoff und mir [3] und in den von mir [4] allein ausgeführten späteren Reihen:

1 Hoppe-Seyler, Arch. f. pathol. Anat. X. S. 144. 1856.
2 Voit, Physiol.-chem. Unters. 1857.
3 Bischoff u. Voit, Die Gesetze der Ernährung des Fleischfressers. 1860.
4 Voit, Ztschr. f. Biologie. II. S. 25. 1866.

1. in 49 Tagen in 73500 Grm. Fleisch = 2499.0 Grm. Stickstoff

$\begin{cases} \text{im Harn} & \ldots \ldots = 2495.0 \text{ „ „} \\ \text{im Koth} & \ldots \ldots = 30.6 \text{ „ „} \end{cases}$

Summa = 2525.6 Grm. Stickstoff
Differenz = + 26.6 „ = 1.0%

2. in 23 Tagen in 34500 Grm. Fleisch = 1173.0 Grm. Stickstoff

$\begin{cases} \text{im Harn} & \ldots \ldots = 1163.5 \text{ „ „} \\ \text{im Koth} & \ldots \ldots = 13.4 \text{ „ „} \end{cases}$

Summa = 1176.9 Grm. Stickstoff
Differenz = + 3.9 „ = 0.3%

3. in 58 Tagen in 29000 Grm. Fleisch = 986.0 Grm. Stickstoff
(mit 11600 Grm. Fett)

$\begin{cases} \text{im Harn} & \ldots \ldots = 943.7 \text{ „ „} \\ \text{im Koth} & \ldots \ldots = 39.1 \text{ „ „} \end{cases}$

Summa = 982.8 Grm. Stickstoff
Differenz = — 3.2 = 0.3%.

Ein mit allen Hilfsmitteln aufs Genaueste ausgeführter Versuch der Art ist mit dem gleichen Resultate von M. GRUBER[1] angestellt worden. Er gab einem Hunde während 17 Tagen in reinem Fleisch 368.53 Grm. Stickstoff (nach DUMAS bestimmt) und erhielt im Harn und Koth 368.28 Grm. wieder.

Ich habe gezeigt, dass für alle Hunde, welche ich in dieser Richtung untersucht habe, unter den verschiedensten Verhältnissen das Gleiche gilt, was später von vielen Anderen bestätigt wurde[2].

Aber nicht nur für Katzen und Hunde wurde der genannte Satz dargethan, sondern auch für andere Organismen, nachdem einmal die richtigen Prinzipien der Untersuchung erkannt waren.

J. RANKE[3] hat auf die Aufforderung von BISCHOFF und mir die beim Hunde festgestellten Grundsätze der Untersuchung auf den Menschen angewandt. Während vorher BARRAL 50% des Stickstoffs der Nahrung im Harn und Koth nicht erhielt, fand RANKE denselben in drei Reihen bis auf 0.1—4% wieder auf. Später haben PETTENKOFER und ich[4] das gleiche für den Menschen bei mittlerer Kost bestätigt; es ergaben sich dabei Schwankungen im positiven und negativen Sinn bis zu höchstens 2.5%. Bei genauer Berücksichtigung der Kost gelang es dann auch Anderen[5] das Stickstoffgleichgewicht beim Menschen herzustellen.

1 M. GRUBER, Ztschr. f. Biologie. XVI. S. 367. 1880.
2 Die gegentheiligen Angaben von SEEGEN (Sitzgsber. d. Wiener Acad. LV. 1867) beruhen auf Versuchsfehlern; siehe VOIT, Ztschr. f. Biologie. IV. S. 297. 1868 u. M. GRUBER, Ebenda. XVI. S. 367. 1880.
3 RANKE, Arch. f. Anat. u. Physiol. 1862. S. 311.
4 PETTENKOFER u. VOIT, Ztschr. f. Biologie. II. 1866, die fünf Versuche S. 488 bis 500.
5 SIEWERT, Ztschr. f. d. ges. Naturwiss. XXXI. S. 458. — BOECK, Ztschr. f. Biologie. V. S. 402. 1869. — RUBNER, Ebenda. XV. S. 124 u. 127. 1879.

Weitere Untersuchungen der Art wurden an pflanzenfressenden Säugethieren, vorzüglich an Wiederkäuern, gemacht; obwohl diese Thiere nach dem vorher Gesagten ganz besondere Schwierigkeiten, namentlich der Aufsammlung des Harns, entgegenstellen, so wurde doch alsbald erkannt, dass die Angaben von Boussingault nicht richtig sein können. Henneberg und Stohmann [1] fanden in mühevollen und exakten Versuchen, bei denen die Beobachtungsfehler der täglichen Stickstoffbestimmung ($\pm$ 5—10 Grm.) festgestellt waren, an Ochsen, dass auch bei diesen Thieren bei Erhaltungsfutter der Stickstoff nahezu vollständig ($\pm$ 1.8—7.2%) im Harn und Koth erscheint und also der Stickstoff innerhalb gewisser und enger Grenzen keinen andern Ausgang hat als in den beiden letzteren Exkreten; später bekam Henneberg [2] unter gleichen Umständen nur Differenzen von 0.4—3.7%. Auch Grouven [3] und dann G. Kühn [4], sowie M. Fleischer [5] erhielten beim Ochsen und der Milchkuh das nämliche Resultat. Ich [6] habe ebenfalls bei einer milchenden Kuh, welche mit einem seit längerer Zeit verzehrten Futter im Beharrungszustande sich befand, in sechs Tagen in der Milch, dem direkt aufgefangenen Harn und Koth ebensoviel Stickstoff erhalten (bis auf 1.1%) als im Futter verzehrt worden war.

Versuche an Schafen von E. Schulze und M. Maercker [7] und von Henneberg [8] thaten die gleiche Thatsache dar und zeigten die vollständige Unrichtigkeit der Angaben von Reiset [9], nach denen Hämmel 52% des Stickstoffs in der Perspiration verlieren sollten.

1 Henneberg u. Stohmann, Beiträge zur Begründung einer rationellen Fütterung der Wiederkäuer. 1860. Heft 1, 1864. Heft 2.
2 Henneberg, Neue Beiträge zur Begründung einer rationellen Fütterung der Wiederkäuer. 1871. Heft 1. S. 380.
3 Grouven, Physiol.-chem. Fütterungsversuche. 2. Ber. S. 121. 1864.
4 Kühn, Landw. Versuchsstationen. X. S. 418. 1868, XII. S. 443. 1869.
5 Fleischer, Arch. f. path. Anat. LI. 1870.
6 Voit, Ztschr. f. Biologie. V. S. 122. 1869. Ich erhielt in 6 Tagen:

in	78.960	Kilo	Heu	=	1089.65	Grm. Stickstoff
in	14.718	„	Mehl	=	359.12	„ „
		Einnahme	=	1448.77	Grm. Stickstoff	
in	130.774	Liter	Harn	=	562.35	Grm. Stickstoff
in	57.295	„	Milch	=	293.08	„ „
in	181.132	Kilo	Koth	=	575.71	„ „
		Ausgabe	=	1431.14	Grm. Stickstoff	

7 Schulze u. Maercker. Journ. f. Landw. V. S. 1. 202. 284. 347. 1870; Sitzgsber. d. Wiener Acad. I. S. 435. 1869.
8 Henneberg, Centralbl. f. d. med. Wiss. 1869. No. 15. S. 225.
9 Reiset, Compt. rend. LVI. p. 569. 1863. Nach ihm hatten 2 Hammel in 168 Tagen ergeben:

Stickstoff im Futter . . .	7368	Grm.
„ im Harn und Koth	4295	„
Differenz	3073 Grm.	= 42%
Bei 942 Grm. Ansatz	2130 „	= 28%

Für die Ziege konnte STOHMANN[1] das Nämliche erweisen; nur bei sehr eiweissreichem Futter glaubte er eine Zeit lang ein Deficit annehmen zu müssen, erneute Untersuchungen ergaben aber Fehler in seinen früheren Bestimmungen, hervorgerufen durch mangelhafte Aufsammlung des Harns. Auch die von E. WOLFF[2] in Hohenheim an Pferden ausgeführten Untersuchungen lassen dasselbe Verhalten für dieses Thier erschliessen.

Ein sehr bedeutender Theil des Stickstoffs der Nahrung fehlte nach den früheren Angaben in den Exkrementen der Vögel, bis zu 35—59% bei Tauben und Hühnern. Ich[3] habe eine ausgewachsene Taube, deren Exkremente auf einer grossen Glasplatte auf die früher angegebene Weise ganz rein und ohne Verlust gesammelt wurden, während 124 Tagen aus einem grossen Vorrath von Erbsen, deren Stickstoffgehalt durch Proben festgestellt war, gefüttert. In den verzehrten 3642.7 Grm. Erbsen befanden sich 149.4 Grm. Stickstoff d. i. etwa zehnmal mehr als der Gesammtstickstoff des Thieres, in den 976 Grm. trockener Exkremente waren dagegen 145.9 Grm. Stickstoff; es fehlten also nur 2.3% des Stickstoffs, wobei noch zu bedenken ist, dass das Gewicht der Taube, gleich im Anfange der Fütterung um 70 Grm. zunahm, welche bei Annahme eines Ansatzes von Fleisch 2.4 Grm. Stickstoff enthalten hätten. Bei seinen Stoffwechselversuchen an Hühnern hat MEISSNER[4] constatirt, dass auch bei diesen ein irgend erhebliches Stickstoffdeficit nicht existirt.

Auch für wirbellose Thiere, nämlich für die Seidenraupen, wurde von PELIGOT[5] das nämliche Gesetz festgestellt. Er untersuchte den Stickstoffgehalt einer Anzahl eben aus den Eiern ausgeschlüpfter Raupen; ihren Kameraden wurden nun Maulbeerblätter von bekann-

Ein Hammel soll im Durchschnitt bei einer täglichen Zufuhr von 11.1 Grm. Stickstoff 6 Grm. Stickstoff in der Perspiration verlieren = 52%. Siehe auch JÖRGENSEN, Jahrb. f. pract. Pharm.

1 STOHMANN. Journ. f. Landw. N. F. III. S. 135. 1868, S. 163. 1869; Centralbl. f. d. med. Wiss. 1869. No. 21. S. 322; Ztschr. d. landw. Central-Vereins d. Prov. Sachsen. 1869. S. 201, 1870. No. 3; Ztschr. f. Biologie. VI. S. 204. 1870; Biologische Studien. Heft 1. S. 121. 1873.

2 WOLFF, Landw. Jahrb. VIII. Suppl. S. 22 u. 40. 1879. Er fand z. B.:

N im Harn	N im Koth	N der Ausgabe	N im Futter
76.76	44.74	121.50	117.25
95.70	51.06	146.76	150.43
115.29	66.72	212.01	213.76

HOFMEISTER in Dresden hatte beim Pferd noch Differenzen von 12—16% (Landw. Versuchsstationen. VII. S. 413. 1865, VIII. S. 99. 1866).

3 VOIT, Sitzgsber. d. bayr. Acad. 1863. 10. Jan.; Ann. d. Chem. u. Pharm. 2. Suppl.-Bd. S. 238. 1862.

4 MEISSNER, Ztschr. f. rat. Med. (3) XXXI. S. 185 u. 195. 1868. (Mit einer Kritik gegen die Versuche von SACC.)

5 PELIGOT, Compt. rend. LXI. p. 866. 1865; Ann. d. chim. et phys. XII. p. 415. 1867.

tem Stickstoffgehalte vorgesetzt und die Quantität des Verzehrten
bestimmt; als die Raupen ausgewachsen und eben im Begriffe waren
sich einzuspinnen, ermittelte er die Menge des jetzt in ihnen enthaltenen Stickstoffs. Darnach verglich er den Stickstoff der Einnahmen
mit der Summe des Stickstoffs der Ausgaben und des am Körper
angesetzten. In vier Versuchsreihen ergab sich nur eine Differenz
von ± 0.2—2.1%.

Durch alle diese Untersuchungen ist wohl bewiesen, dass das .
sogenannte Stickstoffdeficit nicht existirt und der Stickstoff der im
Körper zersetzten Substanzen seinen Ausweg zum weitaus grössten
Theil, soweit als es für die späteren Schlussfolgerungen in Betracht
kommt, im Harn und Koth nimmt.

3) Bilanzversuch von Pettenkofer und mir; Harnstofffütterung; Erscheinen der
Aschebestandtheile, der Phosphorsäure und des Schwefels.

Man kann aber noch weitere Beobachtungen dafür beibringen.
Pettenkofer und ich [1] haben zuerst mit allen Cautelen die Elemente
aller Einnahmen und Ausgaben des Körpers eines grossen Hundes
in einer Reihe von Tagen direkt ermittelt d. h. die ganze Bilanz derselben gezogen. Das Thier war 21 Tage lang mit je 1500 Grm.
reinem Fleisch gefüttert worden und befand sich damit im Stickstoffgleichgewicht; die Bestandtheile des Harns und Koths wurden beständig, die der Respiration während 5 Tagen controlirt. Die Elemente der Einnahmen und Ausgaben — Kohlenstoff, Wasserstoff,
Sauerstoff, Stickstoff und Asche — stimmen darin so genau als es
nur immer möglich ist, überein und ebenso die bei den Respirationsversuchen aus den Gewichtsverhältnissen abgeleitete Sauerstoffmenge
mit derjenigen, welche zur Oxydation der im Körper zersetzten Substanz nöthig ist. Eine solche Uebereinstimmung ist bei einer uncon-
trolirten Abgabe von Stickstoff aus den stickstoffhaltigen Bestandtheilen der Nahrung oder des Körpers vollkommen unmöglich, denn
mit diesem Stickstoff müssten doch noch andere Elemente verbunden
gewesen sein, die irgendwo hätten auftreten müssen.

Ich [2] habe ferner Hunden, die sich im Stickstoffgleichgewicht mit
einer bestimmten Portion reinen Fleischs befanden, zu ihrer Nahrung
noch reinen Harnstoff zugesetzt. Wenn Stickstoff in unbestimmter
Menge und auf unbekannte Weise verloren ginge, so müsste doch, sollte
man denken, ein Theil des Stickstoffs des verzehrten Harnstoffs sich
dabei ebenso wie der der übrigen stickstoffhaltigen Zersetzungspro-

---

1 Pettenkofer u. Voit, Ann. d. Chem. u. Pharm. 2. Suppl.-Bd. S. 361. 1863;
Sitzgsber. d. bayr. Acad. 1863. 16. Mai.
2 Voit, Ztschr. f. Biologie. II. S. 50 u. 227. 1866.

dukte betheiligen; man findet aber hier nach wie vor nicht nur den Stickstoff der eiweisshaltigen Nahrung, sondern auch den des Harnstoffs genau auf.

Endlich lässt sich nicht nur aller Stickstoff der Nahrung, sondern zugleich auch die Asche derselben[1] und eine Anzahl einzelner Aschebestandtheile unter den genannten Cautelen vollständig im Harn und Koth nachweisen. Würde dabei noch weiterer Stickstoff vom Körper abgegeben, so wäre diese Uebereinstimmung der gasförmig nicht ausscheidbaren Aschebestandtheile unmöglich, da die mit diesem Stickstoff verbunden gewesenen Aschebestandtheile ebenfalls, und zwar im Harn und Koth, hätten entfernt werden müssen. Beim Hund konnte in einer grossen Anzahl von Beispielen und in langen Reihen beim Stickstoffgleichgewicht auch Gleichgewicht der Asche der Einnahmen und Ausgaben nachgewiesen werden; die Differenz betrug nur 0.2—3.1%. Auch bei dem 124 Tage lang fortgesetzten, vorher erwähnten Taubenversuch deckte sich neben dem Stickstoff auch die Asche (und die Phosphorsäure) der Zufuhr und der Exkremente vollkommen. Ebenso hat E. Bischoff[2] auch die Ausscheidungsverhältnisse der Phosphorsäure bei Hunden studirt, deren Stickstoffverbrauch bekannt war; war ebensoviel Stickstoff im Harn und Koth zu finden wie in der Nahrung, so bestand auch Gleichgewicht in der Phosphorsäure, war dagegen mehr oder weniger Stickstoff in den beiden Exkreten enthalten, dann war dies auch mit der Phosphorsäure in demselben Verhältniss der Fall. Auch der Schwefel des verzehrten Fleisches lässt sich zugleich mit dem Stickstoff im Harn und Koth auffinden[3]; namentlich hat M. Gruber bei seinem schon erwähnten Versuche ausser dem Stickstoff der Einnahmen auch allen Schwefel derselben in den Ausgaben wieder erhalten: in den ersteren waren 12.770 Grm. Schwefel, in den letzteren 12.785 Grm.; es ist also unmöglich, dass noch weiter Stickstoff aus dem Leibe des Thieres gasförmig abgegeben worden ist.

1) Ausscheidung von Ammoniak im Athem.

Neben einer Abgabe von Stickgas durch die Perspiration hat man auch einen Verlust von Stickstoff in anderen stickstoffhaltigen Stoffen durch die Haut oder die Lunge angenommen.

---

1 Voit, Ztschr. f Biologie. II. S. 53. 1866.
2 E. Bischoff, Ztschr. f. Biologie. III. S. 309. 1867 (schönes Beispiel S. 310 bei Fütterung mit 2000 Fleisch). Aehnliches fand Stohmann bei einer milchgebenden Ziege: Stickstoff und Phosphorsäure gehen zusammen, und da wo der Körper reicher an Stickstoff wird, findet auch Ansatz von Phosphorsäure statt (Biolog. Studien. 1873. Heft 1. S. 150).   3 Bischoff u. Voit, Die Gesetze der Ernährung d. Fleischfressers. S. 277. 1860. — M. Gruber, Ztschr. f. Biologie. XVI. S. 397. 1880.

Man hat vielfach gemeint, dass Ammoniak durch Haut und Lunge ausgeschieden werde. Es spricht jedoch kein einziger Versuch dafür, dass die Menge des dabei austretenden Ammoniaks (oder flüchtiger Ammoniakbasen) eine bei Stoffwechselversuchen in Betracht kommende sei. Man stützte sich dabei meist auf einen qualitativen Nachweis des Ammoniaks mit Proben, welche die kleinsten Spuren desselben noch angeben, zuletzt besonders auf Thiry's [1] Versuche; dieselben sind aber durch Bachl [2] widerlegt worden, welcher darthat, dass dabei das Ammoniak aus der angewandten Kalilauge stammt. Die quantitativen Bestimmungen ergaben stets nur sehr zweifelhafte Spuren.

Thomson [3], dessen Methode nicht bekannt ist, giebt für den Menschen für 24 Stunden 0.0516 Grm. Ammoniak im Athem an, W. Reuling [4] nur 0,0187 Grm., die er aus der eingeathmeten Luft abstammen lässt. Regnault & Reiset [5] nahmen bei ihren Versuchen sorgfältig auf Ammoniak Rücksicht; es hatte sich im Athemraum in 24 Stunden bei Hunden 0.0156 Grm. Ammoniak angesammelt, bei Kaninchen 0.0102 Grm., bei Hühnern 0.0075 Grm.; da aber ohne Thier in der nämlichen Zeit 0.018 Grm. Ammoniak sich anhäuften, so sprachen sie sich für die Abwesenheit von Ammoniak in den Perspirationsgasen aus. Bei der Untersuchung der über einen grossen Hund und einen Menschen während eines Tages gestrichenen Luft fanden Pettenkofer und ich [6] nicht mehr Ammoniak als in der in den Athemraum eintretenden Luft schon enthalten war. Lossen [7] erhielt bei einer genauen Bestimmung beim Menschen für den Tag nur 0.011 Grm. Ammoniak. Aus den Analysen von Grouven [8] berechnet sich für 24 Stunden beim Menschen im Mittel 0.0488 Grm. Ammoniak, beim Ochsen 0.38 Grm., bei einem Esel 0.2154 Grm., bei Hammeln 0.035 Grm. und bei einem grossen Hunde 0.0398 Grm. S. L. Schenk [9] setzte einen wohl gewaschenen Hund (von 8.8 Kilo) in ein Glasgefäss, durch das er ammoniakfreie Luft leitete; nach 1—1½ Stunden prüfte er das an den Wänden des Gefässes und am Thier condensirte Wasser auf Ammoniak. In dem ersteren fand er, auf 24 Stunden berechnet, im Mittel 0.070 Grm., im letzteren 0.0498 Grm., im Ganzen also 0.1198 Grm., viel mehr als irgend ein anderer Versuch ergeben hatte. In der Hautperspiration war kein Ammoniak nachzuweisen, daher er die ganze Menge desselben von der Lunge abstammen lässt.

- - - - - - - -

1 Thiry. Ztschr. f. rat. Med. (3) XVII. S. 166. 1863.
2 Bachl, Ztschr. f. Biologie. V. S. 61. 1869.
3 Thomson, Philos. magaz. and Journ. of science. XXX. p. 124. 1847.
4 Reuling, Ueber den Ammoniakgehalt der exspirirten Luft. Diss. inaug. Giessen 1851.
5 Regnault u. Reiset, Ann. d. Chem. u. Pharm. LXXIII. S. 308. 1850.
6 Pettenkofer u. Voit, Ann. d. Chem. u. Pharm. 2. Suppl.-Bd. S. 59. 1862.
7 Lossen, Ztschr. f. Biologie. I. S. 207. 1865.
8 Grouven. Physiol.-chem. Fütterungsversuche. 2. Ber. S. 119 u. 235. 1861.
9 Schenk, Arch. f. d. ges. Physiol. III. S. 170. 1870.

Was man auch über den Ursprung dieser minimalen Ammoniak-
mengen für eine Ansicht haben möge, so viel steht doch jedenfalls
fest, dass die Abgabe von Ammoniak durch Haut und Lunge verschwindend klein ist und bei unseren Versuchen ganz vernachlässigt
werden kann.

5) Stickstoffverlust durch die Horngebilde.

Es ist gewiss, dass die von der Oberhaut sich abschuppenden Epi-
dermisplättchen oder die ausfallenden Haare unter Umständen, z. B.
beim Haarwechsel der Thiere eine berücksichtigenswerthe Menge von
Stickstoff entführen können; für gewöhnlich ist dies aber nicht der Fall.
Valentin[1] schätzte beim Pferd den Verlust an Epidermis und Haaren
zu 5 Grm. täglich. Ich[2] habe bei einem Hunde während 565 Tagen,
auch zur Zeit der Härung, die ausgefallenen Haare und Epidermisschuppen gewogen; im Mittel wurden für den Tag 1.2 Grm. derselben
mit 0.1S Grm. Stickstoff abgestossen, im Maximum bei der stärksten
Härung 3.9 Grm. mit 0.6 Grm. Stickstoff. Bei Ochsen bestimmte
Grouven[3] in den Monaten Februar, März und April einen durchschnittlichen täglichen Haarverlust von 4.S Grm., in den übrigen
Monaten von nur 2.1 Grm.; in Weende[4] ergaben sich bei denselben
Thieren (von 700 Kilo Gewicht) im Mai bis August täglich 15 bis
19.5 Grm. Haare mit 2.2—2.S Grm. Stickstoff (gegen 100—200 Grm.
Stickstoff in den übrigen Exkreten). Selbst bei Schaafen mit raschem
und reichlichem Haarwuchs gehen im Tag nur 0.S—0.9 Grm. Stickstoff in die Wolle über.[5] Funke[6] hat allerdings für den Menschen
das Gewicht der täglich abfallenden Epidermisschuppen zu 6 Grm.
mit 0.71 Grm. Stickstoff berechnet; da er aber dabei von ganz fehlerhaften Prämissen ausging, wie Bischoff[7] und ich[5] dargethan haben,
so ist diese Zahl sicherlich viel zu hoch gegriffen.

Neuerdings hat Moleschott[9] die Stickstoffausgabe durch die
Horngebilde beim Menschen, durch die ausfallenden Haare, die wachsenden Nägel und die Oberhaut, zu bestimmen gesucht. Er liess bei
einer Anzahl Menschen alle Monate die Haare in gleicher Länge

1 Valentin, Wagner's Handwörterb. d. Physiol. I. S. 132. 1812.
2 Voit, Ztschr. f. Biologie. II. S. 207. 1866.
3 Grouven, Physiol.-chem. Fütterungsversuche. 2. Bericht. S. 82. 1861.
4 Henneberg, Neue Beiträge. 1872. Heft 1. S. 307.
5 E. Schulze u. M. Maercker, Journ. f. pract. Chemie. CVIII. S. 193. 1869. —
Henneberg, Neue Beiträge. 1870. Heft 1. S. 84.
6 Funke, Unters. zur Naturlehre des Menschen u. der Thiere. IV. S. 36. 1858.
7 Bischoff, Ztschr. f. rat. Med. (3) XIV. S. 1.
8 Voit, Ztschr. f. Biologie. II. S. 209. 1866.
9 Moleschott, Unters. zur Naturlehre d. Menschen und der Thiere XII. S. 187.

4 *

abschneiden; es treffen dabei im Mittel für den Tag 0.20 Grm. Haare
mit 0.0287 Grm. Stickstoff; die mittlere Nagelerzeugung betrug, wenn
die Nägel alle 28 Tage geschnitten wurden, im Tag 0.005 Grm. mit
0.00073 Grm. Stickstoff. Den Oberhautverlust bestimmte er auf eigenthümliche Weise; aus dem Gewicht und der Oberfläche eines nach
einem Furunkel sich vom Finger ablösenden Oberhautlappens berechnete er aus der bekannten Gesammtoberfläche des menschlichen Körpers das Gewicht der ganzen Oberhaut zu 488.5 Grm. mit 71.419 Grm.
Stickstoff; da nun das abgestossene Stück Oberhaut in 34 Tagen
vollständig erneuert war, so schliesst er, dass regelmässig in 34 Tagen
die ganze Oberhaut von 488.5 Grm. zu Grunde geht und durch neue
ersetzt ist; für den Tag treffen darnach 14.35 Grm. Oberhaut mit
2.1 Grm. Stickstoff. Dies gilt aber nur für den Fall, dass bei einem
Menschen die ganze Oberhaut abgezogen ist, jedoch durchaus nicht
für den normalen Ersatz. Würden die Oberhautschüppchen nicht
durch Reiben u. s. w. abgeschilfert, die Haare und Nägel nicht geschnitten, dann würden sie nur bis zu einer gewissen Grösse wachsen, nämlich bis die vorhandene Ernährungsflüssigkeit sich mit dem
zu ernährenden Material in einen Gleichgewichtszustand versetzt hat [1],
anfangs rascher, dann immer langsamer und langsamer. Entfernt man
die Theile, dann wachsen sie wieder, weil die Ernährungsflüssigkeit
im Ueberschuss ist. Es werden demnach die Haare oder Nägel,
wenn sie einmal bis zu einer gewissen Länge angewachsen sind,
im Tag ungleich weniger zunehmen, als Moleschott bei dem regelmässigen Schneiden derselben gefunden hat; dies geht schon aus
seiner Beobachtung hervor, dass die Haare rascher wachsen, wenn
man sie öfter schneidet. In noch viel höherem Grade macht sich
dies aber bei der Oberhaut geltend, welche an einer Stelle ganz entfernt worden war. Es sind daher Moleschott's Zahlen, von so
grossem Interesse sie im Uebrigen sind, nicht geeignet zu entscheiden, wie gross der Verlust an Horngebilden unter normalen Verhältnissen ist, und dafür sicherlich wesentlich zu hoch. Wo kämen denn
die 14 Grm. Oberhaut täglich hin, man müsste doch etwas von ihnen

---

1 Nach Berthold (Arch. f. Anat. u. Physiol. 1850. S. 156) braucht ein Nagel
im Winter 152 Tage, im Sommer nur 116 Tage zum Wachsen; Kinder ersetzen
den Nagel schneller als Erwachsene, Greise am langsamsten. Wenn bei fieberhaften Krankheiten und Ernährungsstörungen oder auch beim Hunger die Ernährungsflüssigkeit in ungenügender Menge zugeführt wird, dann steht das Wachsthum still, und es zeigen sich constante Veränderungen: an den Nägeln ein halb-
mondförmiger lichter Querstreifen mit einer Furche, ebenso an den Hufen; an
den Haaren und namentlich an der Wolle der Schafe dünnere Stellen (Alfred
Vogel, Deutsch. Arch. f. klin. Med. VII. S. 333).

wahrnehmen. Man würde einen ähnlichen Fehler begehen, wollte man aus dem raschen Ersatze des Blutes nach reichlichen Blutentziehungen auf eine ebenso intensive stetige Neubildung von Blut schliessen.[1]

6) Stickstoffverlust durch den Auswurf und den Schweiss.

Nach den Ermittlungen von Fr. Renk[2] enthält der Auswurf, selbst bei grossen Mengen, nur wenig Stickstoff: bei Bronchitis im Maximum in 24 Stunden 3.15 Grm. feste Theile mit 0.23 Grm. Stickstoff, bei Phthisis 6.72 Grm. feste Theile mit 0.75 Grm. Stickstoff.

Auch durch den Schweiss kann unzweifelhaft Stickstoff zu Verlust gehen, jedoch wohl nur, wenn wirklich geschwitzt wird, also nicht bei den gewöhnlichen Stoffwechselversuchen am Menschen oder an Thieren. Es ist daher der nur in besonderen Fällen auftretende Schweiss nicht, wie Funke[3] glaubte, im Stande das früher angenommene Stickstoffdeficit zu decken. Derselbe hat, durch falsche Annahmen verführt, eine viel zu hohe und ganz unmögliche Zahl für die Schweissmenge beim Menschen und den darin enthaltenen Stickstoff angenommen, wie Bischoff[4] und ich[5] nachgewiesen haben. Wenn jedoch ein Mensch oder ein Thier bei einem Versuche recht stark und andauernd schwitzen sollte, z. B. bei starker Arbeit in der Hitze oder im Dampfbad, so tritt gewiss mit den übrigen Schweissbestandtheilen auch etwas Stickstoff aus und wird dem Harn entzogen, dann ist aber ein solcher Versuch zur Feststellung des Verbrauchs an stickstoffhaltiger Substanz im Körper nicht zu benutzen. Dass aber selbst bei starkem Schwitzen durch den Schweiss nur unbeträchtliche und kaum in Rücksicht kommende Stickstoffmengen entleert werden, zeigen die Versuche von J. Ranke[6], der nach einem Schwitzbad, keine Aenderung im Harnstoffgehalte des Harns, wohl aber eine sehr merkbare (von 3 Grm.) im Kochsalzgehalte desselben wahrnahm. Allerdings fand Leube[7], nachdem er sich durch eine

---

1 Auch E. Salkowski hat sich gegen Moleschott's Angaben geäussert (Arch. f. pathol. Anat. LXXIX. S. 555).

2 Renk, Ztschr. f. Biologie. XI. S. 102. 1875.

3 Funke, Unters. zur Naturlehre des Menschen und der Thiere. IV. S. 36. 1858.

4 Bischoff, Ztschr. f rat. Med. (3) XIV. S. 14.

5 Voit, Ztschr. f. Biologie. II. S. 209. 1866.

6 Ranke, Arch. f. Anat. u. Physiol. 1862. S. 325.

7 Leube, Arch. f. klin. Med. VII. S. 1. 1870. — Deininger, Ebenda. VII. S. 557. 1870. Dagegen hat Herm. Oppenheim (Arch. f. d. ges. Physiol. XXII. S. 49. 1880) bei gleich gehaltener Nahrung nach einer mässigen, durch Pilocarpin hervorgebrachten Schweisssecretion die Stickstoffausscheidung im Harn und Koth nicht wesentlich geändert gefunden, wenn der Wasserverlust durch Mehreinfuhr von Getränk ergänzt wurde.

constante Nahrung (mit 23 Grm. Stickstoff) in das Stickstoffgleichgewicht versetzt hatte, nach einem Schwitzbad mit nachfolgender
Einwicklung ein Deficit von 2 Grm. Stickstoff im Harn und Koth,
und zwar noch als er dabei durch Wassertrinken die normale Menge
von Harn herstellte.

Eine kritische Betrachtung der früheren Versuche, bei denen
ein Stickstoffdeficit erhalten worden war, lässt die Ursachen erkennen, welche zu den fehlerhaften Resultaten geführt haben, die sich
bei richtiger Anordnung vermeiden lassen.[1]

7) Darf man zur Feststellung des Stickstoffumsatzes die WILL-VARRENTRAPP-
sche Methode der Stickstoffbestimmung anwenden?

SEEGEN und NOWAK[2] haben die Beweiskraft der Versuche, bei
welchen aller Stickstoff der Nahrung im Harn und Koth gefunden
worden war, bestritten, da es mittelst der dabei angewandten Methode
der Stickstoffbestimmung mit Natronkalk nach WILL-VARRENTRAPP
nicht möglich sei, den Stickstoffgehalt der Eiweissstoffe der Nahrung
zu ermitteln; dieselbe gebe bei letzteren stets zu niedrige Werthe,
wesshalb man sich dabei der DUMAS'schen Methode, der Verbrennung mit Kupferoxyd, bedienen müsse. Es war zuerst von TOLDT[3]
bemerkt worden, dass bei der Analyse von Fleischproben mit Natronkalk wesentlich weniger Stickstoff erscheint als bei der mit Kupferoxyd; zu dem gleichen Resultate kam dann für verschiedene Fleischsorten NOWAK[4], und später für die Eiweisskörper überhaupt SEEGEN
und NOWAK. Die letzteren fanden die grössten Differenzen in den
Angaben der beiden Methoden, und behaupteten daher, dass von
mir und Anderen in den Bilanzen die Stickstoffmenge der Einfuhr
zu niedrig angesetzt worden sei. Bei dem über diese Methodenfrage
entbrannten Streit traten einige auf die Seite von SEEGEN und NOWAK,
die meisten waren jedoch nicht im Stande wesentliche Differenzen
mit den beiden Methoden zu finden.   .

G. MUSSO[5] und auch L. LIEBERMANN[6] erhielten für die Milch nach
WILL-VARRENTRAPP ansehnlich weniger Stickstoff; dagegen gaben PETER-

1 VOIT, Ztschr. f. Biologie. II. S. 189. 1866, IV. S. 297. 1868.
2 SEEGEN u. NOWAK, Arch. f. d. ges. Physiol. VII. S. 284. 1873, IX. S. 227;
Sitzgsber. d. Wiener Acad. LXXII. 2. Abth. Juniheft. 1875.
3 TOLDT bei SEEGEN, Sitzgsber. d. Wiener Acad. 2. Abth. LXIII. Jan.-Heft 1871.
4 NOWAK, Ebenda. 2. Abth. LXIV. Oct.-Heft. 1871: Journ. f. pract. Chem. N. F.
VII. S. 200; Ztschr. f. analyt. Chem. XII. S. 316.
5 MUSSO, Ztschr. f. analyt. Chem. XVI. S. 406. 1877.
6 LIEBERMANN. Ann. d. Chemie. CLXXXII. S. 103. 1876.

sen [1] (für Fleisch), ABESSER & MAERCKER [2], WOROSCHILOFF [3] (für Fleisch), KREUSLER [4], FLEISCHER [5], WEISKE & WILDT [6], RITTHAUSEN [7] an, entweder gar keine oder nur sehr geringe Unterschiede zwischen den Ergebnissen der beiden Methoden beobachtet zu haben. Erst später hatte II. SETTEGAST [8] unter RITTHAUSEN's Leitung bei der Verbrennung der Albuminate mit Natronkalk ein bedeutendes Minus an Stickstoff bekommen; RITTHAUSEN [9] musste zwar bald darauf erklären, dass dieses Resultat grösstentheils durch einen Fehler der Kupferoxydmethode, nämlich durch den Wasserstoffgehalt des im Wasserstoffstrom reducirten Kupfers, hervorgebracht worden sei, aber er blieb dabei, die Verbrennung mit Natronkalk wäre unzuverlässig und gäbe für die Albuminate zu niedrige Werthe, wenn auch nicht in dem Maasse als SEEGEN & NOWAK angegeben.

Es sind offenbar von denen, welche Differenzen mit den beiden Methoden erhielten, theils mit der einen, theils mit der anderen Fehler gemacht worden; es erfordert in der That mannigfache Uebung dieselben ganz richtig in allen Einzelheiten zu handhaben. [10] M. GRUBER [11] hat durch die sorgfältigsten Untersuchungen gezeigt, dass bei richtiger Ausführung der Analyse nicht der mindeste Unterschied besteht, wenigstens nicht für die von mir bei den Stoffwechselversuchen benutzten eiweisshaltigen Substanzen (Fleisch und Erbsen). Bei seinem Versuche am Hund geschahen die Stickstoffbestimmungen sowohl im Fleisch als auch im Harn und Koth nach beiden Methoden; im verzehrten Fleisch befanden sich, nach DUMAS bestimmt, 368.53 Grm. Stickstoff, nach WILL und VARRENTRAPP 367.20 Grm., wogegen im Harn und Koth 368.28 Grm. wieder austraten.

Es war dieses Resultat mit Bestimmtheit vorauszusehen, denn es wäre doch einer der sonderbarsten Zufälle gewesen, wenn stets gerade der bei der Verbrennung mit Natronkalk nicht erhaltene Theil im gasförmigen

1 PETERSEN, Ztschr. f. Biologie. VII. S. 166. 1871.
2 ABESSER u. MAERCKER, Sitzgsber. d. naturf. Ges. zu Halle. 1873. 25. Jan.; Arch. f. d. ges. Physiol VIII. S. 195; Ztschr. f. analyt. Chem. XII. S. 447. — ABESSER. über die Methode der Stickstoffbestimmung in proteinhaltigen Substanzen und im Harn. Diss. inaug. Rostock 1873.
3 WOROFCHILOFF, Berl. klin. Woch. 1873. No. 8.
4 KREUSLER, Journ. f. Landw. 1874. S. 286; Ztschr. f. analyt. Chem. XII. S. 354. 1873.
5 FLEISCHER. Ebenda. 1874. S. 288.
6 WEISKE u. WILDT, Ztschr. f. Biologie. X. S. 12. 1871.
7 RITTHAUSEN, Journ. f. pract. Chem. VIII. S. 10. 1874.
8 SETTEGAST. Arch. f. d. ges. Physiol. XVI. S. 293; Journ. f. pract. Chem. X. F. XVI. S. 237. 1877.
9 RITTHAUSEN, Arch. f. d. ges. Physiol. XVIII. S. 236.
10 Siehe hierüber noch: MAKRIS, Ann. d. Chem. CLXXXIV. S. 371. 1876; Ztschr. f analyt. Chem. XVI. S. 249. — RITTHAUSEN u. KREUSLER, Journ. f. pract. Chem. CXI. S. 307. 1871. — VÖLKER. Chem. Centralbl. 1876. — KREUSLER. Landw. Versuchsstationen.
11 GRUBER. Ztschr. f. Biologie. XVI. S. 367. 1880. Nur mit Kynurensäure und Fibrinpepton erhält man mit Natronkalk zu niedrige Zahlen für den Stickstoff.

Zustand den Körper verlassen hätte, nicht nur beim Hund, sondern auch bei der Taube und bei vielen anderen Organismen, und zwar bei Versuchen, bei welchen die übrigen Elemente der Nahrung zu gleicher Zeit vollständig mit dem Stickstoff gefunden worden sind. Bei reichlicherer Zufuhr von Fleisch beim Hund wächst die Stickstoffausscheidung im Harn und Koth, bis sie eben wieder den mit Natronkalk im Fleisch gefundenen Werth erreicht, auf dem sie dann verharrt; giebt man dann wieder weniger Fleisch, so sinkt die Ausscheidung allmählich, bis abermals jener Punkt erreicht ist; bei einer anderweitigen Stickstoffabgabe wäre dies Verhalten auch unter den gewagtesten Annahmen nicht zu erklären.

Es ist nach allem dem festgestellt, dass der weitaus grösste Theil des von dem Verbrauch der stickstoffhaltigen Stoffe im Körper stammenden Stickstoffs, soweit als er zu Schlussfolgerungen über den Stoffwechsel in Betracht kommt, im Harn und Koth enthalten ist. Der Verlust auf anderen Wegen ist unter normalen Verhältnissen so gering, dass er vernachlässigt werden kann. Die Methoden in diesem Theile der Physiologie sind jetzt so ausgebildet und verhältnissmässig so vereinfacht, dass sich mit ihnen die wichtigsten Fragen des thierischen Haushalts beantworten lassen. Der Verbrauch des Stickstoffs im Thierkörper lässt sich bei reinlichem und sorgfältigem Arbeiten mit der grössten Genauigkeit feststellen. Diejenigen welche in dieser Richtung sich noch nicht beschäftigt, oder ohne die nothwendigen Kautelen ihre Versuche gemacht haben, haben keine Vorstellung von der Sicherheit der Untersuchung; keine Funktion des Thierkörpers lässt sich mit grösserer Zuverlässigkeit ermitteln. Ich will es unternehmen den Stickstoffgehalt einer grossen Portion reinen Fleischs durch den Organismus so genau zu finden wie mit der Elementaranalyse.

D) Schlüsse aus den Stickstoffmengen der Exkrete auf den Verbrauch der stickstoffhaltigen Stoffe im Körper.

Zunächst ist aus der Stickstoffausscheidung zu entnehmen, wieviel Stickstoff aus den im Körper zerstörten stickstoffhaltigen Stoffen in Zersetzungsprodukte übergegangen und mit ihnen ausgeschieden worden ist. Bei dem Fleischfresser darf, wie ich schon (S. 34) angegeben habe, in den meisten Fällen, z. B. bei Aufnahme von Fleisch (mit allerlei Zusätzen) der Koth als Residuum der Verdauungssäfte betrachtet werden, daher hier die Menge des Stickstoffs im Harn und Koth auch den Umsatz an Stickstoff im Körper ausdrückt; der Stickstoff der Stoffwechselprodukte im Koth beträgt dabei im Mittel nur etwa 1 % der gesammten Stickstoffabgabe. Anders ist es dagegen bei Aufnahme von Brod, wo der massige Koth nur einen kleinen, aber unbekannten Bruchtheil an eigentlichen Stoffwechselprodukten enthält, und man darauf angewiesen ist, den Verlust von Stickstoff aus den Zersetzungen im Körper ausschliesslich aus dem Stickstoff des Harns zu entnehmen. Aehnlich ist es auch beim Menschen bei gemischter oder vegetabilischer Kost, besonders aber beim Pflanzenfresser, für den vorläufig nichts anderes übrig bleibt als den Verbrauch an Stickstoff im Körper aus dem Stickstoff des Harns zu erschliessen und den auf den Koth treffenden Theil des ersteren zu vernachlässigen.

Ich habe zuerst für den Fleischfresser gezeigt, dass wenn die Nahrung, namentlich deren Stickstoffgehalt unverändert bleibt und dabei der Körper sich eben erhält, in langen Reihen Tag für Tag die Stickstoffausscheidung innerhalb enger Grenzen die gleiche ist. Es wirken demnach auf den Stickstoffverbrauch nicht unbekannte und fortwährend wechselnde Einflüsse der Aussenwelt oder unregelmässige Aenderungen im Körper ein, wie man früher häufig aus den beobachteten grossen Schwankungen der Stickstoffausscheidung unter sonst gleich scheinenden Umständen geschlossen hat. Diese Schwankungen rühren von Versuchsfehlern her: von einem verschiedenen Gehalt der Zufuhr an Stickstoff, von Verlusten an Harn, namentlich aber von dem unvollständigen und unregelmässigen Entleeren der Harnblase. Ich kann eine ganze Anzahl solcher Reihen als Beweis aufführen [1]; die noch vorhandenen kleinen Differenzen sind nicht von beliebigen Aenderungen der Zersetzungen im Körper bedingt, sondern von der Unmöglichkeit auch bei gut abgerichteten Hunden täglich am Ende des Versuchstags die Harnblase völlig leer zu erhalten. Es ist von der grössten Bedeutung, dass man unter den genannten Umständen den Stickstoffverbrauch beim Fleischfresser völlig gleich halten kann; wir erkennen daraus, dass uns die Einflüsse auf denselben bekannt sind und wir sie zu beherrschen vermögen. Man ist daher im Stande aus der Aenderung der Stickstoffausscheidung unter bestimmten Einwirkungen Schlüsse zu ziehen. Zeigen sich bei gehöriger Ausführung des Versuchs grössere regelmässig wiederkehrende Aenderungen, so rühren diese nicht von zufälligen Unregelmässigkeiten z. B. in der Harnausscheidung her, sondern von der Wirkung der neu eingeführten Bedingung auf den Stickstoffumsatz.

Wenn beim Uebergang zu reichlicherer Fleischfütterung in den ersten Tagen weniger Stickstoff ausgeschieden wird als später und sich die Menge desselben von Tag zu Tag steigert, bis sie nach 3—6 Tagen wieder ganz

---

1 Voit, Ztschr. f. Biologie. II. S. 217. 1866.

gleichmässig bleibt, so könnte man glauben, es werde vielleicht in den ersten Tagen weniger Fleisch verdaut und es adaptire sich der Darm erst allmählich an die grössere Masse. In diesem Falle müsste das anfangs unverdaut Gebliebene sich im Darmkanale aufstauen und schliesslich unverändert mit dem Koth abgehen, oder es müsste später die Verdauung dieses Antheils stattfinden und daher einige Zeit sogar mehr derselben unterliegen als im Fleisch täglich zugeführt wird, was sich in einer über den Stickstoffgehalt des Fleisches hinausgehenden Vermehrung der Stickstoffausscheidung im Harn ausdrücken würde. Es tritt aber nichts der Art ein und zwar deshalb, weil nach meinen Beobachtungen in 24 Stunden die Nahrung des Fleischfressers vollkommen zu Koth geworden ist. Die nämlichen Gründe sprechen dagegen, dass das beim Uebergang zu einer geringeren Fleischzufuhr oder zum Hungerzustande beobachtete ansehnliche Plus an Stickstoff im Harn von einem während der vorausgegangenen Tage nicht angegriffenen Rest von Fleisch im Darm abstammt.

Mit mehr Wahrscheinlichkeit könnte man die besprochenen regelmässigen Aenderungen in der Stickstoffausscheidung bei dem Wechsel in der Quantität des in der Nahrung zugeführten Stickstoffs von einer Zurückhaltung oder einer Abgabe von früher zurückgehaltenen stickstoffhaltigen Zersetzungsprodukten im Körper, z. B. von Harnstoff, erklären wollen: man könnte also meinen, es sammelten sich bei reichlicher Zersetzung stickstoffhaltiger Substanz mehr stickstoffhaltige Zersetzungsprodukte in den Organen und Säften an, es werde dagegen beim Uebergang zu einem geringeren Verbrauch von den vorher aufgespeicherten Zerfallprodukten abgegeben.

Nun weiss man aber nichts davon, dass der Gehalt an stickstoffhaltigen Ausscheidungsstoffen in den Organen und Säften so sehr schwankend ist und sich nach der Menge, in der sie erzeugt werden, richtet (S. 18). Die leicht löslichen Zwischenprodukte werden bei normalen Kreislaufsverhältnissen rasch aus den Geweben fortgeschafft: man ist nicht im Stande, im frischen Muskel freie Milchsäure, in der frischen Leber Galle oder Zucker nachzuweisen. Ich habe im Muskel bei den verschiedensten Ernährungsverhältnissen nur wenig schwankende Kreatinmengen gefunden [1]. Es ist allerdings Harnstoff im Blute und in einzelnen Organen, z. B. der Leber und der Milz, vorhanden, jedoch enthalten die in grösster Masse im Körper befindlichen Organe, die Muskeln, normal sicherlich keinen Harnstoff; im Harnstoffgehalte des Blutes, der Leber oder der Milz sind keine erheblichen Unterschiede bei verschiedener Ernährungsweise zu entdecken, man darf froh sein, wenn es gelingt, den Harnstoff sicher nachzuweisen. Wenn die Angaben von Picard [2] über den Gehalt des Blutes an Harnstoff richtig sind, so befinden sich in der ganzen Blutmasse eines 35 Kilo schweren Hundes nur 0.4 Grm. Harnstoff. Es können also normal nur geringe Mengen von Harnstoff im Körper angesammelt sein und ausgewaschen werden. Dagegen ist es leicht verhältnissmässig grosse Quantitäten von Harnstoff in den Muskeln sowie in allen Organen und Säften

---

1 Nach B. Demant (Ztschr. f. physiol. Chem. III. S. 351) ist sogar im Pectoralmuskel von Tauben nach 8 tägigem Hunger wesentlich mehr Kreatin als normal.
2 Picard, de la présence de l'urée dans le sang. Strasbourg 1852.

nachzuweisen, wenn der Harn, wie z. B. bei der Cholera, während einiger Tage nicht ausgeschieden worden ist, wo gegen 90 Grm. Harnstoff zurückgehalten werden. Es wäre nicht undenkbar, dass man bei einem in voller Verdauung begriffenen Thiere ansehnliche Mengen von stickstoffhaltigen Zwischenprodukten träfe, jedoch muss man bedenken, dass bei Stoffwechselversuchen am Schluss des Versuchstags die durch die Nahrungsaufnahme eingeleiteten Processe abgelaufen sein müssen und der Fleischfresser und der Mensch sich nach dieser Zeit im Hungerzustande befinden (S. 16).

Für das Chlornatrium ist bei grösseren Gaben eine Aufspeicherung wohl nachzuweisen, sowie eine Abgabe des Angesammelten bei Rückkehr zur geringeren Gabe, jedoch handelt es sich hier nur um höchstens 4 Grm. Kochsalz für den ganzen Körper [1]. Das Kochsalz ist aber ein nothwendiger Bestandtheil der Säfte und kann darin innerhalb gewisser Grenzen schwanken; von anderen Stoffen, welche wie der Harnstoff nicht zur Zusammensetzung des Körpers gehören, z. B. das Glaubersalz, erscheint jeden Tag die gegebene Menge wieder in den Exkreten.

Die vorher schon (S. 48) angegebenen Versuche der Fütterung mit Harnstoff, bei welchen der letztere am gleichen Tage vollkommen wieder entleert wird, thun dar, dass der Harnstoff nicht in berücksichtigenswerther Menge im Körper zurückbleibt.

Ich kann noch einen anderen Beweis für diesen Satz beibringen. Reicht man einem Hunde viel Leim mit wenig Fleisch, so wird eine grosse Menge von Harnstoff entleert; würde nun ein Theil desselben im Körper zurückgehalten werden, so müsste, wenn man einen Hungertag folgen lässt, beträchtlich mehr Harnstoff ausgeschieden werden wie nach Darreichung jener geringen Gabe von Fleisch allein. Ich habe nun einem Hunde von 22 Kilo Gewicht 200 Grm. Fleisch mit 200 Grm. Leim gegeben, wonach er im Tag im Mittel 72.9 Grm. Harnstoff entleerte; am darauffolgenden Hungertage erschienen nur 16.3 Grm. Harnstoff, nicht mehr als gewöhnlich beim Hunger nach vorausgehender Fütterung mit 200 Grm. Fleisch. Es kann demnach hier kein Harnstoff oder ein anderes stickstoffhaltiges Zersetzungsprodukt zurückgehalten worden sein.

Es bleibt nach allen diesen Betrachtungen nichts anderes übrig als anzunehmen, dass der während eines Versuchstags im Harn und in den Residuen der Verdauungssäfte im Koth entleerte Stickstoff aus den an diesem Tage im Körper zerstörten complicirten stickstoffhaltigen Verbindungen abstammt; man kann daher aus dem Stickstoffgehalte der Exkrete auf den Untergang solcher stickstoffhaltiger Substanzen schliessen und alle Schwankungen in der Stickstoffausscheidung auf eine Aenderung in der Zerstörung derselben beziehen.

Scheidet ein hungerndes oder ungenügend ernährtes Thier mehr Stickstoff aus, als in den Einnahmen enthalten ist, so sagen wir,

---

[1] Voit, Unters. über den Einfluss des Kochsalzes etc. auf den Stoffwechsel. S. 43. 1860.

dass dieser Stickstoff von zersetzten Körperbestandtheilen herrührt. Findet man die gleiche Menge von Stickstoff in den Ausgaben wie in den Einnahmen, so ist der Stickstoffgehalt des Körpers gleich geblieben. Enthalten dagegen die Exkrete weniger Stickstoff als die Zufuhr, dann muss der Körper an Stickstoff reicher geworden sein (Bidder und Schmidt, Bischoff und ich [1]).

Beim Fleischfresser, und meist auch beim Menschen, bei welchen unter den angegebenen Voraussetzungen die Verdauung und Verwerthung der Nahrungsstoffe nach 24 Stunden abgelaufen ist, bekommen wir durch den Vergleich des täglich aufgenommenen und abgegebenen Stickstoffs einen Einblick in den Verbrauch dieses Elementes unter dem Einflusse der betreffenden Nahrung. Dies ist jedoch bei dem Pflanzenfresser nicht der Fall; derselbe behält längere Zeit die Futterreste im Blinddarm und resorbirt noch davon, so dass Mischwirkungen des an einem Tage verzehrten Futters und des vorausgehenden eintreten; man kann daher bei ihm auch nicht an den ersten Tagen einer wechselnden Fütterung aus dem Stickstoff der Einnahmen und Ausgaben Schlüsse auf die volle Wirkung des neuen Futters ziehen, da dasselbe im Laufe eines Tages nicht ganz verdaut ist, und nebenbei noch von dem der früheren Tage gezehrt wird. Vorübergehende Erfolge einer Fütterung sind beim Pflanzenfresser nicht rein zu erkennen, es sind bei ihm nur die Resultate längerer Reihen zu verwerthen.

Wir betrachten also den im Harn und Koth entleerten Stickstoff als ein Maass für die Zersetzung der wichtigen stickstoffhaltigen Stoffe im Organismus. Was sind das aber für stickstoffhaltige Stoffe, in denen der zur Ausscheidung gekommene Stickstoff im Körper enthalten war?

Es kann wohl nicht zweifelhaft sein, dass beim Fleischfresser unter den gewöhnlichen Versuchsbedingungen, und in gewissen Fällen auch beim Pflanzenfresser, dieser Stickstoff zum weitaus grössten Theile in eiweissartigen Stoffen und deren nächsten Abkömmlingen, den leimgebenden Stoffen, sich befand, gegen welche die anderen stickstoffhaltigen Stoffe der Organe und der Nahrung für gewöhnlich sehr zurücktreten; dabei ist es vorläufig gleichgültig, ob er von den Bestandtheilen des Organismus oder von denen der eben eingenommenen Nahrung abstammt. Wäre es durchführbar als Nahrung reine Eiweissstoffe mit Fett oder Zucker zu reichen, dann könnte

---

1 Bidder u. Schmidt, Die Verdauung und der Stoffwechsel. S. 302. 308. 334 etc. 1852. — Bischoff u. Voit, Die Gesetze der Ernährung des Fleischfressers. S. 32. 1860.

man, unter der Voraussetzung dass die Menge der im Körper angesammelten stickstoffhaltigen Zersetzungsprodukte (Kreatin, Lecithin,
Harnstoff u. s. w.) sich nicht geändert hat, den ausgeschiedenen Stickstoff nur von Eiweiss (oder Leim) ableiten. Giebt man aber Fleisch, so
werden damit ausser Eiweiss (und leimgebendem Gewebe) noch weitere stickstoffhaltige Stoffe, die Extraktivstoffe, eingeführt, deren
Stickstoff etwa 7% des Gesammtstickstoffs beträgt; berechnet man
daher hier den Stickstoff als nur im Eiweiss befindlich, so wird man
die Zufuhr und den Verbrauch an Eiweiss etwas zu hoch verau-
schlagen (S. 20), was jedoch bei allen Versuchen mit Fleisch gleichmässig geschieht. In ähnlicher Weise wird bei einem Ansatz von
Eiweiss z. B. in den Muskeln in der Regel auch Kreatin abgelagert
oder bei einer Abgabe von Eiweiss aus den Muskeln Kreatin abgegeben; der Stickstoff dieses Kreatins wird fälschlich als Eiweiss in
Rechnung gebracht, was aber der wahren Eiweissmenge gegenüber
ganz zurücktritt. Ich habe früher schon (S. 23) auseinandergesetzt,
dass man aus dem Stickstoffgehalt der Nahrung des Pflanzenfressers
in manchen Fällen nicht den Eiweissgehalt derselben zu entnehmen
vermag, weil die Zusammensetzung der vegetabilischen Eiweissarten
sehr verschieden ist, vorzüglich aber weil in manchen Pflanzentheilen
(Rüben, Mais, Kartoffeln) noch andere stickstoffhaltige Stoffe in erheblicher Menge vorkommen. Will man zur Vermeidung des Fehlers
nur den wirklichen Eiweissgehalt der Nahrung berücksichtigen, dann
muss man, um den Eiweissverbrauch zu erhalten, auch wissen, wieviel von dem Stickstoff der Exkrete von den Extraktivstoffen der
Nahrung und des Körpers herrührt.

Die leimgebenden Gewebe bewirken keinen erheblichen Fehler,
obwohl sie in ziemlich bedeutender Menge im Körper vorkommen,
da ihr Wechsel wahrscheinlich gering ist gegenüber dem des Eiweisses
in den Muskeln, der Leber u. s. w.; ausserdem weicht ihr Stickstoffgehalt nur wenig von dem des Eiweisses ab und ist ihre stoffliche
Bedeutung bei Gegenwart von Eiweiss kaum von der des letzteren
verschieden.

Das namentlich in den Nerven und Nervencentralorganen befindliche stickstoffhaltige Lecithin kommt ebenfalls für gewöhnlich nicht
in Betracht, schon deshalb nicht weil seine Menge im Vergleich zu
der des Eiweisses verschwindend klein ist. Es ist ferner die Quantität desselben im Gehirn und Rückenmark unter den verschiedensten
Verhältnissen z. B. bei verhungerten und wohlgenährten Thieren
gleich gefunden worden; wenn daher auch gegen jede Wahrscheinlichkeit täglich viel im Körper abgelagertes Lecithin zerstört werden

sollte, so müsste es alsbald wieder aus zersetztem Eiweiss ersetzt werden, so dass die aus der Stickstoffausscheidung berechnete Grösse des Eiweisszerfalls dadurch nicht alterirt wird. Ich werde später bei Betrachtung des Phosphorverbrauchs noch Einiges hierüber angeben.

Würden in gewissen Fällen wesentliche Aenderungen in dem Gehalte der Organe an stickstoffhaltigen Zwischen- und Zersetzungsprodukten eintreten, wovon uns aber nach den früheren Betrachtungen nichts bekannt ist, dann wäre es dabei allerdings nicht thunlich, aus dem Stickstoff der Exkrete auf das Verhalten des Eiweisses im Körper zu schliessen.

Für unsere Betrachtungen ist es auch gleichgültig, sollte sich wirklich, wie namentlich L. Hermann annimmt, bei der Muskelarbeit das Eiweiss spalten in einen stickstofffreien sich weiter zersetzenden Antheil und in einen stickstoffhaltigen, der dann theilweise und zwar mit Hilfe der aus der Nahrung stammenden stickstofffreien Stoffe wieder zu Eiweiss regenerirt wird, so dass also mehr Eiweiss im Körper zerfällt als der Stickstoffausscheidung entspricht. Wir wollen und können in diesem Falle nur angeben, welche Aenderung schliesslich im Eiweissgehalte des Körpers eingetreten ist.

Es ist selbstverständlich, dass bei Aufnahme von anderen stickstoffhaltigen Stoffen z. B. von Leim, von viel Lecithin in Gehirnsubstanz, von Kreatin in Fleischextrakt u. s. w., welche ihren Stickstoff in den Harn senden, nicht ohne Weiteres aus dem Stickstoffgehalt von Harn und Koth der Eiweisszerfall zu entnehmen ist.

Die gesammte fettfreie stickstoffhaltige Substanz des Thierkörpers (mit Blut, Haut, Haaren, Hörnern und Klauen) hat die Zusammensetzung des Eiweisses d. h. sie stimmt in ihrer Menge mit dem aus dem gefundenen Stickstoff berechneten Eiweiss überein, wie Henneberg[1] nach den Schlachtresultaten von Lawes und Gilbert[2] ermittelte.

Unter diesen Voraussetzungen darf man den in den Exkreten gefundenen Stickstoff auf trockene eiweissartige Substanz mit 15.5 bis 16.0% Stickstoff berechnen und ohne wesentlichen Fehler annehmen, derselbe sei vorher in einer entsprechenden Eiweissmenge enthalten gewesen. Dass diese Rechnung auf Eiweiss richtig ist, und der grösste Theil des Stickstoffs wirklich in Eiweiss steckt, geht auch aus der ungeänderten Relation des Stickstoffs und Schwefels der

1 Henneberg, Neue Beiträge etc. 1. Heft. S. 10. 1870.
2 Lawes u. Gilbert, Philos. Transact. II. p. 493. 1859.

Ausgaben bei Stickstoffgleichgewicht, bei Abgabe oder Ansatz von Stickstoff hervor; dies könnte nicht sein, wenn andere stickstoffhaltige, aber schwefelfreie Stoffe oder Stoffe von anderem Schwefelgehalt als das Eiweiss eingriffen, wie z. B. Leim, Lecithin, Extraktivstoffe u. s. w. Wenn ferner nach Aufnahme von Leim stets aller Stickstoff desselben Tag für Tag wieder ausgeschieden wird, während nach Aufnahme von Eiweiss häufig eine Ablagerung von Stickstoff im Körper stattfindet, so ist keine einfachere Erklärung möglich, als dass im letzteren Falle wirklich Eiweiss angesetzt worden ist, dagegen der Leim dazu nicht tauglich ist.

Eine solche Rechnung sagt vor der Hand nur aus, wie viel trockenes Eiweiss zersetzt worden sein muss, um die Stickstoffmenge der Exkrete zu liefern und nicht, ob die übrigen Elemente des Eiweisses, z. B. der Kohlenstoff oder Wasserstoff ebenfalls aus dem Körper entfernt worden sind. Es ist auch dabei nichts darüber vorausgesetzt, in welchen Organen des Körpers das zerstörte Eiweiss vorhanden war oder ob letzteres vom Körper oder von der Nahrung herrührt. Obwohl die Umrechnung des Stickstoffs auf trockenes Eiweiss gewiss geringe Fehler in sich einschliesst, so habe ich dieselbe doch ausgeführt, da sie einen weit tieferen Einblick in die Vorgänge des Stoffverbrauchs gestattet als die einfache Angabe des Stickstoffverlustes. Betrachtet man den Stickstoff als Maass des Eiweissverbrauchs, so kann man auf das Gleichbleiben des Eiweissstandes im Körper schliessen, wenn in den Ausgaben soviel Stickstoff wie in den Einnahmen sich befindet, oder auf einen Verlust von Eiweiss bei einem Ueberschuss von Stickstoff in den Exkreten oder endlich auf eine Ablagerung von Eiweiss, wenn in den Exkreten nicht aller Stickstoff der Einnahmen erscheint. Es giebt Chemiker, welche meinen, man könne über das Verhalten des Eiweisses im Organismus nichts aussagen, so lange die Constitution desselben noch ganz unbekannt sei; aber auch bei genauer Kenntniss der Struktur des Eiweisses wird sich an den Bedingungen der Zersetzung desselben nichts ändern und auch ohne dieselbe können alle jene Versuche und Betrachtungen angestellt werden, so gut wie über die Zersetzung des Fettes im Körper, dessen nähere Bestandtheile bekannt sind.

Man kann aber noch einen Schritt weiter gehen und den Stickstoff statt auf trockenes Eiweiss auf sogenanntes Fleisch umrechnen. In der Nahrung wird dem Fleischfresser als eiweisshaltige Substanz vorzüglich Muskelfleisch geboten und dieses oder eine ihm entsprechende Menge von Stoffen im Körper zersetzt wie der Bilanzversuch von Pettenkofer und mir [1] darthut, bei welchem eine mit den Elementen des dargereichten Fleisches genau übereinstimmende Quantität von Elementen ausgeschieden wurde. In den Organen des Thierkörpers ist das Eiweiss aber auch mit einer gewissen Menge von Wasser, Aschebestandtheilen u. s. w. innig verbunden, welche bei Zerstörung des Eiweisses überflüssig werden und zugleich mit den Zersetzungsprodukten des Eiweisses weggehen, oder bei einem Ansatz von Eiweiss ebenfalls abgelagert werden müssen. Es hat daher für die Uebersicht und die rasche Vergleichung manche Vortheile statt auf trockenes Eiweiss auf Eiweiss in Verbindung mit einer gewissen Wasser- und Aschemenge zu rechnen.

Dies ist um so mehr zulässig, da alle blutreichen Organe des Körpers (Muskeln, Leber, Milz, die übrigen Drüsen, die graue Masse des Gehirns, Blut u. s. w.), in welchen der Hauptumsatz stattfindet, im trockenen Zustande nahezu die gleiche Elementarzusammensetzung, sowie auch den gleichen Wasser- und Aschegehalt besitzen, wie die Analysen von Playfair und Boeckmann [2] ergeben.

Man [3] hat desshalb, nach dem Stickstoffgehalt berechnet, eine Masse von mittlerer Zusammensetzung der Zerstörung anheimfallen lassen und diese mit dem neutralen Ausdruck „Fleisch" bezeichnet. Darunter soll nicht nur Muskelfleisch verstanden sein, sondern auch Leber, Gehirn u. s. w.; der Thierzüchter spricht von einer Produktion von Fett und Fleisch, und rechnet zu letzterem neben den Muskeln auch die Drüsen und andere Organe; er thut dies weil er den Erfolg seiner Bestrebungen in den Massen von Fleisch und Fett am Schlachtthier ersieht, gegen die alle anderen Substanzen verschwinden.

Für das „Fleisch" nimmt man am besten die Zusammensetzung des Muskels an; der Muskel giebt einen Mittelwerth für alle blutreicheren Organe, er macht den bei weitem grössten Theil der Organmasse des Körpers nach Abzug des stabilen Skeletes aus und betheiligt sich in entsprechendem Maasse an dem Umsatz; er ist endlich, wie schon angegeben, in der Nahrung des Fleischfressers das hauptsächlichste Nahrungsmittel.

Damit ist aber selbstverständlich nicht gesagt, dass im Organismus beim Hunger nur die Muskeln der Zersetzung unterliegen oder nur Muskelsubstanz angesetzt werde; „Fleisch" bedeutet zunächst nur stickstoffhaltige Substanz und zwar mit einem Gehalt von 3.4 %

1 Pettenkofer u. Voit, Ann. d. Chem. u. Pharm. 2. Suppl.-Bd. S. 361; Sitzgsber. d. bayr. Acad. 1863. S. 547.
2 Voit, Ztschr. f. Biologie. II. S. 233 u. 234. 1866.
3 Voit, Ebenda. II. S. 239. 1866, VII. S. 360. 1871.

Stickstoff; ein Umsatz oder ein Ansatz von 100 Grm. Fleisch heisst nichts weiter als die Ausscheidung oder Ablagerung von 3.4 Grm. Stickstoff aus und in stickstoffhaltiger Substanz im Thierkörper.

Diese Bezeichnung hat nur den Zweck eine weitere Vorstellung von den Vorgängen bei der Zersetzung im Körper zu geben, in welchem der Stickstoff in eiweissartiger oder leimgebender Substanz mit einer gewissen Menge von Wasser und Aschebestandtheilen verbunden ist, im Mittel und im grossen Ganzen von der chemischen Zusammensetzung des Muskelfleisches. Weiter wird daraus nichts entnommen; denn ob das Wasser, der Kohlenstoff, Wasserstoff, Sauerstoff und die Aschebestandtheile dieses Fleisches entfernt werden, entscheidet die nähere Analyse von Harn und Koth, sowie die der Perspiration.

Es ist nicht nur eine Hypothese, für welche viel Wahrscheinlichkeitsgründe sprechen, dass Verlust und Ansatz von Stickstoff im Thierleib als „Fleisch" geschieht, sondern es können Beweise dafür beigebracht werden.

Der vorher erwähnte Bilanzversuch von PETTENKOFER und mir[1], bei dem die Elemente des verfütterten reinen Muskelfleisches vollständig in den Exkreten wieder aufgefunden wurden, zeigt, dass im Körper eine Substanz von der Zusammensetzung dieses Fleisches verbrannt worden ist und nichts Anderes. Fehlt in den Ausgaben ein Theil des Stickstoffs der Einnahmen, ist also ein Ansatz von „Fleisch" erfolgt, dann fehlt auch die entsprechende Menge von Kohlenstoff und anorganischen Stoffen. Beim Hunger wird ausser Fett eine Substanz von der Zusammensetzung des Fleisches, mit dem Wasser-, Kohlenstoff- und Aschegehalt desselben zerstört; ich habe bei einer hungernden Katze aus der Stickstoffausscheidung einen Verlust von 196 Grm. trockenem Fleisch berechnet und nach den Sektionsresultaten, im Vergleich mit einer andern nicht hungernden Katze, einen solchen von 191 Grm. gefunden. Das Verhältniss von Asche zu Stickstoff im Harn ist bei Fütterung mit den verschiedensten Mengen von Fleisch 1 : 3.13, beim Hunger 1 : 3.02 d. h. es muss beim Hunger etwas von der Zusammensetzung des Fleisches zersetzt worden sein. In 90 Hungertagen beim Hund waren im Harn und Koth 257.1 Grm. Asche vorhanden; das nach dem ausgeschiedenen Stickstoff berechnete Fleisch hätte 260.9 Grm. Asche gegeben. Wird im Körper eine stickstoffhaltige Substanz zersetzt, welche nicht Fleisch ist, so ändert sich auch das Verhältniss von Stickstoff und Asche im Harn, wie z. B.

1 VOIT. Ztschr. f. Biologie. II. S. 356. 1866.

bei Fütterung mit Leim; es trifft dabei um so weniger Asche auf die gleiche Menge Stickstoff, je mehr Leim verzehrt worden war.

Auch einzelne Aschebestandtheile des berechneten Fleisches erscheinen unter gewöhnlichen Verhältnissen im Harn und Koth z. B. die Phosphorsäure, woraus wieder hervorgeht, dass dabei als stickstoffhaltige Substanz im Körper eine solche von der Zusammensetzung des Fleisches dem Umsatz unterliegt. E. Bischoff [1]) hat dargethan, dass bei einem Ansatz stickstoffhaltiger Substanz auf eine gewisse Menge von Stickstoff auch eine bestimmte Menge Phosphorsäure und zwar in gleichem Verhältniss wie im Fleische fehlt und ferner bei einem Verlust derselben so viel Phosphorsäure abgegeben wird als dem Fleische entspricht.

Um die Frage zu entscheiden, ob ein Eingriff oder eine Substanz den Eiweissverbrauch beeinflusst, muss man, ähnlich wie vorher (S. 18) für die Gesammtzersetzung angegeben worden ist, einen bestimmten, längere Zeit gleichbleibenden Umsatz an Eiweiss herbeiführen, nur dann darf eine Aenderung in demselben auf jene Einwirkungen bezogen werden. Dies kann auf mehrfache Weise geschehen. Man versetzt den Organismus unter den schon besprochenen Kautelen in das Stickstoffgleichgewicht. Da eine genaue Abgrenzung des 24stündigen Harns dazu nöthig ist, wählt man am besten einen Fleischfresser, einen Hund mittlerer Grösse, bei dem man alle die später zu erörternden Momente, welche einen Einfluss auf die Eiweisszersetzung ausüben, gleich hält, so z. B. die Wasseraufnahme, den Fettgehalt des Körpers u. s. w. Man füttert zu dem Zweck das Thier mit der gleichen Menge reinen Fleisches, bis jener Zustand eingetreten ist; dann lässt man bei der gleichen Fütterung das zu prüfende Agens oder den Stoff einwirken und sieht zu, ob die Stickstoffausscheidung sich ändert, und kehrt darnach zur ursprünglichen Versuchsanordnung zurück. Oder man reicht kleinere Quantitäten von Fleisch mit Fett oder Stärkemehl, wobei allerdings die Wirkung auf den Eiweissumsatz nicht in so hohem Maasse und nicht so deutlich hervortritt. Oder man wählt, namentlich wenn die zu prüfende Substanz leicht Erbrechen des Futters hervorbringt, wie z. B. Phosphor oder arsenige Säure u. s. w. den Hungerzustand und zwar zu einer Zeit, wo die Stickstoffausscheidung täglich eine gleichmässige geworden ist; nur ist dabei zu beachten, dass das Thier nicht verhältnissmässig zu fettarm wird, weil dann die Eiweisszerstörung wächst; man wählt deshalb zu solchen Versuchen keine jungen, noch fettarmen Thiere, sondern ältere, fettreiche.

2. Messung der Ausscheidung des Kohlenstoffs, Wasserstoffs und Sauerstoffs und des Verbrauchs der kohlenstoffhaltigen Stoffe, sowie der Aufnahme des Sauerstoffs.

Während der Stickstoff fast vollständig durch den Harn und Koth den Körper verlässt, geht der grösste Theil des Kohlenstoffs

---

[1] E. Bischoff, Ztschr. f. Biologie. III. S. 309. 1867.

gasförmig durch Haut und Lungen weg und nur ein verhältnissmässig kleiner Theil in organischen Zersetzungsprodukten durch den
Harn und Koth.

Die Bestimmung des Kohlenstoffs, Wasserstoffs, Sauerstoffs und
des Wassers in den beiden letzteren Exkreten geschieht nach den gewöhnlichen analytischen Methoden. Der Harn wird auf Quarzsand
ausgegossen, getrocknet und mit Kupferoxyd verbrannt. Die Hauptsache ist, dass man den auf den Tag treffenden Harn und Koth genau erhält.

Die durch Haut und Lungen stattfindende Ausscheidung von
Kohlenstoff, Wasserstoff und Sauerstoff und die Aufnahme von Sauerstoff werden mit Hilfe eines Respirationsapparates untersucht. Der
Kohlenstoff findet sich bekanntlich fast nur in der Form von Kohlensäure, der Wasserstoff in Wasser; jedoch gehen unter Umständen
sehr geringe Mengen von Kohlenstoff in Grubengas weg, ausserdem
noch Wasserstoffgas. Im Wesentlichen handelt es sich also um die
Bestimmung der Abgabe von Kohlensäure und Wasser und der Aufnahme von Sauerstoff.

Für die Untersuchung des Gesammtstoffumsatzes und der Ernährungsverhältnisse, wobei der Verlust durch Haut und Lunge während 24 Stunden zugleich mit dem Harn und Koth an grösseren
thierischen Organismen ermittelt werden muss, kommen jetzt wohl
nur mehr zwei Arten von Apparaten in Betracht, die nach dem
Princip von Regnault und Reiset gebauten und der Pettenkofer-
sche, bei welchen die Thiere unversehrt und frei in dem Athemraum
sich befinden.

Alle die Vorrichtungen, welche nur für kurze Zeit, für einige Minuten bis eine Stunde, die durch die Lunge oder auch durch Haut und
Lunge abgeschiedenen Athemgase zu bestimmen gestatten, sind zwar
zur Lösung mancher wichtiger Fragen, namentlich der Art und Weise
des Gasaustausches, vom hohen Werthe, aber für unsere Zwecke nur
in gewissen Fällen brauchbar. Man kann sie nur da verwenden,
wo die Wirkung von Einflüssen von kurzer Dauer auf die Grösse
der Kohlensäureausscheidung und des Sauerstoffverbrauchs untersucht
werden soll z. B. der Temperatur der umgebenden Luft, des Lichtes,
des Rhythmus der Athembewegungen, der Muskelanstrengung u. s. w.,
jedoch geben sie keinen Aufschluss über die im Körper stattfindenden Zersetzungen und über die Stoffe, in die der Sauerstoff eintritt
und aus denen die Kohlensäure stammt. Man bestimmt dabei zuerst während einer gewissen Zeit die Grösse des Gaswechsels, dann
gleich darauf unter der Einwirkung des zu prüfenden Agens, und end-

5*

lich wieder ohne dieselbe. Es ist zugleich dafür Sorge zu tragen, dass der Körperzustand und alle übrigen Bedingungen in den drei Zeitabschnitten die nämlichen bleiben. Bei Pflanzenfressern mit vollem Darmkanal ändert sich im Verlauf von einigen Stunden der Verbrauch nur wenig; beim Fleischfresser lassen sich am besten im Hungerzustande solche Vergleiche anstellen. Die Zeit des Versuchs darf keinesfalls so kurz sein, dass die in den Säften und der Lunge schon befindliche Kohlensäure, welche bei ausgiebigerer Ventilation ausgeschieden wird, im Betracht kommt.[1]

Bei Anwendung des Princips von REGNAULT und REISET[2], dessen sich wahrscheinlich auch LAVOISIER und SEGUIN bei ihren Untersuchungen über die Sauerstoffaufnahme des Menschen bedienten, kommen die Thiere bekanntlich unter eine Glocke mit einem bekannten Volum atmosphärischer Luft; die vom Thier abgegebene Kohlensäure wird durch Kalilauge weggenommen und der verbrauchte Sauerstoff aus einem Vorrathe dieses Gases ersetzt. Durch die Analyse der am Ende des Versuchs in der Glocke befindlichen Luft erfährt man die Aenderung des Stickstoffs und die Abgabe anderer Gase z. B. von Wasserstoff- oder Grubengas. Nach dem gleichen Princip ist der von PFLÜGER[3] und seinen Schülern H. SCHULZ, OERTMANN und COLASANTI benutzte Apparat gebaut sowie der Apparat REISET's.[1] Ein Vorzug dieser Classe von Apparaten ist, dass der Sauerstoffconsum direkt bestimmt wird; ein Nachtheil, dass die Thiere in einem mit Wasserdampf gesättigten Raum, in dem auch allerlei riechende Gase sich ansammeln, athmen und desshalb die Abgabe von Wasser nicht zu ermitteln ist, was für manche Zwecke sehr wünschenswerth ist.

---

1 Zu diesen Apparaten gehören: a) für den Menschen die von DAVY, Research. chem. and philos. London 1800; W. ALLEN u. W. H. PEPYS, Philos. Transact. II. p. 249. 1808; Schweigger's Journ. f. Chem. u. Physik. I. S. 152. 1811; PROUT, Thomson's Ann. of philos. II. p. 328. 1814; ANDRAL et GAVARRET, Ann. d. chim. et phys. (3) VIII. p. 129. 1843; VIERORDT, Physiol. d. Athmens. Carlsruhe 1845; Ed. SMITH, Philos. Transact. CXLIX. P. II. p. 681. 1859; LOSSEN, Ztschr. f. Biologie. II. S. 244. 1866; KOWALEWSKI, Sitzgsber. d. sächs. Ges. d. Wiss. 1866. 30. Mai. S. 111; SPECK, Schriften d. Ges. z. Förder. d. ges. Naturwiss. X. S. 3. 1871. — Dann auch der Kastenapparat von SCHARLING, Ann. d. Chem. u. Pharm. XLV. S. 214. 1843. — b) für kleine Thiere die von MARCHAND, Journ. f. pract. Chem. XXXIII. S. 129. 1844; LETÉLLIER, Ann. d. chim. et phys. (3) XIII. p. 478. 1845; LEHMANN, Abhandl. bei Begründung d. sächs. Ges. d. Wiss. 1846. S. 463; MOLESCHOTT, Unters. II. S. 315. 1857; SANDERS-EZN, Sitzgsber. d. sächs. Ges. d. Wiss. 1867. 21. Mai; RÖHRIG u. ZUNTZ, Arch. f. d. ges. Physiol. IV. S. 57. 1871; letzterer angewandt mit einigen Veränderungen bei den Versuchen von PLATEN über den Einfluss des Lichtes, von ZUNTZ über die Wirkung des Curare, von PAALZOW über Hautreize, von PFLÜGER über Wärme, von FINKLER u. OERTMANN über Athemmechanik.

2 REGNAULT u. REISET, Ann. d. Chem. u. Pharm. LXXIII. S. 92. 1850.
3 SCHULZ, Pflüger's Apparat, Arch. f. d. ges. Physiol. XIV. S. 78. 1877.
4 REISET, Ann. d. chim. et phys. (3) LXIX. 1863.

Der Respirationsapparat von PETTENKOFER [1] ist für die Untersuchung der Gasabgabe grösserer Thiere und des Menschen bestimmt. Ein Raum von passender Grösse wird so ventilirt, dass der Kohlensäure- und Wassergehalt in demselben durch das darin athmende Thier nicht grösser wird als in gut gelüfteten Wohnräumen; statt der weggenommenen, in einer grossen Gasuhr gemessenen unreinen Luft tritt das gleiche Volum frischer Luft von Aussen zu. Das Wasser und die Kohlensäure werden in Doppelproben direkt ermittelt, der Sauerstoff nur berechnet wie bei der Elementaranalyse. Aus den Proben wird auf die Gesammtmenge der durch den Apparat gegangenen Luft gerechnet. Dass dieses Verfahren richtig ist, geht mit Sicherheit aus der Prüfung des Apparates auf die Genauigkeit seiner Angaben hervor. Die der Kohlensäurebestimmung wird durch Controlversuche mit brennenden Stearinkerzen oder Oel von bekannter Elementarzusammensetzung geprüft; die des Wassers durch Verdampfung einer bekannten Menge von Wasser aus einer Retorte. Dieselben ergeben, dass in dem grossen Apparate die Kohlensäure bis auf 2 %, das Wasser bis auf 3 % genau erhalten wird. Keine andere Vorrichtung zur Untersuchung der Athemgase ist wie diese auf den Grad der Zuverlässigkeit ihrer Angaben geprüft worden. Der Sauerstoffverbrauch ist nach den Kontrolversuchen auf etwa 2 % zu ermitteln; bei grossen Hunden und Menschen beträgt der Fehler in demselben nach einer Erhebung der Fehlergrenzen höchstens 10 %. [2]

Während HENNEBERG [3] und STOHMANN [4] mit ihren nach dem Muster des PETTENKOFER'schen hergestellten Apparaten ebenfalls im Stande waren die Kohlensäure einer verbrannten Stearinkerze bis auf einige Procent zu erhalten, zeigte die Wasserbestimmung die grössten Differenzen. STOHMANN sucht die Fehler auf eine Condensation von Wasser an den Wandungen zurückzuführen, die also um so bedeutender werden, je grösser die Wandflächen sind und je höher der Feuchtigkeitsgrad der Luft ist;

---

1 PETTENKOFER, Abhandl. d. math.-physik. Cl. d. bayr. Acad. 2. Abth. IX. S. 231; 1862: Ann. d. Chem. u. Pharm. Suppl.-Bd. II. S. 1. 1862. Ueber die Bestimmung von Wasserstoff u. Grubengas: PETTENKOFER u. VOIT, Sitzgsber. d. bayr. Acad. II. S. 162. 1862. — Ueber die Bestimmung des Wassers: PETTENKOFER, Sitzgsber. d. bayr. Acad. 1863. 14. Febr. S. 152.

2 Nach dem gleichen Princip wie der Pettenkofer'sche Apparat sind gebaut die Apparate von: LIEBERMEISTER, Deutsch. Arch. f. klin. Med. VII. S. 75 (Bestimmung d. Kohlensäure beim Menschen): HENNEBERG, Neue Beiträge etc. 1870. 1. Heft u. Ber. d. deutsch. chem. Ges. III. S. 408. 1870 (zur Untersuch. d. Respiration d. Rindes und Schafs): STOHMANN, Landw. Versuchsstationen. XIX. S. 81. 1876 (für grössere landwirthschaftliche Nutzthiere); VOIT, Ztschr. f. Biologie. XI. S. 532. 1875 (Apparat für mittelgrosse Hunde und kleinere Thiere). — Auch GROUVEN hat einen Athemapparat für grössere Thiere angegeben (Physiol.-chem. Unters. 1864. 2. Ber. S. 207).

3 HENNEBERG, Neue Beiträge. 1870. S. 39—67.

4 STOHMANN. Landw. Versuchsstationen. XIX. S. 81 u. 159. 1876).

bei jeder Veränderung des Feuchtigkeitsgehaltes der in die Kammern
einströmenden Luft wird bei zunehmender Feuchtigkeit eine Verdichtung
von Wasser stattfinden, bei trockener Luft dagegen eine Wegnahme desselben. Er berechnet, dass dies im Maximum bei den grossen Apparaten
in Weende und Leipzig 96 Grm. Wasser betragen könne, bei dem in
München 31 Grm.; bei Versuchen mit grossen Thieren, z. B. Ochsen,
die im Tag 5000 — 6000 Wasser verdampfen, wird dadurch ein Fehler
von höchstens 2% bedingt, bei kleineren Thieren mit geringerer Wasserausscheidung, z. B. Ziegen, macht er 10% aus. Ich habe mit meinem
Bruder Ernst und mit J. Forster[1] eingehende Untersuchungen über die
Wasserbestimmung im Pettenkofer'schen Apparate angestellt, um über
die Fehlerquellen ins Klare zu kommen und die Bestimmung möglichst
genau zu machen. Man darf zu den Controlversuchen für Wasser nicht
Stearinkerzen nehmen, da sie zu wenig Wasser liefern und ihr Wasserstoff nicht vollständig verbrennt, man muss soviel Wasser verdunsten als
die Thiere an Wasserdampf abgeben. In diesem Falle erhielten wir das
Wasser bis auf 3% wieder, so dass unser Apparat auch dafür genaue
Resultate giebt; es ist auch wesentlich, dass die Wände der Kammer
die gleiche Temperatur besitzen, wie die eintretende Luft und die Ventilation eine ausreichende ist, um Niederschläge von Wasser zu vermeiden.

Die Respirationsversuche von Regnault und Reiset sind, was
die direkte Ermittlung des aufgenommenen Sauerstoffs betrifft, vielleicht die genauesten, die es giebt. Die beiden französischen Forscher verfolgten aber dabei einen ganz anderen Zweck als Pettenkofer und ich, sie studirten in einseitiger Weise den Gaswechsel
bei verschiedenen Thieren ohne Zusammenhang mit den Zersetzungen
im Thierkörper und ohne zu fragen, aus welchen Stoffen die Kohlensäure hervorgegangen ist. Sie haben daher keine Aufschlüsse
gebracht über den Stoffumsatz und die Vorgänge bei der Ernährung,
und konnten sie auch nicht bringen, da dabei auf den Harn und
auf die Nahrung gar keine Rücksicht genommen worden ist. Der
Apparat von Regnault und Reiset war nur für kleinere Thiere,
bei denen ein direktes Auffangen des 24stündigen Harns nicht möglich ist, geeignet; die von Pettenkofer und mir an grösseren Hunden und Menschen erhaltenen Resultate hätten durch jenen Apparat
gar nicht gewonnen werden können.

Man könnte allerdings daran denken, denselben zu vergrössern, so
dass er auch für grössere Hunde und für Menschen, also zur Untersuchung des Gesammtstoffwechsels brauchbar wäre. Es fragt sich aber
sehr, ob dies gelingen würde, wenigstens ermuntern die ganz absonder-
lichen und unmöglichen Ergebnisse der Reiset'schen Untersuchung an
Schafen nicht dazu. Die Schwierigkeiten und Mühen bei Vergrösserung
des Apparates wären gewiss ganz ausserordentlich; es wird kaum aus-

---

[1] C. u. E. Voit u. J. Forster, Ztschr. f. Biologie. XI. S. 126. 1875.

führbar sein, die für das Athmen eines Menschen nöthigen Quantitäten von Sauerstoff (gegen 500 Liter) rein herzustellen und für einen 24stündigen Versuch bereit zu halten, sowie eine genügende Ventilation für ihn zu besorgen; man muss bedenken, dass die von REGNAULT und REISET benützten kleinen Hunde manchmal am Ersticken waren und wie todt aus der Glocke gezogen wurden.

Durch Messung der Kohlensäureabgabe durch Haut und Lunge erhält man nur einen Theil des Stoffumsatzes, und nicht einmal ganz den des Kohlenstoffs, da ein gewisser Antheil des letzteren auch im Harn und Koth entfernt wird. Die Messung des Sauerstoffverbrauchs giebt ebenfalls kein Maass des Stoffwechsels ab; dies wäre dann der Fall wenn nur ein Stoff im Körper oxydirt würde z. B. nur Fett oder nur Eiweiss. Da aber in der Mehrzahl der Fälle mehrere Stoffe mit ungleichem Kohlenstoffgehalt und Sauerstoffbedürfniss verbrannt werden, ausser Eiweiss auch Fett oder Kohlehydrate in sehr wechselnden Proportionen, und desshalb das Verhältniss der Kohlensäure zum Sauerstoff ein sehr verschiedenes ist, so kann weder durch die Kohlensäure noch durch den Sauerstoff der Stoffwechsel gemessen werden. Es giebt allerdings die Kohlensäureausscheidung und die Sauerstoffaufnahme eine der Wahrheit näher kommende Schätzung des Gesammtverbrauchs wie der excernirte Stickstoff, weil sowohl die stickstoffhaltigen als auch die stickstofffreien im Körper zerstörten Stoffe Kohlenstoff enthalten und zwar dreimal mehr wie Stickstoff.

Wenn bei Zufuhr von Kohlehydraten diese zerstört werden, so kann trotz vermehrter Kohlensäureausscheidung der Sauerstoffverbrauch kleiner sein wie beim Hunger, wo anstatt der Kohlehydrate das mehr Sauerstoff in Anspruch nehmende Fett verbrannt wird. — Ein Hund zersetzte nach den Versuchen von PETTENKOFER und mir an einem Hungertage 40 Grm. trockenes Fleisch und 95 Grm. Fett (= 135 Grm. Trockensubstanz) unter Aufnahme von 330 Grm. Sauerstoff; in einem zweiten Falle bei Darreichung von 500 Grm. Fleisch und Aufnahme der nämlichen Sauerstoffmenge (329 Grm.) wurden 136 Grm. trockenes Fleisch und 47 Grm. Fett (= 183 Grm. Trockensubstanz) zerstört; darf man nun sagen, dass wegen des gleichen Sauerstoffverbrauchs der Umsatz an den beiden Tagen der gleiche war? — Ein ander Mal verfielen nach Aufnahme von 1500 Grm. Fleisch ausschliesslich 423 Grm. trockenes Fleisch der Zersetzung unter Einnahme von 592 Grm. Sauerstoff; ist hier nach dem Sauerstoffconsum beurtheilt der Stoffwechsel nahezu doppelt so gross wie beim Hunger? — Ich habe ein und denselben Hund annähernd auf seinem stofflichen Bestande erhalten mit 1500 Grm. Fleisch, ferner mit 450 Grm. Fleisch unter Zusatz von 159 Grm. Fett, und endlich mit 436 Grm. Fleisch unter Zusatz von 250 Grm. Stärkemehl und 18 Grm. Fett; die Kohlensäureabgabe war in allen drei Fällen nahezu die gleiche, dagegen schwankte der Sauerstoffverbrauch um 34 %, es kann aber Niemand entscheiden, ob der Stoffwechsel in dem einen oder andern Fall grösser oder kleiner war. — Bei Fütterung mit 350 Grm. Fett und einem täglichen Verbrauch von 55 Grm. Eiweiss und 164 Grm. Fett (mit 219 Grm. Trockensubstanz) lieferte der Hund 519 Grm. Kohlensäure und hatte zur Oxydation 522 Grm. Sauerstoff nöthig; bei Fütterung mit 2000 Grm. Fleisch und einem Zerfall von 493 Grm. Eiweiss (mit 435 Grm. Trockensubstanz) lieferte das Thier 604 Grm. Kohlensäure und nahm 517 Grm. Sauerstoff auf; es wurde also zufällig beide Male nahezu die gleiche Menge von Sauerstoff in Anspruch genommen, obwohl man bei der grundverschiedenen Zerstörung im Körper gewiss nicht den gleichen Stoffwechsel annehmen kann. — In dem vorher angegebenen Beispiel verzehrte der Hund 500 Grm. Fleisch und zerstörte 137 Grm. trockenes Fleisch und 47 Grm. Fett (= 183 Grm. Gesammt-Trockensubstanz); die Menge des Sauerstoffs betrug 329 Grm., die der Kohlensäure 343 Grm. Als aber das Thier 1500 Grm. Fleisch erhielt, nahm es bei Zersetzung von 282 Grm. Eiweiss oder von 269 Grm. Trockensubstanz nahezu die gleiche Menge von Sauerstoff (354 Grm.) auf wie vorher, d. h. es verbrauchte um 19% Trockensubstanz mehr wie bei Fütterung mit 500 Grm. Fleisch trotz gleicher Quantität des Sauerstoffs.[1]

Aus diesen Beispielen geht auch zur Genüge hervor, dass man aus dem Gleichbleiben der Kohlensäureausscheidung und der Sauerstoffaufnahme nach dem Einspritzen einer Substanz z. B. von Zucker in das Blut nicht schliessen darf, diese Substanz sei nicht verbrannt, denn es kann sehr wohl der Zucker oxydirt, aber durch ihn ein anderer Stoff im Körper z. B. Fett vor der Oxydation bewahrt worden sein.[2] Es ist ferner nicht möglich, aus dem unveränderten Sauerstoffverbrauch ein Gleichbleiben des Stoffwechsels und der Eiweisszersetzung zu entnehmen; letztere kann bei dem nämlichen Sauerstoffverbrauch die grössten Verschiedenheiten zeigen.[3] Dass die Aufnahme des Sauerstoffs und die Abgabe der Kohlensäure nicht

---

[1] Das Verhältniss des in der Respiration aufgenommenen Sauerstoffs zu dem in der Kohlensäure abgegebenen, der von Pflüger sogenannte respiratorische Quotient, richtet sich vorzüglich nach den im Körper zersetzten organischen Stoffen. Es kann ausschliesslich Eiweiss zerstört werden oder neben demselben die verschiedensten Mengen von Fett und von Kohlehydraten. Da diese Stoffe ungleiche Quantitäten von Kohlenstoff, Wasserstoff und Sauerstoff enthalten und nach der Ueberführung des Kohlenstoffs in Kohlensäure mehr oder weniger Wasserstoff zur Oxydation noch übrig bleibt, so fällt jener Quotient verschieden aus, und zwar um so niedriger, je mehr Wasserstoff noch zu verbrennen ist, also am niedrigsten beim Zerfall von viel Fett, am höchsten beim Zerfall von viel Kohlehydrat. Sind zu gewissen Zeiten nach der Nahrungsaufnahme noch unverbrannte Zwischenprodukte der Zersetzung im Körper angehäuft, oder werden Stoffe anderweit ausgeschieden z. B. Zucker im Harn oder Wasserstoff und Grubengas in der Perspiration, dann ändert sich entsprechend der Quotient (siehe hierüber: Voit, Ztschr. f. Biologie. XIV. S. 124. 1878).

[2] Siehe Scheremetjewski, Ber. d. sächs. Ges. d. Wiss. 1868. 12. Dec. S. 154.

[3] Siehe Oertmann, Arch. f. d. ges. Physiol. XV. S. 397. 1577.

den Zerfall der stickstofffreien Bestandtheile augiebt, ist leicht einzusehen, da das Eiweiss bei seinem Zerfall auch Sauerstoff in Anspruch nimmt und Kohlensäure liefert, ja unter Umständen ausschliesslich oxydirt wird. Man hat in der Menge der Kohlensäure und des Sauerstoffs nur dann einen Maassstab für eine Aenderung in der Grösse des Stoffwechsels unter irgend welchem Einflusse, wenn aus anderweitigen Versuchen vorher bekannt ist, dass sich durch letzteren die Zersetzung nur eines Stoffes im Körper ändert z. B. nur die des Fettes und nicht die des Eiweisses, wie es bei der Muskelanstrengung oder in der Kälte der Fall ist. Zu einem Maass für den Stoffwechsel muss man die Menge aller im Körper in einer gewissen Zeit in Zersetzung gerathenen Stoffe kennen.

Aus der Gesammtkohlenstoffausscheidung im Tag erhält man aber ein Maass des Kohlenstoffverbrauchs im Körper; dieser Kohlenstoff kann in den verschiedensten Stoffen, stickstoffhaltigen und stickstofffreien, enthalten gewesen sein z. B. in Eiweiss, Fett, Kohlehydraten etc. Ohne weitere Untersuchungen weiss man daher nicht, woher der ausgeschiedene Kohlenstoff stammt.[1]

Hat man aber bei einem grösseren Organismus ausser dem Gesammtverbrauch an Kohlenstoff auch den an Stickstoff während eines Tages bestimmt, dann lassen sich daraus weitere Schlüsse auf die Stoffzersetzungen im Körper machen.[2]

Aus der Stickstoffmenge der Exkrete erfährt man nämlich unter den früher angegebenen Einschränkungen ohne wesentlichen Fehler die Umsatzgrösse des Eiweisses, woraus sich der darin befindliche Kohlenstoff seiner Menge nach berechnen lässt. Ist nun bei ausschliesslicher Fütterung mit eiweissartiger Substanz ebenso viel Kohlenstoff ausgeschieden worden als im zersetzten Eiweiss enthalten ist, so ist nur Eiweiss zerstört worden und keine andere Substanz; so war es z. B. bei dem Bilanzversuch von PETTENKOFER und mir, wo während fünf Tagen sämmtliche Elemente des verfütterten Fleisches (7500 Grm.) genau in den Exkreten sich vorfanden.

Kommt mehr Kohlenstoff zur Ausscheidung als im zersetzten Eiweiss sich befindet, so muss irgend eine kohlenstoffhaltige, stickfreie Substanz des Körpers noch zerstört worden sein. Es ist nach den früheren Darlegungen nicht möglich, dass dabei noch mehr Eiweiss in Zerfall gerathen ist, von welchem wohl der grösste Theil des Kohlenstoffs ausgeschieden, der Stickstoff aber im Körper in

---

1 Siehe ZUNTZ, Landw. Jahrb. 1879. S. 95 (Anmerkung).
2 Solche Auslegungen der Versuchsresultate haben zuerst BIDDER u. SCHMIDT, dann in grösserer Ausdehnung PETTENKOFER und ich gemacht.

Zersetzungsprodukten wie z. B. in Kreatin oder in Harnstoff zurückgehalten wurde, da eine solche Aufstapelung stickstoffhaltiger Zersetzungsprodukte in erheblicher Menge nicht vorkommt. War das
Thier dabei im Hungerzustande bei leerem Darm, so kann der überschüssige Kohlenstoff auf nichts anderes als auf Fett bezogen werden.
Ein hungerndes Thier nimmt im Wesentlichen an eiweissartiger (oder
leimgebender) Substanz und an Fett ab; der Verlust an anderen organischen Stoffen kommt gegen die grosse Menge der genannten nicht
in Betracht. Denn Eiweiss (oder leimgebende Substanz) und Fett
herrschen im Körper der Art vor, wie jeder sich durch den Augen-
schein an den in den Fleischerläden ausgestellten fettreichen Thier-
stücken überzeugen kann, dass dagegen der Gehalt an den übrigen
stickstoffhaltigen und stickstofffreien Stoffen ein verschwindend kleiner
ist. Es findet sich ja z. B. Glykogen in der Leber und in den Muskeln,
aber die Menge desselben ist nur eine geringe; wird ein Versuchstag
in der früher angegebenen Weise abgeschlossen, so dass am Anfang
und am Ende desselben der Körper oder wenigstens der Darmkanal
in dem gleichen Zustande sich befindet, dann ist der Vorrath des
Glykogens in den Organen nur sehr wenig verschieden. In der
Zwischenzeit bei voller Verdauung sind allerdings erfahrungsgemäss
solche Zwischenprodukte der Zersetzung von Eiweiss, Fett und Kohlehydraten in grösserer Menge vorhanden (S. 17 u. 59). Pettenkofer
und ich [1] haben durch den Versuch am Hunde bewiesen, dass beim
Hunger im Wesentlichen nur Eiweiss und Fett zu Grunde geht, denn
es stimmt, wenn man aus der Stickstoffausscheidung den Eiweissverlust entnimmt und den überschüssigen Kohlenstoff auf Fett berechnet, die zur Verbrennung dieses Eiweisses und Fettes nöthige Sauerstoffmenge mit der wirklich aufgenommenen überein. Man wird daher
ohne erheblichen Fehler jenen überschüssigen Kohlenstoff auf vom
Körper abgegebenes Fett berechnen dürfen, wenn man bei Fütterung
mit Eiweiss oder mit Fett oder mit beiden solchen zur Verfügung
hat. Man nimmt dabei als Mittel für alle Fette im Thierkörper die
Zusammensetzung von 76.50 % Kohlenstoff, 11.90 % Wasserstoff und
11.60 % Sauerstoff an. [2]

Fehlt dagegen eine gewisse Menge von Kohlenstoff der Nahrung, so kann diese unter den vorher gemachten Voraussetzungen
nur in der Form von Fett im Körper abgelagert worden sein, besonders wenn der Ansatz längere Zeit fortwährt und das Thier an
Gewicht zunimmt und dick wird. Hat man Fett gefüttert, so war

1 Pettenkofer u. Voit, Ztschr. f. Biologie. V. S. 372 u. 374. 1869.
2 E. Schulze u. Reinecke, Landw. Versuchsstationen. IX. S. 97. 1867.

dieses voraussichtlich die Quelle des im Organismus abgesetzten Fettes. Bei Aufnahme von Eiweiss und Fett besteht die Möglichkeit, dass der fehlende Kohlenstoff aus dem Fett oder dem Eiweiss herrührt; im letzteren Falle müsste das verzehrte Fett zerstört, und aus dem Eiweiss bei dem Zerfall Fett entstanden und zurückbehalten worden sein. Lässt sich aber bei ausschliesslicher Aufnahme von Eiweiss wohl aller Stickstoff, jedoch nicht aller Kohlenstoff desselben in den Exkreten finden, so ist aus dem Eiweiss Fett angesetzt worden. Man kann auch hier nicht an ein anderes stickstofffreies Produkt denken z. B. an Glykogen oder an Traubenzucker, denn dann würde sich bei längerer Dauer der Versuchsreihe der Zucker in gewaltigen Quantitäten anhäufen; in einer 38 tägigen Reihe hätte z. B. die Kohlenstoffaufspeicherung nach den Respirationsversuchen am Hunde 1940 Grm. Traubenzucker entsprochen, eine Menge die zu keiner Zeit im Körper dieses Thieres enthalten ist [1]. Aus dem Studium der Stickstoff- oder Schwefelausscheidung erfährt man also nur, wieviel Eiweiss in den Zerfall gezogen worden ist, aber nicht ob die stickstofffreien Spaltungsprodukte (Fett) bis in die letzten Ausscheidungsstoffe verwandelt worden sind; dies wird erst durch die Untersuchung des Kohlenstoffverbrauchs entschieden.

Besonders schwierig wird die Beurtheilung jedoch, wenn Kohlehydrate oder andere stickstofffreie Stoffe ausser Fett in die Säfte gelangt sind. Erscheint dabei ebensoviel Stickstoff und Kohlenstoff in den Exkreten als in dem dargereichten Eiweiss und den Kohlehydraten enthalten war und zwar in einer längeren Reihe, so ist wohl der Schluss erlaubt, dass das Eiweiss und die Kohlehydrate zerstört worden sind und sich der Körper eben auf seinem Bestand erhalten hat. Wird ein Plus von Kohlenstoff entfernt, dann darf man annehmen, dass das Eiweiss und das Kohlehydrat der Zersetzung anheimgefallen sind, und ausserdem noch eine im Körper abgelagerte kohlenstoffhaltige, stickstofffreie Substanz, als welche auch hier nur das Fett in Betracht kommt; man müsste denn die unwahrscheinliche Annahme machen wollen, dass aus den Kohlehydraten ganz oder theilweise Fett im Körper entstanden ist und aufgespeichert wurde, während dafür vorher in den Geweben abgelagertes Fett verbrannte; nicht minder gewagt scheint es mir zu meinen, es gerathe unter Umständen mehr Eiweiss, als der Stickstoffausscheidung entspricht, in Zerfall, der stickstoffhaltige Theil desselben verknüpfe sich jedoch mit dem Kohlehydrat zu neuem Eiweiss

---

1 PETTENKOFER u. VOIT, Ztschr. f. Biologie. VII. S. 490. 1871.

und der stickstofffreie werde völlig oxydirt. Wird endlich weniger Kohlenstoff ausgeschieden als im zerstörten Eiweiss und dem resorbirten Kohlehydrat sich befindet, so ist Kohlenstoff in irgend welcher Verbindung im Körper zurückgeblieben. Dies kann nach unseren Darlegungen nicht ein Kohlehydrat sein, wenigstens nicht, wenn das Thier nach Ablauf von 24 Stunden wieder nüchtern ist; hier kommt wiederum nur Fett, aus dem Eiweiss oder dem Kohlehydrat entstanden, in Frage. Nur wenn die Menge der im Körper angehäuften Zwischenprodukte der Zersetzung zu- oder abnimmt, namentlich bei Aenderung in der Kost, wo sich z. B. bei reichlicher Fütterung mit Kohlehydraten mehr Glykogen in der Leber und in den Muskeln anhäuft, entsteht ein kleiner Fehler; zur Vermeidung desselben giebt man vor dem entscheidenden Respirationsversuche mehrere Tage lang die gleiche Nahrung, um die Sättigung des Körpers mit jenen Produkten abzuwarten.

Nach dem Angegebenen ist es selbstverständlich, dass der Kreislauf des Kohlenstoffs im Thierkörper nicht aus der Differenz des Kohlenstoffgehalts von Harn und Koth und des der Einnahmen zu entnehmen ist, wie es bei den Stoffwechselgleichungen von Boussingault und Barral u. s. w. geschah. Es finden in der Kohlenstoffmenge selbst beim ausgewachsenen Organismus, mehr als man früher dachte, Schwankungen, ein Ansatz oder ein Verlust, statt, die nur durch das Studium der gesammten Kohlenstoffabgabe zu verfolgen sind.

Will man untersuchen, ob eine Substanz oder ein Eingriff von Einfluss ist auf den Kohlenstoff- oder Fettverbrauch, so muss man, wie es früher (S. 66) in entsprechender Weise für den Eiweissumsatz angegeben worden ist, vorher eine constante Ausscheidung des Kohlenstoffs herbeiführen und alle übrigen Faktoren, welche von Einfluss darauf sind, gleich halten, so namentlich die Bewegung des Thieres oder die äussere Temperatur.

Die ganze Bedeutung eines Stoffes oder eines Agens für den Stoffwechsel und die Ernährung kann nur festgestellt werden, wenn man die Wirkungen desselben auf den Zerfall der hauptsächlichsten organischen Stoffe, also des Eiweisses, des Fettes u. s. w. oder auf den Stickstoff- und Kohlenstoffverbrauch ermittelt [1]. Es giebt Agentien, welche die Zersetzung des Eiweisses nicht ändern, wohl aber die des Fettes; andere welche nur auf letztere wirken, oder solche welche in ganz verschiedenem Grade den Eiweiss- und Fettzerfall beeinflussen.

---

1 Siehe Im. Munk, Arch. f. path. Anat. LXXVI. S. 119. 1879, LXXX. S. 10. 1880.

*3. Messung der Ausscheidung der übrigen Elemente und Bedeutung
der Ermittlung derselben.*

Es kommen nach der Bestimmung des Stickstoffs, Kohlenstoffs,
Wasserstoffs und Sauerstoffs in den Exkreten für die Erledigung
mancher Fragen auch noch die übrigen im Körper befindlichen Elemente, namentlich Schwefel, Phosphor, Chlor, Kalium, Natrium, Calcium, Magnesium und Eisen in Betracht.

Diese Elemente werden, wenn wir von dem geringfügigen Verlust
durch die Horngebilde absehen, für gewöhnlich ausschliesslich im
Harn und Koth, nur in seltenen Fällen mit dem Schweisse entfernt,
und zwar vorzüglich in anorganischen Verbindungen, womit jedoch
nicht gesagt ist, dass sich dieselben auch in diesen Verbindungen in
den Geweben und Säften oder in der Nahrung befunden haben. Zum
Theil sind sie jedoch auch in organischen Verbindungen enthalten
z. B. ein Theil des Schwefels, oder mit solchen vereinigt wie z. B.
Natrium mit Harnsäure.

Man kann aus der Untersuchung der Einnahmen und Ausgaben
entnehmen, ob der Körper sich auf seinem Bestand an diesen Elementen erhält oder ob ein Ansatz oder eine Ablagerung derselben
stattfindet. Nur zum Theil vermag man anzugeben, in welchen Verbindungen sie im Organismus enthalten waren; unser Wissen ist in
dieser Beziehung noch sehr lückenhaft. Da die Aschezusammensetzung für die Säfte und Gewebe, sowie für gewisse Organe eine
ganz charakteristische ist, so ist es auch in gewissen Fällen möglich
zu entscheiden, in welchen Organen dieselben abgelagert waren.

Der Schwefel ist im Harn nicht ausschliesslich, wie man früher
glaubte, in Schwefelsäure enthalten, er kann daher daraus nicht vollständig durch Chlorbaryum ausgefällt werden [1]. Im Koth findet er

---

1 EDM. RONALDS (Philos. Transact. of the Royal Society of London. IV. p. 461.
1846; Journ. f. pract. Chem. XLI. S. 185. 1847) hat zuerst angegeben, dass im Menschenharn nicht aller Schwefel in Schwefelsäure enthalten ist und ein Theil desselben erst nach der Verbrennung mit Salpeter gewonnen wird. Ich habe später
das Gleiche für den Harn des Hundes und der Katze dargethan und dies Verhalten dann für die Stoffwechseluntersuchungen verwerthet (siehe BISCHOFF u.
VOIT, Die Gesetze der Ernährung des Fleischfressers. S. 279. 1860; VOIT, Ztschr. f.
Biologie. I. S. 127 u. 129. 1865. X. S. 216. 1874, Anmerkung; F. BISCHOFF, Ztschr. f.
rat. Med. (3) XXI. S. 119. 1864. SCHMIEDEBERG fand im Harn von Hunden und Katzen
unterschweflige Säure (Arch. d. Heilk. VIII. S. 122. 1867). Der Harn entwickelt mit Zink
und Salzsäure Schwefelwasserstoff nach SCHÖNBEIN (Sitzgsber. d. bayr. Acad. 1861.
S. 307), SERTOLI (Gaz. med. ital. Lomb. 1869. p. 197). LOEBISCH (Sitzgsber. d. Wiener
Acad. 2. Abth. LXIII. S. 188. 1871). BAUMANN entdeckte im Harn die gebundenen
Schwefelsäuren (Ztschr. f. physiol. Chem. I. S. 70. 1877; Arch. f. d. ges. Physiol. XIII.
S. 285. 1876; Ztschr. f. analyt. Chem. XVII. S. 122. 1878; SALKOWSKI, Arch. f. pathol.
Anat. LXXIX. S. 551; v. d. VELDEN, Ebenda. LXX. S. 313. 1877). Schwefelcyan wie-
sen im Harn nach R. GSCHEIDLEN (52. Jahresber. d. schles. Ges. f. vaterl. Cultur 1874.

sich wahrscheinlich an Eisen gebunden vor, wenigstens entwickelt
der Koth des Fleischfressers nach Aufnahme von Fleisch mit Säuren
reichlich Schwefelwasserstoffgas. Um seine Gesammtmenge zu erhalten, muss man daher den trockenen Harn und Koth, sowie die
Nahrung mit Aetzkali und Salpeter im Silbertiegel verbrennen[1]; die
Untersuchung der Schwefelsäuremenge im Harn hat daher für unsere
Zwecke keine Bedeutung.

Ich habe auf diese Weise die Schwefelausscheidung bestimmt und
mit der Schwefelzufuhr verglichen, und gezeigt, dass unter gewissen Verhältnissen aller Schwefel der Einnahmen in den Ausgaben wieder zu
finden ist. Ich habe auch zuerst den excernirten Schwefel neben dem
Stickstoff als Maass des Eiweissverbrauchs benützt; man hat später in
ähnlicher Art in manchen Fällen den Schwefelgehalt der Ausscheidungen
ermittelt, um zu entscheiden, ob der dabei abgegebene Stickstoff aus dem
schwefelhaltigen Eiweiss stammt oder aus irgend einem anderen stickstoffhaltigen, aber schwefelfreien Stoff. (E. Salkowski, Feder.) Jedoch
muss man bei einer solchen Berechnung ausserordentlich vorsichtig sein,
da die Schwefelmenge im Eiweiss im Verhältniss zum Stickstoff eine sehr
geringe ist (1 : 16).[2]

Die Bestimmung des Schwefels der Einnahmen und Ausgaben
lehrt uns also das gleiche wie die der Eiweisszersetzung, aus welcher
der in den Exkreten befindliche Schwefel hervorgeht: Alles was für
den Verbrauch an Eiweiss gilt, gilt auch für die Ausscheidung des
Schwefels. Der grösste Theil des Schwefels wird im Harn entfernt;
beim Hund gehen nach Fütterung mit 1800 Fleisch nur 3.4%, bei
Fütterung mit 500 Fleisch 10.6% des Schwefels der Einnahmen in
den Koth über; der im Koth vorhandene Schwefel ist nicht immer
in unverdautem Eiweiss enthalten, wenigstens findet sich beim Hund
nach Fütterung mit reinem Fleisch in dem eiweissfreien Koth noch
Schwefel vor, der wohl von dem Taurin der Galle abstammt[4].

1875. S. 207; Tagebl. d. 47. Vers. d. Naturf. u. Aerzte in Breslau. 1874. S. 98; Arch.
f. d. ges. Physiol. XIV. S. 401); ebenso Külz (Sitzgsber. d. Ges. z. Beförder. d. ges.
Naturw. in Marburg. 1875. S. 76) u. Munk (Arch. f. pathol. Anat. LXIX. S. 354. 1877).

1 Siehe hierüber Bischoff u. Voit, Die Gesetze der Ernährung des Fleischfressers. S. 279 u. 302. 1860; Falck, Beitr. z. Physiol., Hygiene etc. 1875. S. 105;
E. Salkowski, Arch. f. pathol. Anat. LXVI. S. 12; Loebisch, Sitzgsber. d. Wiener
Acad. 2. Abth. LXIII. S. 13. 1871. — Wie es möglich war, dass Bidder u. Schmidt
den Schwefel der Einnahmen in den Ausgaben bei Hunden und Katzen wieder
auffinden konnten, obwohl sie nur die Schwefelsäure im Harn mit Chlorbaryum
fällten, ist mir unklar geblieben.

2 Die Angaben von Engelmann (Arch. f. Anat. u. Physiol. 1871. S. 14), welcher glaubt vor ihm wäre die Bedeutung der Ausscheidung des Schwefels in Verbindung mit der des Stickstoffs noch nicht gewürdigt worden, sind nicht zuverlässig,
da er die Qualität und Quantität der Speisen nicht genügend gleich hielt und ihre
Zusammensetzung nicht kannte, ferner seine Methode der Schwefelbestimmung
im Harn falsch war und der Harnstoff im Menschenharn nach Liebig's Methode
ohne Berücksichtigung des Chlors bestimmt wurde.

3 Siehe hierüber auch: Kunkel, Arch. f. d. ges. Physiol. XIV. S. 344. 1877.

Das Element P h o s p h o r ist bekanntlich zum weitaus grössten Theile, sowohl in den Einnahmen als auch in den Ausgaben in anorganischen Stoffen, nämlich in Phosphorsäure in Verbindung mit Alkalien oder alkalischen Erden vorhanden. Nur im Lecithin (und Nucleïn) ist dasselbe in einer organischen Verbindung enthalten.

Die in den Geweben und Säften befindlichen eiweissartigen Stoffe scheinen in einer gewissen Verbindung mit den Phosphaten zu stehen; letztere sind ihre steten Begleiter und besitzen wahrscheinlich eine hervorragende Bedeutung für die Organisation. E. Bischoff [1] hat gezeigt, dass beim hungernden Organismus auf eine bestimmte Menge von Stickstoff eine bestimmte Menge von Phosphorsäure im Harn entleert wird (im Verhältniss von 6.4 : 1), da mit der Zersetzung eiweissartiger Substanz auch die damit verbundene Phosphorsäure frei und überschüssig wird; das Verhältniss der beiden Stoffe ist hier nahezu dasselbe wie im Muskel (7.6 : 1). Bei Fütterung mit Fleisch, wenn der Stickstoff und die Phosphorsäure der Nahrung genau im Harn und Koth erscheinen, ist das Verhältniss wie 8.1 : 1; bei einem Ansatz von Eiweiss fehlt eine entsprechende Menge von Phosphorsäure, bei einem Verlust von Eiweiss findet sich ein Plus derselben. E. Bischoff hat nicht gesagt, dass das Verhältniss von Stickstoff zur Phosphorsäure stets das gleiche wäre oder unter allen Umständen die ausgeschiedenen Phosphate auf zersetzte Eiweissstoffe zurückzuführen seien; er hat nur für die von ihm untersuchten Fälle das Verhältniss ermittelt und selbst Umstände angegeben, unter denen es sich anders gestaltet.

Jenes Verhältniss richtet sich selbstverständlich nach der Art der zugeführten Nahrung und nach den zersetzten Körperbestandtheilen. Bei Aufnahme des stickstoffarmen Brods (3.3 : 1) war die Relation wie 3.8 : 1; bei an Phosphorsäure armer Nahrung ist umgekehrt verhältnissmässig mehr Stickstoff im Harn.[2] Wird in erheblicherer Menge Knochensubstanz (0.25 : 1) angegriffen, dann ändert sich das Verhältniss etwas zu Gunsten der Phosphorsäure; die von E. Bischoff beobachtete relativ grössere Ausscheidung der Phosphorsäure beim Hunger rührt, wie ich glaube, von den Knochen her, welche dabei nach den Bestimmungen von mir an der Katze und von Weiske am Kaninchen an Masse einbüssen. Man könnte auch meinen, es müsse im Verhältniss zum Stickstoff mehr Phosphorsäure erscheinen, wenn das phosphorhaltige Lecithin (0.45 : 1) oder die Nervensubstanz in normalen oder pathologischen Fällen in grösserem Maassstabe zersetzt werden sollten: namentlich Zuelzer[3] hat diese Ansicht aufgestellt

1 E. Bischoff, Ztschr. f. Biologie. III. S. 309. 1867.
2 Weiske, Ztschr. f. Biologie. VII. S. 179 u. 333. 1871. — Forster, Ztschr. f. Biologie. IX. S. 297. 1873.
3 Zuelzer, Beiträge zur Medicinalstatistik. III: Arch. f. pathol. Anat. LXVI.

und den weiteren Schluss gezogen, dass deshalb der ausgeschiedene Stick·
stoff nicht ausschliesslich auf zersetztes Eiweiss bezogen werden dürfe.
Die Berechtigung dieser Anschauung kann ja nicht zweifelhaft sein; überhaupt muss, wenn Organtheile mit ungleichem Verhältniss von Stickstoff
und Phosphorsäure in wechselnder Quantität zerstört werden, die Relation
dieser beiden Stoffe in den Exkreten sich ändern. Aber es fragt sich,
ob diese Ungleichmässigkeit des Stoffwechsels gewisser Organe unter bestimmten Verhältnissen auch so gross ist, dass sie in den Exkreten sich
bemerkbar macht und gemessen werden kann. Eine grössere Betheiligung
der Knochen an der Zersetzung lässt sich wahrscheinlich erkennen, ob
aber auch eine vermehrte Zersetzung von Lecithin oder Nervensubstanz?
Zuelzer nimmt einen regen Stoffumsatz in letzterer an, bei Erregungs-
zuständen eine Herabsetzung desselben mit Verminderung der Phosphorsäure, bei geringerer Erregbarkeit dagegen eine Steigerung mit vermehrter
Phosphorsäureausscheidung.[1] Möglicherweise ist der Stoffumsatz in der
Nervensubstanz gross, er findet aber für gewöhnlich zum grössten Theile
nicht am Organisirten, sondern an dem zugeführten Ernährungsmaterial
statt und es tritt alsbald für das Zerstörte Ersatz ein, denn selbst bei dem
verhungertem Thier ist das Gewicht des Gehirns und Rückenmarks nicht
geringer geworden, so dass sich also das Verhältniss von Stickstoff zur
Phosphorsäure auch bei sehr erhöhter Betheiligung dieser Organe an der
Zersetzung nicht ändert (S. 61). Nur wenn Lecithin im Körper angesetzt
oder abgegeben wird, wird jenes Verhältniss alterirt; es kann aber sehr
wohl das in der Markscheide der Nervenfaser befindliche Lecithin am Stoffwechsel der Nervensubstanz nur wenig betheiligt sein. Ausserdem ist
die Menge der Phosphorsäure in der gesammten Nervenmasse eine sehr
geringe gegenüber der in allen anderen Organen: ich schätze darin beim
Menschen höchstens 12 Grm. Phosphorsäure, in den Muskeln dagegen
130 Grm., in den Knochen über 1400 Grm.; selbst eine erhebliche
Aenderung im Umsatz der Nervensubstanz macht daher für das Ganze
so gut wie nichts aus.

Bei einer Inconstanz jenes Verhältnisses muss, ehe man die Ursachen
im Nerven sucht, erwiesen sein, dass die Knochenmasse mit der über-
wiegenden Menge von Phosphorsäure an der Umwandlung nicht betheiligt
ist. Man muss die Zusammensetzung der Einnahmen kennen und genau
gleich halten, was namentlich für den Menschen, besonders für den kranken, eine sehr schwere Aufgabe ist; ein kleiner Fehler hierin übt einen
grossen Einfluss aus. Es darf dann nicht nur der Harn berücksichtigt
werden, denn in dem Koth wird ebenfalls und zwar in beträchtlicher
Menge Phosphorsäure ausgeschieden, die zum Theil aus dem Zerfall im

---

S. 203; Berl. klin. Woch. 1877. No. 27. S. 387; Charité-Annalen. 1874. S. 688; Ber. d.
deutsch. chem. Ges. VIII. S. 1670. 1875.

1 Siehe hierüber noch: Edlefsen, Centralbl. f. d. med. Wiss. 1878. No. 29;
R. Lépine, Revue mensuelle de méd. et de chir. 1879. No. 7, 1880. p. 163; Lombroso,
Arch. f. Psychiatrie. III. 1872; B. u. J. Teissier, Du diabète phosphatique. Paris 1875;
Mendel, Arch. f. Psychiatrie. III. S. 636. 1872; Strüning, Arch. f. exper. Path. VI.
S. 272; Bokai (Orvosi Hetilap. 1879. No. 17) sah nach längerer elektrischer Reizung
des Centralnervensystems beim Hund eine Zunahme im Phosphorsäuregehalt des
Harns neben einem auffallenden Sinken des Harnstoffs (bei gut genährten Thieren).

Körper hervorgeht; ist die Ausnützung der Nahrung im Darmkanale eine andere, so wird die Relation von Stickstoff und Phosphorsäure im Harn wechseln, ebenso wenn Diarrhöen eintreten. Es zeigen sich endlich auch in kürzeren Zeiträumen zeitliche Verschiebungen in der Ausscheidung des Stickstoffs und der Phosphorsäure aus dem Organismus, wenn die Phosphorsäure eher entfernt wird als die stickstoffhaltigen Zersetzungsprodukte, die zu ihrer Bildung wahrscheinlich etwas längere Zeit bedürfen.

Man ist daher bis jetzt noch nicht so weit aus der relativen Aenderung der Phosphorsäuremenge im Harn irgend etwas Zuverlässiges über solche einseitige Alterirungen des Stoffwechsels der Nervensubstanz, die jedenfalls nur einen kleinen Bruchtheil des Gesammtstoffwechsels betragen, auszusagen. Wir dürfen vorläufig erfreut sein, dass wir im Stande sind aus dem Stickstoffverbrauch annähernd den Eiweissumsatz im Organismus zu entnehmen.

Ueber die übrigen Elemente, namentlich das Chlor, die Alkalien, die alkalischen Erden und das Eisen wird später bei Betrachtung ihrer Bedeutung in der Nahrung noch Einiges gesagt werden.

In dem folgenden Capitel über den Stoffverbrauch im thierischen Organismus unter verschiedenen Verhältnissen werde ich nur die Zersetzung der organischen Substanzen besprechen und auf den Wechsel des Wassers sowie der Aschebestandtheile, für welchen andere Bedingungen maassgebend sind, der Uebersichtlichkeit halber nicht eingehen, sondern das Nöthige hierüber erst bei Erörterung der Frage nach der Verhütung ihres Verlustes vom Körper bringen.

DRITTES CAPITEL.

Der Stoffverbrauch im thierischen Organismus unter verschiedenen Verhältnissen.

Es ist nun die Aufgabe, alle diejenigen Umstände kennen zu lernen, welche den Stoffverbrauch im thierischen Organismus, vorzüglich die Zerstörung der organischen stickstoffhaltigen und stickstofffreien Bestandtheile in demselben, beeinflussen. Es ist bis jetzt schon eine grosse Anzahl solcher Einwirkungen bekannt. Da aber kein Moment auf diese Vorgänge mächtiger wirkt als die Zufuhr gewisser Stoffe aus dem Darmkanal, so ist es nothwendig, zunächst den einfachsten Fall, die Verhältnisse beim Hunger kennen zu lernen, wo die Beschaffenheit des Organismus für sich allein die Zersetzungen bestimmt.

I. Stoffverbrauch beim Hunger.

Auch bei Entziehung der Nahrungsstoffe lebt der thierische Organismus noch eine Zeit lang fort. Er giebt dabei bis zum letzten Augenblicke Zersetzungs- und Ausscheidungsprodukte im Harn, dem Koth und der Perspiration ab: es müssen also Bestandtheile des Thierkörpers entweder der Zerstörung unterliegen oder unter den gegebenen Bedingungen als solche entfernt werden.

Ein verhungerter Organismus hat sehr an Körpergewicht eingebüsst, er ist bis zum Aeussersten abgemagert und scheint nur aus Haut und Knochen zu bestehen. Bei der Sektion findet man die meisten Organe in ihrer Masse sehr verringert, die Muskeln z. B. zu dünnen Strängen geworden, das mit freiem Auge sichtbare Fett für gewöhnlich fast ganz verschwunden; nur die Knochen scheinen auf den ersten Blick keinen wesentlichen Verlust erlitten zu haben. Pathologische Veränderungen sind selbstverständlich nicht wahrzunehmen, obwohl man sich früher wunderte, dass die Organe verhungerter Thiere gesund aussehen (Redi).

Beim Hunger wird, wie schon früher (S. 34) angegeben wurde, auch noch Koth gebildet. Bei Pflanzenfressern rührt der beim Hunger ausgeschiedene Koth grösstentheils von den im Darm noch befindlichen Nahrungsresten her. Bidder und Schmidt haben bei einer 18 Tage lang hungernden Katze beinahe täglich Koth erhalten, und zwar dünnbreiige, hellgraugrüne, sehr schleimreiche Fäces, im Mittel 0.87 Grm. Trockensubstanz im Tag. Dies ist jedoch nach meinen Erfahrungen nicht die Regel; denn ich habe niemals weder beim Hunde noch bei der Katze während der Inanition Diarrhöen beobachtet. Die beiden letzteren Thiere entleeren in der Regel beim Hunger keinen Koth. Eine 13 Tage lang hungernde Katze liess beim Beginn des zweiten Tages 17 Grm. sehr festen Koths, der sicherlich zur vorausgehenden Fütterung mit Fleisch gehörte, während der übrigen 12 Tage keinen mehr. Beim Hund habe ich den schwarzen zähen wie Mekonium oder wie Koth nach reiner Fleischnahrung aussehenden Hungerkoth mit Knochen scharf abgegrenzt. Bei einem 30 Kilo schweren Thier erhielt ich so für 8 Tage 19.3 Grm. = im Tag 2.41 Grm. trockenen Koth, der ziemlich viel Haare enthielt; ein ander Mal in einem Zeitraum von 6 Tagen 8.2 Grm. = 1.36 Grm. für den Tag; also im Mittel täglich 1.58 Grm. trockene Substanz. Dieser Koth enthielt für den Tag 0.15 Grm. Stickstoff, entsprechend 0.9 Grm. Eiweiss. Bei der 13 Tage lang hungernden, 3 Kilo schweren Katze fand sich bei der Sektion im Darm 1.9 Grm. trockener Koth, demnach im Tag nur 0.15 Grm. mit 0.01 Grm. Stickstoff, somit sechsmal weniger wie bei dem von Bidder und Schmidt benützten Thier. Nach den Aufzeichnungen Valentin's[1] lieferte ein schlafendes Murmelthier von 789 Grm. Körpergewicht

---

1 Valentin, Molesch. Unters. III. S. 206.

im Mittel täglich 0.018 Grm. trockenen Koth mit 0.0021 Grm. Asche; ein Murmelthier von 1347 Grm. Gewicht 0.025 Grm. trockenen Koth mit 0.0032 Grm. Asche. Dieser Hungerkoth ist das Residuum der. in den Darm entleerten Stoffe und kann seiner geringen Menge wegen für gewöhnlich vernachlässigt werden.

Ueber den Stoffverbrauch beim Hunger liegen von früheren Zeiten nur spärliche Angaben vor. FRERICHS[1] hatte die Harnstoffausscheidung eines kleinen Hundes in zwei Beobachtungsreihen, einer von vier und einer von fünf Tagen, sowie eines Kaninchens während drei Tagen untersucht; dabei waren noch keine Vorsichtsmaassregeln zum Auffangen des Harns getroffen und der Harnstoff offenbar noch mittelst der ganz unzuverlässigen Methode mit Salpetersäure ermittelt. In einem berühmt gewordenen Versuch bestimmten BIDDER und SCHMIDT[2] an einer Katze den Harnstoff des Harns nach RAGSKY und HEINTZ, oder auch direkt durch Verbrennung mit Kupferoxyd den Stickstoff, und zugleich mehrmals im Tag während einer Stunde die Kohlensäureabgabe. Da die Harnausscheidung im Käfig in sehr unregelmässigen Zeiträumen erfolgte, so waren sie genöthigt, die Mengen durch Rechnung auf die seit der vorausgegangenen Ausscheidung verflossenen Stunden gleichmässig zu vertheilen; von einer zweiten während 9 Tagen hungernden, dabei aber viel Wasser aufnehmenden Katze ist nur das Gesammtresultat berichtet. BISCHOFF[3] theilte sechs Fälle mit, vier am Hunde und zwei an Kaninchen gewonnen, bei denen er die Harnstoffausscheidung nach LIEBIG's Methode ermittelte; aber die Zahlen sind wegen des unregelmässigen Harnlassens sehr schwankend und geben kein klares Bild; der zweite Hund liess z. B. in 7 Hungertagen nur 3 mal Harn.

Später haben BISCHOFF und ich[4], dann ich allein[5] die Zersetzung der stickstoffhaltigen Stoffe beim hungernden Hunde unter den verschiedensten Umständen in der Art bestimmt, dass die Aenderung derselben von Tag zu Tag zu ersehen war. In vielen aus meinem Laboratorium und dem Anderer hervorgegangenen Arbeiten finden sich solche Hungerreihen[6]; zuletzt hat nochmals FALCK[7] in einer schönen Reihe die Ausscheidung der Harnbestandtheile beim Hunde bis zum Tode des Thieres verfolgt. Am Huhn liegen Bestimmungen von SCHMANSKI[8] vor. Bei den Untersuchungen von PETTENKOFER und mir[9] wurden zum ersten Male über den Stickstoff- und Kohlenstoffverbrauch, d. h. über den Gesammtstoffwechsel, während 24 Stunden und zwar für den Hund und den Men-

---

1 FRERICHS, Arch. f. Anat. u. Physiol. 1848. S. 469.
2 BIDDER u. SCHMIDT, Die Verdauungssäfte und der Stoffwechsel. 1852. S. 292.
3 BISCHOFF, Der Harnstoff als Maass des Stoffwechsels. Giessen 1853.
4 BISCHOFF u. VOIT, Die Gesetze der Ernährung des Fleischfressers. 1860.
5 VOIT, Ztschr. f. Biologie. II. S. 307. 1866.
6 Siehe z. B. VOIT, Unters. üb. d. Einfluss d. Kochsalzes etc. S. 156 u. 157. 1860; E. BISCHOFF, Ztschr. f. Biologie. III. S. 321. 1867: BAUER. Ebenda. VII. S. 71. 1871, VIII. S. 582. 1872, XIV. S. 537. 1878; FEDER, Ebenda. XIII. S. 275. 278. 285. 1877, XIV. S. 176. u. 187. 1878.
7 F. A. FALCK, Beitr. z. Physiol. etc. 1875. S. 1.
8 SCHMANSKI. Ztschr. f. physiol. Chemie. III. S. 396. 1879. — MEYER, Beiträge zur Kenntniss des Stoffwechsels im Organismus der Hühner. Diss. Königsberg 1877.
9 PETTENKOFER u. VOIT, Ztschr. f. Biologie. II. S. 478. 1866, V. S. 369. 1869.

schen Angaben gemacht. Es liegen ferner einzelne Mittheilungen über
die Harnstoffmengen bei hungernden Menschen vor.[1] Endlich sind noch
isolirte Bestimmungen der ausgeschiedenen Kohlensäure und des aufgenommenen Sauerstoffs während des Hungers an verschiedenen Thieren,
vorzüglich von REGNAULT und REISET[2], gemacht worden, welche jedoch
nichts über den Zerfall im Körper aussagen und nicht einmal den allmählichen Abfall in der Zersetzung erkennen lassen, da sie nur an einzelnen Tagen angestellt worden sind; sie ergaben nur eine geringere
Kohlensäure- und Sauerstoffmenge gegenüber der bei Nahrungsaufnahme.

1. Auch ohne Zufuhr wird bis zum Tode Eiweiss und Fett zersetzt.

Noch im Jahre 1835 hat JOH. MÜLLER[3] gesagt: „Es wäre sehr
wichtig, zu wissen, ob der Harnstoff nur aus zersetztem, schon vorher ausgebildetem Thierstoffe entsteht, und sich also auch bei hungernden Thieren erzeugt, oder ob er sich aus den Nahrungsstoffen
als ein unbrauchbares Produkt des Verdauungsprocesses erzeugt.“
Aus den genannten Untersuchungen geht nun vor Allem hervor, dass
auch ohne Zufuhr die Stoffzersetzung im Körper vor sich geht: es
werden dabei unter allen Umständen stickstoffhaltige Stoffe oder
Eiweiss zerstört und zugleich auch das im Vorrath vorhandene Fett.
Es währen also in diesem Falle die Bedingungen der Zerstörung
noch fort, und es lebt daher der Körper auf Kosten des in ihm vorhandenen Materials, das allmählich aufgezehrt wird.

Es lässt sich auch durch die Verfolgung des Stoffverbrauchs
das, was man durch die Sektion eines verhungerten Thiers erfährt,

---

1 LASSAIGNE fand zuerst im Harn eines seit 18 Tagen hungernden Wahn-
sinnigen noch viel Harnstoff (Journ. d. chim. méd. I. p. 272. 1825). Ein sich aus-
hungernder Geisteskranker schied nach SCHERER in 24 Stunden noch 9.5 Grm.
Harnstoff aus (Würzburger Verhandl. III. S. 158). H. RANKE bestimmte am 1. Hungertag 19.7 und 22.7 Grm. Harnstoff (Boob. u. Versuche über d. Ausscheidung der
Harnsäure bei Menschen. 1858); J. RANKE bei einem Gewicht von 71.3 Kilo im Mittel
aus drei einzelnen Hungertagen 19.2 Grm. (Arch. f. Anat. u. Physiol. 1862. S. 311);
AD. SCHUSTER bei einem Gewicht von 52.5 Kilo nur 14.2 Grm. Harnstoff (VOIT, Unters.
d. Kost etc. 1877. S. 151). O. SCHULTZEN erhielt bei einem 19jähr. Mädchen, welches
nach 16 Tagen wegen Oesophagusverschluss verhungerte, an den zwei letzten Lebenstagen täglich noch 6 Grm. Harnstoff (Arch. f. Anat. u. Physiol. 1863. S. 31; Arch.
f. wiss. Heilk. VI; De inanitione, Berol. diss. inaug. 1862); J. SEEGEN bei einem Mädchen von 24 Jahren bei fast vollständiger Inanition 8.9 Harnstoff täglich im Mittel
(Sitzgsber. d. Wiener Acad. 2. Abth. LXIII. Märzheft. 1871); BEIGEL, Nov. act. Acad.
Leop. XXV. P. 1. p. 527; FRANQUE, Beiträge zur Harnstoffausscheidung beim Menschen. Diss. inaug. Würzburg 1855.
2 REGNAULT u. REISET an verschiedenen Thieren: Ann. d. chim. et phys. (3)
XXVI. p. 299. 1849; siehe auch LETELLIER an Turteltauben: Compt. rend. XX. p. 794;
Ann. d. chim. et phys. (3) XI. p. 150. 1844. BOUSSINGAULT an Turteltauben, zugleich
mit der Untersuchung der Exkremente: Ann. d. chim. et phys. (3) XI. p. 433. 1844.
LAVOISIER u. SEGUIN, Mém. de l'acad. des sciences. 1789. p. 185 u. SCHARLING am Menschen, Ann. d. Chem. u. Pharm. XLV. S. 214. 1843.
3 JOH. MÜLLER, Handb. d. Physiol. 1835. S. 569.

zeigen, nämlich dass beim Hunger im Wesentlichen Eiweiss (oder leimgebende Stoffe) und Fett zerstört werden; zugleich mit den Zersetzungsprodukten werden auch die im Organisirten damit verbundenen Aschebestandtheile, sowie das Wasser ausgeschieden. Bei einem Hunde von 30 Kilo Gewicht wurden am 6. und 10. Hungertage aus dem abgeschiedenen Stickstoff der Verbrauch an Eiweiss und aus dem darüber hinaus abgegebenen Kohlenstoff der an Fett berechnet; die beiden haben zur Verbrennung nahezu soviel Sauerstoff nöthig als das Thier in derselben Zeit wirklich aufgenommen hat; auch beim Menschen ist dies annähernd der Fall und zwar am ersten Hungertage, 12 Stunden nach der letzten Nahrungsaufnahme. Beim Pflanzenfresser trifft dies voraussichtlich nicht zu, da bei ihm wenigstens in den ersten Hungertagen noch andere Stoffe, namentlich Kohlehydrate, aus dem Darm resorbirt werden. Es ist die angegebene Thatsache von nicht geringer Bedeutung, denn sie zeigt, dass die aus den Zersetzungsprodukten auf die im Körper zersetzten Stoffe gezogenen Schlussfolgerungen im Wesentlichen richtig sind und die Abgabe anderer stickstoffhaltiger Substanzen wie Mucin, Lecithin u. s. w. oder auch stickstofffreier wie Glykogen, Zucker u. s. w. dagegen verschwindend klein ist.

PETTENKOFER und ich haben für den Hund und den Menschen beim Hunger folgenden Gesammtverbrauch gefunden:

Hungertag	Körpergewicht	Wasser auf	Harnmenge	Harnstoff	Kohlensäure	Wasser in Respiration	Sauerstoff auf	Umsatz von trockenen Fleisch	Fettumsatz
Hund 6	31.210	33	124	12.8	366.3	400.5	358.1	12	107
10	30.050	125	142	11.1	289.4	350.7	302.0	38	83
Mensch 1	71.090	1054.8	1197.5	26.8	738.3	828.9	779.9	80	216

2. Stoffumsatz bei verschiedenen hungernden Organismen.

Der Verbrauch an organischer Substanz ist bei verschiedenen Organismen ein höchst verschiedener; es drückt sich hier vor Allem der Einfluss der ungleichen Körpermasse aus, welcher wesentlich grösser ist als der Einfluss der ungleichen Körperbeschaffenheit bei annähernd gleichem Organgewicht.

Leider ist das Beobachtungsmaterial, über welches man in dieser

Beziehung verfügt, nur ein sehr spärliches; man kennt für eine Anzahl hungernder Thiere wohl den Verbrauch von Eiweiss, aber nur
für einzelne wenige auch zugleich den von Fett.

Dieser Einfluss der Körpermasse lässt sich nicht nur für verschiedene Individuen der gleichen Thierspecies darthun, sondern auch
für Organismen verschiedener Species und Gattungen.

	Körpergewicht in Kilo	Harnstoff im Tag	Harnstoff auf 1 Kilo Körpergewicht
Für Hunde:			
Hund von FEDER	40.0	15.6	0.39
Alter fetter Hund von BISCHOFF .	35.0	10.0	0.29
Hund von mir.	33.0	12.8	0.39
„ „ „	19.6	10.7	0.55
„ „ „	10.1	7.4	0.73
„ „ „	8.9	7.3	0.82
Hund von RUBNER	3.2	3.6	1.14
Für verschiedene Thiere:			
Kaninchen von BISCHOFF (Mittel aus 1—6. Hungertag)	1.28	1.5	1.14
Katze von BIDDER u. SCHMIDT (Mittel aus 3—15. Hungertag)	1.86	3.7	1.99
Katze von mir (Mittel aus 2—10. Hungertag)	2.61	4.1	1.57
Mensch (SCHUSTER) erster Hungertag	52.0	14.2	0.27
Mensch (PETTENKOFER u. ich) erster Hungertag	71.0	26.0	0.36
Ochs von GROUVEN	408.0	73.0	0.18

Es wird Niemanden Wunder nehmen, wenn ein grosser Organismus mehr stickstoffhaltige Stoffe zerstört als ein kleiner. Bemer-
kenswerth ist es aber, dass man bei Reduktion der Werthe auf
gleiches Körpergewicht durchaus nicht die gleichen Zahlen erhält:
das kleinere Thier verbraucht verhältnissmässig viel mehr als das
grössere. Wenn ein Hund von 3 Kilo Gewicht etwa 3 Grm. Harnstoff ausscheidet, so erscheinen bei einem Hund von 33 Kilo nicht
33 Grm. Harnstoff, sondern nur 13 Grm. Es ist dies von ganz besonderer Bedeutung für die Erklärung der Zersetzungsprocesse im
Körper, denn dem relativ grösseren Umsatz bei dem kleineren Thier
entspricht auch eine entsprechend grössere Nahrungszufuhr sowie
eine verhältnissmässig grössere Leistung und zwar sowohl in Her-
vorbringung mechanischer Arbeit als auch in Produktion von Wärme.

Man könnte daran denken, ob das grössere Thier vielleicht verhältnissmässig mehr Knochen und weniger bei dem Umsatz betheiligte
eiweissreiche Organe besitze. Es lässt sich aber aus den vorliegen-

den Wägungen der Organe die Unrichtigkeit einer solchen Annahme leicht darthun. Wir können das Gewicht der Muskeln mit für unsern Zweck hinreichender Genauigkeit als Vergleichsmaassstab für die Organmasse und den Eiweissreichthum eines Körpers benutzen. Ich habe für hungernde Säugethiere folgende mittlere Werthe dafür zusammengestellt:

	Gewicht des Körpers in Kilo	Harnstoff im Tag	Muskelmasse am Körper		Harnstoff auf 1 Kilo Muskel
			in Kilo	in %	
Mensch . .	70.00	19.2	29.40	12	0.65
Hund . . .	10.12	7.4	4.53	45	1.63
Katze . . .	2.50	3.8	1.13	45	3.37
Kaninchen .	1.00	1.8	0.51	51	3.53

Es ergiebt sich aus diesen Zahlen, dass nicht die Organ- oder Eiweissmasse am Körper allein maassgebend für die Grösse der Eiweisszersetzung ist, da bei einer doppelt so grossen Quantität der in den Organen befindlichen Eiweissstoffe nicht ein verdoppelter Umsatz stattfindet, sondern ein kleinerer Bruchtheil derselben den Einflüssen, welche die Zerstörung bedingen, verfällt.

Ich kann diese Erscheinung nur in Zusammenhang bringen mit der von VIERORDT.[1] gefundenen grösseren Umlaufsgeschwindigkeit des Blutes bei kleineren Thieren, wesshalb bei letzteren durch gleiche Gewichtstheile der Organe in gleicher Zeit mehr Blut strömt; es währt nämlich nach ihm die Dauer eines ganzen Kreislaufs:

beim Pferd . . . . 31.5 Sek.

„ Hund (9.1 Kilo) . . . . . 16.7 „

„ Kaninchen (1.9 Kilo) . . . . 7.8 „

„ Huhn . . . . 5.2 „

„ Eichhörnchen . . . . . . 4.4 „

In dieser Zeit, entsprechend 26—28 Herzschlägen, ist die gesammte Blutmenge im Körper des Thieres herumgeführt worden, so dass bei geringerer Kreislaufsdauer das Blut in gleicher Zeit öfter an einer gegebenen Stelle vorbeifliesst. VIERORDT berechnete die Blutmengen, welche in 1 Minute durch 1 Kilo Körper strömen:

beim Pferd . . . . 152 Grm.

„ Mensch . . . . 207 „

„ Hund . . . . 272 „

bei der Ziege . . . . 311 „

beim Kaninchen . . . . 592 „

1 VIERORDT, Die Erscheinungen und Gesetze der Stromgeschwindigkeiten des Blutes. S. 142. 1858.

Die Zufuhr der Ernährungsflüssigkeit ist demnach eine sehr verschiedene bei grossen und kleinen Thieren, wovon höchst wahrscheinlich nach späteren Darlegungen auch der verschiedene Eiweisszerfall abhängig ist.

Es ist in hohem Grade auffallend, dass sich der Fettverbrauch ganz anders verhält als der des Eiweisses, wie aus den wenigen vorliegenden Versuchen hervorgehen dürfte. Es betrug nämlich:

	Körpergewicht in Kilo	Fleisch-verbrauch		Fettverbrauch		Kohlensäure	
		im Tag	auf 1 Kilo	im Tag	auf 1 Kilo	im Tag	auf 1 Kilo
Mensch (PETTENKOFER und ich)							
1. Hungertag	71.0	327	4.6	209	2.94	716	10.1
Hund (PETTENKOFER und ich							
6. Hungertag.	31.2	175	5.6	107	3.43	366	11.7
10. „	30.1	154	5.1	83	2.76	259	9.6
2. „	32.9	341	10.3	86	2.61	380	11.6
5. „	31.7	167	5.2	103	3.25	358	11.3
8. „	30.5	138	4.4	99	3.23	335	11.0
Hund (RUBNER) 1. Hungertag .	18.2	192	10.5	60	3.30	240	13.2
„ „ 3. „	17.2	132	7.6	64	3.70	228	13.2
Katze (BIDDER und SCHMIDT) .	1.86	50	27.1	7.4	4.10	39	20.8
Katze (BIDDER und SCHMIDT) .	2.83	48	16.9	10.2	3.61	46	16.3

Während also der Eiweisszerfall in der Gewichtseinheit des kleinen Thiers den im grossen Thier um mehr als das vierfache übertrifft, ist der Unterschied in der Fettzersetzung nur gering; die Erklärung für diese Erscheinung kann erst später gegeben werden. Die Kohlensäureausscheidung ist allerdings bei kleineren Thieren verhältnissmässig grösser, was aber von der Mehrzersetzung des Eiweisses herrührt.[1]

3. Aenderung der Zersetzung bei dem gleichen Thier in der nämlichen Versuchsreihe.

Bei dem gleichen Organismus ist in einer längeren Hungerreihe die Zersetzung nicht Tag für Tag die gleiche, sondern sehr verschieden. Ueber den Menschen liegen keine sicheren Angaben in dieser Richtung vor, da an ihm der Gesammtumsatz nur vom ersten Hungertage untersucht worden ist. Die gleichzeitige Eiweiss- und Fettabgabe wurde von BIDDER und SCHMIDT an einer Katze und von PETTENKOFER und mir an einem Hunde studirt.

---

[1] Nach REGNAULT u. REISET wird von kleinen Vögeln relativ mehr Sauerstoff aufgenommen als von grossen; den relativ grösseren Sauerstoffverbrauch kleiner Thiere giebt auch P. BERT an (Société de Biologie. 1868).

Die Katze der beiden Dorpater Forscher, welche sehr fettreich war und nach dem Hungertode immer noch 40 Grm. Fett enthielt, ergab täglich einen Verbrauch von Eiweiss und Fett:

Hungertag	Eiweiss	Fett	Hungertag	Eiweiss	Fett
1.	24.5	4.3	10.	10.2	8.0
2.	16.4	7.6	11.	9.1	8.2
3.	12.9	9.6	12.	8.4	8.7
4.	11.7	9.4	13.	10.5	7.2
5.	14.7	7.3	14.	10.5	6.7
6.	13.4	7.4	15.	9.1	7.0
7.	11.9	7.5	16.	9.3	6.2
8.	12.1	7.0	17.	5.0	7.2
9.	12.5	6.9	18.	2.4	6.5

Der Hund von PETTENKOFER und mir erlitt folgenden Verlust:

Hungertag	Fleisch	Fett	vorher verzehrt
2.	341	86	2500 Fleisch
5.	167	103	—
8.	138	99	—
6.	175	107	1500 Fleisch
10.	154	83	—

Man ersieht daraus, dass im Allgemeinen die Zersetzung der stickstoffhaltigen Stoffe allmählich abnimmt, besonders rapid an den ersten Tagen des Hungers und ebenso an den beiden letzten; die Zerstörung des Fetts ist dagegen bei reichlichem Eiweissumsatz an den ersten Tagen sogar geringer als späterhin, dann aber schwankt sie, wenn das Thier nicht unruhig ist, nur wenig bis zum Ende, so dass schliesslich auf 1 Kilo Körpergewicht der Katze mehr Fett verbrannt wird. Es ist dies abermals ein Beweis, dass die Bedingungen für die Zersetzung der beiden Stoffe nicht die gleichen sind, wenn sie auch, wie wir uns noch überzeugen werden, in gewisser Beziehung von einander abhängig sind.

Die übrigen bis jetzt vorhandenen Versuche berücksichtigen nur den Umsatz der stickstoffhaltigen Stoffe und sind fast nur an Hunden gemacht.

Ich habe eine grössere Anzahl solcher Reihen an ein und demselben Hunde angestellt und theile hier die in einigen derselben erhaltenen Harnstoffzahlen als Beispiele mit, um die Aenderung des Eiweisszerfalls an den ersten Hungertagen zu zeigen:

Hungertag	Harnstoff in Reihe 1.	Reihe 2.	Reihe 3.	Hungertag	Harnstoff in Reihe 1.	Reihe 2.	Reihe 3.
1.	60.1	26.5	13.8	6.	13.3	12.8	12.6
2.	24.9	18.6	11.5	7.	12.5	12.9	11.3
3.	19.1	15.7	10.2	8.	10.1	12.1	10.7
4.	17.3	14.9	12.2	9.	—	11.9	10.6
5.	12.3	14.8	12.1	10.	—	11.4	—

Es müssen ferner noch die Resultate einiger bis zum Tode der Thiere fortgesetzter Reihen angegeben werden, um für weitere Schlussfolgerungen das Beweismaterial zu haben.

Es fanden sich bei einer von mir untersuchten fleischreichen und fettarmen Katze:

Hungertag	Harnstoff	Hungertag	Harnstoff	Hungertag	Harnstoff
1.	5.7	6.	3.7	11.	4.7
2.	4.5	7.	4.1	12.	6.1
3.	3.9	8.	4.2	13.	6.1
4.	3.7	9.	4.1		
5.	3.8	10.	4.7		

Ein von F. A. FALCK untersuchter einjähriger Hund, bei Beginn der Reihe 8880 Grm. und am Ende 4610 Grm. wiegend, dessen Fett während des 24 täg. Hungers fast ganz verschwunden war, gab folgende Zahlen:

Hungertag	Harnstoff	Hungertag	Harnstoff	Hungertag	Harnstoff
1.	10.13	9.	10.27	17.	12.61
2.	8.51	10.	11.53	18.	10.58
3.	8.57	11.	11.87	19.	9.86
4.	8.65	12.	13.02	20.	11.02
5.	8.19	13.	13.99	21.	4.26
6.	8.11	14.	14.04	22.	0.52
7.	8.36	15.	12.84	23.	0.62
8.	9.25	16.	11.58	24.	(0.07)

Ein anderer grösserer, alter und fettreicher Hund FALCK's ertrug den Hunger 60 Tage lang; sein Anfangsgewicht betrug 21.210 Kilo, das Endgewicht 10.830 Kilo; er lieferte:

Hungertag	Harnstoff	Hungertag	Harnstoff	Hungertag	Harnstoff
1.	14.91	21.	7.33	41.	5.78
2.	11.27	22.	7.55	42.	4.62
3.	9.64	23.	7.39	43.	4.88
4.	9.60	24.	7.07	44.	4.63
5.	9.50	25.	7.92	45.	4.30
6.	10.89	26.	7.30	46.	4.01
7.	9.87	27.	7.19	47.	5.40
8.	9.10	28.	6.33	48.	4.00
9.	9.08	29.	6.50	49.	5.70
10.	8.40	30.	6.47	50.	5.07
11.	8.24	31.	6.39	51.	4.47
12.	10.44	32.	5.62	52.	4.25
13.	8.88	33.	5.67	53.	3.85
14.	8.95	34.	5.65	54.	4.82
15.	9.76	35.	5.59	55.	4.40
16.	8.89	36.	5.81	56.	5.43
17.	9.28	37.	5.62	57.	3.56
18.	8.47	38.	5.72	58.	4.06
19.	8.78	39.	5.36	59.	3.50
20.	7.92	40.	5.00	60.	(0.73)

Es ist auch hier nicht zu verkennen, dass in den ersten Tagen die Stickstoffausscheidung oder Eiweisszersetzung bei Nahrungsentziehung sinkt und zwar besonders rasch bei hoher Anfangszersetzung, dass sie aber dann, wenn einmal ein bestimmter Abfall erreicht ist, nahezu gleich bleibt; später sieht man entweder ein fortwährendes Absinken oder eine Zunahme des Eiweisszerfalls. Die allmähliche Abnahme der Zersetzung kann wohl von nichts anderem herrühren als von der Abnahme des im Körper befindlichen zerstörbaren Eiweisses.

4. Verschiedenheit der Zersetzung bei dem gleichen Thier in verschiedenen Versuchsreihen.

Die Stickstoffausscheidung ist in verschiedenen Reihen bei dem gleichen Thier nach mehreren Hungertagen so ziemlich die gleiche, aber die Anfangsausscheidung ist ganz ausserordentlich verschieden, wie die vorher (S. 89) als Beispiele angeführten drei Reihen am Hunde darthun. Diese grossen Schwankungen in der Eiweisszersetzung zeigen sich vor Allem abhängig von der während der vorausgehenden Nahrungsaufnahme verzehrten Eiweissmenge: je reichlicher vorher das Thier mit eiweissartigen Stoffen gefüttert worden war, desto höher ist die Harnstoffzahl am ersten Hungertage, nach einer geringen Eiweisszufuhr dagegen, namentlich wenn zugleich stickstofffreie Substanzen gereicht worden sind, ist die anfängliche Ausscheidung nur wenig höher als an den späteren Tagen. Bei dem nämlichen Thier, einem Hund von 35 Kilo Gewicht, fanden sich am ersten Hungertage Schwankungen von 14—60 Grm. Harnstoff, nach einigen Tagen erschienen gleichmässig 10—12 Grm.

Wenn die allmähliche Abnahme der Zersetzung in ein und derselben Hungerreihe von der Abnahme des im Körper vorhandenen zerstörbaren Eiweisses herrührt, so muss man die Verschiedenheiten derselben am ersten Hungertage ebenfalls von ungleichen Mengen dieses Eiweisses ableiten.

Frerichs hatte zuerst bemerkt, dass ein kleiner, durch Hunger und stickstofffreie Kost sehr herabgekommener Hund beträchtlich weniger Harnstoff entleerte; er suchte dies aus einer Abnahme der Blutconcentration beim Hunger zu erklären, von der er die Grösse des Umsatzes abhängig sein liess. Darauf machte Bischoff ähnliche Erfahrungen; sein Hund schied bei einem Gewicht von 25 Kilo täglich im Mittel 14 Grm. Harnstoff beim Hunger aus, bei einem Gewicht von 35 Kilo nach reichlicher Fütterung mit Fleisch 20 Grm., bei Zunahme des Gewichts auf 41 Kilo 21 Grm. Die gleiche Beobachtung machten später Bischoff und ich; wir bezogen die Differenzen zuerst auf eine Verschiedenheit in dem

Ernährungszustande und Eiweissreichthum des ganzen Körpers, jedoch ist diese Erklärung, wie sich gleich zeigen wird, nicht umfassend genug.

Es liess sich vorher für verschieden grosse Organismen darthun, dass der Eiweisszerfall durchaus nicht proportional ist der Gesammt-eiweissmenge am Körper, und diese also nicht ausschliesslich die Grösse des Zerfalls bestimmt. In gleicher Weise ist das rapide Sinken der Eiweisszersetzung an den ersten Hungertagen nicht entsprechend der Abnahme des Eiweissreichthums am ganzen Körper, denn es nimmt an ihnen die Quantität des zerstörten Eiweisses ungleich mehr ab als die des im Körper befindlichen Eiweisses. Es ist also auch hier die Eiweissmenge am Körper nicht allein maassgebend für die Grösse des Eiweissumsatzes. Es ist ganz unmöglich, dass wenn ein Hund am ersten Hungertage sechsmal mehr Eiweiss zersetzt als am achten, er am ersten sechsmal mehr Eiweiss am ganzen Körper ge-habt habe, während sein Gewicht nur von 33.8 Kilo auf 30.2 Kilo fiel; oder dass er in einer Reihe, in welcher er bei einem Gewicht von 33 Kilo am ersten Hungertage 14 Grm. Harnstoff ausschied, viermal ärmer an Eiweiss war, als in einer anderen Reihe bei dem nämlichen Körpergewicht und einer Entleerung von 60 Grm. Harn-stoff. Das Thier zersetzt bei nur wenig verschiedener Eiweissmenge am ganzen Körper die verschiedensten Quantitäten von Eiweiss. An den späteren Hungertagen nimmt trotz des fortwährenden be-trächtlichen Eiweissverlustes die Harnstoffausscheidung kaum ab, während die Harnstoffdifferenz vom ersten und zweiten Hungertage bei geringerer Eiweisseinbusse sehr beträchtlich ist.

Alle diese Thatsachen lehren auf das Bestimmteste, dass nicht sowohl die ganze Masse des Eiweisses am Körper, sondern vielmehr die Eiweissmenge der vorausgegangenen Nahrung und der dadurch hervorgerufene Körperzustand die Ursache der unverhältnissmässi-gen Steigerung des Eiweissumsatzes an den ersten Hungertagen ist. Ist dieser Einfluss vorüber, dann ist der Umsatz im Allgemeinen eine Zeit lang proportional der Abnahme des Gesammteiweisses am Körper.

Wie man sich diese Verschiedenheit der Zersetzung erklären kann, das soll später noch erörtert werden, es ist aber nicht zweifel-haft, dass hier zwei Momente mitwirken: an den späteren Hunger-tagen ist es die grosse Masse der zelligen Gebilde, von deren Ei-weiss täglich ein bestimmter kleiner Bruchtheil zu Grunde geht, in der ersten Zeit dagegen ausserdem ein von der früheren Eiweiss-zufuhr abhängiger, wechselnder, gegenüber dem Eiweiss der Organe nur geringer Vorrath der leicht zerstörbaren Ernährungsflüssigkeit.

Ausserdem ist noch der Fettreichthum des Körpers von wesentlichem Einfluss auf den Eiweissumsatz beim Hunger.

5. Einfluss der Fettmenge am Körper auf den Eiweissumsatz.

Es wird noch angegeben werden, dass ein Zusatz von Fett oder Kohlehydraten zur Fleischnahrung die Zersetzung des Eiweisses vermindert, das Gleiche ist der Fall bei ausschliesslicher Darreichung jener stickstofffreien Stoffe. Aber auch das im Körper schon abgelagerte Fett wirkt unter sonst gleichem Verhältnissen in derselben Weise hemmend ein. Der von PETTENKOFER und mir untersuchte robuste Arbeiter verbrauchte bei einem Körpergewicht von 71.1 Kilo am ersten Hungertage 333 Fleisch und 216 Fett; J. RANKE, der reicher an Fett war, bei einem Gewicht von 71.3 Kilo im Mittel nur 236 Grm. Fleisch und 194 Fett. Wenn im Verhältniss zum Eiweiss viel Fett am Körper sich befindet, also z. B. nach längerer Fütterung mit viel Fett unter Zusatz von wenig Eiweiss, dann wird beim Hunger nur wenig Harnstoff entleert, von einem grossen Hunde statt 14 Grm. am ersten Tage nur 6—10 Grm.[1] Die reichliche Eiweisszersetzung im Anfang des Hungers kann nicht von einem bedeutenden Fettverlust und einer dadurch hervorgebrachten relativen Eiweissvermehrung am Körper bedingt sein; denn die Fettabnahme ist in den ersten Tagen geringer als später und es tritt ferner der Abfall in dem Eiweissverbrauch noch in derselben Weise ein, wenn man auch durch Darreichung von Fett beim Eiweisshunger die Abgabe von Fett vom Körper verhütet.[2]

Es ist eine auffallende und wichtige Thatsache, dass junge ausgewachsene Thiere, welche noch mager sind, verhältnissmässig mehr Eiweiss zersetzen als alte, welche meist absolut und relativ reich an Fett sind. Möglicherweise haben die jungen Zellen in höherem Grade die Fähigkeit Eiweiss zu zerlegen; aber die Hauptsache jener Erscheinung ist unstreitig das die Zersetzung beschränkende Fett.[3] Ein von FALCK beobachteter einjähriger Hund von 20.0 Kilo Gewicht lieferte am ersten Hungertage 21.4 Harnstoff, ein viele Jahre altes fettes Thier von 21.2 Kilo Gewicht schied nur 14.9 Harnstoff aus.

Es giebt noch ein Beispiel, das den Einfluss des Fettes darthut. In gewissen Fällen lässt sich nämlich an den späteren Hungertagen, nachdem längere Zeit die Eiweisszersetzung ziemlich gleichmässig

1 VOIT, Ztschr. f. Biol. II. S. 330. 1866.
2 Derselbe. Ebenda. II. S. 332. 1866.
3 LÉPINE, Nouv. dict. méd. et chir. p. 483.

geblieben ist, wiederum ein Ansteigen derselben bemerken, manchmal selbst über die anfänglichen Werthe hinausgehend; dies findet
dann statt, wenn der Körper arm an Fett geworden ist.

Unter den Versuchen von FRERICHS findet sich einer, der vielleicht
auf diese Weise zu deuten ist, indem ein durch Hunger und stickstofffreie Kost sehr heruntergekommener kleiner Hund am vierten Hungertag
mehr Harnstoff ausschied als an den drei ersten. Bei einem Kaninchen
sah FRERICHS unter fortwährender Steigerung der Harnstoffausscheidung
am vierten Hungertage den Tod eintreten; es ist dies jedoch nicht die
Regel, wenigstens lassen die Versuche von BISCHOFF kein solches Anwachsen erkennen. Auch RUBNER hat die rasche Zunahme der Eiweisszersetzung bei fastenden Kaninchen beobachtet, ebenso LÉPINE bei Meerschweinchen; ich möchte dieselbe aber nicht ausschliesslich von dem
Verschwinden des Körperfettes ableiten, sondern auch, und zwar zum
grössten Theil, davon dass anfangs der Pflanzenfresser nicht hungert,
vielmehr noch von dem im Darm befindlichen Vorrath stickstofffreier Substanz zehrt, die den Eiweissumsatz vermindert. Etwas ähnliches hat offenbar GROUVEN[1] an Ochsen wahrgenommen, bei denen ebenfalls die spätere
grössere Stickstoffausscheidung ersichtlich ist.

Ich habe die Zunahme der Eiweisszersetzung zuerst mit Sicherheit an einer während 13 Tagen hungernden Katze beobachtet, während die 18 Tage lang hungernde Katze von BIDDER und SCHMIDT
nichts der Art zeigte, wie die vorher mitgetheilten Tabellen lehren.
Als Grund dafür habe ich die allmähliche Abnahme des Fettes und
die relative Zunahme des Eiweisses am Körper gefunden; ich zeigte,
dass das Thier von BIDDER und SCHMIDT fett war und noch nach
dem Verhungern nicht alles Fett eingebüsst hatte, während meine
Katze ansehnlich mehr Muskelfleisch, jedoch nur wenig Fett besass
und dasselbe zuletzt ganz einbüsste. Man sieht daher diese Erscheinung nach längerem Hunger sicher eintreten bei fettarmen und an
Eiweiss absolut und relativ reichen Thieren; wir haben[2] öfters, wenn
beim Hunger die Wirkung irgend eines Agens auf den Eiweissumsatz untersucht werden sollte, zuletzt die Steigerung der Harnstoffausscheidung beobachtet, und zwar namentlich bei jungen Hunden,
nicht bei alten; man muss daher zu solchen Versuchen ältere und
fettreiche Hunde wählen, bei denen bis zum Hungertod die Harnstoffausscheidung ganz langsam absinkt. FR. HOFMANN[3] hat diese
Zunahme des Eiweisszerfalls als Zeichen für das Verschwinden des
Körperfettes benützt. Später hat FALCK ähnliche Beobachtungen an
Hunden gemacht und in gleicher Weise gedeutet; seine vorher an-

---

1 GROUVEN, Phys.-chem. Fütterungsversuche. 1864. S. 127; siehe auch HENNE-
BERG's kritisches Referat hierüber Journ. f. Landw. 1565. S. 45.
2 FEDER, Ztschr. f. Biologie. XIV. S. 176. 1878.
3 HOFMANN, Ebenda. VIII. S. 165. 1872.

gegebenen Zahlen über die Harnstoffmengen des jungen und des alten
fettreichen Hundes liefern vortreffliche Beispiele hierfür. Sehr interessante Versuche über die Harnsäureausscheidung hungernder Hühner hat H. Schimanski[1] veröffentlicht; er fand ebenfalls die Steigerung der Zersetzung, aber schon am 3—5. Hungertage bei jungen
fettarmen Thieren, besonders nach vorausgehender Fleischfütterung,
bei alten fetten Thieren erst später, vom 26. Hungertage an bis zum
33., ohne dass schliesslich das Fett alles verbraucht war. Der steigende Eiweisszerfall wird sich wahrscheinlich auch zeigen bei durch
längeren Hunger oder ungenügende Zufuhr fettarm gewordenen Reconvalescenten, die dadurch rasch dem Tode zugeführt werden.

6. Abnahme der einzelnen Organe beim Hunger.

Um einen weiteren Einblick in den Stoffverbrauch eines hungernden Organismus zu erhalten, ist es nothwendig, den Gewichtsverlust, welchen die einzelnen Organe beim Hunger erleiden, zu
bestimmen. Es ist von grosser Bedeutung, dass die Organe an dem
Gesammtverluste sich nicht in gleicher Weise betheiligen, sondern
in sehr ungleicher.

Die ersten Versuche der Art wurden von Chossat[2], später von
Schuchardt[3], an Tauben gemacht: sie wählten wohlgenährte Tauben von gleichem Gewicht und Alter aus, tödteten die einen und
bestimmten die Gewichte ihrer Organe, die der andern erst nach dem
Verhungern. Den gleichen Versuch stellten dann Bidder und Schmidt[1]
an einer Katze an, aber in nicht ganz entscheidender Weise: sie
liessen nämlich eine Katze von 2572 Grm. Körpergewicht verhungern
und nahmen zur Feststellung der Organgewichte derselben am Beginn des Hungers einen jungen Kater von nur 1505 Grm. Körpergewicht. Da sie keine direkte Uebertragung wegen des so sehr verschiedenen Körpergewichtes machen konnten, berechneten sie, indem
sie die wasserfreien Knochen am Stoffwechsel sich nicht betheiligen
liessen und ein constantes Gewichtsverhältniss derselben zum Ge-
sammtgewicht des Thieres annahmen, zuerst das Anfangsgewicht der
hungernden Katze und dann nach dem in der Gewichtseinheit des
Vergleichsthiers für jedes Organ gefundenen Werth das Gewicht ihrer
Organe am ersten Hungertage, was aber vor Allem wegen der gros-

---

1 Schimanski, Ztschr. f. physiol. Chem. III. S. 396. 1879.
2 Chossat, Mém. présentés par divers savants à l'acad. roy. des sciences de l'institut de France. VIII. p. 438. 1843.
3 Schuchardt, Quaedam de effectu, quem privatio sing. part. nutrimentum con-
stituentium exercet etc. Diss. inaug. Marburg 1847.
4 Bidder u. Schmidt, Die Verdauungssäfte und der Stoffwechsel. S. 327. 1852.

sen Differenz im Körpergewicht und im Alter der Thiere nicht ein-
wurfsfrei ist. Ich habe daher zwei Katzen von nahezu gleichem
Gewicht zuerst zehn Tage lang in gleicher Weise mit Fleisch ernährt
und dann die eine gleich getödtet, die andere erst nach 13 tägigem
Hunger; aus dem Gewicht der einzelnen Organe in der Gewichtseinheit des ersteren Thiers wurden die Gewichte der Organe des
zweiten Thiers bei Beginn der Hungerreihe entnommen.

Chossat fand nun, dass bei den hungernden Tauben 100 Grm.
ursprünglich vorhandenes frisches Organ an Gewicht verloren haben:

	% Verlust
Fettgewebe	93
Milz	71
Pankreas	64
Leber	52
Herz	45
Därme	42
Muskeln (willkürliche)	42
Magen	40
Schlundkopf, Speiseröhre	34
Haut	33
Nieren	32
Lungen	22
Kehlkopf, Luftröhre	21
Knochen	17
Augen	10
Nervensystem	2

Darnach hat beim Hunger das Fett am meisten abgenommen,
dann folgen das Blut, die blutreichen Organe und die Muskeln; aber
auch die Knochen büssten etwas von ihrer Masse ein, das Nervensystem dagegen, was am auffallendsten erschien, erhielt sich fast
intakt. Die von Bidder und Schmidt nach nicht ganz richtigen
Voraussetzungen gemachten Angaben stimmen in einigen wichtigen
Punkten mit denen von Chossat nicht überein. So verlieren z. B.
die trockenen Muskeln der Taube nach Chossat nur 34%, die der
Katze nach Bidder und Schmidt aber 65 %; Gehirn und Rückenmark nach dem ersteren nur 7%, nach den letzteren 33%; das Blut
nach ersterem 62%, nach letzteren sogar 90%. Chossat fand eine
Abnahme der Knochen um 17 %, die Dorpater Forscher liessen sie
unverändert bleiben. Bei meinem eben erwähnten Versuch an der
Katze wurden folgende Werthe erhalten:

---

1 Voit, Ztschr. f. Biologie. II. S. 351. 1866.

	1017 Grm. Verlust vertheilen sich auf		Verlust von 100 Grm. frischem Organ	Verlust von 100 Grm. trocknem Organ
	frisches Organ	trocknes Organ		
Knochen	55	—	14	—
Muskeln	429	118	31	30
Leber	49	17	54	57
Nieren	7	1	26	21
Milz	6	1	67	63
Pankreas	1	—	17	
Hoden	1	—	40	
Lunge	3	1	18	19
Herz	0	—	3	—
Darm	21	—	18	..
Hirn und Rückenmark .	1	0	3	0
Haut mit Haaren . . .	89	—	21	---
Fettgewebe	267	249	97	---
Blut	37	5	27	18

Meine Beobachtungen schliessen sich grösstentheils denen von CHOSSAT an; ich fand namentlich auch, dass das Nervensystem nicht an Gewicht abnimmt, dass aber die Knochen an Masse etwas einbüssen. Das Herz erleidet nach meinen Wägungen, wie nach denen von BIDDER und SCHMIDT keinen Gewichtsverlust, während CHOSSAT einen solchen von 45% angiebt.

Am Gesammtverluste betheiligen sich in einer alle anderen Organe weitaus übertreffenden Menge die Muskeln und das Fettgewebe, dann folgen die Haut, die Knochen, die Leber, das Blut und der Darmkanal. Das Blut verlor absolut nur 5 Grm. trockner Substanz, die Muskeln aber 118 Grm. Procentig d. h. um den grössten Bruchtheil ihrer ursprünglichen Masse nehmen ab: das Fettgewebe, die Leber, die Milz, die Hoden, dann erst kommen die Muskeln und das Blut. Die Abnahme der Knochen beim Hunger thun entgegen der Annahme von BIDDER und SCHMIDT auch die Versuche WEISKE'S[1] an noch wachsenden, 6½ Monate alten Kaninchen dar, welche dabei 3—12% ihres Skeletts verloren.

Das Blut nimmt nahezu in demselben Verhältniss wie das Körpergewicht und die Fleischmasse ab; es verliert demnach nicht mehr als die übrigen Organe des Körpers auch, eine Thatsache, die für die Beurtheilung des Ortes der Zersetzungen von entscheidendem Werthe ist. Die älteren Angaben[2] über den Verlust des Blutes beim

---

1 WEISKE, Ztschr. f. Biologie. X. S. 412. 1874.
2 COLLARD DE MARTIGNY, Journ. d. physiol. expér. et pathol. VIII. p. 152. 1828. — JONES, Arch. d. l. bibl. univers. d. Genève. III. 1858. — TH. CHOSSAT. fils, Arch. d. physiol. I. 1868. — MATHIEU et URBAIN. Ebenda. IV.

Hunger sind nicht genau, da dabei nur die bei der Sektion aus-
fliessende Quantität berücksichtigt wurde. Ich habe dasselbe nach
Welcker's Methode bestimmt wie schon früher Heidenhain [1] und
Panum [2], welche zu denselben Resultaten wie ich gelangt sind.
Die Nichtabnahme von Gehirn und Rückenmark während des
Hungerns, die auch Bibra [3] an Kaninchen constatirte, lässt bestimmte
Schlüsse über die Vorgänge im Innern des Körpers bei der Inanition
zu. Man sieht nicht ein, warum diese Organe, die wenigstens in
ihrer grauen Substanz sehr blutreich sind und dieselben Verhältnisse
darbieten wie die übrigen Theile des Körpers keinen Substanzverlust erleiden sollten. Es bleibt nichts Anderes übrig als anzunehmen,
dass beim Hunger täglich ein bestimmter Bruchtheil des eiweissartigen Inhalts der Organe verflüssigt und noch unzersetzt an die
Säfte abgegeben wird, mit denen das Abgeschmolzene in der Circulation im Körper herumgeführt wird; dabei kommt ein Theil dieses
Eiweisses in den Organen zur Zersetzung, ein Theil dient aber zur
Ernährung und zwar gerade derjenigen Organe, welche am meisten
thätig sind und die reichlichste Blutzufuhr erhalten, wie die Centralorgane des Nervensystems und das Herz [1]. Erwin Voit [5] hat das
Gleiche bei den Knochen von Tauben beobachtet, welche sehr kalkarmes Futter erhielten; die Knochen, welche bewegt werden, hatten
kaum an Gewicht verloren, das Brustbein und der Schädel waren
aber zu ganz dünnen, löcherichen Gebilden geworden. Ein besonders
eclatantes und interessantes Beispiel für die Liquidation des Eiweisses
gewisser Organe und die Ernährung anderer Organe durch dasselbe
hat F. Miescher [6] neuerdings beim Rheinlachs gefunden; dieser Fisch
hungert, nachdem er im besten Ernährungszustand aus dem Meer in
das Süsswasser gezogen ist, 6—9 1/2 Monate lang und entwickelt trotzdem dabei seine Geschlechtsorgane, Hoden und Eierstock, zu einem
enormen Umfang auf Kosten der abnehmenden Rumpfmuskeln. Man

---

1 Heidenhain, Disquis. criticae et experimentales de sanguinis quantitate in
mammalium corpore exstantis. Halis 1857.

2 Panum, Arch. f. pathol. Anat. XXIX. S. 241. 1864.

3 Bibra, Vgl. Unters. über das Gehirn. S. 131. 1854. — Nach C. Aeby (Arch. f.
exper. Path. u. Pharmakol. III. S. 180. 1874) bleibt der Wassergehalt des Gehirns
schlafender Murmelthiere unverändert, während der des Muskels und Blutes abnimmt.

4 Ich finde ähnliche Gedanken schon bei Vierordt, Grundriss der Physiologie. S. 270. 1871 und bei Hermann, Grundriss der Physiologie. S. 200. 1877 ausgesprochen.

5 C. Voit, Amtl. Ber. d. 50. Vers. d. deutsch. Naturf. u. Aerzte in München 1877.
S. 242.

6 F. Miescher, Schweizer. Literatursammlung zur internationalen Fischerei-
ausstellung in Berlin 1880.

ist daher nicht im Stande aus der Gewichtsabnahme eines Organs
bei der Inanition über die Intensität des Stoffverbrauchs in ihm etwas
zu erfahren. Ein Organ, welches sein Gewicht beim Hungern annähernd behauptet, kann einen geringen oder bedeutenden Stoffwechsel gehabt haben; im letzteren Falle hat es eben auf Kosten
der schmelzenden Organe einen Ersatz erhalten.

Es mag noch bemerkt werden, dass die Zusammensetzung der Organe beim Hunger sich nur wenig verändert. Der Wasser- und Fettgehalt
des Gehirns des verhungerten Thieres ist nach Bibra's und meinen Analysen nicht anders wie im gut genährten Thier. Das Blut meiner hungernden Katze enthielt etwas mehr Trockensubstanz, Eiweiss und Blutkörperchen [1]; dieselbe bekam zwar Wasser vorgesetzt, sie liess es aber,
wie auch meist die hungernden Hunde, ganz unberührt stehen und nahm
doch nicht an Wasser ab, sondern sie behielt sogar eine gewisse Menge
des Wassers der zersetzten Körpertheile zurück und wurde so relativ
reicher an Wasser. Das Thier hatte nämlich 196 Grm. trockenes Fleisch
zerstört, das im Körper mit etwa 616 Grm. Wasser vereinigt war; es
hatte aber nach der Sektionscontrole nur 566 Grm. Wasser aus seinen
Organen verloren, die zumeist einen etwas höheren procentigen Wassergehalt zeigten als normale. Die Organe der hungernden Katze von
Bidder und Schmidt sind dagegen wasserärmer geworden. Es hängt dies
von zufälligen Umständen ab und es ist daher nicht richtig, wenn man
im Allgemeinen sagt, der Hunger liesse sich bei Aufnahme von Wasser
leichter ertragen, es kommt öfters vor, dass der Körper ohne Wasseraufnahme beim Hunger wässriger wird.[2]

Mit dem beim Hunger zerstörten Eiweiss und Fett ist in den Organen
eine gewisse Menge von Wasser innig verbunden, mit 100 Theilen trockenem Fleisch etwa 315 Theile Wasser. Dieses Wasser wird nun entweder
als überschüssig und unbrauchbar ausgeschieden, oder es wird im Körper
zurückgehalten, um einen vorher erlittenen Verlust von Wasser zu ersetzen. Denn je nach den Bedingungen, welche von Einfluss auf die
Wasserabgabe vom Körper sind, verliert auch der hungernde Organismus
Wasser, durch Verdunstung von der Haut und der Lunge und bei der
Abscheidung von Harnbestandtheilen durch die Nieren.

Ausser dem Wasser werden beim Hunger auch noch Aschebestandtheile entfernt, solche welche in Verbindung mit dem verbrauchten Eiweiss
waren und solche welche bei der Filtration der Harnbestandtheile mit-

---

1 Nach Buntzen (Om. Ernäringens og Blodtabets Indflydelse paa Blodet. Ex-
perimental fysiologisk Undersögelse. Doctordisputats. Kjöbenhavn 1879) nimmt bei
der Inanition die relative Menge der Blutkörperchen zu; nach Wiederaufnahme
von Nahrung nimmt sie ab und es wird erst nach langer und reichlicher Nahrungsaufnahme die normale relative Zahl wieder erreicht. Beim Hunger gehen also
die rothen Blutkörperchen langsamer zu Grunde als das Blutserum; nach Nahrungszufuhr wird das Blutserum rascher erneuert wie die Blutkörperchen.
2 Auch Fr. Hofmann (Ztschr. f. Biologie. VIII. S. 171. 1872) fand nach 38 tägigem Hunger bei einem Hunde die Organe nicht ärmer an Wasser; er erhielt:

in der Leber 71.33 % Wasser
im Blut. . 76.23 % „
im Muskel 75.24 % „

7*

gerissen werden. Falck[1] hat die Ausscheidung von Chlor, Schwefel und Phosphorsäure im Harn des hungernden Hundes verfolgt.

Nach der Grösse der Zerstörung von Eiweiss und Fett und der Abgabe von Wasser richtet sich die Abnahme des Körpergewichts bei der Inanition, welche daher weiter kein Interesse darbietet. Es ist leicht erklärlich, warum in der Mehrzahl der Fälle das Gewicht in den ersten Hungertagen am meisten sinkt, da hier noch viel Eiweiss zersetzt wird und viel Wasser zur Ausscheidung der Zersetzungsprodukte durch den Harn nöthig ist. Später wird der Gewichtsverlust kleiner und ziemlich constant wegen der geringen Schwankungen in der Verbrennung von Eiweiss und Fett. Kleine Organismen zeigen wegen der verhältnissmässig grösseren Zersetzung und Wasserabgabe eine relativ bedeutendere Abnahme des Körpergewichts; aus dem gleichen Grunde verlieren alte und fette Thiere weniger als junge und magere.

Chossat hat bei seinen Wägungen verhungerter Thiere (Säugethiere, Vögel, Amphibien und Fische) im Allgemeinen ersehen, dass dieselben zu Grunde gingen, wenn sie etwa 40 % ihres ursprünglichen Gewichtes eingebüsst hatten; jedoch nahm er ziemlich bedeutende Schwankungen von dieser Mittelzahl wahr (20—50 %).

Es wurde in dieser Hinsicht gefunden:

Thier	Alter	Gewicht	% Abnahme des Gewichts	Beobachter
Hund	18 St.	313	23.3	Falck
,, ...	13½ St.	1004	48.1	,,
,, ...	1 Jahr	8880	48.1	,,
,, ...	viele Jahre	21210	48.9	,,
Katze	—	2572	48.2	Bidder u. Schmidt
Kaninchen . . .	—	2100	49.5	Weiske [2]
,, ,, ...	—	2000	48.0	,,
,, ,, ...	—	2029	37.8	Rubner
,, ,, ...	—	1262	42.3	,,
Meerschweinchen	—		33.0	Chossat
Huhn	—	—	52.7	,,
Turteltaube . .	jung	—	25.0	,,
,, ,, ...	mittel	—	36.0	,,
,, ,, ...	ausgewachsen	—	45.6	,,
Feldtaube . . .	,,	—	40.4	,,
,, ...	—	—	34.2	Schuchardt
Krähe	—	—	31.1	Chossat

Man vermag aus diesen Zahlen nicht viel zu entnehmen, da nähere Angaben zu einer Beurtheilung z. B. über das Alter und das

---

1 Falck berechnet aus dem Harnstoff eine Zerstörung von 5277 Grm. Fleisch, aus dem Schwefel des Harns von nur 4234 Grm.: er hat dabei aber den Koth ausser Acht gelassen und die Harnstoffbestimmung nach Liebig nie durch die direkte Stickstoffbestimmung controlirt; es ist möglich, dass auch die kleine Menge des Schwefels im Fleisch leicht Fehler hervorruft. Die im Hungerkoth reichlich vorhandene Phosphorsäure hat er ebenfalls nicht berücksichtigt.

2 Weiske, Ztschr. f. Biologie. X. S. 421. 1874.

Gewicht der Thiere, sowie über den ursprünglichen und schliesslichen Gehalt an Fleisch und Fett fehlen. Es lässt sich wohl annehmen, dass eine gewisse Masse der Organe zum Leben nothwendig ist, und zwar relativ mehr beim kleineren Thier, und dass bei einem reichlichen Vorrath an Fett ein grösserer Bruchtheil des Körpers bis zum Eintritt des Hungertodes verloren geht.

Für die Zeit des Verhungerns kommt es selbstverständlich darauf an, wieviel die Gewichtseinheit des Thiers im Tag an Substanz verliert oder wie gross der Vorrath und Verbrauch von Eiweiss und Fett im Körper ist. Der Hungertod tritt daher in sehr ungleicher Zeit, sowohl bei verschiedenen Thiergattungen als auch bei verschiedenen Individuen der nämlichen Species ein.

Es liegen hierüber folgende, theilweise recht unvollkommene Angaben vor:

Thier	Alter	Gewicht	Hunger-tod in Tagen	% Abnahme im Tag	Beobachter
Pferd	9 Jahre	—	24	—	Magendie[1]
Hund	18 St.	313	3.1	8.6	Falck
"	14 Tage	1004	13.9	4.8	"
"	1 Jahr	8880	23.2	2.7	"
"	viele Jahre	21210	60.3	1.1	"
Katze ...	—	2572	17	—	Bidder u. Schmidt
Kaninchen . .	--	—	10	—	Chossat
" " . . .	---	2100	32 ?	--	Weiske
" " . . .	—	2000	27 ?	—	"
" " . . .	—	1095—1635	9	—	Anrep[2]
" " . . .	—	2029	15	—	Rubner
" " . . .	—	1262	7	—	"
Ratten	—	—	—	—	
Meerschweinchen	...		6.6	—	Chossat
Turteltaube . .	jung	—	3.1	8.1	"
" " . . .	mittel	—	6.1	5.9	"
" " . . .	erwachsen		13.4	3.5	"
Feldtaube . . .	—	—.	5.3	—	Schuchardt
Huhn	jung	1120	12	--	Schimanski
"	älter, fett	1990	31		"

Bei hungernden Säugethieren ist die Menge des am Körper abgelagerten Fettes und dessen Verhältniss zum Eiweiss in hohem Grade bestimmend für die Zeit, während welcher der Hunger ertragen werden kann. Fette Thiere zersetzen weniger Eiweiss und schliessen nach dem Hungertode noch beträchtliche Quantitäten von Fett ein; sie halten daher die Entziehung der Nahrung ungleich

---

1 Magendie, Leçons faites au Collège de France 1851—1852. p. 29. Paris 1852.
2 Anrep, Arch. f. d. ges. Physiol. XXI. S. 69. 1879.

länger aus als fettarme, wenn auch fleischreiche Organismen, bei
denen von Anfang an mehr Eiweiss zerstört wird, besonders aber
später wenn das in geringer Menge am Körper abgelagerte Fett aufgebraucht ist. Die ziemlich fette Katze von BIDDER und SCHMIDT
von einem Gewicht von 2.5 Kilo lebte 18 Tage ohne Nahrungszufuhr; die meinige (3.1 Kilo schwer), welche arm an Fett und reich
an Eiweiss war, befand sich am 14. Tage so elend, dass ich sie
tödtete. Der alte fette Hund FALCK's (21.2 Kilo schwer) ging erst
am 61. Tage der Inanition zu Grunde und enthielt noch reichlich
Fett; ein 1 jähriger Hund (8.88 Kilo schwer) schon am 24. Tage,
wo aber das Fett am Körper ganz verschwunden war.

Bei Ruhe und in warmer Luft wird weniger Fett oxydirt; bei
anstrengender Arbeit und in der Kälte tritt daher früher der Hungertod ein. Die äusserst fettreichen schlafenden Murmelthiere bleiben
bei den geringfügigen Bewegungen und der niederen Körpertemperatur 6—7 Monate ohne Nahrung. Niedere Thiere, welche nur wenig
zersetzen, können lange Zeit hungern, z. B. Frösche bis zu 9 Monaten;
Fliegen und Bienen haben dagegen wenig Fett in ihrem Körper und
machen lebhafte Bewegungen, weshalb sie zum Theil schon nach
1 Stunde verhungern sollen, mit Zuckerwasser gefüttert aber längere
Zeit aushalten[1].

Kleine Thiere verbrauchen verhältnissmässig mehr Eiweiss als
grössere, sie gehen daher, wie schon COLLARD DE MARTIGNY bemerkt
hat, früher zu Grunde, fettarme Ratten z. B. am 2.—3. Tage. Junge
Thiere, welche meist nur wenig Fett enthalten und relativ mehr Eiweiss zersetzen als ausgewachsene fettreiche sterben in kürzerer Zeit;
Kinder erliegen dem Hunger schon am 3. oder 4. Tage, erwachsene
normale Menschen je nach ihrer Körperbeschaffenheit am 8.—28. Tage,
Melancholiker halten die Entziehung der Nahrung bis zu 42 Tagen aus.[2]

Obwohl beim verhungerten Thier noch ein ansehnlicher Theil
der Organmasse und in derselben eine beträchtliche Menge von Eiweiss vorhanden ist und manchmal auch noch etwas Fett, so ist das
Leben doch nicht mehr möglich. Es ist durch CHOSSAT sowie auch
durch BIDDER und SCHMIDT dargethan worden, dass die Eigentemperatur des Thiers in den letzten Lebenstagen beträchtlich sinkt
und demselben dadurch eine nothwendige Bedingung für das Leben
entzogen wird. Es gelingt manchmal durch Einwickeln in warme
Tücher noch einige Zeit das Leben zu fristen, dann geht das Thier

---

1 DÖNHOFF, Arch. f. Anat. u. Physiol. 1872. S. 591.
2 HALLER, Elementa physiologiae. VI. p. 169. 1777. — TIEDEMANN, Physiologie
des Menschen. II. S. 39. 1836. — BÉRARD, Cours de physiologie. I. p. 538. 1848.

aber trotz normaler Eigenwärme zu Grunde. Die Stoffzersetzung wird nach längerem Hunger zu gering, um die nöthige Wärmemenge zu liefern und zuletzt wird nicht einmal die für die Athem- und Herzbewegungen und für andere zum Leben gehörige Bewegungen nöthige Kraft geliefert, wesshalb der Tod erfolgt.

Nachdem wir die Verhältnisse des Stoffverbrauchs im hungernden Organismus erörtert haben, können wir jetzt die Veränderungen desselben unter dem Einflusse gewisser aus dem Darmkanal resorbirter Stoffe, welche wir später als Nahrungsstoffe kennen lernen werden, sowie unter der Wirkung anderer Stoffe und Agentien betrachten. Dass durch die Nahrungsaufnahme im Allgemeinen eine beträchtliche Erhöhung des Stoffumsatzes hervorgebracht wird, haben die ersten und ältesten Versuche ergeben, welche die sofortige Steigerung des Sauerstoffverbrauchs und der Kohlensäureausscheidung durch die Lunge darthaten.[1] Welche Stoffe aber dabei in grösserer Menge im Körper zerstört werden, das wurde erst in der neueren Zeit erkannt.

II. Stoffverbrauch bei Zufuhr eiweissartiger Stoffe.

Die Principienfragen lassen sich auch hier wieder am besten an einem grösseren fleischfressenden Säugethier, dem Hund, lösen, da die Pflanzenfresser gewöhnlich nicht zu vermögen sind, reine eiweissartige Stoffe aufzunehmen, oder wenigstens einen Ballast zur Ausfüllung des Darms nöthig haben z. B. Stroh, von dem sie aber eine gewisse Menge verdauen und resorbiren, so dass man es dann nicht mehr mit der Eiweisswirkung für sich zu thun hat; nur Hornspähne, welche KNIERIEM Kaninchen gab, können als unveränderliches Ausfüllungsmittel dienen.

Ich habe früher (S. 19) angegeben, warum für den Fleischfresser als eiweisshaltiges Material reines Muskelfleisch am geeignetsten ist, welches abgesehen vom Wasser und den Aschebestandtheilen grössentheils aus eiweissartigen Stoffen besteht. Es sind jedoch auch reine Eiweissstoffe z. B. mit heissem Wasser ausgelaugtes Fleischpulver durch KEMMERICH[2] und J. FORSTER[3], oder die mit heissem Wasser

---

1 LAVOISIER et SÉGUIN, Mém. de l'acad. des sciences. 1789; Oeuvres II. p. 688. — SCHARLING, Ann. d. Chem. u. Pharm. XLV. S. 214. 1843. — VIERORDT, Physiologie des Athmens. 1845. — E. SMITH, Philos. Transact. Roy. Soc. CXLIX. p. 681. 1859, 1860. p. 715.
2 KEMMERICH, Arch. f. d. ges. Physiol. II. S. 75.
3 FORSTER, Ztschr. f. Biologie. IX. S. 303. 1873. — VOIT, Sitzgsber. d. bayr. Acad. Dec. 1869. S. 32.

erschöpften coagulirten Eiweissstoffe des Blutes sowie reiner Kleber durch Panum und Heiberg [1] zu Ernährungsversuchen mit dem nämlichen Erfolge wie Fleisch verwendet worden. Die verschiedenen Modifikationen des Eiweisses haben höchst wahrscheinlich sämmtlich ganz die gleiche Wirkung auf den Stoffumsatz, jedoch liegen hierüber noch keine genauen Untersuchungen vor.

Die früheren Versuche von mir und die darauf folgenden von Bischoff und mir waren die ersten, bei welchen eiweissartige Substanz oder Fleisch so rein als möglich angewendet wurde, denn sowohl bei der ersten Arbeit von Bischoff als auch bei der von Bidder und Schmidt befand sich am Fleisch stets noch eine mehr oder weniger grosse Menge von Fett, so dass immer die Folgen einer zum Theil gemischten Nahrung hervortraten. Ausserdem waren diese Versuche nicht zahlreich genug, um alle die Verschiedenheiten der Wirkung der Eiweisszufuhr am gleichen Thier darzulegen. Die Reihen von Bidder und Schmidt, welchen es vorzüglich darum zu thun war, die Art der Vertheilung der Elemente der Nahrung auf die einzelnen Exkrete zu erforschen, beschränken sich auf eine 8 tägige Untersuchung an einer Katze mit fortwährend wechselnden Mengen von Fleisch; auf eine 9 tägige Beobachtung an einer anderen Katze mit eben ausreichender Menge Fleisch; eine 51 1/2 stündige zweite Reihe an derselben Katze mit verschiedenen grösseren Mengen von Fleisch und endlich auf eine 23 tägige dritte Reihe wieder mit eben ausreichender Fleischmenge. · Nahezu alle Forscher beschränkten sich auf die Untersuchung der Ausgaben durch Harn und Koth oder die Feststellung des Eiweisszerfalles; die umfassendsten Untersuchungen über den Gang der Eiweisszersetzung bei Zufuhr reiner eiweissartiger Substanz sind von Bischoff und mir [2], dann später von mir allein [3] an Hunden ausgeführt worden. Nur Bidder und Schmidt bestimmten dabei ausserdem an einigen Stunden des Tages die Ausscheidung der Kohlensäure; Pettenkofer und ich [4] ermittelten den ganzen Stoffverbrauch während 24 Stunden.

1. Zunahme der Eiweisszersetzung bei wachsender Eiweisszufuhr.

Alle welche Versuche in dieser Richtung angestellt haben, bestätigen, dass die Stickstoffausscheidung im Harn, also die Eiweisszersetzung im Körper, alsbald in auffallendem Grade wächst, sobald Eiweiss in den Darm eingeführt wird.

Dies tritt schon aus den Bestimmungen der Harnstoffausscheidung bei Menschen, deren Kost verschiedene Mengen von Eiweiss enthielt, hervor; aus diesem Grunde ist in der Mehrzahl der Fälle die Menge des Harnstoffs bei animalischer Kost grösser als bei vegetabilischer oder bei

1 Panum, Bidrag til Bedömmelsen of Födemidlernes Naringsverdi. Kiobenhavn 1866. — Heiberg, Om Urinstoffproductionen hos Hunde ved Foding med Blod og Kiöd tilberedt raa forskjellig maade 1866.
2 Bischoff u. Voit, Die Gesetze der Ernährung des Fleischfressers. 1860.
3 Voit, Ztschr. f. Biologie. III. S. 1. 1867.
4 Pettenkofer u. Voit, Ebenda. VII. S. 433. 1871.

einer nur aus stickstofffreien Stoffen zusammengesetzten. So fand schon
C. G. Lehmann[1] an sich selbst:

bei animalischer Kost (32 Eier mit 30.16 Stickstoff) 53.20 Grm. Harnstoff
bei gemischter Kost . . . . 32.50 „ „
bei vegetabilischer Kost . . . . 22.48 „ „
bei stickstofffreier Kost . . . . 15.41 „ „

Die gleichen Beobachtungen haben Scherer, Rummel, Franque, Haughton[2] u. s. w. am Menschen gemacht.

Genauer sind die an fleischfressenden Thieren nach Zufuhr von
Fleisch erhaltenen Resultate. Ein kleiner Hund entleerte nach Frerichs[3]
beim Hunger im Tag 3 Grm. Harnstoff, bei Fleischnahrung 29 Grm.;
Aehnliches fanden Bidder und Schmidt an Katzen und Bischoff[4] am
Hunde. Der etwa 35 Kilo schwere Hund von Bischoff und mir schied
nach mehrtägigem Hunger im Tag 12 Grm. Harnstoff aus, bei Ernährung
mit 2500 Grm. Fleisch aber 184 Grm.; es kann also der Umsatz der
stickstoffhaltigen Stoffe bei demselben Organismus um das 15fache gesteigert werden, ohne dass man irgend etwas Besonderes daran wahrnimmt.

Die Steigerung des Eiweissumsatzes bei grösserer Zufuhr von Eiweiss
in der ausserdem noch viel stickstofffreie Stoffe enthaltenden Nahrung
ist auch für die pflanzenfressenden Thiere, namentlich die Wiederkäuer,
bestätigt worden durch Henneberg und Stohmann, Grouven, Schulze und
Maercker und Weiske[5], so dass in dieser Beziehung keine principiellen
Unterschiede im Verhalten der verschiedenen Gruppen der Säugethiere
und wahrscheinlich auch sämmtlicher thierischer Organismen bestehen.

Im Allgemeinen wächst bei Steigerung der Zufuhr an Eiweiss
auch die Zersetzung desselben ziemlich gleichmässig an, wie die folgenden, an ein und demselben Hunde gewonnenen Zahlen darthun.[6]

Verzehrte Fleischmenge im Tag in Grm.	Harnstoffmenge im Tag in Grm.	Verzehrte Fleischmenge im Tag in Grm.	Harnstoffmenge im Tag in Grm.
176	27	1200	88
300	32	1500	106
180	35	1800	128
500	40	1900	139
600	49	2000	141
800	56	2200	151
900	68	2500	173
1000	77	2660	181

1 C. G. Lehmann, Journ. f. pract. Chem. XXV. S. 22, XXVII. S. 257; Lehrb. d.
physiol. Chemie. II. S. 402. 1853. (Auch Krahmer, Journ. f. pract. Chem. XLI. S. 1.)
2 Scherer. Würzburger Verbandl. III. 1852. — Rummel. Ebenda. V. 1854. —
Franque, Beiträge zur Kenntniss der Harnstoffausscheidung beim Menschen. Diss.
inaug. Würzburg 1855. — Sam. Haughton, Dublin Quarterly Journ. of medic. Science.
Aug. 1859 u. 1860. 3 Frerichs, Arch. f. Anat. u. Physiol. 1818. S. 478.
4 Bischoff, Der Harnstoff als Maass des Stoffwechsels. Giessen 1853.
5 Henneberg u. Stohmann, Beitr. zur Begründung einer rationellen Fütterung
der Wiederkäuer. 2. Heft. S. 415. 1864. — Grouven, Phys.-chem. Fütterungsversuche.
1864. — Henneberg, Ebenda. S. 355. 1871. — Stohmann, Ztschr. d. landw. Central-
Ver. d. Prov. Sachsen. 1870. No. 3; Biol. Studien. 1873. Heft 1. — Schulze u. Maercker, Journ f. Landw. 1870. — Weiske, Ebenda. 1870.
6 Voit, Ztschr. f. Biologie. III. S. 5. 1867.

Ich bemerke gleich, dass bei keinem andern aus dem Zerfall organischer Stoffe stammenden Elemente Differenzen in diesem Grade vorkommen wie bei dem Stickstoff. Auch die kleinste Vermehrung der
Zufuhr von Eiweiss hat eine Steigerung der Zersetzung desselben
zur Folge.

Es steht diese Erscheinung offenbar in Beziehung zu der beim
Hunger beobachteten, wornach auch bei Entziehung der Nahrung
die Grösse der Zersetzung der stickstoffhaltigen Substanzen bedeutenden Schwankungen unterliegt: dieselben hängen vor Allem von
der verschiedenen Menge eines im Körper vorhandenen, vorzüglich
von der vorausgehenden Nahrung herrührenden Vorrathes zerstörbaren Eiweisses ab. Das vom Darm aus in die Säftemasse gelangende Eiweiss verhält sich in Hinsicht des Zerfalls (wenigstens zum
grössten Theil) nicht wie die grosse Masse des im Körper abgelagerten Eiweisses, sondern vielmehr wie jener Vorrath von zerstörbarem
Eiweiss beim Hunger und bedingt wie dieser ein ganz unverhältniss-
mässiges Anwachsen des Umsatzes.

Zugleich mit der Steigerung der Zersetzung bei vermehrter Zufuhr von Eiweiss wird der Verlust von Eiweiss vom Körper, wie er
beim Hunger stattfindet, immer kleiner und kleiner, aber nur sehr
langsam, bis schliesslich ebenso viel Eiweiss eingeführt als zerstört
wird und der Körper sich mit der dargereichten Eiweissmenge auf
seinem Eiweissbestande erhält. Einige Beispiele werden das Gesagte
klar machen:

Fleischaufnahme	Fleischzersetzung	Fleischänderung am Körper
0	223	— 223
0	190	— 190
300	379	— 79
600	665	— 65
900	941	— 41
1200	1180	+ 20
1500	1446	+ 54
0	190	— 190
250	341	— 91
350	411	— 61
400	454	— 54
450	471	— 21
480	492	— 12

Giebt man also so viel Eiweiss als beim Hunger zersetzt wird,
so reicht der Körper damit nicht aus, sondern es wird die Eiweissabgabe nur etwas geringer und die Zersetzung wächst; es be-

darf schliesslich gewaltiger Mengen, um den Eiweissverlust zu verhüten.

Es ist für manche Vorstellungen von Wichtigkeit zu wissen, in welcher Zeit nach der Aufnahme des Eiweisses in den Darm die Zersetzung desselben im Körper anwächst, ihren Höhepunkt erreicht und wieder absinkt. Wir finden bei Becher[1] einige Angaben über den Gang der stündlichen Harnstoffausscheidung beim Menschen nach einem gewöhnlichen Mittagessen; es stieg dabei in der zweiten Stunde darnach die Harnstoffmenge, erlangt in der fünften Stunde ihr Maximum und fällt von da allmählich ab. Ich[2] habe ebenfalls an Menschen während 24 Stunden die stündliche Harnstoffmenge nach Aufnahme einer sehr reichlichen, aus Fleisch und Eiern bestehenden Mahlzeit ermittelt: schon nach einer Stunde ist eine deutliche Vermehrung der Harnstoffmenge ersichtlich, welche immer zunehmend in der siebenten Stunde den höchsten Punkt erreicht und dann während 17 Stunden langsam abnimmt. Ludwig[3] hat die Resultate der beiden Reihen von Becher und mir in seinem Lehrbuch der Physiologie in Curven übersichtlich dargestellt. Ferner hat Panum[4] einem Hunde nach Fütterung mit Fleisch stündlich mit dem Katheter den Harn entleert und darin den Harnstoff bestimmt: er fand ebenfalls in der 2. und 3. Stunde ein starkes Ansteigen desselben mit dem Maximum in der 3.—6. Stunde; in 7—7 1 2 Stunden nach der Mahlzeit war die Hälfte der Harnstoffmenge secernirt, welche nach Aufnahme der betreffenden Fleischportion in 24 Stunden ausgeschieden wird. Zuletzt sind eingehende Versuche in dieser Richtung von C. Ph. Falck[5] veröffentlicht worden, der allerdings der Meinung ist, man bemühe sich vergeblich, eine Publikation nachzuweisen, aus der man ersehe, mit welcher Geschwindigkeit das Eiweiss der Nahrung im thierischen Organismus in Harnstoff verwandelt und durch den Harn ausgeschieden wird; wie Panum hat er Hunden eine grössere Menge Fleisch verabreicht und den Harn stündlich durch den Katheter entnommen. Bei Zufuhr von 500 Grm. Fleisch an einen 7 Kilo schweren Hund erreicht die Curve der Ausscheidung in der 7. Stunde den Gipfel, um dann wieder zu sinken; bei Zufuhr von 1500 Grm. Fleisch an einen 12.9 Kilo schweren Hund steigt die Curve rasch an, bleibt viele Stunden auf der Höhe und fällt erst mit der 14. Stunde; im Mittel (1000 Grm. Fleisch für einen 12.7 Kilo schweren Hund) nimmt die Harnstoffmenge bis zur 12. Stunde zu und dann wieder ab. Nach Aufnahme von 1000 Grm. Fleisch befand sich ein Hund nach 13 bis 16 Stunden wieder auf der Hungerausscheidung; ein anderer, welcher 1000—1500 Grm. Fleisch verzehrt hatte, war nach 24 Stunden noch nicht ganz auf diesem Zustande angelangt. Falck meint, es werde im Verlauf von 24 Stunden nicht aller Stickstoff des aufgenommenen Fleisches wieder ausgegeben; er kommt zu dieser unrichtigen Vorstellung,

---

1 Becher, Studien über Respiration. 2. Abschn. S. 32. 39. Zurich 1855.
2 Voit, Physiol.-chem. Untersuchungen. S. 42. Augsburg 1857.
3 Ludwig, Lehrb. d. Physiologie. 2. Aufl. II. S. 387. 1861.
4 Panum, Nordiskt med. Arkiv. VI. Nr. 12. 1874.
5 Falck, Beiträge zur Physiologie, Pharmakologie u. Toxikologie. S. 185. Stuttgart 1875.

indem er von der stündlichen Harnstoffmenge nach der Fleischzufuhr diejenige Menge abzieht, welche das Thier beim Hunger geliefert hatte; dies darf selbstverständlich nicht geschehen, weil unter dem Einfluss der Nahrung kein Eiweiss vom Körper mehr abgegeben wird. Es wäre sehr wichtig zu wissen, ob die Ausscheidung der übrigen Elemente des Fleisches, namentlich der Aschebestandtheile desselben, genau in derselben Weise erfolgt wie die des Stickstoffs oder ob hierin Verschiedenheiten existiren. Bis jetzt liegen Bestimmungen von Falck[1] vor über die Entfernung von einigen in den Magen oder die Jugularvene eingespritzten Stoffen aus dem Körper: Harnstoff, phosphorsaures Natron und Chlornatrium kamen nach 6—9 Stunden vollständig im Harn wieder zum Vorschein; dabei handelt es sich nur um die Abgabe eines für den Körper überflüssigen Stoffes, bei der Ausscheidung des Stickstoffs einer verzehrten Eiweissportion dagegen um die Verdauung, Resorption und Zersetzung derselben in den Organen. Jedenfalls laufen alle diese Processe in ausserordentlich kurzer Zeit ab; zu einer Stunde, in der die Verdauung noch im vollen Gange ist, ist schon mindestens die Hälfte des in den Magen aufgenommenen Eiweisses zerstört und der Stickstoff desselben aus dem Körper ausgestossen.

2. Die Grösse der Eiweisszufuhr bestimmt nicht ausschliesslich den Eiweissumsatz.

Die Eiweisszersetzung ist aber nicht nur von der Grösse der Eiweisszufuhr abhängig; es müsste sonst der Eiweisszerfall bei Darreichung der gleichen Eiweissmenge stets der gleiche sein und zwar bei ein und demselben Thier und bei verschiedenen Thieren. Da dies aber nicht der Fall ist, so kommen noch andere Momente mit ins Spiel.

Sowie verschieden grosse Organismen beim Hunger verschiedene Mengen von Eiweiss umsetzen, so ist auch der Erfolg nach Aufnahme des nämlichen Eiweissquantums bei verschiedenen Thieren höchst ungleich: ein grosser Hund reicht mit 500 Grm. Fleisch nicht aus und verliert dabei noch Eiweiss von seinem Körper; ein kleiner reicht nicht nur damit aus, sondern setzt noch Eiweiss an. Es ist also offenbar die Körpermasse von entscheidendem Einfluss.

Dieselben Verschiedenheiten beobachtet man bei dem gleichen Thier, wenn es durch wechselnde Ernährungsweise auf einen andern Stand seines Körpers gebracht worden ist.

A) Verschiedener Umsatz am ersten Tage der Zufuhr einer bestimmten Eiweissmenge bei dem gleichen Thier.

Am ersten Tage der Aufnahme einer bestimmten Eiweissmenge beobachtet man eine sehr ungleiche Stickstoffausscheidung im Harn,

---

[1] Falck, Arch. f. pathol. Anat. LIII. S. 282. 1871; LIV. S. 173. 1871; LVI. S. 315. 1872.

ganz entsprechend der wechselnden Harnstoffmenge am ersten Hungertage. Es ist also der daraus berechnete Fleischumsatz bei der
gleichen Zufuhr grossen Schwankungen unterworfen; ich fand z. B.

Zufuhr an Fleisch	Umsatz von Fleisch
2000	1365—2229
1800	1218—1511
1700	1474—1720
1500	1080—1614
1000	1027—1153
800	769— 892
500	522— 705

Es lässt sich leicht zeigen, dass diese Verschiedenheiten in der
stofflichen Wirkung der gleichen Eiweissmenge von dem durch die
vorausgegangene Fütterung erzeugten Körperzustand bedingt sind.
Ist nämlich vorher längere Zeit weniger Eiweiss gegeben worden,
dann erscheint regelmässig am ersten Tage der reichlicheren Fütterung nicht aller Stickstoff der zugeführten Eiweissmenge in den Exkreten; ist aber ein ander Mal vorher viel Eiweiss verzehrt worden,
so findet sich bei kleinerer Zufuhr mehr Stickstoff im Harn und
Koth, als aufgenommen wurde. Dieses Minus und Plus an Stickstoff beim Uebergang zu einer grösseren oder geringeren Gabe von
Eiweiss kann nach den früheren Betrachtungen (S. 58) nicht auf einer
Zurückhaltung oder Ausscheidung stickstoffreicher Zersetzungsprodukte beruhen, sondern im Wesentlichen nur auf einer Ablagerung
oder einem Verlust von Eiweiss am Körper. Es sind also z. B. bei
einem durch eine reichliche Eiweissaufnahme sehr eiweissreich gewordenen Körper 1500 Grm. Fleisch nicht genügend, um den vorher
erlangten guten Stand zu erhalten, während dabei umgekehrt Eiweiss
zum Ansatze gelangt, wenn der Organismus durch spärliche Zufuhr
von Eiweiss arm daran geworden ist.

Zu dem im Körper, auch beim Hunger, schon befindlichen, sehr
verschieden grossen Vorrath an zerstörbarem Eiweiss kommt das Eiweiss der Nahrung hinzu und die Summe beider bestimmt den Erfolg. Es ist für letzteren d. h. für die Grösse der Zersetzung gleichgültig, ob das zerstörbare Material beim Hunger durch die vorausgehende reichliche Fütterung oder bei Nahrungsaufnahme durch eine
mittlere Eiweisszufuhr zur gleichen Höhe angewachsen ist: mein
Hund schied am ersten Hungertage bei reichem Eiweissstande 60 Grm.
Harnstoff aus, so viel als wenn er bei mittlerem Ernährungszustand
des Körpers 800 Grm. Fleisch verzehrt hätte.

Es geht schon daraus hervor, dass die Verhältnisse der Eiweisszersetzung beim Hunger nicht wesentlich, nicht qualitativ verschieden
sind von denen bei Zufuhr von Eiweiss, sondern nur graduell; ja es
besteht häufig nicht einmal ein quantitativer Unterschied.

B) Verschiedener Umsatz an den sich folgenden Tagen der gleichen Fütterungsreihe.

Setzt man die Fütterung mit einer bestimmten ausreichenden
Eiweissmenge fort, so wächst nach vorausgehender spärlicherer Zufuhr der Eiweisszerfall von Tag zu Tag, bis er schliesslich constant bleibt und ebensoviel Stickstoff ausgeschieden als eingeführt
wird; nach vorausgehender grösserer Zufuhr nimmt dagegen der
Zerfall immer mehr ab, bis er zuletzt wiederum constant bleibt und
bei hinreichender Eiweissaufnahme Stickstoffeinnahme und Ausgabe
sich decken.

Tag	Fall 1. Fleischumsatz bei 1500 Fleisch (vorher 500 Fleisch)	Fall 2. Fleischumsatz bei 1000 Fleisch (vorher 1500 Fleisch)
1	1222	1153
2	1310	1086
3	1390	1088
4	1410	1080
5	1440	1027
6	1450	—
7	1500	—

Es ist klar, dass die allmähliche Steigerung des Eiweissverbrauchs im ersten Falle von der Zunahme des zerstörbaren Eiweisses
im Körper herrührt, und der Abfall im zweiten Falle von dem Verlust an zerstörbarem Eiweiss wie beim Hunger.

In einem eiweissreichen hungernden Körper nimmt die Zersetzung
an den ersten Tagen gewaltig ab; bei dem Uebergang zu einer geringeren Eiweisszufuhr tritt dies nicht in dem Grade ein, da sich
die Grösse des Abfalls nach der Differenz der verzehrten Eiweissmengen richtet. Ebenso wächst bei reichlicher Eiweissgabe die Zerstörung an den ersten Tagen rascher, und zwar um so mehr, je
grösser die Differenz der aufgenommenen Eiweissquantitäten ist.

*3. Der Eiweissumsatz ist nicht proportional der Gesammteiweiss-
menge am Körper.*

Es hat sich bei den Hungerversuchen schon herausgestellt, dass
der Eiweissumsatz nicht proportional ist der Gesammteiweissmenge

am Körper; es ging dies namentlich aus dem Verhalten der Organismen von verschiedenem Körpergewicht hervor und auch aus dem rapiden Abfall der Zersetzung an den ersten Hungertagen: ich schloss daher, dass nicht alles Eiweiss am Körper sich den Bedingungen der Zersetzung gegenüber gleich verhält.

Ganz das Nämliche lässt sich auch bei Zufuhr von Eiweiss durch die Nahrung darthun. Der von mir benutzte Hund lieferte bei Entziehung der Nahrung bei einem Gewicht von 32 Kilo (mit etwa 20 Kilo Fleisch) 16 Grm. Harnstoff; als er den Tag darauf bei einem etwas niederern Gewicht nach Aufnahme von 1800 Grm. Fleisch 98 Grm. Harnstoff ausschied, konnte er doch unmöglich sechsmal mehr Fleisch, d. i. 1200 Kilo an seinem Körper gehabt haben. Ebensowenig wird Jemand annehmen wollen, der Hund sei, als er bei einem Körpergewicht von 32 Kilo nach Verschlingen von 2500 Grm. Fleisch 184 Grm. Harnstoff entleerte, 15 mal reicher an Eiweiss gewesen wie an einem Hungertage, an dem er bei einem Gewicht von 33 Kilo nur 12 Grm. Harnstoff lieferte.

Nimmt man ein gewisses Quantum von Gesammteiweiss am Körper an, so bildet, wenn bei Steigerung der Eiweisszufuhr eine allmähliche Zunahme der Zersetzung stattfindet, das zerstörte Eiweiss nicht Tag für Tag den gleichen Bruchtheil des Gesammteiweisses, sondern einen stets wachsenden; umgekehrt ist es bei geringerer Eiweissaufnahme und Sinken der Zersetzung. Die Quantität des zerstörten Eiweisses nimmt in diesen Fällen ungleich rascher zu und ab als der Eiweissgehalt des Körpers. Es kann auch daraus, wie aus den Erfahrungen beim Hunger, nur entnommen werden, dass sich nicht alles Eiweiss im Körper in gleichem Grade an den Vorgängen der Umsetzung betheiligt: es könnten sonst nicht ohne eine bedeutende Aenderung in der etwa 20 Kilo betragenden Fleischmasse des Körpers je nach der Grösse der Zufuhr, welche aber nur $2.5-12.5\,^0/_0$ der Gesammtfleischmenge beträgt, täglich $0.5-2.5$ Kilo Fleisch zersetzt werden.

4. Mit den verschiedensten Eiweissmengen der Nahrung ist Stickstoffgleichgewicht möglich.

Wenn ebensoviel Stickstoff in den Exkreten sich vorfindet, als in dem verzehrten Eiweiss oder Fleisch eingeführt worden war, dann erhält sich der Körper auf seinem Eiweissstande: es ist das Stickstoffgleichgewicht vorhanden. Dies kann bei einem bestimmten Organismus mit den verschiedensten Eiweissmengen der Nahrung ge-

schehen, denn derselbe vermag bei der gleichen Quantität von Eiweiss am Körper viel und wenig zugeführtes Eiweiss zu zerstören.
Lässt man z. B. ein Thier längere Zeit hungern, wobei es ansehnlich Eiweiss von seinen Organen und Fett einbüsst, so setzt es bei
nachheriger Aufnahme von reinem Fleisch nicht wieder das verlo-
rene Eiweiss an, sondern nur sehr wenig, d. h. der an Organeiweiss
ärmer gewordene Körper zerstört noch nahezu so viel Nahrungseiweiss
wie vorher.

Es gibt für jeden Organismus eine obere und eine untere Grenze,
über und unter welche hinaus ein solcher Gleichgewichtszustand nicht
mehr möglich ist.

Die obere Grenze ist in der Aufnahmsfähigkeit des Darms für
Eiweiss gegeben. Das Maximum von reinem Fleisch, mit dem sich
mein 35 Kilo schwerer Hund im Tag in das Stickstoffgleichgewicht
zu setzen vermochte, war 2500 Grm., entsprechend 548 Grm. trockenem Eiweiss; 2600 Grm. Fleisch war er noch im Stande zu verdauen,
er setzte aber 126 Grm. davon am Körper an; 2900 Grm. Fleisch
verdaute er nicht mehr, es trat Erbrechen und Diarrhoe mit Entleerung von unverändertem Fleisch ein. Ein anderer Hund von 22 Kilo
Gewicht konnte 2000 Grm. Fleisch verdauen, er zerstörte jedoch
nur 1762 Grm., der Rest gelangte zur Ablagerung. Der Mensch erträgt nicht auf die Dauer grosse Mengen von Eiweiss in der Form
von reinem Fleisch. J. RANKE[1] zersetzte bei einem Körpergewicht
von 73 Kilo und einer Aufnahme von 1832 Grm. Fleisch nur 1300 Grm.
Fleisch, an einem zweiten Tage von 2000 aufgenommenem Fleisch
1080 Grm., und an einem dritten Tage von 1281 Grm. Fleisch 969 Grm.
Günstigere Resultate erhielt M. RUBNER[2]; er verzehrte bei einem Körpergewicht von 72 Kilo 1435 Grm. Fleisch und zerstörte dasselbe
nahezu vollständig, nämlich 1424 Grm.; in einem zweiten Versuche
zersetzte er von 1172 Grm. Fleisch 1139 Grm. Für gewöhnlich leistet
also der Mensch in dieser Beziehung wesentlich weniger als der halb
so schwere Fleischfresser.

Die untere Grenze, d. i. die kleinste Menge von Eiweiss, mit
welcher das Stickstoffgleichgewicht noch eintritt, ist bei ein und demselben Organismus je nach dem Körperzustand sehr verschiebbar.
Auch bei dem herabgekommensten Zustande war es nicht möglich,
den Hund von 35 Kilo mit einer unter 480 Grm. fallenden Fleischmenge auf seinem Stickstoffgehalt zu erhalten, eine Menge, welche

---

1 J. RANKE, Arch. f. Anat. u. Physiol. 1862. S. 345. 348. 350.
2 M. RUBNER, Ztschr. f. Biologie. XV. S. 122. 1879.

unter allen Umständen über die in den späteren Hungertagen verbrauchte Fleischmenge sich erhebt. Dies geschah, als das Thier nach 11 tägigem Hunger allmählich steigende Fleischmengen erhielt. Für gewöhnlich reichten 500 Grm. Fleisch nicht zu; denn bei einer 42 tägigen Fütterung mit 500 Grm. Fleisch wurde der Körper allmählich um 2541 Grm. Fleisch ärmer und nährte sich nur sehr langsam dem Gleichgewicht; noch am letzten Tage verlor er 32 Grm. Fleisch und er würde dabei schliesslich sicherlich zu Grunde gegangen sein.

Zwischen 480 und 2500 Grm. konnte sich also der betreffende Hund mit jeder Fleischmenge zuletzt in das Stickstoffgleichgewicht versetzen; bei 480 Grm. Fleisch nimmt die Menge des Eiweisses im Körper so lange ab, bis die Umsetzung von 480 Grm. Fleisch erreicht ist; bei 2500 Grm. Fleisch nimmt sie so lange zu, bis die 2500 Grm. Fleisch vollständig zerstört werden.

Die geringste Menge von reinem Eiweiss, mit welcher Stickstoffgleichgewicht eintreten kann, ist nicht nur abhängig von dem Eiweissgehalt des Körpers, sondern auch sehr von dem Fettgehalte desselben. Ein fettreicher Organismus braucht zu jenem Zwecke ungleich weniger Eiweiss, sowie er auch beim Hunger eine kleinere Menge desselben zerstört. Junge, fettarme Thiere haben viel mehr Eiweiss zur Erhaltung nöthig als alte und fette, und setzen sich rascher ins Stickstoffgleichgewicht. Wegen des grösseren Fettreichthums am Körper setzte RANKE nach den obigen Mittheilungen weniger Eiweiss um wie RUBNER. Magere Reconvalescenten kommen mit fettarmem Fleisch nicht in die Höhe; sie können nicht einmal so viel davon verzehren, dass ihr ärmlicher Eiweissstand erhalten wird.

Wegen der bedeutenderen Eiweissmasse im Körper braucht ein grosses Thier unter sonst gleichen Verhältnissen zur Erhaltung absolut mehr Eiweiss als ein kleines. Letzteres muss jedoch zu dem Zwecke verhältnissmässig mehr Eiweiss aufnehmen. Der Grund ist der nämliche, welcher für die relativ grössere Eiweisszersetzung des hungernden kleinen Organismus angegeben worden ist.

5. Verhältnisse des Ansatzes und der Abgabe von Eiweiss.

Befindet sich der Körper einmal mit einer gewissen Quantität von Eiweiss oder reinem Fleisch im Stickstoffgleichgewicht, so ändert sich der Eiweissumsatz nicht mehr, wenn nicht durch eine Abgabe von Fett eine Abmagerung an letzterem eintritt. Es findet nur dann ein Eiweissansatz statt, wenn mehr Eiweiss als vorher beim

Gleichgewichtszustand gegeben wird, und zwar nur in den ersten 4—5 Tagen, anfangs in grösserem Maassstabe, dann allmählich abnehmend.

Für den Ansatz von Eiweiss entscheidet nicht die absolute Menge dieses Stoffs in der Nahrung, denn die letztere bestimmt ja nicht ausschliesslich die Grösse der Zersetzung, sondern auch der im Thier vorhandene Vorrath von zerstörbarem Material, zu welchem das Eiweiss der Nahrung als Zuschuss hinzukommt. Ist dieser von der vorausgehenden Nahrung abhängige Vorrath klein, dann können bei meinem Hunde 600 Grm. Fleisch schon einen Ansatz bewerkstelligen, ist er dagegen gross, so reichen 2000 Grm. nicht hin.

Auch bei der grössten Menge der reinen Fleischnahrung währt wegen der raschen Steigerung der Zerstörung der Eiweissansatz nur wenige Tage an, es wird daher dadurch der Körper nie reich an Eiweiss gemacht werden können. Die grösste Menge Fleisch, welche der Versuchshund in einem extremen Fall bei lange fortgesetzter Fütterung mit grossen Rationen reinen Fleisches zum Ansatz bringen konnte, betrug 1365 Grm. (so viel als er bei gutem Körperzustand in 3 tägigem Hunger wieder verliert), gewöhnlich nicht mehr als 500 Grm. Man vermag demnach mit Eiweiss oder Fleisch einen Organismus zwar auf dem anderswie erzeugten hohen Stand an Eiweiss zu erhalten, aber diesen Stand nicht herzustellen oder eine Mästung an Fleisch zu bewirken.

Auch die Grösse der Differenz in der Menge des zugeführten Eiweisses ist für den Ansatz des letztern nicht ausschliesslich maassgebend; im Allgemeinen findet wohl bei grösserer Differenz eine bedeutendere Ablagerung statt, aber man erkennt aus den Versuchen, dass ausser dem im Körper befindlichen Vorrath von zerstörbarem Eiweiss und dem Zuschuss dazu aus der Nahrung noch ein weiteres Moment die Zersetzung und also auch den Ansatz dieses Stoffs bestimmt, nämlich der Fettreichthum des Körpers. Unter sonst gleichen Umständen wird von einem fetten Thier (wenn es vorher im Verhältniss zum Eiweiss viel Fett verzehrt hat) bis zum Eintritt des Stickstoffgleichgewichts mehr und während längerer Zeit angesetzt und also weniger zersetzt als vom fettarmen und eiweissreichen. Dabei entscheidet nicht die absolute Menge von Fett am Körper, sondern die relative zum Eiweiss [1].

---

[1] Folgendes Beispiel ist für das Gesagte sehr lehrreich. Als ich (Ztschr. f. Biologie. V. S. 344. 1869) einen mit 1500 Grm. Fleisch im Stickstoffgleichgewicht befindlichen Hund 10 Tage hungern liess, verlor derselbe 2079 Grm. Fleisch und viel Fett von seinem Körper, und setzte darauf bei abermaliger Fütterung mit

Ganz ähnlich stellen sich auch die Verhältnisse des Eiweissverlustes vom Körper, wenn die Eiweissaufnahme eine geringere wird; derselbe ist am ersten Tage am bedeutendsten und nimmt dann allmählich ab, bis in einigen Tagen der neue Gleichgewichtszustand, wenn er sich überhaupt herstellen kann, erreicht ist. Im Allgemeinen ist auch hier bei einer grossen Differenz in der Zufuhr die Eiweissabgabe vom Körper eine grössere; doch ist ebenfalls der Fettgehalt des Körpers von Einfluss, insofern der fettere Organismus längere Zeit und daher mehr an Eiweiss einbüsst.

Es ist auffallend, dass wenn man längere Zeit, namentlich schon etwas fettarm gewordenen Thieren, grosse Quantitäten von reinem Fleisch gibt, mit denen anfangs Stickstoffgleichgewicht bestand, später eine Steigerung des Eiweissumsatzes eintritt, also der Körper Eiweiss verliert, geradeso wie bei hungernden fettarmen Thieren [1]. Es ist wahrscheinlich, dass hier durch die reichlichen Fleischgaben der Körper allmählich arm an Fett wird.

6. Kann man durch Zufuhr von Eiweiss auch die Fettabgabe vom Körper verhüten?

Aus den vorstehenden Mittheilungen geht mit Sicherheit hervor, dass man mit Eiweiss (oder Fleisch) den Körper eines Fleischfressers auf seinem Eiweissbestande erhalten kann; es soll nun die wichtige Frage beantwortet werden, ob dadurch auch der beim Hunger stattfindende Kohlenstoff- oder Fettverlust aufgehoben wird. Dies ist nur durch Respirationsversuche zu entscheiden, indem man zusieht, ob dabei auch im eingenommenen und ausgeschiedenen Kohlenstoff Gleichgewicht besteht oder ob fortwährend mehr Kohlenstoff abgegeben wird als im verzehrten Fleisch enthalten ist. Bei den Versuchen von BIDDER und SCHMIDT an Katzen wurde fetthaltiges Fleisch und meist auch etwas Fettgewebe gegeben, so dass sie hierüber keinen sicheren Entscheid bringen, wenn es auch durch sie schon wahrscheinlich wird, dass das verzehrte Eiweiss bei einem Fleischfresser nicht nur den Verlust von Eiweiss, sondern auch von Fett zu verhüten im Stande ist.

Genauere Angaben liegen nur von PETTENKOFER und mir [2] vor,

1500 Grm. Fleisch nicht die verlorenen 2079 Grm. Fleisch an, sondern gar nichts und war sofort im Stickstoffgleichgewicht. Darauf folgte wieder während 10 Tagen eine Entziehung von Eiweiss, jedoch wurden täglich 100 Grm. Fett zur Vermeidung des Fettverlustes gegeben, wonach jetzt bei Zufuhr von 1500 Grm. Fleisch bis zum Stickstoffgleichgewicht zum Ansatz gelangten.

1 VOIT, Ztschr. f. Biologie. III. S. 71. 1867.
2 PETTENKOFER u. VOIT. Ztschr. f. Biologie. VII. S. 439. 1871.

8*

wobei ein Plus von Kohlenstoff in den Exkreten über den der Einnahme als Abgabe von Fett vom Körper, ein Minus als Aufspeicherung von Fett aus zersetztem Eiweiss betrachtet wurde. In S grossen
Versuchsabschnitten wurden ansteigende Mengen von Fleisch verabreicht und dabei im Mittel folgende Werthe erhalten:

Nr.	Fleisch verzehrt	Fleisch zersetzt	Fleisch am Körper	Fett am Körper	Kohlen- säure	Sauerstoff auf [1]	Sauerstoff nöthig
1	0	165	— 165	— 95	327	330	329
2	500	599	— 99	— 47	356	341	332
3	1000	1079	— 79	— 19	463	453	398
4	1500	1499	+ 1	+ 29	482	435	426
5	1500	1500	0	+ 4	517	487	477
6	1800	1757	+ 43	+ 1	656	—	592
7	2000	2044	— 44	+ 58	604	517	524
8	2500	2512	— 12	+ 57	783	—	688

Daraus ergibt sich, dass bei kleineren Gaben von Fleisch der
Körper des 30 Kilo schweren Hundes noch Eiweiss und Fett verliert, dass aber mit steigenden Fleischquantitäten der Verlust an beiden Stoffen immer geringer wird, bis endlich mit 1500 Grm. Fleisch
der Eiweiss- und Fettbestand des Körpers erhalten bleibt. Setzt
man über diese Grenze hinaus noch Fleisch in der Nahrung zu, so
wächst die Zerstörung von Eiweiss bis zum abermaligen Stickstoffgleichgewicht, aber es fehlt ein gewisser Theil des Kohlenstoffs des
zersetzten Eiweisses, welcher im Körper zurückbleibt. Nach den
früheren Betrachtungen (S. 74) kann dieser fehlende Kohlenstoff nur
in der Form von Fett enthalten sein; die beobachtete Kohlenstoffablagerung ist jedoch bei Fütterung mit reinem Fleisch nie beträchtlich, denn der daraus berechnete Fettansatz beträgt nur 4—12 % des
zersetzten trockenen Fleisches.

Von der grössten Bedeutung ist die als Bilanzversuch veröffentlichte [2] Versuchsreihe mit 1500 Grm. Fleisch, bei der die Elemente
der Einnahmen sich mit denen der Ausgaben genau deckten, was
beweist, dass wirklich nur das in den Körper eingeführte Fleisch
zersetzt wurde und nichts anderes.

1

	respir. Quotient
1.	72
2.	76
3.	74
4.	80
5.	81
7.	84

Mittel 78

2 Pettenkofer u. Voit, Sitzgsber. d. bayr. Acad. I. S. 547. 1863; Ann. d. Chemie u. Pharm. 2. Suppl. S. 361.

Der Ansatz oder die Abgabe von Fett bei Zufuhr von reinem Fleisch zeigt sich abhängig von der Menge des zersetzten Eiweisses und dem Fettreichthum des Körpers. Wird weniger Eiweiss in den Zerfall gezogen, dann wird noch das im Thierleib abgelagerte Fett angenagt; so kam z. B. am ersten Tage der Fütterung mit 1500 Grm. Fleisch noch Eiweiss in beträchtlicher Quantität zum Ansatz, es wurde also entsprechend weniger zerstört, was bewirkte, dass noch Fett vom Körper abgegeben wurde. Ist ferner der Organismus durch eine vorausgehende gute Fütterung reich an Fett geworden, so tritt stets bei reichlicher Eiweissaufnahme ein Fettverlust vom Körper ein [1], während umgekehrt in allen den Fällen, wo das Thier vorher gehungert hatte oder arm an Fett geworden war, Fett aus dem zersetzten Eiweiss aufgespeichert wird. [2] Einer Reihe z. B. in welcher 1500 Grm. Fleisch gereicht wurden, ging eine 5S tägige Fütterung mit 500 Grm. Fleisch unter Zusatz von 200 Grm. Fett voraus, wodurch sehr viel Fett im Thier abgelagert worden war; die Folge war, dass in der ersten Zeit Eiweiss zum Ansatz kam und Fett vom Körper zu Verlust ging, eine Thatsache, die allein die Erfolge der Bantingkur erklärt. [3]

Man vermag demnach mit Eiweiss oder Fleisch den Organismus eines Fleischfressers sowohl auf seinem Bestande an Eiweiss als auch an Fett zu erhalten, jedoch hat man davon höchst bedeutende Mengen nöthig. Ein junger, nicht zu fetter Hund von 34 Kilo Gewicht braucht dazu 1500—1800 Grm. Fleisch mit 362—434 Grm. trockenem Eiweiss; er verbraucht davon so viel, obwohl er beim Hunger nur 165 Grm. Fleisch oder 40 Grm. trockenes Eiweiss und 100 Grm. Fett zersetzt. Man kann aber durch reines Eiweiss nur einen auf andere Weise hergestellten guten Stand an Fett am Körper erhalten, jedoch nicht einen durch Hunger oder ungenügende Nahrung erlittenen Verlust daran wieder ersetzen, gerade so wie es unmöglich ist, den Körper durch reines Eiweiss reich an diesem Stoffe zu machen.

---

1 PETTENKOFER u. VOIT, Ztschr. f. Biologie. VII. S. 481. 491. 492. 1871.
2 Dieselben, Ebenda. VII. S. 486. 1871.
3 RANKE hat einen Versuch an seiner Person verzeichnet, bei dem von ihm die Stickstoffausscheidung und von PETTENKOFER und mir die Kohlenstoffausscheidung bestimmt wurde. In den 1300 Grm. zersetzten Fleisches und der zur Zubereitung derselben nöthigen geringen Fettquantität befanden sich 213 Grm. Kohlenstoff, in den Exkreten waren aber 264 Grm. enthalten, also wesentlich mehr, sodass vom Körper RANKE's noch viel einer stickstofffreien Substanz, nach unseren Anschauungen Fett, abgegeben wurde. Er machte also durch Aufnahme der grossen Eiweissmenge (in 1832 Grm. Fleisch) unter Ansatz von Eiweiss vorübergehend eine wahre Bantingkur durch, ein Beweis, dass er einen an Fett reichen Körper besass. Ich bin überzeugt, dass bei manchen Leuten das verzehrte Fleisch völlig zersetzt und kein Fett abgegeben worden wäre.

Dass die Kohlensäureabgabe und die Sauerstoffaufnahme kein Maass
für den Stoffwechsel sind, geht aus den Werthen derselben bei Hunger
und reichlicher Fleischfütterung aufs Evidenteste hervor; es fand sich dabei:

	Fleisch zersetzt		Fett zersetzt	Trockensubstanz zersetzt		Kohlen- säure		Sauerstoff	
bei Hunger . .	165	100	95	135	100	327	100	330	100
bei 1500 Fleisch	1500	909	(+ 4)	362	268	547	167	487	148

Während also bei Aufnahme von viel Eiweiss 9 mal mehr von letzterem zerstört wurde als bei Hunger und an Trockensubstanz 2.7 mal
mehr, wuchs die Menge der Kohlensäure und des Sauerstoffs doch ungleich weniger, da beim Hunger ausser dem Eiweiss noch eine andere
Substanz, nämlich Fett, in Verbrennung gerieth (S. 71).

Der Sauerstoffverbrauch wächst im Allgemeinen mit der Menge
des verzehrten Fleisches. Durch die Mehrzersetzung von Eiweiss wird
Fett vor der Oxydation geschützt, aber nicht in der Art, dass so
viel Fett vor dem Zerfall bewahrt wird als das Plus von zersetztem
Eiweiss Sauerstoff zur Verbrennung in Anspruch nimmt; am ersten
Tage der Fütterung mit 1500 Grm. Fleisch, wobei Eiweiss angesetzt
und Fett abgegeben wurde, war die Sauerstoffaufnahme wegen der
grösseren Fettzerstörung eine sehr hohe, sie sank aber an den späteren Tagen allmählich trotz des steigenden Eiweisszerfalls, weil an
ihnen Fett zur Ablagerung gelangte. Daraus und schon aus dem so
sehr gesteigerten Sauerstoffconsum bei vermehrter Fleischaufnahme
ergiebt sich eine für die spätere Ermittelung der Ursachen der Zersetzung im Organismus besonders wichtige Thatsache, dass in einen
bestimmten Körper nicht stets die gleiche Menge von Sauerstoff eintritt, welche dann ihre Wirkungen ausübt und die primäre Ursache
der Zersetzung ist, sondern dass je nach der Quantität und Qualität
der im Körper zersetzten Stoffe der zur Verbrennung nöthige Sauerstoff aus der Luft geholt wird.

Die Sauerstoffmenge, welche zur Ueberführung des aus der Stick-
stoff- und Kohlenstoffausscheidung berechneten in Zerfall gerathenen
Eiweisses und Fettes in die sauerstoffreichen Ausscheidungsprodukte
nöthig ist, stimmt mit der wirklich aufgenommenen Menge in der
Mehrzahl der Fälle sehr gut, bis auf wenige Procent, überein. Es
ist dies zugleich ein Beweis dafür, dass die Schlüsse auf das im
Körper zersetzte Material richtig sind und wirklich die angenommenen
Stoffe verbrannt worden sind und keine anderen, z. B. statt des
Fettes Zucker, wobei bedeutende Differenzen der berechneten und
beobachteten Sauerstoffquantität auftreten müssten.

III. Stoffverbrauch bei Zufuhr von Pepton.

Es ist von grosser Bedeutung, den Einfluss des Peptons auf den Stoffumsatz im Thierkörper zu prüfen: ob man mit demselben, wie mit dem gewöhnlichen nativen Eiweiss, den Eiweissverlust vom Körper theilweise oder ganz verhüten oder vielleicht sogar einen Ansatz von Eiweiss bewirken, und zugleich die Abgabe von Fett vermindern oder aufheben kann.

Ich verstehe unter Pepton das in seiner procentigen Zusammensetzung mit den Eiweissstoffen identische Produkt, welches aus letzteren durch allerlei Einwirkungen unter Hydratation, vielleicht auch unter Vereinfachung der Molektilarverbindung hervorgegangen ist, nicht mehr durch Essigsäure und Ferrocyankalium ausfällt und keine durch eingreifendere Behandlung entstandenen weiteren Spaltungsstoffe enthält. [1]

Als man das Pepton zuerst als Produkt der Wirkung des Magensaftes auf eiweissartige Stoffe fand, liess man die letzteren vor der Resorption völlig in Pepton übergehen [2], in welcher Anschauung man vorzüglich durch Funke's [3] Untersuchungen bestärkt wurde, nach denen das Pepton leichter durch Membranen filtrirt und ein geringeres osmotisches Aequivalent besitzt als das gewöhnliche Eiweiss. Man musste weiterhin consequenter Weise annehmen, dass das resorbirte Pepton sich in den Säften oder Geweben alsbald wieder in Eiweiss zurückverwandelt, was nicht unmöglich erscheint, seitdem Henninger [4] und Hofmeister [5] die Ueberführung von Pepton in Eiweiss ausserhalb des Körpers dargethan haben.

Wenn es vollkommen sicher gestellt wäre, dass alles in den Darm eingeführte Eiweiss vor der Resorption in Pepton übergeführt wird, dann wäre es nicht nöthig Versuche über den Stoffumsatz nach Aufnahme von Pepton zu machen, da es dann unbestreitbar die nämlichen Wirkungen zeigen müsste wie das Eiweiss. Nun wird aber sicherlich ein Theil des Eiweisses, möglicherweise ein sehr bedeu-

1 Mulder. Arch, f. d. holl. Beitr. II. S. 1. 1858. — Meissner, Ztschr. f. rat. Med. (3) VII. S. 1, VIII. S. 230, X. S. 1, XII. S. 46, XIV. S. 303. — Thiry, Ztschr. f. rat. Med. XIV. S. 78. — Maly, Arch. f. d. ges. Physiol. X. S. 600. — Henninger, Compt. rend. LXXXVI. p. 1461. — Herth, Ztschr. f. physiol. Chemie. I. S. 257.
2 Lehmann, Lehrb. d. physiol. Chem. I. S. 318. 1853, II. S. 46. 70. 101. 256, III. S. 260.
3 Funke, Arch. f. pathol. Anat. XIII. S. 456.
4 Henninger, Compt. rend. LXXXVI. p. 1413 u. 1464. 1878; De la nature et du rôle physiologique des peptones. Paris 1878.
5 Hofmeister, Ztschr. f. physiol. Chem. II. S. 206. 1878.

tender, als solches aus dem Darmkanal in die Säfte aufgenommen [1], und es steht nicht fest, ob auch der Thierkörper im Stande ist, das resorbirte Pepton in Eiweiss umzuwandeln. Es kann daher nur das Studium der Zersetzungsvorgänge über die Bedeutung des Peptons entscheiden.

Es ist von vornherein wahrscheinlich, dass das Pepton leicht zersetzlich ist; durch Aufnahme von Wasser werden die chemischen Verbindungen bekanntlich in ihrem Gefüge gelockert und zum Zerfall geneigt; das Pepton geht auch leicht in krystallinische Derivate über, z. B. in Leucin, Tyrosin, Asparaginsäure, Glutaminsäure. Darnach sollte man meinen, das Pepton zerfiele rasch im Körper und gehe nicht mehr unter Wasserabgabe in Eiweiss über, könne also auch nicht ganz die Rolle des Eiweisses beim Stoffumsatz übernehmen. BRÜCKE nahm auch diesen raschen Zerfall des Peptons an, und er liess nur unverändert resorbirtes Eiweiss in den Organen sich ablagern. FICK[2] suchte dafür den Beweis zu bringen, indem er nachwies, dass die Einspritzung von Peptonlösung in die Jugularvene eines Kaninchens in kurzer Zeit die Harnstoffausscheidung im Harn steigert; er will durch die Leichtzersetzlichkeit des Peptons im Gegensatz zum Eiweiss die vermehrte Stickstoffausscheidung nach reichlicher Eiweissaufnahme erklären, und er nimmt an, dass nur der kleine Bruchtheil von Eiweiss, welcher der Peptonisirung entgeht, zum Ersatz der abgenützten Gewebe diene.

Ueber den Stoffumsatz im Körper unter dem Einflusse des Peptons liegen nur einige wenige Untersuchungen vor, welche keinen sicheren Entscheid brachten. Dieselben bieten deshalb grosse Schwierigkeiten dar, weil ganz reines Pepton nur schwer in genügender Menge zu Ernährungsversuchen an grösseren Hunden herzustellen ist und die Thiere dadurch leicht Diarrhöen bekommen, auch die ungewohnte, bitter schmeckende Speise zu verzehren verweigern. Ich halte es für unmöglich ausschliesslich so viel Pepton, selbst wenn es im Uebrigen völlig die Bedeutung des Eiweisses haben sollte, zu geben, dass dabei ein Thier kein Eiweiss und kein Fett mehr vom Körper verliert. Ein einwurfsfreier Versuch lässt sich daher nur so anstellen, dass man zu der nöthigen Quantität stickstofffreier Stoffe Pepton giebt und zusieht, ob man den Körper damit auf dem Stick-

---

1 BRÜCKE, Sitzgsber. d. Wiener Acad. XXXVII. S. 131. 1859, LIX. (2) S. 612. 1869. — VOIT u. BAUER, Ztschr. f. Biologie. V. S. 568. 1869. — KNAPP, Gaz. hebd. 1857. p. 397.

2 FICK, Arch. f. d. ges. Physiol. V. S. 40. 1871; Würzburger Verhandl. II. S. 122. 1871.

stoffgleichgewicht erhalten und vielleicht in ihm noch Stickstoff zur
Ablagerung bringen kann.

Ein einwandfreier Versuch der Art liegt bis jetzt nicht vor.

PLÓSZ und GYERGYAI[1] haben das Verdienst zuerst die Stickstoffausscheidung bei Zufuhr von Pepton geprüft zu haben. Sie gaben
einem Hunde, ganz entsprechend obiger Anforderung, ein Gemische
von Zucker, Stärkemehl, Fett und Pepton, und zwar nach längerem
Hunger. Aber das Thier hatte nur ein Gewicht von 2531 Grm., so
dass es nicht möglich war, den Harn direkt aufzufangen und von
jedem Versuchstag abzugrenzen; bei Versuchen, bei welchen es auf
kleine Mengen von Stickstoff ankommt, muss aber jeder Verlust von
Harn vermieden sein und auf alle von mir angegebenen Kautelen
geachtet werden. Es fand sich nun bei einer Aufnahme von 14.451 Grm.
Stickstoff in 6 Tagen eine Ausscheidung von 13.463 Grm. im Harn
und Koth, womit allerdings bei untadelhafter Versuchsanordnung bewiesen wäre, dass das Pepton wie Eiweiss wirkt.

Darauf folgte die Untersuchung von ADAMKIEWICZ[2]. Er gab in
4 Reihen einem 33 Kilo schweren Hunde zuerst Kartoffeln, Fleisch
und Fett, oder auch Fleisch mit Fett, und fügte dann Pepton hinzu;
der Harn wurde direkt aufgefangen und die Stickstoffausscheidung
im Harn und Koth bestimmt. Er fand so bei Zugabe von Pepton
stets einen Ansatz von Stickstoff, während ohne dasselbe der Körper
im Stickstoffgleichgewicht war oder noch Stickstoff von sich abgab;
er schloss daraus, dass das Pepton als Eiweiss zum Ansatz gelangte.
Da aber neben dem Pepton immer auch Eiweiss gereicht wurde,
ferner in allen Fällen die Ablagerung von Eiweiss am Körper geringer war als die Eiweisszufuhr und die Stickstoffausfuhr grösser
als der Stickstoffgehalt des Peptons, so ist der andere Schluss ebenso
gerechtfertigt, ja ungleich wahrscheinlicher, dass das Pepton ganz
der Zerstörung anheimfiel, aber einen Theil des zugleich gegebenen
Eiweisses vor dem Zerfall schützte, welches dann angesetzt wurde.

ADAMKIEWICZ hat diesen Einwand wohl berücksichtigt, aber vorzüglich aus der nicht gesteigerten Phosphorsäureausscheidung auf die Umwandlung des Peptons in Eiweiss geschlossen. Er meint nämlich, bei
einem Ansatz von Eiweiss aus Pepton müsse die Phosphorsäure des letzteren zum grössten Theil abgelagert werden, sie müsse dagegen bei Zer-

---

1 PLÓSZ u. GYERGYAI, Arch. f. d. ges. Physiol. IX. S. 325. 1874, X. S. 536. 1875.
2 ADAMKIEWICZ, Die Natur und der Nährwerth des Peptons. Berlin 1877. —
Da ADAMKIEWICZ annimmt, dass das Eiweiss aus dem Darm nur als Pepton resorbirt wird, so ist es unmöglich anzugeben, woher das angesetzte Eiweiss stammt,
ob aus dem als solchen gegebenen Pepton oder aus dem aus Eiweiss entstandenen Pepton.

störung des Peptons vollständig im Harn erscheinen. Nun ist es aber für die Ausscheidung der Phosphorsäure völlig gleichgültig, ob die Peptone als Eiweiss zurückbleiben oder ob sie statt des Eiweisses zerstört werden. Es wird nämlich im Thierkörper nie Eiweiss angesetzt ohne eine gewisse Menge von Phosphorsäure. Bei der ersten Annahme findet sich in den Peptonen weniger Phosphorsäure, um aus ihnen Eiweiss zum Ansatz zu bringen und es wird daher von derjenigen Phosphorsäure, welche vorher in den Harn übergegangen war, ein entsprechender Theil weggenommen und desshalb im Harn um so viel weniger ausgeschieden. Bei der zweiten Annahme bedarf das unter dem Einfluss des Peptons angesetzte Eiweiss ebenfalls Phosphorsäure, die also in derselben Menge wie vorher dem Harn entzogen wird.

Bei einer zweiten Arbeit von Adamkiewicz [1] erhielt ein Hund von nahezu 20 Kilo Gewicht, welcher beim Hunger im Mittel täglich nur 3.67 Grm. Stickstoff ausschied, am zweiten Tage je 50 Grm. Pepton (mit 7.75 Grm. Stickstoff), wobei er im Mittel 8.52 Grm. Stickstoff im Harn entleerte; den Tag darauf bekam er zum Pepton noch 100 Grm. Speck, wornach sich nur 5.74 Grm. Stickstoff im Harn fanden. Es wäre also hier aus 50 Grm. Pepton (unter Zusatz von 100 Grm. Speck) etwas Stickstoff zum Ansatz gelangt.

Ich habe nach Untersuchungen von Dr. Feder allen Grund anzunehmen, dass das dargereichte Pepton im Körper vollständig zerstört wird und kein Ansatz von Eiweiss daraus erfolgt, dass es aber durch seine Zerstörung den Zerfall des Eiweisses in den Zellen und Geweben fast ganz oder ganz aufheben kann und dann nur so viel Eiweiss vom Organismus abgegeben wird als in den abgestossenen organisirten Gebilden enthalten ist.

IV. Stoffverbrauch bei Zufuhr von Leim oder leimgebenden Geweben.

Der Leim hat eine andere chemische Zusammensetzung als das Eiweiss, aus welchem letzteren das mit dem Leim identische leimgebende Gewebe durch die Zellenthätigkeit hervorgegangen ist. Er bildet keinen normalen Bestandtheil des Körpers, er gelangt aber in die Säfte, wenn er sich als solcher in der Nahrung befindet oder aus dem leimgebenden Gewebe durch die Verdauung entstanden ist. Es ist daher von Wichtigkeit zu wissen, welchen Einfluss der Leim und das leimgebende Gewebe auf die Zersetzung im Körper ausüben.

_____

1 Adamkiewicz, Arch. f. pathol. Anat. LXXV. S. 144.

Obwohl schon früher allerlei Ernährungsversuche mit Leimgallerte angestellt worden waren, so hatte man doch nicht die Stickstoff- oder die Kohlenstoffausscheidung, d. i. den Stoffverbrauch bei Fütterung mit Leim bestimmt. Frerichs[1] machte zuerst mit klarem Blicke darauf aufmerksam, dass solche Versuche fehlten und vordem die Resultate jener Fütterungen nicht sicher gedeutet werden könnten.

Claude Bernard und Barreswil [2] wollten nach Einspritzen einer wässrigen Lösung von Hausenblase in die Vena jugularis, ja selbst nach Aufnahme von Leim in den Magen Leim im Harn nachgewiesen haben, und meinten, der Leim werde ganz unverändert wieder ausgeschieden. Schon Frerichs war nicht im Stande diese Angabe zu bestätigen. Es könnte ja möglicherweise nach Injektion einer Leimlösung in eine Vene ein Theil des Leims rasch wieder durch die Nieren entfernt werden, dass dies aber nach Aufnahme auch der grössten Mengen von Leim in den Magen nicht geschieht, vermag ich mit aller Sicherheit zu sagen; wahrscheinlich haben die beiden Forscher bei ihren Versuchen nicht Acht gegeben, wie es häufig geschehen ist und noch geschieht, und den von dem Thier in den Käfig entleerten Harn, in welchem auch diarrhoische Flüssigkeit mit Leim enthalten war, geprüft. In ähnlicher Weise hat sich wahrscheinlich auch Eichhorst [3] täuschen lassen, als er Zucker und Eiweiss nach Einspritzung dieser Stoffe in den Dickdarm im normalen Harn antraf.

Boussingault [4] fütterte Enten mit Leim und fand denselben nicht im Kothe wieder, wie er erwartet hatte; der grösste Theil des Leimes war vielmehr zur Resorption gelangt und hatte eine Vermehrung der Harnsäureausscheidung bedingt; er schrieb daher dem Leim nährende Eigenschaften zu und zwar dieselben wie dem Stärkemehl oder dem Zucker, welche die stickstoffhaltigen Stoffe theilweise vor der Zerstörung schützen. Auch Frerichs sah bei Hunden nach Leimgenuss eine starke Vermehrung des Harnstoffs, ebenso Bischoff [5]. Sie meinten ebenfalls, dass der Leim ein Nahrungsmittel sei, dass er zwar die stickstoffhaltigen Nahrungsstoffe nicht ersetze, jedoch ihren Umsatz wie die stickstofflosen Stoffe beschränke. In dem gleichen Sinne sprach sich auch Donders [6] aus.

Alle diese Versuche brachten aber nicht zur Entscheidung, ob der Leim ohne irgend eine Einwirkung auf den Stoffumsatz im Körper zersetzt wird, oder ob er im Stande ist, den Zerfall eines Stoffes zu vermindern oder vielleicht ganz zu verhüten. Bischoff und ich [7] haben zuerst in einigen Fällen beim Hunde die Umsetzung des Leims und die Zersetzung des Eiweisses unter seinem Einflusse studirt, später ist dies von mir [8] in grösserer Ausdehnung geschehen, und dabei zugleich auch das Verhalten der stickstofffreien Stoffe untersucht worden.

1 Frerichs, Wagner's Handwörterb. d. Physiol. III. 1. S. 683. 1845.
2 Cl. Bernard u. Barreswil, Journ. f. pract. Chemie. XXXIII. S. 58. 1844.
3 Eichhorst, Arch. f. d. ges. Physiol. IV. S. 570.
4 Boussingault, Ann. d. chim. et phys. (3) XVIII. p. 444. 1846.
5 Bischoff, Der Harnstoff als Maass des Stoffwechsels. S. 70. Giessen 1853.
6 Donders, Die Nahrungsstoffe. S. 72. 1853.
7 Bischoff u. Voit, Die Gesetze der Ernährung d. Fleischfressers. S. 215. 1860.
8 Voit, Ztschr. f. Biologie. VIII. S. 297. 1872.

1. Der Umsatz des Eiweisses bei Darreichung von Leim.

Der Stickstoff des Leims wird auch bei den grössten Gaben
vollständig ausgeschieden, ja es findet sich stets etwas mehr Stickstoff in den Exkreten vor als im Leim enthalten ist; daraus ist zu entnehmen, dass der Leim leicht zersetzt wird und zwar leichter als das
Eiweiss, dass er ferner das letztere vor der Zerstörung schützt, aber
den Körper nicht ganz vor dem Verlust daran zu bewahren vermag.
Man könnte die Resultate der Versuche nur noch unter der höchst
unwahrscheinlichen Annahme erklären, es werde der verzehrte Leim
ganz oder theilweise als Eiweiss oder leimgebendes Gewebe abgelagert und entsprechend Eiweiss vom Körper in den Zerfall gezogen.[1]

An einem Hunde von 32 Kilo Gewicht (Versuch 1—6) und an
einem anderen grossen Hunde von 40—50 Kilo Gewicht (Versuch
7—11) wurden die folgenden Hauptresultate erhalten:

Nr.	Nahrung			Stickstoff		Fleisch	
	Fleisch	Leim	N-frei	auf	ab	zersetzt	am Körper
1	2000	0	0	68.0	67.0	1970	+ 30
	2000	200	0	96.0	83.2	1624	+ 376
2	500	0	300 F.	17.0	15.5	456	+ 44
	500	0	0	17.0	17.7	522	− 22
	500	200	0	45.1	43.5	446	+ 54
3	400	300	0	55.6	52.1	297	+ 103
4	400	0	200 F.	13.6	15.3	450	− 50
	400	0	250 Z.	13.6	14.9	439	− 39
	400	200	0	42.1	40.6	356	+ 44
5	200	200	0	34.8	38.8	318	− 118
	200	300	0	48.8	51.6	282	− 82
6	0	200	0	28.5	32.4	118	− 118
	0	200	200 F.	29.5	30.8	69	− 69
	200	200	0	35.3	34.4	175	+ 25
7	300	100	200	25.7	28.6	384	− 84
	300	200	200	40.9	39.8	268	+ 32
8	0	0	200	1.4	9.7	246	− 246
	0	0	0		11.5	338	− 338
	0	200	200	30.1	33.7	105	− 105
9	300	200	200	40.4	41.3	327	− 27
	300	0	200	10.6	19.6	566	− 266
10	200	200	200	37.0	41.2	324	− 124
	200	0	200	7.2	18.6	534	− 334
11	0	300	200	44.0	46.1	59	− 59

1 Paul Tatarinoff meint (Centralbl. f. d. med. Wiss. 1877. No. 16), der Leim
erspare nicht deshalb das Eiweiss bis zu einem gewissen Grade, weil er statt
des letzteren zersetzt werde, sondern weil aus dem Leim Produkte gebildet würden,

Aus diesen Beispielen geht zunächst hervor, dass der Leim, wie die Fette und Kohlehydrate, stets Eiweiss erspart, da ohne ihn mehr Eiweiss zersetzt wird. Er übt diese Wirkung bei grösseren und kleineren Quantitäten des zugleich mit dem Leim gereichten Fleisches (Nr. 1. 2), und er hat sie, namentlich bei kleineren Quantitäten des letzteren, in viel höherem Maasse als die Fette und Kohlehydrate (Nr. 2. 1. 6. 9. 10): bei dem grossen Hunde ersetzten 168 Grm. trockener Leim 84 Grm. trockenes Fleisch oder Eiweiss.

Bei ausschliesslicher Aufnahme von Leim verliert der Körper nur wenig Eiweiss (Nr. 6), im Minimum in einer Reihe nur 51 Grm. Fleisch entsprechend, ganz ansehnlich weniger als beim Hunger und auch weniger als bei Darreichung der grössten Fettmengen. Reichlichere Gaben von Leim ersparen mehr Eiweiss (Nr. 5 u. 7); stets aber wird, auch wenn man zu viel Leim das Maximum an Fett hinzufügt, noch Stickstoff oder Eiweiss vom Körper abgegeben (Nr. 6. S. 11). Ein Zusatz von Fett zu dem Leim macht ein stärkeres Sinken des Eiweissumsatzes als Leim allein (Nr. 6. 9. 10). Auch bei dem höchsten Leimquantum, welches dem Thier zugleich mit viel Fett beigebracht werden konnte (300 Grm. Leim mit 200 Grm. Fett in Nr. 11) fand kein Stickstoffansatz aus Leim statt: es ist daher der Leim nicht im Stande das Eiweiss ganz vor der Zerstörung zu bewahren, wenn er auch einen grossen Theil desselben ersetzen kann.[1] Zur Erhaltung des Körpers an Eiweiss muss neben dem Leim immer etwas Eiweiss gegeben werden.[2]

welche einige Produkte der Eiweissstoffe zu ersetzen im Stande sind. Diese Meinung ist durch nichts erwiesen, und es ist auch nicht gesagt, welche Produkte hier in Betracht kommen sollen. TATARINOFF hat offenbar nicht bedacht, dass unter dem Einflusse des Leims dauernd fast gar kein Stickstoff mehr vom Körper abgegeben wird.

1 Neuerdings hat OERUM unter PANUM's Leitung (Nordiskt med. Arkiv. XI. No. 11. 1879) Versuche über den Nährwerth des Leims an Hunden angestellt und ist dabei zu den gleichen Resultaten wie ich gekommen. Bei ausschliesslicher Aufnahme von Leim war die Stickstoffmenge im Harn ebenfalls immer grösser als die im Leim. Als er zu einem Gemisch von Stärkemehl, Butter und Fleischextrakt einmal Fleisch, dann die entsprechende Menge von Leim gab, war bei Zusatz von Fleisch die Harnstoffmenge geringer als bei Zusatz von Leim; im ersteren Falle war in dem Harn weniger Stickstoff als im Fleisch, im letzteren Falle dagegen mehr als im Leim.

2 Auch noch aus einer anderen Beobachtung geht hervor, dass der aufgenommene Leim zersetzt wird und nicht nebenbei noch stickstoffhaltige Substanz vom Körper. Beim Hunger wird nahezu so viel Asche ausgeschieden, als dem dabei zersetzten Fleisch entspricht. Bei ausschliesslicher Darreichung von Leim dagegen findet sich im Verhältniss zum Harnstoff viel weniger Asche als beim Hunger oder bei Fleischfütterung, und die absolute Aschemenge ist wesentlich geringer wie die, welche das aus der Stickstoffausscheidung berechnete zersetzte Fleisch enthalten würde (BISCHOFF u. VOIT, Die Gesetze der Ernährung des Fleischfressers. S. 288. 300. 1860. — VOIT, Ztschr. f. Biologie. I. S. 139. 1865). In dem verfütterten Ossein befanden sich 11.14 Grm. Schwefelsäure, im Harn und Koth

Auch bei Fütterung der Hunde mit leimgebendem Gewebe ergiebt sich der gleiche Einfluss auf den Eiweissumsatz; derselbe ist von Etzinger [1] bei Darreichung von Knochen, Knorpel und Sehnen, und von mir [2] bei Darreichung von Ossein untersucht worden. Die Thiere hungerten vorher, bis die Stickstoffausscheidung im Harn constant geworden war. Es wurde nun durch Zufuhr von 150 Grm. lufttrocknem Knochenpulver mit 6.9 Grm. Stickstoff die Harnstoffausscheidung von 20.7 Grm. auf 28.7 Grm im Mittel gesteigert (= + 3.7 Grm. Stickstoff); es ist also jedenfalls aus den Knochen organische Substanz verdaut, in die Säfte aufgenommen und zersetzt worden, jedoch konnte eine Ersparung von Eiweiss durch die Knochen wegen der geringen Menge der aufgenommenen Substanz nicht dargethan werden. Von den verzehrten Knorpeln war im Koth nichts mehr zu entdecken; die Harnstoffmenge erfuhr dabei eine Zunahme um 11.7 Grm. = 5.5 Grm. Stickstoff gegenüber 13.1 Grm. Stickstoff in den Knorpeln; es war also durch letztere die Eiweisszersetzung vermindert worden. Ebenso wurden die Sehnen ganz verdaut; da sich in denselben 46.6 Grm. Stickstoff befanden, die Vermehrung des Stickstoffs im Harn aber nur 21.2 Grm. betrug, so hat wiederum eine Eiweissersparniss stattgefunden. Als nach 6 tägigem Hunger täglich 357 Grm. trocknes Ossein unter Zusatz von 50 Grm. Fett, welche ihrem Stickstoffgehalt nach 1481 Grm. Fleisch entsprechen, gefüttert wurden, verlor der Körper immer noch Stickstoff und zwar 8.4 Grm. (= 54 Grm. Eiweiss) gegenüber 10.2 Grm. (= 66 Grm. Eiweiss) beim Hunger. Also sind die leimgebenden Gewebe, wenn sie auch Eiweiss ersparen, so wenig wie der Leim im Stande den Eiweissverlust vom Körper ganz zu verhüten und das Eiweiss vollständig zu ersetzen.

2. Der Umsatz des Fettes bei Darreichung von Leim.

Die meisten früheren Forscher betrachteten den Leim als ein sogenanntes Respirationsmittel wie die Fette oder Kohlehydrate; es ist daher von Interesse zuzusehen, wie weit der Leim diese stickstofffreien Substanzen zu ersetzen im Stande ist und ob durch ihn die Fettabgabe vom Körper vermindert oder aufgehoben werden kann. Zu dem Zwecke wurde nun von Pettenkofer und mir [3] neben dem

---

wurden 10.43 Grm. ausgeschieden: wäre das Ossein als solches angesetzt und dafür Eiweiss zerstört worden, so hätten in den Exkreten 47.5 Grm. Schwefelsäure mehr sich befinden müssen.

1 Etzinger, Ztschr. f. Biologie. X. S. 97. 1874.
2 Voit, Ebenda. X. S. 212. 1874.
3 Pettenkofer u. Voit, Ztschr. f. Biologie. VIII. S. 371. 1572.

Verbrauch an Stickstoff auch der an Kohlenstoff controlirt; 'unter der durch die Versuche gestützten Annahme, dass aller Leim in Zeit von 24 Stunden zerstört wird, berechneten wir den in demselben enthaltenen Kohlenstoff, das Plus von Kohlenstoff in den Exkreten musste aus dem ausserdem zersetzten Eiweiss oder Fett stammen; da aber die Eiweisszersetzung aus der Stickstoffausscheidung bekannt ist, so vermag man den Verbrauch an Fett zu entnehmen.

Wir fanden nun, dass unter der Einwirkung des Leims ausser dem Eiweiss auch etwas Fett vor der Zerstörung geschützt wird; seine Wirkung ist in dieser Beziehung jedoch keine grosse und sie steht zurück gegen die der Fette und Kohlehydrate. Bei Aufnahme von 200 Grm. Leim verlor z. B. das Thier nur 15 Grm. Eiweiss und 33 Grm. Fett von seinem Körper, am 10. Hungertage dagegen noch 37 Grm. Eiweiss und 83 Grm. Fett. Der Zusatz von Leim zu grossen Gaben von Fleisch bringt ausser viel Eiweiss auch Fett, wohl nur aus Eiweiss abgespalten, zum Ansatz.

V. Stoffverbrauch bei Zufuhr von Fett und Kohlehydraten.

Nachdem gezeigt worden ist, dass durch Zufuhr eiweissartiger Stoffe unter ganz gewaltigem und unverhältnissmässigem Anwachsen des Eiweisszerfalls zuletzt kein Eiweiss mehr vom Körper abgegeben wird und auch die Oxydation des Fettes allmählich abnimmt, ja schliesslich ganz aufhört, soll jetzt untersucht werden, welche Aenderungen in dem Umsatze des Eiweisses und des Fettes sich einstellen bei ausschliesslicher Aufnahme von stickstofffreien Stoffen, von Fett und Kohlehydraten (Stärkemehl und Traubenzucker) oder bei Zusatz dieser stickstofffreien Stoffe zu Eiweiss.

1. Bei ausschliesslicher Zufuhr von Fett.[1]

Es ist in hohem Grade wichtig, dass auch durch die grössten Gaben von Fett beim Hunde die Abgabe von Eiweiss vom Körper nicht aufgehoben wird, sondern die Zerstörung desselben ziemlich unverändert weiter geht; es tritt dadurch kaum eine Verminderung[2], ja bei grösseren Fettgaben sogar eine kleine Vermehrung des Eiweisszerfalls ein. Bei alleiniger Zufuhr von Fett gehen desshalb die Thiere zu Grunde. Ich habe z. B. gefunden:

---

1 Voit, Ztschr. f. Biologie. V. S. 329. 1869. — Pettenkofer u. Voit, Ebenda. V. S. 353. 1869.

2 Frerichs (Arch. f. Anat. u. Physiol. 1848. S. 478) hat schon angegeben, dass bei Fütterung eines kleinen Hundes mit Oel die Harnstoffmenge ebenso gross ist wie beim Hunger.

Fettzufubr	Harnstoff	Fettzufuhr	Harnstoff
0	11.9	300	12.0
0	12.0	0	11.9
100	12.0	0	11.3
200	12.4		

Die Bedingungen der Zersetzung des Eiweisses bestehen also trotz der Gegenwart und der Verbrennung des Fettes fast unverändert fort.

Ebenso wird auch durch die Fettzufuhr die Zersetzung des Fettes kaum beeinflusst. Beim Hunger hatte der Hund von PETTENKOFER und mir im Mittel täglich 96 Grm. Fett eingebüsst; als er nun 100 Grm. Fett zugeführt erhielt, oxydirte er im Mittel 97 Grm. Fett d. h. es wird durch das aus dem Darm in mittlerer Menge aufgenommene Fett der Fettverbrauch im Körper nicht geändert, jedoch der Fettverlust eben aufgehoben. Berücksichtigt man die Ausscheidung von Stickstoff und von Fett im Koth, so ist der Fleisch- und Fettumsatz im eigentlichen Körper hier etwas geringer als bei völligem Hunger; dem entsprechend ist auch die Kohlensäureexhalation und der Sauerstoffconsum etwas kleiner. Wir erhielten bei Fütterung mit 100 und 350 Grm. Fett:

	100 Fett		350 Fett
	5ter Tag	10ter Tag	—
Fleischverbrauch	159 (= 38.3 Eiweiss)	131 (= 31.6 Eiweiss)	227 (= 54.7 Eiweiss)
Fettverbrauch	94	101	164 (= 156 Fettansatz)
Kohlensäureabgabe	302	312	520
Wasser durch Respiration	223	216	—
Sauerstoffconsum	262	226	—

Bei geringerer Zersetzung von Eiweiss nimmt wie beim Hunger der Umsatz des Fettes zu. Sehr auffallend ist, dass bei Aufnahme einer überschüssigen Menge von Fett mehr von letzterem zerstört wird. Wie aus obigem Beispiele ersichtlich ist, kann bei ausschliesslicher Fütterung mit Fett in ansehnlicher Menge Fett im Körper abgelagert werden, trotzdem die Organe von ihrem Eiweiss verlieren; es ist nicht möglich, dass der hierbei angesetzte Kohlenstoff aus dem Eiweiss stammt und der Kohlenstoff des Fettes dafür verbrannt ist, denn der angesetzte Kohlenstoff beträgt viel mehr, als der im zersetzten Eiweiss enthaltene.

2. Bei Zufuhr von Fleisch und Fett.

A) Verhalten der Eiweisszersetzung.

Da bei ausschliesslicher Fütterung mit Fleisch die Zersetzung von Eiweiss in einem fettreicheren Körper eine geringere ist als in einem solchen, der weniger Fett in sich einschliesst, so ist es von vornherein wahrscheinlich, dass das zugleich mit dem Fleisch in den Darm eingebrachte Fett die nämliche Wirkung ausübt.

Trotz reichlichster Fettzufuhr zugleich mit Gaben von Eiweiss hört, wie sich nach dem Erfolge bei ausschliesslicher Aufnahme von Fett wohl von selbst versteht, die Eiweisszersetzung im Körper nie auf.

Gibt man allmählich steigende Mengen von reinem Fleisch ohne Fett, so wächst, wie wir gesehen haben, die Zerstörung desselben fast proportional an. Es ändert sich daran im Allgemeinen nichts, wenn auch zu dem Fleisch Fett zugesetzt wird; denn auch bei der Gegenwart von Fett bringt die kleinste Steigerung des Fleischquantums in der Nahrung eine solche der Eiweisszersetzung hervor. Es ist daraus ersichtlich, dass der Zerfall des Eiweisses grösstentheils unabhängig von der Fettzufuhr ist, derselbe geht im Grossen und Ganzen weiter wie ohne Darreichung von Fett.

Einen gewissen Einfluss auf den Eiweissumsatz übt aber das Fett doch aus, derselbe ist jedoch gegenüber dem der Eiweisszufuhr sehr zurücktretend: das Fett macht nämlich unter sonst gleichen Umständen den Eiweissverbrauch geringer, ebenso wie das im Körper schon abgelagerte Fett. Nichtsdestoweniger bringt dieser geringfügige Einfluss einen grossen Effect hervor.

Die Beobachtungen von Bischoff [1] am Hunde schienen anzudeuten, dass unter der Einwirkung des Fettes der Nahrung weniger Eiweiss zerstört und der Ansatz desselben befördert wird, obwohl sich manche auffallende Widersprüche zeigten. Darauf that Botkin [2] die Ersparung des Eiweisses durch Fett in einem Versuche ebenfalls am Hunde dar; ganz sicher stellte sich dieser Erfolg bei den zahlreichen Versuchen von Bischoff und mir [3] und meinen späteren [4] heraus.

Es lässt sich leicht nachweisen, dass bei Zufügung von Fett zu Eiweiss die Stickstoffausscheidung etwas geringer wird, selbst dann, wenn das Eiweiss der Nahrung nicht hinreicht den Körper auf seinem Eiweissbestande zu erhalten, und dass dieselbe nach Weglassung des Fettes wieder zur vorigen Höhe ansteigt. Z. B.

---

1 Bischoff, Der Harnstoff als Maass des Stoffwechsels. S. 143. Giessen 1853.
2 Botkin, Arch. f. pathol. Anat. XV. S. 350. 1858.
3 Bischoff u. Voit, Die Gesetze der Ernährung d. Fleischfressers. S. 97. 1860.
4 Voit. Ztschr. f. Biologie. V. S. 329. 1869.

| Nahrung | | Harnstoff | Fleisch- |
Fleisch	Fett		umsatz
1. 1500	0	109.9	
1500	0	110.7	1512
1500	0	109.2	
1500	150	102.0	
1500	150	103.6	
1500	150	107.3	
1500	150	106.1	1474
1500	150	104.1	
1500	150	102.6	
2. 500	0	40.2	556
500	100	37.2	520
500	0	40.3	557

Es wird demnach unter dem Einflusse des Fettes weniger Eiweiss umgesetzt. Die Quantität des dabei der Zerstörung entzogenen
Eiweisses ist jedoch nicht beträchtlich. Absolut beträgt dieselbe bei
gleichbleibender Fleischration höchstens 186 Grm. frisches oder 45 Grm.
trockenes Fleisch und im Mittel nur 7 %, (im Maximum 15 %) des
vorher ohne das Fett zersetzten Fleisches.

Die procentige Ersparung durch Fett ist bei reichlichen Eiweissmengen in der Nahrung nicht wesentlich anders als bei geringen,
sie ist also nicht abhängig von der Grösse der Eiweisszufuhr; ja
selbst die absolute Ersparung ist bei grösseren Eiweissquantitäten
nicht durchgehends beträchtlicher. Die zu verschiedenen Zeiten beobachteten Differenzen in der Ersparung rühren eben nicht nur von
dem Gehalt der Nahrung an Eiweiss und Fett her, sondern auch
von der Beschaffenheit des Körpers, vor Allem von dem Verhältniss des schon in ihm befindlichen Eiweisses und Fettes; in einem
fettreichen Leibe wird mehr Eiweiss unter dem Einflusse des Fettes
der Nahrung geschützt und angesetzt als in einem mageren. —

Bewirkt das Fett einen Ansatz von Eiweiss und wird dabei im
Verhältniss zum Eiweiss der Nahrung viel Fett gegeben, so dass
neben dem Eiweiss auch Fett abgelagert und somit die Relation von
Fleisch und Fett am Körper nicht zu Gunsten des Fleisches geändert wird, wie es bei mittleren Fleischgaben mit reichlichem Fettzusatz der Fall ist, so währt der Eiweissansatz lange Zeit an. Während also bei ausschliesslicher Eiweissfütterung von einer gewissen
unteren Grenze an mit jeder Eiweissmenge in der Nahrung, namentlich bei mageren Thieren, in wenigen Tagen wieder das Stickstoffgleichgewicht eintritt, wird letzteres bei Fettzusatz durch die Ersparung von Eiweiss ungleich langsamer erreicht. Der Hund von Bischoff

und mir setzte z. B. bei Aufnahme von 500 Grm. Fleisch mit 250 Grm.
Fett, nachdem er vorher wenig Fleisch, aber reichlich stickstofffreie
Stoffe verzehrt hatte, während 32 Tagen am ersten und letzten Tage
noch nahezu die gleiche Menge von Fleisch an, im Mittel täglich
56 Grm., in der ganzen Reihe 1792 Grm.

Ganz anders ist es bei Darreichung grösserer Fleischmengen und
verhältnissmässig kleinerer Fettmengen. Hier wird der Ansatz von
Eiweiss unter Steigerung der Zerstörung von Tag zu Tag geringer,
und in einigen Tagen ist das Stickstoffgleichgewicht erreicht, nicht
viel später wie bei Aufnahme von reinem Fleisch ohne Fett, so dass
der Gesammtfleischansatz dabei nicht beträchtlich ist und wesentlich
niedriger ausfällt als bei kleineren Fleischmengen mit relativ mehr
Fett. Es ergab sich z. B.:

| Nahrung | | Harnstoff | Fleisch-ansatz |
Fleisch	Fett		
1800	0	127.9	26
1800	0	127.6	26
1800	250	117.9	162
1800	250	113.5	171
1800	250	120.7	171
1800	250	115.7	164
1800	250	119.7	164
1800	250	127.5	11
1800	250	130.0	11

Um die grösste Ablagerung von Eiweiss am Körper zu erzielen,
darf man daher nicht zu grosse Mengen davon, sei es ohne oder mit
Fett, geben, sondern im Verhältniss zum Eiweiss viel Fett, und es
ist nöthig auszuprobiren, womit man in dieser Beziehung am meisten
erreicht, mit sehr grossen Gaben von Eiweiss und Fett während kürzerer Zeit oder mit mittleren Gaben der beiden Stoffe während längerer Zeit. Nach meinen Erfahrungen ist letzteres der Fall, da das
Thier bei Zufuhr von viel Eiweiss meist nicht entsprechende Mengen
von Fett aufnehmen kann; ich habe bei meinem Hunde nie eine
grössere Eiweissablagerung erhalten als bei Darreichung von 500 Grm.
Fleisch mit 250 Grm. Fett.

Diese Erfahrungen sind ganz in Uebereinstimmung mit den früheren bei ausschliesslicher Zufuhr von Fleisch in einem relativ fettarmen oder fettreichen Organismus, wo eben das im Körper befindliche Fett ebenso wie ein Zusatz von Fett zum verzehrten Fleisch
wirkt: im ersten Falle z. B. nach längerem Hunger währt der Eiweissansatz nur kurze Zeit und er ist gering; im letzteren Falle ver-
9*

geht längere Zeit bis zur Erreichung des Stickstoffgleichgewichts und
wird mehr dabei angesetzt. —
Sowie sich bei Ernährung mit reinem Fleisch die Grösse der Zersetzung des Eiweisses nicht ausschliesslich abhängig von der Zufuhr
des letzteren zeigt, sondern zu verschiedenen Zeiten und in der nämlichen Reihe der Erfolg ein sehr ungleicher ist, so ist dies auch bei
Zufügung von Fett zum Fleisch der Fall. Die Ursachen sind beide
Male die nämlichen; es kommt auf die Beschaffenheit des Organismus an, zu welchem die Bestandtheile der Nahrung hinzutreten, vor
Allem wieder auf das Quantum des vorher gereichten Eiweisses und
das Verhältniss des Fetts zum Eiweiss im Körper. Darum sieht man
bei der gleichen Eiweiss- und Fettmenge der Nahrung zu verschiedenen Zeitperioden und an den sich folgenden Tagen ein und derselben Versuchsreihe eine ganz ungleiche Eiweisszersetzung erfolgen,
einmal reicht der Körper, wenn er relativ viel Eiweiss enthält, mit
dem verzehrten Eiweiss nicht aus, das andere Mal setzt er, wenn
er fettreich ist, Eiweiss an.[1] So wurde z. B. nach Aufnahme von
500 Grm. Fleisch und 250 Grm. Fett zu verschiedenen Zeiten 395—
759 Grm. Fleisch in den Zerfall gezogen, veranlasst durch den wechselnden Eiweissgehalt der vorausgehenden Nahrung. Ebenso wie bei
Zufuhr von reinem Fleisch nimmt der Umsatz bei Fütterung mit
einer bestimmten Menge von Fleisch und Fett allmählich, dem Gleichgewichtszustand entgegengehend, zu oder ab, je nachdem vorher weniger oder mehr Eiweiss gereicht worden ist. Ich erhielt z. B. folgenden Fleischumsatz:

	bei 750 Fleisch mit 250 Fett (vorher 500 Fleisch mit 250 Fett)	bei 400 Fleisch mit 200 Fett (vorher 1800 Fleisch)
1	591	635
2	676	564
3	709	498
4	—	469
5	—	450

Vermehrt man bei gleichbleibender Fleischzufuhr die Fettmenge
der Nahrung, so sieht man nicht immer, wie man voraussetzen sollte,
eine weitere Verminderung des Eiweissverbrauchs. Die dabei eintretenden Aenderungen im letztern sind gering, und es scheint sich

---

1 Auch bei den Versuchen an Pflanzenfressern hat sich der Einfluss des
Ernährungszustandes des Körpers, namentlich der Masse des Körperfleisches, gezeigt: bei gleichem Futter ergab sich zu verschiedenen Zeitperioden ein ungleicher Eiweissumsatz (HENNEBERG u. STOHMANN, Beiträge zur Begründung einer rationellen Fütterung der Wiederkäuer. 2. Heft. S. 439. 1864. — HENNEBERG, Neue Beiträge etc. S. 404. 1871. — SCHULZE u. MAERCKER, Journ. f. Landw. 1870 u. 1871.

der Erfolg nach der Menge des zugleich gegebenen Fleisches zu
richten: bei geringen Fleischgaben war durch steigende Fettmengen,
ebenso wie bei ausschliesslicher Zufuhr von Fett, eine Zunahme des
Eiweissumsatzes zu bemerken, bei mittleren Gaben ein Gleichbleiben,
und bei grossen eine Herabsetzung desselben.

Es ist früher gezeigt worden, dass ein auf gutem Ernährungsstande befindlicher Fleischfresser mit Eiweiss, in Verbindung mit den
nöthigen Salzen und Wasser, sich dauernd auf seinem Eiweiss- und
Fettbestande erhält; er braucht jedoch davon sehr bedeutende Mengen, denn ein wohl genährter Hund von 34 Kilo Gewicht hat dazu
1500—1800 Grm. reines Fleisch, entsprechend 400 Grm. trockenem
Eiweiss nöthig, ein Mensch von 72 Kilo Gewicht (ein junger Mann
von mittlerem Fettgehalt) mindestens 1300 Grm. Fleisch.

Gibt man aber zum Eiweiss Fett hinzu, so kann man, da das
Fett den Eiweissumsatz vermindert, von ersterem weglassen und mit
wenig Fleisch unter Zusatz von Fett das Nämliche erreichen wie
mit viel Fleisch allein d. h. den Körper auf seinem Bestande erhalten. Wenn z. B. bei Zufuhr von 500 Grm. reinem Fleisch der Körper noch 60 Grm. Fleisch verliert, welcher Verlust erst durch Steigerung der Fleischzufuhr auf 1500 Grm. aufgehoben wird, so erhält sich
der Körper mit 500 Grm. Fleisch und 200 Grm. Fett, wenn letztere
60 Grm. Fleisch vor der Zersetzung zu bewahren im Stande sind.

Sowie man unter eine gewisse Gabe von reinem Fleisch nicht
herabgehen darf, wenn der Körper nicht an Eiweiss abnehmen soll,
so gibt es auch bei reichlichstem Fettzusatz, selbst wenn dabei Fett
angesetzt wird, eine untere Grenze der Eiweisszufuhr, unter welche
man ohne Eiweissverlust vom Körper nicht gehen darf. Diese geringste Menge von Eiweiss mit Fett steht auch bei einem herabgekommenen Thier immer höher als die im gleichen Zustande beim
Hunger sich zersetzende; es ergab sich z. B.

	Nahrung		Fleischumsatz	Fleisch-änderung am Körper
	Fleisch	Fett		
1	0	0	195	— 195
	176	50—200	238	— 62
	0	0	136	— 136
	150	250	233	— 83
	250	250	270	— 20
	450	250	342	+ 108
2	0	0	171	— 171
	500	100	439	+ 61
3	0	0	169	— 169
	100	200	103	— 3

Das Thier hätte darnach bei einem elenden Körperzustande etwa 350 Grm. Fleisch mit Fett nöthig gehabt; die untere Grenze ist also bei Fettzugabe etwas niederer als bei Aufnahme von reinem Fleisch, von welchem in den meisten Fällen 500 Grm. nicht genügend für die Deckung des Eiweissverlustes waren. Die geringste Fleischmenge, mit welcher bei meinem Hunde ein Ansatz von Fleisch zu bemerken war, betrug 800 Grm. Schliesslich tritt auch bei Zusatz von Fett mit jeder innerhalb der unteren und oberen Grenze liegenden Fleischmenge das Stickstoffgleichgewicht ein.

Reines Eiweiss bringt wegen der Steigerung der Zersetzung nie einen ansehnlichen Ansatz von Eiweiss (oder Fett) hervor, man kann damit nur einen guten Zustand erhalten, aber nicht schaffen. Unter dem Einflusse des Fettes, wenn es im Verhältniss zum Eiweiss in der richtigen Menge gegeben wird, findet aber, durch die eiweisserspare Wirkung desselben, ein dauernder Ansatz von Eiweiss statt.

B) Verhalten der Fettzersetzung.

Es fragt sich nun noch, wie sich der Umsatz des Fettes gestaltet, wenn zum Eiweiss der Nahrung Fett hinzugefügt wird. Die Versuche von Pettenkofer und mir[1] haben hierüber folgende Resultate ergeben:

Nr.	Nahrung		Aenderung am Körper				Kohlensäure	Sauerstoff auf[2]	Sauerstoff nöthig
	Fleisch	Fett	Fleisch zersetzt	Fleisch am Körper	Fett zersetzt	Fett am Körper			
1	400	200	450	— 50	159	+ 41	591	—	556
2	500	100	491	+ 9	66	+ 34	362	375	323
3	500	200	517	— 17	109	+ 91	453	317	391
4	800	350	635	+ 165	136	+ 214	598	—	584
5	1500	30	1457	+ 43	0	+ 32	534	438	450
6	1500	60	1501	— 1	21	+ 39	560	503	456
7	1500	100	1402	+ 98	9	+ 91	535	456	479
8	1500	100	1451	+ 49	0	+ 109	509	397	442
9	1500	150	1455	+ 45	14	+ 136	567	521	493

1 Pettenkofer u. Voit. Ztschr. f. Biologie. IX. S. 30. 1873.
2 respir. Quotient

2.	70
3.	103
5.	88
6.	81
7.	85
8.	93
9.	79

Mittel: 85

Aus diesen Zahlen ergiebt sich, dass das aus der Nahrung stammende Fett in bedeutender Quantität zerstört werden kann, und zwar bei kleineren und mittleren Gaben von Fleisch (bis 800 Grm.), im Allgemeinen in etwas grösserer Menge als beim Hunger.

Die sämmtlichen Reihen bei Aufnahme von 1500 Grm. Fleisch thun dagegen dar, dass von dem Kohlenstoff der Nahrung nahezu so viel im Körper zurückbleibt als im Fett aufgenommen wurde. Es ist daher nicht daran zu zweifeln, dass das Fett abgelagert und der Kohlenstoff des zersetzten Eiweisses ausgeschieden worden ist. Das Eiweiss oder der aus ihm sich abspaltende an Kohlenstoff reiche Antheil muss leichter im Körper zu Kohlensäure (und Wasser) zerfallen als das Fett der Nahrung. Auch kann das Fett nicht aus dem Grunde das Eiweiss vor der Zersetzung schützen, weil es den Sauerstoff für sich in Beschlag nimmt, denn es übt in diesen Fällen die schützende Wirkung aus, ohne selbst angegriffen zu werden; ja es wird umgekehrt das Fett durch das sich zersetzende Eiweiss oder die aus ihm sich abspaltenden kohlenstoffreichen Produkte vor der Zerstörung bewahrt.[1] Den leichteren Zerfall des Eiweisses im Körper beweist auch das Resultat der beiden folgenden Versuche:

Nahrung		Fleisch zersetzt	Fleisch am Körper	Fett zersetzt	Fett am Körper
Fleisch	Fett				
1500	0	1757	+ 43	0	+ 1
400	200	450	− 50	159	+ 41

Würde das Eiweiss schwerer angegriffen als das Fett, dann müsste doch von 1800 Grm. Fleisch ein guter Theil angesetzt und dafür Fett vom Körper zerstört werden. Das Fett wird offenbar erst in zweiter Linie nach dem Eiweiss in den Zerfall gezogen, wenn die Zellen noch das Vermögen besitzen weitere Stoffe zu zerlegen, wie schon aus dem Fettverlust beim Hunger hervorgeht, der ebenfalls um so kleiner ausfällt, je grösser der Eiweissverbrauch ist.

Dem entsprechend muss das Fett der Nahrung um so weniger angegriffen werden, je mehr Eiweiss zersetzt oder je mehr kohlenstofffreie Substanz daraus abgetrennt wird. Ich kann ausser dem obigen noch einige Beispiele dafür angeben:

---

1 Schon BIDDER u. SCHMIDT haben aus ihren Versuchen bei Fütterung mit Fleisch und Fett den Schluss gezogen, dass in gewissen Fällen das Eiweiss zu Grunde geht und das Fett abgelagert wird (Die Verdauungssäfte und der Stoffwechsel. S. 363. 1852).

Nahrung		Fleisch zersetzt	Fleisch am Körper	Fett zersetzt	Fett am Körper
Fleisch	Fett				
500	0	566	— 66	47	— 47
500	100	491	+ 9	66	+ 31
0	100	159	— 159	91	+ 6
0	350	227	— 227	164	+ 186
500	350	635	+ 165	136	+ 214

Der Verbrauch an Fett ist durchgängig um so grösser, je weniger
Eiweiss zerstört wird.

Mein Hund von 35 Kilo Gewicht verbrauchte beim Hunger
38 Grm. Eiweiss und 107 Grm. Fett; bei Darreichung steigender
Quantitäten von reinem Eiweiss wird die Fettzersetzung im Körper
immer geringer, bis sie schliesslich ganz aufhört. In diesem Falle
thun die aus der grossen Eiweissmenge abgespaltenen Materien stofflich die gleichen Dienste wie vorher die aus 38 Grm. Eiweiss und
107 Grm. Fett entstandenen. Es wird dadurch wahrscheinlich, dass
aus dem Eiweiss bei dem Zerfall Fett hervorgeht und durch Eiweiss
dann die Fettabgabe vom Körper aufgehoben wird, wenn aus ihm
die betreffende Fettmenge entstanden ist. Ist einmal in den Organen
die Spaltung des Eiweisses in Fett und andere Produkte vor sich
gegangen, so spielt das erzeugte Fett die gleiche Rolle wie das aus
dem Darm eingetretene, nur ist ersteres, offenbar weil es sich fein
vertheilt in den organisirten Gebilden befindet, leichter oxydirbar.

Gelangt bei gleichbleibender Eiweissaufnahme mehr Fett aus
dem Darm in die Säfte, so wird auch etwas mehr Fett in den Zerfall gezogen, eben so wie es sich früher bei ausschliesslicher Zufuhr
von Fett herausgestellt hatte. Wir erhielten z. B.

Nahrung		Fett zersetzt	Fett am Körper
Fleisch	Fett		
500	0	47	— 47
500	100	66	+ 34
500	200	109	+ 91

In der gleichen Weise wie das Fett der Nahrung wirkt auch
das im Körper schon abgelagerte Fett: denn ein fettreicher Körper
zersetzt unter sonst gleichen Umständen von dem ihm zugeführten
Fett etwas mehr als ein magerer. Ganz entsprechendes wurde schon
für den Fettansatz bei ausschliesslicher Fütterung mit Fleisch beobachtet; hatten die Thiere vorher reichlich Fett aufgespeichert, dann

wurde dabei noch Fett vom Körper abgegeben, während bei fettarmem Zustande bei der gleichen Fleischzufuhr ein Ansatz von Fett erfolgte. Als der Hund während 58 Tagen täglich 500 Grm. Fleisch mit 200 Grm. Fett erhielt, wobei er nahezu im Stickstoffgleichgewicht sich befand, jedoch bis zuletzt Fett ansetzte, wurde an den ersten Tagen weniger Fett zerstört als in den letzten. Ein fettarmer Körper speichert also leichter Fett auf als ein an Fett reicher; er entzieht das Fett, zum Theil wegen der grösseren Eiweisszersetzung, den Bedingungen der Zerstörung. Ist dagegen viel Fett am Körper schon angesammelt, so stehen der weiteren Ablagerung grössere Hindernisse im Wege.

Will man Eiweiss und Fett in möglichst grosser Menge zur Ablagerung bringen, so nimmt man mittlere Quantitäten von Fleisch mit viel Fett; durch Aufnahme einer im Verhältniss zu Fett reichlichen Eiweissmenge wird in wenigen Tagen kein Ansatz von Eiweiss mehr erzielt, wohl aber noch von Fett, da durch die Eiweisszersetzung das Fett der Nahrung erspart wird.

Bei Aufnahme von Fleisch und Fett sind demnach die Umsetzungen im Körper qualitativ die gleichen wie bei Aufnahme von reinem Fleisch, nur tritt meist der Punkt, wo ein Ansatz von Eiweiss und von Fett stattfindet, früher ein. Sie sind aber auch quantitativ die gleichen, wenn ein recht fettreicher Organismus das reine Fleisch zugeführt erhält.

Junge ausgewachsene Thiere haben, weil sie ärmer an Fett sind, mehr Eiweiss in ihrer Nahrung nöthig als alte, sowie sie auch bei Hunger mehr Eiweiss zerstören; sie verbrauchen aber auch, ihrer grösseren Lebhaftigkeit halber, mehr Fett.

Kleine Organismen zerstören beim Hunger verhältnissmässig viel Eiweiss, während die Fettzersetzung relativ nur wenig wächst. Das Gleiche findet sich auch bei Zufuhr von Fleisch und Fett. Ich habe für grosse und kleine Fleischfresser die geringste Quantität von Fleisch und Fett gesucht, mit welcher sie sich eben während langer Zeit auf ihrem Bestande erhielten; es fand sich dabei:

Thier	Gewicht des Thieres	Nahrung		auf 1 Kilo Körper	
		Fleisch	Fett	Fleisch	Fett
Hund, alt und sehr fett . .	42400	500	138	11.8	3.25
Hund	39000	500	120	12.8	3.08
Hund, jung und nicht fett .	27600	400	125	14.5	4.53
Hund, nicht fett	4318	150	20	34.7	4.63
Katze	2750	120	15	43.6	5.45
Ratte	263	24	5.5	91.2	20.91
Ratte	150	16.9	5.1	112.6	34.00

Kleine Hunde und Katzen nehmen auf gleiches Gewicht fast das
vierfache Eiweissquantum auf wie grosse Hunde, während der Fett-
consum nicht um das Doppelte steigt; nur die kleinen, höchst beweglichen Ratten verzehren mit der verhältnissmässig enormen Eiweissquantität auch entsprechend mehr Fett. Die Ursache des relativ
höheren Eiweisszerfalls im kleinen Organismus ist die schon beim
Hunger angegebene: es ist bei ihm nach Vierordt's Entdeckung der
Säftestrom ein ungleich lebhafterer; die Ursache der Mehrzersetzung
des Fettes bei den Ratten ist die grössere Muskelthätigkeit dieser
Thiere.

Man könnte daraus versucht sein zu schliessen, dass die Organe
oder Zellen des kleinen Organismus die Fähigkeit besitzen mehr
Stoff zu zerlegen als die des grossen; dies ist aber nicht so: sie
haben beide die gleiche Maximalleistung, nur zersetzen erstere beim
Hunger und bei der geringsten Zufuhr von Eiweiss und Fett aus den
angegebenen Gründen mehr Material, namentlich mehr Eiweiss.

3. Bei Zufuhr von Kohlehydraten und von Fleisch mit Kohlehydraten.

A) Verhalten der Eiweisszersetzung.

Die verschiedenen Kohlehydrate (es sind Stärkemehl, Rohrzucker,
Traubenzucker und Milchzucker geprüft worden) verhalten sich in
vielen Stücken wie das Fett; die übrigen Kohlehydrate wie z. B.
Dextrin, oder das aus der Cellulose entstandene Produkt werden
wohl alle qualitativ den gleichen Effekt haben. Es sollen hier vorzüglich die Unterschiede in den Wirkungen des Fettes und der Kohlehydrate auf den Umsatz im Körper hervorgehoben werden.

Frerichs[1] gab zuerst an, bei Fütterung eines Hundes mit Amylum und
Zucker ebensoviel Harnstoff gefunden zu haben wie bei vollständiger Entziehung der Nahrung. Es wurde dann von F. Hoppe[2] gezeigt, dass bei
Zusatz von Rohrzucker zu Fleisch vom Hunde weniger Harnstoff im Harn
austritt, woraus er auf eine Ablagerung stickstoffhaltiger Substanz unter
der Einwirkung des Zuckers schloss. Später thaten Bischoff und ich[3]
in einer grösseren Anzahl von Reihen bei verschiedenen Fleisch- und
Kohlehydratgaben die geringere Stickstoffausscheidung unter dem Einflusse
der letzteren dar. Endlich habe ich[4] in ausgedehnten Untersuchungen
die Rolle der Kohlehydrate bei dem Umsatz und Ansatz des Eiweisses,

---

1 Frerichs, Arch. f. Anat. u. Physiol. 1848. S. 481.
2 Hoppe, Arch. f. pathol. Anat. X. S. 144. 1855; siehe hierüber Voit, Ztschr. f.
Biologie. IV. 302. 316. 1868.
3 Bischoff u. Voit, Die Gesetze der Ernährung d. Fleischfressers. S. 153. 1860.
4 Voit, Ztschr. f. Biologie. V. S. 431. 1869.

sowie im Verein mit Pettenkofer[1] die Bedeutung derselben für die Ersparung und die Ablagerung von Fett im Thierkörper studirt.

So wenig wie durch Fett allein kann durch ausschliessliche
Darreichung von Kohlehydraten der Eiweissverbrauch im Körper
verhütet werden; selbst bei der reichlichsten Zufuhr von Kohlehydraten wird immer noch Eiweiss abgegeben und durch Zusatz derselben zu Fleisch die Zerstörung des letzteren nicht aufgehoben, es
bestehen also die Bedingungen der Eiweisszerstörung dabei fort. Es
ist daher nicht möglich, Thiere bei ausschliesslicher Darreichung von
Kohlehydraten längere Zeit am Leben zu erhalten.[2] Ich erhielt z. B.

Nahrung		Fleisch-
Fleisch	Kohlehydrat	umsatz
0	450 St.	167
0	700 St.	217
0	500 Z.	224
150	350—430 St.	316
200	300 Z.	269

Die verschiedenen Kohlehydrate sind in gleichen Quantitäten
in ihrer Einwirkung auf den Zerfall des Eiweisses äquivalent. Ich
habe dies wenigstens für das Stärkemehl, den Milchzucker und den
Traubenzucker geprüft, es gilt dies wahrscheinlich auch für die anderen Kohlehydrate:

Nahrung		Harnstoff	Fleisch-
Fleisch	trockenes Kohlehydrat		umsatz
400	211 St.	30.5	431
400	227 Tr.-Z.	32.3	439
500	182 Tr.-Z.	38.0	532
500	168 St.	37.8	528
2000	180 M.-Z.	125.7	—
2000	0	132.2	—
2000	0	143.7	—
2000	168 St.	131.3	—
2000	168 St.	125.3	—

Im Allgemeinen nimmt auch bei Zusatz von Kohlehydraten der
Eiweissverbrauch nahezu proportional mit der Fleischmenge der Nahrung zu:

1 Pettenkofer u. Voit, Ebenda. IX. S. 435. 1873.
2 Nach Oertmann (Arch. f. d. ges. Physiol. XV. S. 369) bleiben Kaninchen bei
stickstoffloser Kost 22—61 Tage am Leben, während sie beim Hunger schon nach

Nahrung		Fleisch-umsatz
Fleisch	Kohlehydrat	
150	100—350 Z.	224
300	250 Z.	410
500	250 St.	535
800	250 St.	745
1500	200 St.	1454
2000	200 Z.	1894

Auch die kleinste Steigerung in der Fleischzufuhr macht bei Gegenwart von Kohlehydraten eine Steigerung der Fleischzersetzung. Wie das Fett ersparen die Kohlehydrate Eiweiss, indem sie unter sonst gleichen Umständen sowohl bei Eiweisshunger als auch bei Eiweisszufuhr den Verbrauch an Eiweiss geringer machen und dadurch für die Ernährung ebenfalls von grosser Bedeutung werden.[1] Dies zeigen folgende Beispiele:

Nahrung		Harnstoff	Fleisch-umsatz	
Fleisch	Kohlehydrat			
0	0	13.2	181	
0	500 St.	10.9	170	
500	0	39.2	546	
500	250 St.	32.8	475	
1500	0	114.9	1599	
1500	200 St.	103.3	1454	
2000	0	143.7	1991	
2000	200 St.	131.1	1825	
2000	200 St.	125.3	1745	
2000	300 St.	124.6	1736	1792
2000	300 St.	134.3	1868	
2000	- 300 St.	126.8	1766	

Die Ersparung von Eiweiss durch die Kohlehydrate ist nicht bedeutend, sie beträgt im Mittel 9 %, im höchsten Falle 15 % des

5 Tagen zu Grunde gingen. Aeltere und schwerere Thiere halten es bei Mangel an Eiweiss in der Nahrung länger aus:

Gewicht des Thiers	Tod in Tagen
771	22
1120	45
1200	27
1308	61
1360	35
1430	58

1 GROUVEN giebt an (Physiol.-chem. Fütterungsversuche. 2. Ber. 1864), dass durch Zusatz von stickstofffreien Nahrungsstoffen zum Futter (Stroh) des Ochsen der Fleischumsatz vermindert werde. Siehe auch die Zusammenstellung von HENNEBERG im Journ. f. Landw. 1865. S. 157; ebenso die Uebersicht der Weender Versuche bei WOLFF, Ernährung d. landw. Nutzthiere. 1876. S. 293, aus denen hervorgeht, dass bei den Pflanzenfressern wegen des Vorwiegens der stickstofffreien Stoffe in dem Futter der Fleischansatz lange Zeit fortbesteht. Dass eine Vermehrung der stickstofffreien Substanzen in der Nahrung den Eiweissumsatz ver-

vorher gegebenen Eiweisses, und entspricht im Maximum 199 Grm. frischem oder 48 Grm. trocknem Fleisch. Die die Eiweisszersetzung hemmende Wirkung der Kohlehydrate tritt also, wie die des Fettes, sehr zurück gegen die befördernde der Eiweisszufuhr. Die Zerstörung des Eiweisses ist daher nahezu unabhängig von den Kohlehydraten, ebenso wie vom Fett, und sie geht zum grössten Theil vor sich, wie wenn keine Kohlehydrate vorhanden wären.

Diese Wirkung der Kohlehydrate hat wie die gleiche des Fettes zunächst zur Folge, dass man bei Zusatz derselben weniger Eiweiss nöthig hat, um den Körper auf seinem Eiweissbestande zu erhalten als bei Zufuhr von Eiweiss allein und sie begünstigt ferner den Ansatz von Eiweiss.

Je mehr Eiweiss man im Verhältniss zu den Kohlehydraten giebt, desto rascher tritt wieder Stickstoffgleichgewicht ein und desto bälder hört der Eiweissansatz auf. Reicht man dagegen verhältnissmässig grosse Quantitäten von Kohlehydraten, also mittlere Eiweissmengen mit viel Kohlehydraten, so währt der Ansatz von Eiweiss lange Zeit fort. Es wird demnach die Grösse des Eiweissansatzes wiederum nicht durch die absolute Eiweissmenge in der Nahrung, sondern durch die relative gegenüber den stickstofffreien Stoffen bestimmt.

Auch hier ist neben der Nahrungszufuhr der Körperzustand von bestimmendem Einfluss auf den Eiweissverbrauch; denn das vom Darmkanal aus Aufgenommene kommt nur zu dem im Körper schon befindlichen Material hinzu, und der Effekt wird bestimmt durch den gegebenen Körperzustand und dessen Veränderung durch die hinzutretenden Nahrungsstoffe. Es zeigt sich dem entsprechend abermals, dass die gleiche Eiweiss- und Kohlehydratmenge zu verschiedenen Zeiten einen sehr ungleichen Erfolg in dem Eiweissumsatz nach sich zieht, namentlich abhängig von der Grösse der vorausgehenden Eiweisszufuhr:

Nahrung		Nahrung vorher		Fleisch-
Fleisch	Kohlehydrat	Fleisch	Kohlehydrat	umsatz
500	200 St.	500	200 Z.	528
500	200 Z.	750	150 Z.	623
500	200 St.	1500	0	712
700	150 St.	1700	0	773
700	150 Z.	1930	0	1014

mindert, geht aus den Weender Versuchen an Ochsen hervor, ebenso aus den Versuchen von Schulze u. Maercker an Schafen (Journ. f. Landw. 1870 u. 1871), und aus denen von Stohmann an Ziegen (Ztschr. f. Biologie. VI. S. 204. 1870).

d. h. es wird trotz gleicher Zufuhr stets mehr Eiweiss zersetzt, wenn in der vorausgehenden Reihe mehr Eiweiss verabreicht worden war. Reicht am ersten Tage der Fütterung mit einer Mischung von Eiweiss und Kohlehydraten das erstere nicht hin den Verlust von Eiweiss vom Körper zu verhüten, dann nimmt die Eiweisszersetzung von Tag zu Tag ab, bis schliesslich, wenn die Eiweissmenge nicht gar zu gering ist, das Stickstoffgleichgewicht eintritt. Wird dagegen mehr Eiweiss gegeben, als dem früheren Verbrauch entspricht, so findet so lange ein Ansatz von Eiweiss statt bis der Umsatz desselben dadurch in dem Maasse wächst, dass schliesslich wiederum das Stickstoffgleichgewicht in den Einnahmen und Ausgaben erfolgt z. B.

Nahrung		Nahrung vorher		Fleisch-umsatz
Fleisch	Kohlehydrat	Fleisch	Kohlehydrat	
0	450 St.	150	430 St.	203
0	450 St.	—	—	130
400	400 St.	1500	200 St.	611
400	400 St.	—	—	525
400	400 St.	—	—	456
400	400 St.	—	—	447
800	450 St.	—	450 St.	436
800	450 St.	—	—	621
1800	450 St.	800	450 St.	1341
1800	450 St.	—	—	1477

Während steigende Gaben von Fett bei gleicher Eiweisszufuhr nicht deutlich und constant den Eiweissumsatz vermindern, ja ihn in gewissen Fällen etwas erhöhen, bringt jede Vermehrung der Kohlehydrate eine Herabsetzung desselben hervor (wenn nicht dabei die Harnmenge eine Steigerung erfährt), wie die folgenden Versuche zeigen:

Nahrung		Fleisch-umsatz
Fleisch	Kohlehydrat	
0	370 Z.	270
0	500 Z.	224
500	300 Z.	466
500	200 Z.	505
500	100 Z.	537
2000	100 M.-Z.	1847
2000	200 M.-Z.	1778
2000	200 M.-Z.	1780

Die Kohlehydrate sind für den Eiweissansatz günstiger als das
Fett, welches in grösseren Gaben keine weitere Verminderung des
Eiweisszerfalls hervorbringt; die Kohlehydrate wirken in Beziehung
der Ersparung von Eiweiss mehr als die gleiche Menge von Fett:

Nahrung		Fleisch-
Fleisch	N-frei	umsatz
500	250 F.	558
500	300 Z.	466
500	200 Z.	505
800	250 St.	745
800	200 F.	773
2000	200—300 St.	1792
2000	250 F.	1883

Wegen der grösseren Verminderung des Eiweissumsatzes durch
die Kohlehydrate setzen die Pflanzenfresser, welche meist auch verhältnissmässig sehr bedeutende Mengen von Kohlehydraten verzehren,
leicht Eiweiss an.[1]

Nach diesen Darlegungen spielen die Kohlehydrate für die Erhaltung des Körpers auf seinem Bestande an Eiweiss dieselbe wichtige Rolle wie das Fett. Von reinem Fleisch braucht man grosse
Quantitäten, um den Gehalt eines Organismus an Eiweiss zu bewahren. Setzt man zu einer grösseren Fleischration Kohlehydrate zu,
so wird der weitaus grösste Theil des Eiweisses in die Zersetzung
hinein gezogen und nur ein kleiner Theil für kurze Zeit erspart.[2]
Da nun bei Darreichung einer mittleren Menge reinen Fleisches der
Körper nur mehr wenig Fleisch von sich abgiebt, die Kohlehydrate
aber den Zerfall einer solchen Fleischmenge verhindern, so kann der
Organismus mit einer mittleren Fleischmenge unter Zusatz von Kohlehydraten völlig auf seinem Eiweissbestande erhalten werden, z. B.

---

1 Nach ZUNTZ (Ztschr. f. wiss. Landw. 1879. S. 90) scheinen die Pflanzenfresser absolut und relativ zum Verbrauche der stickstofffreien Körperbestandtheile weniger Eiweiss umzusetzen und deshalb leichter Fleisch anzusetzen; auch
scheine die sparende Wirkung der Kohlehydrate stärker als beim Hunde zu sein.
Ich glaube nicht, dass dies sicher erwiesen ist; ich finde nur, dass WOLFF (Die
Ernährung der landw. Nutzthiere. S. 293. 1876) aus den Weender Versuchen entnimmt, dass der Ansatz von Eiweiss beim Rind unter sonst gleichen Umständen
grösser zu sein scheine als beim Hund, was aber möglicherweise nicht mit den
Eigenschaften des Pflanzenfressers, sondern mit der Grösse des Thiers zusammenhängt, insofern grössere Organismen verhältnissmässig weniger zersetzen und zur
Erhaltung brauchen.

2 Auch das Rind zerstört nach den Weender Versuchen (WOLFF, Die Ernährung d. landw. Nutzthiere. S. 293. 1876) bei einseitiger Steigerung des Eiweisses
im Futter den grössten Theil desselben wieder.

Nahrung		Fleisch-
Fleisch	Kohlehydrate	umsatz
500	100—300 Z.	502
500	0	564

Es giebt endlich auch für die Zufuhr von Eiweiss mit Kohlehydraten eine untere Grenze, unter welche man nicht gehen darf, ohne dass der Körper Eiweiss verliert, und welche immer höher steht als die Eiweisszersetzung beim Hunger unter sonst gleichen Umständen. Diese untere Grenze ist für einen bestimmten Organismus selbstverständlich nicht immer die gleiche, sondern sie richtet sich nach dem jeweiligen Zustand des Körpers: sie steht höher, wenn der Körper relativ reich an Eiweiss ist, und tiefer, wenn er arm an Eiweiss und reich an Fett ist. Es ergab sich z. B.

Nahrung		Fleisch-	Aenderung im
Fleisch	Kohlehydrat	umsatz	Körperfleisch
150	350—430 St.	316	— 166
200	300 Z.	269	— 69
300	250 Z.	410	— 110
400	400 St.	453	— 83
500	250 St.	475	+ 25
500	250 St.	535	— 35
500	200 Z.	623	— 123
500	200 St.	712	— 212
500	450 St.	436	+ 364
500	250 St.	745	+ 55

Während mein 35 Kilo schwerer Hund von reinem Fleisch bei einem durch Hunger sehr herabgekommenen Zustande mindestens 500 Grm. Fleisch zur Erhaltung des Eiweisses im Körper nöthig hatte, ferner bei gleichzeitiger Fettaufnahme im Minimum 350 Grm. Fleisch verbrauchte, musste er zu dem gleichen Zwecke bei einem guten Ernährungsstande eben 500 Grm. Fleisch mit viel Kohlehydraten aufnehmen. —

B) Verhalten der Fettzersetzung.

Nach der Betrachtung des Einflusses der Kohlehydrate auf den Eiweissumsatz muss jetzt noch untersucht werden, wie sich dabei der Verbrauch der Kohlehydrate gestaltet, wie dieselben sich in Beziehung der Verhütung des Fettverlustes vom Körper stellen, ob sie sich hierin qualitativ und quantitativ ebenso wie das Fett verhalten und ob aus ihnen wie aus dem Fett ein Theil unzersetzt im Körper z. B. als Fett abgelagert werden kann.

Die hauptsächlichsten Resultate der hierauf bezüglichen Respirationsversuche von Pettenkofer und mir fasse ich in der folgenden Tabelle zusammen:

Nr.	Nahrung			Aenderung im Körper							Kohlensäure	Sauerstoff auf¹
	Fleisch	Kohlehydrat	Fett	Fleisch zersetzt	Fleisch am Körper	Kohlehydrat zersetzt	Fett aus der Nahrung	Fett vom Körper ab	Fett aus Eiweiss an			
1	0	379 St.	17	211	— 211	379	+ 17	0	24	546	—
2	0	608 St.	22	193	— 193	608	+ 22	0	22	785	—
3	400	211 St.	10	436	— 36	211	— 10	0	0	545	—
4	400	227 Z.	0	393	+ 7	227	0	— 25	0	538	—
5	400	344 St.	6	413	— 13	344	+ 6	0	39	578	467
6	500	167 St.	5	568	— 68	167	+ 5	0	20	416	275
7	500	182 Z.	0	537	— 37	182	0	0	16	444	255
8	500	167 St.	6	530	— 30	167	+ 6	0	8	422	268
9	800	379 St.	14	608	+ 192	379	+ 14	0	55	664	—
10	1500	172 St.	4	1475	+ 25	172	+ 4	0	43	679	561
11	1800	379 St.	10	1469	+ 331	379	+ 10	0	112	841	—

Es ist nach diesen Versuchen sicher, dass die Kohlehydrate im Stande sind, neben der Verminderung der Eiweisszersetzung auch eine solche der Fettzersetzung zu bewirken (Versuch Nr. 3. 4) und den Fettverlust vom Körper ganz zu verhüten (Nr. 6. 7. 8); ja es tritt unter ihrem Einflusse sogar ein Ansatz von Kohlenstoff, wahrscheinlich in der Form von Fett ein (Nr. 1. 2. 5. 9. 10. 11). Die Kohlehydrate haben im Körper den nämlichen Erfolg auf den Fettverbrauch wie eine gewisse Menge der aus dem Eiweiss abgespaltenen kohlenstoffreichen Materie. In zwei sich direkt folgenden Reihen erhielt unser Hund einmal 1500 Grm. Fleisch, dann 500 Grm. Fleisch mit 167 Grm. Stärkemehl; beide Male wurde im Körper Kohlenstoff

1	respir. Quotient
5.	90
6.	110
7.	126
8.	115
10.	89
Mittel	106
Hunger	72
bei Fleisch . . .	78
bei Fleisch u. Fett	85

Aus der hohen Verhältnisszahl geht hervor. dass hier im Körper Kohlehydrate zersetzt worden sind; die 100 überschreitende Zahl zeigt eine Abgabe von Wasserstoff oder Kohlenwasserstoffen an.

zurückbehalten und zwar nahezu die gleiche Menge. Die Differenz in der Fleischzersetzung beider Reihen betrug 931 Grm.; es hatten daher die aus 931 Grm. Fleisch entstandenen Stoffe (= 224 Grm. Trockensubstanz) die gleiche Wirkung wie 167 Grm. Stärkemehl ausgeübt.

Die verschiedenen Kohlehydrate haben in dieser Beziehung die gleiche Wirkung, wenigstens das Stärkemehl und der Traubenzucker.[1] Dies geht aus den Beispielen Nr. 3 und 4, sowie aus den Beispielen Nr. 6. 7 und 8 hervor, bei denen nach nahezu gleicher Aufnahme von Stärkemehl und Traubenzucker auch die Zersetzung und das Verhalten des Fettes im Körper die nämlichen waren.

Die Kohlehydrate sind ferner leicht zersetzlich, jedenfalls wesentlich leichter als das im Körper abgelagerte oder aus dem Darm zugeführte Fett. Sie werden sicherlich zum grössten Theile im Lauf von 24 Stunden zerstört und unter Aufnahme von Sauerstoff schliesslich in Kohlensäure und Wasser verwandelt; bei dem Fleischfresser geschieht dies wahrscheinlich mit den grössten Mengen, welche das Thier ertragen und resorbiren kann.

Dies zeigt sich schon bei mittleren Gaben von Fleisch, wo von dem zugesetzten Fett ungleich weniger verbrannt wird als von den Kohlehydraten (a. a. O. S. 448 u. 469). Vor Allem geht dies aber aus dem so sehr verschiedenen Erfolge der Zugabe von Fett oder von Stärkemehl zu einer grösseren Menge von Fleisch hervor, welche den Körper eben auf seinem Bestande erhält. Während nämlich das Fett (30—150 Grm.) keine Aenderung in der Kohlenstoffausscheidung hervorrief, also stets ganz angesetzt und nicht angegriffen wurde, machte das Kohlehydrat eine erhebliche Steigerung der Ausgabe des Kohlenstoffs (a. a. O. S. 478 u. 479). Bei der gleichen Zufuhr von Kohlenstoff in 608 Grm. Stärkemehl und in 350 Grm. Fett ohne weiteren Zusatz kamen im ersten Falle 785 Grm. Kohlensäure, im letzteren nur 520 Grm. Kohlensäure im Athem zur Ausscheidung, da die Kohlehydrate ganz verbrannt, von dem Fett aber 186 Grm. = 53 % angesetzt wurden.

Es ist höchst unwahrscheinlich, dass die Steigerung der Kohlenstoffabgabe bei Zufuhr von Kohlehydraten von einer Mehrzerlegung des Körperfettes herrührt und dass dagegen die Kohlehydrate nach Umwandlung in Fett zum Ansatz gelangen, da bei Zusatz von Fett zu viel Fleisch kein Fett oxydirt wird.

Es sind 200 Grm. Stärkemehl im Stande den Verlust von Koh-

---

1 Pettenkofer u. Voit, Ztschr. f. Biologie. IX. S. 469. 1873.

lenstoff vom Körper, soweit er nicht im zersetzten Eiweiss steckt,
zu verhüten; würden dabei wie sonst beim Hunger 100 Grm. Fett
zerstört, so müssten aus 200 Grm. Kohlehydrat 100 Grm. Fett hervorgehen, was ganz unmöglich ist; Alles erklärt sich aber ganz einfach
unter der Annahme, dass das Kohlehydrat leichter in einfachere
Produkte zerfällt als das Fett und letzteres vor der Verbrennung
schützt; erst wenn die Kohlehydrate der Nahrung nicht zureichen,
wird dann das im Körper befindliche Fett angegriffen. Es ist darnach auch wahrscheinlich, dass das von dem Darm aus in die Säfte
gelangte Kohlehydrat leichter verbrannt wird als der aus dem Eiweiss sich abspaltende kohlenstoffreiche Antheil, wenigstens wenn
und soweit er aus Fett besteht.

In den Reihen mit mittleren Gaben von Fleisch und Kohlehydraten (Nr. 3. 4. 6. 7. 8) stimmt die Kohlenstoffausgabe nahezu mit
der Kohlenstoffeinnahme überein. Bei Nr. 3 und 4 (400. Grm. Fleisch
mit 211 Grm. Stärkemehl oder 227 Grm. Zucker) geht noch etwas
Kohlenstoff vom Körper, der wohl nur aus Fett abstammen kann,
zu Verlust, so dass dabei sicherlich das leichter zersetzliche Kohlehydrat in 24 Stunden vollständig zerstört worden ist. Bei Nr. 6. 7. 8.
(500 Grm. Fleisch mit 167 Grm. Stärkemehl oder 182 Grm. Zucker)
findet sich allerdings etwas weniger Kohlenstoff in den Ausscheidungen als in der Zufuhr, so dass etwas Kohlenstoff im Körper aufgespeichert worden ist, welcher entweder vom zersetzten Eiweiss
nach Abspaltung der stickstoffhaltigen Produkte oder vom Kohlehydrat herrührt. Die so angesetzte Kohlenstoffmenge ist jedoch hier
nicht beträchtlich, wesshalb ich eine nähere Erörterung und Entscheidung auf die folgenden Fälle verspare, bei denen der Ansatz
von Kohlenstoff grösser ist.

Dies letztere ist vorzüglich der Fall in den Reihen Nr. 1. 2. 5. 9. 10
und 11. Eine nähere Berechnung und Betrachtung derselben ergiebt:

	1.		2.	3.	4.	5.	6.
Nr.	N a h r u n g		Fohlender C in Fett ausgedrückt	Aus Stärke müsste Fett werden in %	Aus zer- setztem tr. Fleisch müsste Fett werden in %	Aus zersetztem Eiweiss müsste Fett werden in %	Das zersetzte Eiweiss liefert Fett [1]
	Fleisch	Kohlehydrat					
1	0	379	24	7	47	52	24
2	0	608	22	4	47	51	22
5	400	311	39	11	39	43	45
9	500	379	55	15	37	41	67
10	1500	172	43	25	12	13	162
11	1800	379	112	30	31	35	162

1 Unter der Annahme, dass aus dem Eiweiss 51.4% Fett hervorgehen können.

10*

Es ist nicht denkbar, dass der täglich fehlende Kohlenstoff im
Leibe des Thiers in Zucker oder Glykogen oder Milchsäure abgelagert worden ist, da dasselbe während längerer Zeit das Kohlehydrat erhielt und schon in den ersten Tagen die Sättigung des Körpers mit diesen Substanzen eintreten musste. Der angesetzte Kohlenstoff kann nur in Fett zurückbehalten worden sein, welches ja auch
erfahrungsgemäss unter dem Einflusse der Kohlehydrate angesetzt
wird. Aber aus welchem Material bildet sich hier das Fett, aus den
Zerfallprodukten des Eiweisses oder des Zuckers?

Nach der Columne 3 und 4 vorstehender Tabelle müssten, um
das abgelagerte Fett zu erzeugen, aus dem zersetzten trocknen Fleisch
12—47%, aus dem zersetzten Stärkemehl 4—30% Fett sich bilden.
Da nun auch bei Aufnahme von reinem Fleisch ohne Kohlehydrate
ein Ansatz von Kohlenstoff erfolgt und zwar auf Fett umgerechnet
29—58 Grm.:

Fleisch verzehrt	Fettansatz	Aus zersetztem tr. Fleisch müsste Fett werden in %
1500	29	8
2000	58	12
2500	57	8

so kann auf jeden Fall ein Theil des Kohlenstoffansatzes bei gleichzeitiger Verabreichung von Kohlehydraten auf Kosten des zersetzten
Eiweisses geschehen.

Es ist aber die Frage, ob man dabei den gesammten Kohlen-
stoffansatz aus dem Eiweiss ableiten darf oder ob man dafür auch
den Zucker herbeiziehen muss. Nehmen wir einstweilen mit HENNE-
BERG [1] an, dass im äussersten Falle aus dem Eiweiss 51.4% Fett
hervorgehen können, so wird man für die vorliegenden Versuche am
Fleischfresser das angesetzte Fett aus dem Eiweiss sich abspalten
lassen dürfen, wenn jene Maximalzahl (51.4%) nicht überschritten
wird. Diese Zahl wird nun in den Versuchen Nr. 5. 9. 10 und 11
nach der Columne 5 nicht erreicht, nach welcher sich dabei aus
dem Eiweiss nur 13—43% Fett bilden müssen; nur in den Versuchen 1 und 2, bei Aufnahme der grösstmöglichen Stärkemehlmengen
ohne Zugabe von Fleisch finden sich die Zahlen 51 und 52%. Wir
sind damit allerdings bis nahe an die Grenze gekommen, aber sie
ist nicht überschritten und es ist daher immerhin noch die Annahme
gestattet, dass alles hier angesetzte Fett aus dem Eiweiss hervor-

1 HENNEBERG, Landw. Versuchsstationen. X. S. 437. 1868; Neue Beiträge etc.
S. 45. 1872.

geht, wenn die Zahl von Henneberg eine mögliche ist. Jedenfalls ist so viel sicher, dass sich aus dem Eiweiss Fett abspaltet und dass der grösste Theil des in obigen Versuchen bei Aufnahme von Kohlehydraten abgelagerten Fettes aus dem Eiweiss abzuleiten ist. Dass das Eiweiss einen Antheil an jener Fettablagerung hat, beweist auch die aus unseren Zahlen hervorgehende Beobachtung, wornach die Grösse des Eiweisszerfalls von bestimmendem Einfluss für die Grösse des Fettansatzes ist und durchaus nicht die Kohlehydratzufuhr. Der absolute Fettansatz steht vielmehr in unverkennbarer Beziehung zur Menge des zersetzten Eiweisses und nicht zu der Quantität der aufgenommenen Kohlehydrate, wie folgende Zusammenstellung darthut:

	Fleisch-verbrauch	Kohlehydrate	Fett am Körper
1	211	378	+ 24
2	193	608	+ 22
3	436	211	− 8
5	413	344	+ 39
6	568	167	+ 20
9	608	379	+ 55
10	1475	172	+ 43
11	1469	608	+ 112

Während bei ausschliesslicher Fütterung mit 350 Grm. Fett 53 °/o davon zum Ansatz gelangten, blieb nach Zufuhr von 608 Grm. Stärkemehl nur eine 22 Grm. Fett entsprechende Kohlenstoffmenge im Körper zurück. Würde also dieses Fett aus dem Stärkemehl hervorgegangen sein, so wären aus letzterem nur etwa 5 °/o Fett entstanden und es wäre somit dasselbe in dieser Beziehung mindestens 13 mal weniger wirksam wie das Fett. Diese geringe Wirkung grosser Massen von Kohlehydrat erklärt sich nur aus dem geringen gleichzeitigen Eiweisszerfall. Die Kohlenstoffablagerung nimmt aber zu, sobald mehr Eiweiss gegeben wird. Bei gleichen Quantitäten der Kohlehydrate (in Nr. 1. 5. 9 und 11 sowie in Nr. 6 und 10) ist der Fettansatz nahezu proportional dem Eiweissverbrauch: nach Aufnahme von 1800 Grm. Fleisch und 379 Grm. Stärkemehl war der Fettansatz fünfmal grösser als nach Aufnahme der nämlichen Stärkemenge ohne Fleisch, was nach der Anschauung der Erzeugung des Fettes aus Kohlehydraten gar nicht zu verstehen ist, wohl aber wenn das Fett aus dem Eiweiss sich bildet, das dabei in siebenmal grösserer Quantität zersetzt wird.

Die Kohlehydrate zeigen allerdings auch eine Wirkung auf die

Fettablagerung, indem bei grösseren Mengen derselben mehr Kohlenstoff oder Fett angesetzt wird (wie in Nr. 3 und 5 oder in Nr. 10 und 11); dies tritt aber nur dann ein, wenn genügend Eiweiss zersetzt wird, also nicht beim Eiweisshunger (in Nr. 1 und 2), wo eine Steigerung der Kohlehydratgabe keine weitere Steigerung des Fettansatzes nach sich zieht, ein Zeichen, dass das Kohlehydrat nicht das Material für das Fett lieferte. Spaltet sich aus dem Eiweiss ein kohlenstoffreicher Antheil oder Fett ab, dann muss derselbe sich geradeso wie das Fett der Nahrung verhalten und durch den leicht zersetzlichen Zucker vor dem Zerfall beschützt werden und zur Ablagerung kommen. Es ist daher für jede Eiweissmenge ein bestimmtes Kohlehydratquantum erforderlich, um alles aus ersterer entstandene Fett zum Ansatz zu bringen; dieser äusserste Fall muss eintreten bei ausschliesslicher Darreichung sehr grosser Kohlehydratmengen, wobei nur wenig Eiweiss zerstört wird.

Die Resultate der Versuche mit Kohlehydratfütterung am Fleischfresser lassen sich deuten unter der Annahme, dass die Kohlehydrate stets ganz zu Kohlensäure und Wasser verbrannt werden und dadurch das aus dem Eiweiss abgetrennte Fett schützen; sie bleiben dagegen völlig unverständlich, wenn man aus den Kohlehydraten Fett hervorgehen lässt.

Damit soll selbstverständlich nicht gesagt sein, dass unter keinen Umständen im Thier aus den Kohlehydraten Fett gebildet werden kann; es ist die Erzeugung von Fett aus Kohlehydraten nur für die bis jetzt beim Fleischfresser beobachteten Fälle höchst unwahrscheinlich. Weiteres soll bei der näheren Betrachtung der Fettbildung im Thierkörper dargelegt werden. Obige Auseinandersetzungen waren nöthig, um die Rolle der Kohlehydrate zur Anschauung zu bringen.

Es fragt sich endlich noch, in welchen Mengen der Zucker dem Fett in Beziehung der Aufhebung des Fettverlustes vom Körper äquivalent ist d. h. wieviel man Zucker nöthig hat, um hierin den gleichen Dienst zu thun wie eine gewisse Menge von Fett. Diese wichtige Frage ist bis jetzt noch nicht eingehend untersucht worden; PETTENKOFER und ich (a. a. O. S. 441. 448. 469. 534) haben in drei Fällen gelegentlich darauf Rücksicht genommen. In einem Versuche zersetzten sich statt 100 Fett 142 Stärkemehl; in zwei weiteren, deren Resultate sicherer sind, für 100 Fett einmal 172, das andere Mal 179 Stärkemehl; das Mittel aus den beiden letzteren Versuchen gibt ein Verhältniss von 100 : 175. Das Bedeutungsvolle daran ist die Erkenntniss, dass die beiden Stoffe nicht in denjenigen Mengen oxy-

dirt werden und sich ersetzen, in denen sie Sauerstoff brauchen, um
in die Endproducte, Kohlensäure und Wasser, überzugehen, denn
darnach müssten bekanntlich 100 Fett in ihren Wirkungen gleich
sein 240 Stärkemehl [1].

Die Vorgänge bei Fütterung mit Kohlehydraten lassen sich nach
diesen Erfahrungen leicht übersehen.

Reicht man ausschliesslich Kohlehydrate, so wird etwas weniger
Eiweiss zersetzt als beim Hunger, aber der Zerfall desselben nie
ganz aufgehoben; jedoch wird die Abgabe von Fett allmählich geringer, bis zuletzt bei einer gewissen Menge des Kohlehydrates kein
Fett mehr vom Körper abgegeben wird. So weit wirkt auch das
aus dem Darm aufgenommene Fett analog den Kohlehydraten; aber
im Nachfolgenden unterscheidet es sich von diesen wesentlich. Während nämlich bei weiterer Vermehrung der Fettzufuhr Fett unverändert zum Ansatz gelangt, ist dies bei den Kohlehydraten nicht der
Fall, diese werden vielmehr (wenigstens bei dem Fleischfresser) ganz
zerstört und schützen nur das aus dem Eiweiss abgespaltene Fett
vor der weiteren Zersetzung. Die gleichen Vorgänge finden statt,
wenn man zu den Kohlehydraten Eiweiss zugibt, nur wird dabei
auch allmählich weniger, schliesslich kein Eiweiss vom Körper abgegeben. Durch ihre Eiweiss ersparende Wirkung, welche bedeutender ist als die des Fettes, bringen die Kohlehydrate, ebenso wie
die Fette, einen grossen Erfolg hervor, denn man braucht bei Zu-
führung derselben zur Erhaltung des Eiweissbestandes im Minimum
eine ungleich geringere Menge von Eiweiss. Man kann leicht das
geringste Quantum von Eiweiss und Kohlehydrat finden, bei dem der
Körper eben kein Eiweiss und kein Fett mehr einbüsst. Steigert
man bei dieser geringsten Zufuhr von Eiweiss die des Kohlehydrats,
so wird Fett angesetzt, aber (beim Fleischfresser) nicht mehr als im
Maximum aus dem zersetzten Eiweiss hervorgehen kann. Vermehrt
man dagegen bei der geringsten Kohlehydratgabe die Eiweissquan-

---

1 Zuntz (Landw. Jahrb. 1879. S. 99) machte gegen diese unsere Resultate Ein-
wendungen und meinte, es werde sicherlich Jedermann sehr gewagt erscheinen,
daraus das Verhältniss, in welchem Fett und Stärke einander im Organismus ersetzen, ableiten zu wollen. Zwei der Bedenken haben wir selbst schon hervorgehoben; das dritte besteht darin, dass wir in dem einen Versuche vergessen
hätten, die aus dem zersetzten Eiweiss angesetzten 8 Grm. Fett in Rechnung zu
ziehen. Die Richtigkeit dieses Einwandes auch zugegeben, so verringert sich dadurch unsere Zahl 179 auf 166. Es ist vollkommen gleichgültig, ob das mittlere
Verhältniss wie 100 : 175 ist oder wie 100 : 166. Ich sollte denken, man dürfe
nur erfreut sein, dass wir jetzt durch unsere Bemühungen so weit genau das Aequi-
valentverhältniss dieser beiden Stoffe in ihrer Wirkung auf die Erhaltung des
Fettbestandes im Körper kennen, nachdem vorher lange Jahre hindurch vollkommen falsche Anschauungen hierüber bestanden haben.

tität, so wird mehr Eiweiss zersetzt, aber es gelangt auch Eiweiss
und ein Theil des aus dem zersetzten Eiweiss entstandenen Fettes
zum Ansatz. Lässt man endlich bei reichlicher Eiweisszufuhr dem
Körper viel Kohlehydrate zukommen, so wächst die Ablagerung des
Eiweisses, besonders aber die des Fettes, jedoch wird auch hier
nicht mehr von dem letzteren aufgespeichert als aus dem Eiweiss
zu entstehen vermag. —

Nach der Darstellung der Wirkung der hauptsächlichsten organischen Nahrungsstoffe auf den Stoffverbrauch im Thierkörper muss
jetzt noch die einer Anzahl anderer Stoffe und Agentien besprochen
werden, um alle die Momente zu erfahren, welche auf die Zersetzung
im Organismus, und zwar auf die des Eiweisses oder des Fettes,
von Einfluss sind.

VI. Einfluss der Wasserzufuhr auf den Stoffverbrauch.

Reichliche Aufnahme von Wasser bringt unter sonst gleichen
Verhältnissen in der Mehrzahl der Fälle eine grössere Stickstoff-
oder Harnstoffausscheidung hervor.

BIDDER und SCHMIDT[1] sind zu keinen bestimmten Resultaten hierüber
gekommen; einmal geben sie an, dass Wasseraufnahme beim Hunger die
Harnstoffmenge immer etwas steigere, aber nicht durch eine vermehrte
Bildung, sondern durch eine erleichterte Transsudation desselben; an einer
andern Stelle theilen sie mit, nach Injektion von Wasser in den Magen
einer hungernden Katze weniger Harnstoff und eine Verringerung des
Eiweissumsatzes gefunden zu haben, was jedoch von einer nach den
jetzigen Erfahrungen unstatthaften Vergleichung mit einem andern Thiere
herrührt.[2]

BISCHOFF[3] bemerkte, dass beim Menschen, bei gewöhnlicher nicht
genau geregelter Lebensweise, mit einer grossen Wassermenge im Harn
auch mehr Harnstoff erscheine; beim Hunde steigt nach ihm ebenfalls mit
der Quantität des aufgenommenen Wassers auch die des Harnstoffs. Die
Beobachtungen BISCHOFF's thun aber im Wesentlichen nur dar, dass wenn
aus irgend einem Grunde mehr Harnstoff im Harn ausgeschieden wird,
zu gleicher Zeit mehr Wasser darin erscheint.

Die früheren Untersuchungen am Menschen sind kaum beweisend,
da bei ihnen die Stickstoff- und Nahrungszufuhr nicht genügend gleichmässig gehalten wurde, der Stickstoffgehalt der Speisen unbekannt war,
und das LIEBIG'sche Titrirverfahren bei den grossen dabei entleerten

---

1 BIDDER u. SCHMIDT, Die Verdauungssäfte und der Stoffwechsel. S. 312 u. 313.
1852.

2 VOIT, Ztschr. f. Biologie. II. S. 335. 1866.

3 BISCHOFF, Der Harnstoff als Maass des Stoffwechsels. S. 20 u. 143. 1853.

Harnmengen keine genauen Resultate giebt. Dahin gehören die Bestimmungen von E. A. Gentii[1], Mosler[2] und Becher[3].

Gextii fand im Mittel aus 4—7 Beobachtungen:

Aufgenommene Flüssigkeit		Harnmenge		Harnstoff	
Wasser getrunken	im Ganzen	Schwankungen	Mittel	Schwankungen	Mittel
—	1485	1050—1340	1252	36.8—44.1	40.2
2000	3485	2580—3600	3203	41.7—54.6	48.9
4000	5485	5200—5660	5474	48.6—58.3	54.3

Mohler schied für gewöhnlich 31.2 Grm. Harnstoff aus, bei Zugabe von 1566 Grm. Wasser aber 37.9 Grm. Als Becher 10.85 Liter Wasser trank, erschienen 11—16 Grm. Harnstoff mehr als in der Norm.

Um mit Sicherheit den Einfluss des Wassers darzuthun, muss man den Körper mit einer bestimmten Eiweissmenge in das Stickstoffgleichgewicht bringen, oder bei einem nicht zu fettarmen hungernden Thier abwarten, bis die Stickstoffausscheidung eine gleichmässige geworden ist.

Ich habe zuerst diese Kautelen bei Versuchen am Hunde eingehalten. Es fand sich in einem Falle bei einem Hunde von 28 Kilo Gewicht 1):

Einnahme		Harnmenge	Harnstoff
Fleisch	Wasser		
200	0	256	28.3
0	0	177	16.7
230	0	250	28.0
0	1957	742	21.3

Der Einfluss des Wassers ist hier ein nicht unbedeutender und beträgt etwa 4.6 Grm. Harnstoff, was einer Steigerung von 25 % entspricht.

J. Forster[5] hat in einem Versuche, bei dem er an einem Hunde am 8. Hungertage nach Eintritt der gleichmässigen Stickstoffausschei-

1 Gextii, Unters. über den Einfluss des Wassertrinkens auf den Stoffwechsel. Wiesbaden 1856.
2 Mosler, Arch. d. Ver. f. wiss. Heilk. III. 1857.
3 Becher, Studien über Respiration. 2. Abschn. S. 46. 1855.
4 Voit, Unters. üb. d. Einfluss des Kochsalzes. S. 61. 1860.
5 Forster, Ztschr. f. Biologie. XIV. S. 175. 1878. Hierher gehört auch eine weitere Beobachtung von J. Forster (Sitzgsber. d. bayr. Acad. 1875. 3. Juli. S. 212). Spritzte er einem hungernden Hunde von 20 Kilo Gewicht 300 Ccm. einer 25 proc.

dung 3 Liter Wasser in den Magen spritzte, nachstehende Zahlen erhalten, die eine Vermehrung der Harnstoffmenge um etwa 10 Grm.
oder um 90 %, ergeben.

	Harnmenge	Harnstoff	Chlor	Gesammt-Schwefelsäure
3	260	17.2	—	—
4	226	15.1	—	—
5	198	12.8	—	1.263
6	177	12.6	0.108	—
7	171	12.1	0.175	—
8	2010	22.9	0.992	1.563
9	385	14.9	0.325	1.109
10	343	15.6	0.206	1.602
11	255	18.4	—	—

Ich[1] habe gezeigt, dass eine stärkere Wasseraufnahme nicht
unter allen Umständen eine vermehrte Stickstoffausscheidung nach
sich zieht, sondern nur dann, wenn dadurch zu gleicher Zeit eine
reichlichere Harnentleerung hervorgerufen wird. Dient das aufgenommene Wasser dagegen nur dazu im Körper angesetzt zu werden z. B.
den durch starke Anstrengung oder hohe Temperatur der Luft her-
beigeführten Wasserverlust zu decken, dann tritt keine Aenderung
in der Harnstoffmenge ein:

Wasser auf	Harn-menge	Harnstoff
0	190	17.9
520	146	13.3
367	140	11.6
1000	137	11.2
500	150	12.5

Die am Fleischfresser gefundene Thatsache, wurde auch für den
Pflanzenfresser bestätigt. Nach einer Steigerung des Wasserconsums
um 27 %, (11.1 Liter) nahm bei fünf Versuchen Henneberg's[2] am
Ochsen unter sonst gleichen Umständen und wenig vermehrter Harn-

Traubenzuckerlösung und später 350 Ccm. einer 1 proc. Kochsalzlösung in die
Ven. metatarsea ein, so stieg die Harnstoffausscheidung beide Male von 12 Grm.
auf 18 Grm.
 1 Voit, Ztschr. f. Biologie. II. S. 336. 1866.
 2 Henneberg, Neue Beiträge etc. S. 395. 1871; siehe auch Wolff, Die Ernährung der landw. Nutzthiere. S. 310. 1876.

menge die Stickstoffabgabe um 7.2 % zu; jeder der Versuche währte
17 Tage. Nach STOHMANN[1] entleerte eine Ziege, welche stets das
gleiche Futter erhielt, bei einem mittleren Consum von 3508 Grm.
Wasser 28.52 Grm. Stickstoff im Harn, dagegen bei einmaliger Aufnahme von 6150 Grm. Wasser 33.1 Grm., was einer Zunahme von
14 % entspricht.

Allerdings geben mehrere Forscher an, keine oder nur eine geringe Steigerung der Stickstoffabgabe im Harn nach reichlicher
Wasseraufnahme gefunden zu haben.

SEEGEN[2] reichte einem 30 Kilo schweren Hunde während 61 Tagen
je 1200 Grm. Fleisch mit verschiedenen Quantitäten von Trinkwasser
(500—1800 Grm.) und konnte trotz Schwankungen in der mittleren
täglichen Harnmenge von 1260—2493 Grm. keinen deutlichen Einfluss des Wassers bemerken. A. FRAENKEL[3] sah beim Hunde eine
scheinbar nur geringfügige Harnstoffvermehrung unter der Einwirkung des Wassers; jedoch stehen seine Versuchsresultate nicht im
Widerspruch mit denen von mir und FORSTER; in einem Falle fand
sich keine Zunahme der Harnstoffmenge, aber auch nur eine geringe
der Harnmenge; in den beiden andern Fällen ist die absolute Harnstoffsteigerung allerdings nicht bedeutend, jedoch kommt es hier auf
die procentige an. Ein Hund von 20 Kilo Gewicht zeigte ein Plus
von 12 % an Harnstoff, als durch Einspritzen von Wasser mit der
Schlundsonde die Harnmenge auf das fünffache erhöht wurde; dasselbe Thier gab bei einer 4 fachen Harnquantität 6.5 % Harnstoff mehr.

Bei dem Versuche von FORSTER waren die Differenzen in der
Quantität des getrunkenen Wassers oder des entleerten Harns viel
bedeutender als bei den letzteren Versuchen, weshalb auch die Wirkung eine grössere war.

Die Vermehrung der Stickstoff- oder Harnstoffausgabe nach Aufnahme grosser Flüssigkeitsmengen, lässt sich auf zweierlei Weise
deuten. Es könnte sich, wie schon BIDDER und SCHMIDT meinten,
um eine Auswaschung des in dem Körper angehäuften Harnstoffs
handeln, oder um eine reichlichere Bildung desselben durch einen
verstärkten Eiweisszerfall. BISCHOFF hat der ersteren Anschauung
entgegen gehalten, dass der Harn nie mit Harnstoff gesättigt ist und
das Wasser desselben längst ausreicht den Harnstoff auszuziehen.
Es wäre aber immerhin eine vollständigere Auslaugung durch reich-

1 STOHMANN, Landw. Versuchsstationen. XII. S. 399; Ztschr. d. landw. Central-
vereins d. Prov. Sachsen. 1870. No. 3; Biologische Studien. I. 137. 1873.
2 SEEGEN, Sitzgsber. d. Wiener Acad. LXIII. S. 16. 1871.
3 FRAENKEL, Arch. f. pathol. Anat. LXVII. S. 296. 1876, LXXI. S. 117. 1877.

lichere Wassermengen möglich. Meine früher mitgetheilten Beobachtungen (S. 58 u. 59) über die völlige Entleerung des Harnstoffs in Zeit
von 24 Stunden, namentlich bei Fütterung mit Harnstoff und mit Leim
stehen der Annahme einer erheblichen Zurückhaltung und nachherigen
Auswaschung dieses Stoffs entgegen. Es ist nicht möglich, dass die von
Forster gefundene Vermehrung um etwa 10 Grm. von in den Säften
zurückgehaltenem Harnstoff herrührt. Die Chlorverbindungen sind
in grösserer Quantität in den Säften vorhanden als der Harnstoff,
sie müssten also doch durch das Wasser in höherem Grade ausgewaschen werden als letzterer; und doch steigt bei Forster's Versuch die Chlorausscheidung trotz der enormen Wassermenge im Harn
nur um 0.8 Grm., die Harnstoffausscheidung aber um 10 Grm. Wenn
auch wirklich das den Körper durchströmende Wasser etwas´ mehr
Harnstoff entführen sollte, so muss diese auslaugende Wirkung ihre
Grenze mit der Erschöpfung des Harnstoffs finden. H. Oppenheim [1]
will nun auch dem entsprechend nur durch die ersten Quantitäten
mehr genossener Flüssigkeit bei einem im Stickstoffgleichgewicht befindlichen Menschen die Harnstoffvermehrung erhalten haben; ein
Plus von 2 Liter Wasser bewirkt nämlich in den nächsten 4 Stunden ein Ansteigen der Harnstoffmenge von 7 auf 12 Grm., erneute
Wasseraufnahme in der 5. Stunde brachte aber kein weiteres Steigen
hervor. Es ist jedoch dadurch eine Auslaugung des Harnstoffs nicht
bewiesen und die Wirkung des Wassers auf den Eiweisszerfall nicht
ausgeschlossen, denn es könnte ja nach der grösseren Eiweisszersetzung ein Ausgleich durch eine nachfolgende geringere stattfinden.
Die Resultate der Versuche von Henneberg am Rinde, welche auf
17 Tage sich ausdehnten, sind nur durch eine Verstärkung des Eiweisszerfalls zu erklären. Die letztere geht auch aus der gleichzeitigen vermehrten Schwefelausscheidung im Harn bei Forster's Versuch hervor.

Ich halte daher die grössere Eiweisszersetzung nach reichlicher
Wasserzufuhr für erwiesen, will aber nicht bestreiten, dass in geringem Grade auch eine Ausspülung von Harnstoff stattfindet. Wie
man sich die Mehrzersetzung von Eiweiss erklären kann, soll später
erörtert werden.´

Ob reichliches Wassertrinken auch den Fettverbrauch beeinflusst,

---

1 Oppenheim, Arch. f. d. ges. Physiol. XXII. S. 49. 1880. — Auch Jaques Mayer
(Centralbl. f. d. med. Wiss. 1880. No. 15) giebt an, bei einem im Stickstoffgleichge-
wicht befindlichen Hunde nicht immer mit reichlicher Wasserausscheidung eine
Steigerung der Stickstoffausscheidung beobachtet zu haben; er nimmt bei einer
Vermehrung ebenfalls eine bessere Auslaugung des Harnstoffs aus den Säften an.

ist noch nicht näher untersucht; nur BIDDER und SCHMIDT geben an, keine Aenderung in der Kohlensäureausscheidung darnach gesehen zu haben.

VII. Einfluss einiger Salze auf den Stoffverbrauch.

1. Kochsalz.

Es ist seit langer Zeit eine ziemlich allgemein unter Aerzten und Landwirthen verbreitete Ansicht, dass eine Zugabe von Kochsalz den Stoffumsatz verstärkt: ein Thier, dessen Nahrung man viel Kochsalz zusetzt, soll nicht fett werden.

Es entscheidet über den Einfluss des Kochsalzes auf den Stoffumsatz nicht, wenn man hört, dass die Thiere bei Salzaufnahme mehr Heu verzehren oder mehr Fleisch produciren; das ist eine Wirkung auf den Appetit und nicht auf die Zersetzungen. BOUSSINGAULT [1] fand bei Rindern unter der Einwirkung des Salzes einen so geringen Unterschied, dass er dasselbe von keinem Einfluss auf die Gewichtszunahme der Thiere oder auf ihren Fleisch-, Fett- und Milchertrag sein lässt, wenn es auch für das Ansehen und die Beschaffenheit der Thiere entschieden eine günstige Wirkung zeigte.

Nach BARRAL [2] befördert das Salz bei Hammeln die Mästung, indem bei gleichem Futter eine grössere Gewichtszunahme erfolgt. Es hätte daher entweder durch das Salz die Zersetzung eine geringere werden oder mehr Substanz aus dem Darm zur Resorption gelangen müssen; da nun nach BARRAL letzteres nicht der Fall war, aber nach Kochsalzgenuss sich im Harn mehr Harnstoff fand, so müsste der Verbrauch der stickstoffhaltigen Stoffe im Körper zugenommen haben. Es ist daher sicherlich die eine der Angaben BARRAL's unrichtig.

Eingehende Versuche über den Einfluss des Kochsalzes auf die Harnstoffausscheidung hat zuerst TH. BISCHOFF [3] am Hunde bei Fütterung mit 500 Grm. Fleisch angestellt. Er fand nun allerdings beide Male eine geringe Vermehrung des Harnstoffs (von 22.8 auf 26.5 Grm.); aber da das Thier sich nicht im Stickstoffgleichgewicht befand und die Harnstoffausscheidung höchst unregelmässig war, so ist ein bestimmter Entscheid nicht möglich.

Auch KAUPP [4] will beim Menschen durch Salzzugabe eine Vermehrung der Harnstoffmenge unter ziemlichen Schwankungen der Einzelzahlen im Mittel von 34 Grm. auf 36 Grm. gefunden haben; ich halte es jedoch bei der früher üblichen Art der Anstellung solcher Versuche am Menschen für unmöglich, die Speisen in ihrem Stickstoffgehalte so gleich zu halten, um mittlere Schwankungen von 1—2 Grm. Harnstoff auszuschliessen.

1 BOUSSINGAULT, Ann. d. chim. et phys. (3) XIX. p. 117, XX. p. 113, XXII. 116.
2 BARRAL, Statique chimique des animaux. p. 397. 439. 1850.
3 BISCHOFF, Der Harnstoff als Maass des Stoffwechsels. S. 111. 1853; Ann. d. Chem. u. Pharm. N. R. XII. S. 109. 1853.
4 KAUPP, Arch. f. physiol. Heilk. 1855. Jahrg. 14. S. 385.

Um eine richtige Antwort auf die gestellte Frage zu erhalten, muss man den Körper des Thiers auch hier wieder vorerst in das Stickstoffgleichgewicht bringen und zwar mit grösseren Mengen reinen Fleischs, das nur Spuren von Kochsalz in den Harn sendet, wobei jegliche Aenderung des Eiweissverbrauchs deutlich sichtbar ist.

Ich[1] habe in einer 49tägigen Fütterungsreihe mit 1500 Grm. Fleisch bei Zusatz von 0 bis 20 Grm. Kochsalz folgende mittlere Werthe erhalten:

Kochsalz auf	Harnstoff
0	107.4
5	109.5
10	110.9
20	112.8

Es steigt demnach offenbar mit der Kochsalzmenge die Menge des Harnstoffs; diese Steigerung ist jedoch nicht beträchtlich, sie beträgt nur gegen 5 %. Später hat Dehn[2] nach Aufnahme von 2 Grm. Chlorkalium an sich ebenfalls eine Harnstoffvermehrung (um 4 Grm.) nachgewiesen; ebenso fand Weiske[3] an Hammeln bei wachsender Kochsalzzufuhr eine Mehrausscheidung von Stickstoff im Harn.

Bischoff war nach seiner ersten Mittheilung geneigt, die Vermehrung von einem verstärkten Umsatz an Eiweiss abzuleiten; später jedoch dachte er an eine Verminderung des von ihm stets beobachteten Deficits an Stickstoff in den Exkreten, und glaubte er den Grund hierfür in der durch das Kochsalz bedingten vermehrten Wasseraufnahme und der rascheren Entfernung des Harnstoffs suchen zu müssen. Diese letztere Erklärung kann aber nicht richtig sein, da das angenommene Deficit nicht existirt und mein Hund ohne Kochsalz ebensoviel Stickstoff im Harn und Koth ausschied als er im Fleisch erhielt.

Es könnte sich aber hier möglicher Weise um eine Ausspülung des im Körper aufgespeicherten Harnstoffs handeln, da nach Kochsalzaufnahme mehr Harn entleert wird. Eine solche Störung der Harnstoffausscheidung durch das Kochsalz nimmt z. B. Salkowski[4] an und zwar nach einigen von Feder[5] an Hunden erhaltenen Resultaten. Derselbe fand nämlich in zwei Fällen (3 und 4), bei denen er nur an einem Tage das Salz reichte, allerdings an diesem Tage

---

1 Voit, Untersuchungen üb. d. Einfluss des Kochsalzes etc. S. 29—66. 1860.
2 Dehn, Arch. f. d. ges. Physiol. XIII. S. 367. 1876.
3 Weiske, Journ. f. Landw. 1874. S. 370.
4 Salkowski, Ztschr. f. physiol. Chem. II. S. 395. 1878.
5 Feder, Ztschr. f. Biol. XIII. S. 278. 1877, XIV. S. 168. 187. 188. 1878.

eine Vermehrung der Harnstoffausscheidung, den Tag darauf aber eine ebenso grosse Verminderung derselben. Er erhielt nämlich:

Kochsalz	Harnmenge	Harnstoff
1. 0	125	9.3
20	480	13.1
2. 0	985	43.9
10	1343	47.4
3. 0	243	24.7
15	572	27.4
0	183	19.4
0	234	24.4
4. 0	890	83.2
15	1022	86.2
0	720	79.3

Es verdient allerdings das Verhalten bei einer einmaligen Gabe von Kochsalz eine nähere Prüfung, jedoch ist es nicht möglich, dass die Harnstoffvermehrung bei meiner 49tägigen Reihe auf einer Auswaschung beruht, da es sich dabei im Ganzen um eine Mehrausscheidung von 105 Grm. Harnstoff handelt. Es bleibt daher hier nichts anderes übrig, als eine geringe Steigerung des Eiweissumsatzes durch das Kochsalz anzunehmen.

Nach meinem Versuche ist es auf den ersten Blick ersichtlich, dass dieser grössere Eiweissverbrauch mit einer vermehrten Wasserausscheidung im Harn zusammenhängt und die Ursache desselben die gleiche ist wie bei reichlicher Wasseraufnahme. Bei einer Steigerung in der Harnmenge um 349 Grm. durch 20 Grm. Kochsalz wurden 5.4 Grm. Harnstoff mehr entfernt; bei einer Steigerung desselben um 565 Grm. durch reichliche Wasseraufnahme erschienen 4.6 Grm. Harnstoff mehr. Das Gleiche hat WEISKE bemerkt; bei seinen Hämmeln stieg mit der Salzzufuhr die freiwillige Wasseraufnahme und damit der Eiweissumsatz, aber nur wenn zugleich auch die Harnmenge zunahm.

Nach Salzaufnahme trank der Hund, welchem Wasser nach Bedürfniss zur Verfügung stand, mehr Wasser als ohne Zugabe von Kochsalz; es ist dies eine Erfahrung, welche unzählige Male im gewöhnlichen Leben gemacht wird. BOUSSINGAULT hat das Gleiche bei Stieren, BARRAL bei Hämmeln dargethan. Mein Hund, der im verzehrten Fleisch täglich 1139 Grm. Wasser aufnahm, gab im Mittel folgende Werthe:

	I		II	
Kochsalz auf	Wasser auf	Wasser im Harn	Wasser auf	Wasser im Harn
0	107	935	0	828
5	232	948	0	898
10	352	1042	0	987
20	665	1254	0	1124

Das Thier schied also mit steigender Salzgabe mehr Wasser im Harn aus, wie es schon BARRAL für den Hammel nachgewiesen hatte. Man könnte nun glauben, dass der durch das Salz durstig gewordene Hund mehr Wasser getrunken und deshalb das im Ueberfluss aufgenommene Wasser im Harn wieder entleert habe, wodurch dann, wie durch jede reichliche Wasseraufnahme; mehr Harnstoff erzeugt worden sei. Es erscheint aber auch dann, wenn man dem Thier kein Wasser vorsetzt, mit der Kochsalzsteigerung mehr Wasser im Harn (II) und zwar nahezu so viel als bei freiem Wassergenuss (I). Es wird also nicht wegen des Wassertrinkens mehr Harn entleert, sondern das Kochsalz hat die eigenthümliche Wirkung mehr Wasser in den Harn zu ziehen, wie es jeder Stoff thut, der im Harn entfernt wird, z. B. der Harnstoff, der Zucker u. s. w. Das Kochsalz ist unter diesen Umständen ein Diureticum. Wird schon ohne Kochsalzzufuhr so viel Flüssigkeit aufgenommen als nöthig ist, das Salz zur Ausscheidung zu bringen, so ruft dasselbe auch keine Harnvermehrung hervor; auf diese Weise erklären sich die widersprechenden Beobachtungen von W. KAUPP [1] und FALCK [2], nach denen eine Steigerung der Kochsalzzufuhr beim Menschen eher von einer Minderung des Harnvolumens begleitet war.

Bis jetzt ist nur die Aenderung des Eiweissumsatzes durch das Kochsalz untersucht worden; ob dasselbe auch auf den Fettzerfall einwirkt, ist noch nicht bekannt.

In der gleichen Weise wie das Kochsalz bewirken alle jene Salze eine geringe Steigerung des Eiweisszerfalls, welche unverändert oder verändert in den Harn übergehen und auf diese Weise mehr Harn zur Absonderung bringen.

2. Glaubersalz.

J. SEEGEN [3] hatte früher gemeint, es werde bei Hunden durch kleine Gaben von Glaubersalz (2 Grm.) der Umsatz der stickstoff-

1 W. KAUPP. Arch. f. physiol. Heilk. 1855. S. 355.
2 FALCK, Handb. d. Arzneimittellehre. 1. S. 129. 1850.
3 J. SEEGEN, Sitzgsber. d. Wiener Acad. XLIX. 1864.

haltigen Stoffe ansehnlich (bis zu 24 %) herabgesetzt. Die Thiere befanden sich aber dabei nicht im Stickstoffgleichgewicht, so dass eine Aenderung des Eiweissverbrauchs unter dem Einflusse des Glaubersalzes nicht zu erkennen war; ferner wurde bei ihnen nicht am Ende jedes Versuchstags die Harnblase völlig entleert.

Ich[1] habe Hunden zu grösseren Quantitäten reinen Fleischs (1500 Grm.), sowie zu kleineren Gaben von Fleisch unter Zusatz von Fett (500 Grm. Fleisch mit 100 Grm. Fett) nach eingetretenem Stickstoffgleichgewicht 3 Grm. Glaubersalz gegeben und keine Aenderung in der Stickstoffausscheidung gefunden. Ich erhielt im Tag im Mittel:

	N der Einnahmen	N der Ausgaben	Wasser auf	Wasser im Harn
1. ohne Salz	51.0	51.2	394	1261
mit Salz	51.0	51.1	342	1335
2. ohne Salz	17.0	16.7	109	403
mit Salz	17.0	16.7	194	436

Die Gabe von 3 Grm. Glaubersalz ist so gering, dass sie kaum eine Aenderung der Wasserausscheidung im Harn hervorbringt und daher auch den Stickstoffgehalt desselben nicht beeinflusst. Es ist nicht zu zweifeln, dass bei grösserer Dosis wie durch das Kochsalz die Eiweisszersetzung gesteigert wird.

3. Salmiak.

Rabuteau[2] erwähnt zuerst, eine Vermehrung der Stickstoffausscheidung im Harn (3 Grm. Harnstoff) und der Eiweisszersetzung beim Menschen durch 5 Grm. Salmiak, während möglichst (?) gleichmässiger Nahrungs- und Lebensweise, erhalten zu haben.

Genauere Versuche hierüber hat vorzüglich Feder[3] an Hunden angestellt. Dieselben zeigten beim Hunger und bei Fütterung mit Fleisch und Fett nach Aufnahme von Salmiak eine reichlichere Harnmenge und eine nicht unbeträchtliche Vermehrung der Harnstoffausscheidung (nach Bunsen bestimmt). Man kann zwar daraus noch nicht ohne Weiteres auf eine Vermehrung des Eiweissumsatzes unter diesem Einflusse schliessen, weil das Ammoniak des Salmiaks mög-

1 Voit, Ztschr. f. Biol. I. S. 195. 1865.
2 Rabuteau. Union médicale. 1871. No. 65. p. 325.
3 Feder, Sitzgsber. d. bayr. Acad. Math.-physik. Cl. 1876. 4. März; Ztschr. f. Biol. XIII. S. 256. 1877, XIV. S. 161. 1878.

licherweise in Harnstoff übergehen kann. Da aber von FEDER das Ammoniak des Salmiaks im Harn wieder aufgefunden und zu gleicher Zeit eine erhöhte Schwefelsäureausscheidung in letzterem nachgewiesen wurde, so ist dabei mit Sicherheit eine Steigerung des Eiweisszerfalls constatirt. Der Salmiak verhält sich demnach in dieser Beziehung genau wie das Kochsalz.

KNIERIEM[1] hatte schon in seinem ersten, am Hunde angestellten Versuche mit Salmiak angegeben, dass derselbe in grösseren Dosen den Eiweissumsatz sehr beschleunigt; später fand er die nämliche Wirkung bei Hühnern in noch höherem Grade. Nach einer vorläufigen Mittheilung SALKOWSKI's[2] soll beim Hunde ein kleiner Theil des nach Salmiak in grösserer Menge ausgeschiedenen Harnstoffs auf vermehrten Eiweisszerfall kommen; in weiteren Untersuchungen zeigte sich die Eiweisszersetzung durch Salmiakzufuhr unzweifelhaft gesteigert. Ebenso geben MUNK[3] für den Hund und ADAMKIEWICZ[4] für den Menschen den vermehrten Eiweissverbrauch nach Einnahme von Salmiak an.

4. Kohlensaures Natron.

Man dachte sich früher, dass durch die Alkalescenz des Blutes die Oxydationen im Organismus ermöglicht würden. Aus diesem Grunde liess LIEBIG die Pflanzensäuren unverändert den Körper wieder verlassen, die pflanzensauren Alkalien aber zu kohlensauren Salzen verbrennen; darum meinte ferner auch MIALHE, die Alkalien bewirkten eine Vermehrung der Kohlensäure- und Harnstoffabgabe.

Die Versuche haben jedoch diese Meinung nicht bewahrheitet; die Resultate derselben sind allerdings sehr verschiedenartig ausgefallen, da bei den meisten unrichtige Methoden angewandt wurden. MÜNCH[5] will am Menschen, deren Diät geregelt war, nach Einnahme von 3—9 Grm. kohlensaurem Natron keine beachtenswerthe Veränderung der Harnstoffmenge trotz Vermehrung der Harnsecretion gesehen haben. Ebenso konnte L. SEVERIN[6] nicht mit Sicherheit eine Steigerung der Harnstoffausscheidung nach Gebrauch von 2—4 Grm. des Salzes wahrnehmen. Höchst wahrscheinlich vermehrt das kohlen-

---

1 KNIERIEM, Ztschr. f. Biol. X. S. 269. 1874, XIII. S. 36. 1877.
2 SALKOWSKI, Centralbl. f. d. med. Wiss. 1875. No. 58. S. 913; Ztschr. f. physiol. Chem. I. S. 47. 48. 50. 1877.
3 MUNK, Ztschr. f. physiol. Chem. II. S. 45. 1878.
4 ADAMKIEWICZ, Arch. f. pathol. Anat. LXXVI. 1879.
5 MÜNCH, Arch. d. Ver. f. gem. Arb. VI. S. 369.
6 SEVERIN, Ueber die Einwirkung des kohlensauren Natrons etc. Diss. inaug. Marburg 1868.

saure Natron in kleinen Gaben wie das Kochsalz etwas die Zersetzung des Eiweisses.

Seegen[1] erhielt bei einem Hunde, den er in zwei langen Versuchsreihen mit Fleisch ohne und mit Zusatz von kohlensaurem Natron (1—2 Grm.) gefüttert hatte, die auffallendsten Schwankungen in den Harnstoffzahlen; er kam dadurch zum Schluss, dass es ausser dem Harn und Koth noch andere Abscheidungswege für den Stickstoff gebe und dass unter verschiedenen Bedingungen die Ausscheidung der stickstoffhaltigen Umsatzprodukte auf dem einen oder andern dieser Wege sehr wechselnd sei. Die Angaben Seegen's beruhen, wie ich[2] nachgewiesen habe, auf Versuchsfehlern: er hat vor Allem Harn verloren, da der Hund denselben grösstentheils in den Käfig entleerte. Kein Beobachter, der die von mir angegebene Methode einhielt, hat solche Dinge wie Seegen gesehen.

Wenn Rabuteau und Constant[3] angeben, durch doppeltkohlensaures Natron oder Kali bei möglichst gleichem (?) Regime eine Verminderung des Harnstoffs um 20 % und zwar bei geringerem Appetit und unter Nöthigung zum Essen erhalten zu haben, so rührt dies wahrscheinlich, wenn anders im Uebrigen ihr Verfahren ein richtiges war, von einer schlechteren Ausnützung der Nahrung im Darm her, und nicht, wie sie meinen, von einer Einschränkung des Oxydationsprocesses in Folge der Auflösung eines Theils der Blutkörperchen.

5. Kohlensaures Ammoniak.

Bei den vielen Versuchen, welche in letzter Zeit gemacht wurden, den Uebergang von kohlensaurem (oder pflanzensaurem) Ammoniak in Harnstoff zu beweisen, wurde auch eine Steigerung der Eiweisszersetzung nachgewiesen; Schröder[4] fand z. B. dabei an Hühnern eine Vermehrung der Schwefelausscheidung (um 11—12 %), das Gleiche wiesen Feder und E. Voit[5] am Hunde nach einer grossen Gabe von kohlensaurem Ammoniak nach.

6. Phosphorsaures Natron.

Salkowski[6] sah bei einem Hunde von 20 Kilo Gewicht durch eine einmalige Gabe von 20 Grm. phosphorsaurem Natron bei um das

1 Seegen, Sitzgsber. d. Wiener Acad. LV. März 1867.
2 Voit. Ztschr. f. Biol. IV. S. 343. 1868.
3 Rabuteau u. Constant, Compt. rend. (2) LXXI. p. 231. 1870.
4 Schroeder, Ztschr. f. physiol. Chem. II. S. 234. 1878.
5 Feder u. E. Voit, Ztschr. f. Biol. XVI. S. 191. 1880.
6 Salkowski, Ztschr. f. physiol. Chem. I. S. 50. 1877.

Doppelte vermehrter Harnmenge die Stickstoff- und Schwefelabgabe im Harn zunehmen und zwar erstere um 7 %, letztere sogar um 40 %.

7. Salpeter.

In Versuchen an Menschen erhielt BEIGEL [1] bei knapper Diät (im Mittel aus 3 Reihen an 4 Personen) 31.74 Grm. Harnstoff, nach Zusatz von Natronsalpeter 31.48 Grm., nach Zusatz von Kalisalpeter 30.71 Grm. Man hatte offenbar in der damaligen Zeit von diesen antiphlogistischen Arzneimitteln eine starke Depression des Umsatzes erwartet, was sich also wenigstens für den Eiweissverbrauch nicht bestätigte, soweit die früheren Versuche am Menschen ohne genaue Berücksichtigung der Kost beweiskräftig sind. SALKOWSKI [2] gab einem etwa 20 Kilo schweren Hunde 7—10 Grm. salpetersaures Natron; die Harnmenge stieg dabei von 190 auf 695 Grm. und der Stickstoff im Harn von 2.373 Grm. auf 2.790 Grm., woraus SALKOWSKI schliesst, dass die starke Steigerung der Diurese nur einen minimalen Einfluss auf die Harnstoffausscheidung hat. Der Einfluss auf die Eiweisszersetzung scheint allerdings nicht gross zu sein, er beträgt aber doch 18 %, also nicht weniger wie früher für die entsprechende Wirkung grosser Wasser- oder Kochsalzquantitäten angegeben wurde.

8. Essigsaures Natron.

SALKOWSKI und MUNK [3] reichten einem Hunde von 20.5 Kilo Gewicht, der sich bei Fütterung mit Fleisch und Speck im Stickstoffgleichgewicht befand, an 5 Tagen je 10 Grm. essigsaures Natron; die Folge war eine Steigerung der Diurese, unter besonders günstigen Umständen auf das Doppelte der ursprünglichen Harnmenge, und eine Vermehrung des Harnstickstoffs im Durchschnitt um 3—5½ %. Das ist die nämliche Grösse, welche ich unter gleichen Verhältnissen als Wirkung des Kochsalzes gefunden habe. SALKOWSKI [4] scheint übrigens diese Steigerung des Harnstoffs nicht auf einen grösseren Eiweisszerfall, sondern nur auf eine Ausspülung desselben aus den Geweben zu beziehen.

9. Borax.

Der Borax wird schon seit langer Zeit als vortreffliches Desinfectionsmittel gebraucht, um die Fäulniss hintanzuhalten; er ver-

---

1 BEIGEL, Nova acta acad. Leopold. XXV. p. 521. 1855.
2 SALKOWSKI, Ztschr. f. physiol. Chem. I. S. 46 u. 48. 1877.
3 SALKOWSKI u. MUNK, Arch. f. pathol. Anat. LXXI. S. 500. 1877.
4 SALKOWSKI, Ztschr. f. physiol. Chem. II. S. 395. 1878.

hindert in hohem Maasse die Entwicklung der Spaltpilze, während er die Wirkung ungeformter Fermente weniger beeinflusst. Es ist daher von Interesse zu wissen, ob unter seiner Einwirkung die Zersetzungsprocesse im Organismus sich verändern oder nicht.

E. v. Cyon[1] bemühte sich in sehr verdienstlicher Weise für die Verwendung des Boraxes zur Conservirung des Fleisches im Grossen bei der Volksernährung; er stellte damit Versuche an Hunden an[2], bei denen er auch die Harnstoffausscheidung verfolgte. Als er den Thieren reichliches Futter (Fleisch und Fett) unter Zusatz von Borax gab, nahm er eine starke Gewichtszunahme der Thiere und ein bedeutendes Deficit von Stickstoff wahr, weshalb er dem Salze eine Eiweiss ersparende Wirkung zuschrieb. Doch würde sich wahrscheinlich dasselbe Resultat auch ohne Boraxbeimischung ergeben haben, da die Hunde Cyon's sehr herabgekommen waren und immer steigende Fleisch- und Fettmengen erhielten.

M. Gruber[3] prüfte den Eiweisszerfall unter dem Einflusse des Borax (10 und 20 Grm.) an grossen Hunden, welche sich mit reinem Fleisch im Stickstoffgleichgewicht befanden; es ergab sich dabei eine gesteigerte Wasserausscheidung im Harn und eine Vermehrung der Harnstoffmenge. Erstere zeigte bei der grossen Boraxgabe eine Steigerung um etwas über 40 %, letztere bei 10 Grm. Borax um 2 %, bei 20 Grm. Borax um 6 %. Der Borax wirkt also ähnlich wie eine entsprechende Gabe von Kochsalz. Es lässt sich hier auch darthun, dass der Borax wirklich die Eiweisszersetzung vermehrt und nicht blos eine Ausspülung des Harnstoffs der Gewebe bedingt, denn an den der Boraxaufnahme folgenden Tagen sank die Harnstoffmenge genau wieder auf den normalen Werth zurück und nicht weiter, wie es doch hätte sein müssen, wenn der ausgewaschene Harnstoff wieder ersetzt worden wäre.

In gleicher Weise wie das Kochsalz und andere Salze eine geringe Vermehrung des Eiweissumsatzes bedingen, werden wohl auch die in den Mineralwässern getrunkenen Stoffe der Art wirken. Es sind zwar viele Untersuchungen am Menschen hierüber angestellt worden, aber dieselben wurden noch nicht mit denjenigen Cautelen ausgeführt, welche nothwendig sind, um eine richtige Antwort auf die gestellte Frage zu bekommen: es ist namentlich nicht die Kost beim Menschen genau gleich gehalten worden. Hierher gehören die Untersuchungen von Mosler über die Wirkung des Friedrichshaller Bitterwassers auf den Stoffwechsel, von Beneke

---

1 Cyon, Compt. rend. LXXXVII. p. 845. 1878.
2 Die Hunde von Cyon verzehrten das Fleisch mit Borax sehr gern und ohne jeglichen Schaden; nach Panum (Nordiskt med. Arkiv. VI. No. 12. 1874) ist jedoch der Zusatz von Borsäure nicht rathsam und selbst gefährlich; Hunde wollten das Fleisch nicht fressen oder erbrachen es. Auch einige Hunde Gruber's verweigerten schon aufs erste Mal oder bei der zweiten Gabe die Aufnahme der mit dem Borax versetzten Nahrung und zeigten Verdauungsstörungen.
3 Gruber, Ztschr. f. Biol. XVI. S. 198. 1880.

über den Kurbrunnen in Nauheim, von VALENTIN über die Stahlquelle
Pyrmonts, von SEEGEN [1] über das Karlsbader Mineralwasser u. s. w. Letzterer will z. B. nach dem Gebrauch des Karlsbader Wassers eine wesentliche Verminderung des Harnstoffs und der Eiweisszersetzung am Menschen gefunden haben, und er dachte sich, dass vielleicht dabei die Verbrennung des Fettes und der Kohlehydrate gesteigert und in Folge davon
die Umsetzung der stickstoffhaltigen Gewebe beschränkt sei.[2] Diese Arbeiten sind gewiss mit dem besten Streben gemacht worden, man hat
aber damals noch nicht gewusst, auf was man bei Anstellung solcher
Versuche zu achten habe. Selbst wenn auch eine kleine Aenderung des
Eiweissverbrauchs durch jene Wässer sicher dargethan wäre, so werden
dieselben doch nicht wegen dieser geringfügigen Aenderung des Stoffverbrauchs im Körper getrunken, wie man früher sich vorstellte, denn letztere könnte durch alle möglichen Einflüsse ebenso gut hervorgerufen
werden; die Bedeutung des Gebrauchs der Wässer liegt in einer ganz
anderen Richtung.

VIII. Einfluss einiger weiterer organischer und anorganischer Stoffe auf den Umsatz im Körper.

Es soll in diesem Abschnitte über die Einwirkung einer Anzahl
von Stoffen auf den Umsatz im Thierkörper berichtet werden, welche
allerdings zum Theil pathologische Erscheinungen im Organismus hervorbringen; die Kenntniss der Veränderungen des Stoffwechsels durch
dieselben ist jedoch von Bedeutung zur richtigen Erfassung der Ursachen der Zersetzung.

1. Glycerin.

Es ist von Wichtigkeit zu wissen, ob das Glycerin den Verbrauch von stickstoffhaltigen oder stickstofffreien Stoffen im Körper
beeinflusst oder nicht. Man war früher geneigt dieses Spaltungsprodukt der Fette seiner äusseren Eigenschaften halber auch in seinen
physiologischen Wirkungen den fetten Oelen gleichzustellen, indem
man es für ein fettansetzendes Mittel erklärte.

Die ersten Beobachtungen über den Stoffumsatz nach Aufnahme von
Glycerin sind von CATILLON[3] gemacht worden. Er giebt an, dass Menschen
bei gleicher Ernährungsweise unter Zugabe von 30 Grm. Glycerin eine
sehr ansehnliche Verminderung der Harnstoffausscheidung (von 23.6 Grm.
auf 17.4 Grm. im Mittel) zeigten; grössere Gaben von Glycerin hatten

---

1 SEEGEN. Wiener med. Woch. 1860. No. 21.
2 Siehe eine Kritik dieser Versuche bei KRATSCHMER, Sitzsber. d. Wiener
Acad. 3. Abth. LXVI. October 1872.
3 CATILLON, Arch. de physiol. norm. et pathol. (2) IV. p. 83. 1877.

einen etwas geringeren Einfluss. Dieser vermeintliche geringere Eiweissumsatz ist aber nicht erwiesen, da CATILLON nicht einmal die verzehrten
Nahrungsmittel gewogen hat; er war daher nicht im Stande die Stickstoffzufuhr genügend gleich zu halten.

Nach den tadellos ausgeführten Versuchen von IMMANUEL MUNK[1]
ändert das Glycerin in Dosen von 25—30 Grm. bei Hunden von
etwa 20 Kilo Gewicht, welche mit Fleisch und Speck im Stickstoffgleichgewicht sich befinden, in keiner Weise den Eiweisszerfall, während eine gleiche Menge von Rohrzucker eine Herabsetzung desselben um 7 % hervorbringt. Eine Steigerung der Harnausscheidung
war nicht constant zu beobachten.

L. LEWIN[2] und NIK. TSCHIRWINSKY[3] verabreichten den Thieren
grössere Gaben von Glycerin. Der Erstere reichte einem 28 Kilo
schweren Hunde, nachdem er ihn durch Fütterung mit Fleisch und
Fett in das Stickstoffgleichgewicht gesetzt hatte, täglich 30—200 Grm.
Glycerin und beobachtete bei den grösseren Dosen neben einer Vermehrung der Harnmenge eine kleine Erhöhung der Harnstoffausscheidung. Der Letztere prüfte nochmals das Verhalten des Glycerins in
Gaben von 100 bis 200 Grm. an einem Hunde von 24 Kilo Gewicht
und zwar bei ausschliesslicher Fütterung mit reinem Fleisch, wobei
am leichtesten eine Ersparung von Eiweiss wahrzunehmen ist, um
den Einwand auszuschliessen, dass durch das Fett bei LEWIN's Versuch schon das mögliche Maximum der Eiweissersparung erreicht
worden sei; er erhielt aber ebenfalls keine wesentliche Aenderung
der Harnstoffmenge trotz der bedeutenden Harnvermehrung bei den
grösseren Gaben von Glycerin.

Das Glycerin übt daher auffallender Weise, obwohl es grösstentheils im Körper zersetzt wird, keinen ersparenden Einfluss auf die
Grösse der Eiweisszersetzung aus, wie andere stickstofffreie Stoffe,
z. B. das Fett oder die Kohlehydrate. Man könnte sich, wie TSCHIR-
WINSKY es aussprach, denken, dass eine solche Wirkung wohl vorhanden ist, dass sie aber durch eine andere, welche ihrerseits den
Eiweisszerfall erhöht, indem sie z. B. grössere Quantitäten von Wasser in den Harn überführt, übercompensirt wird. Letzteres erschien
TSCHIRWINSKY namentlich deshalb wahrscheinlich, weil trotz der vermehrten Harnausscheidung bei seinen Versuchen keine grössere Harnstoffmenge auftrat. Heben sich die beiden Wirkungen eben auf,

---

1 IM. MUNK, Verh. d. physiol. Ges. zu Berlin. 1875. S. 36; Arch. f. pathol. Anat.
LXXVI. S. 119. 1879.
2 L. LEWIN, Ztschr. f. Biologie. XV. S. 243. 1879.
3 NIK. TSCHIRWINSKY, Ztschr. f. Biol. XV. S. 252. 1879.

dann bleibt die Harnstoffzahl unverändert; es kann aber auch die
eine oder andere Wirkung überwiegen.

Wenn nun auch das Glycerin den Eiweissumsatz nicht beeinflusst, so bewahrt es doch möglicher Weise einen Theil des Fettes
im Körper vor der Zerstörung oder verhindert vielleicht die Fettabgabe vollständig. Es würde dann in dieser letzteren Richtung einen
Nährwerth besitzen. Munk[1] meinte, das Glycerin könne kein Nahrungsstoff sein, da es das Eiweiss nicht schütze. Aber die letztere
Eigenschaft ist nicht stets mit der anderen statt des Fettes zu verbrennen verknüpft, und die Grösse der Eiweissersparniss durch einen
stickstofffreien Stoff giebt durchaus keinen Maassstab für die Bedeutung des letzteren bei der Ernährung. Die Kohlehydrate hemmen
z. B. die Eiweisszersetzung mehr als die Fette und doch bedeuten
100 Theile Fett für die Erhaltung des Körperfettes viel mehr als
100 Theile Kohlehydrat. Grosse Gaben von Fett besitzen ferner
einen geringeren Einfluss auf den Eiweissverbrauch als mittlere, ja
sie ändern unter Umständen denselben gar nicht, obwohl durch sie
die Fettabgabe vom Körper verhütet, ja viel Fett angesetzt wird.
Gibt man zu den stickstofffreien Substanzen reichlich Kochsalz oder
Wasser hinzu, so wird der Eiweisszerfall nicht verringert, aber die
Wirkung auf die Fettzersetzung währt unverändert fort. Die Muskelanstrengung beeinflusst mächtig die Zerstörung des Fettes, aber kaum
die des Eiweisses.

Um also etwas über den Werth des Glycerins für die Ersparung von Fett aussagen zu können, muss man die Gesammtkohlenstoffausscheidung von 24 Stunden unter seinem Einflusse kennen, was
bis jetzt nicht der Fall ist. Scheremetjewski[2] hat allerdings nach
Einspritzung von 2 Grm. Glycerin in die Blutgefässe von Kaninchen
eine Vermehrung der Kohlensäureabgabe und der Sauerstoffaufnahme
während einer Stunde gefunden, woraus er schloss, dass dasselbe
rasch zerlegt wird. Aber wenn auch das Glycerin dabei ganz verbrennt, so ist damit noch nicht bekannt, ob dadurch das Fett im
Körper geschützt wird oder nicht. Catillon[3] will nach Aufnahme
von Glycerin bei hungernden Hunden eine Zunahme des Kohlen-
säuregehalts der Ausathemluft bis zu 6—7 % bemerkt haben; man
vermag aber daraus selbstverständlich nichts zu entnehmen über den
Einfluss des Glycerins auf die Fettzersetzung im Organismus.

1 Munk, Arch. f. pathol. Anat. LXXX. S. 39. 1880.
2 Scheremetjewski, Arbeiten aus d. physiol. Anstalt zu Leipzig. 1869. S. 194.
3 Catillon, Arch. de physiol. norm. et pathol. V. p. 144. 1878.

2. Fettsäuren.

Ueber die Wirkung der Fettsäuren auf den Eiweisszerfall liegen Versuche von J. Munk[1] vor. Er brachte zuerst eine Hündin von 25 Kilo Gewicht mit 800 Grm. Fleisch und 70 Grm. Fett in das Stickstoffgleichgewicht und fütterte darauf während einiger Tage statt des Fettes die daraus abgespaltenen Fettsäuren[2]: die letzteren bewirkten die gleiche Ersparniss im Eiweissverbrauch wie die ihnen chemisch äquivalente Fettmenge. In einem zweiten Falle bekam eine 30 Kilo schwere Hündin, die sich vorher mit 600 Grm. Fleisch und 100 Grm. Fett auf ihrem Eiweissbestande erhielt, während 21 Tagen täglich die Fettsäuren aus 100 Grm. Fett, wodurch sich die Stickstoffausscheidung nicht änderte. Den Fettsäuren kommt also die gleiche Bedeutung als Sparmittel für das Eiweiss zu, wie dem Fett. Es war ein anderes Resultat kaum zu erwarten, da das Glycerin in dem Fett nur einen sehr kleinen Theil, gegen 9 %, ausmacht und es kaum möglich sein dürfte, selbst wenn das Glycerin in demselben Maasse wie das Fett das Eiweiss schützen würde, einen Unterschied in der Eiweisszersetzung zu finden, ob man 100 oder 91 Grm. Fett reicht.

3. Alkohol.

Nach früheren Anschauungen soll der Alkohol den Stoffwechsel vermindern und so ein Sparmittel für andere Substanzen sein. Dafür schien zu sprechen, dass Menschen, welche sich dem übermässigen Genusse von Spirituosen hingeben, in der Regel fett werden, und bei Gesunden und Fiebernden durch grössere Gaben Alkohols ein Abfall in der Körpertemperatur erzielt werden kann. Man dachte sich, der ausserhalb des Organismus so leicht verbrennende Alkohol verbinde sich im Blute rasch mit dem Sauerstoff, wodurch dann die Zersetzung anderer Stoffe aufgehoben werde; Liebig[3] sagte z. B.: „als Respirationsmittel nimmt der Alkohol einen hohen Rang ein, durch seinen Genuss werden Stärkemehl und zuckerhaltige Nahrungsmittel entbehrlich; er ist unverträglich mit Fett." Als man später beobachtete, dass der Alkohol im Thierkörper nicht so schnell oxydirt wird, sondern zum Theil unverändert denselben wieder verlässt,

---

1 J. Munk, Verh. d. physiol. Ges. zu Berlin. 1879. No. 13. S. 94; Arch. f. pathol. Anat. LXXX. S. 10. 1880.
2 Die Fettsäuren wurden im Darm des Hundes zum grössten Theil resorbirt und nur unerheblich mehr Seifen durch den Koth ausgeschieden als nach Einführung der gleichen Fettmenge.
3 Liebig, Chemische Briefe. 1851. S. 557.

so stellte sich Schmiedeberg[1] vor, es binde sich der Sauerstoff bei
Anwesenheit von Alkohol im Blute enger und fester an das Hämoglobin und werde deshalb demselben schwerer entzogen.

Um in der Sache ins Reine zu kommen, muss man vor Allem
untersuchen, ob der Alkohol eine Aenderung im Stoffumsatz hervorbringt oder nicht.

Man hat zuerst den Einfluss der Alkoholaufnahme auf die Harnstoffausscheidung bei Menschen geprüft, und dieselbe dabei bald etwas
vermindert[2], bald ganz unverändert gefunden.[3] Aus den meisten
dieser Angaben vermag man jedoch nichts Sicheres über den Gang
der Eiweisszersetzung nach Alkoholgenuss zu entnehmen, da nur bei
wenigen die nöthige Rücksicht auf eine genaue Gleichhaltung der
Kost genommen worden ist; dies war vielleicht nur bei den Versuchen
von Parkes und Wollowicz der Fall, bei denen die tägliche Harnstoffausscheidung eine recht gleichmässige ist und das Versuchsindi-
viduum im Stickstoffgleichgewicht sich befand.

Bei Hunden sah A. P. Fokker[4] in Folge der Zufuhr von Alkohol
eine Ersparung an Eiweiss von 6—20 %, welche er dem Kohlenstoffgehalt desselben und nicht seiner toxischen Wirkung zuschrieb. Zuletzt hat Imm. Munk[5], dem, wie es scheint, Fokker's Arbeit unbekannt blieb, ebenfalls an Hunden, die er ins Stickstoffgleichgewicht
gesetzt hatte, Versuche mit Alkohol angestellt; es ergab sich dabei,
dass mittlere, eine erregende Wirkung ausübende Dosen von Alkohol
den Eiweisszerfall um 6—7 % vermindern, dass aber grössere Dosen,
welche einen Depressionszustand und Betäubung hervorrufen, die Zersetzung des Eiweisses um 4—10 % steigern.

Den Gaswechsel nach Aufnahme von Alkohol haben Boeck und
Bauer[6] studirt, und an Hunden bei kleinen Dosen eine Verminderung des Sauerstoffverbrauchs um 18 % und der Kohlensäureabgabe
um 20 %, bei grösseren Dosen dagegen, welche jedoch noch ohne
betäubende Wirkung waren, eine Steigerung der Werthe der beiden
Gase um 12—34 % constatirt; im letzteren Falle trat am Tage darauf
eine Nachwirkung ein mit einer Verminderung des Gasaustausches
wie bei kleinen Dosen.

1 Schmiedeberg, Petersburger med. Ztschr. XIV. S. 93. 1868.
2 Hammond, American Journal of the medic. sciences. 1856. — E. Smith, Lancet.
1861. — Obernier, Arch. f. d. ges. Physiol. II. S. 508. 1869. — Rabuteau, Union medical. 1870. No. 90 u. 91.
3 Perrin, Gaz. hebd. 1864. — Parkes u. Wollowicz, Proceedings of the Royal
Society. XVIII. p. 362. 1870, XIX. p. 73. 1871. — Parker, Ber. d. deutsch. chem. Ges.
V. S. 939. 1872.
4 Fokker, Nederlandsch Tijdschrift voor Geneeskunde. 1871. p. 123.
5 Munk, Verh. d. physiol. Ges. zu Berlin. 1878/79. No. 6.
6 Boeck u. Bauer, Ztschr. f. Biol. X. S. 361. 1874.

Dass der Alkohol eine Verminderung der Kohlensäureausscheidung hervorbringt, wurde schon öfters angegeben und durch Zahlen zu stützen gesucht, so z. B. von W. Prout[1], der aber blos den Prozentgehalt der Athemluft untersuchte, dann von Vierordt[2] und Perrin[3], welche nur während kurzer Zeit die Bestimmungen machten. Nur E. Smith[4] behauptet mit der Steigerung der Körpertemperatur auch eine Vermehrung der Kohlensäure in der Exspirationsluft beobachtet zu haben, was sich mit den Resultaten von Boeck und Bauer bei grösseren Dosen in Einklang bringen liesse.

Würde der Alkohol verbrennen und dadurch (vielleicht durch Beschlagnahme des Sauerstoffs) wie z. B. Obernier meint, andere Substanzen einfach vor der Zerstörung schützen, so dürfte die Kohlensäureausscheidung und die Sauerstoffaufnahme nicht wesentlich geändert sein, während doch die Verminderung der letzteren durch kleine und die Vermehrung durch grosse Gaben sehr beträchtlich ist.

Die Verminderung der Kohlensäureabgabe ist nur durch eine Depression der Zersetzung von Eiweiss oder von Fett bei der Gegenwart des Alkohols zu deuten; die dabei beobachtete Abnahme des Eiweisszerfalls ist zu klein, um den Ausfall in der Kohlensäure zu decken, es müssen also dabei auch stickstofffreie Stoffe[5] in geringerer Menge zerstört werden. Eine kleinere Sauerstoffzufuhr ins Blut oder in die Gewebe, z. B. wie Schmiedeberg annimmt, durch stärkere Festhaltung des Sauerstoffs am Hämoglobin findet nicht statt, denn gerade bei der reichlicheren Aufnahme von Alkohol sehen wir eine Vermehrung des Gaswechsels, namentlich des Sauerstoffconsums; aus späteren Darlegungen wird auch erhellen, dass bei einer geringeren Menge verfügbaren Sauerstoffs nicht eine Abnahme des Stoffzerfalls im Körper eintritt.

Die Vermehrung der Kohlensäuremenge bei den höheren Dosen rührt von der grösseren Eiweisszersetzung, vor Allem aber von der grösseren Fettzersetzung her. Es trat nämlich bei den Thieren von Boeck und Bauer dabei nicht ein schlafartiger Zustand auf; sie zeigten vielmehr lebhaftere Muskelthätigkeit, raschere Athmung und frequentere Herzschläge, wodurch offenbar mehr Fett verbrannt wurde.

---

1 Prout, Thomson's Annals of philos. II. p. 325, IV. p. 331; auch in Schweigger, Neues Journ. f. Chem. u. Phys. XV. S. 47. 1815.

2 Vierordt, Physiologie des Athmens. S. 93. 1845.

3 Perrin, Compt. rend. LIX. (2) p. 257. 1864; Gaz. méd. de Paris. 1865. p. 62; de l'influence des boissons alcohol. etc. sur la nutrition 1867.

4 E. Smith, British medical Journal. March 1859; Lancet. 1861. Jan.

5 Dabei kommen in Betracht: entweder die mit der Nahrung eingeführten stickstofffreien Stoffe (Fett und Kohlehydrate), oder die im Körper abgelagerten, sowie bei der Eiweisszersetzung abgespaltenen Fette. Daher rührt die Ablagerung von Fett bei Säufern.

Es ist nicht möglich, die Steigerung der Kohlensäureausscheidung ausschliesslich von der Oxydation des eingeführten Alkohols zu Kohlensäure und Wasser ohne Veränderung des Zerfalls im Körper abzuleiten, denn die dem gegebenen Alkohol entsprechende Kohlensäuremenge reicht nicht aus, die Vermehrung der Kohlensäure zu decken. Im soporösen Zustande des Menschen nach Genuss zu grosser Quantitäten von Alkohol findet sich wahrscheinlich eine Verminderung der Kohlensäurebildung.

4. Benzoesäure und Salicylsäure.

Die zugeführte Benzoesäure paart sich bekanntlich im Organismus zum Theile mit Glycin und wird dann als Hippursäure ausgeschieden. Es fragt sich, ob die Stickstoffausscheidung oder die Eiweisszersetzung dabei ganz die gleiche bleibt, oder ob der Eiweisszerfall wächst und um soviel mehr Stickstoff entfernt wird als in der Hippursäure enthalten ist.

Ure [1] glaubte, dass die Hippursäure im Harn nach dem Gebrauch von Benzoesäure auf Kosten der Harnsäure vermehrt gefunden werde, d. h. dass die Benzoesäure einen stickstoffhaltigen Atomencomplex in sich aufnehme, der ohne sie zur Bildung von Harnsäure verwendet worden wäre; aber Wöhler und Keller [2] konnten dabei keine Verminderung der Harnsäure nachweisen. Dagegen wollte Baring-Garrod eine Verminderung des Harnstoffgehalts des Harns nach Einführung von Benzoesäure beobachtet haben, was aber Simon und C. G. Lehmann [3] nicht bestätigen konnten.

Die vorstehenden Versuche am Menschen sind noch nicht mit den nöthigen Cautelen angestellt gewesen, um die aufgeworfene Frage zu entscheiden. Aber auch die späteren Versuche gaben keine übereinstimmenden Resultate. Aus den von V. Kletzinsky [4] nach Aufnahme von Benzoesäure am Menschen erhaltenen Zahlen scheint hervorzugehen, dass sich dabei die Stickstoffausscheidung im Harn nicht ändert; es müsste dann weniger Harnstoff erscheinen und also das mit der Benzoesäure sich verbindende Glycin für gewöhnlich zu Harnstoff werden.

Anders ist es nach den Untersuchungen von Meissner und Shepard [5]; sie beobachteten nämlich nach Genuss von Benzoesäure beim Menschen keine Verminderung des Harnstoffs, auch nicht beim Ka-

1 Ure, Journ. de Pharm. 1841. Oct.
2 Wöhler u. Keller, Ann. d. Chem. u. Pharm. XLIII. S. 108.
3 Lehmann, Lehrb. d. physiol. Chem. II. S. 364. 1853.
4 Kletzinsky, Oesterr. Ztschr. f. prakt. Heilk. IV. S. 41. 1858.
5 Meissner u. Shepard, Unters. über das Entstehen der Hippursäure im thier. Organismus. S. 62. Hannover 1866.

ninchen und beim Hund; darnach wäre die Stickstoffausgabe im
Harn und die Eiweisszersetzung um den in der Hippursäure ausgeschiedenen Stickstoff gesteigert. In dem gleichen Sinne berichtet
SALKOWSKI [1], nach dem die Benzoesäure beim Hunde eine reichlichere Harnstoff- und Schwefelausscheidung hervorbringt, so dass
unter dem Einfluss der Benzoesäure der Zerfall des Eiweisses begünstigt wurde.

Die Salicylsäure nimmt im Körper wie die Benzoesäure Glycin
auf und wird als Salicylursäure im Harn ausgeschieden; es ist daher wahrscheinlich, dass sie, wie die Benzoesäure, eine Vermehrung
des Eiweisszerfalls hervorbringt. CHR. BOHR [2] hat dem entsprechend
bei einem Hunde, dem er 450 Grm. Fleisch ohne und mit Salicylsäure gab, die Ausscheidung des Harnstoffs nicht vermindert, sondern eher, nach seiner Meinung wahrscheinlich in Folge des gleichzeitig gesteigerten Wassertrinkens, ein wenig vermehrt gefunden.
S. WOLFSOHN [3] machte unter der Leitung von JAFFÉ ähnliche Versuche an Hunden, bei welchen sich eine Vermehrung der Stickstoffausgabe im Harn zeigte und zwar beim Hunger und bei Fleischfütterung.

5. Benzamid.

E. SALKOWSKI [4] hat einem Hund Benzamid gereicht, wonach
sich im Harn bei gesteigerter Harnmenge mittelst der Bunsen'schen
Methode mehr Stickstoff oder Harnstoff fand, aber auch mehr Schwefel;
das Benzamid bedingt daher eine vermehrte Eiweisszersetzung.

6. Asparagin.

Nach den mit M. SCHRODT und ST. V. DANGEL von H. WEISKE [5]
an Hammeln ausgeführten Untersuchungen hat das dem Futter beigemischte Asparagin für die Zersetzungsvorgänge im Thierkörper
eine bestimmte Bedeutung, da unter seinem Einflusse Eiweiss erspart wird und dadurch schon bei eiweissarmem Futter ein Ansatz
von Eiweiss erfolgt. Sie verglichen die Wirkung des Asparagins
mit der des Leims und halten es daher für einen Nahrungsstoff;
auch E. SCHULZE ist geneigt anzunehmen, dass die Amide ähnlich
wie Leim durch Herabsetzung des Umsatzes Eiweiss ersparend wir-

1 SALKOWSKI, Ztschr. f. physiol. Chem. I. S. 15. 1877.
2 CHR. BOHR, bei PANUM in Hospitals-Tidende. (2) III. p. 129. 1876.
3 S. WOLFSOHN, Ueber den Einfluss der Salicylsäure und des salicylsauren Natron auf den Stoffwechsel. Diss. inaug. Königsberg 1876.
4 E. SALKOWSKI, Ztschr. f. physiol. Chem. I. S. 45. 1877.
5 H. WEISKE, M. SCHRODT u. ST. V. DANGEL. Ztschr. f. Biol. XV. S. 261. 1879.

ken. Keinesfalls kann aber die Wirkung des Asparagins mit der
des Leims verglichen werden; der complicirt zusammengesetzte Leim
schützt, in grossen Quantitäten gereicht, das Eiweiss, da er statt
desselben in einfache Produkte zerfällt, das einfach constituirte Asparagin aber verwandelt sich nach Knieriem's [1] Versuchen in einen
davon nur wenig verschiedenen Stoff, in Harnstoff. Es wäre von
Bedeutung, die Versuche mit Asparagin an Fleischfressern zu wiederholen, bei welchen Salkowski [2] wenigstens nach Beibringung von
Glycocoll und Sarkosin, welche ebenfalls in Harnstoff übergehen,
sicherlich keine Verminderung der Eiweisszersetzung, sondern (nach
der Schwefelausscheidung im Harn beurtheilt) eher eine kleine Steigerung derselben beobachtet hat.

7. Infusum von Kaffee, Thee und Coca.

Da der Kaffee und der Thee eine grosse Rolle bei der Ernährung des Menschen spielen, so ist es von Interesse zu untersuchen,
ob sie einen Einfluss auf die Stoffzersetzung im Körper ausüben.

Als man die ersten Einblicke in die Zersetzungen im Organismus that, glaubte man, Alles was eine Wirkung auf den letzteren
habe, übe diese durch eine Aenderung des Stoffwechsels aus. So
meinte man daher auch, dass Kaffee, Thee, Tabak und ähnliche
Mittel den Stoffumsatz (namentlich des Eiweisses) im Körper vermindern und dieses Erfolges halber genossen würden. Man stellte
sich vor, man brauche, um gleiche Effekte im Körper zu erzielen,
bei Aufnahme von Kaffee weniger stickstoffhaltige Substanzen zu
verzehren.

Ich [3] habe, um ein Beispiel für die Wirkung dieser Klasse von
Stoffen zu haben, den Eiweissumsatz bei einem Hunde während ver-
schiedenartiger Ernährungsweise und Einführung einer gewöhnlichen
Quantität von Kaffeeabsud untersucht. Das Thier bekam dabei in
drei langen Versuchsreihen Brod mit Milch, ferner eine unzureichende
Menge von Milch, und endlich eine bedeutende Fleischportion mit
Milch, wodurch bei reichlichem Eiweisszerfall der Körper auf dem
Stickstoffgleichgewicht erhalten wurde. Es konnte in keinem Falle
eine irgendwie in Betracht kommende Aenderung des Eiweissverbrauchs constatirt werden. Es findet eher eine geringe Vermehrung

---

1 Knieriem, Ztschr. f. Biol. X. S. 288. 1874.
2 Salkowski, Ztschr. f. physiol. Chem. IV. S. 86. 1880.
3 Voit, Unters. über d. Einfluss des Kochsalzes, des Kaffees und der Muskelbewegungen auf den Stoffwechsel. S. 67 – 147. München 1860.

als eine Verminderung dieses Verbrauchs statt; die geringfügige Vermehrung rührt zum Theil von dem Stickstoffgehalt des Kaffees her.

Es wurde zuerst angegeben, dass Kaffein oder Thein eine reichlichere Harnstoffausscheidung bedingen, so z. B. von C. G. Lehmann[1] und Frerichs[2]; letzterer leitet diese Vermehrung von einer Umwandlung des Alkaloids in Harnstoff ab und nicht von einer grösseren Eiweisszersetzung, ersterer lässt es jedoch zweifelhaft, ob dieselbe von der Zersetzung jener stickstoffreichen Stoffe oder einem Ergriffensein des Gesammtorganismus abhängig ist.

Darauf folgte eine Reihe von Beobachtern, welche entsprechend den schon erwähnten Vorstellungen der damaligen Zeit, als Folge des Kaffeegenusses beim Menschen eine Verminderung des Harnstoffs und zwar eine sehr wesentliche, gesehen haben wollen; zu diesen gehört Boecker[3] und Jul. Lehmann.[4] Bei Boecker's Versuchen, bei welchen die Harnstoffabnahme 41 $^0/_0$ betrug, war, wie bei fast allen früheren am Menschen, die Zusammensetzung der Kost, namentlich ihr Stickstoffgehalt, nicht genügend gleichmässig und nicht bekannt. Letzterer fand eine Verminderung der Harnstoffmenge um 27 $^0/_0$; er hat sich zwar bestrebt, die Qualität und Quantität der Nahrung gleich zu halten, aber er kennt auch nicht den Stickstoffgehalt der Speisen und weiss nicht, ob der Körper mit dem Eiweiss der Nahrung ausreichte oder nicht. Dieselben Bedenken gelten gegen Hammond's[5] Angaben, der am Menschen bei, nach seiner Mittheilung, gleicher Art und Menge der Nahrung nach Kaffee- und Theegenuss ebenfalls eine Abnahme des Harnstoffs im Harn, aber nur eine ganz geringe, gefunden haben will.

F. Hoppe[6] betrat zuerst, wenigstens was die Gleichmässigkeit der Nahrung betrifft, den richtigen Weg, nur überzeugte er sich noch nicht, ob der Organismus mit der Einnahme auf seiner Zusammensetzung blieb. Er gab einem Hunde täglich die gleiche Menge von Milch und Fleisch ohne und mit Zusatz von Kaffein und erhielt in der ganzen Reihe (von 19 Tagen) ein allmähliches Absinken der Harnstoffausscheidung, nämlich im Mittel:

<blockquote>
ohne Kaffein . . . . 18.4 Grm. Harnstoff
mit Kaffein, anfangs. . 17.1 „ „
mit Kaffein, später . . 16.9 „ „
</blockquote>

Hoppe schliesst daraus, dass das Kaffein die Menge des Harnstoffs nicht oder nur sehr unbedeutend vermindert. Offenbar befand sich das Thier bei Beginn der Kaffeinzufuhr noch nicht im Stickstoffgleichgewicht und gab noch allmählich abnehmende Mengen von Eiweiss von seinem Körper her. Hoppe ist aber der Wahrheit sehr nahe gekommen.

In neuerer Zeit sind wieder Mittheilungen über die Wirkung des

1 Lehmann, Lehrb. d. physiol. Chem. II. S. 367. 1853.
2 Frerichs, Handwörterb. d. Physiol. III. S. 672. 1846.
3 Boecker, Beiträge zur Heilkunde. S. 188. 1849.
4 Jul. Lehmann, Ann. d. Chem. u. Pharm. LXXXVII. 1853.
5 Hammond. Americ. journ. of the medic. sciences. 1856. p. 330.
6 Hoppe. Sitzgsber. d. Ges. f. wiss. Med. in Berlin v. 15.Dec. 1856; in der Deutschen Klinik. 9. Mai 1857. No. 19.

Kaffees auf den Stoffumsatz beim Menschen gemacht worden, bei welchen aber zunächst auf die für solche Versuche unumgänglich nöthigen Cautelen ebenfalls nur ungenügend Rücksicht genommen worden ist. Nach SQUAREY[1] hatte bei drei Personen der Kaffeegenuss keine merkliche Wirkung auf die Harnstoffausscheidung. E. ROUX[2] will während 5 Monaten ein regelmässiges Regime in Nahrung und Arbeit eingehalten und dabei nach Aufnahme von Kaffee und Thee eine Vermehrung des Harnstoffs beobachtet haben, jedoch nur vorübergehend, denn bei Fortsetzung des Versuchs, ohne irgend eine Aenderung in den übrigen Bedingungen, sank die Harnstoffzahl wieder zur normalen herab. Im Gegensatz dazu giebt RABUTEAU[3] wieder als Folge des Kaffees bei gleicher Diät eine Verminderung der Harnstoffausgabe an und zwar für Kaffein von 28 $^0/_0$, für Kaffeeinfusum von 20 $^0/_0$. Diese widersprechenden Resultate zeigen nur zu deutlich, dass erst Wenige solche Versuche am Menschen mit der nöthigen Genauigkeit anzustellen wissen.

Zuletzt hat AUG. DEHN[4], ebenfalls beim Menschen, nach Kaffeetrinken ebenso wie nach Aufnahme von Fleischextrakt oder von Kalisalzen eine geringe Zunahme der Abgabe von Harnstoff (um 4 Grm.) wahrgenommen. Er leitet diese Wirkung von dem Chlorkaliumgehalt des Kaffees (oder des Fleischextraktes) ab; jedoch wird hier wohl in erster Linie der Stickstoff dieser Genussmittel in Betracht kommen, abgesehen davon, dass DEHN nicht angiebt, wie er die Nahrung regelte und nicht weiss, wie viel Stickstoff in derselben sich befand, und ob der Körper im Stickstoffgleichgewicht war (er sagt nur, es sei täglich zweimal eine genau abgewogene Menge Nahrung verzehrt worden).

Der Kaffee bringt unzweifelhaft Aenderungen im Organismus und zwar besonders im Nervensystem hervor, von solcher Bedeutung für das Leben, dass wir uns veranlasst sehen, ihn zu einem täglichen Getränk zu machen. Nichtsdestoweniger sieht man in Folge davon keine irgend wahrnehmbare Modification in dem Umsatz des Eiweisses eintreten; höchst wahrscheinlich findet auch keine wesentliche Veränderung in der Kohlensäureausscheidung, also in der Zersetzung der stickstofffreien Stoffe, dabei statt. Es können daher mannigfache Alterationen im Nervensystem, welche unsere gesammte Stimmung und unser ganzes Sein wesentlich berühren, ja uns nach Aussen, sowie in unserem Gemeingefühl zu scheinbar anderen Menschen umgestalten können, vor sich gehen, ohne eine für uns erkennbare Spur in dem Stoffverbrauch zu hinterlassen. Gerade diejenigen Vorgänge in uns, nach denen wir unser allgemeines Wohl- oder Uebel-

---

1 SQUAREY, Dublin Medical Press. Dec. 1865.
2 ROUX, Compt. rend. LXXVII. p. 365. 1873; Gaz. méd. de Paris. 41 Année. (4) II. No. 34. 1873.
3 RABUTEAU, Compt. rend. LXXI. p. 426 u. 732. 1870; LXXVII. p. 489. 1873.
4 DEHN, Ueber die Ausscheidung d. Kalisalze. Diss. inaug. Rostock 1876; Arch. f. d. ges. Physiol. XIII. S. 367. 1876.

befinden beurtheilen, sind nur von geringfügigen Metamorphosen der
Materie erzeugt, und haben, schon der verhältnissmässig kleinen
Masse des Nervensystems halber, auf den Stoffwechsel im Grossen
Ganzen einen kaum bemerkbaren Einfluss.

Die Cocablätter sollen bekanntlich den Hunger bis zu 3 Tagen
ohne Schmerzgefühl ertragen lassen und zu gleicher Zeit starke Anstrengung ohne Ermüdung ermöglichen. Gazeau [1] hat den Eiweissumsatz unter ihrer Einwirkung untersucht und bei gleichmässiger
Nahrung eine Vermehrung der Harn- und Harnstoffausscheidung (um
11—24 %) gefunden. Er meint, es trete durch das Cocain eine Be-
schleunigung des Umsatzes ein, in Folge deren der Hungernde auf
Kosten seiner eigenen Organe besser als sonst lebt. Es wäre von
Interesse mit den jetzigen Hilfsmitteln die Sache genau zu prüfen.
Nach den Versuchen von Anrep [2] tritt bei Kaninchen der Hungertod ohne und mit Cocain fast zu gleicher Zeit ein; auch der tägliche Verlust am Körpergewicht schwankt in denselben Grenzen.

8. Morphium.

Man nahm ziemlich allgemein an, das Morphium bedinge eine
Herabsetzung des Stoffumsatzes im Körper, bevor man im Stande
war, eine solche mit Sicherheit darzuthun. Man sollte in der That
glauben, dass, wenn die Athemfrequenz geringer wird, der Puls selte-
ner ist, der Blutdruck abnimmt, die Körpertemperatur sinkt, dann auch
die Zersetzungsprocesse im Körper bedeutend verringert sein müssten.
Vom Opium hatte Boecker [3] auf Grund von Versuchen an Menschen angegeben, dass es die Menge der festen Bestandtheile im
Harn vermindere, und einzelne Kliniker sprachen dem Morphium die
Eigenschaft zu, die Consumption des Körpers z. B. bei Phthisis pul-
monum zu verzögern. Dass Boecker's, sowie Anderer Methode ganz
unzureichend war, habe ich [4] genugsam hervorgehoben.

Boeck [5] brachte einen Hund durch Fütterung mit Fleisch und
Fett in das Stickstoffgleichgewicht und gab dann Morphium hinzu;
es zeigte sich dabei ein um etwa 6 °/o geringerer Eiweissverbrauch.

Viel eingreifender ist jedoch nach den Untersuchungen von Boeck
und Bauer [6] die Wirkung des Morphiums auf die Abgabe von Kohlensäure und die Aufnahme von Sauerstoff. Es kommt hier sehr darauf

1 Gazeau, Compt. rend. II. p. 799. 1870.
2 Anrep, Arch. f. d. ges. Physiol. XXI. S. 69. 1879.
3 Boecker, Beitr. z. Heilk. S. 181. 1849.
4 Voit, Unters. über d. Einfluss des Kochsalzes etc. S. 248. München 1860.
5 Boeck, Ztschr. f. Biologie. VII. S. 420. 1871.
6 Boeck u. Bauer, Ztschr. f. Biologie. X. S. 339. 1874.

an, ob die Thiere in dem ersten Stadium der Morphiumwirkung, dem
der erhöhten Erregbarkeit, in welchem sie zum Theil in tetanische
und klonische Krämpfe verfallen, oder in dem des Schlafs sich befinden. Bei der Katze, bei der das erste Stadium vorherrschend
ist, tritt eine Steigerung der Kohlensäureausgabe um 43 % und des
Sauerstoffverbrauchs um 13 % ein; dies ist aber eine Folge der heftigen Körperbewegungen, d. h. nur eine secundäre und nicht eine
direkte Wirkung des Morphiums. Bei dem Hunde dagegen, welcher sich in Narkose und in Halbschlummer befand, ruhig liegen
blieb, auf äussere Reize träge reagirte und langsam athmete, wurde
eine Verminderung der Kohlensäureausscheidung um 27 %, sowie des
Sauerstoffconsums um 34 % beobachtet. Diese Verminderung rührt
von der Ruhe des Thieres her, wobei weniger Kohlensäure erzeugt
wird, und ist daher auch nicht eine direkte Folge des Morphiums,
sondern nur eine solche der geringeren Muskelthätigkeit. Auf diese
deprimirende Morphiumwirkung erfolgt eine Nachwirkung mit etwas
erhöhter Kohlensäurebildung, offenbar durch die nachträglich erhöhte
Erregbarkeit und Körperbewegung hervorgerufen.

Das Morphium wirkt also im Wesentlichen nur indirekt auf den
Stoffumsatz ein und zwar vor Allem auf den der stickstofffreien Substanzen, indem es die Muskelthätigkeit ändert; in einem ersten Stadium der Wirkung findet sich eine Verstärkung der Muskelbewegungen und damit eine grössere Zersetzung der genannten Stoffe, in
einem zweiten Stadium dagegen eine Verminderung unter das Normale ähnlich wie beim Schlaf.

9. Chinin.

Da das Chinin im Stande ist die Wirkung ungeformter Fermente
wie des Emulsins, der Diastase, des Ptyalins, Pepsins u. s. w. abzu-
schwächen und zu unterdrücken, sowie auch die Zersetzungen durch
geformte Fermente zu sistiren, die Gährung durch Hefezellen aufzuheben, weisse Blutkörperchen, Spaltpilze und Infusorien zu tödten,
auch die Körpertemperatur herabzusetzen, so sollte man glauben,
dass es einen wesentlichen Einfluss auf den normalen Stoffumsatz
im Organismus der höheren Thiere habe.

Unruh[1] und dann Kerner[2] haben zuerst am Menschen den Einfluss des Chinins auf die Harnstoffausscheidung studirt; ersterer sah
bei Fieberlosen häufig, letzterer stets eine Abnahme derselben; es
war jedoch bei ihren Untersuchungen der Gehalt der Nahrung an

---

1 Unruh, Arch. f. pathol. Anat. XLVIII. S. 291. 1869.
2 Kerner, Arch. f. d. ges. Physiol. III. S. 93. 1870.

Stickstoff nicht bekannt, wenn sie auch alle Speisen und Getränke in Qualität und Quantität gleichmässig hielten. Das Nämliche war bei den Untersuchungen von HERM. JANSEN [1] der Fall, der beim Menschen einen Abfall von 51.5 Grm. auf 48.0 Grm. Harnstoff fand. Mit allen Kautelen sind die Versuche BOECK's [2] ausgeführt; als er einem mit Fleisch und Fett im Stickstoffgleichgewicht befindlichen Hunde Chinin zugab, zeigte sich eine um 11 % geringere Stickstoffausfuhr. Die deprimirende Wirkung des Chinins ist demnach ungleich bedeutender wie die des Morphiums.

Das Chinin übt diesen Einfluss nicht dadurch, dass es selbst verbrannt wird und so das Eiweiss schützt, denn es ist ein schwer zersetzlicher Stoff, der grösstentheils unverändert im Harn ausgeschieden wird. Es setzt offenbar den Eiweissumsatz herab, weil es die Thätigkeit der Zellen zu alteriren im Stande ist, ähnlich wie es auch die Wirkung der Hefezellen, Zucker in Alkohol und Kohlensäure zu zerlegen, hemmt.

Nach diesen Erfahrungen erschien es von besonderem Interesse die Einwirkung des Chinins auf den Gaswechsel zu prüfen.

G. STRASSBURG [3] hat mittelst des ZUNTZ-RÖHRIG'schen Respirationsapparates Kohlensäurebestimmungen an trachcotomirten Kaninchen gemacht und berichtet, dass das Chinin die Ausscheidung dieses Gases in nicht grösserem Maassstabe herabdrückt als es allmählich nach der Tracheotomie und Einbindung einer Kanüle geschieht. Nach BOECK und BAUER [4] ist dagegen durch den direkt herabsetzenden Einfluss des Chinins auf die Fähigkeit der Zellen, Stoffe zu zerlegen, auch der Gaswechsel (bei Katzen) anfangs vermindert, die Kohlensäureabgabe um 8—14 %, der Sauerstoffverbrauch um 7 $^0/_0$; später aber, wenn durch grössere Dosen Krämpfe auftreten, erscheint auch in Folge der heftigen Muskelcontractionen und der dadurch hervorgerufenen grösseren Zersetzung der stickstofffreien Stoffe eine entsprechende Vermehrung des Gasaustausches; beim Hund nahm dabei die Kohlensäuremenge im Athem um 94 % zu.

An der Verminderung des Stoffzerfalls bei kleineren Gaben be-

1 HERM. JANSEN, Unters. über d. Einfluss des schwefelsauren Chinins auf die Körperwärme und den Stickstoffumsatz. Diss. inaug. Dorpat 1872. — JANSEN fand dagegen bei Hühnern nach Chiningaben eine Vermehrung der Harnsäureausscheidung, also eine Steigerung des Eiweissumsatzes.
2 BOECK, Ztschr. f. Biologie. VII. S. 422. 1871. Neuerdings hat KRAMSZTYK (Arbeiten aus d. Laborat. d. Warschauer med. Facultät. 1879. Heft 5. S. 96) an sich selbst, nachdem er sich ins Stickstoffgleichgewicht gesetzt hatte, durch Chinin eine Verminderung des Harnstoffs und der Phosphorsäure constatirt.
3 G. STRASSBURG, Arch. f. exper. Path. u. Pharm. II. S. 334. 1874.
4 BOECK u. BAUER, Ztschr. f. Biologie. X. S. 350. 1874.

theiligen sich wahrscheinlich nur die eiweissartigen Substanzen. Die
Muskelbewegungen und die Krämpfe übertäuben bei den grösseren
Dosen den durch die geringere Eiweisszersetzung bedingten Abfall
in der Kohlensäurebildung durch eine gesteigerte Verbrennung der
stickstofffreien Stoffe. Beim Menschen, welcher keine Krämpfe und
Muskelunruhe in Folge medikamentöser Gaben von Chinin bekommt,
ist höchstwahrscheinlich auch der Gaswechsel proportional dem Eiweissverbrauch herabgesetzt.

10. Digitalis.

Es ist von Wichtigkeit zu ermitteln, welchen Einfluss auf den
Stoffumsatz ein in so eminentem Grade auf die Bewegung des Herzens und auf den Blutdruck wirkendes Mittel wie die Digitalis ausübt.

Es ist bis jetzt noch nicht in richtiger Weise geprüft, ob die
Digitalis den Eiweisszerfall ändert. Von BOECK und BAUER [1] wurde
der Gasaustausch beim Hunde unter der Einwirkung eines Infusums
der Digitalis untersucht. Es stellte sich heraus, dass durch Gaben,
welche den Blutdruck steigern und die Herzleistung unter Auftreten
eines langsamen, stark sich hebenden, harten Pulses vermehren, die
Kohlensäureabgabe um $8.5\ ^0/_0$ und die Sauerstoffaufnahme um $5.0\ ^0/_0$
erhöht wird; der Austausch der beiden Gase ist aber vermindert bei
Gaben, welche die Herzarbeit herabsetzen, die Pulszahl und den Blutdruck geringer machen (die Menge der Kohlensäure sinkt dabei um
$9—36\ ^0/_0$, die des Sauerstoffs um $16—35\ ^0/_0$).

Es ist wahrscheinlich, dass die Digitalis in kleiner Dosis auf
die Zufuhr des Ernährungsmaterials zu den Organtheilen wirkt, indem dabei durch die Erhöhung des Blutdrucks der Säftestrom rascher
wird und die gleichen Stoffe öfter die zerlegenden Zellen passiren; in
grösserer Dosis, durch welche der Blutdruck herabgesetzt wird, tritt
dann entsprechend eine Verminderung der Zersetzung ein. Bei dieser Auffassung würde es sich vorzüglich um einen Einfluss auf den
Eiweissumsatz handeln.

11. Eisen.

Da die Eisenpräparate vielfach als sogenannte Roborantien gebraucht werden, so könnte man sich vorstellen, sie übten diese Wirkung durch eine Ersparniss im Eiweissverbrauch aus.

RABUTEAU [2] will beim Menschen nach Eisengebrauch eine geringe

---

1 BOECK u. BAUER, Ztschr. f. Biologie. X. S. 367. 1874.
2 RABUTEAU, Compt. rend. LXXX. p. 1169. 1875; Gaz. méd. de Paris. 1875.
No. 20.

Steigerung der Harnstoffausscheidung (um 2 Grm.) gefunden haben; er sagt zwar, es wäre die Lebensweise die gleiche gewesen, aber nicht wie er dies erreicht hat. Imm. Munk [1] gab Hunden im Stickstoffgleichgewicht täglich in Eisenchlorid $\frac{1}{3}$---$\frac{1}{2}$ Grm. Eisen und konnte keine Aenderung in der Stickstoffausscheidung, sowie in der Ausnützung des Eiweisses der Nahrung im Darm wahrnehmen.

12. Jod.

Das Jod (als Jodwasserstoffsäure) übt keinen wesentlichen Einfluss auf die Zersetzung des Eiweisses beim Menschen aus, wie Boeck [2] nachgewiesen hat. Rabuteau [3] giebt allerdings an, bei Zufuhr von Jod viel weniger Harnstoff im Harn (bis zu 29 %) gefunden zu haben, er hat aber offenbar die Zusammensetzung und Menge der Nahrung nicht sorgfältig gleichmässig erhalten.

13. Quecksilber.

Da es fest steht, dass das Quecksilber wie das Jod einen ganz bedeutenden Eingriff in die Vorgänge im Organismus auszuüben im Stande ist, so bringt es diese vielleicht durch Aenderungen im Stoffumsatz hervor; man dachte dabei namentlich an eine Verminderung der Zersetzung des Eiweisses, mit dem das Quecksilber feste Verbindungen eingeht [4] oder an die antiseptische Wirkung des letzteren. Boeck [5] hat aber bei Menschen, welche eine genau zubereitete Kost erhielten und sich im Stickstoffgleichgewicht befanden, nach Einreiben von grauer Quecksilbersalbe, keine irgend in Betracht kommende Beeinflussung der Stickstoffausgabe nachweisen können; es fand sich nur eine ganz geringfügige Steigerung der letzteren. Darnach ist auch eine Wirkung des Quecksilbers auf den Kohlenstoffverbrauch im Körper höchst unwahrscheinlich.

14. Arsenige Säure und Brechweinstein.

Es ist eine genügend constatirte Thatsache, dass die Bewohner von Gebirgsgegenden, besonders der steyerischen Alpen, in ziemlich grossem Umfange die Gewohnheit haben, arsenige Säure zu essen. Diese Sitte hat sich vorzüglich bei jenem Theile des Gebirgsvolkes Eingang verschafft, welcher durch den Beruf gezwungen ist, oftma-

---

1 Imm. Munk, Verh. d. physiol. Ges. zu Berlin. 1878/79. No. 6.
2 Boeck, Ztschr. f. Biologie. V. S. 403. 1869.
3 Rabuteau, Gaz. hebd. 1869. p. 133.
4 Liebig, Die Chemie in ihrer Anwendung auf Agrikultur u. Physiologie. S. 463.
5 Boeck, Ztschr. f. Biologie. V. S. 393. 1869.

lige und beschwerliche Gebirgswanderungen und Bergbesteigungen
zu machen, deren Strapazen durch den Arsenikgenuss besser ertragen werden sollen. Auch wird arsenige Säure in kleinen Dosen als
Medikament angewandt.

Man könnte den Gebrauch des Arseniks vielleicht theilweise
verstehen, wenn sich nachweisen liesse, dass unter seinem Einflusse
die Zersetzungsprozesse im Organismus vermindert sind und also
Körpersubstanz dadurch erspart wird; es würde dies auch erklären,
warum Pferde durch Arsenik ein besseres Aussehen, Glätte und Glanz
der Haare bekommen, und die Arsenikesser eine gewisse Wohl-
beleibtheit und Formenabrundung erhalten.

Dieser Vorstellung entsprechend wollten auch C. Schmidt und
Stürzwage [1] unter dem Einfluss der arsenigen Säure bei Katzen
eine bedeutende Verminderung der Stickstoff- und Kohlensäureausscheidung nachgewiesen haben, deren Ursache sie in der Eigenschaft
der arsenigen Säure, die Gährung und Fäulniss aufzuheben, suchten.
Ich [2] habe dagegen dargethan, dass die geringere Harnstoffmenge
von dem Erbrechen des grössten Theils der Nahrung nach Aufnahme
des Giftes herrührt. Um das störende Erbrechen des aufgenommenen
Futters zu vermeiden, gab Boeck [3] hungernden Hunden unter allen
Cautelen die arsenige Säure und zwar in geringen Dosen, wie sie
als höchste in der Medizin in Anwendung kommen und welche keine
toxischen Wirkungen ausüben, und konnte eine berücksichtigenswerthe Aenderung des Eiweisszerfalles dabei nicht wahrnehmen;
es ist daher nicht möglich, die medikamentöse Anwendung und
Wirkung des Arsens auf eine Veränderung des Eiweissverbrauchs
im Körper zurückzuführen. Das Gleiche berichtet Fokker [4], der
bei seinen Versuchen an hungernden oder mit Fleisch und Brod
gefütterten Hunden keinen in Betracht kommenden Einfluss des Arsens auf die Eiweisszersetzung fand. Kleine Gaben von Arsen ver-
abreichte auch Weiske [5] bei Pflanzenfressern und zwar bei Hammeln; unter Zunahme des Lebendgewichts war der Umsatz von Eiweiss bei gleichem Futter etwas geringer (um $5.4^0/_0$), ebenso die
Stickstoffausscheidung im Koth (um $0.3^0/_0$); er meinte daher, dass

1 Schmidt u. Stürzwage, Molesch. Unters. VI. S. 283. 1859.
2 Voit, Unters. über d. Einfluss des Kochsalzes etc. 1860. S. 249. Die Versuche
von Lolliot (Etude physiologique de l'arsenic. Paris 1868), bei denen der Harn nur
auf den prozentigen Gehalt an Harnstoff untersucht wurde, haben selbstverständlich keinen Werth.
3 Boeck, Ztschr. f. Biol. VII. S. 430. 1871.
4 Fokker, Nederlandsch Tijdschrift voor Geneeskunde. 1872.
5 Weiske, Journ. f. Landw. XXIII. S. 317. 1875.

der Arsen eine bessere Ausnützung des Futters und einen reichlicheren Ansatz von Eiweiss am Körper bewirkt. [1]

R. H. SALTET [2] endlich sah im gleichen Fall beim Menschen
eine tägliche Zunahme der Harnstoffausscheidung um 2 Grm.; es
ist aber nur bei der sorgfältigsten Zubereitung der Speisen möglich,
die Stickstoffaufnahme gleichmässig zu halten, und Schwankungen
in der Harnstoffmenge von 2 Grm. zu vermeiden.

Ganz anders ist das Resultat, wenn man grössere toxische
Dosen des Arsens anwendet; dieselben rufen mit Sicherheit eine
vermehrte Stickstoffausgabe im Harn hervor. GÄHTGENS [3] hatte mit
KOSSEL an einem Hunde Versuche in dieser Richtung angestellt.
Das Thier (von 21 Kilo Gewicht) wurde zunächst während 15 Tagen
gleichmässig, aber unzureichend mit einem Brei aus Schiffszwieback
und Milch gefüttert, wobei es am neunten Tage 4.7 Grm. Stickstoff im
Harn entleerte, an den folgenden sechs Tagen bei Arsenaufnahme
im Mittel 4.8 Grm.; da aber an den beiden letzten Tagen ein Theil
des Futters erbrochen wurde, so sahen sie dies als Anzeichen einer
vermehrten Eiweisszersetzung an. Um das störende Erbrechen auszuschliessen, musste der Hund von da ab 12 Tage lang unter fortwährend er Zufuhr von Arsen hungern, wobei die tägliche Stickstoffausscheidung von 3.0 Grm. allmählich bis zu 8.9 Grm. anstieg.

Da hier noch der Einwand möglich war, die Steigerung der
Eiweisszersetzung sei von der Fettabnahme am Körper durch die
längere Inanition bedingt [4] und nicht vom Arsen, so stellte GÄHTGENS [5]
nochmals einen Versuch am Hunde an, bei welchem die Stickstoffmenge im Harn schon am dritten Tage gleichmässig geworden war
und am vierten, fünften und sechsten Tage Arsen gegeben wurde;
hier zeigte sich unzweifelhaft eine Zunahme des Eiweissverbrauchs
(im Mittel um 30%). Es fand sich nämlich:

Hungertag	Arsen	Stickstoff im Harn	Hungertag	Arsen	Stickstoff im Harn
3.	0	4.5	7.	0	5.0
4.	Arsen	4.4	8.	0	3.3
5.	Arsen	5.4	9.	0	3.7
6.	Arsen	5.8			

---

1 Auch FOKKER giebt an, dass Kaninchen nach Aufnahme von Arsenik bei
gleichem Futter mehr an Gewicht zunehmen; ebenso ROUSSIN (Journ. d. pharm. et
chim. XLIII. p. 121. 1863).

2 SALTET, Bijdrage tot de Kennis van de Werking van Het Arsenikzuur op den
gezonden Mensch. Leiden 1879.

3 GÄHTGENS, Centralbl. f. d. med. Wiss. 1875. S. 529. — KOSSEL, Arch. f. exper.
Path. u. Pharm. V. S. 128. 1876.

4 FORSTER. Ztschr. f. Biol. XI. S. 522. 1875. — BOECK, Ebenda. XII. S. 512. 1876;
Centralbl. f. d. med. Wiss. 1877. S. 226.

5 GÄHTGENS, Ebenda. 1876. S. 833.

Das Antimon wirkt in grösseren Dosen ganz ähnlich wie der Arsen. Bei einem hungernden Hunde wies Gähtgens[1] in Gemeinschaft mit Schmarbeck und Berg in 2 Reihen nach Aufnahme von Brechweinstein einen erhöhten Eiweissumsatz nach.

Arsen und Antimon bedingen, ähnlich wie der Phosphor, eine fettige Degeneration der Organe[2]; das Fett stammt dabei wahrscheinlich aus dem Eiweiss ab, welches in bedeutender Menge zerfällt, dessen stickstofffreie Zerfallprodukte aber nicht weiter verbrannt werden. Es ist daher zu vermuthen, dass bei grösseren Arsenik- oder Antimongaben die Ausscheidung der Kohlensäure und die Aufnahme des Sauerstoffs vermindert wird wie bei der Phosphorvergiftung. Durch die grösseren Dosen der beiden Gifte wird wahrscheinlich wie durch den Phosphor die Organisation zerstört, vielleicht wie Binz[3] nachzuweisen suchte in Folge von Uebertragung oder Entziehung von Sauerstoff durch die Arsensäure oder arsenige Säure, wobei nach ihm innerhalb der Eiweissmoleküle die Sauerstoffatome heftig hin- und herschwanken und so die Spaltung des Eiweissmoleküls beschleunigt wird.

15. Phosphor.

Der Phosphor bringt im Thierkörper die heftigsten Wirkungen hervor; bei geringen Quantitäten des Giftes ziehen sich dieselben längere Zeit hin, so dass die Veränderung der Zersetzungsvorgänge während mehrerer Tage ziemlich rein zu studiren ist.

O. Storch[4] und J. Bauer[5] haben dabei an hungernden Hunden eine höchst bedeutende Zunahme des Eiweisszerfalls beobachtet; derselbe stieg bei Bauer's Versuchen um das doppelte, bei denen Storch's nahezu um das vierfache des normalen. Die Wirkung des Phosphors ist also ungleich grösser als die des Arsens oder Antimons. F. A. Falck[6] hat zwar geglaubt eine Verminderung des Eiweissumsatzes nach subcutaner Einspritzung von Phosphoröl darthun zu können; er hat jedoch, wie Bauer gezeigt hat, den Thieren so grosse Dosen beigebracht, dass sie schon nach 24 Stunden zu Grunde gingen und in dem elenden, dem Tode nahen Zustande

---

1 Gähtgens, Centralbl. f. d. med. Wiss. 1876. S. 321.
2 Saikowsky, Arch. f. path. Anat. XXXV. S. 73.
3 Binz, Arch. f. exper. Path. u. Pharm. XI. S. 200. 1879.
4 O. Storch, Den acute Phosphorforgiftning i toxikologisk, klinisk og forensisk Henseende. Diss. Kjobenhavn 1865; siehe auch das Referat von Jürgensen, Dtsch. Arch. f. klin. Med. II. S. 264. 1867.
5 J. Bauer, Ztschr. f. Biol. VII. S. 63. 1871, XIV. S. 527. 1878.
6 F. A. Falck, Arch. f. exper. Path. u. Pharm. VII. S. 377.

selbstverständlich weniger zersetzten. Auch STORCH und BAUER
haben am letzten Lebenstage eine Verminderung der Eiweisszersetzung und Harnstoffausscheidung gesehen, wie auch FRERICHS bei
der rasch verlaufenden acuten Leberatrophie.

Neuerdings hat PAUL CAZENEUVE [1] an Hunden die Angaben von
STORCH und BAUER bestätigt.

Neben der abnormen Vermehrung des Eiweissverbrauchs fand
BAUER eine wesentliche Verminderung der Kohlensäureausscheidung
(um 47%) und der Sauerstoffaufnahme (um 45%).

Unter dem Einflusse des Phosphors werden daher entweder die
im Körper abgelagerten stickstofffreien Stoffe in geringerem Maasse
zerstört oder es werden die aus dem zersetzten Eiweiss abgespaltenen stickstofffreien Stoffe nicht verbrannt. Die letztere Anschauung,
nach der sich aus dem Eiweiss als stickstofffreier Antheil Fett abtrennt und liegen bleibt, ist wohl die richtige; sie wird durch die
schon lange bekannte fettige Entartung der Organe bei der Phosphorvergiftung unterstützt.

Es könnte allerdings dieses Fett auch aus der Nahrung oder
aus dem Fettgewebe des Körpers durch Infiltration in jenen Organen
abgelagert werden. Da aber die Verfettung der Organe noch nach
längerem, 12tägigem Hunger eintritt, so ist es wahrscheinlich, dass
das Fett im Zelleninhalte aus eiweissartiger Substanz unter Abspaltung stickstoffhaltiger Zersetzungsprodukte entsteht. Dabei könnte
mehr von dem in der Zelle abgelagerten Eiweiss flüssig werden
und so der Zersetzung anheimfallen ohne Alteration des Bestandes

---

1 PAUL CAZENEUVE, Revue mensuelle de médec. et de chirurg. IV. p. 265 u. 444.
1880. — Darin kritisirt er auch die Versuche einiger französischer Forscher, die
im Allgemeinen noch keine Ahnung davon haben, wie man Untersuchungen der
Art anstellen muss. LÉCORCHÉ (Arch. de physiol. 1869. p. 110) wollte eine Verminderung des Harnstoffs beim Hunde unter dem Einflusse des Phosphors constatirt
haben; er erwähnt aber nicht einmal, ob die Thiere dabei hungerten oder Nahrung aufnahmen. RITTER in Nancy (Thèse 1872) beobachtete dagegen eine Vermehrung der Harnstoffquantität, wenn auch nur in geringem Maasse. BROUARDEL
(Arch. de physiol. 1876. p. 397) fütterte die Hunde, die trotz der Phosphorgaben
wie gewöhnlich gefressen haben sollen, und erschliesst aus den erhaltenen Zahlen
eine Abnahme der Harnstoffausscheidung; CAZENEUVE entgegnet, dass bei näherer
Betrachtung sich vielmehr eine Zunahme der letzteren ergiebt und ferner stets
gastrische Störungen auftreten, in Folge deren Erbrechen sich einstellt, oder die
Ausnützung im Darme eine herabgesetzte ist. THIBAUT endlich (Thèse à la Faculté de méd. de Lille, Des variations de l'urée dans l'empoisonnement par le phos-
phore; Compt. rend. XC. p. 1173. 1880) giebt an, bei langsamer Phosphorvergiftung,
bei der die Thiere 7—11 Tage am Leben blieben, zunächst eine bedeutende Abnahme der Harnstoffmenge, dann ein Ansteigen und am Ende wieder ein Sinken
derselben auf ein Minimum beobachtet zu haben, zugleich aber eine Ansammlung
von Harnstoff im Blut, der Leber, den Muskeln und dem Gehirn. Dieser Verlauf
mit Aufspeicherung von Harnstoff ist bis jetzt von keinem Beobachter wahrgenommen worden und ist keinesfalls die Regel.

der Zelle, oder es könnte schliesslich die Organisation selbst zerstört werden. Im ersteren Fall würde es sich nur um eine abnorme Steigerung der normalen Eiweisszersetzung und Fettabspaltung in einer sonst gesunden Zelle handeln, im letzteren um ein Zugrundegehen der organisirten Form wie bei der acuten Leberatrophie. Der Phosphor zerstört offenbar den Zusammenhalt der Organisation und bedingt so den rapiden Untergang des Eiweisses, sonst würde er nicht in so geringer Gabe als ein tödtliches Gift wirken; die gesunde Zelle erholt sich dagegen auch nach einem gewaltigen Eiweissverlust z. B. nach langem Hunger bald wieder.

Die Fettanhäufung kommt entweder dadurch zu Stande, dass die veränderte Zelle nicht mehr die Fähigkeit besitzt das Fett weiter zu zerlegen, wodurch dann indirekt die Sauerstoffaufnahme und die Kohlensäureausscheidung herabgesetzt werden; oder dadurch dass durch irgend welche Ursachen weniger Sauerstoff zutritt und deshalb weniger Fett verbrannt wird.

Mir ist die erstere Vorstellung wahrscheinlicher. Nach Fraenkel [1] wirkt allerdings der Phosphor ausser der direkten Tödtung lebender Körpersubstanz, indem er für sich den Sauerstoff in Beschlag nimmt oder durch Zerstörung rother Blutkörperchen die oxydativen Vorgänge herabsetzt, wodurch dann in Folge des Sauerstoffmangels das Gewebe absterben und den abnormen Eiweisszerfall bedingen soll; ich werde später noch auf diese Erklärung der vermehrten Eiweisszersetzung zurückkommen. Auch Meissner [2] meint, das Gewebe, dessen Eiweissumsatz die bedeutende Steigerung erfährt, wären die Blutkörperchen, auf deren Verminderung dann die Hemmung der Sauerstoffaufnahme beruhe.

Eine Auflösung rother Blutkörperchen direkt durch den Phosphor findet aber nach Bauer nicht statt; es bilden sich vielmehr bei Berührung mit dem Sauerstoff der atmosphärischen Luft in der Lunge Säuren des Phosphors. Diese Säuren werden bei geringen Phosphorgaben durch das alkalische Blut rasch neutralisirt, und nur bei einem Ueberschuss derselben findet eine Lösung rother Blutkörperchen in der Lunge statt.

Es wird später dargelegt werden, dass die Sauerstoffaufnahme in den Körper nach ausgiebigen Blutentziehungen oder bei einer wesentlich geringeren Lungenoberfläche u. s. w. nicht vermindert ist, indem allerlei Einrichtungen bestehen, durch welche Compensationen

---

1 Fraenkel, Arch. f. pathol. Anat. LXVII. S. 273. 1876.
2 Meissner, Henle's u. Meissner's Jahresber. 1871. S. 215.

stattfinden, in Folge deren doch die zur Verbrennung der Zerfall-produkte nöthige Sauerstoffmenge zugeführt wird. Es geschieht ferner, wie ebenfalls noch gezeigt werden wird, der Stoffzerfall in den Geweben nicht durch direkte Einwirkung des Sauerstoffs, sondern durch andere Bedingungen der Organisation; der Sauerstoff wird erst sekundär nach Maassgabe dieser Zerstörung aufgenommen. Darnach beruht auch hier wahrscheinlich das Liegenbleiben des Fettes nicht auf einer Störung in der Aufnahme des Sauerstoffes, sondern auf einer Veränderung der Fähigkeit der Zelle, Stoffzersetzungen hervorzubringen.

IX. Einfluss der Thätigkeit der Muskeln, der Nerven und anderer Organe auf den Gesammtstoffumsatz.

1. Muskelarbeit.

Eine der wichtigsten Fragen ist die nach dem Einfluss der Muskelarbeit auf den Stoffverbrauch im Thierkörper.

Aus den Erfahrungen des gewöhnlichen Lebens erschloss man schon lange, dass bei der Muskelanstrengung ein grösserer Stoff-verbrauch im Körper stattfindet: wir fühlen nach einer stärkeren Arbeitsleistung Hunger, ein rüstiger Arbeiter isst mehr als ein wenig thätiger Mensch, und der Arbeiter bleibt in der Regel mager, während der Unthätige Fett ansammelt.

LAVOISIER [1] hat wohl zuerst diesen grösseren Stoffverbrauch bei der Arbeit am Menschen direkt dargethan, indem er mit SEGUIN die beträchtliche Vermehrung der Sauerstoffaufnahme nachwies, denn während der ruhende Mensch in 1 Stunde nur 38.3 Grm. Sauerstoff verzehrte, consumirte der arbeitende 91.2 Grm., also 2.4 mal mehr. Später haben VIERORDT [2] und SCHARLING [3] beim Menschen auch eine vermehrte Kohlensäureabgabe während körperlicher Anstrengung gefunden.

Aber damit wusste man nur, dass im arbeitenden Körper mehr Stoffe der Oxydation unterliegen, jedoch nicht welche Stoffe dies waren.

1 LAVOISIER. Mém. de l'acad. des sciences. 1789. p. 185; Oeuvres de Lavoisier. II. p. 688. 696; Report of the British association. p. 189. Edinburgh 1871, Brief von Lavoisier an Black vom 19. Nov. 1790.
2 VIERORDT. Physiologie des Athmens. 1845; Arch. f. physiol. Heilk. III. S. 536; Wagner's Handwörterb. d. Physiol. II. S. 828. 1844.
3 SCHARLING. Ann. d. Chem. u. Pharm. XLV. S. 214. 1843; Journ. f. prakt. Chem. XLVIII. S. 135.

Da die Muskeln vorzüglich aus eiweissartigen Stoffen aufgebaut sind, so dachte man sich, dass bei der Thätigkeit derselben das Eiweiss in grösserer Menge verbraucht werde; namentlich kam Liebig in Consequenz seiner Vorstellungen über den Stoffumsatz im Thierkörper und dessen Ursachen zu dieser Schlussfolgerung.

Man richtete daher von da an das Hauptaugenmerk auf die Stickstoff- oder Harnstoffausscheidung bei körperlicher Anstrengung, besonders nachdem die Liebig'sche Methode der Harnstoffbestimmung bekannt geworden war. Aber fast alle Untersuchungen der damaligen Zeit sind unzulänglich, weil das dabei eingeschlagene Verfahren noch nicht der Art war, um den Einfluss der Arbeit auf den Eiweissumsatz mit Sicherheit zu erkennen; namentlich war man noch nicht im Stande, die Kost des Menschen gleichmässig zu halten, man kannte ferner nicht den Stickstoffgehalt derselben und hatte in keinem Falle das Stickstoffgleichgewicht hergestellt. Die Meisten fanden aber nur eine so geringe Vermehrung des Harnstoffs im Harn, dass aus ihr unmöglich die Kraftleistung bei tüchtiger Arbeit hervorgehen kann. Man war zwar im Stillen wohl etwas erstaunt über die geringfügige Aenderung der Stickstoffausscheidung im Harn, freute sich aber eine solche überhaupt nachgewiesen zu haben, um nicht mit der Theorie in Widerspruch zu kommen, oder liess letzterer zu Liebe eine unbekannte Quantität von Stickstoff durch Haut und Lungen austreten.

So hatten C. G. Lehmann [1], J. Fr. Simon [2], H. Beigel [3], W. Hammond [4], Genth [5], L. Lehmann [6], C. Speck am Menschen eine etwas grössere Harnstoffmenge (von 4—6 Grm. im Mittel) bei der Arbeit gefunden. Nur Mosler [8], J. C. Draper [9] und Ed. Smith [10] konnten keine berücksichtigenswerthe Erhöhung der Harnstoffzahl nachweisen. Sie beruhigten sich jedoch, indem Mosler den Harnstoff nicht unmittelbar während der Bewegung gebildet werden, sondern erst nach ihr in grösserer Menge ent-

---

1 C. G. Lehmann, Wagner's Handwörterb. d. Physiol. II. S. 21; Lehrb. d. physiol. Chem. I. S. 164.

2 J. Fr. Simon, Handb. d. angewandten med. Chem. II. S. 368. 1842.

3 H. Beigel, Denkschriften d. k. Leopold. Acad. d. Naturf. XXV. S. 477. 1855.

4 W. Hammond, Amer. journ. of med. sciences. 1855. Jan.

5 Genth, Unters. über den Einfluss d. Wassertrinkens auf den Stoffwechsel. Wiesbaden 1856.

6 L. Lehmann, Arch. f. wiss. Heilk. IV. S. 484. 1860; Arch. d. Ver. f. gem. Arb. IV. 1859, VI. 1862.

7 Speck, Arch. f. wiss. Heilk. IV. S. 521. 1860, VI. S. 161. 1862; Arch. d. Ver. f. gem. Arb. IV. 1859, VI. 1862.

8 Mosler, Beiträge zur Kenntniss der Urinabsonderung bei gesunden, schwangeren und kranken Personen. Diss. inaug. Giessen 1853.

9 J. C. Draper, Schmidt's Jahrb. XCII. No. 10 aus New York Journal. March. 1856.

10 Ed. Smith, Phil. Transact. 1862; Edinburgh med. Journ. 1859. p. 614; The Lancet. I. p. 216. 1859.

stehen lässt, DRAPER aber annimmt, es werde der bei der Thätigkeit mehr verbrauchte Stickstoff durch die Respiration entfernt.

Ich habe zuerst die für solche Untersuchungen als richtig erkannte Methode angewendet und bei einem grossen, noch jungen, nicht fetten Hunde, welcher in einem Tretrade laufen musste, während des Hungers und im Stickstoffgleichgewicht mit 1500 Grm. reinem Fleisch unter allen Kautelen die Stickstoffausscheidung durch den Harn in 4 Versuchsreihen bestimmt [1].

Es ergab sich dabei im Mittel Folgendes:

Nahrung		Harn-	Harnstoff	Fleisch-	
Fleisch	Wasser	menge		Umsatz	
I. { 0	258	186	14.3	196	ohne Laufen
{ 0	872	518	16.6	227	mit „
{ 0	123	145	11.9	164	ohne Laufen
II. { 0	527	186	12.3	167	mit „
{ 0	125	143	10.9	149	ohne „
{ 1500	182	1060	109.8	1522	ohne Laufen
III. { 1500	657	1330	117.2	1625	mit „
{ 1500	140	1081	109.9	1526	ohne „
IV. { 1500	412	1164	114.1	1583	mit Laufen
{ 1500	63	1040	110.6	1535	ohne „

Später habe ich an einem grossen, älteren und fettreicheren hungernden Hunde unter starker Anstrengung (8 stündigem Laufen) mit der äussersten Sorgfalt nochmals zwei Versuche angestellt, und dabei noch auffallendere, schlagendere Zahlen als vorher erhalten [2]; es betrug nämlich die Harnstoffmenge:

Tag	Wasser auf	Harnstoff	
1.	422	15.4	Ruhe
2.	500	15.4	Ruhe
3.	500	15.8	Laufen
4.	500	13.9	Ruhe
1.	320	11.6	Ruhe
2.	367	11.6	Ruhe
3.	1000	11.2	Laufen
4.	500	12.5	Ruhe
5.	490	11.8	Ruhe

1 VOIT, Unters. üb. d. Einfluss des Kochsalzes, des Kaffees und der Muskelbewegung auf den Stoffwechsel. München 1860.
2 VOIT, Ztschr. f. Biologie. II. S. 339. 1866. Im zweiten Falle wurde der Stickstoff im Harn direct durch Verbrennen mit Natronkalk bestimmt.

Darnach tritt beim Hunger durch das Laufen des Thiers nur eine ganz geringe Vermehrung der Harnstoff- oder Stickstoffausscheidung ein; sie betrug im Mittel bei dem jüngeren, fettarmen•Thier 0.9—2.3 Grm. Harnstoff oder 8—16 %, bei dem fetteren Thier dagegen nur 0.1—1.2 Grm (1—8 %). Nach ausschliesslicher Zufuhr von reinem Fleisch ist die absolute Steigerung des Harnstoffs etwas grösser, nämlich beim Laufen mit vollem Magen um 7 Grm. (7 %), beim Laufen mit leerem Magen um 4 Grm. (3 %).

Man hätte nach den bis dahin allgemein gehegten Vorstellungen, wornach die Eiweisszersetzung die Kraft zur Arbeit liefert, denken sollen, es müsste die Differenz im Eiweissumsatz bei möglichster Ruhe und stärkster Bewegung sehr bedeutend sein, und gerade beim Hunger, wo das Minimum an Eiweiss zerstört wird, eben hinreichend die geringen Kraftäusserungen dabei zu ermöglichen, durch eine grosse Körperanstrengung viel mehr, doppelt und dreifach so viel Eiweiss dem Untergang anheimfallen. Statt dessen war beim Hunger kaum eine Differenz nachweisbar. Da nun bei der Fütterung mit reichlichen Fleischmengen von dem Hunde die gleiche Arbeit geleistet worden ist wie beim Hunger, so kann der bei ersterer beobachtete Mehrverbrauch an Eiweiss (im Mittel um 5 Grm.) unmöglich durch die Arbeit direkt bedingt oder zum Zustandekommen derselben nothwendig gewesen sein, die Ursache muss in etwas Anderem gesucht werden.

Während der Arbeit kommen nämlich mancherlei Umstände hinzu, welche für sich ohne Arbeit einen verstärkten Eiweisszerfall hervorrufen. Ich machte auf die in Folge der bedeutenderen Wasserverdunstung durch Haut und Lungen in reichlichem Maasse stattfindende Wasseraufnahme und auf die Entleerung einer grösseren Quantität verdünnteren Harns aufmerksam; ferner auf die durch die verstärkte Herz-, Athem- und Körperbewegung beschleunigte Circulation im Organismus, deren Folgen sich beim Hunger weniger geltend machen können als bei der Zufuhr grosser Gaben von reinem Fleisch, bei denen der Vorrath von zerstörbarem Eiweiss im Körper grösser ist; und endlich auf den Fettverlust, der stets eine Steigerung des Eiweissumsatzes bedingt.

Nach meinen Versuchen am Hunde wird die Stickstoffausscheidung und die Gesammteiweisszersetzung durch die Muskelarbeit nicht oder nur in geringem Grade und indirekt beeinflusst, es wirkt also die körperliche Anstrengung auf die Bedingungen der Zerstörung des Eiweisses nicht direkt ein, wohl aber auf die des Fettes. Meine Beobachtung stiess die ganze wohl gefügte Theorie, welche man sich über die Ursachen des Eiweissverbrauchs gemacht hatte, sowie viele andere sich daran anknüpfende, scheinbar fest stehende Anschauungen um und bildete den Ausgangspunkt für neue. Man hätte die von mir gefundene Thatsache noch in anderer Weise auslegen können. Ich habe namentlich in meinem Buche (a. a. O. S. 191 u. 192) die Möglichkeit einer grösseren Zersetzung von Eiweiss während der Arbeit und einer nachträglichen Ausgleichung derselben besprochen.

Man hätte sich nämlich zunächst denken können, dass während der Arbeit wirklich mehr Eiweiss umgesetzt wird als bei der Ruhe, dass aber bei gleichzeitiger Nahrungsaufnahme aus dem Eiweissvorrathe derselben der Verlust alsbald wieder ersetzt wird, da ja die Bedingungen für den Ansatz nach meinen eigenen Erfahrungen nach einer Abgabe von Eiweiss vom Körper sich günstiger gestalten. Ein solcher Vorgang könnte jedoch nur bei reichlicher Zufuhr von Eiweiss in der Nahrung stattfinden, jedoch nicht beim Hunger, wo kein Ersatzmaterial vorhanden ist. Es müsste daher beim Hunger eine erhebliche Vermehrung der Stickstoffausscheidung eintreten: aber gerade dabei ist die letztere am geringsten und kaum bemerkbar.

Man hätte ferner vermuthen können, im hungernden Organismus zerfalle während der ganzen Dauer der Bewegung mehr Eiweiss, aber darnach, in der darauf folgenden Ruhe- oder Nachtzeit um so viel weniger, wodurch sich der erstere Verlust wieder ausgleichen und der Gesammteiweissumsatz in 24 Stunden trotz der Arbeit der nämliche bleiben würde wie bei völliger Ruhe. Diese von mir zuerst ausgesprochene Möglichkeit der Erklärung der durch mich gefundenen Thatsache, welche Möglichkeit ich aus bestimmten Gründen für sehr unwahrscheinlich hielt, hat J. RANKE[1] durch den Versuch am Menschen geprüft, indem er während des Hungers die stündliche Harnstoffausscheidung bei Ruhe und zweistündiger Arbeit (Spazierengehen) bestimmte. Er fand statt eines allmählichen Sinkens derselben in den Vormittagsstunden entweder schon während der Stunden der körperlichen Bewegung oder erst in der darauf folgenden Ruheperiode ein geringes Ansteigen, das dann von einer nachträglichen raschen Verminderung abgelöst wird. Die dabei eintretende Vermehrung der Harnstoffausscheidung war aber so geringfügig, für die Stunde höchstens 0.5 Grm. betragend, dass sie in gar keinem Verhältniss zu der geleisteten Arbeit steht.

1 J. RANKE, Tetanus. S. 301. 1865.

Später haben PETTENKOFER und ich [1] ebenfalls am ruhenden und
arbeitenden Menschen, bei Hunger sowohl als auch bei genau con-
trolirter Nahrungsaufnahme, Versuche über die Stickstoffausscheidung angestellt, und dabei die RANKE'schen Angaben nicht bestätigen können. An dem von uns benützten kräftigen Arbeiter, welcher,
9 Stunden im Tag eine sehr bedeutende Leistung bis zur Ermüdung
ausführte, wurde während der 12 Tag- und der 12 Nachtstunden der
Eiweissverbrauch ermittelt, wobei sich ergab:

		Harnstoff		
		in 24 Stunden	in der Tageshälfte	in der Nachthälfte
Hunger	Ruhe	26.8	15.9	10.9
	Ruhe	26.3	14.4	11.9
	Arbeit	25.0	11.9	13.1
mittlere Kost	Ruhe	37.2	21.5	15.7
	Ruhe	35.4	17.8	17.6
	Ruhe	37.2	19.2	18.0
	Arbeit	36.3	20.1	16.2
	Arbeit	37.3	18.9	18.4

Darnach ist also auch beim Menschen die in 24 Stunden ausgeschiedene Stickstoffmenge bei Ruhe und Arbeit abermals die gleiche.
In den Reihen mit mittlerer Kost kann man bei der Theilung in die
Tag- und Nachthälfte die vorher gestellte Frage nicht scharf entscheiden, da auf die Nachthälfte das ziemlich frugale Abendessen
fällt, weshalb es darauf ankommt, ob von dem Mittagsmahl und dem
Vesperbrod grössere oder kleinere Mengen beim Beginn der Nachthälfte verdaut sind. Ein irgend erheblicher Unterschied zwischen
der Ruhe- und Arbeitszeit ist jedoch, wie schon diese Zahlen aussagen, nicht vorhanden. Bestimmtest lassen aber die Hungerreihen
entnehmen, dass nicht einmal vorübergehend während der Arbeit
mehr Eiweiss zerfällt als in der Ruhe.

Wir haben auch dabei die Ausscheidung der Gesammtschwefel-
säure und der Phosphorsäure im Harn bestimmt und keine Aenderung in ihrer Menge durch körperliche Anstrengung gefunden, wie
die folgende Tabelle nachweist[2]:

---

1 PETTENKOFER u. VOIT, Ztschr. f. Biologie. II. S. 459. 1866.
2 Dadurch wird auch die Vermuthung widerlegt, dass bei körperlicher Anstrengung der Stickstoff zum Theil gasförmig durch Haut und Lungen fortgeht
und also dabei doch mehr Eiweiss umgesetzt wird. In diesem Falle müsste nach
der Arbeit wegen des grossen Verlustes von Eiweiss am Körper weniger davon

		Schwefel-säure	Phosphor-säure
Hunger	Ruhe	1.47	3.15
	Arbeit	1.72	2.95
mittlere Kost	Ruhe	2.56	4.19
	Ruhe	2.66	—
	Arbeit	2.57	4.15
	Arbeit	—	4.07

L. A. Parkes [1] wollte anfangs am Menschen, im Gegensatz zu J. Ranke, bei gleicher Eiweisszufuhr an den Ruhetagen eine grössere Eiweisszersetzung gefunden haben wie an den Arbeitstagen. Parkes meinte, es werde im ruhenden Körper das verzehrte Eiweiss zum grössten Theile zerstört, in dem arbeitenden dagegen theilweise an den Muskeln angesetzt, während Liebig [2] daraus auf einen vermehrten Eiweisszerfall bei der Arbeit schloss, dessen Produkte aber erst nach und nach in der darauf folgenden Ruhe in Harnstoff umgewandelt und ausgeschieden würden. Nach letzterer Anschauung wäre es also nicht möglich, den Einfluss der Muskelanstrengung (oder auch anderer Bedingungen) auf den Eiweissverbrauch durch die an diesem Tage secernirte Stickstoffmenge zu entnehmen. Ich [3] habe dagegen gezeigt, dass bei diesen Versuchen von Parkes der Stickstoffgehalt der Nahrung nicht gleich gehalten und nicht genau bekannt war, ja dass ihr Autor noch keine genügende Vorstellung davon hatte, mit welcher peniblen Sorgfalt derartige Untersuchungen am Menschen angestellt werden müssen. Nach Parkes' Annahme müsste die Arbeit beim Hunger ganz anders auf den Eiweissumsatz einwirken als bei Nahrungsaufnahme. Ausserdem lassen sich aus den von Parkes angegebenen Zahlen jene Schlüsse nicht ziehen; die Produkte des Zerfalls der stickstoffhaltigen Stoffe gehen nach meinen früheren Mittheilungen über die Stickstoffausfuhr nach Leimfütterung nicht so langsam in Harnstoff über und verweilen nicht längere Zeit im Kör-

zersetzt werden, was aber nicht geschieht. Da bei der Ruhe sicherlich aller Stickstoff im Harn und Koth erscheint, so müsste ferner bei der Arbeit gerade so viel Stickstoff im Athem oder Schweiss weggehen, als bei ihr mehr an Eiweiss zerstört wird, was doch gewiss einer der sonderbarsten Zufälle wäre. Weil aber bei der Arbeit die Ausscheidung der Schwefelsäure und Phosphorsäure unverändert bleibt, so ist damit auch die unveränderte Eiweisszersetzung bewiesen, denn würde mehr Eiweiss zersetzt, so müssten die mit ihm verbundenen, nicht flüchtigen anorganischen Stoffe in grösserer Menge im Harn sich vorfinden.

1 L. A. Parkes, Proceed. of the Roy. Soc. XV. p. 339. 1867, XVI. p. 44. 1868, XIX. p. 319. 1871; British med. journ. I. p. 275. 304. 334. 1871.
2 Liebig, Sitzgsber. d. bayr. Acad. II. S. 393. 1869; Ann. d. Chem. u. Pharm. CLIII. S. 1 u. 137.
3 Voit, Ztschr. f. Biologie. VI. S. 321. 1870.

per, wie Liebig's Hypothese voraussetzt, sondern werden vielmehr im Lauf von 24 Stunden vollständig daraus entfernt. Es findet sich endlich bei meinen Versuchen weder am Hunde noch am Menschen eine geringere Eiweisszersetzung bei der Arbeit. Später hat Parkes[1] selbst, bei einer wie es scheint ziemlich gleichmässigen Nahrung mit 20 Grm. Stickstoff, eine geringe Steigerung der Harnstoffausscheidung in Folge der Muskelarbeit gefunden, nämlich:

	N im Harn und Koth
Ruhe	18.95 Grm.
Arbeit	21.26 „
Ruhe	19.10 „
Arbeit (mit Alkoholgenuss)	20.12 „
Ruhe	18.21 „

Es wäre auch noch, um den grösseren Eiweisszerfall bei der Arbeit zu retten, die Annahme möglich gewesen, es werde wohl im ganzen Körper bei der Anstrengung nicht mehr Eiweiss zerstört wie bei der Ruhe, es werde aber bei ersterer ein grosser Theil des Bluts nach den thätigen Muskeln gezogen, welches dann das Material zu einer Mehrzersetzung von Eiweiss in diesen Organen liefere, während die übrigen Organe darben und deshalb entsprechend weniger Eiweiss verbrauchen. Ich[2] habe zuerst auf diese Möglichkeit aufmerksam gemacht und J. Ranke[3] hat dieselbe weiter ausgeführt. Es ist eine solche indirekte Wirkung des stärkeren Säftestroms auf den Eiweisszerfall in dem sich contrahirenden Muskel wohl denkbar, ich halte sie aber nur für unbedeutend. Keinesfalls steht der Eiweissverbrauch in direkter Beziehung zur Muskelarbeit im Körper, denn dann müsste die Grösse der letzteren stets die gleiche bleiben, weil die Gesammteiweisszersetzung bei Ruhe und Arbeit nahezu die gleiche ist, d. h. es müssten, wenn gewisse Muskelgruppen thätig sind, die übrigen Muskeln im Körper entsprechend weniger thätig sein, was aber nicht denkbar ist. Da in einem hungernden Organismus bei möglichster Ruhe und bei möglichster Anstrengung, in welchem letzteren Falle doch gewiss im Gesammtkörper mehr Muskelarbeit geleistet wird, der Eiweisszerfall sich nicht wesentlich ändert, so kann derselbe direkt mit der Muskelthätigkeit nichts zu thun haben.

L. Hermann[4] lässt, zur Erklärung des Gleichbleibens der Stickstoffausgabe, bei der Muskelcontraktion das Eiweiss in grösserer

1 Parkes, Proceed. of the Roy. Soc. XX. p. 102. 1872.
2 Voit, Ueber die Theorien der Ernährung. Akademierede. S. 35. 1868.
3 Ranke, Blutvertheilung und Thätigkeitswechsel der Organe. 1871.
4 L. Hermann, Unters. über den Stoffwechsel der Muskeln. S. 100. 1867.

Menge sich spalten, alsbald aber aus den stickstoffhaltigen Spaltungs-
produkten und den stickstofffreien Stoffen der Nahrung wieder aufgebaut werden; nur bei sehr starker und ermüdender Arbeit findet
letzteres nach ihm nicht mehr statt, weshalb dabei eine Steigerung
der Stickstoffausscheidung zu beobachten ist. Es ist mir unklar,
warum dann das in der Ruhe zersetzte Eiweiss nicht ebenso restituirt
wird wie das bei der Arbeit; es würde ferner der erste Eiweisszerfall zu der Arbeitsleistung nichts beitragen, da ebensoviel Kraft zum
Wiederaufbau des Eiweissmoleküls nöthig ist als beim Zerfall desselben frei geworden war. Das Endresultat bleibt selbstverständlich
das nämliche, denn es ist auch bei HERMANN's Anschauung der Verlust des hungernden Organismus an Eiweiss bei Ruhe und Arbeit
der gleiche.

Seit dem Erscheinen meiner Abhandlung und seit meinem anfangs paradox klingenden Ausspruch, dass bei der Körperbewegung
nicht wesentlich mehr Stickstoff ausgeschieden werde als ohne dieselbe, wurden über dieses Thema ausser den schon genannten noch
vielfache Untersuchungen am Menschen angestellt, und dabei je nach
der angewandten Versuchsmethode verschiedene Resultate erhalten,
sowie mancherlei Meinungen geäussert. [1]

Nach NOYES [2] wird nur bei einer in hohem Grade ermüdenden Arbeit mehr Harnstoff ausgeschieden. SAM. HAUGHTON [3] fand täglich im Durchschnitt bei gewöhnlicher Beschäftigung 31.3 Grm. Harnstoff, nach einem
starken Marsche ebenfalls 31.3 Grm., und er ist überzeugt, dass durch
Körperbewegung nicht mehr Harnstoff gebildet wird. Auch MEISSNER bemerkte bei einem Hunde keine vermehrte Harnstoffausscheidung in Folge
der Bewegung. [4]

J. WEIGELIN [5] untersuchte ähnlich wie früher RANKE die Harnstoffausscheidung bei zweistündiger Muskelanstrengung und der darauf folgenden
Ruhezeit; es ergab sich während der Zeit der Bewegung eine geringfügige Vermehrung der Harnstoffzahl, eine deutliche Vermehrung aber
erst in der nachfolgenden Ruhezeit (die willkürliche Spannung der Mus-

---

1 Die Einwände von SPECK (Arch. d. Ver. f. gem. Arb. VI. S. 161. 1862 u. Arch.
d. Heilk. 1861. S. 371), ebenso die Fragen von MEISSNER (Jahresber. von Henle u.
Meissner. 1860. S. 374 u. 1862. S. 389), sowie die Zweifel HEIDENHAIN's (Mech. Leistung u. Wärmeentwicklung im Muskel. S. 175. 1864) und LIEBIG's habe ich in der
Ztschr. f. Biologie. II. S. 337. 1866, VI. S. 321. 1870 besprochen.
2 NOYES, Amer. journ. of science. 1867. p. 345. Siehe auch DOUGLAS, Phil. Mag.
and Journ. of science. 1867. p. 273.
3 SAM. HAUGHTON, Med. Times and Gaz. 1867. p. 205 u. 269, II. p. 171 u. 203.
1868.
4 MEISSNER, Ztschr. f. rat. Med. XXXI. S. 283. 1868.
5 J. WEIGELIN, Versuche über den Einfluss der Tageszeiten und der Muskelanstrengung auf die Harnstoffausscheidung. Diss. inaug. Tübingen 1869: Arch. f. Anat.
u. Physiol. 1868. S. 207. Die LIEBIG'sche Methode giebt in dem verdünnten Harn während und nach der Arbeit ganz unzuverlässige, um Vieles zu hohe Resultate.

keln ohne Leistung nach Aussen zeigte nur während der Thätigkeit eine
geringe Steigerung, nicht aber darnach während der Ruhe). Die Versuchsbedingungen sind aber ziemlich verwickelt und nicht so einfach, wie
bei RANKE; denn WEIGELIN nahm bei Beginn der Arbeitszeit $2^1/_2$ Schoppen
Wasser und meist während und nach derselben noch weitere 2 Schoppen,
ausserdem 1 Schoppen Milch, und es kann leicht sein, dass durch das
angestrengte Gehen die Verdauung der Milch verzögert und in die Ruhezeit hineingezogen, oder durch die reichlichere Wasseraufnahme eine Aenderung der Harnstoffbildung hervorgerufen wurde.   Vor Allem aber sind
die Schwankungen der Werthe an den verschiedenen Versuchstagen ganz
ausserordentlich gross, so dass aus den kleinen Differenzen der Mittelzahlen kaum ein sicherer Schluss erlaubt ist.

BYASSON [1], dessen Methoden nicht genügend genau waren, ass eine
Art Brod, aus Mehl, Eiern, Butter, Zucker und Salz bereitet, und erhielt
im Mittel bei:

Muskelarbeit .   10.65 Grm. Stickstoff im Harn
Geistiger Arbeit   11.57   „   „   „   „
Ruhe .   .   .   .   9.98   „   „   „   „

Ebenfalls mit ungenügenden Methoden erhielt ALBINI [2] bei Körperbewegung eher eine Verminderung der Harnstoffausscheidung.

Die Arbeit ENGELMANN's [3] ist aus Gründen, die schon (S. 7S) mitgetheilt
worden sind, ganz unzuverlässig und fehlerhaft, so dass seine Angabe einer
Vermehrung des Harnstoffs, namentlich aber der Schwefelsäure und Phosphorsäure im Harn des arbeitenden Menschen keinen Werth besitzt.

F. SCHENK [4] hatte unter NENCKI's Leitung einen Menschen durch
constante Nahrungszufuhr in das Stickstoffgleichgewicht gebracht, und in
einer ersten Versuchsreihe mit LIEBIG's Methode bei Ruhe im Mittel 46.2 Grm.
Harnstoff, bei Arbeit im Mittel 52.5 Grm. Harnstoff erhalten, in einer
zweiten Versuchsreihe jedoch keine Steigerung beobachtet.   Die zuerst
gefundene Vermehrung kann also nach ihm nicht eine Folge der geleisteten Arbeit sein.

An dem bekannten Schnellläufer Weston haben AUSTIN FLINT [5] in
New-York und PAVY [6] Bestimmungen gemacht, deren Resultate mit den
meinigen in Widerspruch stehend gedeutet wurden.   Ihre Untersuchungen
können jedoch keinen Entscheid bringen, weil der Körper Weston's sich
nicht im Stickstoffgleichgewicht befand und die Nahrung ganz verschiedene Mengen von Stickstoff enthielt.   An den Tagen der sehr erheblichen
Arbeitsleistung (40—92 engl. Meilen täglich) wurde zwar nicht mehr Stickstoff im Harn ausgeschieden wie in der Ruhezeit, aber wesentlich mehr

---

1 BYASSON, Essai sur la relation qui existe à l'état physiologiq. entre l'activité
cérébrale et la composition des urines. Thèse. Paris 1868.
2 ALBINI E FIENGA, Gazz. med. ital. Lomb. 1870. No. 25.
3 ENGELMANN, Arch. f. Anat. u. Physiol. 1871. S. 14.
4 F. SCHENK, Arch. f. exper. Pathol. u. Pharm. II. S. 21. 1874; Centralbl. f. d.
med. Wiss. 1874. S. 377.
5 AUSTIN FLINT, Journ. of anat. and physiol. XI. (1) p. 109. 1876, XII. p. 91. 1877.
6 PAVY, Centralbl. f. d. med. Wiss. 1877. No. 28; Lancet. I. No. 9—13 u. II. No. 22
bis 26. 1876, I. No. 2. 1877. — Siehe auch J. JONES, New Orleans med. a surg. Journ.
1878; Brit. and for med.-chirurg. Review p. 190. 1877.

als in den Speisen zugeführt worden war, von denen während des ange-strengten Laufens beträchtlich weniger als sonst verzehrt werden konnte. An den einzelnen Arbeitstagen schwankt die Menge des in der Kost auf-genommenen Stickstoffs um mehr als das Doppelte, und wenn man die Kost der Ruhetage damit vergleicht, selbst um das Vierfache von einem Tage zum andern: es ist dem entsprechend die Grösse des Eiweisszer-falls ausserordentlich wechselnd. Aus dem Umstande nun, dass in der Arbeitsperiode bei ungenügender Zufuhr mehr Stickstoff im Harn erscheint als in den Speisen enthalten war und in der Ruheperiode trotz reichlicherer Zufuhr nicht mehr wie vorher bei der Arbeit, wird nun der Schluss ge-zogen, die Arbeitsleistung bedinge einen Zerfall des Muskelgewebes, der durch das Eiweiss der Nahrung nachher wieder ausgeglichen werde. J. Forster [1] hat schon hervorgehoben, dass die angestellten Versuche einen solchen Schluss nicht gestatten und bei gleich wechselnder Zufuhr auch ohne irgend welche Körperanstrengung die nämlichen Zahlenresultate er-halten worden wären.

Nach Brietzke [2] zeigte sich bei Gefangenen keine Aenderung in der Harnstoffmenge bei Ruhe und Arbeit. II. Oppenheim [3] endlich konnte bei einem im Stickstoffgleichgewichte befindlichen Menschen, auch bei ange-strengter Muskelarbeit keine Steigerung der Stickstoffausscheidung nach-weisen, wenn dieselbe nicht zur Dyspnoe führte.

Wie man ersieht, findet nach allen denjenigen Versuchen an Menschen, bei welchen die Kost genau regulirt war und der Körper eben auf seinem Eiweissbestande erhalten wurde, keine in Betracht kommende Aenderung der Stickstoffausfuhr bei der Arbeit statt.

Scheinbar andere Resultate, als sie am Hund und am Menschen sich ergeben hatten, fanden v. Wolff, v. Funke, Kreuzhage und Kellner [4] in Hohenheim durch höchst interessante und musterhaft durchgeführte Versuche am Pferde. Das Thier erhielt Tag für Tag das gleiche Futter, dessen Ausnützung unverändert blieb, und zeigte bei der Messung der Stickstoffausscheidung im Harn stets eine Ver-mehrung derselben mit der Höhe der am Göpel geleisteten Arbeit. Sie theilen folgende Zahlen mit:

Periode No.	Arbeit in Kilogrammmeter	Stickstoff im Harn in 24 Stunden
1.	500 000	95.8
2.	1000 000	109.3
3.	1500 000	116.8
4.	1000 000	110.2
5.	500 000	98.3

1 J. Forster, Deutsch. Ztschr. f. Thiermedicin u. vergl. Pathol. 1878. S. 302.
2 Brietzke, Centralbl. f. d. med. Wiss. 1878. S. 382; Brit. and for. med. chirurg. Revue. 1877. p. 190.
3 H. Oppenheim, Arch. f. d. ges. Physiol. XXII. S. 49. 1880.
4 Wolff, Funke, Kreuzhage u. Kellner, Amtl. Bericht d. 50. Vers. deutsch. Naturf. u. Aerzte zu München. 1877. S. 224. — O. Kellner, Landw. Jahrb. VIII.

Das Lebendgewicht des Pferdes sank bis zur Periode 5. exclusive beträchtlich ab, von 534 auf 508 Kilo, d. h. das Futter war für die grössere Anstrengung nicht hinreichend und nur für mässige Arbeit genügend.

Ich kann diese Resultate nicht als in Widerspruch mit meinen Versuchsergebnissen und Darlegungen stehend erachten. Ich habe beim Hunde in manchen Fällen ebenfalls eine Steigerung des Eiweissverbrauchs bei dem Laufen beobachtet und zwar bis zu 16%. Da aber in anderen Fällen trotz intensiver Arbeit keine solche Aenderung eintritt, so kann jene Vermehrung nicht direkt von der Arbeit, sondern nur von anderen Nebeneinflüssen herrühren. Als solche habe ich die grössere Wasseraufnahme und Harnmenge bei der Muskelanstrengung, ferner den verstärkten Säftekreislauf, vorzüglich aber den Fettverlust vom Körper angegeben. Ein fettärmerer Organismus setzt nach den früher mitgetheilten Erfahrungen beträchtlich mehr Eiweiss um als ein fettreicher; die Fettabgabe hat einen geringen Einfluss, wenn in den Organen reichlich Fett abgelagert ist, einen bedeutenderen jedoch bei verhältnissmässig magerem Körper. Darum zeigt der gewöhnlich fettreiche Mensch, sowie ein älterer Hund keine Aenderung in der Stickstoffausscheidung. Ich hatte schon vor meinen Versuchen an Menschen geäussert, dass bei fettem Leib, sowie bei genügender Aufnahme stickstofffreier Stoffe kein verstärkter Eiweissumsatz sich finden werde.[1] Ich führe die etwas grössere Zersetzung von Eiweiss an den Ruhetagen nach sehr starker Arbeit zum Theil auf die Fettabgabe zurück, so z. B. bei den Soldaten von Parkes, welche im Tag nur etwa 254 Grm. Kohlenstoff aufnahmen, während unser Arbeiter bei der gleichen Stickstoffzufuhr 315 Grm. Kohlenstoff erhielt und bei der Arbeit doch noch 56 Grm. Fett von seinem Körper einbüsste.

Solche Verhältnisse müssen nun auch in höherem Grade bei dem Hohenheimer Versuchspferd gegeben sein. Vor Allem hat das Pferd an seinem Leibe relativ nur wenig Fett; wenn das Thier nun für die Ruhe gerade genügend stickstofffreie Stoffe erhält, so muss es durch die andauernde strenge Thätigkeit allmählich immer ärmer an Fett werden, um so mehr je grösser die Leistung ist. Bei diesem Zustande bewirkt eine ungenügende Zufuhr stickstofffreier Stoffe eine

---

S. 701. 1879; Unters. über einige Beziehungen zwischen Muskelthätigkeit u. Stoffzerfall im thier. Organismus, ausgeführt auf d. k. landw. Versuchsstation Hohenheim 1880.

[1] Voit, Unters. über d. Einfluss des Kochsalzes etc. S. 188. 1860: Ztschr. f. Biologie. VI. S. 336. 1870.

Erhöhung des Eiweissverbrauchs und zwar um so mehr je grösser nach Zerstörung der stickstofffreien Stoffe die Anforderungen an die Arbeitsleistung des Thieres sind. Es versteht sich ja von selbst, dass in einem extremen Falle, wenn gar kein Fett mehr im Körper vorhanden ist und in der Nahrung keine stickstofffreien Stoffe gereicht werden, nur vom Eiweiss gezehrt wird und die Zerstörung desselben entsprechend der Arbeit wächst. Der Pflanzenfresser zeigt sich weit mehr abhängig von der Zufuhr stickstofffreier Substanzen als der Fleischfresser, wenigstens sieht man beim Kaninchen und auch beim Ochsen nach Entziehung der Nahrung schon früh eine erhebliche Zunahme der Eiweisszersetzung auftreten und zwar deshalb, weil in den ersten Tagen das Thier noch einen Vorrath von Kohlehydraten im Darm besitzt. Das arbeitende Pferd befand sich, namentlich in der 2—4. Periode, in einem Zustande des theilweisen Hungers an stickstofffreien Stoffen, wie auch die Gewichtsabnahme darthut, es verhielt sich wie ein Thier, dem man einmal Eiweiss mit viel, das andere Mal mit wenig Kohlehydraten giebt; würde man dem Pferd bei der Arbeit stets so viel stickstofffreie Stoffe bieten, dass der Körper kein Fett abgiebt, dann würde sicherlich auch keine Steigerung des Eiweisszerfalls beobachtet werden, was auch aus den neueren Hohenheimer Versuchen, bei denen bei der Arbeit mehr Kohlehydrate gefüttert wurden, hervorzugehen scheint. Wenn es möglich ist, durch stickstofffreie Substanzen den grösseren Eiweissumsatz bei der Arbeit zu hindern, dann kann letztere nicht direkt die Ursache des verstärkten Eiweisszerfalls sein. Die Resultate der Hohenheimer Forscher lassen sich also nicht in Gegensatz zu den meinigen stellen; die Muskelarbeit hat, wie durch letztere sicher erwiesen ist, keinen direkten Einfluss auf den Eiweissumsatz, und es handelt sich in scheinbaren Ausnahmefällen nur darum, zu ermitteln, wodurch eine Erhöhung des letzteren veranlasst ist und wie man dieselbe vermeiden kann. Die manchmal beobachtete geringe Steigerung der Stickstoffausscheidung geht durchaus nicht proportional der geleisteten Arbeit, und sie tritt vollständig in den Hintergrund gegenüber der enormen Zunahme der Kohlensäureausscheidung und des Fettverbrauchs bei der körperlichen Thätigkeit, wie gleich gezeigt werden soll.

Wie diese Erfahrung mit der Angabe von PLAYFAIR [1], nach welcher verschiedene Arbeiter ganz nach- Maassgabe ihrer Muskel-

---

1 PLAYFAIR. On the food of man in relation to his useful work. Edinb. 1865; Med. Times and Gazette. II. p. 325. 1866.

thätigkeit mehr Harnstoff im Harn ausscheiden und mehr Eiweiss
in der Nahrung verzehren, in Einklang zu bringen ist, wird später
angegeben werden.

Nachdem dargethan ist, dass der Eiweissverbrauch bei der Arbeit nicht vermehrt ist, bekommt die früher beobachtete grössere
Kohlensäureausscheidung eine ganz andere Bedeutung. So lange
man an eine gesteigerte Eiweisszersetzung in Folge der Arbeit
glaubte, konnte man von ihr die reichlichere Abgabe von Kohlensäure ableiten; nach den jetzigen Erfahrungen bleibt nichts anderes
übrig, als eine vermehrte Zerstörung stickstofffreier Stoffe dabei anzunehmen.

Es sind vorher schon die Versuche von Lavoisier, Vierordt
und Scharling erwähnt worden, nach denen die Kohlensäureabgabe
und die Sauerstoffaufnahme bei der Arbeit wesentlich erhöht sind.
Später hat Ed. Smith[1] angegeben, dass bei der körperlichen Anstrengung zwar nicht wesentlich mehr Harnstoff, aber bis zu zehnmal mehr Kohlensäure gebildet werde wie im Ruhezustande; seine
Kohlensäurebestimmungen sind aber noch mit einem unvollkommenen
Apparate und namentlich nur während kurzer Zeit gemacht worden.
Nach Sczelkow[2] steigt nach der Beobachtung von einigen Minuten
beim Tetanus der hinteren Extremitäten des Kaninchens der Ge-
sammtgaswechsel bedeutend an. Ferner hat C. Speck[3] eine Steigerung der Kohlensäureausscheidung und des Sauerstoffconsums bei
der Anstrengung während kurzer Zeit beobachtet, und für das lang-
same Heben und Niederlassen von je 1 Kilogrammeter im Mittel
ein Plus von 0.0079 Grm. Sauerstoff und 0.010 Grm. Kohlensäure
gefunden.

Pettenkofer und ich[4] untersuchten zuerst alle Exkrete beim
ruhenden und arbeitenden Menschen während 24 Stunden, und konnten so Aufschluss über die dabei im Körper sich zersetzenden Stoffe
und die Quantitäten, in denen sie zerstört werden, geben. Während
die Menge des im Harn ausgeschiedenen Stickstoffs und der festen
Theile in demselben sich nicht änderte, zeigte der Vergleich der
durch Haut und Lunge abgegebenen Gase ganz gewaltige Differenzen.
An den Ruhetagen wurden von hungernden Menschen 821 Gramm
Wasser und 716 Grm. Kohlensäure entfernt, bei der Arbeit dagegen

---

1 Ed. Smith, Philos. Transact. Roy. Soc. CXLIX. (2) p. 681. 715. 1859; Medico-
chirurg. Transact. XLII. p. 91. 1859.
2 Sczelkow, Sitzgsber. d. Wiener Acad. XLV. S. 171. 1862.
3 C. Speck, Schriften der Ges. z. Beförd. d. ges. Naturwiss. zu Marburg X. 1871;
Arch. f. exper. Pathol. u. Pharm. II. S. 405. 1874.
4 Pettenkofer u. Voit, Ztschr. f. Biologie. II. S. 538. 1866.

1777 Grm. Wasser und 1187 Grm. Kohlensäure. Da im letzteren
Fall die Kohlenstoffmenge diejenige des zersetzten Eiweisses um
291 Grm. übertrifft, und um 129 Grm. mehr beträgt als bei der Ruhe,
so kann der Ueberschuss nur von oxydirtem Fett herrühren; es ist
nicht möglich, dass in dem im Körper aufgehäuften Glykogen oder
Zucker oder in anderen stickstofffreien Substanzen so viel Kohlenstoff enthalten ist. Während der Arbeit musste demnach im hungernden Organismus mehr Fett zerstört worden sein. Es zeigte sich:

	Verbrauch an trocknem Fleisch	Verbrauch an Fett	Verbrauch an Kohlehydraten	Sauerstoff auf	Sauerstoff nöthig
1. Hunger Ruhe	79	209	0	761	710
„ Arbeit	75	380	0	1071	1192
2. mittl. Kost Ruhe	137	72	352	831	781
„ „ Arbeit	137	173	352	980	1070

Um die Steigerung der Kohlensäure und des Sauerstoffs während der Thätigkeit ganz zu erkennen, muss man die Ergebnisse der
12 Tagesstunden, von denen während 9 Stunden angestrengt gearbeitet wurde, sowie der 12 Nachtstunden mit einander vergleichen.
Es ergiebt sich so im Mittel:

	Kohlensäure		Sauerstoff	
	Tag	Nacht	Tag	Nacht
1. Hunger Ruhe	403	314	435	326
„ Arbeit	930	257	922	150
2. mittlere Kost Ruhe	533	395	443	449
„ „ Arbeit	856	353	795	211

Die Steigerung des Gaswechsels durch die Arbeit ist darnach
nicht im entferntesten so bedeutend als man nach anderen Angaben,
namentlich nach denen von Smith, der manchmal das Zehnfache der
normalen Abscheidung und Aufnahme beobachtet haben will, hätte
erwarten sollen. Setzt man das Verhalten bei Ruhe zu 1 an, so
finden sich bei der Arbeit:

	Hunger	mittlere Kost
Kohlensäure	2.3	1.6
Sauerstoff	2.1	1.8

In der Nacht nach dem Ruhetage wird beim Hunger weniger
Kohlensäure erzeugt und weniger Sauerstoff verzehrt, offenbar da
Nachts die Ruhe eine vollkommenere ist als Tags. Besonders auf-

fallend ist aber, dass in der dem Arbeitstage folgenden Nacht in allen Fällen niederere Werthe für Kohlensäure und Sauerstoff sich finden wie in der Nacht nach einem Ruhetage; offenbar rührt dies von dem festern und längern Schlafe nach der anstrengenden und ermüdenden Arbeit her.

Nach neueren Untersuchungen von mir ergab sich bei einem kräftigen hungernden Arbeiter von 73 Kilo Körpergewicht, der fünf Stunden anhaltend thätig war, für 1 Stunde bei 29529 Kilogrammeter Arbeit im Mittel eine Mehrzerstörung von 9.1 Grm. Fett; bei einem anderen Arbeiter von 60 Kilo Gewicht unter den gleichen Bedingungen für 1 Stunde bei 19036 Kilogrammeter Arbeit eine Mehrzerstörung von 7.2 Grm. Fett; dies macht also im Mittel für 1 Stunde Arbeit und einer Leistung von 24282 Kilogrammeter einen Mehrverbrauch von 8.2 Grm. Fett.

Man könnte, wie es für den Eiweisszerfall geäussert worden ist, auch für das Fett annehmen, dass im Laufe von 24 Stunden dem Körper nur eine bestimmte Menge von Material zur Verfügung stehe und dass, wenn durch die Arbeit viel davon aufgebraucht sei, in der darauf folgenden Ruhezeit entsprechend weniger zerstört werde, also absolut die Gesammtzersetzung des Fetts nicht verändert werde. J. Ranke[1] hat ein solches Verhalten für die Kohlensäureausscheidung beim Frosch nachzuweisen gesucht; er fand nämlich während des Tetanus des Froschs die stündliche Kohlensäureabgabe beträchtlich gesteigert; auf die anfängliche Steigerung schien ihm aber schon während der Muskelleistung oder auch nach derselben in der Zeit der Ruhe eine entsprechende Verminderung derselben zu folgen. Ich bin jedoch nicht im Stande dies aus Ranke's Zahlen zu erkennen; aus den Versuchen von Pettenkofer und mir ergiebt sich überdies eine sehr bedeutende absolute Zunahme der Kohlensäurebildung bei der Arbeit.

Nach dem Gesagten ist es selbstverständlich, dass alle zur Ueberwindung äusserer oder innerer Widerstände gemachten Muskelbewegungen eine Steigerung der Kohlensäureabgabe und des Fettzerfalls hervorrufen, und dass umgekehrt alle Momente, welche eine Verminderung der Muskelbewegungen bedingen, auch eine solche der Fettverbrennung und der Kohlensäureausscheidung hervorrufen.

2. Athemmechanik.

Aus dem angegebenen Grunde wächst bei anstrengenden, also häufigeren und tieferen Athemzügen die Kohlensäuremenge. Alle Forscher, welche den Einfluss der willkürlichen Athmung des Menschen auf die Abgabe der Kohlensäure in der Lunge prüften, fanden

---

1 J. Ranke. Tetanus. S. 319. 1865.

übereinstimmend eine ganz bedeutende Wirkung der Art und Weise der Athmung, so Vierordt [1], Lossen [2], Berg [3] und Speck [4]: bei häufigeren Athemzügen bei gleicher Tiefe oder bei tieferen Athemzügen bei gleicher Zahl wird, auch wenn man wie Lossen Stunden lang in gleichem Tempo fortathmet, mehr Kohlensäure ausgeschieden, also auch erzeugt. Pflüger [5] suchte dem entgegen darzuthun, dass Lossen's Versuche dies nicht beweisen, vielmehr sich aus denselben mit Rücksicht auf die Fehlergrenzen ein Gleichbleiben der Kohlensäure im Athem ergebe. Ich [6] habe seine Einwände widerlegt und gezeigt, dass die Athemmechanik die Zersetzung im Körper beeinflusst und zwar nach dem Grad der Thätigkeit der Athemmuskeln, nicht direkt durch Zufuhr verschiedener Mengen von Sauerstoff. Da bei zahlreicheren Athemzügen und gleich bleibender Tiefe eines jeden derselben oder bei tieferen Athemzügen und gleicher Zahl in einer gegebenen Zeit ein grösseres Luftvolum geathmet wird, so wächst dabei die Anstrengung der Athemmuskeln und somit auch nothwendig die Kohlensäurebildung. Bei den Versuchen von Finkler und Oertmann [7], nach denen die Athemmechanik keinen Einfluss auf die Zersetzung haben soll, athmeten die Kaninchen zuerst nach Willkür selbständig durch Ventile, dann aber zur Erzielung tieferer und zahlreicherer Athemzüge unter künstlicher Ventilation; dabei tritt der verschiedene Erfolg nicht so sehr hervor, weil das gewöhnliche ruhige Athmen nur eine geringe Kohlensäureproduktion hervorruft und die starke Athmung künstlich für das Thier besorgt wurde. Wie man sieht, sind dies Versuche über den Erfolg einer ungleichen Zufuhr von Sauerstoff, jedoch nicht über den Einfluss der Athemmechanik.

3. Lähmung der Muskeln durch Curare und Durchschneidung des Rückenmarks.

Bei mit Curare vergifteten Thieren findet sich wegen des Wegfalls der willkürlichen Muskelbewegungen und der Reflexe eine sehr bedeutende Herabsetzung des Gaswechsels, wie zuerst Röhrig und Zuntz [8] an Kaninchen nachgewiesen haben. Das Gleiche wurde von

1 Vierordt, Physiologie des Athmens. 1845.
2 Lossen, Ztschr. f. Biologie. II. S. 244. 1866, VI. S. 298. 1870.
3 Berg, Deutsch. Arch. f. klin. Med. VI. S. 291. 1869; Ueber den Einfluss der Zahl u. Tiefe der Athemzüge auf die Ausscheidung der Kohlensäure durch die Lunge. Diss. inaug. Dorpat 1869.
4 Speck, Arch. d. Ver. f. wiss. Heilk. III. S. 713. 1867.
5 Pflüger, Arch. f. d. ges. Physiol. XIV. S. 1. 1876.
6 Voit, Ztschr. f. Biologie. XIV. S. 99. 1878.
7 Finkler u. Oertmann, Arch. f. d. ges. Physiol. XIV. S. 1 u. 38. 1876.
8 Röhrig u. Zuntz, Arch. f. d. ges. Physiol. IV. S. 57. 1871.

Jolyet[1] am Hunde und dann von Zuntz[2] abermals am Kaninchen dargethan. Die von Letzterem erhaltene Abnahme ist aus gewissen Gründen zu gross ausgefallen; Pflüger[3] bestimmte sie bei energischer Curarenarkose an Kaninchen zu 35.3 %, für den Sauerstoff und zu 37.4 % für die Kohlensäure.

Da die Eiweisszersetzung nach meinen Versuchen[4] dabei nicht wesentlich geändert ist, so muss in Folge der Aufhebung der Bewegungen durch das Curare die Verbrennung des Fettes, und zwar auch des aus dem Eiweiss abgespaltenen Antheils desselben, vermindert sein.

Aus dem gleichen Grunde sieht man nach Durchtrennung des Rückenmarks einen starken Abfall im Gaswechsel, wie für Kaninchen von Erler[5] und Pflüger[6] gezeigt worden ist. Ich[7] habe bei einem Manne, der einen Bruch des S. Brustwirbels erlitten und dessen untere Extremitäten gelähmt waren, die Kohlensäureabgabe untersucht, und um 38 % weniger gefunden als bei einem gesunden Manne bei geringfügiger Bewegung am Tag, und um 20 % weniger als beim gesunden Manne in der Nacht.

4. Ruhe während des Schlafs.

Während des Schlafes (oder in der Nacht) ist nach allen Angaben die Aufnahme des Sauerstoffs und die Abgabe der Kohlensäure sehr herabgesetzt. Dies ist an Turteltauben von Boussingault[8], an Hammeln von Henneberg[9], an Menschen von Scharling[10], Ed. Smith[11], Pettenkofer und mir[12], sowie von Liebermeister[13] gefunden worden. Es kann keinem Zweifel unterliegen, dass die Ursache davon vor Allem in der während des Schlafs stattfindenden Muskelruhe, aber auch in dem Wegfall vieler Anregungen und Thätigkeiten des Nervensystems zu suchen ist.

Die Versuche von Pettenkofer und mir gestatten einen Schluss auf die während des Schlafs im Organismus vor sich gehenden Stoff-

1 Jolyet, Gaz. méd. 1875. No. 7.
2 Zuntz, Arch. f. d. ges. Physiol. XII. S. 522. 1876.
3 Pflüger, Ebenda. XVIII. S. 302. 1878.
4 Voit, Ztschr. f. Biologie. XIV. S. 146. 1878.
5 Erler, Arch. f. Anat. u. Physiol. 1876. S. 557.
6 Pflüger, Arch. f. d. ges. Physiol. XVIII. S. 321. 1878.
7 Voit. Ztschr. f. Biologie. XIV. S. 136. 1878.
8 Boussingault, Ann. d. chim. et phys. (3) XI. p. 444. 1844.
9 Henneberg, Landw. Versuchsstationen. VIII. S. 443. 1866.
10 Scharling, Ann. d. Chem. u. Pharm. XLV. S. 214. 1843.
11 Ed. Smith, Philos. Transact. CXLIX. (2) p. 681. 1859.
12 Pettenkofer u. Voit, Sitzgsber. d. bayr. Acad. 10. Nov. 1866 u. 9. Febr. 1867; Ztschr. f. Biologie. II. S. 545. 1866.
13 Liebermeister, Handb. d. Pathol. u. Therap. des Fiebers. S. 189. 1875.

zersetzungen. Der Eiweisszerfall ist im Schlaf nicht wesentlich anders als beim Wachen, sobald der Einfluss der Nahrung aufgehoben ist; die Verminderung desselben, welche durch den herabgesetzten Blutdruck und die dadurch hervorgerufene geringere Strömung der Ernährungsflüssigkeit bedingt sein kann [1], ist wenigstens nicht annähernd so gross, um die beträchtliche Abnahme der Kohlensäure zu erklären. Da die letztere beim hungernden ruhenden Menschen von 403 Grm. auf 314 Grm., d. i. um 22 % sinkt, so wird während des Schlafes vorzüglich weniger Fett zersetzt, ganz in Uebereinstimmung mit der früheren Erfahrung, dass bei der Arbeit nicht mehr Eiweiss, wohl aber mehr Fett zerstört wird. Im Schlafe ist auch der Sauerstoffverbrauch wesentlich herabgesetzt, denn statt der im wachenden Zustande aufgenommenen 435 Grm. Sauerstoff traten Nachts nur 326 Grm., also um 24 % weniger ein [2]. Die vorher erwähnte ausserordentlich geringe Kohlensäureproduktion und Sauerstoffeinnahme in dem tiefen Schlafe nach der Arbeit, ohne Aenderung der Stickstoffabgabe, beweist aufs Schönste den mächtigen Einfluss der Ruhe auf den Umsatz des Fettes.

Auch im Chloralschlafe fand ich [3] beim Hunde nur wenig Kohlensäure und Sauerstoff; in der Morphiumnarkose erhielten Boeck und Bauer [4], wie schon berichtet, neben einer geringen Herabsetzung des Eiweisszerfalls (um 6 %), eine Abnahme von 27 % in der Kohlensäure und von 34 % im Sauerstoff. Die Verminderung im Stoffverbrauch des schlafenden Murmelthiers ist nicht nur durch den Schlaf, sondern auch durch die niedrige Eigentemperatur des Thiers bedingt.

Ohne den Schlaf würde im Thierkörper viel mehr Substanz, namentlich mehr stickstofffreie Stoffe, der Zerstörung anheimfallen und entsprechend mehr in der Nahrung nöthig sein; es ist wahrscheinlich, dass der Darm und die übrigen dabei thätigen Organe nicht im Stande wären soviel zu verdauen und zu bewältigen.

5. Einfluss der Reizung der Sinnesnerven.

Der Schlaf bewirkt nicht allein durch das Aufhören der willkürlichen Bewegungen eine Herabsetzung des Stoffumsatzes, son-

---

1 Nach H. Quincke wird nach dem Schlafe in den ersten 2—3 Morgenstunden reichlicher Harn abgesondert; er glaubt, die Harnsecretion sei während des Schlafes vermindert und erfahre mit dem Erwachen eine Steigerung (Arch. f. exp. Pathol. u. Pharm. VII. S. 115. 1877).

2 Unsere früher aus zwei Versuchen entnommene Angabe, dass in der Nacht in irgend welcher Weise Sauerstoff in erheblicher Menge aufgespeichert und dann unter Tags oder bei der Arbeit verbraucht werde, beruht auf einem Irrthum in der Versuchsanordnung (Ztschr. f. Biologie. XIV. S. 121. 1878).

3 Voit, Ztschr. f. Biologie. XIV. S. 127. 1878.

4 Boeck u. Bauer, Ebenda. X. S. 339. 1874.

dern auch dadurch, dass die Anregungen der Sinnesorgane und die dadurch eingeleiteten Vorgänge in den Nerven und den Nervencentralorganen, die daran sich knüpfenden Gedanken, sowie die Uebertragungen auf weitere peripherische Organe, namentlich auf die Muskeln, welche in Reflexbewegungen versetzt werden, nicht mehr oder nur in geringem Grade stattfinden. PETTENKOFER und ich[1] haben uns über diese Wirkung des Schlafes folgendermaassen geäussert: „man sieht also, dass das blosse Wachen, das blosse Aufnehmen von sinnlichen Eindrücken schon auf den Stoffwechsel wirkt, dass sich die Kohlensäurebildung dadurch vermehrt wie bei der Muskelarbeit, und es wird uns verständlich, warum manche Kranke bitten, man solle die Fenster verhängen und kein Geräusch machen und sie nicht anreden. Jede Wahrnehmung ist mit einer Ausgabe verbunden."

Man hat auch den Einfluss der Erregung sensibler Nerven auf die Zersetzungsvorgänge im Körper, und zwar besonders auf den Gaswechsel, untersucht.

Von RÖHRIG und ZUNTZ[2] wird angegeben, dass in einem auf die Körpertemperatur erwärmten Bad von Seewasser oder von Soole von den Thieren (Kaninchen) etwas mehr Kohlensäure abgeschieden und mehr Sauerstoff verzehrt wird als in einem ebenso warmen Bad von Süsswasser, bedingt durch den Reiz des Salzes. F. PAALZOW[3] wendete ebenfalls Hautreize und zwar Senfteige an, und sah darnach bei Kaninchen ohne stärkere Muskelbewegungen eine Vermehrung der Kohlensäureabgabe und der Sauerstoffaufnahme auftreten. In derselben Weise wirkt auch die Kälte, indem sie die sensiblen Nerven der Haut erregt, worüber später noch Näheres berichtet werden wird. Alle Erregungen dieser Nerven, z. B. durch Schläge, Elektricität u. s. w., haben wahrscheinlich die gleichen Folgen.

Von grossem Interesse ist der Einfluss des Lichtes auf den Gasaustausch. Die ersten Versuche hierüber stellte J. MOLESCHOTT[4] an unversehrten und auch an geblendeten Fröschen an, und fand eine anregende Wirkung des Lichtes auf den Stoffverbrauch d. h. eine grössere Kohlensäureausscheidung. Das Gleiche meldeten später JUL. BÉCLARD[5], SELMI und PIACENTINI[6], JOS. CHASANOWITZ[7], POTT[8],

1 PETTENKOFER u. VOIT, Sitzgsber. d. bayr. Acad. 1866. 10. Nov.
2 RÖHRIG u. ZUNTZ, Arch. f. d. ges. Physiol. IV. S. 57. 1871.
3 F. PAALZOW, Arch. f. d. ges. Physiol. IV. S. 492. 1871.
4 J MOLESCHOTT, Wiener med. Woch. 1853. S. 161 u. 1855. S. 681.
5 JUL. BÉCLARD, Compt. rend. XLVI. p. 441. 1858.
6 SELMI u. PIACENTINI, Rendiconti dell' Istituto Lombardo. (2) III. p. 51. 1870.
7 JOS. CHASANOWITZ, Ueber den Einfluss des Lichtes auf die Kohlensäureausscheidung im thier. Organismus. Diss. inaug. Königsberg 1872.
8 POTT, vgl. Unters. über die Mengenverhältnisse durch Respiration u. Perspiration ausgeschied. Kohlensäure. Habilitationsschrift. Jena 1875.

PFLÜGER und PLATEN [1], sowie endlich in einer ausführlichen Abhandlung über den Einfluss gemischten und farbigen Lichtes J. MOLESCHOTT und S. FUBINI [2]. PLATEN fand bei Kaninchen, denen er abwechselnd die Augen mit weissen und schwarzen Gläsern bedeckte, im Hellen eine um 14%,0 grössere Kohlensäureausscheidung und eine um 16%,0 grössere Sauerstoffaufnahme als im Dunkeln. Nur SPECK [3] war nicht im Stande, am Menschen einen solchen Einfluss des Lichtes mit Sicherheit darzuthun; es rührt dies wohl davon her, dass der Mensch bei den nur kurze Zeit während Versuchen auf den Wechsel von Hell und Dunkel vorbereitet ist und daher der Eingriff und namentlich seine Verbreitung geringer ausfällt als beim Thier. Unzweifelhaft ist im hellen Sonnenlicht und an heiteren Tagen mit der ganzen Stimmung auch die Zersetzung im Körper eine andere als bei trübem, mit Wolken bedecktem Himmel.

Aehnlich werden wohl auch die Erregungen anderer Sinnesnerven z. B. des Hörnerven durch eine Musik oder durch starken Lärm, sowie alle Anregungen des Nervensystems bei freudigen Anlässen, Schreck u. s. w. einwirken.

Alle diese Reize bringen, wie auch noch bei Betrachtung des Einflusses der Kälte auf den Stoffwechsel dargethan werden soll, die vermehrte Kohlensäureausscheidung nicht ausschliesslich durch die Wirkung auf das Nervensystem hervor, da dieses nur nach Maassgabe seiner verhältnissmässig geringen Masse zu den Ausscheidungen beiträgt, sondern vorzüglich durch die Reflexübertragungen auf die Muskeln, wodurch in letzteren die Zersetzung zunimmt. Dabei braucht es nicht immer zu wirklichen Muskelbewegungen zu kommen, welche aber bei stärkeren Erregungen hervortreten und zumeist die Ursache des erhöhten Gaswechsels nach den angegebenen Reizungen der Sinnesorgane sind.

Wie durch die Muskelarbeit wird auch hier wahrscheinlich nicht der Verbrauch an Eiweiss im Körper, sondern nur der an Fett erhöht.

Wenn auch alle die genannten Nervenreize eine Erhöhung des Stoffwechsels hervorbringen, so ist die Aenderung des letzteren doch nicht das Wesentliche dieser Einwirkungen, und ist mit der Constatirung eines solchen Einflusses die Bedeutung eines Agens für den Körper, z. B. eines Hautreizes, eines kalten Bades u. s. w. durchaus nicht dargethan. Früher, als man unter Stoffwechsel nur den Untergang organisirter Substanz ver-

1 PFLÜGER u. PLATEN, Arch. f. d. ges. Physiol. XI. S. 263. 1875.
2 J. MOLESCHOTT u. S. FUBINI, Unters. z. Naturlehre des Menschen u. d. Thiere. XII. 1880 (mit genauer Angabe der gesammten Literatur).
3 SPECK, Arch. f. exper. Pathol. u. Pharm. XII. S. 1. 1879.

stand, musste eine Zerstörung der alten, vielleicht schwach gewordenen Gebilde und der Aufbau neuer, kräftiger allerdings von hohem Werthe erscheinen; wir fassen aber jetzt diese Vorgänge anders auf und wissen, dass es sich gerade hier nur um eine etwas gesteigerte Verbrennung von Fett oder stickstofffreien Stoffen handelt. Der Stoffwechsel kann in demselben Maasse auch erhöht werden durch etwas mehr Speise, durch eine geringfügige körperliche Bewegung oder lokal in einem Nerven durch einen unterbrochenen elektrischen Strom. Niemand wird aber behaupten wollen, es könne durch einen Bissen Brod oder durch einen Spaziergang ein Hautreiz oder ein kaltes Bad oder ein elektrischer Strom ersetzt werden. Der Hunger bringt eine Herabsetzung des Stoffwechsels hervor; auch der Schlaf thut das Gleiche, ohne dass man sagen darf, der Schlaf empfange seine Bedeutung durch den in ihm stattfindenden geringeren Stoffverbrauch. Der Zerfall chemischer Verbindungen ist vielmehr nur ein Ausdruck und ein Maassstab für die anderen Vorgänge in den Organen, wegen deren wir jene Reize anbringen und den Schlaf geniessen. Im ersten Falle handelt es sich um die Einleitung einer Bewegung in den kleinsten Theilchen der Nerven, der Nervencentralorgane, der Muskeln u. s. w. und um eine weit verbreitete Einwirkung auf alle diese Organe oder auf einzelne derselben, wodurch sie in gesteigerte Thätigkeit versetzt werden. Beim Schlaf findet sich im Gegensatz dazu Ruhe und Ausruhen der Theile des Körpers. Die Aenderung des Stoffwechsels ist hierbei eine sekundäre Erscheinung; der erhöhte Stoffumsatz ist so wenig die Ursache des günstigen Einflusses der Muskelbewegung, eines kalten Bades, der Elektricität oder einer Tracht Schläge auf den Körper als die Verbrennung der Kohle es ist, welche eine dadurch in Gang versetzte Maschine vor den schlimmen Folgen eines längeren Stillstands bewahrt.

6. Einfluss der Thätigkeit des Gehirns.

Man hat auch versucht den Einfluss der Thätigkeit des Gehirns auf den Stoffumsatz im Körper zu ermitteln.

In einem thätigen Muskel oder in einer thätigen Drüse z. B. bei lebhafter Sekretion von Speichel oder von Milch ist unter vermehrtem Blutzufluss die Zersetzung gesteigert. Dies wird wohl auch beim Gehirn, wenn bei der Anstrengung desselben der Kopf uns heiss wird, der Fall sein; aber es fragt sich, ob dieser Einfluss so gross ist, um ihn mit Sicherheit darzuthun. Man war bisher auf falschem Wege, indem man meist nach einer Vermehrung des Eiweisszerfalls suchte, während doch wahrscheinlich, der Analogie mit dem Muskel nach, eine solche nicht oder nur in ganz geringem Grade gegeben ist, sondern vielmehr eine Steigerung der Verbrennung stickstofffreier Stoffe. Man wird daher wohl eine vermehrte Kohlensäureausscheidung beim Denken nachweisen können, wenn nicht bei der Concentration auf die gestellte Denkaufgabe die übrigen Erregungen weg-

fallen, wodurch dann die Steigerung durch einen Abfall auf anderer
Seite verdeckt wird; es lässt sich aber im Voraus nicht sagen, ob
dieselbe bei der Thätigkeit eines Organs, das nur $2^0/_0$ des Körpers
ausmacht, irgendwie von Bedeutung ist.

Es haben sich schon Manche damit beschäftigt, die Stickstoffabgabe
oder den Eiweissumsatz bei der geistigen Arbeit zu bestimmen. Die
meisten Untersuchungen der Art sind aber nicht brauchbar, da die Menschen sich dabei nicht in dem Zustande befanden, bei welchem allein
eine Aenderung in der Eiweisszersetzung durch das Denken erkannt werden kann; dahin gehören die Versuche von BOECKER[1], HAMMOND[2] und
SAM. HAUGHTON[3]. Neuerdings geben GAMGEE und PATON[4] an, in einer
4 tägigen Reihe, während welcher die Kost gleichmässig erhalten wurde,
bei starker geistiger Arbeit eine Vermehrung des Harnstoffs, dagegen
eine Verminderung der Phosphorsäure beobachtet zu haben; letzterer betont aber ausdrücklich, die Harnstoffsteigerung stehe nur indirekt in Beziehung zur geistigen Arbeit, sie sei eine Folge der reichlicheren Ausscheidung des Harns und anderer Sekrete. CAZENEUVE[5] war nicht im
Stande irgend eine Aenderung dieser Art zu finden.

7. Einfluss der Thätigkeit des Darms.

Nach den Erfahrungen an anderen Organen bedingt höchst wahrscheinlich die mit der Verdauung und der Resorption der Nahrung
verbundene Arbeit des Darmkanals und seiner Drüsen ebenfalls eine
Steigerung des Stoffwechsels, und zwar vorzüglich in der Zerstörung
stickstofffreier Stoffe. Wir besitzen aber noch keine Vorstellung darüber, wie gross dieselbe sein kann.

Nach der Aufnahme von Nahrungsstoffen in den Darm tritt bekanntlich meist eine vermehrte Zersetzung im Körper ein; wenigstens
findet dies in hohem Grade statt nach der Zufuhr eiweissartiger Stoffe,
von Leim und von Kohlehydraten, was sich ausser in der reichlichen
Harnstoffausscheidung bei den beiden ersteren in einer gesteigerten
Produktion von Kohlensäure und in einer gesteigerten Consumption
von Sauerstoff ausdrückt.

MERING und ZUNTZ[6] sind geneigt, diese Steigerung des Stoffwechsels nach der Nahrungszufuhr auf die Arbeit des Darms zu beziehen. Sie schliessen dies, weil nach Einspritzung von Zucker-

1 BOECKER, Beiträge z. Heilk. 1849.
2 HAMMOND, Amer. journ. of med. scienc. 1856. p. 330. Bei gleicher Art u. Menge
der Nahrung fand er normal 13.6 Grm. Harnstoff, bei anhaltender geistiger Anstrengung 48.6 Grm., bei wenig geistiger Beschäftigung 38.1 Grm.
3 SAM. HAUGHTON, The Dublin quaterly journal of medical science. 1860. p. 1.
4 GAMGEE u. PATON, Journ. of anat. and physiol. V. p. 297. 1871.
5 LÉPINE, Revue mensuelle de méd. et de chir. 1880. p. 167.
6 MERING u. ZUNTZ, Arch. f. d. ges. Physiol. XV. S. 634. 1877.

lösungen, von milchsaurem und äpfelsaurem Natron und von Glycerin
in die Venen nicht mehr Sauerstoff wie beim Hunger aufgenommen
wird, wohl aber nach Einbringung derselben in den Darm. Die
Bedingungen sind jedoch bei den beiden Versuchen so verschieden,
dass ein Vergleich nicht möglich ist; die Einspritzung von Zucker-
lösung in einer Menge, wie sie vom Darm aus niemals im Blut sich
findet, kann sehr wohl eine Zeit lang die Zerstörung des Zuckers
hemmen, oder Eiweiss und Fett vor derselben bewahren; dass Zucker-
injektionen in das Blut die Kohlensäureabgabe im Lauf von sechs
Stunden sehr steigern, zeigen Versuche, welche J. Forster angestellt hat.

Der kolossale Mehrverbrauch nach Aufnahme der oben genannten
Nahrungsstoffe kann unmöglich durch die Arbeit des Darms hervor-
gerufen sein. Während von dem Hund beim Hunger 366 Grm.
Kohlensäure abgegeben werden, treten bei reichlicher Zufuhr von
Fleisch 783 Grm., und von Kohlehydraten 785 Grm. aus; dies wäre
die gleiche Steigerung wie bei der stärksten Arbeit der Muskeln.

Die Annahme von Mering und Zuntz wird durch meine Versuche [1] nicht unterstützt.

Man könnte sich zwar denken, der bedeutende Eiweissumsatz
nach Aufnahme von Eiweiss in den Darm rühre, wenigstens zum
Theil, von der Thätigkeit des Darms her; dies ist aber nicht der
Fall, da man nach vorausgehender reichlicher Fütterung mit Eiweiss
am ersten Hungertage bei leerem Darm die grössten Mengen von
Eiweiss in Zerfall gerathen sieht. Die Darmarbeit verstärkt den
Eiweissverbrauch im Körper nicht, denn wenn man den Darm mit
grossen Quantitäten von Fett oder Kohlehydraten ohne Eiweiss über-
lastet, so dass derselbe in hohem Grade thätig sein muss und die
Blutgefässe in ihm gefüllt sind, so wird doch nach meinen Versuchen [2]
die Eiweisszersetzung nicht grösser als bei völligem Hunger.

Es wird aber auch bei gefülltem Darm nicht mehr Fett zerstört;
füttert man einen Fleischfresser mit mittleren Gaben von reinem Fett,
so ist die Ausscheidung der Kohlensäure und die Aufnahme des
Sauerstoffs dieselbe wie beim Hunger. [3]

Da also die Verdauung und die Resorption von Eiweiss und
von Fett weder den Umsatz von Eiweiss noch den von Fett erhöht,
so wird die Aufnahme des Zuckers im Darm auch keine solche Wirkung haben. [4]

---

1 Voit, Ztschr. f. Biologie. XIV. S. 145. 1878.
2 Derselbe, Ebenda. V. S. 354 u. 435. 1869.
3 Derselbe, Ebenda. V. S. 388. 1869.
4 Zuntz (Landw. Jahrb. 1879. S. 95. Anm.) meint, ich dächte nur an eine

X. Einfluss der Temperatur der umgebenden Luft auf den Stoffumsatz. [1]

Man hat schon seit langer Zeit der Temperatur der umgebenden Luft einen wesentlichen Einfluss auf die Lebensprozesse im · Thierkörper zugeschrieben. Manche Beobachtungen deuteten darauf hin, so z. B. das Wiederaufleben niederer Thiere im Frühling nach der erstarrenden Winterkälte, das geringe Nahrungsbedürfniss der Kaltblüter, und die Möglichkeit der höheren Thiere in den verschiedensten Klimaten ihre Eigenwärme zu bewahren.

Es liegen fast ausschliesslich Beobachtungen über den Verbrauch an Sauerstoff und die Abgabe von Kohlensäure in warmer und kalter Luft vor, woraus wohl auf eine Aenderung im Stoffwechsel überhaupt, aber nicht auf die dabei im Körper zersetzte Substanz geschlossen werden kann.

Die ersten hierher gehörigen Angaben rühren von ADAIR CRAWFORD[2] her, welcher aus mit sehr primitiven Mitteln angestellten Versuchen an Meerschweinchen entnahm, dass diese Thiere in der Kälte die Luft mehr phlogistisiren, also mehr Sauerstoff verzehren, als in warmer Umgebung. (bei einer Differenz von 29 ° C. zeigte sich in der wärmeren Luft eine Abnahme des Sauerstoffverbrauchs um 67 %.) Ungleich weiter kam LAVOISIER[3]: er fand mit SEGUIN (1789) am nüchternen Menschen in 1 Stunde bei einer Temperatur von 32.5 ° C. einen Sauerstoffverbrauch von 34.5 Grm., dagegen bei 15 ° C. einen solchen von 38.3 Grm. Es thun diese beiden Versuche dar, dass der Mensch in einer um 17.5 ° die mittlere übertreffenden Temperatur 11 %,0 Sauerstoff weniger aufnimmt, aber nicht, dass er in der Kälte mehr verbrancht. LAVOISIER erklärte diese Thatsache durch die grössere Dichtigkeit der kälteren Luft und die dadurch veranlasste stärkere Berührung derselben mit dem Lungenblute.

Fünfzig Jahre später hat LIEBIG[4], ohne einen Versuch anzustellen,

---

Steigerung der Eiweisszersetzung durch die Darmarbeit, während er und MERING dagegen von einer Steigerung der Aufnahme des Sauerstoffs und der Abgabe von Kohlensäure, also von einem vermehrten Zerfall der stickstofffreien Körperbestandtheile, gesprochen hätten. Abgesehen davon, dass eine Erhöhung des Gaswechsels nicht nur eine grössere Zersetzung stickstofffreier Stoffe anzeigt, sondern ebenso eine solche der stickstoffhaltigen Stoffe, welche letztere manchmal ausschliesslich die Kohlensäure liefern und den Sauerstoff in Beschlag nehmen, habe ich nicht nur an eine vermehrte Eiweisszersetzung gedacht, vielmehr auch auf die unveränderte Kohlensäureausscheidung beim Hunger und nach Aufnahme von reinem Fett hingewiesen.

1 Die hierher gehörige Literatur findet sich kritisch besprochen in meiner Abhandlung in der Ztschr. f. Biologie. XIV. S. 57. 1878.

, 2 CRAWFORD, Exper. and observ. on animal heat. London 1788.

3 LAVOISIER, Oeuvres. II. p. 688 u. 704; Drei Briefe von LAVOISIER an BLACK in Report of the British Association. p. 189. Edinburgh 1871.

4 LIEBIG, Thierchemie. 3. Aufl. S. 17. 21. 23. 1846; Chem. Briefe. S. 364. 368. u. 370. 1851.

ganz die gleiche Lehre vorgetragen: er lässt durch Abkühlung des Körpers die Menge des eingeathmeten Sauerstoffs zunehmen und dadurch eine Mehrzersetzung in ihm stattfinden. Anfangs hatte Liebig ebenso wie Lavoisier den Grund der intensiveren Verbrennung bei der Kälte in der Aufnahme der dichteren und deshalb sauerstoffreicheren Luft gesucht; später jedoch, als er die Unabhängigkeit der Aufnahme des Sauerstoffs in das Blut von dem äusseren Druck erkannt hatte, liess er den Verbrauch desselben lediglich durch die Intensität der Athemzüge und der Bewegung des Blutes bedingt sein.

Diese Vorstellungen galten durch Liebig's überzeugende Darstellungen bei den Meisten als vollständig bewiesen, und nur die immer erneuten Unternehmungen, den Einfluss der Temperatur der Umgebung auf den Stoffumsatz experimentell festzustellen, sowie die aus verschiedenen Ursachen nicht übereinstimmenden Resultate dieser Versuche zeigten die Schwierigkeit der Aufgabe.

Man muss, wie man allmählich, zuletzt vorzüglich durch die von Pflüger und seinen Schülern gemachten Versuche erkannte, unterscheiden zwischen der Einwirkung von Kälte und Wärme auf Kaltblüter, welche dabei ihre Körpertemperatur ändern, und der Einwirkung auf Warmblüter mit ihrer in weiten Grenzen constanten Eigenwärme, ferner zwischen den momentanen und dauernden Erfolgen, und endlich bei Warmblütern zwischen den Erscheinungen bei Gleichbleiben der Körpertemperatur und bei Veränderungen derselben. [1]

Für die Kaltblüter (Frösche) ist zuletzt durch Hugo Schulz [2] mit Sicherheit festgestellt worden, dass bei diesen Thieren die Kohlensäureausscheidung (und die Sauerstoffaufnahme) von der Temperatur ihres Körpers (1—34⁰) abhängig ist, indem die Intensität der beiden Funktionen proportional mit letzterer steigt und fällt. Nach Pflüger's [3] Auseinandersetzungen sind die früheren theilweise differirenden Angaben von Marchand [4] und auch die von Moleschott [5] wegen Versuchsfehlern nicht richtig, obwohl letzterer wenigstens das sicher erwies, dass von den Fröschen in warmer Luft von 28⁰ mehr Kohlensäure abgegeben wird als in kalter Luft bei — 2⁰.

Hierher gehören auch die bei verschiedener äusserer Temperatur angestellten Versuche von Delaroche an Fröschen, von Regnault und Rei-

---

1 Der Unterschied im Erfolg zwischen Kaltblütern und Warmblütern wurde zuerst von Delaroche und Moleschott hervorgehoben, der bei Warmblütern je nach dem Gleichbleiben oder der Veränderung der Eigenwärme von Sanders-Ezn.
2 H. Schulz, Arch f. d. ges. Physiol. XIV. S. 78. 1876.
3 Pflüger, Ebenda. XIV. S. 73. 1876.
4 Marchand, Journ. f. pract. Chem. XXXIII. S. 129. 1841.
5 Moleschott, Unters. z. Naturlehre d. Menschen u. Thiere. II. S. 315. 1857.

set [1] an Eidechsen, von Spallanzani [2] an Schnecken, von Treviranus [3] an Bienen, Hummeln und Libellen, endlich die von Bütschli [4] an der Blatta orientalis. In allen diesen Fällen wurde zwar bei höherer Temperatur mehr Sauerstoff oder Kohlensäure gefunden, jedoch bleibt es meist zweifelhaft, wieviel auf Wirkung der Wärme und auf die der intensiveren Muskelaction kommt, da die kleinen Thiere bei niederer Temperatur wie erstarrt und fast bewegungslos waren, bei höherer Temperatur dagegen sehr lebhafte Bewegungen machten.

Komplizirter liegen die Verhältnisse über den Einfluss der äusseren Temperatur auf den Gaswechsel bei den warmblütigen Thieren, welche längere Zeit die Fähigkeit besitzen ihre Eigenwärme zu erhalten.

Die Versuche von Berthollet [5], von Delaroche [6] an Kaninchen, Meerschweinchen, Katzen und Tauben, von Vierordt [7] am Menschen, Letéllier [8] an Vögeln, Mäusen und Meerschweinchen, C. G. Lehmann [9] an Feldtauben, Zeisigen und Kaninchen, Regnault und Reiset [10] an einem Huhn und einem Hund, die von Ed. Smith [11] und von Speck [12] am Menschen sind theilweise noch mit unzureichenden Hilfsmitteln, theilweise in ungeeigneter Weise angestellt worden. Im Allgemeinen ergeben sie aber eine Erhöhung der Kohlensäuremenge in der Kälte.

Sanders-Ezn [13] hat das Verdienst, zuerst darauf aufmerksam gemacht zu haben, dass bei Warmblütern (Kaninchen) ein Unterschied im Erfolge besteht, je nachdem die Eigenwärme des Thieres bei der Einwirkung verschiedener Temperaturen der umgebenden Luft sich gleich bleibt oder sich ändert. Tritt letzteres ein, so wird in niederer Temperatur nicht wie die früheren Forscher als allgemeine Folge bei Warmblütern angegeben haben, eine Vermehrung der Kohlensäure und des Sauerstoffs gefunden, sondern es sinkt die Kohlensäureausscheidung wie bei den Kaltblütern ab.

Eine sehr beträchtliche Erhöhung der Kohlensäureproduktion in der Kälte ergaben auch die sehr bemerkenswerthen am Menschen angestell-

1 Regnault u. Reiset, Ann. d. Chem. u. Pharm. LXXIII. S. 297. 1850.
2 Spallanzani, Mémoires sur la respiration. 1803.
3 Treviranus, Ztschr. f. Physiol. IV. S. 1. 1831.
4 Bütschli, Arch. f. Anat. u. Physiol. 1874. S. 345.
5 Berthollet, Mémoires de société d'Arcueil. II.
6 Delaroche in Delamétherie, Journ. de physique, de chimie, d'histoire naturelle et des arts. LXXVII. p. 5. 1813; lu à l'institut. 1812. 11. Mai.
7 Vierordt, Physiol. d. Athmens. 1845; Wagner's Handwörterb. II. S. 828. 1844.
8 Letéllier, Ann. d. chim. et phys. (3) XIII. p. 478. 1845.
9 C. G. Lehmann. Abhandl. bei Begründung d. sächs. Ges. d. Wiss. 1846. S. 463.
10 Regnault u. Reiset, Ann. d. Chem. u. Pharm. LXXIII. S. 260. 1850.
11 Ed. Smith, Philos. Transact. Roy. Soc. CXLIX. (2) p. 681. 1859.
12 Speck, Schriften d. Ges. zur Beförderung d. ges. Naturwiss. zu Marburg. X. 1871.
13 Sanders-Ezn, Ber. d. sächs. Ges. d. Wiss. Math.-physik. Cl. 1867. S. 58.

ten Untersuchungen von J. Gildemeister und von Liebermeister [1]; kalte
Bäder hatten den gleichen Erfolg, welcher nach dem Bade noch einige
Zeit anwährte, dann aber einem Sinken unter die Norm Platz machte.
Hierher gehören auch die Untersuchungen von Senator [2] an Hunden, die von Röhrig und Zuntz [3] an Kaninchen bei Eintauchen in kaltes
und warmes Wasser, von L. Lehmann [4] am Menschen unter dem Einflusse
kalter Sitzbäder, endlich die von H. Erler [5] und Litten [6] an Kaninchen.

Aus diesen Versuchen an Warmblütern ging mit grösster Wahrscheinlichkeit hervor, dass diese Thiere, so lange sie ihre normale
Eigentemperatur erhalten, in der Kälte mehr, in der Wärme weniger
Kohlensäure liefern, dass sie aber bei Aenderung ihrer Körpertemperatur sich wie die Kaltblüter verhalten, also bei Abkühlung ein
geringeres, bei Erwärmung anfangs ein grösseres, zuletzt aber vor
dem Tode wieder ein geringeres Quantum von Kohlensäure produziren.

Pflüger [7] hat im Jahre 1876 in einer vorläufigen Mittheilung
die Resultate seiner umfangreichen Versuche über Temperatur und
Stoffwechsel der Säugethiere (Kaninchen), bei welchen künstlich
regelmässig respirirt wurde, zusammengestellt. Bei Aufhebung der
Einwirkung von Gehirn und Rückenmark, also bei unwirksam ge-
machter Wärmeregulation, ist darnach der Stoffwechsel wie bei den
Kaltblütern um so grösser, je höher die durch Bäder regulirte Temperatur des Thieres ist (zwischen 20—42° C. im Rectum). Bei un-
versehrtem Nervensystem und normaler Eigenwärme kommt zu der
Wirkung der Temperatur im Innern des Körpers noch die des centralen Nervensystems hinzu, so dass in kalter Luft der Stoffwechsel
energischer ist. Wird aber der Körper des Thieres wärmer (39.8—
42.0° C.) oder kälter (20—30°), so ist die Temperaturwirkung grösser
als die des Nervensystems und es tritt wiederum eine Erhöhung des
Stoffwechsels bei höherer, eine Erniedrigung bei niederer Eigenwärme ein.

1 J. Gildemeister, Ueber die Kohlensäureproduktion bei d. Anwendung von
kalten Bädern u. anderen Wärmeentziehungen. Diss. inaug. Basel 1870; Arch. f. path.
Anat. LII. S. 130. — Liebermeister, Deutsch. Arch. f. klin. Med. X. S. 89 u. 420.
1872. Siehe auch L. Schröder, Ebenda. VI. S. 385. 1869.
2 Senator. Arch. f. Anat. u. Physiol. 1872. S. 40—41 u. S. 52—53, 1874. S. 42
u. 54; Arch. f. pathol. Anat. XLV. S. 366. 1869, L. S. 362 u. 368. 1870; Centralbl. f.
d. med. Wiss. 1871. No. 47 u. 48.
3 Röhrig u. Zuntz, Arch. f. d. ges. Physiol. IV. S. 57. 1871.
4 L. Lehmann, Arch. f. pathol. Anat. LVIII. S. 92. 1873.
5 H. Erler, Arch. f. Anat. u. Physiol. 1876. S. 557; Ueber das Verhältniss der
Kohlensäureabgabe zum Wechsel d. Körperwärme. Diss. inaug. Königsberg 1875.
6 Litten, Arch. f. path. Anat. LXX. S. 10. 1877.
7 Pflüger, Arch. f. d. ges. Physiol. XII. S. 282 u. 333. 1876. Die Belege zu
diesen Schlussfolgerungen finden sich im Arch. f. d. ges. Physiol. XVIII. S. 247. 1875.

G. COLASANTI [1] hat dann noch ähnliche Versuche mitgetheilt; er prüfte den Gasaustausch von Warmblütern (Meerschweinchen), deren Nervensystem unversehrt und deren Eigentemperatur normal war, bei gewöhnlicher Zimmertemperatur (18.8⁰) sowie bei abgekühltem Athemraum (7.4⁰) und zwar während längerer Versuchsdauer, um den Einwand abzuschneiden, es wäre die Wirkung nur eine momentane und nicht eine dauernde. In der Kälte war die Quantität der Kohlensäure um etwa 40⁰/₀, die des Sauerstoffs um etwa 38⁰/₀ höher. Ein ähnliches Resultat erhielt DITTMAR FINKLER [2] bei noch grösseren Temperaturdifferenzen (zwischen 3.64—26.21⁰): in der Kälte betrug die Zunahme der Kohlensäure 47⁰/₀, die des Sauerstoffs 66⁰/₀.

Den Einfluss der Abkühlung des Organismus auf den Stoffumsatz, allerdings verbunden mit dem der Muskelruhe, thut in besonders schlagender Weise der Winterschläfer dar. Bei dem fest schlafenden Murmelthier, dessen Temperatur im Rectum bis auf 10⁰ gesunken ist, ist die Menge der Kohlensäure etwa 77 mal, die Menge des Sauerstoffs etwa 40 mal geringer als im wachen Zustande. [3]

Herzog CARL THEODOR [4] hat auf meine ˙Veranlassung an einer Katze, welche täglich vom 14. Dez. bis 14. Juni das gleiche Futter erhielt, 22 Bestimmungen der ausgeschiedenen Kohlensäure und des aufgenommenen Sauerstoffs bei verschiedener äusserer Temperatur (— 5.5⁰ bis + 30.8⁰) gemacht. Es trat entsprechend den früheren Angaben, wenn man von der mittleren Temperatur von 16⁰ C. ausgeht, bei Erniedrigung derselben eine Zunahme in der Quantität der Kohlensäure und des Sauerstoffs (um 40⁰/₀), bei einer Erhöhung eine Abnahme (um 31⁰/₀) ein. Die grössten Schwankungen in der Kohlensäuremenge betrugen 12.0—22.0 Grm. oder 83⁰/₀ bei einer Temperaturdifferenz von 37⁰ C.

Da eine Erhöhung der Zersetzung in der Kälte nicht, wie man früher glaubte, durch eine reichlichere Zufuhr von Sauerstoff in Folge der grösseren Dichtigkeit der kalten Luft oder in Folge der tieferen Athemzüge erklärt werden kann aus Gründen, die ich später noch darlegen werde, so lag der Gedanke nahe, dass die Kälte nicht direkt auf den Stoffumsatz wirkt, sondern andere den letzteren stei-

---

1 G. COLASANTI. Arch. f. d. ges. Physiol. XIV. S. 92. 1876.
2 D. FINKLER, Ebenda. XV. S. 603. 1877.
3 REGNAULT u. REISET, Ann. d. Chem. u. Pharm. LXXIII. S. 275. 1850. — VALENTIN, Unters. z. Naturlehre d. Menschen u. d. Thiere. II. S. 255. — VOIT, Ztschr. f. Biologie. XIV. S. 112. 1878.
4 Herzog CARL THEODOR, Ztschr. f. Biologie. XIV. S. 51. 1878.

gernde Veränderungen bedingt, z. B. eine reichlichere Aufnahme von
Speise oder eine intensivere körperliche Bewegung.

Bei den Versuchen an der Katze war der Einfluss einer grösseren
Nahrungsaufnahme oder einer vorübergehenden stärkeren Ventilation
des Körpers in der Kälte ausgeschlossen, aber vermehrte willkürliche und unwillkürliche Bewegungen konnten wohl stattfinden. Nur
bei dem Menschen sind dieselben möglichst zu vermeiden; ich [1] habe
daher mittelst des grossen Pettenkofer'schen Respirationsapparates
an einem ruhig in einem Lehnstuhl sitzenden nüchternen Mann während 6 Stunden bei verschiedener äusserer Temperatur (+ 4.4⁰ bis
30.0⁰ C.) eine Anzahl von Kohlensäurebestimmungen gemacht. Das
Hauptresultat, die Zunahme der Kohlensäureausscheidung in der
Kälte gegenüber der bei mittlerer Temperatur von 14—15⁰ tritt auch
beim Menschen deutlichst hervor; die Vermehrung beträgt 36% bei
einer Temperaturerniedrigung um 9.9⁰. Dagegen findet sich bei einer
Steigerung der Temperatur nicht eine allmähliche Abnahme der Kohlensäuremenge wie bei der Katze, sondern ebenfalls eine wenn auch
ganz geringe Zunahme derselben, und zwar um 10% bei einer Temperaturdifferenz von 15.7%. [2] Die Steigerung des Stoffumsatzes in
der Kälte ist viel geringfügiger als die bei starker Muskelarbeit, wo
die Kohlensäureabgabe um mehr als das Doppelte die bei der Ruhe
übertrifft.

Es sind also nicht die willkürlichen Bewegungen, welche in der
Kälte die Kohlensäuresteigerung hervorrufen, denn das Versuchs-
individuum verhielt sich in der Kammer so ruhig als möglich; jedoch war nicht zu vermeiden, dass es am Ende der Kälteversuche
stark fror und vor Frost zitterte. Man könnte aber ausserdem die
vermehrte Stoffzersetzung in der kalten Luft oder im kalten Bade
noch auf die Anstrengung der Athemmuskeln, durch welche das in
der Kälte nicht unbedeutend grössere Volum der Athemluft in die
Lunge gebracht werden muss [3], beziehen; aber die Steigerung der

---

1 Voit, Ztschr. f. Biologie. XIV. S. 78. 1878.
2 Zuntz meint (Landw. Jahrb. 1879. S. 113), dass die gesteigerte Wasserverdunstung von der Haut des Menschen bei höherer Temperatur eine Abkühlung
bedingt, welche die Wirkung der wärmeren Luft compensirt, während bei den
Versuchen von Colasanti und Finkler die Luft stets feucht erhalten war. Dann
müsste in der warmen Luft von 30⁰ durch Verdunstung eine Erniedrigung der
Temperatur der Haut wie durch eine kalte Luft von etwa 12⁰ entstanden sein,
was nicht wohl denkbar ist. Eine ähnliche Beobachtung, wie ich am Menschen,
hat auch F. J. M. Page (Journ. of physiol. II. p. 228. 1879) an einem Hunde gemacht; er beobachtete ein Minimum der Kohlensäureausscheidung bei einer äusseren Temperatur von 25⁰ und eine Vermehrung derselben sowohl bei Erniedrigung als auch bei Erhöhung der Temperatur um 10⁰.
3 Leichtenstern, Ztschr. f. Biologie. VII. S. 197. 1871.

Kohlensäureausscheidung in der Kälte ist beträchtlicher als die durch eine Aenderung in der Athemmechanik. [1] Da ferner die Verstärkung der Athembewegungen des Menschen in der Kälte nicht in auffallendem Maasse sichtbar war, während erst die grössten Verschiedenheiten in der Athemrhythmik einen erheblichen Erfolg hervorbringen, so muss es, wenn auch ein Theil und unter Umständen ein nicht unbeträchtlicher Theil der in der Kälte gesteigerten Zersetzung auf die verstärkte Arbeit der Athemmuskeln trifft, doch noch andere Ursachen des reichlichen Zerfalls und der Oxydation in der Kälte geben.

Es bleibt daher nichts anderes übrig als noch weitere Wirkungen von Nerven auf den Umsatz im Organismus unter dem Einfluss der Temperatur der umgebenden Luft anzunehmen. Die Erregung der sensiblen Nerven der Haut durch die Kälte pflanzt sich, wie von anderen Haut- und Sinnesreizen schon angegeben worden ist, auf weitere Organe des Körpers, namentlich auf die Muskeln, fort. Die Nerven und Nervencentralorgane, welche nicht mehr als $3^0/_0$ des ganzen Körpergewichts ausmachen, können für sich allein, auch bei der grössten Thätigkeit, wohl keinen irgend erheblichen Einfluss auf die Gesammtzersetzung ausüben; man hat daher vorzüglich auf die Muskeln, welche $42^0/_0$ des Körpers und ohne das Skelett $50^0/_0$ desselben betragen, aufmerksam gemacht; man nimmt daher an, dass vorzüglich in ihnen durch Reflex ein Einfluss auf die Zersetzung, selbst bei Ausschluss der willkürlichen Bewegungen, stattfindet. Nach meinen Versuchen am Menschen wirkt eine höhere Temperatur auch als ein Reiz für die sensiblen Nerven wie eine mässige Kälte.

Es ist von vorn herein wahrscheinlich, dass durch den Kältereiz auf reflektorischem Wege der Umsatz ähnlich wie durch die Muskelarbeit beeinflusst wird d. h. dass dabei nur die Zerstörung der stickstofffreien Stoffe, nicht aber die des Eiweisses gesteigert wird.

Man hat bei Einwirkung von Kälte auf den Organismus aus der Stickstoffausscheidung den Eiweisszerfall zu bestimmen versucht. Bei den Versuchen von Schröder [2], Willemin [3] und C. Barth [4] handelt es sich um den Einfluss kalter Bäder auf die Stickstoffausscheidung bei Typhuskranken, also mehr um die Wirkung der Mässigung des Fiebers durch die Kälte. Liebermeister [5] hat bei Menschen unter

1 Lossen, Ebenda. II. S. 244. 1866, VI. S. 298. 1870, XIV. S. 108. 1875.
2 Schröder, Deutsch. Arch. f. klin. Med. VI. S. 385.
3 Willemin, Archives générales de médecine. II. p. 322. 1863.
4 C. Barth, Beitr. zurWasserbehandlung d. Typhus. Diss. inaug. Dorpat 1866.
5 Liebermeister, Deutsch. Arch. f. klin. Med. X. S. 90. Siehe auch L. Lehmann, Arch. d. Ver. f. gem. Arb. I. S. 535. 1853.

gleichmässiger Lebensweise und Diät keine deutliche Vermehrung
der Harnstoffausscheidung in Folge von Wärmeentziehung beobachtet;
in gleicher Weise nahm SENATOR [1] an einem Hunde, der mit 300 Grm.
Fleisch und 10 Grm. Schmalz ernährt wurde, keine Aenderung in
der Harnstoffmenge bei verschiedenen Temperaturen (— 1.5 bis + 19°)
wahr. Ich habe bei dem hungernden Manne, welcher Temperaturen
von 4.4—26.7° ausgesetzt war, im 6 stündigen Harn folgende Stickstoffmengen gefunden:

Temperatur in °C.	Stickstoff im Harn.
4.4	4.23
6.5	4.05
9.0	4.20
14.3	3.81
16.2	4.00
23.7	3.40
24.2	3.34
26.7	3.97

Die kleinen Schwankungen rühren von unvermeidlichen Fehlern
bei einem nur 6 stündigen Versuche und an aus einander liegenden
Tagen her; es kann demnach, so lange die Körpertemperatur die
gleiche bleibt, keine irgend erhebliche Aenderung des Eiweissverbrauchs in der Kälte und Wärme stattfinden, während die Kohlensäureausscheidung beträchtliche Verschiedenheiten zeigte. Die Einwirkung von Kälte bedingt daher in diesem Falle nur einen höheren
Umsatz von Fett oder von stickstofffreien Stoffen.

Ganz anders ist es, wenn die Eigenwärme des Thiers alterirt wird.

Bei Herabsetzung derselben nimmt der Zerfall von Eiweiss und
von Fett ab, wie namentlich das Murmelthier im Winterschlafe beweist,
wobei es sich neben der schwachen Strömung der Ernährungsflüssigkeit offenbar um eine Beeinträchtigung der Bedingungen des Zerfalls
der Stoffe in den abgekühlten Zellen handelt.

Eine Erhöhung der Körpertemperatur bringt ausser der schon
berichteten Zunahme der Kohlensäureproduktion und des Sauerstoffconsums auch eine Vermehrung der Eiweisszersetzung hervor. BAR-
TELS [2] hat zuerst am Menschen nach Gebrauch von Dampfbädern
eine Steigerung der Harnstoffausscheidung gefunden, dann NAUNYN [3]
am Hunde bei künstlicher Temperaturerhöhung des Körpers. Den

---

1 SENATOR, Arch. f. pathol. Anat. XLV. S. 363. 1869.
2 BARTELS, Greifswalder medic. Beitr. III. (1) 1864.
3 NAUNYN, Berliner klin. Woch. 1869. No. 4; Arch. f. Anat. u. Physiol. 1870.
S. 159.

sichersten Aufschluss hierüber geben aber die Versuche von GUST. SCHLEICH [1]. Derselbe hat am Menschen bei genauer Regelung der Nahrungsaufnahme nach einstündigen warmen Vollbädern von 38 bis 42.5° eine deutliche Vermehrung der Harnstoffmenge (bis zu 29 %) erhalten und zwar noch mehrere Tage nach dem Bade, z. B.

Harnstoff

1. 32.0
2. 41.3 Badtag
3. 37.6
4. 31.1
5. 30.2

Eine vorübergehende Erhöhung der Temperatur der Zellen und Gewebe begünstigt also für längere Zeit die Zerstörung des Eiweisses in denselben. Dies könnte geschehen durch Begünstigung der Zersetzung, also durch die erleichterte Dissociation in der höheren Temperatur, oder durch einen lebhafteren Säftestrom, welcher mehr Ernährungsflüssigkeit an den zerlegenden Zellen vorbeiführt, oder endlich durch Veränderungen in der Organisation, in Folge deren die Bedingungen für die Zersetzung geändert werden. Ich bin geneigt neben der ersteren Ursache auch die letztere anzunehmen und zwar wegen des längere Zeit fortdauernden höheren Eiweisszerfalls auch nach dem Aufhören der Temperatursteigerung. Ob die Kohlensäuresteigerung bei höherer Eigenwärme des Thiers ausschliesslich von der Mehrzersetzung des Eiweisses herrührt oder ob dabei auch das Fett in grösserer Menge oxydirt wird, ist nicht entschieden. Es scheint sogar weniger Fett verbrannt zu werden, da eine beträchtliche Steigerung der Körpertemperatur von einiger Dauer in zahlreichen Organen eine parenchymatöse Degeneration hervorbringt, zum Theil als fettige Degeneration unter Ablagerung des aus dem Eiweiss abgespaltenen Fettes innerhalb der zelligen Elemente [2].

XI. Einfluss einiger pathologischer Vorgänge im Körper auf den Stoffumsatz.

Es ist nothwendig noch die Aenderungen, welche der Stoffverbrauch bei einigen pathologischen Veränderungen erleidet, kurz zu besprechen, insoweit dieselben für die Feststellung der Ursachen der normalen Zersetzungsprocesse von Bedeutung sind.

---

1 G. SCHLEICH, Verhalten der Harnstoffproduction bei künstl. Steigerung der Körpertemperatur. Diss. inaug. Tübingen 1875; Arch. f. exper. Pathol. u. Pharm. IV. S. 82. 1875.
2 LITTEN, Arch. f. pathol. Anat. LXX. S. 10. 1877.

1. Stoffumsatz nach Blutentziehung.

Man betrachtete früher das Blut als den Ort, an dem hauptsächlich die Stoffzersetzungen im Organismus stattfinden und zwar weil seine Entleerung aus den Gefässen rasch den Tod herbeiführt, ferner weil es flüssig ist und wandelbarer erschien als die festen Organe und endlich weil es den zerstörenden Sauerstoff in sich birgt.

Die Veränderungen, welche nach einem Aderlass im Körper auftreten, sind sehr eingreifende, es ist die absolute Menge des Bluts und damit die Zahl der rothen Blutkörperchen geringer, wodurch das Verhältniss der Blutmenge und der in ihrem Ernährungszustande damit innig verbundenen Organe alterirt wird, es vermindert sich ferner in Folge des Uebertritts von Ernährungsflüssigkeit aus den Organen auch prozentig der Gehalt des Bluts an rothen Blutkörperchen sowie an festen Bestandtheilen, die weissen Blutkörperchen sind in lebhafter Neubildung begriffen, die Zahl und Tiefe der Athemzüge nimmt anfangs meist ab, die Herzschläge werden häufiger unter Sinken des·Blutdrucks und Abnahme der Geschwindigkeit des strömenden Blutes. Durch das Studium der Zersetzungsprozesse nach Blutentziehungen konnte demnach ein tiefer Einblick in den Verlauf und die Bedingungen dieser Vorgänge gewonnen werden: vor Allem ist daraus die Abhängigkeit der Zersetzungen vom Blute überhaupt zu erkennen, dann ob die Oxydationen nach Wegnahme eines Theils des Sauerstoffträgers beeinträchtigt sind, und in wie weit an ein bestimmtes Blutquantum ein gewisser Ernährungszustand der Organe geknüpft ist.

Es ist von vorn herein wahrscheinlich, dass alle diese Eingriffe, verbunden mit dem Verlust einer beträchtlichen Menge von Eiweiss und anderen Stoffen, auch die Zersetzungsvorgänge im Körper anders gestalten werden.

Man dachte sich gewöhnlich, die nothwendige Folge der Blutentziehung wäre eine Verminderung der Stoffzersetzungen. Nur O. Weber[1] sprach sich in einem ganz richtigen Gefühle dahin aus, dass der Aderlass eine Steigerung des Stoffwechsels in Folge des Uebertritts von Plasma in das Gefässsystem bedingen müsse.

Die Grösse des Eiweisszerfalls nach Aderlässen wurde zuerst von J. Bauer[2] an zwei Hunden bei Zufuhr von Nahrung, welche den Körper auf seinem Bestande erhielt, und bei Hunger bestimmt.

---

1 O. Weber, Pitha u. Billroth, Handb. d. Chirurgie. I. (1) S. 426.
2 J. Bauer, Sitzgsber. d. bayr. Acad. Math.-physik. Cl. 1871. S. 254; Ztschr. f. Biologie. VIII. S. 579. 1872.

Im ersten Falle trat nach Entziehung von etwa 28% des Gesammt-bluts eine Steigerung der Eiweisszersetzung ein, welche sich auf fünf Tage ausdehnte und im Mittel im Tag 13.5% betrug. Beim Hunger wurde zwei Mal, nämlich am 7. und 10. Hungertage, Blut entleert und beide Male eine Erhöhung der Stickstoffausscheidung im Harn gefunden, und zwar unter Zunahme der Wasserausschei-dung im Harn, obwohl das Thier kein Wasser aufgenommen hatte; nach der ersten Blutentziehung betrug die unmittelbare Harnstoffzu-nahme 78%, nach der zweiten 37%, also wesentlich mehr wie bei Nahrungsaufnahme. Die absolute Zunahme der Harnstoffmenge ist aber bei Nahrungszufuhr wesentlich grösser wie beim Hunger.

Die Zersetzung der stickstofffreien Stoffe nach Blutentziehungen ist ebenfalls von J. BAUER [1] mit meinem kleinen Respirationsapparate an einem kleinen Hunde in 3—4stündlichen Versuchen ermittelt worden, wiederum beim Hunger und bei Nahrungsaufnahme. Dabei zeigte sich unmittelbar nach dem Aderlasse keine Aenderung in der Ausscheidung der Kohlensäure, jedoch entweder eine geringe Ab-nahme des Sauerstoffverbrauchs (um 15%) oder eine geringe Steige-rung desselben (um 22%). Erst von der 20. Stunde nach der Ope-ration ab war der gesammte Gasaustausch während 3 Tagen herab-gesetzt, für die Kohlensäure und den Sauerstoff bis zu 36%.

Später hat DITTMAR FINKLER [2] nach Verminderung der Strömungs-geschwindigkeit des Bluts durch Aderlässe bis zu einem Dritttheil der gesammten Blutmenge in den nächsten Stunden ebenfalls keine Verminderung des Sauerstoffverbrauchs und wahrscheinlich auch nicht der Kohlensäurebildung wahrgenommen.

Da nach Blutverlusten für mehrere Tage die Eiweisszersetzung grösser ist als normal, die Kohlensäureausscheidung aber allmählich abnimmt, so muss dabei weniger Fett der Oxydation anheimfallen, und zwar entweder von dem im Körper abgelagerten oder in der Nahrung zugeführten oder von dem aus dem zersetzten Eiweiss ab-gespaltenen Fett. Daher rührt auch die Fettanhäufung, welche man nach Blutverlusten und im Gefolge von Anämie häufig beobachtet.

Die Abnahme des Fettumsatzes kann nicht durch die geringere Sauerstoffaufnahme und letztere nicht durch den Verlust an Blut-körperchen bedingt sein. Denn die kleinere Menge von Blut ist, wie die Bestimmungen gleich nach dem Aderlass darthun, sehr wohl im Stande noch ebenso viel Sauerstoff überzuführen als vorher die

1 J. BAUER. Ztschr. f. Biologie. VIII. S. 567. 1872.
2 DITTM. FINKLER, Arch. f. d. ges. Physiol. X. S. 368. 1875.

grössere Menge unter den gewöhnlichen Verhältnissen. Bei einem
Aderlass handelt es sich nicht nur um eine einfache Entziehung von
etwas Ernährungsmaterial, sondern es leiden in Folge davon alle
Organe und nehmen an dem Stoffverlust Theil. Ein Blutverlust
wirkt auf den ganzen Körper ein, indem er das Verhältniss von
Blut und Gewebe stört, welche beide in inniger Wechselbeziehung
mit einander stehen. Eine grössere Menge von Blut bedingt nämlich
einen besseren Ernährungsstand der Organe, und so nehmen umgekehrt die letzteren nach Entziehung von Blut entsprechend ab, indem sie sich mit der geringeren Blutquantität ausgleichen, wodurch,
wie später noch erörtert werden soll, der vermehrte Eiweissumsatz
hervorgerufen wird. Die durch Abgabe von Substanz schwächer gewordenen Zellen und Gewebe besitzen nicht mehr in dem gleichen
Grade die Fähigkeit der Stoffzerlegung wie vorher.

Fraenkel [1] meint, die durch die beschränkte respiratorische Thätigkeit des Bluts verminderte Sauerstoffzufuhr wäre die Ursache des grösseren Zerfalls von Eiweiss und der geringeren Kohlensäurebildung nach
einem Aderlasse; nach gewöhnlichen Blutentziehungen findet sich aber
niemals Sauerstoffmangel oder Athemnoth, sondern es wird stets sekundär
so viel Sauerstoff aufgenommen als zur Oxydation der zerlegten Stoffe
nöthig ist.

Die Verhältnisse der Eiweisszersetzung nach Einspritzung von
Blut oder von Blutserum in die Blutgefässe werden bei einer anderen Gelegenheit besprochen werden.

2. Stoffumsatz bei Respirationsstörungen.

Früher, als man noch die falsche Vorstellung hatte, der in das
Blut aufgenommene Sauerstoff wäre die alleinige oder hauptsächliche
Ursache für die Stoffzersetzungen im Thierkörper, musste man consequenter Weise annehmen, dass bei mangelhafter Sauerstoffzufuhr
von Anfang an weniger Material oxydirt und deshalb weniger Harnstoff und Kohlensäure erzeugt werde, oder dass ursprünglich ebenso
viel Stoff wie normal durch den Sauerstoff angenagt, aber nicht aller
bis zu den letzten Ausscheidungsprodukten verbrannt werde.

Nach den Anschauungen, welche wir jetzt über die Vorgänge
bei den Zersetzungen gewonnen haben, wonach der Sauerstoff nicht
die nächste und direkte Ursache der Zerstörung im Körper ist, sondern von ihm secundär so viel zugepumpt wird, als zur Verbrennung der durch andere Ursachen in Zerfall gerathenen Stoffe nöthig
ist, sind ohne weiteres drei Fälle denkbar: es könnte bei Störungen

---

1 Fraenkel, Arch. f. pathol. Anat. LXVII. S. 273. 1876.

des Gasaustausches, welche längere Zeit ertragen werden, weniger
Stoff zerfallen und deshalb weniger Sauerstoff zur Oxydation nothwendig sein, oder es könnte der erste Stoffzerfall wie normal vor
sich gehen, aber wegen Sauerstoffmangels die Ausscheidung höherer,
sauerstoffarmer Zersetzungsprodukte erfolgen, oder es könnte endlich
durch compensirende Einrichtungen genügend Sauerstoff eintreten und
keine Aenderung in der Zersetzung zu erkennen sein. Es wird sich
ergeben, dass, wenigstens was den Gaswechsel betrifft, die letztere
Möglichkeit bis zu einem gewissen Grade erfüllt ist.

Senator[1] hat zuerst an Hunden, bei denen er durch eine um den
Rumpf zusammengeschnürte Binde Athemnoth hervorbrachte, die Grösse
der Eiweisszersetzung bestimmt; die Stickstoffausfuhr zeigte sich trotz
einer fast auf das Doppelte gesteigerten Harnmenge im ersten Stadium
der Respirationsstörung niemals erheblich verringert, sondern mindestens
der normalen unter denselben Bedingungen gleich kommend. Er meinte
aus der reichlichen Wasserausscheidung im Harn auf eine vermehrte Bildung von Wasser und Kohlensäure, hervorgebracht durch die grössere Muskelarbeit in Folge des Athemhindernisses, schliessen zu dürfen. Es war
ihm nicht möglich, wenn die Athemnoth längere Zeit ertragen wird, unvollständig verbrannte Produkte aufzufinden.

Später gab A. Fraenkel[2] an, bei jeder Verminderung der Sauerstoffzufuhr zu den Geweben eine beträchtliche Steigerung der Harnstoffausscheidung d. h. der Eiweisszersetzung gesehen zu haben. Bei
sechsstündigen Versuchen an hungernden Hunden, bei denen durch
die Trendelenburg'sche Trachealkanüle der Lufteintritt herabgesetzt
war, erhielt er z. B. statt 9 Grm. bis zu 17 Grm. Harnstoff. An einem
im Stickstoffgleichgewicht befindlichen Thier war die Wirkung relativ
und absolut geringer, da bei ihm aus bestimmten Gründen der Versuch nicht so sehr forcirt werden konnte. Die vermehrte Harnstoffausscheidung währt über den Versuchstag hinaus an und zwar nach
Fraenkel's Meinung deshalb, weil auch die Niere durch den Eingriff
funktionsschwach wird und anfangs den Harnstoff nicht mehr im
gehörigen Grade aus dem Blute auszuziehen vermag.

Auch bei auf andere Weise herbeigeführter Störung der Sauerstoffaufnahme fand Fraenkel das Gleiche; so ergab sich bei einem
im Stickstoffgleichgewicht befindlichen Hunde durch Einathmung von
Kohlenoxydgas, das die Blutkörperchen unfähig macht, den Sauerstoff in normaler Weise zu binden, eine deutliche Steigerung der
Harnstoffausscheidung während mehrerer Tage.

1 Senator, Arch. f. pathol. Anat. XLII.
2 A. Fraenkel, Centralbl. f. d. med. Wiss. 1875. S. 739, 1877. S. 767; Arch. f.
pathol. Anat. LXVII. S. 273. 1876, LXX. S. 117. 1877 (gegen Eichhorst).

II. Eichhorst [1] war allerdings nicht im Stande bei tracheotomirten Kindern, welche bei Kehlkopfcroup in grösster Athemnoth sich befanden, eine vermehrte Sekretion von Harnstoff nachzuweisen, er fand sogar im Gegentheil ein Absinken und bei Freiwerden der Athmung ein Steigen derselben; es erscheint aber kaum möglich bei Kindern den Harn Tag für Tag genau abzugrenzen und die tägliche Harnstoffmenge zu bestimmen.

Nach Fraenkel bedingt die verminderte Sauerstoffzufuhr die Steigerung der Eiweisszersetzung; es kann nach ihm nicht die Hemmung der Kohlensäureausscheidung die Ursache sein, weil der Effekt noch ebenso eintritt bei Eingriffen, welche wohl die Sauerstoffaufnahme beschränken, aber keine Kohlensäureanhäufung hervorrufen. Er fragt weiter, warum bei Sauerstoffmangel mehr Eiweiss zerfällt, und er meint, es gebe dabei das lebendige Eiweiss in todtes über, welches dann rasch zerstört werde. Ich werde diese Anschauung später noch besprechen, und bemerke hier nur, dass auch bei grosser Athemnoth, wenn sie längere Zeit ertragen wird, nicht weniger Sauerstoff in den Körper aufgenommen wird, und rasch der Tod unter Asphyxie eintritt, sobald dies nicht mehr möglich ist.

Ueber den Gasaustausch bei Respirationsstörungen liegen frühere Untersuchungen an lungenkranken Menschen von Ad. Hannover [2] vor, der mit Scharling's Apparat arbeitete und im Allgemeinen eine Verminderung des Gaswechsels fand; ich habe mit Dr. Möller [3] an kranken Menschen, welche Athemhindernisse boten, ebenfalls Versuche über die Ausscheidung der Kohlensäure angestellt und keine erhebliche Aenderung derselben bemerkt, und besonders bei einem Versuche, wo die Athemluft bei hochgradiger halbseitiger Pleuritis und dann später nach der Genesung geprüft werden konnte, beide Male die gleichen Werthe erhalten.

Durch alle jene Erkrankungen der Lunge oder Athemhindernisse wird bis zu einer gewissen Grenze die Zersetzung in den Zellen und Geweben nicht verändert; es müssen sich daher anpassende Einrichtungen finden, durch welche trotzdem die zur Verbrennung der Zerfallprodukte nöthige Sauerstoffmenge zugeführt und die erzeugte Kohlensäure ausgeschieden werden kann: nämlich durch häufigere und tiefere Athemzüge, durch zahlreichere Herzschläge, durch Ausdehnung der Blutgefässe der gesunden Lunge u. s. w. Durch solche Compensationen wird auch nach Aderlässen von der geringeren Zahl der Blutkörperchen noch so viel geleistet wie normal unter gewöhn-

---

1 Eichhorst, Arch. f. pathol. Anat. LXX. S. 56. 1877, LXXIV. S. 201. 1878; Centralbl. f. d. med. Wiss. 1877. S. 557.
2 Ad. Hannover, De quantitate relativa et absoluta Acidi carbonici ab homine sano et aegroto exhalati. Hauniae. 1845.
3 C. Möller, Ztschr. f. Biologie. XIV. S. 542. 1878.

lichen Umständen, oder von einem Leukämischen [1], der auf 3 far-
bige 1 farbloses Blutkörperchen besass, nicht weniger Sauerstoff
aufgenommen und verbraucht als von einem gesunden ruhenden Menschen bei der gleichen Nahrung. [2] Allerdings ist dies nur möglich,
wenn nicht zu viel Sauerstoff nöthig ist; der Kranke vermag nicht
genügend Sauerstoff aufzunehmen, um die bei tüchtiger Muskelanstrengung in Ueberschuss zersetzten Stoffe zu verbrennen, er wird
daher alsbald durch Dyspnoe von derselben abgehalten; der Gesunde
besitzt ein höheres Maximum der Sauerstoffaufnahme als der Lungen-
kranke oder der Leukämiker.

Es geht also daraus hervor, dass bei Respirationsstörungen durch
bestimmte Ursachen mehr Eiweiss zerfällt wird, aber die Zersetzung
der Stoffe, welche Kohlensäure liefern, bis zu einer gewissen Grenze
unverändert vor sich geht. [3]

3. Stoffumsatz bei der Zuckerharnruhr.

Bei der Zuckerharnruhr finden sich höchst merkwürdige Veränderungen des Stoffverbrauchs im Körper.

Untersuchungen der Gesammtausscheidungen beim Diabetiker
unter verschiedenen Ernährungsverhältnissen sind von PETTENKOFER
und mir [4] gemacht worden; von Anderen ist meist nur die Eiweisszersetzung oder die Zuckerausscheidung bei wechselnder Nahrungszufuhr studirt worden.

Das Hauptphänomen, welches schon früher erkannt wurde, ist
der grosse Bedarf im Leib des Diabetikers; denn trotz des enormen
Nahrungsquantums magert er beständig ab. Eine mittlere Kost, bei
der ein kräftiger Arbeiter auf die Dauer besteht, reicht dem Diabetiker nicht hin, er verliert dabei noch viel Eiweiss und Fett von
seinem Körper. Ein solcher Kranker bringt verhältnissmässig mehr

---

1 PETTENKOFER u. VOIT. Ztschr. f. Biologie. V. S. 319. 1869.
2 Nach OERTMANN (Arch. f. d. ges. Physiol. XV. S. 381. 1877) zeigen entblutete
Frösche keine geringere Aufnahme von Sauerstoff und Abgabe von Kohlensäure;
es musste also bei ihnen ohne das Blut der gewöhnliche Gaswechsel besorgt worden können.
3 VIERORDT hat unter verschiedenem Luftdruck keine Aenderung der absoluten Kohlensäureausscheidung gefunden. (Siehe auch: VIVENOT, Zur Kenntniss
d. physiol. Wirkungen u. d. therap. Anwendung d. verdichteten Luft. Erlangen 1868.
— PANUM, Arch. f. d. ges. Physiol. I. 1868. — LIEBIG, Ztschr. f. Biologie. V. S. 1. 1869;
Arch. f. d. ges. Physiol. X. S. 479. 1875.) Dagegen giebt S. HADRA (Arch. f. klin. Med.
I. S. 109) an. eine Harnstoffvermehrung (nach LIEBIG's Methode bestimmt) beobachtet
zu haben, als er mehrere Stunden in comprimirter Luft unter 2 Atmosphären Druck
verweilte. Er hatte sich durch gleichmässige gemischte Kost ins Stickstoffgleichgewicht versetzt; es soll schon von anderer Seite wiederholt das gleiche Factum
constatirt worden sein.
4 PETTENKOFER u. VOIT, Sitzgsber. d. bayr. Acad. 1865. S. 221: Ztschr. f. Biol.
III. S. 380. 1867.

Eiweiss als ein Gesunder zum Zerfall, er zerstört mehr von dem in
der Nahrung aufgenommenen oder im Körper vorhandenen Fett,
bindet aber trotzdem unter sonst gleichen Umständen wesentlich
weniger Sauerstoff und scheidet weniger Kohlensäure aus als der
normale Mensch. Es ist vielleicht möglich, alle quantitativen Aenderungen des Stoffwechsels aus der Nichtzersetzung und dem Wegfall des Zuckers abzuleiten; der gesunde Arbeiter, der sich mit gemischter Nahrung erhält, würde sicherlich wie der Diabetiker Eiweiss
und Fett verlieren, sowie weniger Sauerstoff aufnehmen, wenn man
seiner Kost so viel Kohlehydrat entzöge, als der Diabetiker im Zucker
ausscheidet. Der Diabetische würde dann von einer gemischten Nahrung mehr bedürfen, weil er deren Kohlehydrat nicht verwerthet,
sowie ein Mensch mit einer Gallenfistel mehr von einer fetthaltigen
Nahrung, deren Fett er nicht resorbirt, nöthig hat. Es ist daher
wichtig zu prüfen, ob der Diabetiker von einer nur aus Eiweiss und
Fett bestehenden Kost, bei der er keinen oder nur wenig Zucker
abgiebt, zur Erhaltung seines Körperbestandes ebenso viel oder mehr
braucht als der Gesunde. Im ersteren Falle würde es sich nur um
die Wirkung des Wegfalls des Eiweiss und Fett ersparenden Zuckers
handeln, im letzteren dagegen um eine tiefere Veränderung der zersetzenden Zellen und Gewebe.

Vielfach wurde früher über die bedeutenden Harnstoff- und
Phosphorsäuremengen im Harn Diabetischer berichtet[1], welche aber
von einer zufälligen reichlichen Eiweisseinnahme hätten herrühren
können. Es wurde aber bald klar, dass der Diabetiker so viel verzehren muss, weil der Verbrauch in seinem Körper ein so gewaltiger ist.

Die grössere Stickstoffausscheidung unter sonst gleichen Verhältnissen, namentlich bei gleicher Eiweisszufuhr wie beim Gesunden,
bemerkten zuerst Sam. Haughton[2], Reich[3], Rosenstein[4], Huppert[5],
vor Allem aber C. Gaehtgens[6], der zu dem Zwecke einem gesunden und einem diabetischen Manne ganz die gleiche gemischte, an
Kohlehydraten reiche Nahrung gab. Damit ist allerdings dargethan,

1 Mosler, Arch. d. Ver. f. wiss. Heilk. III. — Boecker, Deutsche Klinik. 1853.
No. 33. — Thierfelder u. Uhle, Arch. f. physiol. Heilk. 1858. S. 32. — Neubauer,
Journ. f. pract. Chemie. LXVII. — J. Vogel, Handb. d. spec. Pathol. u. Ther. v. Virchow. VI. 2. Abth. — Beneke, Zur Physiol. u. Pathol. d. phosphors. u. oxals. Kalks.
Göttingen 1850.
2 Sam. Haughton, Dublin quarterly journ. of medic. scienc. 1861. 1863.
3 Reich, De diabete mellito quaestiones. Diss. inaug. Gryphiae 1859.
4 Rosenstein, Arch. f. pathol. Anat. XII. S. 414. 1857.
5 Huppert, Arch. f. Heilk. VII. 1866.
6 C. Gaehtgens, Ueber den Stoffwechsel eines Diabetikers verglichen mit dem
eines Gesunden. Diss. inaug. Dorpat 1866.

dass der Diabetiker bei gemischter Kost mehr Eiweiss zersetzt, es ist aber obige Frage noch nicht entschieden, zu deren Lösung der Eiweissumsatz bei kohlehydratfreier Kost untersucht werden muss. Es scheint in der That im Diabetiker auch in letzterem Falle mehr Eiweiss in Zerfall zu gerathen, wenn nicht die Armuth seines Leibes an Fett die Ursache davon ist. Külz[1] hat bei einem an Zuckerharnruhr leidenden Mädchen bei vorwiegend animalischer Diät während 43 Tagen durchschnittlich täglich 50 Grm. Harnstoff erhalten, also mehr als ein kräftiger Mann liefert. Der nur 54 Kilo schwere Diabetiker von Pettenkofer und mir zersetzte beim Hunger in 24 Stunden 326 Grm. Fleisch (und 154 Grm. Fett), der 71 Kilo schwere Arbeiter 328 Grm. Fleisch (und 209 Grm. Fett). Es ist daher wahrscheinlich, dass ein magerer, gesunder Mann von 54 Kilo Gewicht weniger Fleisch verliert wie der Diabetiker; in der That büsste der herabgekommene, von Pettenkofer und mir untersuchte Mann II bei einem Körpergewichte von 52 Kilo (nach einer Bestimmung von Dr. Schuster) am ersten Hungertage nur 200 Grm. Fleisch ein. Auch Kratschmer[2] sah bei seinem Kranken beim Hunger viel Harnstoff und Zucker erscheinen, in einem Falle noch an den zwei letzten Lebenstagen je 33 Grm. Harnstoff und 62 Grm. Zucker; in einem andern Falle wurden bei einem Körpergewichte von 34 Kilo unverhältnissmässig grosse Mengen von Harnstoff ausgeschieden[3]. Darnach wird allerdings obige Annahme sehr plausibel, aber ein reiner, ganz entscheidender Versuch in dieser Richtung, im Vergleich mit einem Gesunden von möglichst gleicher Körperbeschaffenheit angestellt, liegt meines Wissens bis jetzt noch nicht vor. Noch weniger ist es sicher gestellt, ob der Diabetiker in einem solchen Falle und bei Ausschluss von Kohlehydraten mehr Fett zerstört. Nimmt man einen abnormen Zerfall von Eiweiss beim Diabetiker als erwiesen an, dann finden sich wahrscheinlich Veränderungen der kleinsten Theilchen der Organisation, wodurch das organisirte Eiweiss weniger stabil ist, leichter oder in grösserer Menge flüssig wird und dann der Zersetzung unterliegt (Huppert, Pettenkofer und ich).

Man könnte die Ansicht hegen, dass bei der Zuckerharnruhr aus irgend einem Grunde die Fähigkeit, Sauerstoff aufzunehmen und den Geweben zuzuführen, nicht mehr in dem Grade vorhanden ist wie

---

1 Külz, Ueber die Harnsäureausscheidung in einem Fall von Diabetes mellitus. Diss. inaug. Marburg 1872.
2 Kratschmer, Sitzgsber. d. Wiener Acad. LXVI. 3. Abth. Oct. 1872.
3 Bei einem Versuche, bei dem unser Diabetiker 1350 Grm. Fleisch mit 80 Grm. Fett erhielt, zersetzte er 856 Grm. Fleisch und 184 Grm. Fett; J. Ranke zersetzte bei 1251 Grm. Fleisch mit 78 Grm. Fett 969 Grm. Fleisch.

15*

bei einem gesunden Menschen, und dann daraus erklären wollen,
warum ein Theil des verfügbaren Materials unverbrannt bleibt und
als Zucker ausgeschieden wird. Gelangt aber bei einem Gesunden
wenig Sauerstoff in das Blut neben viel zersetzbaren Stoffen, so tritt
nicht Zucker im Harn auf, sondern es zerfallen diese Stoffe nicht
und werden aufgespeichert, wie es bei unserem schlecht genährten
Manne (II) der Fall war. Es macht also eine verhältnissmässig geringe Sauerstoffzufuhr keinen Diabetes. Ausserdem vermag der Diabetiker nach PETTENKOFER und mir bei sehr reichlicher Nahrungsaufnahme so viel Sauerstoff aufzunehmen wie ein normaler Mensch,
er könnte also leicht genügend Sauerstoff einführen, um den für gewöhnlich ausgeschiedenen Zucker zu verbrennen; es wird vielmehr
nicht mehr Sauerstoff verbraucht, weil der Zucker nicht weiter zerfällt und deshalb keinen Sauerstoff in Beschlag nimmt. Es ist daher die Vorstellung von FRAENKEL, dass der abnorme Gewebszerfall
bei Diabetes von der ungenügenden Sauerstoffbindung herkomme,
nicht begründet.

Auch die gesteigerte Zersetzung vermag das Auftreten des Zuckers
bei dem Diabetes nicht zu erklären; denn selbst der grösste Umsatz
für sich allein durch ein Uebermaass von Nahrung oder die reichlichste Aufnahme von Stärkemehl und Zucker bei einem Gesunden
hat keine Zuckerharnruhr zur Folge. Erhält ein Gesunder die Stoffmenge, bei deren Umsetzung der Diabetiker grosse Quantitäten von
Zucker ausscheidet, so bekommt er keinen Diabetes; er wird vielmehr Substanz ansetzen und daneben unter reichlichem Sauerstoffconsum viel zersetzen.

Die anfänglich von PETTENKOFER und mir gemachte Annahme,
dass beim Diabetes ein Missverhältniss zwischen Zersetzung und
Sauerstoffaufnahme gegeben ist, ist darnach nicht richtig.

Es kann nicht zweifelhaft sein, dass bei der Zuckerharnruhr aus
irgend einer Ursache mehr Eiweiss und Fett in Zerfall gerathen,
aber daneben vor Allem die Bedingungen für die Zersetzung des in
normaler Menge vorhandenen Zuckers nicht mehr gegeben sind. Das
Auftreten des Zuckers im Körper ist nicht etwas Anormales; es entsteht auch beim Diabetiker wahrscheinlich nicht einmal mehr Zucker
wie beim Gesunden bei gleichem Stoffzerfall, er wird nur nicht zerstört wie normal. Darum wird im letztern Falle der aus den Kohlehydraten der Nahrung stammende Zucker unverändert wieder abgeschieden; letzterer bildet meist den Hauptantheil der Zuckermenge im
Harn des Diabetikers, weshalb bei animalischer Kost weniger Zucker
im Harn auftritt. Der aus dem Darm resorbirte Zucker wird sehr

rasch aus dem Blute wieder entfernt, denn nach MERING und KÜLZ nimmt nach Brodzufuhr schon nach 1 Stunde dié Zuckermenge im Harn zu und erreicht nach 3 Stunden ihr Maximum. Aber es wird noch darüber hinaus Zucker im Körper bei dem Zerfall von Eiweiss oder Fett erzeugt (GAEHTGENS, HUPPERT), weshalb auch ohne Aufnahme von Kohlehydraten Zucker im Harn auftritt. Der Zucker ist beim Diabetes nicht immer absolut unzerstörbar [1], es nimmt jedoch die Fähigkeit ihn zu zerstören allmählich ab. Es kann unter Umständen noch viel Zucker zerlegt werden und nur bei reichlicher Aufnahme von Kohlehydraten Zucker in den Harn übergehen; in intensiveren Fällen wird noch ein kleiner Theil des Zuckers umgesetzt, so dass bei rein animalischer Kost kein Zucker im Harn nachweisbar ist (S. ROSENSTEIN, SEEGEN), weil der aus dem Eiweiss entstandene Zucker eben verbrannt wird; zuletzt fehlt aber die Möglichkeit der Zuckerzersetzung vollständig und es findet sich auch Zucker im Harn bei rein animalischer Diät.

Man könnte endlich fragen, warum denn der Zucker nicht weiter zersetzt wird. Nach der Anschauung von O. SCHULTZEN [2] fehlt das Ferment, welches den Zucker in Glycerinaldehyd und in Glycerin spaltet, während das Glycerin noch leicht und vollständig im Leibe des Diabetikers unter Verschwinden des Zuckers zu Kohlensäure und Wasser verbrennen soll; KÜLZ [3] und MERING [4] haben jedoch gezeigt, dass das Glycerin die Zuckerausscheidung vermehrt, was Inulin, Fruchtzucker und Mannit nicht thun [5]. Es ist nicht wahrscheinlich, dass ein ungeformtes Ferment normal den Zucker zerlegt und im Diabetes mangelt, da angestrengte körperliche Bewegung, welche überhaupt den Stoffzerfall begünstigt, auch die Zuckerausscheidung, wie namentlich KÜLZ [6] gefunden hat, vermindert. Es bleibt also nichts Anderes übrig als dem Organisirten unter normalen Verhältnissen die Eigenschaft zu vindiziren den Zucker zu spalten; es kann nicht im Allgemeinen das Vermögen der Zelle chemische Verbindungen zu

---

1 Der von PETTENKOFER und mir beobachtete Diabetiker war noch im Stande bei Zufuhr von sehr viel Stärkemehl und Zucker einen Theil des Zuckers zu oxydiren, er entfernte nicht allen im Harn wieder. Nach KÜLZ kann ein Diabetiker bis zu 200 Grm. Traubenzucker geniessen, ohne dass die Zuckerausscheidung um mehr als 7 Grm. zunimmt (Beitr. etc. I. 1874).
2 SCHULTZEN, Berliner klin. Woch. 1872. No. 35.
3 KÜLZ, Deutsch. Arch. f. klin. Med. XII. S. 248; Beitr. z. Pathol. u. Ther. des Diabetes mellitus. II. Marburg 1875.
4 MERING, Deutsch. Ztschr. f. pract. Med. 1877. No. 18.
5 KÜLZ, Beitr. etc. 1874. S. 129. u. 142.— MERING, Deutsch. Ztschr. f. pract. Med. 1877. No. 40.
6 BOUCHARDAT, Annuaire de thérapeutique. p. 291. 1865. — KÜLZ, Deutsch. Ztschr. f. pract. Med. 1876. No. 23; Beitr. etc. I. S. 179. 1874, II. S. 177. 1875.

zerlegen abgenommen haben, da Eiweiss und Fett noch in grosser
Menge zersetzt werden, es muss der Zelle die Fähigkeit abgehen,
den Zucker zu zersetzen [1].

Es wird auch aus Eiweiss oder Fett Zucker abgetrennt, denn bei
rein animalischer Kost kann sich noch Zucker im Harn finden, sowie sich
auch dabei Zucker und Glykogen in der Leber oder in der Milch nachweisen lassen. Wenn man bei 24 stündigem Hunger noch geringe Mengen
von Zucker im Harn antrifft, so rühren diese möglicher Weise von dem
im Körper aufgehäuften Zucker her. Ganz unzweifelhaft stammt aber der
Zucker vom Eiweiss oder Fett ab, wenn man längere Zeit keine Kohlehydrate giebt. So hat Mering [2] bei einem Diabetiker, der ausschliesslich
reines Fleisch erhielt, am 14. Tage noch 59.8 Grm. Zucker im Harn aufgefunden; ebenso wies Külz [3] bei Aufnahme von 302 Grm. fett- und
zuckerfreiem Kasein im Tag im Mittel noch 81 Grm. Zucker nach, als
der Diabetiker schon längere Zeit vorher nur animalische Kost verzehrt
hatte; Kratschmer bestimmte im Harn bei reiner Fleischkost (1000 Grm.
Fleisch, Fleischsuppe und Mandelmilch) nach 17 Tagen neben 85 Grm.
Harnstoff noch 112 Grm. Zucker.

4. Stoffumsatz beim Fieber.

Man hat schon seit langer Zeit angenommen, dass im Fieber die
Stoffzersetzung im Körper regelwidrig gesteigert sei, vor Allem weil
man sich die damit verknüpfte höhere Temperatur, die Fieberhitze,
nicht anders zu deuten vermochte. Aber es war erst in den letzten
Jahren möglich, den Umsatz beim Fieber mit Sicherheit zu messen.

Es gelang zuerst die Zersetzung des Eiweisses beim Fieber durch
die Untersuchung der Stickstoffausscheidung im Harn zu controliren.
Jedoch hatte man in einem ersten Zeitraum noch nicht die richtige
Methode in Anwendung gebracht, um eine Frage der Art sicher zu
beantworten: es musste vor Allem die Bestimmung des Harnstoffs
oder vielmehr des Stickstoffs im Harn eine genaue sein und der
Körper des Menschen oder der Thiere unter Bedingungen sich befinden, bei welchen sich eine Aenderung durch irgend ein Agens erkennen lässt. Da diese Erfordernisse nicht erfüllt waren, fand man
anfangs durchgängig in fieberhaften Krankheiten die Menge des Harnstoffs vermindert [4].

1 Es ist hierfür von grosser Bedeutung, dass das Opium die Eigenschaft
hat, die Zuckerausscheidung zu vermindern (siehe Frerichs, Pavy, Seegen, namentlich aber Kratschmer).
2 Mering, Deutsch. Ztschr. f. pract. Med. 1877. No. 18 u. No. 40.
3 Külz, Arch. f. exper. Pathol. u. Pharm. VII. S. 140.
4 Becquerel, Sémeiotique des urines. p. 37 et 51. Paris 1841. — F. Simon, physiol. u. pathol. Anthropochemie. S. 421. Berlin 1842. — C. G. Lehmann, Lehrb. d. physiol. Chem. 1. S. 143. 1853; Handb. d. physiol. Chem. S. 294. 1859. — Tomowitz, Ztschr.
d. Ges. d. Aerzte zu Wien. 1851. S. 846.

Nachdem Liebig durch seine Titrirmethode eine leichte und in gewissen Fällen genügend genaue Bestimmung des Harnstoffs gelehrt hatte, erhielten alle in dieser Richtung Arbeitenden das Resultat, dass während des Fiebers die Ausscheidung des Harnstoffs beträchtlich über die Norm vermehrt sei [1]. Obwohl bei den meisten dieser Versuche auf den zweiten wichtigen Punkt, nämlich auf die Herstellung einer gleichmässigen Stickstoffausscheidung ohne das Fieber und auf die Stickstoffzufuhr noch nicht oder nicht genügend geachtet wurde, war doch die angegebene Wirkung des Fiebers auf den Eiweisszerfall höchst wahrscheinlich, da die Fiebernden meist keine oder nur wenig Nahrung aufnehmen und trotzdem die Harnstoffmenge in der ersten Zeit einer fieberhaften Krankheit grösser ist als bei einem gesunden, gut genährten Menschen, also statt 35 Grm. bis zu 40—50 Grm. und mehr beträgt; erst später, wenn der Körper durch die Krankheit herabgekommen ist, wird weniger Harnstoff als normal ausgeschieden, jedoch immer noch mehr wie von einem gesunden Menschen unter sonst gleichen Verhältnissen.

Ein sicherer Entscheid kann jedoch auch hier nur dann erhalten werden, wenn man den Menschen oder das Thier in völligem Hungerzustande, bei welchem normal nur geringe Schwankungen der Harnstoffsekretion vorkommen, vor und während des Fieberanfalls untersucht, oder wenn man zum Vergleich des Eiweissumsatzes einem gesunden, möglichst gleich beschaffenen Organismus die nämliche Nahrung reicht wie dem Fieberkranken, oder indem man demselben Kranken vor oder nach dem Fieberanfall die gleiche Diät giebt, wie während der Fiebertage.

Diese Cautelen sind nur in einigen wenigen Fällen beim Menschen beachtet worden; es ist beim Kranken noch schwieriger wie beim Gesunden die Nahrung auf gleicher, bekannter Zusammensetzung zu halten.

---

1 Alfred Vogel, Ztschr. f. rat. Med. N. F. IV. 1854; Klin. Unters. über den Typhus. Erlangen 1860. — Schneller, De quantitate ureae in urina febrili. Diss. inaug. Regiomont. 1851. — Traube u. Jochmann, Deutsche Klinik. 1855. No. 46; Gesammelte Beiträge. II. S. 286. — L. Wachsmuth, De ureae in morbis febrilibus acutis excretione. Diss. inaug. Berlin 1855. — Jul. Vogel, in Neubauer u. Vogel. Anleitung zur Analyse des Harns. S. 246. 1856. — S. Moos, Ztschr. f. rat. Med. N. F. VII. S. 291. 1855. — Redenbacher, Ebenda. (3) II. S. 354. 1858. — W. Brattler, Ein Beitrag zur Urologie im kranken Zustand. München 1858. — Georg, De maciei causis in febri intermittente. Diss. inaug. Gryphiae 1855. — Metzger, Ztschr. f. rat. Med. (3) IV. S. 192. 1855. — Warnecke, Bibl. for Laeger. XII. S. 330. — H. Ranke, Ausscheidung der Harnsäure. S. 28. 1858. — H. Huppert, Arch. d. Heilk. VII. S. 51. 1866, VIII. S. 343. 1867. — Riesenfeld, Arch. f. pathol. Anat. XLVII. S. 145. 1869. Nur Griesinger u. Hammond beobachteten eine Harnstoffsteigerung am fieberfreien Tag. Sorgfältige Angaben über die einschlägige Literatur bei Huppert. Arch. d. Heilk. 1866. VII.

Die gleiche Diät des Krankenhauses wie einem Fieberkranken wurde einem annähernd gleich schweren Nichtkranken von Th. Lemke[1] und dann namentlich von O. Schultzen[2] und E. Unruh[3] gegeben: es zeigte sich bei den Kranken in den meisten Fällen eine erheblich grössere Harnstoffproduktion, im Durchschnitt um das 1.5 fache der normalen im Hunger. H. Huppert und A. Riesell[4] berücksichtigten zuerst genau die Nahrung, indem sie deren Zusammensetzung gleich hielten und den Stickstoffgehalt der einzelnen Nahrungsmittel im rohen Zustande ermittelten; aus der Stickstoffbestimmung im Harn und Koth ergab sich, dass der Fieberkranke von seinen Organen Eiweiss abgiebt und zwar erheblich mehr als gesunde Menschen beim Hunger. Bei einem Menschen, welcher vor dem Eintritt eines Anfalls von Febris recurrens auf das Stickstoffgleichgewicht gebracht worden war, trat während des Fiebers entsprechend der Temperatursteigerung ein Stickstoffzuschuss vom Körper ein, bedeutender als in der Reconvalescenz.

Auch bei Thieren, bei welchen das Fieber durch Einspritzen von Jauche hervorgerufen worden war, konnte man die Steigerung der Stickstoffausscheidung constatiren. Dies geschah zunächst durch Naunyn[5], Senator[6] und Silujanoff[7] an Hunden; Ersterer fand eine Vermehrung der Harnstoffmenge um das Doppelte; bei dem Letzteren fiel sie nicht so beträchtlich aus. Bei hungernden Hühnern erhielt ·H. Schimanski[8] nach subcutanen Eiterinjektionen in 3 Reihen eine ansehnliche Zunahme der Harnsäuremenge.

Nach den Untersuchungen von Fürbringer[9] am Menschen ist beim Fieber auch die Schwefelsäureausscheidung erhöht, jedoch das Verhältniss der Schwefelsäure zum Stickstoff nicht geändert, während nach dem Fieber verhältnissmässig weniger Schwefelsäure sich findet. Auch dies thut den vermehrten Eiweissumsatz im Fieber dar.

Das Fieber bringt nach alle dem unzweifelhaft einen erheblichen Zerfall stickstoff- oder eiweisshaltiger Körpersubstanz hervor; es

1 Th. Lemke, De quantitate ureae in urina febrili. Diss. inaug. Gryphiae 1858.
2 O. Schultzen, Ann. d. Charité-Krankenhauses zu Berlin. XV. 1869.
3 E. Unruh, Arch. f. pathol. Anat. XLVIII. S. 227. 1869.
4 A. Riesell, Unters. über den Stickstoffumsatz in einem Falle von Pneumonie. Diss. inaug. Leipzig 1869. — H. Huppert u. A. Riesell, Arch. d. Heilk. X. S. 329. 1869. — H. Huppert, Ebenda. X. S. 503. 1869.
5 Naunyn, Berliner klin. Woch. 1869. No. 4.
6 Senator, Arch. f. pathol. Anat. XLV. 1869.
7 Silujanoff, Ebenda. LII. S. 327. 1871.
8 H. Schimanski, Ztschr. f. physiol. Chem. III. S. 396. 1879.
9 Fürbringer, Centralbl. f. d. med. Wiss. 1877. S. 865; Arch. f. pathol. Anat. LXXIII. S. 39. 1878. Er hat nicht den Gesammtschwefel, sondern nur den in Schwefelsäure enthaltenen bestimmt.

wirkt in kurzer Zeit wie eine lange Hungerperiode ohne Fieber, ohne das Gefüge der Zellen und Gewebe zu zerstören. Das an den Organen abgelagerte Eiweiss schmilzt in grösserem Maassstabe als beim Hunger ab, geräth in den Säftestrom und wird zersetzt. Man hat beobachtet, dass noch einige Zeit nach dem Fieber die Harnstoffausscheidung gesteigert ist, namentlich findet man bei kritisch sich entscheidenden fieberhaften Krankheiten nach der Krisis bei normaler Temperatur manchmal eine enorme Stickstoffausfuhr, selbst die während des Fiebers übertreffend. Huppert leitet letztere bei der Pneumonie von der Lösung des Exsudates ab; Unruh hat aber darauf aufmerksam gemacht, dass diese nachträgliche Steigerung auch bei Krankheiten eintritt, bei welchen kein Exsudat zur Resorption gelangt. Dieselbe rührt wahrscheinlich von einer fortdauernden vermehrten Zersetzung des Eiweisses auch nach dem Temperaturabfall her, so wie auch zu Folge der Beobachtung Schleich's ein heisses Bad noch einige Tage lang fortwirkt, indem die Veränderungen der Zellen, welche den erhöhten Zerfall bedingen, noch nicht ausgeglichen sind. Manche wollen sie von einer Anhäufung unvollkommener Oxydationsprodukte, von Vorstufen des Harnstoffs, während des hohen Fiebers ableiten, welche erst nachträglich oxydirt und ausgeschieden werden, so z. B. Huppert, Riesenfeld, Keith Anderson [1], Unruh. Es scheint mir dies jedoch nach allen übrigen Erfahrungen nicht sehr plausibel, man müsste dann doch diese Vorstufen z. B. Leucin, Glycocoll im Blute oder im Harn vorfinden können. [2]

Man hat die Frage aufgeworfen, was das primäre beim Fieber ist, die Temperaturerhöhung oder der gesteigerte Eiweisszerfall, d. h. ob erstere die alleinige Ursache der rapiden Zerstörung des in den Organen abgelagerten Eiweisses ist. Seit den Untersuchungen von Bartels, Naunyn und Schleich, nach denen jede Steigerung der Körpertemperatur eine vermehrte Zersetzung stickstoffhaltiger Körpersubstanz zur Folge hat, ist dies sehr wahrscheinlich geworden, obwohl die Harnstoffsteigerung beim Fieber nicht immer entsprechend der Temperaturerhöhung ist. Bauer und Künstle [3] waren zwar nicht im Stande durch antipyretische Mittel wie Chinin oder Salicylsäure oder kalte Bäder mit der Temperatur auch die Eiweisszersetzung zu vermindern, sie sahen sogar im Gegentheil eine geringe Steigerung derselben; dies schliesst aber noch nicht aus, dass die Körpertemperatur nicht doch die Steigerung des Eiweissumsatzes einleitet;

---

1 Keith Anderson, Centralbl. f. d. med. Wiss. 1866. S. 303; Edinb. med. journ. 1866. p. 708.
2 Siehe hierüber auch: F. Strassmann, Präfebrile Harnstoffausscheidung. Diss. inaug. Berlin 1879; A. Scholze, Ueber die Ursache der epikritischen Harnstoffausscheidung. Diss. inaug. Berl. 1879.
3 Bauer u. Künstle, Deutsch. Arch. f. klin. Med. XXIV. S. 57.

die höhere Temperatur während des Fiebers bringt, wie vorher gesagt, Veränderungen in den Zellen hervor, welche den erhöhten Eiweisszerfall bedingen; diese Veränderungen währen längere Zeit an und wirken noch fort, wenn auch die Temperatur wieder abgesunken ist.

Fraenkel nimmt neben der Wirkung der erhöhten Körpertemperatur noch die des Sauerstoffmangels an, wodurch mehr Gewebe abstirbt und zersetzt wird; beim Fieber ist aber die Sauerstoffaufnahme gewiss nicht beschränkt, sondern sie geht ganz ungehindert von statten.

Um einen weiteren Aufschluss über die Zersetzungsvorgänge im Fieber zu bekommen, hat man auch die Grösse der Kohlensäureausscheidung und der Sauerstoffaufnahme dabei bestimmt. Es könnte bei dem reichlicheren Zerfall von Eiweiss ein Theil der Zerfallprodukte z. B. Fett unzersetzt bleiben, wie es nach einem Aderlass oder bei der Phosphorvergiftung der Fall ist, und deshalb die Kohlensäureabgabe und der Sauerstoffconsum geringer wie normal sein; oder es wird der Gaswechsel entsprechend der Vermehrung des Eiweissumsatzes gesteigert, dann findet sich beim Fieber keine grössere Zerstörung der stickstofffreien Stoffe; oder er nimmt im höheren Maasse zu, dann wird ausser dem Eiweiss auch mehr stickstofffreie Substanz, Fett, zersetzt.

C. G. Lehmann [1] meinte, eine gesteigerte Kohlensäurebildung wäre noch bei keiner Krankheit beobachtet. Liebermeister[2] fand zuerst mit Hilfe seines Kastenapparats bei Wechselfieberkranken, welche nur wenig Nahrung aufnehmen und ruhig im Bette liegen, also wenig Kohlensäure liefern sollten, während des Fieberanfalls eine beträchtliche Vermehrung der Kohlensäureproduktion ($2\frac{1}{2}$ mal so viel als normal). Zu gleicher Zeit hat auch Leyden[3] mit dem Lossen'schen Apparate, ebenfalls am Menschen bei Febris recurrens, exanthematischem Typhus und Pneumonie, eine Steigerung in der Kohlensäureabgabe (bis zu 70 $^0/_0$ der normalen) erhalten; Hunde mit künstlich erzeugtem Fieber lieferten ihm damals keine constanten Resultate. Dagegen ermittelte Silujanoff [4] bei Hunden nach subcutaner Einspritzung von Leichenblut mehr Kohlensäure wie normal beim Hunger. Nur zwei Beobachter erhielten keine entschiedene Vermehrung des Gaswechsels; Senator[5] gab nämlich an, bei Hunden mit künstlich erzeugtem Fieber die Kohlensäureausscheidung nie

1 C. G. Lehmann, Handb. d. physiol. Chem. S. 380. 1859.
2 Liebermeister, Deutsch. Arch. f. klin. Med. VII. S. 75. 1870, VIII. S. 153. 1871.
3 Leyden, Deutsch. Arch. f. klin. Med. V. S. 237. 1869, VII. S. 536. 1870; Centralbl. f. d. med. Wiss. 1870. No. 13.
4 Silujanoff, Arch. f. pathol. Anat. LIII. S. 327. 1871.
5 Senator. Ebenda. XLV. 1869; Arch. f. Anat. u. Physiol. 1872; Unters. über den fieberhaften Process u. seine Behandlung. Berlin 1873.

vermehrt, sondern eher vermindert gesehen zu haben; ferner soll nach WERTHEIM [1], welcher allerdings mit einem sehr unvollkommenen Apparate und während sehr kurzer Zeit (10 Minuten) arbeitete, bei verschiedenen fieberhaften Krankheiten nicht selten eine Verminderung der Kohlensäuremenge, eine Vermehrung derselben keinesfalls constant vorkommen.

Die übrigen Forscher, welche sich zuverlässiger Athemapparate bedienten, haben wieder wie die meisten der früheren einen vermehrten Gasaustausch beobachtet. COLASANTI [2] bestimmte an einem fiebernden Meerschweinchen um 18 % mehr Sauerstoff und um 24 % mehr Kohlensäure. Ebenso fanden A. FRAENKEL und E. LEYDEN [3] mit einem meinem kleinen Respirationsapparate nachgebildeten Apparate bei fiebernden Hunden in Zusammenhang mit der Temperaturerhöhung eine beträchtliche Steigerung der Kohlensäureexhalation.

Die von COLASANTI am Meerschweinchen beobachtete Erhöhung der letzteren um 24 % wäre allerdings von dem gesteigerten Eiweisszerfall allein abzuleiten; bei der von LIEBERMEISTER erhaltenen Vermehrung der Kohlensäureausscheidung am Menschen um das 2½ fache müsste man dagegen wahrscheinlich auch eine gesteigerte Verbrennung von Fett annehmen. Es wäre wichtig dies durch besondere Versuche zu entscheiden.

VIERTES CAPITEL.
Die Fettbildung im Thierkörper.

In dem vorigen Kapitel ist angegeben worden, unter welchen Umständen ein Ansatz oder eine Abgabe von Eiweiss und von Fett am Körper stattfindet. Während aber das Eiweiss, wie noch dargethan werden wird, nur aus dem Eiweiss der Nahrung sich ablagert, wird das Fett nicht ausschliesslich aus dem resorbirten Fett angesetzt, sondern es entsteht zum Theil erst im Thierleib aus andern chemischen Verbindungen entweder durch eine Abspaltung

---

1 WERTHEIM, Deutsch. Arch. f. klin. Med. XV. S. 173. 1875; Wien. med. Woch. 1876. No. 3—7, 1875. No. 32. 34. 35.
2 COLASANTI, Arch. f. d. ges. Physiol. XIV. S. 125. 1876.
3 A. FRAENKEL. Verhandl. d. physiol. Ges. z. Berlin. 1879. 4. Febr. — E. LEYDEN u. A. FRAENKEL, Centralbl. f. d. med. Wiss. 1878. S. 706; Arch. f. pathol. Anat. LXXVI. S. 136. 1879.

oder durch einen synthetischen Aufbau aus einfacheren Atomencomplexen. Es soll in diesem Kapitel erörtert werden, aus welchen Materialien sich im thierischen Organismus das Fett bildet [1].

Als man mit den Vorgängen im Pflanzen- und Thierleib noch weniger bekannt war, glaubte man, das im Thier vorkommende Fett entstehe auf die nämliche, allerdings noch unbekannte Weise, wie das in den Samen und anderen Pflanzentheilen befindliche Fett.

Später erkannte man immer mehr und mehr, dass die Thiere die Bestandtheile ihres Körpers nicht aus den Elementen und einfachsten Verbindungen wie die meisten Pflanzen aufbauen, sondern die constituirenden Stoffe grösstentheils als solche aufnehmen, wie sie durch die Pflanze bereitet worden sind. Und so meinte man damals auch, das Fett im Thierkörper stamme ausschliesslich von dem Fett der Nahrung ab; dieser Ansicht waren Prout und vorzüglich die französischen Forscher Dumas, Boussingault und Payen [2]. Darnach würden die Fette nur in der Pflanze sich bilden, aus welchen sie die Thiere schon fertig aufnehmen, und entweder in ihrem Leibe verbrennen oder mehr oder weniger modificirt ansetzen. Ein Entstehen von Fett aus irgend einer andern Substanz findet also nach dieser Anschauung im Thierkörper nicht statt, und der Fettreichthum in letzterem würde sich ausschliesslich nach dem Fettreichthum der Nahrung richten; die Ansammlung von Fett im Körper bei der Mästung wäre nichts weiter als eine einfache Uebertragung dieses Stoffes von einem Organismus auf den andern.

I. Gründe, welche für die Entstehung von Fett aus Kohlehydraten geltend gemacht wurden.

Das eingehende Studium der Zusammensetzung der Nahrung des Pflanzenfressers, die Kenntniss von den merkwürdigen Umwandlungen organischer Stoffe in andere ausserhalb des Organismus, und das Nachdenken über die Bedeutung der einzelnen Nahrungsbestandtheile führten Liebig [3] zu der Ueberzeugung, dass die Kohlehydrate der Nahrung einen maassgebenden Einfluss bei der Fettbildung ausüben.

---

1 Siehe hierüber: Voit, Ztschr. f. Biol. V. S. 79. 1869. (Auch: Ewald Wollny, Ueber Fett- u. Fleischbildung im thier. Organismus. Diss. inaug. Leipzig 1870. – Carl Gaehtgens. Dorpater med. Ztschr. I. S. 12. 1872.)

2 Prout, Philos. Transact. Roy. Soc. II. p. 355. 1827. — Dumas, Leçon sur la statique chimique des êtres organisés. 1841. — Dumas u. Boussingault, Ann. d. chim. et phys. (3) XII. p. 153. 1844. — Boussingault u. Payen, Ebenda. VIII. p. 63. 1843.

3 Liebig, Ann. d. Chem. u. Pharm. XLVIII. S. 126. 1843, LIV. S. 376. 1845; Handwörterb. d. Chem., Artikel Fettbildung.

LIEBIG hatte damals schon mancherlei Umwandlungen der Kohlehydrate angegeben, welche auf die Entstehung gewisser Componenten
oder Zersetzungsprodukte der Fette aus jenen hindeuten; wir vermögen zu diesen noch eine Anzahl weiterer hinzuzufügen.

In dem Stärkemehl und den Zuckerarten findet sich das nämliche
Verhältniss von Kohlenstoff und Wasserstoff wie in den Fetten, dagegen
ein höherer Gehalt an Sauerstoff: es könnte somit aus ersteren durch
Austreten von Sauerstoff in irgend einer Weise ein Stoff sich bilden, der
die Zusammensetzung des Fettes besitzt. LIEBIG hat Beispiele für einen
solchen Vorgang beigebracht, um seine Anschauung wahrscheinlich zu
machen. Bei der Gährung spaltet sich unter dem Einflusse niederer Organismen ein zusammengesetztes Molekül in eine sauerstoffreiche und eine
sauerstoffarme Verbindung, denn es tritt bei der Alkoholgährung aus dem
Zucker eine gewisse Quantität von Sauerstoff in der Form von Kohlensäure aus und es bleibt der sauerstoffarme Alkohol zurück, oder es bildet
sich unter anderen Umständen aus Zucker, unter Abspaltung von Kohlensäure und Wasser, das den Fetten nahestehende Fuselöl, welches durch
Oxydation in die nach CHEVREUL im Delphinöl befindliche Valeriansäure
übergeht, oder es entsteht aus dem Zucker nach Abscheidung von Kohlensäure und Wasserstoff die zu den fetten Säuren gehörige Buttersäure
(PELOUZE u. GÉLIS, SCHARLING, ERDMANN u. MARCHAND). Mannit geht ferner
mit Kreide und Käse vermischt in Gährung über und liefert dabei, ausser
Kohlensäure, Wasserstoff und Alkohol, noch Essigsäure, Buttersäure und
Milchsäure; Gummi und Amidon liefern bei der gleichen Behandlung nach
BERTHELOT Alkohol, Milchsäure und Buttersäure. Zu diesen Stoffen kommen nun noch die übrigen neuerdings bei der Hefegährung gefundenen,
den Fetten nahe stehenden Producte: Glycerin, Bernsteinsäure, Essig-
säure, ja es sind dabei sogar Spuren von wirklichem Fett ausserhalb der
Hefezellen nachgewiesen worden (PASTEUR, LÖW[1]); jedoch gehen diese
Verbindungen möglicherweise nicht aus Zucker, sondern aus eiweissartigen
Stoffen hervor, wenigstens häufen sich nach NÄGELI die in den Hefezellen
während der Gährung erscheinenden Fetttropfen nach reichlichem Zuckerzusatz nicht in grösserer Menge an.

Weiterhin hat NÄGELI[2] erwiesen, dass durch Spaltpilze, welche sich
in Lösungen von Kohlehydraten unter Zusatz von anderen Stoffen entwickeln, Fett entsteht: in Nährlösungen mit Zucker (oder Mannit oder
Glycerin) unter Zusatz von Ammoniak, sowie von weinsaurem oder essigsaurem Ammoniak mit den nöthigen Aschebestandtheilen bildet sich Cellulose und Fett in millionenfacher Vermehrung aus einer unendlich geringen Menge der Pilzaussaat. Das Fett muss jedoch hier nicht aus dem
Kohlehydrat entstehen, denn es tritt der gleiche Effekt bei Fütterung
der Pilze mit Eiweiss auf, worüber später noch berichtet werden wird.

Auch in den höheren Pflanzen findet sich nach allen Berichten ein
Uebergang von Kohlehydraten in Fett, und es scheint dieser Vorgang
bei den Botanikern eine ausgemachte Sache zu sein. Die fetthaltigen

---

1 Löw, Sitzgsber. d. bayr. Acad. VIII. S. 161. 1878.
2 Nägeli, Sitzgsber. d. bayr. Acad. d. Wiss. 1879. S. 287.

Samen der Pflanzen enthalten vor der Reife Stärkemehl, und indem dieses abnimmt, sammelt sich Oel an, so dass der reife Same gar keine Stärke mehr einschliesst (II. v. Mohl [1], Mulder [2]); der Saft der Palmen führt viel Zucker, bis Fett in ihm auftritt; nach Avequin [3] geben die Arten von Zuckerrohr, welche viel Zucker liefern, wenig Wachs und umgekehrt; S. de Luca [4] findet in den kaum gebildeten Oliven viel Mannit, welcher aber mit der Entwicklung der Frucht abnimmt und in der reifen, mit Oel beladenen gänzlich fehlt. Nach de Bary [5] werden die im Chlorophyll der Spirogyren und Zygnemen entstandenen Stärkekörner nach der Copulation der betreffenden Zellen in dem Maasse aufgelöst als Fetttropfen auftreten.

Die Entstehung von Fettsäuren aus Kohlehydraten hat neuerdings auch Hoppe-Seyler [6] dargethan und zwar auch ohne Mitwirkung von niederen Organismen. Bei der Fäulniss gehen bei Anwesenheit von Aetzalkalien gewisse Kohlehydrate und auch Glycerin in Milchsäure über; letztere liefert nun nach ihm durch Einwirkung von Alkalien entweder bei der Fäulniss oder auch ohne sie bei höherer Temperatur neben Essigsäure, Buttersäure, Capronsäure etc. noch eine Reihe fester fetter Säuren von hohem Molekulargewicht.

Aehnlich dachte sich Liebig den Process bei der Bildung des Fettes im Thiere aus den Kohlehydraten; nach seiner Ansicht wird auch im Thierkörper vom Zucker durch einen unvollkommenen Oxydationsprocess bei Mangel an Sauerstoff eine gewisse Menge Wasserstoff und durch einen Gährungsprocess eine gewisse Menge Sauerstoff in der Form von Kohlensäure abgetrennt.

Aber nicht allein solche Uebertragungen und Vergleichungen, sondern auch die Erfahrungen der Praxis und mühevolle Versuche am Thier schienen für die Fettbildung aus Kohlehydraten zu sprechen.

Bei den Fleischfressern, welche ausser dem Fett keinen stickstofffreien Nahrungsstoff geniessen, ist die Fettbildung meist nur unbedeutend, sie nimmt aber wie bei den anderen Hausthieren zu bei gemischter Nahrung mit einem Ueberschuss an Kohlehydraten. Die Hauptmasse der Nahrung bei der Mast der Pflanzenfresser besteht aus Kohlehydraten. Da in dem Futter der Kuh keine Butter, in dem des Rindes kein Ochsentalg, in dem der Schweine kein Schweineschmalz, in dem der Gänse kein Gänsefett enthalten ist, so liess Liebig die grossen Mengen von Fett in dem Körper dieser Thiere vom Organismus erzeugt werden, und zwar aus den Kohlehydraten der Nahrung. In der That, jedes Thier, ja jeder Körpertheil desselben, hat sein eigenthümliches, bestimmt zusammengesetztes Fett-

1 II. v. Mohl, Wagner's Handwörterb. d. Physiol. IV. S. 250. 1853.
2 Mulder, Physiol. Chem. I. S. 269. 1844.
3 Avequin, Ann. d. chim. et phys. 1840. p. 218.
4 S. de Luca, Compt. rend. XV. p. 470 u. 506. 1862.
5 de Bary, Unters. über d. Familie d. Conjugaten. Leipzig 1858.
6 Hoppe-Seyler, Zeitschr. f. physiol. Chem. II. S. 16. 1878, III. S. 351. 1879.

gemische trotz der Aufnahme der verschiedensten Fette in der Nahrung [1]; will man nicht die Annahme machen, dass aus dem Fettgemenge der Nahrung die einzelnen Fette stets nur in dem constanten Verhältniss, in dem sie sich in der betreffenden Thierart finden, abgelagert und die übrigen verbrannt werden, so muss man die Entstehung von Fett aus anderen Substanzen in den Zellen und Geweben zugeben.

LIEBIG hatte dann namentlich als besten Beweis für die Fettbildung aus Kohlehydraten die Versuche HUBER's [2] und GUNDLACH's [3] an Bienen angeführt, nach denen diese Thiere bei längerer Fütterung mit wachsfreiem Honig oder Zucker noch Wachs produziren, ohne sich in ihrem Gesundheitszustande oder Gewichte zu ändern. Das im Mastfutter einer Gans oder eines Schweines, oder im Futter einer Milchkuh enthaltene Fett reicht ferner nicht entfernt hin das im Körper der Thiere abgelagerte oder in der Milch ausgeschiedene Fett zu decken.

Dagegen suchten zwar DUMAS und BOUSSINGAULT im Verein mit PAYEN [4] die früher ausgesprochene Meinung noch eine Zeit lang aufrecht zu erhalten, indem sie darzuthun sich bestrebten, dass auch bei pflanzenfressenden Thieren in der Nahrung stets genügend Fett enthalten sei, um das im Körper angesetzte Fett zu liefern. Sie meinten, zur Wachsbereitung bei Honigfütterung hätten die Bienen von ihrem eigenen Leibe Eiweiss und Fett abgegeben; es wäre ferner im Mais, mit dem die Gans gemästet wurde, genügend Fett enthalten, was aber thatsächlich nicht der Fall ist; im Futter der Milchkühe soll endlich nach BOUSSINGAULT [5], entgegen PLAYFAIR, so viel Fett vorkommen, um das in der Milch enthaltene Fett daraus abzuleiten, und wenn bei ungenügendem Futter dies nicht möglich sei, dann hätte das Thier aus seinem Leibe Fett zugesetzt.

Aber diese einzelnen positiven Resultate BOUSSINGAULT's schlugen nicht durch und wurden ganz vergessen, da eine Anzahl von Fällen bekannt wurde, bei denen das in der Nahrung vorgebildete Fett durchaus nicht hinreichte, das unter ihrem Einflusse im Körper angesammelte Fett zu erklären, weshalb die LIEBIG'sche Ansicht immer mehr an Boden gewann.

DUMAS und MILNE-EDWARDS [6] hatten die HUBER'schen Bienen-

1 LASSAIGNE, Journ. chim. med. (3) VII. p. 266. — F. SCHULTZE u. A. REINECKE, Landw. Versuchsstationen. 1867. S. 97.
2 FRANZ HUBER, Neue Beobachtungen an den Bienen, herausgeg. v. J. KLEINE. 1856.
3 GUNDLACH, Naturgeschichte der Bienen. Kassel 1842.
4 BOUSSINGAULT u. PAYEN, Ann. d. chim. et phys. VIII. p. 63. 1843.
5 BOUSSINGAULT, Ebenda. (3) XII. p. 153. 1844; Economie rurale. II. p. 548.
6 DUMAS u. MILNE-EDWARDS, Ann. d. chim. et phys. (3). XIV. p. 100. 1845; Compt. rend. XVII. p. 531. 1843; Ann. d. scienc. natur. zool. (3) XX. p. 174. 1843.

versuche wiederholt und geprüft, ob die Bienen bei der Zucker-
fütterung aus ihrem Leib Fett abgeben; da dies nicht der Fall war,
so schlossen sie, dass das Wachs nur aus dem verzehrten Zucker
entstanden sein könne. Das Fett des von den Gänsen gefressenen
Maises reicht, wie die genauen Versuche von Persoz [1] ergaben, nicht
hin, das abgelagerte Fett zu decken; auch bei Fütterung mit ent-
fettetem Mais oder fettfreien Nahrungsstoffen wird im Körper reichlich
Fett abgesetzt. Zu den gleichen Resultaten führten die erneuten
Bemühungen des früheren Gegners Liebig's, Boussingault's [2], der
im Futter von Schweinen, Gänsen und Enten nicht so viel Fett auf-
fand, als im Körper der Thiere unterdess abgelagert worden war;
ebenso endlich die Versuche von Rob. Thomson [3] an Kühen und die
von Lawes und Gilbert [4] an Schweinen.

Alle diese Thatsachen schienen den Ursprung des Thierfettes
aus Kohlehydraten vollkommen sicher zu stellen, und in der That,
es galt dies auch von da ab als eine so unumstössliche Wahrheit [5],
dass ein Zweifel daran geradezu für einen Unsinn gehalten wurde. [6]

Ueberlegt man aber, wieviel Fett im günstigsten Fall aus Kohlehydraten zu entstehen vermag, so zeigt sich, dass dies wegen des
hohen Sauerstoffgehalts derselben nur eine geringe Menge sein kann.
Nach den Thierversuchen wird jedenfalls die Hauptmasse der Kohlen-
hydrate im Organismus alsbald zu Kohlensäure und Wasser verbrannt, und es bleibt höchstens ein kleiner Bruchtheil zur Erzeugung
von Fett übrig.

Trotz der allgemeinen Zustimmung sah es mit dem Beweis der
Bildung des Fettes aus Kohlehydraten bei höheren Thieren recht
misslich aus. Durch künstliche Herstellung niederer oder selbst
höherer Fettsäuren und anderer Zersetzungsprodukte des Fettes aus
Kohlehydraten ist nur eine Möglichkeit für den Vorgang im Thier
aufgefunden, aber man weiss noch nicht, ob diese Möglichkeit im

---

1 Persoz, Ann. d. chim. et phys. (3) XIV. p. 108. 1845; Compt. rend. XVIII.
p. 245. 1844, XXI. p. 20. 1845; L'institut. 1844. p. 422.
2 Boussingault, Ann. d. chim. et phys. (3) XIV. p. 419. 1845; Compt. rend. XX.
p. 1726. 1845.
3 Rob. Thomson, Ann. d. Chem. u. Pharm. LXI. S. 225. 1847.
4 Lawes u. Gilbert. Report of the British Association for the Advancement of
science for 1852.
5 Liebig, Chem. Briefe. S. 419. 1851.
6 Man glaubte auch schon den experimentellen Beweis für diese Umwandlung gefunden zu haben; sie sollte in der Leber unter dem Einflusse der Galle
vor sich gehen nach H. Meckel von Hemsbach (De genesi adipis in animalibus. Diss.
inaug. Halis 1845). Als Pettenkofer durch Mischung von Galle und Zucker unter
Zusatz von Schwefelsäure durch Entziehung von Wasser einen kohlenstoffreiche-
ren Stoff, das Fett, direkt darstellen wollte, erhielt er kein Fett. wohl aber seine
bekannte Gallensäureprobe.

Thierleib wirklich zur Ausführung gelangt; ja selbst wenn es dem Chemiker gelingt, wirkliches Fett aus Zucker darzustellen, ist die Frage für den Thierkörper noch lange nicht entschieden. Es lag auch nicht der leiseste direkte Beweis für obige Hypothese vor, und einzig und allein das Nichtausreichen des Fettes in vielen Fällen, sowie den nicht wegzuleugnenden Einfluss der Kohlehydrate auf die Fettablagerung im Thierkörper vermochte man mit Recht für die Fettbildung aus Kohlehydraten im thierischen Organismus geltend zu machen. Es fragt sich, ob die genannten Thatsachen nicht auch in anderer Weise zu erklären sind und ob es nicht noch andere Materialien giebt, aus denen das Fett im Körper entstehen kann.

II. Ablagerung von Nahrungsfett im Thierkörper.

Nachdem einmal die Entstehung von Fett aus Kohlehydraten zugegeben war, meinte man, der weitaus grösste Theil des Fettes des Pflanzenfressers, ja alles Fett desselben, gehe aus den Kohlehydraten hervor, indem man sich durch den massenhaften Verbrauch der letzteren und durch den prozentisch so geringen Gehalt des Futters an Fett verleiten liess. Aber eine genauere Betrachtung der vorliegenden Versuche hätte gelehrt, dass stets ein ganz ansehnlicher Theil des vom Pflanzenfresser angesetzten Fettes von dem aus der Nahrung resorbirten abzuleiten ist, so bei den von LIEBIG aufgezählten Beispielen (bei einem Schwein, zwei Kühen und einer Gans) gegen 30%, bei BOUSSINGAULT's Versuchen an Kühen 6S—100%, an Schweinen 58—77%, an Gänsen 57%, bei den Kühen von THOMSON mindestens 40%, und nur bei den Mastversuchen von LAWES und GILBERT beträgt die Fettmenge der Nahrung in einigen Fällen blos 12% des angesetzten Fettquantums. Obwohl nämlich prozentig meist nur wenig Fett im Futter der Pflanzenfresser enthalten ist, so macht dies doch bei der grossen Masse des letzteren absolut ziemlich viel aus. Auch wird nicht, wie LIEBIG [1] meinte, das Fett der Pflanzennahrung unbenützt mit dem Koth wieder abgeschieden, sondern beträchtliche Mengen davon im Darm resorbirt, wie die Versuche von BOUSSINGAULT, THOMSON, KÜHN, HENNEBERG und STOHMANN an Pflanzenfressern mit Sicherheit ergeben. Man hat späterhin sogar die Möglichkeit einer Ablagerung von Fett aus dem aus der Nahrung resorbirten Fett geleugnet, so dass

---

[1] LIEBIG, Ann. d. Chem. u. Pharm. XLV. S. 112. 1843.

alles im Thierkörper vorhandene Fett in ihm selbst aus anderen
Stoffen hätte gebildet werden müssen.

Nach den Angaben von Letellier [1] sollen nämlich Turteltauben
bei ausschliesslicher Darreichung von Butter kein Fett ansetzen, weil
darnach der Körper nur 7,1% Fett enthielt und viel Butter im Koth
wieder zum Vorschein kam; ein solcher Versuch ist jedoch selbstverständlich nicht beweisend, zudem Boussingault bei einer mit
Butter gestopften Ente die Fettmenge im Körper von 226 Grm. auf
440 Grm. zunehmen sah.

Nachdem man aber in jeder Thierart unabhängig von der Art
der Nahrung eine constante und charakteristische Fettmischung nachgewiesen und im Eiweiss eine weitere Quelle für die Fettbildung
erkannt hatte, leugnete man jeden Ansatz von Nahrungsfett im Körper. Es waren vorzüglich Toldt [2] und Subbotin [3], die alles in den
Zellen des Thierkörpers vorkommende Fett nur als ein daselbst zu-
rückgebliebenes Spaltungsprodukt des Eiweisses betrachteten, während das Nahrungsfett nur das in den Zellen entstandene Fett vor
der Zersetzung bewahren soll.

Es ist von grosser Bedeutung für die Frage nach der Fettbildung
im Körper dies sicher zu entscheiden, denn wenn dem wirklich so
ist, dann darf man für das im Organismus gefundene Fett das Nahrungsfett nicht mehr als Material herbeiziehen, und dann ist es auch
nicht zweifelhaft, dass in den meisten Fällen das Fett vor allem
aus den Kohlehydraten sich bildet; auch müsste in diesem Falle
alles aus dem Darm resorbirte Fett jederzeit und auch nach Aufnahme der grössten Menge verbrannt werden.

Radziejewski [4] machte in dieser Richtung einige interessante
Versuche. Er gab einem durch vorhergehendes Füttern mit Fleisch
abgemagerten Hund nahezu fettfreies Fleisch mit reinem Rüböl, dessen
einer Bestandtheil, nämlich die Erukasäure, bekanntlich im Thier-
fett normal nicht vorkommt; aber er war nicht im Stande, obwohl
die Fütterung längere Zeit fortgesetzt wurde und das Fettpolster sich
ziemlich entwickelt zeigte und auch die übrigen Organe, namentlich
die Muskeln, mit Fett erfüllt waren, Erukafett im Thier zu finden.
In ähnlicher Weise verwendete Subbotin als fremdes Fett Spermazet
mit Talg: auch er konnte keinen Ansatz von Spermazet nachweisen.
Diese Versuche schienen allerdings auf den ersten Blick einen Ueber-

1 Letellier, Ann. d. chim. et phys. (3) XI. p. 150. 1844.
2 Toldt, Sitzgsber. d. Wiener Acad. LXII. 1870.
3 Subbotin, Ztschr. f. Biologie. VI. S. 73. 1870.
4 Radziejewski, Arch. f. pathol. Anat. XLIII. S. 268.

gang von Nahrungsfett in das Fettgewebe auszuschliessen. Aber es
könnten sehr wohl die dem Körper fremden Fettarten deshalb nicht
zur Ablagerung gelangen, weil sie eher zerstört werden als die für
den Körper charakteristischen Fette; darnach wäre bei den Versuchen
von SUBBOTIN der Talg und bei denen von RADZIEJEWSKI das aus
dem Eiweiss entstandene Fett zurückgeblieben.

Einen hierin völlig entscheidenden Versuch stellte FR. HOFMANN [1]
an einem kleinen Hunde an. Das Thier war zuerst durch einen
30tägigen Hunger, bei dem es von 26.45 Kilo seines Körpergewichts
10.45 Kilo eingebüsst hatte, fettarm gemacht worden und erhielt
dann während 5 Tagen eine möglichst grosse Menge von Speck mit
wenig Fleisch. In dieser Zeit wurden aus dem Darm 1854 Grm.
Fett resorbirt, im Thier aber 1353 Grm. davon angehäuft. Das Fett
passirt sehr rasch das Blut und tritt in die Organe über; denn in
100 Grm. Blut des mit Fett überfütterten Thieres befanden sich nur
0.08 Grm., im ganzen Blut nur 0.97 Grm. Fett, während in der
trockenen Leber 39.72% Fett oder in der ganzen Leber 66 Grm.
Fett aufgehäuft waren. Auch aus den Respirationsversuchen von
PETTENKOFER und mir [2] lässt sich bei Hunden ein reichlicher Ansatz
von Fett nach Fütterung mit viel Fett und wenig Fleisch oder mit
Fett allein darthun; im letzteren Falle wurden von 350 Grm. verzehrten Fettes 186 Grm. oder 53% im Körper zurückgehalten.

Darnach gelangt also ganz unzweifelhaft das in der Nahrung
aufgenommene Fett theilweise oder auch ganz in den Organen zur
Ablagerung und ist aus ihm ein ansehnlicher Theil, ja hie und da
die ganze Menge des bei der Mästung abgelagerten Fettes abzuleiten.
Es müssen also die Kohlehydrate höchstens für einen Theil des im
Körper aufgehäuften Fettes in Anspruch genommen werden.

III. Gründe für die Entstehung von Fett aus Eiweiss.[3]

Es ist ausserdem noch ein Stoff vorhanden, welcher in der uns
beschäftigenden Frage zu berücksichtigen ist.

Weil der Pflanzenfresser bei Fütterung mit Eiweiss und Kohlehydraten sein charakteristisches Fett erzeugt, hielt man dies für einen
Beweis der Bildung des Fettes aus den Kohlehydraten; aber auch
der Fleischfresser, der Hund oder der Fuchs, lagert bei Aufnahme
von Fleisch und Fett, welches letztere nicht Hunde- oder Fuchsfett

1 FR. HOFMANN, Ztschr. f. Biologie. VIII. S. 153. 1872.
2 PETTENKOFER u. VOIT. Ztschr. f. Biologie. IX. S. 1. 1873.
3 Siehe hierüber auch: VOIT, Ztschr. f. Biologie. VI. S. 371. 1870.

ist, sein für ihn charakteristisches Fett an, das also hier nicht aus Kohlehydraten entstehen kann.

Es ist in der That in jeder Nahrung neben dem Fett und den Kohlehydraten noch das Eiweiss da, aus dem möglicherweise Fett hervorgeht. Diese Idee ist durchaus nicht neu, man dachte vielmehr schon lange an eine solche Möglichkeit, nur glaubte man nicht, dass es sich dabei um eine ergiebige Quelle für die Fettbildung handele. Selbst Liebig [1] hatte Gründe für die Fettbildung aus eiweissartigen Substanzen geltend gemacht, obwohl er Milne-Edwards gegenüber ausdrücklich betonte, er habe den Ursprung des Fettes niemals im Albumin gesucht, sondern sich vielmehr bemüht darzuthun, dass die stickstofffreien Bestandtheile des Organismus aus den stickstofffreien der Nahrung entspringen.

Aehnlich wie aus den Kohlehydraten erhält man durch Behandlung eiweissartiger Materien mit zerstörenden Agentien niedere Fettsäuren; so fand z. B. Liebig bei Behandlung des Caseïns mit schmelzendem Kali unter anderen Zersetzungsprodukten Valeriansäure, Wurtz bei Erhitzung von fettfreiem Faserstoff mit Kali Buttersäure. [2]

Auch bei der gewöhnlichen Fäulniss eiweissartiger Stoffe sah man niedere Fettsäuren auftreten. Schon Fourcroy berichtete, dass der Faserstoff bei einer gewissen Art Fäulniss in eine ölige Materie unter Entweichen von Stickstoff übergehe, wogegen aber Gay-Lussac bemerkte, dass im faulenden Fibrin nicht mehr Fett enthalten sei als im frischen. Bei der Fäulniss von Caseïn unter Wasser fand P. Iljenko [3] als flüchtige Produkte Buttersäure und Valeriansäure; Balard und Laskowsky entdeckten in altem Käse Buttersäure, Milchsäure, Capron-, Capryl- und Caprinsäure; nach Wurtz tritt bei der Fäulniss fettfreien Faserstoffs Buttersäure auf.

Unter den Produkten der chemischen Zersetzung und der Fäulniss des Eiweisses sind wir also bis jetzt nur den niederen Gliedern der Fettsäurereihe (Valeriansäure, Buttersäure, Essigsäure), aber nicht den höheren Fettsäuren oder dem Neutralfetten [4] begegnet.

Von weit grösserer Bedeutung für die Fettbildung aus Albuminaten ist das Entstehen von Leichenwachs oder Adipocire aus stickstoffhaltigen Organen, Muskeln etc., welche unter gewissen, noch nicht genau erforschten Bedingungen vor sich geht. Man findet das Leichenwachs be-

---

1 Liebig, Chem. Briefe. S. 453. 1851; Ann. d. Chem. u. Pharm. XLVIII. S. 126. 1843.

2 Fourcroy gab an, dass der Käsestoff sich dem Fett annähere, wenn die Auflösung desselben in Aetzkali durch eine Säure zersetzt wird; ebenso wollte Berzelius bei Behandlung von Fibrin mit starken Säuren unter Verlust von Stickstoff eine fette Substanz auftreten sehen.

3 Iljenko, Ann. d. Chem. u. Pharm. LXIII. S. 264.

4 Alfred Sécretan, Recherch. sur la putréfaction de l'albumine et sa transformation en graisse. Diss. inaug. Bern 1876. — Nencki, Ueber die Zersetzung der Gelatine und des Eiweisses bei der Fäulniss mit Pankreas. Bern 1876; Journ. f. pract. Chem. N. F. XVII. S. 97.

kanntlich hie und da in Macerirtrögen der Anatomien, in manchen feuchten Begräbnissplätzen, also an Orten, wo die Zersetzung unter geringer Sauerstoffaufnahme langsam vor sich geht.

Es handelt sich dabei nicht um ein Zurückbleiben schon vorher vorhandenen Fettes nach dem Verschwinden des Eiweisses durch die Fäulniss, wenigstens nicht bei der wahren Adipocirebildung, wie z. B. WETHERILL, ALFRED SECRETAN und NÄGELI meinten, auch nicht um eine Bildung von wahrem Fett, sondern um ein Entstehen von höheren Fettsäuren, von Palmitinsäure, Margarinsäure etc. aus Eiweiss. Hierher gehören die Beobachtungen von FOURCROY[1], CHEVREUL, GIBBES[2], QUAIN[3], GREGORY[4], G. LIEBIG[5], VIRCHOW[6], MICHAELIS[7], besonders aber die von WETHERILL[8] und EBERT[9].

Ich habe einmal die Lunge eines Hirsches, welche ein Jäger in einen Gebirgssee eingehängt und längere Zeit vergessen hatte, erhalten; sie besass das Volumen der zusammengefallenen frischen Lunge und war vollkommen in Leichenwachs übergegangen, das aus den Ammoniak- und Kalkseifen höherer Fettsäuren bestand. Wenn auch die Adipocirebildung auf der Thätigkeit von Fäulnisspilzen beruhen sollte, wie NÄGELI[10] glaubt, so ändert dies doch an der Sache nichts, denn es gehen auch dabei die höheren Fettsäuren aus Eiweiss hervor.

Man hatte ferner Beobachtungen über die Verfettung von in die Bauchhöhle lebender Thiere eingebrachten Organen z. B. von Hoden, Krystalllinsen, Froschmuskeln oder auch von hart gekochtem Eiereiweiss gemacht; dieselben gingen nach einigen Wochen unter grossem Substanzverlust in eine gelbe, schmierige, reichliche Fetttropfen einschliessende Masse über.[11] Da es sich hierbei nach neueren Erfahrungen höchst wahrscheinlich zum grössten Theile um ein Eindringen weisser Blutkörperchen, welche dann unter fettiger Metamorphose zu Grunde gehen, handelt, so gehe ich auf diese Versuche nicht näher ein.

Unter anderen Bedingungen hat man ebenfalls einen Uebergang von Eiweiss in Fett wahrzunehmen geglaubt, nämlich beim Reifen des Roquefort-Käses. Nach BLONDEAU[12] soll dabei das Casein unter dem Einfluss von sich entwickelndem Penicillium Veränderungen eingehen und sich schliesslich in wahres Fett verwandeln; da er jedoch nur den procenti-

1 FOURCROY, Sur les différens etats des cadavers trouvés dans les fovelles du cimetière des Innocens de Paris 1786; Memoires du Museum. X. p. 443. 1823.
2 GIBBES, Philos. Transact. II, p. 169. 1794.
3 QUAIN, Med. chir. Transact. 1850. p. 111.
4 GREGORY, Ann. d. Chem. u. Pharm. LXI. S. 362. 1847.
5 G. LIEBIG, Ebenda. LXX. S. 343. 1849.
6 VIRCHOW, Würzburger Verhandl. III. S. 369. 1852.
7 MICHAELIS, Prager Vierteljahrschr. IV. S. 45. 1853.
8 WETHERILL, Transact. of the Americ. Philos. Society. 1855. p. 11; Journ. f. pract. Chem. LXVIII. S. 26. 1856.
9 EBERT, Ber. d. deutsch. chem. Ges. VIII. S. 775. 1875.
10 NÄGELI, Sitzgsber. d. bayr. Acad. 1879. S. 287.
11 RUD. WAGNER, Nachr. d. Ges. d. Wiss. zu Göttingen. 1851. No. 8; Arch. f. physiol. Heilk. X. S. 520. 1851. — HUSSON, Nachr. d. Ges. d. Wiss. zu Göttingen. 1853. No. 5. S. 41. — MIDDELDORPF, Ztschr. f. klin. Med. 1852. S. 58. — DONDERS, Nederl. Lancet (3) I. p. 556. — BURDACH, Experimenta quaedam de commutatione substantiarum proteinacearum in adipem. Diss. inaug. Regiomontii 1853. — VOIT, Ztschr. f. Biologie. V. S. 97. 1869.
12 BLONDEAU, Ann. d. chim. et phys. (4) I. p. 208. 1864.

gen Gehalt an Fett ermittelt hat, so findet möglicherweise nur eine relative Vermehrung des Fettes statt. Den Angaben BLONDEAU's wurde von BRASSIER [1] widersprochen, welcher bei Bestimmung der Gesammtfettmenge sogar eine Abnahme der absoluten Fettmenge beim Reifen des Käses fand. Das Material der beiden Forscher war jedenfalls ein grundverschiedenes, denn der trockene unreife Käse BLONDEAU's enthielt nur 2.1 % Fett, der BRASSIER's 37 %. KEMMERICH [2] hat in einer Notiz angegeben, er habe BLONDEAU's Beobachtungen bestätigen können; dagegen berichtet NADINA SIEBER [3], die Zunahme des Fettes beim Reifen des Roquefort-Käses wäre nur eine scheinbare, durch den dabei stattfindenden Wasserverlust hervorgebracht, denn in der Trockensubstanz des unreifen und reifen Käses war der procentige Fettgehalt nicht verschieden. Sollten sich dennoch bei weiteren Beobachtungen BLONDEAU's Angaben als richtig herausstellen, so ist es wahrscheinlich die im Roquefort-Käse vorkommende reichliche Schimmelvegetation, welche das Casein als Nahrung verwendet und in den Zellen in Fett umwandelt.

In den niederen Pilzen lässt sich nämlich nach NÄGELI's [4] Untersuchungen die Entstehung von Fett aus Albuminaten und anderen stickstoffhaltigen Verbindungen darthun, ähnlich wie bei Zusatz von Kohlehydraten oder stickstofffreien kohlenstoffhaltigen Stoffen. In Pilzzellen, welche in der Jugend nur plasmatischen, aus Albuminaten bestehenden Inhalt besitzen, tritt später unter Zunahme der Cellulose und Abnahme des Eiwisses Fett auf. Aus einer Spur von Spaltpilzsaat, welche in Lösungen von Pepton, Asparagin, Leucin und der nothwendigen Mineralstoffe gebracht werden, erhält man eine millionenfache Vermehrung von Fett und Cellulose.[5] Selbst die an höheren Pflanzen gemachten Beobachtungen lassen noch die Deutung einer Entstehung des Fettes aus Eiweiss zu.

HOPPE [6] hat die Mittheilung gemacht, dass die Milch nach längerem Stehen, unter Aufnahme von Sauerstoff und Abgabe von Kohlensäure, mehr Fett und weniger Eiweiss enthält. KEMMERICH meint, es beruhe dieser Vorgang auf einer Wirkung von Pilzsporen wie bei der Fäulniss des Käses. Für das Kolostrum der Kuh hat M. FLEISCHER [7] die Zunahme

---

1 BRASSIER, Ann. d. chim. et phys. (4) V. p. 270. 1865.
2 KEMMERICH, Centralbl. f. d. med. Wiss. 1867. No. 27.
3 NADINA SIEBER, Journ. f. pract. Chem. XXI. S, 203. 1880.
4 NÄGELI, Sitzgsber. d. bayr. Acad. 1879. S. 287.
5 Nach den Auseinandersetzungen NÄGELI's könnte bei dieser Bildung von Fett das letztere unmittelbar aus den Bestandtheilen jedes der organischen Nährstoffe (also aus Pepton, Asparagin, Leucin, Zucker, Mannit, Glycerin, essigsaurem und weinsaurem Ammoniak) durch Synthese hervorgehen, was ihm jedoch nicht wahrscheinlich ist. Oder es findet die Fettbildung stets nur aus ein und derselben chemischen Verbindung statt z. B. nur aus Zucker; dann müsste aus dem Eiweiss zunächst Zucker entstehen, wenn aus Eiweiss Fett hervorgehen soll. Oder es entsteht das Fett nur aus Eiweiss, dann würde der Zucker wahrscheinlich so wirken, dass er mit dem stickstoffhaltigen Rest des zerfallenen Eiweisses wieder zu Eiweiss wird, aus dem abermals Fett sich abspaltet. In der Leichtigkeit Fett zu erzeugen, ordnete NÄGELI die Stoffe, von den weniger sich dazu eignenden beginnend, folgendermaassen: Essigsaures Ammoniak, weinsaures oder bernsteinsaures Ammoniak (Asparagin?). Leucin, Eiweiss oder Pepton, weinsaures Ammoniak mit Zucker, Leucin mit Zucker, Eiweiss mit Zucker.
6 HOPPE, Arch. f. pathol. Anat. XVII. S. 117. 1859.
7 M. FLEISCHER, Arch. f. pathol. Anat. LI. 1871.

des Fettes nachgewiesen. Nach BURDACH soll bei der Entwickelung der Eier einer Lungenschnecke (Limnaeus stagnalis) Eiweiss in Fett übergehen; ich halte aber diese Angabe für nicht genügend festgestellt.

Nach allen diesen Erfahrungen spalten sich aus Eiweissstoffen niedere und höhere Fettsäuren unter gewissen Umständen ab, und sind die niederen Pilze im Stande sogar wirkliches Fett aus Eiweiss zu bereiten. Für die Vorgänge im höheren Thier erhalten wir jedoch daraus keinen sicheren Aufschluss.

Aber man konnte auch für das lebende höhere Thier einen Uebergang von Eiweiss in Fett constatiren, vor allem unter anormalen Bedingungen.

Hierher gehört die in grosser Ausdehnung stattfindende fettige Metamorphose und Anhäufung von Fett bei der Rückbildung thierischer Theile, von Eiterkörperchen, Epithelzellen, Leberzellen u. s. w., wo unzweifelhaft das Fett aus dem in der organisirten Form befindlichen Eiweiss hervorgeht. [1] Diese fettige Metamorphose kann auch den ganzen Körper ergreifen und acut auftreten, so z. B. bei der Phosphorvergiftung, bei Neugeborenen in Folge einer parenchymatösen Entzündung oder einer gestörten Ernährung aller Organe [2], nach reichlichen Blutverlusten, nach Erwärmung des Körpers, oder mehr chronisch bei Säufern. Es handelt sich hier offenbar um einen allgemeinen Vorgang in der Organisation, welcher stattfindet, sobald die Zelle unter gewisse veränderte Bedingungen geräth, wenn z. B. ein Organtheil gar nicht mehr ernährt wird oder wenn er durch irgend welche Ursache bei gestörter, jedoch noch vorhandener Ernährung, nicht mehr regelrecht thätig ist. Das bei der fettigen Degeneration angehäufte Fett ist nicht von Aussen in die Zellen und Gewebe infiltrirt oder schon vorher vorhanden gewesen und nach der Zerstörung der Organisation nur liegen geblieben, sondern es entsteht im Zelleninhalte und zwar aus den eiweissartigen Substanzen, die dabei unter Auftreten von Fett schwinden.

Von ganz besonderem Interesse für unsere Frage sind die Vor-

1 Siehe hierüber: FICK, Arch. f. Anat. u. Physiol. 1512. S. 19. — ROKITANSKY, Allg. pathol. Anat. I. S. 117. 157. 257. — REINHARD, Arch. f. pathol. Anat. I. S. 20. 1547. — VIRCHOW, Ebenda. I. S. 94. 1847, IV. S. 261. 1852. VIII. S. 538. 1856, XIII. S. 266; Würzburger Verhandl. VII. S. 213. — WITTICH, Arch. f. pathol. Anat. IX. S. 195. — FÖRSTER, Ebenda. XII. S. 201. — WACHSMUTH, Ztschr. f. rat. Med. N. F. VII. S. 50. — BÖTTCHER, Arch. f. pathol. Anat. XIII. S. 227. 1858. — FRERICHS, Die Bright'sche Krankheit. 1851. S. 36. — WUNDT, Ueber das Verhalten der Nerven in entzündeten und degenerirten Organen. Diss. inaug. Heidelberg 1856. — B. SIGM. SCHULTZE, De adipis genesi pathologica. Gryphiae 1852.
2 BUHL, Klinik der Geburtskunde von HECKER u. BUHL. S. 296. 1861. — FÖRSTENBERG, Arch. f. pathol. Anat. XXIX. S. 152. 1864. — ROLOFF, Ebenda. XXXIII. S. 553. 1865.

günge bei der Phosphorvergiftung oder der acuten Leberatrophie, da dabei der Prozess in kurzer Zeit abläuft. Durch die Untersuchung der Zersetzungen im Körper bei diesen Erkrankungen ist man im Stande, über die Abstammung des Fettes etwas auszusagen. Es ist früher schon (S. 185) erwähnt worden, dass sich bei der Phosphorvergiftung auch bei hungernden Thieren, neben einer höchst bedeutenden Zunahme des Eiweisszerfalls, eine wesentlich geringere Kohlensäureausscheidung und Sauerstoffaufnahme findet. Entweder müssen also, um die letztere Thatsache zu erklären, ansehnlich weniger stickstofffreie Substanzen im Körper zerstört werden, oder es werden die aus dem reichlich zersetzten Eiweiss abgespaltenen stickstofffreien Stoffe, vorzüglich Fett, nicht weiter verbrannt. Für letztere Anschauung spricht die enorme Fettanhäufung in den Zellen. [1] Da dieselbe noch nach 12tägigem Hunger auftritt, so kann es sich nicht um eine Infiltration von im Körper schon vorhanden gewesenem Fett handeln; es stimmen vielmehr alle Erscheinungen für den Ursprung des Fettes aus dem in abnormer Menge zersetzten Eiweiss.

Diese Spaltung des Eiweisses in stickstoffhaltige Bestandtheile und in stickstofffreie, unter denen vorzüglich Fett auftritt, könnte ein abnormer Vorgang sein, der normal nicht vorkommt, oder sie findet normal immer statt; im letzteren Falle wäre das Pathologische nur die zu reichliche Bildung und die Nichtzerstörung des Fettes, sowie unter Umständen auch das Angreifen der organisirten Form.

Die eigenthümliche Zusammensetzung des phosphor- und stickstoffhaltigen Lecithins, das sich bekanntlich in Glycerinphosphorsäure, höhere Fettsäuren und Neurin spalten lässt, und das verbreitete Vorkommen desselben in Begleitung von Fetten unterstützen sehr die Ansicht von dem Zusammenhang von Eiweiss und Fett.

Man hat in der That immer mehr Anhaltspunkte dafür gewonnen, dass auch im normalen Zustande, bei den gewöhnlichen Vorgängen der Ernährung, im höheren Thier eine Umwandlung eiweissartiger Materie in Fett geschieht.

IV. Versuche am höheren Thier, welche den Uebergang von Eiweiss in Fett als normalen Vorgang darthun.

Aus den Resultaten von Ernährungsversuchen hat Hoppe [2] auf einen Ansatz von Fett aus Eiweiss geschlossen. Er hatte nämlich bei einem Hund, nach Zusatz von Rohrzucker zu dem als Futter gereichten Fleisch,

---

1 J. Bauer fand bei Phosphorvergiftung am Hunde im trockenen Organ: im Muskel 42.4% Fett, in der Leber 30%, in einer exquisiten Phosphorleber eines Menschen sogar 76.8% (Ztschr. f. Biologie. VII. S. 76. 1871).
2 Hoppe, Arch. f. pathol. Anat. X. S. 144. 1856.

zugleich mit einer viel geringeren Stickstoffausscheidung im Harn eine bedeutendere Gewichtszunahme des Thieres beobachtet als ohne denselben. Aus diesen Daten kann man höchstens entnehmen, dass unter dem Einflusse des Zuckers stickstoffhaltige Substanz angesetzt worden ist; dies thut auch Hoppe, nur nimmt er daneben noch einen Ansatz von aus Eiweiss entstandenem Fett an, weil sonst nach 'dem Stickstoffabgang und der Gewichtsvermehrung ein Gewebe mit 6% Stickstoff abgelagert worden wäre. Wie wir jetzt wissen, darf man aber aus einer Aenderung des Körpergewichts nicht auf einen Ansatz oder eine Abgabe von Eiweiss oder Fett folgern, da das Wasser zu sehr mit eingreift; die ungenügende Gewichtsvermehrung des Hundes ist sehr wohl durch eine neben dem Eiweissansatz einhergehende Wasserabgabe, wie sie meist bei einem Ansatz von Körpersubstanz stattfindet, zu erklären. Eine Ablagerung von Fett kann nur durch die gleichzeitige Kohlenstoffbestimmung oder durch das Wiegen des Fettes festgestellt werden. Obwohl demnach Hoppe einen Fettansatz aus Eiweiss nicht darthat, so hat er doch das Verdienst, von Neuem auf die Möglichkeit einer Fettbildung auf Kosten von Eiweiss im normalen Körper die Aufmerksamkeit gelenkt zu haben.

Der erste Nachweis des Ueberganges von Eiweiss in Fett im Thierleibe unter normalen Verhältnissen wurde von Pettenkofer und mir [1] geführt. Wir hatten einen Hund mit grossen Mengen reinen Muskelfleisches gefüttert und, obwohl aller Stickstoff desselben im Harn und Koth zum Vorschein kam, einen Theil des Kohlenstoffs in den Ausgaben nicht aufgefunden. Wir erhielten in zwei Versuchen:

1. bei 2500 Grm. Fleisch am zweiten Tag:

	Stickstoff	Kohlenstoff
ein im Fleisch	85.00	313.0
aus im Harn	84.38	50.6
aus im Koth	1.00	6.7
aus in Respiration	0	213.6
	85.38	270.9
Differenz —	0.38	+ 42.1

2. bei 2000 Grm. Fleisch am ersten Tag:

	Stickstoff	Kohlenstoff
ein im Fleisch	68.0	250.4
aus im Harn	66.5	39.9
aus im Koth	1.4	9.2
aus in Respiration	0	158.3
	67.9	207.4
Differenz +	0.1	+ 42.7

1 Pettenkofer u. Voit, Ann. d. Chem. u. Pharm. 2. Suppl.-Bd. S. 52 u. 361. 1862; Ztschr. f. Biologie. V. S. 106. 1869, VI. S. 371. 1870, VII. S. 489. 1871.

Es bleibt keine andere Möglichkeit, als zu schliessen, dass sich
bei dem Zerfall des Eiweisses der Stickstoff in stickstoffhaltigen
Ausscheidungsprodukten abgetrennt hat, aber nicht alle dabei übrig
gebliebene stickstofffreie, an Kohlenstoff reiche Substanz zu Kohlensäure und Wasser verbrannt ist, sondern ein Theil im Körper zurückgehalten worden ist. Da es nun keinen anderen Stoff giebt, in
welchem eine so grosse Menge von Kohlenstoff angesetzt werden
kann, als das Fett, so haben wir angenommen, es wäre aus dem Eiweiss Fett entstanden und dieses nicht weiter zerlegt worden. Im
Falle 1. sind 14% des Kohlenstoffs des Fleisches in 57 Grm. Fett
abgelagert worden, im Falle 2. 18% in 58 Grm. Fett; in 1. wären
aus dem Eiweiss 9% Fett entstanden, in 2. 12%.

Denkt man sich [1], nach Abtrennung alles Stickstoffs des Eiweisses
in der Form von Harnstoff, in der stickstofffreien Gruppe den überschüssigen Sauerstoff mit dem ihm zukommenden Antheil Kohlenstoff zu Kohlensäure vereinigt, so bleibt ein Körper nahezu von der
Zusammensetzung des Fettes zurück. Henneberg [2] lässt das Eiweiss
in sich selbst, nach Analogie der Zuckergährung und ohne Eingriff
des atmosphärischen Sauerstoffs, zerfallen, indem er nach Abtrennung
des Stickstoffs als Harnstoff (35.5 Grm.) zu dem Rest (66.5 Grm.)
12.3 Grm. Wasser hinzutreten und 27.4 Grm. Kohlensäure austreten
lässt; dann bleiben 51.39 Grm. Fett übrig, welche im Maximum aus
100 Grm. Eiweiss entstehen können. Ich habe mich dieser Annahme
angeschlossen, aber nicht verhehlt, dass möglicherweise die Zersetzung auf eine andere Weise verläuft.

Später hat man noch in anderer Art den Nachweis eines Ueberganges von Eiweiss in Fett geführt. Nach Subbotin [3] wird von einer
Hündin bei Fütterung mit reinem Fleisch am meisten Milch mit dem
höchsten prozentigen Gehalt an Fett abgesondert, dagegen keine mehr
nach Aufnahme von Fett; auch ich [4] habe bei einer Hündin die grösste
Milchmenge nach reichlicher Eiweisszufuhr gefunden. Einen genauen
Versuch hat Ed. Kemmerich [5] an einer Hündin während 22 Tagen
angestellt, indem er die Quantität des in der Milch ausgeschiedenen
Fettes bei möglichstem Ausschluss des Fettes und der Kohlehydrate
in der Nahrung, welche aus ausgekochtem Fleisch bestand, bestimmte:

1 Sitzgsber. d. bayr. Acad. II. S. 402. 1867; Ztschr. f. Biologie. V. S. 116. 1869.
2 Henneberg, Landw. Versuchsstationen. X. S. 437. 1868; Neue Beiträge etc.
1872. S. 45. — 100 Grm. Stärkemehl spalten sich in dieser Weise in 47.9 Grm. Kohlensäure, 11.1 Grm. Wasser und 40.96 Grm. Fett.
3 Subbotin, Arch. f. pathol. Anat. XXXVI. S. 561. 1866.
4 Voit, Ztschr. f. Biologie. V. S. 137. 1869.
5 Kemmerich, Centralbl. f. d. med. Wiss. 1866. No. 30, 1867. S. 127.

in der Milch befand sich mehr Fett als in dem Futter aufgenommen worden war, und zwar betrug der Ueberschuss an Fett in ersterer täglich 6.2 Grm., in den 22 Versuchstagen 68 Grm. Es lässt sich dagegen nur der eine, mir jedoch nicht wahrscheinliche Einwand erheben, dass bei der reichlichen Fleischfütterung das Thier von seinem Körper Fett abgab und in die Milch sandte. Der schon angegebene Versuch von RADZIEJEWSKI, bei welchem nach Fütterung mit Fleisch und Rüböl oder Rübölseifen viel Fett, aber ohne Erukasäure im Körper zur Ablagerung gelangte, thut entschieden die Fettbildung aus Eiweiss dar. Es konnte ferner bei den Versuchen von SUBBOTIN[1], welcher durch längeres Hungern abgemagerte Hunde mit reinem Fleisch und Palmöl ohne Stearin oder mit Fleisch und einer Seife ohne Oelsäure fütterte und darnach im Fettgewebe des gemästeten Thieres im ersten Falle nichtsdestoweniger beträchtliche Mengen von Stearin, im zweiten den normalen Gehalt an Olein fand, das Stearin und Olein nur aus dem Eiweiss hervorgegangen sein. Vor allem aber ist der Versuch von FR. HOFMANN[2] an Schmeissfliegen beweisend; die Eier derselben, deren Fettmenge bestimmt war, entwickelten sich in defibrinirtem Blute mit bekanntem Fettgehalt zu Maden mit sehr ausgebildetem Fettkörper; das Fett der Eier und des verzehrten Blutes betrug 0.0599 Grm., das schliesslich im Körper abgelagerte Fett 0.0328 Grm.

V. Aus den Kohlehydraten wird beim Fleischfresser wahrscheinlich kein Fett gebildet.

Nachdem man einmal auf diese Quelle für Fett aufmerksam geworden war, lag der Gedanke nahe, ob sie beim Fleischfresser ausser dem Fett der Nahrung nicht die einzige sei. In der That konnten PETTENKOFER und ich[3] an Hunden bei reichlicher Fütterung mit Kohlehydraten allein oder unter Zusatz von Fleisch keinen Anhaltspunkt für eine Bildung und einen Ansatz von Fett aus Stärkemehl oder Zucker gewinnen; stets war es unter gewissen Annahmen möglich, den in den Exkreten nicht wieder erscheinenden, abgelagerten Kohlenstoff aus dem resorbirten Fett und aus der bei der Zersetzung des Eiweisses sich abtrennenden kohlenstoffreichen Substanz abzuleiten.

Nach unseren Versuchen ist die Menge des abgelagerten Fettes durchaus nicht proportional der Menge des verfütterten Kohlehydrates, wie es doch sein sollte, wenn letzteres die Quelle des Fettes

1 SUBBOTIN, Ztschr. f. Biologie. VI. S. 73. 1870.
2 FR. HOFMANN. Ebenda. VIII. S. 159. 1872.
3 PETTENKOFER u. VOIT, Ztschr. f. Biologie. IX. S. 435. 1873.

wäre; es steht vielmehr das angesetzte Fettquantum in einer unverkennbaren Beziehung zu der Quantität des zersetzten Fleisches. Während nämlich bei ausschliesslicher Fütterung mit Fett sehr viel Fett zur Ablagerung kommen kann, z. B. von 350 Grm. Fett bis zu 185 Grm., so betrug bei ausschliesslicher Zufuhr auch der grössten Quantitäten von Stärkemehl, wie z. B. von 379 und 608 Grm., der Fettansatz nach der Kohlenstoffzurückhaltung nur 22—24 Grm. Wären diese letzteren wirklich aus dem Stärkemehl hervorgegangen, so würden aus dem Kohlehydrat nur 4—6% Fett erzeugt, das Kohlehydrat würde also dann in dieser Beziehung 13 mal weniger wirken wie das Fett. Diese geringe Wirkung trotz der grössten Stärkemassen ist dagegen nach meiner Annahme leicht verständlich, da dabei nur wenig Eiweiss zerstört wurde.

Wird nach Verabreichung einer gewissen Quantität von Stärkemehl (ohne Zusatz von Fleisch) die Zufuhr des Kohlehydrates noch weiter gesteigert, dann tritt trotzdem keine Steigerung des Fettansatzes ein, was doch der Fall sein müsste, wenn aus dem Stärkemehl das Fett erzeugt würde, während dieses Verhalten einleuchtend ist, wenn das Fett aus dem Eiweiss abstammt, weil beide Male gleich viel Eiweiss zersetzt wird. Wir erhielten:

Stärkemehl ein	Fleisch zersetzt	Fett an	Kohlensäure
379	211	24	546
608	193	22	799

Der innige Zusammenhang zwischen Fettbildung und Eiweissverbrauch tritt dadurch schlagend hervor; die enorme Erhöhung der Kohlensäureausscheidung bis zu 799 Grm. spricht dagegen deutlich für die leichte Zersetzbarkeit des Zuckers im Thierkörper.

Bei gleich bleibender Aufnahme von Stärkemehl wird aber entsprechend mehr Kohlenstoff zurückbehalten d. h. mehr Fett aufgespeichert, sobald zugleich mehr Eiweiss zerstört wird, so z. B. in einem Versuche bei Fütterung mit 1800 Grm. Fleisch und 379 Grm. Stärkemehl, wo der Fettansatz 112 Grm. betrug; letzterer war also fünf Mal grösser wie bei Aufnahme der gleichen Stärkemenge ohne Fleisch, was bei einer Fettbildung aus Stärkemehl gar nicht zu erklären ist, bei Abspaltung von Fett aus Eiweiss dagegen und der sieben Mal grösseren Eiweisszersetzung leicht begreiflich ist. Als wir zu der gleichen Stärkeportion nur 800 Grm. Fleisch hinzufügten, wurden nicht 112 Grm. Fett angesetzt wie vorher bei 1800 Grm. Fleisch, sondern nur 55 Grm. d. h. es wurde trotz gleich bleibender Stärkequantität nur mehr die Hälfte Fett abgelagert, da die Eiweisszersetzung auf die Hälfte herabgesunken war. Nichts kann in der That beweisender für unsere Theorie sein als diese Versuche bei gleicher Stärkezufuhr, aber verschiedenem Eiweisszerfall:

Stärkemehl ein	Fleisch zersetzt	Fett an
379	211	24
379	608	55
379	1469	112

Selbstverständlich muss auch ein gewisser Zusammenhang zwischen der Grösse der Stärkezufuhr und der Fettablagerung bestehen, wenn auch das Fett nicht aus der Stärke hervorgeht. Da nämlich die Stärke das bei dem Zerfall des Eiweisses abgespaltene Fett vor der weiteren Zerstörung schützt, so muss durch mehr Stärke bis zu einer gewissen Grenze absolut und procentig mehr von diesem Fett erspart werden. Jede Eiweissmenge erfordert demnach eine bestimmte Menge von Kohlehydrat, um das aus ihr entstandene Fett völlig zum Ansatz zu bringen; darum sehen wir bei den grösseren Stärkegaben von dem aus dem Eiweiss verfügbaren Fett prozentig am meisten zum Ansatz gelangen, nämlich bei:

	Nahrung		Ansatz von Fett
	Fleisch	Stärkemehl	aus 100 Eiweiss
grössere Stärkegaben {	400	344	10
	800	379	9
	1800	379	8
kleinere Stärkegaben {	400	210	0
	500	167	2
	1500	172	3

Die Resultate der Versuche am Hunde bei Fütterung mit Stärkemehl lassen sich ganz einfach deuten unter der Annahme, dass die Kohlehydrate im Thierkörper stets ganz in Kohlensäure und Wasser übergehen, dass sie aber das aus dem Eiweiss abgetrennte Fett ersparen und sich die Grösse der Ersparung richtet nach der Menge des aus dem Eiweiss entstandenen Fettes und der Menge des ersparenden Kohlehydrats. Die Versuchsresultate bleiben dagegen völlig unverständlich, wenn man aus den Kohlehydraten das Fett hervorgehen lässt.

Beim Hunde hatten wir zu der Fettbildung in keinem einzigen Falle die Kohlehydrate nöthig, wenn wir im Maximum nach HENNE-BERG's Berechnung aus dem Eiweiss 51.4% Fett hervorgehen lassen.

In der Mehrzahl der Fälle braucht nach unseren Versuchen (a. a. O. S. 515) sich ansehnlich weniger Fett aus Eiweiss abzuspalten, um den Fettansatz zu decken, und nur in zwei Fällen, bei welchen das Extrem angestrebt worden war, nämlich bei ausschliesslicher Darreichung von 379 und 608 Grm. trockenem Stärkemehl im Tag für einen Hund von 35 Kilo Gewicht musste bei der Berechnung die Zahl 51.4% angenommen werden. Um den bei unseren Versuchen stattgehabten Fettansatz zu erklären, hätten einmal aus dem Stärkemehl 25% Fett (a. a. O. S. 478), ein andermal sogar 29% Fett (a. a. O. S. 483) entstehen müssen, was im höchsten Grade unwahrscheinlich ist.

Ich halte die Entstehung von Fett im Thierkörper aus Eiweiss durch die Vorgänge bei der fettigen Degeneration, die Versuche von Pettenkofer und mir bei Fütterung des Fleischfressers mit reinem Fleisch, und durch die Resultate von Kemmerich, Radziejewski, Subbotin und Fr. Hofmann für erwiesen; unentschieden ist nur, wieviel daraus hervorgeht. Dass aus dem Eiweiss 9% Fett gebildet werden können, ist nach unseren Versuchen bei ausschliesslicher Fütterung mit reinem Fleisch sicher; wahrscheinlich wird aber wesentlich mehr Fett abgetrennt, da voraussichtlich ein Theil desselben unter den ungünstigen Bedingungen des Versuchs alsbald weiter zerstört worden ist und erst zur Ablagerung gelangt, wenn eine das Fett vor der Verbrennung schützende Substanz gereicht wird. Entsteht aus dem Eiweiss so viel Fett, als ich angenommen habe (51.4%), dann geschieht nach unseren Versuchen im Fleischfresser jeder Ansatz von Fett nur durch das in der Nahrung aufgenommene und durch das aus dem Eiweisszerfall entstandene Fett; die Kohlehydrate wären in diesem Falle nicht heranzuziehen, sie hätten nur die eine Aufgabe, das Fett vor der Verbrennung zu schützen. Ist dagegen die angenommene Zahl zu hoch gegriffen, so müssen die Kohlehydrate für die Fettbildung mit zu Hilfe gezogen werden; es wird aber damit an der Bedeutung der gewonnenen Erkenntniss, nach welcher bei dem Eiweisszerfall im thierischen Organismus sich beständig und normal eine gewisse Menge von Fett abtrennt, welche abgelagert werden kann, nichts geändert.

VI. Entsteht beim Pflanzenfresser aus Kohlehydrat Fett?

Vor allem war es nun wichtig, die Sache weiter am Pflanzenfresser, der sich besonders zur Mast eignet und grosse Massen von Kohlehydraten verzehrt, zu verfolgen.

Ich [1] habe in einem Vortrage bei einer Versammlung der deutschen Agrikulturchemiker angedeutet, dass vielleicht auch beim Pflanzenfresser die Kohlehydrate nicht zur Fettbildung dienen. Man hatte schon früher mancherlei Andeutungen dafür gewonnen; so haben z. B. die Fütterungsversuche an Milchkühen eine Zunahme der absoluten Butterausscheidung mit der Eiweissmenge der Nahrung ergeben, ferner gelang es nicht Schweine mit einem stärkereichen und eiweissarmen Futter fett zu machen. [2]

Namentlich auf einen Zweifel LIEBIG's hin habe ich einen sechstägigen Versuch in dieser Richtung an einer in voller Laktation befindlichen Milchkuh bei ziemlich kräftigem Futter gemacht, welche täglich über ½ Kilo Fett in der Milch entleerte. Es wurde der Stickstoffgehalt des Futters genau ermittelt, dann der Stickstoff- und Kohlenstoffgehalt des Harns, ferner der Stickstoff- und Fettgehalt der Milch und endlich der Stickstoff- und Fettgehalt des Kothes. Daraus lässt sich entnehmen, ob das aus dem Stickstoff des Harns berechnete zerstörte Eiweiss mit dem aus dem Darm resorbirten Fett genügt, das Fett der Milch zu decken. Ich erhielt dabei:

im Futter	2757.74	Grm. Fett
im Koth	1099.33	„ „
resorbirt:	1658.40	Grm. Fett
aus 3602 Grm. zersetztem Eiweiss	1851.00	„ „
also zur Verfügung	3509	Grm. Fett
in der Milch	2024	„ „

Es ist also das Fett der Milch ohne Inanspruchnahme der Kohlehydrate längst gedeckt, obwohl der im Koth befindliche, von den Zersetzungen im Körper stammende Stickstoff gar nicht mitgerechnet worden ist. Gehen nur 10⁰‚₀ Fett aus Eiweiss hervor, so ist nach Einrechnung des Nahrungsfettes genügend Fett da, um das Milchfett zu liefern.

Ich habe die früher angeführten älteren Versuche von BOUSSIN-GAULT, PLAYFAIR und THOMSON, sowie einige andere an Milchkühen berechnet und gefunden, dass dabei das resorbirte und das aus dem zersetzten Eiweiss herrührende Fett vollauf hinreichen, das in der Milch abgeschiedene Fett zu geben.

Darauf hin ist eine Anzahl neuerer Versuche mit allen Vorsichts-

1 VOIT, Landw. Versuchsstationen. VIII. 1866.
2 Die Versuche von F. LETELLIER, nach denen Turteltauben bei Fütterung mit Zucker kein Fett ansetzen sollen, sind nicht beweisend (Ann. d. chim. et phys. (3) XI. p. 150. 1844).

maassregeln an Milchkühen und milchgebenden Ziegen angestellt
worden.

Aus den Versuchen von Fr. Stohmann[1] an milchgebenden Ziegen geht hervor, dass meist schon das aus der Nahrung resorbirte
Fett für den Fettbedarf in der Milch ausreichend ist; nur in zwei
Fällen, bei fettarmem und sehr eiweissreichem Futter, fand dies
nicht statt, aber das Eiweiss war in genügender Menge vorhanden,
um den Ausfall an Fett zu ersetzen.

Um einen extremen Fall zu haben, reichte Gust. Kühn[2] in
Möckern zwei Kühen eine an Eiweiss und an Fett arme Nahrung
während 14 Tagen, wobei sich ergab:

	Fett	
	1.	2.
im Futter	277.0	278.0
im Koth	93.5	94.5
resorbirt:	183.5	183.5
aus zersetztem Eiweiss	84.0	73.0
zur Verfügung . . .	267.5	256.5
in der Milch . . .	277.5	292.0

Hier reicht also das resorbirte und aus der Eiweisszersetzung
hervorgegangene Fett eben für das Fett der Milch hin, ja es fehlen
sogar noch 10—35 Grm. Fett. Es scheint allerdings dabei die äusserste
Grenze schon erreicht, ja sogar etwas überschritten zu sein, man muss
aber bedenken, dass dabei der im Koth in Zersetzungsprodukten enthaltene Stickstoff nicht mit in Rechnung gekommen ist, sowie dass
der Körper des Thieres sehr wohl Fett eingebüsst haben kann, was
nur durch eine Bestimmung der Athemprodukte zu entscheiden ist.

Endlich liegen von M. Fleischer[3] in Hohenheim an Milchkühen ausgeführte Versuche ebenfalls bei ärmlicher Fütterung vor;
er fand:

	Fett	
	1.	2.
aus dem Futter resorbirt	170.5	166.5
aus zersetztem Eiweiss .	160.1	171.3
zur Verfügung	330.6	337.8
in der Milch	303.3	290.5

1 Fr. Stohmann, Ztschr. d. Landw. Centralver. d. Prov. Sachsen. 1868. No. 6
bis 10; Journ. f. Landw. (2) III. Heft 2. 3. 4. 1868.
    2 Gust. Kühn, Landw. Versuchsstationen. X. S. 418. 1868. — Kühn u. Fleischer,
Ebenda. XII. S. 451. 1869.
    3 M. Fleischer bei E. Wolff, Die Versuchsstation Hohenheim. 1870. S. 50;
Arch. f. pathol. Anat. LI. S. 30. 1870.

Es ist demnach auch hier, unter der Annahme, dass aus dem Eiweiss 51.4% Fett sich abspalten, in genügender Menge Fett vorhanden, um das Fett der Milch zu geben.

Auch die meisten übrigen, an nicht milchgebenden Thieren angestellten älteren Versuche, welche man früher als beweisend für den Uebergang von Kohlehydraten in Fett betrachtete, sind es nicht, da dabei noch keine Rücksicht auf das Eiweiss als Quelle des Fettes genommen worden ist.

Die ausführlich beschriebenen Versuche von Boussingault an Gänsen und Enten lassen sehr wohl die Deutung zu, dass das Fett nicht aus Kohlehydraten entstanden ist, während dies allerdings für die von Liebig und Persoz citirten Beispiele, für welche jedoch keine ausreichenden Angaben vorliegen, nicht möglich ist.

Auch für die von Boussingault an Mastschweinen erhaltenen Resultate hat man die Kohlehydrate nicht nöthig; dagegen sind die von Lawes und Gilbert[1]) über diese Thiere gemachten Angaben der Art, dass für das bei der Mast abgelagerte Körperfett in einer Anzahl von Fällen die Kohlehydrate nicht entbehrlich erscheinen. Es fehlen nämlich nach den beiden letzteren Forschern bei mittlerer und geringer Eiweisszufuhr 20 bis 37 % Fett, welche nach ihrer Meinung nur von den Kohlehydraten herrühren können. Aber es ist nöthig hierüber vor einer Entscheidung noch genauere Untersuchungen an Schweinen anzustellen und zwar über die Menge und die Zusammensetzung des von den Thieren aufgenommenen Futters, über die Menge und Zusammensetzung des Koths, sowie über die Quantität des im Körper abgelagerten Eiweisses und Fettes. Ich halte dies für erforderlich, da man früher keine Vorstellung davon hatte, auf was man bei Versuchen der Art zu achten hat und mit welcher Sorgfalt dieselben ausgeführt werden müssen.

Es ist bis jetzt nur eine von H. Weiske und E. Wildt[2] mit aller Genauigkeit durchgeführte Versuchsreihe an Schweinen bekannt und zwar für einen möglichst ungünstigen Fall, bei einem an Eiweiss armen, aber an Kohlehydraten reichen Futter. Von drei gleichen, sechs Wochen alten Thieren wurden zwei zur Bestimmung des am Körper schon vorhandenen Fleisches und Fettes gleich geschlachtet und das dritte mit Kartoffeln gefüttert. In 184 Tagen nahm dasselbe nach der Differenz des Stickstoffs des Futters und des Koths 14.3244 Kilo verdauliches Eiweiss auf und setzte 1.2425 Kilo davon an, so dass 13.0819 Kilo Eiweiss zur Zersetzung und zur Bildung von 6.7241 Kilo Fett disponibel waren. Am Körper wurden in dieser Zeit 6.1398 Kilo Fett abgelagert, wovon 0.5748 Kilo aus der Nah-

1 Lawes u. Gilbert, Philos. Transact. Roy. Soc. II. p. 493. 1859; Report of the British Association for the advancement of science. 1852 u. 1854; Journ. Roy. Ag. Soc. Eng. XIV. (2) 1853; Philosophical Magazine for July 1866; Journal of Anatomy and Physiology. XI. (4) p. 577. 1877.
2 H. Weiske u. E. Wildt, Ztschr. f. Biologie. X. S. 1. 1874.

rung stammten, also 5.5650 Kilo erst im Organismus aus Eiweiss oder Kohlehydraten entstanden sein mussten. Es scheint daher auch hier auf den ersten Blick das Eiweiss in genügender Menge gegeben zu sein; jedoch ist der von E. Schulze und auch von Zuntz dagegen gemachte Einwand vollkommen berechtigt, dass aus dem Stickstoff der Kartoffeln wegen des hohen Asparagingehalts nicht die Eiweissmenge derselben zu entnehmen ist. Zieht man nach E. Schulze die Amide der Kartoffeln ab, so bleiben nur mehr 5.192 Kilo Fett übrig, die von dem Eiweiss geliefert werden können, während 5.5650 Kilo Fett zu decken sind.

Es liegt hiermit möglicherweise ein Beispiel vor, bei dem die Grenze etwas überschritten ist und die Kohlehydrate zur Fettbildung zu Hilfe genommen werden müssen; jedoch ist andererseits zu beachten, dass der im Koth in Zersetzungsprodukten enthaltene Stickstoff dabei nicht berücksichtigt worden ist. Es findet sich hier eine Lücke, deren Ausfüllung in hohem Grade wünschenswerth ist.

Als sichersten Beweis für die Umwandlung von Kohlehydraten in Fett hat Liebig die Wachsbereitung der Bienen bei Fütterung mit reinem Honig angeführt. Es ist allerdings das Bienenwachs kein eigentliches Fett, wie Liebig wohl wusste; wenn jedoch aus Kohlehydraten Wachs entsteht, so ist dies auch für das Neutralfett in hohem Grade wahrscheinlich.

Aber die hierher gehörigen Beobachtungen von Huber, Gundlach oder Dumas und Milne-Edwards sind dafür nicht beweisend, denn sie sagen doch nur aus, dass die Bienen bei Fütterung mit reinem Honig noch einige Zeit lang etwas Wachs bauen. Wenn auch dabei das Wachs nicht, wie Dumas und Milne-Edwards erwiesen, aus dem im Körper der Bienen befindlichen Fett abstammen kann, so ist doch auch hier noch das in den Organen oder im Pollenvorrath befindliche Eiweiss vorhanden, dessen stickstofffreie Abkömmlinge durch den Zucker vor der weiteren Zersetzung geschützt werden. Nun sind die Bienen aber noch im Stande, ebenfalls mit reinem Honig ohne allen Blumenstaub junge Brut fertig zu bringen und sie zu ernähren, was doch mit Honig allein nicht denkbar ist; sie müssen daher Eiweiss von ihrem Leib dazu abgeben, was dann auch für die Wachsbereitung möglich ist. Die Bienen vermögen sogar mit blossem Honig viel länger ihre Brut zu ernähren als Wachs zu erzeugen; die Bereitung des Futterbreies und des Wachses sind nach den Angaben der Bienenzüchter entsprechende Vorgänge. Es finden hier augenscheinlich bei den Bienen dieselben Prozesse statt wie bei der Produktion von Milch in der Brustdrüse hungernder

Mütter auf Kosten der übrigen Organe des Körpers oder wie bei
der vollständigen Erhaltung von Gehirn und Rückenmark während
langen Hungerns oder wie bei der Fettbildung im hungernden Organismus in Folge der Phosphorvergiftung. Ferner ist der grosse
Einfluss einer reichlichen Eiweisszufuhr auf die Wachsproduktion
erkannt worden; nach FISCHER[1] in Vaduz liefert die Biene nur bei
hinreichender eiweisshaltiger Nahrung reichlich und andauernd Wachs:
es gelang ihm durch eine Futtermischung von 1 Theil Hühnerei mit
2 Theilen Kandiszuckerlösung die Bienen zu einer erstaunlichen
Wachsabsonderung zu zwingen, so dass 1000 Stück Bienen täglich
12 Grm. Wachs gaben.

HOPPE-SEYLER[2] hat einmal gemeint, weil sich aus den Futter-
stoffen der Bienen mittelst Aether Cerotinsäure, wachsartige Stoffe,
Cholestearin, Lecithin und zersetztes Chlorophyll neben wenig Fett
ausziehen lassen, so seien die Bestandtheile des Bienenwachses in
den Pflanzen bereits fertig gebildet, und es wäre daher kein Grund
dazu da, dass die Bienen in ihrem Leibe Wachs erzeugen, zumal
auch gar keine wachssecernirenden Organe in ihnen nachgewiesen
seien. Ich[3] habe in meiner Abhandlung über die Fettbildung eigens
erwähnt, dass in nicht sorgfältig gereinigtem Honig geringe Mengen
von Eiweiss (0.12—0.20%) und von Fett (0.02—0.04%) vorhanden
sind; diese Quantitäten sind aber viel zu gering, um das produzirte
Wachs zu liefern, abgesehen davon, dass für die Wachserzeugung
reiner Zucker die nämlichen Dienste thut wie Honig.

ERLENMEYER und A. v. PLANTA[4] haben neuerdings Versuche an
Bienen über die Wachsbereitung gemacht. Es wurde in der That
bei viertägiger Fütterung mit Kandiszucker oder Honig noch Wachs
gebaut, der Stickstoffgehalt der Bienen war aber vor und nach dem
Versuche der gleiche, weshalb sie meinen, es könne das Wachs nicht
aus dem Eiweiss der Organe entstanden sein. Darin ist eine Unmöglichkeit enthalten, nämlich das Gleichbleiben des Eiweissgehaltes
des Bienenkörpers bei viertägiger Fütterung mit stickstofffreiem Honig. Es ist klar, die Thiere haben die stickstoffhaltigen Zersetzungsprodukte des Eiweisses noch in ihrem Leibe gehabt; ein hungernder
Hund, der einen Tag lang keinen Harn und Koth lässt, hat am Ende
des Versuchs den gleichen Stickstoffgehalt wie bei Beginn desselben,

---

1 FISCHER, Landw. Versuchsstationen. VIII. S. 28. 1866.
2 HOPPE-SEYLER, Ber. d. Vers. deutsch. Naturf. u. Aerzte zu Rostock; Ber. d.
deutsch. chem. Ges. IV. S. 810. 1871.
3 VOIT, Ztschr. f. Biologie. V. S. 148. 1869.
4 ERLENMEYER u. A. VON PLANTA, Deutsche Bienenzeitung. 1880. No. 1. S. 31;
siehe auch: SCHNEIDER, Ann. d. Chem. u. Pharm. CLXII. S. 235. 1872.

obwohl er in Menge Eiweiss zersetzt hat.   Ich habe die Gründe entwickelt, warum ich die Wachsbildung aus Kohlehydraten nicht für bewiesen erachte, und muss auch jetzt noch bei dieser Auffassung bleiben.

Aus allen den vorliegenden Thatsachen kann ich wie früher nur den Schluss ziehen, dass auch bei den Pflanzenfressern in den meisten, vielleicht in allen Fällen, die Kohlehydrate blos die Rolle haben, das Fett vor der Verbrennung zu schützen.   Es sprechen ausserdem noch manche andere Beobachtungen für die Bedeutung des Eiweisses als Material für die Fettbildung und gegen die der Kohlehydrate.

Trotz reichlichster Stärkezufuhr, aber geringer Eiweissmenge im Futter setzen die Thiere niemals Fett an.   Nach Boussingault mästen sich Schweine mit Kartoffeln nicht; Gänse und Enten nach Boussingault und Persoz nicht mit dem stickstoffarmen Reis allein, wohl aber bei Zusatz von Fett oder von eiweissreichen Substanzen.   Also gerade bei übermässiger Zufuhr desjenigen Materials, aus dem man das Fett ableiten will, wird kein Fett abgelagert; die Mastmittel sind dagegen immer reich an Eiweiss und auch an Fett.   Man hat zwar, um sich über diesen misslichen Punkt hinwegzuhelfen, gemeint, es seien eben stickstoffhaltige Zellen und Organe nöthig, in denen sich das Fett ablagern, oder in denen das Kohlehydrat zu Fett werden kann.   Gewiss gehören Zellen dazu, um das Fett zum Ansatz zu bringen, aber diese sind schon bereit, namentlich im Unterhautzellgewebe und im Zellgewebe überhaupt; sie haben bei Mageren einen eiweisshaltigen flüssigen Inhalt und füllen sich beim Fettwerden einfach mit Fett an.   Man vermag ja Thiere, z. B. Hunde, bei ausschliesslicher Darreichung von Fett sehr reich an Fett zu machen, wie der Versuch von Fr. Hofmann beweist; Hunde werden ferner bei Fütterung mit wenig Fleisch und viel Fett ausserordentlich fett ohne einen Ansatz von Eiweiss.   Man kann auch nicht sagen, dass die Aufnahme von Eiweiss aus der Nahrung dazu gehört, die Thätigkeit in den Zellen und Geweben zu ermöglichen, durch welche das Fett aus den Kohlehydraten entsteht, denn auch ohne Zufuhr von Eiweiss, beim Hunger, sind diese Prozesse vorhanden und häufig in nicht geringerem Maasse wie bei Zufuhr von Eiweiss, allerdings auf Kosten des Eiweisses der Organe. Keiner der Züchter und Beobachter konnte sich des Eindruckes der Wichtigkeit des Eiweisses für die Fetterzeugung erwehren; vor allem waren es Persoz und Boussingault, die dieser Empfindung Ausdruck gaben.

VII. Bildung von Fett aus Fettsäuren.

Man hat ausser den Kohlehydraten und dem Eiweiss noch andere Stoffe als Materialien für die Fettbildung im Thierkörper angesehen, so namentlich die höheren Fettsäuren, welche aus der Spaltung der Neutralfette im Darm hervorgehen und hie und da auch als solche in der Nahrung aufgenommen werden.

Die ersten Versuche hierüber hat der der Wissenschaft zu früh entrissene RADZIEJEWSKI[1] angestellt. Er gab einem Hunde in einer längeren Fütterungsreihe 914 Grm. Seife aus Rüböl und fand darnach in den Muskeln und Organen viel Fett vor, aber von der Erukasäure nur geringe Spuren. Er glaubte daraus folgern zu dürfen, dass das gewöhnliche Nahrungsfett zum grössten Theil im Darm verseift und dann wieder durch einen synthetischen Prozess in Neutralfett verwandelt werde. Es ist nicht ganz klar, wie RADZIEJEWSKI zu diesem Schlusse kam, da nur sehr wenig Erukaöl gebildet und angesetzt worden ist. HOFMANN und ich[2] haben die Resultate RADZIEJEWSKI's so gedeutet, dass die Erukasäure im Körper verbrannt ist und das aus dem Eiweiss entstandene Fett vor der Zerstörung geschützt hat. Die gleiche Anschauung sprach auch•SUBBOTIN[3] aus; er hatte in dem früher schon erwähnten Versuche einen Hund 6 Wochen lang mit Fleisch und 4058 Grm. Seife aus Palmitinsäure und Stearinsäure (ohne Oelsäure) gefüttert und doch im reichlich vorhandenen Körperfett nicht mehr dieser festen Fettsäuren angetroffen als im gewöhnlichen Hundefett. Wäre hier das Fett nicht aus dem Eiweiss, sondern aus der Fettsäure hervorgegangen, so hätte sich doch ein Fett aus Palmitin und Stearin ablagern müssen, wenn man nicht annehmen will, dass der Ueberschuss von Palmitin und Stearin verbrannt ist. RADZIEJEWSKI hat in einer späteren Abhandlung unserer Anschauung vollkommen Rechnung getragen und ihr zugestimmt, indem er hervorhob, dass er bei Abfassung seiner ersten Arbeit noch nicht das Eiweiss als Quelle für das Fett gekannt habe.

Neuere Versuche thun nun, wie es scheint, den Uebergang von Fettsäuren in Neutralfett im Thierkörper dar. Schon PERCWOZNIKOFF[4] wollte nach gleichzeitiger Injektion von Seife und Glycerin in den Darm Füllung der Zotten mit molekularem Fett und gewöhnlichem weissem Chylus erhalten haben. Ebenso gab A. WILL[5] an, nach Fütterung hungernder Frösche mit Palmitinsäure und Glycerin im Darmepithel nach Behandlung mit Ueberosmiumsäure bei der mikroskopischen Untersuchung die tiefbraunschwarze Färbung wahrgenommen zu haben, welche dieses Reagens bei Fetten hervorruft. Auch WOROSCHILOW[6] entnimmt aus seinen Untersuchungen, dass die in den Magen eingebrachten Seifen zersetzt und die Fettsäuren im Darm emulsionirt und nach dem Uebergang in die Chylusgefässe grösstentheils in Neutralfett umgewandelt werden. Es ist aber hier leicht eine Täuschung möglich, da auch die Fettsäuren zu einer milchigen Flüssigkeit sich emulsioniren lassen. J. MUNK[7] bestimmte jedoch auf chemischem Wege das Fett und trennte es von den Fettsäuren. Er fand beim Hund nach Einführung von Fettsäuren in den Darm nach 3 — 6 Stunden im Chylus neben unveränderten Fettsäuren

1 RADZIEJEWSKI, Arch. f. pathol. Anat. XLIII. S. 268. 1868, LVI. S. 211. 1872.
2 HOFMANN, Ztschr. f. Biologie. VIII. S. 153. 1872.
3 SUBBOTIN, Ebenda. VI. S. 73. 1870.
4 PERCWOZNIKOFF, Centralbl. f. d. med. Wiss. 1876. No. 45. S. 851.
5 A. WILL, Arch. f. d. ges. Physiol. XX. S. 255.
6 WOROSCHILOW, Protokoll d. Ges. d. Naturforscher in Kasan. 1871. Mai.
7 J. MUNK, Verhandl. d. physiol. Ges. zu Berlin. 1879. No. 13; Arch. f. pathol. Anat. LXXX. S. 29. 1880.

9—20 mal mehr Neutralfett als beim hungernden Thier und 7 mal mehr als nach Fütterung mit Eiweiss; er leitet die erhebliche Steigerung im Fettgehalte des Chylus von einer Umwandlung der Fettsäuren in Fett durch eine auf dem Wege von der Darmhöhle bis zum Milchbrustgange stattfindende Synthese ab. Man könnte vielleicht noch an eine andere Erklärung denken: es könnte nämlich der Chylus nach Aufnahme von Stoffen, welche das aus dem Eiweiss abgespaltene Fett vor der weiteren Zersetzung schützen, reicher an Fett werden.

Darnach scheinen also gewisse Theile des Organismus, vielleicht die Epithelien der Darmzotten, die Fähigkeit zu besitzen, Fettsäuren und Glycerin bei gleichzeitiger Darreichung beider Stoffe unter Wasserabgabe zu Fett zu vereinigen; werden nur die Fettsäuren gereicht, so muss das zur Synthese des Fettes nöthige Glycerin vom Organismus genommen werden, wobei zu bedenken ist, dass nur eine sehr kleine Menge von Glycerin (4 %) dazu gehört, um eine grosse Menge von Fett zu bilden.

Die Erzeugung von Fett aus Fettsäuren findet unter gewöhnlichen Verhältnissen jedenfalls nur in sehr geringem Maasse statt; bei dem Wiederzusammentritt der im Darme getrennten Componenten des Fettes handelt es sich eigentlich nur um die schon besprochene Ablagerung von dem aus der Nahrung resorbirten Fett.

VIII. Zusammenfassung des jetzigen Standes der Lehre von der Fettbildung im Thierkörper.

Der jetzige Stand der Lehre von der Fettbildung im Thierkörper lässt sich wie folgt zusammenfassen.

Es ist nicht mit Sicherheit erwiesen, dass die Kohlehydrate im fleischfressenden oder pflanzenfressenden Thier in Fett übergehen, aber auch nicht, dass sie nur das anderweit erzeugte Fett vor der Verbrennung schützen. Sollte aber auch das letztere gelingen, so ist ihre Bedeutung für die Entstehung des Fettes im thierischen Organismus nicht geringer; sie sind dann allerdings nicht das Material, aus welchem Fett hervorgeht, aber sie müssen dem Pflanzenfresser nach wie vor gegeben werden, um Fett zu gewinnen.

Dagegen ist durch die Versuche am Thier meiner Meinung nach die stetige Abtrennung von Fett bei der Zersetzung der eiweissartigen Stoffe dargethan; unsicher ist nur, in welcher Menge dies geschieht. Erst wenn wir darüber Bestimmtes wissen, vermögen wir über die quantitativen Verhältnisse genauen Aufschluss zu geben.

Nimmt man an, es gingen aus dem Eiweiss bei einem Zerfall in sich selbst 51.4% Fett hervor, was Manche, wie z. B. Hoppe-Seyler, allerdings für unmöglich halten, dann hat man für die überwiegende Mehrzahl der Fälle, vielleicht für keinen, die Kohlehydrate zur Fettbildung nöthig. Es liegen nur einige Versuche an Schweinen,

die sich am leichtesten mästen, vor, bei denen wie es scheint die
Kohlehydrate für einen Theil des Fettes zu Hilfe gezogen werden
müssen. In einer Anzahl anderer extremer Versuche, z. B.
an Milch-
kühen bei kohlehydratreichem und eiweissarmem Futter, ist die
Grenze des Möglichen eben erreicht; ich halte es aber für eine Stütze
meiner Auffassung, dass bei den ungünstigsten Bedingungen nahezu
51.4% Fett aus dem zersetzten Eiweiss sich bilden müssen, um das
erzeugte Fett zu decken.
Entsteht thatsächlich weniger Fett aus Eiweiss, z. B. nur 25%,
so kann man zwar für die meisten Fälle die Kohlehydrate immer
noch entbehren, aber nicht für alle; dann muss man annehmen, dass
nicht nur beim Zerfall des Eiweisses Fett entsteht, sondern auch
bei der Spaltung der Kohlehydrate die Materialien für das Fett gebildet werden, welche zu Fett zusammentreten, wenn sie nicht alsbald weiter verbrannt werden.

Die Verhältnisse der Fettbildung lassen sich leicht verstehen,
wenn man an dem Ergebnisse der Versuche festhält, nach dem im
Körper nichts leichter in die nächsten Componenten zerfällt als das
Eiweiss der Ernährungsflüssigkeit, dann der Zucker, dann das aus
dem Eiweiss entstandene Fett und endlich das aus dem Darm resorbirte oder im Körper abgelagerte Fett. Die Kohlehydrate können
daher für die Fettbildung erst in Betracht kommen, wenn die übrigen
Quellen nicht ausreichen und die Bedingungen der Zersetzung in den
Zellen nach Spaltung des Eiweisses und Ablagerung des dabei entstandenen Fettes, sowie des aus dem Darm resorbirten Fettes bei
Vorhandensein von Zucker oder dessen nächster Zersetzungsprodukte
schon erschöpft sind. In den meisten Fällen wird der Zucker vollständig zu Kohlensäure und Wasser oxydirt, so dass die Kohlehydrate sicherlich keine Hauptrolle, sondern nur eine Nebenrolle
bei der Entstehung des Fettes spielen. Sehr häufig deckt ja beim
Pflanzenfresser schon das Fett der Nahrung die ganze zum Ansatz
gelangte Fettmenge oder einen ansehnlichen Theil derselben; weiterhin tritt das thatsächlich aus dem Eiweiss hervorgegangene Fett ein,
und liefert den Bedarf, auch wenn viel weniger als 51.4% Fett aus
Eiweiss sich bilden würden.

Weitere Versuche müssen entscheiden, wieviel man aus dem
Eiweiss Fett sich abspalten lassen muss, um das im Körper erzeugte
Fett zu liefern und wieviel in Wirklichkeit daraus abgetrennt wird.
Sollten sich dann in der That einzelne Fälle ergeben, wo das ander-
weit gelieferte Fett nicht ganz ausreicht, so müssen für den Rest die
Kohlehydrate eintreten; sollten aber die übrigen Materialien in allen

genauen Versuchen als genügend befunden werden, so hat meine Anschauung allgemeine Gültigkeit.

Henneberg [1] hat gemeint, die Kohlehydrate kämen in Beziehung der Fettbildung durch die neueren Versuche wieder in ihr altes Recht. Dies ist aber nicht mehr möglich; denn es ist widerlegt, dass aus ihnen ausschliesslich das Fett erzeugt wird. Es kann sich nur fragen, ob sie noch neben dem Eiweiss zur Fettbildung herangezogen werden müssen, was wenigstens von mir noch nicht für entschieden angesehen worden ist. Die schwierige Aufgabe ist, wie ich nochmals betone, nur durch Versuche am Thier und nicht durch chemische Untersuchungen zu lösen, welche stets nur Möglichkeiten liefern, aber nicht darthun, wie sich die Vorgänge im thierischen Organismus in Wirklichkeit gestalten.

--- --- ---

FÜNFTES CAPITEL.
Die Ursachen der Stoffzersetzung im thierischen Organismus.

Nach der Begründung der Methoden der Untersuchung der den Körper verlassenden Zersetzungsprodukte und nach der Bestimmung der letzteren unter den verschiedensten Umständen war es möglich, aus der Fülle des Materials eine Anzahl von wichtigen Schlussfolgerungen auf den im Organismus stattfindenden Stoffzerfall zu ziehen. Um den in dieser Richtung gemachten Fortschritt zu würdigen, braucht man sich nur die Magerkeit der Kenntnisse über die Zersetzungen im Thierkörper vor 20 Jahren ins Gedächtniss zurückzurufen.

Aus den im dritten Capitel gemachten Aufzeichnungen geht vor allem das bedeutungsvolle Resultat hervor, dass der Verbrauch an Stoffen in einem gegebenen Organismus ein sehr verschiedener ist und dass eine grosse Anzahl von Faktoren auf denselben von Einfluss sind. Ehe ich es unternehme, die näheren Gründe für alle diese Verschiedenheiten zu suchen, ist es nothwendig, zuerst im Allgemeinen die Ursachen des ununterbrochenen Stoffwandels im Thierkörper zu besprechen und sich klar darüber zu werden, an welchen Theilen des Organismus jener Wechsel vor sich geht.

---

1 Henneberg, Tageblatt der 49. Vers. deutsch. Naturf. u. Aerzte zu Hamburg. 1876. Beilage S. 169.

Man hat sich im Laufe der Zeit, entsprechend dem jeweiligen
Stande des Wissens, gewisse Vorstellungen über diese Vorgänge gemacht; man ist aber doch erstaunt, wie ausserordentlich ähnlich sich
alle die Theorien in dieser Richtung sind.

I. Frühere Vorstellungen über die Ursachen der Stoffzersetzung.

Es musste den Menschen schon in den frühesten Zeiten die Abnahme
des hungernden Organismus an Masse, sowie das Gleichbleiben des ausgewachsenen Körpers an Gewicht trotz der täglichen beträchtlichen Zufuhr von Substanz aufgefallen sein. Bei dem damaligen Stande der Chemie
wusste man aber noch nicht, aus was der Körper besteht, was ihm zugeführt und was von ihm weggeführt wird. Die Anschauungen über die
stofflichen Vorgänge im Körper und deren Ursachen konnten daher nur
sehr mangelhafte sein.

Die Beobachtung des Verbrauchs an Substanz im Körper und der
Entwicklung von Wärme drängten alsbald dazu, die Vorgänge im thierischen Organismus mit denen beim Verbrennen von Holz oder von Oel
zu vergleichen; bei GALENUS findet sich eine merkwürdige Stelle, welche
dieser Vorstellung Ausdruck giebt; er sagt: „Das Blut ist gleich dem
Oel, das Herz dem Docht und die athmende Lunge einem Instrument,
welches die äussere Bewegung zuführt." Man sprach daher bis in unsere
Tage herein von dem Lebensflämmchen oder dem Lebenslämpchen und
bildete das Herz mit einer Flamme ab.

In den Anfängen der Chemie, zur Zeit der Jatrochemiker, hatte man
das Aufbrausen und die Wärmeentwicklung bei Vermischung gewisser Substanzen als erste Andeutung einer Zersetzung ohne Anwendung höherer
Hitzegrade und ohne Brennen mit Flamme kennen gelernt und diese Erscheinungen unter dem Namen der Gährung, fermentatio, zusammengefasst.
Der mannigfachen Aehnlichkeiten halber liess man die Vorgänge im Thierkörper auch auf solchen Gährungen mit Wärmeentwicklung beruhen, die
man sich mit einem Verlust von Körpersubstanz verbunden dachte.[1]

Die Jatromathematiker fügten zu dieser Ursache des Verbrauchs
noch die Abreibung der sich bewegenden Gebilde.

Aus der allmählichen Erkenntniss des Verbrennungsprozesses entwickelten sich nach und nach bestimmtere Anschauungen über die Ursachen der Zersetzungen im Körper und über die Beziehungen des Athmens zu denselben. Schon SYLVIUS DE LE BOË (1614—1672) erklärte das
Athmen als etwas der Verbrennung Aehnliches, da zu beiden die Luft

---

1 Aus einem Buche von HIPPOLYTUS GUARINONIUS (Die Grewel der Verwüstung
menschlichen Geschlechtes. Ingolstadt 1610) entnehme ich folgende Vorstellungen:
Im Leib findet eine Zerfliessung von Substanz durch die natürliche Hitze statt,
welche den Leib verzehrt, wenn man ihr nicht etwas Anderes in der Nahrung
zu verzehren giebt; auch die Leibesbewegung verursacht eine Hitze, durch die
der Leib noch mehr verzehrt wird; ist die Luft kalt, so wird die Hitze inwendig
zusammengejagt und begehrt mehr Nahrung.

nothwendig sei. Nach John Mayow (1668)[1] ist es ein auch im Salpeter sich findender Bestandtheil der atmosphärischen Luft, der das Verbrennen und Athmen bedingt. Dieser Bestandtheil geht nach ihm in das Blut über und bewirkt dort unter Wärmeentwicklung eine Gährung; auch zur Muskelbewegung ist jener Bestandtheil nöthig, sowie ausserdem die Zufuhr von verbrennlicher Substanz. Thomas Willis (1671) hält Athmen und Verbrennen für gleiche Vorgänge.

Jedoch vermochte man später mit solchen Prozessen vorzüglich nur die Eigenwärme des Organismus in eine gewisse Verbindung zu bringen. Darum legte man damals von rein physiologischer Seite den früheren Betrachtungen und Beobachtungen offenbar keine grosse Bedeutung für den Verbrauch von Substanz im Körper bei, man kannte andere Vorgänge genug, welche einen solchen zu bedingen schienen. So findet man z. B. bei A. v. Haller[2] (1762) kaum eine Erwähnung von jenen Angaben, dagegen höchst merkwürdige Anschauungen in einer ganz anderen Richtung. Man meinte nämlich, die Grundstoffe des Körpers, die flüssigen und festen Theile desselben, würden durch die Anstrengungen während des Lebens abgerieben; das Flüssige liess man dann durch die Hautausdünstung, die Lunge und den Harn etc. weggehen, das Feste durch den Harn; für den Verlust tritt Neues aus der Nahrung ein. Als Ursachen, welche die festen Grundstoffe aus ihrer Stelle rücken, nahm man mehrere, aber nur mechanische an: alle Theile des Körpers werden bei jedem Herzschlage ausgedehnt und sinken darnach wieder zusammen, wodurch ihre Federkraft sowie der Zusammenhang ihrer Grundstoffe allmählich aufgehoben wird; in gleicher Weise werden die Grundstoffe an den inneren Wänden der Gefässe durch das sich bewegende Blut abgerieben, ebenso an den offenen Enden der Schlagadern, von denen die Ausdünstungen weggehen, und endlich auch durch das Reiben der Speisen am Darm, der Luft an den Luftkanälen, der Muskeln an einander und an den Knorpeln und Knochen bei der Zusammenziehung. Durch alle diese Reibungen wird der weichere Leim nach und nach von den erdigen Theilen losgelöst, und beide, Leim und Erden, in das Blut aufgenommen; dadurch entstehen Gruben, welche durch neue flüssige und feste Theile wieder ausgefüllt werden.

II. Lavoisier's und Liebig's Theorien.

Die Entdeckungen Lavoisier's[3] stiessen alle diese Anschauungen um, obwohl man später wieder von mancher Seite sich genöthigt sah, Theile jener Abreibungstheorie wieder aufzunehmen. Lavoisier bezeichnete, nachdem er die Verbrennungserscheinungen aufgeklärt und gefunden hatte, dass der in den Organismus eintretende Sauerstoff darin gewisse Stoffe oxydirt, nämlich den Kohlenstoff zu Kohlen-

1 J. Mayow, Opera omnia. 1681.
2 A. v. Haller, Elementa physiologiae. VIII.
3 Lavoisier, Mém. de l'acad. des sciences. 1759. p. 185; Oeuvres de Lavoisier. II. p. 688.

säure, den Wasserstoff zu Wasser, und ferner dass diese Oxydationen in sehr ausgedehntem Maasse stattfinden, zuerst mit aller Bestimmtheit den Sauerstoff als die Ursache der Zersetzungen im Körper. Je mehr Sauerstoff dem letzteren zugeführt wird, desto mehr musste auch in ihm verbrennen: die Athemzüge führen wie Blasbälge den Sauerstoff zu und sind die Regulatoren der Zersetzungen. Wegen der beschleunigten Respiration wird bei der Arbeitsleistung, während der Verdauung und in kalter Luft mehr zerstört. Das Material für die Verbrennung liegt nach ihm als eine an Kohlenstoff und Wasserstoff reiche, durch die Organe producirte Flüssigkeit in der Lunge bereit und bedarf nur des Zutritts von Sauerstoff, um zu verbrennen.

Die Physiologen konnten sich anfangs mit LAVOISIER's chemischer Theorie nicht befreunden, da sie ihnen manche Erscheinungen nicht zu erklären schien; JOH. MÜLLER [1] meinte noch im Jahre 1835, die Hypothese der Wasserbildung aus Wasserstoff wäre blos zum Vortheil der Verbrennungstheorie erfunden, das Leben sei vielmehr mit einer ununterbrochenen, auch beim Hunger stattfindenden Zersetzung organisirter Stoffe verbunden, welche durch das in Folge des Athmens beständig veränderte Blut bewirkt wird. Die Physiologen hielten noch länger an der Lehre fest, nach der mit dem Bestehen der Thiere eine fortdauernde Veränderung des materiellen Substrats ihrer festen Theile verbunden sein soll, hervorgerufen durch die Lebensäusserungen (Kraftäusserungen) und die äusseren Reize; dadurch soll die Materie derselben in ihrer Mischung verändert und unbrauchbar werden und dann neue Theilchen durch die Ernährung statt der abgenützten eintreten, also ein fortdauernder Wechsel des Stoffs, ein beständiges Zerstören und Wiederschaffen stattfinden. [2]

Es war LIEBIG [3], welcher die Theorie LAVOISIER's, deren Unvollkommenheit ihm nicht verborgen bleiben konnte, mit seltenem Scharfblick aufgriff und erweiterte. Nachdem vorzüglich durch seine chemischen Untersuchungen die nähere Zusammensetzung der Organe und der Nahrung, sowie neben der Kohlensäure und dem Wasser auch die Zersetzungsprodukte im Harn, namentlich die stickstoffhaltigen, ermittelt worden waren, liess er nicht mehr eine kohlenstoff- und wasserstoffreiche Flüssigkeit in den Lungen sich oxydiren, sondern die organischen Verbindungen: Eiweiss, Fett, Kohlehydrate

---

1 JOH. MÜLLER, Handb. d. Physiol. 1835. S. 37 u. 318.
2 Siehe TIEDEMANN's Physiol. 1. S. 367. 1830.
3 LIEBIG, Die organ. Chemie in ihrer Anwendung auf Physiologie u. Pathologie. 1842; Ann. d. Chem. u. Pharm. XLI. S. 189 u. 241. 1842, LIII. S. 63. 1845, LVIII. S. 335. 1846, LXX. S. 311. 1849, LXXIX. S. 205 u. 358. 1851.

u. s. w. der Zersetzung anheimfallen und zwar durch zwei Ursachen.
Er hatte nämlich erkannt, dass die organisirten Formen vor allem
aus eiweissartigen Substanzen aufgebaut sind, und an ihnen, welche
nach Beraubung ihres Wassers und ihres Fettes noch die Organisation zeigen, die Wirkungen des Lebens ablaufen; er nahm als die
Organe, welche Lebenserscheinungen darbieten, hauptsächlich die
Muskeln und als vorzüglichste Lebenserscheinung die Contraction
derselben an. Er erwog ferner die Fähigkeit der im Körper vorkommenden Stoffe sich mit dem Sauerstoff zu verbinden, wobei er
zu dem Resultate kam, dass die stickstofffreien Stoffe, die Fette und
Kohlehydrate, leicht oxydirt werden, die stickstoffhaltigen aber nur
in geringem Grade die Eigenschaft der Verbrennlichkeit besitzen.
So erachtete er in consequenter Weise als die Ursache der Zersetzung des Eiweisses die Muskelcontraction, d. h. die Arbeit, als
die Ursache der Zersetzung der stickstofffreien Substanzen dagegen
den Sauerstoff.

Liebig meinte, bei der Muskelthätigkeit würden die organisirten
Formen eingerissen, um durch die Zerstörung des Eiweisses die Kraft
für die Arbeit zu liefern; das mit der Nahrung eingeführte Eiweiss
habe das Zerstörte wieder aufzubauen und müsste deshalb immer
organisiren. Darum nannte er das Eiweiss das plastische oder gewebsbildende Nahrungsmittel und bezeichnete mit dem Namen „Stoffwechsel" nur den durch die Arbeit veranlassten Untergang und den
durch das Nahrungseiweiss wieder geschehenden Aufbau der organisirten Form. Das Eiweiss geht daher nach ihm ausschliesslich im
Stoffwechsel zu Grunde, es ist für ihn der wichtigste, ja ausschliessliche Nahrungsstoff, der allein einen Verlust im Körper ersetze und
an dessen Untergang man den Stoffwechsel zu messen vermöge.

Die stickstofffreien Stoffe dagegen werden nach ihm nicht durch
die Muskelarbeit, sondern durch den Sauerstoff angegriffen; sie liefern dabei nur Wärme und schützen die anderen Bestandtheile, namentlich die plastischen, vor dem schädlichen Sauerstoff, indem sie
ihn wegnehmen und so die Respirationsprodukte liefern: die stickstofffreien Stoffe sind ihm daher die „Respirationsmittel".

Dies war eine fertig ausgebildete Theorie, welche den damaligen Kenntnissen entsprach und einen tiefen Einblick in die Vorgänge im thierischen Organismus gestattete. Es war aber die Aufgabe geblieben, dieselbe durch Versuche am Thier zu prüfen, denn
in dieser Richtung lag nichts anderes vor, als die drei Versuche
Lavoisier's über die Grösse des Sauerstoffverbrauchs eines Menschen
bei Arbeit, nach Nahrungsaufnahme und in der Kälte.

III. Theorie von der Luxusconsumption.

Der erste Theil der Liebig'schen Theorie, nach welchem das Eiweiss der Nahrung nur für das durch die Muskelthätigkeit im Stoffwechsel zu Grunde gegangene organisirte Eiweiss eintreten soll, erweckte zunächst von Seite der Physiologen lebhafte Widersprüche.

Frerichs [1] hob zuerst hervor, dass dann der Fleischfresser, welcher für gewöhnlich verhältnissmässig viel mehr Eiweiss in seinem Futter verzehrt als der Pflanzenfresser, entweder sich in Beziehung der Stoffzersetzungen ganz anders verhalten oder ungleich mehr mit den Muskeln thätig sein müsste als der letztere. Man ist aber nicht im Stande, in anstrengenden Bewegungen den Grund für den grösseren Eiweissverbrauch des Fleischfressers zu finden, während gerade die Pflanzenfresser als kräftige Zugthiere benutzt werden und ein Stubengelehrter häufig mehr Eiweiss aufnimmt als der im Schweisse seines Angesichts hart arbeitende Lastträger.

Nach der Liebig'schen Lehre musste consequenter Weise bei gleichbleibender Leistung eines bestimmten Organismus stets die gleiche Quantität von Eiweiss zerstört werden, und ferner musste, wenn mehr Eiweiss aus dem Darm resorbirt wird als zum Ersatz des durch die Arbeit zersetzten nöthig ist, dieser Ueberschuss im Körper angesetzt werden, oder mit anderen Worten, die Stickstoffausscheidung durfte nicht beeinflusst werden durch die Eiweissaufnahme in der Nahrung.

Sobald man aber hierüber Versuche zu machen anfing, sah man übereinstimmend bei reichlicherer Eiweisszufuhr entsprechend mehr Stickstoff im Harn auftreten, trotz sonst gleichen übrigen Verhältnissen im Organismus, namentlich der Muskelthätigkeit. Solches fanden Frerichs, Bidder und Schmidt, C. G. Lehmann, Bischoff u. s. w., wie schon früher (S. 105) angegeben worden ist. Auch noch in anderer Beziehung sprach diese Erfahrung gegen Liebig's Anschauung; da nämlich nach derselben nur organisirtes Eiweiss zu Grunde gehen soll, so hätte man jetzt die von vorn herein unwahrscheinliche Annahme machen müssen, dass die einfache Zufuhr und Gegenwart von Eiweiss zur massenhaften Zerstörung von organisirter Substanz Veranlassung giebt, nur damit das neu eingetretene Eiweiss sich an ihrer Stelle ablagern kann.

---

1 Frerichs, Arch. f. Anat. u. Physiol. 1848. S. 469; Wagner's Handwörterb. d. Physiol. III. (1) S. 663. 1846.

Man war dadurch genöthigt nach einem anderen Grunde für die Zerstörung des Eiweisses zu suchen als die Muskelarbeit.

Man modificirte in Folge davon die LIEBIG'sche Hypothese in etwas, denn man konnte sich nicht von der festgewurzelten Idee, die Muskelthätigkeit als eine Ursache der Zerstörung von Eiweiss und zwar von organisirtem anzusehen, losmachen. Man sagte also, so viel Eiweiss als durch die Arbeit in den Muskeln abgenützt werde, müsse in der Nahrung zum Ersatze wieder zugeführt werden; alles darüber hinaus aus dem Darm aufgenommene Eiweiss wäre Luxus und verbrenne wie die stickstofffreien Stoffe alsbald im Blute durch den Sauerstoff, ohne vorher organisirt gewesen zu sein. Dies ist die Theorie von der Luxusconsumption, welche von C. G. LEHMANN[1], von FRERICHS[2] und von BIDDER und SCHMIDT[3] aufgestellt und vertheidigt wurde. Nach derselben giebt es also zwei Ursachen der Zersetzung des Eiweisses, nämlich die Arbeit der Muskeln und der Sauerstoff im Blute. Die Stickstoffausscheidung des hungernden Thieres liefert den Maassstab für den reinen Stoffwechsel oder für den mit dem Bestehen des Lebens verbundenen Umsatz stickstoffhaltiger Organtheile und für die nothwendige Zufuhr an Eiweiss, sie giebt das typische Minimum des für die Thiergattung nothwendigen Stoffumsatzes an Eiweiss an, während das darüber hinaus aufgenommene, überflüssige Eiweiss durch stickstofffreie Substanzen ersetzt werden kann und wie diese nur zur Wärmebildung dient. Der Umsatz der die Wärme liefernden Stoffe wird wesentlich durch den Wärmeverbrauch bestimmt, wodurch jedes Thier eine typische Respirationsgrösse, entsprechend der Respirationsgrösse beim Hunger, besitzt. Das Wesentliche dieser Theorie, was ihr auch den Namen gegeben hat, ist die Annahme, dass das Plus von Eiweiss in der Nahrung zur Erhaltung des Eiweissstandes am Körper nicht nöthig, also dafür ein Luxus ist; die Verbrennung des vermeintlichen Ueberschusses im Blute war eine weitere, mehr nebensächliche Vorstellung.

Durch diese Annahme schienen in der That die Widersprüche vollkommen sich auszugleichen und die bis dahin gekannten Thatsachen erklärt zu sein. Der wahre oder reine Stoffwechsel ist eine feststehende Grösse, welche durch die Muskelarbeit, aber nicht durch die Nahrung oder deren Eiweissgehalt und andere Einflüsse bestimmt

1 C. G. LEHMANN, Wagner's Handwörterb. d. Physiol. Artikel Harn. II. S. 18. 1844.

2 FRERICHS, Arch. f. Anat. u. Physiol. 1848. S. 169.

3 BIDDER u. SCHMIDT, Die Verdauungssäfte u. d. Stoffwechsel. 1852. S. 348.

wird; das im Ueberschuss zugeführte Eiweiss wird, ohne an der Ernährung und dem Ersatz Antheil genommen zu haben, in oxydirtem Zustande wieder ausgestossen. Der reine Stoffwechsel und der eigentliche Bedarf an Eiweiss ist bei Fleischfressern und bei Pflanzenfressern dem Prinzip nach der gleiche; bei den Pflanzenfressern sind aber in der Regel die stickstofflosen Stoffe die Materialien zur Unterhaltung des Respirationsprozesses, bei den Fleischfressern häufig auch noch die stickstoffhaltigen Substanzen.

IV. Widerlegung der Theorie von der Luxusconsumption.

Die Anschauung vom typischen Stoffumsatz und der Luxusconsumption fand bei den Physiologen fast allgemeine Anerkennung und sie war längere Zeit die herrschende. Nur Bischoff [1] wehrte sich dagegen und suchte die Liebig'sche Lehre zu halten, die ihr Urheber allerdings später verliess, um sich vollständig der früher so heftig bekämpften und schon widerlegten Lehre von der Luxusconsumption anzuschliessen. [2] Er hob hervor, wie unwahrscheinlich die Existenz zweier Ursachen der Eiweisszersetzung wäre; man wüsste ferner gar keinen Grund dafür anzugeben, warum erst in dem Augenblicke, in welchem der vermeintliche Bedarf an Eiweiss gedeckt ist, der Sauerstoff im Blute zu wirken anfangen soll. Es gelang ihm aber nicht, den scheinbaren Widerspruch der grösseren Eiweisszersetzung nach reichlicherer Eiweisszufuhr mit Liebig's Ansicht zu heben.

Später haben Bischoff und ich [3] gemeint, die Verdauung und Resorption des Eiweisses im Darmkanale, sowie die Herumbewegung desselben im Körper und die Wegführung der Zersetzungsprodukte, namentlich der gasförmigen durch die Respiration, bedinge eine bedeutende Anstrengung der Darmmuskeln, des Herzens und der Athemmuskeln, in Folge deren ein grosser Theil des aufgenommenen Stoffes zerstört werde. Damit wäre allerdings die Theorie Liebig's von der Muskelarbeit als alleinige Ursache der Eiweisszersetzung gerettet gewesen. Aber abgesehen davon, dass es doch eine sehr unvollkommene Maschine wäre, wenn das ganze über den Verbrauch beim Hunger hinausgehende Eiweissquantum durch die innere Arbeit, die sie dem Körper aufbürdet, zu Grunde ginge, so kann diese Ansicht

1 Bischoff, Der Harnstoff als Maass des Stoffwechsels. 1853. S. 74.
2 Liebig, Ann. d. Chem. u. Pharm. CLIII. S. 206. 1870.
3 Bischoff u. Voit, Die Gesetze der Ernährung des Fleischfressers. S. 25. 1860.

nicht richtig sein, da die Muskelthätigkeit, wie später gefunden
wurde, überhaupt keinen grösseren Eiweissverbrauch bedingt.

Hätte man nicht geglaubt, die Arbeit nütze die Organe ab, und
hätte man einen plausibeln Grund für den Zerfall der grösseren
Eiweissmengen in den Organen nach reichlicher Zufuhr gewusst, so
wäre Niemand auf den Gedanken einer Oxydation des über den
Verbrauch beim Hunger eingenommenen Eiweisses im Blute gekommen. Die Theorie von der Luxusconsumption wurde, wie die Liebig'sche, erschüttert, sobald man ihre Voraussetzungen durch das
Experiment am Thiere prüfte. Wenn die Muskelarbeit die Quantität des zum Ersatz nöthigen Eiweisses bestimmt, so muss der Organismus mit einer Eiweissmenge auskommen, wie sie beim Hunger
zersetzt wird; alles darüber hinaus aufgenommene Eiweiss muss
Luxus sein und durch stickstofffreie Stoffe zu ersetzen sein.

Jeder Versuch, den man in dieser Richtung macht, ergiebt, dass
ein Organismus mit der beim Hunger zersetzten Eiweissmenge, auch
wenn man noch so viel stickstofffreie Stoffe dazufügt, nicht ausreicht,
sondern täglich noch Stickstoff oder Eiweiss von sich verliert und
zuletzt an Inanition zu Grunde geht. Der Hunger giebt demnach
keinen Maassstab für den Bedarf, er ist kein Maass für den „Stoffwechsel" oder den Untergang des Organisirten. Die geringste Menge
von Eiweiss, welche mit stickstofffreien Stoffen den Eiweissbestand
des Körpers erhält, ist ansehnlich, beim fleischfressenden Hund meist
2½—3 mal grösser als der Verbrauch beim Hunger. Auch beim
Menschen stellt sich das Gleiche heraus; der kräftige Arbeiter von
Pettenkofer und mir lieferte bei mittlerer Erhaltungskost 37 Grm.
Harnstoff, am ersten Hungertage nur 25 Grm. Ich[1] habe hierauf
besonders aufmerksam gemacht und die Beweise dafür zusammengestellt.

Es bringt weiterhin nach den Untersuchungen von Bischoff und
mir jede Vermehrung der Eiweisszufuhr eine Steigerung des Eiweissumsatzes unter allmählicher Verminderung der Eiweissabgabe vom
Körper hervor. Schliesslich kommt bei steigender Eiweissgabe ein
Punkt, wo ebensoviel Eiweiss umgesetzt als zugeführt wird. Es
findet sich ein allmählicher Uebergang ohne irgend eine bestimmte
Grenze von der Eiweisszersetzung beim Hunger bis zu der bei der
reichlichsten Aufnahme.

Wenn man nach Bidder und Schmidt nur dasjenige als Luxusconsumption erklärt, was von den stickstoffhaltigen Stoffen der Nah-

---

[1] Voit, Ztschr. f. Biologie. III. S. 29 u. 30. 1867; dieses Werk S. 112 u. 133.

rung nicht direkt für das Bestehen des Individuums nöthig ist, dann ist auch die grösste Menge von Eiweiss in der Nahrung nicht einfach ein im Blute verbrennender Ueberschuss über den nothwendigen Bedarf, denn es bringt jede über das Minimalmaass hinaus gehende Eiweissmenge einen ihr entsprechenden höheren Stand an Eiweiss im Körper hervor, zu dessen Erhaltung dauernd so viel Eiweiss dargereicht werden muss; sobald man darnach wieder weniger Eiweiss giebt, geht das vorher unter dem Einflusse der grösseren Gabe angesetzte Eiweiss zu Verlust. Es ist allerdings ein Luxus, wenn man in einem Körper einen höheren Eiweissstand erhält, als derselbe eigentlich zu seinen Leistungen nöthig hat; aber sobald man einen solchen reicheren Bestand an Eiweiss braucht, muss man auch fortwährend die grosse Quantität von Eiweiss zuführen; in demselben Sinne ist es ein finanzieller Luxus, eine Lokomotive zu heizen und ständig für eine weite Fahrt bereit zu halten, wenn man nie beabsichtigt, sie zu benutzen. Es würde nur dann eine Luxusconsumption existiren, wenn zur Erhaltung des höheren Eiweissstandes im Körper unter den gegebenen Bedingungen eine geringere Eiweisszufuhr ausreichend wäre; da nun aber jene grosse Eiweissquantität zu dem stofflichen Zwecke wirklich zugeführt werden muss, so ist auch die Zersetzung einer so beträchtlichen Eiweissmasse bei der eben bestehenden und nicht zu ändernden Einrichtung unseres Körpers nicht ein Luxus; es muss so viel Eiweiss dargeboten werden, wenn der Körper nicht ärmer an Eiweiss werden soll.

Man hat gemeint, es wäre das Vorhandensein einer Luxusconsumption bewiesen, wenn ein Theil des Eiweisses im Blute oder gar schon im Darmkanale zersetzt wird. Es ist aber für die Entscheidung eines Luxus ganz gleichgültig, an welchem Orte das Eiweiss der Zersetzung unterliegt, ob in dem Blute oder in den übrigen Organen, und ob auch das eben aus dem Darm resorbirte, in den Säften gelöste Eiweiss sich daran betheiligt; entscheidend ist nur, ob das in der Nahrung zugeführte Eiweiss nöthig war, einen gewissen Stand an Eiweiss im Körper zu erzeugen und zu erhalten. Würde auch das der Zersetzung anheimfallende Eiweiss theilweise oder selbst ganz im Blute verbrennen oder im Darm zerstört werden, so wäre dies doch kein zu vermeidender Luxus, sondern höchstens eine schlechte Einrichtung des Körpers; es ist eben eine bestimmte Menge von Eiweiss nöthig, um den Eiweissbestand des Gesammtorganismus zu erhalten und letzteren vor dem Hungertode zu bewahren. Es wird Niemand behaupten, es wäre ein unnöthiger Luxus das zum Betriebe einer schlechten, viel Wärme ohne Nutzeffekt verlierenden

Maschine erforderliche bedeutende Quantum von Kohle zu verbrennen; bei der einmal gegebenen Maschine ist dies keine Verschwendung, da ohne den Verbrauch von so viel Brennmaterial die Maschine still steht und die Consumption ohne Verbesserung der Maschine nicht zu ändern ist. Die Frage nach der Verbrennung von
Eiweiss im Blute und die von der Luxusconsumption sind also ganz
verschiedene Dinge; da ein Luxus in dem angegebenen Sinne nicht
existirt, so hat auch die Annahme von der Verbrennung des Ueberschusses im Blute keinen Grund mehr.

Den beiden Theorien, sowohl der von Liebig als auch der der
Anhänger der Luxusconsumption, lag der Gedanke zu Grunde, dass
durch die Muskelarbeit Eiweiss zersetzt werde. Nach der ersteren
soll sämmtliches Eiweiss auf diese Weise verbraucht werden, nach
der letzteren nur ein Theil desselben.

Aber dieser Gedanke erwies sich als falsch. Er setzt voraus,
dass im ruhenden Muskel kein Eiweiss zersetzt werde, obwohl derselbe lebend ist und beständig von Blut durchströmt wird; er setzt
ferner voraus, dass in anderen Organen, an denen wir zufällig keine
Formveränderung wahrnehmen, wie z. B. in der Leber, kein Eiweissverbrauch stattfindet. Ist die Muskelleistung die Folge der Zersetzung, so kann die Arbeit nicht wie bei einer Abnutzung die Ursache der Zersetzung sein; man könnte also höchstens annehmen,
dass es vor Eintritt der Muskelcontraktion durch eine besondere
Ursache zu einem grösseren Verbrauch von Eiweiss als während
der Ruhe kommt. Vor Allem aber bedingt auch die intensivste
Muskelarbeit als solche, wie ich gezeigt habe, keinen grösseren
Eiweisszerfall: es wird zum Zwecke der äusseren Arbeit nicht mehr
Eiweiss zerstört wie bei möglichster Ruhe des Körpers, womit der
Hauptsatz der Theorie Liebig's und der Theorie von der Luxuscon-
sumption, dass die Muskelarbeit die Ursache der Zersetzung von
Eiweiss sei, gefallen ist.

V. Untergang organisirter Formen.

In den beiden Theorien ist ausserdem aufgenommen, dass das
an dem Organisirten befindliche Eiweiss dem Untergang anheimfalle,
entweder ausschliesslich oder wenigstens zum Theil.

Es ist eine der wichtigsten Fragen der Lehre vom Stoffwechsel,
wo die Zersetzungen im Körper vor sich gehen, ob in den Säften
oder in den organisirten Theilen, und ob im letzteren Falle die Formen der Organisation zerstört werden oder nur ein molekulärer Austausch der Materien der organisirten Theile unter Erhaltung der

Form stattfindet oder in den Geweben vorzüglich die in den Säften
gelösten Stoffe der Zersetzung unterliegen.

Zunächst ist anzugeben, was wir über den Untergang organisirter Formen im lebenden Körper wissen; man beobachtet ihn im
Allgemeinen nur an solchen Gebilden, welche während ihrer Lebens-
dauer Zellen bleiben und isolirt in einer Flüssigkeit schwimmen oder
an einer freien Oberfläche sich befinden.

Es ist gewiss, dass die verhornten organisirten Gebilde der
Oberhaut bis zu einem gewissen Grade wachsen und abgestossen
oder auf irgend eine andere Art entfernt werden; es sind dies die
Epidermisschuppen, die Haare, Federn, Nägel, Hufe u. s. w. Ich
habe früher (S. 51) die von MOLESCHOTT für das Wachsthum der
Horngebilde des menschlichen Körpers unter bestimmten Voraussetzungen gefundenen Zahlen angegeben. Es treffen darnach auf
die Haare, wenn sie alle Monate geschnitten werden, täglich 0.2 Grm.;
auf die Nägel 0.005 Grm.; auf die ganze Oberhaut nach vollständiger
Ablösung eines Stücks derselben 14.35 Grm. Ich habe schon erörtert, warum namentlich der letztere Werth für die gewöhnlichen
normalen Verhältnisse nicht gelten kann und jedenfalls viel zu hoch
ist. Für unsere Frage ist der Nachweis der Abhängigkeit des Wachsthums dieser Gebilde von der Grösse der Zufuhr von Ernährungsflüssigkeit von grossem Interesse; nach den Beobachtungen von ALFR.
VOGEL tritt, wie ich (S. 52) mitgetheilt habe, bei schweren Erkrankungen z. B. beim Typhus wegen der ungenügenden Ernährung ein
Stillstand in dem Wachsthum der Nägel ein und man ist geradezu
im Stande aus der rinnenartigen Vertiefung auf die Zeit der Krankheit zu schliessen; ähnliches beobachtet man auch an den Hufen der
Pferde; eine nur wenige Tage während ungenügende Ernährung
z. B. während des Transports bringt nach den Beobachtungen der
Wollhändler eine Verdünnung des Wollhaares des Schafes an einer
bestimmten Stelle hervor, so dass es an dieser beim Ziehen leicht
einreisst.

In ähnlicher Weise kommt auch an den Schleimhäuten eine
mechanische Ablösung der Epitheliumzellen vor, vor Allem an der
Schleimhaut des ganzen Darmtraktus, der Nasenhöhle und der Luft-
wege; wir können jedoch über die quantitativen Verhältnisse nichts
aussagen. Gross kann dabei der Verlust nicht sein, da bei einem
35 Kilo schweren Hunde die auf einen Tag treffende Menge von
trockenem Koth bei reichlichster Fütterung mit Fleisch nur gegen
10 Grm., beim Hunger 1.88 Grm. beträgt und davon der weitaus
grösste Theil aus etwas anderem als aus Darmepithelien besteht.

18*

In gewissen Drüsen gehen die Drüsenzellen zu Grunde und bilden einen Theil des Sekretes; so ist es bei dem Samen, der Milch, dem Hauttalg u. s. w.

In den bis jetzt aufgezählten Fällen handelt es sich nicht um eine Zerstörung der organisirten Form und eine Umsetzung der chemischen Verbindungen derselben bis zu den gewöhnlichen letzten Ausscheidungsprodukten wie z. B. zu Harnstoff oder Kohlensäure, sondern um eine Ausscheidung mehr oder weniger veränderter organisirter Gebilde.

Die Blutkörperchen können möglicherweise in grösserer Anzahl zu Grunde gehen und neue dafür entstehen. Wir besitzen leider über diesen Wechsel keine sichere Kunde; nur über den Untergang derselben beim Hunger haben wir eine annähernde Vorstellung. Nach den früher (S. 97) angegebenen Bestimmungen verlor das 27.2 Grm. feste Theile einschliessende Blut einer 3105 Grm. schweren Katze während eines 13 tägigen Hungers 4.8 Grm. trockene Substanz. Die trockenen Blutkörperchen wogen bei Beginn des Hungers etwa 16.1 Grm. und erlitten einen Verlust von 2.8 Grm., so dass im Tag 0.21 Grm. trockene Blutkörperchen zu Grunde gegangen sind. Da aber im hungernden Thiere ohne das Fett täglich etwa 15.8 Grm. feste Theile zerstört wurden, so beträgt dagegen der Verlust an trockenen Blutkörperchen nur 1.3%. Man könnte nun zwar meinen, es sei damit nur das Verhalten der Blutkörperchen beim Hunger bezeichnet und es zerfielen bei voller Nahrungsaufnahme vielleicht viel mehr Blutkörperchen. Dies ist jedoch nur eine Vermuthung; man kennt keinen Grund, warum nach Zufuhr von Nahrungsmaterial mehr rothe Blutkörperchen sich auflösen sollten, nur hat man einige Anhaltspunkte für die reichlichere Bildung weisser Blutkörperchen während der Verdauung. Ausserdem ist dabei die Gesammtzersetzung wesentlich grösser, wesshalb auch bei einer entsprechend gesteigerten Zerstörung der Untergang der Blutkörperchen wiederum nur einen geringen Bruchtheil des Gesammtumsatzes darstellen würde. Unter besonderen Umständen werden möglicherweise viel weisse Blutkörperchen erzeugt z. B. bei der Laktation, wo nach Rauber[1] eine massenhafte Einwanderung weisser Blutkörperchen in die Brustdrüse stattfindet.

Man ist dagegen nicht im Stande, histologisch die Spuren eines fortwährenden Untergangs und Aufbaus anderer organisirter Formen z. B. der Leberzellen, der Muskelfasern u. s. w. zu constatiren. Bei dem bedeutenden Schwinden der Organe während des Hungers hau-

---

1 Rauber, Ueber den Ursprung der Milch etc. Leipzig 1879.

delt es sich vorzüglich um eine Atrophie der histologischen Elemente,
um eine Abnahme ihres Inhalts, und nicht um eine völlige Zerstörung derselben, denn man findet auch nach längerem Hunger, wenn
die Muskelmasse um nahezu 50% an Gewicht eingebüsst hat, nicht
weniger Muskelfasern oder Leberzellen und keine entsprechende Neubildung jungen Gewebes nach erneuter Nahrungsaufnahme.[1] F. Miescher[2] hat an einem eklatanten Beispiel, an Rheinlachsen, welche
6—9½ Monate lang hungern und dabei ihre Geschlechtsorgane auf
Kosten der Rumpfmuskeln ausbilden, gezeigt, dass in letzteren nicht
ein Zerfallen ganzer Gewebselemente stattfindet, sondern vielmehr
ihre Muskelfasern am Leben bleiben, niemals völlig leer werden
und vielleicht keine einzige Fibrille verlieren; auch sieht man später
keine Zeichen von Neubildung ganzer Muskelfasern.[3] Es sprechen ja
unzweifelhaft manche Beobachtungen für einen
Wechsel gewisser organisirter Gebilde, so z. B. die Bildung der
Knochenhöhlen in den Kinderjahren, das Verschwinden des Alveo-
larrandes der Kiefer im Alter, die Neubildung der Theile nach Verletzungen, die Resorption des Knochencallus u. s. w. Jedoch nehmen
alle diese Vorgänge grössere Zeiträume in Anspruch; ausserdem hat
man es bei ihnen nicht mit einem normalen Untergang und Wiederaufbau organisirter Formen im gewöhnlichen Stoffwechsel eines ausgewachsenen Organismus zu thun. Es deuten vielmehr andere Erscheinungen darauf hin, dass der Wechsel dieser organisirten Gebilde
kein sehr lebhafter ist; getrübte Stellen in der Krystalllinse des
Auges, Hornhautflecken, Narben in der Haut u. s. w. erhalten sich
das ganze Leben hindurch.

Alle diese Erfahrungen thun meiner Meinung nach wenigstens
so viel dar, dass der Wechsel in der organisirten Form nicht so
gross sein kann, um alles aus der Nahrung eingetretene Eiweiss organisiren zu lassen. Ein mit Fleisch ernährter Fleischfresser müsste
bei einer solchen Annahme alle acht Tage, in extremen Fällen alle
vier Tage seine ganze Muskel- und Organmasse zertrümmern, nur
um sie aus neuem Material wieder aufzubauen. Von einem solchen
kolossalen Untergang organisirter Gebilde müsste man doch irgend

---

1 Da wo bei Krankheiten ein wirklicher Untergang des Gewebes vorliegt,
wie z. B. der acuten Leberatrophie ist man mit Leichtigkeit im Stande die Auflösung der Form nachzuweisen.
2 F. Miescher, Schweizer. Literatursammlung z. internationalen Fischerei-
Ausstellung in Berlin. S. 212. 1880.
3 Nur Sigmund Mayer findet in den peripherischen Nerven Gebilde, welche
ihn auf eine Rückbildung und Entwicklung von Nervenfasern schliessen lassen
(Prager med. Woch. 1879. No. 51).

etwas mit dem Mikroskop wahrnehmen können; es müsste der Muskel eines nur einen Tag hungernden Thieres ganz anders aussehen als der eines mit viel Eiweiss gefütterten.[1] Manche[2] waren geneigt, das Hämoglobin der Blutkörperchen als die Quelle des Harnstoffs zu betrachten und demnach den ganzen Untergang und Aufbau ausschliesslich im Blute, in den Blutkörperchen, vor sich gehen zu lassen; dabei wäre die Zerstörung eine noch weit grössere und geradezu ungeheure, denn wenn ein Hund von einem Gewicht von 35 Kilo 2500 Grm. Fleisch im Tag zerstört, so ist dies so viel Substanz als in den Blutkörperchen von 5.5 Kilo Blut enthalten ist, während im Körper des Thiers sich nur 2.5 Kilo Blut befinden. Nach Aufnahme von Eiweiss in den Darm sieht man (S. 107) schon nach 1 Stunde eine Zunahme der Harnstoffmenge auftreten, welche in 6—7 Stunden ihr Maximum erreicht, so dass zu dieser Zeit schon die Hälfte des in Folge der betreffenden Eiweissportion in 24 Stunden ausgeschiedenen Harnstoffs secernirt ist; ich frage, was ist bei diesem Verhalten wahrscheinlicher, eine Bildung des Harnstoffs aus massenhaft zerstörtem Gewebe oder aus dem eben resorbirten Eiweiss? Ich kann mich aus den angegebenen Gründen nicht entschliessen, sämmtliche chemischen Zersetzungsvorgänge im Körper auf einen Untergang organisirter Formen durch Abstossen oder Zerstören derselben zurückzuführen, wenn auch sicherlich gewisse organisirte Gebilde z. B. Epithelien, Horngebilde, Blutkörperchen u. s. w. zu Verlust gehen.

Etwas ganz anderes ist es, wenn man das aus der Nahrung neu zugeführte Eiweissmolekül an die Stelle eines alten in der organisirten Form treten lässt.[3] Dabei fände nur eine allmähliche Auswechslung der Bausteine statt, es würde aber nicht der ganze Bau als solcher vorerst eingerissen, um einem neuen Aufbau nach Wegräumen des Schuttes Platz zu machen. Jedenfalls treten unter Umständen Stoffe aus dem Organisirten aus und werden dann später durch neue ersetzt, z. B. beim Hunger, beim Verschwinden von Fett aus den Fettzellen, oder bei einer Abgabe von Wasser sowie von Aschebestandtheilen aus den Organen. Eine solche fortwährende Auswechslung der Stoffe in der Organisation, in grösserem Maass-

---

1 An den Stellen, wo wir wirklich einen Wechsel der Formen kennen, kann man bei Vermehrung der Eiweisszufuhr einen grösseren Untergang von Zellen darthun, wenn auch nicht in entsprechendem Maasse, also z. B. eine reichlichere Milchabsonderung in der Brustdrüse, ein grösseres Wachsthum der Epidermis- und Epithelgebilde, eine vermehrte Bildung weisser Blutkörperchen.

2 Führer u. Ludwig, Arch. f. physiol. Heilk. III. S. 1. 1855. — Meissner, Ztschr. f. rat. Med. (3) XXXI. S. 258. — Addison, British med. journ. I. p. 202. 1864.

3 Voit, Unters. über d. Einfluss d. Kochsalzes etc. S. 13. 1860.

stabe nach jeder Nahrungsaufnahme, wäre wohl denkbar und möglich, obwohl wir den Grund und Sinn eines solchen Vorganges bei normaler Ernährung nicht einsähen und über seine Ausdehnung auch niemals etwas erfahren könnten. Derselbe wäre zudem im Uebrigen für die Betrachtung der Zersetzungs- und Ernährungsverhältnisse von keinem Belang, da es für sie ganz gleichgültig ist, seit wie lange z. B. ein Eiweissmolekül im Körper steckt, ob es alt oder neu ist, und uns zunächst nur interessirt, ob ein solches in seinem chemischen Zusammenhalte gestört und in die Ausscheidungsprodukte zerfällt worden ist. Manche Erscheinungen, z. B. die des Alterns, wären nur schwer verständlich, wenn immer junges Organisirtes entstände oder immer neue Moleküle die alten verdrängten, während sie eher zu erklären sind, wenn die alten Gewebe persistiren und allmählich Störungen in ihnen sich ausbilden würden.

Ich werde später noch die Anschauungen über den Ort und das Material der Zersetzung im Körper näher darlegen; durch die vorstehenden Betrachtungen soll nur die Unwahrscheinlichkeit auch der weiteren Annahme der Theorie von LIEBIG und der Anhänger der Luxusconsumtion, nach welcher durch die Lebensthätigkeit beständig Organisirtes zu Grunde geht, gezeigt werden.

VI. Rolle des Sauerstoffs beim Stoffumsatz.

Es fragt sich jetzt noch, welche Bedeutung der Sauerstoff bei den Zersetzungsvorgängen im Körper hat. LAVOISIER meinte, er wäre die alleinige Ursache aller Zerstörungen im Organismus; LIEBIG liess ihn direkt nur auf die stickstofffreien Stoffe wirken; FRERICHS und Andere ausserdem auch auf die überschüssig zugeführten stickstoffhaltigen Stoffe. Ist die Grösse der Zufuhr des Sauerstoffs und sind dadurch die Athembewegungen wirklich irgendwie bestimmend für die Zersetzung von Substanz im Thierkörper? Wir wissen jetzt, dass dies nicht der Fall ist und es sich in letzterem nicht um einfache Oxydationen [1], wie man bis vor wenigen Jahren allgemein angenommen hat, handelt, sondern um einen allmählichen Zerfall einer zusammengesetzten chemischen Verbindung in einfachere Produkte unter allmählichem Eintritt von Sauerstoff d. h. um oxydative Spaltungen.

---

1 D. h. um eine direkte Verbindung des Sauerstoffs mit dem Kohlenstoff oder Wasserstoff einer chemischen Verbindung, wobei man sich darüber stritt, ob der in der Verbindung schon vorhandene Sauerstoff mit dem Kohlenstoff oder mit dem Wasserstoff vereint bleibt.

Schon aus der von LAVOISIER gefundenen und von REGNAULT
und REISET bestätigten Thatsache, wonach in reinem Sauerstoff athmende Thiere nicht mehr von diesem Gas verbrauchen und nicht
mehr Kohlensäure liefern wie beim Athmen in gewöhnlicher atmosphärischer Luft, hätte man auf den richtigen Weg geleitet werden müssen. [1] Da man aber von der direkten Oxydation durch den
Sauerstoff so fest überzeugt war, suchte man die genannte Thatsache
anderswie zu deuten; LAVOISIER meinte, in reinem Sauerstoff wäre
der Verbrauch dann nicht grösser, wenn die Respiration dabei nicht
beschleunigt sei. Auch LIEBIG war sich klar darüber, dass die
Dichtigkeit des Sauerstoffs von keinem Einfluss sein könne, weil
das Leben der Menschen an der Meeresfläche und auf den höchsten
Bergen nicht verschieden sei; und doch schienen ihm noch bis zuletzt die Athembewegungen bestimmend zu sein für die Sauerstoffaufnahme und für die Oxydationen im Körper. Er hat am meisten
dazu beigetragen, die Anschauung von der direkten Verbrennung
(der stickstofffreien Stoffe) durch den Sauerstoff zu befestigen und
zu verbreiten.

Nach und nach wurden allerlei Beobachtungen gemacht, welche
die theilweise Unabhängigkeit der Stoffzersetzung in den Organen
vom Sauerstoff darthaten. Das erste hierher gehörige Factum ver-
danken wir G. v. LIEBIG [2], welcher den Nachweis lieferte, dass der
ausgeschnittene Froschmuskel in einer sauerstofffreien Atmosphäre
noch längere Zeit Arbeit leistet und Kohlensäure producirt. Dies
wurde später von LUD. HERMANN [3] bestätigt und für den Muskel gedeutet, indem er bei der Muskelcontraction nicht eine Oxydation,
sondern eine Spaltung einer complicirten Substanz in einfachere
Produkte stattfinden liess (S. 194).

Bei den im Münchener physiologischen Institut ausgeführten
Untersuchungen über die Zersetzung von Eiweiss und stickstofffreien
Substanzen wurden dann immer mehr und mehr Erfahrungen ge-
macht, welche nicht mit der früheren Vorstellung, nach welcher der

---

1 Auch VIERORDT beobachtete unter verschiedenem Luftdruck keine Aenderung in der absoluten Kohlensäureausscheidung (Physiologie des Athmens. S. 82.
1845.)
2 G. v. LIEBIG, Arch. f. Anat. u. Physiol. 1850.
3 LUD. HERMANN, Unters. über d. Stoffwechsel der Muskeln, ausgehend vom
Gaswechsel derselben. Berlin 1867. Er betrachtet die Sauerstoffaufnahme und die
Kohlensäureabgabe des Muskels als zwei von einander unabhängige Akte, die
Kohlensäureabgabe tritt in Folge des Zerfalls der Muskelsubstanz auf, die Sauerstoffaufnahme ist dagegen mit dem Prozess der fortwährenden Restitution der
Muskelsubstanz verbunden. Bei der Ruhe halten Zerfall und Restitution glei-
chen Schritt, bei der Thätigkeit überwiegt der Zerfall.

Sauerstoff die direkte Ursache der Umsetzung jener Stoffe sein soll,
zu vereinen waren.

Wäre der Sauerstoff wirklich die direkte Ursache des Zerfalls
im thierischen Organismus, so hätten sich für die quantitativen Verhältnisse der Zerstörung der Stoffe ganz bestimmte Regeln ergeben
müssen.

Es hätten in einem solchen Falle die Stoffe je nach ihrer Verwandtschaft zum Sauerstoff verbrennen müssen, also am leichtesten
das Fett, dann die Kohlehydrate und endlich das stickstoffhaltige
Eiweiss, während thatsächlich nach vielen Versuchen das Eiweiss
selbst in der grössten Menge zerstört wird, das Fett dagegen ungleich schwerer zerfällt und von einer gewissen Grenze an unverändert abgelagert wird. [1]

Eine grössere Zufuhr von Eiweiss ruft stets eine Erhöhung des
Sauerstoffconsums hervor, eine Zufuhr von Fett ändert den letzteren
kaum; nach den früheren Auffassungen hätte gerade das Entgegengesetzte stattfinden müssen. Wenn aus dem Thierkörper Dämpfe
von Alkohol oder Aether, phosphorige Säure, flüchtige Kohlenwasserstoffe und sogar das leicht entzündliche Wasserstoffgas unverbrannt entweichen, aber Eiweiss in Menge zersetzt wird, so kann
darin nicht eine einfache Oxydation nach Maassgabe der chemischen
Verwandtschaft zum Sauerstoff gegeben sein.

Würden die Fette und Kohlehydrate, wie man sich vorstellte,
direkt durch den Sauerstoff oxydirt und würden sie durch Beschlagnahme desselben das Eiweiss beschützen, so müssten diese beiden
Stoffe sich in Quantitäten vertreten, welche die gleiche Menge von
Sauerstoff zur völligen Verbrennung zu Kohlensäure und Wasser
nöthig haben. Dies tritt aber nicht ein. Denn es verbrennen im
Körper die grössten Mengen von Kohlehydraten, bei dem Fett kommt
jedoch bald der Punkt, wo es nicht mehr zersetzt wird und ein Ansatz desselben erfolgt. Der Bedarf an Sauerstoff zur vollständigen
Verbrennung ist nicht das Maass für die gegenseitige Ersetzung der
einzelnen Stoffe im Organismus; so wenig man für einen Ofen von
bestimmter Construktion aus dem Verbrauch von Holz auf den an
Steinkohlen rechnen kann, weil dafür die Construktion des Ofens
das bestimmende ist, so wenig ist eine solche Rechnung für die Ver-

---

1 Es ist kein Beweis für die leichtere Zersetzlichkeit des Fettes gegenüber
dem Eiweiss, wenn im verhungerten Thier das Fett meist ganz verschwunden
ist, während noch genug Eiweiss vorhanden ist. Das Fett ist häufig in geringerer
Menge abgelagert als das Eiweiss und daher bälder zerstört wie letzteres; es
kommen jedoch auch Fälle vor, wo nach dem Hungertode noch genug Fett gefunden wird.

brennung der Fette und Kohlehydrate im Thierkörper möglich, in welchem ebenfalls die Bedingungen der Organisation den Zerfall feststellen.

Nach der früheren Auffassung hätte ferner der Sauerstoffverbrauch, unter sonst gleichen äusseren Verhältnissen z. B. der Arbeitsleistung und der Athmung, trotz qualitativ und quantitativ verschiedener Nahrungsaufnahme stets der gleiche bleiben müssen; derselbe schwankt aber, nur durch die wechselnde Zufuhr von Nahrungsstoffen bedingt, in den weitesten Grenzen hin und her.[1] Es kann also der Sauerstoff nicht der direkte Zerstörer sein, da in diesem Falle gar kein Grund zu finden wäre, warum er in so ungleicher Menge eintreten sollte, zudem für ihn im Körper stets genügend Material an Eiweiss und Fett zur Zerstörung bereit liegt.

Dass die Eiweisszersetzung nicht vom Sauerstoff abhängig ist, ging mit Evidenz aus der Unveränderlichkeit des Eiweissverbrauchs bei der Muskelarbeit hervor, obwohl dabei die doppelte Menge von Sauerstoff zur Zerstörung von Fett in Beschlag genommen wird. Im Gegensatz dazu vermag man durch reichliche Eiweisszufuhr ebenfalls die doppelte Quantität von Sauerstoff in den Körper zu zwingen, wobei jedoch nur das Eiweiss in verhältnissmässig grösserer Menge und nicht mehr Fett umgesetzt wird. Ausserdem thaten PETTENKOFER und ich, sowie J. BAUER bei der Zuckerharnruhr und der Phosphorvergiftung trotz der sehr gesteigerten Eiweisszersetzung eine ansehnlich geringere Sauerstoffaufnahme dar; es kann also der Zerfall des Eiweisses nicht durch den Sauerstoff veranlasst sein.

Als PETTENKOFER und ich gefunden hatten, dass im Thierkörper das Eiweiss in grossen Mengen leicht angegriffen wird und der Stickstoff desselben völlig im Harn und Koth erscheint, jedoch unter Umständen nicht aller Kohlenstoff, so sagten wir[2], dass das Eiweiss, zunächst ohne Einfluss des Sauerstoffs, in stickstoffhaltige und stickstofffreie Produkte zerfällt, von welchen letzteren einer die Zusammensetzung des Fettes hat. Schon vorher hatte MORITZ TRAUBE[3], gestützt auf meinen Versuch, nach dem bei Muskelarbeit trotz erhöhter Sauerstoffaufnahme der Eiweissumsatz unverändert bleibt, geäussert, es könne der Sauerstoff nicht direkt das Eiweiss verbrennen, sondern es müsse die Eiweisszersetzung auf einem Spaltungs-

---

1 PETTENKOFER u. VOIT. Ztschr. f. Biologie. VII. S. 493. 1871.
2 PETTENKOFER u. VOIT, Ztschr. f. Biologie. III. S. 432. 1867, V. S. 169 u. 437. 1869, VI. S. 321. 1870, VII. S. 493. 1871. — VOIT, Ueber die Theorien d. Ernährung d. thier. Organismen. Rede. S. 25. 1868.
3 MOR. TRAUBE, Arch. f. path. Anat. XXI. S. 407. 1861.

prozess beruhen. Wir haben aus allen den vorher angegebenen
Versuchsresultaten die Unabhängigkeit der Gesammteiweisszersetzung
im Körper von dem Sauerstoff erschlossen, und diese Anschauung
später auch auf die Zersetzung der übrigen Stoffe, namentlich der
Fette und Kohlehydrate, ausgedehnt.[1] Es soll darnach im Organismus nicht eine direkte Oxydation der complicirt zusammengesetzten
Stoffe gegeben sein, sondern vielmehr durch andere Bedingungen als
durch den Sauerstoff eine Spaltung des Eiweisses sowie der höheren
chemischen Verbindungen in einfachere, wobei dann allmählich in die
immer weiter und weiter vorschreitenden Spaltungsprodukte der
Sauerstoff eintritt. Es ist demnach der Sauerstoff nicht die Ursache
der Zerstörung im Körper, sondern die Grösse des unter anderen
Bedingungen eintretenden Stoffzerfalls ist maassgebend für die secundär erfolgende Aufnahme und Verbrauchung des Sauerstoffs.[2]

Sobald ich dies einsah, habe ich[3] alsbald ausgesprochen, dass
auch die Athembewegungen nicht die Regulatoren des Stoffwechsels
sind und keinen direkten Einfluss auf die Zersetzungsprozesse im
Körper auszuüben vermögen. Die Athemzüge werden vielmehr je
nach der Wegnahme des Sauerstoffs aus dem Blute durch die Zerfallprodukte regulirt.

Indem die Produkte des Zerfalls allmählich reicher an Sauerstoff werden, nehmen sie aus dem Blute Sauerstoff weg und produziren Kohlensäure, was dann sekundär Athembewegungen nach
sich zieht, durch welche neuer Sauerstoff in das Blut eintritt und
die Kohlensäure entfernt wird; würde durch die Zerfallprodukte kein
Sauerstoff verbraucht, so würden auch die heftigsten Athembewegungen keinen Sauerstoff ins Blut bringen. Die gleichen Anschauungen
hat später auch PFLÜGER[4] auf seine Untersuchungen über den Gasaustausch zwischen Blut und Gewebe gestützt, dargelegt.

In seiner letzten Abhandlung hat LIEBIG[5] nach uns sich ebenfalls
dahin geäussert, dass es sich bei dem Zerfall des Albumins in Kohlensäure, Wasser und Harnstoff nicht um eine Verbrennung, sondern
um Spaltungen handle, an denen der Sauerstoff einen bedingenden

1 PETTENKOFER u. VOIT, Ztschr. f. Biol. VII. S. 455 u. 493. 1871, VIII. S. 379 u.
382. 1872, IX. S. 31. 32. 436. 469. 509. 534. 1873, XIV. S. 82. 1878 (Zusammenstellung).
2 Der Zerfall des Zuckers in Kohlensäure und Alkohol durch die Hefezellen
geschieht auch nicht durch eine Oxydation; es ist eine Spaltung, bei welcher der
freie Sauerstoff entbehrt werden kann.
3 VOIT, Ztschr. f. Biologie. VI. S. 388 u. 390. 1870, VII. S. 197 u. 494. 1871, VIII.
S. 8. u. 383. 1872, XIV. S. 94. 1878.
4 PFLÜGER, Arch. f. d. ges. Physiologie. VI. S. 343. 1872, XIV. S. 630. 1877.
5 LIEBIG, Sitzgsber. d. bayr. Acad. IV. S. 451. 1869.

Antheil habe, ohne die Ursache derselben zu sein, was ihn aber nicht hinderte, in derselben Abhandlung nach wie vor lediglich die Zahl der Athemzüge und der Herzschläge in einer gegebenen Zeit als die Ursache der Sauerstoffaufnahme und der Oxydation im Körper zu bezeichnen.

Ferner kam PFLÜGER [1], von einem ganz anderen Wege ausgehend als wir, ebenfalls zu der entschieden ausgesprochenen Ueberzeugung, dass bei den Lebensprozessen nicht eine direkte Oxydation des Eiweisses, sondern eine Dissociation desselben stattfindet, und überhaupt nicht der Sauerstoff die chemischen Processe des Lebens bestimmt, welche vielmehr innerhalb weiter Grenzen von diesem unabhängig seien. Nach seinen Beobachtungen sind nämlich Frösche im Stande ohne eine Spur von freiem Sauerstoff noch längere Zeit wie normal Kohlensäure zu bilden und auszuscheiden, sowie alle Lebenserscheinungen zu zeigen. Auch hat PFLÜGER mit seinen Schülern DITTMAR FINKLER und ERNST OERTMANN (siehe S. 203) durch Versuche, bei welchen der Gasaustausch von Kaninchen zuerst bei selbständiger Athmung durch Ventile und dann bei sehr frequenter künstlicher Respiration ermittelt wurde, direkt darzuthun gesucht, dass die Grösse der Sauerstoffzufuhr von keinem Einfluss auf die Kohlensäurebildung ist.[2]

Es finden also bei den Stoffzersetzungen im Thierkörper für gewöhnlich keine einfachen Oxydationen statt, wobei der Sauerstoff sich ohne Weiteres mit den Elementen der Stoffe verbindet, sondern es spalten sich in ihm durch gewisse Ursachen, zunächst unabhängig vom Sauerstoff, complicirte chemische Verbindungen in ihre Componenten (Dissociation), entweder gerade auf ohne Zutritt eines Stoffs (einfache Spaltung), oder unter Aufnahme von Wasser (hydrolytische Spaltung) oder unter Aufnahme von Sauerstoff (oxydative Spaltung); ja es können nebenbei sogar allerlei synthetische und reduktive Prozesse unter Aufspeicherung von Spannkraft vorkommen. Im Grossen und Ganzen handelt es sich aber um Zerfallprocesse und zwar um solche oxydativer Natur, da wir als schliessliches Resultat sauerstoffreichere Endprodukte auftreten sehen.

Dadurch unterscheiden sich aber die Zersetzungen im Organismus nicht von den meisten gewöhnlichen Verbrennungen. Bei vielen, unbedenklich noch heutzutage als Verbrennungsprocesse bezeichneten Vorgängen ist es nicht anders wie bei den oxydativen Spaltungen im Orga-

---

1 PFLÜGER, Arch. f. d. ges. Physiol. X. S. 251. 1875.
2 Die Athemmechanik hat dagegen, nicht wegen der ungleichen Sauerstoffzufuhr, sondern wegen der verschiedenen Muskelanstrengung einen wesentlichen Einfluss auf die Zersetzung im Körper, wie Lossen und ich gezeigt haben (S. 203).

nismus z. B. bei der Verbrennung von Holz im Ofen oder von Oel in einer Lampe. Auch hierbei ist nicht der Sauerstoff die nächste Ursache der Zersetzung, er oxydirt nicht das Holz oder das Oel, so wenig wie das Eiweiss oder das Fett im Organismus, sondern durch die höhere Temperatur, die sogenannte Anzündungstemperatur, treten ebenfalls Spaltungen auf, es bilden sich meist gasförmige Producte, in welche bei Anwesenheit von Sauerstoff nach und nach dieser Stoff eintritt. Die dabei erzeugte Wärme dient als Ursache zum schnellen Zerfall weiterer Holzoder Oeltheilchen. Ist kein Sauerstoff zugegen, so findet die Spaltung durch die Anzündungstemperatur statt, aber es entstehen die Producte der unvollkommenen Verbrenuung, welche im thierischen Organismus auch auftreten können z. B. bei der Ablagerung von Fett aus Eiweiss oder bei der Ausscheidnng von Zucker im Harn. Man hat für die genannten Verbrennnngen schon längst die richtige Auffassung (KNAPP), die man erst in letzter Zeit für die betreffenden Vorgänge im Thierkörper gewonnen hat.

Dass der Sauerstoff nicht die nächste Ursache des Stoffzerfalls im Thierkörper ist, sondern die Aufnahme desselben durch die aus anderen Ursachen erfolgende oxydative Spaltung secundär geschieht, geht auch noch aus weiteren Thatsachen hervor. Direkt nach einem ausgiebigen Aderlasse wird, obwohl viel weniger sauerstofftragende Blutkörperchen vorhanden sind, doch noch ebensoviel Sauerstoff aufgenommen und verbraucht wie normal, da durch diesen Eingriff anfangs die Zersetzungen im Körper nicht geändert werden. Ebenso ist es bei der Leukämie und anderen Respirationsstörungen, bei welchen die Aufnahme des Sauerstoffs sehr erschwert ist, aber doch in normalem Maasse erfolgt, weil die Bedingungen des Stoffzerfalls nicht wesentlich alterirt sind.

Bei der Phosphorvergiftung wird Fett in den Organen abgelagert und weniger Sauerstoff aufgenommen; der Phosphor kann dabei nicht die Zersetzung von Fett im Körper durch Wegnahme von Sauerstoff verringern, denn die geringe Dosis von Phosphor nimmt viel zu wenig Sauerstoff in Beschlag, er muss auf die Ursachen des Zerfalls wirken, wodurch dann weniger Material zersetzt wird und weniger Sauerstoff nöthig ist. In gleicher Weise wird bei höheren Temperaturen das Fett oder bei Diabetes der Zucker nicht deshalb unverändert gelassen, weil der Sauerstoff zur Zerstörung mangelt; es könnte genug Sauerstoff eintreten, aber es sind die Bedingungen für den Stoffzerfall beeinträchtigt. Der Alkohol beeinflusst nicht die Zersetzungen im Körper, indem er für sich den Sauerstoff wegnimmt, denn bei grösseren Dosen desselben gelangt mehr Sauerstoff als normal zur Verwendung; die Verminderung des Eiweiss- und Fettverbrauchs bei mittleren Dosen beruht auf einer Wirkung auf die Ursachen des Zerfalls. Man darf dem entsprechend auch die Rolle anderer Stoffe, z. B. des Fettes oder der Kohlehydrate, nicht in einer Beschlagnahme des Sauerstoffs für ihre Verbrennung suchen. Es ist schwierig sich von den früheren falschen Vorstellungen über die Bedeutung des Sauerstoffs für die Zersetzungen im Körper ganz loszulösen. Immer wird noch von der Zerstörung durch den Sauerstoff, der sich der Stoffe im Organismus je nach ihrer Verbrennlichkeit bemächtigt, gesprochen; noch immer meint man, die Athembewegungen seien die Regulatoren des Stoffverbrauchs im Thier, tiefere und zahlreichere Athemzüge oder eine raschere Blutcirculation machten durch grössere Sauerstoffzufuhr eine stärkere Verbrennung, Thiere mit kleinen Lungen mästeten sich leichter, weil in Folge der geringeren Sauerstoffaufnahme weniger in ihnen verbrannt wird. Der Sauerstoff kann, selbst bei Erschwerung der Uebertragung, in grösster Menge eingeführt werden, wie die enorme Steigerung seines Verbrauchs bei angestrengter Arbeit oder reichlicher Nahrungsaufnahme zeigt; den Umständen, welche den Zerfall im Thierkörper bedingen, scheint eher eine Grenze gesteckt zu sein.

Man hat nach dem Bekanntwerden mit dem Ozon und seinen Wirkungen gemeint, der Sauerstoff finde sich im Blute und den Geweben im ozonisirten Zustande und wirke deshalb energisch oxydirend ein. Es war aber nicht möglich mit Sicherheit die Gegenwart von Ozon im Blute darzuthun.[1] Würde auch Ozon im Blute gebildet, so könnte es nicht in die Gewebe gelangen, da es in ersterem alsbald verbraucht würde; ist man ja nicht einmal im Stande in einem bewohnten Zimmer Spuren von Ozon zu finden, so rasch wird dasselbe durch organische Substanzen weggenommen.

Mit dem Nachweis, dass der Sauerstoff nicht die nächste Ursache der Zerstörung im Körper ist, sind alle die früheren Voraussetzungen über die Ursachen der Stoffzersetzung im thierischen Organismus als unrichtig erkannt worden, und es gilt jetzt an der Hand aller der Erfahrungen am Thier über die Verschiedenheiten des Umsatzes neue Vorstellungen hierüber zu gewinnen.

VII. Ungeformte Fermente als Ursache des Stoffumsatzes.

Man hat als Ursachen des Zerfalls im Organismus vielfach sogenannte ungeformte oder geformte Fermente kennen gelernt. Schon in den ältesten Zeiten hat man die Aehnlichkeit der Erscheinungen im lebenden Organismus und denen der Fäulniss oder der Gährung gefühlt; man suchte viele der ersteren durch eine Fermentation zu

---

1 Siehe hierüber: PFLÜGER, Arch. f. d. ges. Physiol. X. S. 252. 1875.

erklären. Mit der besseren Einsicht in das Wesen der Fäulniss und
Gährung wurde die Uebereinstimmung immer mehr dargethan.
Es finden sich bekanntlich weit verbreitet im Thier- und Pflanzenreiche ungeformte Fermente (Enzyme) oder Stoffe, welche sich
aus den Organen durch Lösungsmittel ausziehen lassen und Zersetzungen oder Spaltungen gewisser Substanzen bewirken. Schon
im Darmkanal werden durch solche ungeformte Fermente der Verdauungssäfte Nahrungsstoffe umgewandelt, also z. B. Eiweiss in
Peptone, und diese weiter in Leucin, Tyrosin, Asparaginsäure und
Glutaminsäure übergeführt, die Fette in Glycerin und Fettsäuren gespalten, Stärkemehl in Dextrin und Traubenzucker zerlegt. Aber auch
in den übrigen Organen ausser den Verdauungsdrüsen kommen Fermente der Art vor. Aus der Leber ist ein Ferment auszuziehen,
welches Glykogen in Traubenzucker umwandelt [1]; ausser in der Leber
hat man saccharificirende Fermente gefunden in der Schleimhaut des
Magens und Dünndarms, im Gewebe der Niere, des Gehirns und
vieler anderer Organe, in der Galle, im Blute u. s. w. [2] Nach HÜFNER[3]
ist das eiweissspaltende Ferment des Pankreas wie das zucker-
bildende des Speichels in allgemeiner Verbreitung im Organismus;
BRÜCKE[4] wies das Pepsin in den Muskeln und im Harn nach;
SCHULTZEN und NENCKI[5] lassen das Eiweiss durch ungeformte Fermente nicht nur im Darm, sondern grösstentheils erst im Kreislauf
unter Wasseraufnahme in Amidosäuren und stickstofffreie Körper
übergehen. Als SCHÖNBEIN[6] die Zerlegung des Wasserstoffsuper-
oxyds in Wasser und neutralen Sauerstoff durch alle ungeformten
und geformten Gährungserreger gefunden hatte, sprach er sich dahin
aus, dass die Zersetzungsvorgänge im thierischen Organismus mit den
Gährungserscheinungen in Zusammenhang stehen und in ersterem
Fermente allgemein verbreitet sind, welche der Gährung ähnliche
Vorgänge und Spaltungen veranlassen. LIEBIG[7] verglich ebenfalls
die chemischen Prozesse in der Hefezelle, in welcher er ein unge-

1 CLAUDE BERNARD, Leçons de physiol. expérimentale. II. 1856.
2 WITTICH, Arch. d. ges. Physiol. III. S. 339. 1870. — NASSE, Arch. f. physiol.
Heilk. IV. — JACOBSON, De sacchari formatione fermentoque in jecore et de fermento
in bile. Regimonti 1865. — TIEGEL, Arch. f. d. ges. Physiol. VI. S. 249. 1872. — PLÓSZ
u. TIEGEL, Ebenda. VII. S. 391. 1873. — LÉPINE, Ber. d. sächs. Ges. d. Wiss. Math.-
phys. Cl. 1870. 31. Oct. S. 322. — SEEGEN u. KRATSCHMER, Arch. f. d. ges. Physiol.
XIV. S. 593. 1877. — EPSTEIN u. MÜLLER, Ber. d. chem. Ges. VIII. S. 679. 1875. —
ABELES, Med. Jahrb. 1876. Heft 2.
3 HÜFNER, Journ. f. pract. Chem. CX. S. 53, CXVII. S. 372, CXVIII. S. 1.
4 BRÜCKE. Ztschr. f. Chem. 1870. S. 60.
5 SCHULTZEN u. NENCKI. Ztschr. f. Biologie. VIII. S. 124. 1872.
6 SCHÖNBEIN, Ebenda. I. S. 273. 1865, II. S. 1. 1866, IV. S. 367. 1868.
7 LIEBIG, Sitzgsber. d. bayr. Acad. II. S. 412. 435. 436. 1869.

formtes Ferment als Wirksames annahm, mit denen in den thierischen Zellen in besonders anschaulicher und bestimmter Weise; Hoppe-Seyler [1] findet vielfach Analogien der chemischen Prozesse bei der Fäulniss und denen im Thierkörper und lässt zur Erklärung der Zersetzungen in den Organen des letzteren fermentative Prozesse stattfinden; auch nach O. Nasse [2] machen die Wirkungen ungeformter Fermente einen wesentlichen Theil der Vorgänge im thierischen Organismus aus.

Mit der Auffindung eines solchen ungeformten Fermentes von bestimmter Wirksamkeit ist allerdings die Art seiner Wirkung noch nicht aufgeklärt; vorläufig ist damit nur die Existenz eines Stoffes dargethan, welcher auf noch unbekannte Weise einen gewissen Effekt hervorbringt; es ist aber alle Aussicht vorhanden, über kurz oder lang in Erfahrung zu bringen, wie das ungeformte Ferment seine Wirkung ausübt, worauf ich später noch zurückkommen werde.

Es liessen sich die Zersetzungsvorgänge in den einzelnen Organen und im Gesammtorganismus leicht übersehen, wenn sie sämmtlich durch ungeformte Fermente hervorgerufen wären. Aber es ist bis jetzt nicht gelungen, alle diese Spaltungen auf die Thätigkeit ungeformter Fermente zurückzuführen. Nur dann, wenn man im Stande ist aus den Zellen oder Geweben Stoffe in Lösung zu bringen, welche die in den Organen stattfindenden Zersetzungen hervorrufen, dürfen wir diese letzteren von einem ungeformten Ferment ableiten; ist dies nicht möglich, so muss eine andere Ursache für den Zerfall gegeben sein. Die meisten und hauptsächlichsten Umsetzungen in den thierischen Organismen lassen sich jedoch nicht durch ungeformte Fermente erzeugen. So wenig wir aus den Hefezellen ein Ferment ausziehen können, welches Traubenzucker in Kohlensäure und Alkohol zerlegt, oder aus den Spaltpilzen einen Stoff, der die Fäulnisserscheinungen bedingt, so wenig erhalten wir aus den Organen höherer Thiere Stoffe in Lösung, mit denen wir die stofflichen Wirkungen der Organe nachzuahmen vermögen. Aus den Hefezellen ist mit Leichtigkeit ein Stoff zu gewinnen, welcher Rohrzucker in Traubenzucker überführt, aber nie ein solcher, welcher die geistige Gährung einleitet; es muss sich dabei also um verschiedene Ursachen handeln, und es kann nicht genug empfohlen werden, hier scharf zu trennen, da sonst Verwirrungen unvermeidlich sind. [3]

1 Hoppe-Seyler, Physiol. Chemie. I. S. 125; Arch. f. d. ges. Physiol. VII. S. 399. 1873, XII. S. 1. 1876; Ztschr. f. physiol. Chem. II. S. 1.
2 Nasse, Arch. f. d. ges. Physiol. XI. S. 138.
3 Kühne, Vorh. d. naturf.-med. Vereins zu Heidelberg. 1. S. 3. 1576 u. Unters. d. physiol. Instituts d. Univ. Heidelberg. I. (3) S. 1, II. (2) S. 62.

VIII. Die Ursachen des Stoffumsatzes finden sich grössten-theils an der Organisation und nicht in den Säften.

Die Ursachen für diejenigen Zerlegungen, welche nicht auf un-geformten Fermenten beruhen, finden sich an dem Organisirten, an den Zellen und Zellengebilden; es sind dort offenbar Bedingungen gegeben, welche einen ähnlichen Effekt, nämlich den Zerfall von chemischen Verbindungen, hervorbringen wie die ungeformten Fer-mente. Die Zerstörung der Organisation der Hefezelle, z. B. durch Zerreiben, hebt auch die Alkoholgährung auf, obwohl dadurch kein Stoff und auch nicht die Wirksamkeit des in der Hefe vorhandenen ungeformten Ferments vernichtet wird. Dieselbe Rolle wie die Hefe-zelle spielt auch die Organisation der einzelnen Organe der höheren Thiere. Man spricht daher hier von der Wirkung eines geformten Ferments im Gegensatz zum ungeformten löslichen Ferment, welche Bezeichnung allerdings keine glückliche ist, da es sich in dem einen Fall um die Wirkung einer chemischen Verbindung, in dem anderen Fall um die Wirkung eines aus zahlreichen chemischen Verbindungen bestehenden Organismus handelt. Es wäre am besten, den Namen Ferment in dem ursprünglichen Sinn als synonym mit Hefe zu ge-brauchen, und die löslichen Stoffe, mit der Eigenschaft chemische Verbindungen zu zerlegen, mit Kühne Enzyme oder mit Nägeli Contactsubstanzen zu nennen.

Es ist mit einem solchen Wort allerdings noch nicht die Er-klärung der Erscheinung gegeben; es ist damit vorläufig noch nichts geschehen, als der Ort fixirt, wo aus noch unbekannten Ursachen jene Wirkungen vor sich gehen, und der Forschung eine bestimmte Richtung gegeben. Man drückt damit aus, dass nicht an einem isolirbaren Stoff, wie etwa an dem Sauerstoff oder an einem unge-formten Ferment, die Wirksamkeit haftet, sondern dass durch noch unbekannte Bedingungen der Organisation der Zerfall erfolgt. Da-durch ist zugleich die Aufgabe hingestellt, zu suchen, was denn an der lebenden Organisation Besonderes ist, das den Anlass für die Spaltung chemischer Verbindungen giebt. Man versteht darunter selbstverständlich nicht etwas Vitalistisches im früheren Sinne, son-dern etwas wie die übrigen Lebenserscheinungen Erklärbares. Diese Vorgänge werden voraussichtlich zuerst an dem einfachsten Falle, dem der Hefezelle, durchschaut und erklärt werden; das Studium der Hefewirkung ist deshalb für die Erkenntniss der Prozesse in complicirten thierischen Organismen von so grosser Bedeutung.

Die meisten Physiologen suchen jetzt die Ursachen der Um-

setzungs- und Oxydationsprozesse im thierischen Organismus nicht
mehr in einem bestimmten Organ, sondern in allen lebenden Zellen
und Zellengebilden, und leiten von den Unterschieden in der Organisation der einzelnen Organe die Verschiedenheiten der Zersetzung
trotz gleichen Ernährungsmaterials ab. Es hat immer Physiologen
gegeben, welche gegenüber der einseitigen Hervorhebung der Bedeutung der Säfte die Selbständigkeit der Gewebe und Gewebselemente behaupteten (Burdach); ebenso ist die Cellularpathologie
gegenüber den Ausschreitungen der Humeralpathologie zu ihrem
Rechte gekommen. In der Ueberzeugung der Bedeutung der Gebilde
hat Liebig [1] stets daran festgehalten, dass in ihnen und nicht in den
Säften die Zersetzungen des Eiweisses vor sich gehen; Bischoff
und ich [2] sind ihm darin beigetreten. Durch meine weiteren Untersuchungen wurde ich in dieser Anschauung immer mehr bestärkt,
weshalb ich bei jeder Gelegenheit betont habe [3], dass die Zellen die
Orte sind, an denen die Zerstörung sowohl der stickstoffhaltigen
als auch der stickstofffreien Stoffe zu Stande kommt. Auch Hoppe-
Seyler [4] hat Gründe für diese Ansicht beigebracht; in letzter Zeit
hat namentlich Pflüger [5] dieselbe vertheidigt und weitere Beweise
dafür angegeben. Nach seinen Darlegungen nehmen die niedersten
Thiere ohne Blut sowie die lebenden thierischen und pflanzlichen
Zellen Sauerstoff auf und geben Kohlensäure ab; bei den Insekten
geschieht die Athmung unabhängig vom Blut, indem die Zellen der
Organe die Luft direkt durch die Tracheen erhalten; entblutete
Frösche haben nach Oertmann noch den gleichen Gaswechsel wie
die bluthaltigen. Der Vogelembryo verbraucht Sauerstoff und produzirt Kohlensäure zu einer Zeit, wo sich in ihm nur Zellen, noch
kein Blut und keine Blutgefässe finden; bei der Phosphorescenz
leuchten nur die Zellen, niemals eine Flüssigkeit oder das Blut,
und das Leuchten erlischt ohne den Sauerstoff sowie durch chemische
Eingriffe, welche das Leben der Zellen zerstören.

Wenn an den Zellen die Ursachen der Umsetzungen haften, so
ist damit nicht gesagt, dass der Zerfall eines Stoffes in einer Zelle
oder in einem Organ bis zu den letzten Ausscheidungsprodukten verläuft. Es geht derselbe in einem bestimmten Organ möglicherweise

1 Liebig, Thierchemie. 1. Aufl. S. 147 u. 251.
2 Bischoff u. Voit, Die Gesetze der Ernährung des Fleischfressers. 1860. S. 6.
3 Voit, Unters. über den Einfluss des Kochsalzes etc. S. 9; Ztschr. f. Biologie.
IV. S. 527. 1868; V. S. 329. 1869; VI. S. 35 u. 93. 1870; VII. S. 494 u. 496. 1871; VIII.
S. 351 u. 384. 1872; IX. S. 34 u. 329. 1873.
4 Hoppe-Seyler, Arch. f. d. ges. Physiol. VII. S. 399. 1873.
5 Pflüger, Arch. f. d. ges. Physiol. X. S. 251. 1875. — E. Oertmann, Ebenda.
XV. S. 381. 1877.

nur bis zu einer gewissen Stufe vor sich, und es werden dann die Produkte erst in anderen Organen nach und nach in die Exkretionsstoffe verwandelt. Aus bestimmten Gründen wurden früher die Hauptzersetzungen in die Säfte des Thierkörpers verlegt. Man hielt namentlich das den ganzen Körper durchströmende Blut für den hauptsächlichsten Ort der Verbrennung, besonders da man eine Flüssigkeit für geeigneter zu chemischen Veränderungen erachtete als ein solides Organ, und da man im Blute den als den Zerstörer angesehenen Sauerstoff fand. Dieser Meinung war noch Joh. Müller, dann die Anhänger der Theorie von der Luxusconsumption wenigstens für das über den Verbrauch beim Hunger zersetzte Eiweiss und die stickstofffreien Stoffe, Liebig für die letzteren. Wenn an dem Organisirten wirklich die Bedingungen für den Zerfall sich finden, wofür viele Thatsachen sprechen, dann können diese Vorstellungen von der Bedeutung der Säfte nicht richtig sein; nur bei einer direkten Oxydation oder der Wirkung ungeformter gelöster Fermente liessen sich dieselben noch aufrecht erhalten.

Es ist durch eine Anzahl von Beobachtungen eine in grösserem Maassstabe stattfindende Zersetzung von Substanzen im Plasma für sich allein, ohne Mitwirkung zelliger Gebilde, höchst unwahrscheinlich geworden. Namentlich haben Hoppe-Seyler [1] und später Pflüger [2] hervorgehoben, dass im Blute wegen des geringen Sauerstoffconsums in ihm keine lebhaften Oxydationsprozesse vor sich gehen, und dass kein Grund vorhanden ist, im Blute, dem Chylus und der Lymphe einen irgend erheblichen Verbrauch von Stoffen anzunehmen.

Man hat gemeint, das Blut könne nicht der Herd der Zersetzung im Körper sein, da dasselbe beim Hunger relativ nicht mehr abnimmt als die übrigen Organe und sich absolut nur in geringem Grade an dem Verlust betheiligt; aber es wäre trotzdem das Stattfinden der Umsetzungen im Blute möglich, wenn die Organe beim Hunger abschmelzen und auf ihre Kosten das Blut wieder ergänzen. In dem Blute kommen ja gewiss, auch abgesehen von den Wirkungen ungeformter Fermente, Stoffzersetzungen vor, soweit als die Zellen desselben thätig sind; jedoch stellen die Blutkörperchen nur einen kleinen Bruchtheil der im Körper vorhandenen Zellen und Gewebe dar. Ich trenne daher nicht das Blut und das Gewebe, wie es früher geschah; ich unterscheide vielmehr das Organisirte,

---

1 Hoppe-Seyler, Med.-chem. Unters. Heft 1. S. 133. 1866; Heft 2. S. 293. 1867.
2 Pflüger, Arch. f. d. ges. Physiol. VI. S. 44. 1871. Früher (Centralbl. f. d. med. Wiss. 1867. No. 21. S. 321 u. No. 46. S. 722) hatte er dem lebendigen Blut einen regen Stoffwechsel zugeschrieben, da es sich gegen den Sauerstoff nicht indifferent verhält und einen Theil des locker gebundenen Sauerstoffs verzehrt.

die Gewebe und Zellen, von dem Nichtorganisirten, den Säften;
das Blut ist durch seine Zellen auch ein Organ wie die übrigen,
mit allen Eigenschaften derselben, und es kann dadurch in ihm recht
wohl ein Theil der Kohlensäure aus zugeführten höheren Spaltungs-
produkten erst entstehen.

Die Säfte, Blutplasma, Ernährungsflüssigkeit und Lymphe, sind
nur die Träger des neuen Ernährungsmaterials zu den den Zerfall
bedingenden Gewebselementen und der Zerfallprodukte von den Geweben an die Ausscheidungsorgane; sie erhalten dadurch, wie noch
erhellen wird, eine ganz wesentliche Bedeutung für die Vorgänge
des Stoffwechsels.

IX. Verhalten des aus dem Darmkanale resorbirten Eiweisses.

Es fragt sich jetzt, ob wir aus den im dritten Capitel mitgetheilten Erfahrungen über die Momente, welche die Zersetzungen im
Körper beeinflussen, im Stande sind, uns eine bestimmte Vorstellung
über die Art und Weise des unter der Einwirkung der Zellen vor
sich gehenden Stoffumsatzes zu machen. Selbstverständlich hat jede
Theorie allen jenen Erfahrungen Rechnung zu tragen.

Vor allem ist es wichtig zu entscheiden, welches Material beim
Stoffwechsel durch den Einfluss der Organisation zerstört wird. Nach
den früheren Auseinandersetzungen (auf S. 274) ist ein Untergang
von Zellen oder Geweben in grösserem Maassstabe höchst unwahrscheinlich, derselbe ist nur für eine geringe Anzahl von Gebilden
erwiesen. Wenn aber auch die Formen der Hauptsache nach bestehen bleiben, so könnten doch die die Organisation aufbauenden
Stoffe hauptsächlich das Zerfallmaterial abgeben, indem entweder
der Zelleninhalt zu Grunde geht wie beim Hunger, wo auch keine
Verminderung der Zahl der Zellen und Fasern, sondern nur eine
Volumenabnahme derselben zu erkennen ist, oder indem eine mole-
kuläre Auswechselung der Stoffe der organisirten Theile und des
frischen Ernährungsmaterials ohne Einreissen der Form stattfindet.
In beiden Fällen würden die in der Nahrung zugeführten Stoffe nur
dazu dienen, das zerstörte Organisirte wieder aufzubauen. Es könnte
jedoch auch die Organisation im Grossen und Ganzen stofflich intakt bleiben, und hauptsächlich die den Zellen in der Ernährungsflüssigkeit zugeführten unorganisirten gelösten Stoffe unter ihrer Einwirkung zersetzt werden. Die bei dem Studium des Stoffverbrauchs

gewonnenen Thatsachen sprechen meiner Ansicht nach zu Gunsten der letzteren Möglichkeit. [1] Die auffallendste und bedeutungsvollste Thatsache ist die, dass die Eiweisszersetzung mit der Zufuhr eiweissartiger Stoffe zunimmt, wodurch sie unter Umständen mehr als 15 mal so gross wird wie die beim Hunger, obwohl im letzteren Falle viel mehr Eiweiss im Körper abgelagert ist als im ersteren mit der Nahrung aufgenommen wurde.

Es muss also nach der obigen Darlegung das aus dem Darmkanal neu zugeführte Eiweiss entweder den Zerfall des am Organisirten befindlichen Eiweisses in ganz ausserordentlicher Weise begünstigen, damit es als Ersatz dafür eintreten kann, oder es muss im Wesentlichen in den Geweben selbst zerfallen und sie vor der Zerstörung bewahren. .

VALENTIN[2], HOPPE-SEYLER[3] und Andere nahmen einen Untergang der organisirten Formen und die Bildung neuer aus dem zugeführten Eiweiss an. Namentlich HOPPE-SEYLER ist ein entschiedener Vertreter dieser Anschauung: die Muskeln, die Drüsen u. s. w. sind nach ihm keine stabilen Apparate, welche eingeführte Nährstoffe verarbeiten, sondern Aggregate zelliger Elemente von nicht lange währender Existenz, die sich schnell verbrauchen, während neue Elemente an die Stelle der alten treten; die jungen entwickelungsfähigen Zellen sind nach seiner Anschauung allein der Aufnahme auch von nicht gelösten Nährstoffen fähig und ihre Vermehrung ist von der reichlicheren oder kärglicheren Ernährung des Organismus abhängig. Ich habe schon vorher die Gründe (S. 275) angegeben, aus denen diese Vorstellung nicht richtig sein kann, und hervorgehoben, dass in diesem Falle bei reichlicher Eiweisszufuhr die Zerstörung und die Neubildung organisirter Gebilde ganz kolossale Dimensionen annehmen müsste. Man vermag sich auch durchaus keinen Grund zu denken, warum die Auflösung der organisirten Formen beim Hunger um so viel geringer sein sollte und nur der Zutritt von gelöstem Eiweiss aus dem Darm einen so enormen Untergang jener Gebilde bewirken soll; die Bedingungen für ein Einreissen von Organisirtem sind gewiss beim Hunger in nicht geringerem

1 JOH. MÜLLER hat zuerst an diese Möglichkeit gedacht. indem er sagte: „Es wäre sehr wichtig zu wissen, ob der Harnstoff nur aus zersetztem, schon vorher ausgebildetem Thierstoffe entsteht und sich also auch bei hungernden Thieren erzeugt, oder ob er sich aus den Nahrungsstoffen als ein unbrauchbares Product des Verdauungsprocesses erzeugt." (Handb. d. Physiol. I. S. 569. 1835.)
2 VALENTIN, Wagner's Handwörterb. d. Physiol. I. S. 372. 1842.
3 HOPPE-SEYLER, Arch. f. d. ges. Physiol. VII. S. 399. 1873.

Grade gegeben, nur fehlt bei ihm das Material für den Ersatz des Verlustes. Es könnte höchstens bei Aufnahme von Eiweiss mehr Organisirtes entstehen, aber nicht mehr zu Grunde gehen. Nach den Untersuchungen NÄGELI's ist auch die Funktion der Zucker-zerlegung durch die Hefezelle ganz zu trennen von der Erzeugung neuer Zellen oder von dem Wachsthum der vorhandenen; es kommen nach ihm im Pflanzenreiche vielfache Stoffumwandlungen unter dem Einflusse von Zellen vor ohne eine Neubildung von Zellen.

Viel plausibler und wenigstens nicht den Beobachtungen wider-sprechend ist die andere Anschauung, nach der nicht die organisirte Form eingerissen wird, sondern aus irgend einem Grunde bei Zufuhr neuen Eiweisses in den Zellen befindliches organisirtes Eiweiss zer-setzt wird, für welches dann das erstere als Ersatz eintritt. So dach-ten LIEBIG und BISCHOFF; letzterer und ich liessen, entsprechend der LIEBIG'schen Lehre, durch die für die Bewältigung des verzehrten Eiweisses nöthige Arbeit Eiweiss in den Zellen verbraucht werden, was aber nicht richtig sein kann, da bei der Arbeit nicht mehr Ei-weiss umgesetzt wird. Andere nahmen daher eine einfache Ver-drängung des in den Zellen abgelagerten Eiweisses durch das neu aufgenommene unter Erhaltung der Form an (S. 274 u. 278); auch PFLÜGER scheint hierüber eine ähnliche Anschauung, wenigstens nach einer Aeusserung DÜNKELBERG's [1], zu haben. Jedoch erscheint mir ein solcher fortwährender Austausch des Alten gegen das Neue, und zwar in der enormen Ausdehnung bei reichlicher Eiweisszufuhr, von vorn herein nicht wahrscheinlich; wir verstehen nicht, wodurch eine Verdrängung der Art zu Stande kommen könnte. Gerade die Un-wahrscheinlichkeit dieses Vorganges bewogen LEHMANN, FRERICHS, BIDDER und SCHMIDT die Theorie von der Luxusconsumption aufzu-stellen. Es erklärt sich, meiner Ansicht nach, die so auffallende Vermehrung der Zersetzung des Eiweisses nach Zufuhr dieses Stoffes am einfachsten so, dass das neu aufgenommene gelöste Eiweiss durch die Eigenschaften der Zellen und Gewebe zerlegt wird, ähnlich wie die Hefezellen die sie umspülende oder in sie eindringende Zucker-lösung in Kohlensäure und Alkohol spalten.

Die beiden Auffassungen sind in ihren Consequenzen wesentlich von einander verschieden. Nach der Verdrängungshypothese ist das Organisirte in einem beständigen stofflichen Wechsel begriffen, der

---

1 DÜNKELBERG, Der Landwirth. 1875. No. 34 u. 57. Das schnelle Anwachsen des Stoffwechsels bei reichlicher Nahrungszufuhr soll durch die dichtere Anhäu-tung neugebildeter organisirter Moleküln bedingt sein, durch welche die inneren Oxydationen und Spaltungen wachsen.

in seiner Intensität von der Zufuhr abhängig ist; das neue Eiweiss
ist die Ursache für den Untergang von Organisirtem und zugleich
der Ersatz für den Verlust, so dass ausschliesslich Organisirtes zerfällt und das Neue stets organisirt. Die andere Hypothese lässt das
Organisirte für gewöhnlich fortbestehen und sich nur in geringem
Maassstabe verjüngen; das neue gelöste Eiweiss wird dagegen
grösstentheils, ohne dass es vorher organisirt und Verlorenes ersetzt,
durch die Thätigkeit der Zellen zerstört. Nach der ersten Annahme
wird beim Hunger am wenigsten Organisirtes eingerissen, am meisten bei reichlicher Eiweissaufnahme; nach der zweiten wird beim
Hunger das Organisirte angegriffen, weil kein anderes Material vorhanden ist, bei genügender Zufuhr aber wird es durch das Ernährungsmaterial geschützt. Es tritt also im letzteren Fall nur dann
ein Wechsel im Organisirten, ein Verlust oder ein Ansatz desselben,
ein, wenn die Zufuhr für den jeweiligen Bestand der Organe zu klein
oder zu gross ist. Die Zellen besitzen nach meiner Anschauung die
Eigenschaft, bis zu einer gewissen Grenze Stoffe zu zerlegen, deshalb wächst mit der Zufuhr derselben auch die Zersetzung; die
gleiche Zahl von Hefezellen liefert bei Zusatz von mehr Zucker so
lange mehr Alkohol, bis ihre Leistungsfähigkeit erschöpft ist, ebenso
wird von einer gleichbleibenden Anzahl von Leberzellen bei reichlicher Nahrungsaufnahme viel Galle produzirt.

X. Modus des Eiweisszerfalls.

Man hat sich über den Modus des Zerfalls des Eiweisses noch
besondere Vorstellungen gebildet, welche ich vor der Darlegung der
Zersetzungsvorgänge durch die Zellen noch besprechen muss.

Nach den Ergebnissen der chemischen Untersuchung und der
Versuche am Thier zerfällt, wie schon angegeben worden ist, das
Eiweiss zunächst ohne Mitwirkung des Sauerstoffs, es findet eine
Dissociation des Eiweissmoleküls statt.

Es bestehen bei diesem Zerfall zwei Möglichkeiten. Entweder
ist das in Dissociation gerathene Eiweissmolekül unwiederbringlich
verloren; es spaltet sich in gewisse Gruppen und es treten stickstoffhaltige Produkte sowie stickstofffreie kohlenstoffreiche (z. B.
Zucker oder Fett) auf, welche für gewöhnlich immer weiter bis zu
den Ausscheidungsstoffen zerstört werden, unter Umständen aber auch
auf einer der Zwischenstufen unzersetzt stehen bleiben können, wie
z. B. das Fett bei Zufuhr von Kohlehydraten, bei Phosphorvergif-

tung u. s. w., oder der Zucker beim Diabetes. [1] Oder es ist die Möglichkeit für einen Wiederaufbau des Eiweissmoleküls nach der Abtrennung gewisser Gruppen mit Hilfe neu zutretender Stoffe gegeben.

Die Ansicht einer Regeneration des in Zerfall gerathenen Eiweisses ist eine alte. Schon Mulder [2] lässt die Zerfallprodukte des Eiweisses im Blute zu Proteïnstoffen recomponirt werden. Valentin [3] und Kohlrausch [4] glaubten, es könnten die stickstofffreien Nahrungsstoffe mit den stickstoffhaltigen Umsetzungsprodukten (Harnstoff und Gallensäuren) wieder zu Eiweiss werden. [5] L. Hermann [6] griff diesen Gedanken wieder auf, indem er eine Regenerirung des Eiweisses im Muskel annahm: es dient nach ihm das während der Muskelthätigkeit neben Kohlensäure und Säure gebildete Myosin mit Hilfe der neu zugeführten kohlenstoffhaltigen Substanz zum Wiederaufbau des Muskels. Später hat Hermann [7] diesen Vorgang noch weiter ausgedehnt, indem er die bei der Spaltung der Albuminate im Darm hervorgegangenen einfacheren Bestandtheile nach der Resorption sich wieder zu complicirten Verbindungen (wahrscheinlich in der Leber) vereinigen lässt.

Pflüger [8] hat nun den ganzen Vorgang des Stoffwechsels auf einen theilweisen Zerfall und eine Regeneration des lebendigen Eiweissmoleküls gegründet. Nach seinen Vorstellungen zersetzt sich im Thierkörper ausschliesslich lebendiges Eiweiss; dieses letztere

---

1 Nach der Darstellung von Hoppe-Seyler (Arch. f. d. ges. Physiol. XII. S. 1) ist der Stoffwechsel der Thiere eine Kette von Processen, von welchen die ersten fermentativen der Fäulniss analog verlaufen und Wasserstoff im freien Zustande oder durch seine Anfügung Reductionsprodukte liefern; bei Mitwirkung von freiem Sauerstoff erfolgt dann energische Oxydation, die durch die Zerreissung des Sauerstoffmoleküls mittelst des fermentativ gebildeten Wasserstoffs in statu nascenti und Freiwerden aktiven Sauerstoffs begründet wird; die so gebildeten Oxydationsprodukte dienen Fermenten abermals als neue Angriffspunkte.

2 Mulder, Arch. f. d. holländ. Beitr. II. S. 39.

3 Valentin, Wagner's Handwörterb. d. Physiol. I. S. 155. 1842.

4 Kohlrausch, Physiologie u. Chemie, eine Kritik von Liebig's Thierchemie. S. 58. Göttingen 1844.

5 Sie erklärten dadurch, warum trotz verschiedener Stickstoffzufuhr der „Stoffwechsel" doch der gleiche sein könne. Das Stickstoffdeficit beim Pferd rührt nach Valentin von der Wiederverwendung des Stickstoffes her, welche namentlich bei der stärkeren Umsetzung während der Bewegung des Thieres stattfinde. Beim Pflanzenfresser werden nach ihm vor Allem die stickstoffhaltigen Zersetzungsprodukte wieder zum Aufbau benutzt, bei den Fleischfressern wäre umgekehrt ein Mangel an Kohlensäure und Wasser da, der ersetzt werde durch Bildung von Fett aus Eiweiss mit Hilfe der Galle nach Abspaltung des Harnstoffs. Darum brauche der Pflanzenfresser eine geringere Stickstoffzufuhr, und darum werde durch eine stickstofffreie Kost die Eiweisszersetzung vermindert.

6 L. Hermann, Unters. üb. d. Stoffwechsel der Muskeln. S. 100. 1867.

7 Derselbe, Ein Beitrag zum Verständniss der Verdauung. Zürich 1868.

8 Pflüger, Arch. f. d. ges. Physiol. X. S. 251. 1875.

soll ausserordentlich leicht in Zersetzung gerathen, während das todte Nahrungseiweiss indifferent ist. Die Spaltungsprodukte, welche man aus dem todten Eiweiss im Laboratorium erhält, bestehen aus den Fettsäuren zugehörigen Radikalen, einer aromatischen Gruppe und aus Amiden; im lebenden Organismus findet man dagegen im stickstoffhaltigen Theil der Zersetzungsprodukte Harnsäure und Harnstoff, welche ein Cyanradikal enthalten oder von einem solchen abzuleiten sind. Daraus schliesst er, dass das todte Nahrungseiweiss stets organisirt, d. h. in lebendes Eiweiss verwandelt werde, wobei die Amidgruppe in eine Cyangruppe übergehe; dazu ist ein Aufwand von Kraft erforderlich, weil die intramolekuläre Bewegung im Cyan viel beträchtlicher ist als wie im Amid. Durch diese starke Bewegung innerhalb der Cyangruppe, welche auch auf die nächstliegenden Radikale von Einfluss ist, erhält nun das lebendige Eiweiss seine leichte Zersetzlichkeit und wird der Zerfall bewirkt. Da die Stärke der intramolekulären Bewegung abhängig ist von der Temperaturhöhe, so steigt und fällt mit der letzteren die Zersetzung. Nach der Beobachtung PFLÜGER's können Frösche einige Zeit ohne Sauerstoff leben und dennoch Kohlensäure produciren; er lässt daher bei der Dissociation des Eiweisses durch die intramolekuläre Bewegung Kohlenstoff, Sauerstoff oder Wasserstoff unter Bildung von Kohlensäure und Wasser etc. und unter Wärmeentwickelung sich abspalten. Die dadurch entstandenen Lücken von Kohlenstoff, Sauerstoff und Wasserstoff werden im lebenden Thier zum Theil fortwährend wieder ausgefüllt, indem sich an die durch die Abtrennung frei gewordenen Affinitäten aus der umgebenden Nährflüssigkeit Sauerstoff, sowie kohlenstoff- und wasserstoffhaltige Radikale (aus dem in der Nahrung zugeführten Fett und Kohlehydrat) anlegen. So vermag ein und dasselbe Eiweissmolekül lange weiter zu leben und Arbeit zu leisten, wenn ihm nur der abgespaltene Kohlenstoff, Wasserstoff und Sauerstoff wieder ersetzt wird.[1]

---

1 Die bedeutende intramolekulare Bewegung in der Cyangruppe, durch welche PFLÜGER die leichte Zersetzlichkeit des lebenden Eiweisses erklärt, bringt für die Kraftsumme im Körper selbstverständlich keinen Zuschuss, da nachher zur Umwandlung der stickstoffhaltigen Atomgruppe aus der amidartigen Bindung im todten Nahrungseiweiss in die cyanartige im lebenden Eiweiss wieder ebensoviel Kraft nöthig ist, als vorher gewonnen wurde. Die im Körper auftretende Wärme und die zu äusseren Leistungen verbrauchte Arbeit rührt nach PFLÜGER's Anschauung von der Abspaltung von Kohlenstoff, Wasserstoff und Sauerstoff aus dem Eiweissmolekül in der Form von Kohlensäure und Wasser her; der Ersatz findet durch die Spannkraft führenden, kohlenstoff- und wasserstoffhaltigen Radikale (aus dem eingeführten Fett und Kohlehydrat) statt. Es erlaubt diese Theorie die Kraft für die Muskelarbeit und die Wärme ganz und direkt vom zerfallenden Eiweiss abzuleiten und die stickstofffreien Stoffe nur indirekt dafür in Anspruch

Es ist nun zunächst ein solcher unvollständiger Zerfall und Wiederaufbau von Eiweiss durch nichts bewiesen; es ist aber auch nach meiner Ansicht keine Nöthigung vorhanden einen Vorgang der Art anzunehmen, es lassen sich vielmehr die mannigfaltigen Aenderungen der Zersetzungen unter verschiedenen Einflüssen einfacher erklären unter der Voraussetzung, dass ein einmal angenagtes Eiweissmolekül ganz dem Zerfall anheimfällt und sein Stickstoff ausgeschieden wird. Nur die allerdings auf den ersten Blick auffallend erscheinende Thatsache des Gleichbleibens der Eiweisszersetzung bei der Muskelarbeit könnte zu Gunsten der Regenerationshypothese sprechen, wenn sich jene Thatsache nicht ebensogut auf andere Weise erklären liesse.

Da beim Hunger stets Stickstoff ausgeschieden wird, so kann dabei nach der Regenerationshypothese nur ein Theil des Eiweisses restituirt werden, ein Theil zerfällt vollständig. Warum wird aber hierbei ein Theil der Eiweissmoleküle ganz zerstört, obwohl nichts zum Wiederaufbau derselben fehlt und das Material im eingeathmeten Sauerstoff sowie in dem im Körper abgelagerten Fett zur Genüge vorhanden ist? Wollte man letzteres beim Hunger auch für ungenügend erklären, so lässt sich doch einwenden, dass auch bei ausschliesslicher Aufnahme der grössten Massen von Fett oder Kohlehydraten kaum weniger Stickstoff im Harn entfernt wird wie beim Hunger. Es entschlüpft demnach auch unter diesen günstigsten Umständen ein Theil des Eiweisses der Regeneration. Bei starker Arbeit hat der von uns untersuchte Mann nicht mehr Stickstoff ausgeschieden als bei der Ruhe; ist trotzdem dabei mehr Eiweiss angegriffen worden, so fragt es sich, warum gerade dieses völlig restituirt, in der Ruhe dagegen ein Theil stets ganz zerstört wird. Bei einem recht mageren hungernden Hunde sind die zum Aufbau dienenden stickstofffreien Stoffe jedenfalls nur in kleiner Menge vorhanden und es kann also hierbei die Restitution nur eine geringfügige sein; giebt man dem Thier nun ausschliesslich stickstofffreie Stoffe im Ueberschuss, so ist nur ganz unbedeutend weniger Stickstoff im Harn enthalten, weshalb es sich bei der Regeneration höchstens um eine geringe Grösse handeln kann.

Nach den Resultaten meiner Versuche ist das nicht organisirte gelöste Eiweiss leichter zersetzlich, nach der Anschauung von PFLÜGER dagegen das organisirte. Da aber sicherlich ein Theil des Eiweisses völlig zerfällt und also höchstens ein Theil nach Abspaltung gewisser Elemente regenerirt wird, so erscheint es mir plausibler, wenn man alle einmal angegriffenen Eiweissmoleküle eine tiefere Veränderung erleiden und sich ganz zersetzen lässt. Es ist bei Annahme einer Regeneration des Eiweisses

---

zu nehmen. — Wegen der Regeneration des Eiweisses wird nach PFLÜGER, wie früher schon L. HERMANN angegeben hat, bei mittlerer Arbeit nicht mehr stickstoffhaltige Substanz zersetzt: nur bei übermässiger Muskelarbeit, wenn das Blut sauerstofffrei aus dem Muskel kommt und also der zur Restitution nöthige Sauerstoff fehlt, zerfällt das Eiweissmolekül weiter und tritt vermehrte Harnstoffausscheidung auf. Ebenso ist es bei ungenügender Sauerstoffzufuhr nach FRAENKEL, wo auch das lebendige Eiweissmolekül wegen Mangels an Sauerstoff sich nicht regeneriren kann und daher zerfällt.

schwer erklärlich, warum bei Zufuhr von Nahrungseiweiss eine demselben entsprechende Menge von Stickstoff und Kohlenstoff ausgeschieden, also eine entsprechende Menge von Eiweiss vollständig dissociirt wird; es bleibt bei dieser Hypothese nichts anderes übrig, als anzunehmen, dass alles neu zugeführte Eiweiss zuerst organisirt und dieses dann ebensoviel von dem schon Organisirten verdrängt. Die Zersetzung tritt aber manchmal unter Bedingungen ein, wo vorher der Körper viel Eiweiss verloren hat, also eine Ablagerung desselben wohl stattfinden könnte, während unter anderen Umständen ein reichlicher Eiweissansatz, also ohne Verdrängung, gegeben ist. Soll trotz der enormen Zerstörung nach Aufnahme von viel Eiweiss nebenbei auch noch eine Regeneration auf Kosten des Kohlenstoffs des zersetzten Eiweisses einhergehen?

Auch die stickstofffreien Stoffe sollen sich nach Pflüger nur dann zersetzen, wenn sie in das Eiweissmolekül eingetreten sind; bei Ausscheidung grosser Quantitäten von Kohlensäure nach Aufnahme von Kohlehydraten müsste man daher annehmen, dass unter einem räthselhaften Einflusse der Kohlehydrate enorme Mengen von Eiweiss gespalten und durch letztere wieder aufgebaut werden. Es scheint mir doch ungleich einfacher, die Zersetzung des Zuckers als solche durch die Thätigkeit der Zellen geschehen zu lassen, ähnlich wie die des Zuckers durch die Hefezellen. Oder sollte man entsprechend meinen, auch in der Hefezelle spalte sich ausschliesslich das Eiweiss und der Zucker diene nur dazu, die entstandenen Lücken auszufüllen?

Wenn im lebenden Organismus bei der Spaltung des Eiweisses schliesslich Cyanverbindungen und nicht Amide auftreten, so sind eben die Bedingungen im Körper andere als wir sie bei den Zersetzungen im Laboratorium einzuführen vermögen. Ausserdem aber wissen wir, dass im Körper der Säugethiere Ammoniak in Harnstoff und in dem der Vögel Harnstoff in Harnsäure übergeht, also sich aus Amiden Cyanverbindungen bilden.

Beim Hunger schmilzt Eiweiss von den Organen ab, wird im gelösten Zustande durch die Säfte aufgenommen und entweder zersetzt oder zum Theil in anderen Organen abgelagert: hier ist also gewiss nicht organisirtes Eiweiss zerstört worden, sondern es ist organisirtes Eiweiss in lösliches übergegangen und dieses dann erst der Zersetzung anheimgefallen.

Es möchte recht schwer fallen, alle die Ergebnisse der Stoffwechselversuche mit der Regenerationstheorie zu erklären. Im Uebrigen ist es jedoch gleichgültig, welche Anschauung man über den Modus des Eiweisszerfalls hat. Die Stickstoffausscheidung giebt nämlich sowohl nach letzterer Theorie sowie nach der meinigen an, wieviel Eiweiss im Organismus völlig zerstört worden ist und wieviel Eiweiss zum Ersatz nöthig ist; es ist dafür ganz einerlei, ob nebenbei noch eine unbekannte Menge von Eiweiss wohl angegriffen, aber wieder restituirt wird. Es ist ferner so viel stickstofffreie, kohlenstoffhaltige Substanz zerstört worden, als die über den Kohlenstoff des zersetzten Eiweisses hinausgehende Kohlenstoffausscheidung anzeigt, und es ist dafür ebenfalls gleichgültig, ob dieser Kohlenstoff direkt aus stickstofffreien Substanzen (Fett und Kohlehydraten) stammt, oder ob derselbe aus dem Eiweiss abgespalten und durch die gleiche Menge aus Fett oder Kohlehydraten ersetzt worden ist.

Ich werde daher in Folgendem die Ergebnisse der Untersuchungen über den Stoffumsatz im Thierkörper nach meiner Anschauung über den Eiweisszerfall zu deuten suchen; es lassen sich alle jene Erfahrungen damit leicht in Einklang bringen.

Es ist selbstverständlich, dass die vielfachen, über die Zersetzungen im Körper gefundenen Thatsachen ganz intakt bleiben, mag man sich diese oder jene Theorie über die Art und den Ort des Stoffwechsels machen, jene Thatsachen bilden das werthvolle Material, dem alle Erklärungsversuche gerecht werden müssen.

XI. Näheres über die Vorgänge des Stoffumsatzes unter der Wirkung der Organisation.

1. Es zerfällt nur circulirendes gelöstes Eiweiss und nicht das Organeiweiss.

Gleichgültig ob die organisirten Gebilde im Körper unter dem Andrängen des neuen Eiweissmaterials zerstört werden oder ihre alten Eiweissmoleküle entlassen, oder ob, wie ich nachweisen werde, das gelöste Eiweiss unter dem Einflusse der Zellen zersetzt wird, in allen Fällen muss das gelöste Ernährungseiweiss zu den Organtheilen gebracht werden. Dies geschieht bekanntlich, indem es aus den Blutgefässen mit der Ernährungsflüssigkeit, welche die Organtheile umspült und in Wechselbeziehung mit denselben tritt, herausgepresst wird, wonach dann der Ueberschuss durch die Lymphgefässe wieder in die Blutbahn zurücktritt. Dieser intermediäre Saftstrom, der auch beim Hunger vorhanden ist und in den auch die aus dem Darm aufgenommenen Stoffe eintreten, führt also die verschiedenen Ernährungsstoffe an den Organen vorüber; es kann ein Eiweisstheilchen mehrmals den Weg vom Blute aus durch die Gewebe nach dem Blute zurück durchlaufen müssen, ehe es zur Verwendung gelangt oder zersetzt wird.

Man unterscheidet daher schon seit lange im höheren thierischen Organismus sehr wohl das Organisirte, die Zellen und die eigentlichen Gewebe, von den Säften, welche als solche nur gelöste Stoffe enthalten und die Aufgabe haben ersteren das Ernährungsmaterial zuzuführen und die Zerfallprodukte fortzuspülen.

Um die Vorgänge des Stoffumsatzes durch die Thätigkeit der Zellen zu verstehen, muss man auch die Stoffe im Organisirten und im Nichtorganisirten trennen. Ich habe daher das in den Zellengebilden abgelagerte und dort in der Organisation fester gebundene Eiweiss, welches häufig auch eine bestimmte in Wasser unlösliche Eiweissmodifikation darstellt, das Eiweiss der Organe oder das Organeiweiss genannt, im Gegensatz zu dem in der Ernährungsflüssigkeit gelösten Eiweiss, welches die Organtheile umspült und in dem intermediären Saftstrom circulirt.[1]

Dieses von mir „circulirendes Eiweiss" genannte gelöste Eiweiss der Säfte habe ich nicht entdeckt, denn es ist schon längst bekannt, dass in der Ernährungsflüssigkeit eine Eiweisslösung die Organe durchströmt; ich habe es nur in eine ganz bestimmte Beziehung zum Eiweisszerfall gebracht. Ich gab ihm diesen Namen, nicht weil es im Säftestrom zersetzt wird, oder weil die Circulation die Ursache des Zerfalls ist, sondern um anzudeuten, dass es in der Ernährungsflüssigkeit gelöst ist und durch den intermediären oder circulirenden Säftestrom an die die Bedingungen der Zersetzung tragenden Zellen gebracht wird. Ich will also damit nicht einen chemischen Unterschied bezeichnen, sondern zunächst nur einen Unterschied in dem Orte, an dem es sich befindet und dann in seiner physiologischen Beziehung zu den Zersetzungen im Körper. Ein und dasselbe Molekül Eiweiss kann in einem bestimmten Momente Eiweiss des Blutplasmas, in einem nächsten Eiweiss der Ernährungsflüssigkeit, in einem anderen Eiweiss der Lymphe oder auch Organeiweiss sein. Je nach der Oertlichkeit giebt man dem nämlichen Eiweisstheilchen verschiedene Namen z. B. Eiweiss des Blutplasmas, oder der Lymphe, oder auch circulirendes Eiweiss, wenn es im intermediären Säftestrom gelöst sich befindet.

Die Resultate meiner Versuche bestimmten mich nun, dem Eiweiss der Ernährungsflüssigkeit oder dem circulirenden Eiweiss eine wichtige Rolle bei der Zersetzung des Eiweisses zu ertheilen. Das gelöste Eiweiss der Säfte, zu welchem sich das aus dem Darm neu eintretende gesellt, ist nach meiner Erfahrung leichter zersetzlich als das in den organisirten Formen festgebundene und zum Theil in Wasser unlösliche Organeiweiss. Gelingt dieser Nachweis, dann wird nicht das organisirte Eiweiss zersetzt und das in den Säften gelöste

---

1 Voit, Ztschr. f. Biologie. V. S. 344. 444. 450. 1869; II. S. 323; X. S. 223. 1874. Diese Ausdrücke und die damit verbundenen Vorstellungen wurden, obwohl sie direkt aus den Thatsachen abgeleitet sind, auffallender Weise vielfach missverstanden (Liebig, Hoppe-Seyler), von Anderen aber in ihrer vollen Bedeutung erfasst und gewürdigt (so z. B. von Huppert, Arch. f. Heilk. VII. S. 1 u. X. S. 503; von Schultzen, Ann. d. Charitékrankenhauses zu Berlin. XV. S. 156. 1869; Senator, Fieberhafter Process. S. 104).

Eiweiss zum Ersatz verwendet, sondern es wird, wie es schon durch die früheren Betrachtungen wahrscheinlich geworden war, das letztere unter dem Einfluss der Zellen zerstört.

An einem hungernden Thiere findet sich in den Organen eine bedeutende Menge von Eiweiss aufgestapelt und doch wird davon täglich nur ein kleiner Bruchtheil zerstört, nach meinen Bestimmungen an einem grossen Hund nicht ganz 1 %. Wenn dagegen eine gewisse Portion Eiweiss vom Darm her eintritt, welche höchstens 12 % der beim Hunger am Körper befindlichen Eiweissquantität beträgt, so wächst die Eiweisszersetzung ganz unverhältnissmässig und sie wird 15 mal so gross wie beim Hunger. Es ist also der Eiweissverbrauch durchaus nicht proportional der Gesammteiweissmenge im Körper, sondern annähernd dem aus dem Darm kommenden Eiweissquantum; das neu eingeführte gelöste Eiweiss verhält sich ganz anders in Beziehung der Zersetzung wie das in weit grösserer Menge in den Organen abgelagerte Eiweiss, indem es entweder organisirtes Eiweiss verdrängt oder selbst sehr leicht zersetzlich ist. Vorläufig wollen wir letztere Hypothese bei unseren Betrachtungen annehmen; der Beweis dafür wird noch beigebracht werden.

Es zeigt aber nicht nur das eben aus dem Darm aufgenommene Eiweiss die Eigenschaft der leichten Zersetzbarkeit, sondern auch unter Umständen ein Theil des schon länger im Körper befindlichen Eiweisses, denn es wird in den ersten Hungertagen so viel Eiweiss zerlegt wie nach reichlicher Eiweissaufnahme, wenn an den dem Hunger vorausgehenden Tagen viel Eiweiss verzehrt worden ist. Es muss daher im Körper ein gewisser Vorrath von leicht zersetzlichem Eiweiss vorhanden sein, zu dem das von der Nahrung eingeführte hinzukommt; das kann nach dem vorausgehenden nichts anderes sein als das in den Säften befindliche gelöste Eiweiss.

Ich schliesse also daraus, dass das in den Säften circulirende gelöste Eiweiss leicht zersetzlich ist gegenüber dem an den Organen in viel grösserer Masse abgelagerten organisirten Eiweiss. Die Säfte stellen stets nur einen kleinen Theil der Organe dar, aber sie enthalten das zersetzbare gelöste Eiweiss, welches sie den Organen zur Zersetzung zuführen. Die Menge der Säfte oder die Intensität des Saftstroms ist sehr verschieden und damit auch der Eiweissverbrauch; er ist in der Regel gering beim Hunger, gross nach reichlicher Aufnahme von Eiweiss in der Nahrung, da letzteres in die Säfte gelangt; alle Umstände, welche den intermediären Saftstrom vermehren, steigern deshalb auch die Eiweisszersetzung.

Man könnte dagegen einwenden, es müsste, wenn das in den

Säften gelöste Eiweiss so leicht zerlegt würde, der geringe Vorrath desselben beim hungernden Organismus in kürzester Zeit zerstört sein, während doch der Hunger bis zu 40 Tagen ausgehalten wird und die Säftemasse zuletzt immer noch einen bestimmten Theil der Organmasse bildet; das Eiweiss der am ersten Hungertag im Körper befindlichen Säfte reicht in der That längst nicht hin den Eiweissverlust zu decken und die Organe haben bis zu 50 % ihres Eiweisses eingebüsst. Daraus scheint allerdings auf den ersten Blick hervorzugehen, dass das organisirte Eiweiss in höherem Grade dem Zerfall unterliegt als das in den Säften gelöste. Aber gerade das Verhalten beim Hunger ist ein Hauptbeweis meiner Lehre und widerlegt die Verdrängungshypothese. Das Eiweiss der Organe schmilzt nämlich beim Hunger als solches ab, gelangt in Lösung in den Säftestrom und dient dann zur Ernährung anderer Organe z. B. des Gehirns und Rückenmarkes, der Eierstöcke und Hoden beim Lachs, der Brustdrüse u. s. w. oder es wird zersetzt; damit ist dargethan, dass das organisirte Eiweiss als solches nicht zerfällt, sondern vielmehr zuerst flüssig wird und als unorganisirtes erst zerstört wird.

Darnach scheint mir Folgendes festzustehen: Die Organe werden von einer Flüssigkeit durchströmt, welche ersteren die Nährstoffe zuführt; je mehr in diesem Säftestrom den Zellen gelöstes Eiweiss geboten wird, desto mehr wird durch sie bis zu einer gewissen Grenze auch zerlegt. Das Eiweiss der Nahrung gelangt in den Säftestrom und vermehrt daher so ziemlich entsprechend die Zersetzung; aber auch beim Hunger circulirt noch ein Säftestrom, dessen gelöstes Eiweiss immer ergänzt wird durch abschmelzendes Organeiweiss. Es wird daher nur in den Säften gelöstes Eiweiss unter der Einwirkung der Zellen[1] zersetzt, und nie organisirtes. Säftestrom und Organe stehen in inniger Wechselwirkung und beständigem Ausgleich mit einander: Das überschüssig zugeführte nicht zersetzte circulirende Eiweiss bleibt nicht einseitig in den Säften, sondern vermehrt auch den Eiweissreichthum der Organe, indem es zum Theil organisirt; beim Hunger nimmt im Gegensatz dazu die Eiweissmenge der Säfte durch Zersetzung ab und nun enthalten die Organe einen Ueberschuss, der flüssig wird und in die Säfte übergeht. Ebenso ist es, wenn durch einen Aderlass ein Theil des Eiweisses der Säfte entzogen

---

1 Die Stoffe müssen nicht in das Protoplasma der Zellen eindringen, um zersetzt zu werden, es kann der Zerfall auch an der Oberfläche geschehen. NÄGELI (Abhandl. d. bayr. Acad. Math.-physik. Classe. XIII. S. 75. 1879) hat wenigstens für die Hefezellen darzuthun gesucht, dass die Zersetzung des Zuckers grösstentheils ausserhalb der Zelle erfolgt; die Ursache der Gährung ist nach ihm im lebenden Protoplasma der Zellen, aber sie wirkt über die Zellen hinaus.

wird. Das Verhältniss von Organ- und Saftmenge ist aber nicht immer das nämliche, es kann durch bestimmte Umstände sehr verschieden sich gestalten; ein und derselbe Hund zersetzt die gleich grosse Quantität von verzehrtem Fleisch bei reichlich entwickelten Organen oder auch bei einem durch langen Hunger sehr herabgekommenen Zustande, es muss also im letzeren Falle im Verhältniss zur Organmasse viel Saft circuliren oder auch ein grösserer Vorrath von circulirendem Eiweiss vorhanden sein. Es ist darnach von grosser Bedeutung für die Eiweisszersetzung, wie gross die Säftemenge oder der Vorrath des circulirenden Eiweisses ist und ob der Ansatz von Eiweiss am Körper als Organeiweiss oder als gelöstes circulirendes Eiweiss geschieht. In einem fettarmen Körper nimmt nur die Menge des letzteren und damit zugleich die Eiweisszerstörung zu; unter dem Einfluss des aus der Nahrung aufgenommenen oder im Körper abgelagerten Fettes wird dagegen aus circulirendem Eiweiss Organeiweiss gebildet und deshalb weniger Eiweiss zerstört, wie noch weiter aus den folgenden Betrachtungen erhellen wird. Nur aus dem von Vierordt nachgewiesenen relativ grösseren Säftestrom bei kleineren Thieren lässt sich erklären, warum die Organe der letzteren verhältnissmässig mehr Eiweiss zersetzen.

Es ist noch durch andere Versuche direkt nachgewiesen worden, dass das in den Organen befindliche Eiweiss als solches nicht dem Zerfall unterliegt, wohl aber das in den Säften gelöste, und zwar durch die Untersuchung des Eiweissumsatzes nach Injektion von defibrinirtem Blut und Blutserum in die Gefässe. Worm Müller[1] und Ponfick[2] hatten schon bei ihren Bluttransfusionen gefunden, dass injicirtes Blut derselben Thierart sich im Körper längere Zeit erhält, also nicht alsbald zerstört wird. Nach den Versuchen von Tschiriew[3] zeigte sich bei Einspritzung von Blutserum eine deutliche Vermehrung der Harnstoffmenge, keine jedoch bei Einspritzung von Blut. Zu gleicher Zeit hat J. Forster[4] in tadelloser Weise auf das Sicherste erwiesen, dass wenn man einem hungernden, in gleichmässiger Harnstoffausscheidung befindlichen Hunde Blut einspritzt, die Harnstoffmenge unverändert bleibt, dass dagegen bei Einspritzung von Blutserum eine dem Eiweissgehalt desselben entsprechende Harnstoffsteigerung erfolgt. Das Gleiche schloss Landois[5] aus seinen Ver-

---

1 Worm Müller, Arbeiten aus d. physiol. Anstalt zu Leipzig. 8. Jahrg. S. 159.
2 Ponfick, Arch. f. pathol. Anat. LXII. S. 273.
3 Tschiriew, Ber. d. sächs. Ges. d. Wiss. Math.-physik. Cl. 1874. S. 441.
4 J. Forster, Sitzgsber. d. bayr. Acad. 1875. 3. Juli. S. 206.
5 Landois, Deutsche Ztschr. f. Chir. IX. S. 457. 1878.

suchen: auch nach ihm bleiben die Blutkörperchen des injicirten Bluts längere Zeit intakt, das Serum wird aber rasch zerstört.

Bei Fütterung mit Knochen findet sich im Harn weniger Kalk als beim Hunger; man kann dies nur so erklären, dass im ersteren Fall das Ossein der Knochen zersetzt wird, im letzteren aber Organeiweiss, bei dessen Zerfall auch der damit verbundene Kalk frei und ausgeschieden wird. Bei Salzhunger und Zufuhr der organischen Nahrungsstoffe ist ferner, entsprechend dem vorigen Beispiel, eine geringere Menge Asche im Harn enthalten wie beim Hunger, da nach Aufnahme von salzfreiem Eiweiss dieses letztere zerstört wird; würde dabei Organeiweiss zu Grunde gehen und das neu aufgenommene Eiweiss dafür angesetzt werden, so müsste wie beim Hunger viel mehr Asche frei werden und ein Theil davon in den Harn übergehen.[1]

Dadurch ist eine der für das Verständniss der Stoffwechselvorgänge im thierischen Organismus wichtigsten Thatsachen entschieden. Ein Theil der Nahrungsstoffe wird unzweifelhaft in den Zellen direkt zerstört, ohne dass sie zur organisirten Form geworden sind, so z. B. der Leim (siehe S. 318), das Fett, der Zucker. Es ist von vorn herein nicht einzusehen, warum das aus der Nahrung stammende gelöste Eiweiss sich ganz anders verhalten und nicht ebenfalls wie erstere zersetzt werden sollten; dies ist nun auch wirklich der Fall: das circulirende Eiweiss schützt vor Allem das Organeiweiss vor dem Untergang.[2] Bei der Hefezelle finden sich ganz ähnliche Verhältnisse gegenüber dem Zersetzungsmaterial; das in ihr abgelagerte Kohlehydrat, die in Wasser unlösliche Cellulose, entspricht dem Organeiweiss, der in der umgebenden Flüssigkeit gelöste Traubenzucker dem circulirenden Eiweiss. Es wird Niemand behaupten wollen, dass der Alkohol und die Kohlensäure von der Cellulose zu Grunde

---

1 Man könnte zwar dagegen einwenden, es werde die durch den Untergang des Organisirten frei gewordene Asche beim Salzhunger alsbald wieder zum Aufbau verwendet. Wir wissen aber, dass die freigewordene Asche sich zum Theil der Wiederverwendung entzieht; denn bei Einschaltung eines Hungertages während des Salzhungers wird mehr Asche ausgeschieden, d. h. die aschearmen Organe sind nicht im Stande das beim Hunger frei gewordene Salz vollständig zurückzuhalten.

2 Ich kann noch eine Erfahrung dafür beibringen. Beim Hunger wird Kreatin und Kreatinin im Harn ausgeschieden, von der zerstörten Muskelsubstanz herrührend. Giebt man Eiereiweiss ohne Kreatin, so wird wesentlich weniger Kreatin im Harn gefunden. Will man nun nicht annehmen, dass die Muskelsubstanz auch bei Eiereiweisszufuhr zerstört worden ist, und das darin enthaltene Kreatin nicht ausgeschieden, sondern immer wieder beim Aufbau neuer Muskelsubstanz aus dem Eiereiweiss verwendet worden ist, so bleibt kein anderer Schluss übrig als der, dass das Eiereiweiss das Organisirte vor der Zersetzung bewahrt hat (VOIT, Ztschr. f. Biologie. IV. S. 109. 1868).

gegangener Zellen stamme und der Traubenzucker nur dazu diene, die Cellulose für junge Zellen zu liefern; wir sagen vielmehr, die Hefezellen besitzen die Fähigkeit den in der umspülenden Flüssigkeit befindlichen und mit ihr in Berührung kommenden Zucker zu zerlegen, wenn auch bei Nichtzufuhr von Zucker die Cellulose der Hefezelle löslich wird und zerfällt wie das Organeiweiss eines höheren Organismus beim Hunger. Auch hier muss der Zucker zu jeder Zelle geführt werden und eine Circulation gegeben sein, denn durch einen dichten, am Boden gelagerten Brei von Hefezellen wird nur wenig Zucker zerlegt, viel jedoch durch in der Flüssigkeit bewegte Zellen.

Wegen der so höchst auffallenden Steigerung der Eiweisszersetzung nach Resorption von Eiweiss aus dem Darme haben alle Physiologen gefühlt, dass das resorbirte Eiweiss sich im Körper besonders verhalten müsse; man hat sich nur verschiedene Erklärungen von dieser Thatsache gemacht. Die Anhänger der Lehre von der Luxusconsumption haben, wie schon angegeben, gerade weil sie keine Ursache für die Zunahme des Umsatzes nach Aufnahme von Eiweiss finden konnten, die Verbrennung des Ueberschusses im Blute und zwei Arten der Eiweisszersetzung angenommen. Hoppe-Seyler und Pflüger trennen ebenfalls, wie ich, das Eiweiss der Säfte oder das circulirende Eiweiss von dem organisirten oder lebendigen Eiweiss, nur lassen sie nicht ersteres, sondern das letztere zu Grunde gehen, was mir aus bestimmten Gründen unrichtig zu sein scheint. Im geraden Gegensatz dazu und meiner Anschauung sich mehr annähernd, glaubt Fick[1] jene Thatsache nur erklären zu können, wenn zwei in ungleichem Grade zersetzliche Substanzen vorliegen; da er nun mit Goldstein[2] nach Einspritzen von Peptonlösungen ins Blut nach kurzer Zeit eine entsprechende Vermehrung der Harnstoffausscheidung gefunden hatte, so nahm er, wie schon Brücke, an, dass das aus dem Darme in der Form von Pepton aufgenommene Eiweiss viel leichter zerfalle als das in geringer Menge resorbirte, nicht peptonisirte, oder das im Körper schon vorhandene gewöhnliche Eiweiss und deshalb stets völlig zerstört werde.[3] Fick unterscheidet demnach als in verschiedenem Grade zersetzlich das gewöhnliche Eiweiss und das Pepton; ich dagegen das gelöste und das organisirte Eiweiss. Fick's Erklärung für die reichliche Eiweisszersetzung nach Eiweissaufnahme kann nicht richtig sein; das Pepton ist gewiss sehr leicht zersetzlich, aber es muss auch ausser ihm gewöhnliches unverändertes Eiweiss in grosser Menge zerfallen können, denn man sieht im Hunger, also ohne Gegenwart von Pepton, wenn durch die vorausgehende Fütterung ein hoher Eiweissstand am Thier erreicht worden ist, ebensoviel Eiweiss zu Grunde gehen als bei bedeutender Eiweisszufuhr zum

---

1 Fick, Arch. f. d. ges. Physiol. V. S. 40. 1871.
2 Goldstein, Verhandl. d. Würzburger physik.-med. Ges. N. F. II. S. 62.
3 Nach denjenigen, welche das aus dem Darm resorbirte Pepton in den Säften wieder in Eiweiss sich zurückverwandeln lassen, muss umgekehrt das Pepton schwerer zersetzlich sein als das gewöhnliche Eiweiss.

Darm. Das Gleiche geht auch aus der raschen Zersetzung von in die
Venen eingespritzten Eiweisslösungen z. B. von Blutserum hervor (Tschiriew, Forster). Würde das Eiweiss vorzüglich als Pepton resorbirt und
dieses, wie Fick meint, alsbald wieder zerstört werden, so wäre die Wirkung mancher die Eiweisszersetzung hemmender Einflüsse nicht verständlich: es bliebe nur die unwahrscheinliche Annahme übrig, dass durch sie
im Darm weniger Pepton erzeugt und mehr unverändertes Eiweiss aufgenommen wird.

In anderer Weise sucht Fraenkel[1] die vorliegende Thatsache zu erklären. Er meint, es werde im Thierkörper kein lebendes, sondern nur
abgestorbenes eiweisshaltiges Material zersetzt: die Menge des letzteren,
sei es von aussen eingeführt oder im Körper entstanden, bestimme die
Grösse des Umsatzes. Der Unterschied in der Zersetzlichkeit von todtem
und lebendem Eiweiss beruht nach ihm in Differenzen der chemischen
Constitution beim Eingehen des Eiweisses in die organisirte Form. Beim
Hunger stirbt nach ihm lebendiges Gewebe ab z. B. rothe Blutkörperchen; Injection von lebendigem Blut macht desshalb keine grössere Zersetzung, wohl aber die von todtem Serum. Er constatirt also, wie ich,
einen Unterschied in der Zersetzlichkeit von Organeiweiss und gelöstem
circulirendem Eiweiss; er nennt nur ersteres das lebende Eiweiss[2], letzteres das abgestorbene. Fraenkel ist daher in nichts in Widerspruch mit
meiner Anschauung. Er meint allerdings, es wäre nicht bewiesen, dass
die Bedingungen der Zersetzung in den Zellen sich finden und darin (oder
daran) das leicht zersetzliche circulirende Eiweiss zerstört wird; er will
aber doch gewiss nicht annehmen, dass das todte Eiweiss in den Säften
ohne Wirkung der Zellen, deren Bedeutung für die Zersetzung sicher
dargethan ist, zerfällt. Nach Fraenkel ist nun der Mangel an Sauerstoff bei pathologischen Processen ein Moment, durch welches ein Absterben in den Geweben in weiterem Umfang eintritt, denn vom Sauerstoff
sei die Lebensfähigkeit aller Organe im höchsten Grade abhängig. Es
findet sich aber bei jenen pathologischen Vorgängen kein eigentlicher
Mangel an Sauerstoff, denn bei wirklichem Mangel tritt bald der Tod ein;
es ist nur eine grössere Anstrengung nöthig, den in normaler Menge aufgenommenen Sauerstoff zuzuführen (S. 224). Ich nehme ebenfalls beim
Hunger ein Einschmelzen von Organeiweiss zu löslichem Eiweiss (oder
ein Absterben nach Fraenkel) an, welches durch allerlei Einflüsse gesteigert werden kann; es ist mir aber aus dem angegebenen Grunde nicht
wahrscheinlich, dass der Sauerstoffmangel als solcher eine Ursache dieses
Einschmelzens ist, ich meine vielmehr aus jenem Grunde, es werde dasselbe nicht durch den Sauerstoffmangel als solchen, sondern durch andere mit diesen pathologischen Vorgängen verbundene Einflüsse bewirkt.

Man vermag ausserdem nicht einzusehen, warum bei Sauerstoffmangel,
der doch den ganzen Körper und alles Eiweiss desselben trifft, die Ei-

---

[1] Fraenkel, Arch. f. pathol. Anat. LXVII. S. 273. 1876; Centralbl. f. d. med.
Wiss. 1875. No. 44.
[2] Das Eiweiss als solches ist nicht lebend, sondern die aus verschiedenen
Stoffen, darunter auch aus Eiweiss, aufgebauten Formen zeigen die Lebenserscheinungen.

weisszersetzung nur so wenig höher ausfallen, d. h. warum nur so wenig lebendiges Eiweiss in todtes übergehen soll.

E. Oertmann[1] hat geglaubt, es müsste nach meiner Lehre vom circulirenden Eiweiss bei Entziehung von Blut ein starkes Sinken des Stoffwechsels eintreten. Er fand aber dagegen bei entbluteten Fröschen in den Athemgasen nicht weniger Sauerstoff und Kohlensäure und schloss daraus, der Stoffwechsel gehe bei ihnen mit derselben Intensität weiter und finde zum überwiegend grössten Theil, wo nicht ganz an fest in den Geweben gebundenen Substanzen statt. Ebenso hat Dittm. Finkler[2] nach Aderlässen und bei bedeutender Aenderung der Strömungsgeschwindigkeit des Blutes keine Aenderung des Gaswechsels oder der Oxydationsprocesse gesehen. Die beiden haben aber nicht den Stoffwechsel bestimmt, sondern nur einen Theil desselben; es könnte sehr wohl ein geringerer Eiweisszerfall gegeben sein ohne Aenderung des Gaswechsels; ferner ist der Umsatz des Eiweisses nach einem Aderlasse aus schon angegebenen Gründen sogar grösser als vorher, und endlich verhalten sich Frösche, welche in ihren Lymphräumen einen ansehnlichen Vorrath von verwendbarem circulirendem Eiweiss besitzen und daher von der neuen Zufuhr unabhängiger sind, anders als die Säugethiere.[3]

2. Die Masse und Leistungsfähigkeit der Zellen, sowie die Qualität und Quantität des ihnen zugeführten Zersetzungsmaterials bestimmen den Umsatz.

Nach den vorausgehenden Darlegungen enthalten also die Zellen des thierischen Organismus die Ursachen und Bedingungen des Zerfalls; es werden durch sie nur gelöste unorganisirte Stoffe zersetzt und wenn wir Organisirtes verschwinden sehen, so müssen die dasselbe aufbauenden Stoffe vorerst in gelöste übergehen und in den Säftestrom gelangen. Bei dem gleichen den Zellen zugeführten Material treten, da die Organe verschieden gebaut und zusammengesetzt sind, verschiedene Zerfallsprodukte auf; jede Zelle trägt nach Maassgabe ihrer stofflichen Thätigkeit ihren Theil zum ganzen Verbrauch bei. Die Masse und Leistungsfähigkeit der stofflich thätigen Zellen einerseits und die Qualität und Quantität des den Zellen zugeführten Verbrauchsmaterials andererseits, bestimmen demnach den Stoffumsatz; die Zellen vermögen aber nur bis zu einer gewissen äussersten Grenze thätig zu sein, über die hinaus auch bei weiterer Zufuhr nicht mehr zersetzt werden kann.

Dem Gesagten entsprechend geräth bei einer grösseren Masse (Zahl und Volum) der Zellen unter sonst gleichen Umständen mehr in Zerfall, denn beim Hunger wird dabei mehr von dem Zellinhalt

1 Oertmann, Arch. f. d. ges. Physiol. XV. S. 397. 1877.
2 Dittm. Finkler, Ebenda. X. S. 252 u. 368. 1875.
3 Voit, Ztschr. f. Biologie. XIV. S. 141. 1878.

und den Zellen flüssig, bei Erhaltung des Körpers muss mehr Nahrungsmaterial zugeführt werden. Deshalb zeigt im Allgemeinen ein
grosser Organismus einen bedeutenderen Stoffumsatz als ein kleiner.
Ein kleines Thier kann allerdings unter Umständen ebensoviel verbrauchen wie ein grosses, ein Hund von 8 Kilo z. B. 1000 Grm.
Fleisch zersetzen wie ein solcher von 40 Kilo, aber letzterer vermag im Maximum mehr Fleisch zu bewältigen: das Maximum des
Stoffverbrauchs eines Organismus wird unter sonst gleichen Umständen durch die Masse der Zellen desselben festgestellt, ähnlich wie
mehr Hefezellen bei genügender Zuckerlösung mehr Alkohol und
Kohlensäure liefern. Wegen der allmählichen Abnahme des Volums
der Zellengebilde und auch theilweise der Zahl der Zellen nimmt
beim Hunger die Zersetzung unter sonst gleichen Verhältnissen ab;
bei einer Zunahme derselben wird sie grösser.

Es kommt aber nicht nur auf die Masse der thätigen Zellen an,
sondern auch auf ihre Beschaffenheit. Sowie man im Stande ist
durch allerlei Agentien auf die Fähigkeit der Hefezellen, Zucker zu
zerlegen, einzuwirken, so können auch die Zellen des zusammengesetzten höheren Organismus in verschiedene Zustände versetzt werden, bei denen die Bedingungen für den Stoffzerfall günstiger oder
ungünstiger sich gestalten. Durch Zusatz von etwas Chlornatrium,
Chlorkalium, Nicotin, durch Wärme u. s. w. wird die Gährung durch Hefe
oder die Fäulniss durch die Spaltpilze beschleunigt, durch Strychnin
anfangs erhöht und später vermindert, durch Chinin, Blausäure,
Morphium, arsenige Säure, Chloroform, Kälte u. s. w. unterdrückt.[1]
In derselben Weise wirken auch auf die Thätigkeit der Zellen des
Thierkörpers manche Einflüsse direkt ein.

Bei Abkühlung der Zellen nimmt der Umsatz und zwar der des
Eiweisses und des Fettes ab, wie namentlich der äusserst geringe
Verbrauch im schlafenden Murmelthier zeigt; Kaltblüter verbrauchen
zum Theil deshalb weniger als Warmblüter. Die Erwärmung der
Zellen macht dagegen eine vermehrte Zersetzung des Eiweisses, jedoch wahrscheinlich eine geringere des Fettes.[2] Abkühlung und Erwärmung wirken auf die Bedingungen des Stoffzerfalls in den Zellen

---

1 Bucholtz, Ueber das Verhalten der Bakterien zu einigen Antisepticis. Diss.
inaug. Dorpat 1876. — Küns, Ein Beitrag zur Biologie der Bakterien. Diss. inaug.
Dorpat 1879. — Wernckke, Ueber die Wirkung einiger Antiseptica und verwandter
Stoffe auf Hefe. Diss. inaug. Dorpat 1879. — Liebig. Sitzgsber. d. bayr. Acad. Math.-
physik. Classe. II. S. 405. 1869.
2 Hier handelt es sich wahrscheinlich um die Wirkung zweier Momente, um
eine Erhöhung der Fähigkeit der Zellen, Stoffe zu zerlegen und später um ein
reichlicheres Abschmelzen von Organeiweiss.

ein, zum Theil auch auf die Zersetzlichkeit des Materials, da alle Zersetzungen bei höherer Temperatur leichter vor sich gehen.

Das Chinin wirkt offenbar ebenfalls direkt auf die Eigenschaften der Zellen des Thierkörpers, wenn es den Eiweissumsatz nicht unwesentlich herabsetzt und zwar in ähnlicher Weise wie es auch die Wirkung der Hefezellen auf Zucker hemmt. In der gleichen Weise wie das Chinin bringt der Alkohol in mässigen Dosen die Depression in dem Umsatz von Eiweiss und Fett hervor.

Gewisse Agentien greifen tiefer ein: anfangs wirken sie wohl herabsetzend auf den Stoffumsatz, später bringen sie dadurch, dass sie die Organisation zerstören und Organeiweiss flüssig machen, einen grösseren Eiweisszerfall hervor, vermindern aber meist den Fettumsatz durch Verminderung der Fähigkeit der Zellen, Stoffe zu zersetzen. Dahin gehören die Vorgänge bei der Phosphorvergiftung, dem Fieber, der Zuckerharnruhr, bei tiefen Respirationsstörungen, Einathmung von Kohlenoxydgas. Alle diese Processe stimmen darin überein, dass bei ihnen das Organeiweiss in grösserem Maasse als normal beim Hunger zu Grunde geht und auch bei reichlicher Eiweisszufuhr angegriffen wird.

Die Muskelarbeit ist von gewaltigem Einfluss auf den Umsatz, indem sie die Fähigkeit der Stoffzersetzung in den Muskeln erhöht. Diese Wirkung, sowie die des Lichtes, der Kälte und anderer sensibler Reize kann nur darauf beruhen, dass unter der Einwirkung der Nerven, d. h. bei der Aenderung der Lagerung der kleinsten Theilchen der Muskelfasern die Bedingungen für den Zerfall der Stoffe günstiger sich gestalten. Da dabei nicht wesentlich mehr stickstoffhaltiges Material den Zellen geboten wird, so bleibt der Eiweissumsatz nahezu unverändert, der Verbrauch des im Vorrath vorhandenen Fettes muss aber dann bedeutend zunehmen.

Ob die Zellen junger Thiere in höherem oder geringerem Grade die Eigenschaft, Stoffe zu zerlegen besitzen als die alter Thiere, ist nicht bekannt. Man sollte denken, dass die jungen Zellen leistungskräftiger sind; es wird auch ziemlich allgemein bei jüngeren Organismen ein lebhafterer Stoffwechsel angenommen als bei alten. Aber es ist schwer hierüber einen Entscheid zu treffen; man kann nicht gut an demselben Thier in der Jugend und im Alter untersuchen, da im jüngeren Organismus noch andere Momente mitwirken. Derselbe enthält nämlich eine geringere Organmasse und ist meist ärmer an Fett und dadurch verhältnissmässig reicher an Eiweiss; es scheint in ihm ferner relativ mehr Blut und Ernährungsflüssigkeit vorhanden zu sein und er besitzt in hohem Grade die Fähigkeit, wie später

noch besprochen werden wird, aus circulirendem Eiweiss Organeiweiss zum Ansatz zu bringen. Darnach hat es fast den Anschein;
als ob die jungen Zellen des noch nicht ausgewachsenen Thiers
weniger zu zersetzen vermögen, aber die Zellen eines eben ausgewachsenen mehr als die eines alten.

Die hauptsächlichsten Aenderungen im Stoffwechsel werden aber
hervorgerufen durch die Verschiedenheiten in der Qualität und Quantität des Verbrauchsmaterials, welches den Zellen durch die Säfte-
circulation zugeführt wird. Es handelt sich dabei vorzüglich um
die Menge des durch den Saftstrom dargebotenen Eiweisses, aber
auch um die zugleich vorhandenen stickstofffreien Stoffe. Bei niederen Thieren z. B. Fröschen, welche weniger abhängig von der beständigen Zufuhr von frischer Ernährungsflüssigkeit und Sauerstoff,
sowie von der stetigen Wegfuhr der Zersetzungsprodukte sind, kann
ohne Circulation das in den Gewebsmaschen vorhandene Material
für längere Zeit zu allen Verrichtungen ausreichen; bei den höheren
Thieren und beim Menschen muss unablässig zu dem genannten
Zwecke eine Circulation stattfinden. Die Bedeutung der regelmässigen
Saftströmung und Ernährung wird trefflich illustrirt durch den Stillstand im Wachsthum der Nägel und Haare beim Hunger.

Bei grösserer Zufuhr von Eiweiss wächst der Verbrauch an diesem Stoff, während der Umsatz des Fettes bei vermehrter Aufnahme
desselben sich nicht wesentlich ändert. Wenn daher durch eine intensivere Saftcirculation, ohne dass mehr Eiweiss aus dem Darme
aufgenommen wird, die Theilchen der Eiweisslösung öfter an den
Zellen vorübergeführt werden, so muss der Verbrauch des Eiweisses
erhöht sein, der des Fettes aber nahezu gleich bleiben. Von dem
intensiveren Saftstrom rührt unzweifelhaft die grössere Eiweisszersetzung nach Aufnahme reichlicher Wassermengen, sowie von Kochsalz, Borax, Salmiak und anderen Alkalisalzen her. Dass die raschere
Circulation aus dem angegebenen Grunde von Einfluss auf die Zersetzung ist, zeigt auch der verhältnissmässig grössere Eiweissumsatz
neben dem relativ fast gleichen Fettumsatz bei kleinen Thieren,
sowohl beim Hunger als auch bei eben zureichender Nahrung; es
lässt sich durchaus kein anderer Grund finden, warum die gleiche
Masse des kleinen Thiers mehr Eiweiss verbraucht als die von VIER-
ORDT gefundene, früher schon hervorgehobene Thatsache, dass die
in einer gewissen Zeit durch die Gewichtseinheit Organ getriebene
Blutmenge beim kleinen Thier viel bedeutender ist als beim grossen.

Wir gehen nun daran die bei verschiedener Zufuhr von Ernährungsmaterial stattfindenden Zersetzungen zu erklären.

Bei dem Hunger zerfällt vorzüglich Eiweiss und Fett. Das Eiweiss der bei Beginn des Hungers vorhandenen Säfte reicht, wie vorher gesagt, nicht hin den bei längerer Inanition ausgeschiedenen Stickstoff zu decken; letzterer rührt zum weitaus grössten Theil von dem in den Organen abgelagerten organisirten Eiweiss her, von welchem bis zu 50 % zu Verlust gehen kann. Das Fett wird von den Reservoiren desselben im Unterhautzellgewebe, im Mesenterium u. s. w. weggenommen.

Das Organeiweiss wird beim Hunger nicht als solches an Ort und Stelle im Muskel und den Organen zerstört, sondern es wird zuerst flüssig und gelangt in den Säftestrom, durch den es dann an andere Zellen geführt und in Zerfall gebracht wird; das im hungernden Organismus befindliche Säfteeiweiss ist abgeschmolzenes Organeiweiss. Ich schliesse dieses Abschmelzen aus den schon früher bei Betrachtung des Hungers (S. 98) angegebenen Thatsachen. Die Organe hungernder Thiere nehmen nicht gleichmässig an Masse ab; die einen wie z. B. die willkürlich beweglichen Muskeln verlieren 42 % ihres ursprünglichen Gewichtes, die anderen, der Herzmuskel und namentlich das Gehirn und Rückenmark erleiden kaum einen Verlust; will man also nicht die sehr unwahrscheinliche Hypothese machen, dass diese so überaus thätigen Organe wirklich gar keinen Stoff einbüssen, so bleibt nichts anderes übrig, als ein Flüssigwerden von Organeiweiss, d. i. eine Umwandlung des letzteren in gelöstes circulirendes Eiweiss anzunehmen, welches theilweise für andere leistende Organe zum Ernährungsmaterial wird. Das Gleiche findet statt, wenn von den Brüsten hungernder Mütter noch Milch abgesondert wird, deren Volum das der Drüse weit übertrifft, oder wenn beim Hunger Neubildungen wachsen. Diese Versorgung gewisser Theile mit Stoff auf Kosten anderer Theile lehrt auch die schon berührte Erfahrung, dass bei einem mit kalkarmem Futter ernährten Thier die zur Stütze des Körpers dienenden Knochen, z. B. die Beinknochen, kaum abnehmen, dagegen andere Knochen, wie das Brustbein oder der Schädel zu dünnen durchsichtigen Plättchen werden; der aus den Säften zu Verlust gegangene Kalk wird ergänzt aus dem Kalk der Knochen, aber in gewissen Knochen zum Theil wieder abgelagert. Am schlagendsten ist jedoch das von MIESCHER beigebrachte Beispiel. Die Rheinlachse entwickeln ihre Geschlechtsorgane während eines 6—9½ monatlichen Hungers bis zu einer enormen Grösse und zwar auf Kosten der Stoffe der Rumpfmuskeln; dieser Process nimmt so bedeutende Dimensionen an, dass zur Laichzeit ein volles Drittheil aller festen Bestandtheile des Körpers im Eierstock angesammelt ist. Das ver-

flüssigte Eiweiss der Rumpfmuskeln wird durch die sich entwickelnden Geschlechtsorgane zum grössten Theil in Beschlag genommen
und vor der Zerstörung gerettet.

Was ist nun die Ursache der Liquidation des Eiweisses, des Ver-
schwindens des Fettes aus den Fettzellen, des Uebergangs des Kalks
der Knochen in die Säfte? Die in ihrem Ernährungszustand von
einander abhängigen Organe und Säfte des Körpers befinden sich in
einem stofflichen Gleichgewichtszustand, sie gleichen sich gegenseitig
aus. Bei voller Ernährung wird das überschüssige circulirende Eiweiss zu Organeiweiss; um dieses letztere zu erhalten, muss man
dauernd jene grössere Eiweissmenge darreichen, denn wenn man es
nicht thut, wird das angesetzte Organeiweiss wieder flüssig und zersetzt. Ebenso ist ein Ueberschuss von Fett in den Säften zur Füllung der Fettzellen nöthig und von Kalk zur Ablagerung desselben
an den Knochen; enthalten die Säfte weniger Fett und Kalk, so
wird das Fett aus den Fettzellen, der Kalk aus den Knochen ersetzt.
Wenn also beim Hunger ein Theil des Eiweisses und des Fettes der
Säfte zerstört, oder ein Theil des Kalkes derselben durch Harn und
Koth entfernt wird, so ist ein Missverhältniss zwischen Säften und
Organen gegeben, die Organe können nicht einseitig ihren relativ
höheren Stand an Eiweiss, Fett oder Kalk erhalten, sie geben an
die Säfte die betreffenden Stoffe ab, um den Gleichgewichtszustand
herzustellen, der aber alsbald wieder gestört wird. Dieser stoffliche
Ausgleich zwischen Organen und Säften tritt in besonders hohem
Grade bei Blutentziehungen hervor; da die Organe sich einer gewissen Menge von Blut und Ernährungsflüssigkeit adaptirt haben, so
müssen nothwendig die Organe nach einer ausgiebigen Blutentziehung Substanz von sich abgeben; es wird Organeiweiss gelöst, in
den Säftestrom aufgenommen und dann theilweise zersetzt, theilweise
zur Herstellung von Blutplasma und Blutkörperchen verwendet.[1] Bei
dem Rheinlachs wird die Liquidation der Rumpfmusculatur ebenfalls durch Auftreten eines Missverhältnisses zwischen diesen Muskeln und dem ihnen zufliessenden Ernährungsmaterial hergestellt;
die vorher reichlichst ernährten Rumpfmuskeln erhalten weniger Blut
zugeführt, wodurch in Folge des Ausgleichs eine Abnahme derselben
stattfinden muss.[2]

---

1 Nach BUNTZEN (s. S. 99) ist nach mittelmässigen Blutverlusten das Volum
des gesammten Blutes in einigen Stunden völlig restituirt: nach starken Aderlässen vergehen 24—48 Stunden bis zur Restitution der ursprünglichen Blutmenge.

2 Die geringe Blutzufuhr zu den Rumpfmuskeln und das Sinken des Blut-
druckes wird nach MIESCHER's Beobachtungen anfangs durch eine Erweiterung
der Blutgefässe der Milz, welche zeitweise ¹/₁—¹/₃ der ganzen Blutmenge zurück-

Die Zellen sind, je nach ihrer Masse und Leistungsfähigkeit, im Stande, eine bestimmte Menge von Stoff zu zerlegen. Das Zersetzungsmaterial des hungernden Organismus besteht in gelöstem Eiweiss und in Fett. Kein Stoff (ausser Leim und Pepton) wird im Körper leichter in die nächsten Produkte gespalten als das Eiweiss: es wird während des Lebens beständig zersetzt und es ist der einzige Stoff (ausser Leim und Pepton), welcher für sich allein den ganzen Umsatz deckt. Es zerfällt namentlich leichter als das Fett, denn man vermag durch ausschliessliche Darreichung von Eiweiss die Fettabgabe vom Körper zu verhüten und ferner bei Zusatz von Fett zum Eiweiss der Nahrung dieses Fett völlig zum Ansatz zu bringen; das Fett wird daher erst angegriffen, wenn von dem Eiweiss nichts mehr zur Zerstörung vorhanden ist. Beim Hunger wird, da dabei für gewöhnlich durch den schwachen Säftestrom nur wenig circulirendes Eiweiss den Zellen zugeführt wird, nur wenig Eiweiss zersetzt, welches dann aus dem Organeiweiss wieder ergänzt wird. Niemals wird bei der Inanition so viel Eiweiss geboten, dass dadurch die Bedingungen für die Fettzersetzung aufgehoben sind; es wird deshalb bis zur Erschöpfung der Leistungsfähigkeit der Zellen noch von dem in den Säften befindlichen, fein vertheilten Fett zerstört, wofür aus den grossen Reservoiren des Fettes neues Material in den Säftestrom einrückt.

Ist an den ersten Hungertagen durch die vorausgehende Nahrungsaufnahme mehr circulirendes Eiweiss vorhanden, so wird mehr Eiweiss zersetzt, weshalb nur eine geringere Menge von Fett zerstört werden kann (S. 89). Ebenso ist es, wenn durch die Einflüsse, welche die Circulation verstärken, ein grösseres Eiweissquantum verbraucht und dann mehr Organeiweiss zum Ersatz eingerissen wird.

Befindet sich in den Säften neben dem Eiweiss viel Fett, so wird weniger Eiweiss in den Zerfall gezogen, da bei Anwesenheit von Fett die Fähigkeit der Zellen, Eiweiss zu zerlegen, geschwächt wird, oder, wie mir wahrscheinlicher dünkt, der Vorrath des circulirenden Eiweisses spärlicher ist[1]; der Fettumsatz fällt dann um so grösser aus. Wird dagegen, wie an den späteren Hungertagen, bei mageren Thieren der Körper arm an Fett und relativ reich an Eiweiss, so wird mehr Eiweiss und weniger Fett verbraucht.

hält, später durch die Entwickelung der Blutgefässe der Geschlechtsorgane hergestellt. Ich kann mich mit der Erklärung Miescher's, wonach die Ursache der Liquidation eine im Verhältniss zum Stoffzerfall ungenügende Athmung und Sauerstoffaufnahme sein soll, aus Gründen, welche der aufmerksame Leser an mehreren Stellen finden wird, nicht befreunden.

1 In einem fettreichen Körper findet sich weniger Blut.

Bei einem grossen Organismus ist der Eiweisszerfall absolut grösser wegen der reichlicheren Einschmelzung von Organeiweiss. Ein kleines Thier setzt beim Hunger verhältnissmässig viel mehr Eiweiss, aber nicht mehr oder nur wenig mehr Fett um. Die grössere Eiweisszersetzung rührt von der reichlicheren Blutzufuhr zu der Gewichtseinheit der Organe her. Wegen des bedeutenderen Eiweissverbrauchs sollte daher das kleinere Thier nach dem vorher Gesagten weniger Fett verbrennen. Dies ist auch der Fall, wenn die übrigen Bedingungen des Stoffzerfalls die gleichen bleiben; da aber das kleinere Thier in der Regel verhältnissmässig mehr Arbeit leistet, durch welche mehr Fett zerstört wird, so ist auch der relative Verbrauch an Fett im kleineren Organismus meist etwas gesteigert, aber in viel geringerem Grade als der des Eiweisses (S. 88).

Ueberblickt man die Verhältnisse bei ausschliesslicher Zufuhr von eiweissartiger Substanz, so sieht man mit der Zufuhr auch die Zersetzung derselben anwachsen und zwar deshalb, weil das aus dem Darme aufgenommene Eiweiss im Säftestrom zu den Zellen geführt wird und dort zugleich unter Anwachsen des Vorraths des circulirenden Eiweisses im Körper unter die Bedingungen der Zersetzung gelangt. Während anfangs noch Eiweiss vom Körper zu Verlust geht, da von den Zellen noch mehr circulirendes Eiweiss zerstört als vom Darm aus zugeführt wird, kommt schliesslich beim weiteren Steigern der Zufuhr ein Punkt, wo eine der resorbirten Menge Eiweiss gleiche Quantität zerlegt wird und der Körper also kein Eiweiss einbüsst; es ist das Stickstoffgleichgewicht vorhanden. Dabei wird kein Organeiweiss (ausser dem in den abgestossenen Horngebilden, den Blutkörperchen u. s. w. enthaltenen) mehr abgegeben, dasselbe wird durch den Zerfall des circulirenden Eiweisses völlig geschützt. Giebt man darüber hinaus noch weiter Eiweiss zu, so wird an den ersten Tagen etwas vom Ueberschuss als circulirendes Eiweiss und unter Umständen als Organeiweiss abgelagert, aber bald wieder so viel zersetzt als gereicht wird, da die Säfte und Organe an Masse gewonnen haben. Dies geht so lange fort, bis die Grenze erreicht ist, bei der die Zellen kein weiteres Eiweiss mehr zu verarbeiten vermögen. Meine Versuche haben ergeben, dass ein Hund von 35 Kilo Gewicht die gewaltige Menge von 2500 Grm. Fleisch mit 550 Grm. Eiweiss in 24 Stunden zum Zerfall bringen kann, fünfzehnmal mehr als beim Hunger. Ganz das Gleiche nimmt man wahr, wenn man einer Anzahl von Hefezellen verschiedene Mengen von Zucker, von der kleinsten angefangen, zuführt; es wird immer mehr zersetzt bis zu einer gewissen oberen Grenze, über die hinaus, unter sonst glei-

chen Verhältnissen, nichts weiter mehr vergährt wird. Ebenso ist
es bei einem Ofen, wo auch bis zu einem bestimmten Punkte durch
Einlegen von mehr Brennmaterial die Verbrennung gesteigert wird.
Auch nach Aufnahme von Eiweiss in den Darm sind im Körper
wie beim Hunger vorzüglich zwei Stoffe zur Zersetzung durch die Zellen bereit, Eiweiss und Fett. Da das gelöste Eiweiss ungleich leichter
zerfällt als das Fett, so wird letzteres erst in Angriff genommen,
wenn ersteres, soweit es disponibel ist, verbraucht ist. Deshalb
nimmt bei erhöhter Zufuhr und Zersetzung von Eiweiss die Zerstörung des Körperfettes immer mehr ab, bis schliesslich kein Fett mehr
angegriffen und ausschliesslich Eiweiss umgesetzt wird; die Menge
des verfügbaren, leicht zersetzlichen Eiweisses ist so gross geworden,
dass durch die Verarbeitung dieses einen Stoffs die Grenze erreicht
ist, wo eine weitere Stoffzerlegung durch die Zellen nicht mehr möglich ist. Ja es kann zuletzt bei einem grossen Ueberschuss von Eiweiss in einem fettarmen Körper dahin kommen, dass nach der Spaltung des letzteren in gewisse erste Produkte schon die Bedingungen
der Zersetzung in den Zellen erschöpft sind; es bleibt dann ein Theil
dieser Produkte (kohlenstoffreiche Stoffe oder Fett) unverändert liegen. Ist der Körper fett, so wird aus dem circulirenden Eiweiss
leicht Organeiweiss angesetzt, der Vorrath des circulirenden Eiweisses
ist geringer und es nimmt der Eiweissumsatz ab. Kommt in einem
fetten Körper durch reichliche Aufnahme von Eiweiss Organeiweiss
zur Ablagerung, so muss wegen der Abnahme der Eiweisszersetzung
noch Fett vom Körper zerstört werden (S. 117) [1]; es verschwindet
dadurch allmählich das Fett im Körper und es gelangt in Folge
davon immer weniger Organeiweiss zum Ansatz, der Vorrath des
circulirenden Eiweisses nimmt zu, so dass zuletzt auch von dem abgelagerten Organeiweiss eingerissen wird und die grösste Eiweisszufuhr nicht mehr ausreicht, den Körper auf seinem Eiweissbestande

---

[1] Ein Ansatz von Organeiweiss geschieht nicht dadurch, dass in den Zellen
die Bedingungen für die Zersetzung erschöpft sind, er geschieht vielmehr durch
die Wegnahme von Eiweiss aus dem Säftestrom und kann daher eintreten, wenn
die Möglichkeit zur Zerstörung von Material in den Zellen noch besteht. Darum
kann trotz eines Ansatzes von Eiweiss noch Fett angegriffen werden, wenn nach
demselben durch das zerstörte Eiweiss die Fähigkeit zu zersetzen noch nicht
aufgehoben ist. Würde ein Ansatz von Eiweiss erst erfolgen, wenn die Zer-
setzungsfähigkeit der Zellen schon erschöpft ist, so dürfte nach einem Ansatz
von Eiweiss nie mehr eine Zerstörung von Fett stattfinden. Bei der Gegenwart
von viel Fett wird, ohne dass Fett verbrannt wird, dem Säftestrom Eiweiss entzogen und in den Organen abgelagert, weshalb dabei weniger Eiweiss zum Zerfall gelangt; das Gleiche geschieht bei noch wachsenden Thieren, wo die Zellen
mit grosser Kraft Eiweiss für sich in Beschlag nehmen, ferner bei der Bildung
der Milch in der Brustdrüse, oder auch bei der Entwickelung anderer Organe,
z. B. des Eierstockes beim Lachs, oder von Neubildungen.

zu erhalten (Bantingkur) [1]. Ich habe diesen Vorgang mehrmals beobachtet, wenn ich mageren Hunden längere Zeit grosse Portionen reinen Fleisches gab, die sich anfangs im Stickstoffgleichgewicht befanden, aber allmählich noch Eiweiss von ihrem Körper verloren. Auch die reichlichste Aufnahme von Fett oder Kohlehydraten hebt die Eiweisszersetzung nicht auf; dies erklärt sich einfach dadurch, dass der Strom des circulirenden Eiweisses fortdauert und kein Stoff im Körper leichter zerfällt als das Eiweiss. Jedoch wird dabei kein Fett vom Körper mehr abgegeben.

Reicht man Fett ausschliesslich oder mit Eiweiss, so ändert sich an dem Eiweissumsatz nur wenig; der Säftestrom und das durch ihn den Zellen gebotene Eiweissquantum wird durch die Gegenwart des Fettes kaum alterirt, es nimmt nur die Eiweisszersetzung, wie bei reichlicher Ablagerung von Fett am Körper, etwas ab, weil unter dem Einflusse des Fettes der Vorrath des circulirenden Eiweisses geringer wird und aus ihm leichter Organeiweiss zum Ansatz gelangt. Das Fett wirkt also nicht, wie man früher glaubte, indem es als verbrennlichere Substanz den Sauerstoff in Beschlag nimmt und so das Eiweiss schützt; abgesehen davon dass der Sauerstoff nicht eine Ursache des Stoffzerfalls im Körper ist, ist das Fett umgekehrt schwerer zersetzlich als das Eiweiss und es erspart Eiweiss auch dann, wenn es gar nicht angegriffen, sondern ganz abgelagert wird. Können nach Darreichung geringerer Eiweissmengen die Zellen noch weiter Stoff zerlegen, dann wird noch von dem aufgenommenen oder dem in den Fettzellen befindlichen Fett in den Zerfall gezogen; ist aber durch reichlichere Eiweisszersetzung schon die Leistungsfähigkeit der Zellen erschöpft, so gelangt alles resorbirte Fett zum Ansatz. Während die Grösse der Eiweisszufuhr vorzüglich den Eiweissverbrauch bestimmt, hat die Aufnahme von Fett unter sonst gleich bleibenden Verhältnissen nur einen geringen Einfluss auf die Fettzerstörung, denn die Zellen können nach Ablauf der Eiweissspaltung nur noch eine bestimmte Menge von Fett zerlegen und ohne Aufnahme von Fett tritt das am Körper abgelagerte Fett ein. Das Fett der Nahrung (oder auch das im Körper abgelagerte Fett) gewinnt dadurch seinen bedeutenden Einfluss auf den Ansatz von Eiweiss und Fett. Bei Aufnahme von reinem Eiweiss in einen mageren Körper wird das letztere ganz oder zum grössten Theil durch die Zellen alsbald wieder zerstört, höchstens eine verhältnissmässig kleine Menge

---

[1] William Banting, Letter on corpulence, addressed to the public. London, Harrison, 1864. — Jul. Vogel, Korpulenz, ihre Ursachen, Verhütung und Heilung durch einfache diätetische Mittel. Leipzig 1864. (Ungenügende Erklärung.)

vermehrt die Ernährungsflüssigkeit oder den Vorrath des circulirenden Eiweisses; man vermag daher mit reinem Eiweiss einen Körper nicht reich an Eiweiss oder Fett zu machen. Bei Gegenwart von Fett aber wird aus dem circulirenden Eiweiss dauernd Organeiweiss angesetzt und zwar um so mehr je weniger eine Zunahme von circulirendem Eiweiss stattfinden kann, also bei nicht zu grossen Eiweissgaben.

Die Kohlehydrate verhalten sich in Beziehung des Einflusses auf den Eiweisszerfall wie das Fett; sie vermindern denselben nur in etwas höherem Grade als das letztere. Um ihre weitere Wirkung zu verstehen, muss man bedenken, dass der Zucker durch die Zellen leichter angegriffen wird als das Fett; nach meinen Erfahrungen wird nämlich vom Hunde auch die grösste Menge des verzehrten Kohlehydrats in 24 Stunden verbrannt, also kein Kohlenstoff oder Fett daraus aufgespeichert, während bei Aufnahme von Fett nur ein Theil zersetzt wird und bald ein Ansatz desselben erfolgt. Es wird demnach von den den Zellen im Säftestrom zugeführten Stoffen das Eiweiss am leichtesten in die nächsten Produkte gespalten, dann folgen die Kohlehydrate (Zucker) und endlich als am schwersten zerlegbare Substanz das aus dem Eiweiss abgetrennte oder aus dem Darm resorbirte Fett. Diese ungleiche Zersetzlichkeit bestimmt den Erfolg. Es wird zunächst nach Maassgabe der Zufuhr des circulirenden gelösten Eiweisses dieser Stoff zerlegt in stickstoffhaltige Produkte und in stickstofffreie, kohlenstoffreiche, darunter Fett. Mit dieser ersten Zerlegung des Eiweisses ist aber die Leistungsfähigkeit der Zellen niemals erschöpft; sind daher Kohlehydrate vorhanden, so wird nicht das aus Eiweiss entstandene oder im Körper aufgespeicherte Fett zerstört, sondern die leichter zersetzlichen Kohlehydrate. Auf diese Weise wird durch die Kohlehydrate der Verlust von Fett vom Körper immer mehr und mehr vermindert und zuletzt ganz aufgehoben, ja sogar ein Fettansatz aus dem Fett des Eiweisses ermöglicht. Ob so viel vom Kohlehydrat aufgenommen werden kann, dass ein Theil desselben unzerlegt bleibt und daraus Fett abgelagert wird, ist noch nicht entschieden. Die Zellen zertrümmern bei gleichem Kraftaufwand etwa 1.75 mal so viel Kohlehydrate wie Fett, so dass für die Verhütung des Fettverlustes vom Körper etwa 175 Grm. Kohlehydrate die gleichen Dienste thun wie 100 Grm. Fett.

Von grossem Interesse ist das Verhalten des Leims und der Peptone bei den Zersetzungsvorgängen. Sie verringern die Umsetzung des Eiweisses und zwar in viel höherem Grade als die Kohlehydrate und Fette. Der Leim (und wahrscheinlich auch das Pepton) wird stets im Lauf von 24 Stunden vollständig zerstört und nichts davon

am Körper angesetzt. Leim und Pepton sind also offenbar noch
leichter zersetzlich als das gelöste Eiweiss, und werden daher in
erster Linie angegriffen. Erst wenn nach ihrem Zerfall die Zellen
noch im Stande sind Stoffe zu zersetzen, kommt das noch zur Verfügung stehende circulirende Eiweiss und dann das Fett an die Reihe.
Ist die Leistungsfähigkeit der Zelle durch den Umsatz des Leims
erschöpft, dann sollte auch kein Eiweiss (abgesehen von dem in
abgestossenen Horngebilden, den aufgelösten rothen Blutkörperchen
u. s. w. befindlichen) und kein Fett mehr verbraucht werden. Nach
meinen Versuchen scheint in der That der Leim unter Umständen
für das circulirende Eiweiss ganz verbrennen zu können, und nur
dasjenige Eiweiss ersetzt werden zu müssen, welches durch Abstossung von Organisirtem zu Verlust geht. Das nebenbei gegebene
Eiweiss gelangt grösstentheils zum Ansatz d. h. es entsteht bei Gegenwart von Leim aus dem circulirenden Eiweiss mehr als durch irgend
einen andern Stoff Organeiweiss.

Es ist nicht möglich, dass durch den Leim, wie man es für das
Eiweiss angenommen hat, organisirtes Eiweiss verdrängt und aus
dem Leim wieder aufgebaut wird, wenigstens haben wir keinen Anhaltspunkt für einen solchen Vorgang[1]; die Versuchsresultate erklären sich ganz einfach, wenn man den Leim als solchen wie das
Fett oder den Zucker sich zersetzen und das Eiweiss schützen lässt.
Würde ausser dem Leim noch organisirtes oder circulirendes Eiweiss
zu Grunde gehen, so müsste die mit dem letzteren verbundene Asche
ebenfalls ausgeschieden werden; im Leimharn findet man aber (S. 125)
nur sehr wenig Asche, auf 30.5—32.3 Theile Harnstoff nur 1 Theil
Asche, während beim Hunger, wo Organeiweiss zersetzt wird, auf
6.5 Theile Harnstoff 1 Theil Asche kommt. Eine von Etzinger[2]
beobachtete Thatsache thut die Zersetzung des Leims oder des leimgebenden Gewebes sicher dar; giebt man nämlich einem Hunde
Knochen, so wird im Harn weniger Kalk ausgeschieden als beim
Hunger; beim Hunger wird Organeiweiss zersetzt und dadurch der
damit verbundene Kalk überflüssig und entfernt; bei Darreichung von
Ossein wird aber dieses statt des Organeiweisses zerstört und somit
auch der Kalk nicht frei (S. 305). Wird aber der Leim zersetzt

---

1 Nach reichlicher Aufnahme von Eiweiss wird am Körper Eiweiss angesetzt und deshalb am ersten Hungertage viel zersetzt; dagegen wird auch nach
Fütterung mit den grössten Mengen von Leim am ersten Hungertage nur wenig
Stickstoff ausgeschieden, es kann also der Leim nicht wie das Eiweiss den Körper
in einen eiweissreichen Zustand bringen (Ztschr. f. Biologie. II. S. 225. 1866).
2 Etzinger, Ztschr. f. Biologie. X. S. 99. 1874.

und nicht in Eiweiss umgewandelt, dann ist dadurch bewiesen, dass im Stoffwechsel für gewöhnlich das Organisirte intakt bleibt.

Nach diesen Auffassungen lassen sich die Vorgänge der Zersetzung der verschiedenen Stoffe im Körper verstehen. Das was man Stoffwechsel nennt, geschieht bei voller Ernährung im Wesentlichen nicht an der organisirten Form, sondern es werden vorzüglich die aus dem Darm neu zugeführten organischen Stoffe zersetzt und bewahren so den Bestand der Organe an Eiweiss und auch das im Körper abgelagerte Fett; es handelt sich daher hauptsächlich um eine Erhaltung, und nicht um einen Ersatz für Verlorenes. Für gewöhnlich ist also der Untergang der organisirten Form nicht gross, nur beim Hunger wird dieselbe in ausgedehnterem Maasse eingerissen. LIEBIG verstand unter „Stoffwechsel" die Abnützung des Organisirten durch die Arbeit und den Wiederaufbau desselben durch das in der Nahrung zugeführte Eiweiss; der Stickstoff oder Harnstoff des Harns war ihm daher das Maass des Stoffwechsels. Wir begreifen jetzt unter „Stoffwechsel" nicht nur den Untergang und Ersatz des Organisirten, sondern den Wechsel jeglichen Stoffs im Körper; der ausgeschiedene Stickstoff ist uns daher nicht mehr ein Maass des Stoffwechsels, sondern nur unter gewissen Voraussetzungen ein Maass des Eiweissstoffwechsels. Aber auch der Kohlenstoff- und Sauerstoffverbrauch lässt nicht den Stoffwechsel messen (S. 71); man vermag jedoch durch die Bestimmung des in den Organismus aufgenommenen und von ihm abgegebenen Stickstoffs und Kohlenstoffs auf den Umsatz des Eiweisses, des Fettes oder der Kohlehydrate zu schliessen, und ebenso aus den entsprechenden Untersuchungen den Wechsel des Wassers oder der Aschebestandtheile zu entnehmen. Es ist daher unrichtig und führt zu Missverständnissen, wenn man von der Messung des Stoffwechsels oder von Veränderungen des Stoffwechsels unter gewissen Einflüssen spricht; man darf nur von dem Wechsel eines bestimmten Stoffs z. B. des Eiweisses, des Fettes, des Kalks u. s. w. reden.

Aus der Verfolgung des Wechsels der hauptsächlichsten organischen Stoffe im thierischen Organismus hat sich ergeben, dass die Masse und Fähigkeit der Zellen die Grösse des Gesammtumsatzes bestimmt und dass der Eiweissumsatz das Maassgebende für den Gang der Zersetzung ist. Das Eiweiss wird nämlich als am leichtesten zerlegbarer Stoff (neben dem Pepton und Leim) zuerst in nähere Produkte gespalten, von denen eines wahrscheinlich Fett ist. Ist dadurch die Möglichkeit der Stoffzerlegung durch die Zellen schon erschöpft, so wird dieses Fett angesetzt und nichts weiter mehr zersetzt;

ist diese Grenze, wie es meist der Fall ist, dadurch jedoch noch
nicht erreicht, dann kommt derjenige Stoff an die Reihe, welcher
nächst dem Eiweiss am leichtesten zerfällt, das ist der Zucker; bei
Zufuhr desselben bleibt daher das aus dem Eiweiss abgetrennte Fett
intakt. Ist kein Zucker vorhanden, so wird das Fett angegriffen,
bis die Zellen nicht mehr im Stande sind noch mehr Stoff zu verarbeiten. Die Grösse des Verbrauchs an Eiweiss, welche vor Allem
von der Zufuhr desselben abhängt, bestimmt demnach bei gleichbleibender Leistungsfähigkeit der Zellen die Grösse der Zersetzung
der übrigen Stoffe. Da die Muskelarbeit die Fähigkeit der Zelle,
Stoffe zu zerstören, sehr erhöht und aus schon angegebenen Gründen
unter ihrem Einflusse mehr Fett oder Kohlehydrat verbrannt wird,
so richtet sich der Verbrauch dieser Stoffe vorzüglich nach der Muskelanstrengung. Der Bedarf eines Organismus an Eiweiss ist hauptsächlich von der Organmasse, der Bedarf an stickstofffreien Stoffen von
der Arbeitsleistung abhängig.

XII. Wodurch erhält das Organisirte die Fähigkeit der Stoffzerlegung?

Nach der Feststellung der Stoffzersetzungen im Thierkörper unter
verschiedenen Umständen und nach Aufstellung einer Theorie, wornach die Ursachen für den Zerfall in dem Organisirten oder in den
Zellen sich finden und die Grösse des letztern sich richtet einerseits
nach der Masse und stofflichen Leistungsfähigkeit der Zellen, andererseits nach der Menge und Zersetzlichkeit des zugeführten Verbrauchsmaterials, kann man noch die weitere Frage aufwerfen, was
denn an der Organisation gegeben ist, dass sie die Eigenschaft der
Stoffzersetzung besitzt. Es handelt sich also hier nicht um eine
Theorie des gesammten Stoffwechsels, sondern nur um die eine Frage,
wodurch das Organisirte die Fähigkeit erhält, höhere chemische Verbindungen in einfachere zu zerspalten. Es werden durch irgend eine
Einwirkung die Theilchen der complicirten, leicht zersetzlichen organischen Verbindungen auseinander gerissen, indem entweder gewisse
Gruppen derselben durch eine stärkere Anziehung weggenommen werden (z. B. durch Capillarattraktion, Säuren oder Alkalien, Contaktsubstanzen) oder indem eine Bewegung übertragen wird, die das Gefüge
erschüttert (Wärme, Elektricität, intramolekulare Bewegung).
Beim Eindringen von Stofflösungen in eine Membran oder bei
dem Austausch von Flüssigkeiten durch Membranen, bei der Osmose,

kommen bekanntlich Zerlegungen von chemischen Verbindungen vor[1]; es wäre möglich, dass ein Vorgang der Art auch bei der Wechselwirkung der Stoffe der Zellen und der sie umspülenden Ernährungsflüssigkeit und bei der Zersetzung betheiligt ist.

Man könnte auch an elektrische Wirkungen denken, so wie man das Chlornatrium durch Elektrolyse in den Labdrüsen hat zerlegen lassen.

Bei dem Verbrennen des Holzes im Ofen oder des Oeles in der Lampe ist es die Anzündungstemperatur, durch welche aus diesen Stoffen gasförmige Zerfallprodukte entstehen, in welche dann bei weiterer Zersetzung Sauerstoff eintritt. Die dabei produzirte Wärme ist die Ursache für den Fortgang der Verbrennung an dem übrigen Material. Man könnte sich vorstellen, auch im Organismus wirke einfach nur die Wärme, und die Stoffe würden in bestimmter Menge zersetzt, weil ihre Zersetzlichkeit oder Verbrennlichkeit eine verschiedene sei. Aber eine solche Annahme würde viele der Erscheinungen nicht oder nur recht gezwungen erklären: warum z. B. wenn die Anzündungstemperatur einmal im Körper gegeben ist, beim Hunger nicht das reichlich in den Säften vorhandene Eiweiss rasch alles in den Zerfall gezogen wird, während doch thatsächlich·der Organismus in andern Fällen (bei Eiweisszufuhr) die Möglichkeit besitzt bedeutende Quantitäten von Eiweiss zu zersetzen; warum dabei nicht das im Körper abgelagerte Fett in grösserer Menge zu Grunde geht, da doch für viele Tage solches zerstörbares Material vorhanden ist; warum das Fett nicht leichter zersetzt wird als das Eiweiss; warum kleine hungernde Thiere verhältnissmässig mehr Eiweiss zerstören als grosse; warum bei Muskelanstrengung nur mehr Fett verbraucht wird; warum überhaupt die Organisation von Einfluss auf den Umsatz ist. Jedoch ist die Temperatur des Körpers unzweifelhaft von wesentlichem Einfluss auf die in ihm stattfindenden Zersetzungen (S. 218) sowie auf alle chemischen Zersetzungen, wenn sie auch nicht die nächste Ursache derselben ist.

Der einfachste Fall der Spaltung einer zusammengesetzten Verbindung durch die lebende Organisation ist der der weingeistigen Gährung durch die Hefezelle. Alle Theorien, die man sich über die Ursache der Gährung gemacht hat, haben daher auch für den aus

---

1 Schönbein, Ann. d. Physik. 1861. No. 10. S. 275. — Wiedemann, Journ. f. pract. Chem. (2) IX. S. 148. — Horstmann, Neues Handwörterb. d. Chemie. Artikel: „Dissociation". — Graham, Ann. d. Chem. u. Pharm. LXXVII. S. 56 u. 129. 1850; LXXX. S. 197. 1851. — Maly, Ztschr. f. physiol. Chem. I. S. 174. 1877. — A. Kossel, Ebenda. II. S. 158. 1878, III. S. 207. 1879.

Zellen und Zellengebilden zusammengesetzten höheren thierischen Organismus Geltung.

Es giebt nun für die Gährung vier Erklärungsversuche: die Zersetzungstheorie Liebig's, die Fermenttheorie der Gährungschemiker, die Sauerstoffentziehungstheorie Pasteur's und die molekular-physikalische Theorie Nägeli's (entsprechend der Theorie Pflügers, von der Ursache der Eiweisszersetzung), welche sich auf den uns vorliegenden Fall übertragen lassen.

Nach der Zersetzungstheorie Liebig's[1] ist es eine molekulare Bewegung, welche ein in chemischer Bewegung d. h. in Zersetzung begriffener Stoff auf andere Stoffe, deren Elemente nicht sehr fest zusammenhängen, überträgt. Bei der Gährung im engern Sinne (alkoholischen Gährung) geschieht die Uebertragung der Bewegung durch eine fremde Ursache, ein besonderes (ungeformtes) Ferment, welches zur Einleitung und Unterhaltung der Bewegung nothwendig ist; bei der Fäulniss soll zur ersten Einleitung der Bewegung ein Ferment gegeben sein, die weitere Unterhaltung der Bewegung aber von dem sich zersetzenden Fäulnissmaterial herrühren, so dass die einmal begonnene Fäulniss durch eigene Bewegung fortdauert. Diese Unterscheidung der Gährung und Fäulniss als ihrem Wesen nach verschiedene Vorgänge wurde unhaltbar durch Schwann's Entdeckung (1837), wornach beide Prozesse durch lebende Organismen bewirkt werden. Die Theorie von einem in den Zellen enthaltenen in Zersetzung begriffenen Stoff als Ursache der Gährung lässt sich nicht halten, da man einen solchen Stoff von der Wirkung der lebenden Zelle aus letzterer nicht darzustellen vermag.

Die Gährungschemiker nehmen als Gährungserreger ebenfalls in den Zellen bestimmte Stoffe, sogenannte ungeformte oder unorganisirte Fermente, welche dieselbe Eigenschaft wie die Zellen besitzen, an; diese Fermente wirken aber nicht, indem sie sich zersetzen, sondern wie Säuren oder Alkalien u. s. w. durch Contaktwirkung (durch katalytische Kraft) d. h. blos durch ihre Anwesenheit, ohne sich chemisch zu betheiligen oder eine Verbindung einzugehen, denn die nämliche Menge von Schwefelsäure oder einem ungeformten Ferment kann immer neue Substanz umwandeln. Diese Ansicht ist zuerst von M. Traube[2] ausgesprochen und neuerdings von Hoppe-Seyler[3] vertheidigt worden. Für jede der verschiedenen

---

1 Liebig, Chem. Briefe. 3. Aufl. S. 221. 1851; Die Chemie in ihrer Anwendung auf Agrikultur u. Physiologie. S. 369. 1846; Sitzgsber. d. bayr. Acad. II. S. 323. 1869.
2 M. Traube, Theorie d. Fermentwirkungen. Berlin 1858.
3 Hoppe-Seyler, Arch. f. d. ges. Physiol. XII. S. 1. 1876; Physiol. Chem. Thl. I. S. 110. 1877.

Gährungen muss man danach ein besonderes Ferment annehmen. Ich habe früher (S. 286) schon hervorgehoben, dass die ungeformten Fermente nicht die Ursachen der Gährung oder der hauptsächlichen Zersetzungen im Thierkörper sein können, da man nicht im Stande ist solche Fermente aus den Zellen zu lösen und da die Ursache des Stoffzerfalls untrennbar verbunden ist mit der lebenden Zelle oder der Organisation. Nach NÄGELI's Auseinandersetzungen finden sich noch andere Differenzen in der Wirkung der ungeformten Fermente und der Organisation. Er giebt als physiologischen Unterschied zwischen beiden an, dass in den meisten Fällen die ungeformten Fermente die in unverwerthbarer Form gebotenen Nährstoffe in verwerthbare z. B. in lösliche oder in leicht osmirende umwandeln, während die Zellwirkung gerade den entgegengesetzten Charakter, den der Zerstörung und der Herstellung schlechter oder nicht mehr nährender Produkte hat. Auch chemisch sind die beiden Wirkungen verschieden; durch das ungeformte Ferment, welches eine bestimmte chemische Verbindung darstellt, zerfällt die organische Substanz glatt und vollständig in ihre Componenten; bei der Thätigkeit der Zelle treten nebenbei noch andere Produkte, darunter zumeist Kohlensäure, auf, weil die Organisation mit ihren mannigfaltigen Molekularbewegungen und Molekularkräften eine complizirtere Zersetzung hervorbringt. Darum kann das ungeformte Ferment durch eine andere unorganische Contaktsubstanz z. B. durch Schwefelsäure oder Alkalien oder Wasser bei höherer Temperatur ersetzt werden, die Organisation aber nicht[1]. Ausserdem scheint noch in thermochemischer Beziehung nach NÄGELI ein Unterschied zu bestehen: bei der Gährung soll Wärme frei werden, so dass dabei Produkte mit einer geringeren Menge von potentieller Energie entstehen, bei der Fermentwirkung dagegen sollen durch Aufnahme von Wärme die Produkte eine grössere Summe von Spannkraft besitzen. BUNSEN[2] und HÜFNER[3] haben eine Erklärung der Wirkung der ungeformten Fermente oder der Contaktsubstanzen zu geben versucht: das Ferment zieht darnach gewisse Atome oder Atomgruppen eines zusammengesetzten Moleküls stärker an als den Rest und bringt dadurch, in Verbindung mit der

---

[1] Die auch bei Ausschluss von Sauerstoff erfolgenden typischen Gährungen lassen sich nur durch Zellen hervorbringen, so alle Gährungen des Zuckers und der zuckerähnlichen Stoffe, sowie der Peptone und Albuminate. Die anderen, welche den Zutritt von Sauerstoff verlangen, z. B. die Gährungen der Säuren, des Asparagins, des Harnstoffs, der Essigbildung aus Weingeist u. s. w. können um so eher auch durch weitere chemische Mittel hervorgebracht werden, je einfacher die Produkte sind.

[2] BUNSEN, Gasometrische Methoden. S. 267.

[3] HÜFNER. Journ. f. pract. Chemie. N. F. X. S. 145 u. 385. 1874.

Wärmewirkung und mit den chemischen Anziehungen der Atome und Atomgruppen unter einander, eine neue Gruppirung, also eine chemische Umsetzung hervor. NÄGELI setzt ergänzend hinzu, dass die Contaktsubstanz nicht bloss durch Anziehung und Abstossung, sondern vorzüglich auch durch die Bewegungszustände ihrer Moleküle und Atome wirke.

Die Sauerstoffentziehungstheorie von PASTEUR[1] ist nur für die Eigenschaft der Hefezellen, Zucker in Alkohol und Kohlensäure zu zerlegen, bestimmt. Nach ihr können die Hefezellen nicht nur freien Sauerstoff benützen, sondern dieses Gas auch anderen Verbindungen entziehen; bei Aufnahme von freiem Sauerstoff soll keine Gährung stattfinden, bei Mangel an freiem Sauerstoff aber soll derselbe dem Gährungsmaterial entzogen werden, wodurch letzteres in seinem molekulären Gleichgewicht gestört und zersetzt wird. Diese Theorie ist nach NÄGELI unhaltbar, da der Zutritt von Sauerstoff für die Gährung sogar günstig ist; auf die höheren thierischen Organismen, denen normal stets genügend Sauerstoff zu Gebote steht, ist sie überdiess nicht anwendbar.

NÄGELI[2] hat endlich eine molekular-physikalische Theorie der Gährung aufgestellt, die, wenn sie richtig ist, auch ein helles Licht auf die Ursache des Stoffumsatzes im Thierkörper wirft. Anknüpfend an die von BUNSEN und HÜFNER gegebene Erklärung der Wirkung der ungeformten Fermente ist nach ihm die Gährung die Uebertragung der in jedem Stoff vorhandenen Bewegungszustände der Moleküle, Atomgruppen und Atome der verschiedenen das lebende Protoplasma zusammensetzenden, chemisch unverändert bleibenden Verbindungen auf das Gährmaterial, wodurch das Gleichgewicht in dessen Molekülen gestört und dieselben zum Zerfall gebracht werden. Entsprechend der verschiedenen Organisation und Mischung des lebenden Protoplasmas finden am letzteren, im Gegensatz zu der Wirkung der einfachen ungeformten Fermente, verschiedene Gährungen statt. Eine Betheiligung der Wärme als eigentliche Ursache des Zerfalls ist nach NÄGELI's Vorstellung nicht gegeben; wenigstens sagt er: nur wenn die bestimmten Schwingungszustände des Gährungserregers auf das Gährmaterial einwirken, wird Kraft in der entsprechenden Weise übertragen und die entsprechende Zersetzung veranlasst; eine andere noch so grosse Kraft, die zur Verfügung steht, kann nicht die gleiche Arbeit leisten, und die grosse Menge von Spannkraft, welche bei der geistigen Gährung frei wird, besteht

1 PASTEUR, Ann. d. chim. et phys. (3) LVIII. p. 323, LXIV. p. 1. 1862.
2 NÄGELI, Abhandl. d. bayr. Acad. Math.-physik. Cl. XIII. (2) S. 76. 1879.

in andersartigen Schwingungszuständen und vermag keine Zuckermoleküle zur Vergährung zu bringen.

Ueberträgt man die Theorie Nägeli's auf die Zersetzungen in dem aus vielen Zellen zusammengesetzten thierischen Organismus, so wäre auch bei letzterem die Ursache für den Zerfall die molekular-physikalische Bewegung der die lebendige Organisation bildenden Stoffe. Das ist also die gleiche Ursache, durch welche Pflüger die Spaltung des lebenden Eiweisses zu Stande kommen lässt, nämlich die intramolekulare Bewegung des Eiweissmoleküls (S. 297). Die beiden Forscher lassen aber durch diese Bewegung nicht das gleiche Material in Zerfall gerathen, denn nach Pflüger lockert die intramolekulare Bewegung in der Cyangruppe das lebendige Eiweissmolekül selbst, nach Nägeli dagegen wird der Anstoss auf die die Zellen umspülenden Zuckermoleküle übertragen.

Wie man ersieht, stimmt die Nägeli'sche Anschauung mit meiner Auffassung von der Zersetzung insofern überein, als ich durch die Kraft der thierischen Zelle ebenfalls vorzüglich die sie umspülenden oder in sie eindringenden gelösten und nicht organisirten Stoffe, das gelöste circulirende Eiweiss, die im Säftestrom befindlichen Fette und Kohlehydrate als solche spalten lasse und nicht wie Pflüger das lebendige organisirte Eiweiss.

Keine der Theorien steht mit den Thatsachen der Zersetzungen im Thierkörper in solchem Einklang wie die von Nägeli, wenn wir dieselbe auch vorläufig nur als eine Hypothese betrachten dürfen. Vermöge der Grösse der Molekularbewegung in den Zellen kommt jeder Zelle ein gewisses Vermögen oder ein gewisses Maass von Kraft zu, die in den Säften enthaltenen chemischen Verbindungen zu spalten. Zuerst werden die leichter zerlegbaren getrennt, dann die schwerer zerlegbaren, so lange bis die verfügbare Kraft erschöpft ist.

Man ist dagegen nicht wohl im Stande, die mannigfaltigen Vorgänge bei der Zersetzung von Eiweiss, Fett und Kohlehydraten im thierischen Organismus zu verstehen unter der Annahme, dass in den Zellen abgelagerte ungeformte Fermente die Ursache der Zerstörung sind und für jeden Stoff ein bestimmtes Ferment sich findet. Man begreift dabei nicht, warum z. B. manchmal so viel Eiweiss zersetzt und dann weniger Fett angegriffen wird, warum bei Zufuhr von Kohlehydraten das fettzersetzende Ferment nicht thätig ist.

ZWEITER ABSCHNITT.

DIE ERNÄHRUNG.
VERHÜTUNG DES STOFFVERLUSTES VOM THIERKÖRPER.

Allgemeines und Geschichtliches über die Bedeutung der Nahrungsstoffe.

Im thierischen Organismus werden beim Hunger beständig organische Stoffe zerstört und anorganische ausgeschieden; es muss also, wenn das Thier nicht an Stoffmangel schliesslich zu Grunde gehen soll, neues Material in der Nahrung zugeführt werden. Nachdem in dem ersten Abschnitte dieses Werks dargelegt worden ist, wie sich die Zersetzungen im Thierkörper unter den verschiedensten Einflüssen gestalten, namentlich wie gewisse in den Darm eingeführte organische Stoffe in dieser Richtung wirken, ist es möglich, die Qualität und Quantität derjenigen Stoffe zu bezeichnen, welche den Körper auf seiner Zusammensetzung erhalten oder einen Ansatz an Stoffen sowie eine Abnahme derselben hervorbringen. Da aus dem Thierkörper während des Lebens ununterbrochen sämmtliche Elemente, aus denen er zusammengesetzt ist, nach Aussen entleert werden, so muss die Zufuhr, welche ihn vor Verlust bewahren soll, jedenfalls alle jene Elemente enthalten. Es sind dazu die folgenden Elemente nöthig: Kohlenstoff, Wasserstoff, Sauerstoff, Stickstoff, Schwefel, Phosphor, Chlor, Natrium, Kalium, Calcium, Magnesium und Eisen, vielleicht auch Silicium und Fluor. Der Körper kann bekanntlich keines dieser Elemente erzeugen oder eines in das andere umwandeln [1]; fehlt daher eines derselben in der Zufuhr, dann ver-

---

1 VAUQUELIN (Annales de chimie. XXIX. (7) p. 1. Paris 1799) wollte die Beobachtung gemacht haben, dass eine Henne in den Excrementen und den Eiern mehr Kalk ausscheidet als in der Nahrung enthalten ist; er nahm daher eine Bildung von Kalk bei der Verdauung und Assimilation an.

mag die letztere den Körper nicht stofflich zu erhalten und das
Leben ist auf die Dauer nicht möglich, so z. B. bei ausschliesslicher
Darreichung von Eiweiss oder Zucker oder Kochsalz. Es ist bekannt, dass ein Gemische aller dieser Elemente im
isolirten Zustande nicht tauglich ist den Organismus vor Verlust zu
schützen; ja es ist wohl nur mit einem einzigen Elemente als solchem möglich, die Abgabe desselben von den Organen zu verhüten,
nämlich mit dem Eisen. Der Thierkörper ist also nicht im Stande,
auch nicht der einfachste, aus den isolirten Elementen die ihn constituirenden höheren chemischen Verbindungen synthetisch aufzubauen.
Man hat früher der Lebenskraft diese Eigenschaft zugeschrieben;
namentlich liess man aus dem Stickgas der atmosphärischen Luft
stickstoffhaltige Substanzen des Thierleibs entstehen, als eine Anzahl
von Forschern das Verschwinden eines Theils des Stickstoffs der
Luft beim Athmen beobachtet haben wollten.

Aber auch mit einfachen Verbindungen der Elemente vermag
sich der Leib des höheren Thiers nicht zu erhalten, nicht z. B. mit
einem Gemische von Wasser, Kohlensäure, Ammoniak[1] oder Salpetersäure, sowie der übrigen anorganischen Verbindungen, obwohl darin
alle nöthigen Elemente gegeben sind. Die tausendjährige Erfahrung
hat gelehrt, dass der Mensch und die höheren Thiere nicht wie
die meisten Pflanzen von der Luft und einigen einfachen Verbindungen des Bodens zu leben im Stande sind. Der Körper des höheren Thiers vereinigt nicht die einfachsten Atomgruppen synthetisch
zu den complexen Bestandtheilen seiner Organe; bei den meisten
der im Thierleib vorkommenden Synthesen werden keine für den
Bestand des Organismus nöthigen Verbindungen erzeugt, sondern es
erfahren meist in der Spaltung schon ziemlich vorgerückte stickstoffhaltige Zersetzungsprodukte irgendwo nochmals einen Aufbau. Entstehen zur Zusammensetzung der Organe gehörige Stoffe auf syn-
thetischem Wege, so werden nur sehr complicirte Verbindungen in
noch complicirtere verwandelt, so z. B. bei dem Uebergang von Eiweiss in Hämoglobin oder bei der von Manchen angenommenen Synthese von Eiweiss aus Pepton oder von Fett aus Fettsäuren und
Glycerin. Im Grossen und Ganzen empfängt das höhere Thier die
Bestandtheile seiner Organe in den Nahrungsstoffen bereits fertig
vor, und nur einige wenige derselben können auch aus ihnen sehr
nahe stehenden gebildet werden. Es verhüten auch gewisse einfache
anorganische Verbindungen den Verlust der entsprechenden Verbin-

---

1 PEREIRA liess noch aus dem in der atmosphärischen Luft enthaltenen
Ammoniak höhere stickstoffhaltige Substanzen im Organismus entstehen.

dungen vom Körper z. B. das Wasser, das Chlornatrium, das Chlorkalium, die phosphorsauren Alkalien und alkalischen Erden. Zur Erhaltung und Ablagerung von Kohlenstoff, Schwefel, Stickstoff und eines Theils des Wasserstoffs und Sauerstoffs (im Eiweiss, Fett u. s. w.) müssen aber bestimmte, höchst complicirt zusammengesetzte, organische Verbindungen eingeführt werden.

Die genannten Elemente sind im Thierkörper vorzüglich in eiweissartigen Stoffen und im Fett enthalten; es gilt also entweder einen Wiederersatz für den Verlust dieser Stoffe zu schaffen, oder einen solchen Verlust zu verbüten. Die übrigen organischen Stoffe, welche in den Organen und Säften vorkommen, brauchen nicht als solche zugeführt zu werden; der thierische Organismus erhält und vergrössert mit Eiweiss, Fett, Wasser und den nöthigen Aschebestandtheilen seinen stofflichen Bestand; es können daher sicherlich aus Eiweiss und Fett (ja aus Eiweiss allein) alle anderen im Körper befindlichen organischen Stoffe hervorgehen.

Ausser dem Eiweiss und Fett sind im Körper nur mehr leimgebende Stoffe, Hornstoff und Lecithin in erheblicher Menge abgelagert. Aus resorbirtem Leim wird aber nie leimgebendes Gewebe erzeugt, da der Leim stets vollständig zersetzt wird. Der Hornstoff bildet sich nicht aus dem verzehrten Hornstoff, der im Darmkanale nicht löslich ist; ebensowenig entsteht das Mucin des Schleims aus dem in der Nahrung enthaltenen Schleimstoffe. Das in der Nahrung aufgenommene Lecithin trägt nicht zur Vermehrung und zum Ersatz des im Körper befindlichen Lecithins bei, denn es wird im Darm schon in seine Bestandtheile zerlegt. Diese drei zusammengesetzten Substanzen bilden sich daher aus Eiweiss und Fett (oder Eiweiss allein) aus. Die übrigen meist im Zerfall schon weiter vorgeschrittenen Stoffe sind nur in geringer Menge vorhanden und gehören grösstentheils nicht mehr nothwendig zur Zusammensetzung der Organe, es sind Zerfallprodukte des Eiweisses und Fettes, welche nicht oder nur zum geringen Theil aus den entsprechenden Stoffen der Nahrung abgelagert werden. Das Kreatin des Muskels geht z. B. aus der Eiweisszersetzung hervor, denn das in der Nahrung aufgenommene Kreatin vermehrt nicht den Kreatingehalt des Muskels, sondern wird im Harn wieder entfernt, und es findet sich im Muskel eines verhungerten Thieres nicht weniger Kreatin als in dem eines reichlich mit Fleisch ernährten. In der Nahrung zugeführter Harnstoff wird als solcher, Harnsäure als solche oder als Harnstoff wieder ausgeschieden.

Keinesfalls ist es nöthig für die Zufuhr aller dieser Zersetzungsprodukte der Organe in der Nahrung eigens Sorge zu tragen; sie entstehen in normaler Menge bei Darreichung von Eiweiss und Fett (oder von Eiweiss allein).

Das im höheren thierischen Organismus in den Zellengebilden und Säften befindliche Eiweiss stammt aus den eiweissartigen Stoffen der Nahrung ab. So viel wir jetzt wissen, entsteht im Körper des höheren Thiers kein Eiweiss aus leimgebenden Substanzen oder aus Leim, auch wahrscheinlich nicht aus Pepton. Noch viel weniger kann sich Eiweiss mit Hilfe von stickstofffreien Stoffen aus Lecithin oder stickstoffhaltigen Zersetzungsprodukten wie Harnstoff, Harnsäure, Tyrosin, Kreatin, Leucin, Asparagin, Kaffein, Taurin u. s. w. aufbauen; alle hierüber gesammelten Thatsachen sprechen gegen einen solchen Vorgang. Wohl aber vermögen in hohem Grade das Pepton und der Leim, in geringerem Grade das Fett (auch die Fettsäuren) und der Zucker, vielleicht noch einige andere Stoffe wie z. B. die Milchsäure, das Asparagin, die Zersetzung des Eiweisses zu vermindern und also Eiweiss zu sparen.

Das Fett im Thierkörper wird aus dem Fett der Nahrung abgelagert oder aus dem Eiweiss abgespalten, vielleicht auch aus Zucker aufgebaut. Etwas anderes ist es, die Abgabe des Fettes vom Körper zu verhüten oder zu verringern. Dazu dienen vor Allem: Fett, Zucker, Eiweiss und Leim. Möglicherweise übernehmen diese Rolle theilweise auch einfachere organische Verbindungen, wie z. B. Lecithin, höhere Fettsäuren, Glycerin, Alkohol, Milchsäure und andere niedere Fettsäuren u. s. w., welche Stoffe aber alle für gewöhnlich nur in geringer Menge in den Körper gelangen.

Dies ist in grossen Zügen die stoffliche Bedeutung der in der Nahrung zugeführten Stoffe, wie wir sie grösstentheils aus dem Studium der Zersetzungsprocesse im Körper abzuleiten vermögen.

Alle diejenigen Stoffe, welche einen für die Zusammensetzung des Körpers nothwendigen Stoff zum Ansatz bringen, oder dessen Abgabe verhüten und vermindern, nennt man Nahrungsstoffe.

Die Nahrungsstoffe wirken dabei in verschiedener Weise, wie aus obiger Uebersicht schon hervorgeht: sie ersetzen entweder einen vom Körper zu Verlust gegangenen Stoff wieder, wie z. B. durch Wasser, Aschebestandtheile, Eiweiss, Fett die betreffenden Substanzen zum Ansatz gelangen, oder sie vermindern und verhüten nur den Verlust eines Stoffes, wie z. B. durch Fett, Kohlehydrate, Leim, Pepton und Albuminate die Abgabe von Eiweiss, durch Kohlehydrate und Eiweiss die Abgabe von Fett geringer gemacht oder ganz aufgehoben wird.

Diese beiden Wirkungen, der Ersatz für den Verlust und die

Verhütung desselben, müssen wohl aus einander gehalten werden, wenn man die Rolle der Nahrungsstoffe verstehen will. Früher dachte man sich, es würden gewisse Stoffe des Körpers zerstört oder unter den gegebenen Bedingungen ausgeschieden, und die Stoffe der Nahrung hätten ausschliesslich die Aufgabe für den erlittenen Verlust als Ersatzmaterial einzutreten. Dies ist für den Ansatz von Eiweiss und Fett nach dem Hunger ganz richtig; bei Nahrungsaufnahme handelt es sich aber nach meiner Auffassung im Wesentlichen um eine Verhütung des Verlustes durch die Stoffe der Nahrung, welche meist dadurch, dass sie selbst zerstört werden, die Bedingungen für die Zersetzung der Stoffe des Körpers aufheben und so letztere vor dem Zerfall schützen. Es ist vorher schon aufgezählt worden, welche Nahrungsstoffe die eine und welche die andere Rolle übernehmen; dieselben können nicht ausschliesslich Ersatzstoffe sein, denn man hätte in diesem Falle zur Erhaltung des Körpers nur so viel Eiweiss und Fett nöthig, als beim Hunger zu Grunde geht oder allenfalls so viel Zucker, um daraus das zerstörte Fett entstehen zu lassen. Man hat dagegen erkannt, dass durch die Zufuhr der neuen Stoffe und unter ihrem Einflusse der ganze Gang der Zersetzung geändert wird.

Selbst das Wasser und die Aschebestandtheile nehmen wir nicht immer blos zur Deckung des erlittenen Verlustes auf; dadurch dass diese Stoffe eingeführt und wieder ausgeschieden werden, bleiben vielfach die Gewebe vor einer Wasser- und Ascheabgabe bewahrt. Die Knochen büssen z. B. bei kalkarmer Kost Kalk ein, da die Säfte durch Ausscheidung ärmer an diesem Stoff geworden sind; giebt man genügend Kalk in der Nahrung, dann kommt der Knochen nicht in die Lage Kalk zu verlieren.

Letzteres ist in noch höherem Grade der Fall mit den sich zersetzenden organischen Nahrungsstoffen, welche in vielen Fällen die im Körper befindlichen Stoffe vor dem Zerfall bewahren. Beim Hunger rückt für das in den Säften zerstörte Fett aus den Fettzellen Ersatz nach; reicht man Fette oder Kohlehydrate, so werden diese angegriffen und das im Zellgewebe enthaltene Fett bleibt intakt. In gleicher Weise schützt das Nahrungseiweiss oder der Leim zum grossen Theil das in den Organen abgelagerte Eiweiss. Die Kohlehydrate sind hauptsächlich, ja, wenn aus ihnen kein Fett entsteht, sogar ausschliesslich ersparende Nahrungsstoffe.

Man hat im Laufe der Zeit die verschiedenartigsten Anschauungen über das, was der Nahrung die Eigenschaft ertheilt, den Körper zu erhalten oder zu ernähren, gehabt, entsprechend den Erfahrungen der

Zeit[1]; man ist erst spät zu besserer Erkenntniss von der Bedeutung der
Nahrung und von den Vorgängen bei der Ernährung gelangt, da dieselbe einen hohen Grad der Ausbildung anderer Wissenschaftszweige,
namentlich der Chemie, voraussetzt.

Man hatte, wie schon erwähnt, gewiss sehr frühe die Erfahrung ge-
macht, dass der Mensch ohne Zufuhr von Speise abmagert und endlich zu
Grunde geht; man konnte daraus nichts anderes schliessen als dass die
Speisen die Aufgabe haben, den Verlust zu verhüten. Es musste auch be-
merkt worden sein, dass der Erwachsene Tag für Tag Speise in grosser
Menge einnimmt, ohne dadurch schwerer zu werden.

Nach HIPPOKRATES erleidet der Organismus durch die Ausscheidungen
der Haut und durch die Abgabe von Wärme Verluste: die wachsenden
Körper, sagt er, haben die meiste eingepflanzte natürliche Wärme und
erfordern daher auch die meiste Nahrung, ausserdem zehrt sich der Körper auf. Auch nach ARISTOTELES dient die Speise zur Deckung des Ab-
gangs durch die Hautausscheidung und durch die Wärme; von einem
Verlust des Körpers durch den Harn und Koth wusste er noch nichts,
denn er meinte, offenbar weil diese beiden Exkrete in so auffallender
Abhängigkeit von der Nahrungszufuhr sind, dieselben stammten direkt
von den Speisen ab und enthielten das Bittere, zur Ernährung der Körpertheile Unbrauchbare der Nahrung.

Da die Thiere sich von den verschiedensten Stoffen der Thier- und
Pflanzenwelt nähren, so dachte man sich in allen Speisen pflanzlichen
und thierischen Ursprungs befände sich e i n überall gleicher Nährstoff,
der im Darm ausgezogen und vom Unbrauchbaren getrennt werde. Dem
entsprechend sagte HIPPOKRATES: es giebt mehrere Arten von Alimenten,
aber doch nur ein einziges Aliment.

Sechshundert Jahre später vermochte einer der grössten Naturforscher, welcher das ganze ärztliche Wissen seiner Zeit zu einem abgerun-
deten System vereinigte, CLAUDIUS GALENUS, trotz der bedeutenden Fortschritte in der Erkenntniss der Vorgänge im Thier nichts Neues zu dieser
Lehre hinzuzufügen. Nach seinem früher (S. 265) mitgetheilten Vergleich
scheint ihm die Nahrung dazu zu dienen, das im Körper Verbrannte zu
ersetzen.

PARACELSUS stellte sich vor, im Magen zerlege eine unbekannte Ursache, der Archaeus, die Speisen in ihr Gutes und Böses; von dem Guten
oder der Essenz decke jedes Organ seinen Bedarf, das Böse, Giftige oder
Unbrauchbare werde als schädliches Exkrement im Harn, Koth und
Athem abgeschieden. Was jedoch die Essenz ist und wodurch das Organ sich allmählich verzehrt, darauf hat er keine Antwort.

Nach den Jatrochemikern und Jatromathematikern dient die Nahrung
dazu den durch die Gährung oder durch die Abreibung der sich bewegenden Gebilde erlittenen Verlust an Körpersubstanz zu ersetzen (S. 265)
oder ihn zu verhüten[2] und zwar durch ihren Gehalt an gährungsfähigem
Schleim. (STAHL, LORRY.)

---

1 VOIT, Ueber die Theorien der Ernährung. Acad. Rede. 1868.
2 In dem S. 265 schon erwähnten Werke von GUARINONIUS (1610) lese ich:
Speise und Trank haben das im Leib Zerflossene zu ersetzen; die Zerfliessung

Aus diesem einen Nährstoff liess man nun alle die mannigfaltigen Substanzen im Thierkörper entstehen; man nahm im Organismus eine Umwandlung eines Stoffes in andere durch den Prozess der Verähnlichung oder Assimilation an, worauf ich noch zurückkommen werde.

Die Vorstellungen Haller's über die Ernährung und die Bedeutung der Nahrungsmittel, welche die Anschauungen von der Mitte des vorigen Jahrhunderts wiedergeben, lassen noch ein geringes Wissen von der chemischen Zusammensetzung der Nahrung und des Körpers erkennen. Die Grundstoffe, welche die festen und flüssigen Theile des Körpers bilden, sind: eine kalkartige Erde, Wasser, Oel, Eisen und Luft.[1] Diese Grundstoffe werden verzehrt; es gehen flüssige Theile durch die Haut- und Lungenausdünstung, durch den Schweiss, sowie durch den Harn und Koth verloren, aber auch die Grundstoffe der festen Theile verzehren sich durch das früher (S. 266) erwähnte Abreiben und gehen dann (vorzüglich die Erde und das Oel) durch den Harn ab. Durch die Ernährung sollen nun die verlorenen flüssigen und festen Theile wieder ersetzt werden, was durch Ansetzen der flüssigen Theile und durch Ergänzen des Abgeriebenen aus den Speisen geschieht. Das Wasser derselben liefert die wässrigen Säfte, der Schleim der pflanzlichen und thierischen Nahrung die schleimigen, die Lymphe der Fleischspeisen oder das leimige, der thierischen Natur sich annähernde alkalische Wesen der Pflanzen (der Kleber) die gallertartigen: das Mehl und das thierische Fett giebt das Fett im Körper. In den Pflanzentheilen (Mehl der Vegetabilien) und dem Fliesswasser der Thiere ist Gallerte, welche eigentlich allein ernährt; darum erhalten sich die Thiere von Vegetabilien und der Löwe frisst das in Ochsenfleisch verwandelte Gras. Da die Pflanzen nur mit diesen gallertartigen Theilen des Mehles nähren, so braucht man viel davon zur Nahrung und es ist eine grössere Anstrengung nöthig, um das säuerliche Mehl in die Natur eines alkalischen Leims zu verwandeln. Die Gallerte und das Fett des Fleisches sind dagegen nicht vom Fliesswasser im Menschenblut unterschieden und brauchen zur Verwandlung in unsere Säfte nur herausgezogen zu werden. Im Fleisch befindet sich neben der ernährenden bindenden Gallerte zu viel von dem urinösen Salz, so dass die Gallerte scharf wird und die Kraft sich anzuhängen verliert und leicht Fäulniss macht. Wir geniessen darum am besten eine gemischte vegetabilische und animalische Kost, wobei die Fleischnahrung von dem säuerlich werdenden Mehle temperirt wird. In diesen Sätzen Haller's findet sich, wie man sieht, die erste Andeutung von verschiedenen Stoffen in der Nahrung und ihrer verschiedenen stofflichen Bedeutung.

---

der Substanz geschieht durch die natürliche Hitze, welche den Leib verzehrt, wenn man ihr nicht etwas Anderes zu verzehren giebt, wie der Hirte, welchen die Wölfe antasten und fressen wollen, ein Schaf hinwirft, so dass der Hirt und der Wolf erhalten wird. So wird die Nahrung der natürlichen Hitze vorgeworfen; erstere dient aber auch zum Ersatz des am Leib Zergangenen, indem sie sich durch die Hitze in Fleisch, Bein, Ader oder Blut verkehrt, wie die Sonne alle Gewächse aus Samen und Erde hervorbringt.

[1] Der Leim z. B., welcher die Theile (Erdstoffe) zusammenhält, soll bestehen aus Salzen, Wasser und Oel: das Fett aus wenig Wasser, viel Oel und einem säuerlichen brandigen Saft.

Die späteren Physiologen hielten daran fest, dass statt der durch die Lebensäusserungen abgenützten und unbrauchbar gewordenen festen Theile des Körpers durch die Ernährung neue eintreten müssen.

Die Errungenschaften Lavoisier's brachten zunächst vor Allem über die Ursachen des Verbrauchs im Thierkörper neue geläutertere Vorstellungen: der eingeathmete Sauerstoff verbrennt darnach eine an Kohlenstoff und Wasserstoff reiche Flüssigkeit des Bluts und sein Verbrauch bestimmt die Grösse der Zerstörung sowie die der Nahrungszufuhr. Er erkannte aber auch mit Hilfe der von ihm ausgebildeten Elementaranalyse in den thierischen und pflanzlichen Substanzen den Gehalt an Kohlenstoff und Wasserstoff, welchen Elementen später noch der Stickstoff zugesellt wurde. [1] Somit diente der Kohlenstoff und Wasserstoff der Nahrung dazu den im Körper verbrannten Kohlenstoff und Wasserstoff wieder zu ersetzen. Mit der Vergleichung der Elemente der Nahrung und der Exkrete war aber für die eigentliche Ernährungslehre wenig erreicht, da man mit Kohlenstoff und Wasserstoff Niemanden ernähren konnte und über die Bedeutung der verschiedenen Stoffe der Nahrung alles noch dunkel blieb.

Nach und nach lernte man einzelne nähere Bestandtheile der Speisen, sowie des Thierkörpers und der flüssigen Exkrete isoliren. In Folge davon bezeichnete man in den dreissiger Jahren als einfachste Nahrungsstoffe aus dem Pflanzenreiche: die säuerlichen Säfte, den Schleim, den Zucker, das fette Oel, das Eiweiss und den Kleber, dann aus dem Thierreiche: den Leim, den Faserstoff, das Eiweiss, den Käsestoff und das Fett.

Magendie und Prout versuchten zuerst eine Trennung aller dieser so verschiedenen Nahrungsstoffe in bestimmte Classen. Der Erstere[2] schied sie in solche, welche keinen oder nur wenig Stickstoff enthalten, und in solche, welche eine grosse Menge desselben einschliessen. Der Letztere[3] legte in richtigem Gefühle die Zusammensetzung der Milch, der einzigen fertig gebildeten ausschliesslichen Nahrung, seiner Eintheilung zu Grunde und unterschied folgende Nahrungsstoffe: Sacharina (Zucker, Stärkemehl, Gummi), Oleosa (Oele, Fette) und Albuminosa (animalische Materien, vegetabilisches Gluten). Prout stellte, auf die Kenntniss der näheren Bestandtheile fussend, zuerst bestimmt die Ansicht auf, dass der Thierkörper aus den nämlichen Substanzen bestehe, die er in der Nahrung aufnimmt. Diese Anschauung, welche schon im Jahre 1742 von Beccaria[4] in Bologna geäussert worden war, hielt später Dumas[5] in voller Ausdehnung fest.

So viel war also allmählich klar geworden, dass es mehrere Nahrungsstoffe giebt und nicht in allen Nahrungsmitteln der gleiche Nahrungsstoff verborgen ist; man war aber noch sehr im Unklaren darüber, was alle diese Stoffe oder die Hauptgruppen derselben bedeuten und welche Verwendung sie im Organismus finden.

---

1 Fourcroy entdeckte den Stickstoff in den thierischen Substanzen. Gay-Lussac in dem Samen der Pflanzen.
2 Magendie, Handbuch d. Physiol. übers. v. Heusinger. S. 28. 1836.
3 Prout, Philos. Transact. II. p. 355. 1827.
4 Beccaria, Collection académique. X. p. 1.
5 Dumas, Leçon sur la statique chimique des êtres organisés. 1841.

Die im Darm gelösten Nahrungsmittel und die Gebilde des Thierkörpers schienen jedoch immer noch so ausserordentlich verschieden zu
sein, dass man einen besonderen physiologischen Vorgang annahm, durch
welchen die Nahrungsmittel in ihrer Mischung der Säftemasse im Thierkörper ähnlich gemacht und die Eigenschaften der letzteren erlangen
müssen, ehe sie geeignet sind zu festen Theilen der Organe zu werden.
Die lebenden organischen Flüssigkeiten haben darnach die Fähigkeit in
anderen organischen Materien adäquate Veränderungen hervorzubringen,
wodurch letztere die Eigenschaften der ersteren annehmen; dadurch entsteht aus den verschiedenartigen Nahrungsmitteln etwas Gleichartiges,
die eigentliche Nahrungsflüssigkeit. Diese Verähnlichung oder Assimilation
geschieht zunächst im Darm durch die Verdauungssäfte, ferner in den
Saugadern durch Vermischen des Speisesaftes mit der Lymphe und auch
in den mancherlei Drüsen. Vor Allem aber tritt in der Lunge oder im
arteriellen Blute durch die Luft eine weitere Veränderung der rohen
Nahrungsflüssigkeit ein, wobei sie in die eigentliche Ernährungs- und
Bildungsflüssigkeit umgewandelt wird. Dieselbe dient nun zur Ernährung
aller Gewebe und Organe und aus ihr bilden sich der Hornstoff, die
Häute, Gefässe, Nerven, Muskeln, Drüsen, Knochen u. s. w., indem jedes
Gewebe und Organ durch eigene Thätigkeit zunächst diejenigen Materien
und Theile anzieht, welche den in ihre Mischung eingehenden organischen
Verbindungen am nächsten verwandt sind, und in ihre Mischung und
organisches Gefüge bringt.

Unter der Assimilation, von der schon GALENUS sprach, verstand man
also eine Umwandlung der Nahrungsstoffe in die Stoffe des Thierkörpers.
Anfangs, vor Bekanntschaft mit der Elementarzusammensetzung dieser
Stoffe, liess man den in der Nahrung angenommenen e i n e n Nährstoff in
die mannigfaltigen Substanzen des Körpers übergehen; dann sollten die
verschiedenen Stoffe der Nahrung durch Veränderung zu den Stoffen der
Organe werden. Im Anfange des Jahrhunderts war es eine der Haupt-
aufgaben der Lebenskraft diese Wandlungen zu vollziehen: durch sie
wurde selbst Knochenerde erzeugt (S. 327 Anmerkung). Später meinte
man, sämmtliche Nahrungsstoffe könnten sich in die stickstoffhaltige Substanz des Thierkörpers, in Eiweiss verwandeln, aus dem man damals vorzüglich die Organe bestehen liess. Dies nahm noch JOH. MÜLLER im
Jahre 1835 an: am nahrhaftesten sind ihm daher diejenigen Stoffe, bei
welchen die Reduction in Eiweiss am leichtesten stattfindet oder welche
selbst eiweissartiger Natur sind.[1] Da man aber damals eine Umwandlung eines Elements in ein anderes durch die Lebenskraft nicht mehr
annehmen konnte, so hatte man zur Ueberführung der stickstofffreien
Stoffe in das stickstoffreiche Eiweiss Stickstoff nöthig: es blieb keine andere Wahl, als ihn aus der eingeathmeten Luft oder aus stickstoffhaltigen
Zersetzungsprodukten stammen zu lassen. Man war in der That fest
überzeugt, dass die pflanzenfressenden Thiere und die von Reis und Mais

---

[1] Je entfernter eine Substanz in Hinsicht ihrer Zusammensetzung von dem
Eiweiss steht, einen um so grösseren Aufwand der Verdauungssäfte nimmt sie
nach den damaligen Begriffen zu ihrer Verwandlung in Anspruch und desto weniger ist sie nährend. (J. MÜLLER, Handbuch d. Physiol. S. 460. 1835.)

lebenden Völker in ihrer Nahrung gar keinen Stickstoff aufnähmen, oder
dass die Neger lange Zeit nur von Zucker sich nähren und die Kara-
wanen bei ihren Reisen durch die Wüste während mehrerer Wochen keine
andere Speise wie Gummi zur Verfügung hätten.

Von einem Aehnlichmachen oder einer Assimilation im früheren Sinne
des Wortes können wir jetzt wohl nicht mehr sprechen. Häufig wird
heutzutage das Wort „assimiliren" in ganz falscher Weise gebraucht, z. B.
statt ansetzen oder resorbiren, wodurch leicht Missverständnisse entstehen.
Das Kalkphosphat z. B. kann nicht assimilirt werden. Dagegen kann es
wohl als eine Assimilirung bezeichnet werden, wenn aus Pepton oder
Acidalbuminat die verschiedenen eiweissartigen Stoffe der Organe sich
bilden, ebenso wenn aus einem beliebigen Fett, aus Eiweiss oder vielleicht aus Zucker das charakteristisch zusammengesetzte Fett eines Thiers
hervorgeht.

Alle diese früheren Ideen über die Ernährung wurden erst spät durch
Versuche an Thieren mit einfachen Nährstoffen geprüft. Entsteht z. B.
im Thier wirklich aus Zucker oder Fett Eiweiss, so muss sich der Körper
mit diesen Stoffen erhalten.

Dies geschah zuerst durch Magendie.[1] Er fütterte Hunde ausschliesslich mit stickstofffreien Stoffen, mit Rohrzucker, Gummi, Olivenöl, Butter
u. s. w. Da dabei die Thiere trotz guten Appetits allmählich abmager-
ten und nach etwa 34 Tagen zu Grunde gingen, so schloss er ganz
richtig, dass der Stickstoff der Organe nur von den Nahrungsmitteln
stamme und die stickstofffreien Substanzen sich im Thier nicht in stickstoffhaltige umwandeln. Es ist ein grosses Verdienst von Magendie in
Folge davon auf den Stickstoffgehalt der Vegetabilien, von welchen der
Mensch und die Thiere leben, wie des Reises, des Maises, der Kartoffeln
und des Zuckerrohrs hingewiesen zu haben.

Aber die Bedeutung der stickstofffreien Stoffe der Nahrung, welche
doch in so grossen Quantitäten genossen werden, blieb damit noch ganz
unbekannt. Man wäre vielleicht bälder zu der Einsicht von dem principiellen Unterschiede der stickstoffhaltigen und der stickstofffreien Nährstoffe für die Erhaltung der Stoffe am Körper gekommen, wenn nicht
Magendie gefunden hätte, dass die Thiere auch bei ausschliesslicher Darreichung einer stickstoffhaltigen Substanz auf die Dauer nicht bestehen.
Erhielten Hunde nur weisses Weizenbrod, nur Käse, harte Eier oder
ausgewaschenen Faserstoff, so wurden sie mager und verendeten unter
allen Zeichen der Inanition. Ein blos mit gekochtem Reis gefütterter
Esel lebte nur 14 Tage lang; Kaninchen und Meerschweinchen starben
Hungers, wenn sie nur von einer einzigen Substanz, z. B. von Weizen
oder Hafer, Gerste, Kohl, Carotten u. s. w. frassen. Aehnliche Versuche
mit gleichem Resultate hatten Tiedemann und Gmelin[2] an Gänsen gemacht; mit Eiweiss blieben sie nur kurze Zeit (46 Tage) am Leben. Von
Macaire und Marcet[3] liegen Versuche der Art an Hammeln vor. Clouet
wurde, als er einen Monat hindurch nur Kartoffeln verzehrte, so schwach,

---

1 Magendie, Compt. rend. XIII. p. 237. 1841.
2 Tiedemann u. Gmelin, Die Verdauung nach Versuchen. II. S. 183. 1826.
3 Macaire u. Marcet, Mém. de la société de phys. et d'hist.-nat. de Genève. V.

dass er diese Diät nicht länger fortzusetzen vermochte. Früher schon hatte der englische Arzt WILLIAM STARK[1] die Wirkung von allerlei in Qualität und Quantität verschiedenen Speisen an sich selbst probirt. Die meisten Versuche der Art waren, wie wir jetzt erkennen, nicht richtig angestellt; die Ursachen, warum die Thiere dabei zu Grunde gingen, sind sehr verschieden. Hunde hätten mit weissem Weizenbrod, Käse oder harten Eiern recht wohl längere Zeit am Leben bleiben können, aber man hat damals nicht Sorge dafür getragen, dass die Thiere die vorgesetzten Substanzen auch frassen; man meinte, wenn sie nicht gehörig davon aufnehmen, so wäre dies ein Beweis, dass die Substanzen den Körper nicht ernähren. Hätte aber der Esel den gekochten Reis in genügender Menge verzehrt, so wäre er noch nicht nach 14 Tagen zu Grunde gegangen; ebensowenig die Kaninchen und Meerschweinchen bei Fütterung mit Weizen, Hafer, Gerste, Kohl oder Karotten. Ich habe Hunde beobachtet, welche kein rohes Fleisch frassen, andere welche gekochtes Fleisch oder Brod nicht berührten. Namentlich sind aber die Pflanzenfresser wählerisch, so z. B. die Kaninchen, welche irgend ein Nahrungsmittel während mehrerer Tage gern fressen, dann aber dasselbe hartnäckig verweigern. Man muss also dafür Sorge tragen, dass die vorgesetzten Nahrungsmittel auch in bestimmter Menge aufgenommen werden. Bei den meisten der genannten Ernährungsversuche, namentlich bei denen MAGENDIE's, ist aber über die Quantität des Verzehrten gar keine Aufzeichnung gemacht worden.

Bei Fütterung des Hundes mit weissem Weizenbrod, des Esels mit Reis, der Kaninchen mit Karotten, des Menschen mit Kartoffeln u. s. w. handelt es sich um zusammengesetzte Nahrungsmittel, wobei die Thiere, auch nach Einführung grosser Mengen, entweder an Eiweiss oder an Fett einbüssen und schliesslich zu Grunde gehen; bei Fütterung der Hunde mit Käse können Aschebestandtheile fehlen.

Giebt man dagegen ausschliesslich einen Nahrungsstoff, selbst in grosser Quantität, z. B. Faserstoff oder Zucker oder Stärkemehl oder Fett u. s. w., so sterben die Thiere, weil dadurch nur ein Theil der Stoffe des Körpers vor Verlust bewahrt wird, ein anderer nicht.

Alles dies erkannte man damals nicht; man meinte vielmehr, als man mit dem stickstoffreichen Eiweiss den Körper ebensowenig erhalten konnte, wie mit den stickstofffreien Stoffen, es wäre eine gewisse Abwechselung und Mannigfaltigkeit in jeder Kost nothwendig. Niemand dachte daran, dass die beiden Classen von Nährstoffen eine verschiedene stoffliche Rolle bei der Ernährung spielen könnten.

Man hatte um das Jahr 1840 über die als unbrauchbar abgeschiedenen Stoffe, über die Ursachen der Zersetzungen im Thier, sowie über einige nähere Bestandtheile der Organe und der Nahrung bestimmte Vorstellungen gewonnen, in der speciellen Ernährungslehre war man aber noch nicht über die ersten Anfänge hinaus gekommen; Niemand konnte angeben, warum wir in unserer Nahrung Eiweiss, Zucker u. s. w. essen,

---

1 WILLIAM STARK, Klin. u. anat. Bemerkungen nebst diätetischen Versuchen. Aus d. Engl. v. CHR. FR. MICHAELIS. Breslau 1789.

oder warum der eine Organismus sich mit Fleisch, ein anderer mit dem
davon scheinbar ganz verschiedenen Heu erhält.

Ein Fortschritt in dieser Richtung wurde ermöglicht, als man in der
Nahrung des Pflanzenfressers die gleichen oder gleich wirkende Stoffe
fand, wie in der des Fleischfressers und wie im Thierleib. G. J. Mulder's bedeutungsvolle Arbeiten über die eiweissartigen Stoffe lehrten, dass
die Eiweisskörper in den Pflanzen und in den Thieren die grösste Aehnlichkeit mit einander haben; durch Liebig wurde dann die Uebereinstimmung derselben noch weiter dargethan. Schon Mulder[1] schloss daraus:
„Die Pflanzenfresser geniessen ähnliche Nahrung wie die Fleischfresser,
sie geniessen Beide Eiweissstoffe, jene von Pflanzen, diese von Thieren;
der Eiweissstoff ist aber für beide gleich.“ Besonders aber durch die
glänzende Darstellung Liebig's wurde es klar, warum das Heu im Leib
des Pflanzenfressers die gleichen Dienste leistet wie das Muskelfleisch in
dem des Fleischfressers: Beide enthalten eiweissartige Stoffe, die an die
Stelle der im Körper verbrauchten gleichnamigen Stoffe treten. Somit
musste, dies konnte dem scharfen Blicke Liebig's nicht verborgen bleiben,
das in der vegetabilischen Nahrung in überwiegender Menge befindliche
stickstofffreie Stärkemehl die Aufgabe des stickstofffreien Fetts der animalischen Nahrung übernehmen.

Liebig[2] wurde durch solche Betrachtungen zu einer Eintheilung der
organischen Nahrungsstoffe geführt, welche zum ersten Male einen tiefen
Einblick in die Vorgänge bei der Ernährung thun liess (s. S. 267).

Die organisirten Formen, an denen wir die Thätigkeitsäusserungen
ablaufen sehen, setzen sich nach ihm aus Eiweiss zusammen; die übrigen
Stoffe sind im Organisirten nur wie in einem Schwamm eingesaugt und können
unbeschadet der Form daraus weggenommen werden. Bei der nach aussen
sichtbaren Wirkung der Organe, vorzüglich der Arbeitsleistung der Muskeln, sollen die eiweisshaltigen Formen zerstört werden und dadurch zugleich die Kraft für die Arbeit liefern, so dass das Eiweiss der Nahrung
nur dazu dient, das durch die tägliche Arbeit, die Herz-, Athem- und
die übrigen Muskelbewegungen zu Verlust gegangene organisirte Eiweiss
wieder aufzubauen. Das schwer verbrennliche Eiweiss ist daher nach
Liebig der plastische oder gewebsbildende Nahrungsstoff.

Die Ursache der Zerstörung der stickstofffreien Stoffe dagegen war
ihm der Sauerstoff. Die leicht oxydirbaren Fette und Kohlehydrate der
Nahrung nehmen den Sauerstoff in Beschlag und verbrennen zu Kohlensäure und Wasser, wodurch sie zugleich vorzüglich die für das Bestehen

---

1 Mulder in W. Wenckebach's Natuur- en Scheikundig Archief. p. 128. 1838.
Er zog die Eiweisskörper mit Wasser, Alkohol, Aether und Salzsäure aus, löste
in Kalihydrat, fällte mit Essigsäure und wollte so aus allen eiweissartigen Stoffen
einen Grundstoff von der gleichen Zusammensetzung, das schwefel- und phosphor-
freie Protein erhalten haben; die Unterschiede der ursprünglichen Eiweisskörper
sollen von den mit dem Protein verbundenen Schwefel- und Phosphoratomen
kommen.
2 Liebig, Die org. Chem. in ihrer Anwendg. auf Physiologie u. Pathologie. 1842;
— Chemische Briefe. S. 418. 446. 1851; Ann. d. Chem. u. Pharm. XLI. S. 189 u. 241.
1842, LIII. S. 63. 1845, LVIII. S. 335. 1846, LXX. S. 311. 1849, LXXIX. S. 205 u. 358.
1851, CLIII. S. 167 u. 206. 1870.

des Organismus nöthige Wärme liefern, sie sind die Respirationsmittel oder die Wärmebildner.

Da nach Liebig die eiweissartigen Stoffe der Nahrung nur als Ersatz für das durch die Arbeit zerstörte Eiweiss des Organisirten eintreten, die stickstofffreien Stoffe der Nahrung gleich als solche verbrannt werden, so nahm er nur für das Eiweiss einen Stoffwechsel an und nicht für die stickstofffreien Stoffe. Daher kamen die Ausdrücke: das Eiweiss wird im Stoffwechsel zersetzt oder der Harnstoff ist ein Maass des Stoffwechsels, die stickstofffreien Stoffe werden im Respirationsprozess zerstört. Man sagte deshalb auch, das Stärkemehl oder das Fett diene nicht zur Ernährung, sondern nur zur Unterhaltung der Respiration.

Die verhängnissvolle Consequenz dieser falschen Auffassung war, dass man damals und noch längere Zeit darnach dem Eiweiss vor Allem die Aufmerksamkeit zuwandte und es als den hauptsächlichsten und wichtigsten Nahrungsstoff, ja als den einzigen[1] betrachtete, da es allein den Verlust durch den Stoffwechsel wieder ersetzen sollte und man unter Ernähren nur den Wiederaufbau des durch die Arbeit zerstörten Gewebes verstand.

Somit war an die Stelle eines allgemein in der Nahrung präexistirenden und nicht weiter zu verändernden Nährstoffs des Hippokrates und der Jatrochemiker das Eiweiss getreten, welches ausschliesslich als nährend galt und in welches jede nährende Substanz sich verwandeln muss.

Man beurtheilte deshalb geraume Zeit den Nährwerth eines Nahrungsmittels ausschliesslich nach seinem Eiweissgehalte; man unterschätzte das Fett und die Kohlehydrate als Nahrungsstoffe gegenüber dem Eiweiss und war beruhigt, wenn in einem Nahrungsgemische nur für letzteres genügend gesorgt war. Ja man ging noch weiter und benützte die Stickstoffmenge einer Substanz als Maass ihres Nährwerthes, ohne zu fragen, ob dieser Stickstoff in Eiweiss oder leimgebendem Gewebe oder Harnstoff oder Alkaloiden oder Ammoniak u. s. w. steckt, während er doch nur in der Form von eiweissartiger oder leimgebender Substanz nützt. So hielt z. B. Payen[2] den Kaffeeabsud für ein Nahrungsmittel, nur weil er Stickstoff enthält. Auf diese Weise entstanden die Nährtabellen oder Nutritionsskalen von Boussingault[3], von Schlossberger und Kemp[4], von Horsford[5], in welchen die Substanzen einfach nach ihrem Stickstoffgehalte geordnet sind. Bei der Aufstellung von Futtertabellen für die pflanzenfressenden Haussäugethiere vernachlässigte Boussingault noch vollständig die stickstofffreien Stoffe, die ja nach den damaligen Vor-

---

1 In Liebig's chemischen Briefen (4. Aufl. S. 264. 1865) heisst es: Im eigentlichen Sinne sind nur diejenigen Materien Nahrungsmittel, welche Eiweiss oder eine Substanz enthalten, die fähig ist, in Eiweiss überzugehen. — Liebig meinte ferner: Weil alle Materien, welche zur Ernährung dienen, zunächst ins Blut gelangen, so könnten nur diejenigen unter ihnen Nahrungsstoffe sein, welche in Blut umgewandelt werden könnten.

2 Payen, Compt. rend. XXII et XXIII. 1846.

3 Boussingault, Economie rurale. p. 183. Paris 1844: Die Landwirthschaft, übers. v. Graeger. II. S. 292. 1844.

4 Schlossberger u. Kemp. Ann. d. Chem. u. Pharm. LI. S. 210, LVI. S. 78.

5 Horsford, Ebenda. LVIII. S. 166.

stellungen nur Wärme zu bilden haben. Erst nach und nach gelang es, den letzteren zu ihrer Bedeutung zu verhelfen; Haubner berücksichtigte zuerst auch die Fette des Futters, später E. Wolff die Kohlehydrate (ausser der Holzfaser); aber noch lange blieben sie die Respirationsmittel und bei Manchen sind sie es noch heut zu Tage.

Der Schwerpunkt von Liebig's Deduktionen liegt in der für alle Zeiten bleibenden scharfen Trennung der eiweisshaltigen und der eiweissfreien Stoffe für die Zwecke der Ernährung, sowie in der Einreihung der Fette und Kohlehydrate in die gleiche Classe der Nahrungsstoffe; man hatte durch sie endlich bessere Vorstellungen von der Rolle der gemischten Nahrung und der einzelnen Nahrungsstoffe gewonnen, auf welchen sich weiter bauen liess. Der Fehler Liebig's war, dass er bei Feststellung der Bedeutung der Nahrungsstoffe nicht ausschliesslich ihre stoffliche Wirkung, sondern auch und zwar vorzüglich ihre Kräftewirkung als Wärmebildner und Erzeuger der lebendigen Kraft für die Arbeit ins Auge fasste. Obwohl er aus dem Eiweiss der Nahrung das der Zellengebilde hervorgehen und aus den verzehrten Fetten und Kohlehydraten Fett im Körper zum Ansatz gelangen lässt, legt er seiner Eintheilung doch nicht ausschliesslich ihre stoffliche Bedeutung zu Grunde.

Die Eintheilung der Nahrungsstoffe in plastische und respiratorische lässt sich nicht durchführen: sie ist nicht richtig und nicht consequent, da sie für die einen Stoffe die stoffliche Wirkung, für die anderen dagegen die Kräftewirkung in Betracht zieht.

Das Eiweiss ist nicht der allein plastische, die organisirten Formen bildende Nahrungsstoff, denn zur Organisation und zum Aufbau lebender thierischer Gebilde gehört nicht nur Eiweiss, sondern ebenso nothwendig z. B. Wasser, die Aschebestandtheile u. s. w. Zehrt beim Hunger der Körper auf Kosten seiner Organe, dann wird zugleich mit den Zerfallprodukten des Eiweisses auch das in der Organisation enthaltene Wasser und die Asche überflüssig und entfernt. Liebig hat das Eiweiss vorzüglich deshalb den plastischen Nahrungsstoff genannt, weil er meinte, es trete nur für zerstörtes organisirtes Eiweiss ein und müsse also immer organisiren. Wenn dasselbe aber auch zerfallen kann, ohne dass es vorher zu Organisirtem, ohne dass es also plastisch geworden ist, so bezeichnet der Name „plastisch" nicht mehr seine volle Bedeutung.

Die stickstofffreien Stoffe, die Fette und Kohlehydrate, sind aber auch nicht die respiratorischen Nahrungsstoffe. Beim Fleischfresser kann das Eiweiss unter Umständen allein und ausschliesslich zerstört werden, so dass seine Produkte den Sauerstoff verbrauchen, sowie die Kohlensäure des Athems und die Wärme liefern; in allen thierischen Organismen trägt es einen ziemlich beträchtlichen Theil zur Kohlensäure und zur Wärme bei. Man kam durch diese Definition ferner zu der falschen Auffassung, die stickstofffreien Stoffe seien dazu da den eindringenden Sauerstoff in Beschlag zu nehmen oder das Respirationsbedürfniss zu decken oder die Kohlensäure zur Ausscheidung zu bringen, während dies doch nicht der Fall ist; der Sauerstoff ist nicht die Ursache der Zerstörung dieser Stoffe (S. 280), sondern letztere nehmen bei ihrem Zerfall Sauerstoff aus dem Blute weg, der dann nach Maassgabe seines Verbrauchs durch neuen ersetzt wird. Die Erzeugung von Wärme kann kein Moment

für die Eintheilung der Nahrungsstoffe, wobei es sich nur um eine stoffliche Wirkung handelt, abgeben; ein Nahrungsstoff und ein Wärme liefernder Stoff sind zwei ganz verschiedene Dinge.

Man hat allmählich gelernt[1], die Nahrungsstoffe nach ihrer stofflichen Bedeutung für den Thierkörper aufzufassen und man fragt
sich jetzt, welche Stoffe müssen zugeführt werden, um den letzteren
auf seinem Bestande an Stoffen zu erhalten.
Wir nennen deshalb, wie vorher schon (S. 330) angegeben worden ist, jeden Stoff, welcher im Stande ist, einen zur Zusammensetzung des Organismus nothwendigen Stoff zum Ansatz zu bringen
oder dessen Abgabe zu verhüten oder zu vermindern, einen Nahrungsstoff, ganz gleichgültig, welche Kräftewirkungen derselbe im
Körper ausübt.

Die Elemente sind darum für das höhere Thier keine Nahrungsstoffe, auch nicht die einfacheren organischen Verbindungen wie der
Harnstoff oder das Kreatin, auch wenn sie alle nöthigen Elemente
enthalten, da sie an dem Zerfall im Körper nichts ändern und keine
zur Zusammensetzung desselben gehörigen Stoffe liefern.

Es kann vorkommen, dass ein Stoff im Körper zersetzt wird,
dabei Sauerstoff in Anspruch nimmt und Wärme entbindet, und trotzdem nicht als Nahrungsstoff bezeichnet werden darf. Man hat gemeint, ein Stoff wäre ein Nahrungsstoff, sobald seine Zersetzung im
Körper nachgewiesen sei; derselbe ist aber nur dann ein Nahrungsstoff, wenn durch ihn Eiweiss oder Fett in berücksichtigenswerther
Menge vor dem Zerfall bewahrt wird. Liefert er bei seiner Oxydation
nebenbei Wärme, so ist dies eine andere Wirkung als die eines
Nahrungsstoffs; die Wärmeerzeugung braucht nicht einmal nothwendig
von Nutzen für den Organismus zu sein. Hat er nämlich die Eigenschaft, die Blutgefässe der äusseren Haut zur Ausdehnung zu bringen,
so kann dadurch mehr Wärme verloren gehen, als durch seine Verbrennung gewonnen wird. Ich könnte mir dagegen denken, dass
ein Stoff sich im Körper nicht zersetzt und doch den Zerfall von
Eiweiss und Fett hemmt, also als ein Nahrungsstoff bezeichnet werden muss.

Ist ein Stoff von keinem Einfluss auf die Zersetzung eines einzelnen Stoffes im Körper z. B. des Eiweisses, so kann er desswegen
doch ein Nahrungsstoff sein, denn er vermag möglicherweise die
Abgabe von Fett vom Körper aufzuheben oder zu vermindern. So
ist es vielleicht mit dem Glycerin, das den Eiweisszerfall nahezu
unverändert lässt, aber wahrscheinlich den Fettumsatz herabdrückt.

---

[1] Voit, Ztschr. f. Biologie. VIII. S. 351. 1872.

Hätten die stickstofffreien Stoffe nur die Bedeutung den Sauerstoff zu binden und die Wärme zur Erhaltung der Körpertemperatur zu liefern, wären sie also wirklich, wie man sagt, die respiratorischen Nahrungsstoffe, so brauchte man in heissen Klimaten nur wenig davon aufzunehmen, da dorten die erzeugte Wärme nur unbequem ist und man alle möglichen Veranstaltungen treffen muss, um die überschüssige Wärme wieder los zu werden. Das Hauptmoment für den Verbrauch der stickstofffreien Stoffe ist die Muskelarbeit; es wird daher bei gleicher Arbeitsleistung am Acquator nahezu die gleiche Menge dieser Stoffe zerstört wie an den Polen, und man muss in beiden Fällen gleichviel von denselben zuführen, um den Körper auf seinem Fettbestande zu erhalten, gleichgültig ob dabei Wärme erzeugt wird oder nicht.

In ähnlicher Weise wird das Eiweiss als Nahrungsstoff nicht deshalb aufgenommen, um uns die Kraft für körperliche Leistungen oder Wärme zu geben, denn auch bei möglichster Ruhe oder bei höherer Temperatur der Umgebung wird unter sonst gleichen Verhältnissen die nämliche Menge von Eiweiss zersetzt; wir nehmen das Eiweiss aus einem ganz andern Grunde, nämlich um unsern Leib vor dem Verlust an Eiweiss zu bewahren.

So machen wir also keine weitere Eintheilung der Nahrungsstoffe als etwa in anorganische und organische, und bei letzteren in stickstoffhaltige und stickstofffreie. Es gilt den Körper vorzüglich auf seinem Bestande an Wasser und Aschebestandtheilen, an Eiweiss und Fett zu erhalten oder ihn auf einen gewissen gewünschten Stand daran zu bringen.[1] Alle Stoffe, welche solches thun, entweder dadurch dass sie einen vom Körper zu Verlust gegangenen Stoff ersetzen oder einen solchen ganz oder theilweise vor dem Zerfall bewahren, sind uns Nahrungsstoffe. Man könnte sie daher auch je nach ihrer stofflichen Wirkung in die schützenden und in die ersetzenden Nahrungsstoffe eintheilen (S. 330). Jeder derselben hat seinen bestimmten Wirkungskreis, und keiner hat einen Vorzug vor dem andern.

Wir müssen dem Organismus Wasser zuführen, damit er auf seinem Gehalt an Wasser bleibt. Das Wasser nehmen wir grössten-

---

1 Alle übrigen organischen Stoffe des Organismus sind, wie schon gesagt (S. 329), nur Abkömmlinge von Eiweiss und Fett. Der Sauerstoff ist in unserem Sinne kein eigentlicher Nahrungsstoff und auch nicht die nächste Ursache des Zerfalls der Stoffe im Organismus; indem er in gewisse Zerfallprodukte eintritt, werden die letzten leicht ausscheidbaren Verbindungen erzeugt, wodurch der grösste Theil der Spannkraft derselben in lebendige Kraft übergeführt wird und die Wirkungen, welche man als Lebenserscheinungen bezeichnet, auf die Dauer ermöglicht werden.

theils als solches auf, nur theilweise wird es durch Oxydation von wasserstoffhaltigen Stoffen geliefert.

Die Aschebestandtheile der Nahrung dienen zur Erhaltung der betreffenden Aschebestandtheile; sie müssen als solche zugeführt werden. Das Eiweiss der Nahrung hat die Bedeutung (S. 330), den Körper auf seinem Gehalte an Eiweiss zu erhalten oder ihn reicher daran zu machen. Ein Eiweissansatz findet nur durch Aufnahme von Eiweiss statt. Dagegen haben manche Stoffe, die wir als Eiweissschützer bezeichnen, die Eigenschaft, den Eiweisszerfall zu vermindern, vielleicht ihn in gewissen Organen, in welchen die organisirte Form nicht zu Grunde geht, ganz aufzuheben. In solcher Weise wirken in hohem Grade die Peptone und der Leim, in geringerem Grade die Fette und Kohlehydrate.

Das überschüssige Fett der Nahrung lagert sich im Körper ab; aber auch aus dem Zerfall des Eiweisses und vielleicht aus Kohlehydraten entsteht Fett, welches zum Ansatz gelangen kann. Viele Stoffe der Nahrung sind Fettsparer wie z. B. das Fett der Nahrung, die Kohlehydrate, Eiweiss, Leim u. s. w. Die Kohlehydrate und das Eiweiss vermögen das Körperfett völlig vor der Anuagung zu schützen. Das Fett und die Kohlehydrate sind zur Erhaltung des ausgewachsenen ruhenden Organismus nicht absolut nöthig, sie können durch Eiweiss ersetzt werden; nothwendige Nahrungsstoffe sind nur: das Wasser, die Aschebestandtheile und das Eiweiss.

Die Entscheidung, ob ein Stoff zu den Nahrungsstoffen zu rechnen ist und welchen Nährwerth ein Nahrungsmittel besitzt, ist nicht durch eine chemische Analyse der Substanz zu treffen, sondern nur durch den Versuch am Menschen oder Thier. Der Chemiker als solcher kann nur Möglichkeiten und Wahrscheinlichkeiten aufstellen, welche durch die Versuche am Thier erst geprüft werden müssen. So wenig man durch die chemische Analyse einen Aufschluss über den Heizwerth der verschiedenen Heizmaterialien erhält, so wenig lässt dieselbe den Nährwerth einer Substanz entnehmen. Derselbe wird am besten und sichersten durch die Untersuchung der Stoffabgabe und der Zersetzungen unter dem Einflusse der betreffenden Substanz bestimmt. Durch blosse Fütterungsversuche mit einfachen Nahrungsstoffen ohne das Studium der Zersetzungen ist nur selten ein Entscheid möglich, selbst wenn die einfachen Nahrungsstoffe von den Thieren auf die Dauer verzehrt werden; giebt man z. B. Eiweiss mit Wasser und den nöthigen Aschebestandtheilen, und geht das Thier zu Grunde, so darf man nicht schliessen, dass das Eiweiss kein Nahrungsstoff ist, und man weiss nicht, warum der Tod eingetreten ist; ebenso ist es, wenn man ausschliesslich Fett oder Kohlehydrate oder Leim darreicht. Nur in gewissen Fällen geben die Fütterungsversuche eine bestimmte Nachricht; die Frage z. B., ob Pepton oder Leim ganz statt des Eiweisses eintreten können, lässt sich bejahend beantworten, wenn die Thiere bei genügender Aufnahme dieser Stoffe, zugleich mit den nöthigen stickstofffreien Stoffen, Wasser und Aschebestandtheilen, lange Zeit am Leben bleiben.

Unsere Definition von Nahrungsstoffen bringt es mit sich, dass ein Nahrungsstoff niemals den Organismus vollständig auf seinem Bestande erhält und also niemals eine Nahrung ist. Bei Zufuhr grosser Mengen von Fett oder Kohlehydraten verliert der Körper ausser Wasser und Aschebestandtheilen stets noch Eiweiss; bei ausschliesslicher Darreichung von viel Eiweiss gehen immer noch Wasser und Aschebestandtheile zu Verlust. Es vermag aber ein Nahrungsstoff mehrere Stoffe im Körper zu ersetzen oder zu schützen; so erhält das Eiweiss den Bestand an Eiweiss und an Fett, die Fette und Kohlehydrate verhüten die Fettabgabe und vermindern die Eiweisszersetzung.

Wir legen jedem Nahrungsstoff die Eigenschaft bei, nahrhaft zu sein; das Eiweiss z. B. ist für die Ernährung nicht bedeutungsvoller wie das Wasser oder ein Aschebestandtheil, es ist daher nicht mehr und nicht weniger nahrhaft wie die letzteren. Man schätzt das Eiweiss meistentheils höher, weil man es theuer bezahlen muss; würde das Wasser recht viel kosten, so würde man es auch im gewöhnlichen Leben für einen ebenso wichtigen und werthvollen Nahrungsstoff betrachten.

Ein Nahrungsmittel ist ein Gemenge von zwei oder mehreren Nahrungsstoffen, welches aber noch keine Nahrung zu sein braucht. Eine Nahrung oder nährend nennen wir ein Gemisch von Nahrungsstoffen oder Nahrungsmitteln, das den Körper auf seinem stofflichen Bestande erhält oder ihn in einen gewünschten stofflichen Zustand versetzt.[1]

---

1 Es ist von wesentlicher Bedeutung diese Definition von Nahrungsstoff und Nahrung, von nahrhaft und nährend, fest zu halten, wenn man schlimme Missverständnisse vermeiden will. Man blieb z. B. über die Bedeutung des Fleischextraktes in weiten Kreisen so lange im Unklaren, da man dasselbe wegen seines Gehalts an gewissen Nahrungsstoffen fälschlich als nährend bezeichnete und deshalb für eine Nahrung ansah. Das Ei, welches Nahrungsstoffe enthält, ist nahrhaft, ebenso wie das Wasser oder das Kochsalz. Das Ei ist auch unter Umständen eine Nahrung, also nährend, nur muss man bedenken, dass zu einer Nahrung eine bestimmte Quantität Substanz nöthig ist und für einen Arbeiter im Tag 43 Stück Eier gehören, um eine Nahrung zu geben oder nährend zu sein.

ERSTES CAPITEL.
Bedeutung der einzelnen Nahrungsstoffe.[1]

I. Anorganische Nahrungsstoffe.

1. Das Wasser.

Der lebende thierische Organismus besteht bekanntlich zum grossen Theile aus Wasser; dasselbe ist nicht nur in den Flüssigkeiten, sondern auch in den organisirten Theilen enthalten. Die letzteren sind in Wasser aufgequollen, so dass es daraus nicht oder nur mit grosser Kraft ausgepresst werden kann.

Der Gesammtkörper eines ausgewachsenen Menschen enthält im Mittel etwa 63 $^0/_0$ Wasser und 37 $^0/_0$ Trockensubstanz[2]: ein erwachsener Mensch von 60 Kilo Gewicht schliesst daher etwa 38 Kilo Wasser und 22 Kilo trockene Theile ein.

Die einzelnen Organe eines und desselben Organismus haben einen sehr ungleichen Gehalt an Wasser und an festen Theilen. Es liegen hierüber umfangreiche Bestimmungen vor: von E. Bischoff[3] und A. W. Volkmann[4] am Menschen, von Bidder und Schmidt[5] und mir[6] an der Katze.

Nahrungsmittel oder Gemische von verschiedener Zusammensetzung lassen sich nicht miteinander vergleichen: man kann daher nicht allgemein sagen, das Ei sei nahrhafter als Kartoffeln. Um aber zu entscheiden, ob gewisse Zwecke mit einem Gemisch besser erreicht werden als mit einem anderen, muss man stets die Zusammensetzung und die Menge mit in Betracht ziehen; ein Ei von 51 Grm. Gewicht enthält z. B. nicht mehr Nahrungsstoffe als 40 Grm. fettes Mastochsenfleisch.

1 Valentin, Wagner's Handwörterb. d. Physiol. I. S. 367. 1842. — Frerichs, Ebenda. III. S. 638. 1846. — F. C. Donders, Die Nahrungsstoffe. Aus d. Holländischen v. Bergrath. Crefeld 1853. — F. Lussana, Gaz. med. ital. Lombard. 1867. No. 1—24. — Ueber die Bestimmung der einzelnen Nahrungsstoffe in den Nahrungsmitteln siehe: J. König, Die menschl. Nahrungs- u. Genussmittel. Berlin 1880; E. Wolff, Anleitung z. chem. Unters. landw. wichtiger Stoffe. 3. Aufl. 1875; Flügge, Lehrbuch der hygienischen Untersuchungsmethoden. S. 321. 1881.

2 Cl. Bernard (Leçons sur les propriétés physiologiques des liquides de l'organisme. I. p. 30. 1859) gab an, dass die Wassermenge im menschlichen Körper 90 $^0/_0$ betrage, und zwar auf Grund einer Bestimmung Chaussier's, der die ganze Leiche eines 60 Kilo schweren Mannes im Backofen getrocknet und offenbar den Leichnam entweder verkohlt oder das Fett ausgeschmolzen hatte.

3 E. Bischoff, Ztschr. f. rat. Med. (3) XX. S. 75. 1863.

4 A. W. Volkmann, Ber. d. sächs. Ges. d. Wiss. Math.-physik. Cl. 1874. 14. Nov. S. 202.

5 Bidder u. Schmidt, Die Verdauungssäfte und der Stoffwechsel. S. 329. 1852.

6 Voit, Ztschr. f. Biologie. II. S. 353. 1866.

Ich gebe als Beispiel nur die von E. Bischoff bei einem kräftigen, 33 Jahre alten Manne von 69.7 Kilo Gewicht erhaltenen Werthe der wichtigsten Organe an:

Organ	Gewicht des frischen Organs	Wasser darin	% Wasser	von 100 Wasser des Körpers sind im Organ
Skelett	11080.0	2442.36	22.04 [1]	6.1
Muskeln	29102 0	22022.07	75.67	54.8
Darmkanal . . .	1266.0	943.74	74.54	2.3
Leber	1576.6	1076.01	68.25	2.6
Milz	131.3	99.49	75.77	0.2
Nieren	259.0	214.13	82.68	0.5
Lunge	475.0	375.06	78.96	0.9
Herz	332.2	263.13	79.21	0.6
Gehirn u. Rückenmark	1403.3	1050.17	74.84	2.6
Nervenstämme .	290.3	169.34	58.33	0.4
Haut	4850.0	3493.46	72.03	8.7
Fettgewebe. . .	12570.0	3760.57	29.92	9.3
Blut (ausgelaufen)	3418.0	2836.94	83.00	7.0

Das Reingewicht des Körpers betrug 68650 Grm., die Wassermenge darin 40137.6 Grm., letztere macht also 59 % der Körpermasse aus. Volkmann fand im ganzen menschlichen Körper 65.7 °/o freies Wasser. Es ergeben sich nach der Tabelle Schwankungen im Wassergehalt der einzelnen Organe desselben Organismus von 29—83 °/o. Von besonderem Interesse ist aber die aus der letzten Columne ersichtliche Vertheilung des Wassers auf die verschiedenen Organe; es finden sich demnach bis 55 °/o desselben in den Muskeln.

Die meisten Organe sind in ihrem Wassergehalte nicht sehr verschieden von den über 40 °/o des Körpergewichts betragenden Muskeln, nur das Skelett und das Fettgewebe zeigen wesentliche Abweichungen davon. Es wird daher der Wasserreichthum des Gesammtorganismus vor Allem von dem Wassergehalte dieser drei Körpertheile und ihrem Verhältniss zu einander bestimmt. Jedes Thier besitzt deshalb einen für seine Art und sein Alter typischen Gehalt an Wasser, worauf namentlich Bezold[2] aufmerksam gemacht

---

1 E. Bischoff hat im Knochen 22.04°/o Wasser angenommen, Volkmann bestimmte dagegen im ganzen Skelett wenigstens 50°/o. Ich kann nicht glauben, dass das Skelett eines ausgewachsenen Mannes zur Hälfte aus Wasser besteht; nach den Untersuchungen von E. Voit sind im Skelett des ausgewachsenen Hundes 26.5°/o Wasser, in dem des jungen Hundes 63.4°/o.

2 Bezold, Würzburger Verhandl. VII. S. 251. 1857; Ztschr. f. wiss. Zool. VIII. S. 457. 1857. Auch Bauer, Ueber den Wassergehalt der Organismen und ihren Gehalt an chem. Bestandtheilen. Diss. inaug. Würzburg 1856.

hat. Säugethiere (Maus und Fledermaus) enthalten nach ihm 68—71%
Wasser. Die von mir untersuchte wohl genährte ausgewachsene
Katze von 2812 Grm. Gewicht gab etwa 42 % feste Theile und 58 %
Wasser; der junge Kater von BIDDER und SCHMIDT enthielt 32 %
feste Theile. Amphibien und Fische sind reich an Wasser, nicht
nur wegen des höheren Wassergehaltes ihrer Muskeln, sondern auch
wegen der geringen Masse des Fettgewebes.

Bei dem nämlichen Individuum ist der Wassergehalt nicht zeitlebens der gleiche, sondern verschieden je nach dem Alter und dem
Ernährungszustand.

Der Körper von Neugeborenen und Kindern ist reicher an Wasser
als der von Erwachsenen. Bei einem neugeborenen Mädchen fand
E. BISCHOFF 33.6 % Trockensubstanz und 66.4 % Wasser; dasselbe
zeigte im Ganzen und in seinen Theilen, besonders in den Muskeln,
dem Gehirn und der Leber, einen höheren Wassergehalt. Das Gleiche
nimmt man auch bei Thieren wahr [1]; BEZOLD erhielt bei Mäusen
folgende Werthe:

	%Gehalt an Wasser
Embryo	87.15
Neugeborne Maus . .	82.53
8 Tage alt	76.78
Ausgewachsene Maus .	70.81

Im Alter scheint der Wassergehalt wieder zuzunehmen, wenigstens sind bei alten Leuten die Muskeln nach RANKE's [2] Angaben
trotz der anscheinenden Trockenheit reicher an Wasser.

Bei schlechter Ernährung wird der ganze Körper wässriger; ein
wohlgenährter Organismus enthält dagegen mehr Trockensubstanz,
da in ihm mehr Fettgewebe mit geringem Wassergehalt abgelagert
ist und auch die übrigen Organe, die Muskeln u. s. w., weniger
Wasser einschliessen. BISCHOFF und ich [3] haben bemerkt, dass ein
Hund, der während einer 41 tägigen Fütterung mit Brod eine 3717 Grm.
Fleisch entsprechende Stickstoffmenge abgegeben, jedoch nur 531 Grm.
an Gewicht verloren hatte, Wasser im Körper zurückbehielt, wodurch
eine starke Tränkung desselben mit Wasser stattfand. Als das Thier
darnach täglich 1800 Grm. Fleisch erhielt, wurde das vorher aufgesta-
pelte Wasser in grossen Mengen im Harn entleert; trotz der reichlichen

---

1 Auch die Knochen junger Thiere sind wasserreicher; im ausgewachsenen Zustand ist (bei Kaninchen) die Menge des Fettes in ihnen grösser, die des
Wassers geringer (E. WILDT. Landw. Versuchsstationen. XV. S. 401. 1872).
2 J. RANKE, Tetanus. S. 75. 1865.
3 BISCHOFF u. VOIT, Die Gesetze der Ernährung des Fleischfressers. S. 211
u. 214. 1860.

Fütterung und einem beträchtlichen Ansatz von Eiweiss nahm das Körpergewicht am ersten Tage um 310 Grm. ab, und im Harn allein befanden sich 120 Grm. Wasser mehr als der Hund eingenommen hatte. Dass die Ernährung mit Brod den Körper wässriger macht, that ich direkt an zwei Katzen dar, welche längere Zeit mit Brod gefüttert worden waren; die Muskeln und das Gehirn derselben zeigten einen um 3—4 % höheren Wassergehalt als die entsprechenden Organe einer normal genährten Katze. Bei vollständigem Hunger dagegen wird der Körper für gewöhnlich nicht reicher an Wasser (S. 99).

Den grossen Einfluss der Fettablagerung auf die Wassermenge im Thierkörper haben besonders Lawes und Gilbert[1] durch ihre ausgedehnten Schlachtversuche aufs bestimmteste erwiesen; gemästete Rinder, Schafe und Schweine enthalten um so weniger Wasser, je mehr Fett sich in ihnen ansammelt. Es handelt sich dabei zum Theil um eine Verdrängung von Wasser durch das Fett, grösstentheils aber um eine relative Zunahme desselben durch den Ansatz des wasserfreien Fettes. Die beiden englischen Forscher geben folgende prozentige Zusammensetzung für das ganze Thier an:

	% Wasser	% Fett
Halbfetter Ochs .	51.5	19.1
Fetter Ochs . .	45.5	30.1
Mageres Schaf .	57.3	18.7
Halbfettes Schaf .	50.2	23.5
Fettes Schaf . .	43.4	35.6
Sehr fettes Schaf .	35.2	45.8
Mageres Schwein .	55.1	23.3
Fettes Schwein .	41.3	42.2

Es gilt wohl unzweifelhaft das Gleiche auch für den Menschen; wohl genährte, kräftige Männer werden wasserärmere Organe besitzen als schlecht genährte Individuen, von denen schon der Volksausdruck sagt, sie seien aufgeschwemmt.

Wegen der wechselnden Menge des Wassers ist man nicht im Stande aus einer Aenderung des Körpergewichts auf einen Ansatz oder eine Abnahme von Eiweiss oder Fett zu schliessen. Jeder erfahrene Fleischer weiss, dass man die Schlachtthiere nicht nur nach ihrem Gewichte beurtheilen darf. Remontepferde, welche vorher wenig Hafer erhalten haben, werden anfangs bei dem besseren Futter in der Kaserne magerer. Der Organismus kann ferner an Eiweiss

---

1 Lawes u. Gilbert, Phil. Transact. II. p. 194. 1859.

und Fett abnehmen, und doch durch Wasseransatz an Gewicht zunehmen.

Die grosse Quantität von Wasser in den Organen und Säften ist eine wesentliche Bedingung für das Zustandekommen der Lebenserscheinungen. Die Zufuhr der Nahrungsstoffe zu den kleinsten Theilchen eines complizirten Organismus und die Abfuhr der Zersetzungsprodukte von denselben geht nur in Flüssigkeiten vor sich; die meisten chemischen Prozesse finden ferner nur in Lösungen statt, Fermente sind z. B. bei Abwesenheit von Wasser unwirksam und die Bewegungen der Moleküle bei den Vorgängen der Nervenleitung und der Muskelkontraktion u. s. w. sind nur möglich, wenn die Theilchen von Flüssigkeit umspült sind.

Der Wassergehalt der Organe darf darum nur geringen Schwankungen unterliegen, wenn nicht das Leben gefährdet werden soll. Bei gewissen Erkrankungen z. B. bei der Cholera, wo grosse Mengen von Wasser durch die profusen Diarrhöen verloren gehen, dickt das Blut zu einer theerartigen Flüssigkeit ein und der Wassergehalt der Muskeln und Nerven nimmt um 5—6 % ab.[1] Dadurch werden pathologische Erscheinungen und Störungen veranlasst: das Blut bewegt sich nur langsam, es wird kein Harn mehr abgesondert und es treten heftige Muskelkrämpfe auf. Bei weiterer Wasserentziehung hört das Leben auf; in gewöhnlicher Temperatur eingetrocknete niedere Organismen zeigen keine Lebenserscheinungen mehr, sie können aber durch Wasseraufnahme wieder zum Leben erweckt werden.

Da der Körper beständig Wasser verliert, und zwar durch den Harn, den Koth, sowie durch die Verdunstung an der Haut und der Lunge, so muss dasselbe immer wieder ersetzt werden. Der Verlust an Wasser ist bei demselben Individuum bekanntlich je nach den Umständen äusserst verschieden. Für die Wasserausscheidung im Harn ist neben der Grösse der Wasserzufuhr die Menge der in der Niere entfernten Stoffe bestimmend, für die Ausscheidung durch Haut und Lungen ausser der Temperatur, der Feuchtigkeit und Bewegung der umgebenden Luft die Beschaffenheit der Haut und die Zahl der Athemzüge. Es lassen sich daher keine bestimmten Werthe für die Abgabe und die Zufuhr des Wassers aufstellen. Unter den gewöhnlichen Lebensverhältnissen sind die Verschiedenheiten in dem nöthigen Wasserconsum hauptsächlich von der wechselnden Wasserverdunstung an der Haut abhängig. Bei mittlerer Ernährung scheidet der Mensch täglich im Mittel an Wasser aus [2]:

---

[1] Voit, Ztschr. f. rat. Med. N. F. VI. 1855.
[2] Pettenkofer u. Voit. Ztschr. f. Biologie. II. S. 490. 1866.

	bei Ruhe	bei Arbeit
im Harn	1212	1155
im Koth	110	77
in der Perspiration	931	1727
Summa:	2253	2959

das sind 5—6 % des im ganzen Körper befindlichen Wassers.
Nach den Ermittelungen von J. FORSTER[1] nehmen unter normalen
Bedingungen lebende Menschen bei mässiger Beschäftigung täglich
2215—3538 Grm. Wasser auf.

Es findet allerdings im Körper auch eine Bildung von Wasser
statt durch Verbrennung des Wasserstoffs der organischen Verbindungen. Dieser Vorgang liefert jedoch nicht genügend Wasser, um
die ganze Wasserabgabe zu decken. Beim hungernden Menschen werden 32 Grm. Wasserstoff zu 288 Grm. Wasser oxydirt; bei mittlerer
Kost, welche einen Arbeiter auf seinem Bestande erhält, wurden aus
40 Grm. Wasserstoff 360 Grm. Wasser gebildet; das Maximum der
Wasserbildung wurde bei mittlerer Kost und Arbeit erreicht, wobei
viel Fett zerstört wird und aus 52 Grm. Wasserstoff 468 Grm. Wasser
entstehen. Die Quantität des durch Oxydation von Wasserstoff erzeugten Wassers macht in allen drei Fällen 16 % der abgegebenen
Gesammtwassermenge aus, so dass doch ein nicht unbeträchtlicher
Theil des nothwendigen Wassers nicht als solches zugeführt wird,
sondern im Körper erst entsteht. Wenn wir beim Hunger, ohne Aufnahme von Wasser und trotz beständiger Abgabe desselben, die
Thiere nicht trockener, sondern häufig sogar relativ etwas reicher
an Wasser werden sehen, so rührt dies davon her, dass bei der Zerstörung des Eiweisses auch das in den Organen damit verbundene
Wasser frei wird, welches dann mit dem aus dem Wasserstoff hervorgegangenen zur Verfügung steht.

Es muss daher unter allen Umständen zur Erhaltung des Körpers Wasser als solches aufgenommen werden, entweder in den Getränken oder in den übrigen Speisen, welche meist reichlich Wasser
enthalten. Fleischfressende Thiere erhalten häufig im frischen Fleisch
so viel Wasser, dass sie weiter keines im Getränke zuzuführen
brauchen.

Wird bei im Uebrigen genügender Ernährung zu wenig Wasser
geboten, so sinkt der Wassergehalt der Organe, und das peinigende
Durstgefühl ermahnt und zwingt dann, mehr Wasser zu geniessen.
Würde man dabei ab und zu einen Hungertag einschalten, so wäre

---

1 J. FORSTER, Ztschr. f. Biologie. IX. S. 387. 1873.

der Durst wohl erträglicher, da uns in diesem Falle das bei dem Abschmelzen von Organeiweiss frei werdende Wasser zu Gute käme. Es ist mir deshalb wahrscheinlich, dass der Durst mit Hunger leichter auszuhalten ist als der einseitige Durst unter Aufnahme von viel trockenen Nahrungsmitteln.[1] Führt man mehr Wasser ein als nöthig ist, so werden nicht etwa die Organe reicher an Wasser, denn diese können für gewöhnlich nur in geringem Grade mehr Wasser aufnehmen. Sobald etwas mehr Wasser in das Blut gelangt ist, als die Organe für sich gebrauchen, muss der Ueberschuss wieder entfernt werden. Dies geschieht vor Allem in Folge des grösseren Blutdrucks in den Nieren, vielleicht auch durch eine vermehrte Ausdünstung an der Haut, wenigstens wenn die Blutgefässe derselben ausgedehnt werden.

Das Wasser, welches sich in grösster Menge im Organismus abgelagert findet, ist derjenige Nahrungsstoff, welcher auch in weitaus grösster Masse dem Körper dargeboten werden muss. Für gewöhnlich pflegt man auf das Wasser als wichtigen und in quantitativer Beziehung bedeutungsvollsten Nahrungsstoff nicht sonderlich zu achten, da es meist in ausreichender Menge zu Gebote steht. Müssten wir dasselbe jedoch sehr theuer zahlen, wie z. B. das Eiweiss in der Form von Fleisch, dann würden wir, wie schon bemerkt, seinen Werth ganz anders schätzen, ähnlich wie die Reisenden in der Wüste, welche das Wasser für Menschen und Thiere mit sich zu führen gezwungen sind.

2. Die Aschebestandtheile.[2]

Gewisse Aschebestandtheile sind für den thierischen Organismus unumgänglich nothwendig, denn ohne sie können die organisirten Gebilde nicht aufgebaut werden und viele Prozesse in ihnen, sowie in den Flüssigkeiten des Körpers nicht vor sich gehen. Von besonderer Bedeutung sind sie für die noch wachsenden Organismen, denen sie in grösserer Menge geboten werden müssen; wir können uns ferner die Wirkung des Magensafts, des pankreatischen Safts, der Galle u. s. w. ohne die darin enthaltenen Mineralstoffe nicht denken. Auch in den niedersten Organismen wie z. B. in den Amöben finden wir Kali vorzüglich an Phosphorsäure gebunden. Die Asche-

1 C. Ph. Falck u. Th. Scheffer, Arch. f. physiol. Heilk. XIII. S. 61 u. 50s. — Scheffer, De animalium, aqua iis adempta, nutritione. Diss. inaug. Marburgi 1852. — F. Kunde, Ztschr. f. wiss. Zool. VIII. S. 466.
2 A. v. Bezold, Ztschr. f. wiss. Zool. IX. S. 240. 1858. — Voit, Sitzgsber. d. bayr. Acad. II. (4) S. 1. 1869. — Alvaro Reynoso, De l'alimentation inorganique de l'homme et des animaux. Paris 1875. — J. Forster, Ztschr. f. Biologie. IX. S. 297. 1873.

bestandtheile sind wahrscheinlich, theilweise wenigstens, mit organischen Stoffen im Körper innig verbunden und integrirende Bestandtheile derselben.

Da von diesen anorganischen Stoffen unter den im Körper gegebenen Bedingungen stets ein Theil, vorzüglich mit dem Harn und Koth, ausgeschieden wird, so muss ein Ersatz für dieselben stattfinden; sie sind deshalb Nahrungsstoffe und nicht minder wichtig wie die organischen Nahrungsstoffe z. B. das Eiweiss.

Man hatte wohl schon seit langem erfahren, dass die thierischen Gewebe und Flüssigkeiten, sowie die verschiedenen Nahrungsmittel beim Verbrennen eine Asche hinterlassen; aber man betrachtete dieselbe meist als etwas Zufälliges und Nebensächliches. Nur die Knochenerde in den Knochen und allenfalls das Eisen im Blute sah man als nothwendige Bestandtheile an, für die in der Nahrung gesorgt sein müsse.

So wie Liebig [1] zuerst mit vollen Verständniss die Bedeutung der Aschebestandtheile in der Pflanze hervorhob, machte er auch auf den Werth derselben für die thierischen Gebilde und die chemischen Vorgänge in ihnen aufmerksam.

Bis in die neuere Zeit waren jedoch keine Versuche an Thieren darüber angestellt worden, um die Erscheinungen kennen zu lernen, welche bei Mangel an allen oder an einzelnen Aschebestandtheilen eintreten. Liebig hatte zwar die Resultate einiger Versuche von Magendie, bei welchen die Hunde bei Fütterung mit reinem Blutfaserstoff zu Grunde gegangen waren, dahin gedeutet, dass die Thiere an Aschemangel gelitten haben. Der letztere hat möglicherweise mit zum Tode beigetragen; es ist aber fraglich, ob die Thiere den Nährsalzhunger nicht viel länger ertragen und aus Mangel an anderen Substanzen starben. Es ist nämlich von Magendie nicht genau angegeben worden, wieviel die Thiere täglich von dem trockenen Faserstoff verzehrten; sie können daher eben so gut in Folge des Verlustes von Eiweiss oder von Fett ihr Leben eingebüsst haben. [2]

Jedes Organ und jedes Sekret des Thierkörpers hat bekanntlich seine charakteristische Aschezusammensetzung und seinen bestimmten Gehalt an Asche, welche nur innerhalb enger Grenzen schwanken.

Volkmann [3] hat die Mengen der im Körper eines 62.5 Kilo

---

1 Liebig, Chem. Briefe. S. 457. 1851.
2 Von den reinen Eiweissstoffen sind aus schon bekannten Gründen sehr grosse Massen zur Erhaltung des Eiweiss- und Fettbestandes nöthig, welche Mengen die Hunde Magendie's wahrscheinlich nicht verzehrten. Darum sind dieselben aufs Aeusserste abgemagert. Der Mangel an Salzen kann nicht die Ursache des Todes gewesen sein, da die Hunde auch bei Fütterung mit Käse, weissem Weizenbrod, Eiern u. s. w., welche doch Salze enthalten, verhungerten und ebenso nach Zusatz von Bouillon zu dem Fibrin. (Voit, Sitzungsber. d. b. Acad. II. (4) S. 15. 1869; Ztschr. f. Biologie III. S. 69 u. 70 1867, V. S. 361—367. 1869.)
3 Volkmann, Ber. d. sächs. Ges. d. Wiss. Math.-physik. Cl. 1874. 14. Nov. S. 243 u. 246.

schweren Mannes befindlichen Aschebestandtheile, nach Bestimmungen des Prozentgehaltes an Asche in den einzelnen Organen berechnet. Er giebt an:

Organ	Asche in %	Asche im ganzen Organ	von 100 Asche treffen auf
Skelett. . . .	22.11	2247.3	83.1
Muskeln . . .	1.05	281.7	10.4
Herz	1.06	3.4	0.1
Gehirn. . . .	1.41	19.8	0.7
Fettgewebe . .	—	—	—
Lunge	1.16	13.7	0.5
Leber	1.38	22.6	0.8
Milz	1.50	2.8	0.1
Darmkanal . .	1.07	17.6	0.6
Nieren	0.80	2.4	—
Haut	0.70	26.9	1.0
Pankreas . . .	1.05	1.0	—
Blut	0.85	20.4	0.7
Rest	1.03	55.7	2.0
	4.70	2715.5	100.0

Die Asche macht demnach im Mittel 4.7 % des Gesammtkörpers aus. Scheidet man das an Asche so reiche Skelett aus, so treffen:

	Asche in %	Aschemenge	von 100 Asche
auf das Skelett . . .	22.11	2247.3	83
auf den übrigen Körper	1.09	468.2	17

Man hatte lange nur annähernde Kenntnisse darüber, in welchen Quantitäten die Aschebestandtheile zur Erhaltung und zum Aufbau eines Organismus zugeführt werden müssen. Um über diesen Bedarf richtige Vorstellungen zu gewinnen, muss man sich das Verhalten der Aschebestandtheile im Körper vergegenwärtigen. Ein Theil derselben ist im Organisirten und in den Säften in ziemlich fester Verbindung mit organischen Substanzen und verlässt in der Regel erst nach Zerstörung dieser Substanzen den Körper; es unterliegt jedoch der Gehalt an so gebundenen unorganischen Stoffen geringen, namentlich von der Zufuhr abhängigen Schwankungen. Ein anderer Theil der Salze ist in den Säften einfach gelöst und nicht fester gebunden z. B. die im Ueberschusse mit der Nahrung eingeführten Salze und solche welche bei dem Zerfall der verbrennlichen Stoffe frei und überflüssig geworden sind; diese werden dann leicht durch Harn und Koth entfernt.

Die feste Zurückhaltung der für den Körper nothwendigen Aschebestandtheile thut die Beobachtung von Bidder und Schmidt[1] dar,

1 Bidder u. Schmidt. Die Verdauungssäfte u. d. Stoffwechsel. S. 312. 1852.

dass beim Hunger die Chlorverbindungen zu einer Zeit verschwinden, wo der Körper noch reichlich Chlor enthält. Nach meinen Beobachtungen[1] fehlt bei einem Ansatz von Fleisch am Körper in den Exkreten eine diesem Ansatze entsprechende Aschemenge. E. Bischoff[2] sah Stickstoff und Phosphorsäure in den Ausscheidungen fallen und steigen bei Ansatz und Abgabe von Fleisch. Kemmerich[3] fand im Blutserum wie normal die Natronsalze vorherrschend, obgleich er mit den ausgelaugten Fleischalbuminaten nur die Kalisalze und die Erden des Fleisches zugeführt hatte. Vor Allem aber konnte J. Forster[4] bei an Aschemangel zu Grunde gegangenen Thieren nur eine geringe Abnahme an unorganischen Stoffen in den Organen constatiren.

Man hat demnach nur so viel Asche zuzuführen, als von den für die Konstitution der Körpertheile nothwendigen und fest gehaltenen Salzen verloren gehen; das sind die durch Abstossung organisirter Gebilde abgeschiedenen, ferner die in den Darm mit den Verdauungssäften ergossenen und nicht mehr resorbirten, endlich die durch die Verbrennung von organischer Substanz frei gewordenen und nicht wieder gebundenen Salze. Führt man nämlich keine Nährsalze zu, jedoch alle anderen Nahrungsstoffe, so werden namentlich bei Zerstörung des Eiweisses der Säfte die damit verbundenen Salze frei; der grösste Theil derselben wird alsbald wieder an neues Eiweiss gebunden, jedoch geschieht dies nicht momentan, so dass ein kleiner Theil entschlüpft und im Harn und Koth ausgeschieden wird. Würde also der Körper keine organisirte Substanz verlieren, die Salze der Verdauungssäfte völlig resorbirt werden und die Bindung der durch Zersetzung organischer Stoffe frei gewordenen Salze rasch genug geschehen, so brauchte man einem ausgewachsenen Organismus gar keine Nährsalze zuzuführen.

Diese Anschauung wurde durch die Untersuchungen von J. Forster[4] gewonnen. Er prüfte zuerst, welche Erscheinungen auftreten, wenn dem thierischen Organismus neben den übrigen Nahrungsstoffen keine (oder möglichst wenig) Aschebestandtheile dargereicht werden.

Die wichtigste Voraussetzung für das Gelingen der Salzhungerversuche ist die, dass der Körper dabei alle übrigen Nahrungsstoffe, also Wasser, Eiweiss, Fett oder Kohlehydrate, in genügender Menge erhält; denn sobald dies nicht der Fall ist, sind die Erscheinungen

---

1 Voit, Ztschr. f. Biologie. II. S. 53 u. 240. 1866.
2 E. Bischoff, Ebenda. III. S. 309. 1867.
3 Kemmerich, Arch. f. d. ges. Physiol. II. S. 85. 1869.
4 J. Forster, Ztschr. f. Biologie. IX. S. 297. 1873.

des Salzhungers mit denen des Mangels anderer Nahrungsstoffe complizirt.

LIEBIG[1] glaubte, die Salze müssten stets zugleich mit den übrigen Nahrungsstoffen in den Darm gebracht werden, da die letzteren sonst nicht verdaulich wären, nicht resorbirt würden und nicht die Fähigkeit hätten, Blut und Organ zu bilden. Es war dies eine weitere Schlussfolgerung aus seiner Annahme, dass im Körper nur organisirtes Eiweiss zerstört werde und das Eiweiss der Nahrung immer zuerst organisiren müsse, wozu aber die Aschebestandtheile nothwendig sind. Die Nahrungsstoffe ohne die entsprechenden Salze schienen ihm daher für den Ernährungsprozess so gleichgültig wie Steine zu sein. Wenn dies richtig wäre, so würden die Salzhungerversuche scheitern, weil die Thiere keinen Nahrungsstoff resorbiren und an allgemeiner Inanition zu Grunde gehen würden. LIEBIG hat aber übersehen, dass die bei der Zerstörung des Organisirten frei gewordenen Salze wieder zum neuen Aufbau dienen können und dass die Resorption und Verwerthung von Nahrungsstoffen ohne Salze z. B. von reinem Blutfaserstoff, Leim, Fett, Zucker u. s. w. längst erwiesen ist[2]; ausserdem ist der Aufbau von Organisirtem wahrscheinlich nur geringfügig, weil sich dasselbe im ausgewachsenen Körper nur in geringem Grade an der Zersetzung betheiligt und vor Allem das neu zugeführte gelöste Eiweiss umgesetzt wird. Es ist selbstverständlich kein Beweis für die Unverdaulichkeit der salzfreien Nahrungsstoffe, wenn die Thiere dieselben auf die Dauer nicht verzehren; es werden von den Thieren manche Nahrungsmittel, die sie ganz gut verdauen, nach einiger Zeit nicht mehr verzehrt, da sie ihnen nicht mehr schmecken.

Bei den Versuchen FORSTER's gingen Tauben bei salzarmer Nahrung in 13—29 Tagen zu Grund; Hunde, welche mit heissem Wasser ausgelaugtes Fleischpulver mit 0.8 % Asche in der Trockensubstanz, unter Zusatz von Fett oder Kohlehydraten erhielten, befanden sich nach 26—36 Tagen so elend, dass sie bei Fortsetzung des Versuchs wohl in kurzer Frist umgekommen wären.

<hr />

1 LIEBIG, Chem. Briefe. Volksausgabe. S. 289. 1865.
2 MAGENDIE's Hunde (S. 336) hatten sich nach anfänglicher Verweigerung gewöhnt über 2 Monate hindurch täglich 500—1000 Grm. ausgewaschenen Faserstoff zu fressen, der doch gewiss nicht vollständig mit dem Koth wieder zum Vorschein kam; als dem Faserstoff Bouillon mit den Aschebestandtheilen des Fleisches zugesetzt wurde, magerte das Thier ebenfalls ab und wäre bei Fortsetzung des Versuchs zu Grunde gegangen. TIEDEMANN und GMELIN (S. 336) erwähnen keine Verdauungsstörungen bei Fütterung einer Gans mit je 190 Grm. Faserstoff während 5 Tagen. PANUM und HEIBERG (S. 104) sahen bei Hunden nach Darreichung von reinem Kleber oder der reinen Eiweissstoffe des Blutes die Harnstoffmenge im Harn entsprechend der Quantität der eiweissartigen Stoffe steigen.

Bei allen Thieren trat bald ein Zustand von Muskelschwäche und Zittern auf, der am besten mit dem Ausdruck „allgemeine Ermüdung" bezeichnet werden kann. Die Schwäche in einzelnen Muskelpartien der Hunde, namentlich der hinteren Extremitäten, nahm allmählich, schon von der zweiten Versuchswoche an, einen lähmungsartigen Charakter an, wie es bei einer Schwächung der Funktion des Rückenmarks zu beobachten ist. Auch die Thätigkeit des Gehirns erlitt Störungen, die sich in dem wachsenden Stumpfsinn und der völligen Theilnahmlosigkeit der Thiere zu erkennen gaben. Das Sehen war gestört, wenigstens stiess einer der Hunde bei den Versuchen zu gehen, beständig mit dem Kopfe an eine entgegenstehende Mauer an. Auch Erscheinungen einer erhöhten Erregbarkeit machten sich in späterer Zeit öfters geltend durch plötzliches Niederfallen, heftiges Erschrecken. Der Tod erfolgte unter allgemeinen Krämpfen und Erstickungserscheinungen. Von Skorbut oder Knochenerkrankungen war nichts zu bemerken. Durch nachheriges Darreichen des gewöhnlichen gemischten Hundefutters trat in diesem schlimmen Zustande nur ganz langsam Besserung ein; die Thiere zeigten eine erstaunliche Gefrässigkeit, aber die Schwäche und das Zittern der Muskeln verloren sich nur allmählich, so dass nach einem vollen Monat noch Spuren davon bemerkbar waren.

Aus diesen Beobachtungen geht hervor, dass ein Organismus, der alle organischen Nahrungsstoffe erhält und dabei bis auf eine unwesentliche Grösse seinen Bestand an Eiweiss, Fett und Wasser bewahrt, ohne Zufuhr der Aschebestandtheile längere Zeit am Leben bleibt, aber schliesslich durch Abgabe der Salze vom Körper zu Grunde geht.[1]

Dabei erleidet die Verdauung der übrigen Nahrungsstoffe, die Resorption im Darme, sowie die Stoffzersetzung im Körper keine Aenderung in qualitativer und quantitativer Beziehung. Dieselben gehen bis zum Tode des Thiers in der gleichen Weise vor sich wie bei Aufnahme einer Nahrung, die neben den übrigen nothwendigen Stoffen auch die Aschebestandtheile enthält. Es treten jedoch allmählich Störungen in den Functionen der Organe auf, welche schliesslich einestheils die Umänderung der Nahrungsstoffe im Darme in

---

[1] Aus seinen früher (S. 104) angegebenen Beobachtungen, nach denen von Hunden reines Bluteiweiss längere Zeit verzehrt, verdaut und verwerthet wird, schloss später auch Panum (Nordiskt medicinskt Arkiv. IX. No. 19. 1871). dass der Körper ohne Nährsalze längere Zeit sich erhält und nur wenig Salze nöthig sind: er verurtheilt dabei sehr streng die entgegengesetzten Aussprüche von Liebig, J. Lehmann und Kemmerich.

resorbirbare Modificationen [1] und somit die Erhaltung des Körpers
auf seinem Bestande an Eiweiss und Fett verhindern, anderntheils
aber durch Unterdrückung lebenswichtiger Processe den Untergang
des Organismus hervorbringen, bevor noch die Unmöglichkeit der
Nahrungsaufnahme Verfall und Tod nach sich zieht. An dem Ent-
zuge der Aschebestandtheile leiden zuerst in bemerkbarer Weise
die nervösen Centralorgane.

Die Ausscheidung der Phosphorsäure im Harn und Koth ist bei
Salzhunger nie unterbrochen, aber sofort erheblich vermindert. Bei
reichlicher Aufnahme der organischen Nahrungsstoffe geht jedoch
nur sehr wenig Phosphorsäure vom Körper zu Verlust, mehr bei be-
schränkter Zufuhr, wenn das Thier an Körpersubstanz verliert, oder
an Hungertagen. Der Chlorgehalt des Harns nimmt von Tag zu
Tag ab, bis zuletzt nur mehr unwägbare Spuren darin enthalten sind;
auch hier erscheinen wieder geringe Mengen von Chlor, sobald der
Körper Substanz von sich abgiebt. Die auffallende Vermehrung, der
Ausscheidung der Aschebestandtheile beim Hunger nach einer längeren Zufuhr salzarmer Nahrung kommt offenbar daher, dass beim
Hunger Organisirtes zerstört wird, dessen Salze dann frei und theilweise ausgeschieden werden, während bei salzarmer Nahrung vorzüglich das aus letzterer stammende Eiweiss der Zersetzung anheimfällt, und das in geringer Menge frei gewordene Salz fast ganz
wieder gefesselt wird (S. 305). Aber auch ein Theil der an dem
Hungertage frei gewordenen Aschebestandtheile wird nicht entfernt,
sondern dient dazu, die an Asche ärmer gewordenen Organe wieder
damit zu versehen; beim Einschieben von Hungertagen wird daher
der Salzhunger länger ertragen, denn eine Abnahme in der Masse
der Organe und Säfte bei nicht zu lange währendem Hunger ist für
das Leben ungleich weniger gefährlich, als eine, wenn auch kleine
Abnahme der constituirenden Aschebestandtheile der noch vorhandenen Organe und Säfte.

Zuerst verarmt beim Aschehunger das Blut an Aschebestandtheilen, da aus diesem die Ausscheidung erfolgt; nach und nach
werden sie aber auch den übrigen Organen entzogen. Die Abnahme
ist daher im Blute am grössten, im Muskel etwas geringer; das Ver-

---

1 Vom 21.—32 Tage fingen die Hunde an, das Beigebrachte theilweise zu
erbrechen, später wurde das Verzehrte auch nach längerem Verweilen im Magen
fast gänzlich unverändert durch Erbrechen wieder entleert; es standen offenbar
die zur Bereitung eines wirksamen Magensaftes nöthigen Aschebestandtheile nicht
mehr zur Verfügung, denn die 12 Stunden im Magen des Thiers gewesene Masse
reagirte nur schwach sauer, roch nicht nach Mageninhalt, sondern nach den auf-
geweichten Fleischrückständen, enthielt aber noch Chlor.

hältniss der einzelnen Aschebestandtheile ist dabei nicht geändert. Der Verlust an Phosphorsäure ist zehnmal grösser als der Gehalt des normalen Bluts an diesem Stoffe. Man ist zwar im Stande diese Abnahme durch die chemische Analyse der Organe und Säfte nachzuweisen, sie ist jedoch nur sehr unbeträchtlich. Nach den Berechnungen Forster's betheiligen sich an dem Verlust an Phosphorsäure das Blut mit 1.9 %, die Muskeln mit 18.5 %, die übrigen Weichtheile mit 12.7 %, die Knochen mit 66.5 %; trotzdem ist die Abgabe von Knochenerde aus den Knochen eine so kleine, dass sie durch die chemische Analyse des Knochens nicht dargethan werden kann.

Das Thier zeigt beim Salzhunger einen geringeren Wassergehalt; vielleicht wird durch diese Concentration der zu geringe Salzgehalt etwas auszugleichen gesucht.

Das Leben ist also noch möglich, wenn auch die Organe einen Theil ihrer constituirenden Asche eingebüsst haben: ihr Gehalt an Asche kann innerhalb gewisser, allerdings sehr enger Grenzen schwanken. Sobald aber der Verlust über diese Grenze hinausgeht, die von dem normalen Gehalte nicht weit abliegt, sind die normalen Functionen der Organe so wenig mehr möglich, wie bei einem grossen Verlust an Eiweiss oder Wasser. Es gehen dabei nicht etwa die Zellen zu Grunde, sondern es tritt eine das Leben gefährdende Aenderung in deren Functionen ein. Es ist dieses Verhalten analog dem einer complicirten chemischen Verbindung, welche ihren individuellen Charakter noch nicht zu verlieren braucht, wenn auch eine Gruppe von Molekülen daraus weggenommen wird.

Um den Salzverlust vom Körper zu verhindern braucht die Zufuhr von Nährsalzen, wenn für die organischen Nahrungsstoffe gesorgt ist, nicht so gross zu sein als man früher annahm; es wird dabei nur eine geringe Menge von Asche dem gebundenen Zustande entzogen und von dieser wegen der sofortigen Wiederverwendung nur wenig ausgeschieden. In der gewöhnlichen Nahrung des Menschen und der Thiere befinden sich, wenn sie den Bestand an Eiweiss und Fett erhält, mehr wie genug Aschebestandtheile; man braucht daher für gewöhnlich nicht eigens für dieselben zu sorgen, nur in gewissen seltenen Fällen ist dies nöthig.

Wie gross ist nun der Bedarf an Nährsalzen, d. h. in welcher Menge sind die Nährsalze nöthig, um die Abgabe von Salz vom Körper zu verhüten? Wir können hierüber nur wenig aussagen.

Die Ascheausscheidung beim wohlgenährten Menschen giebt uns nach obigen Darlegungen kein Maass für den Bedarf, da dabei in Ueberschuss Aschebestandtheile zur Aufnahme gelangen, die als un-

brauchbar wieder entfernt werden. Nach den Beobachtungen von
PETTENKOFER und mir beträgt die tägliche Ausscheidung von Asche
bei mittlerer gemischter Kost 25.7 Grm. (19.5 Grm. im Harn und
6.2 Grm. im Koth); dies ist also sicherlich mehr als dem Bedarf
entspricht, obwohl dabei nur 1 % der Gesammtaschemenge des Körpers ausgeschieden wird. Beim Hunger findet sich meist weniger
Asche in den Exkreten als bei voller Nahrungsaufnahme. Der von
mir untersuchte Hund von 33.8 Kilo Gewicht lieferte in einer 8 tägigen
Hungerreihe folgende Aschemengen im Harn[1]:

Tag	Asche	Harnstoff
1.	5.54	29.7
2.	2.49	18.2
3.	2.25	17.5
4.	1.79	14.9
5.	1.90	14.2
6.	1.71	13.0
7.	2.10	12.1
8.	2.57	12.9

Nach der Stickstoffausscheidung im Harn und Koth sind in den
8 Tagen 1850 Grm. Fleisch zersetzt worden mit 24.05 Grm. Asche;
im Harn und Koth waren 23.03 Grm. Asche enthalten. Es wird demnach beim Zerfall von Organeiweiss die damit verbundene Asche
frei und als nicht mehr verwendbare Substanz grösstentheils entfernt; es sind dies für den Tag 0.15 % der Gesammtasche des Thiers.
Aber auch die Aschemenge beim Hunger zeigt nicht den wirklichen
Bedarf in der Nahrung an, da beim Hunger wegen der Abgabe von
Organeiweiss mehr Asche verloren geht als bei Zufuhr salzfreier
Nahrung. Die Ascheabgabe bei salzarmer Kost liefert uns ebenfalls
keinen Anhaltspunkt für den Bedarf: es ist sicherlich mehr Asche
zur Erhaltung des Aschebestandes im Körper nothwendig, denn es
kommt ein Theil der aufgenommenen Asche unter den in der Niere
und im Darme gegebenen Bedingungen zur Ausscheidung, ehe er
Verwendung gefunden hat.

Der Aschegehalt der geringsten Nahrungsmenge, welche eben
für einen Organismus genügt, giebt uns wohl eine annähernde Vorstellung von der für ihn nöthigen Aschezufuhr. Der 31 Kilo schwere
Hund von BISCHOFF und mir[2] setzte bei Aufnahme von 500 Fleisch
und 250 Fett stetig etwas Eiweiss an und gab wahrscheinlich noch

---

1 VOIT, Ztschr. f. Biologie. I. S. 139. 1865, II. S. 309. 1866. — Im täglichen Koth
sind 1.88 Grm. Trockensubstanz, 0.15 Grm. Stickstoff und 0.36 Grm. Asche.
2 BISCHOFF u. VOIT, Die Gesetze der Ernährung des Fleischfressers. S. 104 u.
286. 1861.

etwas Asche ab; in der täglichen Nahrung befanden sich nun 6.5 Grm. Asche, also wesentlich mehr als bei Aschehunger und bei Gesammthunger zu Verlust geht. Für den Menschen können wir noch keine Angaben in dieser Beziehung machen.

Um die Ascheausscheidung richtig zu beurtheilen, muss man bedenken, dass die Verhältnisse im Hungerzustande und bei Nahrungszufuhr verschieden sind. Beim Hunger (oder auch unter anderen Umständen z. B. beim Fieber) gehen vorzüglich die constituirenden Aschebestandtheile der zerstörten Organe in die Exkrete über, so dass die Aschezusammensetzung im Körper sich nicht ändert. Bei Aufnahme von Nahrung, wobei der Bestand an organischen Stoffen im Organismus erhalten wird und wenig Organisirtes zu Grunde geht, findet nur ein geringer Ascheverlust, zunächst aus den Säften stammend, statt; man muss daher nur so viel Mineralstoffe zuführen, um diesen Verlust zu verhüten. Alles was über den Bedarf des Körpers hinausgeht, wird alsbald wieder abgeschieden, so dass für gewöhnlich die Aschezusammensetzung der Exkrete von der der Zufuhr bestimmt wird. Findet ein Ansatz von Organeiweiss statt, so werden auch die zu den Organen gehörigen Aschebestandtheile mit angesetzt und nicht ausgeschieden.

Die Asche vertheilt sich in verschiedener Weise auf die Exkrete und die Organe je nach der Art und Menge der Nahrung, der Ausnützung derselben im Darm und den Bedürfnissen des Körpers. Beim Hund werden bei Fütterung mit reinem Fleisch oder mit Fleisch unter Zusatz von Fett und Kohlehydraten im Harn etwa 81 % der Aschebestandtheile entfernt; beim Hunger 85 %. Anders ist es jedoch nach Aufnahme von Brod beim Fleischfresser oder bei der gemischten Kost des Menschen oder beim Pflanzenfresser, wo sich im Koth viel Residuen der Nahrung finden und der Antheil der im Koth entleerten Aschemenge grösser wird. Bei der gemischten Kost des Menschen gehen 76 % der Aschebestandtheile in den Harn, 24 % in den Koth über.[1] Beim ausgewachsenen, mit Wiesenheu ernährten Hammel ist von Henneberg[2] der Kreislauf der Mineral-

---

[1] Dies ist jedoch je nach der Nahrung sehr verschieden, es können 11 bis 56 % der Asche im Koth sich finden; siehe hierüber Rubner, Ztschr. f. Biologie. XV. S. 186. 1879.

[2] Henneberg, Neue Beiträge. Heft 1. S. 230. 1870. Die einzelnen Aschebestandtheile vertheilen sich auf die Exkrete in folgender Weise:

	Kali	Natron	Kalk	Magnesia	Phosphors.	Schwefels.	Chlor	Kiesels.
Koth	5.3	,25.2	110.8	82.1	98.8	35.0	—	114.6
Harn	84.7	54.4	4.7	25.5	1.7	53.2	86.4	2.2
Wolle	3.6	—	0.4	0.2	0.2	1.6	0.5	0.1
Summa	93.6	79.6	115.9	107.8	100.7	89.9	86.9	116.9

Auch Valentin (Wagner's Handwörterb. d. Physiol. I. S. 421. 1842) hat die Ver-

stoffe untersucht worden; von 100 Grm. der im Futter gegebenen Aschebestandtheile erschienen 42.2 % im Harn (hauptsächlich Kali und Chlor), 58.2 % im Koth (hauptsächlich Kalk, Magnesia und Phosphorsäure) und 1.2 % in der Wolle. Werden in dem noch wachsenden Organismus Mineralstoffe angesetzt, so wird das Bedürfniss an Asche grösser und es findet sich im Harn und Koth relativ weniger Asche vor; es ist in diesem Falle auch die Ausnützung im Darm eine bessere, denn während nach RUBNER der erwachsene Mensch 46.8 % der Asche der Milch nicht resorbirt, verwerthet nach J. FORSTER das 4 monatliche Kind 36.5 % derselben nicht, das Saugkalb nimmt sogar nach SOXHLET[1] die ganze Asche bis auf 2.6 % in die Säfte auf. Von 100 Grm. Mineralstoffen der verzehrten Milch gehen beim Saugkalb 2.6 % in den Koth, 44.4 % in den Harn über und 53.0 % werden zum Ansatz im Körper verwendet.

Was die einzelnen Aschebestandtheile als Nahrungsstoffe betrifft, so ist vorzüglich über die Verbindungen der Alkalien (Natron und Kali) mit Chlor und Phosphorsäure, der alkalischen Erden (Kalk und Magnesia) mit Phosphorsäure, und über das Eisen Einiges zu berichten.

Der in den Exkreten enthaltene Schwefel stammt von zersetztem Eiweiss ab; er wird für die höheren Thiere in der Form von Eiweiss dem Körper wieder zugeführt.

Es kommt vor Allem darauf an die Principien, nach denen der Wechsel der Salze erfolgt, zu kennen. Es ist nicht möglich auf alle die Verschiedenheiten in der Ausscheidung der einzelnen Aschebestandtheile näher einzugehen, da bei den meisten Untersuchungen der Art die Aschezufuhr und auch die übrigen Kautelen nicht gehörig berücksichtigt wurden und das Wenige, was man sicher hierüber weiss, zum Theil bei der Beschreibung der Zusammensetzung der Exkrete zu bringen ist.

theilung der in der Nahrung aufgenommenen Aschebestandtheile auf die Exkrete in einem 3 tägigen Versuch bei einem Pferde bestimmt.

1 SOXHLET, Erster Bericht über Arbeiten der k. k. landw. Versuchsstation in Wien aus den Jahren 1870—1877. Wien 1878. — Die Vertheilung der einzelnen Aschebestandtheile war folgende:

		im Koth	im Harn	angesetzt
von 100	Phosphorsäure	1.1	26.4	72.5
„ „	Chlor . . .	1.2	95.5	3.8
„ „	Kalk	2.7	0.4	96.9
„ „	Magnesia . .	3.8	65.7	30.5
„ „	Kali	2.2	77.1	20.7
„ „	Natron . . .	5.4	65.5	29.1
„ „	Eisenoxyd . .	61.1	—	38.9

A) Die Alkalien.

Von den Verbindungen der Alkalien mit Chlor und Phosphorsäure finden sich, wie LIEBIG zuerst dargethan hat, die mit Kali vorzüglich in den organisirten Gebilden, die mit Natron in den Säften des Körpers: im Blutplasma ist das Natron vorherrschend, im blutfreien Muskel und in den Blutkörperchen das Kali. Der reichliche Gehalt der Zellengebilde an Kali steht vielleicht in Zusammenhang mit der leichten Imbibitionsfähigkeit thierischer Membranen für Kalisalze. Nach den Analysen von A. v. BEZOLD[1] ist das Verhältniss der beiden Basen, Natron und Kali, in der ganzen Wirbelthierreihe im Gesammtorganismus nahezu das gleiche, sie finden sich in äquivalenter Menge vor; für die Maus, das Kaninchen und die Katze hat BUNGE[2] diese Angabe annähernd bestätigt, nur überwiegt entsprechend dem Alkaligehalt der Nahrung beim Pflanzenfresser ein wenig das Kali, beim Fleischfresser das Natron. Manche Thiere, z. B. die Puppen der Schmetterlinge, sind jedoch nach BUNGE sehr natronarm, was wohl von dem Verhältniss der Säfte und organisirten Gebilde im Thier abhängig ist.

Die Alkalien werden grösstentheils im Harn entfernt, nur geringe Mengen im Koth, wenigstens beim Fleischfresser, bei welchem nach animalischer Kost im spärlichen Kothe fast keine in Wasser löslichen Aschebestandtheile angetroffen werden; die im Kothe des Menschen[3] bei gemischter Kost und in dem der Pflanzenfresser (S. 360 Anmerkung) enthaltenen Alkalien stammen vorwiegend von der Nahrung ab, von der ein beträchtlicher Theil unverwerthet wieder ausgeschieden wird. Wird der Darm rascher entleert, z. B. bei Diarrhöen, so finden sich in den Fäces mehr Alkalien, vor Allem Natron, von den Verdauungssäften herrührend.[4] Im Speichel ist viel Alkali enthalten; in den Sputis geht daher Alkali, besonders Natron, verloren, bei Entzündung der Mundhöhle sind die Kalisalze vorherrschend.[5]

Die Menge der Alkalien im Harn und das Verhältniss von Kali und Natron ist vorzüglich von der Art und Menge der Nahrung ab-

---

1 A. v. BEZOLD, Ztschr. f. wiss. Zool. IX. S. 241. 1858.
2 BUNGE, Ztschr. f. Biologie. X. S. 318. 1874.
3 LEHMANN, Lehrb. d. physiol. Chem. II. S. 117. 1853. — FLEITMANN, Ann. d. Physik. LXXVI. S. 356. — PORTER, Ann. d. Chem. u. Pharm. LXXI. S. 109. — ENDERLIN, Ebenda. LIX. S. 335. — ROGERS, Ebenda. LXV. S. 85.
4 C. SCHMIDT, Charakteristik d. epidem. Cholera. S. 90. 1850.
5 SALKOWSKI, Arch. f. path. Anat. LIII. S. 209. Nach MANASSEIN enthalten die Muskeln fiebernder Thiere weniger Salze und Extraktivstoffe (Arch. f. path. Anat. 1872. S. 220).

hängig. In den wichtigeren vegetabilischen Nahrungsmitteln ist das Verhältniss von Kali zu Natron ein weit höheres als in dem Gesammtorganismus und in den animalischen Nahrungsmitteln. Der hungernde Körper scheidet vorzüglich Kalisalze, welche bei der Zerstörung der Organe frei geworden sind, und weniger Natron aus. Beim Fieber ist nach Salkowski im Harn 3—4 mal mehr Kali enthalten als im fieberfreien Zustand, da dabei wie beim Hunger besonders die kalireichen Gewebe angegriffen werden; es erscheint zugleich sehr wenig Natron, so dass wahrscheinlich Natron zurückgehalten wird, das dann in einigen Fällen nach der Krisis zur Ausscheidung kommt.[1]

Ueber die Bedeutung des Chlorkaliums in den Geweben ist noch nichts Sicheres bekannt. Es wird als solches in animalischen und vegetabilischen Nahrungsmitteln zugeführt; es kann sich aber auch erst im Körper aus Chlornatrium und Kaliumphosphat bilden.

Mehr als über das Chlorkalium wissen wir über das Chlornatrium. Dasselbe findet sich unter den Aschebestandtheilen des Blutplasmas, der Lymphe, des Speichels, des Magensaftes, des Schweisses u. s. w. in überwiegender Menge constant vor. Man hat angegeben, es habe die Aufgabe, die Auflösung der Blutkörperchen[2] und die zu grosse Quellung der Zellen und Gewebe zu verhüten, sowie den Durchgang von Stofflösungen in und aus den organisirten Gebilden zu begünstigen[3], gewisse eiweissartige Stoffe (Globulin, Myosin) zu lösen, und endlich das Material für das Chlor und Natron mancher Verdauungssäfte zu liefern.

Das Chlornatrium wird nach meinen Versuchen am Hund[4], entgegen früheren Angaben, vollständig im Harn und Koth ausgeschieden, wenn es nicht im Körper zurückgehalten wird. Nur beim Schwitzen geht auch etwas durch den Schweiss ab.[5]

In den vom Menschen verzehrten animalischen Nahrungsmitteln ist es nur in geringer Menge vorhanden wie z. B. im Muskelfleische oder in der Milch, in noch geringerer aber in den meisten Vegetabilien.[6] Wir setzen daher den Speisen aus dem Thier- und Pflanzen-

---

1 Zuelzer (Centralbl. f. d. med. Wiss. 1877. No. 42 u. 43; Deutsch. Ztschr. f. pract. Med. 1878. No. 2 u. 3) verglich bei verschiedenen Zuständen das Verhältniss von Stickstoff zum Kalium, Natrium, und Chlor im Harn. Bei Excitationszuständen fand er eine Verminderung des Chlornatriums und eine Zunahme des Chlorkaliums: das Umgekehrte bei Depressionszuständen.
2 Joh. Müller, Ann. d. Physik. 1832.
3 Liebig, Chem. Briefe. S. 489. 1851; Ann. d. Chem. LXII. S. 311. 1847.
4 Voit, Unters. üb. d. Einfluss des Kochsalzes u. s. w. S. 29. 1860.
5 Ranke, Arch. f. Anat. u. Physiol. 1862. S. 325.
6 Bunge, Ztschr. f. Biologie. X. S. 295. 1874; mit genauen Bestimmungen des Kali-, Natron- u. Chlorgehalts verschiedener Nahrungsmittel.

reiche meist Kochsalz zu und sind sehr begierig nach demselben; auch Thiere, namentlich Pflanzenfresser nehmen es mit grosser Gier auf. Es ist aber möglich ohne Zusatz von Kochsalz zu der gewöhnlichen Nahrung auszureichen und den nöthigen Gehalt an Kochsalz und Natronsalzen zu erhalten, da die meisten Pflanzen- und Fleischfresser zeitlebens kein Kochsalz eigens aufnehmen.

Der Fleischfresser (der Hund) lebt auf die Dauer von reinem Fleisch unter Zusatz von Fett. Im frischen Fleisch findet man nur 0.069 % Chlor, entsprechend 0.114 % Chlornatrium; in 500 Grm. Fleisch, mit denen ein Hund von 30 Kilo Gewicht mit 200 Grm. Fett auf die Dauer, selbst Jahre lang, ausreicht, werden daher nur 0.6 Grm. Kochsalz im Tag zugeführt und doch zeigen die Säfte desselben den normalen Natrongehalt und wird im Magen saurer Magensaft abgesondert. Dem entsprechend enthalten die Exkrete nur in Spuren Chlor, der Koth so gut wie keines, der Harn nur sehr wenig; ich fand im letzteren bei Zufuhr von 500 Grm. Fleisch und 200 Grm. Fett nur 0.28 Grm. Kochsalz, bei 1500 Grm. Fleisch 1.1 Grm. Dies ist allerdings mehr als das hungernde Thier liefert; denn Falck[1] erhielt in einem Falle von 0.221 Grm. am ersten Hungertage bis zu 0.017 Grm. am 23. Tage, in einem anderen Falle von 0.017 Grm. am ersten bis zu 0.016 Grm. am 60. Hungertage. Es reicht also beim Fleischfresser die in der Nahrung vorhandene höchst geringe Chlornatriummenge hin, die Kochsalzausscheidung zu decken.

Wieviel der Mensch Kochsalz zuführen muss, um dem Kochsalzbedürfniss eben zu genügen, ist nicht bekannt; es kann dies aber nicht viel sein, da auch bei ihm beim Hunger die Kochsalzausscheidung im Harn sehr sinkt, ja fast ganz aufhört.[2] Ein Säugling bekommt in 1 Liter Frauenmilch, mit der er sich ein Jahr lang ernährt, täglich nur 0.79 Grm. Kochsalz. Der Mensch nimmt in den meisten Fällen unstreitig mehr Chlornatrium auf als er zu obigem Zwecke im Minimum nöthig hat. Der Ueberschuss wird daher aus einem anderen Grunde verzehrt: eine ungesalzene Speise schmeckt uns nicht und das Kochsalz ist uns nicht nur ein Nahrungsstoff, sondern auch das wichtigste Genussmittel, das da, wo es schwer zu erlangen ist, höher als Gold geschätzt wird.

Der Pflanzenfresser erhält in den grossen Massen des Futters nicht unbedeutende Mengen von Chlornatrium; ein Pferd von 427 Kilo Gewicht nimmt nach Valentin täglich im Tränkwasser 0.2 Grm. Chlor, im Heu 13.7 Grm., im Hafer 1.2 Grm., im Ganzen also 15.1

---

1 Falck, Beiträge zur Physiologie u. s. w. S. 91. 1875.
2 O. Schultzen, Arch. f. Anat. u. Physiol. 1863. S. 31.

Grm. Chlor auf, wovon 7.4 Grm. im Harn und 6.6 Grm. im Koth wieder erscheinen. Sobald man den Nahrungsmitteln Kochsalz zusetzt, tritt alsbald eine grössere Menge von Kochsalz im Harn auf. Hat der Körper vorher nur wenig Kochsalz empfangen, wie es z. B. beim Fleischfresser nach Fütterung mit reinem Fleisch der Fall ist, so wird in ihm nach meinen Versuchen in den ersten Tagen etwas von dem Salz aufgespeichert, bald aber findet sich in den Ausscheidungen wieder ebensoviel als zugeführt worden ist. Diese Zurückhaltung des Kochsalzes haben zuerst BUCHHEIM und WAGNER[1], dann KAUPP[2] erkannt. Die Grösse der Aufspeicherung für den ganzen Körper des Hundes ist jedoch nur eine sehr geringfügige, nur etwa 4—5 Grm.; beim Menschen scheint sie bedeutender zu sein. Kehrt man nach Aufnahme einer grösseren Kochsalzmenge zu der geringeren zurück, so wird das vorher im Körper aufgespeicherte Salz in wenigen Tagen wieder abgegeben. Das in eine Vene oder in den Magen eines Hundes eingespritzte Kochsalz verlässt sehr rasch den Körper; nach FALCK's[3] sorgfältigen Untersuchungen erscheint gleich in der ersten Stunde ein ansehnlicher Theil des Salzes im Harn, in der dritten Stunde nach der Einspritzung ist das Maximum der Ausscheidung erreicht und schon nach 8 Stunden ist alles entfernt.

Es besteht demnach in den Säften und Geweben eine gewisse Breite des Kochsalzgehaltes, aber dieselbe bewegt sich in engen Grenzen; das Minimum und das Maximum liegen sich so nahe, dass der Procentgehalt kaum eine Aenderung erfährt. Es ist noch unverständlich, warum das Blut trotz Einführung einer grossen Salzmenge nicht eine höhere Concentration an Salz annimmt; eine gewisse Quantität von Salz muss jedoch fest gehalten werden, so dass sie nicht entfernt werden kann, was daraus hervorgeht, dass bei Kochsalzhunger das Kochsalz aus dem Harn fast verschwindet, obwohl das Blut noch genug davon enthält. Im ganzen Körper des Hundes von 35 Kilo befinden sich etwa 22 Grm. Chlor, entsprechend 36 Grm. Chlornatrium, davon sind etwa 7 Grm. im Blut und 29 Grm. in den übrigen Organen; da vom Hund beim Hunger nur 0.2—0.3 Grm. Kochsalz ausgeschieden werden, so werden dabei täglich nur 0.7 °/₀ der Kochsalzmenge des Körpers entfernt.

Giebt man in der übrigen Nahrung kein Kochsalz, so verliert

1 BUCHHEIM u. WAGNER, Arch. f. physiol. Heilk. XIII. S. 93. 1854.
2 KAUPP, Ebenda. XIV. S. 385. 1855.
3 FALCK. Arch. f. path. Anat. LVI. S. 315. 1872. — FRIEDR. MÜLLER, Beitrag z. Kenntniss der Wirkung des Chlornatriums. Marburg 1872.

der Organismus allmählich von dem in ihm vorhandenen Salz, jedoch wird dabei vorzüglich nur der überschüssige Vorrath abgegeben und darnach von dem nothwendigen Bedarf nur geringe Mengen, so dass schliesslich die Concentration des Kochsalzes im Blut und in den Geweben nicht wesentlich abgenommen hat. Daraus lässt sich schliessen, dass dieser fester gehaltene Antheil des Kochsalzes nothwendig für den Bestand und die Vorgänge im Körper ist, und also das Kochsalz zum Theil ein wirkliches Nährsalz, ein Nahrungsstoff für den Thierkörper ist.

Es liegt noch kein Versuch vor, bei welchem der Kochsalzhunger bei Zufuhr der übrigen Nahrungsstoffe so lange fortgesetzt worden ist, bis krankhafte Erscheinungen aus Mangel an diesem Salz eingetreten sind. Beim allgemeinen Hunger werden auch andere, namentlich organische Stoffe vom Körper abgegeben, bei den Aschehungerversuchen von Forster, bei welchen zuletzt so gut wie kein Chlor mehr entfernt wurde, noch andere Aschebestandtheile: man weiss daher nicht, welchen Antheil der Kochsalzmangel dabei an den Erscheinungen hatte.

Es sind am Menschen mehrere Versuche bei Zufuhr ungesalzener Speisen angestellt worden, wobei aber immer noch so viel Kochsalz gegeben wurde, als der Hund bei Fütterung mit reinem Fleisch und Fett erhält. Im Anfang wird dabei der Ueberschuss des Kochsalzes im Harn entfernt, dann bleibt sich die Ausscheidung ziemlich gleich.[1] In den von Wundt ausgeführten Versuchen kamen folgende Mengen von Kochsalz im Harn zum Vorschein:

$$1. \text{ Tag } 7.21$$
$$2. \quad _{„} \quad 3.62$$
$$3. \quad _{„} \quad 2.44$$
$$4. \quad _{„} \quad 1.36$$
$$5. \quad _{„} \quad 1.09$$

E. Klein und E. Verson[2] haben acht Tage lang bei einer täglichen Kochsalzzufuhr von höchstens 1.4 Grm. gelebt und keine besonderen Unannehmlichkeiten verspürt. Der Körper gab in diesen 8 Tagen 16.9 Grm. Kochsalz durch Harn und Koth ab; es ist aber zu bemerken, dass die Versuchsperson an einen sehr reichlichen Salzverbrauch (27 Grm. im Tag) gewöhnt war. Trotzdem war das Kochsalz im Körper noch längst nicht erschöpft; das Blut enthielt nämlich:

---

1 Falck, Arzneimittellehre I. S. 129. Marburg 1850. — Kaupp, Arch. f. physiol. Heilk. 1855. S. 385. — Wundt, Journ. f. pract. Chem. LIX. S. 354. 1853.
2 Klein u. Verson, Sitzgsber. d. Wiener Acad. Math.-phys. Cl. IV. (2) S. 627. 1867.

	% Kochsalz	absolute Menge von Kochsalz
vor dem Versuch	0.402	17.7
während des Versuchs	0.282	12.3
nach dem Versuch	0.423	19.0

Das Blut hat also bei dem achttägigen Kochsalzhunger nur 5.4 Grm. = 31 % seines Kochsalzes verloren, die übrigen Organe wahrscheinlich verhältnissmässig noch weniger.

KLEIN und VERSON schliessen aus ihren Versuchen, dass das Kochsalz gar kein Nährsalz sei, sondern nur ein Genussmittel, und ganz entbehrt werden könne. Dies ist nicht ganz richtig[1], denn der Körper enthielt immer noch Kochsalz in beträchtlicher Menge. Erst dann, wenn im Blute und den übrigen Organen kein Kochsalz mehr ist und doch keine pathologischen Erscheinungen auftreten, dürfte man schliessen, dass dasselbe zu entbehren wäre. Es wurden ferner noch 1.4 Grm. Kochsalz in der täglichen Nahrung geboten; ein Hund von 35 Kilo reicht mit 0.6 Grm. Kochsalz aus. Dass bei Kochsalzhunger die Oxydation des Eiweisses nicht erhöht wird, wie KLEIN und VERSON meinen, hat FORSTER[2] gezeigt.

Auch SCHENK[3] hat dargethan, dass das Kochsalz ein nothwendiger und zur Zusammensetzung gehöriger Bestandtheil des Blutes ist. Bei mit chlorfreiem Sagopulver gefütterten Kaninchen nahm der Gehalt des Blutes an Chlor nur sehr wenig ab; bei einem Hunde, dem er während 20 Tagen ausgekochte Fleischrückstände gab, nahm der Chlorgehalt des Harns rasch bis auf ein Minimum (0.01 Grm. am 9. Tag) ab, während der des Blutes fast unverändert blieb.

BUNGE[4] stellte eine Hypothese über die Nothwendigkeit des Kochsalzzusatzes zu der Nahrung auf. Er hatte gefunden, dass das während eines Tags gegebene Kaliumphosphat durch gegenseitigen Austausch (in Natronphosphat und Chlorkalium) dem Körper Chlor und Natron entzieht. Er glaubte aus diesem Umstande das auffallende Kochsalzbedürfniss der Pflanzenfresser erklären zu können, da in deren Nahrung der Gehalt an Kali den an Natron weit überwiegt.[5] Es findet sich allerdings in der täglichen Nahrung der Pflanzenfresser häufig nicht weniger Natron und so viel Chlor wie in der der Fleischfresser, erstere nehmen aber darin wenigstens doppelt so

1 VOIT, Sitzgsber. d. bayr. Acad. II. (1) S. 510. 1869.
2 FORSTER, Ztschr. f. Biologie. IX. S. 309. 1873.
3 SCHENK. Anat.-physiol. Unters. S. 19. Wien 1872.
4 BUNGE, Ztschr. f. Biologie. IX. S. 104. 1873. X. S. 111. 1874.
5 Es ist auch zu beachten, dass manche Vegetabilien sehr wenig Natron enthalten und ein ansehnlicher Theil desselben vom Pflanzenfresser nicht resorbirt wird, während beim Fleischfresser die Auslaugung eine fast vollständige ist.

viel Kali auf als letztere; bei jenem Austausche handelt es sich nicht
um die absolute, sondern um die relative Menge beider Salze.

Nun ist es durch Bunge sicher erwiesen, dass wenn in den
Säften noch überschüssiges Kochsalz sich befindet, an dem einen
Tage der Kalidarreichung neben der vermehrten Kaliausscheidung
auch mehr Chlor und Natrium in den Harn übertritt; allein bei einer
längere Zeit fortgesetzten Aufnahme von Kalisalzen ist dies wahrscheinlich nicht der Fall. Es tritt wohl nur an die Stelle des überschüssigen Kochsalzes Chlorkalium ein. Aus den Angaben von Bunge
geht schon hervor, dass der Organismus durch die einmalige Natronentziehung schon so erschöpft an Kochsalz ist, dass er die Tage
darauf weniger Natron ausscheidet als normal und von dem in der
Nahrung aufgenommenen zurückhält.

Die Frage nach der Grenze, bis zu welcher der Organismus bei
fortgesetzter Kalizufuhr fortfährt, Natron abzugeben, ist experimentell
bis jetzt zwar nicht entschieden[1]; jedoch thun die Versuche wenigstens die rasche Abnahme der Natronentziehung dar.

Wenn aber auch die Verdrängung des Natrons ihre Grenze hat,
so kann doch Bunge's Ansicht vollständig richtig sein, d. h. durch
die Herabdrückung des Natrongehaltes des Körpers auf das äusserste
Maass ein Bedürfniss nach Natron bestehen, dessen Befriedigung angestrebt wird.

Bunge hat ferner vielfache Angaben über den Kochsalzconsum
bei den verschiedenen Völkerschaften gemacht, nach denen die von
Vegetabilien lebenden Stämme Kochsalz geniessen, die von Fleisch
lebenden aber nicht.[2]

Es können also die Pflanzenfresser auch ohne Zusatz von Kochsalz zu ihrem Futter leben, wenigstens nehmen die meisten derselben während des ganzen Lebens viele Generationen hindurch kein
Salz auf. Es ist daher ihr Organismus noch im Stande bei der normalen Nahrung, in welcher der Kaliüberschuss kein sehr grosser zu

---

1 Siehe über die Natronentziehung durch Kalisalze auch: Gätigens, Dorpater
med. Ztschr. I. S. 358. 1871; J. Kurtz, Ueber Entziehung von Alkalien aus dem Thierkörper. Diss. inaug. Dorpat 1874; Dehn, Ueber die Ausscheidung der Kalisalze. Diss.
inaug. Rostock 1876 u. Arch. f. d. ges. Physiol. XIII. S. 353. 1876. — Umgekehrt wird
durch Aufnahme von Natronsalzen die Kaliausscheidung im Harn vermehrt. Gätigens u. Kurtz konnten zwar danach keine deutliche Steigerung der Kalimenge finden, sie wird aber schon von Boecker (Prager Vierteljahrschr. IV. S. 117. 1854) und
von Ed. Reinson (Unters. üb. d. Ausscheidung d. Kali und Natrons durch den Harn.
Diss. inaug. Dorpat 1864) angegeben. Feder (Ztschr. f. Biologie. XIII. S. 283. 1877,
XIV. S. 172. 1878) fand nach Darreichung von Kochsalz und Salmiak die Kaliausscheidung vermehrt.
2 Siehe darüber auch: Victor Hehn, Das Salz, eine kulturhistorische Studie.
Berlin 1873.

sein braucht (wie z. B. im Wiesenheu, den Riedgräsern), der Chlor und Natron entziehenden Wirkung der Kalisalze so weit Widerstand zu leisten, dass die normalen Functionen nicht gestört werden. In gewissen Fällen könnte aber doch die Widerstandsfähigkeit gegen das Kali ungenügend sein, z. B. bei den kalireichen Kartoffeln und dem Klee, von denen es fraglich ist, ob sie die Pflanzenfresser längere Zeit hindurch ohne Salzzusatz ernähren können. In dem Weizen, Roggen, den Kartoffeln und Leguminosen ist verhältnissmässig sehr viel Kali enthalten, also gerade in den Nahrungsmitteln, die das Volk und der Arbeiter vorherrschend geniesst. Darum meint auch Bunge, dass für die ärmeren Volksklassen das Kochsalz ein unentbehrlicher Nahrungsstoff sei.

Es kann wohl nicht zweifelhaft sein, dass ein gewisser Zusatz und Ueberschuss von Kochsalz, über den unumgänglich nöthigen Bedarf hinaus, günstige Einwirkungen auf den Körper hervorbringt. Alle Landwirthe berichten, dass die pflanzenfressenden Hausthiere besser gedeihen, wenn man ihrem Futter Salz zufügt. Die Thiere fressen nach Barral[1] lieber bei Salzzusatz, was auch die Hunde Kemmerich's [2] zeigten, welche die Fleischrückstände mit den Fleischsalzen und Kochsalz gern verzehrten, ohne dieselben aber nicht an Gewicht zunahmen, d. h. weniger frassen. Nach E. Wolff werden die Thiere durch Beigabe einer mässigen Menge von Salz zur Aufnahme eines grösseren Futterquantums bestimmt, so dass das Futter durch seine Schmackhaftigkeit an Nähreffekt zu gewinnen scheint. In dieser Beziehung wirkt also das Kochsalz nicht direkt als Nährsalz, sondern indirekt als Genussmittel. Nach den Angaben von Boussingault [3] übt das Kochsalz bei Rindern keinen wesentlichen Einfluss auf den Fleisch-, Fett- und Milchertrag aus, aber das Salz hatte für das Ansehen und die Beschaffenheit der Thiere entschieden eine günstige Wirkung, was schon Plinius und Haller erwähnen. Man könnte sich auch denken, dass das Kochsalz habe einen Einfluss auf die Verdaulichkeit des Futters im Darme. Grouven [4] sah bei Fütterung von Ochsen mit Roggenstroh keine erhöhte Ausnützung eintreten. Nach E. Wolff [5] bewirkt das Chlornatrium bei Hammeln unter Umständen eine bessere Verdauung des Rohproteins im Wiesenheu; dagegen trat diese Wirkung nach Hofmeister [6] bei einem an verdaulicher Proteinsubstanz ziemlich reichen Futter nicht ein; auch Weiske [7] konnte bei Hammeln keine Aen-

---

1 Barral, Statique chimique des animaux, appliquée spécialement à la question de l'emploi agricole du sel. p. 430. Paris 1850.
2 Kemmerich, Arch. f. d. ges. Physiol. II. S. 75. 1869.
3 Boussingault, Ann. d. chim. et d. phys. (3) XIX. p. 117, XX. p. 113, XXII. p. 116. 1845. — Plouviez, Compt. rend. XXV. p. 110. 1848; Bull. de l'acad. de méd. XIV. p. 1077. — Dupasquier, Journ. de pharm. et de chim. (3) IX. p. 339.
4 Grouven, Zweiter Bericht u. s. w. 1864. S. 322.
5 Wolff, Die Versuchsstation Hohenheim. S. 68. 1870.
6 Hofmeister, Landw. Versuchsstationen. VI. S. 196. 1864.
7 Weiske, Journ. f. Landwirthschaft. 1871. S. 370.

derung in der Verwerthung des Futters durch das Salz constatiren. Das Kochsalz hat also in dieser Richtung kaum eine Bedeutung.

Die phosphorsauren Alkalien[1] spielen sicherlich eine grosse Rolle bei den Processen im Thierkörper. Das Kaliumphosphat findet sich in allen organisirten Gebilden, auch in den einfachsten Organismen, und gehört nothwendig zu ihrem Bestand. Das alkalisch reagirende Natronsalz ist von Bedeutung für die Vorgänge im Blut und den Säften[2]; es ist das Lösungsmittel für manche Eiweissstoffe, für Harnsäure u. s. w. Sie sind in den Organen und Säften neben den Chloralkalien in grösster Menge enthalten, und die stetigen Begleiter der eiweissartigen Substanzen, zu denen sie in enger Beziehung stehen.

In den vegetabilischen und animalischen Nahrungsmitteln sind sie gewöhnlich in genügender Menge vorhanden, um den Verlust an Alkaliphosphat vom Körper zu verhüten; es ist aber noch nicht bekannt, wieviel man zu diesem Zwecke zuführen muss. Die Ausscheidung der Phosphorsäure beim Hunger ist wesentlich grösser als die des Chlornatriums (nach E. BISCHOFF[3] beim Hund täglich im Mittel 1.1 Grm. im Harn gegen 0.2—0.3 Grm. Kochsalz), da beim Hunger vorzüglich die das phosphorsaure Kali im Ueberschuss enthaltenden Muskeln und weniger die kochsalzreichen Säfte an Masse abnehmen. Nach den früheren Betrachtungen ist es leicht erklärlich, warum bei reichlicher Zufuhr von phosphorsauren Alkalien z. B. in grösseren Portionen von reinem Fleisch, sehr viel von ihnen im Harn erscheint und die Menge der aufgenommenen Phosphorsäure genau der ausgeschiedenen entspricht; so hat z. B. E. BISCHOFF nach Fütterung des Hundes mit 2000 Grm. Fleisch (mit 8.90 Grm. Phosphorsäure) 8.85 Grm. Phosphorsäure in den Exkreten aufgefunden.

Ueber die Rolle der phosphorsauren Alkalien im Thierkörper geben die Versuche von KEMMERICH[4] einigen Aufschluss. Er reichte jungen, 6 Wochen alten Hunden die der Hauptmasse ihrer Salze beraubten Fleischrückstände, dem einen mit Zusatz der Fleischsalze, dem andern mit Zusatz von Kochsalz. Nach 26 Tagen war das erstere Thier viel schwerer als das letztere. das zwar an Körpergewicht etwas zugenommen hatte,

---

1 Siehe hierüber S. 79.
2 Man schrieb früher, nach den Untersuchungen von CHEVREUL (1825) über die Wirkung des Sauerstoffs auf organische Substanzen, den alkalischen Säften die Bedeutung zu, die Oxydationsprocesse im Körper zu ermöglichen. Man glaubte deshalb, die Aufnahme von Alkali vermehre die Harnstoff- und Kohlensäureausscheidung (MIALHE).
3 E. BISCHOFF, Ztschr. f. Biologie. III. S. 321. 1867. Nach ihm werden etwa 7⁰/₀ der Phosphorsäure im Koth ausgeschieden.
4 KEMMERICH, Arch. f. d. ges. Physiol. II. S. 75. — Siehe hierüber: VOIT. Sitzgs.-Ber. d. bayr. Acad. II. (4) S. 18. 1869 u. J. FORSTER, Ztschr. f. Biologie. IX. S. 313. 1873.

aber sich im kläglichsten Zustand befand, so dass es kaum mehr gehen konnte und meist gleichgültig und theilnahmlos in einem Winkel lag. Man könnte daraus schliessen wollen, der mit Zusatz der Fleischasche gefütterte Hund habe die zum Wachsthum seiner Organe nöthigen Aschebestandtheile gehabt, welche dem Kochsalzhund fehlten. Jedoch beobachtete KEMMERICH, als er dem letzteren Hund danach die Fleischasche zu den Fleischrückständen gab und dem ersteren das Kochsalz, dass allerdings der jetzige Kochsalzhund weniger an Gewicht gewann, er nahm aber doch in 32 Tagen um 530 Grm. zu. Nach den Resultaten FORSTER's bei völligem Aschehunger müsste die Zunahme des Körpergewichts bei beiden Hunden die gleiche sein, nur müssten beim Kochsalzhund nach einiger Zeit die Symptome des Aschemangels auftreten. Der stärkere Ansatz des mit den Fleischsalzen gefütterten Hundes wird noch bedenklicher durch eine andere Beobachtung KEMMERICH's. Er hatte nämlich zur Fleischasche immer noch etwas Kochsalz hinzugemischt; liess er dieses weg, so machten die Fleischsalze keine Gewichtszunahme mehr und das Thier verhielt sich, was die Gewichtszunahme betrifft, wie wenn es nur Kochsalz erhalten hätte. Daraus geht hervor, dass das Kochsalz mit den Fleischsalzen wohl einen grösseren Ansatz bedingt, aber nur dadurch, dass das Thier dabei den Appetit erhielt, mehr von den Fleischrückständen zu verzehren.

Aus den Kochsalzversuchen KEMMERICH's ist jedoch zu entnehmen, dass das Fehlen des phosphorsauren Kalis -pathologische Erscheinungen und schliesslich den Tod des Thieres nach sich zieht. Ein Theil der von FORSTER beim Gesammtaschehunger beobachteten Erscheinungen ist sicherlich auf das Fehlen des Kaliumphosphats zurückzuführen; die Ausscheidung der phosphorsauren Alkalien war dabei nie aufgehoben, wenn auch auf eine kleine Menge reducirt.[1]

B) Die alkalischen Erden.

Die Verbindungen von Kalk und Magnesia mit Phosphorsäure finden sich in allen organisirten Theilen und sie scheinen für die Constitution der geformten Gebilde ebenfalls unentbehrlich zu sein.[2] Sie sind darin in näherer Verbindung mit organischen Stoffen, wahrscheinlich mit den eiweissartigen. Auch in den Säften kommen sie vor, wohl ebenfalls in gewisser Beziehung zu dem Eiweiss stehend.[3] Die beiden alkalischen Erden kommen stets mit einander vor;

---

1 Ueber die Entziehung von Alkalien aus dem Körper siehe: EYLANDT, Diss. inaug. Dorpat 1854; WILDE, Diss. inaug. Dorpat 1855; MIQUEL, Arch. f. Heilk. 1851; E. SALKOWSKI, Arch. f. path. Anat. LVIII. S. 1. u. 460. 1873 (durch Taurin und Säuren beim Kaninchen); GÄHTGENS, Centralbl. f. med. Wiss. 1872. No. 53 u. Ztschr. f. phys. Chem. IV. S. 35. 1880 (durch Schwefelsäure beim Hund); ADAMKIEWICZ, Arch. f. Physiol. 1879. S. 370 (durch Salmiak beim Menschen); WALTER, Arch. f. exper. Path. u. Pharm. VII. S. 148. 1877 (durch Salzsäure u. Phosphorsäure am Kaninchen und Hund; LASSAR, Arch. f. d. ges. Physiol. IX. S. 41. 1874 (durch Schwefelsäure am Kaninchen, der Katze, dem Hunde und dem Schaf).
2 C. SCHMIDT, Zur vergl. Physiol. d. wirbellosen Thiere. S. 44 u. 45. 1845.
3 Beim Gerinnen des Faserstoffs im Blut oder des Kaseins der Milch durch

in den meisten Geweben und Säften ist der Kalk in grösserer Menge
vorhanden wie die Magnesia, in den Muskeln ist jedoch auffallender
Weise die letztere vorherrschend. Die weitaus grösste Masse der
beiden Verbindungen ist in den Knochen abgelagert. Im Körper eines
Hundes von 3.8 Kilo Gewicht findet man nach HEISS[1] etwa 126.7 Grm.
Kalk und 3.1 Grm. Magnesia; davon sind in den Knochen 126.2 Grm.
= 99.5 % des Kalks und 2.2 Grm. = 71 % der Magnesia enthalten.
Da (nach S. 353) 83 % der Gesammtasche des Körpers auf die Knochen treffen, so bilden die Phosphate der alkalischen Erden den
überwiegend grössten Theil der Aschebestandtheile.

Aus dem Körper der höheren Thiere und des Menschen werden
beständig phosphorsaure alkalische Erden ausgeschieden, es muss
daher in der Nahrung für sie gesorgt sein. Die Ausscheidung derselben erfolgt in dem Harn und Koth, nur kleine Mengen gehen durch
die Haare und Epidermisschuppen verloren.

Bei dem Fleischfresser wird, wenn er reines Fleisch mit Fett
als Futter erhält, der Haupttheil der Magnesia im Harn, der des
Kalks im Koth entfernt. Der von E. HEISS untersuchte kleine Hund
schied in 308 Tagen aus:

	Kalk		Magnesia	
	Grm.	%	Grm.	%
im Harn	3.73	27	12.63	65
im Koth	9.99	73	6.87	35
	13.72	100	19.50	100

Im verzehrten Fleisch und Speck nahm das Thier 13.21 Grm.
Kalk und 20.69 Grm. Magnesia auf; im Koth befand sich also mehr
Kalk, obwohl im verzehrten Fleisch mehr Magnesia enthalten war.[2]

Noch ungleich weniger Kalk und Magnesia findet sich bekanntlich im Harn der Pflanzenfresser (Grasfresser) vor, der bei der Abscheidung durch freie Kohlensäure neutral oder schwach sauer ist
und nach einigem Stehen alkalisch wird. Hier ist der Gehalt des
Harns an phosphorsauren alkalischen Erden und an Phosphorsäure

Lab fällt phosphorsaurer Kalk mit heraus. Wenn sich auch Kalk und Magnesia
durch Ammoniumoxalat und Ammoniak mit phosphorsaurem Natron aus dem
Serum völlig ausfällen lassen, so ist damit eine Bindung der alkalischen Erden
an Eiweiss nicht widerlegt, sie kann so locker sein, dass sie leicht zersetzt wird.
  1 HEISS, Ztschr. f. Biologie. XII. S. 151. 1876.
  2 Aehnliche Zahlen hat BERTRAM (Ztschr. f. Biologie. XIV. S. 336. 1878) für
den Menschen bei vorwiegender Fleischkost gefunden; auf 100 Theile der in
der Nahrung enthaltenen alkalischen Erden fanden sich:

Kalk im Harn	. . .	43.3	Theile
Magnesia im Harn	. .	36.8	„
Kalk im Koth	. . .	60.4	„
Magnesia im Koth	. .	58.6	„

für gewöhnlich minimal.[1] Auf 100 Theile der aufgenommenen alkalischen Erden wurden abgegeben:

	Hammel[2]	milchgeb. Ziege[3]	Ziegenbock[4]
Kalk im Harn . . .	4.7	—	5.1
Magnesia im Harn . .	25.5	—	29.3
Kalk im Koth . . .	110.8	94.1	96.9
Magnesia im Koth . .	82.1	24.4	63.6

Darnach geht auch beim Pflanzenfresser ein grösserer Theil der Magnesia in den Harn über, so dass der Koth relativ reicher an Kalk wird.[5] Wenn beim Pflanzenfresser beim Hunger oder nach Aufnahme von animalischer Nahrung, z. B. von Milch, der Harn allmählich sauer wird, so enthält er wahrscheinlich mehr alkalische Erden.[6] Man könnte glauben, das Vorkommen der Erden im Koth rühre ausschliesslich von einer unvollständigen Auslaugung derselben aus der Nahrung her. Dies ist aber nicht der Fall, denn die Sache verhält sich nicht anders beim Hunger, wo nach meiner Beobachtung ebenfalls Koth entleert wird. Derselbe ist sehr reich an Asche, die fast nur aus phosphorsauren alkalischen Erden besteht. Mein Versuchshund von 33.8 Kilo Gewicht lieferte beim Hunger im Tag 1.88 Grm. trockenen Koth mit 0.36 Grm. Asche, welche 39.1 % Kalk und 5.9 % Magnesia enthielt. Es kann daher nicht zweifelhaft sein, dass auch bei stark sauer reagirendem Harn eine beträchtliche Menge von Kalk und auch von Magnesia aus den Säften in den Darm ausgeschieden wird. In noch höherem Grade ist dies der Fall bei den Grasfressern, deren Harn nur Spuren von alkalischen Erden aufnehmen kann, weshalb schon Liebig[7] äusserte, dass beim Pflanzenfresser der Darm die Stelle der Niere übernehme. Ob die aus den Säften stammenden alkalischen Erden von dem nicht resorbirten Theil

---

1 Im Pflanzenfresserharn sind nur Spuren von Phosphorsäure: BOUSSINGAULT, Mém. d. chim. XXII. p. 169; HENNEBERG u. STOHMANN, Beitr. I. S. 111; KNOP, Lehrb. d. Agrikulturchemie. S. 856; HENNEBERG, Neue Beitr. I. S. 121; STOHMANN, Biologische Studien. S. 148.
2 HENNEBERG, Neue Beitr. S. 230; bei Fütterung mit Wiesenheu.
3 STOHMANN, Biolog. Studien. S. 150. In der Milch waren 9.1 % des Kalks und 1.1 % der Magnesia.
4 BERTRAM, Ztschr. f. Biologie. XIV. S. 336. 1878.
5 Die Angabe von LEHMANN (Lehrb. d. physiol. Chem. I. S. 398. 1853), dass wegen des grösseren Kalkbedarfs im Darme fast aller Kalk, aber nur sehr wenig Magnesia absorbirt werde, weil in den Exkrementen der pflanzenfressenden und fleischfressenden Thiere ein Ueberschuss von Magnesia sich finde, kann demnach, wenigstens im Allgemeinen, nicht richtig sein. Schon bei BERZELIUS (Lehrb. d. Chem. IX. S. 345. 1840) findet sich eine ähnliche Mittheilung.
6 Siehe hierüber: J. LEHMANN, Landw. Versuchsstationen. I. S. 68. 1859. — GROUVEN, Zweiter Bericht u. s. w. 1864. S. 150. — WEISKE, Ztschr. f. Biologie. VIII. S. 246. 1872. — BERTRAM a. a. O.
7 LIEBIG, Chem. Briefe. 4. Aufl. II. S. 116.

der Verdauungssäfte herrühren oder die Ausscheidung auf andere Weise an der Darmoberfläche geschieht, muss noch untersucht werden.

Obwohl die phosphorsauren alkalischen Erden den weitaus grössten Theil der Aschebestandtheile des Körpers der Wirbelthiere ausmachen, so treten sie doch in den Exkreten gegenüber den übrigen Aschebestandtheilen, selbst beim Hunger, sehr zurück, da sie bis auf geringe Mengen im Knochen gebunden sind.

Ueber die Grösse des Bedarfs an alkalischen Erden in der Nahrung können selbstverständlich nur Versuche am Thier entscheiden. Wegen der grossen Quantität von Kalk in den Knochen hat man die Frage meist so gestellt: wieviel muss man Kalk zuführen, um das Skelett zu erhalten, und welche Erscheinungen treten an demselben ein, wenn ein kalkarmes oder kalkfreies Futter gegeben wird?

Chossat[1] hat zuerst angegeben, dass Tauben nach längerer Fütterung mit gewaschenen Weizenkörnern und destillirtem Wasser Knochenbrüchigkeit bekommen. Spätere Forscher waren nicht im Stande Chossat's Beobachtungen an den Tauben zu bestätigen; man zweifelte daher an der Richtigkeit derselben. Im Laufe der Zeit wurden jedoch mancherlei Angaben über Knochenerkrankungen bei Thieren gemacht, welche ein kalkarmes Futter z. B. schlechtes Heu, weiche Tränkwasser u. s. w. bekommen hatten. In Folge davon leiteten die Meisten, allerdings unter dem Widerspruch von mancher Seite, ·die Knochenerkrankungen Rhachitis und Osteomalacie von einem zu geringen Gehalt an Kalk in der Nahrung ab. Es war aber nicht gelungen, diese Anschauung durch das Experiment zu beweisen.

Es sind bei zu geringer Zufuhr der alkalischen Erden verschiedene Erfolge möglich. Der Körper könnte erstens allmählich Erdsalze verlieren, zunächst aus dem Blute und dann aus den übrigen Organen; die Knochen, als Hauptträger des Kalks, könnten den anderen Organen wieder Ersatz liefern und dadurch allmählich so viel Kalk einbüssen, dass tiefgreifende Aenderungen an ihnen vor sich gehen. Es könnten aber auch zweitens die Knochen den Kalk fester halten als die übrigen Organe, dann würden letztere bei Kalkmangel an Kalk rasch verarmen und das Leben gefährdende Störungen auftreten, ohne dass man an den Knochen irgend eine Erkrankung wahrnimmt; in diesem Falle könnte der Tod erfolgen entweder ohne besondere weitere Veränderung der Organe oder unter Abmagerung und Zerfall derselben, wenn der Kalk zu ihrem Zusammenhalt absolut nothwendig wäre.

---

1 Chossat, Compt. rend. XIV. p. 451. 1842; Gaz. méd. 1542. p. 205.

Nach CHOSSAT'S Versuchen wäre die erste Ansicht die richtige; jedoch vertrat schon früher ALPH. MILNE EDWARDS[1] die zweite; denn bei einer Wiederholung der CHOSSAT'schen Versuche, wobei junge Tauben während 3½ Monaten kalkarmes Futter erhielten, bekamen die Thiere Diarrhöen, verfielen und zeigten zwar ein etwas geringeres Gewicht der Knochen, jedoch keine abnorme Zusammensetzung derselben. In neuerer Zeit vertheidigte vorzüglich WEISKE[2] die zweite Anschauung. Nach ihm wurde eine ausgewachsene Ziege, welche mit einem Gemenge von mit Säure ausgezogenem Strohhäcksel, Kasein, Zucker, Stärkemehl und Kochsalz unter Zusatz von destillirtem Wasser gefüttert worden war, von Tag zu Tag magerer, sie konnte zuletzt nur mühsam aufstehen, sich kaum aufrecht erhalten und ging am 50sten Tage zu Grunde. Die Knochen boten aber weder in der Gesammtasche noch in den einzelnen Bestandtheilen eine Abweichung vom Normalen dar. Da das Thier 63.8 Grm. Kalk ohne Aenderung der Zusammensetzung der Knochen einbüsste, so sollen nach WEISKE die übrigen Organe diese Kalkmenge abgeben und deshalb aufhören zu funktioniren.

Es ist aber durch J. FORSTER[3] und durch ERWIN VOIT[4] dargethan worden, dass die Thiere WEISKE'S an Inanition, welche die Abnahme der Organe bedingte, zu Grunde gegangen sind, entweder wegen zu geringer Zufuhr von Eiweiss oder von stickstofffreien Stoffen; die Thiere verlieren nämlich bald den Geschmack an dem ungewohnten Futter und nehmen es freiwillig nicht mehr auf. Bei solchen Versuchen ist es aber unumgänglich nöthig, dem Thiere alle übrigen Nahrungsstoffe in der gehörigen Quantität beizubringen. Es ist durch die Versuche der Genannten, im Gegensatz zu denen WEISKE'S, sicher gestellt, dass in diesem Falle sowohl bei Gesammtaschehunger als auch bei einseitigem Kalkhunger die Thiere nicht an Gewicht einbüssen und sich im Uebrigen vollkommen erhalten, ja dass junge, noch wachsende Thiere (Hunde und Tauben) an Masse zunehmen. E. VOIT hat ferner bei längerem Kalkmangel Veränderungen an den Knochen auftreten sehen, in Folge deren die Thiere zu Grunde gehen, und nicht an Kalkmangel der anderen Organe, denen von dem grossen Kalkreservoir, den Knochen, immer noch Kalk geliefert wird.

1 MILNE-EDWARDS, Compt. rend. LII. p. 1327. 1861; Ann. d. scienc. natur. Zool. (4) XIII. p. 113.
2 WEISKE, Ztschr. f. Biologie. VII. S. 179 u. 333. 1871, VIII. S. 239. 1872, IX. S. 541. 1873, X. S. 410. 1874.
3 J. FORSTER, Ztschr. f. Biologie. IX. S. 369. 1873.
4 E. VOIT, Ebenda. XVI. S. 62. 1880.

Man muss dabei unterscheiden zwischen den noch wachsenden und
den schon ausgewachsenen Organismen; erstere haben zur Ausbildung
und zum Wachsthum ihres Skelettes mehr Kalk nöthig als die letzteren, welche den schon erlangten Kalkgehalt nur zu erhalten brauchen.
An noch wachsenden Thieren zeigen sich bei Kalkmangel nach
einiger Zeit alle Erscheinungen der Rhachitis in hohem Maasse, und
zwar um so früher je weniger Kalk gegeben wird und je grösser
das Kalkbedürfniss ist. Dies ist vor allem der Fall bei jungen
Thieren grosser Race, welche rasch wachsen. Hierher gehören die
Beobachtungen mancher früherer Forscher, namentlich F. Roloff's[1];
welcher bei jungen Hunden und jungen Schweinen nach kalkarmem
Futter regelmässig Knochenerkrankungen constatiren konnte.

Bei jungen Hunden tritt nach E. Voit bei Fütterung mit einer
im Uebrigen ausreichenden Menge von Fleisch unter Zusatz von
Fett Rhachitis auf; bei einem Hunde kleiner Race nach etwa 100
Tagen, von wo ab die Veränderungen bis zum 162sten Tage sich
immer mehr und mehr steigern, bei einem Hunde grosser Race
schon nach 29 Tagen.[2] Die Thiere fangen an sich langsamer zu
bewegen und äussern bei den Bewegungen, später auch beim Liegen
Schmerzen; die Gelenke an den Extremitäten und Rippenknorpeln
zeigen Anschwellungen, die Extremitäten verkrümmen sich nach
Aussen, die Wirbelsäule nach Unten, der Schultergürtel sinkt ein, der
Brustumfang ist breit, das Becken schmal, die Zähne bleiben klein
und lockern sich; schliesslich kann das jämmerlich verbildete Thier
nicht mehr laufen und den Käfig nicht mehr ohne Hilfe verlassen.
Bei der Sektion zeigen sich alle Organe normal, nur die Knochen
bieten alle Merkmale der rhachitischen Erkrankung in höchst cha-
rakteristischer Weise dar: es fehlt die normale Verknöcherung des
Skeletts, die Knochen sind mürbe und zum Theil geknickt, die
platten Knochen erscheinen dünner, jedoch besitzen alle die nämlichen
Längedimensionen wie die eines normal gefütterten Thieres und
haben beträchtlich an Gewicht zugenommen. Die Rhachitis ist bekanntlich ein pathologischer Process im wachsenden Skelett, an
den Theilen, welche das Knochenwachsthum zu Stande bringen,
nämlich am Periost und Epiphysenknorpel; sie ist ein entzündlicher

---

[1] F. Roloff, Arch. f. path. Anat. XXXVII. 1866; Arch. f. wiss. u. prakt. Thierheilk. I. S. 189. 1875, IV. S. 152. Ziegen und Schaflämmer frassen das kalkarme Futter nicht auf die Dauer und verhungerten eher bei voller Krippe. — Siehe auch:
Dusart, frères, Gaz. méd. de Paris. p. 61. 1874.

[2] Bei jungen, 3 Wochen alten Tauben beginnen bei Fütterung mit abge-
schwemmtem Weizen und destillirtem Wasser nach etwa 34 Tagen krankhafte
Erscheinungen sich zu zeigen, jedoch nimmt man zu diesem Zeitpunkt noch keine
pathologischen Veränderungen der Knochen wahr.

Zustand, vorzüglich an den thätigen Knochen, an denen die Muskelbewegungen sekundär Verbiegungen und Brüche hervorbringen, wobei
an den wachsenden Theilen eine Ueberproduktion von Zellen mit
Aussetzen der Verknöcherung stattfindet[1]. Dazu gesellen sich noch
Erscheinungen von Seite der Nervencentralorgane: Theilnahmslosig-
keit und Stumpfheit gegenüber den äusseren Eindrücken.

Die Knochen des kalkarm gefütterten Hundes haben einen höheren
Wassergehalt; das ganze Skelett des Thieres besitzt wegen der Armuth an Knochenerde im trockenen Zustande ein geringeres Gewicht
als das eines unter Zusatz von Kalk gefütterten Vergleichshundes.
Das trockene Skelett hatte aber an Masse während der Aufnahme
der kalkarmen Nahrung zugenommen.

Der Gehalt der Organe des kalkarm ernährten Hundes an
Kalk ist geringer als der gleichhaltriger Hunde. Das Blut junger
wachsender normaler Thiere ist merkwürdiger Weise sehr reich an
Kalk, reicher als das älterer Thiere, während in den übrigen Organen der Kalkgehalt mit dem Alter meist zunimmt; bei den jungen,
rhachitischen Hunden ist die Kalkmenge des Blutes immer noch
etwas höher wie bei ausgewachsenen normalen Hunden. Obwohl
aber der prozentige Kalkgehalt der Knochen ein geringerer ist als
normal, so hat doch die absolute Kalkmenge der Knochen und der
Organe bei dem kalkarmen Futter nicht abgenommen, sondern
sogar etwas zugenommen.[2] Es handelt sich demnach bei den wachsenden, kalkarm ernährten Thieren und der Rhachitis nicht um
die Entziehung des in den Knochen vorhandenen Kalkes, sondern
um eine Nichtablagerung von Kalk neben normal vor sich gehendem
Wachsthum des organischen Theiles des Skeletts.

Man war früher geneigt die Rhachitis von einer Entziehung der
Knochenerde durch Säuren, namentlich durch Milchsäure abzuleiten (MAR-
CHAND [3]). Dem entsprechend wollte C. HEITZMANN [4] bei verschiedenen Thieren durch Beibringung von Milchsäure Knochenkrankheiten erzeugt haben; E. HEISS [5] that aber dar, dass ein Hündchen von 3,8 Kilo Gewicht,
dem er während 308 Tagen zu seinem Futter 4—9 Grm. Milchsäure gab,
ebensoviel Kalk und Magnesia in Harn und Koth ausschied, als es auf-

---

1 Osteomalacie und Osteoporose (Atrophie) sind von der Rhachitis ganz verschiedene Processe und streng von ihr zu scheiden.
2 HEIBERG (Bidrag tit Lären om Stofskiftet, Afhandling for Doctorgraden i Me-
dicinen. Kjöbenhavn 1869, siehe PANUM, Canstatt's Jahresber. 1869. S. 81) sah das
Skelett junger Hunde selbst bei Inanition oder Fütterung mit Fett und Butter
(und destillirtem Wasser) an Gewicht zunehmen. Die Menge der Kalksalze im
Knochen war geringer, die des Wassers grösser geworden. Er lässt daher das
Knochengewebe auf Kosten der übrigen Gewebe ernährt werden.
3 MARCHAND. Journ. f. prakt. Chemie. XXVII. S. 93. 1842.
4 C. HEITZMANN, Wiener med. Presse. 1873. S. 1035.
5 E. HEISS, Ztschr. f. Biologie. XII. S. 151. 1876.

genommen hatte und ganz normale Knochen besass. Neuerdings geben
SIEDAMGROTZKY und HOFMEISTER[1] an, bei Pflanzenfressern nach längerer
Aufnahme von Milchsäure einen deutlich lösenden Einfluss auf die Knochen wahrgenommen zu haben; es fragt sich aber, ob es sich dabei um
eine direkte Wirkung der Säure handelt. Es können nämlich ebenso
wie durch Kalkarmuth in der Kost die Erscheinungen des Kalkmangels
im Körper auch bei normaler Kalkzufuhr hervorgerufen werden, wenn
in Folge von Verdauungsstörungen oder Diarrhöen oder von Aufnahme
viel Koth erzeugender Nahrungsmittel nur wenig Kalk im Darme resorbirt wird. Darum bleibt von zwei Kindern, welche beide qualitativ und
quantitativ ganz die gleiche Nahrung empfangen, das eine gesund, das
andere aber wird rhachitisch. Bei Entziehung der Knochenerde durch
eine Säure müsste sich im Harn rhachitischer Kinder viel Kalk finden,
wie es auch MARCHAND angab; bei Kalkmangel in der Nahrung oder
schlechter Ausnützung im Darme dagegen wenig, wofür die Erfahrungen
von SEEMANN[2] sprechen.

Das Kalkbedürfniss des noch wachsenden Thiers ist trotzdem
kein sehr grosses. Ich stelle einige Zahlenangaben hierüber zusammen:

junges Thier	Gewicht in Kilo	Alter	Kalkbedarf im Tag
Hund kleiner Race	1.5—2.8	—	0.128
Hund grosser Race	3.2—4.5	—	0.769
Taube[3]	0.157—0.228	—	0.039
Schwein[4]	25.6—96.2	60—126 Tage	1.72
Schwein[5]	—	1—240 Tage	2.80
Schwein	—	8— 11 Monate	1.70
Saugkalb[6]	50.0	2— 3 Wochen	14.5
Kalb[7]	—	5 Monate	10.0
Kalb[8]	—	5 Monate	13.5
Kind, Säugling . .	—	erstes Lebensjahr	0.32

Wie man ersieht, ist der Bedarf des jungen Wirbelthiers an Kalk
sehr ungleich und es ist noch nicht möglich eine bestimmte Regel
aufzustellen; die Zufuhr muss verschieden sein je nach dem Gewicht
des Thiers, der Masse seiner Knochen, der jeweiligen Wachsthums-
grösse, der Art der Nahrung und der Ausnützbarkeit derselben im

1 SIEDAMGROTZKY u. HOFMEISTER, Arch. f. Thierheilk. 1879. S. 243; Centralbl.
f. d. med. Wiss. XVII. S. 792.
2 SEEMANN, Arch. f. pathol. Anat. LXXVII. S. 299. — Siehe auch A. BAGINSKY,
Veröffentl. d. Ges. f. Heilk. in Berlin. II. S. 178. 1879.
3 E. VOIT, Ztschr. f. Biologie. XVI. S. 107. 1880.
4 J. LEHMANN, Ztschr. d. landw. Vereins in Bayern. 1873. Decemberheft.
5 BOUSSINGAULT, Ann. d. chim. et phys. (3) XIV. p. 419. 1845.
6 SOXHLET, Erster Bericht üb. Arbeiten d. k. k. landw. Versuchsstation in Wien
1870—1877.
7 J. LEHMANN, Mittheil. d. landw. Kreisvereins f. d. Oberlausitz. III. S. 129. 1860.
8 WEISKE, Journ. f. Landw. 21. Jahrg. Heft 2. S. 142.

Darm. Der junge Hund grösserer Race hatte verhältnissmässig viel mehr Kalk nöthig als der kleinerer Race; in reinem Fleisch und Fett vermag man einem wachsenden Fleischfresser grosser und kleiner Race nicht genügend Kalk zuzuführen, während kleine ausgewachsene Hunde sich damit auf die Dauer völlig erhalten. Der menschliche Säugling bedarf im ersten Lebensjahre täglich etwa 0.32 Grm. Kalk nur für das Wachsthum der Knochen; in der getrunkenen Milch befinden sich 0.55—2.37 Grm., so dass leicht Mangel an Kalk eintritt, wenn die Ausnutzung im Darme eine ungünstige ist.

Ganz anders sind die Verhältnisse beim ausgewachsenen Thier, wenn es nur gilt, den an den Erdphosphaten erlittenen Verlust zu decken, ohne einen Ansatz derselben zu bewirken. Hier ist der Bedarf sehr gering, da bei voller Zufuhr der organischen Nahrungsstoffe nur wenig von den alkalischen Erden verloren geht. Nach dem Versuche von E. Heiss erhält sich ein 3.8 Kilo schwerer Hund mit 0.043 Grm. Kalk im täglichen Futter (150 Grm. Fleisch und 20 Grm. Fett) dauernd auf seinem Kalkbestande. Ein Hund grösserer Race, z. B. von 38 Kilo, hat zu seiner Erhaltung nicht 1500 Grm. Fleisch und 200 Grm. Fett nöthig, er reicht vielmehr mit 500 Grm. Fleisch und 130 Grm. Fett aus, worin aber nicht genügend Kalk für das grosse Thier vorhanden ist, so dass es Tag für Tag Kalk von seinem Körper abgiebt.[1] Es entsteht hierdurch jedoch nicht Rhachitis oder Osteomalacie, sondern einfache Atrophie des Knochens, Osteoporose, ohne weitere pathologische Veränderungen desselben.

In diese Kategorie gehören die vorher erwähnten Versuche von Chossat, der bei mit Weizenkörnern gefütterten Tauben nach 10 Monaten eine Zerbrechlichkeit der Knochen eintreten sah. Ich[2] habe diese Versuche wiederholt und zwei gleichalterige ausgewachsene Tauben, die eine mit gewaschenen Weizenkörnern und destillirtem Wasser, die andere mit Weizenkörnern und unserem kalkreichen Trinkwasser, dem noch Stückchen von kohlensaurem Kalk zugesetzt waren, ernährt. Nach einem Jahre waren noch keine Verschiedenheiten wahrzunehmen, beide Thiere befanden sich in sehr gutem Er-

---

1 Schon J. Forster (Zeitschr. f. Biologie. IX. S. 297 u. 461. 1873) hat die Abnahme des Kalks der Knochen bei Aschehunger dargethan. Auch Perl (Arch. f. path. Anat. LXXIV. S. 54. 1878) giebt an, dass ein 22 Kilo schwerer Hund bei Fütterung mit 450 Grm. Fleisch und 70 Grm. Speck (unter Zusatz von destillirtem Wasser), obwohl er sich im Stickstoffgleichgewicht befand, doch mehr Kalk ausschied, als er in der Nahrung erhielt.

2 Voit, Amtl. Ber. d. 50. Vers. deutsch. Naturf. u. Aerzte in München. 1877. S. 243. — Budge (Deutsche Klinik. 1855. No. 41) hat schon früher bei einem Huhn, dem er während 9 Monaten ausschliesslich Mais und destillirtes Wasser gab, die Beckenknochen und das Brustbein, jedoch nicht die anderen Knochen sehr verdünnt gefunden.

nährungszustande und hatten das gleiche Körpergewicht; aber einige Monate später war bei der ersteren ohne andere Störungen und ohne Abmagerung ein Flügelknochen gebrochen, und bei der Section zeigte sich in hohem Grade das, was man Osteoporose nennt. Die Knochen waren zum Theil ganz dünn geworden und zwar im Gegensatze zu dem Befunde bei den rhachitischen jungen Thieren vor Allem diejenigen Knochen, welche nicht oder in geringerem Grade durch Muskeln bewegt werden. Die Knochen hatten also nicht gleichmässig an Gewicht verloren; die der Extremitäten waren nur wenig leichter geworden, das Brustbein und der Schädel waren dagegen zu ganz dünnen siebartigen Plättchen zusammengeschrumpft. Da man nicht wohl annehmen kann, es werde von den ersteren weniger Kalk weggenommen, so ist nur die früher (S. 98. 312) schon ausgesprochene Vorstellung möglich, dass die Knochen ziemlich gleichmässig Kalk verlieren, aber diejenigen, welche stärker benutzt werden, den Kalk aus den Säften wieder ergänzen.

Beim Hunger wird noch Kalk ausgeschieden, vorzüglich aus dem zerstörten Organeiweiss stammend. Ein grosser hungernder Hund von 34 Kilo Gewicht scheidet im Mittel 0.074 Grm. Kalk im Harn und 0.14 Grm. Kalk im Koth aus.[1] Vom hungernden Thier wird mehr Kalk abgegeben als bei Zufuhr von Ossein (siehe S. 305 u. 319) oder von aschefreier Nahrung, welche die Zersetzung des Organeiweisses verhüten. Aus dem schon S. 359 angegebenen Grunde muss man aber in der Nahrung mehr Kalk reichen als beim Kalkhunger und beim allgemeinen Hunger zu Verlust geht. Ein Theil des beim Hunger abgeschiedenen Kalks rührt von den Knochen her, deren organische Grundlage dabei angegriffen wird wie das übrige Gewebe, wodurch der darin abgelagerte Kalk frei wird.[2]

Die Art der Resorption des Kalks vom Darm aus in die Säfte ist noch nicht ganz aufgeklärt. So viel ist sicher, dass der Kalk nur in geringer Menge in die Säfte übergeht, wenn auch viel davon in der Nahrung zur Verfügung steht.

Man dachte sich früher, die in Wasser löslichen Kalksalze würden rasch in das Blut aufgenommen, die übrigen leicht durch den sauren Magensaft gelöst und dann resorbirt. Jedoch werden alle gelösten Kalksalze durch das alkalische Blutserum gefällt, es kann also nur eine gewisse kleine Menge von Kalk, welche in Verbindung mit organischen Substanzen (wahrscheinlich mit Eiweiss[3]) ist und dadurch die Fähigkeit

---

1 Etzinger, Ztschr. f. Biologie. X. S. 99. 1874.
2 Voit, Ztschr. f. Biologie. II. S. 355. 1866. — Weiske. Ebenda. X. S. 442. 1874.
3 A. P. Fokker, Arch. f. d. ges. Physiol. VII. S. 274. 1873.

empfängt, in alkalischen Flüssigkeiten gelöst zu bleiben, in den Säften enthalten sein. Die mit dem Kalk meist gesättigten Säfte geben ihn an die bedürftigen Knochen, Drüsen und übrigen Gewebe ab; nur dann, wenn die Säfte durch diese Abgabe Kalk verloren haben, kann neuer aus dem Darmkanal aufgenommen werden, so dass für gewöhnlich nur soviel Kalk aus dem Darme resorbirt wird, als für den Körper nöthig ist. Ein noch wachsendes Thier, bei welchem die Knochen in grösserer Menge den Kalk aus den Säften wegnehmen, resorbirt daher mehr Kalk aus dem Darme und nützt hierin eine und dieselbe Nahrung besser aus; ähnlich ist es bei der Schwangerschaft. Ausgewachsene 4—5 jährige Hammel entleeren nach Henneberg [1] bei Heufütterung 98.8 % der Phosphorsäure des Futters im Koth, junge 9 monatliche Thiere nach Hohenheimer Versuchen nur 79.5 %. Das von Soxhlet untersuchte Saugkalb nahm den Kalk fast ganz (bis auf 2.7 %) aus der Milch auf, setzte aber auch 96.9 % davon im Körper an (S. 361). Man sieht bei Hunden nach Aufnahme von Knochen keinen Kalk in den Harn übergehen, da der Körper dabei nur Spuren von Kalk verliert und kein Bedürfniss danach hat. Darum wird auch von den zu der gewöhnlichen Nahrung gereichten Kalksalzen meist nur wenig resorbirt und im Harn ausgeschieden. Es ist möglich, dass das Eiweiss der Säfte bei reichlicherer Zufuhr von Kalk etwas mehr davon bindet und dann dieser Kalk bei der Zerstörung des Eiweisses in den Nieren wieder entfernt wird.[2] Etwas anderes ist es, ob bei Zusatz von Kalksalzen zum Futter eines jungen Thiers mehr Kalk an den Knochen zur Ablagerung gebracht, also das Knochenwachsthum begünstigt werden kann. Einige hierüber angestellte Versuche scheinen dafür zu sprechen. Ein fünf Monate altes Kalb setzte nach J. Lehmann [3] bei dem gewöhnlichen Futter täglich 10.4 Grm. Kalk am Körper an; nach Zusatz von Erdphosphaten an 2 Tagen wurden täglich 13.4 Grm. Kalk abgelagert; es ist jedoch möglich, dass für diese beiden Tage der Kalkgehalt des Koths zu niedrig angesetzt ist, da der auf sie treffende Koth mit dem Rest des Kalks gewiss nicht an den beiden Tagen, sondern erst später entleert wurde. Ein ähnliches Resultat haben Gohren [4] und Hofmeister [5] bei Lämmern erhalten.

Der Kalkgehalt der Nahrungsmittel giebt uns nach dem Gesagten keinen Aufschluss über ihre Befähigung den Kalkverlust vom

1 Henneberg, Neue Beitr. u. s. w. Heft 1. S. 230; Landw. Jahrb. II. S. 244. 1873 (Versuche aus Hohenheim).
2 Huenke, De phosphatum terreorum in urina quantitate. Diss. inaug. Berolini 1856 (nicht beweisend, nur procentige Angaben). — Neubauer, Journ. f. pract. Chem. LXVII. S. 65. 1856 (am Menschen, keine Vermehrung). — Riesell, Hoppe-Seyler's medic.-chem. Unters. Heft 3. S. 319. 1868 (Vermehrung nach Aufnahme von Kreide). — Soborow, Centralbl. f. d. med. Wiss. 1872. No. 39. S. 609 (beim Menschen sehr geringe Vermehrung nach Aufnahme von Kreide). — Weiske, Journ. f. Landw. 1873. Heft 2. S. 139 (bei Kälbern Spuren von Kalk im Harn). — Studensky, Centralbl. f. d. med. Wiss. 1872. No. 53. — Perl, Arch. f. path. Anat. LXXIV. S. 54. 1878 (beim Hund geringe Vermehrung).
3 J. Lehmann, Ann. d. Chem. u. Pharm. CVIII. S. 357. 1858; Landw. Versuchsstationen. I. S. 68. 1859.
4 Gohren, Landw. Versuchsstationen. III. S. 161. 1861.
5 Hofmeister, Ebenda. XVI. S. 126. 1873.

Körper zu verhüten oder die Entwickelung der Knochen zu ermöglichen; wir müssen zu dem Zweck wissen, wieviel Kalk daraus resorbirt wird und dem Organismus zu Gute kommt. Sehr viel Kalk (kohlensaurer) wird gewöhnlich dem Körper durch das meist kalkhaltige Trinkwasser zugeführt, wie namentlich Boussingault gezeigt hat. Bei kalkarmem Trinkwasser tritt daher leichter Mangel an Kalk ein.

Auch kohlensaurer Kalk findet sich in den Knochen der Wirbelthiere, den Eierschalen, dem Skelett der wirbellosen Thiere, den Muschelschalen, dem Harn der Pflanzenfresser, im Speichel des Pferdes, in den Gehörsteinen, bei den Batrachiern an den Hüllen des Gehirns und Rückenmarks und an der Austrittsstelle der Spinalnerven u. s. w. Er wird von dem in der Nahrung und im Wasser enthaltenen kohlensauren Kalk geliefert.[1]

C) Eisen, Kieselsäure und Fluorcalcium.

Das Eisen ist ein Nahrungsstoff, es ist für den Organismus, wenigstens für den der höheren bluthaltigen Thiere nothwendig, namentlich zur Bildung des für die Sauerstoffaufnahme so wichtigen Hämoglobins. In dem Hämoglobin und im Blute ist es unter allen Organen und Säften des Körpers in grösster Menge vorhanden, es findet sich aber auch in Spuren in den übrigen Organen und Säften vor[2] z. B. im blutfreien Muskel. Trotz der geringen Menge des Eisens ist in keinem Organe, selbst nicht im Blut absolut mehr Eisen abgelagert als in den Muskeln, welche den grössten Bruchtheil des Körpers darstellen. Man ist deshalb nicht im Stande aus der Eisenausscheidung beim Hunger oder bei Zufuhr eisenfreier Nahrung die Grösse des Verbrauchs der Blutkörperchen zu entnehmen.

Die Eisenmenge eines ganzen Thiers hat Boussingault[3] bestimmt; er fand:

---

1 Ueber die Abgabe von Kalk für das Skelett des Hühnchens aus der Eischale siehe: Liebig, Ueber den Ernährungswerth der Speisen. 1869; Prout, Philos. Transact. 1822. p. 377; Prévost u. Morin, Ann. d. scienc. natur. IV. p. 47; Voit, Sitzgsber. d. bayr. Acad. I. S. 78. 1871 u. Ztschr. f. Biologie. XIII. S. 518. 1877; V. C. Vaugham u. Harriet V. Bills, Journ. of physiol. I. p. 434 (lassen Kalk aus der Schale kommen).

2 Siehe über den Eisengehalt der Organe: Scherff, Die Zustände und Wirkungen des Eisens im gesunden und kranken Organismus. Würzburg 1877. — C. Nitzsch, De Ferro in animalibus obvio. Diss. inaug. Bonn 1846. — Lemery u. Geoffroy (Mém. de l'acad. des sciences. 1713) fanden zuerst in den Aschen thierischer und pflanzlicher Gewebe Eisen. — Menghini (De Bonon. scient. et art. institut. atque academ. comment. II. (2) p. 244. 1746, (3) p. 475. 1747) gab an, dass das Eisen nur in den Blutkörperchen vorkomme. Siehe auch Rouelle und Bucquet (Journ. de médic. 1776) und Foncke (Diss. de martis transitu in sanguinem. Jena 1783).]

3 Boussingault, Compt. rend. LXIV. p. 1353. 1872.

Schaf von 32 Kilo Gewicht 3.38 Grm. Eisen = 0.151 %

Maus „ 27 Grm. „ 0.0030 „ „ = 0.111 „

Merlan „ 182 „ „ 0.0149 „ „ = 0.082 „

In wirbellosen Thieren z. B. in Mollusken waren nur Spuren von Eisen vorhanden; es ist möglich, dass für sie und für die einfachen Zellengebilde das Eisen entbehrlich ist.

Das Eisen wird zum weitaus grössten Theil im Koth ausgeschieden. In dem Harn sind allerdings immer Spuren davon vorhanden, sie können aber gegenüber den im Koth befindlichen Mengen vernachlässigt werden. Bidder und Schmidt geben für den 24 stündigen Harn einer hungernden Katze 0.0014—0.0017 Grm. Eisen an; J. Forster fand im täglichen Harn eines grossen hungernden Hundes nur 0.0013—0.0049 Grm. Eisen. Hamburger [1] erhielt aus dem Harn eines 8 Kilo schweren Hundes im Tage 0.0032 Grm. Eine gewisse Menge von Eisen kommt auch in den Haaren und Epidermisschuppen vor: in den Menschenhaaren nach Baudrimont 0.021 %, nach van Laer 0.154 % Eisen; fallen bei einem sich stark härenden Hunde 10 Grm. Haare im Tag aus, so gehen damit 0.002 Grm. Eisen weg. Ein Milch gebendes Thier entfernt in der Milch nicht unbedeutende Quantitäten von Eisen; eine Kuh z. B. nach Boussingault täglich 0.135—0.260 Grm.

Wesentlich mehr Eisen geht im Koth weg. Dass der Darm der Hauptort für die Exkretion des Eisens ist, geht auch aus einer von Buchheim und Aug. Meyer [2] gemachten Erfahrung hervor, wonach wenige Stunden nach Injection von Eisensalzen in die Vena jugularis nüchterner Thiere die Darmschleimhaut mit einem an Eisenoxyd reichen Sekret bedeckt ist, während der Harn nur geringe Mengen von Eisen enthält. Im trockenen Koth des Menschen finden sich gegen 0.06 % Eisen vor; es sind daher in 33 Grm. trockenem Koth, welchen der Mensch bei gewöhnlicher gemischter Kost entleert, 0.02 Grm. Eisen vorhanden. Der nach Aufnahme von reinem Fleisch gelieferte Koth des Fleischfressers hinterlässt, wie schon Bidder und Schmidt bemerkt haben, eine an Eisenoxyd sehr reiche Asche; ein Hund (von 35 Kilo Gewicht), welcher täglich 500 Grm. Fleisch und 200 Grm. Fett erhielt, schied dabei im Koth 0.048 Grm. Eisen aus. Der 8 Kilo schwere Hund Hamburger's entleerte bei Fütterung mit 300 Grm. Fleisch im Koth täglich 0.0115 Grm. Eisen; also fast 4 mal mehr wie im Harn.

---

1 E. W. Hamburger, Ztschr. f. physiol. Chem. II. S. 191. 1878.

2 A. Meyer, De ratione qua ferrum mutetur in corpore. Diss. inaug. Dorpat 1850.

Es fragt sich jetzt, um den Bedarf an Eisen kennen zu lernen, wieviel von dem im Koth enthaltenen Eisen Ausscheidungsprodukt aus dem Körper ist und wieviel nur Residuum des mit der Nahrung eingeführten Eisens. Der reine Fleischkoth enthält zwar nach meinen Ermittelungen kaum unverdaute Residuen der Nahrung mehr, sondern fast nur Ausscheidungsprodukte aus dem Körper; es ist jedoch immerhin möglich, dass das Eisen des Fleisches nicht vollständig resorbirt wird. Nun wird aber auch beim Hunger Koth abgeschieden, dessen Eisen nur Ausscheidungsprodukt aus den Säften sein kann. BIDDER und SCHMIDT (S. 82) erhielten von ihrer 2.5 Kilo schweren hungernden Katze in 0.87 Grm. trockenem Koth 0.015 Grm. Eisen; ich habe schon angegeben, dass die Menge dieses Koths ganz ungewöhnlich hoch ist. Im trockenen Hungerkoth bestimmte ich 1.05 % Eisen, wonach also ein grosser Hund (von 35 Kilo Gewicht) 0.021 Grm. Eisen beim Hunger abgeben würde. Dieses Eisen ist entweder ein Residuum der nicht ganz wieder aufgenommenen Verdauungssäfte oder es ist in den abgestossenen Epithelzellen und dem Schleim enthalten oder an der Oberfläche des Darms aus den Blutgefässen ausgeschieden worden. Dieser Eisenverlust beim Hunger stammt nicht ausschliesslich von unterdess zu Grunde gegangenen Blutkörperchen ab, letztere decken etwa nur den fünften Theil des Verlustes.

Der Hungerzustand giebt uns aber keine Vorstellung über die nothwendige Eisenzufuhr; bei Aufnahme von Nahrung könnte der Untergang der rothen Blutkörperchen wesentlich geringer sein, er könnte aber auch derselbe bleiben wie beim Hunger oder wie es wahrscheinlich ist unter dem Einflusse der Nahrungszufuhr stark anwachsen. Man erhält vielleicht hierüber aus der Eisenausscheidung bei eisenfreier Nahrung Aufschlüsse.

Dies hat namentlich DIETL[1] versucht. Er gab einem Hunde von 6 Kilo Gewicht während 27 Tagen eine möglichst eisenarme Nahrung; er erhielt dabei:

gegeben im Tag: 0.001462 Grm. Eisen
im Koth (0.05 %): 0.003325 „ „
vom Körper ab: 0.001863 Grm. Eisen

Auch J. FORSTER[2] constatirte bei seinen mit aschefreien Nahrungsmitteln gefütterten Hunden eine beständige Eisenabgabe vom

1 DIETL, Sitzgsber. d. Wiener Acad. LXXI. (3) Maiheft 1875. Siehe auch: WO-ROSICHIN, Wiener med. Jahrb. 1868. S. 159.
2 J. FORSTER, Ztschr. f. Biologie. IX. S. 376 u. 380. 1873.

Körper. Es ist jedoch möglich, dass dieselbe zu hoch ausgefallen ist; ein Hund von 25 Kilo Gewicht im Mittel gab nämlich in 38 Tagen im Koth 2.66 Grm. Eisen mehr ab, als er in den ausgelaugten Fleischrückständen erhalten hatte; ein zweiter Hund von 29 Kilo Gewicht verlor in 26 Tagen 1.38 Grm. Eisen. Dies beträgt im Tag 0.070 und 0.053 Grm. Eisen.

Man ersieht jedenfalls daraus, dass auch bei Zufuhr der organischen Nahrungsstoffe beständig eine geringe Ausscheidung von Eisen stattfindet und daher in der Nahrung Eisen enthalten sein muss.

DIETL lässt das im Darm ausgeschiedene Eisen aus der Galle abstammen, in der immer etwas Eisen enthalten ist[1]; er meint, $^1/_{10}$ der entleerten Galle genügte, jenes Eisen zu decken; BIDDER und SCHMIDT lassen die Abscheidung durch die Darmschleimhaut geschehen[2].

In den Nahrungsmitteln ist in der Regel nur wenig Eisen vorhanden[3], aber doch genügend, den Eisenbestand des Körpers zu erhalten. Nach BOUSSINGAULT sind zu diesem Zwecke in der täglichen Nahrung des Menschen 59—91 Mgrm. Eisen nöthig. Für das Pferd verlangt er täglich 1.0166—1.5612 Grm. Eisen. Mein grosser Hund nahm in 1500 Grm. Fleisch im Tag 0.081 Grm. Eisen auf und schied im Koth 0.091 Grm. ab, er reichte also mit dieser Eisenquantität nahezu aus; mit der in 500 Grm. Fleisch enthaltenen (0.027 Grm.) war dies jedoch nicht mehr der Fall, da er dabei beständig einen Ueberschuss von Eisen abgab. Der 8 Kilo schwere Hund HAMBURGER's nahm in 12 Tagen in 3600 Grm. Fleisch 180 Mgrm. Eisen auf und schied ebensoviel, nämlich 176.5 Mgrm. im Harn und Koth ab; er hatte also im Tag 15 Mgrm. Eisen in der Nahrung nöthig. Ein Säugling nimmt in 1000 Grm. Frauenmilch nach BUNGE's Analyse täglich im Mittel 0.00336 Grm. Eisen auf; diese geringe Menge genügt vollständig dem Kinde das zum Wachsthum während eines Jahres nöthige Eisen zu liefern. Es muss darnach, wie es auch bei den übrigen Aschebestandtheilen der Fall ist, dem Körper mehr

---

1 YOUNG, Journ. of anat. and physiol. V. p. 158. 1871. — TRIFANOWSKY, Arch. f. d. ges. Physiol. IX. S. 492. 1871. — KUNKEL, Arch. f. d. ges. Physiol. XIV. S. 353. 1876 (ein Hund von 4 Kilo Gewicht scheidet nach ihm in der Galle täglich 0.004 bis 0.006 Grm. Eisen ab).

2 In den trockenen Darmepithelien findet sich nach BIDDER u. SCHMIDT (die Verdauungssäfte u. der Stoffwechsel. S. 267. 1852) 0.46°/o Eisen. Im Darmsaft ist nach QUINCKE (Arch. f. Anat. u. Physiol. 1868. S. 150) kein Eisen.

3 MOLESCHOTT. Physiologie d. Nahrungsmittel. Giessen 1859. — BOUSSINGAULT a. a. O. u. SCHERPF a. a. O. S. 91.

1 BUNGE, Ztschr. f. Biologie. X. S. 316. 1874. — ANCELL, Liebig's Thierchemie u. ihre Gegner. Bearb. v. KRUG. S. 163. — SCHERPF a. a. O.

Eisen in der Nahrung geboten werden, als er beim Hunger oder bei eisenfreiem Futter einbüsst.

Man ist nicht im Stande aus der Eisenausscheidung zu entnehmen, wieviel eisenhaltige Substanz z. B. Blutkörperchenmasse zerstört worden ist, denn es kann das aus dem Zersetzten losgelöste Eisen zum Theil wieder gebunden werden und also von Neuem dienen.[1] Die Resorption des Eisens im Darm geschieht unter ähnlichen Verhältnissen wie die des Kalks. Auch die Eisensalzlösungen werden im alkalischen Blute gefällt. Das Eisen wird, wie MITCHERLICH[2] zuerst vermuthete, wahrscheinlich wie der Kalk in Verbindung mit Eiweiss, in welcher es in alkalischen Flüssigkeiten gelöst bleibt, ins Blut aufgenommen.[3] Darum kann nur eine gewisse kleine Menge von Eisen übergehen, soviel als das Eiweiss zu binden vermag; nur wenn von den Organen Eisen den Säften entzogen wird, vermag neues einzutreten.

Deshalb wird auch von den in den Darm eingeführten Eisensalzen nur sehr wenig resorbirt wie von den Kalksalzen; d. h. es gehen nur einige Milligramme in den Harn über und der ganze Rest lässt sich im Koth nachweisen; bei den Versuchen HAMBURGER's betrug der erstere Antheil nur 2 Milligramm im Tag.[4] Es könnte allerdings ansehnlich mehr von dem Eisen resorbirt werden und alsbald im Darm wieder zur Abscheidung gelangen; jedoch ist dies wenig wahrscheinlich, da man dann doch im Körper grössere Quantitäten von Eisen finden müsste, was aber nicht der Fall ist. In die Milch gehen z. B. nur Spuren von Eisen nach Aufnahme von Eisensalzen über; BISTROW[5] fand bei einer Ziege normal in der täglichen Milch 0.0101 Grm. Eisen, nach Eisengaben 0.0147 bis 0.0196 Grm., also 5—10 Mgrm. mehr.

Ueber die Kieselsäure und das Fluorcalcium ist nur Weniges zu sagen. Die Kieselsäure findet sich ziemlich verbreitet im Thierkörper, aber nur in einzelnen Gebilden ist sie zur Erhaltung der Form und zur Zusammensetzung der Theile von Bedeutung. Sie ist enthalten in den Knochen (FOURCROY und VAUQUELIN[6]), in der Schafswolle (CHEVREUL[7]), in den

---

1 Wenn aus weissen Blutkörperchen rothe werden sollen, so muss Eisen in sie eintreten; wenigstens finden sich in 100 trockenem Eiter, der grösstentheils aus weissen Blutkörperchen besteht, nur 0.039 % Eisen (MIESCHER, Med.-chem. Unters. von HOPPE-SEYLER. Heft 4. S. 441. Tübingen 1871).

2 MITSCHERLICH, Med. Zeitung v. d. Verein f. Heilk. in Preussen. Berlin 1846.

3 Siehe hierüber: DIETL u. HEIDLER, Prager Vierteljahrschr. f. prakt. Med. CXXII. S. 93. 1871. — FRIESE, Berliner klin. Woch. 1877. No. 29 u. 30. — SCHERPF Ueber Resorption u. Assimilation des Eisens. Würzburg 1878.

4 Siehe auch: JÜRING, Mikr. u. chem. Unters. Giessen 1852.

5 BISTROW, Arch. f. pathol. Anat. XLV. S. 98. 1869.

6 FOURCROY u. VAUQUELIN, Annal. d. chim. et phys. LXXII. p. 282.

7 CHEVREUL, Compt. rend. 1840. No. 16.

Menschenhaaren (VAUQUELIN[1], LAËR[2]), in den Federn (GORUP[3], HENNE-
BERG[4]), in dem Panzer niederer Thiere; ferner in dem Albumen der Vogel-
eier (POLECK[5]), der Galle, auch im Blut (MILLON[6], WEBER[7]), im Harn
(BERZELIUS[8], FLEITMANN[9]), und im Koth. Sie wird in der Nahrung zugeführt, namentlich in der löslichen Modifikation, in welcher sie sich in
manchen Vegetabilien findet, in Kieselsäure haltigen Wässern, in ver-
schlucktem Sand (im Brod von den Mühlsteinen herrührend).

Das Fluorcalcium kommt vorzüglich im Schmelz der Zähne vor und
in geringer Menge in den Knochen[10]; im Harn hat man Spuren davon
entdeckt. Es wird mit verschiedenen Nahrungsmitteln in den Körper
aufgenommen.

II. Organische Nahrungsstoffe.

1. Stickstoffhaltige Nahrungsstoffe.

A) Die eiweissartigen Stoffe.

Zu dieser Gruppe der stickstoffhaltigen Nahrungsstoffe gehören
die mannigfaltigen Modifikationen der eiweissartigen Stoffe: das Albumin, Kasein, Syntonin, Fibrin, Kleber, Legumin etc. Dieselben besitzen wohl alle eine ähnliche Constitution, jedoch zeigen sie gewisse
Verschiedenheiten und sind es namentlich die Eiweisskörper aus dem
Pflanzenreiche, welche in ihrer Zusammensetzung z. B. in ihrem
Stickstoffgehalte sehr variiren (S. 23 u. 61).

Die Zellen und Gewebe des Thierkörpers, das Protoplasma der
niedersten Organismen, also die Gebilde, an welchen wir die Lebenserscheinungen ablaufen sehen, sowie auch die Säfte bestehen, wenn
man von ihrem Wassergehalte absieht, zum grössten Theile aus
eiweissartigen Substanzen und nächsten Abkömmlingen derselben.
In dem Organisirten sind sie zumeist ungelöst z. B. als Syntonin
im Muskel, in dem das Gewebe durchtränkenden Plasma und der
Ernährungsflüssigkeit jedoch im gelösten Zustande.

In einem ausgewachsenen menschlichen Körper von 68.65 Kilo
Reingewicht berechne ich annähernd nach den Trockenbestimmungen

1 VAUQUELIN, Ann. d. chim. et d. phys. LVIII. p. 41.
2 LAËR, Ann. d. Chem. u. Pharm. XLIV. S. 172.
3 GORUP, Ebenda. LXVI. S. 321.
4 HENNEBERG, Ebenda. LXI. S. 255.
5 POLECK, Ann. d. Physik. LXXVI. S. 360.
6 MILLON, Journ. d. phys. et chim. (3) XIII. p. 86.
7 WEBER, Ann. d. Physik. LXXVI. S. 357.
8 BERZELIUS, Lehrb. d. Chemie. IX. S. 433.
9 FLEITMANN, Ann. d. Physik. LXXVI. S. 358.
10 BERZELIUS, Gehlen's Journal. III. S. 1. — MARCHAND, Journ. f. prakt. Chemie.
XXVII. S. 83. — HEINTZ, Berichte d. Berliner Acad. 1849. S. 51. — MIDDLETON, Phil.
Mag. XXV. p. 14. — BIBRA, Chem. Unters. üb. Knochen u. Zähne. 1844.

von E. Bischoff[1] die folgenden Mengen von Eiweiss und leimgebendem Gewebe:

	bei 100° trocken	Eiweiss	leimgebendes Gewebe
Skelett	8637.6	—	2202.6
Muskeln	7074.9	4837.5	573.2
Zunge, Schlundkopf, Gaumensegel, Speiseröhre	42.7	32.1	3.8
Darmkanal	395.7	297.3	35.2
Speicheldrüsen	23.3		
Leber	500.6		
Pankreas	15.6		
Milz	31.8	347.1	98.9
Schilddrüse	11.2		
Niere, Nebenniere	52.9		
Harnblase, Harnleiter, Penis, Prostata, Hoden, Samenblasen . .	63.2		
Kehlkopf, Luftröhre	15.3	—	15.3
Lungen	99.9	—	99.9
Herz	69.1	51.9	6.2
Gefässe	94.5	—	94.5
Hirn, Rückenmark, Nerven . . .	465.0	186.5	—
Auge	0.2	—	0.2
Thränendrüse	0.2	0.2	—
Ohr- und Nasenknorpel	12.4	—	12.4
Fett	8809.4	—	—
Haut	1356.5	48.8	1037.7
Blut	581.1	559.1	—
	28353.1	6360.5 = 22.4%	4179.9 = 14.8 %

Es sind in den frischen Geweben und Flüssigkeiten des Thierkörpers im Mittel folgende prozentige Mengen von Eiweiss enthalten:

%

Lymphe 2.46
Milch 3.94
Chylus 4.09
Gehirn 8.63
Leber 11.74
Hühnerei . . . 13.43
Muskeln 16.18
Blut 19.56

Da im lebenden thierischen Organismus beständig und unter allen Umständen, auch beim Hunger und bei reichlichster Zufuhr stickstofffreier Stoffe, Eiweiss zersetzt wird, so muss demselben in der Nahrung Eiweiss zugeführt werden. In jeder Nahrung des Men-

---

1 E. Bischoff, Ztschr. f. rat. Med. (3) XX. S. 115.

schen und der Thiere finden sich daher eiweissartige Stoffe vor,
und zwar in den animalischen und vegetabilischen Nahrungsmitteln
(S. 338). So ist in den Pflanzen enthalten lösliches, in der Siedehitze gerinnendes natives Eiweiss; ferner ein freiwillig gerinnender
Eiweisskörper; dann das Pflanzenkasein (das Legumin in den Leguminosen, das Conglutin in den Lupinen und Mandeln, das Glutenkasein des Weizenklebers); endlich die Kleberproteinstoffe (Glutenfibrin im Weizen, in der Gerste und im Mais, das Gliadin und das
Mucedin im Weizenkleber). In animalischen Nahrungsmitteln wird
im Muskelfleisch vorzüglich Syntonin, in dem Ei Albumin, in der
Milch Kasein aufgenommen.

Die verschiedenen Eiweissstoffe haben wahrscheinlich annähernd den
gleichen Werth für die Ernährung, d. h. für die Verhütung der Eiweissabgabe und den Eiweissansatz. Jedoch hat man hierüber noch keine genügenden Erfahrungen; es sind erst von WILDT[1] Anfänge gemacht worden,
die Nährwirkung des Fleisch- und Blutmehls mit der von vegetabilischen
Eiweisskörpern zu vergleichen.

Die Ausnutzung der eiweissartigen Stoffe im Darm scheint allerdings
ungleich zu sein, wie PANUM und HEIBERG am Hunde gezeigt haben. Die
Eiweissstoffe des Fleisches und des Blutes wurden von dem Hunde fast
ganz verdaut, gleichgültig ob sie in frischer Substanz oder getrocknet
zur Verwendung kamen; Weizenkleber und Hühnereiweiss wurden frisch
etwas weniger gut verwerthet als die beiden ersteren, besonders schlecht
jedoch im getrockneten Zustande.

Die Eiweissstoffe aus dem Thierreich sind ärmer an Stickstoff und
zum Theil reicher an Kohlenstoff als die des Pflanzenreichs; nach der
Meinung von H. RITTHAUSEN[2] besitzen die Eiweissstoffe einen um so höheren Nähreffekt, je ärmer an Stickstoff und je reicher an Kohlenstoff sie
sind; danach wären die animalischen Eiweisssubstanzen in Beziehung der
Ernährung den vegetabilischen überlegen.

Die Bedeutung des Eiweisses in der Nahrung ist durch die im
dritten Kapitel berichteten Stoffwechselversuche vollkommen festgestellt. Man giebt das Eiweiss vor Allem, um den Eiweissverlust
vom Körper zu verhüten; man ist aber auch im Stande durch
grössere Quantitäten von Eiweiss, wenigstens beim Fleischfresser unter gewissen Umständen, die Fettabgabe vom Körper aufzuheben,
jedoch nicht die von Wasser und von Aschebestandtheilen. Das Eiweiss ist darum nur ein Nahrungsstoff und nicht eine Nahrung.

Das Eiweiss der Nahrung tritt dabei, wie schon hervorgehoben
worden ist (S. 331), nur zum geringen Theile als Ersatz des im Kör-

---

1 WILDT, Jahrb. f. Landw. VI. S. 177. 1877.
2 RITTHAUSEN, Die Eiweisskörper d. Getreidearten, Hülsenfrüchte u. Oelsamen.
S. 234. Bonn 1872.

per zerstörten organisirten Eiweisses ein, sondern es ändern sich mit seiner Aufnahme alsbald die Bedingungen des Zerfalls, indem dadurch die Zellen mehr Material zur Zersetzung erhalten. Es muss stets so viel Eiweiss aufgenommen werden, bis keines mehr vom Körper abgegeben wird.

Um diesen Punkt zu erreichen, bedarf es nach den früheren Darlegungen der verschiedensten Mengen von Eiweiss. Je grösser die Zellenmasse im Körper ist oder je grösser der Organismus ist, desto mehr ist im Allgemeinen an Eiweiss für ihn nöthig, jedoch verbraucht ein grösseres Thier aus den schon angegebenen Ursachen verhältnissmässig weniger Eiweiss als ein kleineres. Bei reichlicher Ablagerung von Fett am Körper oder bei Zugabe von Eiweissschützern z. B. von stickstofffreien Substanzen gehört weniger Eiweiss zur Erhaltung des Eiweissbestandes.

Giebt man zu wenig Eiweiss, so geht Eiweiss vom Körper zu Verlust und es tritt entweder nach und nach ein miserabler Stand an Eiweiss in demselben ein oder es geht das Thier, wenn auch im letzteren Falle eine Erhaltung der geringen Eiweissmenge nicht möglich ist, zu Grunde. Reicht man mehr Eiweiss als nöthig ist den Körper vor einer Einbusse an Eiweiss zu bewahren, so wird der Ueberschuss zersetzt oder es gelangt Eiweiss zum Ansatz, in Folge dessen der Körper zwar leistungskräftiger wird, aber, wenn nicht zugleich eine Fettanhäufung erfolgt, dauernd mehr Eiweiss braucht, um das vorher Angesetzte nicht wieder verschwinden zu lassen.

Aus diesen Resultaten werden auch die früher bei Fütterung mit reinen eiweissartigen Substanzen beobachteten Erscheinungen verständlich. Die theilweise (S. 336) schon erwähnten berühmten Versuche von MAGENDIE und von TIEDEMANN und GMELIN haben ergeben, dass Thiere bei Zufuhr von reinen Eiweissstoffen z. B. von Blutfaserstoff oder Eiereiweiss zu Grunde gehen. Es fehlen dabei die Aschebestandtheile und es nimmt der Körper, auch wenn wirklich dafür gesorgt wird, dass die Thiere genügend Eiweiss verzehren, allmählich an Fett ab, wodurch die Menge des zur Erhaltung nöthigen Eiweisses immer grösser wird. Häufig sind jedoch die Thiere zu Grunde gegangen, weil sie nicht genügend von der Eiweisssubstanz frassen und deshalb stetig an Eiweiss verloren. Wenn einige Hunde MAGENDIE's wirklich während 75 Tagen je 500—1000 Grm. feuchten Blutfaserstoff (mit wieviel fester Substanz?) aufnahmen und doch unter grosser Abmagerung verendeten, so ist die Abnahme an Fett und der Mangel an Aschebestandtheilen die Ursache. MAGENDIE blieb es aber räthselhaft, warum Blutfaserstoff, Muskelfibrin, Albumin u. s. w. nicht nähren, wohl aber das den nämlichen Eiweisskörper enthaltende rohe Fleisch und er fragt sich, ob die riechenden und schmeckenden Stoffe des Fleisches oder die Salze oder die Spur Eisen, die Fette oder die Milchsäure es seien, welche das Fleisch nährend machen; ob die Quantität des Ei-

weisses zureichend war, daran denkt er nicht. Kemmerich[1] hat durch
seine Versuche erwiesen, dass Hunde nahezu ein Vierteljahr leben können,
wenn man sie ausschliesslich mit reiner eiweissartiger Substanz mit den
nöthigen Aschebestandtheilen ohne die Extraktivstoffe des Fleisches füttert.

Das in den Organen und Säften befindliche Eiweiss hat sich
aus eiweissartigen Stoffen der Nahrung abgelagert und ist nicht aus
anderen Substanzen entstanden. Wenn also beim Wachsthum die
Masse der eiweisshaltigen Gebilde, vorzüglich durch Vergrösserung
ihrer Elementartheile, zunimmt, so kann dies nur aus zugeführtem
Eiweiss geschehen. Ohne Eiweiss in der Nahrung vermag der Organismus, wenigstens der höheren Thiere auf die Dauer nicht zu bestehen: es geht in ihm stets Eiweiss zu Grunde, zum Theil gelöstes
cirkulirendes, zum Theil in abgestossenen organisirten Theilen enthal-
tenes. Es giebt allerdings nach den früheren Auseinandersetzungen
Stoffe, welche die Zersetzung des Eiweisses im Körper herabsetzen
wie die Fette und Kohlehydrate, besonders aber das leimgebende
Gewebe, sowie der daraus darstellbare Leim und wahrscheinlich
auch die Peptone. Mit der letzteren Gruppe von Eiweissschützern
in Verbindung mit stickstofffreien Substanzen zugleich mit Wasser
und den nöthigen Aschebestandtheilen erhält sich daher der Körper
nahezu auf seinem Eiweissbestande; aber nur nahezu, denn immer
wird dabei noch etwas Stickstoff vom Körper abgegeben, also noch
etwas Eiweiss in ihm zerstört. Wir schliessen daraus, dass die genannten Stoffe nur statt des sonst im Säftestrom zersetzten Eiweisses
eintreten, nicht jedoch das zu Verlust gegangene Organisirte, die Blutkörperchen, die Epithelien, die Epidermoidalgebilde etc. zu erzeugen
im Stande sind, welche nur aus Eiweiss entstehen können..

Selbst das im Körper befindliche leimgebende Gewebe, welches
in sehr bedeutender Menge im Ossein der Knochen, in den Knorpeln, Sehnen, im Bindegewebe etc. abgelagert ist, geht ebenfalls aus
eiweissartiger Substanz hervor und bildet sich nicht aus dem verzehrten leimgebenden Gewebe oder dem Leim aus, welche nach
meinen Versuchen stets vollständig umgesetzt werden. Wenn also
aus Leim (oder Peptonen) mit stickstofffreien Stoffen auf die Dauer
eine Ernährung unmöglich ist und sich aus diesen hoch zusammengesetzten Stoffen kein Eiweiss bildet, so geschieht dies noch viel
weniger durch eine Synthese aus einfacheren stickstoffhaltigen Verbindungen mit stickstofffreien (S. 328 u. 330). Die Versuche, welche
als dafür beweisend angegeben wurden, sind es nicht, da die Thiere

1 Kemmerich. Arch. f. d. ges. Physiol. II. S. 71. 1869.

lange Zeit ohne Eiweisszufuhr am Leben bleiben können, wenn der Eiweisszerfall in ihnen unter dem Schutze anderer Stoffe ein geringer ist und täglich nur wenig organisirtes Eiweiss eingerissen wird; sie verlieren bei Zugabe stickstofffreier Stoffe nicht an Gewicht, ja sie können sogar durch Ansatz von Wasser und Fett daran zunehmen. Hierüber vermögen nur viele Monate lang währende Fütterungsversuche oder die Controle der Stickstoffabgabe im Vergleich mit der Stickstoffaufnahme zu entscheiden.

Nach ESCHER [1] soll bei Fütterung mit reinem Leim die dem letztoteren entsprechende Stickstoffmenge im Harn sich finden und das Körpergewicht abnehmen, bei Zusatz von Tyrosin dagegen die Harnstoffmenge unter Erhöhung des Körpergewichts geringer werden. Er schliesst daraus, dass Tyrosin mit Leim das Eiweiss der Nahrung ersetze oder mit ihm zu Eiweiss zusammentrete. Dieser Schluss lässt sich aber aus den vorliegenden Angaben nicht ziehen.

RUDZKI [2] meinte ferner, die Harnsäure wäre ein Nahrungsstoff. Er gab Kaninchen eine Mischung von Stärkemehl und Fett; dazu erhielten sie entweder die nöthigen Aschebestandtheile, oder Fleischextrakt oder Harnsäure. Da von den fünf Thieren dabei drei an Gewicht während 6—7 Wochen zunahmen, so glaubte er, dass sie keinen Verlust au Eiweiss erlitten haben können, sondern dasselbe aus den dem Futter zugesetzten stickstoffhaltigen Zersetzungsprodukten, der Harnsäure und dem Fleischextrakt ersetzt haben müssen. Man ist jedoch nicht im Stande aus dem Körpergewicht etwas über das Verhalten des Eiweisses zu entnehmen; die Zunahme des Körpergewichts kann durch einen Ansatz von Wasser oder Fett bedingt sein. Das Fleischextrakt liefert sicherlich keine Stoffe zur Synthese von Eiweiss; KEMMERICH [3] hat einen mit Fleischextrakt gefütterten Hund, der noch genug Fett in seinem Körper besass, wegen der dadurch veranlassten Vermehrung des Eiweissumsatzes eher zu Grunde gehen sehen als einen vollständig hungernden; vor Allem aber geht dies aus den Versuchen von E. BISCHOFF [4] hervor: gab er zu Brod, bei welchem ein Hund beständig etwas Eiweiss von seinem Körper einbüsste, Fleischextrakt hinzu, so wurde der Eiweissverlust nicht geringer, sondern etwas grösser. OERTMANN [5] that endlich durch direkte Versuche die Fehlerhaftigkeit der Angabe RUDZKI's dar; nach Aufnahme von Reisstärke, Fett und Fleischasche mit und ohne Zusatz von Harnsäure gingen die Thiere alle zu Grunde und das Leben wurde durch die Harnsäure nicht verlängert.

Wenn ein solcher Aufbau von Eiweiss möglich wäre, so müsste aus stickstoffhaltigen Zersetzungsprodukten bei Gegenwart von Fett oder Zucker stets Eiweiss synthetisch entstehen, namentlich müssten Thiere, welche viel Harnsäure ausscheiden, von Fett oder Zucker längere Zeit leben

---

1 ESCHER, Vierteljahrschr. d. naturf. Ges. in Zürich. 1876. S. 36.
2 RUDZKI, Petersburger med. Woch. 1876. No. 29.
3 KEMMERICH, Arch. f. d. ges. Physiol. II. S. 86. 1869.
4 F. BISCHOFF, Ztschr. f. Biologie. V. S. 454. 1869.
5 OERTMANN, Arch. f. d. ges. Physiol. XV. S. 369. 1877.

können, was doch nicht der Fall ist (siehe über die Regeneration von Eiweiss. S. 296). Man hat früher, ausgehend von der schon (S. 339 u.
340) erwähnten irrigen Vorstellung LIEBIG's, nach der das Eiweiss allein
im Stoffwechsel zu Grunde gehen d. h. nur als organisirtes Eiweiss
durch die Thätigkeit der Organe zersetzt werden soll, dasselbe
als den einzigen Nahrungsstoff betrachtet und deshalb den Werth
einer Nahrung vorzüglich nach deren Eiweissgehalt geschätzt. Das
Eiweiss ist aber nicht der einzige Nahrungsstoff, es ist auch im Allgemeinen nicht vor die anderen zu stellen, da jeder für den Organismus nöthige Nahrungsstoff gleich vorzüglich und wichtig ist und
zur Erhaltung des Lebens zugeführt werden muss; nehmen wir z. B.
die Aschebestandtheile aus der Nahrung weg, so geht der Körper
schliesslich zu Grunde und zwar nicht wesentlich später als ohne
jede Nahrung. Aber das Eiweiss hat einen Vorrang vor den anderen
Nahrungsstoffen dadurch voraus, dass es als leicht zersetzlicher Stoff
vor Allem den Gang der Zersetzungen im Körper bestimmt, dass es
zur Erhaltung des Körperbestandes für alle organischen Nahrungsstoffe eintreten kann und vorzüglich die Erscheinungen des Lebens
ermöglicht.

Von den Elementen des zersetzten Eiweisses werden beim Fleischfresser, wo die Verhältnisse am einfachsten liegen, der Stickstoff
zu 98.6 % im Harn und 1.4 % im Koth ausgeschieden, der Kohlenstoff zu 16.9 % im Harn, 2.7 % im Koth und 80.4 % in der Respiration.[1]

B) Das Pepton.

An die eiweissartigen Stoffe schliessen sich die Peptone (Pepsin-
und Pankreaspeptone) an. Dieselben können aus dem nativen Eiweiss
unter Wasseraufnahme im Magen oder Darmkanal erst entstehen oder
schon als solche eingeführt werden.

Aus dem S. 119 Angegebenen ist noch nicht sicher durch Stoffwechselversuche entschieden, ob das Pepton im Thierkörper vollkommen die Rolle des Eiweisses übernimmt und in Eiweiss verwandelt wird. Das Pepton scheint vielmehr nach Allem ungleich
leichter zersetzlich zu sein als das Eiweiss und stets vollständig zerstört zu werden. Durch diese Eigenschaft wird es zum vorzüglichsten Eiweissschützer, den wir kennen; es vermag durch seine Zerstörung fast ganz oder ganz den Verbrauch von gelöstem Eiweiss

---

1 PETTENKOFER u. VOIT, Sitzgsber. d. bayr. Acad. Math.-phys. Cl. 1563. 16. Mai.
S. 547.

in den Zellen und Geweben aufzuheben, so dass bei einer genügenden Peptongabe nur so viel Eiweiss als solches noch zugeführt werden muss, um die zu Verlust gegangenen organisirten Theile, vorzüglich die Blutkörperchen, die Epithel- und Epidermiszellen wieder aufzubauen.[1] Nach dieser Auffassung hätte das Pepton nahezu die gleiche Bedeutung wie das in der Ernährungsflüssigkeit zugeführte Eiweiss, nur wäre es nicht im Stande in Eiweiss überzugehen und einen Ansatz von Eiweiss zu bewirken[2]; täglich würde dabei eine kleine Menge von Eiweiss verloren gehen und schliesslich, allerdings vielleicht erst nach langer Zeit, der Tod durch Eiweissmangel eintreten, da der Wiederersatz der zerstörten oder abgestossenen zelligen Gebilde auf Kosten des Eiweisses der übrigen Organe geschähe. Nach der eiweissschützenden Wirkung des Leims berechnet, könnten 7 Monate und noch mehr vergehen, bis das Eiweiss im Körper so weit aufgezehrt ist, dass der Tod eintritt.

Die ersten Fütterungsversuche mit Pepton hat Plósz[3] angestellt. Er suchte einen 10 Wochen alten Hund von 1.8 Kilo Gewicht mit einem Futter aufzuziehen, das statt des Eiweisses Pepton enthielt; das Thier nahm dabei in 18 Tagen um 501 Grm. an Gewicht zu, woraus Plósz schliesst, dass das Pepton das Eiweiss zu vertreten im Stande ist. Diese Gewichtszunahme ist aber nach meinen Erfahrungen nicht dafür beweisend, das Thier hätte bei ausschliesslicher Fütterung mit stickstofffreien Stoffen um ebensoviel an Wasser und Fett gewinnen können.

Zu gleicher Zeit hat Maly[4] einen Ernährungsversuch mit Pepton an Tauben ausgeführt, die er mit verschiedenen Mengen von Weizen unter Zusatz einer aus Pepton, Stärkemehl etc. zusammengesetzten und zu Pillen geformten Masse fütterte. Das Gewicht der Tauben hatte nun in 12 Tagen um 3.0 Grm., in 15 Tagen um 11.5 Grm. zugenommen. Aber auch dieser Versuch bringt aus dem gleichen Grunde wie der vorige keinen Entscheid.

Es liegen mir vergleichende Versuche mit Ratten in dieser Richtung vor. Die gefrässigen Thiere erhalten sich mit ausgelaugtem Fleischmehl, Fleischextrakt und Fett dauernd; bei Aufnahme eines Gemisches von Pepton, Fett und Fleischextrakt gehen sie, obwohl

---

1 Wenn dies richtig ist, so müsste ein gewisser Theil des Eiweisses aus dem Darm als solches und nicht peptonisirt in die Säfte übergehen. Dies ist auch durch die Versuche von Brücke, sowie durch die von Bauer und mir dargethan worden.

2 Für niedere Organismen, welche auch aus Ammoniaksalzen ihr Eiweiss aufbauen können, wie z. B. die Spaltpilze, ist das Pepton das vorzüglichste Eiweiss ansetzende Mittel.

3 Plósz, Arch. f. d. ges. Physiol. IX. S. 323. 1874.

4 Maly, Ebenda. IX. S. 605. 1874.

sie dasselbe bis zum letzten Tage fressen und verdauen, nach 7 Monaten zu Grunde, aber nicht wenn man dem Gemische etwas Eiweiss beifügt. Daraus scheint hervorzugehen, dass das Pepton als Nahrungsstoff nicht die volle Bedeutung des Eiweisses besitzt d. h. im Körper nicht in Eiweiss übergeht. Ist dies so, dann können wir den Nutzen der Peptonpräparate für Kranke richtig beurtheilen.[1] Man wird durch sie jedenfalls eine Ersparung an Eiweiss erzielen, ja bei der gehörigen Gabe derselben den Eiweissverlust vom Körper fast ganz verhüten können. Im höchsten Falle wirkt das in dem trockenen Präparate enthaltene Pepton wie die gleiche Menge Eiweiss. Darum muss man immer bedenken, wieviel man Pepton zur Erhaltung des Körpers nöthig hat. Ein Kranker braucht dazu sicherlich im Tag gegen 80 Grm. trockenes Pepton zugleich mit viel stickstofffreien Stoffen; so viel hat man aber, wie ich glaube, noch keinem Kranken beigebracht. Allerdings ist etwas Weniges besser wie nichts; es fragt sich jedoch, ob die gleiche Wirkung nicht ebensogut durch eine andere Substanz als durch das meist unangenehm schmeckende Pepton zu erreichen ist.

C) Die leimgebenden Gewebe und der Leim.[2]

Ueber die Rolle des leimgebenden Gewebes und des Leimes bei der Ernährung ist viel gestritten worden. Im Laufe der Zeit sah man den Leim als eine vollkommene Nahrung an, dann wurde er wieder als ganz nutzlos, ja als schädlich verdammt.

In der animalischen Kost wird von den fleischfressenden Thieren viel leimgebendes Gewebe (Knochen, Knorpel, Sehnen, Bindegewebe) verzehrt, vom Menschen in den durch die Kochkunst zubereiteten Speisen eine nicht unbeträchtliche Menge von Leim.

Im frischen Muskel finden sich etwa 2 % leimgebendes Gewebe, welches beim Kochen oder im Darmkanal in Leim übergeht. Die trockenen Knochen enthalten mindestens 25 % leimgebendes Ossein, von dem im Darmkanal der Hunde ein ansehnlicher Theil verwerthet werden kann; nach Etzinger wurden in einem Falle aus den verzehrten Knochen 53 % des Osseins resorbirt. Knorpel, Bindegewebe und Nackenband werden nach den quantitativen Versuchen von Etzinger in grosser Menge vom Fleischfresser verdaut und treten

---

1 Siehe hierüber: Rubner, Ztschr. f. Biologie. XV. S. 485. 1879.
2 A. Guérard, Mémoire sur la gelatine. Paris 1871; Ann. d'Hygiène publiq. (2) XXXVI. p. 5. 1871. — Voit, Ztschr. f. Biologie. VIII. S. 297. 1872. — Joh. Etzinger, Ebenda. X. S. 81. 1874. — Voit, Ebenda. X. S. 202. 1874.

im Koth nicht mehr auf[1]; ebenso verschwindet der Leim in beträchtlicher Menge aus dem Darmkanal.

Es ist bekannt, dass DIONYS PAPIN[2] um das Jahr 1682 mit seinem nach ihm benannten Digestor namentlich aus Knochen Leim ausgezogen und mit der daraus bereiteten Suppe Arme gespeist hatte. Man hielt damals, als man die chemische Zusammensetzung der Nahrungsstoffe noch nicht kannte, das Auflösliche für das Nahrhafte, und so meinte man im Leim geradezu das Nährende ausgezogen zu haben.

Als man sich zur Zeit der ersten französischen Revolution eifrig damit beschäftigte die Nahrung der Soldaten und des Volkes zu verbessern, wurde man wieder auf den Leim aufmerksam, und es waren namentlich PROUST, D'ARCET, PELLETIER, CADET DE VAUX, welche verbesserte Methoden zur Gewinnung des Leims aus Knochen angaben. Man beurtheilte damals neben der Löslichkeit auch aus dem Stickstoffgehalt einer Substanz deren Nährwerth und hielt den Leim für die einzige nährende Substanz des Fleisches und der Knochen; man meinte, der wohlfeile Leim ersetze deshalb das Fleisch und andere thierische Substanzen. Die Knochen enthalten nach dieser Anschauung viel mehr von dem nahrhaften Stoffe als das Fleisch, weshalb man auf die leimhaltige Fleisch- und Knochenbouillon so grossen Werth legte.

Eine von dem Institut von Frankreich niedergesetzte Kommission (GUYTON-MORVEAU und DEYEUX), die erste Gelatinekommission[3], hatte ein von CADET DE VAUX vorgelegtes Memoire über die Herstellung einer Nahrung aus Knochen zu prüfen; sie erkannte in ihrem Berichte zwar an, dass der Leim „nährende Eigenschaften" besitze, ja dass er in gewissen Fällen das Fleisch ersetzen könne, aber sie hielt es doch nicht für erwiesen, dass der Nährwerth eines Nahrungsmittels nur durch die darin enthaltene Leimmenge gemessen werden könne.

Der Verbrauch des Leims verbreitete sich aber nicht; man schob indess den Misserfolg auf die Geschmack- und Geruchlosigkeit der nahrhaften Knochengallerte und suchte ihren Geschmack durch eine Würze zu verbessern (die beiden D'ARCET). Die medizinische Akademie zu Paris war damals (1814) von der Société philantropique gefragt worden, ob und in welchem Grade der Leim nahrhaft sei und ob sein Gebrauch als Nahrungsmittel gesund sei. Die Akademie[4] hielt für völlig entschieden,

---

1 Nachdem BOERHAVE (Physiologie, übers. von EBERHARD. S. 188. 1754) und HALLER sich gegen die Verdauung der Knochen, Sehnen u. s. w. ausgesprochen, gab RÉAUMUR (Mémoires de l'acad. Royale 1752) und SPALLANZANI (Versuche üb. d. Verdauungsgeschäft, übers. v. MICHAELIS. 1785) die Auflösung von Knochen, Sehnen, Leder und Fellen durch Raubvögel und Schlangen, ja auch durch den Magen des Hundes und des Menschen an. Diese Lösung bestätigten die qualitativen Untersuchungen von TIEDEMANN und GMELIN (Die Verdauung nach Versuchen. I. S. 197. 210. 303), von BLONDLOT (Traité analytique de la digestion. p. 317. 407. 1843) und von FRERICHS (Wagner's Handwörterb. d. Physiol. III. (1) S. 811).

2 PAPIN, La manière d'amollir les os et de cuire toutes sortes de viandes. Paris 1682.

3 GUYTON-MORVEAU u. DEYEUX, Bericht vom 24. Messidor an X. 1802.

4 Bericht von LEROUX, DUBOIS, PELLETAN, DUMÉRIL u. VAUQUELIN, Ann. d. chim. XCII. p. 300. 1814.

dass der Leim nahrhaft sei: er mache die Fleischbrühe nährend und er
sei die am meisten nährende thierische Materie.

Von da an verbreitete sich der Gebrauch des Leims in den öffentlichen Anstalten von Paris, namentlich in vielen Spitälern.[1] Aber in
mehreren scheiterte der Fortgebrauch der Leimsolution bald an dem Widerwillen der Consumirenden, was namentlich in einem von den Aerzten und
Pharmazeuten des Hôtel Dieu erstatteten Rapport hervorgehoben wurde.
In einigen Anstalten wurde jedoch lange Zeit hindurch die Knochenleim-
suppe gegeben und erst die im Grossen gemachten ungünstigen Erfahrungen bestimmten die Leitungen mit der Darreichung derselben aufzu-
hören; im Hospital Saint-Louis wurde die Suppe erst abgeschafft, nachdem
in demselben von 1829—1838 nicht weniger als 2.75 Millionen Portionen
verabreicht worden waren.

Die ersten wissenschaftlichen Versuche über die Bedeutung des Leims
wurden von Donné (1831) an sich und an Hunden ausgeführt, welche
das Resultat ergaben, dass der Leim nur wenig oder gar nicht nahrhaft
sein könne. Seine Versuche sind aber nicht beweisend; man wusste damals noch nicht, wie man Fragen der Art entscheiden müsse. Er verzehrte nämlich während 7 Tagen je 20—50 Grm. trockenen Leim mit
85—100 Grm. Brod, wobei er unter Schwäche und Hungergefühl an Gewicht abnahm; er hätte aber zu der kleinen Portion Brod 20—50 Grm.
trockner Substanz nehmen dürfen, welche er gewollt hätte, und es wäre
das gleiche Resultat herausgekommen. Die Hunde frassen den ihnen mit
Brod vorgesetzten Leim bald nicht mehr und wären zu Grunde gegangen,
woraus aber nur hervorgeht, dass denselben der Leim nicht schmeckte.
Nach der Beobachtung des Leimfabrikanten Gannal verschonten die
Ratten den in seiner Fabrik vorräthigen Leim, während sie die Abfälle
von der Leimbereitung gierig frassen. Dies veranlasste ihn in seiner
Familie Versuche zu machen. Es stellte sich alsbald die Unmöglichkeit
heraus, sich ausschliesslich mit Leim zu ernähren. Aber auch bei Leim-
zusatz zu einer sonst hinreichenden Menge von Brod schien die Ernährung nicht anders zu sein, als bei derselben Quantität von Brod ohne
den Leim; die Versuche mussten nach einigen Wochen wegen des unüberwindlichen Ekels vor dem Leim eingestellt werden. Man ist aber,
wie wir jetzt einsehen, nicht im Stande auf diese Weise festzustellen, ob
der Leim ein Nahrungsstoff ist; ich halte es ferner für unmöglich, längere Zeit von Brod allein zu leben und sich zu erhalten.

Auch die eingehenden Versuche von William Edwards und Balzac[2]
an Hunden konnten keinen Entscheid bringen. Mit Weissbrod allein nahmen die Thiere allmählich an Gewicht ab, weniger dagegen bei Zusatz
einer Leimlösung zum Brod; bei Zusatz von Fleischbrühe zum Brod oder
zum Brod mit Leim ernährten sie sich vollständig. Darum meinten Edwards und Balzac, der Leim trage wohl zur Nährfähigkeit eines Gemisches bei, jedoch wäre er mit Brod zur Ernährung ungenügend; der

1 A. de Puymaurin, Mémoire sur l'application du procédé d. M. Darcet à la
nourriture des ouvriers de la monnaie des medailles. Paris 1820.
2 Edwards et Balzac. Ann. des sciences natur. XXVI. p. 318. 1832; Journ. des
connaissances usuelles. XVII. p. 17. 1833. — Edwards. Recherches statistiques
sur l'emploi de la gelatine comme substance alimentaire.

Leim ist ihnen nur ein Nahrungsmittel, das mit anderen Stoffen gegeben werden müsse, um eine Nahrung darzustellen. EDWARDS und BALZAC, deren Versuche mit ungleich mehr Einsicht angestellt worden sind als die der späteren Gelatinekommission, kamen der Wahrheit über den Nährwerth des Leimes viel näher als MAGENDIE mit seinen gleich zu erwähnenden Versuchen. Hätten sie die Quantität der von den Hunden aufgenommenen Substanzen bestimmt, so hätten sie erfahren, dass die Fleischbrühe nur als Genussmittel wirkt, welches die Hunde veranlasste von dem Brode mehr aufzunehmen als ohne die Brühe, und sie hätten sich dann nicht mehr gewundert, wie ein so geringfügiger Zusatz von einigen Grammen trockner Substanz in einem Löffel Fleischbrühe einen so grossen Erfolg haben kann.

Bei diesem Stande des Wissens, als Niemand mehr den Leim für sich allein für eine Nahrung hielt, trat die zweite Gelatinekommission der Pariser Akademie zusammen, welche nach Anstellung einer grossen Anzahl von Ernährungsversuchen an Hunden nach zehnjähriger Thätigkeit ihren berühmten Bericht durch MAGENDIE [1] (1841) erstattete.

Nach dem Berichte sollen sich die Thiere mit Leim allein nicht ernähren. Dies ist jedoch nicht durch die Kommission nachgewiesen worden, denn die Thiere berührten den Leim entweder nicht oder sie kosteten nur etwas davon und nahmen ihn nur während einiger Tage auf. Die Hunde verweigerten auch nach einigen Tagen gekochtes Eiweiss oder hartes Eigelb oder Fett zu fressen, sie liessen Stärkemehl unberührt, auch einen Brei aus Stärkemehl mit Butter, ebenso Zucker, ja selbst Brod, und doch zweifelt kein Mensch daran, dass alle diese Stoffe die trefflichsten Nahrungsstoffe sind. Der Hauptfehler der Kommission, der sie vielfach in die Irre leitete, war der, dass sie meinte, eine vom Thier aus Geschmacksrücksichten verweigerte Substanz könne kein Nahrungsstoff sein, und dass sie die Menge der von den Thieren verzehrten Stoffe nicht bestimmten. Selbst wenn man die Substanz zwangsweise beibringt, lässt sich durch eine solche Versuchsanordnung nur entscheiden, ob sie eine Nahrung ist, aber nicht ob sie die Bedeutung eines Nahrungsstoffes hat.

Die Kommission nahm aber auch bei Zusatz von Brod und Fleisch zu dem Leim eine unvollständige Ernährung wahr; die Thiere gingen nämlich schliesslich dabei am 80. bis 90. Tage unter den Erscheinungen des Hungers zu Grunde. Sie meinte daher, der Leim, mit anderen Nahrungsmitteln gemischt, verbessere dieselben nicht, sondern mache sie im Gegentheil ungenügend. Dies geht jedoch ebenfalls nicht aus ihren Versuchen hervor, welche nur darthun, dass die dargereichte grosse Menge von Leim nicht ertragen wird und die Verdauung stört. Der Leim, in mässigen Gaben verabreicht, kann nichtsdestoweniger einen Nutzen als Nahrungsstoff haben; man müsste die Ernährungsversuche ganz anders einrichten, um die Meinung der Kommission zu beweisen, aus deren Versuchen man ebenso gut die Nutzlosigkeit von Eiweiss, Fibrin, Fett, Stärkemehl erschliessen könnte. Die Versuche der Kommission führten zu keinem bestimmten Ergebniss, namentlich deshalb, weil man damals die Erfahrungen von der Unzulänglichkeit des Leims, des Eiweisses, des Fettes,

---

1 MAGENDIE, Compt. rend. XIII. p. 237. 1841.

des Stärkemehls u. s. w. für sich allein zur Ernährung, aus Unbekanntschaft mit der Bedeutung der zu einer Nahrung nöthigen Nahrungsstoffe
nicht zu deuten verstand.

Eine Kommission des Instituts der Niederlande befasste sich auf eine
Anfrage des Ministers des Innern ebenfalls mit der Angelegenheit, und
erstattete durch VROLIK[1] den Bericht über ihre Versuche. Sie hielt durch
die Gelatinekommission der französischen Akademie für erwiesen, dass der
Leim nicht nährt, sie suchte aber zu entscheiden, ob der Leim, anderen
nahrhaften Substanzen zugesetzt, nicht deren „Nährkraft" vermehrt. Sie
leugnet dies, da bei Zusatz von 25—100 Grm. Leim zu Brod, welches
letztere für sich allein die Thiere nicht nährte, die Abnahme des Körpergewichts nicht aufgehoben wurde, wohl aber durch 250—500 Grm. Fleisch.
Das Gewicht der Thiere kann aber nicht über den Werth einer Substanz
als Nahrungsstoff entscheiden. Die Akademie der Medizin [2] erklärte noch
in ihrer Sitzung vom 22. Jan. 1850, auf BÉRARD's Bericht, die Gelatine
übe nur eine belästigende Wirkung auf die Verdauungsorgane aus und
könne in keiner Weise als Nahrungsmittel gelten.

Seit diesen durchaus verurtheilenden Aussprüchen wurde der Leim in
der Nahrung nicht mehr verwendet; nach den früheren Uebertreibungen
seines Werthes, die ihn geradezu zu einer ausschliesslichen und wohl-
feilsten Nahrung stempelten, erfolgte ein ebenso unberechtigter Rückschlag
ins entgegengesetzte Extrem, wonach an ihm nichts Gutes mehr gelassen
wurde und er sogar ein Gift sein sollte, obwohl wir doch in der gekochten animalischen Kost nicht unbedeutende Mengen von Leim verzehren.[3]

FRERICHS [4] wendete gegen alle diese Ernährungsversuche mit
Leim zuerst ein, dass dabei die genaueren Verhältnisse des Stoffverbrauchs nicht festgestellt wurden und in dem dabei verabreichten
Futter möglicherweise zur Ernährung nothwendige organische oder
unorganische Stoffe nicht vorhanden waren, die Thiere also zu Grunde
gegangen sind, weil ihnen gewisse Stoffe fehlten und nicht weil der
Leim keinen Nährwerth besitzt. Auch MULDER [5] erkannte die Beweiskraft der Versuche MAGENDIE's nicht an und sagte zuletzt völlig
richtig: „in der That, die Versuche mit Zucker, welche MAGENDIE
anstellte, lehrten, dass blosser Zucker keine Nahrung ist. Jedermann
hat dieses Resultat anerkannt, und doch prangt der Zucker und mit
Recht wieder unter den Nahrungsstoffen. So wird es mit dem Leim
ebenfalls gehen". Es musste also untersucht werden, wie sich die
Eiweiss- und Fettzersetzung unter dem Einflusse des Leimes gestaltet
und ob der Leim darauf einen Einfluss besitzt.

1 VROLIK, Compt. rend. XC. p. 423. 1841.
2 Bulletin de l'académie nationale de médecine. XV. p. 367. 1849—50.
3 Siehe über diese Frage noch die Discussion in der französischen Akademie zwischen FREMY, CHEVREUL, DUMAS und MILNE-EDWARDS (Compt. rend. Sem. II.
LXXI. p. 359. 747 u. 756. 1870), sowie meine Kritik hierüber (Ztschr. f. Biologie. X.
S. 207. 1874).
4 FRERICHS, Wagner's Handwörterb. d. Physiol. III. (1) S. 683. 1845.
5 MULDER, Physiol. Chemie. II. S. 590 u. 927. 1844—1851.

Die Geschichte dieser Bestrebungen ist früher (S. 123) ausführlich erörtert worden. Es hat sich schliesslich durch die von BISCHOFF und mir, sowie durch die von mir und meinen Schülern an Hunden angestellten Versuche ergeben, dass der Leim, wenn er mit der Ernährungsflüssigkeit durch die Gewebe geht, zersetzt wird und zwar leichter als das Eiweiss, wodurch er letzteres vor der Zersetzung schützt. Der Leim erspart Eiweiss in viel höherem Grade als das Fett und die Kohlehydrate, denn 100 Theile Leim ersetzen 50 Theile Eiweiss, und er wird in dieser Beziehung nur vom Pepton übertroffen. Durch grössere Gaben von Leim neben Fett oder Kohlehydraten wird der Eiweissumsatz im Körper sehr herabgesetzt, nie aber ist es möglich, durch Leim den Körper vor jeglichem Eiweissverlust zu bewahren, stets wird von ihm noch etwas Stickstoff oder Eiweiss abgegeben.[1] Der geringe Eiweissverlust nach Aufnahme grosser Leimmengen rührt wahrscheinlich von den zerstörten Blutkörperchen und den abgestossenen Epidermisgebilden her.

Es kann demnach der Leim einen beträchtlichen Theil des Eiweisses ersetzen, aber wie schon S. 391 hervorgehoben worden ist, nicht in Eiweiss übergehen und nicht organisirte Formen bilden; die gesammte Menge des gegebenen Leims wird rasch zersetzt[2]. Es muss desshalb stets zu dem Leim eine geringe Menge von Eiweiss hinzugesetzt werden, um den Eiweissbestand des Körpers zu erhalten. Ausserdem wird bei grösseren Gaben von Leim etwas weniger Fett verbrannt; seine Wirkung in dieser Beziehung ist jedoch keine erhebliche, sie ist wesentlich geringer wie die der stickstofffreien Stoffe. Man kann nicht so grosse Mengen von Leim geben, um den Fettverlust vom Körper aufzuheben; man muss zu dem Zwecke immer stickstofffreie Stoffe hinzufügen.

Darnach ist also der Leim allerdings keine Nahrung, wohl aber ein höchst werthvoller Nahrungsstoff, der bei der Ernährung des Fleischfressers eine nicht unbedeutende Rolle spielt. Um eine Nahrung zu haben, muss man dem Leim etwas Eiweiss und zur Verhütung der Fettabgabe vom Körper stickstofffreie Stoffe zumischen.

Der Knorpel, das Ossein, das Bindegewebe etc. werden besser ertragen als der Leim, der in grösserer Menge leicht Verdauungsstörungen macht. Mein Hund verzehrte z. B. während 3 Tagen je 357 Grm. trockenes Ossein mit Gier und ohne Nachtheil, bei Auf-

---

1 Bei Aufnahme von 357 Grm. trockenem Ossein mit 50 Grm. Fett im Tag und einer Ausscheidung von 113 Grm. Harnstoff gab der Hund noch Eiweiss von seinem Körper ab.
2 Voit, Ztschr. f. Biologie. II. S. 228. 1866.

nahme der gleichen Menge trockenen Leims hätte er gewiss die heftigsten Diarrhöen bekommen. Zu Zeiten der Noth können unstreitig die Knochen, Knorpel, Sehnen u. s. w. mit Vortheil zur menschlichen Nahrung verwendet werden, wie es auch bei der letzten Belagerung von Paris im Jahre 1870—71 geschehen ist. Ja es sind die Erzählungen, dass zu Zeiten der Hungersnoth die Menschen zur Stillung des Hungers Leder genagt hätten, nicht unglaublich; aus der gegerbten Bindegewebsfaser der Cutis kann wohl auch noch etwas aufgenommen werden. In dem nach französischer Art zubereiteten Kalbskopf geniessen wir viel Bindegewebe der Haut. In den öffentlichen Anstalten und Volksküchen sollten die leimgebenden Gewebe da sie Nahrungsstoffe sind, sorgsamste Verwendung finden.

In dem Thierkörper findet sich sehr viel leimgebendes Gewebe, nach der S. 388 mitgetheilten Tabelle nicht beträchtlich weniger als Eiweiss. Man könnte daher daran denken, ob der in den Speisen aufgenommene Leim oder das in der Nahrung enthaltene leimgebende Gewebe im Körper nicht zu leimgebendem Gewebe werde und dadurch Eiweiss spare. Liebig[1] hatte einmal eine solche Ansicht ausgesprochen, die aber schon von Mulder[2] angefochten wurde. Da nach meinen Versuchen der Leim stets in kurzer Zeit völlig zersetzt wird, so kann er im Organismus weder zur Bildung von Eiweiss noch von leimgebendem Gewebe dienen.

D) Weitere stickstoffhaltige Stoffe.

Die übrigen stickstoffhaltigen Stoffe in der Nahrung, die Pflanzenalkaloide sowie die stickstoffhaltigen Extraktivstoffe, welche in der animalischen Nahrung Zersetzungsprodukte des Eiweisses und zum Theil schon Ausscheidungsprodukte sind, haben, soviel wir jetzt wissen, keine oder nur eine geringfügige Bedeutung als Nahrungsstoffe d. h. sie sind nicht im Stande die Zersetzung von Eiweiss und Fett zu verringern oder einen für die Zusammensetzung des Körpers nothwendigen Stoff zur Ablagerung zu bringen.

Das Kreatin des Fleisches wird, wie ich[3] gezeigt habe, ohne eine Aenderung in der Eiweisszersetzung hervorzubringen, völlig entweder als solches oder als Kreatinin im Harn entfernt. Der Harnstoff passirt rasch unverändert den Körper[4]; ebenso findet sich die der Nahrung

---

1 Liebig, Thierchemie. 2. Aufl. S. 100. 1843.
2 Mulder, Physiol. Chemie. II. S. 590 u. 927.
3 Voit, Ztschr. f. Biologie. IV. S. 77. 1868.
4 Derselbe, Ebenda. II. S. 50 u. 227. 1866.

beigemischte Harnsäure nach ZABELIN's Versuchen[1] im Harn als Harnsäure oder als Harnstoff wieder vor, ohne dass der Eiweissumsatz eine Verminderung zeigt. Das Glycocoll, das Sarkosin, das Benzamid[2] bringen eine geringe Vermehrung der Eiweisszersetzung hervor. Nur das Asparagin (S. 173), das in gewissen Pflanzen in nicht unbedeutender Menge vorkommt, soll nach WEISKE[3] bei Hammeln wie der Leim Eiweiss ersparen, also in diesem Sinne ein Nahrungsstoff sein; es ist schwer zu verstehen, wie das ziemlich einfach zusammengesetzte Asparagin eine solche Wirkung ausübt, da es nach KNIERIEM eine Vorstufe des Harnstoffes ist und als solcher ausgeschieden wird.

Wenn auch nach den früheren Angaben (S. 177 u. 178) Morphium und Chinin, welche zum grössten Theile unverändert mit dem Harn wieder entfernt werden, etwas Eiweiss vor der Zerlegung schützen, so wird man diese Arzneimittel deshalb wohl nicht als Nahrungsmittel betrachten dürfen.

Nur das höher zusammengesetzte Lecithin, das in dem Gehirn und im Eidotter in grösserer Menge, in fast allen thierischen und pflanzlichen Nahrungsmitteln in kleiner Menge aufgenommen wird, kann zu den Nahrungsstoffen gerechnet werden. Es liegen noch keine direkten Untersuchungen über seine Wirkung auf die Stoffzersetzungen im Körper vor. Es ist nicht wahrscheinlich, dass das verzehrte Lecithin als solches in dem Gehirn, den Nerven, dem Blute u. s. w. abgelagert wird, da für diese Organe genügend Lecithin bei dem Eiweisszerfall entsteht (S. 61 und 80) und dasselbe ferner nach den Untersuchungen von A. BÓKAY[4] im Darmkanal durch das Fett zerlegende Ferment des Pankreas in Glycerinphosphorsäure, Neurin und fette Säuren gespalten wird. Diese Zersetzungsprodukte werden grösstentheils resorbirt, denn nach Aufnahme von Eidotter nimmt die Phosphorsäureausscheidung im Harn zu und im Koth findet man nicht die mindeste Spur von Lecithin oder Glycerinphosphorsäure. Jene Produkte müssen dann im Körper weiter zerstört werden, wobei die Fettsäuren wohl das Fett des Körpers vor dem Zerfall schützen, also als Nahrungsstoffe eine ähnliche Rolle wie das Fett spielen.

---

1 ZABELIN, Ann. d. Chem. u. Pharm. 2. Suppl.-Bd. (3) S. 326. — VOIT, Ztschr. f. Biologie. XIII. S. 530. 1877.
2 SALKOWSKI, Ztschr. f. physiol. Chem. I. S. 1. 1877, IV. S. 55. 1880.
3 WEISKE, Ztschr. f. Biologie. XV. S. 261. 1879.
4 A. BÓKAY, Ztschr. f. physiol. Chem. I. S. 157. 1877—78. — Das in den meisten Nahrungsmitteln in geringen Mengen enthaltene Nuclein wird durch keines der Verdauungsfermente angegriffen und wird wahrscheinlich im Koth wieder entleert.

2. Stickstofffreie organische Nahrungsstoffe.

A) Die Neutralfette.

Die Neutralfette sind bekanntlich meist Gemische mehrerer leichter oder schwerer schmelzbarer Fette, von Olein, Palmitin, Stearin u. s. w., die sich in Glycerin und verschiedene Fettsäuren spalten lassen[1]; sie können als die neutralen Glycerinäther der Oel-Palmitin-und Stearinsäure betrachtet werden.

Die von Menschen und Thieren verzehrten Fette sind als Nahrungsstoffe von grosser, früher nicht genügend gewürdigter Bedeutung. Wir nehmen sie rein in dem Schmalz und den Oelen auf, oder mit anderen Substanzen gemischt in animalischen und vegetabilischen Nahrungsmitteln. In ersteren in grösserer Menge im Fleisch gemästeter Thiere, in der Leber, dem Gehirn, dem Eidotter, in der Milch, im Speck; in letzteren in ölhaltigen Samen und Früchten (Nüssen, Mandeln, Cocosnuss, Erdnuss, Leinsamen, Mohnsamen). Kleinere Mengen von Fett finden sich in allen Nahrungsmitteln thierischen und pflanzlichen Ursprungs. Ich setze den Fettgehalt einiger Nahrungsmittel hier bei:

	% Fett
Mastfleisch	5—12
Hühnerei	12
Milch	3—4
Butter	85—90
Käse	8—30
Vegetabilien	0—3
Mandeln, Nüsse	53—66

Das Fett ist ein integrirender Bestandtheil des Körpers, wenigstens der höheren Thiere, nur in den untersten Thierklassen vermisst man es fast gänzlich. Es kommt nicht nur in den grossen Fettreservoiren: im Unterhautzellgewebe, um die Nieren, im Mesenterium u. s. w. vor, sondern auch unsichtbar und fein vertheilt in allen Organen und Flüssigkeiten des Körpers.

Die thierischen Fette haben nach den Untersuchungen von E. Schulze und A. Reinecke[2] eine ziemlich constante Elementarzusammensetzung. Man findet jedoch Unterschiede bei verschiedenen Thierarten und bei demselben Thier je nach der Individualität, dem Mästungszustande und der Körperstelle. Sie erhielten z. B. für:

---

[1] Man erhält bei dieser Spaltung 8.0—9.8 % Glycerin und 94—96 % Fettsäuren.
[2] E. Schulze u. A. Reinecke, Landw. Versuchsstationen. IX. S. 27. 1867; Ann. d. Chem. u. Pharm. CXLII. S. 191.

	C	H	O
Ochsenfett . . .	76.50	11.91	11.59
Hammelfett . . .	76.61	12.03	11.36
Schweinefett . . .	76.54	11.94	11.52
Hundefett	76.66	12.01	11.33
Katzenfett . . .	76.56	11.90	11.44
Pferdefett . . .	77.07	11.69	11.24
Menschenfett . . .	76.44	11.94	11.62
Butter	75.63	11.87	12.50
Gesammtmittel . .	76.50	11.90	11.60

Das Fettgewebe enthält um so weniger Wasser, je mehr Fett in ihm aufgespeichert ist; Schulze und Reinecke fanden:

	Wasser	Membranen	Fett
im Fettgewebe vom Ochsen .	9.96	1.16	88.88
„ „ „ Hammel .	10.48	1.64	87.88
„ „ „ Schwein	6.44	1.35	92.21

Die Menge des in einem kräftigen Organismus abgelagerten Fettes ist grösser als man es sich gewöhnlich vorstellt. Ich habe für den von E. Bischoff[1] untersuchten stämmigen Arbeiter (33 Jahre alt, von 68.65 Kilo Gewicht) an Fett berechnet im:

Skelett 2617.2
Muskeln 636.8
Gehirn, Rückenmark 226.9
übrige Organe . . 73.2
Fettgewebe (12570) 8809.4 (29.92 % Wasser)
_____
12363.5 = 18.0 % des ganzen Körpers oder
44.0 % der Trockensubstanz desselben.

Berücksichtigt man nur das von der Leiche abpräparirte Fettgewebe, und setzt man für dieses nach den Bestimmungen von A. W. Volkmann[2] 15 % Wasser und 2.5 % Membranen an, so geben:

	Körpergewicht Kilo	Fettgewebe	Fett	% des Körpers	Autor
Mädchen, 22 J. wohl genährt	55.4	15670	12928	23	E. Bischoff
Mann, 30 J. „ „	55.75	6159	5081	9	G. v. Liebig[3]
Mann, 45 J. „ „	76.51	11028	9098	12	G. v. Liebig
Mann, 36 J. „ „ .	50.5	9076	7488	15	Dursy[4]
Mann, 42 J. „ „	65.25	7404	6108	10	Dursy
Mädchen, neugeb. „ ..	2.969	406	257	9	E. Bischoff[5]

1 E. Bischoff, Ztschr. f. rat. Med. (3) XX. S. 75.
2 A. W. Volkmann, Ber. d. sächs. Ges. d. Wiss. Math.-phys. Cl. 1874. 14. Nov. S. 236.
3 G. v. Liebig, Arch. f. Anat. u. Physiol. 1874. S. 96.
4 Dursy, Lehrb. d. system. Anat. 1863.
5 Mit 36.74 % Wasser im Fettgewebe.

Wie man daraus ersieht, ist die im Körper angehäufte Fettmenge eine sehr beträchtliche; sie ist fast doppelt so gross als die im Organismus befindliche Eiweissquantität. Das sichtbare, abpräparirbare Fett macht schon 9—23 % des Körpergewichts aus. Das Weib enthält verhältnissmässig mehr Fett als der Mann. Man dachte sich früher den Gehalt an Fett wesentlich geringer: nach BURDACH sollte beim Menschen das Fett nur 5 % betragen, nach MOLESCHOTT nur 3 %. Die Gegenwart eines so gewaltigen Fettvorraths ist für die Vorgänge im Körper von der grössten Bedeutung.

In Mastthieren häuft sich noch wesentlich mehr Fett an; LAWES und GILBERT[1] fanden bei ihren Schlachtversuchen folgende prozentige Zusammensetzung des ganzen Thiers (S. 348):

	% Wasser	% Eiweiss	% Fett	% Asche
Halbfetter Ochs . .	51.5	16.6	19.1	4.66
Fetter Ochs	45.5	14.5	30.1	3.92
Mageres Schaf . . .	57.3	18.4	18.7	3.16
Halbfettes Schaf . .	50.2	14.0	23.5	3.17
Fettes Schaf	43.4	12.2	35.6	2.81
Sehr fettes Schaf .	35.2	10.9	45.8	2.90
Mageres Schwein .	55.1	13.7	23 3	2.67
Fettes Schwein . .	41.3	10.9	42.2	1.65

Um die hohe Bedeutung des im Körper abgelagerten und ihm in der Nahrung zugeführten Fetts zu würdigen, muss man bedenken, dass der hungernde Organismus neben Eiweiss Fett einbüsst und zwar von letzterem mehr wie doppelt so viel als von ersterem; es muss also in der Nahrung etwas geboten werden, wodurch die Fettabgabe verhindert wird. Dies kann nach unsern früheren Erfahrungen vorzüglich geschehen durch Eiweiss, Fett und Kohlehydrate. Man ist im Stande einen schon fetten Körper durch Zufuhr von Eiweiss allein nicht nur auf seinem Eiweiss- sondern auch auf seinem Fettbestande längere Zeit zu erhalten, aber man hat dazu grosse Quantitäten von Eiweiss nöthig; ist der Körper fettarm, so gelingt dies nicht, da dazu übermässige Mengen von Eiweiss gehören, mehr als

---

1 LAWES u. GILBERT, Phil. Transact. II. p. 494. 1859. — In 100 Theilen Körpergewichtszunahme bei der Mästung ermittelten sie:

	Wasser	Eiweiss	Fett	Asche
Schwein	28.6	7.76	63.1	0.53
Schaf	20.1	7.13	70.4	2.34
Ochs	24.6	7.69	66.2	1.47
Mittel	24.4	7.53	66.6	1.45

der Darm zu resorbiren vermag. Giebt man aber einem Fleischfresser
neben dem Eiweiss noch Fett, so wird der Vorrath des cirkulirenden
Eiwcisses und damit die Eiweisszersetzung geringer; man braucht
daher in diesem Falle wesentlich kleinere Mengen von Eiweiss, um
die Eiweissabgabe zu verhüten, und ist zugleich im Stande, auch den
Fettverlust zu hindern. Es ist ferner nicht möglich mit Eiweiss allein
einen mageren Organismus reich an Eiweiss und Fett zu machen;
nur bei einem Zusatz von Fett (oder Kohlehydraten) kommt Eiweiss
und Fett in grösserem Umfang zur Ablagerung.

Für die Erhaltung und Vermehrung von Eiweiss und Fett am Thier
kommt es vor Allem auf das richtige Verhältniss der beiden Stoffe im
Körper und in der Nahrung an; ein Ueberschuss von Eiweiss macht,
dass wesentlich mehr davon zu den genannten Zwecken nöthig ist.

Dadurch tritt die hohe Bedeutung des Fettes in der Nahrung
und im Körper hervor. Das leicht zerlegliche gelöste Eiweiss ist
es, welches den Gang der Zersetzung bestimmt; aber das Fett soll
durch seine Wirkung auf den Vorrath des cirkulirenden Eiweisses
den Verbrauch und Bedarf an Eiweiss auf das gehörige Maass herabsetzen, so dass nur ein Theil der Kraft der Zellen zur Spaltung des
Eiweisses verwendet wird und der Rest dazu dient, Fett zu zerlegen.
Die Muskelarbeit verleiht der Zelle die Fähigkeit mehr Stoff zu zer-
fällen; nach dem Verbrauch des disponiblen Eiweisses wird dazu
das Fett in Anspruch genommen: darum ist nichts von grösserem
Einfluss auf den Fettumsatz als die Arbeit und hat der Arbeiter in
der Nahrung mehr Fett (oder Kohlehydrate) nöthig.

Das im Körper unter dem Einflusse von Fett (oder Kohlehydraten)
abgelagerte Fett bedingt nicht allein einen geringeren Zerfall von Eiweiss, sondern es dient auch als ausgiebiges Reservoir für Zeiten der
Noth, namentlich für den Arbeiter. Wäre das Fett leichter zersetzlich als das Eiweiss, so könnte eine solche Aufspeicherung nicht
stattfinden. Ein mit Fett in mittlerem Grade versehener Körper ist
dauernden Anstrengungen besser gewachsen als ein fettarmer; er erträgt den Hunger ungleich länger, während beim Mageren nach Verbrauch des Fetts die Eiweisszersetzung rapid ansteigt, wodurch dem
Leben frühe ein Ende gemacht wird. Für beschwerliche Touren,
auf die man nicht die volle Nahrung mittragen kann, beschränken
sich die Gebirgsbewohner auf Schmalz, das für sie wichtiger ist als
das Eiweiss, da bei der Anstrengung vorzüglich das Fett angegriffen
wird und der Fettverlust auch den Eiweissverbrauch steigert. Einem
Rekonvalescenten oder Kranken muss man allerdings Eiweiss geben,
um die Zersetzung in den Zellen in gehörigen Gang zu bringen, aber

daneben ist es von der grössten Wichtigkeit, den Fettverlust vom Körper nicht zu gross werden zu lassen und stickstofffreie Substanzen zu reichen, damit das verzehrte Eiweiss nicht alles zerlegt wird und Eiweiss und Fett zum Ansatz kommen kann.

Darum finden wir in jeder guten Nahrung der höheren Thiere, auch der Pflanzenfresser, eine gewisse Menge von Fett vor. Es ist sicherlich nicht ohne Bedeutung, dass die erste Nahrung des Säugethiers, die Milch, so viel Fett enthält wie Eiweiss. Eine gute Nahrung zeichnet sich durch einen reichlichen Gehalt an Fett aus (geschmalzene Kost); in der kärglichen und schlechten Nahrung, z. B. der Gefangenen, findet sich in der Regel wenig Fett. Der Thran thut deshalb bei schwächlichen Kindern für die Hebung der Ernährung die besten Dienste.

Aus dem Frühern ist es verständlich, warum das Fett für sich allein als organischer Nahrungsstoff nicht genügt: das cirkulirende Eiweiss zerfällt leichter, so dass auch bei den grössten Gaben von Fett, auch wenn dabei Fett zum Ansatz gelangt, immer noch Eiweiss umgesetzt wird. Es geht daher ein mit Fett, Wasser und Aschebestandtheilen gefüttertes Thier zu Grunde, allerdings nach etwas längerer Zeit als ohne jegliche Zufuhr, und zwar dann, wenn die Eiweissmenge im Körper nicht mehr hinreicht die Thätigkeit der Organe zu ermöglichen. Magendie giebt an, dass ein Hund, der nur Butter erhielt, am 68. Tage Hungers starb, obwohl er sehr fett war; ein anderer lebte 56 Tage lang täglich mit 120 Grm. Schweineschmalz, wornach sich bei der Sektion eine grosse Masse Fett, vorzüglich unter der Haut, aber eine allgemeine Atrophie der Organe fand. Von mir beobachtete Ratten, welche bei Entziehung jeglichen Futters, schon nach 3 bis höchstens 9 Tagen verendeten, hielten es mit Fett 26—29 Tage lang aus.

Es können bedeutende Quantitäten von Fett im Darm resorbirt werden [1]. Ein Hund von 33 Kilo Gewicht vermochte im Tag von 350 Grm. verzehrtem Fett 346 Grm. in die Säfte aufzunehmen; bei Aufnahme von 500 Grm. Fleisch mit 200 Grm. Fett, sowie von 800 Grm. Fleisch mit 350 Grm. Fett wurden nur 5 Grm. Fett im Koth entfernt. Wenn bei Darreichung von 100 Grm. Fett 3 Grm. desselben nicht resorbirt werden, so ist mit 97 Grm. Fett nicht die Grenze der Fettaufnahme gekommen, so zwar, dass bei Vermehrung der Fettgabe auf 200 Grm., jetzt 103 Grm. Fett im Koth abgehen, sondern es steigert sich bei weiterem Zusatze von Fett bis zu einem gewissen Maximum immer wieder die Aufnahmsfähigkeit und es wächst die Fettausscheidung im Koth nur ganz unbedeutend an.

1 Pettenkofer u. Voit, Ztschr. f. Biologie. IX. S. 30. 1873.

Eine reichliche Ansammlung von Fett im Körper setzt durch langsamere Entziehung des Nahrungsfetts aus den Säften die Resorption desselben im Darm herab. Nach lange dauernder Fütterung des Hundes mit grösseren Mengen von Fett, wobei fortwährend Fettansatz am Körper stattfindet, wird der Koth nämlich immer reicher an Fett. Bei einer 58 tägigen Reihe mit Zufuhr von 500 Grm. Fleisch und 200 Grm. Fett stieg der Fettgehalt des trockenen Koths von 24.9 % auf 32.1 % und zuletzt auf 37.6 %, so dass darin in der zweiten Hälfte des Versuchs täglich um 2.5 Grm. Fett mehr ausgeschieden wurden als in der ersten.

Auch im menschlichen Darm können nach den Ausnützungsversuchen von M. Rubner [1] bis über 300 Grm. Fett im Tag resorbirt werden. Das Fett wurde mit Fleisch und Brod aufgenommen und dabei erhalten:

Fettart	Fett auf	Fett im Koth	Fett in % im Koth	Fett resorbirt
1. Speck	99	17.2	17.4	82
2. Speck	195	15.2	7.8	180
3. Butter	214	5.8	2.7	208
4. Speck und Butter	351	44.6	12.7	306

Das Fett wird darnach im Allgemeinen im menschlichen Darm bis auf geringe Rückstände resorbirt. Wie beim Hund kommt auch beim Menschen bis zu einer bestimmten Grenze bei Vermehrung des Fetts in der Nahrung mehr Fett zur Aufnahme. Erst bei einer Zufuhr von 351 Grm. Fett erschienen grössere Mengen im Koth und war offenbar der Punkt der günstigsten Aufnahme überschritten, obwohl sich bei abermaliger Steigerung der Fettgabe gewiss noch eine weitere Zunahme in der Resorption gezeigt hätte. Es ist auffallend, dass durch eine schlechte Ausnützung der das Fett einschliessenden Nahrungsmittel, z. B. von gelben Rüben oder Kartoffeln, trotz reichlicher Kothentleerung doch die Fettresorption nicht wesentlich beeinträchtigt wird.

Nach den Versuchen Rubner's scheint es für die Ausnützung durchaus nicht gleichgültig zu sein, in welcher Form das Fett gereicht wird, denn bei gleich grosser Zufuhr erscheinen bei Butter 2.7 %, bei Speck 7.8 % des Fetts im Koth wieder; nach Genuss von Speck kommen im Koth fast unveränderte Specksttückchen zum Vorschein,

1 M. Rubner, Ztschr. f. Biologie. XV. S. 115. 1879.

es hindern daher vielleicht die Hüllen, in denen das Fett eingeschlossen ist, etwas die Verwerthung. Die Flüssigkeit des Fetts, d. h. der Reichthum an Triolein, ist wohl auch von Einfluss auf die Resorption; ein bei der Körpertemperatur nicht schmelzbares Fett wird bekanntlich nicht aufgenommen. Schulze und Reineke geben folgende Schmelzpunkte für die Fette verschiedener Thiere an:

Hammel	41—52 %
Ochs	41—50
Schwein	42—48
Mensch	41
Hund	40
Katze	38
Butter	37
Pferd	30
Hase	26
Gans	24—26

B) Die Fettsäuren.

Die Fettsäuren werden für gewöhnlich nur in geringer Menge in der Nahrung aufgenommen. Sie finden sich in den ranzigen Fetten, auch im Leberthran; nach den Untersuchungen von Franz Hofmann[1] sind sie in Spuren fast in allen Fetten enthalten, nach J. König[2] namentlich in den Pflanzenfetten (Olivenöl, Leinöl etc.), in denen nur 2—6.5 % Glycerin vorkommen. Sie treten auch als Spaltungsprodukte der Neutralfette im Darmkanale in geringer Menge auf. Wie J. Munk (S. 169) fand, vermindern die Fettsäuren ebenso wie die Fette den Eiweisszerfall; wahrscheinlich sind sie auch im Stande, das Körperfett vor der Verbrennung zu schützen. Die Fettsäuren können also wie das Fett als Nahrungsstoffe angesehen werden, jedoch kommen sie als solche unter gewöhnlichen Verhältnissen kaum in Betracht.

C) Das Glycerin.

Das Glycerin wird für gewöhnlich nur in kleinen Quantitäten in den Körper eingeführt. Es ist in Spuren in den gegohrenen Flüssigkeiten enthalten, im Bier zu 0.05—0.3 %, im Wein zu 0.67—1.43 %; höchstens geniessen wir es in verfälschten alkoholischen Getränken, z. B. in damit versüsstem Bier oder in scheelisirten Weinen in etwas erheblicherer Quantität.

---

[1] Fr. Hofmann, Beitr. z. Anat. u. Physiol. Festgabe f. Ludwig. 1875. S. 134.
[2] J. König, Die menschl. Nahrungs- u. Genussmittel. II. S. 248. 1880.

Nach den früheren Darlegungen (S. 166) bringt das Glycerin keine wesentliche Aenderung in dem Zerfall des Eiweisses im Körper hervor und wirkt also in dieser Beziehung anders als das Fett und die Kohlehydrate (J. Munk, Lewin, Tschirwinsky). Deshalb ist aber noch nicht ausgeschlossen, dass dasselbe in anderer Richtung als Nahrungsstoff wirkt, nämlich durch Verminderung oder Aufhebung des Fettverlustes vom Körper, indem es statt des Fettes zersetzt wird. Es ist dies aber noch nicht durch den Versuch dargethan, weshalb bis jetzt nicht angegeben werden kann, ob das Glycerin ein Nahrungsstoff ist oder nicht.

D) Die Kohlehydrate.[1]

Die Kohlehydrate werden vorzüglich in den vegetabilischen Nahrungsmitteln von den pflanzenfressenden Thieren und vom Menschen bei vegetabilischer und gemischter Kost in grossen Quantitäten eingeführt; es kommen meist mehrere Vertreter dieser Gruppe zusammen vor und sie bedingen hauptsächlich den Nährwerth vieler Pflanzentheile. In den animalischen Nahrungsmitteln finden sich Kohlehydrate nur in der Milch (Milchzucker) und allenfalls in der Leber (Traubenzucker) in berücksichtigenswerther Menge, die Kohlehydrate im Muskelfleisch u. s. w. sind in so geringen Spuren vorhanden, dass sie als Nahrungsstoffe nicht in Betracht kommen.

Es giebt eine grosse Anzahl dieser Verbindungen, welche bekanntlich Wasserstoff und Sauerstoff in dem Verhältniss enthalten, in welchem sie Wasser bilden. Ihre chemische Constitution ist noch nicht genau bekannt; sie unterscheiden sich nur durch wenige Aequivalente Wasser von einander und können zum Theil durch Aufnahme desselben in einander umgewandelt werden. Für unsere Zwecke kommen vorzüglich die folgenden in Betracht.

Das Stärkemehl, Amylum. Es ist ausserordentlich verbreitet in fast allen zur Nahrung verwendbaren vegetabilischen Substanzen, so in den Samen der Cerealien, der Leguminosen, den Kastanien, den Eicheln, in vielen Wurzeln, z. B. den Kartoffeln, im Marke mancher Palmenarten u. s. w. Die Sago, die Tapioka und das Arrowroot bestehen fast ganz aus Stärkemehl. Es ist in mehr oder weniger dichten Hüllen von Cellulose eingeschlossen, welche bei der Zubereitung gesprengt werden. Das rohe Stärkekorn enthält als Hauptmasse die Stärkegranulose und in geringer Menge (2—6 %) die Stärkecellulose; durch das Mundspeichelferment wird nach Nägeli bei niederer Temperatur nur die erstere in Zucker und Dextrin übergeführt. Da die Stärke in kaltem Wasser unlöslich ist

---

1 Henri Byasson, Des matières amylacées et sucrées leur role dans l'économie. Paris 1873.

und auch in heissem Wasser nur zu einer unvollkommenen Lösung aufquillt, aus der sie sich beim Erkalten als Kleister wieder abscheidet, so muss sie, bevor ihre Aufnahme in die Säfte geschehen kann, in ein lösliches Kohlehydrat verwandelt werden.[1] Dies geschieht durch die Verdauungssäfte (Mundspeichel, pankreatischen Saft, Darmsaft). Der menschliche Darm ist im Stande bedeutende Mengen von Stärkemehl zu verwerthen; nach Rubner's[2] Versuchen werden durch ihn von 670 Grm. aufgenommenem Stärkemehl 665 Grm. resorbirt und nur 5 Grm. (0.8 %) im Koth entfernt. Es kommt hierbei allerdings sehr darauf an, in welchen Nahrungsmitteln und Speisen die Kohlehydrate zugeführt werden; am ungünstigsten verhalten sich die Kartoffeln, das Schwarzbrod, die gelben Rüben und der Wirsing (mit 8—18 % Verlust); am günstigsten: Reis, Weissbrod, Spätzel und Maccaroni (mit 0.8—1.6 % Verlust).

Von den verschiedenen Zuckerarten sind als Nahrungsstoffe vorzüglich der Rohrzucker, der Traubenzucker, der Milchzucker und der unkrystallisirbare Fruchtzucker zu beachten. Der Traubenzucker findet sich in vielen Pflanzensäften und in besonders reichlicher Menge in den süssen Früchten; in letzteren ist daneben auch in gleichen Theilen Fruchtzucker und häufig auch Rohrzucker enthalten. Im Honig kommt Traubenzucker, Fruchtzucker und Rohrzucker vor, ebenso in den meisten Mannaarten. Der Rohrzucker ist in besonders reichlicher Menge im Saft einiger Gramineen, namentlich im Zuckerrohr (Saccharum officinarum), dem asiatischen Zuckerrohr (Sorghum saccharatum), dem Mais u. s. w. vorhanden; ferner in den fleischigen Wurzeln, ganz besonders der Runkelrübe (Beta vulgaris), im Stamm einiger Birken- und Ahornarten (Acer saccharinum), endlich in süssen Früchten z. B. Wallnüssen, Haselnüssen, Mandeln, den Früchten des Johannisbrodbaums. Die Zuckerarten dienen nicht nur als Nahrungsstoffe, sondern auch als beliebte Genussmittel. Da der Zucker leicht löslich ist, so wird er in reichlicher Menge im Darmkanal resorbirt; ein grosser Hund nimmt im Tag 350, ja 500 Grm. Traubenzucker in die Säfte auf, ohne dass etwas davon in den Koth übergeht. Die australischen Arbeiter sollen täglich 131 Grm. reinen Rohrzucker geniessen, die auf den Antillen arbeitenden indischen Kulis 100 bis 150 Grm. Auf den Kopf der Bevölkerung treffen in Deutschland 13 Grm., in England 50 Grm. Rohrzucker. In den Datteln verzehren die Araber der Wüste ganz gewaltige Mengen von Zucker.

Das in Wasser lösliche Dextrin (Stärkegummi) scheint fertig gebildet in vielen Pflanzensäften enthalten zu sein.

Die in Wasser unlösliche Cellulose oder Holzfaser ist im Pflanzenreich ganz allgemein verbreitet, noch mehr als das Stärkemehl; sie bildet das feste Gerüste der Pflanzen und ist auch in den Wandungen junger Pflanzenzellen abgelagert. Die Cellulose ist häufig mit den sogenannten inkrustirenden Stoffen bedeckt und durchdrungen, welche die mannigfaltigen Cohäsionszustände in verschiedenen Pflanzen bedingen. In jedem vegetabilischen Nahrungsmittel wird daher dieser Stoff aufgenommen, die Nahrung des Pflanzenfressers besteht für gewöhnlich zu ¼ bis

---

1 Siehe hierüber: Brücke, Sitzber. d. Wiener Acad. LXV. 1872. April.
2 Rubner, Ztschr. f. Biologie. XV. S. 192. 1879.

$1/3$ aus demselben. Im Darmkanal der Pflanzenfresser z. B. des Rindes, des Pferdes, der Ziege, des Schafes, des Kaninchens u. s. w. wird selbst die alte und verholzte Cellulose in lösliche Verbindungen übergeführt.[1] Es ist noch nicht sicher dargethan, in welcher Weise dies geschieht und welches Produkt dabei entsteht[2]; es wird wahrscheinlich Traubenzucker gebildet, in welchen die Cellulose durch Behandeln mit Säuren und Alkalien übergeht. Aber auch vom Menschen wird die Cellulose junger Pflanzenzellen z. B. von jungen, nicht verholzten Gemüsen (Sellerie, Kohl, Möhren), wie Weiske[3] dargethan hat, bis zu 47 und 63 % verdaut, während nach Fr. Hofmann's[4] Versuchen die verholzte Cellulose z. B. des Strohs unverändert den Darm passirt.

Die Gummiarten (Arabin, Bassorin). Man kann aus fast allen Pflanzen mehr oder weniger Gummi erhalten. Die bekannteste Gummiart ist der von verschiedenen Akazienarten stammende arabische Gummi; eine andere ist der Traganthgummi (Bassorin) von einigen im Orient vorkommenden Astragalusarten, welcher in Wasser zu einem Schleim aufquillt. Der in Wasser lösliche Gummi geht bekanntlich schon durch verdünnte Säuren in Traubenzucker über. Nach den früheren Angaben soll aber der Gummi im Darm grösstentheils unverändert bleiben. Nach Tiedemann und Gmelin[5] ging eine nur mit Gummi gefütterte Gans nach 16 Tagen zu Grunde und im ganzen Darm fand sich Gummi vor und stark saure Reaktion, was aber höchstens bezeugt, dass der Gummi keine Nahrung ist; Boussingault[6] berichtet aber, dass eine Ente fast die ganze Menge des gefressenen Gummis wieder ausschied; ebenso fand Frerichs[7] in den Ausleerungen eines Hahns und eines jungen Hundes, welche während 3 Tagen Traganthgummi erhalten hatten, nicht unbedeutende Mengen des Schleims wieder. Nach meinen Beobachtungen[8] resorbirt ein Hund mindestens 46 % des während 3 Tagen beigebrachten Gummis. In unseren Gegenden wird der Gummi nur selten in erheblicher Menge genossen und findet meist nur arzneiliche Anwendung. In Afrika werden aber die Gummiarten häufig verzehrt und im Orient zu Zuckerbackwerken (Lukums) verwendet. Hasselquist[9] und Lind[10] haben angegeben, dass die Araber

---

1 Siehe hierüber: Mitscherlich, Ann. d. Physik. LXXV. S. 305. — Mulder, Versuch e. allg. physiol. Chem. S. 1024. 1844. — Donders, Nederl. Lancet. IV. S. 739, VI. S. 227 u. 244. — Henneberg u. Stohmann, Beitr. etc. 1860. Heft 1, 1863. Heft 2. — G. Kühn, Journ. f. Landw. 1865. S. 283, 1866. S. 269, 1867. S. 1. — Hofmeister, Landw. Versuchsstationen. VIII. S. 351. 1866 (Hammel). — Wolff, Die landw. chem. Versuchsstation Hohenheim. 1870 (Hammel). — Schulze u. Märcker, Journ. f. Landw. 1871 (Hammel). — Dietrich u. König, Landw. Versuchsstationen. XIII. S. 226. 1871 (Hammel). — Stohmann, Biol. Studien. Heft 1. 1873 (Ziege). — Haubner u. Hofmeister, Landw. Versuchsstationen. VII. S. 413. 1865, VIII. S. 99. 1866 (Pferd). — Weiske, Ebenda. XV. S. 90. 1872 (Schwein).
2 Schmulewitsch, Mélanges physiques et chimiques. XI. p. 163. 1879.
3 Weiske, Ztschr. f. Biologie. VI. S. 456. 1870; Centralbl. f. d. med. Wiss. 1870. No. 26. — Bei Gänsen wird die Rohfaser nicht gelöst (Weiske u. Mehlis, Landw. Versuchsstationen. XXI. S. 411. 1878). 4 Voit, Sitzungsber. d. bayr. Acad. 1869. S. 6.
5 Tiedemann u. Gmelin, Die Verdauung nach Versuchen. II. S. 186. 1831.
6 Boussingault, Ann. d. chim. et phys. XVIII. p. 444.
7 Frerichs, Wagner's Handwörterb. d. Physiol. III. (1) S. 807.
8 Voit, Ztschr. f. Biologie. X. S. 59. 1874.
9 Hasselquist, Reise nach der Levante.
10 Lind, De morbis Europaeorum in terris calidis.

von dem arabischen Gummi oft Monate lang leben; dies ist zwar sicherlich unrichtig, denn es wird wohl noch etwas anderes dazu gegessen werden, nach TIEDEMANN Kameelmilch, aber es ist sehr wahrscheinlich, dass der Gummi zu den Nahrungsstoffen, mit der Wirkung des Zuckers, gerechnet werden muss.

Als Pflanzenschleim bezeichnet man eine gummiartige Materie, die in sehr vielen Pflanzen z. B. in der Wurzel von Althaea officinalis, den Knollen der Orchisarten, im Leinsamen, in Quittenkernen u. s. w. enthalten ist. Er quillt in Wasser stark auf und wird durch Kochen mit verdünnten Säuren in Zucker übergeführt. Aus dem Darm des Hundes wird nach meinen Untersuchungen[1] von Salepschleim mindestens 54 %, von Quittenschleim 79 %,0 in die Säfte aufgenommen. Leinsamen- und Quittenschleim haben nur eine arzneiliche Bedeutung; nur der Salep und das Caraghen werden hier und da als Nutrientia für Kinder und geschwächte Personen in Gebrauch gezogen, sie können aber als Nahrungsstoffe keine andere Wirkung wie die Kohlehydrate besitzen.

Zu den Kohlehydraten gehört auch das Lichenin oder die Moosstärke: sie findet sich in vielen Flechten und Moosarten, namentlich im isländischen Moos (Cetraria islandica). Dieser Stoff quillt in kaltem Wasser auf und verflüssigt sich in kochendem Wasser zu einem dicken Schleim, der beim Erkalten zu einer Gallerte erstarrt; durch Kochen mit verdünnter Schwefelsäure geht er in eine Glykose über, wahrscheinlich auch durch die Verdauungssäfte, da die Moosstärke sicherlich als Nahrungsstoff dient. — Ein anderes Kohlehydrat ist das Inulin, welches sich reichlich in den Knollen der Dahlien, aber auch in den Wurzeln von Inula Helenium, Angelica archangelica, Colchicum autumnale, Leontodon taraxacum, den Knollen von Helianthus tuberosus (Topinambur) u. s. w. findet. Das Inulin löst sich in kaltem Wasser nur wenig, leicht in heissem Wasser und geht durch Kochen mit verdünnten Säuren, und wahrscheinlich auch durch die Verdauungssäfte in Fruchtzucker über.

Ich reihe an die Kohlehydrate noch den Mannit an, der in vielen Vegetabilien, in der Sellerie, der Schwarzwurzel, in einigen Pilzen, in Seetangarten, im Honigthau mancher Pflanzen u. s. w. enthalten ist, namentlich aber in der Manna, dem aus verschiedenen Fraxinusarten ausschwitzenden und zu einer festen Masse eintrocknenden Saft. Er bildet sich auch bei manchen Zuckergährungen, vor Allem bei der schleimigen Gährung und der Buttersäuregährung, z. B. bei der Gährung des Runkelrübensaftes. Der Mannit ist leicht in Wasser löslich; mit Labmagen geht er nach FRÉMY in Milchsäure über. KÜLZ[2] sah bei Diabetikern nach dem Genuss von Mannit, in Dosen von 30—90 Grm., keine Vermehrung des Harnzuckers eintreten, woraus er schliesst, dass der Mannit im Körper nicht in Traubenzucker übergeführt wird, sondern eine Spaltung erleidet, welche seine Oxydation zu Traubenzucker verhindert. Jedenfalls wird er im Organismus zersetzt, da er sich nur in Spuren im Harn und Koth nachweisen lässt. Grössere Mengen machen Blähungen und Diarrhöen. Er ist höchst wahrscheinlich ein Nahrungsstoff von dem Werth eines

1 VOIT, Ztschr. f. Biologie. X. S. 59. 1874.
2 KÜLZ, Beiträge z. Path. u. Ther. des Diabetes mell. S. 128. 1874.

Kohlehydrats; das Manna wird in manchen Ländern auch häufig, vorzüglich als Versüssungsmittel, gebraucht. Wichtiger als Nahrungsstoff wie der Gummi, der Pflanzenschleim u. s. w. ist wohl das Pektin, welches in vielen Pflanzentheilen, besonders im Mark der fleischigen Früchte und der Wurzeln z. B. der Rüben in beträchtlicher Menge abgelagert ist. Seine Zusammensetzung und Umwandlungsprodukte sind noch nicht genügend bekannt, es steht aber den Kohlehydraten nahe. In den unreifen Früchten findet es sich in unlöslichem Zustande (Pektose); während des Reifens geht es in eine in Wasser lösliche Substanz über, wie auch durch Kochen der unreifen Früchte mit verdünnten Säuren. Ueber sein Verhalten im Darmkanal besitzen wir noch keine sicheren Kenntnisse.

Im Thierkörper sind die Kohlehydrate nur in geringer Menge abgelagert, wenn sie auch darin bei dem Stoffzerfall in bedeutenden Quantitäten erzeugt werden. Sie lassen sich bekanntlich nachweisen in der Leber (Glycogen, Traubenzucker), im Muskel (Inosit, Glycogen), im Blut, der Lymphe, in der Milch (Milchzucker), im Mantel der Tunicaten (Cellulose) u. s. w. Sie sind nicht nothwendige Bestandtheile der Gewebe, sondern Uebergangsstufen der Zersetzung, welche in andere Stoffe umgewandelt und zerstört werden.

Die Kohlehydrate vermögen nach den früheren Auseinandersetzungen den Zerfall des Eiweisses zu verringern wie das Fett, nur in noch etwas höherem Grade. Sie sind ferner wie das Fett im Stande, die Fettabgabe vom Körper ganz zu verhüten, und zwar leisten hierin etwa 175 Kohlehydrate so viel wie 100 Fett, so dass sie in diesen beiden Beziehungen das Fett vollständig ersetzen. Während aber aus dem verzehrten und resorbirten Fett leicht Fett zum Ansatz gelangt, ist es noch nicht sicher entschieden, ob dies aus Kohlehydraten möglich ist. Die Kohlehydrate werden jedenfalls als leicht zersetzliche Materien im Organismus zum grössten Theil rasch bis zu Kohlensäure und Wasser zerstört, und es bleibt höchstens bei Zufuhr sehr grosser Quantitäten ein Theil unzersetzt, so dass daraus eine Fettablagerung stattfinden kann. Das aus dem Eiweiss abgespaltene Fett wird aber, wenn die Kohlehydrate verbrennen, erspart; es kann also unter dem Einflusse der Kohlehydrate, wie man aus vielfacher Erfahrung weiss, das Thier fett werden, nur ist es zweifelhaft, ob das Fett direkt aus den Kohlehydraten hervorgeht.

Die Kohlehydrate sind daher höchst wichtige Nahrungsstoffe, welche die Rolle des Fettes zu übernehmen im Stande sind; es gilt hier Alles das, was vorher bei Besprechung der Bedeutung des Fettes in der Nahrung und im Körper gesagt worden ist. Im Darmkanal verhalten sich aber die Kohlehydrate, zum Theil ihrer grossen Masse halber, anders als das Fett, weshalb es nicht gut ist, dieselben in der Nahrung neben dem Eiweiss ausschliesslich und ohne Fett zu reichen. Hierüber wird bei Zusammensetzung der Nahrung das Nöthige berichtet werden.

Auch bei den grössten Gaben von Kohlehydrat wird aus schon bekannten Gründen immer noch Eiweiss im Körper umgesetzt; darum ist auch bei Darreichung von vorzüglich Stärkemehl enthaltenden Nahrungsmitteln, wie z. B. von Arrowroot, eine Ernährung nicht möglich. Dadurch erklären sich auch die Resultate der Fütterungsversuche mit reinen Kohlehydraten, bei denen die Thiere bald zu Grunde gegangen sind[1].

E) Der Alkohol, die organischen Säuren, die ätherischen Oele.

In den gegohrenen Getränken, im Wein, Schnaps, Bier u. s. w. wird Alkohol aufgenommen. Es sind davon enthalten im:

Cognac	69.5	Volumprozent
Sherry	20—22	„
Madeira	18—19	„
Champagner . .	10—12	„
Bordeaux	9—10	„
Rheinwein . . .	8—10	„
Ale, Porter . . .	7—8	„
Obstwein . . .	5.5	„
Bayrischen Bier .	3—3.5	„

Der Alkohol wird zum grössten Theile im Körper zu Kohlensäure und Wasser verbrannt, jedoch wird eine geringe Menge unverändert im Harn und dampfförmig durch Haut und Lungen ausgeschieden[2]. Der Alkohol bleibt offenbar längere Zeit im Körper, bis er oxydirt oder als solcher entfernt ist; seine Wirkung währt deshalb geraume Frist an.

---

1 MAGENDIE; TIEDEMANN u. GMELIN; CHOSSAT, Ann. d. hygiène. XXXI. p. 449. 1844. — LETELLIER, Ann. d. chim. et phys. (3) XI. p. 150. 1844.

2 Siehe hierüber: BUCHHEIM, Deutsch. Ztschr. f. Staatsarzneikunde. 1854; MASING, Ueber die Veränderungen, welche mit genossenem Weingeist im Thierkörper vorgehen. Dorpat 1854; SETCHENOW, Beitrag zu einer künftigen Physiologie der Alkoholvergiftung. St. Petersburg 1860. (Im Harn und in der Athemluft Alkohol.) — LALLEMAND, PERRIN u. DUROY, Gaz. hebd. d. méd. et d. chir. 1859. No. 46. p. 690. (Aller Alkohol unverändert durch die Nieren ausgeschieden.) — E. SMITH, Brit. med. Journ. 1859, Lancet 1861. Jan. (Alkohol im Athem und Harn nachgewiesen.) — PARKES u. WOLLOWICZ, Glasgow med. Journ. 1870. p. 517, 1871. p. 241. (Grosser Theil als solcher weg.) — THUDICHUM, Tenth report of de med. officer of the privy council. p. 288. 1868. (Nur Spuren im Harn.) — DUPRÉ, Proc. of royal soc. XX. p. 268. 1872. (Spuren im Harn.) — SUBBOTIN, Ztschr. f. Biologie. VII. S. 361. 1871. (Ein Theil durch Haut und Nieren.) — ANSTIE, The practitioner. XIII. p. 15. 1874. (In der Athemluft etwas.) — AUG. SCHMIDT, Centralbl. f. d. med. Wiss. 1875. No. 23. (Durch die Lungen Spuren.) — BINZ, Arch. f. exp. Pathol. u. Pharm. VI. S. 1877. (Durch Harn und Athemluft unerhebliche Mengen.)

Nach Liebig[1] verhält sich der Alkohol im Thierleib wie ein Fett oder ein Kohlehydrat. Nach ihm ist es die Aufgabe der letzteren, den Sauerstoff in Beschlag zu nehmen, d. i. als Respirationsmittel zu dienen; da aber der Alkohol seiner Meinung nach leichter oxydirbar ist, so schützt er die stickstofffreien Nahrungsstoffe und macht so Fett und Kohlehydrate entbehrlich. Diejenigen, welche die unveränderte Ausscheidung des Alkohols annahmen, bestritten seine Bedeutung als Nahrungsstoff, so z. B. Subbotin; die Anderen, die seine Zersetzung darzuthun vermochten, hielten ihn deshalb für einen Nahrungsstoff. Nach meiner Definition (S. 341) muss ein Stoff noch nicht ein Nahrungsstoff sein, wenn er im Körper verbrannt wird und dabei einen Beitrag zur Wärme des Körpers liefert. Es kann eine Substanz verbrennen, ohne dass sie die Abgabe eines Stoffes vom Körper geringer macht, dann besitzt sie trotz der Zersetzung keinen Werth als Nahrungsstoff. Die Erzeugung von Wärme hat mit der Ernährung, wo es sich ausschliesslich um stoffliche Wirkungen handelt, nichts zu thun. Ein verbrennender, Wärme liefernder Stoff bringt unter Umständen gar keinen Gewinn; wenn z. B. unter seinem Einfluss, wie es beim Alkohol der Fall ist, die Gefässe der Haut sich ausdehnen und somit durch Begünstigung der Wärmeabgabe mehr Wärme zum Abfluss gebracht wird, so wird der Körper trotz der grösseren Wärmeerzeugung kälter; Erfrierende werden durch eine reichliche Alkoholgabe nicht erwärmt, sondern in Folge des grösseren Wärmeverlustes abgekühlt. In ähnlicher Weise habe ich bei einem Manne während anstrengender Arbeit, obwohl dabei viel Wärme in ihm erzeugt worden ist, durch die starke Wasserverdunstung an der gerötheten Haut ein Sinken der Körpertemperatur eintreten sehen. Daraus ersieht man am besten, dass man die Bedeutung der Nahrungsstoffe nur in ihrer stofflichen Wirkung suchen darf und die Lieferung von Wärme für sich allein dem Körper noch keinen Vortheil zu bringen braucht, ja nicht einmal in allen Fällen zur Erhaltung der Eigenwärme beiträgt.

Es fragt sich also, ob der Alkohol eine Aenderung im Stoffverbrauch hervorbringt. Nach den früheren Darlegungen (S. 170) ist dies allerdings der Fall: er schützt in mässigen Dosen etwas Eiweiss vor der Zersetzung, und spart auch wahrscheinlich etwas Fett. Der Alkohol ist daher allerdings streng genommen als ein Nahrungsstoff anzusehen, aber er nützt in dieser Hinsicht, in gewöhnlicher Quantität eingeführt, nur sehr wenig; er wird auch nicht zu diesem Zweck aufgenommen, da andere Stoffe, z. B. ein Bissen Brod, den gleichen Effekt viel besser und wohlfeiler erreichen lassen. Der Alkohol wird vom Menschen vor Allem wegen seiner Eigenschaft als Genussmittel benützt.

Die übrigen in der animalischen und vegetabilischen Nahrung eingeführten organischen stickstofffreien Stoffe spielen nur eine ganz

1 Liebig, Thierchemie. S. 88. 1846; Chemische Briefe. S. 557. 1851.
2 Durne, The practitioner. IX. p. 28. 1872.

untergeordnete Rolle als Nahrungsstoffe. Zu ihnen gehören die Pflanzensäuren, die ätherischen Oele u. s. w. Die Pflanzensäuren (Essigsäure, Citronensäure, Aepfelsäure, Milchsäure, Weinsteinsäure, Oxalsäure u. s. w.) treten zum Theil unverändert im Harn wieder aus,
zum Theil werden sie zu Kohlensäure und Wasser verbrannt; es ist
möglich, dass sie dabei etwas Fett ersparen, aber es ist eine solche
Wirkung noch nicht dargethan. Die von diesen Säuren für gewöhnlich aufgenommenen Mengen sind so geringfügig, dass dieselben kaum
eine Bedeutung als Nahrungsstoffe besitzen. Die meisten dieser Stoffe
dienen als Genussmittel.

III. Nahrungsäquivalente.

Früher, ehe man die chemische Zusammensetzung der Nahrungsmittel und den Werth der einzelnen Nahrungsstoffe kannte, bestrebte
man sich durch praktische Versuche oder durch Beobachtung des
Einflusses, welchen die einzelnen Nahrungsmittel auf die Ernährung
äussern, den Ernährungswerth derselben festzustellen. Auf Grund
der in den Nahrungsmitteln enthaltenen festen Theile und extraktiven
Materien entstand die erste Nutritionsskala von VAUQUELIN und PERCY[1]
(1818); darnach können 45 Kilo Kartoffeln ersetzt werden durch:

3—4 Kilo Fleisch mit 12 Kilo Brod
15—16 Kilo Brod
13 Kilo Reis, trockne Erbsen, Linsen, Bohnen
24 Kilo frische Erbsen, Linsen
90 Kilo gelbe Rüben, Spinat
115 Kilo Rüben
150 Kilo Weisskohl

Die Landwirthe stellten sich im Anfang unseres Jahrhunderts
die Frage, wie viel man zur Ernährung des Rindes bei Zusatz einer
bestimmten Quantität von Rüben, Kartoffeln u. s. w. vom Heu weglassen dürfe; man wollte die dem Heu in ihrer Wirksamkeit entsprechende oder äquivalente Menge anderer Nahrungsmittel d. h. ihren
Heuwerth erfahren. Der berühmte Landwirth A. THAER[2] suchte eine
Antwort hierauf zu ertheilen. Als nährungsfähig galt ihm ohne Unterschied das, was von dem Verzehrten ins Blut übergehen kann oder
löslich ist; er berechnete daher, den Untersuchungen EINHOF's folgend, die gleichwerthigen Futterrationen nach der Gesammtmenge der

---

1 PERCY u. VAUQUELIN, Bulletin de la faculté et de la société de médecine de
Paris. VI. p. 75. 1818.
2 THAER, Grundsätze der rationellen Landwirthschaft. I. §. 275. Berlin 1809.

in Wasser, Alkohol, verdünnten Säuren und Alkalien löslichen Pflanzenbestandtheile.

Dies war ganz entsprechend den Anschauungen der damaligen Zeit, nach denen man das Nährende aus dem übrigen Ballast ausziehen zu können meinte. Daher rührt der noch nicht ganz erloschene Glaube an die Wirksamkeit der Extrakte; sie sollten das Werthvolle eines Nahrungsmittels in einem kleinen Volum enthalten, wie Manche es sich noch mit dem Fleischextrakt vorstellen. Damit in Zusammenhang steht auch die Meinung, dass die Gallerte oder der Leim das einzig Nahrhafte sei, weshalb man eine Zeit lang den Nährwerth einer Substanz nach ihrem Gehalt an Leim schätzte.

Als man, nach Bekanntschaft mit den in den Nahrungsmitteln enthaltenen Stoffen, das Eiweiss für den einzigen Nahrungsstoff hielt und die stickstofffreien Substanzen nur als Wärmebildner betrachtete, galt der Stickstoffgehalt als Maass des Nährwerths; so entstanden die Nutritionsskalen von BOUSSINGAULT, SCHLOSSBERGER u. KEMP (S. 339), in welchen die Nahrungsmittel nach der in ihnen enthaltenen Stickstoffmenge geordnet waren.

Man musste aber bald erkennen, wie fehlerhaft eine solche Betrachtungsweise ist. Man darf die Substanzen nicht auf ihren Gehalt an einem Stoff mit einander vergleichen, also z. B. nicht fragen, wie viel muss man Brod verzehren, um die gleiche Quantität von Eiweiss einzuführen wie durch eine gewisse Menge von Fleisch, da in diesem Falle das Brod durch seinen Reichthum an Stärkemehl noch andere Wirkungen hat: Fleisch und Brod können als zwei ganz verschiedene Dinge gar nicht mit einander verglichen werden. Es sind also alle in einem Gemische befindlichen Nahrungsstoffe zu berücksichtigen.

Man beachtete später bei der Fütterung der landwirthschaftlichen Hausthiere ausser dem Eiweiss auch die stickstofffreien Stoffe der Futtermittel, die Fette und Kohlehydrate. Namentlich liess E. WOLFF, indem er die in verdünnten Säuren und Alkalien unlösliche Holzfaser der Vegetabilien für unverdaulich ansah, die Futterarten dann für einander eintreten, wenn sie das gleiche Quantum von Eiweiss, Fett und verdaulichen Kohlehydraten einschliessen wie eine gewisse Menge von Heu. Man nannte die nach diesem Princip eingeleiteten Fütterungen im Gegensatz zu denen nach dem THAER'schen Heuwerth die nach chemischen Grundsätzen. In der That es waren Fütterungen nach chemischen Grundsätzen und nicht nach physiologischen, denn man hatte übersehen, dass ein ansehnlicher Theil der für unverdaulich gehaltenen Holzfaser von vielen Pflanzenfressern

verdaut wird und dagegen ein Theil der löslichen Stoffe mit dem
Koth wieder abgeht d. h. man hatte die verschiedene Ausnützung der
einzelnen Futtermittel im Darmkanal nicht beachtet.

In vollständiger Verkennung der Vorgänge bei der Ernährung
hat man auch aus der Verbrennungswärme der Nahrungsmittel die
Aequivalentwerthe abgeleitet. Dies ist aber selbstverständlich nicht
möglich, da den Nahrungsstoffen nur eine stoffliche Wirkung im
Körper zukommt und es dafür völlig gleichgültig ist, welche Menge
von Wärme sie bei ihrer Verbrennung entwickeln. Es sind nicht,
wie FRANKLAND[1] meinte, 100 Grm. Butter, 1150 Grm. Aepfel und
524 Grm. mageres Rindfleisch als Nahrungsstoffe äquivalent, weil sie
die gleiche Verbrennungswärme liefern, denn diese Substanzen haben
die verschiedenste stoffliche Bedeutung: das Fett der Butter vermag
den Fettverlust vom Körper zu vermindern, ebenso der Zucker der
Aepfel, das Eiweiss des Fleisches verhütet dagegen die Eiweissabgabe.

Aequivalent in ihrer stofflichen Wirkung können demnach nur
Nahrungsmittel sein, welche die gleiche Menge resorbirbarer und für
die stofflichen Vorgänge im Organismus gleichwerthiger Nahrungsstoffe enthalten. Kennt man die Ausnützung der verschiedenen Nahrungsmittel im Darme eines Thieres und ihren Gehalt an Nahrungsstoffen, so ist es leicht gleichwerthige Gemische zusammenzustellen,
sobald man weiss, in wie weit die einzelnen Nahrungsstoffe einander
äquivalent sind. So könnte es allerdings unter Umständen gleich
sein, wenn aus einem Gemische von Fleisch mit Fett die nämliche
Menge von Eiweiss und die dem Stärkemehl entsprechende Menge
von Fett zur Resorption käme wie aus einer gewissen Portion Brod.

Das Wichtigste zur Bestimmung der Nahrungsäquivalente ist
es also die entsprechenden Werthe der einzelnen Nahrungsstoffe zu
kennen. Nahrungsmittel oder Nahrungsgemische können nur dann
äquivalent sein oder für den stofflichen Bestand im Körper den gleichen
Effekt haben, wenn sie äquivalente Mengen der Nahrungsstoffe enthalten.

Statt des Wassers und der Aschebestandtheile vermögen keine
anderen Stoffe einzutreten oder für sie äquivalent zu sein, sie müssen
als solche zugeführt werden.

Zur Aufhebung des Verlustes an Eiweiss im Körper, namentlich
desjenigen Theils, welcher in zerstörten oder zu Verlust gegangenen
organisirten Gebilden enthalten war, muss eine gewisse Menge von
Eiweiss als solches geboten werden. Statt eines Theils des Eiweisses

1 FRANKLAND, Philos. magazine. XXXII. p. 198.

der Nahrung können aber andere Stoffe eintreten, welche anstatt des
Eiweisses in den Zellen zerfallen: für einen grösseren Theil die
Peptone oder der Leim, für einen geringeren die Fette und die Kohlehydrate. Die Peptone, der Leim und die stickstofffreien Stoffe sind
deshalb für eine gewisse Menge von Eiweiss (nicht für alles) äquivalent; sie bewirken, dass der Körper mit einem geringeren Eiweissquantum der Nahrung auf seinem Bestande an Eiweiss bleibt.

Das Eiweiss ist unter Umständen im Stande die Fette und Kohlehydrate zu ersetzen, also dafür äquivalent zu sein, denn es vermag wie
diese den Körper vor einem Verlust an Fett zu schützen. Die Kohlehydrate treten für die Fette völlig ein in Beziehung der Erhaltung
des Fettbestandes im Organismus, jedoch wahrscheinlich nicht in Beziehung der Ablagerung von Fett. Liebig hat geglaubt, die Fette
und Kohlehydrate wären in den Mengen äquivalent, in denen sie
Sauerstoff zur völligen Verbrennung zu Kohlensäure und Wasser
nöthig haben, also in Mengen, welche sich wie 100 zu 240 verhalten.
Ich habe schon (S. 150) angegeben, dass eine solche Beziehung nicht
besteht; es kommt vielmehr darauf an, wie die Bedingungen der Zerstörung von Fett und Kohlehydraten in den Zellen sich gestalten,
d. h. wie viel von beiden Stoffen bei gleichem Kraftaufwand durch
die Zellen gespalten wird. Es könnte sein, dass weniger Kohlehydrat
zerstört wird wie Fett, es könnte aber auch umgekehrt mehr umgesetzt werden. Nach meinen allerdings nicht völlig zuverlässigen Bestimmungen werden 100 Fett durch etwa 175 Kohlehydrate ersetzt.

ZWEITES CAPITEL.
Bedeutung der Gewürz- und Genussmittel.[1]

Neben den angegebenen Nahrungsstoffen geniessen die Thiere
und Menschen in dem Futter und in den Speisen noch eine grosse
Anzahl anderer, meist nur in sehr geringer Menge vorkommender
Stoffe, welche sie wohlschmeckend und geniessbar machen, aber keine
Bedeutung als Nahrungsstoffe besitzen, da sie keinen direkten Einfluss auf die Stoffzersetzungen im Körper ausüben und mit der Erhaltung des stofflichen Bestandes des Leibes nichts zu thun haben.

---

1 Voit, Sitzgsber. d. bayr. Acad. II. S. 516. 1869; Ztschr. f. Biologie. XII. S. 1.
1876; Ueber die Bedeutung des Wechsels von Thätigkeit und Ruhe im Leben des Menschen. Rede 1879.

Diese Stoffe nennen wir die Würzmittel oder Genussmittel; sie haben eine ganz andere, aber nicht weniger wichtige Aufgabe bei der Ernährung zu erfüllen wie die Nahrungsstoffe und sind für die Herstellung einer Nahrung ebenso nöthig wie letztere.

Nach den bis jetzt gemachten Auseinandersetzungen sollte man glauben, ein Thier oder ein Mensch könnte sich mit einem Gemisch aus Eiweiss, Fett, Stärkemehl, Wasser und Aschebestandtheilen, welches alle Nahrungsstoffe in gehöriger Quantität darbietet, ernähren. Aber Thiere und Menschen würden ein solches Gemenge für gewöhnlich nicht verzehren, weil es geschmacklos ist, und dabei sicherlich zu Grunde gehen. Zur Aufnahme und Verdauung der Nahrung gehört mehr als ein einfaches Verschlucken der zur Erhaltung des Organismus nöthigen Substanzen; wie jede Thätigkeit des Körpers muss auch das Geschäft der Aufnahme der Speise mit einer angenehmen Empfindung verknüpft sein.

Man hat die Wirkung der Genussmittel mit der der Schmiere an den Maschinen verglichen, aus der weder die Maschinentheile hergestellt sind, noch die Kraft für die Bewegung derselben abstammt, die aber den Gang leichter vor sich gehen macht. Oder man verglich sie mit der der einer Peitsche, welche das arbeitende Pferd zu grösseren Leistungen anspornt und befähigt, ohne ihm eine Kraft mitzutheilen. Auf eine solche Weise leisten auch die Genussmittel für die Prozesse der Ernährung und für andere Vorgänge im Körper wichtige und unentbehrliche Dienste, obwohl sie nicht im Stande sind, den Verlust eines Stoffes vom Körper zu verhüten, oder durch ihre Zersetzung uns mit lebendiger Kraft zu versorgen; sie geben uns nicht wirkliche Kraft, sondern höchstens das Gefühl von Kraft durch ihre Einwirkungen auf das Nervensystem[1]. Die Nahrungsstoffe müssen in ihrer Wirkung scharf von der der Genussmittel geschieden werden.

1 Man spricht viel von kräftigen, stärkenden Substanzen, indem man dabei allerlei nicht Zusammengehöriges vermengt und viele Missverständnisse hervorruft. Eine Substanz kann kräftig sein oder Kraft geben, wenn sie bei ihrem Zerfall lebendige Kraft, also Wärme oder mechanische Leistung erzeugt; dies thun nur die Nahrungsstoffe, Eiweiss, Fett, Kohlehydrate, Leim u. s. w. Oder es ist eine Substanz kräftig und stärkend zu nennen, welche zum Ansatz gelangt und den vorher abgemagerten Körper dadurch leistungskräftiger macht; auch dies thun nur die Nahrungsstoffe, vorzüglich das Eiweiss, das Fett und die Kohlehydrate. Man pflegt aber auch eine Substanz, welche momentan die Nerven und Nervencentralorgane anreizt und in die Verfassung versetzt, leichter die entgegenstehenden Widerstände zu überwinden, kräftig und stärkend zu heissen. In diesem Sinne spricht man fälschlich von einem Schluck kräftigenden Weines oder einer stärkenden Fleischbrühe, während diese doch keine wirkliche Kraft wie die Nahrungsstoffe geben. Man verwechselt dabei die Empfindung von Kraft mit der wirklichen Kraft oder die Summe der im Organismus jeweils vorhandenen lebendigen Kraft mit der Leichtigkeit der Verfügung über dieselbe nach Aussen.

Zu den Genussmitteln darf man nicht nur die meist ausschliesslich darunter verstandenen: den Kaffee, den Thee, die alkoholischen Getränke, den Tabak u. s. w. zählen, sondern auch, und zwar vorzüglich, alle diejenigen Stoffe, welche den Speisen den ihnen eigenthümlichen uns angenehm dünkenden Geschmack und Geruch verleihen. In diesem Sinne aufgefasst, giebt es keine Speise ohne wohlschmeckende Substanzen, ohne Genussmittel.

Man hält für gewöhnlich, im Gegensatze zu den Nahrungsstoffen, die Genussmittel nicht für nothwendig, sondern für entbehrlich, da sie uns nur gewisse Annehmlichkeiten bereiteten oder einen unnöthigen, luxuriösen Gaumenkitzel bedingten oder gar nur zu ungesunden und unnatürlichen Zuständen und Erregungen des Körpers führten. Diese Auffassung ist nur dann richtig, wenn man in einseitiger Weise zu den Genussmitteln ausschliesslich die eben genannten Pflanzenaufgüsse und die alkoholischen Getränke rechnet. Darum ist die wahre Bedeutung der Genussmittel so lange nicht gehörig gewürdigt worden. Eine Speise ohne Genussmittel, ein geschmackloses oder uns nicht schmeckendes Gericht wird nicht ertragen, es bringt Erbrechen und Diarrhöen hervor. Die Genussmittel machen die Nahrungsstoffe erst zu einer Nahrung; nur ein gewaltiger Hunger steigert die Begierde so sehr, dass die Genussmittel übersehen werden, ja dass sonst ekelhaftes angenehm erscheint.

Die Genussmittel beeinflussen die Vorgänge der Verdauung und Ernährung durch ihre Wirkung auf das Nervensystem. Zunächst wirken die schmeckenden und riechenden Substanzen der Speisen, nachdem sie uns durch Erregung der Geschmacks- und Geruchsorgane eine angenehme Empfindung ausgelöst, noch auf viele andere Theile, namentlich des Darmkanals, ein und bereiten letzteren für die Verdauung auf irgend eine Weise vor. Es wird im ersten Falle Speichel reichlich abgesondert, was schon durch die Vorstellung oder den Anblick eines uns zusagenden Gerichtes bedingt wird, so dass uns der Speichel im Munde zusammenläuft. Das Gleiche lässt sich für die Magensaftdrüsen darthun; man ist im Stande an Hunden mit künstlich angelegten Magenfisteln zu zeigen, wie plötzlich an der Oberfläche Saft hervorquillt, wenn man den nüchternen Thieren ein Stück Fleisch vorhält, ohne es ihnen zu geben. Es setzt sich diese Wirkung wahrscheinlich vom Magen aus auch zu den Drüsen und Blutgefässen des Darms fort. Nur so lange es uns schmeckt, ist es möglich zu essen. Etwas Geschmackloses oder schlecht schmeckendes und ekelhaftes dagegen vermögen wir nicht zu verschlucken; bei einer nicht begehrenswerthen und nicht appetitlichen Speise treten in der That die angegebenen Erscheinungen nicht mehr ein, sondern es erfolgen vielmehr durch andere Uebertragungen Zusammenziehungen der Muskeln des Rachens, der Speiseröhre, des Magens, sowie der Muskeln, welche die Brechbewegungen bedingen, wie das Würgen und das Abgegessensein der Gefangenen nach längerer Aufnahme einer monotonen Kost am deutlichsten zeigt. Nicht selten ist man noch nach Jahren nicht mehr im Stande, Speisen, an denen man sich einmal überessen, auch wenn es vorher unsere Lieblingsgerichte oder Leibspeisen waren, ohne schlimme Folgen zu geniessen.

In dem Magen oder Darm wirken ferner gewisse Substanzen direkt auf die Schleimhaut ein und machen die Blutgefässe sowie die Drüsen für das Geschäft der Absonderung und Resorption geeignet, obwohl wir keine Empfindung davon haben. Dass dazu nicht alle Stoffe gleich tauglich sind, erfährt man bei Leuten, deren Magen längere Zeit unthätig war, z. B. bei Rekonvalescenten, welche wieder etwas mehr zu essen beginnen: ein Stück eines kalten Bratens würden sie erbrechen, eine warme gute Fleischbrühe, die den Magen für die Erzeugung von Saft und die Aufsaugung wieder einrichtet, geniessen sie mit Lust und mit Erfolg. Jeder mechanische Reiz der Magenschleimhaut macht bekanntlich Hervorquellen des Safts und Füllung der Blutgefässe; aber gewisse Reize scheinen dies besser zu bewirken, z. B. Alkohol oder Kochsalz, daher man häufig zur Einleitung eines Mahles gesalzene oder stark gewürzte Speisen, Kaviar oder einen Schluck eines alkoholreichen Getränks (Sherry) nimmt. Es haben wohl viele der schmeckenden oder riechenden Stoffe unserer Speisen für den Magen eine ähnliche Bedeutung; das einfachste und beste Mittel ist erfahrungsgemäss eine starke warme Fleischbrühe.

Andere Stoffe, welche wir ebenfalls zu den Genussmitteln zählen, bringen erst nach der Aufnahme in das Blut ausgebreitetere Wirkungen im Körper hervor, grösstentheils auf das Centralnervensystem. Dahin gehören vorzüglich der Kaffee, der Thee, der Tabak, die alkoholischen Getränke u. s. w., deren Allgemeinwirkungen bekannt sind. Es handelt sich auch hier nicht um Eingriffe in die Zersetzungen, um Ersparung von Nahrungsmaterial, sondern wahrscheinlich um eine veränderte Beweglichkeit und gesteigerte Leistungsfähigkeit der kleinsten Theile der Nervencentralorgane durch das Genussmittel. Es kommt bei Ueberwindung von Schwierigkeiten sehr auf das, was wir Disposition oder Stimmung nennen, an, in welcher wir uns befinden. Bei gleicher Zersetzung im Körper und der Erzeugung von gleich viel lebendiger Kraft wird doch ein Mensch, der mit frischem Muth an die Arbeit geht, dieselbe leichter verrichten als ein durch

Kummer gedrückter oder an sich verzweifelnder. Ein Peitschenhieb lässt, wie vorher schon erwähnt, ein Pferd, ohne dass man ihm dadurch Kraft mittheilt, seine Kraft nach Aussen besser verwenden und ein Hinderniss leichter überwinden; ähnlich kann eine zu rechter Zeit gegebene Tracht Schläge bei einem faulen Jungen wahre Wunder bewirken. Auf solche Weise bringen manche Genussmittel, z. B. der Wein, bestimmte Theile unserer Nervencentralorgane in einen Zustand, bei dem sie besser über ihre Kräfte verfügen und es uns möglich machen, über gewisse Lagen des Lebens leichter hinwegzukommen und erhöhten Zumuthungen bereitwilliger Folge zu leisten. Ganz ähnlich ist die merkwürdige, aber auf die Dauer verderbliche Wirkung des Opiums oder des Moschus, unter deren Einfluss ohne nachweisbare stoffliche Aenderung des Körpers ein schon ganz verfallener Mensch neu wieder aufzuleben scheint.

Ohne Genussmittel in der Nahrung besteht demnach kein Mensch und kein Thier. Selbst die einfachste Kost, auch die Pflanzenkost, enthält Genussmittel genug, welche uns dieselbe angenehm machen und den Appetit erregen. Die Vegetabilien schmecken uns nur wegen ihres Gehaltes an Genussmitteln; in den Früchten finden sich die wohlschmeckenden Pflanzensäuren, die ätherischen Oele u. s. w.; ja es kommen die meisten Genussmittel aus dem Pflanzenreiche. Jeder Mensch liebt den Wohlgeschmack der Speisen; der Dürftigste geniesst mit Behagen sein einfaches und kärgliches Mahl, wobei allerdings oft der Hunger der beste Koch ist, und erfreut sich an der Schmackhaftigkeit desselben vielleicht mehr als der verwöhnte Reiche. Auch das Thier ergötzt sich am Geschmack seines Futters und ist hierin meist nicht weniger wählerisch als der Mensch. Besonders für Kranke und Rekonvalescenten sind die Genussmittel in den Speisen von wesentlicher Bedeutung; man muss denselben durch die angenehme Empfindung geradezu die Speisen einzuschmeicheln suchen und dadurch nach und nach die Lust zum Essen erwecken, sowie dem lange unthätigen Darm die Fähigkeit wieder geben, Nahrungsstoffe zu verändern und zu resorbiren. Jedes Volk hat seine besonderen Genussmittel, jeder Mensch seine Lieblingsspeisen; es spielt hierbei allerdings die Gewohnheit und die Individualität, die Einbildung, wie wir zu sagen pflegen (de gustibus non est disputandum) eine grosse Rolle, aber man muss auf diese verschiedenen Geschmäcke bei der Zusammenstellung der Nahrung Rücksicht nehmen: ein Süddeutscher würde z. B. manche Gerichte der norddeutschen Küche nicht hinunter bringen, der bayrische Soldat ist nicht zu vermögen die grossen Portionen von Speck zu verzehren wie der preussische. Wir beur-

theilen die Speisen nach dem aus der Erfahrung bekannten Ge-
schmacke, der uns darnach verlangen oder sie abweisen lässt.
Es hat ausserdem noch vieles Andere auf den Verdauungsakt
Einfluss, an was man für gewöhnlich nicht denkt, obwohl man jeden
Tag in dieser Richtung Erfahrungen machen kann. Wir suchen uns
nämlich bei dem Essen noch alle möglichen anderen Eindrücke und
Genüsse, ausser den durch die Geschmackssinnesorgane vermittelten
zu verschaffen, welche offenbar mitbestimmend auf die Vorgänge im
Darmkanal sind. Wir machen die Speisen durch Zusätze wohlriechend;
Speisen, welche einen Geruch besitzen, den wir an ihnen nicht gewöhnt sind, werden mit Widerwillen gegessen und meist nicht ertragen. Wir suchen ferner den Gerichten angenehme Formen zu
geben, wir tischen sie sauber auf, damit sie uns „appetitlich" erscheinen. In stinkenden und unsauberen Lokalitäten schmeckt es
uns nicht. Es ist bekannt, wie manche Leute durch irgend eine
Vorstellung von etwas ihnen ekelhaft erscheinendem sich die Mahlzeit
verderben lassen, z. B. durch Tischgespräche von Medizinern. Auch
die Stimmung, in der wir uns befinden, ist von Wichtigkeit; bei
Aerger oder Kummer bekommt uns das Essen nicht und wir magern
deshalb dabei ab. Ein mit fröhlichen Kindern oder guten Freun-
den besetzter Tisch, ein heiteres Gespräch oder frisches Lied dabei,
gehören auch zu den Genussmitteln. Wir verdauen gewiss anders
bei Aussicht in eine heitere Gegend, als auf Kerker- oder Kloster-
mauern. Bei lukullischen Mahlen wird auch noch in anderer aus-
gedehnter Weise für Sinnengenuss gesorgt: für eine Augenweide durch
ausgesuchte Pracht der Tafel und der Umgebung, für den Geruchsinn
durch wohlriechende Blumen und Düfte, für einen Ohrenschmaus
durch liebliche Musik.

Es ist allerdings richtig, dass die Ansprüche an die Genussmittel
sehr verschieden sind und dass Viele darin nicht das richtige Maass
zu halten wissen und sich eine unnatürliche Verfeinerung angewöhnen,
indem nur durch stets steigende, raffinirte Erhöhung des Genusses
noch ein weiterer Genuss geschaffen werden kann.

Wir lernen die hohe Bedeutung der in richtigem Maasse in der
Nahrung aufgenommenen Genussmittel, welche uns nicht blos angenehme, sondern auch nützliche und unentbehrliche Genüsse verschaffen, gehörig würdigen, wenn wir bedenken, dass für sie auch
bei den bescheidensten Ansprüchen viel mehr ausgegeben wird wie
für die reinen Nahrungsstoffe. Denn um Nahrungsstoffe zuzuführen,
könnte man ebenso gut ausgesottenes Rindfleisch wie die verschiedenartigen Fleischsorten, Geflügel und Fische geniessen. Der Grund

des Gebrauchs eines der verbreitetsten und beliebtesten Genussmittel, des süssen Zuckers, nach dessen Geschmack wir häufig das, was uns besonders angenehm ist, benennen, ist noch ganz unklar; wir essen ihn nicht, weil er auch ein Nahrungsstoff ist, denn in dieser Beziehung könnte etwas Stärkemehl oder Dextrin die gleichen Dienste thun, die Menschen und viele Thiere lieben ihn vielmehr wegen seines süssen Geschmackes; Moses tröstete sein Volk in der Wüste mit der Verheissung, dass er es in ein Land führen werde, wo Milch und Honig fliesst. Selbst die Getränke, in denen wir dem Körper das nöthige Quantum von Wasser zuführen, müssen ihre Genussmittel haben; wir verschmähen das geschmacklose destillirte Wasser zu trinken und lieben im Quellwasser die freie Kohlensäure; aber auch das reine Trinkwasser genügt in vielen Fällen nicht mehr und doch könnte es als Nahrungsstoff eben so gut wie das in so grossen Massen verbrauchte kohlensaure Wasser, oder wie der Wein, oder auch vielfach wie das Bier ausreichen. Der Konsum von Kaviar, Trüffeln, Fleischextrakt, Kaffee, Thee, Tabak u. s. w. ist ein geradezu fabelhafter, und die grössten Flächen Landes werden bebaut, nur um Genussmittel für die Menschen zu produziren. Zur Herstellung eines Liters guten Bieres hat man z. B. einen halben Liter Gerste nöthig, und zur Deckung des jährlichen Bierkonsums der Stadt München allein muss eine Fläche Landes von 9.4 deutschen Quadratmeilen mit Gerste bepflanzt werden. Eines der wichtigsten Genussmittel, das Kochsalz, von dem allerdings ein Theil die Rolle eines Nahrungsstoffes spielt, das aber keinen wesentlichen Einfluss auf den Fleisch-, Fett- oder Milchertrag ausübt, wird von Menschen und Thieren mit Begierde aufgenommen[1]; wir können ungesalzene Speisen kaum geniessen. In salzarmen Gegenden wird es als grösster Leckerbissen geschätzt und gegen die kostbarsten Güter eingetauscht; ja es sind schon blutige Kriege um den Besitz von Salinen und Steinsalzlagern geführt worden.

Es ist eine auffallende Erscheinung, dass die Genüsse in einer gewissen Abwechselung geboten werden müssen, sonst treten bald statt der angenehmen Empfindungen unangenehme ein, und die Unlust, die Uebersättigung folgt der Lust. Es war bei Nichtbeachtung dieser Thatsache lange Zeit unmöglich, den fortwährenden Wechsel in den Nahrungsmitteln des Menschen zu begreifen. Man wurde von der richtigen Erklärung abgelenkt, da man dabei immer an die Wirkung von Nahrungsstoffen dachte.

---

1 Victor Hehn, Das Salz, eine kulturhistor. Studie. Berlin 1873. — J. Möller, Ueber das Salz in seiner kulturgeschichtlichen und naturwissenschaftlichen Bedeutung. Berlin 1874.

Erhält man eine, anfangs recht wohlschmeckende Speise in zu
grosser Quantität oder zu oft nach einander vorgesetzt, so stumpft
sich die Empfindung für diesen Eindruck ab, die Genussmittel erregen
uns dann nicht mehr in der richtigen Weise oder rufen sogar unangenehme Gefühle hervor und es ist, als ob wir Nahrungsstoffe ohne
Genussmittel aufnähmen. Je ausgesprochener und intensiver der Geschmack einer Speise ist, desto rascher widert sie uns an. Darum
vermögen wir nur wenige Speisen Tag für Tag und in grösserer
Menge zu geniessen, wie z. B. unser täglich Brod, das neben anderen
Nahrungsmitteln stets eine willkommene Zuthat ist; ein süsser Kuchen,
wenn er auch Eiweiss und Kohlehydrate in derselben Menge liefert,
könnte die Stelle des Brodes nicht ersetzen.

Kein erwachsener Mensch vermag sich deshalb auf die Dauer
ausschliesslich mit der gleichen Speise zu ernähren: sie wird ihm
bald zuwider. Wir lieben die Abwechslung, nicht um andere Nahrungsstoffe, welche ja in den mannigfaltigsten Speisen die gleichen
sind, sondern um verschiedene Genussmittel zuzuführen. Ich weiss
von Personen, welche ihr einfaches Mahl in Gasthäusern zu sich
nehmen, dass sie, wenn sie auch anfangs ganz wohl zufrieden sind,
doch genöthigt waren, von Zeit zu Zeit das Gasthaus zu wechseln,
da in jedem die Speisen in allzu gleichförmiger Weise zubereitet
werden.

Auch diejenigen Völker, welche als hauptsächlichste Nahrung
ein einziges Nahrungsmittel wie z. B. Reis, Mais, Kartoffeln oder
Gebäcke aus Mehl geniessen, essen stets noch allerlei Substanzen
dazu, namentlich wechselnde Gewürze, heute eine Zwiebel, morgen
etwas Käse oder einen getrockneten Fisch, oder sie bereiten aus dem
gleichen Nahrungsmittel verschiedene Gerichte, z. B. aus dem Mehl
Brod, Nudeln, Schmarrn, Knödel, Spätzeln u. s. w.

Für den in diesen Stücken etwas verwöhnten Gaumen fällt es
sogar schwer, den Gesammtbedarf für einen einzigen Tag oder für
zwei ausschliesslich in der nämlichen Speise aufzunehmen, wenn dieselbe uns bei der ersten Mahlzeit auch noch so gut schmeckt. Einer
der mit Sicherheit meint, zwei bis drei Tage nur fetten Rostbraten
oder in Fett gebackene Eier, oder Polenta unter Zusatz von Käse,
oder Klösse oder Schwarzbrod, welche Speisen alle ihm in gewisser
Menge genügend Nahrungsstoffe bieten, verzehren zu können, er
nimmt bei der dritten oder vierten Mahlzeit zu seiner Verwunderung
wahr, dass sein Beginnen ein recht schwieriges ist und grosse Ueberwindung kostet.

Deshalb nehmen wir für gewöhnlich unsere Nahrung in den

mannigfaltigsten Gerichten auf, aus den verschiedensten Nahrungsmitteln oder auch aus ein und demselben Nahrungsmittel in wechselnder Zubereitung hergestellt. Zum Frühstück geniessen wir etwas
anderes als zum Mittag- und Abendessen. Wir wechseln täglich mit
den Speisen und sind meist nicht zufrieden, wenn ein und dieselbe
uns zu häufig vorgesetzt wird. Ja selbst bei der gleichen Mittags-
mahlzeit vermögen wir uns nur selten mit einer einzigen Speise genügend Material zuzuführen, wir müssen den Bedarf meist in mehreren verschieden schmeckenden Gerichten aufnehmen, gewöhnlich
in Suppe, Fleisch und Gemüse, also einen Wechsel der Genussmittel
haben. Das was uns eben vorher noch ganz vortrefflich mundete,
sagt uns bei weiterer Zufuhr bald nicht mehr zu, wir können nicht
weiter davon essen, wohl aber noch von etwas Anderem: wir sind
von einer Speise gesättigt und sie widersteht uns. Man sieht dies
namentlich in Volksküchen, in welchen alles für ein Mittagessen
Nöthige in einem einzigen Gericht in demselben Topf gegeben wird.

So haben alle unsere seit Jahrtausenden eingebürgerten Gebräuche
ihren guten Grund; nur gelingt es gewöhnlich erst spät, ihn zu erkennen.

An die Betrachtung der Bedeutung der Gewürz- und Genussmittel im Allgemeinen reihe ich eine kurze Aufzählung der von uns
als solche häufiger benützten Substanzen[1].

Nicht alle von uns gebrauchten Genussmittel haben ausschliesslich diese eine Aufgabe; ich habe schon mehrere erwähnt, welche
zugleich auch als Nahrungsstoffe dienen. Zu diesen rechnen wir
den in so ungeheurer Menge consumirten Zucker, mit dem wir viele
Speisen versüssen, den wir im Honig und in den süssen Früchten
aufnehmen. Zu den Nahrungs- und Genussmitteln zugleich gehört
auch das Kochsalz, von welchem wir zur Erhaltung des Koch-
salzbestandes im Körper nur wenig nöthig haben. Den intensiv
schmeckenden Käse geniessen wir nach einem opulenten Mahle als
Genussmittel, und gewiss nicht um uns noch mit etwas Eiweiss zu
bereichern. Auch das Oel, mit dem wir den Salat anmachen, um
den rohen Blättern Schlüpfrigkeit und einen angenehmen Geschmack
zu ertheilen, oder der zum Ansäuern mancher Speisen verwendete
Essig (mit 5—7°/₀ Essigsäure), sie sind Genussmittel und Nahrungsstoffe.

Die meisten anderen Gewürze aber, welche wegen der in ihnen
befindlichen ätherischen Oele oder scharf schmeckenden und reizen-
den Stoffe zum Würzen der Speisen gebraucht werden, und die vielen

---

1 Stohmann, Nahrungs- und Genussmittel in Muspratt's techn. Chemie 3. Aufl.
IV. S. 1725. — J. König, Die menschl. Nahrungs- u. Genussmittel. II. 1880.

in den Nahrungsmitteln schon enthaltenen Substanzen der Art[1] kommen in so geringer Menge in Anwendung, dass sie nur als Genussmittel dienen und ihr allenfallsiger Gehalt an Nahrungsstoffen ganz verschwindend klein ist. Dahin gehören: Pfeffer, Senf, Zimmt, Vanille, Muskatnuss, Gewürznelken, Ingwer, Anis, Kümmel, alle die verschiedenen Küchenkräuter u. s. w.

Jedes Volk hat endlich ein sogenanntes allgemeines Genussmittel, welches weniger auf die Geruch- und Geschmacksnerven, sondern im Wesentlichen nach dem Uebertritt ins Blut auf bestimmte Nervencentralorgane einwirkt. Dahin gehören vor Allem die gegohrenen alkoholischen Getränke, die Aufgüsse von schwach narkotisch wirkenden Pflanzenstoffen wie der Thee, der Kaffee, die Chocolade, und ferner der Tabak, über welche ich noch Einiges zu berichten habe.

I. Gegohrene alkoholische Getränke.

1. Wein und Branntwein.

Die alkoholischen oder geistigen Getränke werden bekanntlich durch Gährung zuckerhaltiger Flüssigkeiten hergestellt.

Der aus dem Saft der reifen Trauben bereitete Wein ist seit den ältesten Zeiten im Gebrauch. Es finden sich in ihm ausser dem Wasser: Alkohol, Zucker, organische Säuren und saure Salze derselben (Weinsäure, Essigsäure, Aepfelsäure), in Spuren Glycerin, Gummi, Eiweiss, Bernsteinsäure, ferner gewisse riechende Stoffe (Oenanthäther und andere Aether), Gerbstoffe, Farbstoffe, Kohlensäure und anorganische Salze. Diese Stoffe sind in den verschiedenen Weinen in sehr ungleichen Quantitäten vorhanden. Die aromatischen Stoffe geben dem Wein die Blume oder das Bouquet; die südlichen Weine sind reicher an Alkohol und Zucker, das Aroma tritt dagegen in ihnen zurück. Ich gebe in Folgendem die procentige Zusammensetzung einiger Weine:

	Wasser	Alkohol Vol. %	Zucker	Extraktiv-stoffe	Weinsäure	Weinstein	Glycerin	Bernstein-säure	Albumin	Gerbsäure	Essigsäure	Asche
Mittel	87.0	10.0	0.20	0.58	0.60	0.65	0.60	0.12	0.10	0.15	0.07	0.25
franz. Rothwein	88.44	9.07	0.19	2.49	0.59	—	0.54	—	—	0.22	—	0.23
Marsala . . .	75 56	20.40	2.75	4.04	0.39	—	—	—	—	—	—	0.31
Champagner .	74 29	11.75	11.53	13.96	0.58	—	0.08	—	0 22	—	—	0.13

[1] Häufig entstehen Genussmittel erst durch die Art der Zubereitung der Speisen, wie z. B. die schmeckenden Substanzen beim Braten des Fleisches.

Die Menge von eiweissartiger Substanz im Wein ist viel zu klein,
um als Nahrungsstoff in Betracht kommen zu können; sie stammt
wahrscheinlich von einem Rest der Hefezellen her; ein Theil des
Stickstoffs ist vielleicht in Ammoniaksalzen enthalten. Durch den
Gehalt an Zucker und Extraktivstoffen ist dem Wein, namentlich den
süssen Weinen und dem Champagner ein gewisser Nahrungswerth nicht
abzusprechen, jedoch ist derselbe so geringfügig, dass diese in einer
Flasche Wein gereichten nährenden Bestandtheile eben so gut durch
einen Bissen Brod geliefert werden könnten. Auch der Alkohol des
Weins, der zwischen 6—16 Vol. Procent schwankt, ist streng genommen als ein Nahrungsstoff zu betrachten, insofern er etwas Eiweiss
und vielleicht etwas Fett vor der Zersetzung bewahrt. Aber diese
Wirkung ist sehr zurücktretend (S. 416); darum wird auch der Wein
nicht getrunken, um Nahrungsstoffe zuzuführen, sondern vorzugsweise
als Genussmittel und zwar wenn es in mässiger Menge zeitweilig
genommen wird, als eines der edelsten, das des Menschen Sinn erfreut. Ein Schluck guten starken Weins vermag ältere oder schwächliche Leute neu zu beleben; er ermöglicht dem ermüdeten Wanderer
sein Ziel zu erreichen. Allerdings ist es ein ganz falsches Gleich-
niss, wenn man sagt, der Wein sei die Milch der Greise. Der Wein
bringt vielmehr seine Wirkung zumeist durch den in ihm sich fin-
denden Alkohol, welcher vorzüglich gewisse Nervencentralorgane in
Erregung versetzt und sie zu erhöhter Thätigkeit aufstachelt, hervor.

Der Branntwein enthält wesentlich mehr Alkohol als die gewöhnlichen Weine. Der aus Wein dargestellte Cognak liefert über
60 Vol. %% Alkohol, das Kirschwasser und der aus Zuckerrohrmelasse
bereitete Rum gegen 51 %, der aus Reis verfertigte Arrac 61 %, der
Kartoffel- und Kornschnaps meist 40—50 %. Der Branntwein ist
daher von ungleich stärkerer Wirkung und sein regelmässiger Genuss,
namentlich in grösseren Dosen, für die Gesundheit in hohem Grade
schädlich. Ein Schluck Branntwein kann allerdings einen günstigen
Einfluss ausüben z. B. bei Soldaten im Felde nach grossen Strapazen [1], oder als Arznei in gewissen Fällen. Es ist kaum richtig,
dass bei Genuss von Branntwein zur Erhaltung des Körpers in erheblicher Menge weniger Nahrungsstoffe nöthig sind; der Säufer nimmt
nur in der Regel in Folge des durch den concentrirten Alkohol hervorgerufenen chronischen Magenkatarrhs weniger Speise auf, kommt
aber auch körperlich herunter. Der Darbende, welcher Schnaps
trinkt, um die Kraft für die Arbeit zu finden, behandelt seinen Körper

---

[1] PARKES, On the issue of a spirit ration etc. during the Ashanti Compaign of
1874. p. 47 u. 57. London 1875.

ebenso wie der Unbarmherzige, der sein von Hunger erschöpftes
Pferd durch Peitschenhiebe zu neuen Leistungen zwingt.

2. Das Bier.

Das Bier wird, wie bekannt, aus Gerstenmalz, Hopfen, Hefe und
Wasser hergestellt. Von allen alkoholischen Getränken wird keines
in so grossen Quantitäten genossen als das Bier. Im gewöhnlichen
leichteren Bier findet sich procentig wesentlich weniger Alkohol als
in den Weinen oder dem Branntwein; seine Wirkungen sind daher
nicht so eingreifende und sein regelmässiger Genuss nicht so schädlich. Es verdrängt zum Glück immer mehr den Consum von Branntwein, ja es macht selbst in den Wein producirenden Gegenden dem
Wein erhebliche Konkurrenz.

Das Bier ist nicht nur ein vortreffliches Genussmittel, sondern
es schliesst auch in berücksichtigenswerther Quantität einen Nahrungsstoff ein. Es enthält ausser Wasser, Alkohol, Kohlensäure und
den aromatischen Stoffen des Hopfens vorzüglich Dextrin und Zucker,
ausserdem noch geringe Mengen von eiweissartigen Stoffen, Glycerin,
Milchsäure, Essigsäure, Bernsteinsäure und anorganische Salze.

Es werden im Mittel in Procent angegeben für:

Sorte	Wasser	Kohlensäure	Alkohol Vol. %	Extrakt	Eiweiss	Zucker	Dextrin und Gummi	Milchsäure	Glycerin	Asche
Winterbier . .	91.81	0.228	3.206	4.988	0.511	0.442	2.924	0.116	0.202	0.200
Sommerbier . .	90.71	0.218	3.679	5.612	0.491	0.872	4.390	0.128	0.218	0.223
Exportbier (Bock)	88.72	0.245	4.066	7.227	0.710	0.900	—	0.166	—	0.267
Porter u. Ale .	88.52	0.213	5.164	6.321	0.730	0.584	—	0.325	—	0.273

Zu einer Zeit, als man den Eiweissgehalt einer Substanz als
einziges Maass für ihren Nährwerth ansah, glaubte man, das Bier
habe in dieser Beziehung keine oder nur eine äusserst geringe Bedeutung, da es kein Eiweiss enthalte (LIEBIG). In der That kommt
im Biere kein oder nur sehr wenig Eiweiss vor und es kann also
keine Nahrung abgeben. Das bei den Analysen angegebene Eiweiss
ist nicht direkt bestimmt, sondern nur aus dem Stickstoffgehalte des
Extraktes berechnet. Das Eiweiss des Malzes geht wohl zum Theil
in die Würze über, es wird aber fast vollständig beim Sieden des
Biers, durch Verbindung mit dem Gerbstoff des Hopfens und in der
sich während der Gährung entwickelnden Hefe wieder abgeschieden.

Neuerdings wird angenommen, dass sich im Bier Spuren von löslichem
Eiweiss oder Pepton befinden, welche sich durch ein beim Malzen
entstehendes Ferment aus dem Eiweiss während des Maischprocesses
bilden oder aus der Hefe abstammen sollen.[1] Aber auf den reichlichen Gehalt an leicht löslichen Kohlehydraten in der so äusserst
günstigen Form von Dextrin und Zucker hatte man früher nicht geachtet, da man die Kohlehydrate nur für Wärmebildner hielt. Das
Kohlehydrat macht das Bier zu einem Nahrungsmittel, welches jedoch theuer zu stehen kommt, denn 30 Grm. desselben in einer
Semmel kosten nur 3 Pfennige, in einem halben Liter Bier 13 Pfennige. In zwei Liter Bier nimmt ein Münchner 120 Grm. Extrakt
auf, das sind in leicht löslicher Substanz 33 % des in der menschlichen Nahrung gewöhnlich verzehrten Kohlehydrates. Ein Arbeiter
verzehrt in seiner täglichen Nahrung höchstens 500 Grm. Kohlehydrate; in etwas über 8 Liter Bier könnte er also seinen ganzen
Bedarf an Kohlehydraten zuführen. Dies ist allerdings ein viel zu
grosses Quantum Bier, welches aber leider von manchen Trinkern
erreicht wird. Die Münchener Bevölkerung hat sich an einen übermässigen Verbrauch von Bier gewöhnt, der völlig unnütz ist und
einen bedeutenden Bruchtheil des Einkommens verschlingt, was nicht
nur für die Gesundheit, sondern auch für den Wohlstand der Leute
von den traurigsten Folgen ist.

Die Quantität des consumirten Biers ist eine ganz ungeheuere
geworden; die Consumption betrug im Jahre 1874 für den Kopf der
Bevölkerung in Liter:

in Belgien	158	Liter
in England	139	„
im Deutschen Reich	98	„
in Oesterreich	37	„
in Frankreich	21	„
in München	566	„

II. Alkaloidhaltige Substanzen.

1. Kaffee.

In vielen Ländern der Erde, namentlich auch auf dem europäi-
schen Kontinente, wird von Arm und Reich täglich der heisse Extrakt der gerösteten Bohnen des Kaffeebaums (Coffea arabica) genossen,
obwohl sein Gebrauch in Europa erst im 16. und 17. Jahrhundert bekannt geworden ist.

---

[1] Feichtinger, Dingler's polyt. Journ. CXCVII. S. 363. — V. Griessmayer, Ber.
d. d. chem. Ges. X. S. 617. 1877.

In den Kaffeebohnen findet sich als hauptsächlich wirkender Stoff das zu den Alkaloiden gerechnete Kaffein (0.5—1 %) und ferner die Kaffeegerbsäure (als kaffeegerbsaures Kali-Kaffein)[1]; ausserdem 6—8 % Zucker, Fett, Legumin und Cellulose.

Beim Rösten (bei 200—250 ⁰ C.) treten allerlei Veränderungen mit den Bestandtheilen der Bohnen ein und es bilden sich aus den in Wasser löslichen Stoffen aromatische Substanzen. Der grösste Theil des Zuckers wird dabei zersetzt und in Karamel verwandelt, denn im gerösteten Kaffee sind nur mehr 0.5 % Zucker vorhanden. Auch die Cellulose erleidet theilweise eine Zersetzung, ebenso die Eiweissstoffe. Das kaffeegerbsaure Kali-Kaffein bläht sich auf und wird wahrscheinlich in seine Bestandtheile zerlegt.

Der Gewichtsverlust der lufttrockenen Bohnen beim richtigen Rösten beträgt 16—17 %; davon sind nach J. König[2] S.66 % Wasser und 9.11 % organische Substanz.

100 Theile gerösteter Bohnen liefern nach Liebig[3] 21.52 Theile trockenes Extrakt, nach A. Vogel 39 Theile, nach Payen 25 Theile, nach Cadet[1] bei rothbrauner Färbung 12, bei dunkelbrauner 22 Theile; ich[5] habe aus gerösteten Bohnen 21.35 % Extrakt bekommen.

Nach J. Lehmann gehen von 100 Theilen gerösteter Bohnen 3.4 Theile Aschebestandtheile, vorzüglich Kalisalze, in das Extrakt über; nach meinen Bestimmungen 3.13 Theile (im trocknen Extrakt waren 14.65 % Asche).

Ich fand im Auszug aus 100 Grm. gerösteten Bohnen 0.68 Grm. Stickstoff, entsprechend 2.4 Grm. Kaffein. Aubert zog das Kaffein direkt mit Chloroform aus und bekam nur 0.072 % (in einer Tasse aus 16.66 Grm. gerösteter Bohnen 0.012 Grm. Kaffein), fast alles was in den Bohnen enthalten war.

Nach einer Zusammenstellung J. König's gehen von 100 Grm. gebrannten Bohnen in Lösung über:

	aus 100 Grm. ger. Bohnen	aus 15 Grm. (1 Tasse)
Extrakt	25.50	3.82
Kaffein (aus N) .	1.74	0.26
Oel	5.18	0.78
N-freies Extrakt .	14.52	2.17
Asche	4.06	0.61

1 Payen, Précis de chimie technique. Deutsch v. Stohmann u. Engler. II. S. 353.
2 J. König, Die menschl. Nahrungs- u. Genussmittel. 1880. S. 476.
3 Liebig, Chem. Briefe. S. 561. 1851.
4 Bibra, Die narkotischen Genussmittel. S. 23. 1855.
5 Voit, Unters. über den Einfluss d. Kochsalzes, des Kaffees u. s. w. S. 80. 1860.
6 Aubert bei Haase, Unters. über die Wirkungen des Coffeins. Diss. inaug. Rostock 1871.

Es sind im Laufe der Zeit allerlei Meinungen über die Wirkung des Kaffees und die Bedeutung des Kaffeetrinkens geäussert worden.

Payen [1] hatte die Ansicht aufgestellt, der Kaffeeabsud wäre seines Stickstoffgehaltes wegen ein wahres Nahrungsmittel; erst als man einsah, dass hierfür der Stickstoffgehalt einer Substanz nicht entscheidend ist, sondern vielmehr die Verbindung, in welcher der Stickstoff steckt, kam man von dieser Anschauung ab. Im Kaffeeabsud findet sich der überdies nur in geringer Menge vorhandene Stickstoff grösstentheils im Kaffeïn.

Wegen der Aehnlichkeit in der Zusammensetzung des Kaffeïns und des Taurins, dessen Schwefelgehalt damals noch unbekannt war, hielt Liebig [2] das erstere für einen Lebernahrungsstoff, der zur Gallenbildung beitrage.

Rochleder [3] hatte aus dem Kaffeïn Zersetzungsprodukte erhalten homolog den Oxydationsprodukten im thierischen Organismus, woraus er schloss, dass das Kaffeïn an der Ernährung Antheil nimmt, indem es vielleicht das Kreatin des Fleisches ersetzt; bei Aufnahme stickstoffarmer Nahrungsmittel, aus denen sich nur wenig Kreatin bilden könne, wären daher die kaffeïnhaltigen Substanzen im Stande, den Mangel an Fleisch zu ersetzen.

In der folgenden Zeit liess man das Kaffeïn in die Zersetzung anderer Stoffe im Körper eingreifen und suchte zumeist den Grund des Kaffeetrinkens in einer Verminderung des Stoffwechsels, vorzüglich des Eiweisszerfalls [4]. Wegen der anscheinend geringeren Harnstoffausscheidung bei Kaffeegenuss dachte man sich, der Kaffee werde getrunken, um stickstoffhaltige Nahrung zu ersparen oder mit derselben Menge der letzteren mehr für den Körper zu leisten (siehe S. 174). Knapp [5] meinte z. B., es werde für gewöhnlich die Kraft für mechanische Leistungen rascher produzirt als man sie für die Arbeit verwenden könne und es sei dadurch, dass unter dem Einfluss des Kaffees die Zersetzung langsamer erfolge, möglich den sonst verloren gehenden Antheil der Kraft zu gewinnen.

Ich habe dagegen dargethan, dass der Eiweissumsatz sich unter der Einwirkung des Kaffees nicht nachweisbar ändert. Wenn aber auch der Kaffee die Eigenschaft gehabt hätte, den „Stoffwechsel"

---

1 Payen, Compt. rend. XXII u. XXIII. 1846.
2 Liebig, Die org. Chemie in ihrer Anwendung auf Physiol. u. Pathol. S. 181 bis 192. 1842.
3 Rochleder, Sitzgsber. d. Wiener Acad. II. S. 259. 1849; die Genussmittel u. Gewürze in chemischer Beziehung. S. 49. 1852.
4 A. Marvaud, Les aliments d'épargne. p. 300. Paris 1874.
5 Knapp, Wissenschaftl. Vorträge zu München. S. 610. 1858.

zu verlangsamen, so wäre es doch noch sehr fraglich gewesen, ob er um dieser Wirkung willen auch getrunken wird. Der Wohlhabende trinkt gewiss nicht aus diesem Grunde den Kaffee nach einem luxuriösen Mahle; die eigentlichen Kaffeeschwestern finden sich nicht unter den armen, sondern in beglückteren Ständen. Im Gegensatz dazu ist der Arme meist auf ganz schlechte Sorten Kaffee angewiesen, ja er trinkt häufig nur Surrogate.

Der Kaffee hat darnach nichts mit der eigentlichen Ernährung und der Nahrungszufuhr zu thun, er wirkt als ein Genussmittel auf gewisse Nervencentralorgane erregend ein.[1] Dadurch zieht die gleiche erregende Ursache stärkere Erfolge nach sich oder es bedarf einer geringeren Anregung, um den nämlichen Effekt zu erzielen. Er erfrischt auf diese Weise den ermüdeten Körper von Neuem, indem er die Abspannung desselben weniger fühlbar und ihn so zu fortgesetzter Arbeit tauglich macht. Der Kaffee bewirkt, dass wir unangenehme Zustände weniger empfinden oder uns darüber leichter hinwegsetzen und befähigter werden, Schwierigkeiten zu überwinden; er wird somit für den prassenden Reichen zum Mittel die Arbeit des Darms nach der Mahlzeit weniger fühlbar zu machen und die tödtliche Langeweile zu vertreiben, für den Gelehrten ihn bei anhaltenden Studien wach und frisch zu erhalten, für den Arbeiter die Mühen des Tages mit leichterem Sinne zu ertragen.[2]

2. Thee.

Das Kaffein findet sich ausser in den Kaffeebohnen noch in dem in China seit den ältesten Zeiten kultivirten Theestrauch (Thea chinensis), ferner im Yerbastrauch (Ilex paraguayensis), der das Lieblingsgetränk der Bewohner eines grossen Theiles von Südamerika liefert, dann im Paulinienstrauch (Paullinia sorbilis), dessen schwarze Samen in Brasilien besonders auf Reisen zur Bereitung einer erfrischenden Limonade verwendet werden, und endlich im Colabaum (Cola acuminata), aus dessen Nüssen (Gurunüssen) in Guinea der Kaffee von Sudan bereitet wird.

1 Frerichs, Wagner's Handwörterb. d. Physiol. III. (1) S. 672 u. 721. — C. G. Lehmann, Lehrb. d. physiol. Chemie. I. S. 151. 1853. — J. Lehmann, Ann. d. Chem. u. Pharm. LXXXVII. S. 205 u. 275. 1853. — F. Hoppe, Deutsche Klinik. 1857. No.19. — J. F. H. Albers, Ebenda. 1852. No. 51. S. 577. — Boecken, Arch. d. Ver. f. gem. Arb. I. S. 213. — Stuhlmann u. Falck, Arch. f. path. Anat. XI. S. 324. 1857. — Voit a. a. O. S. 135. — Haase a. a. O. — Aubert u. Dehn, Arch. f. d. ges. Physiol. V. S. 589. 1872, IX. S. 115. 1874. — Peretti, Beitr. zur Toxikologie des Kaffein. Diss. inaug. Bonn 1875. — Binz, Niederrhein. Ges. f. Natur- u. Heilk. S. 104. 1872. — Derselbe, Arch. f. exper. Path. u. Pharm. IX. S. 31.
2 Parkes, On the issue of a spirit ration etc. during the Ashanti Compaign of 1874. p. 47 u. 57. London 1875.

Die Theeblätter, deren wässriger heisser Aufguss den Thee darstellt, enthalten gegen 2 % Kaffein oder Thein, dann 21 % eiweissartige Stoffe (Legumin), 12 % Theegerbsäure, Cellulose, Dextrin,
Gummi, ein Harz, Gallussäure, Oxalsäure, und 0.6—1 % eines ätherischen Oeles.

In den Theeaufguss geht mehr Substanz über als in den Kaffeeabsud, nämlich gegen 33 %. Darin finden sich 61 % des Stickstoffs
der Blätter, und zwar nicht nur in Thein, sondern auch in eiweissartigen Stoffen. Zu 2 Tassen starken Thees braucht man etwa
5 Grm. lufttrockene Theeblätter. Im Mittel löst sich aus 100 Grm.
lufttrockenem Thee und aus 5 Grm. (für eine Portion) auf:

	aus 100 Grm.	aus 5 Grm.
Gesammtextrakt	33.64	1.68
Thein	1.35	0.07
Sonstige N-Verbindungen .	9.44	0.47
N-freie Extraktstoffe . . .	19.20	0.96
Asche	3.65	0.18

In einer Portion Thee befindet sich daher im Allgemeinen weniger
Thein, Extrakt und Asche, aber mehr Stickstoff als in einer Tasse
Kaffee. Liebig hat darauf aufmerksam gemacht, dass im Theeaufguss Eisenverbindungen gelöst sind; im Extrakt von 100 Grm. Thee
hat man 0.083 Grm. Eisenoxyd nachgewiesen.

Der Thee wirkt auf das Nervensystem in ähnlicher Weise wie
der Kaffee und zwar durch seinen Gehalt an Thein und an äthe-
rischem Oel.

3. Cacao und Chocolade.

Cacao nennt man die Samenkörner der Frucht des in Central-
amerika wachsenden Cacaobaumes (Theobroma Cacao).

Die Cacaokerne enthalten ausserordentlich viel (bis zu 45 %)
Fett (Cacaofett, Cacaobutter), ferner Stärkemehl, reichliche Mengen
von Eiweiss, das Alkaloid Theobromin [1] zu 1.5 % (dem Kaffein nahe
verwandt), Cellulose und Spuren von Zucker. Im Mittel giebt J. König
für verschiedene Sorten geschälten Cacaos an:

	%
Wasser	3.25
Eiweiss	14.76
Cellulose	3.68
Sonstige N-freie Extrakte .	12.35
Stärkemehl	13.31
Fett	49.00
Theobromin	1.56
Asche	3.65

---

[1] Liebig, Chem. Briefe. S. 342. 1865.

Die Chocolade[1] ist ein Gemenge von Cacao und Zucker, dem gewöhnlich Gewürze (Zimmt oder Vanille) zugesetzt sind; in feiner Chocolade kommen auf 50 Theile Cacaomasse etwa 50 Theile Zucker; im Handel werden meist bis zu $2/3$ Zucker zugemischt. Sie vertheilt sich in heissem Wasser zu einer gleichmässigen, emulsionsartigen flüssigen Masse. Die Chocolade hat folgende Zusammensetzung:

	%
Wasser	1.55
Stickstoffhaltige Stoffe	5.06
Fett	15.25
Zucker	63.81
Sonstige N-freie Stoffe	11.03
Holzfaser	1.15
Asche	2.15

Die Chocolade ist nicht nur ein Genussmittel, sondern auch durch ihren Gehalt an Fett, eiweissartigen Stoffen und namentlich an Zucker auch ein Nahrungsmittel. Der Cacao ist das unentbehrliche Nahrungs- und Erfrischungsmittel des Soldaten spanischer Race in Mexiko. Er wirkt ähnlich, nur in etwas geringerem Grade belebend auf den Organismus wie der Kaffee. Der Gehalt an Eiweiss kommt hier in Betracht, da von der Chocolade meist grössere Quantitäten verzehrt werden als von dem Thee und Kaffee. Man rechnet für eine Portion des Getränks meist 30 Grm. der lufttrocknen Chocolade, die einen nicht ganz unbedeutenden Bruchtheil des Bedarfs an Nahrungs- stoffen decken.

4. Tabak, Coca.

In den frischen Tabaksblättern finden sich zwischen 85—89 % Wasser, im fertigen Rauchtabak zwischen 8—13 %. Im trocknen Rauchtabak sind enthalten:

	%
Stickstoff	4.01
Nikotin	1.32
Ammoniak	0.57
Salpetersäure	0.49
Salpeter	1.08
Fett	4.32
Asche	22.81

Beim Verbrennen des Tabaks verflüchtigen sich die schon vor- handenen flüchtigen Stoffe: Nikotin und ätherisches Oel, dann bilden sich dabei alle jene Stoffe, welche als Produkte der trockenen Destilla- tion von stickstoffhaltigen und stickstofffreien Substanzen bekannt

---

1 A. Mitscherlich, Der Cacao. S. 84. Berlin 1859.

sind, nämlich: Ammoniak, Cyan, Essigsäure und Theerprodukte. Im Tabaksrauch sind: Nikotin, ein brenzliches Oel, brenzliches Harz, Ammoniak, etwas Essigsäure, ziemlich viel Buttersäure, verschiedene Kohlenwasserstoffe, auch Kohlenoxydgas. Der Tabak gehört wegen seiner narkotischen Eigenschaften zu den Genussmitteln; das Nikotin bringt vorzüglich die Wirkung desselben hervor.

Ueber die bei fortgesetztem Gebrauch unter allen Umständen der Gesundheit schädlichen Narkotica: Opium und Haschisch, welche leider nur zu oft auch als Genussmittel benutzt werden, habe ich hier nichts zu sagen.

Die Cocablätter (von Erythroxylon Coca) sollen beim Kauen die Eingebornen von Peru und Chili befähigen, grosse Strapazen und schwere Arbeit lange Zeit trotz mangelnder Nahrung zu ertragen. Man ist bis jetzt nicht im Stande über diese von vielen Reisenden erzählten Wirkungen sich irgend eine Erklärung zu machen [1]. Man sollte es für unmöglich halten, dass Leute bei höchst beschwerlicher Arbeit bis zu 5 Tagen und länger nur mit Cocablättern leben und dabei nicht an Kräften abnehmen. Es wäre sehr wichtig, den Einfluss der Coca oder ihres Alkaloids, des Cocains, auf die Stoffzersetzungen im Organismus genau zu untersuchen (siehe S. 177). Ueber die physiologischen Wirkungen des Cocains auf die Vorgänge in den einzelnen Organen hat vorzüglich ANREP [2] berichtet, bei dem auch die betreffende Literatur zu finden ist.

DRITTES CAPITEL.
Die Nahrungsmittel.

Die Menschen und Thiere nehmen nicht die einzelnen für die Erhaltung des Körpers nöthigen Nahrungsstoffe auf; nur in wenigen Fällen werden reine Nahrungsstoffe verwendet, wie z. B. reines Fett oder Zucker oder Kochsalz, meist werden die im Thier- und Pflanzenreich vorkommenden Gemische einer gewissen Anzahl von Nahrungsstoffen in den zusammengesetzten Nahrungsmitteln eingeführt.

---

1 TSCHUDI, Reiseskizzen aus Peru in d. Jahren 1838—1842. VI. St. Gallen. 1816. — MORÉNO u. MAIZ, Recherches chim. et physiol. sur l'Erythroxylum Coca du Pérou et la Cocaïne. Paris 1868.
2 ANREP, Arch. f. d. ges. Physiol. XXI. S. 38. 1879.

Die Nahrungsmittel werden durch die Verdauung unter Vernichtung der Organisation in ihre Bestandtheile, die Nahrungsstoffe, zerlegt, und diese dann, also vorzüglich Eiweiss, Fett, Zucker, die anorganischen Stoffe, getrennt durch die Organe des Körpers verwerthet. So kommt es, dass verzehrtes Muskelfleisch nicht Fleisch bleibt und als solches am Muskel abgelagert wird, so wenig wie in den Darm aufgenommene Leber- oder Gehirnsubstanz in die betreffenden Organe übergeht. Wenn man die Bedeutung der einzelnen Nahrungsstoffe für sich und in bestimmten Gemischen, ferner den Gehalt an Nahrungsstoffen in den Nahrungsmitteln, sowie deren Ausnützung im Darm kennt, ist man auch in den Stand gesetzt, den Nährwerth eines Nahrungsmittels zu beurtheilen. Es handelt sich daher hier vor Allem um die Prinzipienfragen d. i. um die Wirkung der einzelnen Nahrungsstoffe und ihrer Gemische auf die Vorgänge der Zersetzungen und die Erhaltung des stofflichen Bestandes im Körper; erst nach Lösung dieser Aufgabe kann man mit Erfolg daran gehen am Menschen und Thier zu untersuchen, welchen Werth je nach ihrer Zusammensetzung die zur Ernährung benutzten vielfachen Nahrungsmittel besitzen. Aber eine eigentliche Nahrungsmittellehre zu geben, d. h. über die chemische Zusammensetzung der mannigfaltigen Nahrungsmittel aus dem Thier- und Pflanzenreiche zu berichten und darzulegen, welche Verschiedenheiten in dieser Beziehung z. B. das Muskelfleisch und die Milch der verschiedenen Thiere oder die Samen der Getreidearten sowie die Wurzeln und Kräuter der Pflanzen zeigen, welche Differenzen ferner vorkommen in der Zusammensetzung des Fleischs und der Milch derselben Thierart unter allerlei Umständen oder in der des Weizens u. s. w., das liegt ausserhalb des Bereichs der Aufgabe der Physiologie, es ist eine rein chemische Untersuchung. Ein Bericht hierüber würde für das Verständniss der physiologischen Vorgänge im thierischen Organismus nichts Neues bringen und doch das Volum der Ernährungslehre ungebührlich anschwellen machen. Zudem besitzen wir eine Anzahl von Werken, die sich mit diesem Thema ausschliesslich befassen und das Material vollständig bringen; ich verweise daher denjenigen der Leser, welcher zur Anwendung der durch die Physiologie gefundenen Sätze der Ernährungslehre die Zusammensetzung eines Nahrungsmittels näher kennen lernen will, auf die betreffenden Werke über Nahrungsmittellehre [1].

1 TIEDEMANN, Physiologie. III. 1836. — IGN. HAYN, Die Nahrungsmittel in ihren diätetischen Wirkungen. Berlin 1842. — JONATHAN PEREIRA, Abhandlung über die Nahrungsmittel d. Menschen. A. d. Engl. v. CARL VELTEN. Bonn 1515. — *F. C. KNAPP,

Ich gebe im Folgenden von den einzelnen Nahrungsmitteln des
Menschen nur dasjenige an, was auf die physiologischen Processe
direkt Bezug hat. Es kann ein Nahrungsmittel durch gewisse Umstände ein besonderes Verhalten im Körper zeigen, welches aus dem
Gehalt desselben an Nahrungsstoffen nicht erschlossen werden kann
und eine Funktion des Organismus ist. Hier ist es namentlich die
ungleiche Ausnützung im Darmkanal, welche bei Feststellung des
Nährwerths in Betracht kommt. Ausserdem werde ich Einiges über
den Nährwerth gewisser Nahrungsmittel mittheilen, um einige Beispiele für die Anwendung der Ernährungsgesetze zu geben, welche
die letzteren vielleicht am besten zu erläutern im Stande sind und
das Verständniss für Aufgaben der Art erwecken. Ueber die an
verschiedenen höheren und niederen Thieren, namentlich an den landwirthschaftlichen Hausthieren in dieser Richtung gemachten Untersuchungen kann ich in einem Handbuch der Physiologie, welches
in speziellen Fragen vorzüglich die Verhältnisse am Menschen in Betracht zu ziehen hat, nicht näher eingehen.

Die Menschen geniessen als zusammengesetzte Nahrungsmittel
vorzüglich folgende Substanzen:

aus dem Thierreiche:

  1. das Muskelfleisch (sowie einige andere Organe) mehrerer Säuge-
     thiere (Wiederkäuer, weniger Nager und Dickhäuter), das einiger
     Vögel und Fische.

Die Nahrungsmittel in ihren chem. u. techn. Beziehungen. Braunschweig 1848. —
J. Moleschott, Lehre der Nahrungsmittel, für das Volk. Erlangen 1850. — Franz
Heller, Ueber Ernährung und Stoffwechsel, sowie über einige d. vorzüglichsten Nahrungsmittel. Breslau 1855. — H. Frey, Ueber d. wichtigsten Nahrungsmittel d. Menschen. Zürcher akad. Vorträge. Zürich 1855. — C. Fr. Fuchs, Ueber den Einfluss d.
eiweissartigen, stärkemehlhaltigen und fetten Nahrungsmittel auf den menschlichen
Körper. Neuhaldensleben 1855. — *J. Moleschott, Physiologie der Nahrungsmittel.
2. Aufl. Giessen 1859. — F. Artmann, Die Lehre von d. Nahrungsmitteln. Prag 1859.
— *E. Reich, Die Nahrungs- und Genussmittelkunde, historisch, naturwissenschaft-
lich u. hygienisch begründet. Göttingen 1860. — Birra, Die Getreidearten und das
Brod. Nürnberg 1860. — *E. Wolff, Die landw. Fütterungslehre und die Theorie der
menschl. Ernährung. Stuttgart 1861. — *Payen, Précis théorique et pratique des substances alimentaires. 4. Edit. Paris 1865. — Jul. Cyr, Traité de l'alimentation. Paris
1869. — G. Langbein, Die Genussmittel. Leipzig u. Heidelberg 1869. — L. Baltzer,
Die Nahrungs- u. Genussmittel des Menschen in ihrer chem. Zusammensetzung und
physiol. Bedeutung. Nordhausen 1874. — *Ed. Smith, Die Nahrungsmittel. Leipzig
1874 (internationale wiss. Bibliothek. VI u. VII). — Ron. Pott, Unters. über die Stoff-
vertheilung in versch. Culturpflanzen mit bes. Rücksicht auf ihren Nährwerth. Samml.
physiol. Abhandl. von Preyer. 1876. — *Fr. Stohmann, Die Nahrungs- u. Genussmittel in Muspratt's techn. Chem. 3. Aufl. IV. S. 1575. — *J. König, Die menschl. Nah-
rungs- u. Genussmittel. 2 Bde. Berlin 1880. — A. Almén, Upsala Läkare förenings
förh. 1879. XV. p. 1 (Zusammensetzung u. Geldwerth von 191 viel gebrauchten Nahrungsmitteln). — Jürgensen, Hospitals Tidende 1879 (Gehalt an Eiweiss, Fett u. s. w.
in abgemessenen Mengen verschiedener Gerichte für Kranke). — Gautier, Traité des
aliments et des boissons etc. Paris 1874. — Dietzsch, Die wichtigsten Nahrungsmittel
u. Getränke. Zürich 1879. — Vogl, Nahrungs- u. Genussmittel aus d. Pflanzenreiche.
Wien 1872.

2. die Milch der Wiederkäuer;
3. die Eier grösserer Vögel;

aus dem Pflanzenreiche:

1. die Samen mancher Pflanzen, vorzüglich der Getreidearten, und die daraus erzeugten Produkte;
2. Knollen und Wurzeln;
3. Gemüse- und Küchenkräuter;
4. die reifen Früchte einiger Bäume (und Pilze).

I. Die animalischen Nahrungsmittel.

1. Das Muskelfleisch.

Das Muskelfleisch ist anatomisch nicht ein einfaches gleichmässiges Gebilde, sondern ein sehr zusammengesetztes Ding (S. 20). Es finden sich darin bekanntlich, ausser den eigentlichen Muskelfasern, das die letzteren zusammenhaltende leimgebende Bindegewebe mit Ernährungsflüssigkeit getränkt, Fettgewebe in verschiedenem Grade mit Fett erfüllt, ferner Blut- und Lymphgefässe mit mehr oder weniger Inhalt und Nerven; ausserdem haften ihm noch Sehnen, Fascien und Knochen an [1].

Der chemischen Zusammensetzung nach besteht das Muskelfleisch überwiegend aus Wasser, eiweissartigen Stoffen, leimgebender Substanz, Extraktivstoffen (grösstentheils Produkten der Zersetzung), Fett und anorganischen Salzen.

Im Mittel enthält frisches gereinigtes mageres Ochsenfleisch in Prozent [2]:

Wasser	75.90
Feste Theile	24.10
Kohlenstoff	12.52
Wasserstoff	1.73
Stickstoff	3.40
Sauerstoff	5.15
Asche	1.30

oder:

Eiweissartige Stoffe (grösstentheils Syntonin)	18.36
Leimgebende Substanz	1.64
Fett	0.90
Extraktivstoffe	1.90
Asche	1.30

1 Bei Bezug grösserer Mengen von Fleisch vom Metzger treffen auf 100 Grm. Fleisch 8.4 Grm. Knochen, 8.6 Grm. Fett und 83.0 Grm. reines Fleisch (VOIT, Unters. d. Kost u. s. w. S. 23. 1877).
2 BISCHOFF u. VOIT, Gesetze d. Ernährung des Fleischfressers. S. 304. 1860.

Die Zusammensetzung des wasser- und fettfrei gedachten Muskelfleisches ist eine ziemlich gleichmässige [1].

Das Nähere über die Natur der Eiweissstoffe und der Extraktivstoffe findet sich in dem Handbuche für Physiologie I. (1) S. 266.
Das im intermuskulären Bindegewebe und im Inhalt des Sarkolemmaschlauches enthaltene Fett schwankt in seiner Menge ganz ausserordentlich. In dem Fleisch fettarmer, wild lebender Thiere, sowie in dem von Fett sorgfältig befreiten Fleisch nicht gemästeter Thiere findet sich immer noch etwas Fett vor, so z. B.[2]:

	$^0/_0$ Fett
beim Hasen . . .	1.07
beim Feldhuhn . .	1.43
beim Ochsen. . .	0.76
beim Ochsen. . .	0.91

Dagegen kann nach LAWES und GILBERT [3] das Fleisch gemästeter Thiere, wie es vom Fleischer geliefert wird, enorme Mengen von Fett einschliessen, z. B. das von einem fetten Ochsen 34.8 $^0/_0$, von einem fetten Schweine 49.5 $^0/_0$.

Bei der Zunahme des Fettes im Fleisch wird der Wassergehalt desselben geringer. Während das magere Fleisch nicht gemästeter Ochsen im Durchschnitt 75.9 % Wasser enthält, giebt das des gemästeten fetten Ochsen nur 45.6 $^0/_0$, das des Schweins 38.6 $^0/_0$ Wasser. SIEGERT [4] fand bei einem fetten Ochsen:

	$^0/_0$ Wasser	$^0/_0$ Fett
an den Halsmuskeln . . .	73.5	5.8
an den Lendenmuskeln . .	63.4	16.7
an den Schultermuskeln . .	50.5	34.0

Noch mehr tritt der Wasserverlust bei der Leber gemästeter Gänse hervor, welche nach PAYEN [5] nur 21.70 $^0/_0$ Wasser und 54.47 $^0/_0$ Fett enthält. Das Gleiche zeigte sich schon (S. 348) am Gesammtorganismus, wo ebenfalls bei gutem Ernährungsstande und einem Ansatz von Fett Wasser abgegeben wird; es handelt sich dabei nicht ausschliesslich um eine Verdrängung von Wasser aus dem Gewebe, sondern auch und zwar vorzüglich um eine Erhöhung des prozentigen Gehalts an Trockensubstanz in Folge der Ablagerung des wasserfreien Fettes. Nach den Darlegungen über die Bedeutung

1 SCHLOSSBERGER u. KEMP, Ann. d. Chem. u. Pharm. LVI. S. 78. 1845. — STOHMANN, Ztschr. f. Biologie. VI. S. 240. 1870. — PETERSEN, Ebenda. VII. S. 166. 1871.
2 J. KÖNIG, Ztschr. f. Biologie. XII. S. 506. 1876. — PETERSEN, Ebenda. VII. S. 173. 1871.
3 LAWES u. GILBERT, Philos. Transact. II. S. 493. 1859.
4 SIEGERT, GROUVEN's Vorträge über Agrikulturchemie. 3. Aufl. S. 371. 1872.
5 PAYEN, Substances alimentaires. p. 76.

des Fettes bei der Ernährung wird es klar, warum wir das fette
Fleisch gemästeter Thiere lieben, und warum Jagdvölker, welche das
fettarme Fleisch wild lebender Thiere verzehren, so grosse Mengen
davon nöthig haben.

Das Fleisch von Fischen und vom Frosch hat einen höheren
Wassergehalt, bis zu 80 %.[1]

Die theils stickstoffhaltigen, theils stickstofffreien Extraktivstoffe
bedingen den eigenthümlichen und verschiedenen Geschmack der
einzelnen Fleischarten; selbst das Fleisch verschiedener Körperstellen
des gleichen Thiers besitzt durch eine ungleiche Vertheilung dieser
Stoffe einen ungleichen Geschmack. Das mit kaltem und heissem
Wasser erschöpfte Fleisch, aus dem die Extraktivstoffe und die löslichen anorganischen Salze entfernt sind, stellt eine vollständig ge-
schmack- und geruchlose zähe Masse dar. Die Extraktivstoffe und
Salze sind die Genussmittel, welche das Fleisch angenehm schmeckend
machen; wir geniessen, um eine Abwechselung in der Geschmacks-
empfindung zu haben, das Fleisch verschiedener Thiere und bereiten
es auf mannigfaltige Weise zu.

Die Qualität des Fleisches ist sehr von der den Thieren gereichten Nahrung abhängig. Es besitzt das Fleisch wohlgenährter
Thiere nicht nur einen höheren Fettgehalt und einen geringeren
Wassergehalt, wodurch sein Nährwerth zunimmt, sondern es scheint
dabei auch die Ernährungsflüssigkeit in grösserer Menge vorhanden
zu sein, die das Fleisch weicher und saftiger macht. Das Fleisch
hungernder Thiere ist derber und zähe. Junge, in reichlichem Ernährungszustande geschlachtete Thiere liefern daher das zarteste,
saftigste und wohlschmeckendste Fleisch; nach Liebig's[2] Angabe ist
die Menge des aus dem kalten Auszug in der Hitze als Gerinnsel
sich ausscheidenden Albumins bei alten Thieren oft nur 1—2 %, bei
jungen Thieren bis 14 % (?). Den Einfluss des Futters und des
Mästungszustandes der Thiere auf die Menge des Fleischsaftes zeigen
auch die Bestimmungen von Henneberg, E. Kern und H. Wattenberg[3] an gemästeten und nicht gemästeten Schafen: es ergab sich
bei ersteren eine Vermehrung des löslichen Eiweisses von 1.29 %
auf 1.39 % ohne Aenderung der Extraktivstoffe.

---

1 Schlossberger, Vergl. Unters. d. Fleisches versch. Thiere. Stuttgart 1850. —
Bibra, Arch f. physiol. Heilk. 1845. S. 536. Siehe auch: Aug. Almén. Nova acta re-
giae soc. scientiarum Upsaliensis in memoria quatuor saeculorum ab universitate
Upsaliensi peractorum 1877 (Analysen des Fleisches einiger Fische).
2 Liebig, Chem. Briefe. S. 505. 1851.
3 Henneberg, E. Kern u. H. Wattenberg, Journ. f. Landw. 1878. S. 449.

Das Fleisch alter Thiere erscheint hart und zähe, obwohl der Wassergehalt desselben nicht geringer zu sein braucht. Es sollen mit dem Alter die Fasern fester werden; vielleicht haften sie aber auch durch mächtigeres, derberes, schwerer in Leim übergehendes Bindegewebe an einander. Es giebt nichts verschiedeneres im Geschmack als z. B. das Fleisch eines einjährigen englischen Masthammels und das eines vierjährigen Wollschafes. Man sagt, das Fleisch ganz junger Thiere enthalte weniger Extraktivstoffe und schmecke deshalb weniger kräftig; arm an Extraktivstoffen ist das Schweinefleisch, welches keine gute Brühe giebt, reich daran das Fleisch des Wildes oder der Vögel.

Das Fleisch wird für gewöhnlich erst nach der Lösung der Todtenstarre gegessen. Das Fleisch eben geschlachteter Thiere ist zäh und auf die Dauer kaum geniessbar, wie unsere Soldaten im Kriege zur Genüge erfahren haben. Die nach Lösung der Starre eintretenden Veränderungen machen das Fleisch weicher, namentlich lockert die dabei sich ansammelnde Milchsäure die Fasern, indem sie das Bindegewebe zum Quellen bringt. Man sucht das Gleiche zu erreichen durch starkes Klopfen des Fleisches oder auch durch Mazeriren in Essig, wenn man zähes Fleisch von schlecht genährten oder alten Thieren mit derbem Bindegewebe zur Verfügung hat.

Vom Menschen wird das Fleisch nur selten in rohem Zustande gegessen. Aber fein zerwiegt wird es von Magenkranken offenbar seiner Weichheit wegen häufig ohne Schmerzen ertragen und vielleicht auch leichter gelöst als das gar gekochte und durch Coagulation von Eiweiss härter gewordene Fleisch. Das frische rohe Fleisch wird von fleischfressenden Thieren in der grössten Menge verzehrt und verdaut.

Meist geniesst der Mensch das Fleisch im gesottenen oder gebratenen Zustande. Beim Sieden und Braten wird das Bindegewebe durch die Wärme und die Säure in Leim verwandelt, so dass die Muskelfasern leichter sich trennen. Ob das Syntonin der letzteren durch diese Behandlung nicht schwerer löslich wird, ist noch nicht genügend untersucht; jedenfalls verliert das Fleisch durch das Sieden in Folge von Wasserentziehung an Weichheit und wird durch längeres Sieden ganz hart und geschrumpft. 100 Grm. frisches, von Knochen und Fett befreites Fleisch geben nach einer von mir gemachten Bestimmung 56.7 Grm. gesottenes Fleisch, so dass dabei 43.3 Grm., grösstentheils Wasser, austreten. Darum hat das gesottene Fleisch ein geringeres Volum und einen viel geringeren Wassergehalt (statt 75.9 % nur mehr 44.3 %). 100 Grm. frisches reines Kalbfleisch liefern

7S Grm. gebratenes mit 66.4 % Wasser; fettfreier Schweinebraten enthält 50.6 % Wasser.

Liebig [1] hat in seiner berühmten Untersuchung über das Fleisch zuerst Näheres über die Veränderungen des Fleisches beim Kochen angegeben.

Uebergiesst man Fleisch mit viel kaltem Wasser und erwärmt ganz allmählich bis zum Sieden, so werden die in Wasser löslichen Bestandtheile desselben ausgezogen und zwar um so vollständiger, je langsamer die Erwärmung vorschreitet. Es lösen sich bei niederer Temperatur die in Wasser löslichen Salze, die Extraktivstoffe und die löslichen Eiweisskörper auf. Bei einer Temperatur von 56 ⁰ C. gerinnt das in der Flüssigkeit gelöste Eiweiss der Ernährungsflüssigkeit, aber noch nicht das Hämoglobin des Blutes, daher bei dieser Temperatur die Lösung noch roth gefärbt ist. Erst bei 70 ⁰ zersetzt sich das Hämoglobin und nun nimmt die Brühe eine gelbe Farbe an und wird klar. Es entwickelt sich jetzt erst, wahrscheinlich durch Zersetzung gewisser Stoffe der angenehme Geruch nach Fleischbrühe, während vorher der Geruch des rohen Fleisches vorhanden war. Auch im Fleisch selbst coagulirt das Eiweiss und das Hämoglobin. Der Rückstand stellt nach längerem Kochen eine harte, zähe, geschmacklose Masse dar; dagegen hat man eine vorzügliche Fleischbrühe, in die auch aus dem Bindegewebe etwas Leim übergegangen ist.

Bringt man aber das Fleisch gleich in ein nicht zu grosses Quantum siedenden Wassers, versetzt die durch das Einlegen des kalten Fleisches ausser Sieden gerathene Flüssigkeit wieder rasch in Siedehitze und erhält dann auf einer etwas niedereren Temperatur, so dass das Stück Fleisch durch und durch eine Temperatur von 70 ⁰ annimmt, so bekommt man ein zartes und saftiges Fleisch, jedoch nur wenig und schlechte Brühe. Es wird dabei das in den äussersten Schichten des Fleisches befindliche Eiweiss rasch zur Gerinnung gebracht, wodurch sich eine schützende, wenig Stoffe hinein- und herauslassende Hülle bildet.

Beim richtigen Braten werden dem Fleisch nur wenig Bestandtheile entzogen. Es erfolgt durch die Wärme rasch eine Gerinnung des Eiweisses an der äusseren Oberfläche; der anfangs ausfliessende Saft soll aufgefangen und beständig über das erhitzte Fleisch gegossen werden, wo er seine festen Bestandtheile, durch die Hitze verändert, als dunkelgefärbte Kruste von sehr angenehmem Geschmack und Geruch zurücklässt. Bei dem ganzen Process geht also nur Wasser aus dem Fleisch verloren, aber weniger als beim Sieden. Man kann ein mit einer Spitze versehenes Thermometer in die Mitte des Fleischstückes einstossen; das Fleisch ist völlig gar, wenn die Temperatur im Innern 56 ⁰ erreicht hat, wobei aber das Hämoglobin noch nicht zerlegt ist; bei 70 ⁰ gerinnt auch dieses, dann sieht das Fleisch im Innern nicht mehr blutig aus.

Durch langes Auslaugen geben nach Keller [2] von 100 Grm. Asche des Fleisches in siedendes Wasser über:

1 Liebig, Chem. Untersuchung über das Fleisch. Heidelberg 1547; Chemische Briefe. S. 503. 1851.
2 Keller, Ann. d. Chem. u. Pharm. LXX. S. 91. 1549.

	in die Brühe	im Fleisch bleiben
Phosphorsäure . . .	26.24	10.36
Kali	35.42	4.78
Erden und Eisenoxyd .	3.15	2.54
Schwefelsäure (?) . .	2.95	—
Chlorkalium	14.51	—
	82.57	17.68

Das Fleisch wird vom Menschen in bedeutender Menge verdaut.
J. Ranke[1] vermochte im Tag im Maximum 2000 Grm. Fleisch zu verzehren und 1080 Grm. zu zersetzen; Rubner[2] nahm 1435 Grm. Fleisch
auf, zerstörte aber nahezu alles. Der nur mässig arbeitende Mensch
kann sich wohl mit grossen Quantitäten von reinem Fleisch allein
einige Zeit erhalten; der stärker Arbeitende kaum oder nur sehr
schwer. Ein fleischfressendes Thier verwerthet noch erheblich grössere
Mengen von Fleisch als der Mensch; mein 35 Kilo schwerer Hund
ertrug und zersetzte dauernd täglich bis zu 2500 Grm., und erst bei
Aufnahme von 2900 Grm. Fleisch trat Erbrechen und Diarrhoe auf;
ein anderer Hund von 22 Kilo Gewicht frass 2000 Grm. Fleisch,
setzte aber nur 1762 Grm. um.

Frerichs[3] hat angegeben, dass der Nährwerth des Fleisches
nicht so hoch sei, als man namentlich aus seinem hohen Gehalt an
eiweissartigen Stoffen erwarten sollte, da das Syntonin der Muskel-
faser nur theilweise verdaut werde; er meinte, ein grosser Theil der
Fleischfasern gehe unverdaut mit dem Koth ab. Ich weiss nicht
wie Frerichs zu dieser Vorstellung gelangt ist. In dem von Hunden
nach Fütterung mit grossen Mengen von reinem Fleisch entleerten
Kothe findet man mit dem Mikroskop nie Muskelfasern vor; nur
wenn durch Aufnahme übermässig grosser Quantitäten von Fleisch
Diarrhöen auftreten, werden Muskelfasern darin beobachtet. Nach
Aufnahme von 1500—2500 Grm. Fleisch mit 362—603 Grm. Trockensubstanz werden nur 10—12 Grm. trockner Koth täglich vom Hunde
erzeugt, also das Fleisch sicherlich bis auf 2—3 % ausgenutzt; aber
selbst dieser Koth enthält kaum rückständige organische Bestandtheile des verzehrten Fleischs, da auch beim Hunger 1.9 Grm. trockner
Koth entfernt werden. Beim Menschen gehen nach Rubner von dem
verzehrten gebratenen Rindfleisch folgende prozentige Mengen im
Koth wieder ab:

---

1 Ranke, Arch. f. Anat. u. Physiol. S. 311. 1862.
2 Rubner. Ztschr. f. Biologie. XV. S. 115. 1879.
3 Frerichs, Wagner's Handb. d. Physiol. III. (1) S. 607.

	von 1435 Grm. Fleisch in $^0/_0$	von 1172 Grm. Fleisch in $^0/_0$
Trockensubstanz . .	4.7	5.6
Stickstoff	2.5	2.5
Asche	15.0	21.2

In diesem Koth konnten allerdings mit dem Mikroskope in Zerfall begriffene Muskelfasern entdeckt werden, aber von einer schlechten Ausnützung des Fleisches, namentlich des Stickstoffs desselben, kann keine Rede sein, zumal der Stickstoff theilweise von den Residuen der Verdauungssäfte und nicht vom Fleisch herrührt.

Ueber die Verdaulichkeit der verschiedenen Fleischsorten ist nichts sicheres bekannt, obwohl viel darüber geredet wird. Wahrscheinlich handelt es sich dabei zum Theil um die Art des Fettes und die Vertheilung desselben; ein schwerer schmelzbares Fettgemische mit viel Stearin (siehe S. 109) scheint zu bewirken, dass das Fleisch längere Zeit zur Lösung braucht (Hammelfleisch); das Gleiche findet wahrscheinlich statt, wenn der Sarkolemmainhalt reichlich mit Fett durchtränkt ist (Aal, Hummer).

Man hat das Fleisch auf mancherlei Weise für längere Aufbewahrung zubereitet. In Südamerika wird es, in lange dünne Riemen geschnitten, an der Sonne getrocknet (Tosajo, Charque). Oder man zerreibt das getrocknete Fleisch zu einem feinen Mehl wie in der Tartarei oder in Norwegen (Fischfleischmehl). Die fein gepulverten Fleischrückstände nach der Fleischextraktbereitung, die allerdings für sich geschmacklos sind, können als Eiweissträger Verwendung finden [1]. Das Fleischmehl lässt sich mit geschmolzenem Fett gemischt als Pemmican verwenden oder mit Mehl zu Brod und Zwieback verbacken, und hat gewiss, sorgfältig hergestellt, noch eine grosse Zukunft [2].

Beim Einsalzen oder Einpökeln werden dem Fleisch gewisse werthvolle Bestandtheile (Eiweiss, Extraktivstoffe und anorganische Salze) entzogen, wodurch es an Nährwerth verliert; bei richtigem Verfahren ist dies aber nicht in so hohem Grade der Fall, wie man früher annahm. Nach E. Voit [3] erleiden 1000 Grm. frisches Fleisch beim Einpökeln in 14 Tagen folgende Veränderungen:

---

1 Voit, Sitzgsber. d. bayr. Acad. II. (41) S. 1. 1869; Anhaltspunkte zur Beurtheilung des sog. eisernen Bestands. S. 18. München 1876.
2 Man stellt in Schweden auch Blutmehl her, das nach Panum bis auf 80/0 verdaut wird (Nordisk Medinskt Ark. VI. No. 19, auch Canstatt's Jahresber. 1874).
3 E. Voit. Ztschr. f. Biologie. XV. S. 493. 1879.

	Grm.	%
sie nehmen auf: Kochsalz . . .	43.0	—
sie geben ab: Wasser	79.7 =	10.4 des Wassers
Organische Stoffe .	4.8 =	2.1 der organ. Stoffe
Eiweiss	2.4 =	1.1 des Eiweisses
Extraktivstoffe . .	2.5 =	13.5 der Extraktivstoffe
Phosphorsäure . .	0.4 =	8.5 der Phosphorsäure

GIRARDIN [1] fand in 100 Kilo Pökelflüssigkeit aus 250 Kilo Ochsenfleisch:

Kilo		%
1.23	Albumin =	0.5 des Eiweisses
3.40	Extraktivstoffe =	1.4 der Extraktivstoffe
0.44	Phosphorsäure =	0.2 der Phosphorsäure
3.65	Kalisalze =	1.5 der Kalisalze

Der Verlust an Eiweiss, Extraktivstoffen und Phosphorsäure ist nicht so beträchtlich, dass dadurch der eigentliche Nährwerth erheblich geschmälert werden könnte; die Entziehung von 8.5 % der im Fleisch vorhandenen Phosphorsäure bringt namentlich keinen besonderen Schaden, da der Rest derselben wohl ausreichend für die Ernährung ist. Die Abnahme der Extraktivstoffe ist zwar nicht unbedeutend; sie vermindert jedoch nur den Wohlgeschmack des Fleisches, so dass wir es nicht so häufig zu geniessen vermögen. Ausserdem ist das Pökelfleisch härter als das gewöhnliche gesottene Fleisch und enthält mehr Kochsalz als wir sonst dem Fleisch beimischen, wodurch es vielleicht, längere Zeit gegessen, schädliche Wirkungen ausübt.

Das von LIEBIG [2] durch Behandeln des gehackten Fleischs mit verdünnter Salzsäure (250 Grm. Fleisch auf 560 Grm. Wasser mit 4 Tropfen Salzsäure) in der Kälte dargestellte Infusum carnis enthält nur sehr geringe Mengen von Eiweiss [3] und zwar nicht als Acidalbuminat. Es geht in die verdünnte Salzsäure wie in Wasser nur ein Theil des Eiweisses der Ernährungsflüssigkeit des Fleisches über; im Infusum finden sich nur 2.24 % feste Bestandtheile mit 1.15 % Eiweiss und 0.79 % anorganischen Salzen. In 6 Unzen des Infusums, die man einem Kranken täglich höchstens beibringen kann, sind daher blos 2.2 Grm. Eiweiss enthalten und es fehlen die für den Ansatz von Substanz und die Erhaltung des Körpers so wichtigen stickstofffreien Stoffe (S. 406). Es ist ganz unmöglich, dass bei alleiniger Zufuhr einer so schwachen Eiweisslösung fettarme Kranke sich 2 Monate lang bis zur vollkommenen Herstellung ihrer Gesund-

1 GIRARDIN, Compt. rend. XLI. p. 746.
2 LIEBIG, Ann. d. Chem. u. Pharm. XCI. S. 244. 1854.
3 BAUER u. VOIT, Ztschr. f. Biologie. V. S. 536. 1869.

heit erhalten und an Fleisch und Kräften zugenommen haben. Der Darreichung des Fleischinfusums liegt noch die falsche Vorstellung zu Grunde, dass das Eiweiss das einzig Nahrhafte sei, für das man daher vor Allem zu sorgen habe. Aber die Zufuhr der stickstofffreien Stoffe ist ebenso nothwendig, namentlich für den Rekonvalescenten; die einseitige Aufnahme von Eiweiss kann sogar durch die Abnahme des Fettes am Körper sehr gefährliche Folgen nach sich ziehen.

Es lässt sich aus dem Fleische mit einer starken hydraulischen Presse ein Saft auspressen, der 6 % Eiweiss enthält (BAUER u. VOIT). 1 Kilo fein zerwiegtes Fleisch wird, in 4 Lagen auf einander gelegt und durch grobe Leinwand getrennt, in einer Schale von 0.7 Fuss Durchmesser gepresst, wobei eine Flüssigkeit von rother Farbe, stark saurer Reaktion und von einem Geschmacke nach rohem Fleisch abläuft. Die Lösung, welche ebenfalls frei von Syntonin ist, kann auf 45 ° erhitzt werden, bis Gerinnung eintritt und lässt auf Kochsalzzusatz kein Albumin niederfallen. Man gewinnt aus 1 Kilo Fleisch im Mittel 230 Grm. Saft mit 15.2 Grm. Eiweiss, entsprechend 84 Grm. frischem Fleisch. Der auf 40 ° erwärmte Succus carnis ist nach Zusatz von Kochsalz und Gewürzen wohlschmeckend und wird bei chronischem Magenkatarrh und Typhus mit Erfolg längere Zeit genommen und ertragen. Jedoch muss wohl bedacht werden, dass die Eiweissmenge in ihm immerhin noch eine geringe ist und die stickstofffreien Stoffe fehlen.

Man hat aus dem Fleisch auf künstliche Weise in Wasser lösliche Fleischpeptonpräparate hergestellt. Dahin gehört das Präparat von LEUBE und ROSENTHAL[1], das Fleischpepton von SANDERS-EZN, und das Fluid-Meat von DARBY[2]. Nach dem früher (S. 395) über die Bedeutung des Peptons Gesagten kann man den Werth dieser Präparate, den ich für gewisse Fälle nicht unterschätze, beurtheilen.

Das Fleischextrakt enthält nur die Extraktivstoffe und in Wasser löslichen anorganischen Salze des Fleisches, es ist die zur Syrupsconsistenz eingedickte Fleischbrühe. Einzelne dieser Extraktivstoffe können sich im Körper vielleicht noch in einfachere Verbindungen zerlegen und dadurch geringe Mengen anderer Stoffe vor der Zersetzung schützen, sowie Wärme liefern, z. B. die Milchsäure; aber Niemand wird das Fleischextrakt geniessen, um Spuren solcher

---

1 LEUBE u. ROSENTHAL, Sitzgsber. d. phys.-med. Societät zu Erlangen. 1872. 29. Juli. — LEUBE, Berliner klin. Woch. 1873. No. 17.
2 Ztschr. f. Biologie. XV. S. 485. 1879, XVI. S. 208 u. 212. 1880.

Substanzen zuzuführen, die ungleich wohlfeiler auf eine andere Weise zu erhalten wären. Auch wegen der Nährsalze wird Niemand Fleischextrakt aufnehmen, da diese für gewöhnlich in der übrigen Nahrung in genügender Menge vorhanden sind. Das Fleischextrakt ist im Wesentlichen ein Genussmittel.

In der ersten Zeit wurde das Fleischextrakt mit Leim bereitet; solcher Art waren die Suppentafeln der holländischen Kompagnie, in welchen Chevreul das Kreatin entdeckte. Als man einsah, dass dabei der Gehalt an Leim von keiner Bedeutung ist, suchte man ihn auszuschliessen. Parmentier und Proust [1] stellten zuerst das reine Fleischextrakt ohne Leim her; sie gaben dazu ein Verfahren an, das von dem jetzt üblichen in Nichts abweicht, und priesen es mit den beredtesten und wahrsten Worten als Stärkungsmittel für die verwundeten Soldaten. Man muss zu dem Zwecke das zerwiegte Fleisch mit kaltem oder lauem Wasser ausziehen, damit sich aus dem Bindegewebe kein Leim bildet; dann erst wird aus der Lösung das Eiweiss durch die Siedehitze koagulirt, abfiltrirt und das Filtrat zur Syrupsconsistenz abgedampft. Aus 1 Kilo Fleisch gewinnt man etwa 31 Grm. Extrakt. Liebig wurde auf das von Proust hergestellte Fleischextrakt bei Gelegenheit seiner chemischen Untersuchung über das Fleisch aufmerksam (1847), und empfahl dabei den Vorschlag von Parmentier und Proust den Regierungen zugleich für die Verproviantirung von Schiffen und Festungen. Er erwarb sich auch in der Folge die grössten Verdienste um die weitere Bekanntmachung des Proust'-schen Extraktes und namentlich um die Verwerthung der Herden überseeischer Länder zur Herstellung desselben.

Es ist eine auffallende Erscheinung, dass man über den Werth des Fleischextraktes für die Ernährung so lange Zeit im Streite sein konnte; es hat sich allmählich eine ganze Literatur darüber angesammelt. [2] Durch die übertriebenen Anpreisungen verführt, glaubte man lange Zeit, namentlich in ärztlichen Kreisen, in dem Extrakt alle nährenden und werthvollen Stoffe des Fleisches in kleinem Volum zu besitzen. Namentlich hat Liebig die verschiedensten Meinungen über die Bedeutung des Extraktes ausgesprochen. [3]

Nach seinen ersten Darlegungen [4] sind die Extrakte Nahrungsmittel.

1 Parmentier u. Proust, Ann. d. chim. et phys. (3) XVIII. p. 177.
2 Sven Sköldberg, Canstatt's Jahresber. 1867. S. 117; Medicinskt Archiv utgifoetaf Lärarne vid Carolinska Institutet i Stockholm. III. 1867. — Almén, Upsala Läkareförenings förhandlingar.III.p.418 u. 590.1868,IV. p.224; Canstatt'sJahresber. 1868. S. 78; Forhandlinger ved de skandinaviske Naturforsceres tiende Möde i Christiania. 1868. Juli. — W. Alascheieff, Cronstädter Boten. 1869. No. 117. — Schmulewitsch, Vierteljahrschr. d. med. Archivs für Petersburg. 1869. — Hörschelmann, St. Petersb. med. Ztschr. N. F. I. (4) S. 368. 1870. — W. Bogoslowski, Med. Centralblatt. IX. No. 32. S. 497. 1871; Arch. f.Anat. u. Physiol. 1872. S. 347. — Al. Rollett, Sitzgsber. d. Vereins d. Aerzte in Steiermark. XI. S. 33. — Liebig, The Lancet. 1865. 11. Nov.; Pharm. Ztschr. f. Russland. 1871. No. 10 u. 12. — Pettenkofer, Ueber Nahrungsmittel im Allgemeinen und über den Werth des Fleischextrakts insbesondere. Braunschweig 1873; Ann. d. Chem. u. Pharm. CLXVI. S. 271. 1873.
3 Siehe hierüber: Voit, Ztschr. f. Biologie. VI. S. 351. 1870.
4 Liebig, Unters. über das Fleisch. S. 108 u. 109. 1847; Chem. Briefe. 3. Aufl. S. 509. 1851.

Es sollen sich aus den Stoffen der Fleischbrühe namentlich die für die Funktionen der Muskeln nöthigen Extraktivstoffe bilden; die organischen Bestandtheile des Extraktes sind daher nach ihm die Nahrungsstoffe für die entsprechenden Stoffe des Muskels und dienen deshalb zur Hebung der erschöpften Kräfte.

Später schrieb er eine Zeit lang der Fleischbrühe nur eine Bedeutung als Genussmittel durch ihre Wirkung auf die Nerven zu und sprach ihr wegen des Mangels an Nahrungsstoffen jeden Nährwerth ab.[1] Bald aber kam er von dieser Vorstellung wieder zurück und verfiel auf den Gedanken, die Abwesenheit von Nährsalzen mache gewisse Nahrungsmittel im Darmkanal theilweise unverdaulich z. B. das Brod. Die geschmacklosen und salzarmen Fleischrückstände nach der Extraktbereitung seien deshalb für die Ernährung so werthlos wie Steine; durch Zusatz der fehlenden Salze z. B. durch Fleischextrakt könne man dem Uebelstand abhelfen (S. 355). Aber die ungünstige Ausnutzung des Brodes wird durch Zusatz von Extrakt nicht verbessert[2] und es werden die Fleischrückstände auch ohne Salz verdaut wie das Fleisch, ebenso wie auch reiner Blutfaserstoff, reines Fett, reiner Zucker oder Stärkemehl. Das Fleischextrakt hat keinen Einfluss auf die Verdauung der Nahrungsstoffe.

Dann meinte er, durch das Fleischextrakt erhalte die vegetabilische Nahrung die Eigenschaften der Fleischnahrung, denn die Vegetabilien enthielten die gleichen Stoffe wie das Fleisch bis auf die Extraktivstoffe, welche also die eigenthümlichen Wirkungen der Fleischkost bedingten. Die Pflanzenkost unterscheidet sich aber durch manches Andere von der Fleischkost, wodurch ihre verschiedenen Erfolge, wie später noch näher dargethan werden soll, bestimmt werden. Die Energie und Kraft des Fleischfressers rührt nicht von den Extrakten her, sondern von der Menge und dem Verhältniss der Nahrungsstoffe im Fleisch und der besseren Ausnutzung im Darmkanal. Ein Mensch, dem man zu ausreichender Pflanzennahrung z. B. zu Kartoffeln, Extrakt zusetzt, bekommt dadurch nicht die der Fleischkost eigenthümlichen Folgeerscheinungen in Beziehung des Nährwerths, der Lebhaftigkeit und der Kraftleistung; giebt man dagegen Pflanzenfressern viel Eiweiss, z. B. einem Pferde eine tüchtige Portion Hafer, so hat man ohne Fleischextrakt die vollen Wirkungen einer animalischen Nahrung.

Zuletzt kam Liebig[3] wieder ganz auf seine erste Theorie zurück, wonach die nothwendig zur Zusammensetzung des Muskels gehörenden Extraktivstoffe wahre Nährstoffe und zugleich das Kraftmaterial für die Thätigkeit des Muskels sein sollen: gäbe man sie als solche, so brauchten sie nicht mehr aus Eiweiss erzeugt zu werden und ersparten also Eiweiss. Es lässt sich aber darthun, dass der hauptsächlichste Stoff des Extraktes, das Kreatin, sich nicht im Muskel ablagert, sondern unverändert im Harn ausgeschieden wird.[4] Diente das Fleischextrakt zur Herstellung der Zu-

---

1 Liebig, Auerbach's Volkskalender. S. 148. 1869; Cölnische Ztg. 1868. No. 154; Beilage zum Staatsanzeiger f. Württemberg. 1868. No. 127; Chem. Briefe. Volksausgabe. 1865. S. 259.

2 F. Bischoff, Ztschr. f. Biologie. V. S. 454. 1869.

3 Liebig, Sitzgsber. d. bayr. Acad. II. 1869; Ann. d. Chem. u. Pharm. 1870.

4 Voit, Ztschr. f. Biologie. IV. S. 77. 1868.

sammensetzung des Muskels als Nahrungs- und Kraftmittel, so hätten die
übrigen animalischen Nahrungsmittel z. B. Eier, Leber u. s. w. kaum eine
grössere Bedeutung als die Vegetabilien. Wenn die Muskelextrakte die
für den Muskel nothwendigen Extraktivstoffe ersetzen und die Kraft für
seine Thätigkeit entwickelten, so müssten doch analog die Extrakte der
übrigen Organe ebenfalls nothwendig zu ihrer Zusammensetzung gehören
und das Arbeitsmaterial derselben darstellen; die Extrakte der Milch
müssten eine grössere Thätigkeit der Milchdrüse bedingen, die der Leber
wären wichtig für dieses Organ, ähnlich wie man früher eingedickte Galle
bei Leberleiden gab; und für die Arbeit des Gehirns wäre dann gewiss
das Gehirnextrakt rationeller als das Muskelextrakt. Aber die Muskel-
extraktivstoffe sind Produkte der regressiven Metamorphose, die nicht zur
eigentlichen Zusammensetzung des Muskels gehören, grossentheils schon
Ausscheidungsprodukte (Kreatin, Kreatinin, Xanthin); manche derselben
liefern allerdings beim Weiterzerfall noch lebendige Kraft, jedoch ist ihre
Menge im verzehrten Fleischextrakt zu gering, um eine ausgiebige Wirkung zu entfalten. Im Muskel von Thieren, die längere Zeit reichlichst
mit Fleisch ernährt worden sind, findet sich nicht mehr Extrakt und
Kreatin als in dem Muskel verhungerter Thiere.

Bei Aufnahme von Fleischextrakt wird im Körper nicht weniger
Stoff zersetzt und es ist dabei die nämliche Quantität von Nahrungs-
stoffen zur Erhaltung nöthig; der Stickstoff des Extrakts wird im
Harn wieder ausgeschieden. Ein nur mit Fleischextrakt gefütterter
Hund geht nach Kemmerich früher zu Grunde als ein gänzlich
hungernder.

Das Fleischextrakt, die Fleischbrühe und die Fleischsuppe bereiten, nachdem sie zuerst durch die schmeckenden und riechenden
Extraktivstoffe Geschmacksempfindungen hervorgerufen haben, den
Magen Gesunder und Kranker auf die mildeste Weise für das Verdauungsgeschäft vor; die Rekonvalescenten würden die gewöhnlichen
Speisen nicht ertragen, wenn ihr Magen nicht vorher für die Absonderung von Saft und die Aufsaugung wieder eingerichtet worden
wäre (S. 423). Die Fleischbrühe hat aber auch allgemein belebende
Wirkungen, sie macht namentlich zahlreichere und stärkere Herzschläge; es ist wahrscheinlich, dass diese Erfolge wenigstens theilweise von den Kalisalzen ausgeübt werden, wie Kemmerich[1] erwiesen hat.

Die vortreffliche Wirkung einer guten, kräftigen Fleischbrühe
ist durch tausendfältige Erfahrung seit langem vollkommen sicher
gestellt, sie lässt sich nicht bestreiten; täglich erkennen wir ihren

---

1 Kemmerich, Ueber d. physiol. Wirkung d. Fleischbrühe als Beitrag zur Lehre
von den Kalisalzen. Diss. inaug. Bonn 1868; Arch. f. d. ges. Physiol. I. S. 120. 1868.
u. II. S. 49. 1869: Deutsche Klinik. 1870. No. 16 u. 17. — Siehe auch Bunge, Arch. f.
d. ges. Physiol. IV. S. 235. 1871. — Aubert u. Dehn, Ebenda. V. S. 557. 1872 u. IX.
S. 115. 1874.

Werth, besonders an der Erquickung, die sie dem schwachen Rekonvalescenten oder dem müden Wanderer bringt. Dieser Werth wird dadurch, dass man das Extrakt nicht zu den Nahrungsmitteln, sondern zu den Genussmitteln zählt, nicht im Mindesten geschmälert. Wenn es auch gelänge, frisches Fleisch aus überseeischen Ländern uns zuzuführen, so würde man doch sicherlich noch fortfahren Fleischextrakt zu bereiten, so gut man den Genuss des Weines nicht aufgiebt, der ja auch kein Nahrungsmittel ist.

2. Die Milch.

In der ersten Lebensperiode, in dem zwischen der Geburt und der Dentition liegenden Zeitraum, liefert die Milch für die Säugethiere alle Stoffe zur völligen Ernährung, zur Erhaltung und zum Wachsthum des Körpers. Alle Säugethiere sind daher zu dieser Zeit Fleischfresser. Für die spätere Lebenszeit, namentlich für den Arbeiter, hat die Milch nicht mehr die richtige Zusammensetzung; man darf daher für den Erwachsenen die Nahrung nicht nach dem Verhältniss der Nahrungsstoffe in der Milch mischen; die Milch ist nicht, wie man früher glaubte, das Prototyp einer Nahrung überhaupt, sondern nur für ein bestimmtes Lebensalter.

Die Milch enthält stets eiweissartige Stoffe (gewöhnlich Casein und Albumin), Fett, Milchzucker, Extraktivstoffe, anorganische Salze und Wasser. Der Gehalt an diesen Stoffen ist jedoch sehr schwankend je nach der Thierart, aber auch für dieselbe Thierart je nach der Zeitdauer der Laktation und der Ernährung.

Bei reichlicher Absonderung hat die Kuhmilch im Mittel folgende prozentige Zusammensetzung:

	nach Vorr	nach J. König Mittel
Wasser . . .	87.08	87.41
Feste Theile . .	12.92	12.59
Eiweiss . . .	4.1	3.41
Fett	3.9	3.66
Milchzucker . .	4.2	4.82
Asche	0.73	0.70

Die Frauenmilch ist etwas ärmer an festen Bestandtheilen, an Eiweiss, Fett und Asche, dagegen reicher an Milchzucker. Sie wird nicht so rasch sauer als die Kuhmilch und das Casein fällt aus ihr durch Säuren z. B. den sauern Magensaft nicht in einer gallertartigen zusammenhängenden Masse, welche sich nach der Resorption der Molke zu einem festen Klumpen ballt, heraus wie aus der Kuhmilch, sondern in feinen Flocken, wodurch sich beide Milchsorten wesentlich unterscheiden (BIEDERT [1]).

In der Milchasche findet sich verhältnissmässig viel phosphorsaurer Kalk zum Aufbau des Skelets des jungen Thiers; die geringen Spuren des darin enthaltenen Eisens genügen vollständig zur Bildung des Blutes. In 1000 Grm. Milch sind nach G. BUNGE [2] nachstehende Mengen von Aschebestandtheilen:

	Hundemilch	Kuhmilch	Frauenmilch
Kali	1.413	1.766	0.7029
Natron	0.806	1.110	0.2570
Kalk	4.530	1.599	0.3427
Magnesia	0.196	0.210	0.0654
Eisenoxyd	0.019	0.0035	0.0058
Phosphorsäure . .	4.932	1.974	0.4685
Chlor	1.626	1.697	0.4450
	13.522	8.360	2.2873
O-Aeq. des Chlors .	0.367	0.383	0.1004
	13.155	7.977	2.1869

Zur Beurtheilung des Nährwerthes der Milch muss man ihre Ausnützung im Darmkanale kennen und zwar beim Kinde und beim Erwachsenen.

Beim Kinde hat J. FORSTER [3] Versuche während 11 Tagen angestellt, aber nicht mit Frauenmilch, sondern mit Kuhmilch. Das 4monatliche Kind nahm täglich 1217 Ccm. Milch auf mit 136.8 Grm. Trockensubstanz; im Koth befanden sich 6.35 % der Trockensubstanz, sowie 36.5 % der Asche mit 75 % des in der Milch enthaltenen Kalks.

Beim Saugkalb, das täglich im Mittel 9077 Grm. Milch aufnahm, stellt sich, wie SOXHLET [4] fand, die prozentige Ausnützung günstiger als beim Kind; es wurden von 100 Grm. aufgenommener Substanz im Koth wieder abgeschieden:

Trockensubstanz . . . 2.3 %
Eiweiss . . . . . . 5.6 %
Fett . . . . 0.2 %
Asche . . . . . . 2.6 %

---

1 PHIL. BIEDERT, Unters. über die chem. Unterschiede d. Menschen- und Kuhmilch. Diss. inaug. Giessen 1869.
2 G. BUNGE, Ztschr. f. Biologie. X. S. 295. 1874.
3 J. FORSTER, Mitth. d. morph.-physiol. Ges. zu München. 1878. 6. März. No. 3.
4 F. SOXHLET, 1. Bericht üb. Arbeiten d. k. k. landw.-chem. Versuchsstation zu Wien aus d. Jahren 1870—77. Wien 1878.

Beim erwachsenen Menschen erhielt M. Rubner [1] folgende prozentige Werthe für die Ausnützung der Milch im Darmkanal:

	bei 2050 Milch	bei 2438 Milch	bei 3075 Milch	bei 4100 Milch
Trockensubstanz	8.4	7.8	10.2	9.4
Stickstoff	7.0	6.5	7.7	12.0
Fett	7.1	3.3	5.6	4.6
Asche	46.8	48.8	48.2	44.5
Organische Substanz . . .	5.4	—	—	—
Absolute trockene Kothmenge	22.3	24.8	40.6	50.0

Der Erwachsene nützt demnach die Kuhmilch schlechter aus als das Kind, vor Allem die Asche derselben; er hat eben verhältnissmässig weniger Mineralbestandtheile nöthig, besonders weil bei ihm kein Wachsthum der Knochen mehr stattfindet. Das rasch wachsende Saugkalb laugt die Asche der Milch fast vollständig aus.

Die Kuhmilch wird vom Erwachsenen nicht so gut verwerthet wie andere animalische Nahrungsmittel, z. B. das Fleisch und die Eier. Dies wird aber vorzüglich bedingt durch den hohen Aschegehalt des Milchkothes, denn die organischen Bestandtheile des Milchkothes verhalten sich nur wenig ungünstiger wie die des Fleisches und der Eier. Es ist zumeist der Kalk, der die grosse Aschemenge des Milchkothes hervorruft; er macht 13.2 % des trockenen Kothes und 41.2 % der Asche desselben aus.

Mit der Menge der zugeführten Milch nimmt auch die absolute Kothmenge entsprechend zu, die prozentige Ausnützung der Trockensubstanz bleibt sich jedoch ziemlich gleich. Ebenso vermehrt sich bei Steigerung der Milchgabe die absolute Menge von Stickstoff, Fett und Asche im Koth, die prozentige Ausnützung des Stickstoffs wird aber schlechter, während sich die des Fettes und der Asche etwas günstiger gestaltet.

Der Erwachsene erhielt sich mit 2050 Ccm. Milch nicht ganz auf seinem Bestande an Eiweiss, wohl aber mit 2438 und 3075 Ccm.

Ueber die als Ersatz für die Frauenmilch angewendeten Surrogate und Kindernahrungsmittel habe ich nicht zu berichten. Aus ihrer Zusammensetzung wird man nach den hier gegebenen Lehren den ihnen zukommenden Werth zu beurtheilen vermögen. Sie sind grösstentheils qualitativ und quantitativ verschieden von der Frauenmilch. Es ist bis jetzt noch nicht gelungen, die Milch ohne jeglichen Zusatz unzersetzt zu condensiren; durch den gewöhnlich dabei

---

[1] M. Rubner, Ztschr. f. Biologie. XV. S. 130. 1879.

gemachten Zusatz von Zucker enthält sie zu viel von diesem Nahrungsstoff.

Aus der Milch werden schon seit den ältesten Zeiten werthvolle Nahrungsmittel und Nahrungsstoffe, vorzüglich der Käse und die Butter, hergestellt.

In dem Kasein der Milch ist bei der Bereitung des Käses der grösste Theil des Fettes eingeschlossen. Bei der Gerinnung mittelst Lab fällt phosphorsaurer Kalk (zu 6 %,0) mit heraus, bei der durch freiwillige Säurebildung fast nur freie Phosphorsäure. Es kommt sehr darauf an, ob das Kasein aus reiner oder aus abgeblasener Milch oder aus Rahm dargestellt wird. Beim Reifen des Käses bilden sich allmählich flüchtige Fettsäuren [1], welche ihm den uns angenehmen pikanten Geruch und Geschmack ertheilen. Die mittlere prozentige Zusammensetzung des Käses ist nach J. König folgende:

	Fettkäse	Halbfett-käse	Mager-käse
Wasser	35.75	46.82	48.02
Feste Theile . .	64.25	53.18	51.98
Eiweiss	27.16	27.62	32.65
Fett	30.43	20.54	8.41
Milchzucker u. s. w.	2.53	2.97	6.80
Asche	4.13	3.05	4.12

Der Käse ist wegen seines Reichthums an Eiweiss und auch an Fett ein sehr wichtiges Nahrungsmittel; er dient namentlich als Eiweissträger, um eine an Eiweiss arme Kost mit diesem Stoffe zu versorgen.

Rubner hat die Ausnützung des Käses im Darm untersucht, aber nicht für sich allein, sondern mit Milch, da es schwer ist, grössere Mengen von Käse ausschliesslich zu verzehren. Er erhielt im Koth wieder:

	2291 Milch 200 Käse %	2050 Milch 218 Käse %	2209 Milch 517 Käse %
Trockensubstanz	6.0	6.8	11.3
Stickstoff . . .	3.7	2.9	4.9
Fett	2.7	7.7	11.5
Asche	26.1	30.7	55.7
Organ. Substanz .	4.6	—	—

1 Iljenko u. Laskowski, Ann. d. Chem. u. Pharm. LV. S. 78; LVII. S. 127.

Durch Zusatz von etwas Käse zur Milch wird die prozentige
Ausnützung derselben besser und zwar für sämmtliche Nahrungsstoffe; der Käse wird bei nicht zu grossen Mengen fast vollständig
resorbirt. Bei Aufnahme von viel Käse dagegen zeigt sich besonders die Verwerthung des Fettes und der Asche beeinträchtigt; der
Stickstoff oder das Eiweiss wird jedoch noch vortrefflich ausgenützt,
immer noch besser als bei ausschliesslicher Milchzufuhr.

Das aus abgerahmter saurer Milch ausgefällte Kasein — weisser
Käse, Käsematte, frischer Sauermilchkäse, Quark oder Topfen genannt — ist seines Eiweissreichthums und seiner Wohlfeilheit halber
ein für die Volksernährung sehr beachtenswerthes Nahrungsmittel.
Es ist darin enthalten (RUBNER [1]):

	in %
Wasser	60.27
Feste Theile	39.73
Kasein	24.84
Fett	7.33
Milchsäure u. s. w.	3.54
Asche	4.02

Aus dem Rahm der Milch bereitet man ferner die Butter,
welche fast nur aus den Fetten der Milch besteht und also als Nahrungsstoff die Bedeutung des Fettes besitzt. Aus der Butter wird
das reine Schmalz dargestellt. Die Fette der Kuhmilch schmelzen
bei 31—33⁰ C. und haben ein ziemlich constantes Verhältniss von
flüssigem Olein zu den festeren Fetten, zu Stearin und Palmitin; man
findet darin 68% Stearin, 30% Olein und 2% Glyceride flüchtiger
Fettsäuren. Die Elementarzusammensetzung der Butter ist (E. SCHULZE
und A. REINECKE):

Kohlenstoff	75.63 %
Wasserstoff	11.87 %
Sauerstoff	12.50 %

Gute Butter enthält im Mittel:

	nach KÖNIG	nach VOIT
Wasser	11.7	7.0
Eiweiss	0.5	0.9
Fett	87.0	92.1
Milchzucker u. s. w.	0.5	—
Asche	0.3	—

Das nach der Ausfällung des Kaseins und Fettes mittelst Lab
erhaltene Milchserum, die Molke, enthält im Wesentlichen den Milchzucker und die löslichen Mineralsalze (vorzüglich Chlorkalium und

1 RUBNER, Ztschr. f. Biologie. XV. S. 196, 1879.

Kaliumphosphat) der Milch, neben geringen Mengen von Albumin und etwas Pepton. Es findet sich darin im Mittel:

	%
Wasser	93.31
Feste Theile	5.69
Eiweiss	0.82
Fett	0.24
Milchzucker	4.65
Milchsäure (?)	0.33
Asche	0.65

Darnach ist die Molke selbstverständlich keine Nahrung, aber sie schliesst einige Nahrungsstoffe ein, gegen 5 % Milchzucker und 0.7 % Aschebestandtheile. Es fragt sich, ob beim Gebrauch der Molke diese Stoffe wegen ihrer Eigenschaft als Nahrungsstoffe aufgenommen werden, oder ob sie bei gewissen Krankheiten andere bedeutungsvolle Wirkungen ausüben. Bei kurmässigem Gebrauch von täglich 500 Grm. Ziegenmolke werden 25 Grm. Zucker und 3.3 Grm. Salze dem kranken Körper zugeführt; letztere dienen vielleicht als Ersatz für die während des fiebernden Zustandes (S. 363) durch die profusen Schweisse und andere Sekrete zu Verlust gegangenen Kalisalze (May [1]); die Kalisalze der Molke haben eine ähnliche allgemeine Wirkung auf das Herz und die Erregbarkeit der Nerven und Muskeln wie die Fleischbrühe.

Die Buttermilch, welche nach dem Buttern und der Ausscheidung des Fettes des Rahms verbleibt, enthält das zum Theil schon geronnene Kasein, noch etwas Fett, Milchzucker und geringe Mengen von Milchsäure. Sie ist daher zu eiweissarmen Nahrungsmitteln ein ganz vortrefflicher Zusatz; in Irland wird sie vielfach zu den Kartoffeln gegessen. Sie hat folgende quantitative Zusammensetzung:

	%
Wasser	90.62
Feste Theile	9.38
Kasein	3.78
Fett	1.25
Milchzucker	3.38
Milchsäure	0.32
Asche	0.62

Der Kumys, Milchbranntwein, wird aus Stuten- oder Kameelmilch hergestellt; dabei wird der Milchzucker in gährungsfähigen Zucker und dieser theilweise in Alkohol übergeführt. Die Analyse ergiebt:

---

1 May, Zur Existenzfrage der Molke. München 1879.

	%
Wasser	87.88
Feste Theile . . .	12.12
Alkohol	1.59
Milchsäure	1.06
Zucker	3.76
Kasein	2.83
Fett	0.94
Asche	1.07
Freie Kohlensäure . .	0.88

Der vorzugsweise von nomadischen Völkern Russlands und Asiens getrunkene Kumys ist ein leicht alkoholisches, angenehmes Genussmittel und ein Nahrungsmittel zugleich; es hat vor dem Bier den Vorzug, dass es ausser dem Alkohol, dem Zucker und der freien Kohlensäure noch eiweissartige Stoffe enthält.

3. Die Vogeleier.

Das Ei der eierlegenden Thiere schliesst alle Stoffe zum Aufbau des jungen Organismus in richtigem Verhältniss ein; es ist deshalb für die Embryonalzeit eine vollständige Nahrung wie die Milch für die erste Lebenszeit. Es ist daher das Ei für den Erwachsenen jedenfalls als ein vorzügliches Nahrungsmittel zu betrachten.

Ein Hühnerei wiegt im Mittel 51.1 Grm. und besteht aus 6.1 Grm. (= 11.9 %) Schale, 28.1 Grm. (= 55 %) Albumen und 16.9 Grm. (= 33.1 %) Dotter. Prout giebt 10.69 % Schale, 60.42 % Albumen und 28.89 % Dotter an.

Im Dotter finden sich neben Wasser eiweissartige Stoffe (Vitellin), Lecithin, Fett und Asche (vorzüglich Verbindungen von Phosphorsäure mit Kali und Kalk). Im Albumen ausser Wasser wesentlich Eiereiweiss und Asche (überwiegend Chloralkalien und kohlensaures Natron). Der Dotter liefert von der aus dem Lecithin frei gewordenen Phosphorsäure eine sauer reagirende Asche, das Albumen eine stark alkalische, beide zusammen eine alkalische Asche.[1]

Es finden sich in 100 Theilen:

---

1 Liebig (Reden u. Abhandl. S. 127. 1874) hat gemeint, es müsse aus der Eischale Kalk zur Neutralisation genommen werden, da der Dotter eine saure Asche gebe und diese zur Entwicklung des Embryo nicht dienen könne. Dies ist nicht richtig, denn die Asche des ganzen Eies ist alkalisch und die saure Asche des Dotters rührt von Lecithin her, welches wahrscheinlich als solches in den Nerven und Nervencentralorganen des Embryos abgelagert wird. Der Kalkgehalt des Albumens und des Dotters reicht vollständig zur Entwicklung des Skeletts des jungen Hühnchens hin, und braucht dazu der Kalk der Eischale nicht in Anspruch genommen zu werden (S. 382).

	Dotter	Albumen	37.6 Dotter 62.4 Albumen	Ei mit Schale	in 1 Ei mit Schale
Wasser . .	54.00	85.87	73.90	—	—
Feste Theile	46.00	14.13	26.10	—	—
Eiweiss . .	15.40	13.30	14.10	12.4	6.3
Fett . . .	28.80	—	10 90	9 6	4.9
Asche . . .	1.75	0.71	—	—	—

Im ganzen Ei verhält sich das Eiweiss zum Fett wie 100 : 77, in der Kuhmilch im Mittel (100 Fett = 176 Kohlehydrat angesetzt) wie 100 : 184 d. h. es findet sich im Ei verhältnissmässig viel mehr Eiweiss vor als in der Milch. Das Ei dient zur Entwicklung des Embryo, welcher vorzüglich Eiweiss zur Erzeugung der Zellen nöthig hat und nur schwache Bewegungen ausführt. Das neugeborne Säugethier muss allerdings ebenfalls noch wachsen, aber es verbraucht auch stickstofffreie Stoffe, da es lebhafte Bewegungen macht; es wird sich noch zeigen, dass ein Erwachsener wegen seiner beträchtlichen Leistungen verhältnissmässig noch mehr stickstofffreie Substanz nöthig hat als das Kind und daher mit Milch allein nicht auszureichen vermag.

Ein Ei enthält annähernd so viel Eiweiss und Fett wie 150 Grm. Kuhmilch, welche aber dazu noch den Milchzucker einschliesst. Ein ganzes Ei ist höchstens 40 Grm. fettem Fleisch gleichwerthig und bietet nicht mehr Eiweiss als 30 Grm. fettfreies reines Fleisch. Zur Deckung des täglichen Eiweissbedarfs für einen gesunden kräftigen Mann sind mindestens 20 Stück Eier nöthig; mit der Stickstoffmenge in 21 Eiern erhielt sich eine Versuchsperson nicht ganz auf ihrem Stickstoffgehalte, sie verlor noch etwas Stickstoff vom Körper.

Die Ausnützung der hart gesottenen Eier im Darmkanal des Menschen ist von M. Rubner untersucht worden. Im Tag wurden 948 Grm. (21 Stück) davon verzehrt; der prozentige Verlust im Koth betrug:

%

an Trockensubstanz . . . 5.2
an Stickstoff 2.9
an Fett 5.0
an Asche 18.4

Die Eier unterscheiden sich somit in Beziehung der Verwerthung der Trockensubstanz, des Eiweisses und der Asche fast gar nicht vom Fleische. Dagegen wurde von dem Fett (Aetherextrakt) der Eier wesentlich mehr im Darm resorbirt, was aber von der grösseren

Fettmenge derselben herrührt. Im fettarmen Fleisch befindet sich so wenig Fett, dass das Aetherextrakt der nicht resorbirten Verdauungssäfte von Einfluss wird.

II. Die vegetabilischen Nahrungsmittel.

Gegenüber den Nahrungsmitteln aus dem Thierreiche, welche im Allgemeinen für die Prozesse der Ernährung als Gemische aus Wasser, eiweissartigen Stoffen, Fett und anorganischen Salzen angesehen werden können, in denen von den organischen Bestandtheilen das Eiweiss den Haupttheil oder einen sehr grossen Bruchtheil ausmacht, sind die Nahrungsmittel aus dem Pflanzenreiche meist viel complizirter zusammengesetzt; auch die Mischung der Nahrungsstoffe ist in ihnen grösstentheils eine andere.

Die Vegetabilien nehmen ein grosses Interesse in Anspruch, da der weitaus grösste Theil der Menschheit den Bedarf an Nahrungsstoffen hauptsächlich aus dem Pflanzenreiche bezieht.

Im Allgemeinen treten in ihnen die Eiweissstoffe mehr zurück, andere Substanzen dagegen, welche in den animalischen Nahrungsmitteln gar nicht oder nur in verschwindend kleiner Menge vorhanden sind, gewinnen das Uebergewicht wie z. B. die mannigfaltigen Kohlehydrate: Stärkemehl, die Zuckerarten, Gummi, Dextrin, Pflanzenschleim; ein anderes Kohlehydrat, die Cellulose, bildet das mehr oder weniger derbe Gehäuse der Pflanzenzelle, in welchem die übrigen Nahrungsstoffe eingeschlossen sind. Dann kommen in den pflanzlichen Nahrungsmitteln häufig noch viele andere Stoffe in beträchtlicher Menge vor: die Pflanzensäuren, Asparagin, Amidosäuren (z. B. Glutaminsäure), Solanin, Amygdalin, Betain u. s. w.

Für die Zwecke der Ernährung kann man, so lange eingehende Untersuchungen noch nicht vorliegen, in den vegetabilischen Nahrungsmitteln als organische Nahrungsstoffe annehmen: die verschiedenen Eiweissstoffe, das Fett, die Rohfaser und die stickstofffreien Extraktstoffe.

In den Pflanzen finden sich mancherlei Eiweissmodifikationen von verschiedener Zusammensetzung.[1] Man hat gewöhnliches in kaltem Wasser lösliches, in der Siedehitze gerinnendes Eiweiss (Pflanzeneiweiss) daraus dargestellt. Ferner das Pflanzenkasein, unlöslich in Wasser, aber löslich in basischen phosphorsauren Salzen, sowie in Alkalien, und daraus durch Säuren fällbar; hierher gehört das durch Ansäuern mit Essigsäure aus

1 Siehe Ritthausen. Die Eiweisskörper der Getreidearten. Hülsenfrüchte und Oelsamen. Bonn 1872. — R. Sachsse, Die Chemie und Physiologie der Farbstoffe, Kohlehydrate und Proteinsubstanzen. Leipzig 1877.

der Lösung ausfallende Legumin der Leguminosen, das Conglutin in den Lupinen und Mandeln, das in Alkohol unlösliche Glutenkasein aus dem Weizenkleber (identisch mit dem Pflanzenfibrin Liebig's und dem unlöslichen Pflanzenalbumin von Berzelius).

Dann die Kleberproteinstoffe, löslich in Alkohol und in Wasser mit äusserst geringen Mengen von Säuren und Alkalien; dazu zählt man das Glutenfibrin des Weizens, der Gerste und des Maises, das Gliadin oder den Pflanzenleim und das Mucedin im Weizenkleber (S. 389).

Es ist früher schon (S. 23) angegeben worden, dass man bei Pflanzennahrung aus zwei Gründen in gewissen Fällen nicht im Stande ist, aus dem Stickstoffgehalte das darin enthaltene Eiweiss genau genug zu berechnen. Einmal weil die verschiedenen Eiweissarten aus dem Pflanzenreiche ziemlich ungleiche Mengen von Stickstoff enthalten. Die deutschen Agrikulturchemiker nehmen im Eiweiss im Mittel 16 $^0/_0$ Stickstoff an und multipliziren daher die gefundene Stickstoffmenge mit dem Faktor 6.25 ; die französischen Chemiker (Payen) rechnen zumeist mit dem Faktor 6.5, entsprechend einem mittleren Stickstoffgehalte des Eiweisses von 15.4 $^0/_0$; Andere bedienen sich des Faktors 6.33 (= 15 $^0/_0$ Stickstoff); Ritthausen hat nach seinen Stickstoff-Bestimmungen in pflanzlichen Eiweissarten (16.67 $^0/_0$) den Faktor 6 in Vorschlag gebracht, jedoch ist seine Stickstoffzahl möglicherweise etwas zu hoch. Ein weiterer Grund der Ungenauigkeit der Umrechnung des Stickstoffs auf Eiweiss ist der, dass in manchen Pflanzen ausser dem Eiweiss noch andere stickstoffhaltige Verbindungen in erheblicher Menge vorkommen z. B. Asparagin, Amidosäuren, Betain, Ammoniak, salpetersaure Salze; in den Kartoffeln sind nach E. Schulze und J. Barbieri vom Gesammtstickstoff nur 56.2 $^0/_0$ in eiweissartigen Stoffen und 43.8 $^0/_0$ in Asparagin und Amidosäuren enthalten, in den Futterrüben befinden sich sogar nur 20 $^0/_0$ des Gesammtstickstoffs in Eiweiss, 43 $^0/_0$ in Amiden, 37 $^0/_0$ in Salpetersäure und Ammoniak. In anderen Fällen sind jedoch diese stickstoffhaltigen Verbindungen in so geringer Quantität vorhanden, dass der Fehler nur ein kleiner ist.

Als Fett bezeichnet man alles mit Aether Ausziehbare. Dies ist ebenfalls nicht ganz richtig, da in das Aetherextrakt auch Wachs, Harz, Chlorophyll, Farbstoffe, Cholesterin und andere Stoffe übergehen. In den vom Menschen benutzten pflanzlichen Nahrungsmitteln findet sich im Aetherextrakt fast nur wirkliches Fett.

Rohfaser nennt man den in Wasser, verdünnten Säuren und Alkalien, sowie in Alkohol und Aether unlöslichen Theil der Pflanzen. Sie besteht grösstentheils aus Cellulose (Holzfaser), in der aber noch andere Stoffe eingelagert und angelagert sind, von denen die letzteren mit den Lignin- und Cutinstoffen identisch sind. In dem Rückstand ist immer noch etwas Asche, die in Abrechnung gebracht wird, und auch etwas Eiweiss, dessen Menge man aus dem Stickstoffgehalt ermittelt. Die Ligninsubstanzen und die inkrustirenden Materien sind nicht von der Cellulose abzutrennen, da sie den Lösungsmitteln hartnäckig widerstehen. Die Resultate der Cellulosebestimmung sind demnach etwas zu hoch, weshalb man die rückbleibende Substanz nicht als Cellulose, sondern als Rohfaser bezeichnet; der Fehler wird dadurch in etwas compensirt, dass die Cellulose durch Kochen mit verdünnten Säuren zum Theil in Zucker übergeht

Die Versuche die Cellulose in der Rohfaser direkt zu bestimmen, sind bis jetzt nicht geglückt.

Unter stickstofffreien Extraktstoffen versteht man alle diejenigen Stoffe, welche noch übrig bleiben, wenn man von der Trockensubstanz die Summe von Eiweiss, Fett, Rohfaser und Asche in Abzug bringt. Es gehören dazu vorzüglich die Kohlehydrate ausser der Cellulose (Stärkemehl, Zucker u.s.w.), die gummi- und pektinartigen Substanzen, ferner die organischen Säuren (Essigsäure, Oxalsäure, Aepfelsäure, Citronensäure, Weinsäure, Gerbsäure) und noch manche andere unbekannte Stoffe.

1. Die Körnerfrüchte (Samen) und deren Produkte.

Die zur Nahrung des Menschen dienenden wasserarmen Körnerfrüchte sind sehr reich an Stärkemehl, und enthalten meist nicht unbedeutende Mengen von Eiweiss, aber nur wenig Fett, etwas Zucker und eine Gummiart. Vor Allem rechnet man hierher die Getreidearten oder Cerealien und die Leguminosen.

A) Die Cerealien.

Von den Cerealien werden hauptsächlich der Weizen und der Roggen verwendet; ferner der Hafer, die Gerste, der Mais, der Reis u. s. w. Sie gehören zu den wichtigsten Nahrungsmitteln. Der Anbau des Getreides bedingte den Beginn der Civilisation; er fesselte die Nomadenvölker an die Scholle und bereitete der ausschliesslich animalischen Ernährung durch den Ertrag der Jagd und des Fischfangs ein Ende. Die Erlangung der Nahrung durch die Jagd macht einen beständigen Wechsel des Wohnsitzes nöthig und nimmt die ganze Zeit des Menschen in Anspruch; erst durch den Ackerbau blieb ihm die Musse zu weiteren Beschäftigungen. Durch die Bestellung des Feldes bietet eine geringe Fläche einer dichten Bevölkerung den Unterhalt, während weite Strecken dazu gehören eine geringe Zahl mit animalischer Nahrung zu versorgen.

Ich gebe als Beispiele die mittlere prozentige Zusammensetzung der Samen der gebräuchlichsten Cerealien nach J. König:

	Weizen	Roggen	Gerste	Hafer	Mais	Reis
Wasser	13.56	15.26	13.78	12.92	13.88	14.41
Feste Theile	86.54	84.74	86.22	87.08	86.12	85.59
Eiweiss (grösstentheils Kleber) .	12.42	11.43	11.16	11.73	10.05	6.91
Fett	1.70	1.71	2.12	6.04	4.76	0.51
Holzfaser	2.66	2.01	4.80	10.83	2.84	0.08
N-freie Extrakte	67.89	67.83	65.51	55.43	66.78	77.61
Asche	1.79	1.77	2.63	3.05	1.69	0.45

Der Gehalt des Weizens an eiweissartigen Stoffen ist sehr vom Boden, der Düngung und dem Klima und wohl noch von anderen Einflüssen abhängig.[1] Der russische Weizen ist besonders reich an Stickstoff; harter Weizen und kleine Körner enthalten mehr Stickstoff. Auch die Gerste zeigt einen sehr verschiedenen Eiweissreichthum (von 8—18 %), verschieden je nach Düngung, Klima, Bodenbearbeitung u. s. w.[2] Der Mais enthält etwas weniger Eiweiss als das ganze Weizenkorn, dagegen viel eines gelben Oels. Arm an Eiweiss ist der von vielen Völkern fast ausschliesslich gegessene Reis, in welchem sich jedoch sehr viel feines Stärkemehl befindet.

Die Getreidearten werden vor dem Gebrauch meist zu einem Mehl vermahlen und dabei die äusseren holzigen Hüllen des Korns zerrissen und als Kleie abgetrennt.[3] Der innerste Theil des Kerns ist am weichsten und deshalb in den ersten Mehlsorten enthalten; er liefert das feinste und weisseste Mehl, das aber einen geringeren Gehalt an eiweissartigen Stoffen, welche grösstentheils der Klebergruppe angehören, und mehr Stärkemehl besitzt. Nach den Untersuchungen von S. L. Schenk[4] ist der Kleber in der ganzen Masse des inneren Korns verbreitet, aber in den peripherischen Partien reichlicher als in den centralen; die am äusseren Umfange des Kerns befindlichen Zellen, die man früher als die eigentlichen Kleberzellen bezeichnete, sollen jedoch kein Eiweiss (oder Kleber) enthalten. Um den inneren weicheren Kern liegen die härteren kleberreicheren Schichten. Die innere harte Schicht liefert beim ersten Beuteln des Mehls die weisse Grütze, welche weiter vermahlen mit dem feinsten Mehl das gewöhnliche Mehl für Weissbrod bildet; die äussere harte Schicht wird als graue Grütze abgesondert und giebt, da sie mit mehr oder weniger von den Bestandtheilen der Kleie gemengt ist, ein schwarzes Brod.

Es ist für die Beurtheilung des Werthes der Cerealien als Nahrungsmittel von grosser Bedeutung, wie die Nahrungsstoffe in dem Kerne und in den Mehlgattungen vertheilt sind. O. Dempwolf[5] hat die sämmtlichen Mehlprodukte einer Portion ungarischen Weizens

---

1 N. Laskowsky, Ann. d. Chem. u. Pharm. CXXXV. S. 346. — Ritthausen u. Kreusler, Landw. Versuchsstationen. XVI. S. 384.
2 L. Aubry, 1. Jahresber. d. wiss. Station f. Brauerei in München 1876—77.
3 K. Birnbaum, Das Brodbacken im landw. Gewerbe von Otto-Birnbaum. 8. Th. Braunschweig 1878. — Stohmann, in Muspratt's technischer Chemie. I. S. 1519, Artikel Brod. — Birka, Die Getreidearten und das Brod. 2. Aufl. Nürnberg 1861. — J. König, Die menschl. Nahrungs- u. Genussmittel. S. 271. 1880.
4 Schenk. Anzeiger d. Wiener Acad. d. Wiss. 1870. No. 5. S. 41; Anat.-physiol. Unters. S. 32. Wien 1872.
5 O. Dempwolf, Ann. d. Chem. u. Pharm. CXLIX. S. 343.

analysirt. Es ergab sich, dass der Stickstoff- oder Klebergehalt von den feinsten Mehlsorten an bis zu den Brodmehlen inclusive eine allmähliche geringe Steigerung (von 13.4—17.9 $^0/_0$ Eiweiss in der wasserfreien Substanz) erfährt und dass das Schwarzmehl sowie die Kleien etwas geringhaltiger an Eiweiss sind (16.3 $^0/_0$) als die gewöhnlichen Brodmehle. Die Stärkemenge ist am höchsten in den feinsten Auszugmehlen (70.1 %) und sinkt regelmässig mit der Abnahme des Feinheitsgrades des Mehles (bis auf 61.03 % im Schwarzmehl). Der Aschegehalt steigt in dem Verhältniss wie die Feinheit des Mehles abnimmt (von 0.38—1.55 $^0/_0$); in der Kleie findet sich sogar bis zu 5.7 % Asche vor.

An der Kleie haftet immer mehr oder weniger von den Bestandtheilen des Mehles an, da eine vollständige Trennung der Hüllen und des Kerns nicht möglich ist. Die feste Oberhaut der Kleie‘besteht vorzugsweise aus Holzfaser, während die inneren Schichten derselben weicher und zarter sind und stickstoffhaltige Substanzen enthalten, darunter auch das von Mège-Mouriès [1] entdeckte Cerealin, welches wie ein Ferment Stärkekleister in Zucker verwandeln und auch Milchsäure- und Buttersäuregährung einleiten soll, wodurch ein Theil des Klebers zersetzt wird. Das Cerealin soll durch diese Eigenschaften die schwarze Farbe und die leichte Säuerung des mit Kleie gebackenen Brodes bedingen; es kann daher aus einem kleiehaltigen Mehl ein weisses, nicht saures Brod gebacken werden, wenn man das Cerealin durch Einleitung von geistiger Gährung mit Hefe und Zucker, sowie durch Zusatz von Säuren oder Kochsalz zersetzt oder unwirksam macht.

Ich gebe hier die Resultate der Analysen einiger Mehlsorten nach J. König's Zusammenstellungen:

	feinstes Weizenmehl	gröberes Weizenmehl	Roggenmehl	Weizenkleie
Wasser . . .	14.86	12.18	14.24	14.07
Feste Theile .	85.14	87.82	85.76	85.93
Eiweiss . . .	8.91	11.27	10.97	13.46
Fett	1.11	1.22	1.95	2.46
Holzfaser . . .	0.33	0.84	1.62	30.80
A-freie Extrakte	71.28	73.65	69.74	31.63
Asche	0.51	0.84	1.48	6.52

Aus dem Mehle der Cerealien werden allerlei Speisen, unter Zusatz von anderen Nahrungsmitteln und Nahrungsstoffen hergestellt. Diese Zubereitung durch Kochen oder Backen geschieht, um die

---

[1] Mège-Mouriès, Compt. rend. XXXVII. (2) p. 775. 1853, XXXVIII. p. 351 u. 505, XLIV. (1) p. 40. 1857.

Hüllen der Zellen zum Zerplatzen zu bringen und so die in den letzteren eingeschlossenen Stärkekörnchen für die Verdauungssäfte zugänglich zu machen, wobei das Stärkemehl ebenfalls verändert und unter Wasseraufnahme in Kleister verwandelt wird. Das seit den ältesten Zeiten aus dem Mehl bereitete Gebäck ist das Brod, das zu den wichtigsten Nahrungsmitteln des Menschen gehört; eine Hauptbedeutung desselben ist, dass es sich längere Zeit aufbewahren lässt. Ausserdem werden aus dem Mehl allerlei Mehlspeisen zubereitet.

Man stellt das Brod her, indem man das Mehl mit Wasser, dem meist Kochsalz zugesetzt wird, und mit einem Gährungsmittel[1] zu einer plastischen zähen Masse, zu einem Teig, knetet und dann nach beendigter Gährung den letzteren im Ofen einer höheren Temperatur (200—270 °C.) aussetzt. Durch die Gährung und die Kohlensäureentwicklung wird der Teig und das Brod mit mehr oder weniger grossen Bläschen durchsetzt, so dass es locker wird; ohne die Auflockerung erhält man beim Backen eine feste, steife Masse, welche schwer zu kauen und den Verdauungssäften nicht gut zugänglich ist. Bei der Erhitzung der Aussenwand des Brodlaibs bildet sich die Kruste vorzüglich durch eine Umwandlung des Stärkemehls.

Das frische Brod hat eine harte spröde Kruste und eine weiche elastische Krume von grossem Wohlgeschmack. Mit der Zeit wird das Brod altbacken, d. h. die spröde Kruste wird weich, die Krume hart und zerbrechlich. Es beruht dies nicht, wie man sich gewöhnlich vorstellt, auf einer Austrocknung durch Wasserverlust, sondern auf einer allmählichen Aenderung des Molekularzustandes; durch Erwärmen kann die frische Beschaffenheit des Brodes wieder hervorgerufen werden (BOUSSINGAULT).

Durch das Backen ist im Brod ein Theil der Stärke in Wasser löslich geworden; ein anderer Theil hat sich in Dextrin oder in weitere Zersetzungsprodukte verwandelt. Das Albumin ist durch die hohe Temperatur koagulirt; der Kleber ist innig mit dem aufgequollenen Stärkemehl verbunden, so dass sich dasselbe durch Kneten mit Wasser nicht mehr daraus gewinnen lässt. Die Kruste enthält mehr Dextrin und lösliche Stärke als die Krume; dann, wie BARRAL berichtet, eine in Wasser lösliche stickstoffhaltige Substanz.

Aus 100 Kilo Weizenmehl werden zwischen 125 und 130 Kilo Brod erhalten; nach anderen Angaben liefern 100 Kilo Getreide-

---

1 Man nimmt Sauerteig oder Alkoholhefe, die einen Theil des Zuckers im Mehl in Kohlensäure und Alkohol spaltet, oder auch zu gleichem Zweck kohlensaure Salze.

körner 83 Kilo Weizenmehl, 85 Kilo Roggenmehl und 114 Kilo Backwerk.

Die Krume des Schwarzbrods (1 Tag alt) enthält nach meinen Bestimmungen 53.7 % Trockensubstanz, S.3 % Eiweiss und 44.2 % Kohlehydrate. Zur Ermittlung des Wassergehalts des ganzen Brodlaibs wurden 2 Laibe Roggenbrod mit Kruste und Krume getrocknet: es wurden dabei 61.82 % und 64.76 % feste Theile erhalten und weiterhin 8.5 % Eiweiss, 1.3 % Fett und 52.5 % Kohlehydrate.

Der Stickstoffgehalt des Schwarzbrods ist auffallenden Schwankungen unterworfen, deren Ursachen mir nicht klar geworden sind. Ich habe früher, als ich vor nunmehr 20 Jahren die ersten Analysen der Brodkrume von runden Laibchen (sog. Riemisch-Brod) machte, in der Trockensubstanz 2.27—2.46 % Stickstoff gefunden; dieselbe Zahl (2.38 %) gab noch J. RANKE im Jahre 1862 an. G. MAYER [1] erhielt dagegen 1871 in dem gleichen, von dem nämlichen Bäcker bezogenen Brod nur 1.98 % Stickstoff und ich bekomme jetzt regelmässig daraus nur mehr 1.57 %. Der sehr bedeutende Unterschied ist selbstverständlich von einschneidenden Folgen für die Ernährung des Volkes und verdient in hohem Grade die Aufmerksamkeit der Landwirthe und Nationalökonomen. Da in die Zwischenzeit der Import von russischem Getreide nach Süddeutschland fällt, so dachte ich daran, ob darin nicht der Grund der Stickstoffabnahme zu suchen ist; das russische Getreide giebt aber gerade im Gegentheil mehr Stickstoff. Es ist möglich, dass wir jetzt weisseres Mehl lieben, dessen Stickstoffgehalt geringer ist; es ist jedoch in der Beschaffenheit und dem Aussehen des Brodes keine Aenderung zu bemerken. Auch bei der Gerste hat man in der Neuzeit ein Zurückgehen des Eiweisses gegenüber älteren Jahrgängen bemerkt.[2]

Das aus Weizenmehl bereitete Weissbrod (Semmel) giebt mit der Kruste nach meinen Analysen folgende Werthe:

	%
Wasser.	28.6
Feste Theile.	71.4
Eiweiss	9.6
Fett.	1.0
Kohlehydrate.	60.1

J. RANKE fand darin 26.78 % Wasser und in der Trockensubstanz 2.2 % Stickstoff, G. MAYER im Mittel 2.01 % Stickstoff.

Eine der wichtigsten Fragen für die Ernährungslehre ist die nach der Ausnützung der verschiedenen Gebäcke aus dem Mehl der Cerealien im Darmkanal.

Es ist eine längst bekannte Thatsache, dass der Genuss von Schwarzbrod grosse Kothmengen macht; LIEBIG [3] hat schon in seinen

1 G. MAYER, Ztschr. f. Biologie. VII. S. 19. 1871.
2 AUBRY, 1. Jahresber. d. wiss. Station f. Brauerei in München. 1876/77. S. 8.
3 LIEBIG, Chem. Briefe. S. 550. 1851.

chemischen Briefen angegeben, dass die Grenzen des Niederrheins und Westphalens, wo der sogenannte Pumpernickel verzehrt wird, sich an der ganz besonderen Grösse der Ueberreste genossener Mahlzeiten erkennen lassen, welche Vorübergehende an Hecken und Zäunen hinterlassen. Erfahrene Aerzte verordnen darum Leuten mit trägem Stuhlgang Schwarzbrod.

Bischoff und ich [1] haben beobachtet, dass Hunde nach Aufnahme von Schwarzbrod ungleich öfter und mehr Koth entleeren; derselbe ist allerdings viel wässriger als der gewöhnliche Koth nach Fleischfütterung, jedoch wird auch ansehnlich mehr trockner Koth dabei ausgeschieden. Während unser grosser Hund bei reichlichster Fütterung mit Fleisch (1500 Grm.) im Tag etwa 10 Grm. trockenen Koth bereitete, erschienen nach Fütterung mit Brod (770 Grm. täglich im Mittel) 51 Grm. trockener Koth. Diese ungünstige Ausnützung des Schwarzbrods im Darm des Hundes bestätigte E. Bischoff [2]; bei Aufnahme von 800 Grm. Brod traten 59.7 Grm. trockener Koth auf und gingen 14 % der Trockensubstanz des Brodes mit 17 % des Stickstoffs desselben mit dem Kothe wieder ab. Der Zusatz von Fleischextrakt zum Brode änderte an der Ausnützung im Darm nichts; auch ein Zusatz von etwas Fleisch brachte keine Aenderung in der Kothmenge und in der Ausnützung des Brodes hervor, was später G. Mayer bestätigte. Der Hund von G. Mayer entleerte nach Fütterung mit 1000 Grm. Brod 70.1 Grm. trocknen Koth = 13.3 % des trocknen Brods mit 19.5 % des Stickstoffs und 32.8 % der Asche desselben; reichte er dagegen den Stickstoff des Brods in der Form von Fleisch und den Stärkegehalt desselben als Fett (in 377 Grm. Fleisch mit 184 Grm. Fett), so kamen nur 19.7 Grm. trockner Koth = 7.2 % der trocknen Nahrung mit 7.6 % ihres Stickstoffs.

Als E. Bischoff dem Hunde den Stickstoff und das Kohlehydrat von 800 Grm. Brod in 302 Grm. Fleisch mit 354 Grm. Stärke in compakten Kuchen gab, nahm die Kothmenge wesentlich ab, denn sie betrug jetzt nur mehr 17.1 Grm. mit 4.5 % der trockenen Nahrung. Daraus und aus meinen Fütterungsversuchen [3] mit Stärkemehl geht hervor, dass es nur zum kleinen Theil das Stärkemehl an und für sich ist, welches die grossen Portionen Koth hervorruft, sondern die Beschaffenheit des Schwarzbrods.

Dies lehren vor Allem die am Menschen angestellten Ausnützungsversuche mit Brod und anderen aus Weizenmehl bereiteten Gebäcken.

---

1 Bischoff u. Voit, Gesetze der Ernährung des Fleischfressers. S. 210. 1860.
2 E. Bischoff, Ztschr. f. Biologie. V. S. 452. 1869.
3 Voit, Ztschr. f. Biologie. VII. S. 10. 1871.

G. Mayer hat zuerst solche Versuche mit verschiedenen Arten von Brod gemacht, nämlich 1) mit weissem Weizenbrod (Semmel), 2) mit Roggenbrod (aus Roggenmehl unter Zusatz gröberer Sorten Weizenmehl gebacken), 3) mit Horsford-Liebig'schem Roggenbrod (mit Nährsalzen) und 4) mit Schwarzbrod von ganzem Korne (norddeutscher Pumpernickel). In allen 4 Fällen wurde nahezu die gleiche Menge Trockensubstanz gereicht. Später hat M. Rubner[1] noch zwei Versuche Nr. 5 und 6 mit Weissbrod aus Weizenmehl und einen Versuch Nr. 7 mit schwarzem grobem Roggenbrod angestellt. Dabei ergab sich:

No.	im Brod verzehrt				im Koth							
	feste Theile	N	Kohle-hydrat	Asche	feste Theile		Stickstoff		Kohlehydrat		Asche	
					Grm.	%	Grm.	%	Grm.	%₀	Grm.	%
1.	439	8.8	—	10.0	25.0	5.6	1.8	19.9	—	—	3.0	30.2
2.	438	10.5	—	18.1	44.2	10.1	2.3	22.2	—	—	5.5	30.5
3.	437	8.7	—	24.7	50.5	11.5	2.8	32.4	—	—	9.4	38.1
4.	423	9.4	—	8.2	81.8	19.3	4.0	42.3	—	—	7.9	96.6
5.	455	7.6	391	9.9	23.5	5.2	2.0	25.7	6	1.4	2.5	25.4
6.	779	13.0	670	17.2	28.9	3.7	2.4	18.7	5	0.8	3.0	17.3
7.	765	13.3	659	19.3	115.8	15.0	4.3	32.0	72	10.9	10.2	36.0

Darnach zeigen das Horsford-Liebig-Brod und das gewöhnliche Roggenbrod nur geringe Differenzen in der Verwerthung; beide werden in mittleren Mengen ausgenützt. Dagegen ergab sich ein bedeutender Unterschied bei dem weissen Weizenbrod; bei der gleichen Quantität der verzehrten Trockensubstanz erschien hier (Nr. 1) nur die Hälfte trocknen Koths als in den Fällen Nr. 2 und 3; die reichlichere Aufnahme von Weizenbrod ändert kaum etwas am Resultat, denn obwohl im Versuch 6 viel mehr Weizenbrod gegessen wurde als im Versuch 5, so ergab sich doch nur eine geringe absolute Zunahme der Kothmenge und eine prozentig bessere Ausnützung. Am auffallendsten sind aber die Zahlen bei dem groben Schwarzbrod und dem Pumpernickel, wo weitaus am meisten Koth erscheint, 3—4mal so viel als bei Genuss von Semmel; es werden dabei 15 bis 19 % der trocknen Nahrung mit 32—42 % ihres Stickstoffs und 36—97 % ihrer Asche im Koth wieder entfernt. Bei gleicher Zufuhr von Trockensubstanz ist also die Semmel entschieden die nahrhafteste

---

1 M. Rubner, Ztschr. f. Biologie. XV. S. 150. 1879.

der 4 Brodsorten, weil sie die geringste Menge von Koth liefert und
aus ihr am meisten stickstoffhaltige Bestandtheile ausgezogen werden; dem Weissbrod am nächsten steht das Roggenbrod und zuletzt
folgt der Pumpernickel.

Es ist von der grössten nationalökonomischen Bedeutung, dass
das Weissbrod besser ausgenützt wird wie das Schwarzbrod. Die
Arbeiter in München geniessen vielfach statt des Roggenbrods sogenannte Laibeln, aus einer dunkleren Sorte Weizenmehl gebacken.
Die Franzosen, die Engländer, die Schweizer essen vorzüglich halb-
weisses Weizenbrod, das besser ausgenützt wird. Es ist nur im Allgemeinen nicht möglich von dem weniger intensiv schmeckenden
und trockneren Weissbrod so viel zu essen als vom Schwarzbrod.

Der zu Rubner's Versuchen (5, 6 und 7) benützte kräftige Mann
konnte auch mit der grössten Menge von Weizenbrod oder Schwarzbrod,
die er noch zu bewältigen vermochte, nicht seinen Bestand an Eiweiss
erhalten, denn er gab täglich immer noch 2—3.5 Grm. Stickstoff von
seinem Körper her.

Da der Mensch die gleiche Erscheinung der schlechten Ausnützung des Roggen- und Schwarzbrodes zeigt wie der Hund, so ist
es nicht die Organisation des Fleischfressers, welche jene bedingt,
zudem der Hund Stärkemehl in grösster Menge verdaut und resorbirt.[1]
E. Bischoff hat den Grund der reichlichen Kothentleerung nach
Aufnahme von Schwarzbrod gefunden. Der Koth hat darnach eine
stark saure Reaktion, welche beim Stehen immer mehr zunimmt.
Es tritt eine Gährung im Brodchymus auf und zwar vorzüglich im
untern Theile des Dünndarms, wo die alkalischen Darmsäfte eine
Abnahme der sauren Reaktion des Magensafts hervorrufen.[2] Die
Säure ist in Weingeist löslich und besteht zum grössten Theil aus
Buttersäure, die offenbar aus dem Stärkemehl sich bildet. Es ist
nicht der Sauerteig, der diese Gährung bewirkt, denn auch ohne
Sauerteig hergestelltes Schwarzbrod nimmt im Darm die gleiche saure
Beschaffenheit an. Die Säure ruft starke peristaltische Darmbewe-
gungen hervor, welche zu einer raschen Entleerung des Inhalts führen.
Während das Schwarzbrod einen stark sauer reagirenden, breiartigen,
reichlich mit Gasblasen durchsetzten Koth giebt, der öfters im Tag

---

1 Nach dem früher (S. 355) Gesagten kann der geringere Aschegehalt des
Mehls ohne Kleie nicht, wie Liebig glaubte, die Ursache der reichlichen Kothentleerung sein; das feinste Mehl mit der kleinsten Aschemenge giebt am wenigsten Koth, und der Zusatz der Salze in Fleischextrakt zum Brod vermindert die
Quantität des Kothes nicht.

2 Schon Frerichs hat in Dünndarmschlingen eingefüllten Stärkekleister rasch
sauer werden und in Milchsäure und Buttersäure übergehen sehen.

entleert wird, ist der Koth nach Genuss von Semmel und Weizenbrod ziemlich consistent, nicht oder nur ganz schwach sauer, weshalb
die Masse länger im Darm verweilt und besser ausgenützt wird.
Nach LIEBIG soll das Getreidekorn bei seiner Verwandlung in
Mehl die stärkste Einbusse an seiner Nahrhaftigkeit, besonders durch
die Entziehung von Nährsalzen, erleiden, und deshalb gerade das
weisseste und feinste Mehl den geringsten Nährwerth besitzen. Man
müsste also, meint er, dem Brod die verlorenen Nährsalze wieder
zusetzen. Wenn aber auch dem Korn beim Mahlen noch mehr Aschebestandtheile entzogen würden, so braucht es deshalb noch nicht an
seinem Nährwerth eingebüsst zu haben, da man nicht weiss, ob so
viel Salze zur Ernährung wirklich nöthig sind und die geringere
Aschemenge des Mehls gegenüber der des ganzen Korns nicht längst
hinreichend ist, den Körper mit Salzen zu versorgen. Nach den Untersuchungen FORSTER's ist es wohl nicht zweifelhaft, dass wenn im
Mehl genügend Eiweiss zugeführt wird, auch damit dem Körper die
nöthigen Aschebestandtheile zukommen.

Es fragt sich jetzt noch, ob man dem Brode nicht die Kleie
zubacken soll, um durch den Darmkanal die darin befindlichen eiweissartigen Stoffe und Aschebestandtheile, sowie das noch anhän-
gende Mehl verwerthen zu lassen. Es wurde vielfach über den Nährwerth der Kleie gestritten; die einen priesen sie wegen ihres Gehaltes
an Nahrungsstoffen, namentlich an Eiweiss und Asche, und hielten
ihre Entfernung für schädlich (zuerst MILLON 1849); die anderen
meinten, diese Nahrungsstoffe seien von der den Verdauungssäften
schwer zugänglichen Holzfaser umschlossen, die selbst durch eingreifende Behandlung mit Säuren und Alkalien nicht ganz entzogen
werden könnten. Hierüber kann nicht die chemische Analyse, sondern
nur das Experiment am Thier entscheiden; es handelt sich nicht
darum, welcher Theil des Korns den meisten Stickstoff oder die
meiste Asche enthält, sondern vielmehr darum, wie viel davon im
Darm resorbirt wird.

So viel ich weiss, hat zuerst POGGIALE [1] diesen einzig richtigen
Weg eingeschlagen und gefunden, dass die Menge der nicht verwerthbaren Materien der Kleie sehr beträchtlich ist und dass namentlich nicht aller Stickstoff derselben durch den Darm entzogen wird.
Er liess nämlich Kleie nach einander den Darm von 2 Hunden und
einem Hahn durchlaufen; sie enthielt darnach immer noch ein Drittel
ihrer stickstoffhaltigen Substanzen, weshalb POGGIALE die Weglassung
der Kleie aus dem Mehl für gerechtfertigt hielt.

---

[1] POGGIALE, Compt. rend. XXXVII. (2) No. 5. p. 173. 1853.

Der menschliche Darm nimmt sicherlich von der Kleie etwas
auf. Nach POGGIALE löst der Darm des Hundes 44 % der Kleie,
die aber wahrscheinlich vorzüglich aus anhängendem Mehl bestanden.
FR. HOFMANN [1] gab einem Hund mit verdünnter Schwefelsäure ausgekochte Kleie und beobachtete eine nicht unbeträchtliche Abnahme
des Gewichts derselben im Koth. Damit ist aber nicht entschieden,
ob die stickstoffhaltigen Stoffe und die Aschebestandtheile der Kleie
verwerthet werden. DONDERS fand die Schichte der eiweissreichen
Zellen der Kleie bei Pflanzenfressern völlig verdaut, beim Hunde und
Menschen war sie dagegen unverändert im Koth zu entdecken. Nach
J. LEHMANN [2] frassen Schweine von Weizenkleie, welche so gut wie
frei von anhängendem Mehle war, nur 32 Tage lang und hatten
dabei kaum an Gewicht zugenommen, obwohl die Kleie 13.5 % stickstoffhaltige Stoffe enthielt. MEISSNER und FLÜGGE [3] haben dargethan,
dass das Huhn vom ganzen Korn der Gerste und des Weizens nur
einen Theil der eiweissartigen Stoffe verdaut; von der Gerste werden
nur die in Wasser löslichen Eiweisssubstanzen (28 %) resorbirt, die
in den peripherischen Theilen des Korns enthaltenen, in Wasser unlöslichen (72 %) sind mit der Cellulose im Koth nachzuweisen; auch
von dem ganzen Weizenkorn verwerthet das Huhn die in Wasser
löslichen stickstoffhaltigen Theile (6 %) und von den in Wasser unlöslichen nur den Kleber (42 %), der Rest (52 %) geht unverändert
mit dem Koth ab.[4]

Das an der Kleie noch anhaftende Mehl macht bei der Verbesserung der Mühlen nicht mehr viel aus, und die in der Kleie
selbst enthaltenen Stoffe sind für den Menschen nur zum kleinen
Theile brauchbar; denn die Hauptmasse des Stickstoffs und namentlich der Aschebestandtheile wird nicht ausgelaugt. Man könnte aber
doch, wenigstens zu Zeiten der Noth, die Kleie verwerthen lassen,
wenn nicht dabei etwas anderes in Betracht käme, nämlich die unverhältnissmässig grosse Kothmenge nach Beimischung der Kleie zum
Brod. Schon PANUM und HEIBERG [5] haben angegeben, dass das Bei-

---

1 FR. HOFMANN, Ztschr. f. Biologie. VII. S. 42. 1871.

2 J. LEHMANN, Amtsbl. f. d. landw. Vereine d. Königr. Sachsen. 1868. No. 2.

3 MEISSNER u. FLÜGGE, Ztschr. f. rat. Med. (3) XXXI. S. 185, XXXVI. S. 184.
1869.

4 Der Mensch und der Hund verwerthen von dem ungebeutelten Weizenmehl mehr als das Huhn. Der Hund verdaut nach PANUM fast ganz den frischen
Kleber aus Weizenmehl.

5 PANUM, Bidrag til Bedömmelsen of Födemidlernes Näringsverdi. Kjobenhavn
1866. — HEIBERG, Om Urinstofproductionen hos Hunde ved Fodring med Blod og
Kjöd tilberedt paa forskjellig maade. — PANUM, Dagbladet. 1868. No. 31. — (Jahres-
bericht f. d. ges. Med. Abthl. Anat. u. Physiol. 1867. S. 114 u. 1868. S. 77). — Auch
E. SMITH erwähnt (Die Nahrungsmittel. S. 183. Leipzig 1874), er habe 1863 in einem

backen der Kleie unnütz und sogar schädlich sei und nur den Bäckern
Vortheil bringe; sie stützen sich dabei auf Versuche an Hunden, bei
denen der Koth nach Fütterung mit kleiehaltigem Schwarzbrod 75 %
der eingeführten Brodmenge betrug, bei kleiefreiem Weizenbrod dagegen nur 15 %. Das Gleiche haben die Versuche von G. MAYER
und M. RUBNER am Menschen erwiesen. Es ist dies zum grossen
Theil eine rein mechanische Wirkung der groben Beschaffenheit und
der unverdaulichen Cellulose des Kleienbrods; Fr. HOFMANN [1] hat
dem entsprechend bei Zusatz von Cellulose zu Fleisch die Kothmenge
bedeutend anwachsen sehen.

Das was aus der Kleie im Darm des Menschen allenfalls gewonnen wird, das wird weitaus aufgehoben durch die rasche Entleerung des Darminhalts und den massigen Koth dabei, wodurch viel
sonst noch brauchbare Substanz verloren geht. Es scheint mir daher
rationeller, wenn man die Kleie pflanzenfressenden Thieren, welche
Cellulose reichlich verdauen, giebt, da diese am besten auch die
damit verbundenen stickstoffhaltigen Stoffe auslaugen werden.

Die Menschen bereiten sich aus dem Mehl der Getreidearten
ausser dem Brod noch die mannigfaltigsten Gebäcke, wie z. B. Nudeln,
Spätzeln, Knödel, Makkaroni, welche häufig die Hauptmasse der Nahrung darstellen. Es ist sehr wohl möglich, dass diese verschiedene
Zubereitung eines und desselben Nahrungsmittels nicht nur eine Abwechselung im Geschmacke gewährt, sondern auch wegen ungleicher
Ausnützung der Speisen im Darmkanal geschieht.

Um dies zu untersuchen, hat M. RUBNER aus derselben Quantität
des gleichen Weizenmehls Brod gebacken (Nr. 5 und 6 auf S. 469)
und Spätzeln (Nr. 1) bereitet. Ferner erprobte er die gewöhnlichen
Makkaroninudeln (Nr. 2), sowie solche, denen Kleber zugesetzt war
(Nr. 3). Er erhielt dabei:

No.	verzehrt				im Koth							
	feste Theile	N	Kohlehydrat	Asche	feste Theile		Stickstoff		Kohlehydrat		Asche	
					Grm.	%	Grm.	%	Grm.	%	Grm.	%
1.	743	11.9	558	25.4	36.3	4.9	2.3	20.5	9	1.6	5.4	20.9
2.	626	10.9	462	21.8	27.0	4.3	1.9	17.1	6	1.2	5.3	24.1
3.	664	22.6	418	32.0	38.1	5.7	2.5	11.2	10	2.3	7.1	22.2

Bericht über die Kost der schlecht genährten Bevölkerung und 1864 in der Society of Arts in dem Thema der Diätetik der Armen und der Gefangenen darauf
aufmerksam gemacht, dass die Kleie nachtheilig sei.

[1] VOIT, Sitzgsber. d. bayr. Acad. 1869. December.

Die Spätzeln verhalten sich demnach nahezu so, wie das aus demselben Mehl gebackene Weissbrod, sie werden sogar in allen Stücken etwas weniger gut ausgenützt als das Weissbrod in Versuch 6 (S. 469); mit Knödeln und anderen Gebäcken ist das gleiche Resultat zu erwarten. Auch die gewöhnlichen Makkaroni, vorzugsweise aus hartem, glasigem, kleberreichem Weizen, bei dem die Stärkekörner zusammenbacken, bereitet, verhalten sich nahezu wie die Spätzeln. Bei den Makkaroninudeln mit Kleberzusatz werden die einzelnen Stoffe etwas weniger gut verwerthet mit Ausnahme des Stickstoffs, der sich günstiger verhält. Während 'es aber bei keiner Mehlspeise möglich war, den Körper des Menschen auf seinem Bestande an Stickstoff zu erhalten, gelang dies mit den Makkaroninudeln, denen Kleber zugesetzt war.

Ich habe noch Einiges über die Ausnützung von Mais und Reis (S. 463) zu sagen, welche bekanntlich auf einem grossen Theil der Erdoberfläche von den Menschen fast als ausschliessliche Nahrung, so wie in anderen Ländern die Gebäcke aus Weizen- oder Roggenmehl, verzehrt werden.

Der aus Südamerika zu uns gekommene Mais[1] wird in Oberitalien, Südtyrol, Aegypten, den südlichen Staaten Nordamerikas u. s. w. gegessen und verhält sich günstiger als der in Ostindien, Japan, China u. s. w. eingebürgerte Reis, da er ansehnlich mehr Eiweiss und eine wohl zu beachtende Menge von Fett enthält.

Die Ausnützung der beiden Cerealien stellt sich folgendermassen:

	verzehrt				im Koth						
	feste Theile	N	Kohlehydrat	Asche	feste Theile		Stickstoff		Kohlehydrat		Asche	
					Grm.	%	Grm.	%	Grm.	%	Grm.	%
Mais	738	14.7	563	26.8	49.3	6.7	2.3	15.5	18	3.2	8.0	30.0
Reis	660	10.4	493	23.8	27.2	4.1	2.1	20.4	4	0.9	3.6	15.0

Der Mais stellt sich in Beziehung der Ausnützung der Nährstoffe ähnlich wie die Gebäcke aus Weizenmehl; die stickstoffhaltigen Stoffe im Reis werden ähnlich verwerthet wie die im Mais, besonders gut aber die Kohlehydrate. Bei beiden bildet jedoch das grosse Volumen der gekochten Speise dem daran nicht gewöhnten Magen ein bedeu-

---

[1] Maizena wird aus den mehligen Theilen der Maiskörner gewonnen und besteht fast nur aus reinem Stärkemehl.

tendes Hinderniss für die Aufnahme. Der gekochte Reis enthält nur etwa 20 % feste Theile; aber es wird auch von Reisenden mit Staunen berichtet, welche kolossalen Massen von Reis von den Bewohnern des östlichen Asiens verzehrt werden können. Es war nicht möglich, den Körper mit Mais oder Reis auf seinem Eiweissbestande zu erhalten.

Einige andere aus den Produkten der Samenkörner der Cerealien hergestellte Nahrungsmittel sind:

Der aus der Weizen-, Reis- und Maisstärke (sowie aus Kartoffelstärke und dem im Mark der Palme enthaltenen Stärkemehl) bereitete Sago, welcher also vorzüglich aus Amylon besteht.

Graupen sind die von den Hülsen und Spitzen befreiten und durch Abreiben und Poliren in Kugelgestalt gebrachten Gersten- und Weizenkörner.

Grütze nennt man die entweder nur von den Schalen befreiten oder die entschälten und dann noch gröblich geschrotenen Körner von Hafer, Buchweizen, Hirse und Gerste.

Gries ist ein unvollkommen aufgemahlener Weizen, bei welchem die Kleie vollständig entfernt und das sich ablösende Mehl abgesiebt ist.

B) Die Leguminosen.

Die Körner der Leguminosen enthalten im Verhältniss zum Stärkemehl mehr Stickstoff und eiweissartige Stoffe als die der Cerealien; sie sind unter allen vegetabilischen Nahrungsmitteln die stickstoffreichsten und gehören daher zu den werthvollsten Nahrungsmitteln des Menschen.

In den Cerealien findet sich der Stickstoff zumeist in den Kleberproteinstoffen, in den Leguminosen kommen vorzüglich die Pflanzenkaseine (meist Legumin) vor. Die Leguminosen enthalten viel Asche, und darin mehr Kali und Kalk, aber weniger Phosphorsäure als das Getreide. Es findet sich in ihnen [1] im Mittel nach J. König:

	Bohnen	Erbsen	Linsen
Wasser	13.60	14.31	12.51
Feste Theile . . .	86.40	85.69	87.49
Eiweiss	23.12	22.63	24.81
Fett	2.28	1.72	1.85
Holzfaser	3.84	5.45	3.58
N-freie Extrakte . .	53.63	53.24	54.78
Asche	3.53	2.65	2.47

1 Ervalenta, Revalenta arabica. Revalescière du Barry ist nichts als feines Linsenmehl; Revalenta ist ein Gemisch von Linsen-, Bohnen- und Maismehl.

Man sollte meinen, die Leguminosen würden im Darm schlecht ausgenützt, da sie im Verhältniss zu ihrem hohen Gehalt an Eiweiss billig sind.

Von STRÜMPELL [1] liegt ein Ausnützungsversuch vor mit einem Linsenpräparat (HARTENSTEIN'sche Leguminose), von WOROSCHILOFF [2] mit Erbsen; jedoch verwendeten beide die Leguminosen nicht rein, sondern mit verschiedenen Zuspeisen, welche die Verwerthung derselben verändern konnten, und sie nahmen ferner nur wenig von der Substanz auf, ersterer täglich nur 219 Grm., letzterer 300 Grm. RUBNER [3] machte 2 Versuche mit Erbsen (Erbsenbrei), und zwar mit einer mittleren Portion und einer übermässig grossen, wobei sich ergab:

verzehrt				im Koth							
feste Theile	A	Kohle-hydrat	Asche	feste Theile		Stickstoff		Kohlehydrat		Asche	
				Grm.	%	Grm.	%	Grm.	%	Grm.	%
521	20.4	357	30.1	48.5	9.1	3.6	17.5	12.9	3.6	8.1	32.5
960	32.7	588	44.8	124 0	14.5	9.1	27.8	41.0	7.0	16.1	38.9

Der frische Koth reagirte sauer und hatte das Ansehen wie die aufgenommene Speise; er war ohne Gasblasen. Bei der übermässigen Aufnahme von Erbsen war die Verwerthung im Darm eine höchst ungünstige; bei den mittleren Gaben stellte sich dieselbe ungleich besser. Die Kohlehydrate der Erbsen kommen ebenso gut zur Aufnahme wie die im Mais, etwas weniger gut als die des Weizenmehls, jedoch ungleich besser als die des Schwarzbrods. Auch in Beziehung der Stickstoffverwerthung nehmen die Erbsen unter den pflanzlichen Nahrungsmitteln keine schlechte Stellung ein: sie stehen hierin zunächst den mit Kleber versetzten Makkaroni, werden aber besser ausgenützt wie Weissbrod und Spätzeln.

Mit der mittleren Gabe von Erbsen konnte sich der Mann nahezu auf dem Stickstoffgleichgewicht erhalten, was mit den Cerealien nicht möglich war.

2. Knollen und Wurzeln.

In den Nahrungsmitteln dieser Klasse findet sich im Allgemeinen neben viel Wasser wenig Eiweiss (vorwaltend gewöhnliches Albumin),

1 STRÜMPELL, Deutsch. Arch. f. klin. Med. XVII. S. 105. 1876.
2 WOROSCHILOFF, Berliner klin. Woch. 1873. No. 8.
3 RUBNER, Ztschr. f. Biologie. XVI. S. 119. 1880.

dagegen ein hoher Gehalt an Kohlehydraten (Stärkemehl und Zucker).
Ein nicht unbedeutender Theil des Stickstoffs ist nicht in eiweissartigen Stoffen, sondern in Amiden, auch in Salpetersäure und Ammoniak enthalten. Es gehören hierher: die Kartoffeln, Topinambur,
die Bataten, die verschiedenen Rüben.

Ich gebe einige Beispiele für ihre Zusammensetzung:

	Kartoffeln	Möhren (gelbe Rüben)	Kohlrübe (weisse Rübe)
Wasser	75.77	87.05	91.24
Feste Theile . .	24.23	12.95	8.76
Eiweiss (?) . . .	1.79	1.04	0.96
Fett	0.16	0.21	0.16
Stärkemehl . . .	20.56	9.34	5.98
Holzfaser . . .	0.75	1.40	0.91
Asche	0.97	0.90	0.75

Die Kartoffel hat sich nach und nach wegen ihres reichen Er-
trages zu einem der beliebtesten Nahrungsmittel aufgeschwungen,
welches in vorzüglicher Weise Stärkemehl für die Nahrung des
Menschen liefert; sie ist dadurch ein wahres Volksnahrungsmittel.
Sie wird aber leider vielfach in ganz verkehrter Weise angewendet,
und bringt so den grössten Schaden; dies geschieht dann, wenn die
eiweissarme Frucht als fast ausschliessliche Nahrung dient und in
zu grossen Massen verzehrt wird. Durch das Kochen quillt das
Stärkemehl der Kartoffel und saugt den Saft der Zellen auf; eine
an Stärkemehl arme Kartoffel bleibt beim Kochen wässrig, eine stärke-
reiche wird durch völliges Verschwinden des Saftes mehlig.

Wie man aus obigen Analysen ersieht sind die Rüben noch weit
reicher an Wasser und ärmer an Eiweiss wie die Kartoffeln.

M. Rubner hat das Verhalten der Kartoffeln (1) und gelben
Rüben (2) im Darm des Menschen untersucht, wobei sich folgendes
ergab:

No.	verzehrt				im Koth					
	frisch	feste Theile	V	Kohle-hydrat	feste Theile		Stickstoff		Kohlehydrat	
					Grm.	%	Grm.	%	Grm.	%
1.	3078	819	11.5	718	94	9.4	3.7	32.2	55	7.6
2.	2566	352	6.5	282	85	20.7	2.5	39.0	50	18.2

Die Menge des frischen Koths bei Kartoffelkost ist eine ganz enorm grosse; die Kothentleerungen folgen sich viel häufiger als bei einer anderen Kost, denn es wurde mehrmals im Tag, ja selbst während der Nacht Koth abgegeben. Derselbe ist sehr reich an Wasser (85.2 %), breiartig, übelriechend und sauer reagirend. Von den Kartoffeln wird entschieden weniger Trockensubstanz und Kohlehydrat im Darm resorbirt als vom Mais und Reis; vor Allem aber werden die stickstoffhaltigen Stoffe schlecht verwerthet, da ein volles Drittel derselben im Koth wieder abgeht. Trotz des kolossalen Quantums der verzehrten Kartoffeln, an dem der Mann, man kann sagen, den ganzen Tag über ass, verlor der Körper täglich doch noch von seinem Eiweiss.

Aehnlich ist es auch bei Aufnahme von Rüben. Der Koth ist ebenfalls massig, wie die verzehrte Speise aussehend und schon 5—6 Stunden nach der ersten Mahlzeit zum Vorschein kommend. Der Verlust an Stickstoff und besonders an Kohlehydrat durch den Koth ist ein sehr bedeutender. Es ist selbstverständlich nicht möglich in Rüben das für einen kräftigen Körper nöthige Eiweiss zu liefern.

Das aus der Pfeilwurzel abgeschiedene reine Stärkemehl ist das Arrow-Root, welches daher nur als Nahrungsstoff, kaum als Nahrungsmittel und noch weniger als Nahrung betrachtet werden darf.

3. Grüne Gemüse, Salatpflanzen, Küchenkräuter.

Es sind dies die Triebe, Stengel, Blätter, Früchte und Samen der verschiedensten Pflanzen, welche in jungem Zustande noch vor dem Eintritt der Verholzung der Zellen gegessen werden.

Sie enthalten sehr viel Wasser, aber im Verhältniss zu den stickstofffreien Stoffen mehr stickstoffhaltige als die Knollen und Wurzeln, wie folgende Tabelle zeigt:

	Schnitt-bohnen	Weiss-kraut	Spinat	Kopf-salat	Herzkohl Wirsing
Wasser	88.36	89.97	90.26	94.33	87.09
Feste Theile . .	11.64	10.03	9.74	5.67	12.91
Eiweiss	2.77	1.89	3.15	1.41	3.31
Fett	0.14	0.20	0.54	0.31	0.71
N-freies Extrakt	8.02	4.87	3.34	2.19	6.02
Holzfaser . . .	1.14	1.84	0.77	0.73	1.23
Asche	0.57	1.23	1.94	1.03	1.64

Bei der Zubereitung müssen viele dieser Gemüse z. B. alle Kohlarten zuerst mit Wasser halb gar gekocht werden, da sie Substanzen von unangenehmem, scharfem Geschmack enthalten, welche man durch die vorläufige Abkochung entzieht; dann erst werden sie mit frischem Wasser und den nöthigen Zusätzen fertig gemacht. Es findet jedoch dabei ein nicht unbedeutender Verlust an nährenden Bestandtheilen dadurch statt, dass lösliche Theile in das Brühwasser übergehen.[1] Von 1000 Grm. frischem Spinat gehen z. B. in das Absudwasser über:

Feste Theile	8.58	Grm.
N-haltige Substanz . .	1.68	„
N-freie Extrakte . . .	3.52	„
Asche (phosphors. Kali)	3.38	„

Gesalzenes Wasser entzieht weniger lösliche Substanzen als reines Wasser (BÖTTCHER[2]).

Während des Kochens gehen gewisse Veränderungen mit dem Gemüse vor sich. Bei einer Temperatur von 45—50° stirbt die Zelle ab, die Membranen werden schlaff und es tritt Flüssigkeit aus ihnen aus. Bei höherer Temperatur gerinnt das lösliche Eiweiss und quillt das Stärkemehl auf, welches Wasser bindet. Warum die meisten Gemüse, um gar zu werden, Stunden lang sieden müssen, ist noch unbekannt; sie bleiben sonst zäh und hart; vielleicht wird dabei die Intercellularsubstanz der Zellen löslich gemacht.

Von RUBNER liegt ein Ausnützungsversuch am Menschen mit Wirsing (1) und einer mit grünen Bohnen (2) vor:

No.	verzehrt				im Koth					
	frisch	feste Theile	N	Kohlehydrat	feste Theile		Stickstoff		Kohlehydrat	
					Grm.	%	Grm.	%	Grm.	%
1.	3831	406	13.2	247.0	73.4	14.9	2.4	18.5	38.0	15.4
2.	540	40	1.4	25.5	15.2	15.0	0.7	—	3.9	15.4

Die Kothentleerungen beim Wirsing waren äusserst voluminös; die Ausnützung desselben ist daher keine günstige und es wird ein beträchtlicher Theil der darin aufgenommenen Stoffe unbenützt wieder ausgeschieden; der Körper gab dabei noch viel von seinem Eiweiss ab. Von den grünen Bohnen konnte, des grossen Volums des Gemüses

1 GROUVEN, Landw. Jahresber. von Henneberg u. Kraut. II. S. 183. 1855/56.
2 BÖTTCHER, Landw. Jahresber. II. S. 174. 1854.

halber, nicht viel verzehrt werden; die prozentige Verwerthung der festen Theile und der Kohlehydrate derselben gestaltete sich ähnlich wie beim Wirsing.

4. Reife Früchte, Obst, Schwämme.

Die reifen Obstfrüchte enthalten als vorzüglichsten Nahrungsstoff Zucker, dagegen nur wenig Eiweiss. Durch ihren Gehalt an wohlschmeckenden Pflanzensäuren (Aepfelsäure, Weinsteinsäure, Citronensäure), Zucker und gewissen aromatischen Substanzen dienen sie auch als Genussmittel. Ich gebe hier die Zusammensetzung einiger frischer und trockner Früchte:

	frisch:				
	Aepfel	Birnen	Zwetschgen	Kirschen	Trauben
Wasser	83.58	83.03	81.18	80.26	78.17
Feste Theile. . . .	16.42	16.97	18.82	19.74	21.83
Eiweiss	0.39	0.36	0.78	0.62	0.59
Zucker	7.73	8.26	6.15	10.24	24.36
Sonstige N-freie Stoffe	5.17	3.54	4.92	1.17	1.96
Holzfaser.	1.98	4.30	5.41	6.07	3.60
Asche	0.31	0.31	0.71	· 0.73	0.53
	getrocknet:				
Wasser	27.95	29.41	29.30	49.88	32.02
Feste Theile. . . .	72.05	70.59	70.70	50.12	67.98
Eiweiss	1.28	2.07	2.35	2.07	2.42
Zucker	42.83	29.13	44.35	31.22	54.56
Sonstige N-freie Stoffe	17.00	29.67	17.89	14.29	7.48
Holzfaser.	4.95	6.86	1.48	0.61	1.72
Asche	1.57	1.67	1.38	1.63	1.21

Die frischen Früchte werden gewöhnlich nicht in einem so grossen Quantum gegessen, dass sie Nahrungsstoffe in erheblicher Menge zuführen. Jedoch haben die getrockneten Früchte für manche Gegenden diese Bedeutung; wenn sie von der Landbevölkerung in einer Brühe zu den Nudeln gegessen werden, so dienen sie dazu den letzteren einen guten Geschmack zu geben und sie anzufeuchten, aber auch als Träger von stickstofffreien Nahrungsstoffen.

Die essbaren Schwämme und Pilze besitzen einen nicht unbedeutenden Gehalt an Nährstoffen, namentlich an stickstoffhaltigen Substanzen, worin manche getrocknete Pilze die Leguminosen übertreffen; ausserdem finden sich darin geringe Mengen von Kohlehydraten (Mannit und Traubenzucker).

Der Champignon z. B. enthält im frischen und getrockneten
Zustand:

	frisch	getrocknet
Wasser	91.11	17.54
N-haltige Substanz .	2.57	23.84
Fett	0.13	1.21
Mannit	0.38	3.62
Zucker	0.67	5.97
N-freie Stoffe . . .	3.71	34.56
Holzfaser	0.67	6.21
Asche	0.76	7.05

Die getrockneten Schwämme lassen sich daher recht gut in
Brühen als Zusatz zu stickstoffarmen Nahrungsmitteln verwerthen;
am Lande werden sie in den Wintermonaten vielfach mit Nudeln
gegessen.

5. Bemerkungen über die Ausnützung der Vegetabilien durch die Pflanzenfresser.[1]

Ich gebe hier der Vollständigkeit wegen Einiges über die Verwerthung des complizirt zusammengesetzten Futters durch die pflanzenfressenden Haussäugethiere, namentlich um gewisse durch den ungleichen Bau
des Darms bedingte Unterschiede hervorzuheben. Die Frage nach der
Ausnützung der Nahrungsstoffe ist bei diesen Thieren noch von ungleich
grösserer Bedeutung als beim Menschen und Fleischfresser, da dieselben
bei ihrem gewöhnlichen Futter wesentlich mehr Unbenütztes im Koth
ausscheiden.

Die Lehre von der Verdaulichkeit der Futterbestandtheile im Darm
der landwirthschaftlichen Nutzthiere wurde durch HENNEBERG und STOH-
MANN[2] begründet; sie stellten zuerst durch exakte Versuche die Ausnützung verschiedener Rauhfutterarten für sich und unter Beigabe leicht
verdaulicher Stoffe fest.

Von Gras und Wiesenheu werden durch verschiedene Pflanzenfresser
(Rind, Ziege, Hammel) im Mittel verdaut und resorbirt:

1 Vortreffliche Zusammenstellung bei E. WOLFF, Die Ernährung der landw.
Nutzthiere. 1876.
2 HENNEBERG u. STOHMANN, Beitr. zur Begründung einer rationellen Fütterung
der Wiederkäuer. 1. Heft. 1860, 2. Heft. 1863/64. — Weitere Literatur: GROUVEN,
2. Bericht v. Salzmünde. 1864. — G. KÜHN, H. SCHULZE u. ARONSTEIN, Journ. f. Landw.
1865. S. 283, 1866. S. 269, 1867. S. 1. — KÜHN, FLEISCHER u. STRIEDTER, Landw. Versuchsstat. XI. S. 177. 1869. — HENNEBERG, Neue Beiträge u. s. w. 1870/72. Heft 1. —
E. WOLFF, Landw. chem. Versuchsstation Hohenheim. 1870. S. 75. — STOHMANN,
Journ. f. Landw. 1865. S. 135; Ztschr. f. Biologie. VI. S. 211. 1870; Biolog. Studien.
1873. Heft 1 (an Ziegen). — E. SCHULZE u. MAERCKER, Journ. f. Landw. 1871. S. 52
(an Hammeln). — DIETRICH u. KÖNIG. Landw. Versuchsstat. XIII. S. 226. 1871. — Aus
Hohenheim: Landw. Jahrb. I. 1872, II. S. 221. 1873. — FLEISCHER u. MÜLLER, Journ.
f. Landw. 1874. S. 275 (an Hammeln). — WEISKE, Ebenda. 1871. S. 148. u. 159. —
SCHULZE u. MAERCKER, Ebenda. 1875. S. 170. — E. WOLFF, Landw. Jahrb. 1879. VIII
(am Pferd, Hammel und Schwein).

$$^0/_0$$

vom Eiweiss	60
von der Rohfaser . .	62
vom Fett	48
vom *N*-freien Extrakt .	66
von der organ. Substanz	63

Die Ausnützung der Nahrung ist demnach bei den genannten Pflanzenfressern viel unvollständiger als beim Menschen und Fleischfresser; ein wesentlicher Unterschied ist der, dass erstere auch die verholzten Cellulosehüllen in grösserer Menge lösen und so die darin befindlichen Nahrungsstoffe zugänglich machen können. Die Verdaulichkeit der Rohfaser ist auffallender Weise nicht vorherrschend durch die Qualität derselben bedingt, sondern mehr durch den Eiweissreichthum des Futters. Aus eiweissreichen Heusorten wird mehr Eiweiss in die Säfte aufgenommen.

Aus dem Stroh der Cerealien gelangt das Eiweiss nicht so gut zur Ausnützung als aus dem Heu, nicht ganz 50 $^0/_0$: je stickstoffärmer, rohfaserreicher und härter das Stroh ist, desto weniger wird daraus gelöst. Die einseitige Steigerung der stickstoffhaltigen Nährstoffe des Futters durch Beigabe von leicht verdaulichen Eiweissstoffen (z. B. in Bohnenschrot, Erbsenschrot, Leinkuchen, Rapskuchen) übt merkwürdiger Weise keinen störenden Einfluss auf die Verdauungsverhältnisse des übrigen Futters aus; auch die stickstoffreichen Futtermittel werden nicht völlig resorbirt.

Durch beträchtliche Beigabe von reinen Kohlehydraten dagegen erhält man eine Depression vorzüglich in der Verdauung des Eiweisses, aber auch der Rohfaser; Stärkemehl wirkt in dieser Hinsicht etwas mehr als ein in Wasser lösliches Kohlehydrat. Hierbei werden die zugesetzten Kohlehydrate selbst vollständig resorbirt, so lange das Verhältniss der Nährstoffe im Gesammtfutter wenigstens 1 : 8 beträgt; erst wenn es sich noch mehr erweitert, wird ein Theil der Kohlehydrate unverändert ausgeschieden.

Kartoffel und Rüben sind für wiederkäuende Thiere absolut verdaulich (im Gegensatz zum Menschen und Fleischfresser) und äussern auf die Verdauung des übrigen Futters keine wesentlich deprimirende Wirkung, wenn sie von dem Gewicht der Trockensubstanz des gleichzeitig gereichten Rauhfutters nicht mehr als 15 $^0/_0$ ausmachen und das Nährstoffverhältniss im Gesammtfutter nicht sehr über 1 : 8 sich erweitert. Füttert man mehr von denselben zu, dann tritt eine Depression in der Ausnützung ein, besonders in der des Eiweisses. Ein Zusatz eines stickstoffreichen Beifutters vermindert die Depression wieder.

Auch bei den Futterberechnungen für landwirthschaftliche Nutzthiere sind als organische Nährstoffe ausschliesslich Eiweiss, Fett und Kohlehydrate in Betracht zu nehmen; denn der zur Verdauung gelangende Antheil der Rohfaser ist reine Cellulose, und der verdaute Theil der stickstofffreien Extrakte hat nahezu dieselbe Zusammensetzung und vermuthlich denselben Nährwerth wie das Stärkemehl.

Die Menge der unverdaut gebliebenen stickstofffreien Extrakte ist gleich dem verdauten Theil der Rohfaser, oder es ist die Menge jener Extrakte im Futter gleich dem zur Verdauung gelangenden Theil der

stickstofffreien organischen Substanz (Rohfaser + stickstofffreie Extraktstoffe). Der unverdaute Antheil der stickstofffreien Extraktstoffe besteht
aus kohlenstoffreichen, in ihrer Gesammtheit dem sogenannten Lignin ähnlich zusammengesetzten Substanzen. Die Gesammtmenge der in Wasser
löslichen Bestandtheile des Rauhfutters bildet ein relatives Maass für den
verdaulichen Antheil der stickstofffreien Extraktstoffe.

Bei ausschliesslicher Verabreichung verschiedener Quantitäten eines
und desselben Rauhfutters ist die prozentige Ausnützung der Bestandtheile
fast die gleiche.

Die Trockensubstanz des Grünfutters hat im Wesentlichen dieselbe
Verdaulichkeit wie die in dem entsprechenden Heu.[1] Die Art der Heu-
werbung, sowie die Gunst oder Ungunst der Witterung bei derselben, hat
einen grossen Einfluss auf die chemische Beschaffenheit und Verdaulichkeit des Futters.

Durch Zerschneiden des Rauhfutters zu Häcksel, durch Anbrühen,
Dämpfen und Selbsterhitzung wird die Verdaulichkeit nicht wesentlich
erhöht.[2] Bei längerer Aufbewahrung unter günstigen Verhältnissen erleidet das Rauhfutter eine nicht unbedeutende Veränderung in der chemischen Zusammensetzung und in der Verdaulichkeit der Bestandtheile.[3]

Mit dem Fortschreiten der Vegetation, mit dem Aelterwerden der
Pflanze, verändert sich wesentlich die Zusammensetzung der Trockensubstanz, sowie das Verhältniss der Nährstoffe und gleichzeitig die Verdaulichkeit der einzelnen Bestandtheile.[4]

Die verschiedenen Arten der wiederkäuenden Thiere scheinen ein
und dasselbe Futter ziemlich in gleichem Grade zu verdauen; es ist wahrscheinlich, dass die nicht wiederkäuenden Thiere bezüglich ihres Ver-
dauungsvermögens sich anders verhalten.[5]

Verschiedene Racen einer und derselben Thierart (z. B. Schafracen)
haben im Allgemeinen das nämliche Verdauungsvermögen für das gleiche
Futter, der Nähreffekt ist aber sehr ungleich.[6] Junge, in raschem Wachsthum begriffene Thiere scheinen ein an sich leicht verdauliches Futter
ebenso gut zu verdauen wie volljährige Thiere gleicher Gattung.[7] Durch
die Individualität der Thiere ist das Verdauungsvermögen oft wesentlich
beeinflusst.

---

1 G. Kühn, Amtsbl. f. d. landw. Vereine d. Königreichs Sachsen. 1871. S. 134 u.
Landw. Versuchsstat. XVI. S. 81. 1873. — Weiske, Beitr. zur Frage üb. Weidewirth-
schaft und Stallfütterung. S. 43. Breslau 1871.
2 Hellriegel u. Lucanus, Laudw.Versuchsstat. III. S. 387. 1865. — W. Funke,
Wochenbl. d. preuss. Ann. d. Landw. 1863. No. 35 u. 36.
3 Aus Hohenheim: Landw. Jahrbücher. II. S. 282. 1873. — Hofmeister, Landw.
Versuchsstat. XVI. S. 353. 1873.
4 G. Kühn, Sächs. Amtsbl. f. landw. Vereine. 1870. S. 90. — Wolff, Die Versuchsstation Hohenheim. 1870. S. 80.
5 Haubner u. Hofmeister, Landw. Versuchsstat. VII. S. 413. 1865, VIII. S. 99.
1866 (am Pferd). — Weiske, Ebenda. XV. S. 90. 1872 (Schweine verdauen Rohfaser).
6 Hofmeister, Landw. Versuchsstat. VIII. S. 351. 1866. — Haubner u. Hofmeister, Landw. Versuchsstat. XII. S. 8. 1869; aus Hohenheim: Landw. Jahrb. I.
1872, II. S. 278. 1873.
7 Ebenda. II. 1873.

**III. Ueber die Unterschiede der animalischen und vegeta-
bilischen Nahrungsmittel in ihrer Bedeutung für die Ernährung und über die Verdaulichkeit im Allgemeinen.**[1]

Nach dem Gesagten finden sich im Allgemeinen bedeutende Differenzen in der Ausnützung im Darmkanale zwischen den animalischen
und vegetabilischen Nahrungsmitteln.

In der Menge des vom Menschen bei verschiedener Kost täglich
ausgeschiedenen trockenen Koths ergeben sich Schwankungen von
13—116 Grm. (4—21 % der trockenen Nahrung). Diese Unterschiede
sind vorzüglich von der Qualität des Nahrungsmittels abhängig und
nicht so sehr von der Quantität der darin verzehrten Trockensubstanz.
Noch auffallender sind die Schwankungen in der Masse des frischen
Koths (53—1670 Grm.): es finden sich sehr kleine Quantitäten mit
geringem Wassergehalt nach Aufnahme von Fleisch oder Eier, dagegen ganz kolossale mit einem bedeutenden Wassergehalt nach
Aufnahme von Schwarzbrod, Kartoffeln, Wirsing und gelben Rüben.

Die rein animalische Nahrung macht, wenn sie ertragen wird,
im Allgemeinen sehr wenig Koth und es findet die Entleerung in
grösseren Zwischenräumen statt (beim Hunde alle 5—6 Tage); dabei
wird so gut wie kein Eiweiss oder Residuum der Nahrung im Koth
ausgeschieden.

Die Vegetabilien liefern dagegen im Allgemeinen viel Koth,
welcher meist reichlich Wasser enthält und öfters entleert wird (beim
Rind 12 mal täglich). Es ist dies jedoch durchaus nicht bei allen
Vegetabilien der Fall, da gerade einige Nahrungsmittel aus dem
Pflanzenreiche, welche von ganzen Völkerschaften beinahe ausschliesslich gegessen werden, wie z. B. der Reis, das Mehl der Getreidearten
in gewisser Zubereitung (als Weissbrod, Spätzeln, Makkaroni) im
Darmkanale vorzüglich gut, so gut wie die animalischen Nahrungsmittel, verwerthet werden. Mais und Erbsen geben mittlere Zahlen,
ungünstige dagegen: die Kartoffeln, Wirsing, gelbe Rüben und das
Schwarzbrod.

Die grosse Kothmenge bei gewissen Vegetabilien rührt nur zum
kleinen Theil von der Nichtresorption des Stärkemehls her, sondern
wesentlich davon, dass das ganze Nahrungsmittel rasch wieder ausgeschieden wird. Es ist in der That wunderbar, welche bedeutende
Mengen von Stärkemehl der menschliche Darm zu verwerthen und zu
resorbiren im Stande ist. Bei Weissbrod, Reis, Makkaroni, Spätzeln

---

[1] Voit, Sitzgsber. d. bayr. Acad. Math.-phys. Cl. II. S. 516. 1869; Ztschr. f.
Biologie. VI. S. 316. 1870.

u. s. w. erscheinen von den Kohlehydraten, selbst bei Aufnahme von 462—670 Grm. nur 4—9 Grm. im Kothe wieder, sie werden bis auf 0.8—1.6 % im Darm ausgenützt. Nur bei den im Ganzen ungünstig sich verhaltenden Nahrungsmitteln: Kartoffeln, Wirsing, gelben Rüben und Schwarzbrod wird auch mehr Stärkemehl (38—72 Grm.) im Koth angetroffen, so dass 8—18 % desselben unbenützt den Körper wieder verlassen. Aber das Stärkemehl der Vegetabilien verhält sich stets günstiger als das Eiweiss; obwohl die vegetabilische Kost im Allgemeinen arm an Stickstoff ist, geht doch bei ihr selbst bei im Uebrigen guter Verwerthung durchgängig absolut und relativ beträchtlich mehr Stickstoff mit dem Koth ab (mindestens 17—25 %); besonders ungünstig stellen sich in dieser Beziehung wiederum das Schwarzbrod, die Kartoffeln, die gelben Rüben, von denen 32—39 % des Stickstoffs nicht resorbirt werden. Bei der Untersuchung einer fast ausschliesslich aus Vegetabilien bestehenden Gefängnisskost fand AD. Schuster einen Abgang von 37 % Stickstoff im Koth; zu einer ähnlichen Zahl gelangte Fr. Hofmann [1] bei Prüfung der Kost des sächsischen Zellengefängnisses Waldheim; den grössten Verlust (von 47 %) fand letzterer [2] nach Aufnahme einer rein vegetabilischen Kost, aus ganzen Linsen, Kartoffeln und Brod bestehend.

Dieses verschiedene Verhalten der Nahrungsmittel im Darmkanal bedingt im Allgemeinen einen Unterschied zwischen der animalischen und vegetabilischen Kost. Am prägnantesten tritt dies hervor bei der gewöhnlichen Ernährung der fleischfressenden und pflanzenfressenden Thiere; denn während der Fleischfresser bei genügender animalischer Kost kaum Koth als Residuum der letzteren entleert, giebt der Pflanzenfresser einen ansehnlichen Theil der reichlich verzehrten Pflanzenkost unbenutzt wieder ab; 100 Kilo des fleischfressenden Hundes liefern bei ausreichender Fütterung mit Fleisch im Tag etwa 30 Grm. trocknen Koth, 100 Kilo Ochs bei Fütterung mit Heu 600 Grm. Die Pflanzenfresser nehmen im Wesentlichen nicht mehr Nahrungsstoffe in die Säfte auf, nur muss bei ihnen statt des Fettes die äquivalente Menge von Zucker übertreten, wohl aber verzehren sie viel mehr, da sie ein Drittel davon wieder im Koth entfernen.

Das bei der Pflanzenkost so reichlich Entleerte besteht nicht aus lauter absolut Unverdaulichem; die darin befindlichen Stoffe könnten wohl zum grössten Theil verdaut werden, wenn neben der nöthigen Menge der Verdauungssäfte die gehörige Zeit gegeben wäre.

1 AD. Schuster bei Voit, Unters. d. Kost. S. 165. 1577. — Fr. Hofmann, Unters. d. Kost. S. 170.
2 Fr. Hofmann bei Voit, Sitzgsber. d. bayr. Acad. II. S. S. 1869.

Warum ist nun die Ausnützung der Vegetabilien zumeist eine so unvollkommene?

Die Nahrungsstoffe sind in der Pflanzennahrung häufig in mehr oder minder festen Gehäusen aus Cellulose eingeschlossen und daher schwerer zugänglich als die in animalischen Gebilden frei liegenden. Die eiweissartigen Stoffe, die Fette, die Kohlehydrate u. s. w. müssen daraus entweder allmählich ausgelaugt oder die schwer verdauliche Cellulose vorher aufgelöst werden. Der Mensch und der Fleischfresser vermögen nicht wie viele Pflanzenfresser harte Cellulose zu lösen, daher sie nicht im Stande wären von Heu oder Stroh zu leben. Darum erfordert auch die Verdauung der pflanzlichen Nahrung einen complizirteren und längeren Darmkanal und mehr Zeit. Die Reste der Fleischnahrung sind beim Fleischfresser in etwa 18 Stunden bis in den Mastdarm vorgerückt; beim Pflanzenfresser verweilen die verzehrten Vegetabilien oft eine Woche lang im Darm. Trotzdem geht bei letzterem häufig bis zu einem Drittel des Futters ungenützt und kaum verändert wieder ab; ähnlich ist es beim Menschen nach Aufnahme von jungem Gemüse, z. B. von Wirsing und gelben Rüben, wo auch bis zu 15—21 % im Koth sich finden. Es ist also hier die Zeit für die völlige Verdauung der schwerer zugänglichen Nahrungsstoffe nicht gegeben.

Die Einschliessung der Nahrungsstoffe in Celluloschüllen ist nicht der einzige Grund der häufig so beträchtlichen Kothmengen bei der Pflanzenkost, denn sie erscheinen auch bei Genuss von Schwarzbrod, Kartoffeln oder anderen Speisen, in denen die Hüllen gesprengt worden waren.

Das Volum der vegetabilischen Nahrung ist durch die schlechtere Ausnützung im Allgemeinen grösser als das der animalischen. 1000 Kilo Ochs haben zur Erhaltung täglich 14 Kilo Trockensubstanz nöthig; 1000 Kilo Hund nur 8 Kilo. Aber auch wenn die Vegetabilien sämmtlich gleich gut ausgenützt würden wie die animalischen Substanzen, müsste das in ersteren zugeführte Volum bedeutender sein, da zur Aufhebung des Fettverlustes vom Körper statt 100 Theile Fett mindestens 175 Theile Stärkemehl erforderlich sind. Der Mensch geniesst ausserdem die stärkemehlhaltigen Speisen, z. B. die Erbsen, den Reis, die grünen Gemüse u. s. w. meist in sehr wasserreichem Zustand.[1] Während das Gewicht der bei M. RUBNER's Versuchen

---

1 Nach MULDER (Die Ernährung in ihrem Zusammenhang u. s. w. 1847. S. 52) finden sich in den gekochten Speisen folgende Wassermengen:

gekochte grüne Erbsen	63 %
gekochte weisse Bohnen	63 %
gekochter Reis	74 %
gekochte Kartoffeln	70 %

täglich im gekochten Zustand verzehrten Speisen ohne Getränke bei animalischer Kost 738—948 Grm. (mit Ausnahme der Milch) betrug, machte es bei vegetabilischer Kost 1237—4248 Grm aus. Durch das grössere Volumen der Speise wird die Mahlzeit bedenklich verlängert und der Darmkanal überfüllt. Dies trägt sicherlich zur rascheren Fortschiebung und Verdrängung des Darminhaltes, sowie zu der unvollständigen Verwerthung und grösseren Quantität der Fäces bei, zudem dabei letztere wegen der kurzen Verdauungszeit meist sehr reich an Wasser sind; nach Aufnahme einer grossen Portion von Weissrüben erschien schon nach 6 Stunden der erste Koth. Es muss aber noch ein anderes Moment zur reichlichen Kothbildung bei Vegetabilien beitragen, da Hunde und Menschen nach Zufuhr eines grossen Volums Fleisch nur wenig Koth entleeren, dagegen viel nach Aufnahme eines geringeren Volums Schwarzbrod.

Ein solches Moment ist die im Dünndarm eintretende Gährung des Stärkemehls (S. 470). Diese tritt nicht immer nach Einführung von Stärkemehl auf, sondern nur in bestimmten Fällen. Reine Albuminate für sich oder unter Zusatz von Fett und Zucker machen stets nur wenig Koth; bei einem Zusatz von viel Stärkemehl in gewissen Gebäcken (Weissbrod, Spätzeln, Makkaroni, Reis, Mais) wird die Kothmenge nur wenig grösser, sie nimmt aber alsbald gewaltig zu bei Genuss von Schwarzbrod, Kartoffeln, Wirsing und gelben Rüben. Die darin stattfindende Gährung bringt eine stark saure Reaktion des Inhalts, das Auftreten niederer Fettsäuren, vorzüglich von Buttersäure, und die Entwicklung von Grubengas und Wasserstoffgas hervor, und bedingt dadurch eine rasche Entleerung des Darms. Die schwer stillbaren Durchfälle kleiner Kinder bei Auffütterung mit Mehlpapp werden sicherlich häufig von dieser Umsetzung des Stärkemehls im Darm veranlasst.

Es giebt noch manche Stoffe, welche eine ähnliche Wirkung auf die peristaltische Darmbewegung haben wie die Entwicklung einer Säure und dadurch die gehörige Ausnützung der Nahrung hindern. In solcher Weise wirkt die stark verholzte Cellulose mancher Vegetabilien oder die Kleie im Schwarzbrod (S. 473), und zwar auf rein mechanische Weise. Alle festeren Partikel in dem Speisebrei vermehren aus diesem Grunde die Kothmenge; dies thun z. B. ganze Linsen oder Kartoffelstückchen. Als Fr. Hofmann einem Mann 207 Grm. ganze Linsen, 1000 Grm. Kartoffeln und 40 Grm. Brod gab, schied er 116 Grm. trocknen Koth mit 17 % des Stickstoffs der Nahrung aus; derselbe Mann lieferte bei einer gleichwerthigen animalischen Kost (390 Grm. Fleisch mit 126 Grm. Fett) nur 28 Grm. trocknen Koth mit 17 % des verzehrten Stickstoffs.

Die vegetabilischen Nahrungsmittel enthalten meist absolut und relativ, gegenüber den stickstofffreien Stoffen, weniger Eiweiss; selbst die stickstoffreichsten Gebilde der Pflanzenwelt, die Hülsenfrüchte, schliessen auf 100 eiweissartige Stoffe 260 stickstofffreie ein. Durch die absolut geringere Menge von Eiweiss in den Vegetabilien und durch den Ueberschuss der stickstofffreien Stoffe wird ein Unterschied gegenüber den animalischen Substanzen hervorgebracht. Man ist jedoch im Stande aus Vegetabilien absolut ebensoviel Eiweiss zur Resorption zu bringen wie aus animalischen Substanzen z. B. durch Zusatz von Leguminosen zur Pflanzenkost des Menschen oder von Hafer zum Futter des Pferdes. Auch die Schnelligkeit der Resorption des Eiweisses aus dem Darm kann einen bestimmten Effekt hervorrufen; aus den Nahrungsmitteln aus dem Thierreich wird das Eiweiss meist ungleich rascher in die Säfte aufgenommen, so dass dabei in der Zeiteinheit mehr in Cirkulation geräth und zersetzt wird als bei Pflanzenkost.

Durch alle diese Umstände unterscheiden sich viele der pflanzlichen Nahrungsmittel von den thierischen. Es kann nicht zweifelhaft sein, dass im Allgemeinen die ersteren dem Darm mehr Arbeit aufbürden. Es ist meist längere Zeit erforderlich, die darin enthaltenen Nahrungsstoffe in lösliche Modificationen überzuführen; ein Pflanzenfresser verdaut nahezu Tag und Nacht, während der resorbirende Theil des Darms des Fleischfressers in 18 Stunden nach einer Mahlzeit, die ihm für 24 Stunden ausreicht, leer ist. Ein Pflanzenfresser muss mindestens 3 mal des Tags Futter vorgesetzt erhalten und er kaut lange Zeit daran herum, der Fleischfresser dagegen verschlingt in einigen Augenblicken das für 24 Stunden nöthige Quantum.

Es ist unmöglich durch irgend einen Zusatz z. B. von etwas Fleisch (S. 468) oder von Fleischextrakt (S. 355, 451, 468) oder von Nährsalzen (im Horsford-Liebig-Brod) jene Unterschiede auszugleichen, da dadurch die Ursachen, durch welche dieselben hervorgerufen werden, keine Aenderung erfahren. Ich habe schon (S. 451) angegeben, dass Liebig den Hauptunterschied der animalischen und vegetabilischen Nahrung in den in ersterer enthaltenen Extrakten suchte und deshalb meinte, durch Zusatz der Extrakte des Muskels der vegetabilischen Nahrung die Wirkung der animalischen verleihen zu können. Die ungleichen Wirkungen der beiden Classen von Nahrungsmitteln sind aber durch die vorher angegebenen Momente bedingt und nicht durch die Extrakte, welche eine ganz andere Bedeutung haben.

Aus diesen Betrachtungen wird sich später ergeben, wie weit und unter welchen Umständen wir die animalischen und vegetabilischen Nahrungsmittel für die Ernährung des Menschen anwenden dürfen.

Es sei mir gestattet an dieser Stelle Einiges zu sagen über das, was man im gewöhnlichen Leben die Verdaulichkeit heisst, da dies in vielen Fällen auf die Wahl der Speisen von maassgebendem Einfluss ist.

Man nennt im gewöhnlichen Leben eine Substanz verdaulich, wenn man grosse Mengen derselben ohne Beschwerden verzehren kann; und man sagt allgemein, dieser oder jener verdaue z. B. Fett nicht gut, wenn er Beschwerden nach der Aufnahme desselben bekommt.

Man ordnet auch die Speisen je nach ihrer Verdaulichkeit; man meint vielfach, Kalbfleisch sei leichter verdaulich als Ochsenfleisch, ein weiches Ei leichter als ein hartes, und so weiss fast jeder Arzt und Laie über die Verdaulichkeit der Nahrungsmittel etwas auszusagen, obwohl wir bis jetzt keine Versuche hierüber besitzen, ja sogar gar nicht wissen, wie man solche Versuche anstellen müsste. Die meisten gehen dabei von Vorstellungen aus, deren Richtigkeit nicht erwiesen ist; sie glauben gewöhnlich, etwas Flüssiges oder Weiches müsste leichter verdaulich sein als etwas Hartes und Festes; daher rührt offenbar die Meinung, das weiche Ei wäre leichter verdaulich wie das harte, Milch leichter wie Käse, Sehnen, Bänder und Knorpel wären unverdaulich. Man spricht davon, dass durch gewisse Substanzen die Verdauung oder auch die Verdaulichkeit von Nahrungsmitteln befördert werde; es ist aber auch hierüber, wenigstens für den Menschen noch nichts Sicheres bekannt. Wir haben nur erfahren, dass durch Käse die Ausnützung der Milch eine bessere wird; es könnte darauf die Sitte beruhen, nach einer grösseren Mahlzeit ein Stückchen Käse zu verzehren.[1] Eine solche Beförderung der Verdauung könnte aber auf allem Möglichen beruhen, auf einer reichlicheren Absonderung der Verdauungssäfte, einer rascheren Resorption durch Anregung der Peristaltik u. s. w.

Bevor man eine Untersuchung in dieser Richtung anstellt, muss man den Begriff „Verdaulichkeit" vollkommen festgestellt haben und nicht vielerlei ganz differente Vorgänge darunter subsumiren. Ver-

---

1 SHAKESPEARE lässt den Achill in Troilus und Cressida (Akt 2 Scene 3) sagen: „Ei, mein Käse, mein Verdauungspulver."

steht man unter „Verdauung" alle die vielen Vorgänge im ganzen
Darmtraktus, dann wird man nie über die Verdaulichkeit der Speisen
ins Reine kommen.[1] Es findet dabei zunächst entweder eine chemische Veränderung
gewisser Nahrungsstoffe im Darmkanal durch Einwirkung von Verdauungssäften statt — und es wäre gut, dies ausschliesslich mit dem
Worte Verdauung zu bezeichnen —, oder es tritt eine einfache Lösung in Wasser ein, oder es bleiben die schon in gelöstem und
flüssigem Zustande eingeführten Stoffe unverändert; dann erst kommt
die Aufnahme in die Säfte, die Resorption.

Darnach müssten koagulirtes Eiereiweiss und Blutfaserstoff jedenfalls einer Verdauung unterliegen; Fett würde unverändert, also unverdaut resorbirt, möglicherweise auch flüssiges Eiereiweiss.

Man hat die Zeit, in welcher gewisse Stoffe durch die Verdauungssäfte chemisch verändert werden, als Maass für die Verdaulichkeit derselben angesehen. Es ergab sich z. B., dass in der Siedhitze koagulirtes Eiereiweiss durch Magensaft ebenso rasch in Pepton übergeht
als flüssiges; man hat daher gesagt, das harte Ei wäre nicht schwerer
verdaulich wie das weiche. Es wird aber möglicherweise das flüssige
Eiereiweiss gar nicht verdaut, sondern alsbald resorbirt; und dann
können mehrere Verdauungssäfte auf den gleichen Nahrungsstoff ver-
ändernd einwirken. Andere haben als Maassstab für die Verdaulichkeit die Menge von Substanz genommen, welche im Tag im Darmkanal verdaut und resorbirt wird; so haben Panum und Heiberg
zugesehen, wieviel Harnstoff bei Zufuhr gleicher Mengen eines eiweisshaltigen Nahrungsmittels entsteht und z. B. gefunden, dass die
Harnstoffproduktion die gleiche ist, ob man dieselbe Quantität Eiweiss in rohem, gekochtem, getrocknetem, gesalzenem oder geräucher-
tem Fleisch giebt. Auf diese Weise erhält man aber nur die Ausnützbarkeit einer Substanz und nicht eigentlich deren Verdaulichkeit.

Ueber die Resorbirbarkeit (die Zeit der Resorption) der gelösten
oder flüssigen Stoffe ist ebenfalls nur wenig bekannt. Ich habe durch
die stündliche Untersuchung der Grösse der Harnstoffausscheidung
beim Menschen nach Aufnahme bestimmter Nahrungsmittel über die
Zeit der Verdauung und die Resorption derselben etwas zu erfahren
gesucht, aber die Resultate waren nur wenig verschieden; der gesunde Darm verarbeitet fast Alles mit gleicher Leichtigkeit und die
Curven der Harnstoffausscheidung sind daher ziemlich gleich.

Manche werden vielleicht entgegnen, sie hätten bestimmtest die

1 Voit, Bericht d. Vers. deutsch. Naturf. u. Aerzte zu München. 1877. S. 354.

Erfahrung gemacht, dass sie dies oder jenes schlechter verdauen als Anderes. Woher entnehmen sie dies aber? Nicht aus Beobachtungen der Zeit der chemischen Umwandlung oder Verdauung der Nahrungsstoffe der Speisen, auch nicht aus der Beobachtung der Resorptionszeit, sondern einfach nur aus dem Gefühl des Behagens oder Unbehagens nach Aufnahme gewisser Speisen. Dieses Gefühl hat aber mit dem Grade der Verdauung und der Resorption nichts zu thun. Es kann möglicher Weise eine Substanz verdaut und resorbirt werden und doch unangenehme Gefühle bereiten. Ein gesunder Magen und Darm erträgt in dieser Beziehung alles Mögliche, ein kranker ist dagegen aufs höchste empfindlich; jede nur etwas feste Substanz, ein Stückchen nicht wohl zerkautes Fleisch, ein Stückchen Kartoffel oder frisches Schwarzbrod u. s. w. sie drücken mechanisch die Magenoberfläche und erregen Zusammenziehungen und heftige Schmerzen, aber nicht weil sie schwer verdaulich sind, sondern weil sie reizen und nicht ertragen werden. Solche Leute ertragen daher nur Flüssiges oder ganz Weiches, gleichgültig ob dasselbe rasch oder weniger rasch verdaut und resorbirt wird. Darum wird von ihnen der Succus carnis oder auch eine Peptonlösung gern genommen, nicht deshalb weil sie nicht mehr verdaut zu werden brauchen, sondern weil sie keine Beschwerde machen; denn wenn die Verdauung im Magen fehlt, leidet gewöhnlich auch die Resorption und kann ja auch noch im Darm die Verdauung stattfinden. Darum wird ein weiches Ei leichter ertragen als ein hartes; fein zerwiegtes Fleisch besser als grössere Stücke desselben. Kuhmilch wird häufig nicht ertragen, da sie im Magen gerinnt und nach der Resorption des Milchserums ein fester Klumpen von Kasein und Fett zurückbleibt. Es kommt in dieser Beziehung darauf an, dem Darm so wenig als möglich Arbeit zu machen.

Man muss also wohl unterscheiden, ob eine Substanz leicht verdaut, rasch resorbirt oder gut ertragen wird.

VIERTES CAPITEL.
Die Nahrung.

1. Allgemeine Anforderungen an eine Nahrung.

Eine Nahrung ist ein Gemische von Nahrungsstoffen und Nahrungsmitteln mit den nöthigen Genussmitteln, welches den thierischen Organismus für einen bestimmten Fall auf seinem stofflichen Be-

stande erhält oder ihn in einen gewünschten stofflichen Zustand
versetzt.

Es gilt jetzt aus den vorher abgehandelten Nahrungsstoffen und
Nahrungsmitteln diejenigen Gemische zusammenzusetzen, welche diese
stoffliche Wirkung am Besten erfüllen.[1]

Bis vor Kurzem waren die Voraussetzungen zur Beurtheilung
einer Nahrung für einen Organismus unter verschiedenen Verhältnissen nur sehr unvollständig gegeben; man musste zu dem Ende
vor Allem den Einfluss der einzelnen Nahrungsstoffe und ihrer Gemische auf den Umsatz der Stoffe im Körper kennen und wissen,
was und wieviel unter allerlei Umständen z. B. bei Ruhe und Arbeit,
bei wechselnder Temperatur der umgebenden Luft, bei verschiedenen
Zuständen des Körpers, grossen und kleinen, magern und fetten
Organismen, verbraucht wird.

Wie erfährt man nun, ob ein Gemische von Nahrungsstoffen
und Nahrungsmitteln eine Nahrung ist? Mit Sicherheit allein dadurch, dass man sich überzeugt, ob der betreffende Organismus dabei
auf seinem Bestande bleibt, ob er also kein Eiweiss oder Fett oder
Wasser oder keine Aschebestandtheile verliert.

Vielfach hat man früher das Körpergewicht als untrügliches
Zeichen der Erhaltung des Körpers oder eines Ansatzes von Substanz gehalten; man hat geglaubt, dass wenn die Menschen bei irgend
einer Kost während einiger Zeit auf ihrem Gewicht bleiben oder
gar an Gewicht zunehmen, diese Kost dann auch eine Nahrung sei.
Das Körpergewicht ist aber, wie Bischoff und ich am Hunde gefunden haben, kein sicheres Kriterium für eine Nahrung, da der
Körper bei gleichbleibendem oder zunehmendem Gewichte Wasser

---

1 Liebig, Die Thierchemie oder d. organ. Chemie in ihrer Anwendung auf Phys.
u. Path. 1843. — Frerichs, Wagner's Handwörterb. d. Physiol. III. (1) 1846. — G. J.
Mulder, Die Ernährung in ihrem Zusammenhange mit dem Volksgeist. Aus d. Holländ. v. J. Moleschott. Utrecht 1847. — Moleschott, Lehre d. Nahrungsmittel. Für
das Volk. 1850; Die Physiol. d. Nahrungsmittel. Darmstadt 1850. — Lyon Playfair,
Proceed. of the royal. Instit. 1853; Edinb. new philos. Journ. 1854. January to April.
266. — C. G. Lehmann, Lehrb. d. phys. Chem. III. S. 237. 1853. — Hildesheim, Die
Normaldiät. Berlin 1856. — Artmann, Die Lehre v. d. Nahrungsmitteln. Prag 1859.
Lippe-Weissenfeld, Die rationelle Ernährung des Volkes. Leipzig 1866. — Playfair, On the food of man in relation to his useful work. Edinburgh 1865; Med. Times
and Gaz. II. p. 325. 1866. — Jul. Cyr, Traité de l'alimentation. Paris 1869. — C. Kirch-
ner, Lehrb. d. Militärhygiene. Erlangen 1869. — Roth u. Lex, Handb. d. Militär-
gesundheitspflege. II. Berlin 1875. — Voit, Ztschr. f. Biologie. XII. S. 1. 1876. — Derselbe. Unters. d. Kost in einigen öffentlichen Anstalten. 1877. — Huizinga, Unsere Ernährung. Gemeinverständl. Vorträge. Groningen 1878. — Gorup-Besanez, Lehrb. d.
phys. Chem. S. 800. 1878. — König, Die menschl. Nahrungs- u. Genussmittel. S. 99. 1880.
Nahrung der Thiere: II. Grouven, Vorträge über Agrikulturchemie. Köln 1860.
— Gohren, Die Naturgesetze der Fütterung d. landw. Nutzthiere. Leipzig 1872. —
E. Wolff, Die landw. Fütterungslehre. 1874. — Wolff, Die Ernährung d. landw.
Nutzthiere. Berlin 1876.

ansetzen, jedoch Eiweiss und Fett verlieren, oder auch bei Zunahme des Gewichts und einer Ablagerung von Fett an Eiweiss abnehmen kann. Schlecht Ernährte sind häufig nicht leichter (S. 348), sondern enthalten nur weniger Eiweiss und Fett bei grösserem Reichthum des Körpers an Wasser. Jeder Thierzüchter weiss, dass das Thier im Anfange der Mästung nicht entsprechend der Ablagerung an Eiweiss und Fett an Gewicht zunimmt; kein Metzger kauft einen Ochsen nach dem Gewicht allein, sondern er beurtheilt durch die Betastung die Güte des Fleisches. Man wird nicht sagen wollen, dass die Kost, bei der ein Mensch recht fett und schwer geworden ist, eine passende Nahrung ist. Trotzdem benutzt man beim Menschen häufig noch das Körpergewicht als Anzeiger für eine richtige Ernährung, obwohl längst nachgewiesen ist, dass es nur zu Täuschungen Veranlassung giebt.[1]

Ebensowenig ist das subjektive Wohlbefinden ein Maassstab für den Werth einer Kost oder Nahrung, da wir darin grossen Irrungen ausgesetzt sind. Ein 5 Kilo Kartoffeln im Tag verzehrender Irländer befindet sich dabei seiner Meinung nach ganz gut, obwohl er schlecht genährt ist; ja er wird sich nicht gesättigt fühlen und über Hunger klagen, wenn er eine ausreichende und gute Nahrung in einem kleineren Volum erhält. Die an ein grosses Volum der Speise Gewöhnten beurtheilen nach der Anfüllung des Magens und dem trügenden Gefühl der Sättigung den Werth einer Nahrung, sie verspüren ein Hungergefühl, sobald ihr Magen bei einer besseren und compendiöseren Kost nicht mehr so stark angefüllt wird. Dieser Umstand hindert häufig die Einführung einer besseren Ernährungsweise. Die an voluminöse Pflanzenkost (Mehlspeisen) gewöhnten Bauernburschen

---

[1] Auch die Reduktion des Bedarfs an Nahrungsstoffen auf 1 Kilo Körpergewicht als Einheit und die Berechnung desselben von da auf ein bestimmtes Körpergewicht, sowie auch die Reduktion der Exkrete auf jene Einheit zur Anstellung von Vergleichungen ist nicht zulässig (siehe Vorr., Unters. üb. d. Einfluss d. Kochsalzes u. s. w. 1860. S. 17; Ztschr. f. Biologie. II. S. 344. 1866), und führt zu falschen Vorstellungen. Man könnte nur dann die Einheit Körpergewicht als Maass für den Bedarf nehmen, wenn die zu vergleichenden Thiere gleiche relative Zusammensetzung hätten, also in gleichem Gewicht die gleiche Menge Wasser, Eiweiss und Fett besässen und die Gewichte ihrer Organe in gleichem Verhältniss ständen. Da dies aber nicht der Fall ist und die Organismen die verschiedenste Zusammensetzung zeigen, so kann 1 Kilo Körpergewicht nicht den Maassstab für den Bedarf abgeben. Aus dem nämlichen Grunde darf man auch nicht zum Vergleiche die Exkretmengen auf 1 Kilo Körpergewicht berechnen: um so weniger, da selbst der nämliche Organismus oder das nämliche Organ ohne Veränderung des Gewichts je nach dem Grade seiner Thätigkeit die verschiedensten Mengen der Exkretionsstoffe liefern kann; denn ein und derselbe Organismus vermag je nach der Eiweisszufuhr viel oder wenig Eiweiss zu zersetzen und viel oder wenig Harnstoff zu erzeugen, ebenso schwankt die Galleabsonderung ein und derselben Leber um das dreifache hin und her.

sind anfangs mit der Fleisch enthaltenden Menage in der Kaserne
nicht zufrieden. Aus dem gleichen Grunde reichten die an die
grossen Mengen des schwarzen Kommissbrodes gewöhnten gefangenen
russischen Soldaten in der Krim mit der Ration des mit Recht so
gerühmten französischen Weizenbrods nicht aus, es musste ihnen ein
Zuschuss bewilligt werden. Die nämliche Erfahrung macht man an
den für den Militärdienst ausgehobenen Bauernpferden, welche sich
ebenfalls an die Ersetzung einer Portion Heu durch weniger Raum
einnehmenden Hafer erst gewöhnen müssen. So ist also das Gefühl
ein trügerisches. Ohne dass wir es in der ersten Zeit bemerken,
kann eine Kost in allen Nahrungsstoffen oder nur für den einen oder
andern ungenügend sein. Um aus einer Schädigung des Körpers
oder aus der Leistungsunfähigkeit auf eine unrichtige Ernährung z. B.
auf eine zu geringe oder eine übermässige Aufnahme des einen oder
anderen Nahrungsstoffes zu schliessen, müsste man häufig lange Zeit,
Monate lang, die betreffende Kost aufnehmen.

Es giebt für den besagten Zweck keinen anderen Weg als den
des direkten Versuchs am lebenden Organismus und die Ermittlung
der Bilanz der Einnahmen und Ausgaben; eine chemische Analyse
versetzt uns nicht in die Lage, über den Werth eines Gemenges als
Nahrung in einem gegebenen Falle zu urtheilen.

Aber auch wenn man auf solche Weise die Grösse des Stoffverbrauchs und den Bedarf an den einzelnen Nahrungsstoffen für
einen bestimmten Organismus in einem gewissen Falle kennen gelernt hat, ist es nicht so einfach die Nahrungsstoffe in der gefundenen
Menge in der besten Nahrung dem Körper zuzuführen. Denn wir
mischen unsere Nahrung niemals aus den einfachen Nahrungsstoffen
zusammen, wir nehmen nur wenige der letzteren für sich z. B. Zucker,
reines Stärkemehl, Fett, Kochsalz u. s. w. zu uns, sondern wir setzen
die Nahrung aus Nahrungsstoffen und den mannigfaltigsten Nahrungsmitteln, in denen die Nahrungsstoffe in den verschiedensten Verhältnissen sich befinden, zusammen und dies macht die Sache complizirt.

Sowie die angenehmen und nützlichen Folgeerscheinungen den
Menschen darauf geführt haben, das gleiche Alkaloid im Kaffee und
Thee zu finden, so hat er auch, durch lange Erfahrung belehrt, in
den meisten Fällen die passende Nahrung sich gewählt, und es wird
sich im gewöhnlichen Leben, auch wenn einmal die Wissenschaft
die ganze Ernährungslehre beherrscht, kaum etwas Wesentliches in
der Wahl der Speisen ändern. Es wird zwar in vielen Fällen, selbst
von ganzen Völkerschaften, z. B. den Irländern und Japanesen, eine

unrichtige Ernährungsweise eingehalten, aber hier erzwingen meist
andere Umstände die Art der Nahrung, nämlich die Unmöglichkeit
etwas Besseres sich zu verschaffen, da die Armuth des Landes oder
des Einzelnen keine weitere Wahl lässt.

Wenn aber schon derjenige Mensch, der, soweit es seine Mittel
erlauben, frei wählen kann, in Fehler verfällt, wie gross können
diese aber erst da sein, wo eine solche Wahl unmöglich ist, und die
Kost von Anderen bestimmt wird, welche oft nur aufs Geradewohl
und nach falschen Vorstellungen die Bestimmungen treffen. So ist es
in Kasernen, Kadettenhäusern, Waisenhäusern, Gefangenen- und Altersversorgungsanstalten, in Volksküchen und Krankenhäusern u. s. w.;
hier sind schon zahlreiche Missgriffe gemacht worden: ich erinnere
nur an die Leimsuppen, das Fleischinfusum, das Kleienbrod. Aber ganz
abgesehen von der praktischen Wichtigkeit der Sache ist es nöthig,
die Gesetze der Ernährung zu erkennen, zu suchen wie wir das Ziel,
nämlich das der stofflichen Erhaltung des Organismus, am besten
erreichen und warum wir zu dem Zwecke das oder jenes in bestimmter Menge zu geben haben.

Ehe wir dazu schreiten, die Grösse des Bedarfs an den einzelnen Nahrungsstoffen für eine Anzahl von Fällen festzustellen, ist
es noch nöthig, die allgemeinen Anforderungen an die Kost des
Menschen oder an die Nahrung eines Thiers zusammenzufassen.

1. Es muss jeder Nahrungsstoff in genügender Menge vorhanden sein.

Zunächst müssen in der täglichen Kost, um sie zu einer Nahrung zu machen, d. h. um den betreffenden Organismus dauernd auf
seinem Bestande an Eiweiss, Fett, Aschebestandtheilen und Wasser
zu erhalten, die dies bewirkenden Nahrungsstoffe in genügender
Quantität zugeführt werden. Nach den Erörterungen über die Bedeutung der Nahrungsstoffe ist es klar, warum jeder einzelne derselben in hinreichender Menge vorhanden sein muss und warum es
nicht genügt, ein grosses Volum des einen oder anderen zu geben,
denn wir können aus Mangel an Eiweiss, an Fett, an Aschebestandtheilen und an Wasser bei reichlichster Zufuhr aller übrigen Nahrungsstoffe zu Grunde gehen.

Zur Erhaltung braucht der Mensch für gewöhnlich eine ganz
erkleckliche Masse, und Jeder muss so viel geniessen, sonst nimmt
er allmählich an seinem Körper ab und stirbt zuletzt Hungers. Die
Grösse des Bedarfs ist, wie später noch näher erörtert werden wird,
nicht für Alle die gleiche, sondern sie ist je nach der Beschaffen-

heit des Körpers und je nach den Umständen, unter welchen er lebt, ausserordentlich verschieden. Ein kräftiger Mann, der eine tüchtige Arbeit leistet, braucht ungleich mehr als ein schwächlicher, keiner Anstrengung fähiger Körper. Es giebt einzelne bis aufs Aeusserste herabgekommene Personen, welche bei möglichstor Ruhe auffallend wenig Material zur Bestreitung ihrer geringen Bedürfnisse nöthig haben; dies ist jedoch ein krankhafter Zustand ohne Leistungsfähigkeit, bei dem aber doch noch eine gewisse Menge von allen Nahrungsstoffen erforderlich ist.

Die Erzählungen von ganzen Völkerschaften, welche nur sehr wenig Nahrung aufnehmen und doch thatkräftig bleiben sollen, haben sich sämmtlich bei näherer Untersuchung als Fabeln herausgestellt. Der Araber der Wüste geniesst nicht nur eine Hand voll Reis oder Datteln täglich, die Arbeiter auf den Hochebenen Norwegens vollenden ihr schweres Tagewerk nicht nur bei einem Stückchen Flachbrod und etwas Käse, so wenig wie die Holzarbeiter im bayrischen Gebirge im Winter bei der härtesten Arbeit mit etwas Mehl und Schmalz ausreichen. Es hat sich herausgestellt, dass der Hindu und der Chinese soviel an Nahrungsstoffen brauchen als wir, und ebenso der italienische Arbeiter, von dem behauptet worden ist, dass er nur eine äusserst geringe Menge von Mais täglich verzehrt. Man darf keinen Angaben der Art, wenn sie von einem Laien gemacht worden sind, Vertrauen schenken, da ein solcher allzuleicht das, was ihm nicht wichtig erscheint, für nichts achtet. Es fällt an der Kost dieser Völkerschaften vorzüglich das Einerlei auf, dass sie Jahr aus Jahr ein fast ausschliesslich Reis oder Mais oder Kartoffeln aufnehmen, aber man übersieht gewöhnlich dabei, welch grosse Quantitäten sie davon geniessen. Es wird sich aus den späteren Mittheilungen ergeben, dass selbst die Trappisten und die am ärmlichsten lebenden Menschen wie die Bevölkerung in manchen Distrikten Sachsens oder die unglücklichen Nähmädchen Londons, welche gewiss nur das Nothwendigste aufnehmen, um ein kümmerliches Dasein zu fristen, noch eine nicht unbedeutende Menge von Nahrungsstoffen verzehren.

2. Die einzelnen Nahrungsstoffe müssen in richtigem Verhältniss gegeben werden.

Man kann einen bestimmten Organismus auf die mannigfaltigste Weise, mit den verschiedensten Nahrungsmitteln, auf seinem stofflichen Bestande erhalten, ohne dass damit allemal den Anforderungen, die wir an eine richtige Nahrung stellen, genügt ist. 2½ Kilo fettarmes Fleisch dienen unter Umständen für einen Tag als Nahrung, ebenso 4½ Kilo Kartoffeln, aber wir haben damit keine richtige Nahrung zugeführt. Es muss zu letzterem Zwecke von jedem der Nahrungsstoffe so viel gegeben werden als zur Erhaltung der Stoffe des Körpers eben nöthig ist, nicht zu viel und nicht zu wenig, d. h. die einzelnen Nahrungsstoffe sollen in richtigem Verhältniss gemischt sein.

Es ist leicht zu zeigen, um was es sich hier handelt und welche Missgriffe man in dieser Richtung begehen kann, wenn man versucht, die für einen kräftigen Menschen bei mittlerer Arbeit täglich nöthige Menge von Stickstoff (oder Eiweiss), sowie von Kohlenstoff in einigen der wichtigsten Nahrungsmittel auszudrücken. Nach vielfachen Erfahrungen braucht ein solcher Mensch, um den Verlust an Stickstoff (oder Eiweiss) und an Kohlenstoff von seinem Körper zu verhüten, im Tag annähernd 18.3 Grm. Stickstoff (= 118 Grm. trocknes Eiweiss) und im Ganzen mindestens 328 Grm. Kohlenstoff, von denen, da in 118 Grm. Eiweiss schon 63 Grm. Kohlenstoff enthalten sind, 265 Grm. in stickstofffreien Nahrungsstoffen, Fett und Kohlehydraten, darzureichen sind. Er müsste darnach, um 18.3 Grm. Stickstoff und 328 Grm. Kohlenstoff zuzuführen, von den folgenden Nahrungsmitteln in Grm. geniessen:

	für 18.3 Grm. Stickstoff		für 328 Grm. Kohlenstoff
Käse	272	Speck	450
Erbsen	520	Mais	801
Fettarmes Fleisch	538	Weizenmehl . .	824
Weizenmehl . .	796	Reis	896
Eier (18 Stück) .	905	Erbsen	919
Mais	989	Käse	1160
Schwarzbrod . .	1430	Schwarzbrod . .	1346
Reis	1868	Eier (43 Stück) .	2231
Milch	2905	Fettarmes Fleisch	2620
Kartoffeln . . .	4575	Kartoffeln . . .	3124
Speck	4796	Milch	4652
Weisskohl . . .	7625	Weisskohl . . .	9318
Weisse Rüben .	8714	Weisse Rüben .	10650
Bier	17000	Bier	13160

Aus dieser Tabelle ist ersichtlich, dass keines unserer gebräuchlichen Nahrungsmittel für sich allein einem kräftigen Arbeiter alle Nahrungsstoffe in richtiger Zusammensetzung bietet und also keines für ihn eine richtige Nahrung ist. Es wäre eine Erhaltung für kurze Zeit mit fast jedem dieser Nahrungsmittel möglich, aber die Ernäh-

rung wäre dabei eine höchst irrationelle, da die aufgezählten Substanzen von dem einen oder dem andern Nahrungsstoff zu viel oder
zu wenig enthalten.

Ein Arbeiter wäre wohl im Stande sich mit einem nur aus
Wasser, den nöthigen Aschebestandtheilen und Eiweiss bestehenden
Nahrungsmittel z. B. mit fettarmem Muskelfleisch zu ernähren, also
damit seinen Bestand an Eiweiss, Fett, Wasser und Aschebestandtheilen zu erhalten, wie es bei Jagdvölkern zeitweise vorkommen
mag, aber nur für kurze Dauer und mit grosser Ueberbürdung des
Darmes und des übrigen Körpers, denn es sind dazu erstens enorme
Mengen von Fleisch nöthig und es gehören zweitens zur Deckung
des Stickstoffbedarfs nach obiger Tabelle nur 538 Grm. Fleisch, zu
der des Kohlenstoffs aber 2620 Grm., durch welche letztere man
eine völlig überflüssige Menge von Stickstoff (oder Eiweiss) einführen
würde. Fettarmes Fleisch für sich allein giebt deshalb für den
Menschen eine ganz ungünstige Nahrung, und man fügt daher, wenn
irgend möglich, stickstofffreie Substanzen, Fette oder Kohlehydrate,
hinzu. Aus diesem Grunde mästen wir gewöhnlich die Thiere, deren
Fleisch wir geniessen. Die von der Jagd lebenden Stämme sind
gierig nach Fett, sie schlagen die Knochen auf, um das fettreiche
Mark zu erhalten, und die fetten Tatzen des Bären sind ihnen Leckerbissen; die Eskimos verzehren nicht nur Muskelfleisch, sondern sie
nehmen im Thran auch bedeutende Mengen von Fett auf. Es wird
von einer Expedition ins Innere von Australien berichtet, dass die
Leute über einen Ueberschuss von Fleisch durch Erlegen von Vögeln
verfügten, aber trotz Aufnahme grosser Mengen desselben und lebhaften Appetits unter Abmagerung zu Grunde gegangen sind; wer
den Stoffzerfall im Körper bei ausschliesslicher Zufuhr von Eiweiss
kennt, dem wird die Erklärung dieser Erscheinung nicht schwer
fallen: es fehlten die so wichtigen stickstofffreien Substanzen. Die
Indianer des nördlichen Amerikas nehmen auf ihre Jagdzüge als einzige Nahrung den Pemmikan, ein Gemisch von Fleischpulver und
Fett, mit.

Selbst die Milch ist trotz ihres Gehaltes an Fett und einem
Kohlehydrat für den Arbeiter keine richtig zusammengesetzte Nahrung; bietet sie für ihn den Bedarf an Kohlenstoff, so führt sie, wie
das fettarme Fleisch, zu viel Eiweiss ein. Daraus wird klar, warum
wir zur animalischen Kost Fett oder Kohlehydrate beimischen.

Es ist von höchster Bedeutung, dass das Mehl der Getreidearten, das hauptsächlichste Nahrungsmittel des Menschen, von allen
Nahrungsmitteln am nächsten der richtigen relativen Zusammensetzung

kommt, denn man braucht für den Arbeiter nahezu gleiche Mengen davon, um den nöthigen Stickstoff und Kohlenstoff zu liefern. Gewisse Gebäcke aus dem Mehl der Cerealien wie z. B. Nudeln können, mit Brühen zum Befeuchten und mit einigen Genussmitteln, nahezu als ausschliessliche Nahrungsmittel auf die Dauer dienen, während das aus dem Mehle bereitete Schwarzbrod, der schlechten Ausnützung im Darm und der zu grossen Gleichförmigkeit der Kost halber, keine gute ausschliessliche Nahrung für den Menschen ist, wenn auch mit anderen ein vorzügliches Nahrungsmittel.

Umgekehrt wie das fettarme Fleisch verhalten sich die stickstoffarmen Nahrungsmittel: der Mais, der Reis, die Kartoffeln, die Rüben u. s. w. Sie enthalten wenig Eiweiss; wenn man daher wirklich so viel davon verzehrt, dass die Menge des Eiweisses genügt, so führt man, abgesehen von der grossen, kaum bewältigbaren Masse, welche mancherlei Beschwerden nach sich zieht, viel zu viel stickstofffreie Substanzen zu und begeht demnach eine Verschwendung. Darum werden diese Nahrungsmittel stets mit einem eiweissreichen vermischt und von keiner Völkerschaft ausschliesslich genossen. Die Hindus und die Chinesen nehmen zu dem Reis, obwohl sie ihn in unglaublicher Menge verzehren, noch Fische, Bohnen, Erbsen, einen aus letzteren bereiteten Käse u. s. w.; der Italiener isst zu der Polenta trockenen Käse; der Irländer und der Ostpreusse zu den Kartoffeln saure Milch oder Häringe, da man nicht im Stande ist, auch in einem enormen Quantum von Kartoffeln in Folge der schlechten Ausnützung genügend Eiweiss aufzunehmen.

Fette und Kohlehydrate ersetzen sich in ihrer Wirkung in Beziehung der Verhütung des Fettverlustes vom Körper, aber nicht, wie schon früher (S. 281. 318) mitgetheilt worden ist, in derjenigen Menge, in welcher sie Sauerstoff zur Ueberführung in Kohlensäure und Wasser in Anspruch nehmen (100:240), sondern annähernd in dem Verhältniss von 100:175. Die Einen mischen ihre Nahrung vorzüglich aus Eiweiss und Fett, die Anderen vorzüglich aus Eiweiss und Kohlehydraten. Zu der ausreichenden Eiweissmenge müsste man zur völligen Deckung des Kohlenstoffs noch 346 Grm. Fett oder 596 Grm. Stärkemehl aufnehmen. Man könnte wohl nach den Ausnützungsversuchen RUBNER's solche Quantitäten resorbiren, aber für eine gewöhnliche, auf die Dauer zu verzehrende Nahrung sind diese Mengen zu gross. Ausserdem sind die Kohlehydrate wohl in der Ersparung von Eiweiss und der Aufhebung der Fettabgabe vom Körper dem Fett äquivalent, aber sie stellen wahrscheinlich nicht das Material für die Fettbildung dar (S. 414); da in diesem Falle bei Mangel an Fett in der Kost das Eiweiss die einzige

32*

Fettquelle für den Organismus ist, indem sich aus demselben bei der Zersetzung Fett abspaltet, so ist namentlich bei geringer Eiweissgabe und gehöriger Thätigkeit die Zufuhr von Fett von Bedeutung. Man mischt aus diesen Gründen zum Eiweiss Fette und Kohlehydrate zu. Auf den Gehalt der Nahrung und des Körpers an Fett hat man bis jetzt viel zu wenig Rücksicht genommen und erst in letzter Zeit ist man darauf aufmerksam geworden, dass dasselbe in der Nahrung und am Körper eine wichtige Rolle spielt und nicht in jeder Beziehung durch die Kohlehydrate ersetzt werden kann. Die bessere Kost des Menschen (die geschmalzene) enthält daher stets reichlich Fett und zwar um so mehr, je intensiver gearbeitet wird; die Aermeren müssen allerdings häufig sich auch hierin mit dem Aeussersten begnügen. Ein Ueberschuss von Fett in der Nahrung ist überdies nicht nutzlos, da derselbe im Körper abgelagert wird und später zur Verwendung kommen kann; aber ein Ueberschuss von Kohlehydraten, über die Menge hinaus, welche erforderlich ist, um den Verlust von Fett zu verhüten oder einen Ansatz von Fett zu Stande zu bringen, ist vollkommen nutzlos, da er einfach zerstört wird. Um eine richtige Mischung der beiden Stoffe zu erzielen, wählt der Mensch meist eine aus animalischen und vegetabilischen Substanzen gemischte Kost; die Fleischkost allein lässt eine richtige Mischung nicht zu, wohl aber die Pflanzenkost allein, wenn man z. B. die eiweissreichen Leguminosen und Oel mit dem Mehl der Getreidearten zur Herstellung einer Nahrung verwendet.

Der Verbrauch an den einzelnen Nahrungsstoffen ist nun, wie aus der Darlegung der Verschiedenheiten der Stoffzersetzung unter verschiedenen Verhältnissen hervorgeht, nicht stets der gleiche, sondern je nach der jeweiligen Zusammensetzung des Körpers und den Umständen, unter denen er lebt, ein wechselnder. Dem entsprechend muss auch die Zusammensetzung der Nahrung, welche den Körper auf seinem Bestand erhalten soll, also das Verhältniss der einzelnen Nahrungsstoffe zu einander, ungleich sein; es ist nicht, wie man geglaubt hat, für den Menschen oder eine Thierart constant. Arbeitet ein Mensch, der sich mit einer bestimmten Eiweissmenge auf seinem Gehalt an Eiweiss erhält, so wird viel mehr Fett in ihm zerstört als vorher bei der Ruhe d. h. er hat ein anderes Verhältniss von eiweisshaltigen und stickstofffreien Stoffen in der Nahrung nöthig[1]; ein Kind braucht zum Wachsthum seiner Organe relativ mehr Eiweiss; um

---

[1] Ein und derselbe Arbeiter zeigte nach Pettenkofer und mir, aus dem Verbrauch von Substanz berechnet, unter sonst gleichen Bedingungen an zwei auf einander folgenden Tagen bei Ruhe ein Verhältniss von 1 : 3.5., bei Arbeit von 1 : 4.7.

Eiweiss und Fett, wie bei der Mästung, zu möglichst reichlichem Ansatz zu bringen, muss die Zufuhr von Eiweiss und Fett ansetzenden und schützenden Nahrungsstoffen eine ganz bestimmte sein, etwas zu viel oder zu wenig von dem einen oder andern Stoff ändert in ungünstiger Weise das Resultat.

Durch die Untersuchung über den wechselnden Verbrauch und Bedarf der einzelnen Nahrungsstoffe in verschiedenen Fällen ist das Geheimniss des richtigen Verhältnisses der stickstoffhaltigen und stickstofffreien Stoffe in der Kost, auf das zuerst LIEBIG aufmerksam gemacht hat, aufgeklärt.

In dieser Beziehung wird vielfach gefehlt: die einen führen zu viel Eiweiss, die andern zu viel Fett oder Kohlehydrate zu. Es kann das gleiche Resultat, die Erhaltung des stofflichen Bestandes eines Organismus auf mannigfache Weise, d. h. bei verschiedener Mischung und Menge der Nahrungsstoffe erreicht werden, aber nur ein Fall aus den mannigfachen Möglichkeiten ist für den jeweiligen Körperzustand der richtige; dies ist derjenige, bei welchem mit den kleinsten Mengen jedes Nahrungsstoffes jener Effekt erzielt wird.

Man muss in den Nahrungsmitteln zunächst die geringste Quantität von Eiweiss reichen, bei welcher der Eiweissgehalt eines gegebenen und unter bestimmten Verhältnissen sich befindenden Organismus erhalten wird, und dann so viel Fette und Kohlehydrate zusetzen, dass kein Fettverlust vom Körper eintritt. Dies giebt uns dann das für den betreffenden Körperzustand richtige Verhältniss der stickstoffhaltigen und stickstofffreien Nahrungsstoffe. Um dies zu erreichen, mischen wir die Nahrung aus allerlei Nahrungsstoffen und Nahrungsmitteln des Thier- und Pflanzenreichs zusammen: aus Fleisch, Brod, Milch, Gemüsen, Fett u. s. w.

3. Die Nahrungsstoffe müssen aus dem Darmkanal in die Säfte aufgenommen werden können.

Ein dritter Punkt, auf den bei Herstellung einer Nahrung Rücksicht zu nehmen ist, ist der, dass die verzehrten Nahrungsstoffe auch in einer Form sich finden, in der sie vom Darm aus in genügender Menge in die Säfte übergehen können, und zugleich dem Darm sowie dem übrigen Körper zu ihrer Bewältigung nicht zu viel Last und Arbeit aufbürden oder anderweitige Schädlichkeiten bereiten.

Es könnte ja, nach den bis jetzt angegebenen Anforderungen an eine Nahrung, Jemand auf den Einfall kommen, einem Menschen Heu vorzusetzen und ihm darin die nöthigen Nahrungsstoffe in ge-

höriger Menge und in dem richtigen Verhältniss darzubieten, und
doch wäre das Heu für den Menschen keine Nahrung, weil aus demselben von dem menschlichen Darm die in den unlöslichen Celluloschüllen eingeschlossenen Nahrungsstoffe nur zum geringsten Theile
ausgelaugt werden. Man muss also wissen, ob die in den angeb-
lichen Nahrungsmitteln enthaltenen Nahrungsstoffe auch im Darm
verwerthet werden und in welcher Menge und Zeit dies geschieht.

Wir haben nun erfahren, dass die Ausnützung im Darm eine
sehr ungleiche ist, und darin ein Hauptunterschied gewisser pflanzlicher und thierischer Nahrungsmittel liegt. Giebt man in Fleisch
mit Fett und in Brod oder Kartoffeln die gleiche Quantität von Eiweiss und stickstofffreien Stoffen, so tritt im ersteren Falle mehr
Eiweiss in die Säfte über (S. 468, 487). Nimmt ein Mensch in den
gewöhnlichen vegetabilischen Nahrungsmitteln mit Brod, Kartoffeln
und Gemüsen nur so viel von den einzelnen Nahrungsstoffen auf als
seine Organe eben nöthig haben, so reicht, weil ein Theil der Stoffe
im Koth entfernt wird, das Resorbirte zur Ernährung des Körpers
nicht hin. Erhält man aber den Organismus durch Mehraufnahme
schliesslich auf seinem Bestande, so wird viel sonst noch brauchbare
Substanz mit dem Koth abgegeben, was eine Verschwendung von
werthvollem Material und eine Ueberanstrengung des Darms bedingt.

Das zumeist ansehnlich grössere Volum der vegetabilischen Nahrung (S. 486), wie z. B. nach Aufnahme von Schwarzbrod, Kartoffeln,
Reis, Mais u. s. w. bringt für den Darm und den übrigen Körper
häufig weitere Beschwerden mit sich. Nur ein ganz gesunder Darm
vermag die stark sauren Massen bei vorwaltender Brod- oder Kar-
toffelaufnahme auf die Dauer zu ertragen. Die mitgetheilten Ausnützungsversuche ergeben, dass man mit einem Nahrungsmittel über
eine bestimmte Grenze nicht hinausgehen darf, wenn man die gün-
stigste Verwerthung erzielen und dem Körper keine übermässige Belastung aufbürden will.

Vom gewöhnlichen Roggenbrod müsste ein robuster Arbeiter
mindestens 1430 Grm. verzehren, um seinen Eiweissbedarf zu decken
(S. 497), und wenn man die Kothentleerung mit in Rechnung bringt,
etwa 1750 Grm. Eine solche Quantität Brod können die wenigsten
Menschen verzehren, obwohl Viele im Stande sind die entsprechende
Menge von Mehl in verschiedenen Mehlspeisen zuzuführen. G. Mayer
bewältigte während 4 Tagen im Maximum je 817 Grm. Brod. William
Stark (S. 337) lebte 42 Tage lang täglich von 566—849 Grm. Brod,
wobei sein Körpergewicht um 17 Pfd. abnahm; verzehrte er täglich
736—962 Grm. Brod mit 113—226 Grm. Zucker, so verlor er in

28 Tagen 3 Pfd. an Gewicht; er nahm dagegen an Gewicht zu bei Aufnahme von 849 Grm. Brod und 1800 Grm. Milch. Die Versuchsperson RUBNER's nahm während 2 Tagen ein Mal 1420, das andere Mal 1300 Grm. Schwarzbrod auf (mit 659 Grm. Stärkemehl im Mittel); es gingen dabei 15 °/o der aufgenommenen Trockensubstanz mit dem Koth ab und es gelang nicht, den Körper vor einem Verlust an Eiweiss ganz zu bewahren (S. 470).[1] Es ist also wohl nur selten, nur bei herabgekommenem Körper und ohne anstrengende Arbeit, möglich, sich mit Brod allein zu ernähren; ein Setzen auf Wasser und Brod kommt dem allmählichen Verhungern gleich. Und wenn das Brod, in gewissen Fällen, wirklich ausreichen würde, so ist die Ueberlastung des Darms eine bedeutende und der Verlust an Ernährungsmaterial gross. Der Mensch sollte vernünftiger Weise für die Dauer nicht mehr als 750 Grm. Brod im Tag aufnehmen; es ist aber für den Arbeiter oder Soldaten leicht möglich, diese Portion, namentlich in verschiedenen Brodsorten, zu verzehren.

Noch viel schlimmer als mit dem Brod steht es mit den so viel gepriesenen Kartoffeln. Um mit ihnen (neben etwas Eiweiss in Häringen oder Buttermilch) den Körper zu erhalten, braucht man täglich bis zu 3.5 Kilo. Die Versuchsperson RUBNER's (S. 478) hat im Mittel während 3 Tagen je 3078 Grm. Kartoffeln mit grosser Anstrengung verzehrt und trotzdem noch Eiweiss vom Körper eingebüsst. Neben der kolossalen Verschwendung an Nahrungsstoffen durch die schlechte Ausnützung ist die dem Körper zugemuthete Last eine ungeheure. Die grösstentheils von Kartoffeln sich nährenden Irländer oder die arme Bevölkerung mancher Gegenden Norddeutschlands bleiben nichts desto weniger schlecht genährt, haben Hängebäuche (Kartoffelbäuche), sind zu keiner strengen Arbeit befähigt und widerstehen krankmachenden Einflüssen nur wenig. Die Kartoffel ist ein vorzügliches Nahrungsmittel für den Menschen, aber die Versuche sie ausschliesslich d. h. als Nahrung zu benützen, haben zu den verderblichsten Folgen geführt.

Das bedeutende Volum mancher vegetabilischen Kost macht dem Darm Beschwerden, wenn sie auch schliesslich so gut wie das Fleisch

---

1 Auch für Hunde ist das Brod allein keine passende Nahrung. Ein Hund von 29 Kilo Gewicht, der von E. BISCHOFF täglich 800 Grm. Brod erhielt, verlor beständig Eiweiss von seinem Körper; er befand sich nach 132 Tagen, nachdem er allmählich 3363 Grm. Fleisch abgegeben und höchst elend geworden war, noch nicht ganz im Stickstoffgleichgewicht. Erst wenn sehr viel Brod verzehrt wird, tritt Stickstoffgleichgewicht ein z. B. bei einem Hunde von 22 Kilo Gewicht nach . Aufnahme von 1054 Grm. Brod im Tag, wobei aber dann 17 °/o der Trockensubstanz und 23 °/o des Stickstoffs des gefressenen Brodes im Koth wieder abgehen (Ztschr. f. Biologie. 1869. V. S. 167. 468. 473).

ausgenützt wird, wie z. B. der Mais oder der Reis. Die in den oberitalienischen Reisfeldern arbeitenden Taglöhner, welche ausschliesslich von Reis leben, erliegen vor der Zeit Erschöpfungskrankheiten; Aehnliches berichtet Wernich [1] über die vorzüglich von Reis sich nährenden Japanesen.

Nach allen diesen Auseinandersetzungen ist es am besten und einfachsten, die Kost des Menschen aus animalischen und vegetabilischen Substanzen zu mischen. Rein animalische Kost ist nicht günstig, da man dabei entweder übermässig Fleisch oder übermässig Fett braucht; ausschliesslich vegetabilische Kost ist meist ungünstig z. B. die aus Brod, Reis, Mais, Kartoffeln oder grünen Gemüsen zusammengesetzte. [2] Man ist wohl im Stande, sich die Nahrung im gehörigen Verhältniss der Nahrungsstoffe für manche Zwecke nur aus Substanzen vegetabilischen Ursprungs zu mischen z. B. aus Leguminosen und dem Mehl der Getreidearten, aus welchen man allerlei mit Fett versetzte Gebäcke bereitet [3]; aber eine solche rein vegetabilische Kost setzt immer einen recht gesunden Darm voraus und macht durch die stärkere Belastung und längere Verdauungszeit manche Schwierigkeiten, so dass selbst die sogenannten Vegetarianer sich den Genuss von Milch, Käse, Butter, Honig, animalischen Fetten u. s. w., welche doch aus dem Thierreiche stammen, nicht versagen. Kranke und Rekonvalescenten sind wohl kaum ohne Nachtheil auf vegetarianische Weise zu ernähren, auch kleine Kinder nicht. Es ist absolut nicht einzusehen, warum wir uns zu unserer Ernährung nicht auch der Nahrungsmittel aus dem Thierreiche bedienen sollen. Die Bestrebungen der Vegetarianer sind aber trotz ihrer Einseitigkeit ein ganz heilsamer Rückschlag gegen die früheren Irrlehren, nach denen das Eiweiss allein nahrhaft sein und das eiweissreiche Fleisch vor Allem Kraft geben soll, gewesen.

Grössere Leistungen lassen sich jedoch mit Vegetabilien allein

---

1 Er sagt wörtlich: „Die Japanesen haben nicht die robuste Körperkonstitution der Chinesen; eher zeigen sie eine physische Schwäche, die sich schon in ihrem dürftigen Wuchse, dem geringen Brustumfang und der spärlichen Entwicklung der Muskulatur zeigt. Als Kost nehmen sie Reis auf, in Wasser gequollen, nur von Zeit zu Zeit mit einem Bissen Fleisch und in Salz präservirtem Gemüse. Die Menge des Reises beträgt für je eine der drei Mahlzeiten 470 Grm.; sie leiden daher an habitueller Magenerweiterung und häufig an Verdauungsstörungen."

2 Rummel hat 10 Tage lang ausschliesslich Vegetabilien gegessen; sein Körpergewicht nahm dabei um 2.5 Kilo ab. In der Nahrung waren 73.4 Grm. Stickstoff, im Harnstoff 108.3 Grm., sodass der Körper ansehnlich Eiweiss einbüsste. (Verh. d. phys.-med. Ges. zu Würzburg. 1855. S. 67.)

3 Siehe hierüber: Gustav Struve, Pflanzenkost, die Grundlage einer neuen Weltanschauung. Stuttgart 1869. — Alfr. v. Seefeld, Die modernen Theorien der Ernährung und der Vegetarianismus. Hannover 1875. — Gust. Henschke, Die Pflanzenkost. Bern 1876.

kaum ausführen oder es kann wenigstens dabei die Kost nicht eine
richtige Nahrung genannt werden. Ein starker Arbeiter braucht viel
Eiweiss zur Erhaltung seiner bedeutenden Muskelmasse und eine gewaltige Menge stickstofffreier Substanz zur Verhütung des Fettverlustes. Er kommt nun dabei an die Grenze, wo aus Mehl und anderen Vegetabilien nicht weiter mehr Eiweiss und Stärkemehl aufgenommen wird. Man fügt deshalb gewöhnlich Substanzen hinzu
wie z. B. Fleisch, trockne Fische, Milch oder Käse, aus welchen
Eiweiss noch leicht ausgelaugt wird, und ausserdem Fett, um nicht
so viel Stärkemehl geniessen zu müssen. Daher bemerkt man im
Allgemeinen, dass die Kost um so reicher an animalischen Substanzen und an Fett wird, je grösser die Arbeitsleistung ist. Es ist
am einfachsten in Fleisch einen Theil des nöthigen Eiweisses aufzunehmen.[1] Es giebt allerdings Beispiele, wo auch ohne Fleisch-
genuss eine tüchtige Arbeit ausgeführt wird. Die Knechte auf dem
Gute Laufzorn[2] erhalten seit hundert Jahren ihre Hauptnahrung in
Mehl und Schmalz, wie es in ganz Oberbayern und einem Theil von
Schwaben unter der Landbevölkerung üblich ist, aber sie müssen
darin täglich die ganz enorme Menge von 788 Grm. Stärkemehl verzehren, um das nöthige Eiweiss zu erlangen, was nur einem sehr kräftigen
Darm zugemuthet werden darf und im Allgemeinen gewiss keine
ganz richtige Ernährungsweise ist. Aehnlich ist es mit der Kost der
Holzknechte in Reichenhall und Oberaudorf[3], welche Fleisch nicht mit
auf die Berge führen, und sich daher mit Mehl, Brod und Schmalz
begnügen müssen; erstere verzehren 691 Grm., letztere 876 Grm.
Kohlehydrate. Ich bin überzeugt, dass die Bauern ausserdem noch
Milch geniessen. Die Versuchsperson Rubner's hat allerdings im Tag an Stärkemehl verzehrt und aus dem Darm resorbirt:

	Stärkemehl verzehrt	resorbirt
in Spätzeln . . .	558	549
in Mais	563	545
in Schwarzbrod . .	659	587
in Semmel . . .	670	665
in Kartoffeln . .	718	663

Aber dies sind schon Extreme wie bei den oberbayerischen
Bauern, den Irländern und Japanesen. Man sollte nach meinen Er-

---

1 Der aus Erbsen hergestellte Käse oder die eiweissreiche Sulze aus Bohnen
unterscheidet sich in nichts von den animalischen Substanzen.
2 H. Ranke, Die bayr. Landwirthschaft in den letzten 10 Jahren. Festgabe etc.
S. 160. München 1872.
3 Liebig, Sitzgsber. d. bayr. Acad. II. S. 463. 1869; Reden u. Abhandl. S. 121.

fahrungen im Allgemeinen und auf die Dauer nicht mehr als 500 Grm. Stärkemehl in der täglichen Nahrung eines Arbeiters reichen. In einer richtig zusammengesetzten Nahrung nimmt man nur so viel Eiweiss und Stärkemehl in Vegetabilien auf, als ohne Beschwerden für den Körper möglich ist; bei einem darüber hinaus gehenden Bedarf wird durch einen mässigen Zusatz von Fleisch und Fett der Zweck besser erreicht als durch weitere Steigerung von Eiweiss und Stärkemehl in Vegetabilien.

Wegen des ziemlich beträchtlichen Volums der täglichen Nahrung des Menschen, namentlich des Arbeiters, ist es für gewöhnlich nicht möglich auf ein Mal die für 24 Stunden ausreichende Quantität aufzunehmen. Wir halten daher mehrmals des Tags Mahlzeit. Ein fleischfressendes Thier ist leicht im Stande seine volle Nahrung für einen ganzen Tag in wenigen Minuten zu verschlingen; der Pflanzenfresser kaut dagegen einen grossen Theil der Zeit an seinem Futter herum. Ein Säugling muss alle 2—3 Stunden an die Brust gelegt werden. Bei vorwiegend animalischer Kost braucht man weniger Mahlzeiten zu halten als bei vegetabilischer; unsere Arbeiter, deren Kost zum guten Theil aus Brod besteht, essen in der Regel fünfmal des Tags (Brodzeit). Der Japanese, der in 3 Mahlzeiten je 470 Grm. Reis verzehrt, der 4 Kilo Kartoffeln verschlingende Irländer, sie müssen längere Zeit auf ihr Essen verwenden. Nach der Beobachtung von J. Forster kommen die Soldaten im Kriege bei längeren Märschen hauptsächlich deshalb so herunter, weil sie häufig nur 1 mal des Tags ausser dem Frühstück zur Aufnahme von Speise kommen und es nicht möglich ist, auf 1 mal das nach der grossen Anstrengung nöthige bedeutende Volum an Nahrung zu verzehren.

Zum Verzehren eines Stückes Brod von nicht ganz 200 Grm. sind 15 Minuten erforderlich. Tuczek [1] hat gefunden, dass ein Mensch bei gewöhnlichem gemischtem Essen in 3 Mahlzeiten 30 Minuten lang kaut, aber längere Zeit auf die Mahlzeiten verwenden muss, bei denen ja nicht beständig gekaut wird. Die mehrmaligen Mahlzeiten haben auch noch einen anderen Grund; man will dadurch dem Darmkanal Pausen der Ruhe gönnen, in denen andere Organe vollauf thätig sein können und ferner die Zersetzungen im Körper mehr gleichmässig und nach Bedarf vertheilen; denn nach der Nahrungsaufnahme wächst der Stoffumsatz im Körper an und wird somit mehr lebendige Kraft für die Wirkungen und Leistungen frei. Die Eintheilung der Mahlzeiten auf den Tag und die Vertheilung der

---

1 Tuczek, Ztschr. f. Biologie. XII. S. 554. 1876. Der Arbeiter, der in der Zwischenzeit noch 2 mal Brod isst, kaut 55 Minuten lang.

Nahrungsstoffe auf dieselben darf nicht eine beliebige und willkürliche sein, sondern muss sich nach der Art der Kost, nach der Art
und Grösse der Arbeit, und nach anderen Umständen richten. Es ist
noch nicht entschieden, ob es besser ist, die Hauptmahlzeit mitten
in das Tagewerk oder an den Schluss desselben zu verlegen. Die
Münchener Arbeiter nehmen nach meinen Bestimmungen[1] in der Hauptmahlzeit zu Mittag 50 % des für den Tag nöthigen Eiweisses, 61 %
des Fettes und 32 % der Kohlehydrate auf. J. Forster[2] hat später
noch einige Versuche der Art an 2 Arbeitern und 2 jungen Aerzten
ausgeführt und ähnliche Zahlen wie ich, nämlich im Mittel 45 % Eiweiss, 57 % Fett und 39 % Kohlehydrate, erhalten. Eine falsche
Vertheilung der Mahlzeiten und der Nahrungsstoffe rächt sich sicherlich an der Gesundheit des Menschen.

4. Es müssen ausser den Nahrungsmitteln noch Genussmittel gegeben werden.

Die letzte Anforderung an eine richtige Nahrung ist die Zu-
mischung von Genussmitteln, deren Bedeutung früher schon (S. 120)
dargelegt worden ist.

Nach diesen Prinzipien mischen wir die Nahrung aus den verschiedenartigsten Nahrungsstoffen und Nahrungsmitteln unter Zusatz
von Genussmitteln zusammen.

Die Kochkunst hat darnach eine wichtige Aufgabe. Sie hat
nicht nur die Nahrungsstoffe in eine solche Mischung zu bringen,
dass der Organismus sich dadurch auf die beste Weise stofflich erhält, sondern auch die Materialien für die Verdauung vorzubereiten
und die mannigfachen Genussmittel in richtiger Art und Folge hinzuzufügen, damit die Speisen mit Lust verzehrt werden und einen
guten Ablauf der Vorgänge im Darm bewirken. Zu diesem Zwecke
wird das Unverdauliche entfernt, und das Brauchbare gehörig zubereitet, d. h. ihm eine Form und Beschaffenheit gegeben, dass es
leicht durch die Verdauungssäfte angegriffen und daher die Zeit der
Verdauungsarbeit abgekürzt und der Darm möglichst wenig belästigt wird.

Diejenige wohlschmeckende Nahrung, welche allen Anforderungen strenge genügt, d. h. welche die für einen bestimmten Fall
gerade erforderliche Quantität der einzelnen Nahrungsstoffe in rich-

---

[1] Voit, Ztschr. f. Biologie. XII. S. 16. 1876; Unters. d. Kost. S. 28. 1877.
[2] J. Forster, Ztschr. f. Biologie. IX. S. 396. 1873. — In der Schrift des Grafen
Lippe über „Die rationelle Ernährung des Volkes" Leipzig 1866, findet sich ein
erster Versuch einer solchen Ausscheidung.

tiger Mischung zuführt und dabei den Körper so wenig als möglich belästigt und abnützt, ist für diesen Fall die richtige Nahrung oder das Ideal der Nahrung.

Es wird häufig von diesem strengen Ideal in etwas abgewichen; der Körper besitzt glücklicherweise Ausgleichungen dafür durch Zerstörung des überschüssigen Eiweisses, der Fette und der Kohlehydrate, durch Ansatz von Eiweiss und Fett, durch Ausscheidung des nicht verwendbaren Wassers und der Aschebestandtheile. Aber dies darf nicht zu weit und nicht zu lange Zeit hindurch geschehen, wenn nicht eine Schädigung der Gesundheit eintreten soll.

II. Feststellung der Nahrung für einen Organismus und die Bilanz der Einnahmen und Ausgaben.

Nach den früheren Mittheilungen (S. 18) geht die Untersuchung des Verbrauchs im Thierkörper, sowie der Verhütung des Verlustes von der Vergleichung der in den Einnahmen und in sämmtlichen Ausgaben enthaltenen Elemente aus. Decken sich diese genau, dann hat sich der Organismus durch die Zufuhr auf seinem Bestande erhalten; es können aber auch mehr oder weniger Stickstoff oder Kohlenstoff oder Aschebestandtheile u. s. w. vom Körper abgegeben worden sein als in den Einnahmen enthalten waren, also Verlust oder Ansatz dieser Elemente stattgefunden haben. Es wurde ebenfalls schon berichtet (S. 73), wie und unter welchen Voraussetzungen man die Stoffe findet, aus deren Zerstörung die Elemente oder Produkte der Ausscheidungen hervorgegangen sind. In dieser Weise erkennt man aus der Bilanz der Einnahmen und Ausgaben, ob eine Mischung von Nahrungsstoffen und Nahrungsmitteln den Körper erhält, d. h. ob sie eine Nahrung ist und in welcher Ausdehnung ein Ansatz oder eine Abgabe von Stoffen am Körper stattfindet.

Es handelt sich aber, wie schon öfter hervorgehoben wurde (S. 497), nicht allein darum, ob überhaupt mit einer gewissen Mischung von Eiweiss und stickstofffreien Nahrungsstoffen Gleichgewicht der Elemente der Einnahmen und Ausgaben besteht, sondern vielmehr, wie dasselbe mit den geringsten Mengen von Substanz zu erreichen ist.

Es ist nicht möglich für den Menschen oder einen andern Organismus von vorn herein die beste Nahrung anzugeben, denn der Umsatz und der Bedarf an Stoffen im Körper ist je nach der Individualität und den Umständen sehr verschieden (S. 500). Wir haben erkannt, dass die Grösse der Zersetzung der einzelnen Stoffe abhängig ist: zunächst von der Beschaffenheit des Organismus, d. h. von

der Masse seiner stoffzersetzenden Theile, ferner von der Fähigkeit
der letzteren die Stoffe zu zerlegen, und von dem Reichthum an Fett
in ihm, dann von der Menge des den Zellen zugeführten zerstörbaren
Materials, sowie von gewissen Bedingungen, denen er unterliegt, z. B.
der Grösse der Arbeitsleistung oder der Temperatur der Umgebung.
Darnach richtet sich auch die Menge und Mischung der einzelnen
Nahrungsstoffe in der Nahrung, der Eiweissbedarf vorzüglich nach
der Organmasse, der Bedarf an stickstofffreien Stoffen nach der Arbeitsleistung. Nur selten wird es vorkommen, dass zwei Organismen
in allen diesen Momenten ganz gleich sich verhalten und daher zu
einer idealen Nahrung ganz die gleiche Zufuhr aller Nahrungsstoffe
nöthig haben. Jeder Organismus stellt somit eigentlich an jedem
Tage einen speziellen Fall für sich dar mit bestimmten Bedingungen.

Wir wissen jetzt, warum grosse und kräftige Leute mehr bedürfen als kleine oder herabgekommene, warum der Arbeitende
relativ mehr stickstofffreie Stoffe braucht als der Ruhende. Wir
verstehen den Einfluss des Alters und Geschlechts; Kinder haben
wegen des Wachsthums und des kleineren Körpers relativ mehr
Eiweiss nöthig; Greise, welche gewöhnlich eine geringere Muskelmasse und einen zu grösseren Leistungen nicht mehr fähigen Körper
besitzen, müssen weniger Substanz zuführen. Man sagt gewöhnlich,
Weiber hätten einen geringeren Stoffwechsel als Männer, da man bei
ihnen meist weniger Harnstoff im Harn und weniger Kohlensäure im
Athem gefunden hat (BISCHOFF, SCHARLING, ANDRAL und GAVARRET),
und bringt damit das Geschlecht in Zusammenhang; dies ist eine
ganz falsche Vorstellung, denn bei gleicher Organmasse und Zusammensetzung zersetzt das Weib so viel wie der Mann, aber weniger,
wenn es, wie es gewöhnlich der Fall ist, um 8—9 Kilo leichter ist
als der Mann, mehr Fett am Körper besitzt und nicht so intensiv
arbeitet.

Man hat für eine grosse Anzahl von Fällen der Art am Hund
und Menschen den Stoffverbrauch ermittelt und die allgemeinen Prinzipien, welche für das Ideal einer Nahrung sowie für den Ansatz
und die Abgabe von Substanz am Körper maassgebend sind, erkannt.
Um jedoch für einen bestimmten Organismus mit einer gegebenen
Zusammensetzung und Arbeitsleistung die ideale Nahrung aufstellen
zu können, müsste man durch eingehende Versuche vorerst den Umsatz
in ihm kennen lernen. Aber auch nach Durchführung einer solchen
Untersuchung wäre man nicht im Stande für einen anderen Menschen
die richtige Ernährungsweise vorzuschreiben. Man hat nun in den
meisten Fällen nicht einen einzelnen Menschen zu ernähren, sondern

z. B. in Kasernen, Gefängnissen u. s. w. eine grössere Anzahl, unter
denen sich Leute von verschiedenster Körperbeschaffenheit, Grosse
und Kleine, Robuste und Schwächliche, befinden; da es nicht möglich ist, jedem eine besondere Nahrung nach seinem Bedarf vorzusetzen, sondern jeder das gleiche Gemisch erhält, so bleibt nichts
anderes übrig als für eine möglichst grosse Anzahl von Fällen, an
verschiedenen Individuen, bei wechselnder Zufuhr und allen möglichen anderen Einflüssen den Umsatz und den Bedarf festzustellen
und dann eine Mittelzahl zu entnehmen für einen mittleren Organismus.[1] Zur Aufstellung solcher mittlerer Werthe hat man neben
der direkten Ermittlung der idealen Nahrung auch die Menge der
Nahrungsstoffe, welche die Menschen und Thiere unter verschiedenen Umständen in ihrer Nahrung, mit der sie sich erfahrungsgemäss dauernd erhalten, verzehren, zu Hilfe genommen[2]; allerdings
bietet eine solche Erhebung keine vollkommene Sicherheit für eine
richtige Ernährung wie der mühsame Versuch, da dabei nicht selten
zu viel oder zu wenig von den einzelnen Nahrungsstoffen aufgenommen wird; aber die Erfahrung hat hier seit langer Zeit doch
den Weg gewiesen und meist auch richtig finden lassen. Diese Erhebungen können daher mit den durch die genauen Untersuchungen
gewonnenen Werthen als Anhaltspunkte zur Aufstellung einer Mittelzahl dienen.

---

1 Bei der Ernährung der Thiere hat man schon längst einen Unterschied
gemacht; man giebt den Pferden schwereren Schlages der schweren Reiterei mehr
Heu und Hafer als denen der leichten Reiterei.
2 In der ersten Zeit hat man die in der Nahrung aufgenommene Menge der
Elemente, vorzüglich von Stickstoff und Kohlenstoff, beachtet, so z. B. bei den
S. 10 angeführten Stoffwechselgleichungen. Später hat man die darin enthaltenen
Nahrungsstoffe bestimmt, wie MULDER für die niederländischen Soldaten, PLAY-
FAIR für verschiedene Arbeiter, LIEBIG für die Holzknechte im Gebirge und die
Bergleute in der Rauris u. s. w., worüber nachher noch berichtet werden wird. —
Ueber die Methoden der Untersuchung der Kost des Menschen siehe: VOIT, Ztschr.
f. Biologie. XII. S. 51. 1876 und Untersuchung der Kost in einigen öffentlichen Anstalten. 1877. Die Untersuchung der schon gekochten Kost giebt keine genügenden Aufschlüsse. Man kann auch nicht aus dem eingekauften Rohmaterial die
verzehrten Nahrungsstoffe entnehmen, sondern nur aus den zur Herstellung der
Speisen verwendeten Substanzen, da die Abfälle meist sehr bedeutend sind. Man
muss bei den Erhebungen besonders sorgfältig und vorsichtig sein. Es haben
sich beim Schälen und Putzen der Materialien folgende Abfälle ergeben:

	%
Neue Kartoffel . . .	19
Alte Kartoffel (Juni) .	30
Alte Kartoffel (Juli) .	34
Frische grüne Bohnen	2
Gelbe Rüben	6
Blaukraut	14—30
Wirsing	16—30
Weisskraut	20—25

Volkmann [1] hat die Elementarzusammensetzung des ganzen Menschen ermittelt und für einen mittleren Mann von 61.8 Kilo Körpergewicht folgende Zahlen gefunden:

	Gesammtmenge	%
Wasser . . .	40694	65.9
Kohlenstoff . .	11357	18.4
Wasserstoff . .	1694	2.7
Stickstoff . .	1626	2.6
Sauerstoff . .	3682	6.0
Mineralstoffe .	2716	4.4

Ich habe schon nach E. Bischoff's [2] Bestimmungen den Gehalt des ganzen menschlichen Körpers und der hauptsächlichsten Organe an Wasser (S. 346), an Eiweiss und leimgebendem Gewebe (S. 358), an Fett (S. 404) und an Aschebestandtheilen (S. 353) angegeben. Daraus berechnet sich folgender prozentige Gehalt an diesen Stoffen:

	%
Wasser	59
Eiweiss	9
Leimgebendes Gewebe	6
Fett	21
Asche	5

Die Hauptmasse des Körpers machen die Muskeln, dann das Skelett und das Fettgewebe aus; man hat, in Prozenten ausgedrückt, dafür erhalten [3]:

	Volkmann Mensch, Mittel	Bischoff Mann	Bischoff Weib	Bischoff Neugeborener
Skelett . . .	16.3	15.9	15.1	15.7
Willk. Muskeln	43.0	41.8	35.8	23.5
Fettgewebe . .	9.9	18.2	28.2	13.5
Rest	30.8	21.1	20.9	47.3
	100 0	100.0	100.0	100.0

1 Volkmann, Ber. d. sächs. Ges. d. Wiss. Math.-phys. Cl. 1874. S. 202.
2 E. Bischoff, Ztschr. f. rat. Med. XX. (3) S. 75. 1863.
3 Gewichtsbestimmungen der Organe des Menschen wurden ausser von E. Bi-schoff und Volkmann noch ausgeführt von: Welcker (Ztschr. f. rat. Med. 1863. S. 75), Dursy (Systemat. Anat. 1863, Ztschr. f. rat. Med. XXI. (3) S. 195. 1864); G. v. Liebig (Arch. f. Anat. u. Physiol. 1874. S. 96); Dieberg (Casper's Vierteljahrschrift f. gerichtl. u. öffentl. Med. XXV. S. 127. 1864) und Blosfeld (Henke's Ztschr. f. Staatsarzneikunde. LXXXVIII. S. 1. 1864). — Ferner an Thieren: Organe d. Hundes von Scheffer (De animalium, aqua iis adempta, nutritione. Diss. inaug. Marburg 1852), Scheffer und C. Ph. Falck (Arch. f. physiol. Heilk. XIII. S. 508. 1854), und C. Ph. Falck (Arch. f. path. Anat. VII. S. 37. 1854). Organe der Katze von Bidder und Schmidt (Die Verdauungssäfte und der Stoffwechsel. S. 328 u. 329. 1852), Voit

Man kann nun zusehen, welcher Bruchtheil der im Organismus abgelagerten Stoffe beim Hunger in einem Tage verloren geht und wie sich die Bilanz der Einnahmen und Ausgaben unter verschiedenen Verhältnissen stellt.[1]

Nach Pettenkofer und mir[2] werden von einem 71 Kilo schweren kräftigen Manne beim Hunger an Elementen in 24 Stunden abgegeben:

	Wasser	Kohlen-stoff	Wasser-stoff	Stick-stoff	Sauerstoff	Asche
Einnahmen:						
Fleischextrakt 12.5	3.97	2.44	0.49	1.18	2.02	2.40
Kochsalz . . 15.1	0.27	—	—	—	—	14.83
Wasser . . 1027.2	1026.79	—	—	—	—	0.41
Sauerstoff . . 779.9	—	—	—	—	779.90	—
1834.7	1031.03 = 114.56H 916.47O	2.44	0.49 114.56 115.05	1.18	781.92 916.47 1698.39	17.64
Ausgaben:						
Harn . . . 1197.5	1147.44	8.25	2.00	12.51	7.60	19.70
Respiration . 1567.2	828.90	201.30	—	—	537.00	—
2764.7	1976.34 = 219.59H 1756.75O	209.55	2.00 219.59 221.49	12.51	544.60 1756.75 2301.35	19.70
Differenz — 930.0	—	— 207.11	— 106.54	—11.33	— 602.96	—2.06

Darnach lebte der Mensch täglich beim Hunger auf Kosten von: 80 Grm. trocknem Fleisch, 216 Grm. Fett und 889 Grm. Wasser; er verlor etwa 1.6 % seines Gesammtkohlenstoffs und 0.6 % seines Stickstoffs. Die Ausgaben vertheilen sich zu 43 % auf den Harn und zu 57 % auf die Respiration.

(Ztschr. f. Biologie. II. S. 353 u. 354. 1866) und F. A. Falck (Beitr. z. Physiologie, Hygiene, Pharmakol. und Toxikologie. 1875. S. 129). Organe der Kaninchen von F. A. Falck (Beiträge u. s. w. 1875. S. 129). Organe des Rinds : Lawes u. Gilbert (Philos. Transact. II. p. 493. 1859). Organe der Gans von Emanuel (Quaedam de effectu, quem olea, in specie oleum jecoris aselli, exerceant in organismorum ejusque partes. Diss. inaug. Marburg 1848). Organe des Huhns von C. Ph. Falck (Schriften d. Ges. zur Beförderung d. ges. Naturw. zu Marburg. VIII. S. 165. 1857).

1 Bei den früheren sogenannten Stoffwechselgleichungen, denen von Boussingault, Barral u. s. w. (S. 10) wurde der Verlust durch Haut und Lungen nicht direkt bestimmt, und kam man namentlich in Beziehung der Stickstoff- und Kohlenstoffausfuhr zu den absurdesten Resultaten. Bidder und Schmidt bestimmten während einer Stunde des Tages auch die Kohlensäureausscheidung. Nur bei den Versuchen von Pettenkofer und mir am Hund und Menschen wurden alle Elemente der Einnahmen und Ausgaben während 24 Stunden direkt controlirt.
2 Pettenkofer u. Voit, Ztschr. f. Biologie. II. S. 450. 1866.

Um einen Einblick in die unter der Einwirkung der Nahrungsaufnahme im Stoffumsatz stattfindenden Veränderungen zu gewinnen, theile ich die Bilanz von demselben Manne (von 69.5 Kilo Gewicht) bei reichlicher gemischter Kost und möglichster Ruhe mit:

	Wasser	Kohlenstoff	Wasserstoff	Stickstoff	Sauerstoff	Asche
Einnahmen:						
Fleisch . .	139.7	79.5	31.3	4 3	8.50	12.9	3.2
Eiereiweiss .	41.5	32.2	5.0	0.7	1.35	2.0	0.3
Brod . . .	450.0	208.6	109.6	15.6	5.77	100.5	9.9
Milch . . .	500.0	435.4	35.2	5.6	3.15	17.0	3.6
Bier . . .	1025.0	961.2	25.6	4.3	0.67	30 6	2.7
Schmalz . .	70.0	—	53.5	8.3	—	8.1	—
Butter . . .	30.0	2.1	22.0	3.1	0.03	2.8	—
Stärkemehl .	70.0	11.0	26.1	3.9	—	29.0	—
Zucker . .	17.0	—	7.2	1.1	—	8.7	—
Kochsalz . .	4.2	—	—	—	—	—	4.2
Wasser . .	286.3	286.3	—	—	—	—	—
Sauerstoff . .	709.0	—	—	—	—	709.0	—
	3342.7	2016.3 = 224.0H 1792.3O	315.5	46.9 224 0 270.9	19.47	920.6 1792.3 2712.9	23.9
Ausgaben:						
Harn . . .	1343.1	1278.6	12.60	2.75	17.35	13.71	18.1
Koth . . .	114.5	82.9	14.50	2.17	2.12	7.19	5.9
Respiration .	1739.7	828.0	248.60	—	—	663.10	—
	3197.3	2189 5 = 243.3H 1946 2O	275.70	4 92 243.30 248.22	19.47	684.00 1946.20 2630.20	24.0
Differenz:	+ 145.4	—	+ 39 8	+ 22.7	0	+ 82.7	— 0.1

Daraus berechnet sich:

	aufgenommen	zerstört	angesetzt
Eiweiss . . .	137	137	—
Fett	117	52	65
Kohlehydrate .	352	352	—

Der Körper hätte sich daher bei möglichster Ruhe erhalten mit 137 Grm. Eiweiss, 52 Grm. Fett und 352 Grm. Kohlehydrat. Der tägliche Kohlenstoffumsatz betrug 2.1 % des Gesammtkohlenstoffs des Körpers, der Stickstoffumsatz 1.1 % des Gesammtstickstoffs. Es werden 42 % der Ausscheidungen durch den Harn, 54 % durch die Respiration und 4 % durch den Koth abgegeben.

Ganz anders stellen sich die Verhältnisse, wenn derselbe Mann bei der nämlichen gemischten Kost stark arbeitet:

	Wasser	Kohlenstoff	Wasserstoff	Stickstoff	Sauerstoff	Asche
Einnahmen:						
Fleisch . .	151.3	91.05	31.30	4.32	8.50	12 00	3.20
Eiereiweiss .	48.1	38.78	5.00	0.70	1.35	2 00	0.30
Brod . . .	450.0	208.60	109.60	15.60	5.77	100.50	9.90
Milch . . .	500.0	435.40	35.25	5.55	3.15	17.00	3.65
Bier . . .	1065.9	999.60	26.57	4.48	0.69	31.77	2.83
Schmalz . .	60.2	—	46.05	7.16	—	6.98	—
Butter . . .	30.0	2.10	22 00	3.10	0.03	2.80	—
Stärkemehl .	70.0	11.00	26.10	3.90	—	29.00	—
Zucker. . .	17.0	—	7.20	1.10	—	8.70	—
Kochsalz . .	4.9	0.09	—	—	—	—	4.81
Wasser. . .	480.1	479.91	—	—	—	—	0.19
Sauerstoff . .	1006.1	—	—	—	—	1006.10	—
	3883.6	2266.53 = 251.83 *H* 2014.70 *O*	309.17	45.91 251.83 297.74	19.49	1217.75 2014.70 3232.45	24.88
Ausgaben:						
Harn . . .	1261.1	1194.2	12.6	2.75	17.41	14.74	19.4
Koth . . .	126.0	94.1	14.5	2.17	2.12	7.19	5.9
Respiration .	2545.5	1411.8	309 20	—	—	824.50	—
	3932.6	2700.1 = 300.00 *H* 2400.10 *O*	336 30	4.92 300.00 304.92	19.53	846.43 2400.10 3246.53	25.3
Differenz:	— 49.0	—	— 27.13	— 7.18	— 0.04	— 14.08	— 0.42

Aus diesen Zahlen geht hervor, dass bei der starken Arbeit nicht mehr Stickstoff, wohl aber wesentlich mehr Kohlenstoff ausgeschieden wird; es werden verbraucht: 137 Grm. Eiweiss, 173 Grm. Fett und 352 Grm. Kohlehydrat. Es wurden täglich 2.6 % des im Körper abgelagerten Kohlenstoffs umgesetzt und 1.1 % des Stickstoffs. Die Ausgaben vertheilen sich zu 33 % auf den Harn, 65 % auf die Respiration und 2 % auf den Koth.

Es ist noch von Interesse, die Verhältnisse der Ausscheidungen eines kleineren, schlecht genährten Mannes, von nur 52.5 Kilo Gewicht, bei der gleichen gemischten Nahrung im Ruhezustand zu betrachten.

Es ergab sich bei ihm:

	Wasser	Kohlen-stoff	Wasser-stoff	Stick-stoff	Sauerstoff	Asche
Einnahmen:						
Fleisch . . 151.1	90.85	31.3	4.30	8.50	12.90	3.20
Eiereiweiss . 61.8	52.48	5.0	0.7	1.35	2.0	0.3
Brod . . . 450.0	208.60	109.6	15.6	5.77	100.5	9.9
Milch . . . 509.6	443.76	35.93	3.61	3.21	17.33	3.72
Bier 1012.7	949.71	25.25	4.25	0.66	30.19	2.69
Schmalz . . 58.8	—	44.98	7.0	—	6.80	—.
Butter . . . 30.0	2.10	22.00	3.10	0.03	2.80	—
Stärkemehl . 70.0	11.00	26.1	3.9	—	29.0	—
Zucker . . . 17.0	—	7.2	1.1	—	8.7	—
Kochsalz . . 4.3	0.08	—	—	—	—	4.22
Wasser . . 41.4	41.38	—	—	—	—	0.02
Sauerstoff . . 600.7	—	—	—	—	600.7	—
3007.4	1799.96 =199.9 H 1600.0 O	307.36	45.46 199.90 245.36	19.52	810.92 1600.00 2410.92	24.05
Ausgaben:						
Harn . . . 1069.6	1005.7	12.70	2.80	18.03	12.37	18.0
Koth . . . 137.1	105.3	14.58	2.17	2.12	7.71	5.9
Respiration . 1597.8	902.6	189.6	—	—	505.60	—
2804.5	2013.6 =223.70 H 1789.90 O	216.88	4.97 223.70 228.67	20.15	525.68 1789.90 2315.58	23.90
Differenz: +202.9	—	+90.48	+16.69	—0.63	+95.34	+0.15

Trotz gleicher Nahrung ist also der Erfolg bei verschiedenen Menschen ein ganz verschiedener; der schlecht genährte Mann zersetzt dabei die nämliche Menge von Eiweiss wie der wohl genährte, kräftige Mann, er setzt aber daraus wesentlich mehr Fett an als der letztere.

Ich gebe noch einige charakteristische Beispiele aus den von Pettenkofer und mir[1] an einem Hunde von etwa 33 Kilo Gewicht angestellten Reihen, und zwar beim Hunger (6. Hungertag), bei ausschliesslicher Fleischnahrung, welche den Körper völlig auf seiner Zusammensetzung erhielt, und bei Zufuhr einer nahezu genügenden Menge von Fleisch mit Fett oder Zucker.

1 Pettenkofer u. Voit, Ztschr. f. Biologie. V. S. 371. 1869, VII. S. 456. 1871, IX. S. 6 u. 442. 1873.

33*

Beim Hunger:

	Wasser	Kohlen-stoff	Wasser-stoff	Stick-stoff	Sauerstoff	Asche
Einnahmen:						
Wasser . . 33.0	33.0	—	—	—	—	—
Sauerstoff . . 358.1	—	—	—	—	358.1	—
391.1	33.0 = 3.7 H 29.3 O	—	3.7	—	358.1 29.3 387.4	—
Ausgaben:						
Harn . . . 124.3	105.6	4.2	1.0	5.95	5.4	2.15
Respiration . 766.8	400.5	99.9	—	—	266.4	—
891.1	506.1 = 56.2 H 449.9 O	104.1	1.0 56.2 57.2	5.95	271.8 449.9 721.7	2.15
Differenz: — 500.0	—	— 104.1	— 53.5	— 5.95	— 334.3	— 2.15

Daraus ergiebt sich ein Verbrauch von 42.2 Grm. Eiweiss und
107 Grm. Fett.

Dagegen zeigten sich, als derselbe Hund mit 1500 Grm. reinem
Fleisch gefüttert wurde, im Mittel aus 4 Versuchstagen folgende
völlig geänderte Verhältnisse:

	Wasser	Kohlen-stoff	Wasser-stoff	Stick-stoff	Sauerstoff	Asche
Einnahmen:						
Fleisch . . 1500.0	1138.5	187.8	25.9	51.0	77.2	19.5
Sauerstoff . 486.6	—	—	—	—	486.6	—
1986.6	1138.5 = 126.5 H 1012.0 O	187.8	25.9 126.5 152.4	51.0	563.8 1012.0 1575.8	19.5
Ausgaben:						
Harn . . . 1061.0	920.5	30.3	7.9	50.3	35.9	16.1
Koth . . . 40.1	28.8	4.9	0.7	3.7	1.5	3.4
Respiration . 910.6	365.3	149.3	1.5	—	394.5	—
2011.7	1314.6 = 146.1 H 1168.5 O	184.5	10.1 146.1 156.2	51.0	431.9 1168.5 1600.4	19.5
Differenz: — 25.1	—	+ 3.3	— 3.8	0	— 24.6	0

Aus diesem Ergebniss ist ersichtlich, dass die gegebene Menge
Fleisch für den Hund eine Nahrung ist und sich die Elemente der

Einnahmen und Ausgaben vollständig decken. Es ist im Körper nichts anderes als 1500 Grm. Fleisch zersetzt worden.

Man kann nun das Thier ebenfalls auf seinem Bestande erhalten durch Zufuhr von viel weniger Fleisch unter Zusatz von stickstofffreien Stoffen, z. B. von Fett oder Kohlehydraten. Bei Aufnahme von 500 Grm. Fleisch und 100 Grm. Fett fand sich:

	Wasser	Kohlenstoff	Wasserstoff	Stickstoff	Sauerstoff	Asche
Einnahmen:						
Fleisch. . . 500.0	379.5	62.6	8.7	17.0	25.8	6.5
Fett. . . . 100.0	—	76.5	11.9	—	11.6	—
Sauerstoff. . 375.5	—	—	—	—	375.5	—
975.5	379.5 =42.1 *H* 337.3 *O*	139.1	20.6 42.1 62.7	17.0	412.9 337.3 750.2	6.5
Ausgaben:						
Harn . . . 353.0	307.2	9.8	2.6	16.4	11.7	5.2
Koth . . . 14.9	8.1	3.6	0.5	0.3	0.9	1.5
Respiration . 639.5	274.7	98.6	3.2	—	263.0	—
1007.4	590.0 =65.5 H 524.5 O	112.0	6.3 65.5 71.8	16.7	275.6 524.5 800.1	6.7
Differenz: — 31.9	—	+ 27.1	— 9.1	+ 0.3	— 49.9	— 0.2

Es wurden dabei im Körper zersetzt: 491 Grm. Fleisch und 66 Grm. Fett, also 9 Grm. Fleisch und 34 Grm. Fett angesetzt.

Als der Hund 400 Grm. Fleisch mit 250 Grm. Zucker erhielt, ergab sich Folgendes:

	Wasser	Kohlenstoff	Wasserstoff	Stickstoff	Sauerstoff	Asche
Einnahmen:						
Fleisch. . . 400.0	303.6	50.1	6.9	13.6	20.6	5.2
Zucker. . . 250.0	22.7	90.9	15.2	—	121.2	—
Wasser . . 350.0	350.0	—	—	—	—	—
Sauerstoff. . 434.7	—	—	—	—	434.7	—
1434.7	676.3 = 75.1 *H* 601.2 *O*	141.0	22.1 75.1 97.2	13.6	576.5 601.2 1177.7	5.2
Ausgaben:						
Harn . . . 276.0	240.9	7.6	2.0	12.6	9.0	4.0
Koth . . . 38.7	26.2	5.4	0.8	0.8	1.7	3.8
Respiration . 1258.7	720.9	146.6	—	—	391.2	—
1573.4	988.0 = 109.8 *H* 878.2 *O*	159.6	2.8 109.8 112.6	13.4	401.9 878.2 1280.1	7.8
Differenz: — 138.7	—	— 18.6	— 15.4	+ 0.2	— 102 4	— 2.6

Daraus ergiebt sich, dass im Körper 393 Grm. Fleisch und 227 Grm. Zucker zersetzt wurden; es fand ein Ansatz von 7 Grm. Fleisch und eine Abgabe von 25 Grm. Fett vom Körper statt. Es hätte also eine etwas grössere Gabe von Zucker zum Fleisch gereicht werden müssen, um das Thier auf seinem Fettbestande zu erhalten.

Wenn man nun von den allgemeinen Betrachtungen zu den speziellen Fällen übergeht und für bestimmte Verhältnisse die Menge der einzelnen Nahrungsstoffe zu ermitteln sucht, so sieht man der Einfachheit halber zunächst von der Angabe der Grösse der Zufuhr des Wassers, das zumeist frei zur Verfügung steht, ab; ebenso von den in den gewöhnlichen Nahrungsmitteln in genügender Menge vorhandenen Aschebestandtheilen, und berücksichtigt also nur die organischen Nahrungsstoffe. Von diesen beschränkt man sich unter den stickstoffhaltigen auf das Eiweiss, da die übrigen stickstoffhaltigen Nahrungsstoffe z. B. der Leim nur einen kleinen Bruchtheil in der Nahrung ausmachen, und unter den stickstofffreien aus dem gleichen Grunde auf das Fett und die Kohlehydrate. Man giebt daher für gewöhnlich nur an, wieviel Eiweiss, Fett und Kohlehydrate in einem bestimmten Falle im Mittel erforderlich sind.

III. Nahrung eines mittleren Arbeiters.

Es ist am besten die für einen kräftigen Arbeiter bei der gewöhnlichen 9—10 stündigen mittleren Arbeit in der Nahrung nöthige Menge von Eiweiss, Fett und Kohlehydraten zuerst zu betrachten, um ein Normalmaass für einen mittleren leistungsfähigen Menschen zu gewinnen.

Der kräftige 70 Kilo schwere Arbeiter von 28 Jahren, dessen Stoffumsatz Pettenkofer und ich [1] untersuchten, verbrauchte täglich:

	bei Ruhe	bei Arbeit
Eiweiss	137	137
Fett	72	173
Kohlehydrate . .	352	352
Stickstoff	19.5	19.5
Kohlenstoff . . .	283	356

J. Forster [2] fand in der nach Belieben aufgenommenen Nahrung bei mehrtägiger Beobachtung folgende Mengen der Nahrungsstoffe:

---

1 Pettenkofer u. Voit. Ztschr. f. Biologie. II. S. 488. 1866.
2 J. Forster, Ebenda. IX. S. 381. 1873; bei Voit, Unters. d. Kost u. s. w. 1877. S. 208.

	Ei-weiss	Fett	Kohle-hydrate	N	C
Arbeiter, Dienstmann, 36 J.	133	95	422	21	331
Arbeiter, Schreiner, 40 J. .	131	68	494	20	312
Junger Arzt	127	89	362	20	297
Junger Arzt	134	102	292	21	280
Kräftiger alter Mann . . .	116	68	345	—	—

Zu ähnlichen Zahlen sind auch Andere durch mehr oder weniger genaue Berechnungen der in der Kost aufgenommenen Nahrungsstoffe gekommen [1]:

	Eiweiss	Fett	Kohle-hydrate	N	C	Autor
Normalration eines Erwachsenen .	130	—	—	20	310	PAYEN
" " " "	119	51	530	18	337	PLAYFAIR
Mann bei mittlerer Arbeit	130	10	550	20	325	MOLESCHOTT
" " " "	120	35	510	19	331	WOLFF
Soldat, leichter Dienst	117	35	447	18	288	HILDESHEIM
" im Felde	146	44	504	23	336	"
Niederländische Soldaten	100	—	—	16	—	MULDER

Als Mittelwerth aus einer grösseren Anzahl von Beobachtungen habe ich für einen mittleren Arbeiter 118 Grm. Eiweiss und 328 Grm. Kohlenstoff als Erforderniss angegeben [2], und zwar bei einer gemischten aus etwas Fleisch und Vegetabilien (mit Brod) bestehenden Nahrung. Es sind also, da 118 Grm. Eiweiss schon 63 Grm. Kohlenstoff enthalten, noch 265 Grm. Kohlenstoff durch Fett oder Kohlehydrate zu decken. Diese Betrachtung ist zwar nicht ganz richtig [3],

1 PAYEN. Précis des substances alimentaires. p. 482. Paris 1854. — PLAYFAIR, The medical Times and Gazette. I. p. 461. 1865. — MOLESCHOTT, Physiologie d. Nahrungsmittel. S. 223. 1860. — HILDESHEIM, Die Normaldiät. S. 32. 1856. — MULDER, Die Ernährung in ihrem Zusammenhange mit d. Volksgeist, übers. v. MOLESCHOTT. 1817. — FRERICHS nahm, aus der Harnstoffausscheidung beim Hunger geschätzt, nur 60 Grm. Eiweiss als Erforderniss an.

2 Ueber die Harnstoffausscheidung beim Menschen siehe: LECANU, Journ. de pharmacie. XXV. 1839. — BISCHOFF, Der Harnstoff als Maass des Stoffwechsels. 1853. BEIGEL. Nova acta etc. XXV. (1) p. 179. 1855. — Nach LIEBIG's Berechnung (Thierchemie. S. 11. 1846) soll ein Soldat 464 Grm. Kohlenstoff durch Haut und Lunge abgeben, was sicherlich viel zu hoch ist. Nach SCHARLING scheidet ein Mann durch die Respiration im Tag 249 Grm. Kohlenstoff aus; nach SPECK 246 Grm.

3 Die verschiedenen Angaben über den Eiweissverbrauch eines Menschen rühren zum Theil daher, dass es wegen der ungleichen Ausnützung sehr darauf ankommt, in welchen Substanzen das Eiweiss gereicht wird; in einer mässig Fleisch enthaltenden Kost braucht man weniger zu geben als in einer vorwiegend aus Brod und Kartoffeln bestehenden.

da es selbstverständlich nicht auf den Gehalt an Kohlenstoff ankommt, sondern darauf, in welchen Stoffen derselbe steckt, denn
der Kohlenstoff im Fett ist mehr werth als der in den Kohlehydraten. Es ist früher (S. 499) schon angegeben worden, dass es nicht
rationell wäre, den Bedarf von 265 Grm. Kohlenstoff nur in Fett
oder nur in Kohlehydraten zu geben, weil die Wenigsten so viel
Fett oder so viel Stärkemehl auf die Dauer zu ertragen vermöchten;
bei grösserer Arbeitsleistung, bei welcher entsprechend mehr stickstofffreie Substanz zerstört wird, gestaltet sich die Sache noch schlimmer. Der Mensch geniesst daher in der Regel Fette und Kohlehydrate. Man soll bei Arbeitern nach meinen Erfahrungen wegen
der früher hervorgehobenen Unzukömmlichkeiten nicht über 500 Grm.
Stärkemehl hinausgehen; der Rest des Kohlenstoffs wird dann durch
Fett gedeckt und zwar bei 500 Grm. Stärkemehl durch 56 Grm.
Fett.[1] Für die nicht mit der Kraft ihrer Arme Arbeitenden halte
ich es für besser nur gegen 350 Grm. Kohlehydrate zu geben und
den übrigen Bedarf in Fett zu reichen; im Allgemeinen enthält die
Kost der wohlhabenden Klassen absolut und relativ mehr von dem
theuern Fett und weniger von den voluminösen Kohlehydraten (S. 500).

Man gab sich früher, verleitet durch falsche Voraussetzungen,
grossen Täuschungen über die für einen Arbeiter nöthigen Nahrungsstoffe hin. Man hatte bekanntlich die Idee, dass bei der Thätigkeit der Muskeln die organisirte eiweisshaltige Substanz derselben,
entsprechend der Anstrengung, zerstört werde, und dass daher ein
Mensch bei der Arbeit mehr Eiweiss zersetze, also auch mehr davon
in der Nahrung bedürfe als bei der Ruhe, d. h. dass ein und derselbe Arbeiter je nach der Grösse der Arbeit mehr oder weniger
Eiweiss erhalten müsse. Man wurde in der Richtigkeit dieser Schlussfolgerung vorzüglich durch die Zusammenstellungen PLAYFAIR's bestärkt, nach denen wirklich verschiedene Arbeiter, ziemlich ent-

---

1 Es finden sich in der Nahrung:

	Eiweiss	Fett	Kohlehydrate	Autor
Deutscher Soldat in der Garnison . . .	117	26	547	Voit
„ „ auf dem Marsch . .	143	36	595	„
„ „ im Krieg	151	46	522	„
„ „ bei ausserord. Leistung	191	63	607	„
Gut bezahlter Arbeiter	—	56	450	„
„ „ „	—	59	491	„
„ „ „	—	48	497	„
Arbeiter	—	95	422	Forster
„ „	—	68	494	„
Junger Arzt	—	89	362	„
„ „	—	102	292	„

sprechend dem Grad ihrer Arbeitsleistung, Eiweiss in der Kost aufnehmen. PLAYFAIR[1] giebt an:

	Ei-weiss	Fett	Kohle-hydrate	U
Minimalbedarf (Erhaltung) . .	57(?)	14	340	190
Ruhe.	71(?)	28	340	210
Mässige Bewegung	119	51	530	337
Starke Arbeit.	156	71	567	380
Angestrengte Arbeit	184	71	567	405

Nach LIEBIG's Angabe nimmt ein Braukuecht der Sedlmayr'schen Bierbrauerei zu München während des Sudes bei angestrengtester Thätigkeit in Brod, Fleisch und Bier auf:

	Eiweiss	Fett	Kohlehydrate
Brod . .	42	—	224
Fleisch .	148	73	—
Bier . .	—	—	375
	190	73	599

Es kann nach diesen Erhebungen nicht zweifelhaft sein, dass verschiedene Arbeiter entsprechend der Anstrengung, die ihnen die Arbeit auferlegt, Eiweiss verzehren. Nun hat sich aber, vorzüglich durch meine Untersuchungen herausgestellt, dass ein und derselbe Mensch, der stets die gleiche ausreichende Kost erhält, bei der stärksten Arbeit, deren er fähig ist, nicht mehr Eiweiss zerstört als bei möglichster Ruhe, wohl aber viel mehr Fett.

Dieses Resultat widerspricht nicht der gewöhnlichen Erfahrung, nach welcher nach körperlicher Anstrengung der Appetit wächst; denn es ist damit nicht ausgesagt, dass bei der Arbeit gleich viel Stoff im Körper zersetzt werde wie bei der Ruhe, sondern nur dass dabei nicht mehr Eiweiss zersetzt werde, wohl aber mehr stickstofffreie Stoffe.

Man hat gemeint, das von mir durch den Versuch Gefundene

---

1 PLAYFAIR, Edinburgh new philosophical Journal. LVI. p. 266. 1854; On the food of man in relation tho is useful Work. Edinburgh 1865; Medical Times and Gazette. I. p. 160. 1865, II. p. 325. 1866. Er hat dabei ferner gefunden:

	Eiweiss	Fett	Kohlehydrat
Landwirthschaftl. Arbeiter in Indien	57(?)	560	
„ „ „ in Dortsetshire . .	83(?)	293	
„ „ „ in Gloucestershire .	108	432	
Englische Marine	142	73	408
Eisenbahnarbeiter in der Krim	162	94	375
Schmiede	176	71	666
Englische Preisfechter . . . . :	288	88	93

lasse sich nicht mit den eben erwähnten statistischen Ermittlungen PLAYFAIR's vereinigen. Dieser Widerspruch ist aber nur ein scheinbarer.

Jeder Mensch vermag je nach seiner Muskelmasse eine bestimmte Arbeit zu leisten und braucht zu deren Erhaltung eine gewisse Menge von Eiweiss in der Nahrung, gleichgültig ob er Arbeit leistet oder nicht. Der schweren Arbeit eines Schmieds oder eines Braunknechts oder eines englischen Hafenarbeiters wird sich aber nur derjenige Mann unterziehen, welcher sie auch vermöge seiner Muskeln zu leisten vermag; er wird daher zu der Erhaltung der entwickelten Arbeitsorgane mehr Eiweiss bedürfen als ein schwacher Schneider. Wenn der Letztere auch noch so viel Eiweiss aufnimmt und zersetzt, wird er doch nie die Arbeit eines Schmieds thun können. Das mögliche Maximum der Arbeit eines Menschen richtet sich nach der Entwicklung der Muskeln und in demselben Maasse hat der Arbeiter auch Eiweiss in der Nahrung nöthig; deshalb findet man, dass ein kräftiger Arbeiter mehr Eiweiss zuführt als ein schwacher, und die Eiweisszersetzung bei verschiedenen Individuen meist der Arbeit parallel geht. Aber ein und derselbe Mensch zerstört unter sonst gleichen Verhältnissen bei der Ruhe und bei der Arbeit die gleiche Eiweissmenge. Würde die Arbeit den Eiweissumsatz steigern, dann müsste ein Arbeiter an Sonn- und Feiertagen weniger Eiweiss geniessen als an den Arbeitstagen; man untersuche aber nur einmal die Nahrung eines starken Arbeiters an solchen Tagen und man wird erfahren, dass das Eiweissquantum beide Male das gleiche ist, denn der Arbeiter würde durch Entziehen von Eiweiss am Ruhetag an Muskelmasse verlieren und dann am Arbeitstag nicht mehr die gewohnte Arbeit leisten können. Da bei der Thätigkeit mehr stickstofffreie Substanz zerstört wird, so braucht ein Arbeiter am Tage der Ruhe weniger stickstofffreie Stoffe und also relativ mehr Eiweiss.

Es ist darum auch eine Verschwendung an Eiweiss einem muskelkräftigen Arbeiter eine geringere Arbeit zu übertragen als seiner Muskulatur entspricht, da er letztere doch ernähren muss und bei dem gleichen Eiweissverbrauch mehr zu leisten befähigt wäre.

Die oben angegebenen Zahlen beziehen sich nur auf einen Arbeiter von mittlerer Leistungsfähigkeit und nicht auf einen intensiv thätigen, welchem wegen der grösseren Muskelmasse noch mehr Eiweiss, bis zu 150 Grm. und darüber, namentlich aber mehr stickstofffreie Substanz zu geben ist. Diese bedeutenden Eiweissquantitäten sind nicht oder wenigstens nur recht schwer und unter grosser Belastung des Körpers durch Vegetabilien zuzuführen (S. 504); es ist hier ein

Zusatz von dem leicht verwerthbaren Fleisch geboten, so zwar dass
bis zu 30 und 50, im Mittel 35 Prozent des nöthigen Eiweisses in
dieser Form dargereicht werden.[1] Da man aus den schon angegebenen Gründen bei einer rationellen Ernährung dem Körper nicht
wesentlich mehr als 500 Grm. Stärkemehl zumuthen soll, so vermehrt man bei intensiverer Arbeit die Fettmenge von 56 Grm. an
bis auf 200 Grm. Nach den früheren Mittheilungen trifft beim Menschen auf 1 Stunde Arbeit ein Mehrverbrauch von 8.2 Grm. Fett
oder 14 Grm. Kohlehydrat (S. 202). Bei mässiger Thätigkeit sollen
mindestens 25 %, bei angestrengter Thätigkeit mindestens 33 %
des nöthigen Fettes als Kernfett gereicht werden. Es ist bekannt,
welche Menge von Speck der norddeutsche Arbeiter zu sich nimmt,
oder welche Portion Butter er auf sein Brod legt und wieviel Schmalz
die süddeutschen Bauernknechte während der Ernte zu den Nudeln
oder dem Schmarrn beigebacken erhalten.

Nach den jetzigen Erfahrungen legt man bei dem starken Arbeiter mehr Werth auf die beständige und reichliche Zufuhr der
stickstofffreien Stoffe als der stickstoffhaltigen. Die Gemsenjäger
nehmen zu ihren beschwerlichen Wanderungen, zu welchen sie möglichst wenig Ballast brauchen, nicht ein eiweissreiches Nahrungsmittel mit sich, sondern Fett, das während der enormen Anstrengung
in grosser Menge vom Körper abgegeben und bei den ohnehin an
Fett nicht sehr reichen Leuten schwerer vermisst wird als der geringere Verlust des am Körper vorhandenen Eiweisses, welches sich nachträglich durch einige reichliche Mahlzeiten bald wieder ersetzen lässt.
Wenn der von PETTENKOFER und mir untersuchte Mann bei Hunger
und Arbeit täglich 75 Grm. Eiweiss und 380 Grm. Fett zerstört, so
verliert er dabei etwa 0.8 % seines Eiweissgehalts und 3.3 % seines
Fettgehalts.

Zu welchen Ungeheuerlichkeiten man kommt, wenn ein starker
Arbeiter ausschliesslich oder fast ausschliesslich von den gewöhnlich
gebrauchten Vegetabilien (Brod, Kartoffeln, Mais) sich nährt, zeigen
einige von PAYEN veröffentlichte Beispiele von ländlichen Arbeitern;
dieselben müssen zur Vermeidung des Fettverlustes vom Körper grosse
Massen der Vegetabilien aufnehmen, von denen ein beträchtlicher
Bruchtheil durch den Koth verloren geht. Es erhalten nach ihm:

1 Ueber den Fleischconsum in verschiedenen Städten und Ländern siehe:
SCHMOLLER (Ztschr. d. landw. Centralvereins f. d. Prov. Sachsen. 1870. S. 201 u. 233);
PAYEN (Substances alimentaires. p. 19); G. MAYR (Münchener Gemeindeztg. No. 1);
in der Ztschr. d. k. sächs. statist. Bureaus. 1868. No. 9 u. 10; bei STOHMANN. Muspratt's
techn. Chemie. 3. Aufl. IV. S. 1631; bei VOIT, Unters.d. Kost. 1877. S. 21; SCHIEFFER-
DECKER, Ueber die Ernährung der Bewohner Königbergs u. s. w. 1869.

Arbeiter	Eiweiss	Fett	Kohle-hydrate	Hauptnahrungsmittel
von Vaucluse	138	80	829	Brod und Kartoffel
von Waadtland . . .	174	77	778	„ „ „
vom Norden Frankreichs	196	109	1180	„ „ „
vom Dep. Corrège . . .	152	86	1272	„ „ „
aus der Lombardei . .	173	141	1116	Mais
aus Irland	116	25	1328	Kartoffel

Die Quantität von 1116—1328 Grm. Kohlehydrat für den Tag ist eine ganz enorme, und man muss sich fragen, ob solche Mengen wirklich verzehrt werden. Man muss sich nämlich sehr hüten aus den Rohmaterialien den Consum zu berechnen und das scheint offenbar hier geschehen zu sein; Rubner's Versuchsperson konnte nur mit Anstrengung in Schwarzbrod 659 Grm. Stärkemehl, in Kartoffeln 718 Grm. bewältigen. Jedenfalls ist für einen Arbeiter eine solche Ernährungsweise eine ganz ungünstige und ist er auch dabei keiner starken Anstrengung fähig; der Darm und der übrige Körper haben zu viel mit der Ueberwindung der grossen Last der Nahrung zu thun.[1] Ein Irländer, der täglich 4.5 Kilo Kartoffeln verzehrt, erhält darin 981 Grm. Stärkemehl und 90 Grm. Eiweiss, von denen aber nur 61 Grm. resorbirt werden; in 1497 Grm. Reis nimmt ein chinesischer Arbeiter 112 Grm. Eiweiss und 1169 Grm. Stärkemehl auf.[2] Dass manche Arbeiter wirklich höchst bedeutende Mengen von Vegetabilien und Stärkemehl aufnehmen, geht aus folgenden Angaben hervor[3]:

Arbeiter	Kost	Eiweiss	Fett	Kohle-hydrate	Autor
Italienische Ziegelarbeiter . .	1000 Mais, 178 Käse	167	117	675	H. Ranke
Holzknechte in Reichenhall .	Brod, Mehl, Schmalz	112	309	691	Liebig
Holzknechte in Oberaudorf .	„ „ „	135	205	876	Liebig
Bauernknechte in Laufzorn .	Mehl, Schmalz	143	108	788	H. Ranke
Bergleute in d. Grube Silberau	viel Vegetabilien	133	113	634	E. Steinheil

1 Scherzer bemerkt über die Kost der Chinesen wörtlich: „Nach einer einstimmigen, mir von allen Chinesen, mit denen ich verkehrte, gegebenen Versicherung kann ein Individuum, mit Reis allein ernährt, höchstens 15 Tage schwerere Arbeit verrichten.“

2 Scherzer, Berichte d. österr. Expedition nach Siam, China u. Japan. — Voit, Unters. d. Kost. 1877. S. 16.

3 H. Ranke, Ztschr. f. Biologie. XIII. S. 130. 1877. — Liebig, Sitzsgber. d. bayr. Acad. II. S. 463. 1869: Reden u. Abhandl. S. 121. — E. Steinheil, Ztschr. f. Biologie. XIII. S. 415. 1877. — Liebig, Chem. Briefe. Volksausgabe. II. S. 521.

Es kann nicht zweifelhaft sein, dass es günstiger wäre in diesen Fällen von den kohlehydratreichen Substanzen wegzulassen und dafür andere eiweissreichere und Fett in grösserer Menge zu geben. Wegen der schlechteren Ausnützung der Vegetabilien wäre es am besten zu verlangen, dass aus den Speisen eine gewisse Menge von Eiweiss in die Säfte übergehen müsse z. B. bei einer mittleren Arbeit 105 Grm.; aber es wäre nicht ganz richtig, diesen Antheil des resorbirten Eiweisses allein aus dem im Harn befindlichen Stickstoff messen zu wollen, da auch ein Theil der stickstoffhaltigen Zersetzungsprodukte mit dem Koth abgeht.

Man hat gemeint[1], die für einen mittleren Arbeiter angegebenen Mengen von Nahrungsstoffen (118 Grm. Eiweiss, 56 Grm. Fett und 500 Grm. Kohlehydrat) wären als allgemeines Mittelmaass zu hoch gegriffen, der Arbeiter könnte auch mit weniger ausreichen, da manche Menschen weniger, namentlich an Eiweiss, verzehren. Es kann ja nicht zweifelhaft sein, dass weniger leistungsfähige oder herabgekommene Menschen mit weniger wie 118 Grm. Eiweiss (wovon 105 Grm. verdaulich) ausreichen. So hat Flügge[2] gefunden, dass der 59.7 Kilo wiegende Diener im hygienischen Institut zu Leipzig von schwächlicher Körperkonstitution und geringer körperlicher Leistungsfähigkeit bei seiner gewöhnlichen vorzugsweise vegetabilischen Kost nur 9—10 Grm. Stickstoff (= 52—65 Grm. Eiweiss) im Harn ausscheidet; auch einzelne andere Personen in Leipzig und 2 Arbeiter in Berlin lieferten ihm nur 8—11 Grm. Stickstoff im Harn. Ich habe ebenfalls für Gefangene solche niedere Werthe angegeben; aber ein schwächlicher und wenig leistungsfähiger Mann ist nicht ein mittlerer Arbeiter. Es wäre das für einen mittleren Arbeiter geforderte Maass nur dann zu hoch, wenn Leute von 67 Kilo Gewicht auf die Dauer die Arbeit eines mittleren Arbeiters, also z. B. die 9—10 stündige Arbeit eines Schreiners oder eines Maurers oder eines Soldaten vollführen könnten und doch bei gemischter, vorwaltend vegetabilischer Kost weniger Eiweiss zur Erhaltung ihrer Muskelmasse nöthig hätten. Es muss wohl beachtet werden, dass bei vorzüglich animalischer Kost wegen der besseren Ausnützung derselben im Darm nur etwa 108 Grm. Eiweiss nöthig sind. Nach den Erhebungen von Bowie[3] ist ein kräftig gebauter Mann nicht im Stande sich mit weniger als 118 Grm. Eiweiss auf dem Stickstoffgleichgewicht zu erhalten.

1 Beneke, Schriften der Ges. zur Beförderung d. ges. Naturwiss. zu Marburg. XI. S. 277. 1878.
2 Flügge, Beiträge zur Hygiene. S. 93. Leipzig 1879.
3 Bowie, Ztschr. f. Biologie. XV. S. 459. 1879.

Der Soldat lebt in der Garnison unter denselben Verhältnissen
wie ein mittlerer Arbeiter, beim Manöver und im Kriege muss er
dagegen die Kost eines stark Arbeitenden erhalten. Man rechnet
daher für ihn [1]:

	Eiweiss	Fett	Kohle-hydrate	reines Fleisch	Fleisch mit Knochen u. Fett	Brod
in der Garnison	120	56	500	191	230	750
beim Manöver	135	80	500	214	258	750
im Krieg . .	145	100	500	233	281	750

Ein Mensch mit kleinerer Organmasse braucht bei gleichem Alter
zu seiner Erhaltung weniger Eiweiss, aber aus schon angegebenen
Gründen nicht im Verhältniss zu seinem geringeren Gewicht, sondern
ganz unverhältnissmässig mehr (S. 86. 87. 137). Anders dagegen
stellt sich der Verbrauch an stickstofffreien Nahrungsstoffen, welcher
zunächst von der Grösse der Eiweisszersetzung und dann vor Allem
von der Arbeitsleistung abhängig ist. Wegen des grösseren Eiweisszerfalls sollte ein kleinerer Organismus bei möglichster Ruhe weniger
stickstofffreie Stoffe nöthig haben; da aber die Herz- und Athem-
arbeit in ihm relativ grösser ist und er unter Umständen die gleiche
äussere Arbeit zu leisten vermag, so ist die Fettzersetzung absolut
nicht so sehr verschieden von der in einem grossen Organismus.

Auch bei dem Erhaltungsfutter der verschiedenen Thiere übt die
Grösse derselben einen entscheidenden Einfluss aus, indem kleine ebenfalls relativ mehr Eiweiss, jedoch in der Ruhe nur wenig mehr stickstofffreie Stoffe nöthig haben; nur diejenigen kleinen Thiere, welche sich
durch besondere Lebhaftigkeit und Beweglichkeit auszeichnen, verbrauchen
auch relativ mehr von letzteren Substanzen. Man hat früher vielfach gemeint, der verhältnissmässig grössere Bedarf eines kleinen Organismus
rühre von dem durch die relativ grössere Oberfläche bedingten reichlicheren
Wärmeverlust her; es ist klar, dass der letztere nicht die Ursache des
grösseren Verbrauchs, namentlich nicht des Eiweisses sein kann, die Ursache ist vielmehr der relativ lebhaftere Säftekreislauf und die beträcht-
lichere Muskelanstrengung.

' Ich stelle für eine Anzahl von Thieren einige Werthe der Zusammensetzung des Erhaltungs- und Mastfutters zusammen:

---

1 Ernährung des Soldaten im Frieden und im Kriege. Bericht der über die Er-
nährungsfrage des Soldaten niedergesetzten Spezial-Commission. München 1880. —
Ueber rationelle Ernährung des Soldaten, von einem kgl. preuss. Offizier d. Artillerie.
Potsdam 1858. Verlag von Stein. — Voit, Anhaltspunkte zur Beurtheilung des sog.
eisernen Bestandes für den Soldaten. München 1876. — Worm Müller, Norsk Maga-
zin for Säger. VII. Heft 5. — Debrom, Arch. méd. Belg. 1876. 3. — Arnould, Ann.
d'hyg. 35. 241. — Champouillon, Rec. de mém. de méd. milit. 27. 205. — Raffauf,
Naturalverpflegung an Bord. Kiel 1869. — Housson, Ann. d'hyg. 35. 5.

Thierart	Futter	Gewicht des Thiers in Kilo	auf 1 Kilo Thier Ei-weiss	auf 1 Kilo Thier Fett oder Kohle-hydrat	Verhältniss	Bemerkungen
1. Fleischfresser [1]:						
Hund, alt u. fett .	Erhaltung	42.4	2.60	3.25F.	—	—
Hund	„	39.0	2.82	3.08F.	—	—
Hund, jung u. nicht fett	„	27.6	3.19	4.53F.	—	—
Hund, nicht fett .	„	4.32	7.63	4.63F.	—	—
Katze	„	2.75	9.59	5.45F.	—	—
Ratte	„	0.263	20.06	20.91F.	—	—
Ratte	„	0.150	24.76	34.00F.	—	—
2. Pflanzenfresser [2]:						
Ochs [3], Ruhe . .		600.0	0.6	7.0 K.	1 : 12	verdaut, Fett auf Kohlehydrat umgerechnet.
Ochs, Ruhe . . .	Mast	625.0	1.66	9.16K.	1 : 5	verdaut, Minimum
Ochs, Ruhe . . .	„	„	2.88	12.09K.	1 : 4	verdaut, Maximum
Schaf [4]	Erhaltung	50.0	1.3	10.4 K.	1 : 8	verdaut
Schaf	Mast	50.0	3.3	16.7 K.	1 : 5	verdaut, Mittel
Schaf	„	50.0	5.0	20.0 K.	1 : 4	verdaut, Maximum
Pferd [5] . . .	Erhaltung	505.5	1.16	{0.32F.} {7.09K.}	1 : 7	verdaut
Schwein [6], 3 Monat	Mast	21	9.83	34.5 K.	1 : 3.3	verzehrt
„ 5 „	„	50	7.53	27.9 K.	1 : 4.2	„
„ 6 „	„	62	4.42	25.7 K.	1 : 6.2	„
„ 7—8 „	„	86	4.14	22.2 K.	1 : 6.0	„
„ 9—10 „	„	133	2.66	15.9 K.	1 : 6.3	„
Hahn [7]	Erhaltung	2.0	2.20	32.44K.	1 : 15	verdaut, v. 110 Gerste sind im Koth auf 1 Kilo Thier 5.60 unlösl. Eiweiss u. 3.07 Cellulose

[1] Siehe S. 137.

[2] Siehe über das Erhaltungs- und Mastfutter der landw. Nutzthiere: E. WOLFF, Die Ernährung d. landw. Nutzthiere 1876 und die Fortsetzung in: Landw. Jahrb. VIII. Suppl. 1879.

[3] HENNEBERG u. STOHMANN, Beiträge zur rationellen Fütterung der Wiederkäuer. Heft 1. 1860, Heft 2. S. 276. 1864. — HENNEBERG. Neue Beiträge u. s. w. Heft 1. S. 356. 1871.

[4] HENNEBERG. Neue Beiträge u. s. w. S. 199. 1871; Journ. f. Landw. 1859. S. 362, 1860. S. 1, 1861. S. 63, 1862. S. 221, 1864. S. 1, 1866. S 303. — WOLFF, Die Versuchsstation Hohenheim. 1870. S. 573; Württemberg. Wochenblatt f. Landw. u. Forstwiss. 1869. No. 32; Landw. Jahrb. I. 1872. II. S. 221. 1873. — STOHMANN, Journ. f. Landw. 2 Suppl. 1865, Jahrg. 15. S. 133. 1867. — F. KROCKER, Preuss. Ann. d. Landw. 1869. Sept.- u. Dez.-Heft.

[5] KELLER, Landw. Jahrb. 1879. VIII. S. 701, 1879. 1 Suppl. S. 17.

[6] Amtsblatt f. d. sächs. landw. Vereine. 1864. S. 42. — J. LEHMANN, Ebenda. 1865. S. 55 u. 64, 1866. S. 20, 1868. S. 14. — PETERS, Preuss. Ann. d. Landw. L. S. 3. 1867. — HEIDEN, Bericht über die Arbeiten der Versuchsstation Pommritz. S. 7. 1870 u. Beiträge zur Ernährung des Schweins. 1876. — HENNEBERG, Journ. f. Landw. 1861. S. 33.

[7] MEISSNER, Ztschr. f. rat. Med. XXXI. (3) S. 183. — FLÜGGE, Ebenda. XXXVI. S. 185. 1869.

Daraus geht hervor, dass das Rind und das Pferd, wie die grösseren
Organismen überhaupt, zur Erhaltung verhältnissmässig weniger Eiweiss
verbrauchen als der Hund, aber ebensoviel stickstofffreie Stoffe (das Fett
auf Kohlehydrat umgerechnet). Das Schaf, welches nur wenig schwerer
ist wie der Hund, hat zur Erhaltung weniger Eiweiss und mehr stickstofffreie Stoffe nöthig. Sehr auffallend ist der Bedarf des Huhns, das
trotz des viel geringeren Körpergewichts relativ nicht mehr Eiweiss verdaut als der grosse Hund, jedoch viel mehr stickstofffreie Stoffe. Bei der
Mast muss auf gleiches Gewicht sowohl mehr Eiweiss als auch mehr stickstofffreie Substanz zugeführt werden.

IV. Nahrung nicht arbeitender und arbeitsunfähiger Menschen.

Es ist dies eine sogenannte Erhaltungsdiät, welche einen Körper,
an den keine Ansprüche an Kraftleistungen gemacht werden, auf
einem herabgekommenen Zustande eben zu erhalten und vor dau-
erndem Nachtheil zu bewahren im Stande ist. Es gehört hierher
vorzüglich die Kost in Gefängnissen, in welchen nicht gearbeitet
wird, und die Kost alter, gebrechlicher und erwerbsunfähiger Leute,
deren Körpermasse eine geringe ist, also die Kost in Altersversorgungsanstalten und Armenhäusern.

Es ist schwierig für die Gefangenen [1] das richtige Maass zu
treffen; man darf sie einerseits nicht über eine gewisse Grenze hinaus an Körpersubstanz verlieren lassen und so den Körper schädigen,
und andererseits ihnen doch auch nicht mehr geben als eben nöthig
ist, einen etwas herabgekommenen Körper zu erhalten.

Man hat früher vielfach die Vorstellung gehabt, die einfachsten
Nahrungsmittel z. B. Brod oder Kartoffeln reichten für den Gefangenen
völlig aus, wenn sie nur in ansehnlicher Menge geboten würden,
alles übrige wäre nur eine angenehme Zuthat, also ein Luxus.

Aber gerade die Wirkungen des Gefängnisses, z. B. die depri-
mirenden psychischen Einflüsse der Haft, der Mangel an Bewegung
in vielen Fällen u. s. w. machen, dass eine Kost, die dem Freien
leicht zugemuthet werden kann, nicht ertragen wird. Es muss als
Grundsatz gelten, dass die Schädigungen am Körper und an der
Gesundheit keine bleibenden sein dürfen, dass vielmehr die Ge-

---

1 Beneke, Arch. f. phys. Heilk. XII. S. 409. 1853. — Playfair, Edinb. new philos.
journ. LVI. p. 266. 1854. — Böhm, Deutsche Vierteljahrschr. f. öffentliche Gesundheitspflege. I. S. 371. 1869. — Baer, Die Gefängnisse, Strafanstalten u. Strafsysteme
in hygien. Beziehung. 1871. — Voit, Ztschr. f. Biol. XII. S. 32. 1876. — Schuster,
bei Voit, Unters. d. Kost. S. 142. 1877. — Baer, Deutsche Vierteljahrschr. f. öffentl.
Gesundheitspflege. VIII. S. 601; Vierteljahrschr. f. ger. Med. 1871. S. 291. — Bogg,
Lancet. 1. p. 220. — Isham, The Clinic. X. p. S.

fangenen nach Abbüssung der Strafe die Möglichkeit haben, sich körperlich völlig zu restituiren. Es ist also für einen Gefangenen das Minimum an einzelnen Nahrungsstoffen zu suchen, welches den Leib auf einem Stand erhält, bei dem er ohne bleibende Schädigung seiner Gesundheit zu existiren vermag.

Der nicht arbeitende Gefangene reicht mit weniger Eiweiss in der Nahrung aus, da er keinen so eiweissreichen und muskelstarken Körper braucht als der Arbeiter, der auch an Ruhetagen die Werkzeuge für seine Leistungen intakt zu erhalten hat. Der muskelkräftig in das Gefängniss Eintretende verliert dann von seinen Organen so lange Eiweiss, bis diese sich mit der geringen Eiweissmenge der Gefangenenkost in den Gleichgewichtszustand gesetzt haben und leistet dann nicht mehr das, was er vorher leisten konnte; man muss sich jedoch sehr hüten, so wenig Eiweiss zu geben, dass ein Gleichgewichtszustand damit nicht möglich ist und der Körper fort und fort, wenn auch täglich ganz geringe Mengen von Eiweiss von sich abgiebt. Bei einer kürzeren Haft schadet dies nicht viel, namentlich wenn genügend stickstofffreie Stoffe zugeführt werden, welche die Fettabgabe vom Körper verhindern; bei längerer Haft und dauernder Abmagerung an Eiweiss geschieht eine Restitution nur sehr schwer, die normalen Lebenserscheinungen sind dann nicht mehr möglich und es treten tiefe Erkrankungen auf.

Aus bekannten Gründen hat der nicht arbeitende Gefangene aber auch ansehnlich weniger stickstofflose Stoffe nöthig wie der Arbeiter an den Tagen der Arbeit. Auch hier giebt es eine untere Grenze, die man nicht ohne bleibenden Nachtheil für den Gefangenen überschreiten darf. Da aus den Kohlehydraten wahrscheinlich kein Fett entsteht, und dieselben nur das aus dem Eiweiss abgespaltene Fett schützen, so muss man Gefangenen, welche aus der geringen Menge des gereichten Eiweisses nur sehr wenig Fett erzeugen, namentlich dann wenn sie schon etwas abgemagert sind, Fett zukommen lassen. Eine allmähliche Abnahme des Körpers an Fett bringt, wie aus dem früher Gesagten hervorgeht, grosse Gefahren mit sich, weil bei zu geringem Fettgehalt auch das Eiweiss in steigender Menge der Zerstörung anheimfällt, während die Eiweissabgabe bei einem gewissen Fettvorrath im Körper wesentlich geringer ist und daher länger ohne bleibenden Nachtheil ertragen wird. Darum sind die Gefangenen ausserordentlich begierig nach Fett und man kann mit Leberthran viel Gutes bei ihnen bewirken.

Es währt oft längere Zeit bis sich die schlimmen Folgen einer theilweisen Inanition einstellen: ähnlich wie ein Mangel an Kalk bei ausgewachsenen Thieren erst nach Verlauf eines Jahres, Mangel an Eiweiss bei Peptonfütterung erst nach Monaten sich geltend macht. Man hat daher besonders bei längerer Haft mit aller Sorgfalt auf eine Kost zu achten, die für den, wenn auch schwächer gewordenen Körper eine Nahrung ist.

Was ist nun das geringste Maass der Nahrungsstoffe, bei dem ein schon herabgekommener nicht arbeitender Organismus bestehen kann? J. Forster hat bei einer in armseligen Verhältnissen lebenden, aber noch rüstigen Frau, welche jedoch einige Zeit darauf an Lungenphthisis erkrankte, und dann in der Kost alter Pfründnerinnen beobachtet:

	Eiweiss	Fett	Kohlehydrate
Arme Frau . .	76	23	334
Pfründnerin . .	80	49	226

Man darf nach meinen Erfahrungen für gefangen gehaltene, nicht arbeitende Männer nicht unter den folgenden niedersten Satz herunter gehen: 85 Eiweiss, 30 Fett und 300 Kohlehydrate, da die Mehrzahl der Gefangenen aus jungen, sehr kräftig gebauten Menschen besteht. Playfair giebt, von der falschen Voraussetzung ausgehend, dass durch die Muskelthätigkeit mehr Eiweiss zersetzt werde, für eine mittlere Erhaltungskost ohne Arbeit nur 66 Eiweiss, 24 Fett und 331 Kohlehydrate an.

Schuster hat die Kost in zwei Münchener Gefängnissen genau geprüft und zwar in einem Untersuchungsgefängnisse, in welchem die Insassen nicht arbeiten, und in einem Zuchthause, wo gearbeitet wird; er hat dabei ermittelt:

	Eiweiss	Fett	Kohlehydrate
Gefängniss ohne Arbeit .	87	22	305
Zuchthaus mit Arbeit. .	104	38	521

Hier ist wieder besonders zu beachten, in welchen Nahrungsmitteln die Nahrungsstoffe enthalten sind. Wird nämlich ein beträchtlicher Theil jenes Minimums an Nahrungsstoffen in Nahrungsmitteln gegeben, welche im Darm nur unvollkommen verwerthet und in beträchtlicher Menge unbenützt mit dem Koth wieder abgeschieden werden, dann ist der Hungerzustand gegeben; dies tritt dann ein, wenn wie gewöhnlich in den Gefängnissen ein grosser Theil der Nahrungsstoffe in der Form von Brod oder von Kartoffeln und anderen eiweissarmen Gemüsen gereicht wird. Die Gefangenen in dem Zuchthause, in dem eine an Vegetabilien reiche Kost eingeführt ist, haben nach Schuster von 104 Grm. verzehrtem Eiweiss nur 78 Grm. (= 75 %) resorbirt, während die Bewohner des Gefängnisses (ohne Arbeit), welche eine qualitativ bessere Kost erhalten, von 87 Grm.

in der Nahrung enthaltenen Eiweisses 76 Grm. (= 88%) in die Säfte aufnehmen. Letztere machen daher trotz der geringeren Eiweissaufnahme fast ebensoviel für den Körper nutzbar wie erstere.[1] Man ersieht aus diesem Beispiel besonders deutlich, dass man aus der Menge des Eiweisses in der Kost nicht zu bestimmen vermag, ob der Körper damit ausreicht, man muss auch die Ausnützung desselben im Darm in Rücksicht nehmen. Die grosse Zufuhr von kohlehydratreichen Nahrungsmitteln, nur um darin die nöthige Eiweissmenge zu bieten, und die geringe Quantität von Fett macht die Beköstigung in manchen Gefängnissen zu einer ungenügenden und verderblichen, abgesehen von der Verschwendung an Stärkemehl.

Nirgends lässt sich die hohe Bedeutung der Genussmittel, welche ein ausreichendes Gemische von Nahrungsstoffen erst zu einer Nahrung machen, so schlagend darthun als in den Gefängnissen, deren Bewohner sich die Speisen nicht nach Geschmack aussuchen, niemals das geringste dazu bekommen können und das Gekochte so nehmen müssen, wie es ihnen geboten wird.

In der Mehrzahl der Gefängnisse gab es früher in der Kost ausserordentlich wenig Abwechselung: die Speisen waren meist ganz gleichförmig zubereitet, Alles zu einer Masse von breiartiger Consistenz und ohne hervorstechenden Geschmack verkocht. Wenn man auch einige Zeit hindurch eine solche Kost ganz leidlich findet, z. B. ein dieselbe hie und da kontrolirender Beamter, so ist es doch unmöglich sie auf die Dauer zu verzehren. Die Leute bekommen trotz lebhaften Hungers nach und nach einen so unüberwindlichen Ekel davor, dass Würgbewegungen und Dyspepsien eintreten, die eine Ernährung nicht zulassen.

Es ist selbstverständlich, dass die arbeitenden Gefangenen je nach der Anforderung an ihre Kräfte die Kost eines Arbeiters erhalten müssen.

Für die Armenhäuser und Altersversorgungsanstalten genügt das Minimum an Eiweiss und stickstofffreien Stoffen, wie es J. Forster[2] in der Nahrung alter Pfründner, welche sich dabei vortrefflich befinden, ermittelt hat. Es handelt sich dabei um einen durch Alter und Armuth mehr oder weniger herabgekommenen Organismus, der nur mehr geringer Leistungen fähig ist, dessen Erhaltung daher

---

1 Die Gefangenen im Untersuchungsgefängniss entleerten täglich 30 Grm. trockenen Koth, die im Zuchthause 70 Grm.
2 J. Forster, Ztschr. f. Biol.. IX. S. 401. 1873; bei Voit, Unters. d. Kost. u. s. w. S. 186. 1877. — Voit, Ztschr. f. Biologie. XII. S. 32. 1876. — d'Alinge, in Schömberg's sächs. Armengesetzgebung. S. 282. Leipzig 1864. — Armin Graf zu Lippe-Weissenfels, Ernährung im Armenhause zu Gelenau. 1866. — Playfair, Edinb. New. philos. journ. LVI. p. 266. 1854.

weniger Eiweiss und stickstofffreie Stoffe erfordert. Es ist wahrscheinlich, dass mit der Abnahme der Funktion der übrigen Organe im Greisenalter auch die der Verdauungsorgane abnimmt, weshalb man alten Leuten nicht mehr so viel schwer zu bewältigende, den Darm belästigende Nahrungsmittel, wie Brod und Kartoffeln, zumuthen darf. Forster fand in der Kost erwerbsunfähiger alter Pfründnerinnen im Mittel aus der Beobachtung von 7 Tagen: 79 Eiweiss, 49 Fett und 266 Kohlehydrate. In einer anderen Münchener Pfründneranstalt, in welcher alte Männer und Weiber untergebracht sind, fanden sich in der täglichen Nahrung: 89 Eiweiss, 45 Fett und 309 Kohlehydrate.

Arme Leute, welche kaum im Stande sind, sich das tägliche Brod zu erwerben und nur das zu sich nehmen, was zur Erhaltung ihres schwachen und ärmlich ernährten Körpers absolut nothwendig ist, verzehren immer noch ein beträchtliches Quantum von Nahrungsstoffen. Hildesheim [1] giebt an, dass ein armer wenig leistungsfähiger Arbeiter, der sich die Woche über von Brod, Kartoffeln, etwas Milch, Fett und Mehl ernährte, darin täglich 86 Eiweiss, 13 Fett und 610 Stärkemehl erhielt; Böhm berechnete für einen Mann der untersten ärmsten Volksklasse noch 64 Grm. Eiweiss und 600 Grm. Stärkemehl. Ich [2] habe über die Kost in einem Trappistenkloster, dessen Mönche bekanntlich auf das äusserste Maass eingeschränkt leben, Mittheilungen erhalten und darin immer noch 68 Grm. Eiweiss, 11 Grm. Fett und 469 Grm. Kohlehydrate gefunden. Die armen Nähmädchen Londons verzehren nach Playfair [3] im Tag durchschnittlich: 54 Eiweiss, 29 Fett und 292 Kohlehydrate.

V. Nahrung noch wachsender Organismen.

Dieser Fall unterscheidet sich von den bisher betrachteten dadurch, dass man es dabei nicht mit der Ernährung eines ausgewachsenen Körpers, sondern mit der von noch wachsenden Organismen verschiedenen Alters zu thun hat, welche sich nicht nur erhalten sollen, sondern auch Substanz zum Ansatz bringen müssen. Bei dem Wachsthum wird die Zahl der Zellen im Körper, die Zahl der Blutkörperchen, der Epidermis- und Epithelzellen beträchtlicher, aber im Grossen und Ganzen handelt es sich um ein Anwachsen des Inhalts schon vorhandener Gebilde, z. B. des Inhalts der Muskelschläuche, der Nervenfasern. Man meint für gewöhnlich, in einem jugendlichen Organismus

1 Hildesheim, Die Normaldiät. S. 67. 1856.
2 Voit, Unters. d. Kost u. s. w. S. 17. 1877.
3 Playfair, Med. Times. I. p. 460. 1865.

gehe ein besonders reger Stoffwechsel vor sich. Die kindlichen Gewebe besitzen jedoch gewisse den Stoffumsatz beeinträchtigende Eigenschaften; die Organe, namentlich die Muskeln, die Leber und das Gehirn sind nämlich reicher an Wasser und ärmer an fester Substanz; mit dem Wachsthum nimmt der Wassergehalt anfangs rasch, dann langsamer ab. Dagegen wird der Verbrauch an Eiweiss begünstigt durch die geringe Fettablagerung in der ersten Lebenszeit, und dadurch dass ein kleinerer Organismus verhältnissmässig mehr davon nöthig hat. Ob also das Wachthum der Organe den Eiweisszerfall steigert oder herabsetzt, das kann nicht von vornherein entschieden werden. Die Zersetzung der stickstofffreien Stoffe ist im jungen Thier wahrscheinlich relativ geringer, da es zwar lebhafte körperliche Bewegungen macht, aber verhältnissmässig wohl nicht soviel leistet wie der Arbeiter.

Auch an dem ausgewachsenen Körper findet unter Umständen ein Ansatz von Substanz statt, das Normale ist aber bei ihm der stoffliche Gleichgewichtszustand. Dies ist beim wachsenden Organismus ganz anders, bei welchem eine beständige Vermehrung der Masse stattfinden muss; giebt man ihm nur so viel, dass er an Elementen ebensoviel ausscheidet als eingeführt worden ist, dann ist entweder ein Wachsthum unmöglich oder es wachsen einzelne Organe auf Kosten anderer, wodurch schliesslich dem Leben die Grenze gesteckt wird.

Bei dem Ausgewachsenen tritt nur unter gewissen Bedingungen eine Ablagerung von Stoffen ein, und zwar nur dann wenn man einen beträchtlichen Ueberschuss derselben darreicht; der mögliche Ansatz ist jedoch nicht gross und er hört bei der gleichen Zufuhr bald auf. Es ist zu untersuchen, ob bei dem Wachsenden der Ansatz unter denselben Bedingungen stattfindet wie beim Erwachsenen, d. h. ob bei ihm ebensoviel unter sonst gleichen Verhältnissen dargereicht werden muss, um den Gleichgewichtszustand und eine Ablagerung hervorzurufen, oder ob bei ihm schon bei einer geringeren Stoffaufnahme ein Ansatz eintritt. Man könnte geneigt sein, die Thatsache, dass Kinder im Verhältniss mehr verzehren als Erwachsene, im ersteren Sinne zu deuten, jedoch rührt dies möglicherweise nur von der relativ grösseren Zersetzung im kleineren Organismus her. Die Vermehrung der Körpersubstanz im jugendlichen Thier ist so gross und rasch, dass es bei gleichen Verhältnissen wie beim Erwachsenen ganz ungeheure Massen aufnehmen müsste; 100 Kilo des Saugkalbs nehmen z. B. täglich nahezu um 2 Kilo (im Mittel 1.85 %) an Körpergewicht zu, volljährige Ochsen oder

Schafe während der Mast nur um 0.3—0.4 %. Darnach scheinen
bestimmte Unterschiede in der Stoffzersetzung des wachsenden und
ausgewachsenen Organismus gegeben zu sein.

Es liegt über diese Verhältnisse bis jetzt nur eine einzige, aber
musterhafte Untersuchung vor, nämlich die von SOXHLET[1] an Saug-
kälbern gemachte, welche mittelst einer Saugflasche Kuhmilch erhielten. Es ergab sich für ein 2—3 Wochen altes Durchschnittsthier
von 50 Kilo Körpergewicht im Tag eine Einnahme von 8093 Grm.
Milch mit 245 Grm. Eiweiss, 237 Grm. Fett und 422 Grm. Milchzucker; für 1 Kilo Thier also von 161.9 Grm. Milch mit 4.90 Grm.
Eiweiss, 4.75 Grm. Fett und 8.44 Grm. Milchzucker. Es wurden
täglich auf 1 Kilo Körpergewicht aus dem Darm in die Säfte aufgenommen:

	Stick-stoff	Kohlen-stoff	$N : C$
Ochs, Beharrungszustand [2]	0.112	4.04	1 : 36
„ Mastfutter	0.437	8.50	19
Saugkalb im Mittel	0.784	9.80	12.5
Hammel, Beharrungszustand [3]	0.212	5.60	26
„ Mastfutter	0.520	8.70	17
Mensch von 65 Kilo [4]	0.310	4.80	15.5
„ „ 71 „ [5]	0.275	3.40	12.4
Kind „ 5.3 „ 4 Monate alt	0.6	12.0	20
Hund, 34 Kilo, 500 Fleisch u. 109 Fett (Beharrung [6])	0.485	4.29	8.8
„ 33 „ 500 Fl. u. 350 F. (Ueberschuss an F. [7])	0.824	10.80	13.0

1 SOXHLET, Erster Bericht über Arbeiten d. k. k. landw. chem. Versuchsstation
in Wien aus den Jahren 1870—1877. Wien 1878. — Schon vorher hat F. CRUSIUS
(Journ. f. pract. Chem. LXVIII. S. 1. 1856) an 4 Kälbern die Menge der aufgenommenen Milch bestimmt; danach verzehrt das saugende Kalb zunehmend grössere
Milchmengen, nämlich

in der 1. Woche 7.5 Kilo täglich
in der 2. „ 8.0 „ „
in der 3. „ 8.2 „ „
in der 4. „ 8.5 „ „
in der 5—6. „ 9.35 „ „
in der 7—9. „ 10.1 „ „

Dagegen nimmt die von gleichen Gewichtstheilen des Thiers verzehrte Milchmenge allmählich ab, d. h. der absolute Milchverbrauch steigt nicht in dem Grade
wie das Körpergewicht. Das grössere Kalb zeigt in gleicher Zeit eine beträcht-
lichere Massenzunahme als das Kind, denn es sind nöthig:

beim Kalb   beim Kind
zur Zunahme um 80 % 4 Wochen   4 Monat
„   „   „ 270 % 9   „   9   „

Es nimmt von Woche zu Woche der Ansatz und das Wachsthum ab, auch bei
nahezu gleicher Milchmenge.

2 WOLFF, Landw. Fütterungslehre. S. 222. 1874.
3 HENNEBERG, Journ. f. Landw. 1870. S. 190.
4 FORSTER, Ztschr. f. Biologie. IX. S. 391 u. 407. 1873.
5 VOIT, Ebenda. II. S. 489. 1866.
6 Derselbe, Ebenda. V. S. 163. 1869.   7 Derselbe, Ebenda. IX. S. 15. 1873.

Das Saugkalb erhält also auf die Körpereinheit siebenmal mehr
Stickstoff und doppelt so viel Kohlenstoff als das ausgewachsene
Rind bei Beharrungsfutter, und 80 % mehr Stickstoff und 15 % mehr
Kohlenstoff als das Rind bei reichlichster Ernährung während der
Mast. Dadurch könnte zwar nur ausgedrückt sein, dass ein kleinerer
Organismus verhältnissmässig mehr Eiweiss braucht wie der grössere,
dagegen nur wenig mehr stickstofffreie Stoffe. Aber wenn man das
ausgewachsene Schaf von nahezu gleichem Körpergewicht mit dem
Saugkalb vergleicht, so findet man bei letzterem immer noch eine
beträchtlich grössere Stickstoff- und Kohlenstoffaufnahme als bei er-
sterem, selbst bei reichlichster Ernährung und bei der Mast. Das
Saugkalb verzehrt ein an Eiweiss reicheres und an stickstofffreien
Stoffen ärmeres Futter als der Mastochs oder das Mastschaf; es besteht der organische Theil der Nahrung

	Eiweiss in %	Fett in %	Kohlehydrat in %
Beim Saugkalb aus . .	27	27	46
Beim Mastthier aus . .	16	3	81

Um zu erfahren, was mit den zugeführten Nahrungsstoffen im
Körper geschieht, muss man die Elemente der Einnahmen und der
Ausgaben mit einander vergleichen.

Zunächst nimmt das Saugkalb an Gewicht zu und zwar verhältnissmässig beträchtlich mehr als der ausgewachsene Wiederkäuer,
denn 1 Kilo trockene Milch produziren bei ersterem eine tägliche
Zunahme des Körpergewichts um 957 Grm., 1 Kilo verdaute Nah-
rungssubstanz bei letzterem dagegen nur 100—120 Grm.

Worin besteht nun diese Zunahme des Körpergewichts? Das
Saugkalb setzt Eiweiss, Fett, Mineralbestandtheile und Wasser an.

Auf 1 Kilo Gewicht werden im Saugkalb, nach der Stickstoffausscheidung im Harn und Koth berechnet, im Tag 1.28 Grm. Eiweiss
(= 0.204 Grm. Stickstoff) zersetzt. Man kann diesen Verbrauch des
Saugkalbs mit dem bei annähernd gleich schweren ausgewachsenen
Organismen vergleichen; es wird auf 1 Kilo Körpergewicht im Harn
und Koth an Stickstoff abgegeben:

	Stickstoff im Harn u. Koth	Stickstoff aufgenommen
Hund, 33 Kilo, 800 Fleisch und 350 Fett . .	0.640	0.824
„ 36 „ 1 Hungertag	0.243	0
„ 33 „ „	0.280	0
„ 33 „ 4 „	0.182	0
Mensch, 71 Kilo. Beharrung	0.239	0.275
Hammel, 45.5 Kilo, Beharrung	0.167	0.212
„ Mast	—	0.520
Saugkalb. 50.0 Kilo, wachsend	0.204	0.784

An den Tagen, an welchen der Hund nur so viel Stickstoff ausschied als das Saugkalb, hungerte er, und als er soviel Stickstoff (in 800 Fleisch und 356 Fett) zugeführt erhielt wie das letztere, zerstörte er dreimal mehr stickstoffhaltige Substanz. Bei annähernd gleicher Stickstoffausscheidung nimmt das Saugkalb wesentlich mehr Stickstoff im Futter auf als der Mensch und das Schaf, und es zersetzt weniger Eiweiss wie das Mastschaf trotz reichlicherer Eiweisszufuhr. Der Menge des aufgenommenen Eiweisses nach verhält sich also das Saugkalb wie der reichlich ernährte Fleischfresser, nach der Menge des zerstörten Eiweisses aber wie der hungernde Fleischfresser; oder das Saugkalb übertrifft in der Eiweissaufnahme den gleich schweren ausgewachsenen Wiederkäuer (den Hammel), welcher reichliches Mastfutter erhält, gleicht aber in der Eiweisszerstörung dem Wiederkäuer bei Erhaltungsfutter.

In der Mehrzahl der Fälle wird beim ausgewachsenen Thier auch soviel Eiweiss zersetzt wie in den Körper eingeführt worden ist; nur dann wenn ein beträchtliches Quantum eiweissersparender Nahrungsstoffe (Fett und Kohlehydrate) aufgenommen worden ist, bleibt ein unter allen Umständen verhältnissmässig geringer Theil des Nahrungseiweisses unzerstört und gelangt zum Ansatz. Bei dem fleischfressenden Hund betrug in ganz extremen Fällen die Eiweissablagerung 55 % vom Nahrungseiweiss, für gewöhnlich zersetzt er unter den günstigsten Verhältnissen wenigstens 75 % des letzteren. Der volljährige Ochs [1] zerstört bei einem Futter, welches viel eiweissersparende, stickstofffreie Nährstoffe enthält, 64—76 % des verzehrten Eiweisses, die Milch produzirende Ziege [2] zwischen 60—70 %, während das Saugkalb im Mittel nur 26 % davon umsetzt und demnach 74 % zur Aufspeicherung bringt.

Es steht daher fest, dass im noch wachsenden Organismus die Bedingungen für den Eiweisszerfall ungleich ungünstiger sind als beim ausgewachsenen, womit eben das rasche Wachsthum der Organe zusammenhängt. Warum wird aber im ersteren weniger Eiweiss zersetzt?

Das junge Thier könnte weniger Eiweiss zersetzen, weil es in seiner Nahrung im Verhältniss zum Eiweiss mehr stickstofffreie eiweisssparende Stoffe aufnimmt oder weil sein Leib reicher an Fett ist oder weil in ihm die Säftecirkulation eine geringere ist oder weil die jungen Zellen im geringeren Grade die Fähigkeit besitzen, Stoffe

---

[1] E. WOLFF, Ernährung der landw. Nutzthiere S. 295. 1876, nach den Versuchen von HENNEBERG u. STOHMANN.

[2] STOHMANN, Biolog. Studien. Heft 1. S. 129. 1873.

zu zerlegen, oder endlich weil die nicht ausgewachsenen Zellen das
Eiweiss mit grosser Kraft für sich wegnehmen.[1]
Was die erstere Annahme betrifft, so setzt der Hund bei dem
gleichen Verhältniss der stickstoffhaltigen und stickstofffreien Stoffe
in der Nahrung viel weniger Eiweiss am Körper an als das Saugkalb; in den Versuchen von HENNEBERG und STOHMANN am voll-
jährigen Rind war das Verhältniss noch ungleich günstiger für die
stickstofffreien Stoffe und doch wurde von ihm wesentlich mehr Eiweiss zerstört als vom Saugkalb; in der Milchnahrung des Säuglings
findet sich relativ mehr Eiweiss vor als in der gemischten Nahrung
des Arbeiters. Das neugeborne Kalb ist ferner ein äusserst fettarmer
Organismus und auch das neugeborne Kind enthält meist prozentig
weniger Fett als der Erwachsene. Nach den Aufzeichnungen von
VIERORDT[2] ist bei kleineren und bei jüngeren Organismen die Kreis-
laufszeit eine geringere und die in der Zeiteinheit cirkulirende Blutmasse grösser, wodurch eigentlich mehr Eiweiss in den Zerfall gerathen sollte; er giebt dafür an:

	Kreislaufszeit in Sekunden	Durch 1 Kilo Körper cirkulirt Blut in 1 Min.
im Neugeborenen . . .	12.1	379
im 3 jährigen	15.0	306
im 14 jährigen	18.6	246
im Erwachsenen . . .	22.1	206

Die Neugeborenen machen sich weniger Bewegung, sie schlafen
fast den ganzen Tag; aber diese Ruhe begünstigt nach den früheren
Darlegungen nur den Ansatz von Fett und nicht den von Eiweiss.
Es lässt sich auch nicht einsehen, warum die jungen Zellen in geringerem Maasse die Fähigkeit besitzen sollten, Eiweiss zu zerlegen.
Es bleibt daher nichts anderes übrig als anzunehmen, dass die
wachsenden Organe dem Strom des cirkulirenden Eiweisses rasch
das Eiweiss entziehen und es so durch Anlegung als Organeiweiss
vor dem Zerfall schützen; es wirkt das junge Organ wie der wachsende Eierstock des Lachses oder die milchgebende Brustdrüse oder
eine rasch sich entwickelnde Neubildung, wodurch ebenfalls Eiweiss
gebunden und vor der Zerstörung bewahrt wird; auch das Fett vermindert die Eiweisszersetzung, indem unter seinem Einflusse aus dem
cirkulirenden Eiweiss Organeiweiss entsteht. In Folge der zuneh-
menden Masse der wachsenden Organe wird nach und nach mehr
Eiweiss verbraucht; es nimmt aber auch allmählich das Wachsthum

---

[1] Das weniger an den Umsetzungen sich betheiligende Skelett macht bei
jungen und ausgewachsenen Organismen den gleichen Bruchtheil des Körpergewichts aus, denn nach den Bestimmungen von E. BISCHOFF beträgt es bei Erwachsenen 15.9 % des Körpergewichtes, bei Neugeborenen 15.7 %.

[2] VIERORDT, Physiologie des Kindesalters. S. 59. 1877.

der Zellen ab, so dass immer weniger und weniger Eiweiss dem
Säftestrom entrissen und immer mehr und mehr zersetzt wird und
daher eine grössere Quantität von Eiweiss zur Produktion von Körpersubstanz nöthig ist.

Ganz anders wie die Eiweisszersetzung verhält sich der Fettumsatz beim jungen Thier. Soxhlet hat den Fettverbrauch beim
Saugkalb aus der Kohlenstoffausscheidung berechnet. Es werden
darnach bei ihm verhältnissmässig mehr stickstofffreie Stoffe zersetzt;
es treffen nämlich an Kohlensäure auf 1 Kilo Körpergewicht in
24 Stunden:

	Grm. Kohlensäure
Mensch, mittlere Kost	14.4
Hund, 32 Kilo, Hunger	11.4
Hund, 32 Kilo, 800 Fl. u. 350 F.	18.4
Hund, 32 Kilo, 800 Fl. u. 450 St.	20.0
Ochs, Beharrungsfutter [1]	10.3
Ochs, Mastfutter	13.0
Hammel, Beharrungsfutter	17.0
Saugkalb	19.5

Es verhält sich also in Beziehung der Kohlensäureabgabe das
Saugkalb wie der mit 800 Fleisch und 350 Fett gefütterte Hund, der
aber mehr Eiweiss zersetzte, denn er schied auf 1 Theil Stickstoff
nur 29 Theile Kohlensäure aus, während das Saugkalb auf 1 Theil
Stickstoff 85 Theile Kohlensäure lieferte. Dies ist ganz in Uebereinstimmung mit dem früher angegebenen Gesetze, wonach die Zelle
das stickstofffreie Material angreift, wenn ihre Fähigkeit zu zersetzen
durch das disponible Eiweiss noch nicht erschöpft ist; stets wird
darum bei einem geringeren Eiweisszerfall mehr Fett zerstört und
so auch hier, wo durch die wachsenden Zellen das leicht zersetzbare
cirkulirende Eiweiss in Organeiweiss verwandelt wird. Man ersieht
daraus, dass die junge Zelle in hohem Grade die Fähigkeit hat,
Stoffe zum Zerfall zu bringen, nur spaltet sie weniger Eiweiss, da
weniger von letzterem unter die Bedingungen der Zersetzung geräth.
Zur Produktion der Kohlensäure dienen beim Saugkalb 422 Grm. Milchzucker, 78.5 Grm. Milchfett und 32.7 Grm. Fett, welche aus dem Eiweiss entstanden sind, sowie 4.8 Grm. kohlenstoffhaltige Reste nach
Abtrennung von Fett und Harnstoff aus dem Eiweiss.

Das Saugkalb setzt wegen der reichlichen Stoffaufnahme ausser
dem Eiweiss noch ziemlich viel Fett an, welches alles aus dem in
der Milch aufgenommenen Fett stammen kann. Der fettarme Zustand
des neugeborenen Kalbes begünstiget sehr die Aufspeicherung von

---

1 Henneberg, Journ. f. Landw. 1871. S. 250.

Fett. Wenn aus den Kohlehydraten wirklich kein Fett entsteht, so ist es nöthig dem jungen Thier ein fettreiches Gemische, Milch, als Nahrung zuzuführen, da in ihm nur wenig Eiweiss zerfällt, also auch nur wenig Fett daraus sich abspaltet. Erst wenn später mehr Eiweiss zersetzt wird, kann das daraus sich abtrennende Fett durch das zugleich gereichte Kohlehydrat erspart werden.

Bei einem 2—3 Wochen alten Saugkalb von 50 Kilo Körpergewicht besteht der Ansatz am Körper täglich in:

$$\begin{array}{rl}
168 \text{ Grm.} & \text{Eiweiss} \\
158 \; " & \text{Fett} \\
33 \; " & \text{Asche} \\
566 \; " & \text{Wasser} \\
\hline
925 \text{ Grm.} & \text{Gesammtansatz}
\end{array}$$

Die Angaben von SOXHLET für das Saugkalb gelten wohl auch für das mit Muttermilch ernährte Kind im ersten Lebensjahre: der Säugling erhält verhältnissmässig mehr Nahrungsstoffe, namentlich mehr Eiweiss als der Erwachsene; er setzt aber daraus bei gleicher Aufnahme wesentlich mehr Eiweiss und Fett an, und zerstört weniger Eiweiss als letzterer.

Die Ernährung des Säuglings ist eine ungemein gleichmässige, er hat im ersten Lebensjahre noch keine Abwechselung in den Nahrungsmitteln wie der Erwachsene.

CAMERER[1] hat die Mengen von Muttermilch bestimmt, welche ein gesundes Kind im ersten Lebensjahre in täglich 5 Mahlzeiten aufnimmt:

Lebenstag	Körpergewicht	Muttermilch	auf 1 Kilo Muttermilch kommen Zuwachs	Eiweiss abs.	Eiweiss auf 1 Kilo	Fett abs.	Fett auf 1 Kilo	Milchzucker abs.	Milchzucker auf 1 Kilo
1	3280	10	—	0.30	0.093	0.36	0.108	0.36	0.111
2	3160	92	—	2.81	0.889	3.26	1.033	3.35	1.061
3	3110	247	—	7.54	2.425	8.76	2.818	9.00	2.894
4	3110	337	98	10.29	3.307	11.96	3.844	12.28	3.948
5	3124	288	98	8.80	2.815	10.22	3.271	10.49	3.359
6	3160	379	98	11.57	3.659	13.45	4.255	13.81	4.370
9—12	3150	495	46	15.12	4.799	17.56	5.575	18.04	5.726
18—21	3390	534	59	16.31	4.810	18.95	5.588	19.46	5.740
31—33	3670	555	51	16.95	4.618	19.69	5.365	20.22	5.510
46—69	4410	651	37	19.88	4.508	23.10	5.237	23.72	5.379
105—113	5200	749	24	22.87	4.399	26.57	5.110	27.29	5.249
161—163	6100	766	24	23.39	3.835	27.18	4.455	27.91	4.576
211—245	7200	1345 (Kuhmilch)	11	53.76	7.466	37.08	5.150	61.67	8.565
357—359	8900	1563 (gemischt)	6	—	—	—	—	—	—

1 CAMERER, Ztschr. f. Biologie. XIV. S. 388. 1878.

Ahlfeld[1] giebt höhere Zahlen der vom Säugling aufgenommenen
Muttermilch an als Camerer; es kommen selbstverständlich hierin
grosse Verschiedenheiten vor je nach dem Körpergewicht und den
übrigen individuellen Bedingungen des Kindes[2]; er findet aber für
1 Kilo getrunkener Muttermilch den nämlichen, allmählich abnehmenden Körperzuwachs wie letzterer. Nach Soxhlet bewirkt die
Aufnahme von 1 Kilo frischer Milch beim Saugkalb im Mittel eine
tägliche Körpergewichtszunahme von 114 Grm., also mehr wie beim
Kind, da das rascher wachsende Thier mehr Stoff der Zerstörung entzieht. Der ruhende Arbeiter nimmt auf 1 Kilo Körpergewicht täglich
nur 1.93 Grm. Eiweiss, 1.01 Grm. Fett und 4.96 Grm. Kohlehydrat auf.

Bei Ernährung des Kindes mit Kuhmilch nimmt man für ein
Alter von 6 Monaten 1200—1300 Grm. Milch an; ein 5 Monate altes
Mädchen von 6750 Grm. Gewicht verzehrte nach Camerer[3] während
6 Tagen täglich 1390 Grm. Kuhmilch mit Zuckerwasser. Dies stimmt
mit den betreffenden Mittheilungen Ahlfeld's überein. Von der
Kuhmilch wird daher vom Kinde wesentlich mehr aufgenommen als
von der Muttermilch und zugleich mehr Harn und Koth ausgeschieden, da dieselbe schlechter ausgenützt wird, aber auch deshalb weil
das Kind sie mit geringerer Mühe erlangt.[4]

Es liegen bis jetzt noch keine genügenden Untersuchungen über
die Gesammtzersetzungen im Körper von Kindern verschiedenen Alters
unter verschiedenen Verhältnissen vor; man müsste die Menge und
Zusammensetzung der aufgenommenen Milch, sowie die in 24 Stunden
unter ihrem Einflusse im Harn, im Koth und in der Respiration ausgeschiedenen Elemente genau bestimmen, um den Umsatz an Eiweiss,
Fett und Kohlehydraten zu erfahren. Man hat zwar den Kohlensäuregehalt der Athemluft in einigen Fällen ermittelt, in anderen die Harnstoffmenge im Harn, oder die Stickstoffmenge im Harn und Koth; man
ist aber nicht im Stande aus solchen Einzelbeobachtungen ein Ge-
sammtbild der Zersetzungen zu gewinnen. Um den Bedarf an den

1 Ahlfeld, Ueber Ernährung des Säuglings an der Mutterbrust. Leipzig 1878.
2 Siehe über die vom Säugling aufgenommenen Milchmengen noch: Cou-
dereau, Rech. chim. et physiol. sur l'alimentation des enfants. Paris 1869; G. Krüger,
Arch. f. Gynäkologie. VII. S. 59. 1874; Bouchaud, De la mort par l'inanition et études
expérimentales sur la nutrition chez le nouveau-né. Versailles 1864; Bartsch, Arch. f.
gem. Arb. V. S. 123. 1860; Bouchut, Gaz. des hôp. 1874. No. 34; C. Deneke, Arch. f.
Gynäkol. XV. S. 281.
3 Camerer, Württemb. Corr.-Bl. d. Württemb. ärztl. Vereins. XLVI. No. 11.
S. 81. 1876; Ztschr. f. Biologie. XIV. S. 388. 1878.
4 Ueber die Wachsthumsverhältnisse des Kindes siehe: Vierordt, Physiol. d.
Kindesalters. Tübingen 1877; Quetelet, Sur l'homme et le developpement physique
de ses facultés. Paris 1835, übersetzt von Riecke. Stuttgart 1838; Bouchaud; Ahlfeld; Fleischmann, Ueber Ernährung und Körperwägungen der Neugebornen und
Säuglinge. Wien 1877; Bowditch, The growth of children. Boston 1877; Camerer,
Ztschr. f. Biologie. XIV. S. 383. 1878.

verschiedenen Nahrungsstoffen zu erfahren, hat man ferner die von
älteren Kindern an einigen Tagen in den Speisen aufgenommenen
Nahrungsstoffe annähernd untersucht oder die Zusammensetzung der
in öffentlichen Anstalten gereichten Kost, mit welcher die Kinder
erfahrungsgemäss wachsen und gedeihen. Immerhin ist es aber möglich, dass diese Kost nicht die ideale ist, d. h. dass man mit gewissen
Aenderungen in den Mengen einzelner Nahrungsstoffe den Zweck
besser erreichen könnte. Wir wissen daher noch nichts Zuverlässiges
darüber, wieviel ein Kind von bestimmtem Alter von den einzelnen
Nahrungsstoffen nöthig hat, um einen guten Körperzustand zu erhalten, sowie den nöthigen Stoffansatz beim Wachsthum zu bewirken,
und wieviel davon zersetzt wird oder zum Ansatz gelangt.

Man giebt gewöhnlich an, junge Thiere besässen im Verhältniss
zum Körpergewicht einen grösseren Gaswechsel als ausgewachsene.[1]
Regnault und Reiset bemerken unter den Resultaten ihrer Respirationsversuche, dass bei Thieren derselben Species, für gleiche Gewichte, von den jungen Thieren mehr Sauerstoff verzehrt wird als
von den ausgewachsenen; ich bin aber nicht im Stande brauchbare
Versuche aufzufinden, welche dies darthun. Scharling[2] hat während 1 Stunde die Kohlensäureausscheidung am ausgewachsenen und
noch wachsenden Menschen bestimmt; dann liegt noch eine Beobachtung von Speck an einem 13jährigen Mädchen vor; dies sind
die einzig verwerthbaren Angaben, obwohl auch aus ihnen nicht zu
entnehmen ist, wieviel bei ausreichender Nahrung und passender
Lebensweise im Tag Kohlensäure geliefert wird. Die betreffenden
Zahlen sind folgende:

Versuchs-person	Alter in Jahren	Körper-gewicht	Kohlen-säure in 24 Stunden	Kohlens. auf 1 Kilo Körper-gewicht	Beobachter
Mann	35	65.5	804.6	12.3	Scharling
„	16	57.75	820.6	14.2	„
„	28	82	878.9	10.7	„
Weib	19	55.75	603.7	12.6	„
Knabe	9³/₄	22	488.1	22.2	„
Mädchen	10	23	458.5	19.9	„
„	13	35	536.4	15.3	Speck

1 Die Versuche von Hervier und St. Sager sind nicht genügend, um sichere
Schlüsse zu ziehen; sie haben nur den prozentigen Gehalt der Ausathemluft
an Kohlensäure geprüft (Compt. rend. des l'acad. de sciences. LVIII. p. 260. 1849).
Die Versuche von Andral u. Gavarret (Ann. d. chim. et phys. (3) VIII. p. 129. 1843)
sind allerdings zu gleicher Tageszeit und in gleicher Distanz von der Mahlzeit
und unter möglichst gleichen übrigen Bedingungen angestellt, aber die Versuchsdauer ist nur 8—13 Minuten, so dass man die mittlere Kohlensäuremenge daraus
nicht entnehmen kann.   2 Scharling, Ann. d. Chem. u. Pharm. XLV. S. 214. 1843.

Das Kind von etwa 10 Jahren scheidet demnach, auf gleiches Körpergewicht berechnet, beträchtlich mehr Kohlensäure aus als der Erwachsene; dieser Unterschied rührt aber wohl zum grössten Theil von der relativ grösseren Zersetzung im kleineren Organismus her, da die S. 588 angegebenen Zahlen von Soxhlet beim Saugkalb eine wesentlich geringere Differenz zeigen.

Auch über die Menge des bei Kindern in 24 Stunden ausgeschiedenen Harns und des darin enthaltenen Harnstoffs liegen Beobachtungen vor, die aber grösstentheils keinen Schluss auf die Grösse der Eiweisszersetzung zulassen, weil dazu die Messung des Stickstoffs im Harn und Koth unter gleichzeitiger Berücksichtigung der Qualität und Quantität der Nahrung nöthig ist.

Für die ersten Lebenswochen des Kindes sind folgende Werthe des Harnstoffs angegeben worden [1]:

	Harnstoff im Tag	Beobachter
1. Tag . .	0.077	Martin u. Ruge
1—10. Tag . .	0.192	Martin u. Ruge
8—17. Tag . .	0.219	Hecker
11—30. Tag . .	0.910	Parrot u. Robin
35. Tag . .	1.410	Ultzmann

Darnach scheidet das Kind in den ersten Lebenstagen auf gleiches Körpergewicht wesentlich weniger Harnstoff aus als der Erwachsene, obwohl es relativ mehr Eiweiss in der Nahrung aufnimmt; es setzt daher, ganz in Uebereinstimmung mit der Beobachtung Soxhlet's am Saugkalb, einen grossen Theil des verzehrten Eiweisses am Körper an; am 10. Lebenstage trafen nach Martin und Ruge auf 1 Kilo Körpergewicht nur 0.05 Grm. Harnstoff, beim Erwachsenen finden sich darauf mindestens 0.5 Grm.

Bei älteren Kindern sind von mehreren Autoren [2] Harnstoffbestimmungen ausgeführt worden, aber ohne Berücksichtigung der Kost, so geben z. B. Scherer, Rummel und J. Ranke an:

---

1 Siehe hierüber: Dohrn, Monatsschr. f. Geburtskunde. XXIX. S. 105. 1867. (Der bei der Geburt in der Blase enthaltene Harn); Martin u. Ruge, Ztschr. f. Geburtshilfe und Frauenkrankheiten. I. S. 273. 1875; Ueber das Verhalten von Harn u. Nieren d. Neugebornen. Stuttgart 1875; Centralbl. f. d. med.Wiss. 1875. No. 24. S. 387: Ber. d. deutsch. chem. Ges. VIII. S. 1154. 1875; Hecker, Arch. f. path. Anat. XI. S. 217. 1857; Parrot u. Robin, Arch. gén. 1876. Febr. p. 129; Ultzmann, in Pollak's Jahrb. f. Kinderheilk. II. S. 27. 1869; P. Cruse, Ebenda. N. F. XI. S. 393. 1877. (Die wesentlichen Harnbestandtheile nehmen nach ihm, auf 1 Kilo berechnet, vom 2. bis 10. Tage schnell zu und bleiben dann bis zum 60. Tage ziemlich gleich.)

2 Scherer, Verhandl. d. phys.-med. Ges. zu Würzburg. III. S. 180. 1852. — Rummel, Ebenda. V. S. 116. 1854. — Mosler, Arch. f. gem. Arb. III. S. 398. 1857. — Uhle, Wiener med. Woch. No. 7—9. 1859. — J. Ranke, Die Blutvertheilung u. s. w. S. 136. Leipzig 1871.

	Alter	Harnstoff	auf 1 Kilo
SCHERER: Kind	3½ J.	12.94	0.699
Mädchen	7	18.29	0.457
Mann	38	29.82	0.426
RUMMEL: Knabe	2	—	0.939
"	4	—	1.079
Mädchen	4	—	1.083
Mann	31	—	0.514
J. RANKE: Mädchen	3	12.7	0.926

Während also das Kind in den ersten Tagen seines Lebens relativ weniger Harnstoff als der Erwachsene produzirt, nimmt die Harnstoffausscheidung oder die Eiweisszersetzung bald so zu, dass sie die des letzteren beträchtlich übersteigt, woher auch die von SCHARLING und SPECK beobachtete grössere Kohlensäureabgabe herrührt. CAMERER [1] hat bei einem Kinde vom 125—135. Lebenstage bei Ernährung mit Muttermilch die in letzterer aufgenommenen Nahrungsstoffe bestimmt, sowie den Harn und Koth untersucht; ebenso vom 204—206. Tage bei Aufnahme von Kuhmilch. Er erhielt dabei für den Tag im Mittel:

Lebenstag	Körpergewicht	Milch auf	in der Milch			Stickstoff im Harn	Koth fest	Stickstoff im Koth
			Eiweiss	Fett	Zucker			
1) 125—135	5500	750	22.9	26.6	27.3	0.73	0.91	.
2) 204—206	6700	1345	53.8	37.1	61.7	2.34	15.0	0.67

Es erhält:

	Eiweiss	Fett	Zucker
1 Kilo Kind 1)	4.2	4.8	5.0
1 " " 2)	8.0	5.5	9.2
1 " Arbeiter	1.8	0.8	7.5

Darnach treffen auf 1 Kilo des 4monatlichen Kindes in der Nahrung viel mehr Eiweiss und Fett als beim Erwachsenen. Das Verhältniss des Eiweisses zu den stickstofffreien Stoffen in der Nahrung ist beim Kinde wie 1 : 1.82 oder 1 : 1.35, beim Arbeiter 1 : 2.9; letzterer verbraucht bei der Arbeit mehr stickstofffreie Stoffe, während das Kind einen Ueberschuss von Eiweiss zum Wachsthum nöthig hat.

---

1 CAMERER, Ztschr. f. Biologie. XIV. S. 394. 1878.

Bei der künstlichen Auffütterung der Kinder werden gewöhnlich absolut und im Verhältniss zum Eiweiss viel zu viel Kohlehydrate und zu wenig Fett gegeben. J. Forster [1] hat z. B. in solchen Fällen gefunden:

Nahrung	Alter	Körper-gewicht	in der Nahrung			Ver-hältniss
			Ei-weiss	Fett	Kohle-hydrat	
Mehlbrei mit Milch und Zucker . .	7 Wochen	—	29	19	120	1 : 3.02
Chamer Milch . .	4—5 Monate	5.53	21	18	98	1 : 3.52
gemischte Kost . .	1½ Jahre	—	36	27	150	1 : 3.13

Es kann dieses Uebermaass von Kohlehydraten nur von Nachtheil sein; der Zusatz von Rohrzucker zur Chamer Milch macht wahrscheinlich nicht so leicht Störungen der Verdauung, da der Zucker rasch und in ziemlicher Menge resorbirt wird, wohl aber bewirkt das Stärkemehl leicht saure Gährung im Darm und Diarrhöen.

Weitere Beobachtungen hat Camerer [2] an 5 Kindern im Alter von 2—11 Jahren angestellt. Nach der Säuglingsperiode nimmt darnach das Wachsthum des Kindes mit seinem grossen Einfluss auf die Ernährung rasch ab, und es treten dagegen immer mehr die den Verbrauch bei den Erwachsenen bestimmenden Einflüsse auf. Es ergab sich:

	Alter in Jahren	An-fangs-ge-wicht in Kilo	Wachs-thum im Jahr	Harn-stoff im Harn	Koth		in der Nahrung		
					fest	N	Ei-weiss	Fett	Kohle-hydrat
1) Mädchen	10½	21.860	3910	15.1	26.8	2.42	67.5	45.7	268.6
2) Mädchen	8½	21.760	2361	14.9	28.9	1.94	61.3	47.0	207.7
3) Knabe	4	17.426	1824	14.6	27.7	1.67	63.7	45.8	197.3
4) Mädchen	3	12.610	1620	11.1	24.8	1.42	44.8	41.5	102.7
5) Mädchen	1½	8.950	1700	12.1	12.8	0.77	47.1	43.3	95.9

Auf 1 Kilo Körper kommen in der Nahrung:

	Eiweiss	Fett	Kohlehydrat	Verhältniss
1)	2.9	2.0	11.5	1 : 2.97
2)	2.7	2.1	9.2	2.74
3)	3.5	2.5	11.0	2.52
4)	3.4	3.1	7.7	2.12
5)	4.4	4.0	8.9	2.07

---

[1] J. Forster, Ztschr. f. Biologie. IX. S. 381. 1873.
[2] Camerer, Ebenda. XVI. S. 25. 1880; siehe auch: Anna Schabanowa, Ztschr.

HILDESHEIM [1] giebt für Kinder von 6—10 Jahren als nöthig an: 69 Eiweiss, 21 Fett und 210 Kohlehydrate (1 : 2.04). Ich habe durch den Münchener Magistrat genauen Aufschluss über den Verbrauch an Lebensmitteln im Waisenhause erhalten und daraus die einem Kind im Mittel täglich gegebene Menge von Eiweiss, Fett und Kohlehydraten berechnet.[2] Die im Alter von 6—15 Jahren stehenden Kinder befinden sich dabei vortrefflich, sie sind wohl genährt und haben ein gesundes Aussehen. Sie bekommen täglich 79 Eiweiss, 35 Fett und 251 Kohlehydrate (1 : 2.26), also nahezu die gleiche Menge wie die alten Pfründnerinnen (S. 530), welche zwar eine grössere Körpermasse besitzen, aber keinen Bedarf für das Wachsthum mehr haben.[3]

VI. Nahrung bei weiteren Ausgaben des Körpers (besonders bei der Milchabsonderung).

Es sind zu gewissen Zeiten des Lebens Stoffe für weitere Bedürfnisse des Organismus nöthig, besonders zur Bereitung der Milch in der Brustdrüse und zur Entwicklung des Fötus. Es ist selbstverständlich, dass das Material dafür direkt von den Säften und indirekt von der Nahrung geliefert werden muss, wenn der Körper nicht an Masse abnehmen soll.

Es ist nicht meine Aufgabe den Einfluss der Nahrung auf die Menge der in der Milch abgesonderten Stoffe und die Bildungsweise der letzteren eingehend darzulegen, dies gehört zu der Betrachtung der Milchsekretion überhaupt. Es soll hier vorzüglich nur erörtert werden,

f. Kinderheilkunde. XIV. S. 251. 1879. (Die relative Nahrungsmenge nimmt vom 2. Jahr an allmäblich ab, die relative Harnstoffmenge wird bis zum 4. Jahre grösser, dann aber stetig geringer.)
1 HILDESHEIM, Die Normaldiät. 1856. S. 47.
2 Siehe hierüber: VOIT, Unters. d. Kost u. s. w. S. 125. 1877. — PLAYFAIR, Edinburgh, New Philos. Journ. LVI. p. 266. — SIMLER, Ernährungsbilanz der Schweiz. S. 6. 1872.
3 WEISKE (Unters. über d. Ernährungsvorgänge d. Schafes in seinen verschied. Altersperioden. 1880) hat ein Lamm nach der Entwöhnung von der Muttermilch mit Wiesenheu und Erbsenschrot gefüttert. 1 Kilo verdauliche Trockensubstanz des Futters bringt mit zunehmendem Alter des Thiers eine immer geringer werdende Zunahme des Lebendgewichts hervor. Der tägliche absolute Ansatz und Umsatz von Stickstoff bleibt nahezu constant, der relative fällt um so mehr, je älter das Thier wird. Bis zum 15. Lebensmonat scheint das Schaf im Ganzen ungefähr gleiche Mengen von trockenem Fleisch und Fett abzulagern. Mit der Entwickelung wird der Körper reicher an Trockensubstanz und ärmer an Wasser. Bei fortschreitender Ausbildung bedarf das Lamm absolut mehr Futtertrockensubstanz, wobei jedoch die darin enthaltene Eiweissmenge nahezu die gleiche bleiben kann. Gleiches Körpergewicht bedarf später immer weniger. Bei vollendetem 2. Lebensjahr ist nur die Hälfte Trockensubstanz, Fett und Kohlehydrat nöthig, und nur ¹⁄₃ so viel Eiweiss als im 4. Lebensmonat.

welche Aenderung die gewöhnliche Nahrung erfährt, wenn die Sekretion von Milch stattfindet.

Es könnte dabei der Körper genau um ebensoviel an Nahrungsstoffen mehr aufnehmen müssen als Stoffe durch die Milch verloren gehen. Oder es könnten zur Bildung und Abscheidung der Milchbestandtheile viel mehr Stoffe nöthig sein, sowie beim ausgewachsenen Organismus zur Erzielung eines Ansatzes von 100 Grm. Eiweiss nicht nur ein Plus von 100 Grm. Eiweiss in der Nahrung gereicht werden muss, sondern wesentlich mehr, da bei ihm jede Vermehrung der Zufuhr auch den Zerfall steigert. Oder es könnte beim milchgebenden Thier ebensoviel Stoff ausreichen wie ohne Milchabsonderung, dadurch dass die betreffenden Bestandtheile durch die Drüse dem Säftestrom entzogen werden und der Umsatz in den übrigen Organen entsprechend geringer wird.

Nach den übrigen Erfahrungen über die Vorgänge im Körper ist voraussichtlich der zweite Fall gegeben, wonach also in der Nahrung des milchgebenden Thiers mehr (wenigstens mehr Eiweiss) eingeführt werden muss als der Absonderung entspricht. Wahrscheinlich braucht man zu dem Zwecke nahezu so viel Substanz als für den Ansatz oder die Mast eines ausgewachsenen Thiers, also mehr wie für das Wachsthum eines jungen Thiers.

Es ist die Aufgabe zu untersuchen, wieviel man von den einzelnen Nahrungsstoffen darreichen muss, um unter ihrem Einfluss die grösste Milchabsonderung mit der grössten Menge der einzelnen Milchbestandtheile zu erhalten.

In 800 Grm. Frauenmilch, welche vom 5 monatlichen Kind etwa aufgenommen werden, befinden sich 20 Grm. Eiweiss, 31 Grm. Fett und 48 Grm. Zucker; das ist, wenn man zur Ernährung einer nicht arbeitenden, nicht säugenden Frau täglich 85 Grm. Eiweiss, 30 Grm. Fett und 300 Grm. Kohlehydrat annimmt, ein beträchtlicher Bruchtheil des zur Erhaltung des Körpers nöthigen Nahrungsmaterials.

Am Menschen sind noch keine brauchbaren Versuche über die hier vorliegenden Fragen angestellt worden, da es schwierig ist, die Milchquantität zu ermitteln und eine bestimmt zusammengesetzte Kost einzuführen; man muss daher die an Thieren ausgeführten Untersuchungen zu verwerthen suchen.[1]

Es geht aus allen Versuchen, schon aus den von Boussingault [2] an Kühen gemachten hervor, dass die Beschaffenheit der Nahrung keine so

---

1 Eine vortreffliche Zusammenstellung der Versuchsresultate findet sich bei: E. Wolff, Die Ernährung d. landw. Nutzthiere. S. 496. Berlin 1876.
2 Boussingault, Ann. d. chim. u. phys. (2) IX. p. 132. 1866.

grosse Wirkung auf den Ertrag und die Zusammensetzung der Milch hat,
wie man es sich früher vorstellte; es bedarf länger währender Versuchsreihen, um einen solchen Einfluss überhaupt nachzuweisen.

Nachdem in Hohenheimer Versuchen[1] an Kühen bei einer steigenden Eiweissmenge im Futter eine deutliche Erhöhung der Milchproduktion und der darin ausgeschiedenen Trockensubstanz, jedoch fast keine
Aenderung in der prozentigen Zusammensetzung der Milch bemerkt worden war, prüfte M. Fleischer[2] ebenfalls an Kühen, ob bei sehr verschiedener Fütterungsweise und bei dadurch hervorgerufener wesentlicher Aenderung im Ernährungszustande des Thiers sich ein bestimmter Einfluss
auf die Milchabsonderung zeigt. Der Milchertrag nahm bei einer anhaltend ärmlichen Fütterung, bei welcher vorzüglich ein Ausfall von Eiweiss
stattfand, um 25—33 % ab; bei Erhöhung der Eiweissgabe wuchs die
Produktion von Milch allmählich, um bei recht reichlicher Fütterung das
Maximum zu erreichen; Zusatz von Oel zu ärmlichem Futter hatte nur
einen sehr geringen Einfluss. Bei der andauernd ungenügenden Fütterung, bei welcher trotz Abgabe von Fleisch und Fett die Thiere nicht
an Gewicht abnahmen, sondern den Verlust durch Wasseransatz aus-
glichen, wurde die Milch ebenfalls wässriger; bei dem besseren Ernährungszustand des Körpers ist der prozentige Gehalt der Milch an Eiweiss
um ein geringes höher, dagegen bleibt der prozentige Fettgehalt unverändert, auch bei einem Zusatz von Oel zum Futter.

Ganz ähnliche Versuche wie die vorausgehenden führte G. Kühn[3]
in Möckern an Milchkühen aus. Der Einfluss des Futters auf die prozentige Zusammensetzung der Milch findet ungleich langsamer und allmählicher statt als der auf die Quantität derselben; aber auch hier fand
sich in Folge reichlicher Fütterung, namentlich bei eiweissreichem con-
centrirtem Futter, eine beträchtliche Steigerung des Milchertrags, und
zugleich eine prozentige Zunahme der Trockensubstanz bei unverändertem gegenseitigem Verhältniss der einzelnen Milchbestandtheile. Ein Fettzusatz zum stickstoffreichen Futter vermehrte etwas die Menge der Milch,
jedoch nicht deren prozentigen Fettgehalt; ein Zusatz von stickstofffreien
Stoffen zu Wiesenheu brachte ebenfalls nur eine geringe Wirkung hervor: der von Stärkemehl machte gar keine Veränderung in der Milchproduktion, der von Rüböl erhöhte etwas die Quantität der Milch, verminderte aber entschieden den prozentigen Gehalt an Trockensubstanz.
Ist einmal das Thier während einiger Zeit ungenügend gefüttert worden,
so erfordert es eine lange Zeit andauernder kräftiger Fütterung, um es
wieder in denjenigen guten Ernährungszustand zu bringen, in welchem
es zur relativ höchsten Milchproduktion befähigt ist; darum füttert man
lieber etwas zu reichlich als zu sparsam.

Fr. Stohmann[4] hat endlich an milchgebenden Ziegen eingehende

---

1 E. Wolff, Die Versuchsstation Hohenheim S. 35. Berlin 1870.
2 M. Fleischer, Journ. f. Landw. 1871. S. 371, 1872. S. 395.
3 G. Kühn, Landw. Versuchsstationen. XII. S. 114. 1869; Journ. f. Landw.
1874. S. 175 u. 191; Chem. Centralbl. 1871. S. 102; Journ. f. Landw. 1874. S. 178 u. 295;
Sächs. landw. Ztschr. 1875. S. 153; G. Kühn u. M. Fleischer, Landw. Versuchsstationen. XII. S. 197 u. 351. 1869.
4 Fr. Stohmann, Ztschr. f. Biologie. VI. S. 204. 1870; Journ. f. Landw. 1868.

Versuche angestellt und zwar mit Wiesenheu unter Zusatz von stickstofffreien Stoffen (Stärkemehl, Zucker, Oel) und von stickstoffreichen Stoffen
(Leinkuchen, Kleberpräparat).

Bei stickstoffarmer Fütterung, nämlich bei Zusatz von Stärkemehl
und Zucker unter Abzug von Heu, wurde die Menge der Milch nicht
wesentlich vermehrt, dagegen nahm der absolute und prozentige Gehalt
derselben an Fett ab, nach STOHMANN durch die Verminderung der Eiweissgabe bedingt. Die Fettmenge der Milch geht bis zu einer gewissen
Grenze proportional dem Eiweissgehalte des Futters. Zusatz von stickstoffreichen Substanzen zu Wiesenheu brachte noch eine beträchtliche
Steigerung der Sekretion der Milchdrüse hervor; jedoch hatte bei einer
sehr stickstoffreichen Fütterung eine weitere Steigerung kaum einen Einfluss auf die Quantität der Milch, ja es sinkt bei dem gleichen übermässig stickstoffreichen Futter allmählich der Prozentgehalt des Fettes in
der Milch, sowie auch die Fettmenge im Körper dabei abnimmt. Eine
Zugabe von Oel zum Futter steigerte den prozentigen Fettgehalt der
Milch, ein Entziehen des Fettes aus dem Futter machte ein Sinken desselben.

Aus diesen Erfahrungen lassen sich gewisse Schlüsse auf die
bei der Milchabsonderung zu verabreichende Nahrung ziehen.[1]

Es kann nicht zweifelhaft sein, dass die Quantität der Milch
zunächst und vor Allem abhängig ist von der Entwicklung der Brustdrüse, deren Zellen die Milch bereiten und die Bestandtheile der
zugeführten Säfte verwerthen. Die Milchbestandtheile filtriren nicht
einfach aus dem Blute durch, sondern sie werden in den Zellen der
Drüse erzeugt oder durch die Zellen aus den Säften aufgenommen.
Kein Einfluss auf die Milchproduktion ist so gross wie die Zeit seit Beginn der Laktation, mit welcher die Grösse der Drüse stetig abnimmt;
auch das reichlichste Futter bringt in einer späteren Periode keine
ergiebige Sekretion mehr hervor. Die Nahrungsstoffe wirken daher
nicht direkt auf die Zusammensetzung der Milch ein, sondern sie
haben in erster Linie die Aufgabe, die Drüse auf einen guten Zustand zu bringen und darauf zu erhalten und dann erst ihren Zellen
Material zur Ausscheidung zu liefern. Darum sehen wir, weil es sich
um den Aufbau von Organisirtem handelt, vor Allem die Eiweisszufuhr von Einfluss auf die Grösse der Absonderung; alle Untersuchungen haben ergeben, dass der Milchertrag in direktem Zusammenhang mit der Eiweissmenge des Futters steht. Bei einer gegebenen Drüse währt es deshalb einige Zeit bis die Steigerung der
Zufuhr eine Vermehrung des Sekrets hervorbringt und noch länger

und 1869; Württemb. Wochenbl. f. Landw. u. Forstwirthschaft. 1872. S. 83; Biolog.
Studien. 1873. Heft 1.
    1 Voit, Ztschr. f. Biologie. V. S. 127. 1869.

bis das durch kümmerliche Ernährung klein gewordene Organ wieder aufgebaut ist und wie vorher reichlich Milch liefert oder bis der Prozentgehalt einzelner Milchbestandtheile sich ändert. Reicht man eine genügende Nahrung aus Eiweiss und stickstofffreien Stoffen, welche eine gute Ernährung der Drüse und eine reichliche Milchabsonderung bedingt, so bringt vorzüglich eine Vermehrung des Eiweisses eine weitere Steigerung hervor, während ein Zusatz von Fett oder Stärkemehl keinen oder nur einen geringen Einfluss ausübt. Ist einmal ein mächtiges Organ gegeben, dann können durch dasselbe andere Stoffe, welche nicht an der Organisation betheiligt sind und nicht dem Untergang desselben entstammen, aufgenommen werden und zur Bildung des Sekrets beitragen wie z. B. das Fett, welches unmöglich alles in den Drüsenzellen aus Eiweiss oder Kohlehydraten entstehen kann, sondern zum guten Theil als solches aus dem Blute eintreten muss. Aber auch die grösste Masse von Eiweiss oder Fett oder Zucker im Blute bewirkt keinen Uebertritt dieser Stoffe in die Milch, wenn das Drüsenparenchym fehlt, welches den Uebertritt derselben in das Sekret vermittelt. In Folge einer unzureichenden Quantität der Nahrungsstoffe sinkt die Milchmenge, da zunächst die Drüse wegen Mangels an Ersatzmaterial atrophirt und auch die vorher durchtretenden Stoffe fehlen; aber auch wenn letztere bei abermaliger reichlicher Fütterung wieder gegeben sind, ist die Milchabsonderung noch gering, bis nach und nach die Drüse wieder gewachsen ist.

Aus diesen Betrachtungen wird es klar, warum bei verschiedener Nahrungszufuhr vorzüglich das Milchquantum und die Menge der Trockensubstanz darin geändert wird, aber häufig nicht oder nur in geringem Grade das gegenseitige Verhältniss der einzelnen Bestandtheile der Milch; warum man ferner in der Regel nicht durch die Art der Fütterung einen oder den andern Bestandtheil der Milch einseitig und beträchtlich zunehmen machen kann, und dies nur für das Milchfett in einigen Fällen durch eine gesteigerte Zufuhr von Eiweiss, besonders in gewissen Futtermitteln, möglich gewesen ist.

Nach allen Erfahrungen muss entsprechend unseren Voraussetzungen zur Absonderung reichlicher und guter Milch die Nahrung ziemlich reich an Eiweiss sein, vielleicht noch etwas reicher als bei der Mast. Bei letzterer handelt es sich vorzüglich um eine Ablagerung von überschüssigem Eiweiss und besonders von Fett an den schon vorhandenen, ausgewachsenen Körpertheilen, bei der Milchbildung muss dagegen das Organ beständig erneuert werden, wozu ein grösserer Ueberschuss von Eiweiss gehört. Diese grössere Eiweisszufuhr bringt dem Milchthier keinen Schaden, da bei ihm das Eiweiss durch die reichlich secernirende Drüse alsbald in Beschlag genommen und weggeführt wird und nicht dazu dient, den Eiweissbestand im Körper dauernd zu vermehren. Jedoch muss auch hier ein bestimmtes Verhältniss von stickstoffhaltigen zu den stickstofffreien Stoffen in der Nahrung gegeben sein, um das Fett und den Zucker für die Milch zu liefern und sie nicht der Zerstörung anheimfallen zu lassen; bei einem zu grossen Ueberschuss von Eiweiss nimmt der Fettgehalt der Milch ab, ebenso wie das Fett am Körper.

Zur Milchbereitung muss mehr Nahrung eingeführt werden. Eine stillende Frau hat bekanntlich einen grösseren Appetit wie unter gewöhnlichen Verhältnissen und auch wie während der Schwangerschaft; sie scheidet daher mehr Stickstoff und Kohlenstoff im Harn und in der Respiration aus. Ebenso ist die Menge des Erhaltungsfutters einer nicht milchproduzirenden Kuh kleiner als das für das milchgebende Thier nöthige Nahrungsquantum; giebt man ersterer so viel als letzterer, so setzt sie an und mästet sich; versiecht die Milchproduktion, so wird die Kuh bei gleichem Futter fett. Wolff rechnet auf 1000 Kilo Lebendgewicht guter Milchkühe im täglichen Futter, bei 22—28 Kilo Trockensubstanz, 2.5 Kilo verdauliches Eiweiss und 12.5 Kilo stickstofffreie Nährstoffe (Nährstoffverhältniss von 1 : 5), wodurch von 1000 Kilo Thier 27.6 Kilo Milch mit 0.7 Kilo Eiweiss, 1.0 Kilo Fett und 1.3 Kilo Milchzucker produzirt werden. Beim Ochsen sind im Erhaltungsfutter für 1000 Kilo Lebendgewicht nur 0.6 Kilo stickstoffhaltige und 7.4 Kilo stickstofffreie Nährstoffe nöthig (Verhältniss von 1 : 13); im Mastfutter 1.66—2.88 Kilo verdauliches Eiweiss und 9.16—12.09 Kilo stickstofffreie Stoffe. Zur Milchbildung gehört demnach eine grössere Quantität von Nahrung mit einem relativen Vorwalten von Eiweiss. Es muss absolut mehr Eiweiss gegeben werden als in der Milch zur Abscheidung gelangt, aber auch mehr stickstofffreie Stoffe, jedoch von ersterem verhältnissmässig mehr als von letzteren. Es ist noch nicht genügend festgestellt, bei welcher Menge und bei welchem Verhältniss der Nährstoffe die Milchproduktion für ein bestimmtes Thier am günstigsten und vortheilhaftesten sich gestaltet; es sind die Schwierigkeiten, namentlich wegen der allmählichen Abnahme der Milchmenge mit der Laktationsdauer, ganz ausserordentlich gross. Die Ziege braucht nach Stohmann, auf gleiches Körpergewicht berechnet, in genügender Ration für die relativ höchste Milchproduktion doppelt so viel Eiweiss in der Nahrung als die Kuh, was offenbar mit dem grösseren Bedarf des kleineren Thiers in Zusammenhang steht.

VII. Nahrung in verschiedenen Klimaten.[1]

Man hat früher, grösstentheils ausgehend von theoretischen Erwägungen, ganz allgemein angenommen, dass in kalten Klimaten, um die Eigentemperatur zu erhalten, ein weit grösseres Maass von Nahrung nothwendig sei als in heissen, ja selbst in unseren Breitegraden im Winter mehr als im Sommer. Man dachte sich, in der Kälte werde dem Körper viel mehr Wärme entzogen, also müsste unter solchen Umständen auch mehr Wärme erzeugt und somit mehr Material verbrannt werden.[2]

Das Bedürfniss nach Wärme kann aber selbstverständlich nicht zur Ursache einer intensiveren Verbrennung werden; es müssen in einem solchen Falle besondere Veranstaltungen getroffen sein, welche eine Mehrzersetzung in der Kälte einleiten; wären diese nicht gegeben, dann würde eben der Körper in der Kälte frieren.

Als Ursache für die lebhaftere Verbrennung in der Kälte oder für die Anpassung der Wärmeproduktion an den Wärmeverlust, wodurch der Organismus geschickt wird, in den verschiedensten Temperaturgraden und Zonen der Erde auszuhalten, gab man früher den grösseren Sauerstoffreichthum der dichteren kalten Luft an (LAVOISIER) oder die erhöhte Sauerstoffaufnahme in Folge der vermehrten Zahl der Athemzüge und der Herzbewegungen (LIEBIG).

Beweise für die Annahme eines grösseren Stoffverbrauchs in der Kälte durch Versuche hielt man von manchen Seiten kaum für nöthig, da die einfache Ueberlegung ein solches Resultat zu fordern schien; es lagen allerdings Versuche an Thieren und Menschen vor, wie die Besprechung des Einflusses der Temperatur der umgebenden Luft auf den Stoffumsatz im Körper zeigte (S. 211), namentlich die von LAVOISIER am Menschen, jedoch führte man dieselben gewöhnlich nicht als Beweise an.

Es ist jetzt durch viele Versuche erwiesen, dass im thierischen Organismus durch die Wirkung der Kälte, wenn dabei die Körpertemperatur nicht erniedrigt wird, mehr Fett zersetzt und dadurch mehr Wärme erzeugt wird (um 36%). Die Mehrzersetzung geschieht zum Theil durch verstärkte willkürliche Bewegungen, zum Theil durch die grössere Anstrengung der Athemmuskeln, zum Theil durch Uebertragung der Nervenerregung an der Haut auf andere Organe, vorzüglich auf die Muskeln. In der Wärme findet beim Menschen,

---

1 VOIT, Ztschr. f. Biologie. XIV. S. 151. 1878.
2 LIEBIG, Thierchemie. 3. Aufl. S. 17. 21. 23. 1846; Chemische Briefe. S. 368 u. 370. 1851.

wenn dadurch die Körpertemperatur nicht erhöht wird, keine erhebliche Aenderung der Zersetzung gegenüber der bei mittlerer Temperatur statt, eher jedoch eine Steigerung derselben (um 10 %) als eine Herabsetzung (S. 216).

Für den Aufenthalt in der Kälte wäre sicherlich durch die Mehrzersetzung von Fett eine zweckentsprechende Einrichtung zur Erhaltung der Eigenwärme gegeben. Zum Zweck der Beurtheilung der Nahrung in verschiedenen Temperaturen der Umgebung fragt es sich aber, welchen quantitativen Werth diese Regulation gegenüber den übrigen Regulatoren der Eigenwärme besitzt und ob sie bei den in kalten Klimaten lebenden Organismen wesentlich in Betracht kommt.

Es ist unzweifelhaft, dass die Kälte bei uns in den Wintermonaten, sowie an den Polen, wenn die Temperatur des Körpers nicht abnimmt und man von einer mittleren Temperatur von 15 ⁰ ausgeht, unter sonst gleichen Verhältnissen einen grösseren Fettverbrauch hervorruft und somit mehr Wärme erzeugt. Bei der Katze hat sich unter diesen Umständen bei einem Temperaturunterschied von 37 ⁰ eine Differenz in der Kohlensäureausscheidung von 83 ⁰/o, bei dem Menschen bei einem Temperaturunterschied von 26 ⁰ eine solche von 40 % ergeben. Man könnte sogar meinen, dass, da der Mensch und die Thiere eine noch wesentlich niederere Temperatur, als bei den genannten Versuchen zur Wirksamkeit kam, ertragen, die Wärmeerzeugung noch weit mehr zuzunehmen vermöchte. Nach meiner Ansicht war jedoch bei diesen Versuchen schon die Grenze nahe, an welcher unter gleich bleibenden Bedingungen Abkühlung des Körpers eintritt, ja es sind dabei schon abnorme Verhältnisse gegeben, welche im gewöhnlichen Leben nicht vorkommen.

Der Mann, welcher ohne Mantel im gewöhnlichen Zimmeranzug sechs Stunden lang bei einer Temperatur von + 4 ⁰ in der Kammer des Respirationsapparates ruhig sass, fror stark, namentlich gegen das Ende des Versuchs, und bekam darnach heftiges Zittern, von dem er sich nur durch längere Körperbewegung wieder zu erholen vermochte. Hätte der Mann bei einer der niederen äusseren Temperatur entsprechenden wärmeren Bekleidung, welche er sonst angelegt hätte, gearbeitet, so wäre sicherlich keine erhebliche Steigerung der Fettzersetzung, gegenüber der bei gleicher Arbeit in einem mässig temperirten Raum, hervorgetreten.

Es scheint mir, dass die unserem Willen entzogene Regulation der Eigenwärme durch eine grössere Wärmeproduktion in nicht sehr

grosser Ausdehnung unter den gewöhnlichen im Leben des Menschen
und der Thiere gegebenen Verhältnissen stattfindet und jedenfalls
durch die Wirkung der körperlichen Bewegung oder der Nahrungsaufnahme weit übertroffen wird.

Die frei lebenden Thiere sind nämlich nicht wie bei einem Versuche der Kälte preisgegeben: sie suchen bei starker Kälte schützende
Höhlen und Verstecke auf, sie erhalten 'durch dichtere Behaarung
und eine dickere Fettlage im Unterhautzellgewebe Umhüllungen von
schlechten Wärmeleitern, und sie führen endlich lebhafte Bewegungen aus. Dass die Regulation durch reflektorische Wärmeerzeugung
bei ihnen nicht sehr ergiebig ist, zeigt die beständige Abnahme der
Körpertemperatur bei einem auf dem Rücken ausgespannten Kaninchen, bei welchem durch die Ausstreckung der Glieder die Wärmeabgabe eine günstigere wird.

Die in kalten Klimaten lebenden Menschen sind meist klein und
abgerundet wie die Eskimos, die Lappländer etc. und bieten somit
der Abkühlung eine möglichst geringe Oberfläche dar; lange und
magere Leute würden eher unter der Kälte leiden und vielleicht zu
Grunde gehen. Sie vermeiden noch auf andere Weise den Wärmeverlust und schützen sich vor Frost, indem sie ihren gewöhnlich mit
einem ansehnlichen Fettpolster versehenen Leib mit Pelzen und andern
schlechten Wärmeleitern umhüllen, und wenn sie nicht im Freien
arbeitend sich aufhalten, in ihren brühwarmen Hütten dicht bei-
sammen kauern. Sie vermehren dann auch die Wärmebildung durch
körperliche Anstrengung im Freien, ohne welche sie trotz der reflek-
torischen Regulation erfrieren würden.

Nach Allem dem fragt es sich also, ob unter den gewöhnlichen
Lebensverhältnissen im Winter mehr Nahrung aufgenommen und mehr
zerstört wird als im Sommer. W. F. Edwards [1] hatte kleine Vögel
zu verschiedener Jahreszeit während 1 Stunde einer Temperatur von
0 ⁰ ausgesetzt, und beobachtete, dass die Thiere im Sommer sich
mehr abkühlten als im Winter; er brachte ferner die Vögel zur
Sommer- und Winterzeit bei 20 ⁰ unter eine Glocke, worin sie im
Winter früher erstickten. Man könnte aus diesen Versuchen, sowie
aus denen von Dittmar Finkler [2], nach welchen Meerschweinchen
bei der nämlichen Aussentemperatur von 18 ⁰ im Winter einen um
23 % höhern Gaswechsel zeigten wie im Sommer, schliessen, dass
die Thiere im Winter durch die anhaltende Einwirkung der Kälte,
auch dann wenn man sie in einen erwärmten Raum bringt, ständig

---

1 Edwards, De l'influence des agens physiques sur la vie. p. 163 u. 200. 1824.
2 Finkler, Arch. f. d. ges. Physiol. XV. S. 603. 1877.

mehr zersetzen wie im Sommer. Es ist jedoch die Thatsache vielleicht noch auf eine andere Weise zu deuten.

Die Angaben von Barral [1] über die reichlichere Nahrungszufuhr
bei Menschen im Winter sind nicht entscheidend, da nicht ein von
der Willkür abhängiger, möglicherweise vorübergehender Mehrkonsum
von Speisen in vereinzelten Fällen, sondern nur eine dauernde Abnahme der Zersetzung während des Sommers oder eine Zunahme
während des Winters bei gleichbleibender Nahrungsaufnahme beweisend ist. Das Nämliche gilt von den Versuchen von
E. Smith, nach denen ein Mensch in den kälteren Monaten mehr
Kohlensäure liefern soll als in den wärmeren.

Senator [2] nahm in sonst richtig angelegten Versuchen nur einen
geringen Einfluss der äusseren Temperatur auf den Stoffverbrauch
wahr. Er beobachtete zunächst bei einem gleichmässig mit 300 Grm.
Fleisch und 10 Grm. Schmalz ernährten Hunde, den er verschiedenen
Temperaturen aussetzte, nur sehr geringfügige Schwankungen des
Körpergewichts. Fernerhin fand er [3], dass ein Hund A von 5392 Grm.
Gewicht bei der nämlichen Ernährungsweise mit Fleisch und Fett im
Monat August 3.455 Grm. Kohlensäure in 1 Stunde lieferte, im Monat
Oktober bei einer um 10 ° niederern Temperatur nur 2.6165 Grm.;
das Körpergewicht war etwas geringer geworden, die Harnstoffmenge
etwas gestiegen. Ein 7520 Grm. schwerer Hund C schied ebenso im
August 3.154 Grm. Kohlensäure aus, im Oktober bei geringerem Körpergewicht nur 2.780 Grm. Die Abnahme der Kohlensäureausscheidung in den kälteren Monaten rührt vielleicht von einer Aenderung
der Körperbeschaffenheit des Thiers her.

Der durch sechs Monate andauernde, von dem Herrn Herzog Carl
Theodor in Bayern an einer Katze ausgeführte Versuch, bei welchem
das Thier stets die gleiche Nahrung erhielt, zeigte evident, dass in
der kalten Jahreszeit das Thier nahezu auf seinem Gewicht blieb,
mit dem Eintritt der wärmeren Tage dagegen an Gewicht nicht unbeträchtlich zunahm. Im Sommer ist also in der That weniger
Nahrung nöthig als im Winter.

Man fabelt in Reisebeschreibungen allerdings viel von den un-
glaublichen Portionen, welche die Polarmenschen verzehren, aber
zuverlässige Angaben über das von ihnen während längerer Zeit
Aufgenommene sind, soviel ich weiss, noch nicht vorhanden. Sie

1 Barral, Ann. d. chim. et phys. (3) XXV. p. 129. 1849.
2 Senator, Arch. f. path. Anat. XLV.
3 Derselbe, Arch. f. Anat. u. Physiol. 1872. S. 20, 1874. S. 46.
4 Herzog Carl Theodor, Ztschr. f. Biologie. XIV. S. 51. 1878.

verschlingen zwar manchmal, wenn gerade die Gelegenheit geboten ist, viel auf einmal, Rennthierfleisch und Thran in Masse, wie der Tieger in heissen Klimaten es auch thut; sie nehmen aber dann zu anderen Zeiten auch wenig auf.

Man erzählt, dass die Walfischfänger die Matrosen eigens aussuchen und nur solche auf die Expedition mitnehmen, welche ein grosses Quantum Speise ertragen können. Es weist dies ebenfalls darauf hin, dass in kalten Gegenden der Bedarf wirklich ein grösserer ist und dass dortselbst theils zur Verhütung des Stoffverlustes, theils um noch ausserdem mehr Wärme zu bilden, mehr Nahrung aufgenommen werden muss.

Es wäre sehr wichtig, über die Ernährungsverhältnisse von Thieren und Menschen in Kamtschatka oder Grönland oder Spitzbergen etwas Sicheres zu erfahren. Man sollte denken, es könnte eine Aufzeichnung über die ziemlich einfache Kost der Menschen oder über den Futterbedarf der Rennthiere und der Hunde ohne zu grosse Mühe gemacht werden.

E. A. SCHARLING [1] widersprach der LIEBIG'schen Lehre von dem so sehr verschiedenen Stoffverbrauch in kalten und warmen Klimaten auf das Entschiedenste. Er hat Notizen über die Kost der Indianer in Mexiko, der eingeborenen Matrosen in Indien, und der Grönländer, sowie über den Proviant auf Schiffen, welche auf Fahrten in die Nordsee oder nach Westindien sich befanden, erhalten und mitgetheilt, aber es war mir unmöglich, daraus etwas über die Quantitäten der täglich verzehrten Nahrungsstoffe zu entnehmen.

SENATOR [2] machte auf eine Angabe von GEORGE KENNAN aufmerksam, wornach die zum Ziehen der Schlitten in Kamtschatka und Nordasien verwendeten Hunde bei einer Kälte von — 70° F. = — 57° C. ausschliesslich Abends nach Beendigung ihres mühsamen Tagewerkes 1 1/2—2 Pfd. = im Mittel 795 Grm. gedörrte Fische erhalten, und er wundert sich darüber, wie aus deren Spannkräften nicht nur der gewaltige Wärmeverlust durch die Kälte ersetzt, sondern auch noch eine so bedeutende Arbeit geleistet werden könne. Im getrockneten Stockfisch befinden sich nun 81.4 %, feste Theile und nur 18.6 %, Wasser; in 795 Grm. demnach etwa 647 Grm. Trockensubstanz. Nimmt man diese bis zu 80 % als Fleisch (Muskeln, Drüsen, leimgebendes Gewebe etc.) an, so würden sie 2148 Grm. frischem fettfreiem Fleisch entsprechen. Dies ist das Maximum an reinem Fleisch, mit dem

1 SCHARLING, Ann. d. Chem. u. Pharm. LVI. S. 1. 1846; Journ. f. pract. Chemie. XXXVI. S. 454. 1845, XLVIII. S. 135. 1849.
2 SENATOR, Arch. f. Anat. u. Physiol. 1874. S. 42—53.

man einen 35 Kilo schweren Hund in das Stickstoffgleichgewicht
bringen kann. Da die Fische aber neben dem Fleisch noch Fett
einschliessen, so reicht die verzehrte Masse zur Erhaltung eines
Hundes auch bei der grössten Leistung und Zersetzung hin.
Die Mehrzersetzung in der Kälte durch die unwillkürliche Regulation steht vollkommen fest, aber sie ist für das Leben in kalten
Klimaten wahrscheinlich nicht so sehr bedeutend, da dabei andere
Mittel von ungleich grösserer Wirksamkeit zu Hilfe kommen, nämlich die Umhüllung des Körpers mit schlechten Wärmeleitern, der
Aufenthalt in warmen Hütten während der Nacht, die Erzeugung
von viel Wärme durch starke Muskelthätigkeit. Für sich allein, d. h.
mit weniger schützenden Kleidern und ohne die körperliche Anstrengung würde die reflektorische Mehrzersetzung die Bewohner arktischer
Gegenden nicht vor dem Erfrieren bewahren. Wirkt sie ja nicht
soviel, um für den Menschen bei einer Temperatur von + 25° die
Kleider entbehrlich zu machen.[1]

Ich glaube daher, dass der Mehrbedarf an Nahrungsmitteln in
kalten Klimaten nicht so beträchtlich ist, als man anzunehmen geneigt war. Da die Kälte keinen grösseren Verbrauch an Eiweiss,
welcher bei eben genügender Zufuhr vor Allem durch die Masse
der stofflich thätigen Zellen bestimmt wird, bedingt, so ist in der
Kälte zur Erhaltung des Eiweissbestandes im Körper sicherlich nicht
mehr Eiweiss in der Nahrung nöthig als in unseren Breitegraden.
Der Fettverbrauch dagegen wird vorzüglich beeinflusst durch die
Grösse der Muskelarbeit und auch nebenbei bei ungenügender Be-
deckung durch die reflektorische Kältewirkung, weshalb in kalten
Klimaten bei gleicher Arbeitsleistung wohl etwas mehr Fette oder
stickstofffreie Stoffe zugeführt werden müssen, die allerdings unter
Umständen auch durch einen Ueberschuss von eiweissartigen Stoffen
ersetzt werden können. Um durch Nahrungszufuhr eine Mehrzersetzung im Körper und eine grössere Wärmebildung hervorzurufen,
ist das Fett nicht tauglich, da ein Ueberschuss desselben nicht verbrannt, sondern angesetzt wird; wohl aber eignen sich dazu das Eiweiss und die Kohlehydrate.

Eine weitere Frage ist die, ob auch für höhere Temperaturen
der Umgebung, wenn man von einer Temperatur von 16° ausgeht,
eine solche unwillkürliche Regulation durch eine Minderzersetzung
besteht. Von den Meisten wird eine solche angenommen, so schon
von Lavoisier und von Liebig, und es gilt gewöhnlich für ganz

---

1 Krieger, Ztschr. f. Biologie. V. S. 514. 1869.

ausgemacht, dass in heissen Klimaten viel weniger Nahrung aufgenommen wird als in kalten.

Wenn die Katze des Herrn Herzogs CARL THEODOR im Sommer an Gewicht zunahm, so beweist dies noch nicht eine verminderte Zersetzung in höheren Temperaturen, denn jener Erfolg kann ebensogut nur durch den vermehrten Zerfall in der Kälte gegenüber dem bei mittlerer Temperatur hervorgebracht worden sein.

In einer Temperatur von 31 ^{0} wurde von der Katze etwas weniger Kohlensäure produzirt wie bei 15 ^{0}, vom Menschen dagegen eher etwas mehr; eine wesentliche Aenderung konnte nicht gefunden werden. Wenn die Kälte durch Reizung sensibler Nerven einen grösseren Fettverbrauch hervorbringt, so wird eine die mittlere, für uns vollkommen behagliche Temperatur übertreffende Erwärmung der Umgebung höchstens noch eine geringe Herabsetzung oder vielleicht sogar bei eintretender Unbequemlichkeit eine geringe Erhöhung der Zersetzung bewirken. Die Auslegung von ZUNTZ, dass es sich im letztern Fall um die Folge der Abkühlung der Haut, durch die Wasserverdunstung handle, ist, wie ich schon bemerkt habe, nicht wahrscheinlich; die Erklärung ist vorläufig aber ganz gleichgültig, Thatsache ist, dass beim Menschen bei höherer Temperatur unter Umständen, wie sie in einem heissen Klima meistentheils gegeben sind, mehr und nicht weniger zersetzt wird. Es giebt noch andere Momente, welche in der Hitze einen erhöhten Umsatz bedingen; es ruft z. B. der reichliche Wasserkonsum eine etwas grössere Eiweisszerstörung hervor, oder es wächst der Verbrauch von Fett, wenn die Thiere im Stalle in der schwülen Luft, durch Fliegen belästigt, unruhig werden, oder wie die Hunde mit heraushängender Zunge keuchend athmen.

Für die höheren Wärmegrade scheint demnach, wenigstens beim Menschen, keine in Betracht kommende reflektorische Regulirung durch verminderte Oxydation zu existiren.

Dies wird auch durch die allerdings noch spärlichen Nachrichten über die Kost in heissen Ländern bestätigt. Nach dem Berichte der österreichischen Expedition nach Siam, China und Japan von C. v. SCHERZER [1] nimmt ein im südlichen China lebender Arbeiter täglich im Mittel 902 Grm. Reis mit noch anderen stickstoffreichen Nahrungsmitteln auf; für einen mittleren, in unseren Gegenden lebenden Arbeiter habe ich 896 Grm. Reis mit einem geringen Zusatz einer eiweissreichen Substanz als nöthig berechnet. Englän-

---

1 SCHERZER, Bericht d. österr. Expedition u. s. w. Anhang. S. 56.

der, welche längere Zeit in Indien gelebt haben, versichern mich
übereinstimmend, dass sie dort nicht weniger und nicht anders essen
als in der Heimath.[1] Das Gleiche erfuhr ich aus zuverlässiger Quelle
über die Ernährungsverhältnisse in Aegypten.

Wenn man die Sache nach den über die stoffliche Bedeutung
der einzelnen Nahrungsstoffe jetzt ermittelten Thatsachen überlegt,
so kann es auch gar nicht anders sein. Zur Erhaltung des Eiweissbestandes eines Organismus gehört eine bestimmte Quantität von Eiweiss; Niemand sieht ein, warum sich in der Wärme weniger Eiweiss zersetzen soll als bei einer mittleren Temperatur. Ebenso ist
eine bestimmte Menge von stickstofffreien Stoffen zur Erhaltung des
Fettgehaltes des Körpers erforderlich, welche sich vorzüglich nach
der Arbeitsleistung desselben richtet. Wird daher in einem heissen
Klima die gleiche Arbeit verrichtet wie in unserer gemässigten Zone,
so muss auch nahezu die gleiche Menge stickstofffreier Stoffe zersetzt werden, wobei allerdings recht viel und zwar unnöthig viel
Wärme geliefert wird, mehr als zur Erhaltung der Körpertemperatur
nöthig ist. Deshalb ist es auch viel schwieriger, in solchen Him-
melsstrichen zu arbeiten, da man dort die grosse Quantität von Wärme
nur mit Mühe los wird. Viele Anstrengungen und mancherlei Veranstaltungen sind daher bekanntlich in den Tropenländern darauf
gerichtet, die Wärme, welche bei der Ernährung des Körpers erzeugt wird, wieder wegzubringen z. B. durch gute Wärmeleiter in
Kleidung und Wohnung, durch Verdunsten von Wasser, Zufächeln
von Luft, häufige Bäder u. s. w.

Daraus erkennt man abermals recht deutlich, dass die Nahrungsstoffe dazu dienen, den Körper auf seiner stofflichen Zusammensetzung zu erhalten und nicht um bei ihrem Zerfall die nöthige Menge
von Wärme zu erzeugen; ein Stoff, der nichts weiter thut als Wärme
zu entbinden, ist daher kein Nahrungsstoff, denn es kann uns seine
Zersetzung und seine Eigenschaft, Wärme zu bilden, unter Umständen recht unbequem werden und unnütz sein (S. 341. 416).

In heissen Klimaten thut man gut, solche Nahrungsstoffe zu
wählen, welche ihren Zweck der Erhaltung der Körpersubstanz erfüllen und dabei so wenig als möglich Wärme liefern. Da die verschiedenen eiweissartigen Substanzen nahezu die gleiche Menge von
Wärme geben werden, so kommen hier hauptsächlich das Fett und

---

1 Auch die Angaben von Playfair über die Kost in England und in Bom-
bay lassen keinen wesentlichen Unterschied in der Nahrung, namentlich auch
nicht in den stickstofffreien Stoffen erkennen (Proceed. of the Roy. Soc. 1853;
Edinb. new philos. Journ. LVI. p. 262. 1854.

die Kohlehydrate in Betracht. Nach den Bestimmungen von FRANK-
LAND erzeugt 1 Grm. Fett 9069 Wärmeeinheiten, 1 Grm. Stärkemehl
nur 3752 Wärmeeinheiten. Da 1 Grm. Fett in seiner Wirkung auf
die Fettabgabe im Körper etwa 1.75 Grm. Stärkemehl oder Zucker
äquivalent ist, so werden bei gleicher Wirkung vom Fett 9069, vom
Stärkemehl nur 6566 Wärmeeinheiten geliefert. Es ist wohl möglich
und wahrscheinlich, dass der reichliche Genuss von stärkemehl- und
zuckerhaltigen Nahrungsmitteln in den Tropen, wie z. B. von Reis,
Mais, Zuckerrohr, Datteln u. s. w. hierauf zurückzuführen ist.

Um für einzelne Fälle, d. h. für die verschiedenen Thiere unter
allen möglichen Verhältnissen und Anforderungen die richtige und
beste Nahrung festzustellen, sind allerdings noch viele Untersuchungen
nöthig, aber man kennt jetzt wenigstens im grossen Ganzen die Bedeutung der einzelnen Nahrungsstoffe für die Erhaltung des Organismus, sowie den Einfluss der Körperbeschaffenheit, der Arbeitsleistung
und anderer Momente auf den Stoffumsatz. Es sind darin sicherlich
gewisse Verschiedenheiten je nach der Organisation und der chemischen Zusammensetzung der Thiere gegeben, aber in den Gesetzen
des Verbrauchs besteht kein wesentlicher und prinzipieller Unterschied. Ein Fleischfresser vermag z. B. verhältnissmässig so viel
Stärkemehl oder Zucker aufzunehmen und zu zersetzen als ein Pflanzenfresser, nur kann er nicht die Cellulose in seinem Darmkanal verwerthen, da ihm die Apparate dafür mangeln; sind die Substanzen
aber einmal in das Blut und in die Säfte gelangt, so ergeben sich
je nach der Stoffzufuhr wohl noch einige Differenzen in den Zwischenstufen und den Endprodukten, aber die Umwandlungen vollziehen sich im Allgemeinen nach den gleichen Regeln. Es ist die
Aufgabe eines Handbuchs der Physiologie, die allgemein gültigen
Gesetze darzulegen; zu berichten, wie sich die kleinen Abweichungen und die quantitativen Verhältnisse in jedem einzelnen Falle gestalten, muss denen überlassen bleiben, für welche ein solcher spe-
zieller Fall von Interesse ist.

ANHANG.

Hunger- und Durstgefühl.

Wir besitzen in dem Hunger- und Durstgefühl einen Anzeiger, welcher uns belehrt, dass der Organismus zu seiner Erhaltung neuen Materials bedarf, sowie auch dass in dieser Beziehung genügend für ihn gesorgt ist. Der Mangel und der Ueberfluss dürften nicht erst an ihren Folgen, an der Abmagerung des Körpers und der Abnahme der Leistungsfähigkeit desselben, oder an dem übermässigen Ansatz von Substanz erkennbar sein; jene Empfindungen thun uns dies früher kund, sie veranlassen die Aufnahme der festen und flüssigen Nahrung und begrenzen dieselbe quantitativ.

Es ist zu untersuchen, welche Ursachen die genannten Gefühle bedingen, welche Endorgane dadurch getroffen werden, und welche Nerven die Erregung zu den Centralorganen, in denen die Empfindungen stattfinden, fortleiten. [1]

I. Hungergefühl.

Für gewöhnlich nimmt der erwachsene Mensch sein tägliches Nahrungsquantum in drei Mahlzeiten auf, der stärker Arbeitende hat bis zu fünf Mahlzeiten nöthig, so dass wenigstens unter Tags und auch während eines Theils der Nacht die Verdauung und Resorption im Darmkanal fast ununterbrochen fortgeht. Wenn wir etwa alle sechs Stunden neue Nahrung zuführen, so müssen die ersten Anzeichen des Hungergefühls auftreten, bevor der Magen ganz leer und die Verdauung des vorher Verzehrten im Darm völlig beendet ist.

---

1 Die ältere Literatur über Hunger und Durst findet sich bei TIEDEMANN, Physiologie d. Menschen. III. S. 22 u. S. 57. 1836 zusammengestellt; die neuere bei LONGET, Traité de physiol. I. p. 21. 1868 und Anat. u. Physiol. d. Nervensystems. Uebers. v. HEIN. II. S. 278. 1849.

Wir bezeichnen diese ersten Gefühle als Appetit oder als Esslust. Man sagt gewöhnlich, dieselben seien angenehme Empfindungen; an und für sich sind sie jedoch nicht angenehm, sondern nur die daran geknüpften Vorstellungen von den Empfindungen, welche wir bei Stillung des Appetits haben werden, die Vorstellung wie gut es uns bei der Aufnahme von Speise schmecken wird.

In diesem Stadium sind wir wieder nach Speise begierig, es treten Vorstellungen nach solchen auf, begleitet von einer verstärkten Absonderung von Speichel, und in der Magengegend verspüren wir undefinirbare Empfindungen von Drücken und Nagen, sowie schwache Contraktionen des Magens mit Kollern und Gurgeln im Leibe. Das erste Auftreten des Hungergefühls hängt sehr von der Zeit ab, in der wir gewöhnt sind unsere Mahlzeiten zu halten; wir werden dann zu dieser Zeit durch die angegebenen Symptome an die Nahrungsaufnahme erinnert; dieselben lassen jedoch wieder nach oder hören auf, wenn aus irgend einem Grunde erst später die Mahlzeit gehalten wird. Sie können auch durch eifrige Beschäftigung und ähnliche Momente ganz übersehen werden.

Ist Speise in den Magen eingebracht worden, dann verschwindet dieses erste Hungergefühl bald und es tritt bei einer gewissen Anfüllung des Magens das Gefühl der Sättigung ein. Dieses Gefühl ist schon zu einer Zeit vorhanden, wo erst sehr wenig von dem Verzehrten resorbirt und an die stoffbedürftigen Organe getragen sein kann. Es wird das Hungergefühl in diesen ersten Stadien auch beschwichtigt durch Verschlucken unverdaulicher Dinge (wie z. B. von Erde bei den Otomaken), und es ist ferner das Eintreten der Sättigung in hohem Grade abhängig von der Ausdehnung, welche für gewöhnlich der Magen durch die Mahlzeit erleidet: denn die an eine starke Anfüllung des Magens mit Kartoffeln gewöhnten Irländer klagen über Hunger, wenn sie eine Kost erhalten, welche ihren Organen ebensoviel und mehr Nahrungsstoffe bietet, aber in einem kleineren Volum; die an das grosse Quantum der aus Mehl gebackenen Nudeln gewöhnten oberbayerischen Bauernbursche meinen anfangs schlecht ernährt zu sein, wenn sie in der Stadt die weniger voluminöse, vorwiegend animalische Kost erhalten.

Nach diesen Erfahrungen geht das erste Hungergefühl offenbar vom Magen aus; es ist aber nicht sicher bekannt, auf welche Weise es dort erzeugt wird. Es sind hierüber die verschiedensten Meinungen geäussert worden; aber es hängt wohl unzweifelhaft irgendwie mit der Leere des Magens zusammen. HALLER und seine Schüler liessen die Empfindungen beim Hunger von der Reibung der gefal-

teten und gerunzelten Schleimhautflächen des leeren Magens und der
dadurch bedingten Spannung und Zerrung der Nerven desselben
kommen, welche Reibung durch Einbringen von Speise und Entfernung der Magenwandungen von einander aufgehoben werde. Andere leiteten sie von der Absonderung eines stark sauren Saftes oder
der beginnenden Selbstverdauung des keine Speise enthaltenden Magens (Dumas[1]), oder der Anhäufung des Sekrets in den geschwellten
Drüsen ab (Beaumont); es ist aber bekannt, dass beim Hunger kein
saurer Magensaft abgesondert wird. Nach Darwin [2] soll beim Hunger
der Magen durch das Fehlen des normalen Reizes erschlafft und
unthätig sein, welcher Zustand von einer Schmerzempfindung begleitet sei.

Das erste Hungergefühl kann nicht durch einen Substanzmangel
in den Magen- und Darmhäuten oder in den sensiblen Nerven derselben oder im Blute veranlasst sein, da zu dieser Zeit noch kein
wesentlicher Stoffverlust stattgefunden hat.

E. H. Weber [3] wies zuerst darauf hin, dass es sich hier wahrscheinlich um Muskelgefühle handelt, indem die Zusammenziehungen
der glatten Muskelfasern des leeren Magens Empfindungen hervorrufen, ähnlich wie die des Uterus die Geburtswehen oder des Dickdarms den Stuhldrang. Man kann sich mit Vierordt [4] denken, dass
wenn im leeren Zustande des Magens die Muskeln nicht elastisch
gespannt sind, die peristaltischen Bewegungen eigenthümliche Gefühle bewirken, während bei vollem Magen die Contraktionen der
stark gedehnten Muskeln Gefühle anderer Art hervorrufen.

Verschieden von diesen ersten Zeichen des Hungers durch bestimmte Vorgänge oder Zustände im Magen sind die Erscheinungen
bei längerem Hungern. Es treten dann stärkere Schmerzen, die
Empfindung von heftigem Drücken und Bohren am Magen und Darm,
und das Gefühl äusserster Schwäche und Mattigkeit auf. Die letzteren Symptome hängen unstreitig mit dem Stoffverlust, welchen die
Organe des Körpers, besonders die Muskeln, bei längerer Inanition
erleiden, zusammen. Es handelt sich hier um die Folge einer allgemeinen Veränderung im Organismus, die sich zunächst durch ein
spezielles Gefühl im Magen ausdrückt. Es ist möglich, dass dabei
ausser den Sensationen vom Magen aus noch andere, nicht bestimmt lokalisirte Gefühle, die mit der Abmagerung der Theile und

---

1 Dumas, Principes de physiol. I. 1806.
2 Darwin, Zoonomie. III. S. 222.
3 E. H. Weber, Wagner's Handwörterb. d. Physiol. III. (2) S. 580.
4 Vierordt, Grundriss d. Physiol. 4. Aufl. 1871. S. 133.

dem Stoffbedürfniss des Gesammtorganismus verknüpft sind, vorkommen.

Gegen die Meinung, nach welcher das Hungergefühl ausschliesslich von gewissen Zuständen des Magens bedingt sei, hat man nämlich angeführt, dass auch bei Mangel des Magens oder bei grossen Verletzungen und Veränderungen desselben, z. B. bei ausgedehntem Magenkrebs das Hungergefühl nicht aufgehoben sei. Nach Aufnahme unverdaulicher Dinge stellt sich ferner das anfangs dadurch verscheuchte Hungergefühl nach einiger Zeit doch wieder ein, und man hat wahrgenommen, dass Kaninchen, welche nach eintägiger Entziehung der Nahrung alle Zeichen der Fresslust darboten, einen noch mit Futterresten gefüllten Magen hatten. Das Einspritzen von Lösungen von Nahrungsstoffen in die Venen soll ohne Füllung des Magens das Hungergefühl zum Verschwinden bringen.

Weiterhin hat Busch[1] beobachtet, dass bei einem Menschen mit hochgelegener Darmfistel, aus welcher der Chymus wieder zum Vorschein kam, nach Anfüllung des Magens nicht das eigentliche Hungergefühl nachliess, sondern nur die lästigen Sensationen in der Magengegend aufhörten; ersteres schwand erst, als im Darmkanal eine reichliche Absorption von Nahrungsstoffen stattgefunden hatte. In ähnlicher Weise währt das Hungergefühl trotz vollen Magens an bei einem zu kurzen Darmrohr, und in anderen Fällen, wo nicht genügend Material in die Säfte übertritt. Wodurch aber dieses allgemeine Hungergefühl bedingt ist, ist noch unbekannt. Man hat gemeint, die Stoffarmuth des Blutes beim Hunger werde durch alle Gefühlsnerven des Körpers erkannt; Budge[2] stellte die Hypothese auf, es seien die mit dem Blute in so naher Berührung stehenden Herznerven, welche das Gefühl dieser Veränderung vermittelten. Es ist auch möglich, dass in gewissen Fällen durch mangelhafte Ernährung der nervösen Centralorgane, in welchen die Hungerempfindung stattfindet, bei gefülltem Magen diese Empfindung ausgelöst wird. Es muss sich hier um nervöse Einwirkungen handeln, obwohl bekannt ist, dass beim Hunger die Nerven und die Nervencentralorgane nicht oder nur wenig an dem gewaltigen Gewichtsverlust des Körpers betheiligt sind; es können aber vielleicht ganz geringfügige Veränderungen jene Gefühle hervorrufen.

Beim Menschen treten manchmal bei längerem Hunger unerträgliche Schmerzen, unter welchen die unnatürlichsten und entsetzlichsten Handlungen begangen werden, um sich Speise zu verschaffen,

---

1 Busch, Arch. f. pathol. Anat. XIV. S. 140.
2 Budge, Lehrb. d. Physiol. des Menschen. S. Aufl. S. 697. 1862.

ein, sowie auch psychische Störungen, die sich bis zur Raserei steigern.[1] Jedoch ertragen Manche, welche sich aushungern, z. B. Geisteskranke, den Hunger ohne solche Alterationen, und es tritt bei ihnen schliesslich in einem Zustande äusserster Abmagerung und Schwäche der Tod ein. Hungernde Thiere, Hunde und Katzen sind nur die ersten Tage unruhig und erwarten gierig das gewohnte Fressen; später sind sie ganz ruhig und scheinen keine eigentlichen Schmerzen zu empfinden. Atrophische Kinder oder Kranke, welche allmählich an Inanition zu Grunde gehen und die äusserste Abmagerung zeigen, klagen nicht über Schmerzen. Die Rheinlachse, welche während 6 Monaten hungern und unter Atrophie der Rückenmuskeln die Geschlechtsorgane mächtig entwickeln, haben dabei gewiss keine Schmerzen und kaum das Gefühl des Hungers.

Je grösser der Stoffverlust ist, welchen der Körper erleidet, desto eher treten selbstverständlich die Symptome des Hungers auf, also z. B. später bei Ruhenden als bei Arbeitenden. Die Esslust ist jedoch bei gewissen Erkrankungen, namentlich des Magens und Darms, trotz bedeutender Abmagerung sehr gering; ebenso tritt bei fieberhaften Krankheiten das Gefühl des Hungers nicht auf, die Kranken haben keinen Appetit und verweigern sogar die Speise oder ekeln sich davor. Es muss hier eine Veränderung (Verminderung der Erregbarkeit) der das Hungergefühl bedingenden Nerven gegeben sein; auch der Zustand der nervösen Centralorgane ist von Einfluss auf das Hungergefühl, weil der Appetit durch Gemüthsaffekte oft plötzlich erlischt und manche Stoffe, wie z. B. Opium, Tabak u. s. w. die Empfindung des Hungers zu vermindern oder zeitweilig aufzuheben vermögen. Man hat gesagt, dass nach Wegnahme der Hemisphären des Grosshirns (bei Tauben) das Hungergefühl nicht mehr vorhanden sei, da die Thiere darnach freiwillig kein Futter mehr verzehren; nach meiner Auffassung haben dieselben noch Hunger, nur machen sie sich keine Vorstellung mehr, dass das Vorgesetzte das Futter ist, mit dem sie den Hunger stillen können.

Man hat sich bemüht die Nervenbahnen aufzufinden, durch welche die Hungergefühle vermittelt werden, man hat aber noch wenig Sicheres hierüber ermittelt. Man hat sich zunächst an die Nervi vagi gewendet und dieselben durchschnitten. Brachet[2] hatte darnach das Gefühl von Hunger und Durst verschwinden sehen; es ist aber wahrscheinlich, dass seine Thiere in Folge der eingreifenden

---

1 Savigny, Observ. sur les effets de la faim et de la soif. Thèse de Paris 1825. — Soviche, Ann. d'hygien. publ. et de méd. lég. XVI. p. 207.

2 Brachet, Rech. sur les fonct. du syst. nerv. ganglionnair. p. 219. Paris 1837.

Operation nichts mehr gefressen haben. Denn alle späteren Beobachter (REID, VOLKMANN[1], SEDILLOT[2], LEURET und LASSAIGNE[3], BUDGE[4], SCHIFF[5], BIDDER und SCHMIDT, CLAUDE BERNARD) sahen die Thiere nach der Durchschneidung jener Nerven noch gierig Nahrung aufnehmen. Einige haben sogar angegeben, dass die Thiere darnach einen grösseren Appetit besitzen; sie haben aber wahrscheinlich nur die Ansammlung von Speise im gelähmten Oesophagus als Anzeichen dafür betrachtet. Man hätte vielleicht einwenden können, dass die Thiere nach der Durchschneidung der Nervi vagi deshalb noch gefressen haben, weil der Geschmackssinn noch erhalten war; LONGET[6] hat aber gezeigt, dass dies auch der Fall ist nach Durchschneidung der Nervi vagi und glossopharyngei. Auch nach der Durchschneidung der Nervi splanchnici nehmen die Thiere noch Futter auf (LUDWIG und HAFFTER[7]).

Man hat aus diesen Versuchen geschlossen, dass die Nervi vagi das Hungergefühl nicht bedingen können. Dieselben stehen aber möglicherweise nur in Beziehung zu den Magensymptomen, während die allgemeinen Hungergefühle noch vorhanden sind. Der Anblick und der Wohlgeruch der Speisen veranlasst hier vielleicht die Aufnahme derselben, sowie wir auch häufig ohne gerade Hunger zu empfinden, dies oder jenes, was uns geboten wird, verzehren.

Das Gefühl der Sättigung zeigt uns nicht immer korrekt die zur Vermeidung von Stoffverlust genügende Zufuhr an. Wir sind bald gesättigt, wenn uns eine Speise nicht schmeckt; wir geniessen dagegen nicht selten von einem uns recht zusagenden Gerichte mehr als eigentlich nöthig ist. Nach reichlicher Aufnahme tritt aber, auch in letzterem Falle, wenn wir noch mehr zuzuführen suchen, das Gefühl des Ekels auf (S. 420). Man hat gemeint, dass das Gefühl der Sättigung von einer gelinden Reizung der Vaguszweige im Magen herrührt, welche das Gefühl des Hungers verscheucht. Die Abneigung gegen die Speisen nach der Sättigung soll auf die gleiche Weise entstehen, wenigstens scheinen gewisse Reize der Enden des Nervus vagus im Magen z. B. durch Brechmittel Uebelkeit und Erbrechen zu bewirken.

---

1 VOLKMANN, Arch. f. Anat. u. Physiol. 1841. S. 332 u. Wagner's Handwörterb. d. Physiol. II. S. 588.

2 SEDILLOT, Du nerf pneumogastrique. Thèse inaug. Paris 1829.

3 LEURET u. LASSAIGNE, Rech. phys. et chim. pour servir à l'hist. de la digestion. p. 211.

4 BUDGE, Acta Leopold. XXVII. 1860; Physiologie. S. 815. 1862.

5 SCHIFF, Schweizer. Monatsschr. f. prakt. Med. 1860. No. 11 u. 12.

6 LONGET, Anat. u. Physiol. d. Nervensystems. Uebers. v. HEIN. II. S. 251. 1849 u. Traité de physiol. I. p. 24. 1868.

7 LUDWIG u. HAFFTER, Ztschr. f. rat. Med. N. F. IV. S. 322.

Das Ekelgefühl ist ein Muskelgefühl (E. H. WEBER), welches zunächst auf anomalen Contraktionszuständen der Pharynx- und Gaumenmuskeln beruht. Dieselben treten reflektorisch auf bei uns widerlichen Gerüchen und Geschmäcken, durch mechanische Reizung und Kitzeln des Gaumensegels oder der Zungenwurzel, durch den Anblick oder auch durch Vorstellungen von Ekelhaftem, bei Gemüthsbewegungen, bei Erkrankungen des Verdauungstraktus. Nur die Begierde bei sehr heftigem Hunger bewirkt, dass sonst ekelhaft Erscheinendes verzehrt und der Ekel überwunden wird.

II. Durstgefühl.

Das Durstgefühl, welches das Verlangen nach kühlenden Getränken erweckt, wird in erster Linie hervorgerufen durch eine von der Schleimhaut des Schlundes und der Mundhöhle, vorzüglich der Zungenwurzel und des Gaumens, erregte Empfindung. Es ist also zunächst ein von einer eng begrenzten Stelle ausgehendes Gefühl, welches sich als Trockenheit und Brennen im Schlunde kund giebt. Dasselbe ist offenbar bedingt durch eine Abnahme des Wassergehalts der Mund- und Rachenschleimhaut, wodurch die Theile rauher werden und die Zunge am Gaumen klebt. Schon durch Austrocknung der Schleimhaut der Mundhöhle beim Einathmen trockener Luft, oder · nach längerem Sprechen und Singen, ferner nach Unterbindung der Ausführungsgänge der Mundspeicheldrüsen, und durch das Kauen grösserer Quantitäten wasserarmer Speisen z. B. von trockenem Brod entsteht ein mässiges Durstgefühl, ohne dass die übrigen Organe und Säfte des Körpers ärmer an Wasser geworden sind.

Ungleich heftiger tritt der Durst auf, wenn ausser dieser lokalen Eintrocknung der Rachenschleimhaut auch die übrigen Theile des Organismus Wasser verlieren[1], so z. B. durch reichliches Schwitzen, durch Verdunsten von viel Wasser bei starker körperlicher Anstrengung, namentlich in trockener und heisser Luft, durch profuse Diarrhöen, Blutverluste, hydropische Transsudationen, durch Ausscheidung von viel Wasser im Harn nach Aufnahme von salzigen Speisen und Getränken oder bei der Zuckerharnruhr. Das Eintreten des Durstes wird dagegen verzögert, wenn die Verdunstung eine geringere ist wie bei öfterem Baden und Waschen, bei Befeuchten der Kleider mit Wasser u. s. w.

In seinen ersten Stadien kann der Durst vorübergehend gestillt

---

1 ORFILA, Dict. des sc. med., Art. Soif. (siehe auch S. 351, Anm. 1).

werden durch Befeuchten der Mundschleimhaut mit Wasser, besonders wenn sich darin eine verdünnte Säure, etwas Essigsäure oder Citronensäure befindet.

Haben dagegen die Organe und Säfte Wasser verloren, dann treten in der Mund- und Rachenhöhle heftigere, brennende Schmerzen auf und das Durstgefühl wird ein unerträgliches. Es wird uns dann entweder der allgemeine Wassermangel des Körpers durch die letzteren Empfindungen in höherem Grade bemerkbar gemacht, oder es treten neben diesen lokalen Gefühlen noch allgemeine auf, über deren Entstehen wir aber noch nichts Sicheres wissen.

Die Existenz eines solchen allgemeinen Durstgefühls hat man angenommen, weil dasselbe nicht durch lokale Befeuchtung der Mundschleimhaut beseitigt werden kann, sondern nur durch Ersatz des vom Körper zu Verlust gegangenen Wassers: nach längerer Zeit durch Trinken von Wasser, oder durch Injektion von Wasser in den Mastdarm, rascher durch Injektion von Wasser in die Venen. Nach DUPUYTREN verloren Thiere, welche anhaltend den Sonnenstrahlen ausgesetzt waren, den Durst nach Einspritzen von Wasser in die Venen. CLAUDE BERNARD hat beobachtet, dass ein Hund mit offener Magenfistel, aus welcher das getrunkene Wasser sofort wieder abfloss, den Durst nicht zu löschen vermochte, obwohl das Wasser beim Trinken mit der Mund- und Rachenschleimhaut in Berührung kam. Es könnten jedoch die angegebenen Erscheinungen auch so erklärt werden, dass die durch den allgemeinen Wassermangel stärker vertrockneten Rachennerven bei dem raschen Vorübergleiten des getrunkenen Wassers nicht genügend Wasser aufnehmen.

Für die Lokalisation des Durstgefühls spricht eine Mittheilung von SCHOENBORN, nach der bei einem Menschen mit künstlicher Magenfistel die direkte Einführung von Speise in den Magen wohl das Hungergefühl, die direkte Einführung von Flüssigkeit aber nicht das Durstgefühl zu beseitigen vermochte; letzteres schwand erst durch die Aufnahme von Wasser in die Mundhöhle.

Man hat gesagt, die das Durstgefühl vermittelnden Nerven der Mundhöhle seien für die Abnahme des Wassergehaltes besonders empfindlich. Es ist dies wenig wahrscheinlich, dieselben sind vielmehr für die Vertrocknung viel günstiger gelagert als die übrigen Nerven; die feuchte Mund- und Rachenschleimhaut verliert leicht an die Luft ihr Wasser, es geben uns aber auch ferner für gewöhnlich nur die Theile am Eingang des Verdauungskanals von erlittenen Veränderungen durch Empfindungen Kunde.

Fragen wir nach den Nerven, welche hier mitwirken, so können für das lokale Durstgefühl nur der Trigeminus, der Glossopharyngeus und der Vagus in Betracht kommen. Nach Longet[1] schien nach Durchschneidung dieser Nerven bei Thieren der Durst nicht gemindert zu sein, d. h. sie schienen nach jeder Fütterung ebensoviel zu trinken als gewöhnlich. Es beweist dies jedoch nicht, dass der Sitz des Durstgefühls nicht im Schlund sein könne; man hat gegen einen solchen Schluss geltend gemacht, dass vom Nerv. vagus hoch oben Nervenfäden zum Schlundkopf gehen, welche nicht durchschnitten sind, sowie dass er ausserdem vom Trigeminus Fäden empfängt; es ist aber auch möglich, dass nach der Durchschneidung jener Nerven die Thiere durch den Anblick des Wassers ohne eigentliche Durstempfindung zur Aufnahme desselben veranlasst worden sind oder dadurch nur das lokale Durstgefühl, jedoch nicht das allgemeine, aufgehoben war.

Es ist selbstverständlich, dass bei Veränderung oder Lähmung der nervösen Centralorgane im Gehirn, in denen die Durstempfindung zu Stande kommt, das Gefühl des Durstes nicht mehr auftritt; man beobachtet daher bei manchen Kranken keinen Durst trotz grosser Trockenheit der Mundhöhle. Es kann aber auch durch direkte Reizung dieser Centralorgane bei durchfeuchteter Schleimhaut Durstgefühl vorkommen.

Der Durst ist ein sehr unangenehmes, peinigendes Gefühl und man leidet darunter viel mehr als durch den Hunger; die Stillung des Durstes befriedigt uns daher mehr als die des Hungers.

Es wird behauptet, der Hunger werde leichter ertragen, wenn die Wasserzufuhr dabei frei stehe. Nun nehmen aber hungernde Thiere häufig von dem vorgesetzten Wasser gar nichts auf, wie Chossat für Tauben angab und ich für den Hund bestätigte, nämlich dann, wenn vom Körper nicht mehr Wasser abgegeben wird als dem Gewebsverlust entspricht, so dass der prozentige Wassergehalt des Körpers unverändert bleibt (S. 99). Wird dagegen beim Hunger reichlich Wasser verdunstet, durch hohe äussere Temperatur oder starke Anstrengung, so tritt Durst ein und dann mag allerdings die Pein eine noch grössere sein und der Tod früher erfolgen, jedoch glaube ich, dass der Durst mit Hunger leichter zu ertragen ist als der einseitige Durst unter Aufnahme von viel trockenen Nahrungsmitteln (S. 351).

---

1 Longet, Anat. u. Physiol. d. Nervensystems. Uebers. v. Hein. II. S. 279. 1849.

Druck von J. B. Hirschfeld in Leipzig.

SACHREGISTER

---

*) Wegen der heterogenen Beschaffenheit der Gegenstände beider Theile des sechsten Bandes ist vorgezogen worden, die Sachregister zu trennen.

www.ingramcontent.com/pod-product-compliance
Lightning Source LLC
Chambersburg PA
CBHW020854210326
41598CB00018B/1659